作者简介

毛健，工学博士，教授，博士生导师。中组部“万人计划”领军人才，科技部中青年科技创新领军人才，中国酒业科技领军人才，科技部传统酿造食品首席科学家，享受国务院政府特殊津贴，江南大学“至善特聘教授”，江南大学传统酿造食品研究中心主任，国家黄酒工程技术研究中心副主任。以第一完成人获得“黄酒绿色酿造关键技术与智能化装备的创制及应用”国家技术发明奖二等奖。现担任中国蒸馏酒产业技术创新战略联盟秘书长，中国食醋产业技术创新战略联盟秘书长，中国食品科学技术学会理事、传统酿造食品分会副理事长兼秘书长，中国酒业协会黄酒分会副理事长及技术委员会主任、酿造料酒分会常务副理事长及技术委员会主任、露酒分会副理事长中国中药协会药酒专业委员会副主任、专家委员会副主任委员。

毛健教授长期从事传统酿造食品的酿造微生物、风味、功能化和工程化研究，及其相关产品的深度开发与应用。首次提出通过“酒体设计”及“微生物代谢”调控技术调控黄酒中易深醉物质的含量，成功提高黄酒的饮用及饮后舒适度，并实现工业化应用；同时，带领团队解析了黄酒酿造过程中超过1420种微生物，建立了包含500多种化合物的风味物质数据库，解析了13万条宏基因组序列，建立了主要风味与功能物质代谢网络形成途径，建立了唯一的黄酒种质资源库；在黄酒风味研究、黄酒机械化新工艺体系重塑实践上取得了突破性成果。

毛健教授先后主持国家863计划、“十二五”国家科技支撑计划、“十三五”国家重点研发计划、国家自然科学基金面上项目等国家级科研项目8项，发表学术文章100余篇，获授权国家发明专利50余项，获国家级及省部级科技奖励25项。

黄酒

黄酒酿造
关键技术与工程应用

毛 健 编著

Key Technology & Engineering Application in Huangjiu Brewing

·北京·

内容提要

本书结合作者的科研工作撰写而成，以黄酒为主题，不仅从文化、生态、原料等方面讲述了黄酒性质，还从发酵剂、微生物、风味与功能等方面向读者详细阐述了黄酒的科学酿造，同时系统地介绍了黄酒新工艺、新技术的开发和工程应用。其中许多最新科研进展与成果、研究与分析方法首次编写于书中，力求使读者对黄酒有一个全面、客观、系统的认识。

本书可作为食品科学与工程、酿酒工程、生物工程、生物技术等行业科研人员的参考书、培训教材，也可作为大专院校相关专业教材，还可供黄酒爱好者阅读。

图书在版编目（CIP）数据

黄酒酿造关键技术与工程应用/毛健编著. —北京：化学工业出版社，2020.9

ISBN 978-7-122-37258-1

Ⅰ.①黄… Ⅱ.①毛… Ⅲ.①黄酒-酿酒 Ⅳ.①TS262.4

中国版本图书馆 CIP 数据核字（2020）第 103365 号

责任编辑：赵玉清　　文字编辑：周　倜
责任校对：王　静　　装帧设计：王晓宇

出版发行：化学工业出版社（北京市东城区青年湖南街 13 号　邮政编码 100011）
印　　装：中煤（北京）印务有限公司
787mm×1092mm　1/16　印张 31¼　彩插 1　字数 747 千字　2020 年 10 月北京第 1 版第 1 次印刷

购书咨询：010-64518888　　售后服务：010-64518899
网　　址：http://www.cip.com.cn
凡购买本书，如有缺损质量问题，本社销售中心负责调换。

定　　价：**269.00 元**

序一

黄酒源于中国，历史悠久，源远流长，是世界最古老的酿造酒之一，是中国的国酒。黄酒“用曲制酒、双边发酵”的独特酿造工艺，更是中华民族智慧的结晶，造就了独具一格的风味，同时也是中华优秀传统文化的重要组成部分。

黄酒的酿造技艺为其价值体现的核心，不仅蕴含了黄酒独特的酿造机理，更体现了黄酒生态酿造的基本理念，也是黄酒作为传统文化载体的重要内涵。时至今日，黄酒生产现代化、市场国际化已经成为黄酒产业发展和扩大对外开放的必然要求，黄酒产业酿造科技须跟上时代发展变化，满足社会期许。

近年来，随着食品科技界对黄酒酿造技术研究的持续投入，黄酒的基础理论得到了系统的解析，工艺技术也取得了长足的进步，黄酒生产机械化与自动化生产水平也有一定程度的提升。江南大学毛健教授领衔的黄酒酿造工程与技术研究团队是国内首屈一指的优秀科研队伍，该团队经过二十多年的积累与沉淀，在黄酒酿造技术研究方面取得了较大成绩，系统解析了酿造微生物群落演替规律及代谢特性，在高舒适度黄酒酒体设计和数字化指标控制、功能性黄酒的研发、黄酒机械化工艺体系重塑等关键技术上取得了突破性成果。毛健教授多项科研成果全面应用于黄酒行业领军企业，产生了较大影响，尤其是作为第一完成人获得“黄酒绿色酿造关键技术与智能化装备的创制及应用”国家技术发明奖二等奖，这是中华人民共和国成立以来黄酒领域首个国家级奖励，对黄酒酿造技术进步和黄酒产业的发展起到了积极推动作用。

很高兴向读者推荐毛健教授及其团队根据他们多年的研究成果编撰而成的《黄酒酿造：关键技术与工程应用》一书。该书比较全面系统地介绍了我国黄酒发展历程、酿造工艺、酿造原理与操作方法，将黄酒酿造的科学理论与现代化工程技术及设计进行了有机结合，全书结构严谨，内容丰富且具有新颖性、科学性及时效性，运用现代食品生物技术、微生物组学、风味组学、物联网等新技术，获得了大量翔实、可靠的研究数据和工程化成果，系统地展示了黄酒微生物代谢与调控、风味特征与形成机理、黄酒功能特性及评价等方面的最新科研及工程应用成果。本书可对我国黄酒的生态酿造技术创新起到指导作用，为相关领域的科技工作者深入认识和研究黄酒酿造技术提供有益的参考和启发。

中国工程院院士

2020. 5. 13

序二

黄酒素有中国“国粹”之美誉，是华夏文明的核心标志之一；黄酒堪称所有酒的鼻祖，世界最古老的酿酒技艺始于黄酒；黄酒是世界美酒的活文物，酿造技艺从无间断传承至今；黄酒文化技艺博大精深，是国人智慧与汗水的结晶……。带着那股醇香、飘着那缕神秘，中国黄酒在历史的风起云涌中处处留下了自己的足迹，在华夏文明这片神奇的沃土上演绎着情怀、抒写着诗意、传承着技艺、传递着信仰。这古老的黄酒，承载的是诗、是才、是梦、是情、是景，更承载着人们祖祖辈辈对美好生活的追求与向往！

新米酿新展新芳，老酒陈贮老酒香。古老的黄酒醇香依旧，但在几千年传承的历史长河中，黄酒的发展一度落后了，甚至是渐渐演变成了一个“区域酒种”，实为可惜。随着全球经济一体化进程的加快与中国“一带一路”倡议的开花结果，古老的丝路正在不断焕发新的生机与活力。再加上我国国际地位的日益提升与经济建设的飞速发展，让全世界人民对东方文化、华夏文明，尤其是以黄酒为代表的独特酒类酿造技艺与风味倍加追崇。更有消费持续升级，也对古老的黄酒发展提出了新的挑战与要求。可以说，美酒作为世界人民美好生活的一部分，少了哪国美酒的身影都是不完美的，尤其是素有中国“国粹”美誉的黄酒更是不能缺席。基于此，无论是从国内市场与国际市场来看，还是从消费升级与传承发展的角度来分析，均在呼唤中国黄酒新的发展征程，都在赋予中国黄酒新的使命。

产业在传承中发展，品质在消费中提升，市场在需求中变革。进入美好生活美酒相伴的新时代，消费者对黄酒的品质也提出了更高的要求，主要体现为：风味的优雅与个性、品质的安全与健康、饮后的舒适与愉悦……。而这一切的一切均离不开酿造技艺的创新，更离不开一代代黄酒人的持续努力与拼搏。

站在新时代的起点上，站在产业革新进取的风口上，我们欣喜地看到，以《黄酒酿造：关键技术与工程应用》的作者——江南大学毛健教授科研团队为引领，黄酒科技创新正焕发出勃勃生机，以风味和健康为导向，全面提升黄酒品质体系；以饮后舒适和愉悦为目标，准确表达黄酒的价值体系。这些均是新时代构建黄酒品质价值表达新体系的重要举措。

古老的黄酒产业如何酿出好酒，酿出更优雅的香气和风味，酿出营养健康的美酒，是黄酒人孜孜以求的目标。在我看来，《黄酒酿造：关键技术与工程应用》一书从“立本”与“创领”的角度娓娓道来：将传统酿造与智能酿造并举，讲述黄酒的酿造之美；从文化、生态、原料等方面全面分析，综述黄酒的个性之美；从发酵剂、微生物、风味与功能等方面深入研究，阐述黄酒的科学之美。同时，本书也系统地介绍了黄酒新工艺、新技术的开发和工程应用，可谓是开卷有益。

总而言之，本书突出了知识性、科学性、实用性，既理论可信，又实践可操。既可作为科技工作者或从业人员的参考用书，也可作为专业院校的课程教材。故，我乐意推荐本书给所有热爱“国粹”黄酒的人，希望通过本书能使黄酒酿造技艺在传承的基础上持续创新，进而涌现出更多的黄酒酿造高科技人才，共同推动“国粹”黄酒早日实现伟大复兴！

宋书玉

中国酒业协会理事长

2020.7.22

前　言

黄酒作为我国特有的传统酿造食品，是我国最早发明的发酵酒，是世界酒之鼻祖，源于中国且唯中国有之。自改革开放以来，黄酒科技得到了快速发展，无论是在酿造关键技术还是工艺工程方面，都渐有进步。然而，随着市场对消费品从“单纯嗜好”向着要求“风味与健康平衡”的方向转变时，作为我国传统酿造食品的代表——黄酒，其在传承传统酿造技艺的同时，对其酿造技术机理的系统性研究愈受重视，对其工艺工程的改造与提升亦得到了前所未有的关注。在此时代背景下，虽面对挑战，却更是机遇。黄酒采用的是双边发酵法，独树一帜，即发酵过程中多种产酶微生物进行淀粉糖化的同时，酵母产酒精亦同时进行，从而赋予了黄酒独特的风味与功能。因此，探究黄酒酿造机理，包括酿造微生物菌群的类别、结构及其变化规律，以及菌群代谢与产风味、功能物质的机制等，对于黄酒产业改造升级，实现其可持续性发展具有重要意义，同时对其他酿造食品产业的发展也具有一定借鉴价值。

在国家重点研发计划、国家科技支撑计划、国家863计划、国家自然科学基金项目的资助下，本书基于笔者近二十年在黄酒酿造领域的探索研究，以及在黄酒行业与相关企业、协会的合作与实践，系统阐述了黄酒酿造的关键技术与工程应用。本书共分十章，第一章主要介绍了黄酒的发展历程、分类与分布；第二章详细介绍了黄酒酿造所用的原辅料特点及其在黄酒酿造中发挥的作用；第三章、第四章从黄酒酿造的发酵剂和微生物入手，着重阐述了黄酒酿造过程中微生物菌群结构演替规律及菌群互作机理，为科研和生产提供理论依据；第五章主要介绍了黄酒的工艺，其中先介绍了各地代表性黄酒酒种的酿造工艺，又分工段介绍了各自工艺特点；第六章详述了黄酒风味化学，并分析了感官、微生物和酿造工艺与风味物质的关系，又提出了黄酒酒体设计；第七章重点介绍了黄酒中的功能性成分及溯源，并对功能性组分的量效关系及其作用机理进行了阐述，结合微生物代谢分析对功能性物质溯源及优化控制，实现功能性物质在实际生产中的强化控制；第八章介绍了黄酒工程项目的一般建设程序、工程设计内容和遵循的一般设计原则等内容；第九章则汇编了黄酒相关的分析方法，便于读者开展相关实验；第十章从历史文化的角度入手介绍了黄酒品牌。

本书在编写过程中得到了多位教师、行业专家与研究生的帮助。其中，韩笑、傅祖康协助参与了第一章内容的整理；刘双平协助参与了第二章内容的整理；史瑛协助参与了第三章内容的整理；刘双平、史瑛协助参与了第四章内容的整理；姬中伟协助参与了第五章、第八章内容的整理；周志磊协助参与了第六章内容的整理；艾斯卡尔·艾拉提、沈赤协助参与了

第七章内容的整理；周志磊协助参与了第九章内容的整理；韩笑、徐东良协助参与了第十章内容的整理。此外，还要感谢刘煜飞、马东林、王小壮、王炎、杨懿、姚哲、张晶、赵禹宗、周志立（按拼音顺序排列）等多位研究生在本书编写过程中给予的帮助，在此一并表示感谢。

由于水平有限，当前我们对黄酒酿造认识还不够完整，本书还存在遗憾和不足，我们真诚欢迎读者给予批评指正。

毛　健
于江南大学
2020 年 5 月

目　录

第一章

概述

1.1 黄酒及其发展历程

1.1.1 黄酒

黄酒是中国最早发明的发酵酒，是世界酒之鼻祖，源于中国，且唯中国有之。黄酒的起源来自于谷物酿酒，采用的是双边发酵法，这是中国酿酒物质起源的根本所在。因黄酒在酿造工艺、产品风格等方面都有其独特之处，是东方酿造界的典型代表。

如何定义黄酒？

国家标准 GB/T 13662—2018 定义黄酒为：以稻米、黍米、小米、玉米、小麦、水等为主要原料，经加曲和/或部分酶制剂、酵母等糖化发酵剂酿制而成的发酵酒。

黄酒的酿造过程为双边发酵，独树一帜，即发酵过程中多种产酶微生物进行淀粉糖化的同时，酵母产酒精亦同时进行，从而赋予了黄酒独特的风味与功能。不同于白酒，黄酒没有经过蒸馏，一般酒精含量为 14%～20%，属于低度酿造酒。黄酒也不同于葡萄酒和啤酒，尤其是麦曲的发明和使用，这是中国古人智慧的结晶。

黄酒为何被称为中国的国酒？

一种酒要称得上是国酒，以下几个条件是必备的：第一，它应是中华民族原创的酒；第二，它要有悠久的历史；第三，它对中国的历史和文化有着重大且深远的影响；第四，它应有愉悦的品饮体验和符合中华民族的审美体验。这几点对于黄酒来说，无疑都是具备的。

作为传统酿造食品，黄酒具有悠久的历史文化，在世界各地尤其是对日本、东南亚等地区影响深远。

黄酒酒性和顺、酒味纯美、酒体丰满，淋漓尽致地体现了华夏民族内在淳朴、寓刚于柔的文化精神。黄酒以“柔和温润”著称，集甜、酸、苦、辛、鲜、涩六味于一体，自然融合形成不同寻常之“格”，独树一帜，令人叹为观止。儒家主张“和为贵”，中庸曰：“中者也，天下之大本也；和者也，天下之达道也。”黄酒兼备协调、醇正、柔和、幽雅、爽口的综合风格，恰如“中庸”之秉性，被誉为“国粹”为之不过。

黄酒不但具有营养丰富、补血养颜、舒筋活血、怡神舒畅的作用，还提倡温文有度、儒雅谦恭的消费环境和氛围，这与儒家崇尚“仁义”的精神境界和最高道德准则是息息相通的。充分体现了人与人的关系，是在尊重关怀他人的基础上，获得他人的尊重和关怀。

黄酒生性温润、醇厚绵长，在漫漫中华酒文化长河中，黄酒以其独有的“温润”受人称道，黄酒的文化习俗始终以“敬老爱友、古朴厚道”为主题，这与中华民族传统文化追求的“忠孝”精神一脉相承。

黄酒是世界上最古老的酒，更是世界美酒的活文物，酿酒文化传承至今，从无间断。具有浓厚的中华民族色彩，是中华民族优秀文化的重要体现，中华文化与中国黄酒有无法分割的特殊关系，悠久的历史孕育了同样悠久的文化，黄酒堪称诠释中华文化内涵、传递文化自信的最佳载体之一。

1.1.2 黄酒的发展历程

中国是世界上酿酒最早的国家，而黄酒又堪称世界酒之鼻祖，这也已运用现代科技探究得到证实。通过对河南省舞阳县贾湖遗址出土的陶器分析发现，9000 年前（新时期时代）已有用大米做的酒。黄酒的起源就来自于谷物酿酒，采用的是双边发酵法。这一研究表明了中国酿酒物质起源的根本所在。

可以说，中国黄酒从早期米酒到成熟黄酒的发展一走就是上千年。唐代之前的谷物发酵酒，还不能称之为黄酒，因为那时的谷物酒还处于低级阶段，远没有达到现代黄酒的高度。唐宋以后，随着酿酒业的进步，黄酒开始出现，而且产量逐渐增加，最终在元朝时，中国发酵酒的酿造基本摆脱了浊酒的困扰，进入了黄酒的阶段。酒呈黄色或红色，或赤黄色、棕黄色，这是因为在酿造、贮藏过程中，酒中的糖分与氨基酸发生美拉德反应，形成了这样的颜色。

1.1.2.1 先秦时代

先秦时代的黄酒，可以统称为米酒，它最早的名称多种多样，有“旨酒”“甘酒”之说，起码夏朝时代已经有这样的称呼。《孟子·离娄下》谓“禹恶旨酒而好善言”，《夏书·五子之歌》言太康“甘酒嗜音，峻宇雕墙”。可见，“甘”和“旨”都是对早期米酒的美言称谓。

而“浊”字，是中国酿酒界对早期米酒的术语定义。这是从米酒的酒液形态方面所下的定义。上古酿酒已使用曲蘖，一般将谷物原料放入容器内进行发酵，发酵成熟的酒醪必须经过压榨过滤等程序才能提取出清莹的酒液，最原始的发酵酒以及未过滤的发酵酒均称“浊酒”；同时，人们还将用曲量少、发酵期短、简易速成的谷物酒也称之为“浊酒”，因为这类谷物酒本身就非常浑浊。直到宋元时代中国黄酒趋于成熟，人们才不再使用“浊”字来形容发酵酒。可以说，“浊酒”一词是中国早期米酒的代名词，使用了几千年。

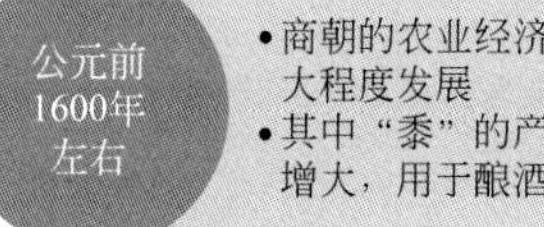

周朝酿造的米酒，能够依据酒体形态、酒液颜色、酝酿时间、酒事用途而划分出多种酒。《礼记·内则》在阐述酒品酒类时有这样一句话：“酒：清，白”。意思是当时的酒可分为两大类，一类是“清”酒，一类是“白”酒。“清酒”是酿造时间长、液感清澈的酒；“白酒”是指浑浊的酒，即古人通称的浊酒，与“清酒”相比，其酒滓（zǐ）更高。“清酒”的出现，说明中国早期的米酒出现了大幅度进步。

周人还使用了其他一些酒类名称来细言酒品，比如“酎”（zhòu）和“醽”（líng）就常见于先秦典籍。“酎”一般指重酿酒，重酿的意思是在已处于发酵过程中的酒醪中再加入成品酒，借以增强酒的发酵力，促使酒质优化，其中“酎”和“醽”都指米酒。

1.1.2.2 汉代

先秦酿酒，使用了曲和蘖（niè）两种酒母，曲酿酒而蘖酿醴（lǐ）。到西汉时，这两种方法仍然并用，但用曲酿酒的数量逐年增多，而用蘖酿醴的数量一再减少，只有酒量很低的人才去喝使用蘖酿制的醴。醴属于最低酒度的一类酒，西汉时代仍在酿造。从汉代开始，

“醴”逐渐淡出酒界。

汉代酿酒者把主要精力用在制曲方面，想尽办法提高酒曲的发酵能力，以求酿出度数较高的酒品。当时采用的制曲方法是将谷物煮至半熟状态，取出置于阴凉处，让它发霉成曲。制成的曲同时含有糖化所需的淀粉酶和酒化所需的酵母菌，能够促使酿酒原料交替完成糖化与酒化过程。汉人制曲，多用麦作为原料，并由此培育出多种多样的麦曲。由于酒曲制造的技术要求较高，并非每位酿酒者都能掌握，因而汉代酒业中出现了制曲专业人员，他们把酒曲当作商品出售，售给其他酿酒者。

汉代的米酒已有若干名称，或按原料命名，或按酿造时间命名，或按酿酒形态命名。

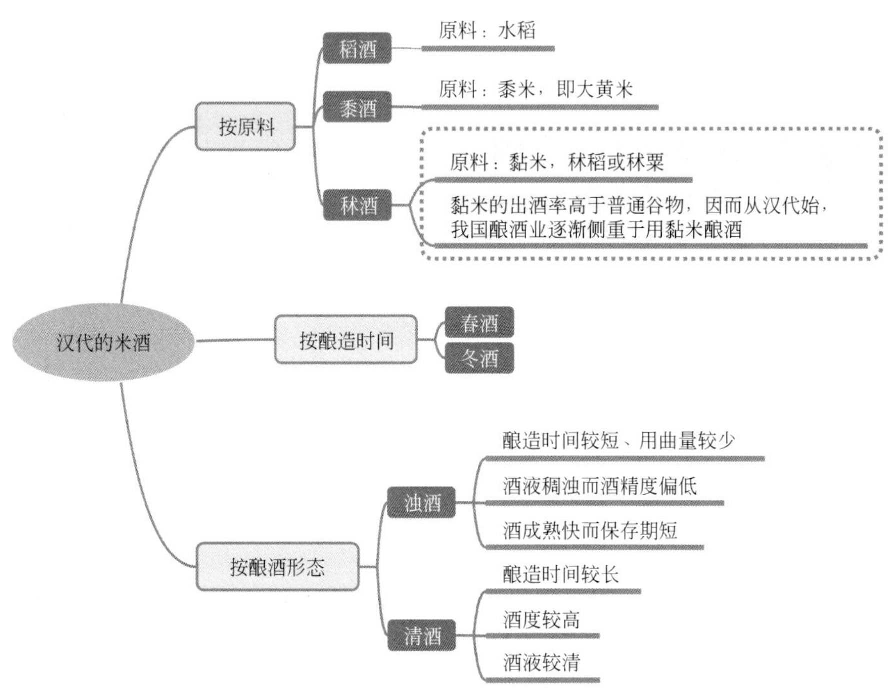

清酒与浊酒是中国早期米酒酿造的基本模式，这种模式一直延续到宋元时代，最终被高酒质的黄酒所取代。到明清时期，已经很少有人再提清酒与浊酒的区别。

1.1.2.3 魏晋南北朝

东汉以后，酿酒技术有了明显的提高，出现了九酝法酿酒，这表现在成酒中水含量降低而酒精含量增加。东汉末年已能酿造九酝酒，这种酒采用连续投料的方法，分批追加原料，使得发酵液体中始终保持足够的糖分，促使酵母菌充分培养。用九酝法酿成的酒甘香醇烈，酒度自然加高。魏晋时，九酝法普及于酿酒行业。

九酝法酿酒，是东汉末年曹操向汉帝呈献的一种新型酿酒法。当时，已经控制北方，又身兼宰相之职的曹操，特别喜欢喝酒，他把九酝酒的制作方法写在奏折中，呈给汉帝，并传播于酿酒界。九酝酒使用的是连续投料的酿酒操作法，分批投料的次数可达到九次，也可以多达九次以上。这是控制发酵动态、促进发酵酒化的得力措施。如此不厌其烦地多次投料，能够把发酵中的醪液培养成优质美酒，并提高出酒率。同时，九酝酒使用的酒曲属于高效率的“神曲”，因为它的用曲量只有原料米的3%，刚好合乎“神曲”酿酒的比例。这种酿酒方法在当时具有最先进的水平。

1.1.2.4 唐代

唐代的米酒酿造模式，继续分为浊酒和清酒。大批量生产以浊酒为主，其产量多于清酒。值得一提的是，当时称酿造过滤后的酒为生酒，生酒中依然保留着活性微生物，会继续产生酵变反应，甚至导致酒液变质。因此，唐人学会了给生酒进行加热处理的技术，借以达到控制酒中微生物继续反应和消毒灭菌的双重效果。给酒醪进行加热处理是古代酿酒技术的一大突破。南北朝以前，酿酒业中尚未真正采用加热技术，因而酒类酸败的现象时有发生。唐人掌握酒醪加热技术之后，酒质不稳定的情况大为改观。当时，酒醪的加热处理有高温加热和低温加热两种途径。

高温加热

陶谷所著《清异录》卷下曾说酒有“生取煮炼之法”。

特点：虽可全面抑制酒醪中各种微生物的酵变，但同时会给酒味带来一定程度的破坏。

低温加热

李郢《春日题山家》所云：“新酒略炊醅”；

房千里《投荒杂录》云：“南方饮既烧，即实酒满瓮，泥其上，以火烧方熟。不然，不中饮。既烧既揭瓮趋虚。”

大体类同于后代的巴氏消毒工艺。

唐代出现了红曲酿酒的迹象。李贺《将进酒》：“琉璃钟，琥珀浓，小槽酒滴真珠红。”说的就是这种红曲酒。红曲的发明，为传统米酒升华为黄酒提供了转化条件。

总而言之，唐代的酿酒技术较之前代而言有了较大幅度的提高，谷物发酵酒中的优质酒从外观色泽上已开始向现代黄酒的标准靠拢。尤其在酿酒工艺的某些环节中，人们逐渐使用了一些先进技术，诸如对酒醪加热处理和使用石灰来降低酸度的作法，都对后代酿酒技术的完善产生过深远影响。然而，唐代米酒从综合指数上来看还达不到现代黄酒的程度，这主要表现在酒的甜度过高而酒度偏低，浊酒的产量过大且又米滓漂浮。这说明，当时的酿酒发酵与取酒过滤工艺都有欠缺。

1.1.2.5 宋代

按传统习惯，宋人同时酿制浊酒和清酒，但由于技术能力的改进，宋代的浊酒和清酒已经不像前代那样泾渭分明，二者之间的差距越来越小，这是酿酒技术提高的一个重要表现。宋人虽继续酿造浊酒，但在酿造过程中改良了曲料投入，使成品浊酒的酒精度有了较大提高，这是宋人的成就。宋代浊酒已经渐向较高酒度抬升，出现了前代未有的“严劲”之味。

从酒的外观色泽来看，宋酒呈多种颜色，有绿色、白色、黄色、赤黄色、红色、赤黑色等，这说明了当时的酿酒标准不统一。从宋代以后，绿色的米酒消失，标志着中国发酵酒全面进入黄酒时代。

从酒的口味来看，在很长时段内，我国的发酵酒都始终出现甜味，这是由于在双边发酵过程中，谷物原料充分糖化但未充分酒化而导致的结果。宋代的许多发酵酒仍未突破传统格局，因而醪液中明显带有这种浓重的甜味。甜味酒虽然好喝，但酒度却明显偏低，宋人改进发酵技术，最终酿造出酒精含量相对较高的酒，这种酒的甜度减低而酒度增高，开始呈现苦味。出于对酒度提升的期盼，宋人逐渐开始崇尚苦味酒。

在苦味酒之后，宋酒再度攀升，于是便有了“劲”“辣”“辛”“烈”等词汇，借以表

示酒度的提高和酒质的升华。陈藻诗歌中这样描述："白秫新收酿得红，洗锅吹火煮油葱。莫嫌倾出清和浊，胜是尝来辣且浓。"宋代，无论是清酒还是浊酒，酒味都向劲辣迈进。刘克庄曾用"劲峭"二字来形容浊醪，并有诗讴咏："醇醪易入醉人乡，劲酒难逢醒者尝。"可见宋人酿制的浊酒，酒度已明显提升，说明中国发酵酒的酿制达到了一个全新的高度。

1.1.2.6 元代

进入元代，中国发酵酒的酿造彻底摆脱了浊酒的困扰，酒呈黄色或红色，或赤黄色、棕黄色，这是因为在酿造、贮藏过程中，酒中的糖分与氨基酸发生美拉德反应，产生了这样的色素。唐宋两代的酿酒者虽然已经掌握了这样的技术，但就全国范围而言，总产量还是有限。元代的发酵酒已经统称为黄酒，这是因为，历史发展到这段时期，发酵酒的酿造工艺已臻完善，并得到普及。而后明清两代，中国发酵酒一直沿着元代黄酒的制造模式向前发展。

元代人酿出的黄酒，呈现出多样口味，除甜味之外，酒度偏高的酒多呈苦辣之味。元代人品评黄酒，使用了很多专用术语，其中有苦、涩、酸、浑、淡、清、光、滑、辣等，这些都属于黄酒的专用形容词。王哲《西江月》词所言"酒饮清光滑辣，果餐软美香甜"，就强调了酒辣果甜的各自味道。

1.1.2.7 明清时期

进入明清时代，黄酒酿造则更趋成熟和完美，同时也在整个发酵酒行业中占有了支配地位。从行业产品来讲，明清时代的黄酒，是指工艺完备、酿造时间较长、颜色较深、耐贮存的发酵酒，或称之为"老酒"，其产品类型与现代黄酒基本相同。传统发酵酒中的低层次米酒虽然还在继续生产，但已经不是中国发酵酒的主体产品了。

明清时期的黄酒还是有了感官及认识上的大体标准。如医家用酒浸药，特别注重黄酒和烧酒的不同效力，开始区分使用。如明人戴元礼《证治要诀类方》卷四《丹类》强调："接骨，黄酒下；欲下血，烧酒下。"医家所用的黄酒，应是最标准的黄酒。

南方和北方在酿制黄酒的原料选择上略有不同。北方一般使用大黄米。明人周祈《名义考》卷九说："黍，北人曰黄米以酿酒者。"指的就是酿酒原料。用大黄米酿造的黄酒，俗称黄米酒。黄米酿酒，是北方酒业的传统。南方酿制黄酒，通常使用糯米，人们为此而培育出许多品种。明人李日华《六研斋笔记》卷三记载："酿酒必以糯。"南方糯米品种的丰富，为酿酒业提供了多样化选择。

清朝中期以后，江浙一带出产的黄酒攀登到中国黄酒的最高境界，当时称之为南酒。在北方酒类市场上，南酒也已牢牢占据高端地位。刘廷玑《在园杂志》中这样表述："京师馈遗，必开南酒为贵重。"南酒群体注重整体风格，讲求产品质量，这是最终打开北方市场的关键因素。明清时期的南酒发展到一个很高的境界，不但在酿造技术方面屡有突破，而且在产品改良方面也时有创新，整体质量稳中有升，品牌效应逐渐增强，这就使得南酒群体在全国范围内取得了竞争的优势，以至于人们谈及中国黄酒，常以"南酒"为其主导标志。直到如今，许多传统黄酒仍喜欢标以南酒名号，以显示其优势地位。

从整个产业投入来看，清康熙以前，中国南方大部分地区都以黄酒为主要酿造产业，烧酒所占的比例要低于黄酒；而在北方，黄酒产量也一直与烧酒产量平分秋色。中国烧酒的总产量超过黄酒，是康熙以后的事情。

1.1.2.8 当代进展

中华人民共和国成立以来，特别是改革开放之后，一方面，黄酒工业得到迅速发展，另一方面，随着科学研究的进步，黄酒科技攻关已成为更高层面传承传统酿造技艺的必要条件。

发展至今，依托于相关领域一流学科（世界排名第一的“食品科学与工程——双一流建设学科”、中国排名第一的“轻工技术与工程——双一流建设学科”）、国家级科研平台（国家黄酒工程技术研究中心、粮食发酵工艺与技术国家工程实验室、食品科学与技术国家重点实验室）、国家及省部级相关项目，黄酒从微生物、酿造工艺、风味、功能等各个方面的研究在不断纵深，相关基础研究已取得突破性成果，包括：①微生物群落演替信息——由属水平深入到种水平，超过1420种微生物；②风味物质数据库——500多种风味化合物；③代谢网络形成途径——大于13万条宏基因组序列；④唯一黄酒种质资源库——包含23个省市的样品；等等。

黄酒是伴随着中华民族上下五千年悠久的文明历史发展的，是祖先恩赐给我们最具魅力的“国酒”，是中华民族的“国粹”“酒中之瑰宝”。随着我国经济的发展，民众消费水平不断提高，消费形态已从“生存化”消费转向“健康化”“享受化”及“多元化”消费，所以，守正与创新将一直是黄酒科技发展的主题。同时，在“一带一路建设”对文化传播、人文交流合作重视的背景下，黄酒作为中华民族传统文化的符号，以它历史的悠长、文化的深厚、意蕴的丰富，已经担当并更完美地成为“一带一路”建设中的文化使者，成为推动中外友好交往、人文交流的助力者。

1.2 黄酒的分类与分布

1.2.1 黄酒的分类

黄酒的分类汇总见图1-1。

1.2.1.1 按产品风格分

（1）传统型黄酒

传统型黄酒，即以稻米、黍米、玉米、小米、小麦、水等为主要原料，经蒸煮、加酒曲、糖化、发酵、压榨、过滤、煎酒（除菌）、贮存、勾调而成的黄酒。传统型黄酒的主要特点是以传统小曲、麦曲或红曲以及淋饭酒母为糖化发酵剂，发酵周期较长，可达数月，其感官要求如表1-1所示。随着时间的推移和科技的进步，传统工艺中也不同程度采用了一些新设备和新工艺，如使用蒸饭机、压榨机及纯净糖化发酵剂等。根据米饭冷却方式及投料方式的不同，传统型黄酒又可分为淋饭酒、摊饭酒和喂饭酒三类。

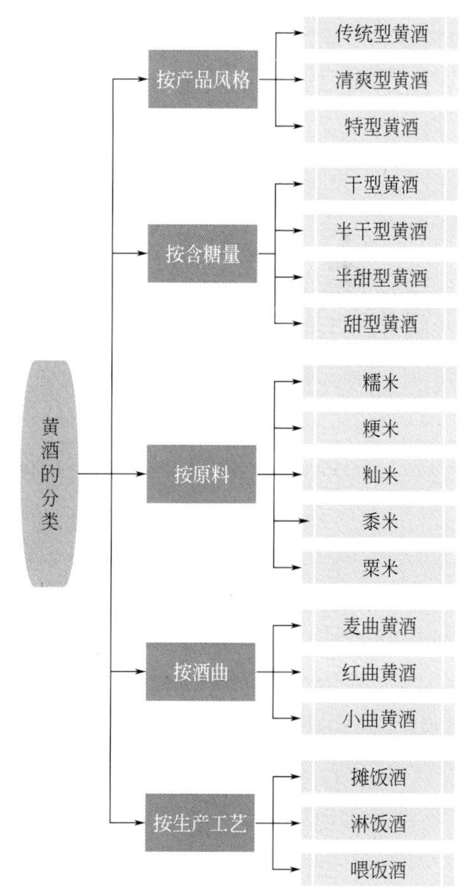

图1-1 黄酒的分类汇总

表 1-1 传统型黄酒感官要求

项目	类型	优级	一级	二级
外观	干型黄酒	浅黄色至深褐色，清亮透明，有光泽，允许瓶（坛）底有微量聚集物		浅黄色至深褐色，清亮透明，有光泽，允许瓶（坛）底有少量聚集物
	半干型黄酒			
	半甜型黄酒			
	甜型黄酒			
香气	干型黄酒	只有黄酒特有的浓郁醇香，无异香	黄酒特有的醇香较浓郁，无异香	具有黄酒特有的醇香，无异味
	半干型黄酒			
	半甜型黄酒			
	甜型黄酒			
口味	干型黄酒	醇和，爽口，无异味	醇和，较爽口，无异味	尚醇和，爽口，无异味
	半干型黄酒	醇厚，柔和鲜爽，无异味	醇厚，较柔和鲜爽，无异味	尚醇厚鲜爽，无异味
	半甜型黄酒	醇厚，鲜甜爽口，无异味	醇厚，较鲜甜爽口，无异味	醇厚，尚鲜甜爽口，无异味
	甜型黄酒	鲜甜，醇厚，无异味	鲜甜，较醇厚，无异味	鲜甜，尚醇厚，无异味
风格	干型黄酒	酒体协调，具有黄酒品种的典型风格	酒体较协调，具有黄酒品种的典型风格	酒体尚协调，具有黄酒品种的典型风格
	半干型黄酒			
	半甜型黄酒			
	甜型黄酒			

（2）清爽型黄酒

清爽型黄酒，即以稻米、黍米、玉米、小米、小麦、水等为主要原料，经蒸煮、加入酒曲和/或部分酶制剂、酵母为糖化发酵液剂，经糖化、发酵、压榨、过滤、煎酒（除菌）、贮存、勾调而成的，口味清爽的黄酒。清爽型黄酒是在传统黄酒酿造工艺基础上，通过添加酶制剂、降低生麦曲用量等改良工艺酿制而成的，口味上鲜爽淡雅，是一种低度保健、迎合了当今消费者追求健康的消费理念的口感清爽的酿造酒。清爽型黄酒在香气上具有特殊的清醇、柔和、细腻、鲜爽的气味，是由生物自然发酵形成的。其感官要求如表 1-2 所示。

表 1-2 清爽型黄酒感官要求

项目	类型	一级	二级
外观	干型黄酒	浅黄色至黄褐色，清亮透明，有光泽，允许瓶（坛）底有微量聚集物	
	半干型黄酒		
	半甜型黄酒		
香气	干型黄酒	具有本类型黄酒特有的清雅醇香，无异香	
	半干型黄酒		
	半甜型黄酒		
口味	干型黄酒	柔净醇和、清爽、无异味	柔净醇和、较清爽、无异味
	半干型黄酒	柔和、鲜爽、无异味	柔和、较鲜爽、无异味
	半甜型黄酒	柔和、鲜甜、清爽、无异味	柔和、鲜甜、较清爽、无异味

续表

项目	类型	一级	二级
风格	干型黄酒	酒体协调，具有本类黄酒的典型风格	酒体较协调，具有本类型黄酒的典型风格
	半干型黄酒		
	半甜型黄酒		

（3）特型黄酒

特型黄酒，由于原辅料和（或）工艺有所改变，具有特殊风味且不改变黄酒风格的酒。如在黄酒中加入枸杞、蜂蜜等物质，使得黄酒功能价值更高。

1.2.1.2 按含糖量分

黄酒按含糖量的多少分为干型、半干型、半甜型、甜型四种类型，如表 1-3 所示。

表 1-3 黄酒分类

类型	干型黄酒	半干型黄酒	半甜型黄酒	甜型黄酒
糖分含量(以葡萄糖计)/(g/L)	<15.0	15.1～40.0	40.1～100.0	>100.0

（1）干型黄酒

干型黄酒的“干”表示酒中的含糖量少，糖分经发酵产生酒精，故酒中的糖分含量最低。国家标准中，总糖含量在 15 g/L 以下的黄酒称为干型黄酒。这类黄酒配料时加水量较多，发酵醪浓度较稀，加上发酵温度控制得较低，开耙（即搅拌冷却、调节温度）间隔时间短，因而有利于酵母菌的繁殖和发挥作用，故原料发酵得较为彻底，酒中残留的淀粉、糊精和糖分等浸出物质相对较少，所以口味干决。干型黄酒的生产方法根据各地习惯而不同，主要用摊饭法、喂饭法和淋饭法这三种工艺。摊饭酒的典型代表酒种为绍兴元红酒，喂饭酒的典型代表酒种是嘉兴黄酒。表 1-4、表 1-5 分别为传统型干型黄酒、清爽型干型黄酒的理化指标要求。

表 1-4 传统型干型黄酒理化指标要求

项目		稻米黄酒			非稻米黄酒	
		优级	一级	二级	优级	一级
总糖(以葡萄糖计)/(g/L)	≤	15.0				
非糖固形物/(g/L)	≥	14.0	11.5	9.5	14.0	11.5
酒精度(20℃)/%vol	≥	8.0[①]			8.0[②]	
总酸(以乳酸计)/(g/L)		3.0～7.0			3.0～10.0	
氨基酸态氮	≥	0.35	0.25	0.20	0.16	
pH		3.5～4.6				
氧化钙/(g/L)	≤	1.0				
苯甲酸[③]/(g/kg)	≤	0.05				

① 酒精度低于 14%vol 时，非糖固形物和氨基酸态氮的值按 14%vol 折算，酒精度标签所示值与实测值之间差为±1.0%vol。

② 酒精度低于 11%vol 时，非糖固形物和氨基酸态氮的值按 11%vol 折算，酒精度标签所示值与实测值之间差为±1.0%vol。

③ 指黄酒发酵及贮存过程中自然产生的苯甲酸。

表 1-5 清爽型干型黄酒理化指标要求

项目		稻米黄酒		非稻米黄酒
		一级	二级	
总糖(以葡萄糖计)/(g/L)	≤	15.0		
非糖固形物/(g/L)	≥	5.0		
酒精度(20℃)/%vol	≥	6.0①		6.0②
总酸(以乳酸计)/(g/L)		2.5～7.0		2.5～10.0
氨基酸态氮/(g/L)	≥	0.20	0.16	
pH		3.5～4.6		
氧化钙/(g/L)	≤	0.5		
苯甲酸③/(g/kg)	≤	0.05		

① 酒精度低于 14%vol 时，非糖固形物和氨基酸态氮的值按 14%vol 折算，酒精度标签所示值与实测值之间差为±1.0%vol。

② 酒精度低于 11%vol 时，非糖固形物和氨基酸态氮的值按 11%vol 折算，酒精度标签所示值与实测值之间差为±1.0%vol。

③ 指黄酒发酵及贮存过程中自然产生的苯甲酸。

（2）半干型黄酒

“半干”表示酒中的糖分还未全部发酵成酒精，还保留了一些糖分。国家标准中，含糖量在 15.1～40 g/L 的黄酒称为半干型黄酒。在生产上，这类黄酒由于在配料中减少了用水量，相对来说就是增加了饭量，故又称为“加饭酒”。根据饭量增加的多少，加饭酒又分为单加饭和双加饭两种。加饭酒酿造精良，酒质优美，特别是绍兴加饭酒，酒液呈有光泽的琥珀色，香气芬芳浓郁，滋味鲜味醇厚。表 1-6、表 1-7 分别为传统型半干型黄酒、清爽型半干型黄酒的理化指标要求。

表 1-6 传统型半干型黄酒理化指标要求

项目		稻米黄酒			非稻米黄酒	
		优级	一级	二级	优级	一级
总糖(以葡萄糖计)/(g/L)		15.1～40.0				
非糖固形物/(g/L)	≥	18.5	16.0	13.0	15.5	13.0
酒精度(20℃)/%vol	≥	8.0①			8.0②	
总酸(以乳酸计)/(g/L)		3.0～7.5			3.0～10.0	
氨基酸态氮/(g/L)	≥	0.40	0.35	0.30	0.16	
pH		3.5～4.6				
氧化钙/(g/L)	≤	1.0				
苯甲酸③/(g/L)	≤	0.05				

① 酒精度低于 14%vol 时，非糖固形物和氨基酸态氮的值按 14%vol 折算，酒精度标签所示值与实测值之间差为±1.0%vol。

② 酒精度低于 11%vol 时，非糖固形物和氨基酸态氮的值按 11%vol 折算，酒精度标签所示值与实测值之间差为±1.0%vol。

③ 指黄酒发酵及贮存过程中自然产生的苯甲酸。

表 1-7 清爽型半干型黄酒理化指标要求

项目		稻米黄酒		非稻米黄酒	
		一级	二级	一级	二级
总糖(以葡萄糖计)/(g/L)		15.1～40.0			
非糖固形物/(g/L)	≥	10.5	8.5	10.5	8.5
酒精度(20℃)/%vol	≥	6.0①		6.0②	
总酸(以乳酸计)/(g/L)		2.5～7.0		2.5～10.0	
氨基酸态氮/(g/L)	≥	0.30	0.20	0.16	
pH		3.5～4.6			
氧化钙/(g/L)	≤	0.5			
苯甲酸③/(g/kg)	≤	0.05			

① 酒精度低于 14%vol 时，非糖固形物和氨基酸态氮的值按 14%vol 折算，酒精度标签所示值与实测值之间差为±1.0%vol。

② 酒精度低于 11%vol 时，非糖固形物和氨基酸态氮的值按 11%vol 折算，酒精度标签所示值与实测值之间差为±1.0%vol。

③ 指黄酒发酵及贮存过程中自然产生的苯甲酸。

(3) 半甜型黄酒

“半甜”表示酒中的糖分较多，国家标准中，含糖量在 40.1～100.0 g/L 的黄酒称为半甜型黄酒。这种黄酒采用的工艺独特，与酱油代水制造母子酱的工艺相似，是用成品黄酒代水，加入发酵醪中，以酒代水使得发酵开始时已有较高的酒精含量，这就在一定程度上抑制了酵母菌的生长繁殖，使得发酵不彻底，故成品酒中保留了较高的糖分，再加上原酒的香味，构成了半甜型黄酒特有的酒精含量适中、味甘甜而芳香的特点。绍兴善酿酒、山东即墨老酒都属于半甜型黄酒。表 1-8、表 1-9 分别为传统型半甜型黄酒、清爽型半甜型黄酒的理化指标要求。

表 1-8 传统型半甜型黄酒理化指标要求

项目		稻米黄酒			非稻米黄酒	
		优级	一级	二级	优级	一级
总糖(以葡萄糖计)/(g/L)		40.1～100.0				
非糖固形物/(g/L)	≥	18.5	16.0	13.0	16.0	13.0
酒精度(20℃)/%vol	≥	8.0①			8.0②	
总酸(以乳酸计)/(g/L)	≥	4.0～8.0			4.0～10.0	
氨基酸态氮/(g/L)	≥	0.35	0.30	0.20	0.16	
pH		3.5～4.6				
氧化钙/(g/L)	≤	1.0				
苯甲酸③/(g/kg)	≤	0.05				

① 酒精度低于 14%vol 时，非糖固形物和氨基酸态氮的值按 14%vol 折算，酒精度标签所示值与实测值之间差为±1.0%vol。

② 酒精度低于 11%vol 时，非糖固形物和氨基酸态氮的值按 11%vol 折算，酒精度标签所示值与实测值之间差为±1.0%vol。

③ 指黄酒发酵及贮存过程中自然产生的苯甲酸。

表 1-9 清爽型半甜型黄酒理化指标要求

项目		稻米黄酒		非稻米黄酒	
		一级	二级	一级	二级
总糖(以葡萄糖计)/(g/L)		40.1～100.0			
非糖固形物/(g/L)	≥	7.0	5.5	7.0	5.5
酒精度(20℃)/%vol	≥	6.0①		6.0②	
总酸(以乳酸计)/(g/L)		3.8～8.0		3.8～10.0	
氨基酸态氮/(g/L)	≥	0.25	0.20	0.16	
pH		3.5～4.6			
氧化钙/(g/L)	≤	0.5			
苯甲酸③/(g/kg)	≤	0.05			

① 酒精度低于14%vol时，非糖固形物和氨基酸态氮的值按14%vol折算，酒精度标签所示值与实测值之间差为±1.0%vol。

② 酒精度低于11%vol时，非糖固形物和氨基酸态氮的值按11%vol折算，酒精度标签所示值与实测值之间差为±1.0%vol。

③ 黄酒发酵及贮存过程中自然产生的苯甲酸。

（4）甜型黄酒

糖含量在100.0 g/L以上的黄酒称为甜型黄酒。甜型黄酒一般采用淋饭法酿制而成，即在淋冷的饭料中拌入糖化发酵剂或酒药，搭窝先酿成甜酒酿，当糖化至一定程度时，加入酒精含量为40%～50%的糟烧酒，以抑制微生物的糖化发酵作用，而保持较高的糖分残量。因酒精含量较高，不易被杂菌污染，所以生产不受季节限制，一般多安排在炎热的夏季生产。各地生产的甜型黄酒，因配方和操作方法各异，而有各自的风格。甜型黄酒的代表酒种有绍兴香雪酒、丹阳封缸酒等。表1-10为传统型甜型黄酒的理化指标要求。

表 1-10 传统型甜型黄酒理化指标要求

项目		稻米黄酒			非稻米黄酒	
		优级	一级	二级	优级	一级
总糖(以葡萄糖计)/(g/L)	>	100.0				
非糖固形物/(g/L)	≥	16.5	14.0	13.0	14.0	11.5
酒精度(20℃)/%vol	≥	8.0①			8.0②	
总酸(以乳酸计)/(g/L)		4.0～8.0			4.0～10.0	
氨基酸态氮/(g/L)	≥	0.30	0.25	0.20	0.16	
pH		3.5～4.8				
氧化钙/(g/L)	≤	1.0				
苯甲酸③/(g/kg)	≤	0.05				

① 酒精度低于14%vol时，非糖固形物和氨基酸态氮的值按14%vol折算，酒精度标签所示值与实测值之间差为±1.0%vol。

② 酒精度低于11%vol时，非糖固形物和氨基酸态氮的值按11%vol折算，酒精度标签所示值与实测值之间差为±1.0%vol。

③ 指黄酒发酵及贮存过程中自然产生的苯甲酸。

1.2.1.3 按原料分

（1）糯米（糯稻米）

糯米所含的淀粉几乎都是支链淀粉，黏性好，在蒸煮过程中容易糊化，达到熟透而不糊的要求，易糖化，出酒率高，酒中残留的糊精和低聚糖较多，酒味醇厚。糯米黄酒以酒药和麦曲为糖化发酵剂，主要生产于我国南方地区，目前我国比较有名的黄酒大多以糯米为原料酿造。

针对黄酒的生产，我国先后选育了系列优质酒米品种。如江苏的苏御糯、香粳糯、香血糯、金坛糯、桂花糯；四川的川新糯、宜辐糯 1 号；湖南的郴早糯 1 号等；适宜酿制紫米酒、黑米酒的品种有陕西的汉中黑糯、贵州的惠水黑糯、浙江的香血糯、上海的上农黑糯和乌贡 1 号、云南的滇瑞 501 等。为保证黄酒的质量，绍兴专门在当地规划了糯稻生产基地，主要推广品种为绍兴市农科院育成的绍糯 119、绍糯 9714、越糯 1 号、越糯 2 号、越糯 6 号等品种。

（2）粳米（粳稻米）

粳米为椭圆形，米粒短，直链淀粉含量 20%左右，蒸煮时饭粒显得蓬松干燥，冷却后变硬，因此粳米黄酒酿造中蒸煮时要喷淋热水，采取“双蒸双泡”的蒸饭法，使米粒充分吸水，糊化彻底，以保证糖化发酵的正常进行。粳米中直链淀粉的含量与品种有关，并受生长时期的影响。粳米黄酒与糯米黄酒相似，以酒药和麦曲为糖化发酵剂制作而成。

（3）籼米（籼稻米）

籼米呈细长形，米粒长，含有的直链淀粉比例高达 23%～35%，淀粉充实度低，精白时易碎。杂交晚籼米可用来酿造黄酒，早、中籼米由于在蒸煮时吸水多，饭粒干燥蓬松，色泽暗，淀粉容易老化，出酒率较低。老化淀粉在发酵时难以糖化，而成为产酸细菌的营养源，使黄酒酒醪升酸，风味变差。籼米黄酒与糯米黄酒相似，以酒药和麦曲为糖化发酵剂制作而成。

（4）黍米

黍米俗成大黄米，色泽光亮，颗粒饱满，米粒呈金黄色。黍米以颜色分为黑色、白色、黄色三种，以大粒黑脐的黄色黍米最好，誉为龙眼黍米，它易蒸煮糊化，属糯性品种，适于酿酒。黍米黄酒是以优质黍米为主要原料，以米曲霉制成的麸曲为糖化发酵剂酿制而成的一种功能价值丰富的黄酒，主要生产于我国北方地区，如山西的代州黄酒、山东的即墨老酒、河南的九河黄酒以及甘肃的河州黄酒等都是黍米黄酒的典型代表。

（5）粟米

粟米亦称小米，古代叫禾，是谷子去壳后的产物，因其粒小，直径约 1.5mm，因此得名。是中国古代的“五谷”之一，也是北方人喜爱的主要粮食之一。由于粟米颗粒致密，含有大量直链淀粉，糊化困难，因此较少用于酿酒，但是随着北方黍米种植的减少，粟米黄酒的开发越来越被重视。

1.2.1.4 按酒曲分

（1）麦曲黄酒

麦曲是以小麦为原料，经轧碎、加水成型、培养而成，含有多种微生物。麦曲黄酒就是通过添加麦曲作为糖化发酵剂，经多种微生物相互作用酿造而成的。麦曲黄酒的发酵周期是

25～28天，在我国黄酒产量中占80%以上，主要产地在江浙一带，绍兴黄酒就是典型的麦曲黄酒。

（2）红曲黄酒

红曲是以大米为原料，通过接种红曲菌而制成，目前比较出名的是产自福建的红曲。红曲黄酒通过添加红曲和药曲作为糖化发酵剂，经多种微生物酿造而成，是中国黄酒中特色鲜明的一类黄酒。红曲黄酒的发酵周期长达120多天，如浙江、安徽、福建和河南等地都有其各自特色的红曲黄酒，其中，产自福建的红曲黄酒最为著名。

（3）小曲黄酒

小曲是以米粉（或米糠）为原料，添加少量中草药，接种曲母，通过人工控制温度培育而成。小曲黄酒是通过添加小曲作为糖化发酵剂半固态发酵而成。在小曲黄酒生产上，用中药制曲是小曲黄酒的特色。我国的小曲黄酒主要分布于江苏、浙江、河南、广东等。

1.2.1.5 按生产工艺分

（1）摊饭酒

摊饭法是指将蒸熟的米饭散在凉场上，用空气进行冷却，然后将饭、水、曲及酒母混合进行发酵，用此法制成的酒称为摊饭酒。摊饭酒口味醇厚、风味好，绍兴中的元红、加饭、善酿和仿绍酒、老熬酒、红曲酒等均采用摊饭法酿制而成。

（2）淋饭酒

淋饭法是指米饭蒸熟后，用冷水浇淋急速冷却，然后拌入酒药进行糖化后加水发酵，用此法生产的黄酒称为淋饭酒。采用淋饭法冷却，速度快，淋后饭粒表面光滑，宜于拌药及好氧微生物在米粒表面生长，但米饭的有机成分流失较摊饭法多。在绍兴酒的酿制过程中，“淋饭酒”主要做酿酒时接种用的酒母，所以又叫“淋饭酒母”。大多数甜型黄酒采用此法。

（3）喂饭酒

喂饭法是指将酿酒原料分成1～2批喂饭发酵，第一批先做成酒母然后再分批添加新原料，使发酵继续进行，用此法酿成的酒称为喂饭酒。由于分批喂饭，使酵母在发酵过程中能不断获得新鲜营养，保持持续旺盛的发酵状态，也有利于发酵温度的控制，增加酒的浓度，减少成品酒的苦味，提高出酒率。黄酒中采用喂饭法生产的较多，比如嘉兴黄酒、日本清酒等。

1.2.2 黄酒的分布

我国黄酒品种、产业地域分布广泛，以秦岭淮河线为界，可以分为南方黄酒和北方黄酒两大派系。

1.2.2.1 黄酒的主要产区

我国黄酒主要产区分布在：华东地区的上海市、江苏省、浙江省、福建省、山东省，华北地区的山西省，西北地区的陕西省，华中地区的河南省、湖北省，以及华南地区的广东省。每个产区都有其独特的生态特征，包括水系、土壤、气候、生物等，它们之间相互作用，进而成就了每个产区独一无二的黄酒品种。各产区黄酒分布如表1-11所示。

表 1-11 各产区黄酒分布

地区	省/直辖市	市/区	黄酒酒种
华东地区	上海市	金山区	上海老酒
	江苏省	苏州市	沙洲优黄、同里红
		镇江市	丹阳封缸酒、恒顺黄酒
		无锡市	惠泉黄酒、玉祁双套酒
		常州市	金坛封缸酒
		南通市	穆义丰、米格黄酒、糯米陈酒、白蒲黄酒
	浙江省	绍兴市	绍兴黄酒
		金华市	丹溪红曲酒、金华酒、东阳酒
		舟山市	德顺坊老酒
		杭州市	畲乡红曲酒
		嘉兴市	西塘黄酒
		湖州市	乾昌黄酒
		温州市	厨工黄酒
	福建省	福州市	福建老酒、青红酒
		宁德市	惠泽龙牌屏南老酒、古田红曲黄酒
		龙岩市	龙岩沉缸酒、汀州客家酒
		南平市	蒲城包酒、建瓯乌衣红曲"三冬老"黄酒
		三明市	尤溪桂峰黄酒、吉山老酒
		漳州市	坂里红曲酒
	山东省	青岛市	即墨老酒、妙府黄酒
		临沂市	兰陵美酒
华北地区	山西省	忻州市	代州黄酒
		晋中市	平遥"长昇源"黄酒
西北地区	陕西省	西安市	黄桂稠酒、户县黄酒
		汉中市	谢村黄酒
		延安市	志丹糜子黄酒
		安康市	王彪店黄酒
华中地区	河南省	南阳市	邓州黄酒
		焦作市	怀帮黄酒
		鹤壁市	大湖九河黄酒
		安阳市	双头黄酒
	湖北省	十堰市	房县黄酒、郧县黄酒
		襄阳市	枣阳黄酒
华南地区	广东省	河源市	龙乡贡客家黄酒、连平客家娘酒
		梅州市	梅县客家娘酒

1.2.2.2 黄酒的全国分布地图

全国黄酒分布如图 1-2 所示。

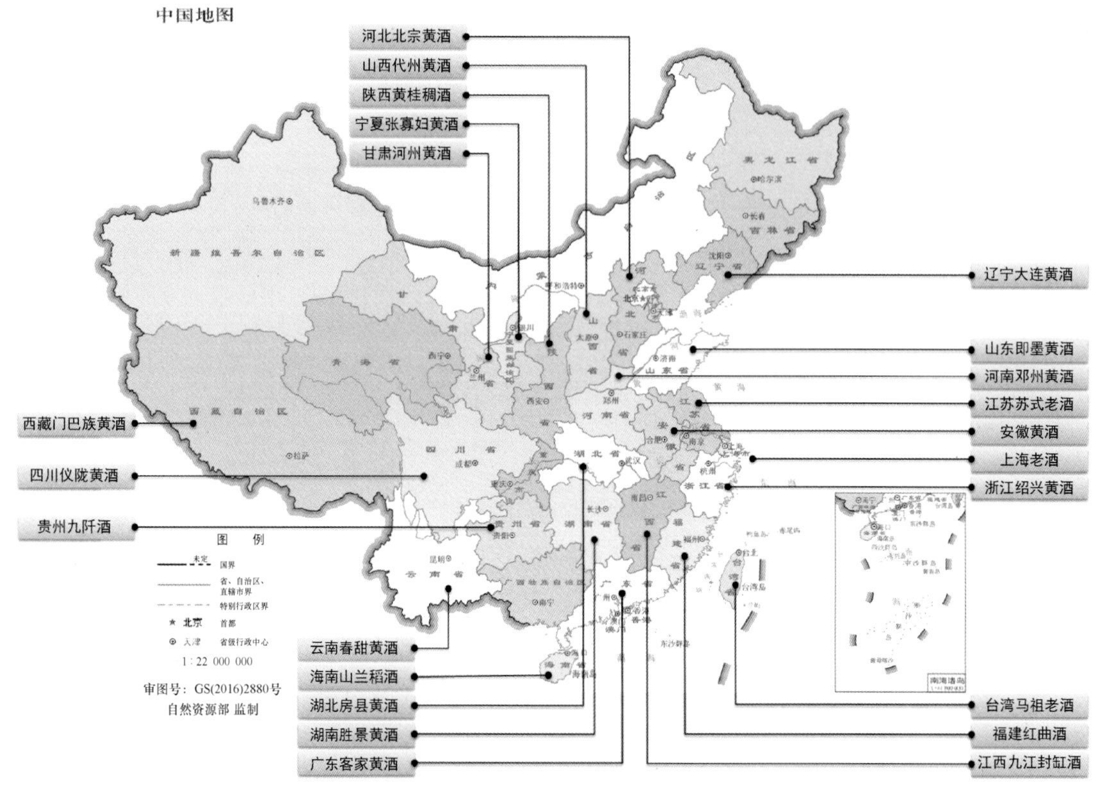

图 1-2 黄酒的全国分布地图

参考文献

[1] 国家市场监督管理总局，中国国家标准化管理委员会. GB/T 13662—2018 黄酒 [S]. 北京：中国标准出版社，2018.

[2] 孙宝国. 国酒 [M]. 北京：化学工业出版社，2019.

[3] Patrick E McGovern, Juzhong Zhang, Jigen Tang, et al. Fermented beverages of pre-and proto-historic China [J]. Proceedings of the National Academy of Sciences Dec, 2004, 101 (51): 17593-17598.

[4] 王赛时. 中国酒史 [M]. 山东：山东画报出版社，2018.

[5] 杨一. 谁才配得上国酒的称号 [J]. 中国酒，2019，(10)：80-81.

第二章

黄酒酿造的原料与辅料

黄酒酿造原、辅料需满足一定要求，酿造用水应符合 GB 5749—2006 标准，稻米等粮食原料应符合 GB 2715—2016 的规定。特型黄酒生产过程中，可添加符合国家规定的、按照传统既是食品又是中药材的物质。黄酒生产过程中用于抑制发酵的白酒或食用酒精应符合相关标准要求。适宜酿造黄酒的原料、麦曲和酿造用水是高品质黄酒的形成基础。根据黄酒酿造过程中原、辅料不同的作用，稻米被喻为“酒之肉”，曲被喻为“酒之骨”，水被喻为“酒之血”，分别形象地表明了它们在黄酒酿造生产中的重要作用。

2.1 稻米原料

稻谷，是指没有去除稻壳的籽实，在植物学上属禾本科稻属，普通栽培稻亚属中的普通稻亚种。人类共确认出 22 类稻谷，但是唯一用于大宗贸易的是普通类稻谷。我国是稻作历史最悠久、水稻遗传资源最丰富的国家之一，湖南道县寿雁镇玉蟾岩遗址出土的古栽培稻标本证实，中国的稻作栽培已有 1.4 万年以上的历史，是已知的世界栽培稻起源地。

稻米是最重要的农产品之一，除了作为日常主食为人们提供必要的能量外，它还是许多深加工食品的主要原料。据调查全球共有 100 余个国家种植稻米，虽然稻米品种共计 4000 余种，但只有很少部分被用于食用和商业种植。我国是世界稻米生产大国，占整个亚洲稻米产量的 94%，而占全球产量的 93%。我国历史上最早种植水稻是长江下游的居民，早在 7000 年前，长江下游的原始居民已经完全掌握水稻的种植技术，并把稻米作为主要食粮。通过已有研究表明稻米品质与品种、种植环境条件有很大关系。由于我国稻米种植的地域广阔、品种繁多，其品质控制长期以来都未能形成统一有效的描述方法，目前稻米等级分类的相关标准的执行依据是 GB/T 1354—2018。

稻米是黄酒酿造中最常用的原料，目前我国的优质稻米能够满足黄酒酿造需求，同时我国南、北方因气候、土壤等因素在粮食农作物的种植方面存在差异，因此在黄酒酿造的选择上有所区别，南方所用的酿酒原料多为糯米、粳米和籼米，北方过去仅使用黍米（大黄米）和粟米（小米），现在也使用糯米、粳米和玉米等原料。原料的优劣对酒的质量和产量影响极大，不同产地、品种、等级的原料与酿造的难易程度相关。在黄酒酿造中，原料是黄酒生产的基础和必要条件，了解原料的分类、结构和理化性质，主要原料稻米与黄酒酿造的关系，高品质稻米的模式识别以及正确的稻米的酿造前加工处理对黄酒的酿造极为重要，建立稻米原料的模式识别和酿造工艺中正确的浸米过程对提高稻米利用率和提升黄酒品质具有重要的意义。

2.1.1 稻米的分类

稻米按外形、粒质和收获季节可以分为糯米（北方称为江米）、粳米和籼米三类。稻谷脱去颖为糙米，糙米碾去糠皮为稻米。糙米和稻米的分类根据稻谷的分类方法南方分为糯米（有籼糯米、粳糯米之分）、粳米和籼米（有早籼米、晚籼米之分）。糙米按纯粮分等，稻米按照加工精度分类等。2019 年 5 月 1 日实施的 GB/T 1354—2018 规定按照食用品质将稻米分为大米和优质大米。按照原料稻谷类型，大米分为籼米、粳米、籼糯米、粳糯米四类；优质大米分为优质籼米和优质粳米两类。不同类别的稻谷在结构和组成上存在一定的区别。

2.1.1.1 **糯稻米**

糯性稻米一般呈乳白色，不透明，也有的呈半透明状（俗称阴糯），黏性大。糯性稻米有籼性糯性稻米（籼糯）和粳性糯性稻米（粳糯）两种。籼糯一般呈长椭圆形或细长形，粳糯一般呈椭圆形。籼糯所含淀粉绝大多数为支链淀粉，直链淀粉含量约为0.2%～4.6%；粳糯所含淀粉几乎全是支链淀粉。

2.1.1.2 **粳稻米**

粳稻米属于粳性非糯性稻米，粒形较阔，一般心白、腹白及背白少，透明度高，糊化温度低，胶稠度软，米粒伸长度中等，稻粒一般呈椭圆形，米质黏性较大，胀性较小，因而出饭率低，蒸出的米饭较稠。

粳米直链淀粉含量较高，质地较硬粳米的直链淀粉含量平均在18.4%±2.7%，所以呈硬性和不黏松散的饭粒。直链淀粉含量与米饭吸水性、蓬松性呈正相关，与软性、黏度、光泽呈负相关。直链淀粉含量与品种也有关，含直链淀粉低的粳米品种，在蒸煮时较为黏湿，且有光泽，过熟会很快散裂分解。直链淀粉含量高的品种在蒸煮时干燥而蓬松，色暗，冷却后易变硬。我国华东一带种植的有芒早粳，含直链淀粉23.1%，胶稠度中等，熟米饭伸长度达200%，品质特征部分偏向籼米，是粳米品种里的硬质米。粳米按照种植季节和生长发育期可以分为早粳米、中粳米和晚粳米。优质的粳米产地主要在中国长江以北一带。

2.1.1.3 **籼稻米**

籼稻米属于籼性非糯性稻米，根据粒质和收获季节又分为早籼稻米和晚籼稻米两种，由于中、晚籼稻的种植和收获时间连续，用途相近，通常把中、晚籼稻归为一类，与早籼稻相区别。籼米的直链淀粉含量高达23.7%～28.1%（最高值达35%），米粒伸长度绝大多数为中等度，胶稠度硬，长度为25.5～33mm，稻粒一般呈长椭圆形或细长形，米质黏性较小。早、中籼米粒伸长度为140%～180%，粒形瘦长，淀粉充实度低，质地疏松，透明度低，精白时易碎。一般的早、中籼米因胚乳垩白程度高，所以米粒淀粉充实度不高，质地疏松，不仅透明度低，外观不佳，碾轧时容易破碎，降低了精米率，绝大多数为中等糊化温度。

籼米和粳米都是营养丰富的主食，含有多种营养成分，习惯上将籼米和粳米称为稻米。同一品种的稻米营养成分变化规律是：糙米＞标二米＞标一米＞特等米。这是因为糙米皮层含有丰富的营养素，在精米加工过程中，部分皮层被碾抹掉，稻米的加工精度越高，稻米的营养也随之降低。

GB/T 1354—2018规定了大米和优质大米的质量标准，其中碎米（总量及其中小碎米含量）、加工精度和不完善粒含量为定等指标，质量指标见表2-1和表2-2。

表2-1 大米质量指标

质量指标		籼米			粳米			籼糯米		粳糯米	
等级		一级	二级	三级	一级	二级	三级	一级	二级	一级	二级
碎米	总量/% ≤	15.0	20.0	30.0	10.0	15.0	20.0	15.0	25.0	10.0	15.0
	其中：小碎米含量/% ≤	1.0	1.5	2.0	1.0	1.5	2.0	2.0	2.5	1.5	2.0

续表

质量指标		籼米			粳米			籼糯米		粳糯米	
加工精度		精碾	精碾	适碾	精碾	精碾	适碾	精碾	适碾	精碾	适碾
不完善粒含量/% ≤		3.0	4.0	6.0	3.0	4.0	6.0	4.0	6.0	4.0	6.0
水分含量/% ≤		14.5			15.5			14.5		15.5	
杂质	总量/% ≤	0.25									
	其中:无机杂质含量/% ≤	0.02									
黄粒米含量/% ≤		1.0									
互混率/% ≤		5.0									
色泽、气味		正常									

注：来源于 GB/T 1354—2018。

表 2-2 优质大米质量指标

质量指标		优质籼米			优质粳米		
等级		一级	二级	三级	一级	二级	三级
碎米	总量/% ≤	10.0	12.5	15.0	5.0	7.5	10.0
	其中:小碎米含量/% ≤	0.2	0.5	1.0	0.1	0.3	0.5
加工精度		精碾	精碾	适碾	精碾	精碾	适碾
垩白度/% ≤		2.0	5.0	8.0	2.0	4.0	6.0
品尝评分值/分 ≥		90	80	70	90	80	70
直链淀粉含量/% ≤		13.0～22.0			13.0～20.0		
水分含量/% ≤		14.5			15.5		
不完善粒含量/% ≤		3.0					
杂质	总量/% ≤	0.25					
	其中:无机杂质含量/% ≤	0.02					
黄粒米含量/% ≤		0.5					
互混率/% ≤		5.0					
色泽、气味		正常					

注：来源于 GB/T 1354—2018。

2.1.2 稻米的结构形态和理化性质

2.1.2.1 稻米的结构

稻谷籽粒由颖（稻壳）和颖果（糙米）两部分组成。糙米由谷皮（果皮、种皮、外胚乳）、糊粉层、胚乳和胚四部分组成。有些研究认为胚乳是米粒的最大部分，包括糊粉层和淀粉细胞。

稻谷籽粒各组成部分的结构特点如表 2-3 所示。

表 2-3 稻谷籽粒各组成部分的结构特点

生物学结构	主要组成	厚度/μm	占整个稻谷质量/%
颖(稻壳)	纤维素、无机盐等	24.0～30.0	16.0～20.0
果皮		7.0～10.0	1.2～1.5
种皮(包括外胚乳)		3.0～4.0	<1.0
糊粉层、亚糊粉层	蛋白质、脂肪、维生素、无机盐和有机磷酸盐等	11.0～29.0	4.0～6.0
胚乳(白米)	淀粉细胞等	—	66.0～72.0
胚(胚芽)	蛋白质、脂肪、糖类和维生素等	—	2.0～3.5

(1) 谷皮

谷皮是果皮（自外向内分为外果皮、中果皮和内果皮）、种皮、外胚乳的统称。谷皮的主要成分不包含淀粉，主要是纤维素、无机盐等，碾米时，大部分皮层被碾米机碾去成米糠，所以谷皮也称为糠层。

(2) 糊粉层

糊粉层由排列整齐的近乎方行的厚壁细胞组成。糊粉层细胞比较大，胞腔内充满小的粒状物质，叫做糊粉粒，其富含蛋白质、脂肪、维生素、无机盐和有机磷酸盐等。糊粉层占整个稻谷质量的4%～6%。谷皮和糊粉层统称为米糠层，米糠含有20%～21%的脂肪，如果脂肪和蛋白质含量过多，不利于酒的风味，所以精白度高的米更适合作为酿酒原料。

(3) 胚乳

胚乳是稻米最主要的组成部分，可供食用，位于糊粉层内侧，在稻谷发芽和苗期作为营养源，其质量约为整个稻谷的70%。胚乳主要是淀粉细胞，淀粉细胞中充满了淀粉粒。胚乳淀粉是酿酒利用的主要成分。米粒的胚乳有的全部为角质，有的全部为粉质，也有角质和粉质兼有。对于后一种情况，一般粉质多位于米粒的腹部（俗称腹白粒）或心部（称心白粒）。如果腹白、心白的部分大于米粒的1/3，称为垩白粒。淀粉细胞生长一般是内部较早，越靠近周围生长越晚，所以细胞以中心线为中心，有向四面做放射状排列为同心圆的趋势。颖果表面光滑，具有蜡状光泽，并有纵向沟纹5条，背上的一条叫背沟，两侧面上各有两条纵沟，其中较明显的一条是内外颖勾合部位形成的痕迹，另一条与外颖上最明显的一条脉纹相对应。纵沟的深浅随稻谷品种的不同而异，它对出米率有一定的影响。碾米主要是碾去颖果的皮层，而纵沟内的皮层往往很难全部碾去，必然对胚乳造成很大的损伤。因此，在其他条件相同的情况下，如要达到同一精度（糙米表面去皮程度），则纵沟越浅，皮层越易碾去，胚乳损失小，出米率就高；反之，出米率则低。

(4) 胚

胚位于颖果腹部下端，占整个稻谷质量的2%～3.5%，是生理活性最强的部分，蛋白质、脂肪、糖类和维生素等营养物质丰富，对酿酒不利。胚的组织结构较松散，与胚乳连接不甚紧密，砻糠时容易脱落。胚由盾片和胚芽组成。盾片可以分为几个部分，上皮层与胚乳连接，发芽时分泌各种酶类，使胚乳储存物质转化为可以被利用来供给胚芽生长所需的养

分。胚芽鞘包围胚芽的顶端，舌状的外胚叶保护其侧面。胚根鞘包围着胚根。胚芽可分为幼芽、胚根和胚轴。胚轴位于幼芽和胚根之间，胚根可分化出根冠。碾米时脱落下来的胚混落在米糠中，如果经过提胚并提纯即为米胚。米胚是稻米的精华所在。

2.1.2.2 稻米的物理性质

稻米的物理性质是指稻米在加工过程中反映的各种物理属性，如色泽、气味、粒形、粒度及其均匀性、千粒重、密度、容重、粒质、裂纹（爆腰）粒、谷壳率、米粒强度等。这些物理性质与稻米加工的工艺效果有着密切的关系，因此对此进行了解是很有必要的。

（1）谷粒的色泽和气味

正常的谷粒色泽应该是鲜黄色（有色米稻米除外），无不良气味。未成熟的谷粒一般呈黄绿色。发热发霉的谷粒不仅米粒颜色黄变，失去正常的色泽，而且还会产生霉味，甚至苦味。陈稻谷的色泽和气味要比新鲜稻谷差。

（2）谷粒的粒形、粒度及其均匀性

谷粒的形状（粒形）和大小（粒度）因稻米的类型和品种不同差异很大，即使是同一品种的稻米，由于田间生长的气候条件不同，其籽粒的粒形、粒度也有所差异。稻米籽粒粒形有三度尺寸：长度、宽度和厚度。长度是三度尺寸的最大者，宽度是其次者，厚度是最小者。稻米的粒形按照长度比例可分为 3 类：细长粒形，长宽比大于 3；长粒形，长宽比 2～3；短粒形，长宽比小于 2。一般籼稻米属于前两类，而粳稻米大部分属于后一类。稻谷的粒度指籽粒的大小，一般用千粒重来表示。

籽粒越接近球形，其壳和皮所占的质量分数就越小，胚乳的质量则相对较大，且其耐压性越强。同一品种的稻米，以粒度大的为优。同批次的稻米要求粒形相一致，粒度均匀。

（3）容重、千粒重和密度

容重是指单位容积内的稻谷质量，以 kg/m^3 表示。粳稻谷、粳糙米、粳米的容重一般分别为 $560kg/m^3$、$770kg/m^3$、$800kg/m^3$；而籼稻谷、籼糙米、籼米的容重分别是 $584kg/m^3$、$748kg/m^3$、$780kg/m^3$。容重在一定程度上反映籽粒的大小和饱满程度。同一品种的稻谷中，凡是较大、饱满结实者，其容重则大，出精率较高。

千粒重是指 1000 粒稻谷的总质量，以 g 为单位。千粒重大的籽粒饱满结实，角质粒高，出米率高。大粒稻谷的千粒重大于 26g，中粒稻谷的千粒重 22～26g，小粒稻谷的千粒重小于 22g。

密度是指稻谷籽粒单位体积的质量。相对密度一般约为 1.18～1.22。同样，稻谷密度的大小决定于籽粒的饱满程度和胚乳结构。一般说来正常而充分成熟、粒大而饱满的谷粒，其密度必然较发育不良、成熟不足、粒小而不饱满的谷粒为大，其出米率也高。因此，密度也可以作为评定稻谷品质的一项指标。

（4）粒质

粒质是指胚乳的结构，一般分为角质粒、粉质粒和蜡白色胚乳三类。角质粒具有光滑的玻璃状或琥珀质的胚乳，又称透明粒（指腹白程度小于 1/10 体积的籽粒）。出口规定：米粒透明，基本无腹白，呈玻璃质，但腹白和不透明部分不足整个籽粒 1/10（一般为腹白部分未达到米粒靠近腹部的第一条侧纵沟）者仍作为透明粒，简称明粒。透明程度则指角质粒（透明粒）占试样质量的百分率。粉质粒是指结构松散、胚乳呈粉质、局部透光的稻粒，其中籽粒不饱满、外观全部呈粉质的颗粒为未熟粒。蜡白色胚乳一般为糯性米胚乳。米粒腹部的白色部分叫做腹白，白色部分位于米粒中央时叫做心白。凡是具有腹白和心白的米粒都称为腹白粒。腹白度是指米粒的白色部分的大小。如上所述，腹白度小于米粒1/10的籽粒归属于角质粒，腹白度大于米粒1/2的籽粒常称为垩白粒，腹白度大于1/10～1/2的称为腹白粒。由于心白米的心白部分是淀粉粒排列较疏松的柔软部分，它的周围是淀粉排列紧密的坚硬部分，软硬连接处孔隙较多，吸水好，酶容易进入，因而容易糊化和糖化，心白多的大粒米适合酿酒。角质粒、腹白粒、垩白粒、粉质粒、未熟粒的出米率、食用品质和营养品质依次降低。

（5）裂纹粒和谷壳率

裂纹粒是指糙米粒面出现裂纹的颗粒，又称爆腰粒。如裂纹为纵横裂纹，称为龟板粒。米粒中裂纹粒占试样颗粒的百分数为裂纹率（爆腰率）。裂纹是由于对稻米采取急剧加热或者冷却，使米粒表面与内部在膨胀或收缩上产生不均匀的应力错位，或者受到外力的撞击作用而产生的。裂纹粒的强度较正常米粒低，加工时出碎率高。

谷壳率是指稻谷的谷壳占稻谷质量的百分数。谷壳率高的稻谷千粒重小，谷壳厚且包裹紧密，脱壳困难，出糙率低。

（6）米粒强度

米粒强度是指稻米粒承受压力和剪切折断大小的能力。一般分为抗剪切强度（籽粒抗剪切破碎的能力）和抗压强度（籽粒受外压时抵抗破碎的能力），可用米粒硬度计来测定，其大小以每粒米所能承受外力的大小来表示。米粒强度大，在加工时就不易压碎和折断，出碎少，整精米粒高。米粒强度因品种、米粒饱满程度、胚乳结构、水分含量和温度等因素的不同而有差异。通常蛋白质含量高、透明度大的米粒强度比蛋白质含量低、胚乳组织松散、不透明的米粒大。粳稻米的米粒强度比籼稻米的大，晚稻米的米粒强度比早稻米的大，水分低的米粒强度比水分高的大，冬季稻米的米粒强度比夏季的大。据测定，米粒在5℃强度最大，随着温度的上升，其强度逐渐降低。

2.1.2.3 稻米的化学性质

要提高稻米资源的生物转化率和生物利用度，了解和掌握稻谷籽粒各部分的化学组成、营养价值、生理功效和功能特性至关重要。唯有如此，才能科学地进行开发研究，合理有效地加工利用。

（1）稻米的化学成分

稻米的化学成分包括水分、碳水化合物、蛋白质、脂肪、纤维素、无机盐、维生素等。

① 水分

水分是稻米的重要化学成分，它对稻米的生理有重大影响，与稻米的储存和加工关系也很密切。稻米的水分含量一般为13%～15%，一般不能超过15%，水分过高则贮藏性差。目前，稻米的水分含量测定参照GB 5009.3—2016《食品安全国家标准　食品中水分的测定》。

② 碳水化合物（淀粉及糖分）

稻米中淀粉含量一般在80%以上，稻米的淀粉含量随精白度增加而增加。稻米中还含有0.37%～0.53%的糖分。酿酒通常选择淀粉含量高的稻米。淀粉含量测定参照GB/T 5009.9—2008《食品中淀粉的测定》中酸水解法。

③ 蛋白质

蛋白质多分布在米的外侧，随着米的精白而减少，糙米含蛋白质7%～9%，精米含蛋白质5%～7%。蛋白质种类主要是谷蛋白，经蛋白酶分解可生成肽和氨基酸。氨基酸是黄酒中重要的营养成分，部分氨基酸会转化生成高级醇，但高级醇的含量过高会给黄酒带来异杂味。蛋白质的含量过高，也会有损黄酒的风味和稳定性。蛋白质含量测定参照GB 5009.5—2010《食品安全国家标准　食品中蛋白质的测定》中凯式定氮法进行测定。

④ 脂肪

脂肪对酿酒来说是有害物质。脂肪主要分布在糠层中，其含量为糙米质量的2%左右，含量随米的精白而减少。精白大米脂肪含量一般0.2%～1.4%。稻米中的脂肪多为不饱和脂肪酸，容易被氧化变质，影响黄酒的风味。脂肪含量测定参照GB/T 5512—2008《粮油检验　粮食中粗脂肪含量测定》中索式抽提法。

⑤ 纤维素、无机盐、维生素

稻米中还含有微量元素，其中精白稻米纤维素质量分数仅为0.4%，无机盐为0.5%～0.9%，主要为磷酸盐。维生素以水溶性维生素 B_1、维生素 B_2 最多，还含有少量维生素A。

黄酒的品质和稻米的化学成分含量相关，应选用质地软、颗粒大、心白多、淀粉含量高的稻米作为酿酒原料。不同类型的稻米水结合力不同，水结合力的强弱与淀粉颗粒结构的致密程度有关，籼米和粳米水结合力一般为107%～120%，而糯米则较高，可达128%～129%。不同种类稻米化学成分的比较如表2-4所示。

表2-4　不同种类稻米化学成分的比较　　单位：%

类别	水分	碳水化合物	淀粉	蛋白质	脂肪	纤维素	灰分
糯米	14.62	90.85	87.25	6.30～6.50	0.20～1.18	0.21	0.79
粳米	14.03	87.52	87.30	6.70～7.20	0.80～1.40	0.26	0.64
籼米	13.21	85.03	84.71	6.90～7.17	0.79～1.07	0.20	0.86

注：直链淀粉包含在碳水化合物（淀粉及糖分）内。

（2）稻谷籽粒及其组成部分

稻谷籽粒及其组成部分营养成分含量如表2-5所示。

表2-5　稻谷籽粒及其组成部分营养成分含量　　单位：%

名称	水分	蛋白质	纤维素	脂肪	灰分	无氮抽出物①
稻谷	11.68	8.09	1.80	8.89	5.02	64.52
糙米	12.16	9.13	2.00	1.08	1.10	74.53
大米	14.00～16.00	6.50～8.00	0.30～0.50	0.70～3.00	—	72.50～78.50
胚乳	12.40	7.60	0.30	0.40	0.50	78.80
胚	12.40	21.60	20.70	7.50	8.70	29.10
米糠	13.50	14.80	18.20	9.00	9.40	35.10
稻壳	8.49	3.56	0.93	39.05	18.59	29.38

① 无氮抽出物：胚乳中主要是淀粉，米胚和皮层中不含淀粉，稻壳中主要是戊聚糖。

（3）糙米粒各部分的化学成分

糙米粒各部分的营养成分含量如表2-6所示。

表 2-6 糙米粒各部分的营养成分含量 单位：%

名称	粗蛋白	粗脂肪	灰分	全磷
糙米	9.20	2.74	1.42	3.56
果皮和种皮	17.10	13.70	6.20	17.90
糊粉层	17.90	18.30	7.10	21.70
胚乳	8.00	0.44	0.45	1.44

据美国农业部研究报告称，稻米中65%的营养素（营养物质和必需成分）蓄积在米胚和皮层中。科学家应用现代检测技术对稻米的各部分进行食品分析和测定，稻米中存有的生物活性成分几乎全部聚集在米胚和皮层中，已知米胚和皮层中的生物活性成分高达数十种之多。随着分析方法的进步，新的生物活性成分还在不断地被发现。

2.1.2.4 稻米抛光对营养成分和黄酒酿造的影响

糙米经过多机碾白后，去除碎米和糠片，经喷雾着水、润米后（使胚乳和米糠的结合力减小，由于添加的水很少，仅在米粒的表面形成一层薄薄的膜，加之抛光时间不长，对大米的含水率没有影响），进入抛光机的抛光室内，在一定的压力和温度下，通过摩擦使米粒表面上光，这个加工过程叫做大米抛光。大米抛光是大米精加工工艺流程中必不可少的一道工序。

（1）大米抛光前后的区别

从营养上有区别，抛光大米不如不抛光大米有营养，谷皮是大米的最外层，主要含有纤维素和半纤维素，含有一定量的蛋白质、脂肪、维生素和较多的无机盐，在大米抛光过程中全部损失。

从加工方式上，抛光大米：第一脱去谷壳，得出带米皮的大米再次加工（俗称抛光），出来的物品是精白大米（脱去米皮），附属品是玉糠，一般是较大型的机械加工。不抛光大米：直接用稻谷加工，加工出来的大米带点米尘，附属品是直出糠，一般是乡村的小型机械加工。

（2）大米抛光的优缺点

大米米粒的表面还带有少量糠粉，影响大米的外观品质、储存性和制成的米饭的口感，所以需要通过抛光工序去掉这部分糠粉。抛光是清洁米加工的关键工序之一，由于抛光可去除米粒表面的糠粉，适当的抛光能使米粒表面淀粉胶质化，呈现一定的亮光，外观效果好，商品价值提高。

目前流行的抛光是湿式抛光，也就是在抛光的过程中加入适量的水，这样可使胚乳和留存在米上的少量米糠的结合力减弱，有利于彻底碾去米糠，提高米的光洁度和抛光均匀度。着水量通常约为大米流量的0.2%～0.3%。合理的水量可以有效地去除糠粉，降低米温，减少增碎，还起到使米粒表面淀粉预糊化和胶质化作用，淀粉糊化弥补裂纹，从而获得色泽晶莹光洁的外观质量，提高大米的储藏性能和实用品质。

大米抛光后能够获得颜色比较光亮的精白大米，精白大米口感虽好但营养不高，大米中60%～70%的维生素、矿物质和大量必需氨基酸都聚积在谷皮、糊粉层、胚芽等外层组织中。从这个角度讲，大米的传统加工工艺，如清选、去杂、碾白、抛光、色选等一系列加工程序，实际上破坏了大米的营养。抛光大米会将大米外层的营养物质打磨掉，降低大米的营养价值。

（3）大米抛光对营养成分的影响

国家标准 GB/T 1354—2009《大米》规定，大米按其加工精度分为一等（粒面等皮层去净≥90%）、二等（粒面等皮层去净≥85%）、三等（粒面皮层残留不超过五分之一的≥80%）、四等（粒面皮层残留不超过三分之一的≥80%）4 个等级。从一级到四级，大米加工程度呈递减趋势。大米的等级越高，只能说明其口感更好，并不代表其营养价值高。大米加工程度越高，意味着去掉的外层组织越多，流失掉的营养也就越多。目前，新国标 GB/T 1354—2018《大米》规定将根据加工精度大米分为精碾和适碾，精碾是指背沟基本无皮，或有皮不成线，米胚和粒面皮层去净占 80%～90%，或留皮度在 2.0%以下；适碾是指背沟有皮，粒面皮层残留不超过 1/5 的占 75%～85%，其中优质粳米中有胚的米粒在 20%以下，或留皮度为 2.0%～7.0%。同样，精碾加工程度高于适碾，适碾营养成分高于精碾。

抛光度加工对稻米营养成分变化有影响，研究证明，大米抛光时的损耗是，蛋白质 29%，脂肪 79%，铁 67%。抛光前后两种大米之间的蛋白质含量差异大约为 2g/100g，糙米和精米的矿物成分比较表明，精米中的矿物质含量降低。另外，对 20 种不同大米抛光后营养成分组成研究表明，水分含量在 4.0～11.4g/100g，干物质含量为 88.6～96.0g/100g，粗蛋白含量为 4.7～14.9g/100g，粗纤维含量为 6.4～41.5g/100g，乙醚提取物含量为 1.0～18.0g/100g，无氮提取物含量为 25.1～52.9g/100g，总灰分含量为 7.1～17.6g/100g。大米抛光的副产物具有丰富的营养价值，可与玉米、小麦和高粱等其他谷物媲美，含有蛋白质（13.2%～17.1%）、脂肪（14.0%～22.9%）、碳水化合物（16.1%）、纤维素（9.5%～13.2%）、维生素和矿物质。它也是磷、钾、铁、铜和锌的来源。研究表明大米抛光的副产物是天然存在的抗氧化剂的独特复合物。

（4）大米抛光对黄酒酿造的影响

大米在经过脱除谷壳成为糙米后，都需要再经过碾米精白才能作为黄酒酿造原料。糙米表面是一层含粗纤维较多的皮层（糠层）组织，含有较多的脂肪、粗蛋白、粗纤维，给黄酒带来异味，并影响酒体的稳定性。同时糠层组织难以膨化和溶解，米粒不易浸透，会延长蒸煮时间和出饭率，进而影响糊化和糖化。精白过程中的化学成分变化规律是：随着精白度的提高，白米的化学成分接近于胚乳；淀粉的含量比例随着精白度的提高而增加，其他成分（水分、蛋白质、矿物质、脂肪）则相应减少。

大米抛光一方面会损失掉聚积在谷皮、糊粉层、胚芽等外层组织中 60%～70%的维生素、矿物质和大量必需氨基酸；另一方面可能会造成不同种类大米的混合，陈米和发霉大米的混入等。黄酒含有丰富的氨基酸和维生素等营养成分，抛光大米用来酿酒会造成营养成分的缺失，影响黄酒的质量；杂米会导致浸米吸水、蒸煮糊化不均匀，米饭粒返生老化现象，容易沉淀生酸，影响酒质和出酒率；发霉大米会造成黄酒存在安全性问题。同样道理，大米抛光时，如果能做到适度抛光，也能去除糙米表面糊粉层中的蛋白质，能够减少蛋白质和脂肪给酒造成杂味，能够提升黄酒的风味和口感。

2.1.3 稻米与黄酒酿造

黄酒酿造对不同原料稻米的质量要求不同，糯米通常被用做高品质黄酒的酿造原料，以糯米为原料酿造的黄酒质量水平高于粳米和籼米。根据稻米的质量要求，选择黄酒酿造用米，一般淀粉含量高于蛋白质和脂肪含量，粒大饱满、颗粒完整、精白度高、杂质少、米质纯的稻米适合酿造黄酒。陈米作为原料会产生不利影响，一般不作为黄酒酿造原料。直链淀粉含量是评定稻米蒸煮品质的重要指标，黄酒酿造一般选择支链淀粉含量高的稻米。

2.1.3.1 糯米与黄酒酿造

不同种类的稻米都可以用来酿造黄酒，但在生产过程中发现糯米是最好的高品质黄酒酿造原料。食用糯米和酿酒糯米的要求也有所不同，作为食用糯米，对糯米的要求是口味好、黏度高、米粒紧实，蛋白质和脂肪等营养成分含量高。不同于食用糯米，黄酒酿造对糯米的要求首先是淀粉含量高以利于产酒、香气丰富，另外支链淀粉比例大以利于蒸煮糊化、糖化发酵，最后要求工艺性能好（吸水快而少，体积膨胀小）。软质心白的大粒糯米是酿酒的优质米。糯米基本上都是支链淀粉，蛋白质、脂肪含量少，吸水快、易蒸煮、蒸煮后体积膨胀小，手触饭粒有弹性感，糯而不烂，易糖化，发酵时饭粒能很好溶解，其中呈椭圆形、米粒形状短的粳糯酿酒的性能最好，直链淀粉结构紧密，蒸煮时消耗的能量大，但吸水多，出饭率高。而且发酵过程中酿酒微生物不能够完全利用支链淀粉，在后酵结束时有少量糊精和寡糖存在于发酵醪中，它们与其他物质赋予黄酒醇厚味，因而糯米是酿造黄酒的最好原料。以糯米作为酿造原料，残酒糟少，出酒率高，酒中残留的糊精和低聚糖较多，酒味醇厚，至今我国名优黄酒多以糯米为酿造原料。

黄酒酿造一般不选用陈糯米，因为陈糯米精白时碎米率较高，前酵较急，米饭溶解比新米差。糯米陈化速度最快，脂类物质在稻米贮藏过程中因氧化和水解而易产生酮、醛类异味，如“陈米臭”和苦味，使用陈糯米酿酒产生的米浆水带苦味，不宜作为浆水配入酒醅，严重时，在黄酒灌装后在陈酿过程中更易产生特殊的臭或轻微的油哈喇味，影响黄酒的质量。另外，需要注意的是选择糯米酿酒时不得含有杂米，杂米会导致浸米吸水、蒸煮糊化不均匀，米饭粒返生老化现象，容易沉淀生酸，影响酒质和出酒率。

由于糯米种植加工等原因，糯米作为原料酿造黄酒时还要考虑很多因素，糯米易出现互混率较高、水分较高、爆腰米等问题，都会给蒸煮带来影响，严重影响黄酒的正常发酵，因此必须抓好糯米原料的采购质量。

2.1.3.2 粳米与黄酒酿造

粳米亩产量高，成本低于糯米，含有较大比例支链淀粉，但其淀粉含量高、价格低、易采购，也被黄酒酒厂用做酿酒原料。一般粳米的糊化温度较低、胶稠度软，蒸煮时米饭吸水性较多，出饭率高。在现代酿酒技术下，可以保证粳米黄酒发酵正常，质量稳定。作为黄酒酿造原料发酵时，糖化分解较彻底，发酵正常而且出酒率较高，酒的质量较稳定，部分以粳米为原料如优质晚粳米（直链淀粉含量15%左右），在合适工艺条件下，完全可以生产出达到高档糯米黄酒水平的粳米黄酒。因为这些优点，粳米已成为江苏、浙江两省黄酒酿造的主要原料。但需要注意的是，用粳米酿造黄酒时，蒸煮时要喷淋热水，使米粒充分吸水，糊化彻底。另外，现在黄酒生产普遍采用机械化，粳米酿酒时会出现泡沫多，且发酵醪常成糨糊状，一方面造成醪液输送和压榨较困难，另一方面影响出酒率。目前采用适当添加酸性蛋白酶、纯种熟麦曲和 α-淀粉酶的方法来解决。添加淀粉酶不但能解决多泡问题，而且能提高氨基酸态氮含量。由于 α-淀粉酶大多不耐酸，在 pH5.0 以下失活严重，因此需要缩短浸米时间，并使用酵母活性强的高温糖化酒母发酵及增加酒母用量来防止酸败。

2.1.3.3 籼米与黄酒酿造

籼米直链淀粉含量较高，一般选择杂交晚籼米用来酿造黄酒。籼米作为酿酒原料蒸煮时吸水较多，米粒干燥蓬松，冷却后变硬，出现回生老化现象，影响糖化发酵作用，直链淀粉的β化是不可逆的，回生老化的部分淀粉，不能再被糖化和发酵，而饭粒中淀粉发糊状态比粳米更严重，导致出酒率较低、出糟较多，淀粉利用率低。不被糖化和发酵的淀粉会成为产酸菌的营养源，使发酵醪醪液生酸，影响风味，一般的早、中籼米酿酒性能比较差。

我国的杂交晚籼米的品种有军优 2 号、籼优 6 号等，它们的直链淀粉含量都在 24%～25%，蒸煮后米饭黏湿有光泽，但过熟会很快散裂分解。这类杂交晚籼米保持米饭的蓬松性和冷却后的柔韧性，品质偏向粳米，较符合黄酒生产工艺的要求。早、中籼米酿酒性能要差于晚籼米，因为它们的胚乳中蛋白质含量高，淀粉充实度低，质地疏松，碾轧时容易破碎；蒸煮时吸水较多，米饭干燥蓬松，色泽暗淡，冷却后变硬。

籼米酿造黄酒需要解决淀粉糖化的问题，浙江温州、金华等地区推广温州经验，用乌衣红曲为糖化发酵剂生产籼米黄酒，原因是乌衣红曲中的黑曲霉解决了籼米直链淀粉难糖化发酵的难题。后来，衢州采用熟麦曲加糖化酶及黄酒活性干酵母为糖化剂生产籼米黄酒，酒的质量好、出酒率高、成本低。在蒸煮方面将浸米粉碎进行蒸煮，解决籼米颗粒蒸煮的繁琐操作。

稻米中含有 90%的淀粉，淀粉分为支链和直链淀粉，支链淀粉黏性大于直链淀粉，两者不同的比例影响稻米的蒸煮品质，直链淀粉含量被作为稻米蒸煮品质的评价指标。黄酒酿造原料首先要求淀粉含量高，蛋白质、脂肪含量低（产酒高、香气足、杂味少）；储藏过程不易变质；支链淀粉比例高（利于蒸煮糊化、糖化发酵）；工艺性能好（吸水快而少，体积膨胀小）。以直链淀粉含量少的新米为佳，通常粳糯米＞籼糯米＞粳米＞籼米（表 2-7）。

表 2-7 不同种类稻米的基本化学成分 单位：%

种类	水分	直链淀粉	支链淀粉	蛋白质	粗脂肪
粳米	11.8±0.3[c]	17.7±0.2[b]	71.9±1.0[b]	7.78±0.08[c]	0.71±0.04[c]
粳糯米	12.3±0.3[c]	0.5±0.1[c]	84.2±0.9[a]	8.48±0.09[a]	0.97±0.04[a]
籼米	14.4±0.4[a]	27.9±0.9[a]	58.7±1.3[c]	8.32±0.07[b]	0.81±0.03[b]
籼糯米	13.6±0.3[b]	1.4±0.2[c]	82.8±0.2[a]	8.19±0.07[b]	0.87±0.04[b]

注：同列不同字母表示有显著性差异（$p<0.05$），除水分外其他均为干基成分。

稻米中直链淀粉含量的多少是稻米蒸煮品质的关键因子。稻米蒸煮品质（包括食用品质）、黏性、硬度、蒸煮时的吸水量、蒸煮时间、米饭体积等在很大程度上取决于稻米中直链淀粉和支链淀粉的含量变化。直链淀粉＜2%，稻米呈糯性，蒸煮时米饭很黏；直链淀粉 12%～19%，蒸煮时吸水率低，米饭柔软，黏性较大，涨性小，冷却后仍能维持柔软的质地，品质较好；直链淀粉 20%～24%，蒸煮时吸水率高，体积膨胀率大，糊化温度高，米饭蓬松，冷却后变硬。稻米中直链淀粉与支链淀粉有很大区别，如表 2-8 所示。

表 2-8 直链淀粉与支链淀粉的比较

项目	直链淀粉	支链淀粉
结构	D-葡萄糖基以 α-1,4-糖苷键连接的直线螺旋状多糖链结构	α-1,4-糖苷键和 α-1,6-糖苷键连接的树枝状结构,带有分支
分子中葡萄糖残基数	少	多
聚合度	990	7200
分子量	$1\times10^5\sim2\times10^5$	$>2\times10^7$
胶体溶液稳定性	成黏稠性较低的胶体溶液,长期静置产生沉淀	加热、加压成很黏的胶体溶液,性状稳定,不沉淀
性质	有光泽,黏附性和稳定性差	无光泽,黏附性和稳定性强
热水反应	溶解	不溶解,加热、加压下才溶解
淀粉水解酶作用下	全部水解成麦芽糖	62%水解成麦芽糖
在纤维上反应	全部被吸附	不被吸附
食用品质	性硬,蓬松	性软
碘吸收率及染色反应	吸收 19%碘,呈蓝色	吸收少量,呈紫红色

2.1.4 稻米的模式识别

黄酒行业快速发展的同时，依然存在着诸多问题，如：酿造技艺发展缓慢、研究方法不成体系、基础理论研究非常薄弱、黄酒品质稳定性差、黄酒消费市场受地域限制、行业发展方向不明确、业内存在无序竞争、宣传力度不够及行业规模普遍较小等，都将严重影响黄酒的发展。

黄酒企业扩大生产规模和产量，对黄酒酿造用原料大米的需求也自然增加，但以往基本都选用黄酒企业当地的优质大米作为酿造原料；黄酒主要产区基本都位于我国东部沿海城市，这些城市普遍占地面积较小，可用耕地本身就有限，加之城市快速发展占用耕地，导致城市可用耕地日益减少，粮食产出严重不足，故出现黄酒酿造用大米尤其是糯米供不应求的局面。因此有专家提出在黄酒产区以外建立原料大米生产基地以缓解原料大米供应不足的现状，浙江省也于 2007 年出台了黄酒企业在省外建立黄酒用大米基地的鼓励政策，在很大程度上解决了黄酒酿造用米紧缺的困境。但是不同产地适合种植的稻米不仅在品种上存在差异，即使是同一品种的稻米在不同地方生长，由于气候、日照、温度、湿度、土壤矿物含量、微生物种群等不尽相同，稻米品质特性也存在一定差异，不同品质的大米其黄酒酿造特性有一定差异，在生产时为不同大米确定最佳的黄酒酿造工艺成为首要任务。而由于不同品种和产地的大米在感官品质、化学组成、物理特性以及米粒表面微生物种群等方面存在一定差异，其酿造的黄酒也会有所不同，因此为了区分不同大米酿造黄酒的品质，建立更全面、精确的黄酒分类标准，确定不同大米对黄酒品质的影响也是非常必要的。

随着中国黄酒行业的快速发展，其生产工艺也不断革新，生产优质黄酒的主要原料已由传统工艺的糯米扩展为粳米和籼米。但是不同种类的稻米由于在化学组成、加工特性、微生物种群方面存在较大差异，导致了酿造的黄酒特性也不尽相同，每种稻米都具有相应加工工艺。如何通过快速而准确地识别稻米的品种及产地，进而确定黄酒酿造的最优工艺成为业内急需解决的问题。江南大学传统酿造食品研究中心——毛健教授团队首次以来自我国 10 个

不同地区包括粳米、籼米和糯米在内的10种大米为固体样本，采用溴化钾压片法、石蜡油调糊法、显微红外技术、基于OMNIC采样器的单点全反射法以及漫反射法等，选用漫反射傅里叶变换红外光谱（diffuse reflectance Fourier transform infrared spectroscopy，DR-FT-IR）对稻米样品进行红外采集，结合软独立模式分类（soft independent modeling of class analogy，SIMCA）模式识别建模方法对稻米的红外信息进行模式识别研究，确定了不同品质大米酿造优质黄酒的工艺并进一步建立以大米为中心的工艺库及快速确定大米酿造工艺的筛选系统，探讨了不同大米酿造的黄酒在化学计量学范畴的差异以及其与原料大米的相关性。这是世界范围内首次对黄酒酿造原料大米进行的一种快速、精确的模式识别方式，对提升黄酒产业化生产具有重要意义。基于消费者对黄酒的风味和口感等品质要求及黄酒国际化的发展趋势，未来黄酒产业的发展可能会向黄酒酿造专用稻米品种、专门产地、产不同风味的专用酿造功能微生物的方向发展，稻米的模式识别能够提供一定的理论基础。

2.1.4.1 稻米种类模式识别方法的建立

大米是一种复杂灰色体系，利用经典的化学分析方法，通过分离、纯化等前处理进行定量检测，最终利用这些信息对大量大米的品种和产地进行分类和识别已经不再可行。有研究发现，化学计量学和光谱学相结合的方法可以进行高通量的数据采集和分析，这解决了物质中信息复杂、难于归类的问题。

（1）基于DR-FTIR与SIMCA大米模式识别方法介绍

化学计量学包含简单的数理统计如标准偏差、置信区间、有效数字、显著性分析、正态分布等，长期以来都被应用于分析化学领域，这些相对简单的统计学与数学方法随着在分析化学领域的应用范围拓宽，深度增加，加之吸收了行为心理学、经济计量学、信息科学、计算机科学等逐渐发展成为数据与信息分析方法，并成功应用于更为复杂的分析工作中，最终成为一门比较成熟的学科，其基本任务是应用和发展统计学方法及其他数学方法进行实验设计，并从大量的实验测量数据中获得有用的化学信息。

红外光是自然光谱中的一种，人们很早就发现了红外光，但直到20世纪50年代初期才出现了商品红外光谱仪，至此红外光谱技术作为一种有效的手段应用于科研和生产，也揭开了有机物质结构鉴定的新篇章，随着不断发展，傅里叶变换红外光谱（FTIR）技术成为了重要的分析手段，得到了十分广泛的应用。FTIR的广泛应用与该方法具备的优点密切相关。由于单色器的存在，使得全部范围的光束可同时照射样品，根据菲尔盖特效益可以使分析时间大幅降低；FTIR的分辨率可低于0.001cm^{-1}，分析物质的稍微改变都能精确测量；傅里叶变换的模/数转换功能，可对IR结果进行多次扫描并累加，能够降低随机噪声信号的影响，有效提高谱图质量；全面的采样技术，使FTIR能够测定任何气体、液体以及固体样品，固体样品可以采用溴化钾研磨法、石蜡油调糊法或者反射方法进行测定，液体样品可以采用涂膜法或液体样品池法测定，而气体样品则利用气体样品池直接测定；针对特殊样品FTIR还发展了很多种专一的测量技术如漫反射傅里叶变换红外光谱法（DR-FTIR）、衰减全反射傅里叶变换红外光谱法（ATR-FTIR）、红外显微镜等；除此以外，红外还具有样品用量少、制样简单无污染、无损检测等优点，广受研究者的青睐。DR-FTIR是随着漫反射附件的发展而兴起的众多红外采集方法中的一种。

模式识别是化学计量学的一个重要分支，是对表征事物或现象的各种形式的（数值的、文字的和逻辑关系的）信息进行处理和分析，以对事物或现象进行描述、辨认、分类和解释的过程。模式识别主要集中在研究生物体感知对象的方式以及计算机模拟实现的理论和方法，涉及心理学、生理学、生物学、神经生理学等认知科学的范畴，也属于数学、信息科学和计算机科学。SIMCA 的基本思想是对训练集中每一类已知样本分别进行 PCA（principal component analysis，主成分分析）分析并建立数学模型，然后将未知样品与已建立的模型进行拟合，确定未知样品属于哪一类或不属于任何一类，这一思想基础表明 SIMCA 计算时，已不再受样品数目与变量个数的比例的严格限制，使该法能够被广泛地应用。通常 SIMCA 都包括两个主要步骤：建立每一类样本的 PCA 回归模型；利用模型对未知样本进行拟合，确定其分类。

（2）稻米种类模式识别方法的建立

图 2-1 是 SIMCA 模式识别的示意图，从图中明显看出该模式识别数据分为训练集原数据和预测集原数据，训练集则用于建立 SIMCA 模型。整个模式识别由预处理方法的确定、PCA 模型及 SIMCA 模型的建立、模型检验 3 大部分构成。

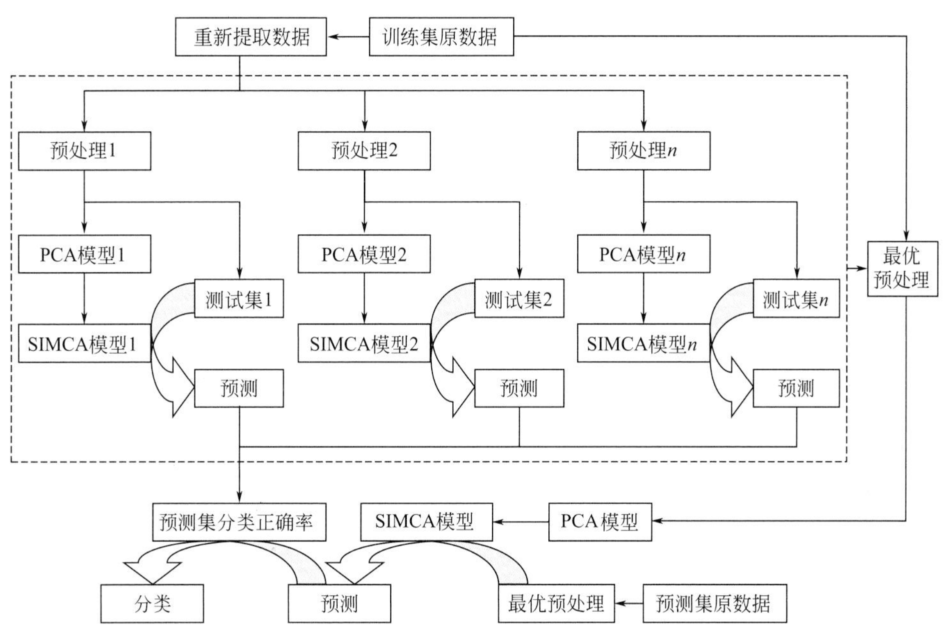

图 2-1 SIMCA 模式识别过程

光谱数据的预处理是 PCA 模型及 SIMCA 模型的建立和预测集样本预测的前提基础，确定红外光谱采集参数后，利用平滑、基线校正以及谱图求导等预处理方法对数据预处理后，使信息尽量展现，以利于良好地区分样品；然后进行特征向量的提取，利用 Unscrambler 9.7 中的 Matrix 计算来提取特征向量，同时将不同类别样本进行区分。在建模之前还要进行必要的校正处理，常用的数据校正方法主要有归一化处理、标准正态变量变换（standard normal variate，SNV）和多元散射校正（multiplicative scatter correct，MSC）。通过对糯米、粳米和籼米三种大米的红外对比分析表明籼米在脂质的特征吸收处有很强信号，与粳米和糯米有明显差异；而粳米与糯米之间的差异没有籼米明显，在碳水化合物和蛋白质特征吸收区域内由于信号多而杂，且总体吸收都较强。训练集样本的 Matrix 计算图由“样品—变量—吸光值”构成的三维空间，能直观地考察籼米、粳米及糯米在红外吸光值上的总体差异。

结合红外谱图和 Matrix 图的信息，最终选取以下 4 个组合波段的数据作为特征向量：Ⅰ（980～1170cm^{-1}，1180～1375cm^{-1} 和 1685～1751cm^{-1}），Ⅱ（980～1170cm^{-1}，1180～1375cm^{-1}），Ⅲ（1180～1375cm^{-1}，1685～1751cm^{-1}）以及Ⅳ（980～1170cm^{-1}，1685～1751cm^{-1}）。不同产地糯米间除了脂质中 C═O 在 1735～1750cm^{-1} 的吸收以及碳水化合物在 800～1200cm^{-1} 处的吸收存在一定差异外，其他波段区域内都具有很高的相识度，基本没有明显的规律性差异，说明不同产地糯米虽然存在差异，但是仅凭对红外谱图的直接观察是难以得到有效信息的，这也为糯米产地的模式识别增加了难度，此时需要借助复杂的化学计量学方法，分析并挖掘其中的隐含信息，以达到对糯米按照产地进行区分和识别的目的。

采用交互留一验证法分别建立不同种类大米及不同产地糯米的 PCA 模型，发现所有样品被明显地分成 3 个组，各自明显区分且拥有聚集中心，表明能够按照种类将大米分开，且分类效果良好。利用交互留一验证法建立 PCA 模型的校正均方根误差（root mean square error of calibration，RMSEC）及交互验证均方根误差（root mean square error of cross validation，RMSECV），由于验证集是从训练集中抽离一部分样本信息重新组成的，数据的方差会有所增加，因此验证集的剩余方差会相应地比校正集稍微高一些。在考察 PCA 模型效果时，RMSEC 和 RMSECV 应该比较低，同时 RMSECV 略高于 RMSEC 是两个判断依据。

大米品种的 PCA 模型中 RMSEC 和 RMSECV 维持在 10^{-3} 和 10^{-4} 两个数量级，表明只需要几个主成分就能使模型的剩余残差很低，很好地达到了降维的效果，而每个主成分数中 RMSECV 略比 RMSEC 大（差异出现在 10^{-5} 水平），满足了前述的两个判断依据，说明 PCA 模型良好，可以进一步建立 SIMCA 模型。不同产地糯米的 PCA 模型中 RMSEC 和 RMSECV 都很小，已达到 10^{-4} 和 10^{-5} 的数量级，同时 RMSECV 也略大于 RMSEC，说明 PCA 模型良好，可以进一步建立 SIMCA 模型。按照已选的预处理方法和 PCA 建模方法，对 3 种大米建模，可得到 3 种大米各自的 PCA 模型（表 2-9）。

表 2-9　PCA 模型的 RMSEC 和 RMSECV

项目	大米品种		不同产地糯米	
PCs	RMSEC(10^{-3})	RMSECV(10^{-3})	RMSEC(10^{-4})	RMSECV(10^{-4})
1	2.60	2.64	1.21	1.28
2	1.08	1.12	0.41	0.44
3	0.44	0.46	0.15	0.16
4	0.19	0.20	0.11	0.13
5	0.12	0.12	0.10	0.11

利用上述 SIMCA 模型对不同品种大米预测集样本进行预测，得到了在 5%显著性水平下，PCs（4，4，6）的识别率和拒绝率全部为 100%。对 3 种大米进行预测，SIMCA 模型都能 100%地识别本来属于同一类的大米样本，而不属于同一类的样本也能 100%“拒绝”，说明建立的 SIMCA 模型具有很好的识别效果。进一步利用该模型进行稻米种类模式识别在黄酒酿造中的应用，具体方法在下面内容中详细介绍。

2.1.4.2　稻米种类模式识别在黄酒酿造中的应用

（1）黄酒 ATR-FTIR 谱图红外吸收的 Matrix 图

研究发现黄酒红外吸收信号主要集中在 850～1800cm^{-1} 和 2780～3010cm^{-1} 两个波段

范围内，主要有13个明显的吸收峰，2780～3010cm^{-1}是乙醇中C—H伸缩振动信号，2899cm^{-1}是脂肪酸中C—H的伸缩振动信号，2932cm^{-1}是糖中C—H的伸缩振动信号；850～1800cm^{-1}作为特征基团吸收和“指纹”区域是分析黄酒的重要信息，850～900cm^{-1}是芳香族物质的平面外振动信息，950～1800cm^{-1}是平面内振动，其中最强峰1044cm^{-1}是乙醇的C—OH振动，1081cm^{-1}和1151cm^{-1}是C—O的伸缩振动，1273cm^{-1}是O—H的弯曲振动，1383cm^{-1}和1453cm^{-1}分别是—CH_3的对称和反对称振动，同时1200～1800cm^{-1}为蛋白质酰胺键和糖醛酸类的信号区域，1650～1750cm^{-1}是糖醛酸中C═O和甲基化羰基或离子化COOH中羰基的吸收，1600～1650cm^{-1}、1500～1600cm^{-1}和1400～1500cm^{-1}分别是Ⅰ类酰胺键、Ⅱ类酰胺键和Ⅲ类酰胺键的吸收信号。通过分析发现黄酒中物质种类多、组分浓度不确定且不同黄酒的谱图差异不明显，难以直接进行辨识和区分，因此需要借助化学计量学对其建立模式识别模型，以达到对不同黄酒进行分类和识别的目的。通过将谱图进一步划分成4个吸收区域，即975～1165cm^{-1}、1250～1500cm^{-1}、1600～1755cm^{-1}和2780～3010cm^{-1}，这些波长范围的红外吸收为建立SIMCA识别模型提供了有力依据。

通过Matrix分析，确定选择4个波数范围的红外吸收作为特征向量：Ⅰ（975～1165cm^{-1}，1250～1500cm^{-1}，1600～755cm^{-1}，2780～3010cm^{-1}），Ⅱ（975～1165cm^{-1}，1250～1500cm^{-1}，1600～1755cm^{-1}），Ⅲ（975～1165cm^{-1}，1250～1500cm^{-1}），Ⅳ（975～1165cm^{-1}）。通过初步试验，发现Savitzky-Golay的9点平滑、自动基线校正、SNV和一阶求导对PCA有明显影响。因此以其建立3种预处理方法：A（Savitzky-Golay的9点平滑、自动基线校正），B（Savitzky-Golay的9点平滑、自动基线校正、SNV），C（Savitzky-Golay的9点平滑、自动基线校正、SNV和一阶求导）。得到了在5%显著性水平下不同预处理的识别率和拒绝率，见表2-10。

表2-10　三种大米训练集样本的识别率和拒绝率　　单位：%

预处理	大米	特征向量							
		Ⅰ		Ⅱ		Ⅲ		Ⅳ	
		识别率	拒绝率	识别率	拒绝率	识别率	拒绝率	识别率	拒绝率
A	粳米	67	98	65	91	97	92	97	92
	糯米	98	33	97	47	100	80	100	93
	籼米	92	100	96	88	96	100	96	100
B	粳米	89	17	100	75	100	100	100	100
	糯米	97	57	97	86	100	99	100	100
	籼米	92	100	100	100	100	100	100	100
C	粳米	73	71	99	58	99	96	99	95
	糯米	96	46	100	51	99	85	100	73
	籼米	96	100	96	100	100	100	100	100

从表2-10中数据显示利用特征向量Ⅲ和预处理B建立识别模型得到了100%的识别率和最高的拒绝率，表明该预处理方法是最优的，因此选用特征向量Ⅲ和预处理B作为黄酒按照大米品种进行分类的模式识别的预处理方法。

（2）按照稻米品种建立黄酒的 SIMCA 识别模型

选取 975～1165cm^{-1} 和 1250～1500cm^{-1} 波段作为特征向量，进行 Savitzky-Golay 的 9 点平滑、自动基线校正和 SNV 处理后，采用交互留一验证法可对黄酒进行 PCA 分析，同时可利用建立的 SIMCA 模型对不同黄酒的预测集样本进行预测验证模型的识别能力。在 5%显著性水平下所有选择的黄酒可实现 100%的识别率，而拒绝率除糯米黄酒为 75%外其余均达 100%，该模型在 975～1165cm^{-1} 和 1250～1500cm^{-1} 特定波段作为特征向量时对粳米和籼米稻米品种具备良好的识别能力。对不同稻米品种和对应的黄酒 PCA 分析显示了前 3 个主成分，其中 PC1、PC2 分别表达了所有数据 83%、15%的方差，共计 98%，说明前两个主成分表达了绝大部分的信息，从统计学角度考虑，剩余的 2%的方差可能是误差，这一点与表 2-11 显示的 RMSEC 和 RMSECV 数据相吻合。

表 2-11　不同黄酒 PCA 模型的 RMSEC 和 RMSECV

PCs	RMSEC(10^{-4})	RMSECV(10^{-4})
1	12.1	12.8
2	1.31	1.41
3	0.64	0.71
4	0.34	0.39
5	0.19	0.23

从表 2-11 中可知当 PCs≥3 时，RMSEC 和 RMSECV 都小于 10^{-4} 数量级，与数据总体均方根误差相比已经足够小，可以将其看作误差舍弃。另外前两个主成分中 RMSECV 均比 RMSEC 略大（差异出现在 10^{-5} 水平），可以进一步建立 SIMCA 模型。

（3）按照糯米产地建立黄酒的 SIMCA 识别模型

通过 Matrix 分析，确定选择 4 个波数范围的红外吸收作为特征向量：Ⅴ（970～1172cm^{-1}，1245～1370cm^{-1}，1600～1722cm^{-1}，2865～2956cm^{-1}），Ⅵ（970～1172cm^{-1}，1245～1370cm^{-1}，1600～1722cm^{-1}），Ⅶ（970～1172cm^{-1}，1245～1370cm^{-1}），Ⅷ（970～1172cm^{-1}）。通过初步试验，发现 Savitzky-Golay 的 3 点平滑、自动基线校正、MSC 和一阶求导对 PCA 有明显影响。因此以其建立 3 种预处理方法：D（Savitzky-Golay 的 3 点平滑、自动基线校正），E（Savitzky-Golay 的 3 点平滑、自动基线校正、MSC），F（Savitzky-Golay 的 3 点平滑、自动基线校正、MSC 和一阶求导）。得到了在 5%显著性水平下不同预处理的识别率和拒绝率，如表 2-12。

表 2-12　不同产地糯米黄酒训练集样本的识别率和拒绝率　　单位：%

预处理	糯米黄酒	特征向量							
		Ⅴ		Ⅵ		Ⅶ		Ⅷ	
		识别率	拒绝率	识别率	拒绝率	识别率	拒绝率	识别率	拒绝率
D	AB	100	83	100	93	100	93	100	90
	AW	100	97	100	100	100	97	100	100
	HW	100	100	100	100	100	100	100	100
	HX	100	100	100	100	100	100	100	100
	SH	100	100	100	100	100	100	100	100
	ZH	100	97	100	100	100	100	100	100

续表

预处理	糯米黄酒	特征向量							
		Ⅴ		Ⅵ		Ⅶ		Ⅷ	
		识别率	拒绝率	识别率	拒绝率	识别率	拒绝率	识别率	拒绝率
E	AB	100	45	100	48	100	48	100	53
	AW	100	72	100	74	100	74	100	97
	HW	100	103	100	100	100	100	100	100
	HX	100	77	100	72	100	72	100	77
	SH	100	103	100	100	100	100	100	100
	ZH	100	44	100	44	100	46	100	69
F	AB	100	70	100	33	100	33	100	43
	AW	100	41	100	41	100	41	100	56
	HW	100	100	100	100	100	100	100	100
	HX	100	46	100	38	100	44	100	62
	SH	100	85	100	87	100	87	100	100
	ZH	100	41	100	38	100	41	100	44

从表2-12中数据显示每种特征向量和预处理方法建立的识别率都是100%，但是拒绝率并非如此，因此拒绝率成为选取最优特征向量和预处理方法的重要指标。观察发现利用特征向量Ⅵ和预处理D建立识别模型中除AB拒绝率为93%外，其余黄酒的拒绝率均为100%，是效果最优的预处理，因此选用特征向量Ⅵ和预处理D对不同产地糯米黄酒进行分类和模式识别的预处理方法。

SIMCA模型能100%地识别黄酒的种类，而拒绝率基本均达100%，该模型在特定波段作为特征向量对糯米的产地识别具备良好的识别能力。PCA分析了前3个主成分，其中PC1、PC2分别表达了所有数据81%、14%的方差，共计95%，说明前两个主成分表达了绝大部分的信息，从统计学角度考虑，剩余的5%的方差可能是误差，因此以2个主成分数建立PCA模型，这一点与表2-13显示的RMSEC和RMSECV数据相吻合。

表2-13 不同产地糯米黄酒PCA模型的RMSEC和RMSECV

PCs	RMSEC(10^{-5})	RMSECV(10^{-5})
1	15.7	17.4
2	4.37	5.07
3	0.35	0.42
4	0.22	0.29
5	0.15	0.21

从表2-13中可知当PCs≥3时，RMSEC和RMSECV都小于10^{-5}数量级，与数据总体均方根误差相比已经足够小，可以将其看作误差舍弃；另外前两个主成分中RMSECV都略比RMSEC大一点（差异出现在10^{-5}和10^{-6}水平），说明PCA模型良好，可以进一步建立SIMCA模型。按照已选的预处理方法和PCA建模方法，对6种黄酒建模，得到各自的

PCA 模型。检验 SIMCA 模型与上述稻米 SIMCA 模型相同。

2.1.5 不同种类稻米黄酒酿造的差异性

黄酒酿造的主要原料为糯米、粳米、籼米等。除酿造工艺外，不同产地、种类和加工精度的稻米原料酿酒在风味上存在较大差异。将有关稻米的特性、品质与黄酒酿造的关系进行探讨，从而更好地利用糯米、粳米、籼米酿酒，提高黄酒品质和出酒率。

以 4 种不同稻米为原料对其酿酒相关性能进行探究，采用相同工艺进行酿酒实验，探究不同种类稻米的浸米特性、发酵性能及发酵结束时酒液的挥发性风味物质，寻求不同种类稻米黄酒酿造的差异性以及粳糯米的酿酒优势，建立稻米酿酒原料特性与黄酒品质之间的关系；同时研究不同种类稻米与不同类型黄酒的酿造关系，可为黄酒生产中原料的选择及生产工艺的优化提供依据。

2.1.5.1 不同种类稻米的理化特性分析

（1）不同种类稻米的吸水率差异性分析

不同种类稻米在 25℃条件下的吸水率情况如图 2-2 所示。4 种稻米整体吸水曲线一致，初始阶段吸水率急剧上升，40min 左右时达到最大值，此后虽有波动但基本稳定。吸水率的相对大小在整个过程中没有变化，依次为粳糯米＞籼糯米＞粳米＞籼米。吸水稳定后粳糯米的吸水率高达 42.60％，籼糯米为 36.46％，而粳米和籼米的吸水率相差无几，均在 25％左右。

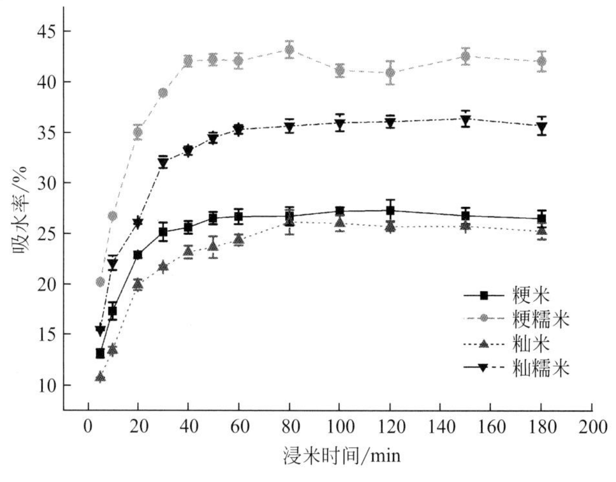

图 2-2 不同种类稻米的吸水率

稻米的吸水溶胀是一个有限的可逆润胀过程，水分子只是简单地进入淀粉颗粒的非结晶部分，与游离的亲水基相结合，慢慢地吸收少量的水分，产生极限的膨胀。稻米的主要成分是淀粉，与籼米和粳米不同的是，糯米中的淀粉几乎全是支链淀粉。支链淀粉所具有的高度分支结构，使其在冷水中极易与溶剂水分子以氢键结合，保持高度有序的水合淀粉粒状态。吸水率的相对大小和支链淀粉含量有很大一致性，支链淀粉含量越高，吸水率越大。

（2）浸米前后稻米特性的差异性分析

不同种类稻米粉在浸米前后的颗粒形貌扫描电子显微镜（scanning electron microscope，SEM）结果见图 2-3，分别为未浸米和浸米 4 天的微观结构。

稻米的主要成分是稻米淀粉，稻米淀粉颗粒多数以复合淀粉粒的形式存在，20～60 个

图 2-3 浸米前后稻米粉的微观结构（2400×）

A_1—粳米粉，未浸米；A_2—粳米粉，浸米 4 天；B_1—粳糯米粉，未浸米；
B_2—粳糯米粉，浸米 4 天；C_1—籼米粉，未浸米；C_2—籼米粉，浸米 4 天；
D_1—籼糯米粉，未浸米；D_2 —籼糯米粉，浸米 4 天

淀粉小颗粒形成一个稻米淀粉的复粒，淀粉粒径在 2～8μm。浸米前的稻米粉颗粒形态在不同种类之间没有明显的差别。颗粒形貌呈多面体，棱角尖锐突出，多为比较平整的多边形平面，部分颗粒表面少有凹陷，尤其粳糯米和籼糯米更为明显。其中粳糯米粉的颗粒形貌为 5μm 左右的不规则颗粒。

浸米 4 天后，淀粉复粒形态表面的颗粒感和多边形平面的尖锐棱角明显消失，特别是粳糯米和籼糯米，整个表面变得不规则，结构松散，呈现土坡和丘陵的形貌。有研究表明长期浸泡在水中会引起原料糯米化学成分、物理性质、颗粒表面和横切面显微结构的变化。由图 2-2 可知粳糯米和籼糯米的吸水率较高，浸米后形貌的不同可能是由不同种类稻米吸水后颗粒膨胀产生吸水率差异引起的。米粒的形态结构对后期黄酒酿造有很大影响，中心柔软疏松有利于后期蒸米过程中糊化、微生物侵入和酶的作用。

（3）糊化特性

采用 RVA 手段来分析不同种类稻米粉的糊化特性。图 2-4 是 4 种稻米浸米前后的糊化特性曲线，可以发现不同种类稻米粉的糊化特性有显著差异，而且浸米工艺显著地影响了稻米粉的糊化特性。

从图 2-4 可以看出，不同种类稻米的黏度变化曲线有很大差异。浸米 4 天后与未浸米的样品相比其糊化黏度曲线发生明显变化，浸米工艺显著地影响了稻米粉的糊化特性。浸米前后 4 种稻米粉的糊化温度比较均为：粳糯米＜籼糯米＜粳米＜籼米。与浸米前相比，粳糯米和籼糯米两种糯米的糊化黏度曲线变化更明显，4 种稻米浸米 4 天后的糊化温度均有所降低，在 3℃左右，其中籼米降低程度最大，为 3.1℃。浸米工艺有利于淀粉糊化，从而使稻米更容易蒸煮。

除籼米外，几种浸米 4 天后稻米粉的糊化黏度均显著升高，其中粳糯米浸米后的糊化黏度升高最大，峰值黏度从 1770×10^{-3} Pa·s 升高到 3510×10^{-3} Pa·s。与其他几种稻米不同的是，粳糯米经浸米后其峰值黏度、低谷黏度、终值黏度和崩解值、回生值均呈现上升的趋

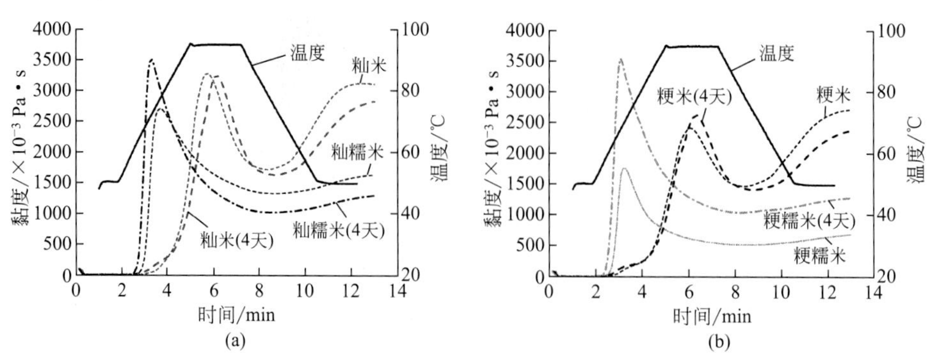

图 2-4 浸米前后不同种类稻米粉的糊化特性曲线

（a）籼米和籼糯米浸米前后糊化特性曲线；（b）粳米和粳糯米浸米前后糊化特性曲线

势。除粳糯米外，其他 3 种米浸米 4 天后其终值黏度和回生值均有所降低。回生值即峰值黏度与低谷黏度之差，也称淀粉的老化，它表示面粉糊逐渐冷却时发生的直链淀粉和脂质的复合重组回生，从而引起黏度的增加。浸米前后 4 种稻米粉回生值的大小均为粳糯米＜籼糯米＜粳米＜籼米，这说明糯米蒸饭后更不易老化回生。淀粉是稻米胚乳的主要成分，其糊化特性对蒸饭的特性有很大影响。在清酒中的研究表明米饭粒的老化回生与其酶解率密切相关，直链淀粉含量越高越容易老化，越不利于清酒的酿造。

2.1.5.2 浸米过程中米浆水的动态变化

（1）浸米过程中 pH 的变化分析

浸米是黄酒生产的前端工艺，主要是为了使稻米吸水膨胀以利于蒸煮，同时使米饭酸化，使黄酒发酵在初始阶段即获得一定的初始酸度，从而抑制杂菌的生长繁殖，保证酵母菌的正常发酵。浸米效果的优劣将直接影响黄酒的品质。浸泡过程中主要的变化是稻米吸水膨胀、主要成分分解、稻米及浆水酸度的变化等。由图 2-5 可知，4 种稻米米浆水的 pH 变化趋势基本一致，0～1 天时先缓慢下降，第 2 天时米浆水的 pH 值下降幅度明显增大，到第 4 天米浆水的 pH 基本趋于平稳。浸米初始，4 种稻米的米浆水 pH 值为 6.48～6.80，随着浸米的进行，从开始时的近中性逐渐下降至低于 4.0，其中粳糯米的米浆水 pH 最低（pH＝3.44）。在浸米过程中，pH 不断下降，标志微生物的生长繁殖和有机酸的积累。米浆水 pH 的降低主要是由乳酸杆菌发酵而产生乳酸，乳酸杆菌主要来源于周围环境微生物菌群和从原料米带入。对不同种类稻米浸泡 24h 后所得的米浆水进行理化指标分析，浸米 24 时后 pH 值在 6.2～6.5。在相同温度下浸米，米的种类会影响米浆水的成分。原料米的不同是引起浸米初始阶段 pH 值差异的主要因素。

（2）浸米过程中总酸的变化分析

浸米时，米粒表面的微生物利用溶解的糖分、蛋白质、维生素等营养物质进行生长繁殖。黄酒浸米过程中多种微生物能够共同生长。米浆水中的优势菌群乳酸菌属代谢产生乳酸，使米浆水酸度增加，4 种稻米浸米过程中总酸含量先缓慢上升、后迅速增加，第 4 天后趋势减缓。第 1 天米浆水的酸度没有明显变化，从第 2 天起，缸里不断冒出小气泡，米浆水总酸含量有明显上升。和其他种类稻米相比，粳糯米的米浆水总酸上升最快，浸米结束时总酸含量达到最高值 3.52g/L。姬中伟等在浸米时间对黄酒品质的影响研究中也发现糯米所得米浆水总酸含量高于粳米和籼米。究其原因，一方面是和原料带入的微生物有关，不同种类

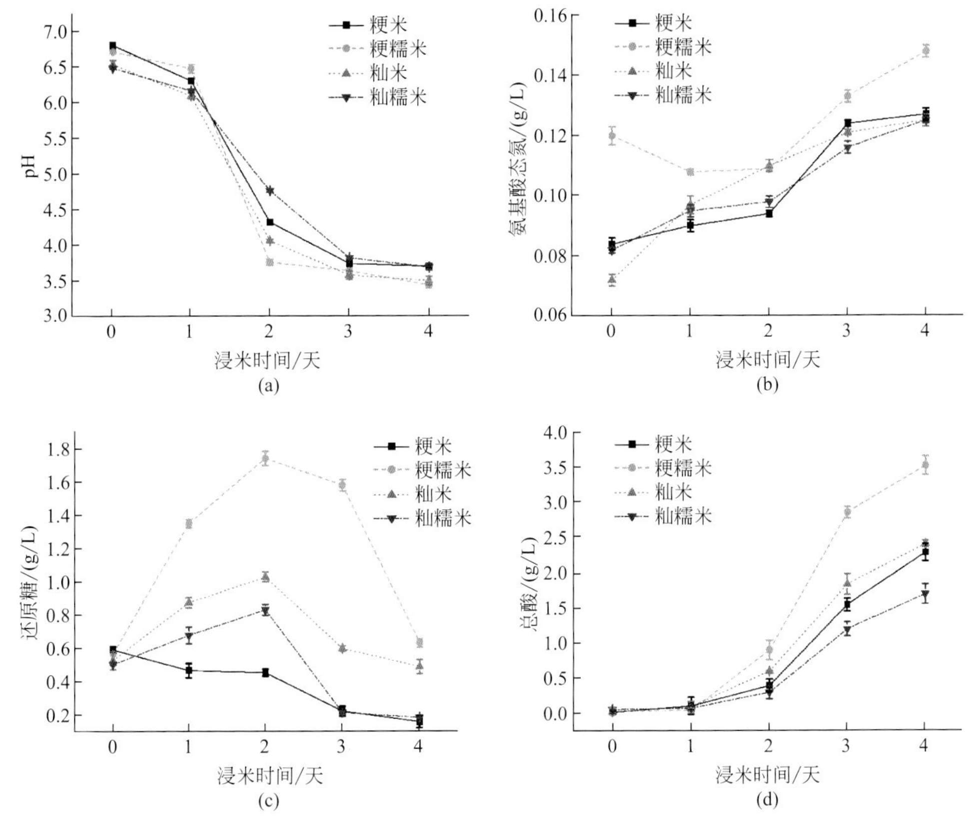

图 2-5 浸米过程中米浆水的动态

(a) 浸米过程 pH 的变化；(b) 浸米过程氨基酸态氮的变化；(c) 浸米过程还原糖的变化；(d) 浸米过程总酸的变化

的米在同样条件下浸米，其米浆水总酸和米浆水中微生物是不同的。另一方面是由于不同稻米淀粉的结构有很大差异。粳糯米和籼糯米支链淀粉含量较高，高度分支化的支链淀粉更易和水结合。在对不同种类稻米水结合力的研究中发现，糯米的水结合力高于粳米和籼米。从前面电镜扫描图也可以看出糯米在浸米过程中更易膨胀，结构松散，淀粉内部溶出物增加，使得米浆水中的有机物含量增加，从而更有利于微生物的生长。而有机酸是乳酸菌代谢的主要产物，乳酸菌的数量与米浆水的酸度有着直接关系。故粳糯米的米浆水总酸较高。浸米后期总酸增加趋势减缓，主要原因是当酸度增加到一定限度时，乳酸菌的生长受到抑制，从而导致乳酸菌生长和产酸速度减慢。另一方面，随着浸米时间的延长，米浆水中有机物的含量逐渐下降，不利于微生物的生长繁殖。

(3) 浸米过程中氨基酸态氮的变化分析

在浸米过程中，米浆水的组成发生着复杂的变化。稻米本身及微生物的蛋白酶在水溶液中不断将米表皮的蛋白质分解成氨基酸等。如图 2-5 所示，除粳糯米外，其他 3 种稻米的米浆水氨基酸态氮指标在整个浸米过程中呈现虽略有波动但逐步上升的趋势。粳糯米的氨基酸态氮在 0～2 天时下降，而后又逐步上升，最后仍高于浸米初期的氨基酸态氮值。粳糯米的氨基酸态氮在整个浸米过程中高于其他 3 种稻米。米浆水中大部分乳酸杆菌能分泌少量的酸性蛋白酶，有微弱分解蛋白质为胨和多肽的能力；而绝大部分乳酸杆菌如干酪乳酸杆菌、短

乳酸杆菌、植物乳酸杆菌等具有较强酸性内肽酶、氨肽酶、羧肽酶、寡肽酶活力，能分解胨和多肽为氨基酸等，提供给乳酸杆菌生长所需营养，从而促进发酵产生大量氨基酸。酿酒原料中粳糯米的蛋白质含量相对较高，以上原因使得粳糯米的氨基酸态氮整体水平较高。同时，粳糯米米浆水的氨基酸态氮值呈现“凹形”的变化趋势，主要是因为浸米初期粳糯米的米浆水中微生物尤其是乳酸菌属生长繁殖较快，代谢消耗氨基酸的速度高于蛋白质溶出和氨基酸产生的速度；而后期随着微生物代谢的减缓，氨基酸态氮又呈现逐渐上升的趋势。

（4）浸米过程中还原糖的变化分析

浸米过程中稻米吸水溶解出部分淀粉，经米粒本身含有和微生物产生的淀粉酶作用生成糖，为米浆水中的微生物所利用，从图 2-5 中可知，浸米过程中米浆水的还原糖含量整体呈现先上升后下降的趋势。浸米初期，还原糖含量在 0.50～0.60g/L 之间，随后还原糖含量不断上升，在第 2 天达到最高值；从第 3 天起，米浆水中的还原糖呈现逐渐下降的趋势。原因是随着稻米的不断吸水膨胀，微生物产酶渗入稻米颗粒，尤其是淀粉酶类对淀粉分子有所降解，而且浸泡也会导致稻米的破、断和损伤，从而增加固形物的溶出。在浸米引起的糯米理化特性改变及其对油果（Yukwa，韩国传统膨化食品）的品质影响研究中也发现，水的长期浸泡使得糯米的纤维基质出现很多空洞，表面结构松散，甚至使得一些单个淀粉颗粒释放出来；而这些浸泡引起的结构变化，可能会允许颗粒表面和内部进入更多的水，从而影响稻米的浸米特性。

从第 3 天起，米浆水中的还原糖含量随着微生物的生长繁殖，尤其是乳酸菌属代谢产酸不断消耗而逐渐降低。另外可能是随着浸米时间的延长，米粒中的淀粉溶出减少，进一步加剧了还原糖含量的降低。而粳米的米浆水中还原糖含量在整个浸米过程中呈现一直降低的趋势，可能原因是直链淀粉相对较高，淀粉颗粒的结构越致密牢固导致蛋白质与淀粉的结合越紧密，不易于吸水溶胀，且粒形呈椭圆形，整个浸米过程中米粒基本完整，使得溶出物减少。总之，淀粉结构的不同会影响稻米吸水性、淀粉溶胀能力等，引起米浆水中有机物含量产生差异，从而使得微生物的生长繁殖有所不同，进一步引起米浆水中各个理化指标的差异。

2.1.5.3 浸米结束时米浆水中游离氨基酸、有机酸的含量

（1）浸米结束时米浆水中游离氨基酸含量分析

米浆水是黄酒生产浸米工序中的副产物。在黄酒生产过程中，其米浆水产生量较大。米浆水中含有丰富的淀粉、蛋白质、糖类、有机酸，其中氨基酸多达 18 种。此外米浆水中还有大量对酿酒有益的乳酸菌、酵母等。由于米浆水中含有大量含氮物质，米浆水的外排将导致水体富营养化。另外，米浆水中的氨基酸可通过饭带入酒醪中，可提供给酵母利用，从而有利于黄酒风味的改善。浸米结束时，采用高效液相色谱法（high performance liquid chromatography，HPLC）对 4 种稻米的米浆水中氨基酸含量进行测定分析，结果如图 2-6 所示。

4 种稻米的米浆水中氨基酸种类丰富，共同的氨基酸种类有 12 种，其中苯丙氨酸、异亮氨酸、γ-氨基丁酸和精氨酸 4 种氨基酸均占到总量的 60%以上，而在粳米中则高达 78.56%。氨基酸总含量的高低依次是粳糯米＞粳米＞籼米＞籼糯米；粳糯米与其他 3 种稻米的氨基酸总量均具有显著性差异（$p<0.05$）。另外，粳糯米的蛋白质含量高于其他 3 种稻米，且浸米过程中氨基酸态氮也高于其他种类稻米。米浆水中氨基酸主要是由米表皮的蛋

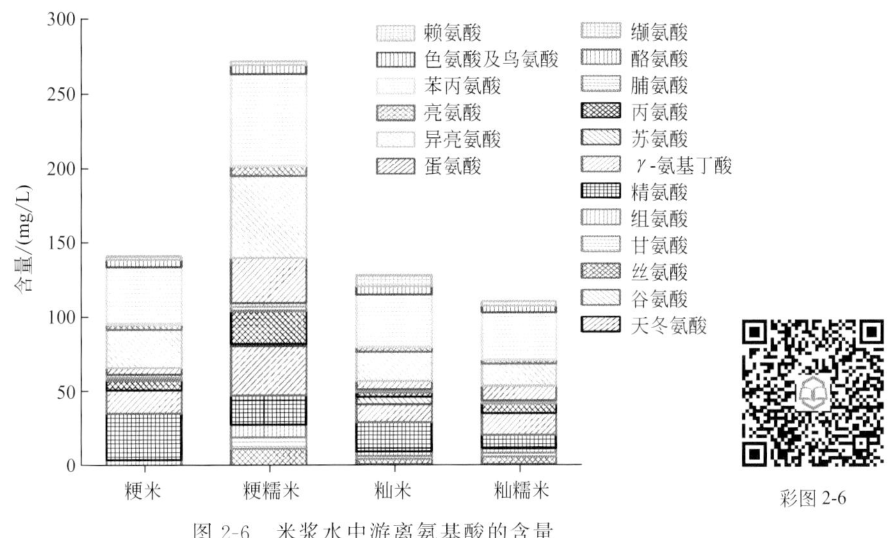

图 2-6 米浆水中游离氨基酸的含量

白质分解成氨基酸，不同种类稻米的米浆水中氨基酸含量的差异可能主要是由稻米中的蛋白质含量差异引起的。

(2) 浸米结束时米浆水中有机酸含量分析

米浆水中的优势菌群是乳酸菌属，在整个浸米过程中代谢产生乳酸，从而使稻米酸化，保证后期发酵的正常进行。浸米结束时采用 HPLC 对米浆水中的有机酸进行分析，结果如图 2-7 所示。

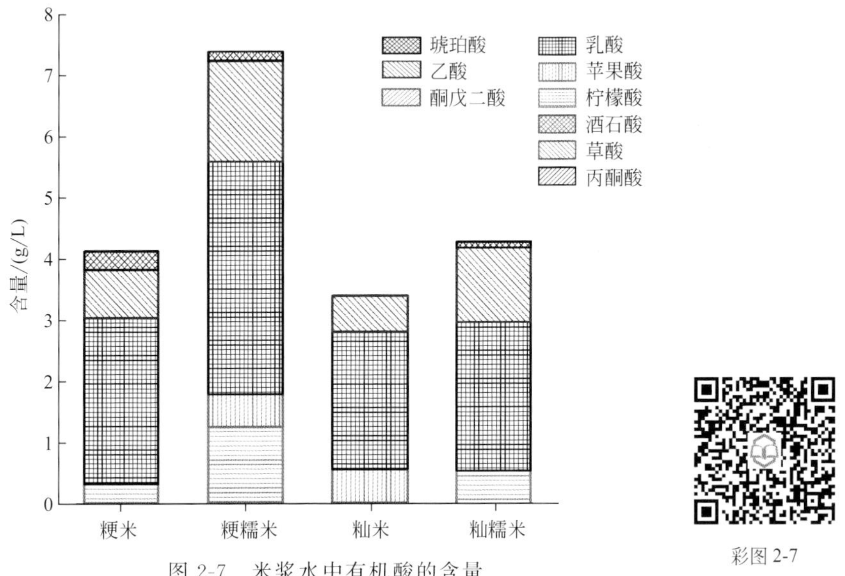

图 2-7 米浆水中有机酸的含量

从图 2-7 可知，不同种类稻米的米浆水中有机酸总含量有很大差异，粳糯米的米浆水中有机酸总含量最高，为 7.36g/L；其次是籼糯米；籼米最低，为 3.39g/L。浸米结束时米浆水酸度要求大于 0.3g/100mL（以琥珀酸计），4 种米浆水的有机酸含量均符合浸米的酸度要求。4 种稻米的米浆水中有机酸主要是乳酸，其次是乙酸，柠檬酸在粳糯米的米浆水中含量较高，而在籼米中未检出。产生这种差异的原因可能是粳糯米的米浆水中还原糖和氨基酸等含量都较高，为微生物尤其是乳酸菌属的生长繁殖提供了更多的营养成分，从而代谢产生更多的有机酸，有利于后期发酵的正常进行。

2.1.5.4 不同浸米时间的米饭中挥发性成分的差异性

（1）浸米 2h 米饭的挥发性风味物质含量分析

为探究不同种类稻米蒸饭挥发性成分的差异性，以及对比分析浸米工艺对米饭挥发性风味物质的影响，相同条件下测定 4 种稻米浸米 2h 米饭的挥发性成分。吸水率特性曲线及相关研究表明，4 种稻米浸米 2h 时米粒持水已基本达到稳定。4 种稻米浸米 2h 后沥干稻米表面水分，蒸饭后对米饭的挥发性风味物质进行分析。所有的米饭样品共检测到 86 种挥发性成分，包括 19 种醛酮类化合物、25 种烷烃类化合物、13 种醇类化合物、11 种酯类化合物、6 种酚类化合物、7 种杂环类化合物以及 5 种其他类化合物。不同种类稻米的米饭挥发性成分在各类化合物中各有不同，虽然烃类化合物占到总挥发性成分的 46%以上，但因烃类化合物对风味贡献较小，故不作风味物质含量统计，结果如图 2-8。

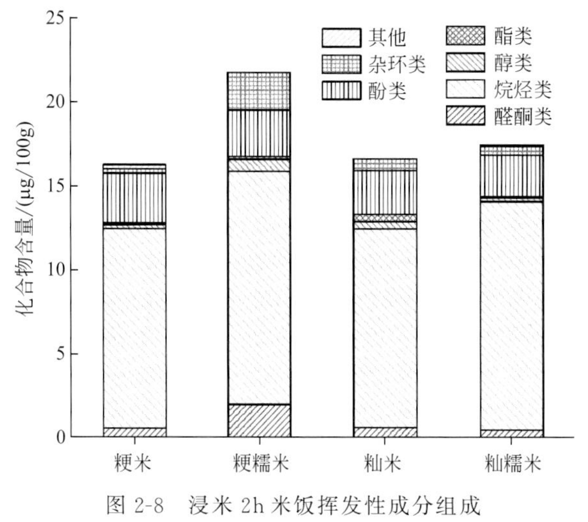

图 2-8 浸米 2h 米饭挥发性成分组成

彩图 2-8

从图 2-8 可以看出，非烃类的物质多为饱和状态，以醛类、醇类、醚类和酯类为主。浸米 2h 后粳糯米的米饭挥发性成分含量最高，其次是籼糯米，籼米和粳米的含量最低。4 种稻米蒸饭的挥发性化合物组成基本一致，酚类化合物含量最高，主要化合物是 3,5-二叔丁基邻苯二酚和对乙烯基愈创木酚；蒸饭中对乙烯基愈创木酚的含量为籼米＞粳米＞籼糯米＞粳糯米，且籼米中的该物质含量与其他种类稻米具有显著性差异（$p<0.05$）。4 种米饭挥发性风味物质中含量最高的酚类化合物没有显著性差异。杂环类化合物也占有很大的比重，主要是 2-戊基呋喃和吲哚，其中粳糯米饭中的 2-戊基呋喃的含量（1.95μg/100g）远高于其他 3 种稻米，吲哚的含量也处于最高水平。吲哚是米饭挥发性风味物质中重要风味成分。

（2）浸米 4 天米饭的挥发性风味物质含量分析

浸米 4 天的米饭样品共检测到 82 种挥发性成分，包括 13 种醛酮类化合物、13 种烷烃类化合物、19 种醇类化合物、15 种酯类化合物、9 种酚类化合物、8 种酸类化合物、4 种杂环类化合物以及 1 种其他类化合物。不同种类稻米的米饭挥发性成分在各类化合物中各有不同，结果如图 2-9。

浸米 4 天籼糯米的米饭挥发性成分含量最高，其次是粳糯米。挥发性成分主要是酯类

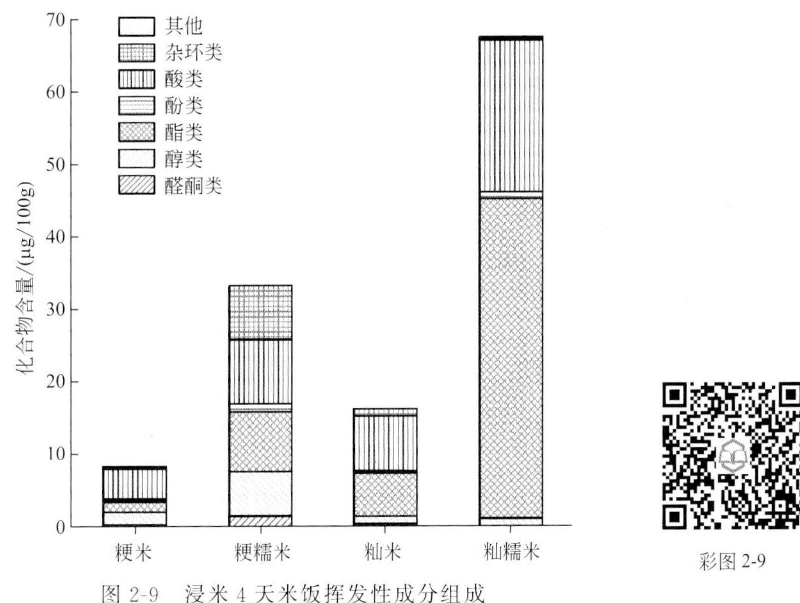

彩图 2-9

图 2-9 浸米 4 天米饭挥发性成分组成

化合物、酸类化合物和醇类化合物。粳糯米的杂环类化合物含量最高，而籼糯米的酯类化合物远高于其他 3 种稻米。经过浸米工艺，4 种稻米米饭的非烃类挥发性化合物总含量均增加，其中酚类化合物和醛酮类化合物显著降低，而酸类化合物和酯类化合物含量增加。酸类化合物主要是丁酸类化合物，在籼糯米中达到 20.90μg/100g；酯类化合物主要是丁酸酯类化合物，包括丁酸丁酯、丁酸己酯、丁酸异戊酯和丁酸乙酯等。这是因为浸米过程中米粒进行了一定程度的发酵，酸类化合物增加。经过浸米工艺米饭中的醇类化合物有所增加。另外，醇类化合物中的苯乙醇含量增加了 1 倍，尤其是粳糯米，从 67.59μg/100g 上升到 175.26μg/100g，增加了 159.30%；而籼糯米因生成了大量的丁酸苯乙酯，其苯乙醇含量基本不变。

2.2 其他原料

黄酒的酿造原料除了稻米外，北方也常常用黍米和粟米来酿造黄酒。黍米俗称大黄米，色泽光亮，颗粒饱满，米粒呈金黄色。黍米的相关标准参照《黍米》(GB/T 13356—2008)。粟米又称小米，主要产于华北和东北各省，虽播种面积较广，但亩产量很低，现由于供应不足，已很少被酒厂用来酿造黄酒。小米的相关标准参照《小米》(GB/T 11766—2008)。

黄酒是我国具有悠久历史文化背景的酒种，也是未来最有希望走向世界并占有一席之地的酒品。黄酒生产技术有了很大的提高，新原料、新菌种、新技术和新设备的融入为传统工艺的改革、新产品的开发创造了机遇，产品不断创新，酒质不断提高，原料更加多样化。除糯米、粳米、籼米黄酒外，开发了黑米黄酒、高粱黄酒、荞麦黄酒、薯干黄酒、青稞黄酒等。

2.2.1 黍米原料

黍，是中国古代的主要粮食及酿造作物，列为五谷之一。黍米是我国北方地区特有的品种，而品质当属山西省北部地区的最好。黍米（大黄米）原产于我国，已有数千年的栽培

史，是禾本科黍属年生草本植物，叶子线形，籽实淡黄色，去皮后是色泽光亮、颗粒饱满的金黄色米粒。米粒背面凸起，腹面扁平，胚位于背面基部，脐位于腹面基部。米粒顶端有花柱遗迹，基部有花柄遗迹。黍米比粟米稍大，故称大黄米。

黍米因品种不同，而对生产工艺和出酒率有很大的影响。黍米从颜色来区分大致分黑色、白色、梨色（黄油色）三种，其中以山东大粒黑脐龙眼黍米的品质最好，也是酿造即墨黄酒的最佳原料。这种黍米品质松软、易吸水、蒸煮时容易糊化，是黍米中的糯性品种，同时含淀粉质多，出酒率相对较高。白色黍米和黄油黍米是粳性品种，米质较硬，蒸煮困难，必须调整生产工艺，否则易导致发生硬心未蒸透的黍米粒，不仅影响出酒率，而且容易产酸，影响酒的品质。由于黍米谷皮较厚，在浸米之前需要加道烫米工序处理米粒，使水分可以充分进入米中，此时再进行蒸煮以便糊化。还有的地方以直火处理黍米，使米粒中的水分逐渐蒸发，进而达到糊化的效果。这种方法不仅能使米粒迅速熟化，同时高温还能促使黍米内部发生美拉德反应而颜色加深并产生令人愉悦的香味。

黍米黄酒中含有丰富的生物活性肽、低聚糖、酚类化合物、γ-氨基丁酸等功能性化合物，营养价值丰富。黍米黄酒其颜色主要来源于原料和酒曲。一方面，黍米本身为金黄色，作为原料在色泽方面比稻米更有优势，酿造过程中黍米的生物色进入酒体赋予酒体金黄的外观；另一方面，黍米中的蛋白质在糊化过程中被分解为小分子的氨基酸，黍米中的淀粉在酒曲的作用下被转化为可发酵的糖，二者在煎酒带来的高温作用下发生美拉德反应，从而使颜色加深，形成黄酒自然的色泽。因此，黍米黄酒在煎酒时不需要用焦糖等天然色素调色。

2.2.1.1 黍米的成分

黍米原料中蛋白质含量高于稻米，这也决定了成品酒中氨基酸总量、各种氨基酸含量高于稻米黄酒。

黍米脂肪含量丰富，主要为不饱和脂肪酸（主要有油酸、亚油酸、异亚油酸等），其中饱和脂肪酸主要为棕榈酸、二十四烷酸、十七烷酸。蛋白质主要有清蛋白、球蛋白、谷蛋白和醇溶谷蛋白等。含有丰富的维生素 E，每 100g 中含有 1.79mg。膳食纤维含量丰富，约为大米的 4 倍。还含有黍素、鞣质及肌醇六磷酸等。黍米的成分及含量如表 2-14。

表 2-14 黍米的成分及含量

成分	含量/%	成分	含量/%
水分	10.29～10.89	糖分	0.72～1.24
粗蛋白	8.76～15.86	糊精	2.84～3.67
脂肪	1.32～2.50	淀粉	59.65～73.25
粗纤维	0.57～1.16	去壳黍米灰分	2.86

2.2.1.2 黍米的价值

黍米除食用外还可入药，在中医中药中被列为"补中益气"的具有食疗价值的食品。中医认为：黍米具有滋补肾阴、健脾活血的作用，还有治疗杖疮疼痛和小儿鹅口疮的功能。中医指出：黍米黏性大而难以消化，忌过量食用，尤其年老体弱者和胃肠功能欠佳者更要少食，心血管患者、血脂过高者，最好不食，以防胆固醇、血脂的升高。

黍米是北方人喜爱的主食之一，而且可以用来酿酒和制作糕点，黍米是酿造黄酒最好的原材料。但黍米的亩产量较低，供应不足，现在我国仅少数酒厂用黍米酿造黄酒。

2.2.2 粟米原料

粟米俗称小米，粟米在去谷壳以前习惯称谷子，起源于我国，已具有数千年的栽培历史，是禾本科年生草本植物，主产区是华北和东北各省。它的物理结构与稻谷差异不大，只是比稻谷粒度小，粒形是椭圆形而非稻米的长扁椭圆形。谷子的谷壳率一般在15%～20%，千粒重在1.5～5.1g，背面凸起，腹面扁平，顶端有花柱的遗迹，基部中央有花柄遗迹，腹位于背面的基部，长形，其长度超过籽粒的一半。腹面基部有圆形深色斑，称为脐。谷子的胚乳也有角质和粉质两种结构。同稻谷去谷壳的糙米一样，糙小米也需要经过碾米机将糠层碾除出白，成为可供食用和酿酒的粟米。由于粟米产量较少，供应不足，现在酒厂已经很少采用粟米酿酒。

2.2.2.1 粟米的成分

粟米营养丰富，所含蛋白质、脂肪及钙、磷、铁等矿物质都比稻米多，硫胺系维生素和核黄素的含量也较丰富，并含有少量的胡萝卜素。小米钾含量比籼米高1.47倍，镁含量比籼米高1.85倍，磷含量比籼米高85.6%，钙含量比籼米高50%，硒含量比籼米高18.3%，硒含量是玉米的1倍多。粟米中的蛋氨酸和色氨酸含量在粮食作物中是最高的。以粟米为原料酿造的黄酒是一种营养保健酒。粟米各部分的化学成分如表2-15所示。

表2-15 粟米各部分的化学成分 单位：%

产品	水分	蛋白质含量	脂肪含量	无氮抽出物量	粗纤维量	灰分
糙粟米	9.40	11.56	3.29	62.99	10.00	2.88
小米	10.50	9.70	1.10	76.66	0.10	1.40
粗谷糠	10.27	5.50～6.68	2.30～2.33	19.50～34.10	41.2～52.50	8.72～9.90
磨光糠	8.83	11.40～18.06	11.5～18.48	35.02～37.40	11.09～25.70	6.60～8.44

2.2.2.2 粟米的主要价值

粟米独特的营养成分和优势主要表现在以下3个方面：第一，粟米很容易被人体吸收，它的吸收率高达97%；第二，粟米本身不含胆固醇，而且其脂肪酸酯组成是以油酸和亚油酸为主的不饱和脂肪酸，长期食用粟米对于预防心血管疾病具有极好的作用；第三，粟米含有丰富的维生素E等，作为一种天然的抗氧化剂，对人体细胞分裂、延缓衰老有一定的作用。

2.2.3 玉米原料

玉米是一种常见的农作物。玉米的特点是脂肪含量丰富，脂肪主要集中在胚芽中。玉米淀粉主要集中在胚乳内，淀粉颗粒呈不规则形状，堆积紧密、坚硬，呈玻璃质状态。玉米淀粉质量分数为65%～69%，脂肪质量分数为4%～6%，粗蛋白质量分数为12%左右。玉米直链淀粉占10%～15%，支链淀粉为85%～90%。黄色玉米的淀粉含量比白色的高。玉米与其他谷物相比含有较多的脂肪，脂肪多集中在胚芽中，含量达胚芽干物质的30%～40%，酿酒时会影响糖化发酵及成品酒的风味，故酿酒前必须先除去胚芽，加工成玉米糁后才适于酿制黄酒。

玉米与稻米相比，除淀粉含量稍低于稻米外，蛋白质和脂肪含量都超过稻米，特别是脂肪含量丰富。玉米所含的蛋白质大多为醇溶性蛋白，不含β-球蛋白，这有利于酒的稳定。

另外，与糯米、粳米相比，玉米淀粉结构致密坚硬，呈玻璃质的组织状态，糊化温度高，胶稠度硬，较难蒸煮糊化。因此，要十分重视对颗粒的粉碎度、浸泡时间和水温、蒸煮温度和时间的选择，防止因没有达到蒸煮糊化的要求而老化回生，或因水分过高、玉米粒过烂而不利发酵，导致糖化发酵不良和酒度低、酸度高的后果。

2.2.4 高粱、青稞、甘薯、荞麦

高粱，禾本科一年生草本植物，又称木稷、蜀秫、芦粟、荻粱。我国各地均有栽培，以东北各地为最多。食用高粱谷粒供食用、酿酒。秋季采收成熟的果实，晒干除去皮壳。支链淀粉含量高的糯高粱易于糊化，非常适合于酿酒。另外，在加工黄酒的过程中，糯高粱吸水率较快，饱和吸水量较低，糊化温度低，具有省水节能的优势；且糯高粱价格要低于黍米、糯米等常用的黄酒酿造原料。酿造专用高粱中单宁含量达到1.0%～1.5%，发酵过程中单宁能被转化为分子质量小的多酚类物质。以高粱为原料经过酶、曲等发酵过程，原料和辅料中的黄酮和多酚类物质很容易溶于发酵液中，且在发酵过程中，各种物质发生复杂的化学与生化反应，生成种类更多的酚类。

青稞又称米大麦、米麦、裸麦、裸大麦，是大麦的一种变种，为禾本科，是种植在青藏高原海拔2500～3000m地区的一种粮食作物。产地主要为青海、西藏、甘肃、四川等地。青稞的千粒重30g左右，含蛋白质10.0%～13.5%，脂肪1.8%～2.7%，碳水化合物70%以上，并含有较丰富的矿物质，以及人体所需的氨基酸和维生素，是一种很好的酿酒原料。用青稞代替稻米酿制黄酒，将对黄酒工业的发展起着积极的推动作用。以青稞为原料酿造的青稞白酒，以其独特的风格闻名于全国各地。青稞黄酒富含多种氨基酸、维生素及矿物质等成分，营养丰富。

甘薯（红芋、地瓜）营养丰富，除富含淀粉、可溶性多糖、维生素和氨基酸外，粗纤维及钙、铁、磷等矿物质成分也很丰富，具有预防心血管疾病、抗癌、维持视力、抗菌、抗氧化、提高免疫力等作用。将甘薯作为酿酒原料可以使其得到更好的利用并增加附加值，具有广阔的市场前景。

荞麦又叫甜荞、乌麦、三角麦等，据《中国荞麦品种资源目录》中收录的荞麦资源共有2795份，荞麦作为药食同源性植物，同时具有很高的营养价值与药用价值。荞麦蛋白是荞麦主要的生物活性成分，并且氨基酸配比均衡。荞麦蛋白与小麦蛋白之间最大差异在于清蛋白和球蛋白的含量明显高于醇溶蛋白和谷蛋白。荞麦淀粉的糊化特性与小麦、稻米和玉米相似。研究表明，甜荞直链淀粉含量为25.82%～32.67%，高于苦荞淀粉（25.5%～26.5%）。荞麦中含有9种脂肪酸，对调节人体血压、降低“三高”以及促进酶的催化、预防心血管疾病等都有良好的作用。荞麦酒作为现代荞麦开发的一项重要产品脱颖而出。有研究表明，荞麦酒中不仅含有丰富的蛋白质、氨基酸、维生素、矿物质、微量元素等基本营养物质，同时含有黄酮类物质、有机酸及多酚类等多种特殊功能活性物质，具有降低人体血脂和胆固醇、软化血管、保护视力和预防脑血管出血等作用。

高粱、青稞和荞麦等作为非主要酿造原料在黄酒酿造方面的应用：一方面开辟了黄酒的新原料，为原料的深加工找到了一条很好的途径；另一方面丰富了黄酒的种类，对黄酒更好地发展有很好的推动作用。

2.3 小麦原料

小麦在黄酒酿造中主要用来制备麦曲，是原料中重要的组成部分，是黄酒制曲的最好原料，是黄酒生产重要的辅料。现在制曲工艺也会选择加入一些大麦，这样有利于块曲的疏松透气，也有利于麦曲中霉菌等微生物的生长繁殖。小麦含有的营养物质丰富，包括碳水化合物、淀粉和蛋白质，另外还含有适量的无机盐和生长素等营养成分。小麦的蛋白质大多为麸胶蛋白和谷蛋白，蛋白质含量高于稻米。合成麸胶蛋白的氨基酸以谷氨酸为主，是黄酒鲜味的主要来源。小麦的淀粉质量分数为61%，蛋白质的质量分数为18%左右。小麦富含面筋等营养成分，是微生物生长繁殖的良好天然培养基。小麦具有较强的黏延性和良好的疏松性，适宜霉菌等微生物的生长繁殖，使之能够产生较高活力的淀粉酶和蛋白酶等酶类物质，因而发酵过程中可以给黄酒带来一定的香味成分。小麦作为制曲原料需满足的条件是：麦粒完整、颗粒饱满、无霉变、无虫蛀、无农药污染；要求干燥，外皮薄，呈淡红色，两端不带褐色的当年产小麦。小麦的相关标准参照《小麦》(GB/T 1351—2008)。

作者团队已基于绍兴黄酒麦曲的关键指标进行筛选和构建感官评价体系，目前已深入对麦曲的品质评价体系进行了研究。但对黄酒制曲用小麦的研究还十分欠缺，需要对不同品种、产地小麦的硬度指数、淀粉质量、蛋白质含量及其组成和理化性质等指标进行综合评价，确定适合黄酒制曲用的小麦品种和产地，并建立相应的小麦品质评价体系。

2.3.1 小麦籽粒的形态特征

小麦籽粒为不带内外稃的颖果，粒形为卵圆或椭圆，顶端生有茸毛，背面隆起，背面基部有尖起的胚；腹部较平，中间有一道凹陷的沟叫腹沟。小麦结构分为皮层（麸皮）、胚、胚乳，籽粒横断面呈心脏形或三角形。

2.3.2 小麦籽粒的结构及化学组成

麦粒中含有对面粉营养价值具有重要意义的蛋白质、淀粉、脂类化合物等，它们在麦粒各组成成分中的分布是极不均匀的，其相对分布见表2-16。

表2-16 麦粒各组成部分化学成分（干物质） 单位：%

组成部分	各组成部分的占比	占整个麦粒含量				灰分含量
		淀粉	蛋白质	纤维素	脂类化合物	
糊粉层	6.5	0.0	22.0	15	25	8.0～15.0
果皮及种皮	8.9	0.0	5.0	75	30	
胚乳	78～84	100.0	65.0	5.0	25.0	0.35～0.50
胚	2～3.9	0.0	8.0	5.0	20.0	5.0～7.0

2.3.2.1 淀粉

淀粉是小麦化学成分中最主要的物质，占小麦碳水化合物的90%左右。淀粉全部集中在胚乳内，麦皮和胚完全不含淀粉。

2.3.2.2 蛋白质

麦粒中蛋白质主要集中在胚乳中的糊粉层。但是，糊粉层中的蛋白质被坚固的细胞所包围，不易被人体消化吸收，必须进行特殊的处理。而胚乳中的蛋白质则不同，它主要是麦谷蛋白和麦胶蛋白，二者能以接近 1∶1 的比例结合成一种经吸水后即富有黏结力和弹性的软胶——面筋。面筋的这种性质决定了小麦粉具有良好的食用品质。

小麦的粒质不同，面筋在胚乳中的分布也不同。试验证明，粉质麦粒中，面筋主要集中在胚乳的外层；而在角质麦粒中，面筋的分布比较均匀。

2.3.2.3 纤维素

纤维素是人体不能消化的碳水化合物。小麦中所含的纤维素主要分布在皮层中，其含量占整个麦粒纤维素的 75%，糊粉层占 15%，胚乳中的含量极少。因此，小麦的颗粒越大、越饱满，其纤维素的含量越低，而秕麦的纤维素含量最高。

2.3.2.4 脂肪

脂肪主要分布在胚和糊粉层中。

2.3.2.5 灰分（矿物质）

小麦及其加工产品经过充分的燃烧，其中有机物质被燃烧而完全挥发，矿物质残存，成为灰白色的灰烬，称为灰分。灰分在小麦各组成部分中分布极不均匀。在皮层（包括糊粉层）中较多，胚乳中含量较低。

2.3.2.6 维生素

在小麦籽粒中还含有少量的维生素，主要有 B 族维生素、维生素 E 和维生素 A 等，内子叶中维生素总量约 244μg/g。各种维生素主要分布在胚和糊粉层中，其大致分布情况见表 2-17。

表 2-17 小麦及其各组成部分中的维生素含量 单位：μg/g

名称	维生素 B_1	维生素 B_2	维生素 B_3（烟酸）	吡哆酸（维生素 B_6 代谢物）	维生素 B_5（泛酸）	维生素 E
全粒	3.75	1.8	59.3	4.3	7.8	9.1
麦皮	0.6	1.0	25.7	6.0	7.8	57.7
糊粉层	16.5	10.0	74.1	36.0	45.1	—
胚乳	0.13	0.7	8.5	0.3	3.9	0.3
胚	8.4	13.8	38.5	21.0	17.1	15.4

2.3.2.7 水分

小麦麦粒具有吸水性，它随麦粒各组成部分的结构和化学成分不同而异。胚含糖分较多，是经常湿润的部分，吸收水分最快；皮层含有大量粗纤维，吸水较快；胚乳含有大量淀粉，吸水较慢。因此，水分在麦粒各组成部分的分布也是不均匀的，一般总是胚中所含水分最高，皮层次之，胚乳最低。

2.4 酿造用水

酿造用水被称为“酒之血”，名酒出处，必有良泉，都说明了水对黄酒酿造的重要性。

适宜的水分含量是制曲、制酒母、酿酒的必要条件，水是酿造过程中各种生物化学反应和微生物完成各种新陈代谢的重要媒介，从而形成酒精和各种风味物质。酿造用水水质的好坏直接影响酒的质量。了解水的成分与黄酒酿造的关系，在优选优质水的前提下，通过改良水质，结合酿造工艺，同样可以酿造出优质黄酒。

在黄酒的生产中水的用量很大，包括酿造用水、浸米用水、制曲用水、洗涤用水、冷却用水及锅炉用水等。过去一般生产 1t 黄酒需耗水 10～20t，经过科技的发展和生产技术的进步，目前生产 1t 黄酒耗水可降至 3t。

2.4.1 酿造用水的水质要求

水质首先要符合《生活饮用水卫生标准》(GB 5749—2006)，常规指标包括微生物指标、毒理指标（砷、铬、汞、氰化物、氟化物、硝酸银、甲醛、亚氯酸盐、氯酸盐、四氯化碳、溴酸盐、三氯甲烷等)、感官性状和一般化学指标（色度、浑浊度、pH、臭和味、肉眼可见物等)、放射性指标（总 α 放射性、总 β 放射性）等。生活用水与黄酒酿造用水的差别见表 2-18。

表 2-18 生活用水与黄酒酿造用水的差别

项目	生活用水标准	酿造用水要求	
		理想标准	最高极限
pH	6.5～8.5	6.8～7.2	6.5～8.5
总硬度(以 $CaCO_3$ 计)/(mg/L)	<450	36～126	<216
硝酸态氮(以 N 计)/(mg/L)	<10	<0.2	<0.5
菌落总数/(CFU/mL)	<100	不得检出	<100
总大肠菌群/(MPN/100mL 或 CFU/100mL)	不得检出	不得检出	<3
耐热大肠菌群/(MPN/100mL 或 CFU/100mL)	不得检出	不得检出	不得检出
大肠埃希氏菌/(MPN/100mL 或 CFU/100mL)	不得检出	不得检出	不得检出
氯气及游离氯制剂(以游离氯计)/(mg/L)	≥0.3	<0.1	<0.3

注：1. MPN 表示最可能数；CFU 表示菌落形成单位。当水样检出总大肠菌群时，应进一步检验大肠埃希氏菌或耐热大肠菌群；水样未检出总大肠菌群，不必检验大肠埃希氏菌或耐热大肠菌群。

2. 氯气及游离氯制剂与水接触时间至少 30min。

酿造用水部分指标应高于饮用水标准，pH 最好为 6.8～7.2，总硬度 36～126mg/L，硝酸态氮<0.2mg/L，细菌总数无，大肠菌群无，游离余氯<0.1mg/L。总之，优质的酿造用水应该是盐分低、硬度低、中性至微酸性（pH 值 6.8～7.2)、无沉淀、无悬浮物等杂质、无有机物杂质或有毒物质污染、无病原体、无色、无臭、无味、清亮透明的水质。如果天然水的水质较好，则尽量采用天然水，但如果水质较差，则可采用现代的水处理技术改良，以达到酿造用水要求。另外还有如下选择原则：

① 应首选无污染源的洁净水源为酿造用水，由于江河泉水水质污染的原因，目前大多选用自来水作为酿造用水，也应选择优质水源作为源头水，同时还应考虑水中含有的氯和铁等情况，氯含量高会导致酒质变劣，口味粗糙。

② 水的软硬度及 pH 值：黄酒酿造中，一般要求水质偏软，如果水中硫酸镁、氯化镁含量较多会导致水苦，氯化钠、氯化钙含量较高会导致水偏咸，水苦、水咸导致的水质过硬

都不利于发酵，对发酵具有阻碍作用，其中氯化钠的阻碍最大；但水质太软也会导致酿酒过程中糖化发酵菌生长过快而提前衰老造成酒味不甘洌而有涩味。pH值表示水的酸碱度，即水中氢离子的浓度，作为酿造用水，pH的值范围为6.8～7.2，即中性水至微酸性，偏酸或偏碱的水都不利于糖化发酵。

③ 铁含量低，如果酿造用水中铁含量高，酒的颜色会变深甚至变红、口感粗糙或有铁腥味，而且容易引起酒体沉淀，因而铁的质量浓度<0.5mg/L。

④ 水中的有害成分少，有机物成分不可过高，重金属、氨基氮、产酸细菌等不得检出，细菌总数、大肠菌群的量应符合生活用水卫生标准。水中有机物含量过高则一般表明水质被污染，常用高锰酸钾耗用量来表示，超过5mg/L为不洁水，不能用于酿酒。

⑤ 酿造水中不得检出 NO_2^-，NO_3^- 质量浓度应小于0.2mg/L。NO_2^- 是致癌物质，NO_3^- 是由动物性物质污染分解而来的，能引起酵母功能损害。

⑥ 硅酸盐（以 SiO_3^{2-} 计）<50mg/L。

2.4.2 黄酒厂水源的选择

对于自然水源，雨水属于天然蒸馏水，降落时会附着有空气中尘埃和微生物，并溶解有各种气体。城市雨水不够清洁。地面水包括海水、溪水、湖水、河水。一般溪水比较清洁，微生物较少；未经工业和生活污染的河水、湖水也比较洁净。地面水透过土层流到地下到了黏土或岩石层积累起来的井水或深处涌出的泉水，因为水通过地层时有过滤作用，除去一部分或大部分微生物，故最为清洁。

从组成成分上分析，江河水硬度较小，碳酸少，含氧量大，悬浮物多，有机物也多，水质随季节变化大，一般冬季水质优于其他季节。湖泊水与江河水相似，因移动性小，外观较清，但随着藻类、菌类生长，使有机物含量升高。地下水清而无悬浮物，但通常硬度较高，其硬度随地区不同而变化很大。地下水由于有地层的保温作用，因而温度较稳定，不受季节温度的影响。但由于地下水硬度较高，若不加处理和除去，很容易受空气氧化而产生色、味变化等不良影响。

因此，选择水源时，必须选取宽阔洁净的河心水、湖心水或泉水、深井水与自来水。江、湖、河流的天然水或浅井的地表水及深井的地下水、泉水或水厂的自来水，首先都应达到水质清洁、无色、透明、无沉淀，冷却或煮沸后均无异味、异臭，口尝有清爽的感觉，没有咸、苦、涩味，符合我国的生活饮用水卫生规程的优良水质，才是理想的酿造用水。凡是浑浊不清、有悬浮物，有咸味、苦味、涩味，水源被污染，水质分析证实不符合生活饮用水卫生规程的，都不可直接作为酿造用水，应根据当地自然水源的水质状况，采取经济有效、简单方便的水处理方法，对水质加以适当的处理和改良，确保达到酿造用水要求后，方能使用。

2.4.3 酿造用水的处理

酿造用水处理的主要目的：去除水中的悬浮物及胶体等杂质；去除水中的有机物，以消除异臭、异味；将水的硬度降低至适合黄酒酿造的范围内；去除微生物，使水中微生物指标符合饮用水卫生标准；根据需要，去除水中的铁、锰等化合物。根据水质状况，酿造用水的处理一般分为3个步骤：去除悬浮物质，去除溶解物质，去除微生物。但是水的来源及其水质的具体情况不同，所需采取的具体措施也不完全一样。

黄酒厂酿造用水的处理分为水的除杂、水的软化和消毒灭菌。

水的除杂是指先通过沉淀池澄清使水中的悬浮物质缓慢沉降下来，再利用石英砂过滤、活性炭过滤和烧结管微孔过滤悬浮物质，除去水中的有机物、余氯和降低色度。当水质较差，出现一般性的异臭或异味时，用活性炭过滤也是有效的。

水的软化只有当水的硬度超标时，酿造用水才会进行软化。当水中的铁、锰含量高时，往往使水产生金属味，并引起黄酒沉淀。水的软化常用的方法有沉淀法和脱盐法（离子交换法、电渗析和反渗透）。沉淀法即在水中加入适当的药剂，使溶解在水里的钙、镁盐转化为几乎不溶于水的物质，生成沉淀并从水中析出，从而降低水的硬度，达到软化水的目的。对于碳酸盐硬度较高的水，可以用饱和石灰水去除水中的碳酸氢钙和碳酸氢镁。离子交换法是用离子交换树脂中所带的离子与水中溶解的一些带相同电荷离子之间发生交换作用，以除去水中部分不需要的离子。电渗析法主要用于处理水中高盐浓度和高总硬度的情况。水中的无机离子在外加电场的作用下，利用阴离子或阳离子交换膜对水中离子的选择性透过，使水中的一部分离子穿过离子交换膜而迁移到另一部分水中，而达到除盐和降低总硬度的作用。反渗透是一项处于不断发展的技术，一般用于饮用水、生产用水和纯水生产。当向水体施加大于渗透压的压力时，水分子就会向与正常渗透现象相反的方向移动。反渗透膜孔径较超滤膜小，不仅能截留高分子物质，还能截留无机盐、糖、氨基酸等低分子物质，因此透过反渗透膜的水几乎就是纯水。但水中的离子也不是去除得越彻底越好，酿造用水中应该有一定的离子浓度。

水的消毒灭菌通常选择通过膜过滤达到除菌目的的无菌过滤，紫外线照射杀死微生物的紫外线灭菌。通氯气也会用于水的消毒灭菌，往水中通入氯气产生次氯酸，次氯酸分解为 HCl 和氧，从而形成较高的氧化力，通过氧化作用破坏微生物的细胞膜，并杀死微生物，但是加氯杀菌后的水有明显的气味。

2.5 特型黄酒辅料

特型黄酒的添加辅料物质多为药食同源和天然草本植物，具有一定的药理、保健、健身、营养和养生等功效。目前已有的产品包括八珍本元养生黄酒、期颐保健红曲酒、固本保健黄酒、红曲健身酒、清醇养颜复合曲黄酒、六味养生黄酒、延寿养生黄酒和一些基于黄酒开发的新产品。

2.5.1 功能性分类与辅料物质的添加

中药八珍：药食同源的黄精、覆盆子、佛手、大枣、桂圆肉、桑椹、芡实、枸杞子八味中药。

天然草本植物：当归、陈皮、木瓜、枣、肉苁蓉、菟丝子、桑椹、牛膝、枸杞、淫羊藿等。

固本保健植物料配方：枸杞子、红枣、黄精、白茯苓、生地黄、熟地黄、天门冬、麦门冬。

植物料配伍：黄芪、当归、白芍、川芎、芦荟、红枣、枸杞子、珍珠液、蜂蜜。

六味中药材配方：枸杞子、桑椹、百合花、莲子、桂圆、红枣。

保健名贵中草药：黄精、天门冬、松叶、枸杞子、白术、桂圆肉。

如表 2-19 所示为代表性黄酒辅料及其功能作用。

表 2-19　代表性黄酒辅料及其功能作用

功能作用	辅料	代表性黄酒
药理功能	中药八珍	八珍本元养生黄酒
保健功能	天然草本植物 固本保健植物料配方	期颐保健红曲酒 固本保健黄酒
健身功能	蜂蜜	红曲健身酒
营养功能	植物料配伍	清醇养颜复合曲黄酒
养生功能	六味中药材配方 保健名贵中草药	六味养生黄酒 延寿养生黄酒

2.5.2　常用辅料物质的成分及保健作用

黄精：又名鸡头黄精、黄鸡菜、鸡爪参等。为黄精属植物，根茎横走，圆柱状，结节膨大，叶轮生，无柄。根状茎为常用中药“黄精”。分布在西伯利亚、蒙古、朝鲜以及中国。味甘性平，入脾、肺、肾经。其成分含烟酸、醌类、淀粉、糖分等物质，糖分含量高达40%。黄精具有抗病原微生物、抗疲劳、抗氧化、延缓衰老等药理作用，以及补气养阴、润肺、健脾、益肾的功能。

枸杞：茄科、枸杞属植物。枸杞为人们对商品枸杞子、植物宁夏枸杞、中华枸杞等枸杞属下物种的统称。人们日常食用和药用的枸杞子多为宁夏枸杞的果实“枸杞子”，甘甜，嚼后有一丝苦味。其成分含枸杞多糖、枸杞色素、甜菜碱、阿托品、天仙子胺。枸杞对免疫功能有影响，抗衰老，常服具有耐早衰、健脑、滋补肝肾、养肝明目的功能。

红枣：又名大枣，属于被子植物门、双子叶植物纲、鼠李目、鼠李科、枣属的植物。红枣为温带作物，适应性强，种植范围广泛。红枣含有蛋白质、糖类、有机酸、维生素 A、维生素 C、多种微量元素以及氨基酸等丰富的营养成分，有“天然维生素丸”的美誉。味甘性温、归脾胃经。红枣有促进白细胞的生成、降低血清胆固醇、提高血清白蛋白、保护肝脏的药理作用，以及补中益气、养血安神、缓和药性的功能。

黄芪：又名绵芪，多年生草本，产于内蒙古、山西、甘肃、黑龙江等地。略带豆腥味，口嚼稍有点甜味。其成分主要包括皂苷类、黄酮类、氨基酸类和多糖类物质。黄芪具有增强机体免疫功能、保肝、利尿、抗衰老、抗应激、降压和较广泛的抗菌等药理作用，抗氧化、抗炎等功能。

苦荞：属蓼科，自然界中甚少的药食两用作物。苦荞集七大营养素于一身，是能当饭吃的食品，被誉为“五谷之王”，三降食品（降血压、降血糖、降血脂）。中国西南部的云贵川红土高原和北方黄土高原高海拔山岳地区广为种植。味甘、性凉。主要成分包括生物类黄酮、原花青素（苦荞麸皮含量最高可达 5.03%）、没食子酸、原儿茶酸、香草酸、丁香酸、阿魏酸等，富含硒。苦荞具有降血压、降血糖、降血脂、改善微循环等药理作用，具有安神、活气血、降气宽肠、清热肿风痛、祛积化滞、清肠、润肠、通便、止咳、平喘、抗炎、抗过敏、强心、减肥、美容等功能。

参考文献

[1] 曹龙奎，李凤林. 淀粉制品生产工艺学［M］. 北京：中国轻工业出版社，2008.

[2] 杜一平，潘铁英，张玉兰. 化学计量学应用［M］. 北京：化学工业出版社，2008.

[3] 恩和，庞之洪，熊本海. 粟谷糠类饲料成分及营养价值比较分析［J］. 中国饲料，2008（02）：39-41.

[4] 范华，苏钰亭，刘友明，等. 不同品种稻米的化学成分和理化特性研究［J］. 粮食与饲料工业，2014，3：1-5.

[5] 傅金泉. 黄酒生产技术［M］. 北京：化学工业出版社，2005.

[6] 傅金泉. 糯米、粳米、籼米的分析及其酿酒试验［J］. 酿酒科技，1982（02）：6-9.

[7] 黄桂东，毛健，姬中伟，等. 黄酒酿造用稻米品种的模式识别研究［J］. 食品科学，2013，34（16）：284-287.

[8] 黄桂东，毛健，姬中伟，等. DR-FTIR 结合 SIMCA 识别不同种类原料米酿造的黄酒［J］. 食品科学，2013，34（14）：285-288.

[9] 康明官. 日本清酒技术［M］. 北京：轻工业出版社，1986.

[10] 李海霞，何国庆，楼凤鸣，等. 黄酒酿造中浸米浆水有机物组成及其微生物富集的研究［J］. 中国食品学报，2011，11（08）：168-174.

[11] 李璐. 黍米黄酒组成分析及其除浊方法的研究［D］. 山西：山西大学，2016.

[12] 刘齐，熊万斌，刘张虎，等. 大米加工过程各级副产物营养价值的研究［J］. 现代食品，2017（02）：92-99.

[13] 毛青钟. 黄酒浸米浆水及其微生物变化和作用［J］. 酿酒科技，2004（03）：73-76.

[14] 毛青钟，俞关松. 黄酒生产中不同品种米浸米特性的研究［J］. 酿酒，2010（04）：70-73.

[15] 毛青钟，俞关松. 黄酒浸米浆水中优势细菌的不同对发酵的影响［J］. 酿酒，2010（05）：69-73.

[16] 潘荣荣，曲刚莲，马果花. 化学计量学在分析化学中的应用［J］. 化学分析计量，2007（02）：76-78.

[17] 王锋，鲁战会，薛文通，等. 浸泡发酵大米成分的研究［J］. 粮食与饲料工业，2003（01）：11-14.

[18] 王慧. 小麦与面粉. 四川：西南交通大学出版社，2015.

[19] 汪建国，汪崎. 水与黄酒酿造酒质的关系和要求［J］. 中国酿造，2006（04）：60-63.

[20] 杨建刚，林艳，马莹莹，等. 几种不同大米的酿酒相关性能研究［J］. 食品科技，2015（06）：198-201.

[21] 姚惠源. 稻米深加工［M］. 北京：化学工业出版社，2004.

[22] 油卉丹. 不同种类稻米黄酒酿造的差异性研究［D］. 无锡：江南大学，2017.

[23] 岳春，李继红，成玉莲，等. 玉米黄酒生产新工艺研究［J］. 酿酒，2006（5）：111-114.

[24] 张文海. 稻米模式识别及对黄酒品质影响的研究［D］. 无锡：江南大学，2011.

[25] 周家骐. 黄酒生产工艺［M］. 2 版. 北京：中国轻工业出版社，1996.

[26] Abbas A，Murtaza S，Aslam F，et al. Effect of processing on nutritional value of rice（*Oryza sativa*）［J］. World Journal of Medical Sciences，2011，6（2）：68-73.

[27] Bernazzani P，Peyyavula V K，Agarwal S，et al. Evaluation of the phase composition of amylose by FTIR and isothermal immersion heats［J］. Polymer，2008，49（19）：4150-4158.

[28] Qiu C，Cao J，Xiong L，et al. Differences in physicochemical，morphological，and structural properties between rice starch and rice flour modified by dry heat treatment［J］. Starch-Stärke，2015，67（9-10）：756-764.

[29] Cho S B，Chang H J，Kim H Y L，et al. Steeping-induced physicochemical changes of milled waxy rice and their relation to the quality of yukwa（an oil-puffed waxy rice snack）［J］. Journal of the Science of Food and Agriculture，2004，84（5）：465-473.

[30] Duarte W F，Dias D R，Oliveira J M，et al. Raspberry（*Rubus idaeus* L.）wine：Yeast selection，

sensory evaluation and instrumental analysis of volatile and other compounds [J]. Food Research International, 2010, 43 (9): 2303-2314.

[31] Evers A D, Juliano B O. Varietal differences in surface ultrastructure of endosperm cells and starch granules of rice [J]. Starch-Stärke, 1976, 28 (5): 160-166.

[32] Fukuda T, Takeda T, Yoshida S. Comparison of Volatiles in Cooked Rice with Various Amylose Contents [J]. Food Science and Technology Research, 2014, 20 (6): 1251-1259.

[33] Hossain M E, Sultana S, Shahriar S M S, et al. Nutritive value of rice polish [J]. Online Journal of Animal Feed Research, 2012, 2: 235-239.

[34] Lam H S, Proctor A, Meullenet J F. Free fatty acid formation and lipid oxidation on milled rice [J]. Journal of the American Oil Chemists' Society, 2001, 78 (12): 1271-1275.

[35] Masaki Okuda, Katsumi, Isao Aramaki, et al. Effect of amylase content on the rheological property of rice starch [J]. Journal of Applied Physiology, 2009, 56 (3): 185-192.

[36] Mizuma T, Furukawa S, Kiyokaw Y, et al. Characteristics of Low-amylose Rice Cultivars for Sake Brewing [J]. Journal of the American Society of Brewing Chemists. 2003, 98 (4): 293-302.

[37] van Soest J J G, Tournois H, de Wit D, et al. Short-range structure in (partially) crystalline potato starch determined with attenuated total reflectance Fourier-transform IR spectroscopy [J]. Carbohydrate Research, 1995, 279: 201-214.

[38] Shao Y, Cen Y, He Y, et al. Infrared spectroscopy and chemometrics for the starch and protein prediction in irradiated rice [J]. Food Chemistry, 2011, 126 (4): 1856-1861.

[39] Sodhi N S, Singh N. Morphological, thermal and rheological properties of starches separated from rice cultivar's grown in India [J]. Food Chemistry, 2003, 80 (1): 99-108.

[40] Shingel K I. Determination of structural peculiarities of dexran, pullulan and γ-irradiated pullulan by Fourier-transform IR spectroscopy [J]. Carbohydrate Research, 2002, 337 (16): 1445-1451.

[41] Tomochikamizuma Y K, Yoshinori Wakai. Water Absorption Characteristics and Structural Properties of Rice for Sake Brewing [J]. Journal of Bioscience and Bioengineering, 2008, 106 (3): 258-262.

[42] Yang Y, Tao W Y. Effects of lactic acid fermentation on FT-IR and pasting properties of rice flour [J]. Food Research International, 2008, 41 (9): 937-940.

[43] Zeng Z, Zhang H, Chen J Y, et al. Flavor volatiles of rice during cooking analyzed by modified headspace SPME/GC-MS [J]. Cereal Chemistry, 2008, 85 (2): 140-145.

第三章

黄酒酿造中的发酵剂

在发酵原酒黄酒的酿造过程中，黄酒曲的添加是影响黄酒酿造成败的重要因素。在古书《天工开物》中对酒曲在酒类酿造中重要作用有相关记载，即“无曲，即佳米珍黍空造不成”，这说明了曲对酿酒的重要性。目前，黄酒生产中主要以麦曲（或红曲）、酒药（小曲）、酒母和干酵母等作为糖化剂或发酵剂。这些发酵剂富含多种微生物，黄酒酿造过程中的部分微生物来源于发酵剂，这些丰富的微生物和原料共同作用最终形成了黄酒独有的色、香、味。

黄酒发酵剂中的微生物主要包括真菌、细菌和酵母菌等。目前围绕黄酒麦曲中的微生物群落已有大量研究，主要侧重于真菌微生物群落结构的研究，而对麦曲中细菌微生物的报道相对较少。此外，采用传统培养方法对黄酒发酵剂中的微生物研究较为普遍，即通过选择性培养基对微生物进行分离再进行菌种鉴定。但传统分离培养方法存在着明显不足，由于麦曲等发酵剂的微生物组成处于不断变化中，且麦曲各个部位微生物组成具有差异，同时可培养的微生物仅能占到微生物总量的1%左右，大部分微生物因不能培养而被遗漏，无法全面和准确地还原黄酒发酵剂中复杂的微生物群落组成。因此，随着分子生物学技术的不断发展，为更完整地解析发酵剂的微生物群落提供可行性，目前聚合酶链反应（polymerase chain reaction，PCR）技术、高通量测序技术（high throughput sequencing，HTS）和宏基因组测序（whole-genome shotgun，WGS）等新技术的应用为研究黄酒发酵剂的微生物群落结构提供了新的方向。

3.1 黄酒麦曲

“以麦制曲，用曲酿酒”是中国黄酒的特色，麦曲在黄酒酿造过程中至关重要，可作为黄酒酿造的糖化、发酵和生香剂，被称为“酒之骨”。麦曲是指在破碎的小麦粒上培养繁殖微生物而制成的黄酒生产用糖化剂和少量发酵剂。它为黄酒酿造提供各种酶类，主要是淀粉酶、蛋白酶、脂肪酶等，促使原料所含的淀粉、蛋白质、脂肪等高分子物质水解；同时在制曲过程中形成各种代谢物，以及由这些代谢产物相互作用产生色泽、香味等，赋予黄酒酒体独特的风格。黄酒酿造中麦曲用量高达原料米的16%以上，这也说明了麦曲在黄酒的酿造过程中的地位是举足轻重的。麦曲质量的优劣，直接影响到黄酒的质量和产量，而且对黄酒的风味有重要影响。目前，黄酒生产用曲主要是生麦曲和熟麦曲。生麦曲是一种传统制曲工艺，利用生料，以自然培养为主，拌料后借鉴白酒行业的经验，使用制曲成型机压制成型，取代了传统工艺人工踩曲，降低了劳动强度，提高了劳动生产效率，实现了机械化操作。熟麦曲的制作是对生麦曲生产工艺的继承和发展，常用菌种之一米曲霉苏-16是从麦曲中筛选得到的优良糖化菌，产糖化酶能力强，但风味单一。在黄酒实际生产中，工厂一般将熟麦曲与生麦曲搭配使用。

3.1.1 黄酒麦曲的种类

目前，国内麦曲是以小麦为原料制成，是较为重要的黄酒生产糖化剂。根据制曲方式不同可分为传统工艺手工曲和传统工艺机制曲；根据制作工艺的不同也可分为生麦曲、熟麦曲、爆麦曲、炒焦麦曲、烟熏麦曲；根据曲的外形还可分为散曲和块曲，如绍兴酒原来采用草包曲，但自20世纪70年代左右改用块曲，酿造机械化黄酒时则将块曲和熟麦曲一起按比例混合使用；根据制曲用菌种来源不同也可分为天然（自然）培养曲和纯菌培养曲。每种曲的性能不同，每一种黄酒色、香、味、格的典型性主要取决于所用的曲。

3.1.1.1 生麦曲与熟麦曲

目前黄酒生产常用曲是生麦曲和熟麦曲，一般分为传统工艺人工踩曲、传统工艺机械化压制块曲、散曲和熟麦曲，其中前两种均属于生麦曲。

生麦曲以自然培养为主，在历史沿革所传承的工艺中，拌料后采用人工踩曲的方式拌和而形成松紧适度的麦曲，即为人工踩曲麦曲；而拌料后使用制曲成型机压制成型，进而在工厂生产中取代传统踩曲工艺而制成的麦曲，即为机械化压制块曲；在制曲过程中将小麦轧片无整粒存在，使麦粒的淀粉外露，易于吸收水分并增加霉菌的繁殖面积而制成的麦曲，即为散曲；在制曲时使用蒸熟的小麦为原料并加入纯种糖化菌而制成的麦曲，即为熟麦曲。

机械化块曲的制作过程相比人工踩曲降低了劳动强度，实现了机械化操作。但是整个制曲过程较为粗犷，制曲时间较长，且在产品的品质控制上存在较大的不确定性，曲的质量由生产经验而决定，这造成了不同批次生麦曲的质量参差不齐，原料利用率低。在20世纪60年代初开始推广应用纯种麦曲。纯种麦曲是指用人工接种的方法，把单一菌种接入经过灭菌的小麦原料中，并在人工控制的培养条件下，使菌种在较厚的曲料上生长繁殖、分泌酶系并积累代谢产物。在工厂生产中，纯种培养而成的麦曲常以散曲形式存在，散曲主要有纯种生麦曲、爆麦曲、熟麦曲等。其中熟麦曲是将单一菌种如米曲霉苏-16接入经过灭菌的小麦原料中，多数采用厚层通风的制备方法，根据米曲霉生长特性设置条件，操作方便、便于管理。熟麦曲的制作是在生麦曲生产工艺上的继承和发展，由于小麦经过蒸煮，使其淀粉得以糊化，并依据霉菌糖化酶最佳条件设置制曲条件，有利于纯种糖化菌的繁殖生长，因此糖化力和液化力相对生麦曲较高而稳定。但该方法的原料利用率难以进一步提高，而且熟麦曲单一菌种造成黄酒口味寡淡的问题日益突出。在绍兴黄酒实际生产中，工厂一般将熟麦曲与生麦曲搭配使用。

生麦曲作为黄酒酿造过程中的糖化发酵生香剂，含有丰富的三系（物系、酶系和菌系），赋予了黄酒醇、绵、鲜、爽的滋味，对黄酒的出酒率、品质和风格有着非常大的影响。生麦曲的重要作用主要表现在以下四个方面：

① 投粮作用：在传统黄酒的酿造中，生麦曲用量约占原料的16%，生麦曲会带入大量的淀粉、蛋白质、粗纤维、脂肪以及丰富的风味前体物质，经酶系可以分解为葡萄糖、氨基酸、有机酸等小分子物质，构成黄酒丰富的营养成分和风味物质，同时大量加入生麦曲使得黄酒风味中具有独特的麦曲味。

② 糖化发酵：生麦曲作为粗酶制剂，为黄酒酿造提供各种酶系，包括液化酶、糖化酶、酸性蛋白酶、酒化酶等，这些酶系是由小麦原料带入或由微生物分泌产生的，为黄酒酿造时将原料降解为可利用的小分子物质提供了一股神奇的力量，使得边糖化边发酵进程得以进行。

③ 提供菌源：曲房和制曲工具（压曲机、草席和稻草等）中含有丰富的微生物群落，生麦曲在培养过程时自然网罗环境中的微生物，包括细菌、霉菌和酵母，之后在投料时将这些微生物带入黄酒发酵体系中，在后续的黄酒酿造中起到分解原料、生成营养物质和风味物质的作用。

④ 生香作用：生麦曲除了丰富的菌系和酶系之外，还含有丰富的物系，即发酵过程中

积累氨基酸和芳香类物质，对黄酒风味的呈现起着重要的作用。

有研究针对生麦曲使用量对黄酒风味和稳定性方面的影响，结果表明生麦曲的最佳添加量为12%～15%。生麦曲对黄酒的质量和出酒率有很大的影响，同时对黄酒自身风格的形成非常关键。俗话说“曲优则酒优，曲劣则酒劣”，生麦曲的品质是黄酒酿造品质控制的重要指标之一。

3.1.1.2 人工制曲与机械化制曲

人工踩曲是将曲料拌和好后立即堆在踩曲场上，再细致而迅速地拌和一次，以彻底消除灰包、疙瘩。随后装入曲模中，先用脚掌从中心踩一遍，再用脚踵沿四周踩两遍，要踩紧、踩平、踩光，特别是四周要踩紧，中间可略微踩松点。上面踩好后，翻转过来再踩。这样经过反复揉压成型的曲坯，松而不散，松紧适度，以满足酿造优质黄酒的需要。纵观整个人工踩曲过程，可发现人工踩曲有以下特点：

① 踩制是一个柔性的、重复性过程，由于每次作用的区域小，在相应的踩曲作用区间，曲坯受剪切、揉挤的共同作用，使得曲坯松而不散，内部均匀，透气性好。

② 人工踩曲曲坯表面粗糙适中，上霉较好，不会出现“干皮”现象。

③ 人工踩曲基本上不存在“打返工曲”问题，因此曲坯中疙瘩较少，以利于水分蒸发。

基于以上几种原因，使得人工踩制曲坯在曲室培养阶段，很少出现裂缝、曲心有黑圈和黑心等现象，从而满足酿造优质黄酒的需要。由于人工踩曲时，工人的劳动强度大，工作环境恶劣，这样就为保证曲坯的质量、提高优质黄酒的产量带来一定的困难。如何用机械制曲科学模拟人工踩曲，也成为酒行业一个需要优化和解决的问题。

在20世纪90年代到21世纪初，机械化制曲逐渐应用于黄酒生产，曲坯成型采用机械化压制而成，因此比传统生麦曲生产曲坯效率高，减轻了工人们的劳动强度等。目前，机制曲已被许多黄酒生产厂采用。

在推行机械化制曲的开始阶段，两种制曲方式所产曲在外观和色泽上具有感官差异性。机制曲与传统曲在相同培养条件下，传统曲菌生长均匀，而机制曲有黑心、黑圈、黄心等现象。传统曲曲块表面长霉良好，无“干皮”现象；机制曲曲块表面水分蒸发快，因曲块实，里面的水分蒸发缓慢，使得曲块表面产生“干皮”现象（即曲块表面一层无微生物生长）或开始长霉，而后很快死亡、收缩。传统曲在制曲阶段，曲坯很少出现裂缝；而机制曲在制曲阶段，因水分蒸发不均匀偶有曲坯断裂和裂缝现象。传统曲无“打返工曲”问题；而机制曲加入返工曲，疙瘩较多，不利于水分的均匀蒸发。机制曲的成品曲曲块实、硬，传统曲的成品曲曲块松、脆。

机械曲中微生物系和酶系相比传统制曲也有所改变。传统曲中根霉、毛霉、犁头霉、黑曲霉、红曲霉、黄曲霉等为主，分布均匀，其他霉菌少；而机制曲中真菌有根霉、毛霉、犁头霉、黄曲霉、红曲霉、黑曲霉等，而其他霉菌（如脉孢霉等）数量较多，霉菌的种类、数量有所不同。传统曲中酵母的种类和数量比机制曲中多。机制曲曲块实，水分蒸发和通气情况的不同，细菌种类、数量与传统曲有所不同，机制曲中能产酸性酶的霉菌（黑曲霉等）、细菌的种类和数量减少，乳酸杆菌的种类也有所改变。

总体而言，目前黄酒工厂中机械化制曲有逐步替代人工制曲的趋势，但是制曲的过程控制细节方面还需进一步完善，以提高糖化力和酶系丰富程度，提高微生物富集效果，使酿造基酒质量得到提升。在研究和工业化生产中，以机制曲糖化力提高，同时其他酶系活力也相应提高为佳，尤其是酸性酶活力的提高，因此，黄酒机制曲质量有待进一步研究、改进和提升。

提浆是制曲过程的一个重要指标，良好的提浆过程可使曲块的皮张较薄，而提浆欠缺会导致表皮缺乏营养优势且保水性能较差，进而不利于穿衣，即不利于微生物的生长。但目前研究多集中于对提浆概念的描述和其重要性的强调，对优质提浆的标准缺乏系统的评价标准。目前，曲块重要的评判标准之一是曲块的紧实度，紧实的曲块一方面是有利于搬运，会减少途中破碎的情况；另一方面也会利于其中的微生物繁殖。一般而言，曲模的形状都会采用传统的类似于砖的形状，砖形是人们在制曲过程中长期总结形成的最佳形状。影响因素主要包括：表面及内部散热的需要，水分的散发需求，以及便于搬运和堆积的需求。

虽然人工踩得的曲块有着很多的优点，但人工踩曲工艺逐渐因其较低的生产率而被淘汰，机械制曲在中国酿酒企业已得到广泛应用。与人工踩曲相比，机械压制的曲坯大小均匀、生产率高。但机械制曲的提浆作用不明显，相较而言人工踩曲的成型度更高，韧性更好。目前踩曲机按机械制曲的成型次数分，有单次模压成型、多次模压成型两种。单次模压成型往往存在着曲块表面紧中心松、提浆不好的现象。多次模压成型有曲坯表面及中心部分松紧度均匀、提浆效果改善等优点。但两种机械制曲成型方法均存在“皮紧内松”“提浆差”的现象，没有得到根本的解决。因此，保证振动压曲过程中模板与曲料的充分挤揉，实现柔性、重复挤压，可解决机械压曲中曲坯“皮紧内松”“提浆差”的问题。

曲块压制设备主要有机械冲压式制曲机、液压式冲压机和气动冲压机等。现有制曲机的压曲形式非常单一且力度不可调控，虽在很大程度上提升了机械自动化水平，但制得的曲块整体松紧不一致，导致提浆及酒的品质难以达到人工踩曲效果。有研究设计了一种旋转式多次压制成型的压曲机。采用多点式压制成型技术，可以得到密实度较为均匀的曲块，从而避免了一次压制成型的曲块有着表面过紧、中心部分较松和提浆不好的缺点，这样的曲块对酿酒后续部分的工艺有很好的作用。采用液压传动代替旧式的机械传动，可使传动简单、定位准确，提高生产效率。该旋转式压曲机是现代化技术的成果，采用先进的设计方法及精准的检测手段使得整个系统更加完善，从而加快了制曲行业自动化的步伐。

因此，将机械化制曲工艺根据人工踩曲方式进行返璞归真，利于现代科学生产技术按照人工踩曲的工艺踩制曲块，并请具有经验的制曲师对其中提浆良好的曲块进行选择，对其内部的成分进行分析，为提浆良好的度量标准参数化提供基础。根据曲块密度分布规律的影响因素，改善机械制曲的提浆效果，需要从曲块压制过程中的压力分布、潮湿颗粒模型、侧压力分布实验、侧压摩擦系数等方面着手，结合压缩过程中的实验现象，开展压制成型的机理分析和提浆机理的分析。同时需从造成曲块密度分布特性的原因进行力学层面上的分析，对曲块的压制成型的机理和细观层面上的提浆机理进行分析。

机械化制曲的提浆作用改善应在分析制曲物料的组成成分、各种不同性质的颗粒的特性、颗粒的潮湿后性质差异、曲块粘接原理等方面之后，对制曲物料中的不同颗粒的分工与协同进行深入透彻的了解。同时为解释曲块的宏观表现和物料颗粒群整体建模，提供细观层面的依据。进而采用数值模拟（计算机模拟）等方法，科学模拟人工踩曲工艺过程。现代化、智能化机械制曲技术的成功会对曲块制作生产效率的提高，曲块质量的提高，提浆效果的改善以及加快酿酒行业的现代化程度具有非常重要的意义。

3.1.2 黄酒麦曲的生产工艺

3.1.2.1 传统草包曲的制作工艺

（1）工艺流程

草包曲制曲工艺流程见图 3-1。

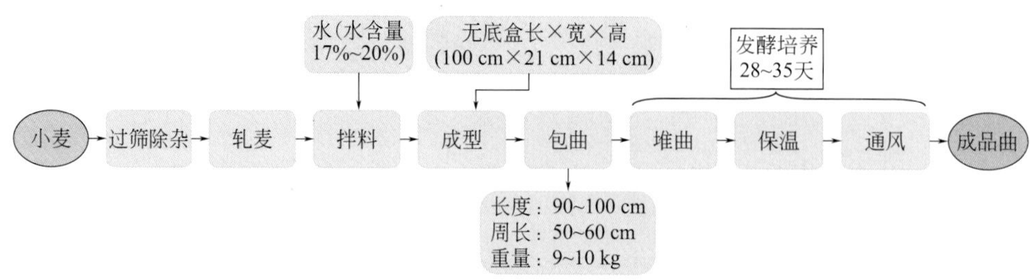

图 3-1 草包曲制曲工艺流程

（2）草包曲生产操作说明

过筛除杂：通过筛选设备对小麦进行除杂，清除小麦中混入的尘土、麦壳、秕粒、虫蚀麦、泥块、石子等。

轧麦：将经过清理除杂的小麦，使用轧麦机将小麦轧碎成 3～5 片，使小麦表皮破裂，淀粉外露。麦粒破碎过粗或过细均会影响麦曲的质量。

拌料：小麦的润麦水分在 17%～20%，要求水洒匀，翻拌匀，务必使吸水均匀，使每粒粮食都均匀地吸收水分。然后使用搅拌机搅拌，搅拌时间应大于 2min，待曲料手握成团而不散且没有灰包白点现象即可。

成型：将拌水后的麦片，转移至长约 100cm、宽 21cm、高 14cm 的无底曲盒中。在曲盒的下方平铺上干燥洁净的稻草（最好是一年陈的）。倒入拌好的曲料后，轻轻用手压平，使其均匀分布于曲盒中。

包曲：待曲料成型后，抽出曲盒，使用预先横放在稻草下方的小股稻草捆扎，包扎好的曲包略呈圆柱形，长 90～100cm，周长为 50～60cm，重 9～10kg。包曲时，要保证曲麦疏松，这样有利于微生物的繁殖。每包曲一般使用六小股稻草，上三股缚得松，下三股缚得紧，即俗称的“三捆六缚”。松散的上部能让其通气，缚紧下部稻草的末端，在堆曲时须加以弯曲，可以避免麦粒散失。

堆曲：包曲完毕后，将曲包转移至曲室中，垂直相邻放置，排成曲堆。曲堆一般长 6.0m、宽 2.0m，堆与堆之间距离为 0.5m，做到“堆松、堆齐、堆直”，这样有利于发散热量及微生物的均匀生长与繁殖。

保温发酵：在堆曲前先将曲室打扫干净，打开窗户通风，同时用石灰乳先粉刷一次墙壁，然后围上稻草，地上先平铺上一层稻壳，再铺上竹簟。制曲过程中，应及时检查并测定品温，加以调节控制，不使曲包品温过高或升温太慢。培菌管理是曲块发酵的关键环节，通过开启门窗通风对曲室温湿度的控制，给曲中的微生物提供适宜的生长繁殖条件，促进有利于生产相关的糖化发酵菌和产香菌的大量繁殖，给生产优质草包曲创造条件。

成品曲：草包麦曲发酵期一般在 28～35 天，待出房时根据草包麦曲水分的挥发程度可适当延长或缩短发酵时间。将草包拆开，每包曲折成 2～3 块，运入曲库贮存备用。

3.1.2.2 传统生麦曲的制作工艺

(1) 工艺流程

传统生麦曲制曲工艺流程见图 3-2。

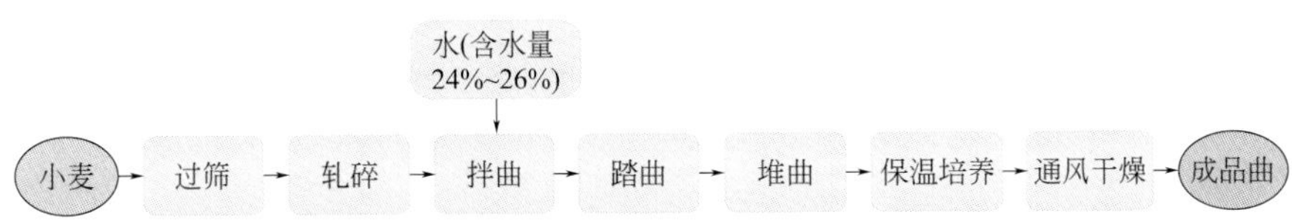

图 3-2 传统生麦曲制曲工艺流程

(2) 传统生麦曲制曲工艺说明

过筛：将小麦通过筛选设备，清除小麦中混入的尘土、麦壳、秕粒、虫蚀麦、泥块、石子等。

轧碎：将清理过的小麦，通过轧麦机将每粒小麦轧碎成 3～5 片，这样可使小麦的表皮组织破裂，麦粒中的淀粉外露，易于吸收水分，又增加了微生物的繁殖面积。麦粒破碎过粗或过细，均可影响麦曲的质量。

拌曲：麦粒轧碎后，装入拌曲机，加入清水，然后开机翻拌均匀，使其吸水均匀，以不产生白水及水块为宜。加水量以原料小麦的含水量、气温和曲房的保温条件来定，使其含水量为 24％～26％。

踏曲：将拌匀的麦片装到曲盒中，先轻轻地用手抚平，然后两人对立，踏实，先后分两层踏实，即为踏曲。

堆曲：堆曲前，先打扫干净曲室，用石灰乳或乳胶漆将四周墙壁粉刷一次，在地面上平铺一层稻壳，铺上竹簟，用以保温。将成型的曲送入曲房，以“品字形堆曲法”堆曲，一般以两层为宜，三层或三层以上不利于发酵时控制温度、后期降温和蒸发水分，并注意“堆齐、堆直”，以增加空隙，有利于发散热量及微生物的均匀生长与繁殖。再在上面铺上草席保温。

保温培养：曲室的保温主要是根据气温和室温情况，适当地关闭门窗调节。在制曲过程中，及时地检查并测定品温并加以调节，不要使堆曲的品温过高或升温太慢。

通风干燥：发酵结束后，曲温逐渐下降至与室温相近，将全部门窗打开，待麦曲干燥后，取出曲块，运送至贮曲间，堆叠成品字形或丁字形存放备用。

3.1.2.3 机械化生麦曲的制作工艺

(1) 块曲的制作工艺

① 工艺流程

机械化块曲生产工艺流程见图 3-3。

② 机械化块曲生产操作说明

倒麦初筛：将小麦拆包，采用除杂振动筛初筛，将小麦中的泥、石块、秕粒和尘土等杂质进行清理，使小麦整洁均匀。

轧麦：将初筛后的小麦通过斗式提升机传送到轴辊机进行轧麦，将麦粒压扁成 3～4 瓣，压扁的麦粒淀粉外漏，易于吸收水分，有利于菌株的生长繁殖。

润料拌料：麦片通过斗式提升机输入到定容箱中转入搅拌机，并在机器入口处调节好麦

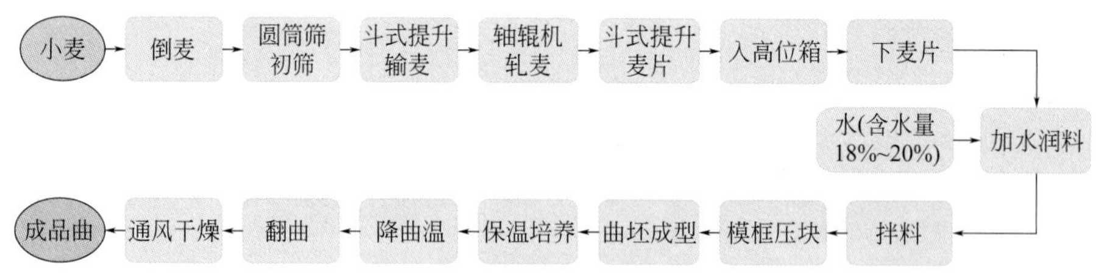

图 3-3 机械化块曲生产工艺流程

料和水的进口速度，经过搅拌，使曲料和水混合均匀。同时，在落料的出口处随时检查曲料的干湿程度，要求拌和后的曲料用手捏紧成团，放开即散，并随时加以调整，一般料水比例控制在 18％～20％。

曲坯成型：将混匀后的曲料输送到压块机中，在输送带的转动过程中，通过数次的挤压成块，在出口送出来的就是成型的曲块。然后将曲块摆放在平板车送入曲房进行堆曲培养。

保温培养：堆曲培养前，在地面铺上谷壳及竹席，有利于保温。将已成型的曲块整齐地摆放成“工”字形，再在上面铺上稻草垫保温，以适应微生物的生长繁殖。在培养期间要适时地调节曲室温度和湿度，定时保温、保湿、降温、排潮和更换曲房空气，控制曲坯发酵，从而给曲坯微生物营造良好的生长环境。

(2) 散曲的制作工艺

① 工艺流程

机械化散曲生产工艺流程见图 3-4。

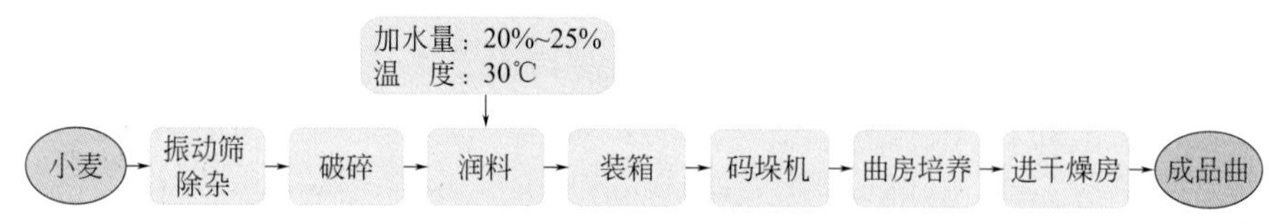

图 3-4 机械化散曲生产工艺流程

② 机械化散曲生产操作说明

过筛除杂：将小麦各类杂质除去，使小麦整洁均匀，确保被均匀粉碎，达到制曲的要求。

破碎：将过筛后的小麦轧成 3～5 片，无整粒存在，细粉越少越好，表皮组织破坏，使麦粒的淀粉外露，易于吸收水分，增加霉菌的繁殖面积。

润料：输送管道加水，绞龙搅拌均匀，加水量为原料的 20％～25％，水温控制在 30℃，通过流量控制含水量，适量的水分有利于微生物自然生长繁殖。

装箱：使用光感探头定量。

曲房培养：将装箱后的麦曲用码垛机运送至曲房培养。

3.1.2.4 接种熟麦曲的制作工艺

(1) 工艺流程

接种熟麦曲生产工艺流程见图 3-5。

(2) 接种熟麦曲生产操作说明

原料处理：将小麦中的杂质去除，使小麦颗粒整洁均匀。然后轧麦，麦粒扁而不碎，既要淀粉外露，又要麦粒不碎。

蒸煮：加入35%～50%的水，转动蒸煮锅，排净空气后关闭排气阀，待压力升至0.2MPa，停止进汽，使麦料蒸煮均匀熟透。打开排气阀，压力为零时方可出料。

冷却：打开蒸煮锅盖，开启定量出料绞龙，将料送至输送带及冷却钢带，开启粉碎机（松料机）、风冷机并调节物料厚度及风量，使料温降至36℃左右。

接种、拌料：接入0.3%～0.5%的扩培种曲，绞龙搅拌均匀。迅速进入圆盘制曲机，开启盘内绞龙及圆盘，调节绞龙至适当高度，分层分次摊于圆盘，进料完毕后，关闭绞龙并开启翻曲机，进行翻曲，后提升圆盘，将其摊平。力保疏松、平坦、厚度一致。

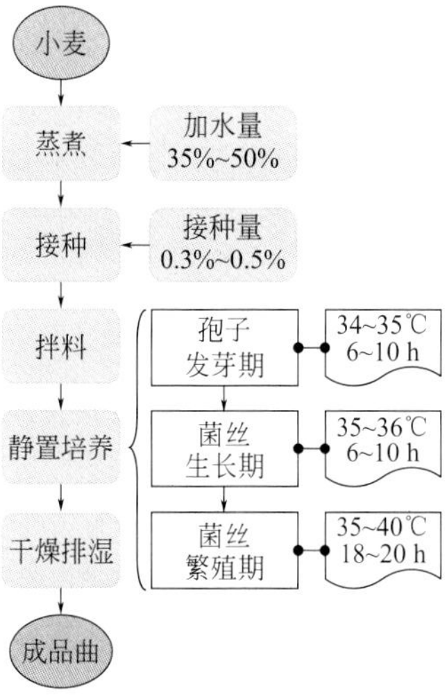

图3-5　接种熟麦曲生产工艺流程

培养：①曲料进盘后保持适当品温及室温，静置培养6h左右。②孢子发芽期，曲料进盘6h后，品温缓慢上升至34～35℃，自控模式启动小风量间接通风，每次5～10min，间隔2h，要求均匀吹透。③菌丝生长期，接种后12h，间歇通风3～5次后，菌丝开始生长，曲料开始结块，此时应连续通风，维持品温35℃左右。④菌丝繁殖期，接种后18h，品温上升较快，此时应视第1次结块情况进行翻曲，翻曲前，先升起测温探头，开启翻曲机，后摊平，放下测温探头。此阶段培养期间温度维持在35～40℃开启通风及喷雾系统。⑤第1次翻曲后，品温保持在35～40℃之间，保持通风喷雾顺畅。约20h后，曲料再次结块，眼观曲料发白，温度难以控制在37℃以下，进行第2次翻曲。两次翻曲过后，品温应控制在35℃左右。圆盘总培养时间为43～48h。

出曲：出曲前一小时开启新风降温，开启圆盘及出料绞龙，将成品曲输送至下料口并运送至成品曲堆放场地。

3.1.2.5　接种爆麦曲的制作工艺

（1）工艺流程

接种爆麦曲生产工艺流程见图3-6。

（2）接种爆麦曲生产操作说明

麸皮的选择：要求用新鲜的粗麸皮，使用前先过筛，除去细碎的麸皮和面粉。

加水拌料：将麸皮与水以1∶1的比例搅拌均匀。

接种、培养：待麸皮凉却后，无菌接入米曲霉原种，30℃恒温培养。

成熟：米曲霉孢子生长成熟，曲饼呈黄绿色，进行干燥。

过筛：将小麦中的杂质去除，使麦粒整洁均匀，从而保证麦粒粉碎均匀，为制造优质曲创造条件。

爆麦：通过炉火的烘烤、加热，一方面起一定的灭菌作用；另一方面提升温度促使相关酶活化，有利于米曲霉的快速生长繁殖；另外给予小麦独特的焦香，有利于黄酒成品香味的形成。

轧麦：爆麦后趁热将小麦轧碎，最好每粒轧成3～4片，细粉越少越好，这样可使小麦的表皮破坏，麦粒中的淀粉外露，易于水分吸收，又可增加米曲霉菌的繁殖面积。

润料：待麦片冷却后即可加入30%～40%的清水翻拌，并堆积一段时间，使麦片充分

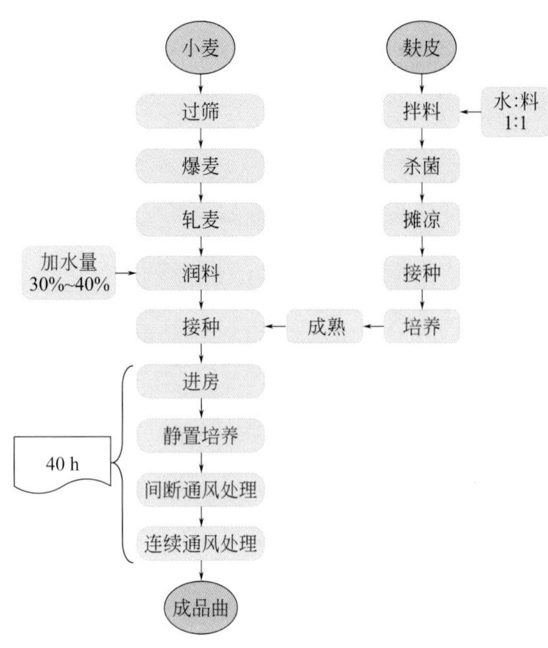

图 3-6 接种爆麦曲生产工艺流程

吸水。

接种：曲料温度降至 35～40℃时进行接种，接种量按酒药质量和气候而定。为防止接种时孢子飞扬和接种均匀，可将酒药混入曲料，用水搓碎拌和，然后分几次加入，充分拌匀。

进房：将已接种的曲料用车拉至曲房，用铁锹锹入曲池，装池时要尽力使曲料堆积疏松、平整。切忌把整车原料直接倒入池内，这样会使曲层松紧不一或厚度不同，进一步引起曲层在培养时品温差异较大，引起曲层开裂而影响通风，从而影响曲质量。

静置培养：是孢子的萌芽阶段，一般需 4～7h，为了给孢子迅速发芽创造条件，要注意保温保湿。一般用暖气片调节温度，并适当给曲房通蒸汽来调节湿度。此时原料中的空气能满足菌体的生长繁殖，菌体产生的热量和 CO_2 也不是很多，无需对曲层进行通风降温和排出 CO_2。

间断通风处理：随着静置培养的进行，品温逐渐上升，当上升至 34℃时需间断通风来调节品温，并利用通风排出 CO_2，给米曲霉菌补充氧气。

连续通风处理：间断通风 3～4 次后，菌体生长繁殖开始进入旺盛阶段，菌丝大量形成，呼吸十分旺盛，产生大量的热量，品温上升很快，此时应开始连续通风。

出曲：制曲后期，米曲霉开始分生孢子，此时需及时出曲。出曲前通入干风，去除曲料中的水分，俗称排潮。从进房到出曲一般经过 40h 左右。

3.1.2.6 接种生麦曲的制作工艺

接种生麦曲是生麦曲和熟麦曲的传承和发展，是黄酒麦曲发展史上又一次变革，它采用生料制曲，在保留自然发酵的同时与接种的米曲霉苏-16 形成了新的较为复杂的微生物群落结构。接种生麦曲在上海黄酒生产企业中有着广泛应用，是清爽型黄酒酿造重要的生产用曲。

(1) 工艺流程

接种生麦曲生产工艺流程见图 3-7。

(2) 接种生麦曲生产操作说明

菌种斜面培养：一般采用 PDA 培养基，在 28～30℃下培养 3～5 天，要求菌丝健壮、整齐，孢子丛生丰满，无杂菌。

一级种曲：以麦麸为培养基，在 28～30℃下培养 3～5 天，要求孢子粗壮、整齐、密集，且无杂菌。

种曲：麸皮最好使用粗麸皮，这有利于提高种曲的通气性。麸皮使用需预先过筛，去除细碎的麸皮和面粉，以防麸皮加水或杀菌时出现结块，从而影响透气性。将麦麸与水混合，搅拌均匀，麦麸与水的比例在 1∶(0.7～0.75)。将麦麸高压蒸汽灭菌，压力为 0.1MPa，灭

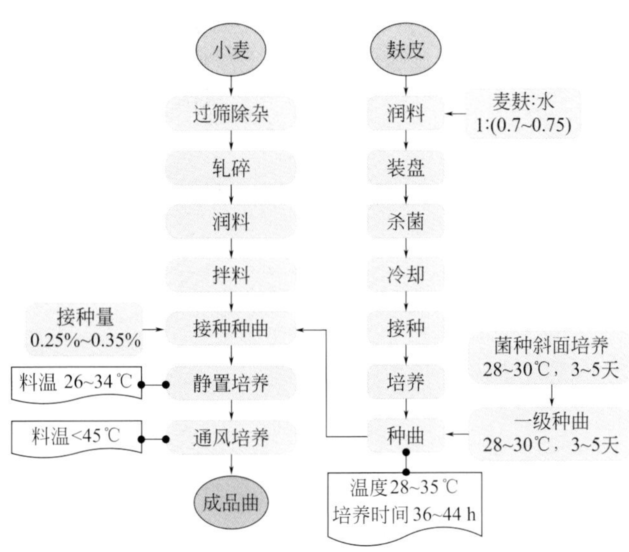

图 3-7 接种生麦曲生产工艺流程

菌 40～60min。灭菌完毕，待冷却至 35℃以下后接种，接入 0.3%～0.5%的一级种曲，使菌种均匀分布，以利于在麸皮上的菌体均匀地生长繁殖。培养温度控制在 28～30℃，经 10～16h，菌丝将麸皮连接成块，此时最高品温应控制在 35℃，相对湿度 85%～90%，再经 24～28h 培养，麸皮表面布满大量的菌丝，通入干燥空气进行干燥，使水分下降到 10%左右。

过筛除杂及轧碎：同机械化散曲的制作。

润料：轧碎后的小麦加入温水拌料，加水量为原料的 30%。

拌料及接种：将种曲与适量的拌料水混合浸泡后接入经过润料的小麦中，接种量控制在 0.25%～0.35%。

静置培养：将物料输送至曲房中并控制料温在 26～34℃，之后进入静置培养阶段，待料温逐渐上升到 35～39℃，开始通风培养，使料温不超过 45℃，总培养时间控制在 42h 左右。

3.1.3 黄酒麦曲制作过程中的主要微生物构成

麦曲微生物群落较为复杂，含有霉菌、细菌及酵母，这些微生物很大程度上决定了黄酒的风味、口感。麦曲为微生物的生长繁殖提供了各种营养物质和环境条件，微生物群落代谢产生各种酶类和风味前体物质，使得麦曲具有糖化力、蛋白质分解力、发酵力和酯化力等。麦曲中的微生物在投料时被带入到黄酒发酵体系中，通过协同相互作用将发酵醪中的淀粉、糖、脂肪、蛋白质等分解为酯类、酸类、醇类、醛酮类和芳香族类等各种小分子物质，从而对黄酒的风味和品质产生了重要的影响。因此，深入地了解麦曲中的微生物群落结构对于明确黄酒复杂的发酵机理具有非常重要的意义，而解析黄酒的发酵机制可更有效地调控麦曲微生物的发酵进程，从而科学地指导生产品控以及提升黄酒品质。

3.1.3.1 麦曲制作过程中的主要细菌菌群种类

（1）依赖培养的方法

绍兴黄酒麦曲中的常见细菌有芽孢杆菌属和葡萄球菌属及少量泛菌属、肠球菌属等的细

菌。有研究从黄酒麦曲中分离得到3种芽孢杆菌属，包括地衣芽孢杆菌（*Bacillus licheniformis*）、枯草芽孢杆菌（*Bacillus subtilis*）和蜡样芽孢杆菌（*Bacillus cereus*）。此外，从北宗黄酒麦曲中分离纯化得到地衣芽孢杆菌（*Bacillus licheniformis*）、枯草芽孢杆菌（*Bacillus subtilis*）、短小芽孢杆菌（*Bacillus pumilus*）、萎缩芽孢杆菌（*Bacillus atrophaeus*）、克劳氏芽孢杆菌（*Bacillus clausii*）、根际芽孢杆菌（*Bacillus rhizosphaerae*）、索诺拉沙漠芽孢杆菌（*Bacillus sonorensis*）等7株芽孢杆菌。

（2）不依赖于培养的方法

非培养的宏基因组学技术的产生很好地弥补了传统培养的不足，它直接通过检测样品中的基因组DNA对微生物进行分析，避开了对微生物进行纯化培养的步骤。不依赖于培养的技术主要包括16S rDNA文库构建法、基因芯片、变性梯度凝胶电泳（denaturing gradient gel electrophoresis，DGGE）、限制片段长度多态性分析（restriction fragment length polymorphism，RFLP）、焦磷酸测序（pyrosequencing）和三代测序分析（single-molecule sequencing）等技术。采用PCR-DGGE方法分析了熟麦曲、传统工艺机制曲和传统工艺手工曲中细菌组成，发现3种麦曲中均有糖多孢菌属、肠杆菌属等多个种属的细菌，传统工艺手工曲中还鉴定出了高温放线菌属的微生物；传统工艺机制曲和传统工艺手工曲中还鉴定出枯草芽孢杆菌和地衣芽孢杆菌，但是熟麦曲中未鉴定出枯草芽孢杆菌和地衣芽孢杆菌，并且熟麦曲中鉴定到的细菌种类都包含于机制生麦曲中的细菌群落，这表明不同工艺的黄酒麦曲中细菌群落结构存在着一定的差异。

① 块曲微生物群落结构

生麦曲的微生物群落结构随生产年份、地域，甚至是酒厂的不同而有差异，但整体群落结构仍以原核微生物为主。宏基因组测序研究发现麦曲微生物群落中放线菌含量最高（40%～70%），其次是厚壁菌门（6%～32%）、变形菌门（<5%）和子囊菌门（<5%）。由此可见麦曲中主要的丝状微生物应为放线菌，而非通常认为的霉菌。通过高通量测序技术发现绍兴地区块曲2018年的微生物群落如图3-8，其主要的微生物为糖多孢菌属放线菌（72.28%），尤以披发糖多孢菌（*Saccharopolyspora hirsuta*）、*Saccharopolyspora rectivirgula*、山东糖多孢菌（*Saccharopolyspora shandonggensis*）为主，而真菌含量极少。用宏基因组测序技术解析其他年份绍兴地区块曲中微生物组成的变化，发现发酵5天麦曲大部分微生物隶属于放线菌门，其中糖多孢菌属的放线菌为最主要的优势菌（30.5%），芽孢杆菌属和葡萄球菌属相对丰度分别为2.8%、2.2%；发酵30天后，麦曲中原核微生物组成发生巨大变化，厚壁菌门和变形菌门的细菌成为优势菌，糖多孢菌属丰度下降至8%，而芽孢杆菌属和葡萄球菌属的丰度分别增加至14.5%和11.6%，可见不同年份、不同发酵时间均会影响麦曲群结构。采用二代测序技术对绍兴地区黄酒生麦曲中细菌群落进行分析，发现相对丰度较高的有芽孢杆菌属、糖多孢菌属及肠杆菌属，其中芽孢杆菌属的相对丰度达到了58.65%，这可能与绍兴地区黄酒麦曲的制作工艺有着较大的关系；利用二代测序技术对上海地区黄酒生麦曲中细菌群落结构进行分析，发现相对丰度大于1%的有芽孢杆菌属（*Bacillus*，18.59%）和葡萄球菌属（*Staphylococcus*，1.49%）两种，说明不同地域的黄酒麦曲微生物群落结构有一定的差异，这也是不同厂区酿造的黄酒具有自身品质特色的原因之一。

② 接种麦曲微生物群落结构

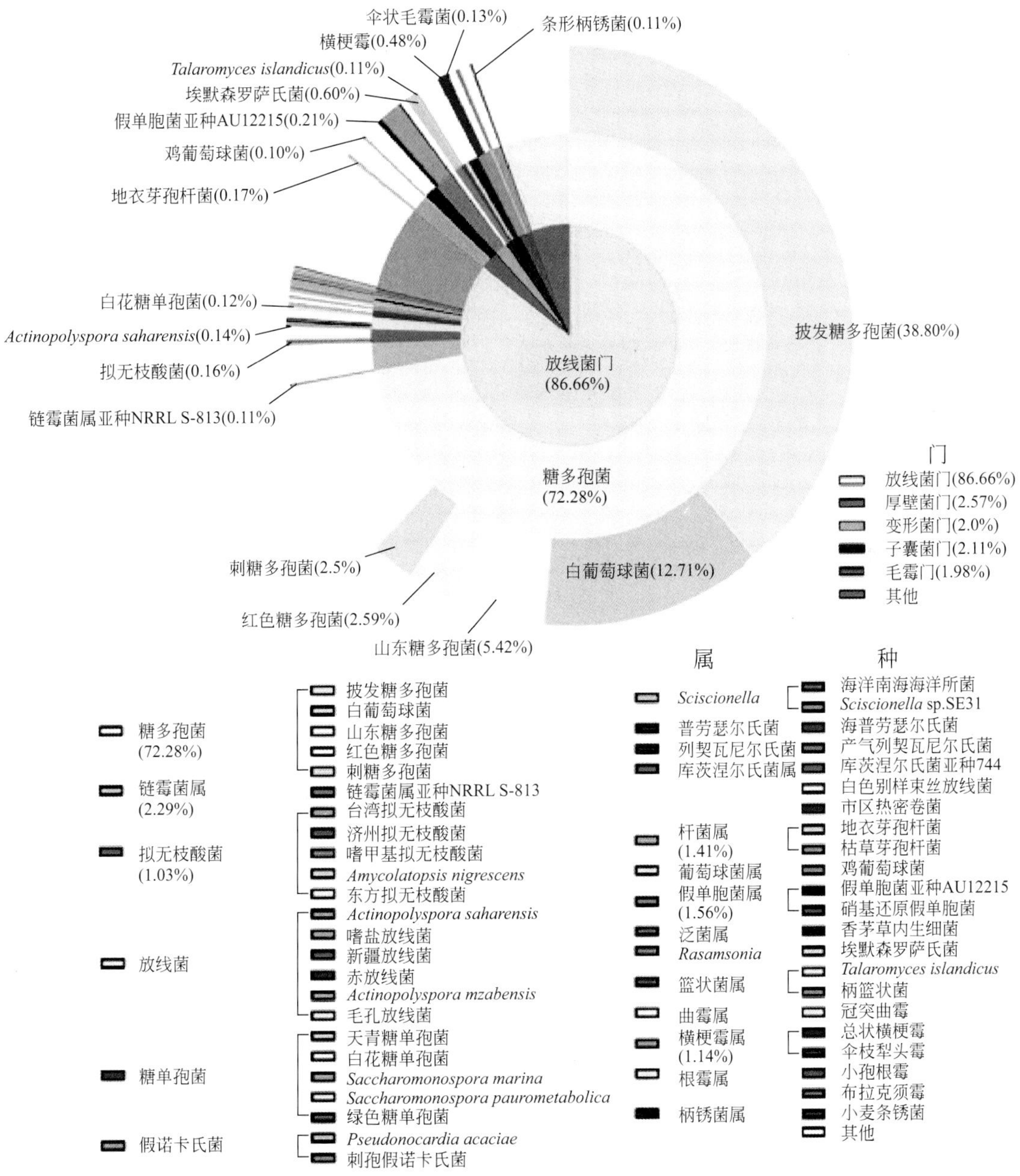

伞状毛霉菌(0.13%)
条形柄锈菌(0.11%)
横梗霉(0.48%)
Talaromyces islandicus(0.11%)
埃默森罗萨氏菌(0.60%)
假单胞菌亚种AU12215(0.21%)
鸡葡萄球菌(0.10%)
地衣芽孢杆菌(0.17%)
白花糖单孢菌(0.12%)
Actinopolyspora saharensis(0.14%)
拟无枝酸菌(0.16%)
链霉菌属亚种NRRL S-813(0.11%)
披发糖多孢菌(38.80%)
放线菌门
(86.66%)
糖多孢菌
(72.28%)
刺糖多孢菌(2.5%)
红色糖多孢菌(2.59%)
山东糖多孢菌(5.42%)
白葡萄球菌(12.71%)

门
放线菌门(86.66%)
厚壁菌门(2.57%)
变形菌门(2.0%)
子囊菌门(2.11%)
毛霉门(1.98%)
其他

糖多孢菌
(72.28%)
链霉菌属
(2.29%)
拟无枝酸菌
(1.03%)
放线菌
糖单孢菌
假诺卡氏菌

披发糖多孢菌
白葡萄球菌
山东糖多孢菌
红色糖多孢菌
刺糖多孢菌
链霉菌属亚种NRRL S-813
台湾拟无枝酸菌
济州拟无枝酸菌
嗜甲基拟无枝酸菌
Amycolatopsis nigrescens
东方拟无枝酸菌
Actinopolyspora saharensis
嗜盐放线菌
新疆放线菌
赤放线菌
Actinopolyspora mzabensis
毛孔放线菌
天青糖单孢菌
白花糖单孢菌
Saccharomonospora marina
Saccharomonospora paurometabolica
绿色糖单孢菌
Pseudonocardia acaciae
刺孢假诺卡氏菌

属
Sciscionella
普劳瑟尔氏菌
列契瓦尼尔氏菌
库茨涅尔氏菌属
杆菌属
(1.41%)
葡萄球菌属
假单胞菌属
(1.56%)
泛菌属
Rasamsonia
篮状菌属
曲霉属
横梗霉属
(1.14%)
根霉属
柄锈菌属

种
海洋南海海洋所菌
Sciscionella sp.SE31
海普劳瑟尔氏菌
产气列契瓦尼尔氏菌
库茨涅尔氏菌亚种744
白色别样束丝放线菌
市区热密卷菌
地衣芽孢杆菌
枯草芽孢杆菌
鸡葡萄球菌
假单胞菌亚种AU12215
硝基还原假单胞菌
香茅草内生细菌
埃默森罗萨氏菌
Talaromyces islandicus
柄篮状菌
冠突曲霉
总状横梗霉
伞枝犁头霉
小孢根霉
布拉克须霉
小麦条锈菌
其他

图 3-8 基于宏基因组测定的传统块曲群落结构图

彩图 3-8

采用三代测序技术对接种生麦曲细菌群落结构进行解析发现，在接种生麦曲中共有 27 个细菌属（如图 3-9），其中含量大于 0.1%的有肠杆菌属（*Enterobacter*，28.86%）、魏斯氏菌属（*Weissella*，28.03%）、芽孢杆菌属（*Bacillus*，10.26%）、葡萄球菌属（*Staphylococcus*，7.56%）、泛菌属（*Pantoea*，4.81%）、欧文氏菌属（*Erwinia*，2.15%）、片球菌属（*Pediococcus*，0.63%）、乳杆菌属（*Lactobacillus*，0.50%）、不动杆菌属（*Acinetobacter*，0.39%）、明串珠菌属（*Leuconostoc*，0.30%）、乳球菌属（*Lactococcus*，0.28%）、沙门氏菌属（*Salmonella*，0.26%）及克雷伯氏菌属（*Klebsiella*，0.20%），可见生产工艺的改变使接种生麦曲的微生物群落结构也发生了一定程度的变化。接种生麦曲在种水平上共检测到 59 种细菌，相对丰度大于 0.1%的微生物如图 3-10 所示。其中含量大于 1%的有融合魏斯氏菌（*Weissella confusa*，15.37%）、阿氏肠杆菌（*Enterobacter asburiae*，9.45%）、类肠膜魏斯氏菌（*Weissella paramesenteroides*，6.28%）、枯草芽孢杆菌（*Bacillus subtilis*，2.12%）、乳酸乳球菌（*Lactococcus lactis*，2.28%）、蜡样芽孢杆菌（*Bacillus cereus*，3.04%）、木糖葡萄球菌（*Staphylococcus xylosus*，1.94%）、食窦魏斯氏菌（*Weissella cibaria*，1.50%）、成团泛菌（*Pantoea agglomerans*，1.44%）、解淀粉芽孢杆菌（*Bacillus amyloliquefaciens*，1.30%）、神户肠杆菌（*Enterobacter kobei*，1.20%）、巨大芽孢杆菌（*Bacillus megaterium*，1.07%）等。

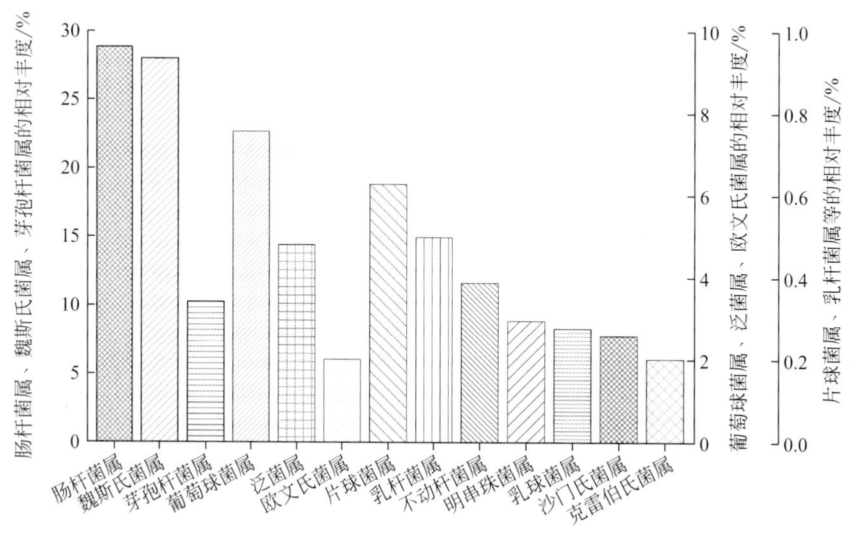

图 3-9 黄酒接种生麦曲中细菌群落结构（属水平）

③ 接种熟麦曲微生物群落结构

熟麦曲生产过程中原料的蒸煮、焙炒等过程，既是将麦子做熟，也是杀灭麦粒附着微生物的过程，使熟麦曲中接入的微生物占据绝对优势。接种熟麦曲微生物群落结构以接入的纯种黄曲霉苏-16 为主。由于生产过程中进行高温灭菌和随机接种，细菌群落结构表现出较大的复杂性和波动性。

如采用 PCR-DGGE 与二代高通量测序技术相结合的方法对熟麦曲中细菌多样性进行解析，发现芽孢杆菌（*Bacillus*）、魏斯氏菌（*Weissella*）、片球菌（*Pediococcus*）、葡萄球菌（*Staphylococcus*）和乳酸杆菌（*Lactobacillus*）普遍存在于接种熟麦曲样品中。具体分析发现熟麦曲中的细菌门主要为厚壁菌门（Firmicutes，87.95%）、变形菌门（Proteobacteria，

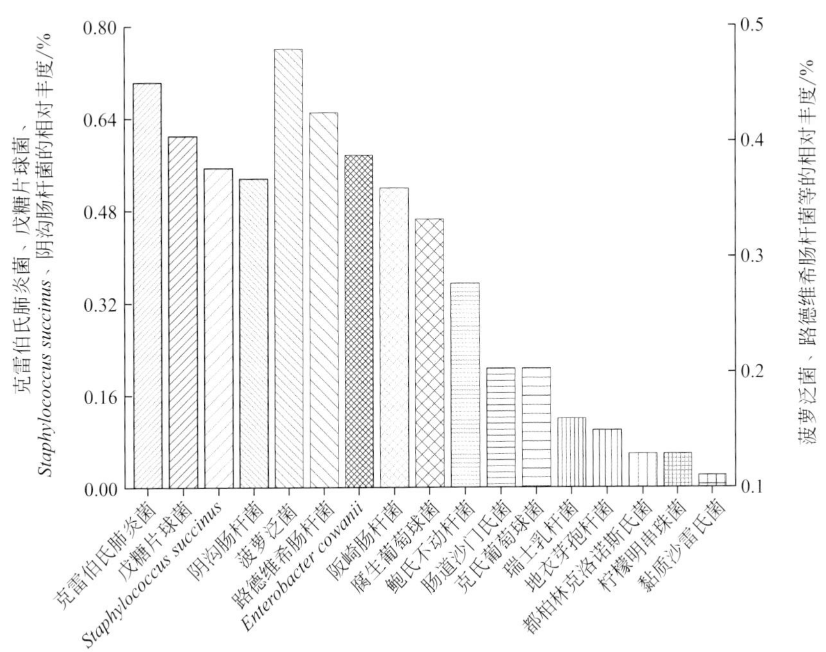

图 3-10 黄酒接种生麦曲中细菌群落结构（种水平，相对丰度在 1%和 0.1%之间）

9.00%）和放线菌门（Actinobacteria，1.16%）。细菌属主要为芽孢杆菌属（*Bacillus*，70.70%）、魏斯氏属（*Weissella*，8.55%）、葡萄球菌属（*Staphylococcus*，2.67%）、克雷伯菌属（*Klebsiella*，2.29%）、泛菌属（*Pantoea*，1.32%）和乳杆菌属（*Lactobacillus*，1.07%），由此可见，芽孢杆菌属（*Bacillus*）为熟麦曲中的优势细菌。

结合上述研究内容并对绍兴地区黄酒机制生麦曲和熟麦曲中细菌群落结构进行分析，发现接种熟麦曲中原核生物的绝对含量要远低于生麦曲，细菌种类比生麦曲少且熟麦曲鉴定出的细菌种类都包含于生麦曲中，这可能与两种麦曲的制作工艺有关。生麦曲的制曲时间需1～2 个月，暴露在环境中的时间较长，导致其中含有的微生物种类较多；而熟麦曲的制曲时间较短（一般为 40 多个小时），制曲过程中的蒸煮环节会杀灭原料上附着的部分微生物，且接入纯种黄曲霉后可能会对其他微生物的生长产生一定的抑制作用。

3.1.3.2 麦曲制作过程中主要真菌菌群种类

（1）依赖培养的方法

麦曲中的微生物主要包括各类丝状真菌、细菌和酵母菌，这些微生物在黄酒的发酵过程中发挥着重要作用。由于原料、制曲工艺的不同，不同种类的麦曲在微生物群落结构上会存在一定的差异，导致麦曲中形成的酶系组成不同，最终影响黄酒的品质。目前，国内已对黄酒麦曲中的微生物群落进行了一定的研究，主要集中在真菌群落方面。

近年来利用传统分离培养方法从麦曲中分离得到多种真菌。从接种生麦曲中共分离出 23 株真菌，其中包括 12 株霉菌和 11 株酵母。曲霉属和青霉属真菌是接种生麦曲传统培养得到的主要真菌，其中曲霉属是广泛应用于酿酒的真菌类群，具有较高的糖化力，同时对高糖和高盐有较强的耐受性，对分解淀粉质等多糖有着重要的作用。在接种生麦曲中共得到 11 株酵母，与 GenBank 中最相似序列进行比对，结果显示共有 3 株库德里阿兹威毕赤酵母（*Pichia kudriavzevii*）、4 株 *Cyberlindnera fabianii*，以及弗比恩毕赤酵母（*Pichia fabia-*

nii）、酿酒酵母（*Saccharomyces cerevisiae*）、褶皱假丝酵母（*Candida rugosa*）及克鲁斯假丝酵母（*Candida krusei*）各1株。传统分离培养和三代测序结果都说明接种生麦曲中含有大量的非酿酒酵母。在对曲药的研究中指出，虽然非酿酒酵母产酒精能力不及酿酒酵母，但是在黄酒发酵过程中对风味的形成也有着重要的作用。从北方黄酒麦曲中筛选得到5株霉菌和1株酵母，分别鉴定为多枝横梗霉（*Lichtheimia ramosa*）、米曲霉（*Aspergillus oryzae*）、产紫青霉（*Penicillium purpurogenum*）、杂色曲霉（*Aspergillus versicolor*）、交链孢霉（*Alternaria mali*）和酿酒酵母（*Saccharomyces cerevisiae*）。以广东客家黄酒酒曲为对象，对黄酒发酵用红曲、麦曲和酒药中的微生物进行分离。从红曲中分离出2株真菌，其中红曲霉1株和酵母1株；从麦曲中分离出7株真菌，其中毛霉1株、曲霉4株、根霉1株和酵母1株；从酒药中分离出6株真菌，其中根霉1株、曲霉4株和酵母1株。有研究从黄酒麦曲中分离到黄曲霉（*Aspergillus flavus*）、犁头霉（*Absidia*）、青霉（*Penicillium*）、毛霉（*Mucor*）和锁掷孢酵母（*Sporidiobolus*）。采用3种培养基分离麦曲中的微生物，从麦曲中筛选出16株丝状真菌。将这16株丝状真菌的ITS序列的测序结果提交到GenBank数据库，利用Blastn工具进行序列比对后，16株丝状真菌分别为伞枝犁头霉、米根霉、微小毛霉、米曲霉、烟曲霉、构巢裸孢壳、黑曲霉、青霉（*Penicillium thiersii*）、草酸青霉、赛氏曲霉、鲁西坦念珠霉、克鲁赛念珠霉、链格孢菌、苹果链格孢菌、尖孢枝孢菌和芽孢枝孢菌。运用传统培养的方法并结合ITS序列分析技术对南通白蒲黄酒麦曲中的真菌群落结构进行分析探讨，经过分离鉴定发现南通白蒲黄酒麦曲中的主要丝状真菌为芽枝状枝孢霉、白曲霉、米曲霉、粒状青霉和产黄青霉，其含量分别为24%、25%、6%、18%和22%，与绍兴麦曲中的真菌种群（主要是伞枝犁头霉、米根霉、微小毛霉、米曲霉、烟曲霉和少量青霉）有较大差异。

（2）不依赖于培养的方法

随着科技的进步，研究的方法与手段也越来越先进，对于麦曲中微生物的研究更加全面透彻。通过传统培养与现代分子免培养（即RISA指纹图谱技术和PCR-DGGE技术）相结合全面解析了绍兴黄酒麦曲（包括传统工艺机制曲、传统工艺手工曲、熟麦曲）中微生物群落结构，研究结果表明，微生物种类以传统工艺手工曲最为丰富，机制曲其次，熟麦曲最少。在麦曲整个微生物体系中，真菌的种类和数量是占绝对优势的，包含曲霉属、根霉属、链格孢属、横梗霉属、散囊菌属、毛霉属、酵母菌属和犁头霉属等多个属种的真菌。利用传统分离培养和免培养（RISA图谱）方法对上海地区和安徽地区的生麦曲进行了分析比较，结果显示在上海麦曲中主要含有9种真菌，分别是横梗霉、伞枝犁头霉、萨氏曲霉、米曲霉、微小根毛霉、阿姆斯特丹散囊菌、方伊萨酵母、构巢裸孢壳及芽枝状枝孢；安徽地区麦曲中真菌种类相对更丰富，除含有以上真菌外，还含有黑曲霉和葡萄牙棒孢酵母。采用基于宏基因组的Illumina高通量测序技术对不同发酵时间的麦曲中微生物群落结构进行了研究，得到超过2万多条的高质量序列，测序结果显示，麦曲在不同阶段的主要微生物群落组成是不断变化着的，发酵第5天的麦曲中的优势微生物是放线菌（*Actinobacteria*），而发酵第30天的麦曲中优势菌为变形菌门（Proteobacteria）和厚壁菌门（Firmicutes）。

采用MiSeq高通量测序平台分析了上海某酒厂生麦曲的真菌微生物群落结构。麦曲中优势真菌门为子囊菌门，含量占总丰度的84.36%；共鉴定出16种不同的真菌属类，其中相对丰度大于1.00%的有5种，分别为曲霉属（*Aspergillus*，72.90%）、链格孢属（*Al-*

ternaria, 6.02%)、嗜热真菌属(*Thermomyces*, 2.38%)、镰刀菌属(*Fusarium*, 1.70%)、附球菌属(*Epicoccum*, 1.44%)。

利用焦磷酸测序技术对麦曲中真菌群落结构在不同分类学水平上进行了分析，解析了基于门水平的麦曲中真菌的分类情况。大部分真菌隶属于子囊菌门(Ascomycota)，相对丰度83.77%，为麦曲中最主要的优势真菌；其次为接合菌门(Zygomycota)的真菌。同时，麦曲中也存在相当一部分未鉴定的真菌(3.07%)，表明麦曲中还有丰富的未知菌有待进一步研究。在目水平上，麦曲中的优势真菌是散囊菌目(Eurotiales)、毛霉目(Mucorales)、肉座菌目(Hypocreales)和格孢菌目(Pleosporales)。散囊菌目和毛霉目真菌能产生各种有机酸、氨基酸、酶类等，这两个类群真菌在麦曲中的丰度分别为83.467%和13.725%，说明这两类群在麦曲真菌群落组成上占主要地位。酵母菌目真菌在黄酒发酵中发挥重要作用，但在麦曲中丰度很小(0.004%)。

在属水平上，麦曲中主要包含5个属的真菌，分别是嗜热霉属(*Thermomyces*)、毛霉属(*Rhizomucor*)、曲霉属(*Aspergillus*)、镰刀菌属(*Fusarium*)和附球菌属(*Epicoccum*)。其中优势菌是嗜热霉属(58.65%)、毛霉属(6.69%)和曲霉属(1.68%)，嗜热霉属真菌为最主要的优势菌。嗜热霉属在麦曲中丰度最大，表明该属真菌能够适应麦曲的高温环境，形成了自己特殊的生存、生长特性，并且麦曲也为它们提供了生长繁殖所必需的营养条件。

麦曲的群落结构与生产工艺也密切相关。采用最新的三代测序技术对上海地区接种生麦曲真菌群落结构进行解析，研究表明接种生麦曲门水平和目水平的真菌群落结构如图3-11所示，门水平上真菌绝大部分属于子囊菌门(Ascomycota)，相对丰度为95.72%；接合菌门(Zygomycota)和担子菌门(Basidiomycota)的真菌占有小部分比例，相对丰度分别为2.06%和1.13%；同时还有一部分未鉴定的真菌，相对丰度为1.09%，说明测序得到的序列与数据库进行比对时有一部分序列属于不可培养或者其他环境中也没有出现过的微生物。接种生麦曲中的真菌隶属于4个目，分别是散囊菌目(Eurotiales)、酵母菌目(Saccharomycetales)、毛霉目(Mucorales)及肉座菌目(Hypocreales)，其中散囊菌目(52.49%)和酵母菌目(45.81%)具有较高的丰度。相对于生麦曲中真菌在目水平的微生物分布，接种生麦曲与之有着较大的区别。在对绍兴生麦曲中真菌微生物群落结构进行分析中，目水平

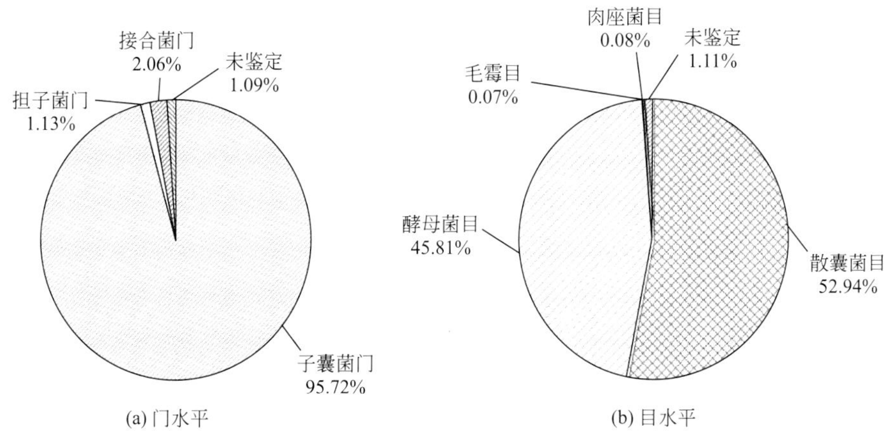

图3-11 黄酒接种生麦曲中真菌群落结构(门水平和目水平)

上主要是散囊菌目的真菌，酵母菌目的真菌含量很低；而接种生麦曲中酵母菌目的真菌丰度相对要高得多，在目水平上占有了很大的比例，说明在真菌组成上接种生麦曲和生麦曲有着一定的差异性，这可能是由于两种麦曲制作工艺的不同导致的。生麦曲制作过程中对轧碎的小麦进行了压块，之后经过堆放呈“品”字形于曲房中，在曲堆上搭上草帘子后让其自然升温，当达到50℃左右时开始揭去草帘子缓慢降温，后期还要经过长达近3个月的堆放过程，在长期的放置过程中，生麦曲自身水分不断散失，散囊菌目的真菌可能会形成孢子，而耐受性不强的微生物很可能失去活性；接种生麦曲在加水润麦过程中加水量相对较高，保证了一个湿润的微生物生长环境，虽然后期进行了通风培养，水分含量不断降低，但整个制曲周期较短，同时制曲温度较为适宜，这些因素共同作用可能导致酵母菌目真菌的大量繁殖。

接种生麦曲在属水平包括11个属的真菌，分别是曲霉属（*Aspergillus*，34.33%）、毕赤酵母属（*Pichia*，33.33%）、青霉属（*Penicillium*，11.85%）、假丝酵母属（*Candida*，6.13%）、横梗霉属（*Lichtheimia*，2.98%）、酵母菌属（*Saccharomyces*，2.98%）、拟威尔酵母属（*Williopsis*，1.94%）等（图3-12）。接种生麦曲中种水平包括18种真菌微生物，其中相对丰度大于1%的真菌包括黄曲霉（*Aspergillus flavus*，22.72%）、弗比恩毕赤酵母（*Pichia fabianii*，21.62%）、斜卧青霉（*Penicillium decumbens*，8.88%）、库德里阿兹威毕赤酵母（*Pichia kudriavzevii*，7.18%）、黑曲霉（*Aspergillus niger*，6.53%）、皱褶假丝酵母（*Candida rugosa*，6.09%）、亮白曲霉（*Aspergillus candidus*，3.00%）、烟曲霉（*Aspergillus fumigatus*，2.35%）、酿酒酵母（*Saccharomyces cerevisiae*，2.16%）、产黄青霉菌（*Penicillium chrysogenum*，2.13%）、横梗霉（*Lichtheimia ramosa*，2.06%）及拟威尔酵母（*Williopsis* sp，1.99%）等（图3-13）。

在利用焦磷酸测序对上海某酒厂生产的生麦曲微生物群落结构分析的研究中显示，在属水平上相对丰度大于1.00%的有5种，分别为曲霉属（*Aspergillus*，72.90%）、链格孢属（*Alternaria*，6.02%）、嗜热真菌属（*Thermomyces*，2.38%）、镰刀菌属（*Fusarium*，1.70%）及附球菌属（*Epicoccum*，1.44%）。可见生麦曲中最主要的曲霉属真菌，在接种生麦曲中也是优势菌种，但相对丰度较低。生麦曲在属水平检测到的嗜热真菌属在接种生麦曲中并没有检测到，这可能是由于生麦曲制作过程中经过压块并在曲房中自然升温，麦曲整体品温过高，有一部分嗜热微生物能够适应这样独特的生存环境，接种生麦曲整个制曲过程温度不超过45℃，因而此类微生物含量处于较低水平。相对于生麦曲，接种生麦曲在属水平上含量大于1%的属的数量较多，微生物分布较为均匀。

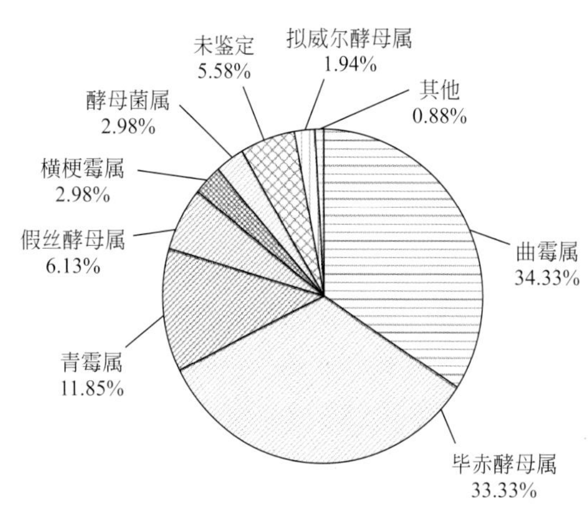

图3-12 黄酒接种生麦曲中真菌群落结构（属水平）

综上可知，麦曲中的主要真菌是伞枝犁头霉、烟曲霉、米曲霉、黑曲霉、微小根毛霉、小孢根霉、异常毕赤酵母、季氏毕赤氏酵母、酿酒酵母、米根霉、构巢裸孢壳、鲁西坦念珠菌。麦曲堆放过程中的主要真菌有伞枝犁头霉、米曲霉、伯顿毕赤酵母、微小根毛霉、扣囊复膜孢酵母和葡萄牙棒孢酵

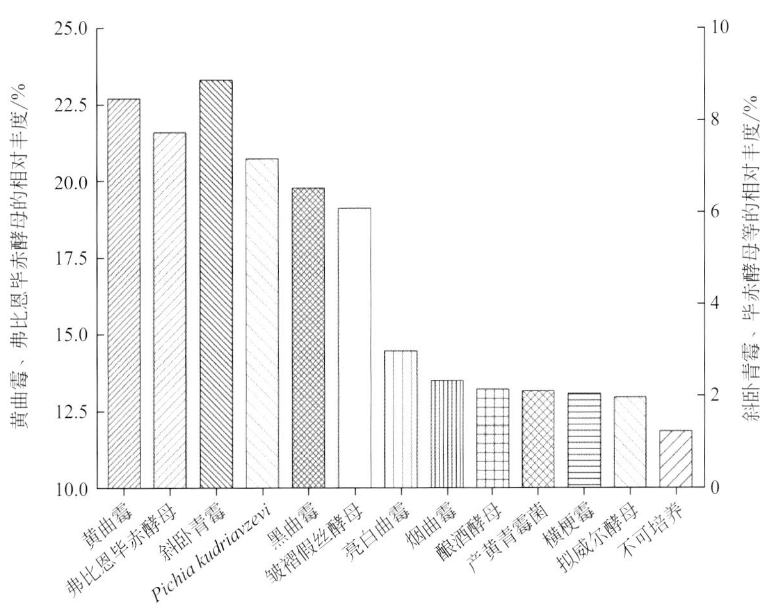

图 3-13 黄酒接种生麦曲中真菌群落结构（种水平）

母。这些丰富的微生物是黄酒酿造和麦曲制曲重要的菌种资源，但仍有大部分尚未被开发、研究与应用。

3.1.3.3 麦曲制作过程中的微生物菌群演替规律

采用传统分离培养法与免培养法研究了机制块曲培养过程中的真菌变化。培养法采用稀释分离法，用察氏培养基分离块曲中的真菌，然后将得到的纯种真菌进行分子鉴定。研究结果表明在机制块曲培养过程中，存在的主要真菌有犁头霉属、曲霉属和根毛霉属。随着培养过程的进行，麦曲的真菌群落结构发生了变化。其中犁头菌属、曲霉属和根毛霉属在整个培养过程中一直存在，犁头菌属和曲霉属在中后期数量多于前期，而根毛霉属在前期和中期数量多于后期。裸孢壳属在中后期出现，并且数量较多。锁掷孢酵母属在前期和后期出现，然而在中期并没有分离到。共头霉属和青霉素在前期出现，但是随着培养时间的延长，麦曲中很少能分离得到此类真菌。散囊菌属在麦曲成型堆放的中期出现，但数量不多。

免培养法是通过分析样品中 DNA 分子的种类和数量来反映微生物区系组成和群落结构，在揭示特定生态系统中微生物多样性的真实水平及构成方面具有极大的优势，但该方法不能区分样品中微生物的存活状态。运用基于 PCR 扩增和核糖体基因间区分析（ribosomal intergenic spacer analysis，RISA）技术的免培养法研究机制块曲培养过程真菌的变化，RISA 图谱分析结果与培养方法基本一致。在机制块曲培养过程中的主要真菌为曲霉属、根毛霉属、犁头霉菌与酵母。前期出现的真菌为曲霉属、犁头霉属、根毛霉属、毕赤酵母属、伊萨酵母属、念珠菌属；中期为曲霉属、犁头霉属、根毛霉属、念珠菌属；后期的真菌又演变为曲霉属、犁头霉属、根毛霉属、毕赤酵母属。曲霉属、根毛霉属和犁头霉菌属在整个麦曲培养过程中一直存在。

采用宏基因组测序技术分析了绍兴麦曲中细菌组成变化，发现第 5 天麦曲中，大部分细菌隶属于放线菌门，其中糖多孢菌属的细菌为最主要的优势菌（30.5%），芽孢杆菌属和葡萄球菌属细菌丰度分别为 2.8%、2.2%；发酵 30 天后，麦曲中细菌组成发生巨大变化，厚

壁菌门和变形菌门的细菌成为优势菌，糖多孢菌属丰度下降至8%，而芽孢杆菌属和葡萄球菌属的丰度分别增加至14.5%、11.6%，微生物群落组成的巨大变化表明不同细菌在麦曲发酵过程中的作用不同。

3.1.4 黄酒麦曲的质量评价体系构建

好酒用好曲，优质的麦曲质量与良好的黄酒酿造品质有着重要的关系。麦曲的酶活指标和曲香味是工厂中工人判断麦曲是否达到生产指标的重要依据。麦曲中含有多种酶系，包括淀粉酶、蛋白酶、脂肪酶、纤维素酶等，其中最主要的是淀粉酶和蛋白酶。麦曲中淀粉酶是黄酒发酵起始阶段重要的动力，为酵母提供碳源和能量，迅速提高酒精度并抑制杂菌生长，保证发酵的正常进行。蛋白酶有酸性蛋白酶、中性蛋白酶及碱性蛋白酶，它们能够分解蛋白质形成肽和氨基酸等，在为微生物提供生长、繁殖所需的营养物质的同时对黄酒风味也有着重要的影响。麦曲赋予黄酒的“生香功能”，不仅在于能给黄酒提供生成香味成分的酶及风味前体物质，更重要的是麦曲本身也含有丰富的香气物质。

相关学者对麦曲和熟麦曲的酶活指标有着较多的研究，对江、浙等地不同黄酒生产企业生产的麦曲的α-淀粉酶、总淀粉酶、糖化力、蛋白酶、酯化力等活力及在发酵过程中的主要指标进行了研究，结果表明不同麦曲的理化性质存在较大的差别。按照传统黄酒工艺的糖化模型对绍兴地区的生麦曲和熟麦曲进行糖化特征研究，发现熟麦曲作用的醪液中糖化力、液化力及蛋白酶活力较高，糖化产物（总糖、还原糖等）也高于用生麦曲糖化的产物，熟麦曲能够更有效地分解底物。在对绍兴地区黄酒麦曲蛋白酶测定的研究中，比较了传统工艺手工压块制曲、传统工艺机械压块制曲以及不同色泽手工压块制得麦曲中蛋白酶的含量，结果显示手工压块制曲比机械压块制曲得到的麦曲中蛋白酶含量要高，同时灰白色的手工压块麦曲较黑色的手工压块麦曲的蛋白酶含量要高。对黄酒麦曲在贮存期间的糖化力、液化力、总酸和水分等指标进行定期检测，结果表明麦曲过长时间的贮存会影响它的整体质量，导致理化指标的下降。麦曲的曲香味是麦曲的另一项重要指标，目前学者对黄酒的挥发性风味物质有着较为全面的研究，建立了顶空固相微萃取与气质联用法对20种来自不同地区的商品黄酒中56种挥发性香气化合物进行了定量分析，结果显示含量居前3位的物质是3-甲基丁醇、乙酸和苯乙醇。在对麦曲贮存过程中挥发性风味物质变化的研究中发现，麦曲中大部分挥发性风味物质包括醇类、醛类、芳香族化合物、酚类化合物、硫化物、呋喃化合物及含氮化合物的含量在麦曲制作第1天到第4天逐渐增加，之后逐步下降；少数挥发性物质包括酸类化合物和酮类化合物的含量在第1天达到最大值；内酯类和酯类化合物的含量从第1天到第15天逐渐上升，之后逐渐降低；萜烯类化合物含量变化不稳定。

麦曲制作过程中微生物的代谢产物和原料的分解产物直接或间接地构成黄酒的风味物质，使黄酒具有独特的风味。在实际生产中往往凭借酿酒师的经验添加麦曲，使用量过大会导致潜在的危害物质（如尿素）含量偏高，使用量过小也会导致大米糖化不彻底，导致黄酒的风味清淡，因此合理确定麦曲用量的多少对黄酒的质量具有很重要的现实意义。

目前对麦曲的认识比较肤浅，操作管理相对保守，因此麦曲的品质难以得到保障。不同工厂、年份和批次之间生麦曲的质量存在差距，稳定性较差，生麦曲的品质控制概念模糊，对生麦曲质量标准体系以及生麦曲对黄酒品质的影响没有一个完整且清晰的认识。由于生麦曲在开放式的环境下进行发酵，这给生麦曲的品质控制带来很多困难。因此，自动化制曲工艺必将成为制曲行业的趋势所向。目前，制曲行业对生麦曲品质的评定仍停留在感性层面上，虽然各个企业都有制定生麦曲检测项目和标准，但是指标项目各不相同，权重没有统一，无法进行互相比较。制曲行业尚未形成一个统一的麦曲质量标准体系，这对推进制曲行业的自动化和智能化进程带来了较大的阻碍，也不利于黄酒行业整体的规模化和标准化发展。对麦曲的理化指标进行全面且系统研究，可以为进一步解析麦曲中演替存在的微生物及其产酶产香关系奠定基础。

而受传统研究手段的局限，人们对麦曲中微生物群落及其与产酶产香关系的了解还比较有限。传统分离培养方法的操作繁琐，周期较长，难以实现对生麦曲微生物群落进行快速鉴定和批量监测，并且自然界中90%以上的微生物难以用传统分离培养法筛选出来，所以利用培养法分析生麦曲微生物就不可避免地造成某些微生物的富集或遗漏，导致结果产生一定偏差。为了解决培养法研究复杂体系微生物群落结构时的缺陷，宏基因组学技术应运而生。宏基因组学技术直接从环境样品中提取群体微生物的基因组DNA，研究手段有多种，其中二代测序技术可以准确、实时地对DNA序列进行分析，具有一定的优势：第一，无需电泳分析和特殊的染色或荧光标记；第二，高通量、高灵敏度、结果准确，能检测到群落中的弱势菌群，有助于新菌种的挖掘；第三，便于构建标准化的操作流程，有利于实现实验结果的统一性。随着分子生物学研究方法的发展和普及，麦曲中越来越多不可培养微生物将逐渐为人所知。

3.1.4.1 麦曲的用量、质量和存放时间对黄酒发酵的影响

麦曲的添加可以促进蛋白质和糖类物质水解、促进酵母生长、促进风味物质的产生，是酿酒工艺中关键原料之一。由于麦曲为酿酒体系提供了大量的微生物及酶系，因此降低麦曲用量会显著降低发酵速率，酒体总酸升高，氨氮含量降低，容易发生酸败。麦曲还有助于促进风味物质形成，多种菌群协同发酵提高了酒体风味物质的复杂程度。

已有研究表明，随着麦曲添加量的提高，发酵时间的增加，酿酒过程中的酒精含量逐渐提高，最高能达到18%vol，但当麦曲用量大于12%时，酒精含量开始降低，说明适当增加麦曲用量能提高黄酒发酵速率。当麦曲添加量增加时，氨基态氮的含量逐渐提高，且麦曲用量越大，氨基态氮的产生也越多，说明麦曲用量的提高能提升黄酒中氨基态氮的含量。随着麦曲添加比例的增加，黄酒中风味物质的含量也逐渐增加，说明一定范围内增加麦曲用量能改善黄酒的风味。提高麦曲用量可以发现酿酒初期的还原糖消耗速率明显加快，有助于酵母及其他酿酒微生物的生长。

随着存放时间的增加，无论是水分含量、糖化酶、α-淀粉酶活力还是酸性蛋白酶活力均有明显下降。随着存放时间的增加，麦曲风味物质由5200μg/kg下降到3800μg/kg左右，与此同时，使用不同时期的麦曲所酿造的黄酒风味物质总量有所下降，说明麦曲在存放过程中水分含量、酶活与风味都有一定的降低，且麦曲所酿造的黄酒中风味物质也明显降低。

3.1.4.2 麦曲的质量评价研究

以绍兴地区的麦曲为研究对象，基于传统评价方法对麦曲质量进行量化、指标化评价，可为麦曲的评价体系建立提供有效的参考。

（1）感官指标评价

感官指标是麦曲最直观的一项指标，通常从外观、断面和香味三个方面来综合评价麦曲的感官品质。观察来源于不同黄酒企业的麦曲断面情况（如图 3-14）可以发现，T 企业麦曲的厚度最小，G 企业和 K 企业麦曲的厚度相对较大，这是由于不同企业的挤压工艺（人工踩曲和机械压制）、设备模具尺寸不同所致。

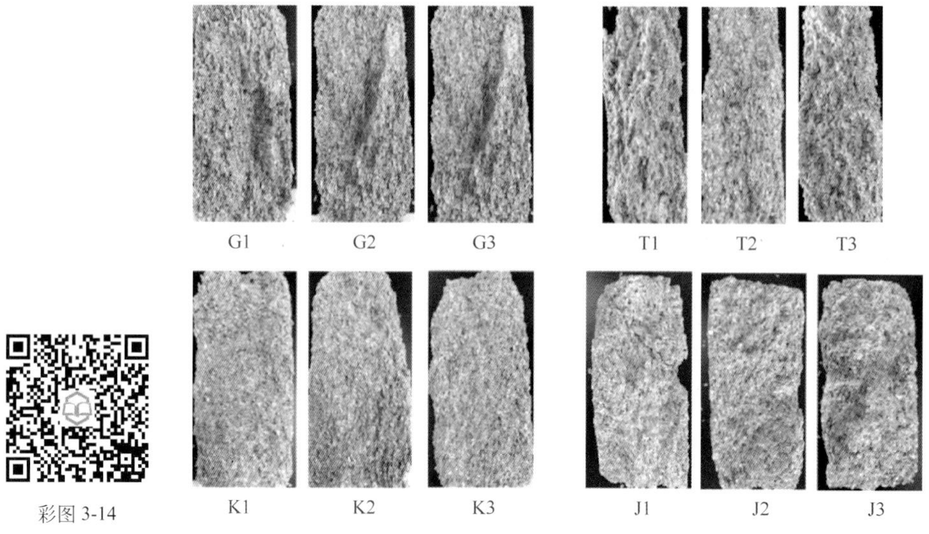

图 3-14　麦曲的断面情况

一般而言，优等麦曲的感官应表现为：曲块坚韧疏松，表皮棕黄，断面呈白色或白褐色，菌丝茂密均匀，无霉烂夹心，曲香正常，无霉味或生腥味。如图 3-14 所示，T 企业麦曲（传统工艺手工曲）的质地比较疏松易碎，这与其脚踏压制的工艺有关。外观和断面方面，K2 的表现相对较好，J1 的表现相对较差。色泽方面，T3 和 J3 的色泽呈深褐色或棕褐色，原因可能是这些麦曲在堆放期间位于曲堆的中心部位，发酵温度较高，促进了美拉德反应，导致内部和表面呈现为褐色。香气方面，除 K3 有杂味（淀粉味）外，其他麦曲均无杂味。

（2）不同品质麦曲对黄酒发酵过程的影响

在黄酒酿造的前发酵期间，酵母活动非常活跃，通过测定 CO_2 失重速率的变化可以侧面了解发酵醪中酵母等微生物的生长代谢，即发酵强度。从图 3-15 中可以看出，所有样品在前发酵刚开始（0～12h）启动较慢，CO_2 失重速率较小，微生物有一个缓慢生长的适应过程；随着发酵的进行（12～24h），发酵变得活跃，CO_2 失重速率迅速增加，在 24h 达到顶峰；24～48h 发酵强度逐渐降低，CO_2 失重速率减小；48～120h 发酵强度趋于稳定，CO_2 失重速率几乎不变。优等麦曲所酿黄酒的发酵过程符合优级黄酒酿造时“前缓、中挺、后缓落”的规律；而二等麦曲的发酵强度比较弱，CO_2 失重速率呈波动变化至 120h，发酵情况较差。

酒精度和还原糖是保证黄酒质量的重要指标，酒精度变化可以判断黄酒发酵的正常与否，还原糖变化可以判断黄酒发酵程度的优劣，同时可以反映黄酒中微生物的生命活动状态。黄酒发酵前期，霉菌将淀粉分解为葡萄糖等小分子物质，酵母菌在有氧条件下进行大量繁殖，这个时期还原糖快速增加，酒精度处于较低水平；随着发酵的进行，氧气被大量消耗，发酵醪中形成微氧环境，酵母菌进行厌氧发酵消耗葡萄糖产生大量的酒精，这个时期还原糖迅速减少，酒精度迅速升高；进入后酵期间，培养温度降低至 16℃，大部分微生物的环境条件受到限制，代谢变得缓慢，这个时期还原糖和酒精度的变化不再明显，但是各种小

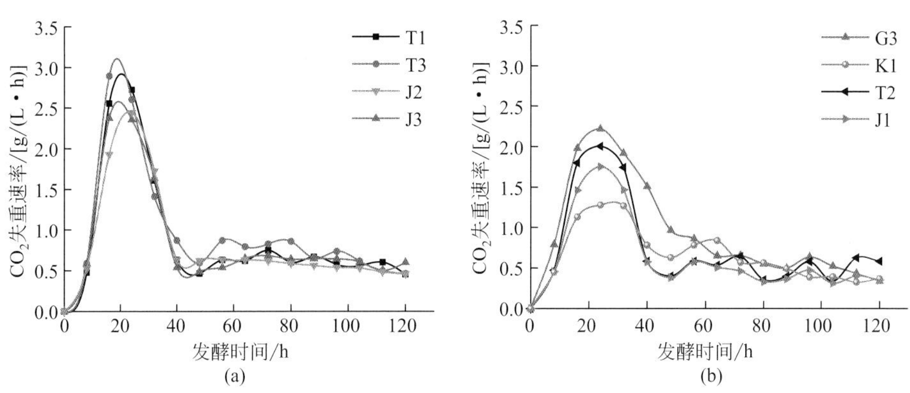

图 3-15 黄酒前发酵过程中的 CO_2 失重速率

分子物质在酶的作用下，发生化学反应产生丰富的风味物质。

在前酵期间（前 5 天）优等麦曲所酿黄酒的酒精度持续升高至 10.7%vol～14.2%vol，还原糖迅速减少至 30.25～49.36g/L，并且后酵期间酒精度和还原糖还会持续变化；二等麦曲所酿黄酒的酒精度仅升高至 8.6%vol～9.8%vol，还原糖仅减少至 57.28～87.39g/L，并且后酵期间没有明显变化。黄酒酿造采用边糖化边发酵的工艺，发酵过程中还原糖变化应该遵循先快后慢的规律，最终达到糖化与发酵平衡状态。如果酒醪中的糖分过多，渗透压便会增高，抑制酵母生长，无法正常产生酒精，同时还会造成黄酒中的非糖固形物含量偏低，酒体不够醇厚。所有黄酒中总有一部分残糖无法被利用，这些残糖主要由葡萄糖（50%～60%）、麦芽糖、低聚糖和糊精组成，给予黄酒甜味、厚重的口感和浓郁的风味。

（3）麦曲品质评价体系的建立

麦曲品质评价指标及其权重的确定。将黄酒的 8 个指标作为黄酒品质的考量标准，采用曼特尔测试方法（Mantel test）将麦曲的 13 个指标与黄酒品质之间进行相关性分析，如表 3-1 所示，麦曲指标中感官、液化力、酸性蛋白酶活力、酒化力和游离氨基酸与黄酒等级呈显著正相关，相关系数分别为 0.47、0.63、0.73、0.88 和 0.25，其中液化力、酸性蛋白酶活力和酒化力与黄酒等级呈极显著正相关。根据麦曲指标与黄酒品质的相关性结果，确定麦曲品质的考量质量为感官、液化力、酸性蛋白酶活力、酒化力和游离氨基酸；将每个指标的相关系数进行等比换算为权重，权重分别为 15、21、25、30 和 9，总和为 100。

表 3-1 麦曲指标与黄酒品质之间的相关性

麦曲指标	r	p	麦曲指标	r	p
感官	0.47	0.039	酸性蛋白酶活力	0.73	0.004
色价	−0.12	0.983	酒化力	0.88	0.004
水分	0.08	0.242	酯化力	0.16	0.115
容重	−0.32	0.519	有机酸	−0.05	0.626
酸度	−0.02	0.447	游离氨基酸	0.25	0.050
液化力	0.63	0.005	挥发性香气物质	0.13	0.180
糖化力	0.17	0.123			

注：r 表示 Pearson 相关系数，$p<0.05$ 表示显著相关，$p<0.01$ 表示极显著相关。

麦曲品质评价体系的确定。麦曲的品质评价体系如表 3-2 所示，共有 5 个指标项目，包括了麦曲的感官指标、酶活指标、生化指标和风味指标。根据优等和二等麦曲的指标综合解析结果，对麦曲品质评价体系的分级范围进行划分。每个指标均可分为优等、一等和二等麦曲共 3 个分级范围。

表 3-2　麦曲的品质评价体系

指标项目	权重	分级范围		
		优等	一等	二等
感官	15	＞85	80～85	＜80
液化力/(U/g)	21	＞2.90	2.60～2.90	＜2.60
酸性蛋白酶活力/(U/g)	25	＞40	30～40	＜30
酒化力/%vol	30	＞10	7～10	＜7
游离氨基酸/(g/L)	9	＞180	150～180	＜150

在确定分级范围的基础上，参考白酒大曲的质量标准体系设置方法对每个指标项目的分级范围设置额定分数，如表 3-3 所示，总分为 100 分，综合得分 70 分以上为优等麦曲，30～70 分为一等麦曲，30 分以下为二等麦曲。

表 3-3　麦曲品质评价体系的评分标准

指标项目	分级范围	额定分数
感官	＞85	10～15
	80～85	5～10
	＜80	0～5
液化力/(U/g)	＞2.90	14～21
	2.60～2.90	7～14
	＜2.60	0～7
酸性蛋白酶活力/(U/g)	＞40	16～25
	30～40	8～16
	＜30	0～8

指标项目	分级范围	额定分数
酒化力/%vol	＞10	20～30
	7～10	10～20
	＜7	0～10
游离氨基酸/(g/L)	＞180	6～9
	150～180	3～6
	＜150	0～3

已有研究通过对影响麦曲功能的 5 个指标（水分、糖化力、蛋白质分解力、外观形态和微生物）进行模糊综合评价，按评分对麦曲进行等级划分，并研究影响麦曲品质的因素。在白酒大曲的质量标准体系方面已有了较多的研究，如提出要用运动的观点、量化的指标，从生化指标（65%）、理化指标（25%）和感官指标（10%）三方面设置权重来建立新的大曲质量评价体系；对泸州老窖大曲的质量、香气成分与微生物的关系研究发现采用气质联用仪（GC-MS）和电子鼻分析中、高温大曲的香气成分，利用香气物质进行主成分分析（PCA）可以有效地区分不同等级的大曲。虽然在酒曲质量标准体系方面已具备一定的研究基础，但是对麦曲质量标准体系的研究甚少，已有的研究报道中选取的指标过少，不够系统和全面。要想科学系统地建立麦曲质量标准体系，首先得运用量化的指标、运动的观点来进行分析，其次是确定对麦曲质量起到关键作用的指标项目，然后利用数学统计模型构建麦曲质量标准体系，最后通过酿酒实验来验证等级划分的正确性。麦曲质量标准体系的建立可以为工厂麦曲的相互比较、质量等级划分以及生产实践提供理论依据，这对于推进麦曲生产工艺革新具有重要意义。

3.1.5 黄酒麦曲功能形成的关键因子研究

黄酒麦曲生产方式多样，微生物组成、风味品质变化较大，各个工厂麦曲质量差异明显，麦曲中真菌群落结构与麦曲的等级划分呈现较强的相关性，说明真菌群落结构是影响麦曲质量形成的关键因子。环境的改变会影响菌落结构的形成，从而影响麦曲的功能以及酒体的品质，因此分析黄酒麦曲功能形成的关键因子也就是分析环境因素对微生物群落结构变化的影响。对麦曲发酵过程中真菌和细菌的微生物的组成演变进行测定，并结合相关的环境因素包括温度、水分和酶活等指标，以评价微生物群落变化和环境因素之间的关联。通过阐述环境因素对麦曲发酵中微生物菌群变化的影响，加深了对麦曲发酵过程中微生物变化规律的认识，为优化和调控黄酒发酵过程提供理论依据。且探究黄酒麦曲发酵过程中主要的环境驱动因子有助于合理设计仿真麦曲制曲设备，实现麦曲现代化制备的高度智能化。

3.1.5.1 麦曲发酵过程中理化指标的变化分析

从浙江省绍兴市收集了黄酒麦曲样品，所有样品均为砖状，将其分为两部分：曲表与曲中（图 3-16）。结合现有的研究和生产经验，曲表部分定义为从麦曲的表面起向中心延伸 4cm，其余部分定义为曲中。

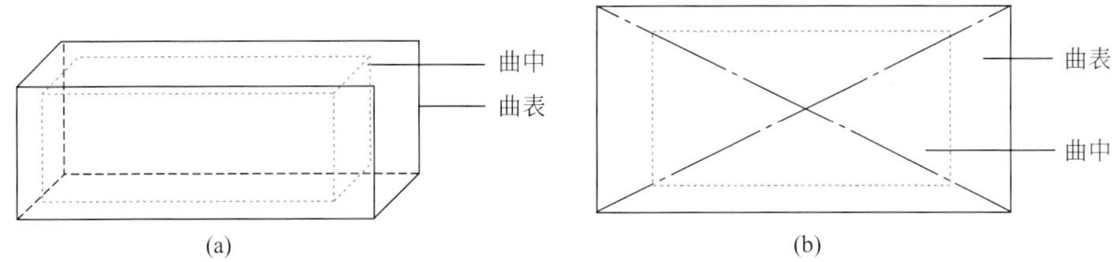

图 3-16 曲表与曲中的划分

（1）黄酒麦曲发酵过程中温度的变化

黄酒麦曲制曲在原料压块成型后进行人工堆放，在曲房堆放四到五层后盖上草席及帆布以帮助升温保温。黄酒麦曲的发酵过程温度呈现先上升后下降的变化规律（图 3-17），麦曲品温需要 4 天才可达到 55℃，在这个温度持续 2 天左右后经人工控制逐步撤掉保温设施，使麦曲逐渐降温至室温，达到长期室温储存的要求。根据麦曲发酵过程中温度的变化规律将发酵过程分为两个阶段，其中阶段一（0～6 天）麦曲温度逐步上升并维持 55℃左右，阶段二（6～60 天）温度降低至 40℃以下。

推测这种自发的温度变化主要是由于微生物在麦曲开始堆积后大量生长繁殖，活跃度较高产生了大量的生物热使得麦曲品温逐渐升高，55℃为大部分嗜热微生物生长所需的最适温度，因此温度不再升高，同时这样的高温使得部分对温度敏感的微生物失去活力或产生出大量的孢子，这一阶段不仅实现了微生物结构的演替同时有利于去除部分高温不耐受的有害微生物，为麦曲的品质提供了良好的基础；人工控制最高温度持续 1～2 天帮助麦曲完成微生物群落的演替和定型，目前这一阶段依然需要依赖经验判断具体的开始降温时间；撤去人工保温措施后由于环境温度远低于麦曲品温，麦曲中储存的热量逐步散失到环境中，这一过程中部分微生物的孢子在温度合适时重新萌发继续生长并利用麦曲中的营养物质大量释放酿酒所需的相关酶系，提供了麦曲所需的基本酶活力。当麦曲品温逐渐降低至室温时麦曲微生物整体活跃度偏低，保证了其微生物组成可以维持在相对变化较小的范围内，有利于麦曲长期

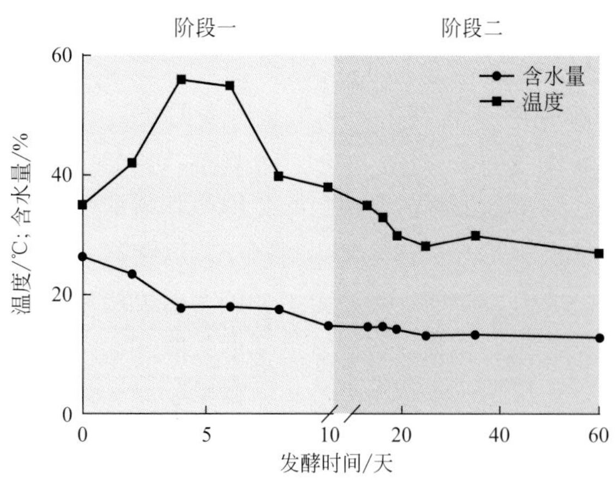

图 3-17　麦曲发酵过程中温度和含水量随发酵时间的变化

在室温环境下的保存而不变质。

因此麦曲发酵过程中温度的控制有利于提高对微生物结构的控制及改造，明确不同温度阶段下微生物的组成情况可以进一步解析黄酒麦曲发酵机制，有望实现人工控制快速发酵以推动麦曲发酵进程。

（2）黄酒麦曲发酵过程中含水量的变化

水是微生物生长繁殖所必需的环境因素之一，合适的含水量（或湿度）有助于微生物良好的繁殖及产酶，为麦曲提供合适的发酵酶系；含水量过高易导致微生物生长泛滥而使麦曲酸败或变质，过低的含水量又不足以维持微生物的正常生长。同时成品麦曲的含水量也是工厂用于衡量麦曲品质优劣的重要指标之一。因此探究麦曲含水量有助于了解发酵进程中微生物对水的需求情况，为仿真制曲的制曲环境模拟提供进一步的模拟依据和指导理论。

黄酒麦曲通常在原料的处理阶段为粉碎后的物料进入自动化压曲系统，该系统目前可以完成加水拌料到压块成型的一体化进程，通常麦曲的加水量在20%～25%的范围内。一般麦曲的发酵过程中含水量呈现出整体下降的趋势，发酵开始后随着麦曲品温逐渐升高（0～6 天），其水分被缓慢蒸发，当麦曲进入降温阶段（6 天以后）时，水分的散失速率降低，但由于麦曲依然维持着较高的温度，故含水量依然呈现出下降的趋势至麦曲品温接近室温，这时成品麦曲的含水量一般在 11%～13%之间。根据已有的经验，成品麦曲的含水量在 11%～13%之间时有助于麦曲的长期保存，不易滋生额外的微生物，同时也保证了部分微生物对于水源的基本需求，有助于麦曲在长期储存时其微生物结构没有过大的波动。

（3）黄酒麦曲发酵过程中主要酶活力的变化

糖化酶活力和 α-淀粉酶活力（也称液化酶活力）是工厂中用于评价成品块曲质量等级的重要指标之一，麦曲中的酶活力主要来源于微生物，因此观测麦曲发酵过程中酶活力的变化可以从侧面观察微生物的生长及产酶情况。检测传统工艺手工麦曲发酵过程中的酶活力变化，从原料压块成型到发酵为成品麦曲，麦曲糖化酶活力的变化表现为逐渐下降的趋势，而液化酶活力的变化表现出明显的波动趋势，可认为在黄酒麦曲发酵过程中，其液化酶活力基本保持不变（图 3-18）。

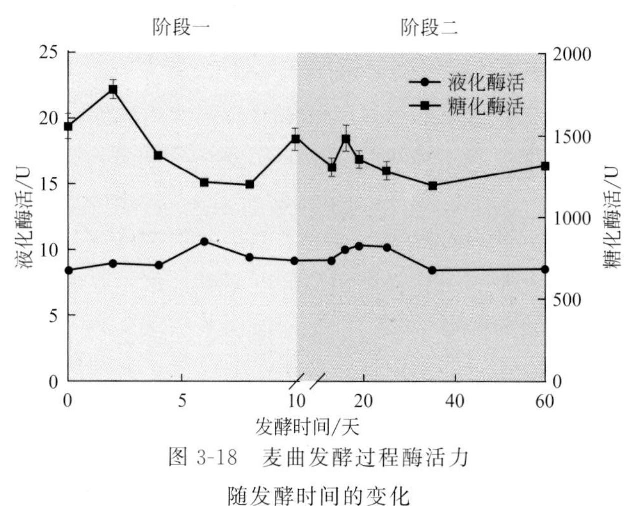

图 3-18　麦曲发酵过程酶活力随发酵时间的变化

3.1.5.2 麦曲的曲中与曲表群落结构分析

曲中与曲表真菌群落结构具有差异，曲中真菌构成主要由弗比恩毕赤酵母组成，而曲表真菌构成主要由酿酒酵母组成，且相比较于曲中，曲表含有较为丰富的真菌群落结构。在细菌构成方面，曲表主要由路德维希肠杆菌组成，而曲中则是由融合乳杆菌组成，并且曲表的细菌种类也多于曲中，曲表与曲中具有一定的差异性。

曲表为大多数微生物提供了足够的氧气、生存空间和适宜的温度，这也导致了曲表的微生物物种要多于曲中。可以想象麦曲为具有温度和氧含量梯度变化的生活环境模型，该模型的内部是加热和缺氧的，很少有微生物可以存活，因此它具有最少数量的微生物物种，随着温度和氧气含量的变化越来越舒适，越来越多的微生物活下来，并且表面的多样性也越来越高，这也解释了曲表与曲中微生物群落为何具有一定的差异性。

3.1.5.3 麦曲发酵过程中微生物群落演替和物种分类树分析

采用第二代高通量测序技术跟踪检测麦曲发酵过程中真菌及细菌微生物群落结构的变化，深度解析黄酒麦曲发酵过程的变化因子，推测麦曲发酵过程中的核心物种，进而了解麦曲发酵的关键驱动因子。

跟踪测序结果显示未发酵的原料中以不动杆菌属（*Acinetobacter*）和曲霉属（*Aspergillus*）为主，而随着发酵的开始细菌群落发生了明显的变化（如图 3-19）。在最初升温的 2～6 天中葡萄球菌属（*Staphylococcus*）明显增多，同时肠杆菌属（*Enterobacter*）和糖多孢菌属（*Saccharopolyspora*）增多，并且随着发酵时间推移逐渐增多。在发酵后期（8～60 天），经历过高温的葡萄球菌属（*Staphylococcus*）大幅减少，而原料中本身带有的不动杆菌属（*Acinetobacter*）再次出现，同时还有部分好氧发光细菌（*Oxyphotobacteria*）。真菌群落在最初发酵的 2～6 天之中变化明显，伊萨酵母属（*Issatchenkia*）在第 2 天显著增多却在第 4 天显著减少，推测可能是由于麦曲发酵初期温度快速上升导致酵母显著减少，在此期间对温度不敏感的曲霉属（*Aspergillus*）以及根瘤菌属（*Rhizomucor*）相对丰度逐渐升高，同时还有部分未知真菌（*Unclassified unclassified*）。在发酵后期（8～60 天），曲霉属（*Aspergillus*）以及根瘤菌属（*Rhizomucor*）一直占比较高。经过储存后的成品麦曲（60 天）中曲霉属（*Aspergillus*）真菌成为主要微生物。

进一步分析不同发酵时间下真菌和细菌物种分类的组成差异，在发酵初始阶段（2 天）时，真菌构成主要由伊萨酵母属（*Issatchenkia*）占据。在发酵第一阶段（0～6 天），根毛霉属（*Rhizomucor*）的相对丰度较高，而在发酵的第二阶段（6～60 天），曲霉属（*Aspergillus*）和链格孢属（*Alternaria*）的相对丰度较高。

由细菌组成的物种分类树可知，在发酵未开始时（0 天），细菌组成中主要为不动杆菌属（*Acinetobacter*），在发酵第 2 天，细菌主要由片球菌属（*Pediococcus*）和乳杆菌属（*Lactobacillus*）构成。发酵后期时，细菌中黄杆菌属（*Flavobacterium*）的相对丰度较高。

通过麦曲发酵过程真菌组成的热图分析，在发酵 0 天时，散囊菌纲（Eurotiomycetes）、锤舌菌纲（Leotiomycetes）和节担菌纲（Wallemiomycetes）的相对丰度较高。而发酵第一阶段（0～6 天）的真菌菌群组成和发酵起始时具有显著差异，其中酵母纲（Saccharomybetes）和盘菌纲（Pezizomycetes）的相对丰度较高。在发酵后期（19～60 天），麦曲的真菌组成也具有显著特征，即座囊菌纲（Dothideomycetes）、子囊菌纲（Sordariomycetes）、微

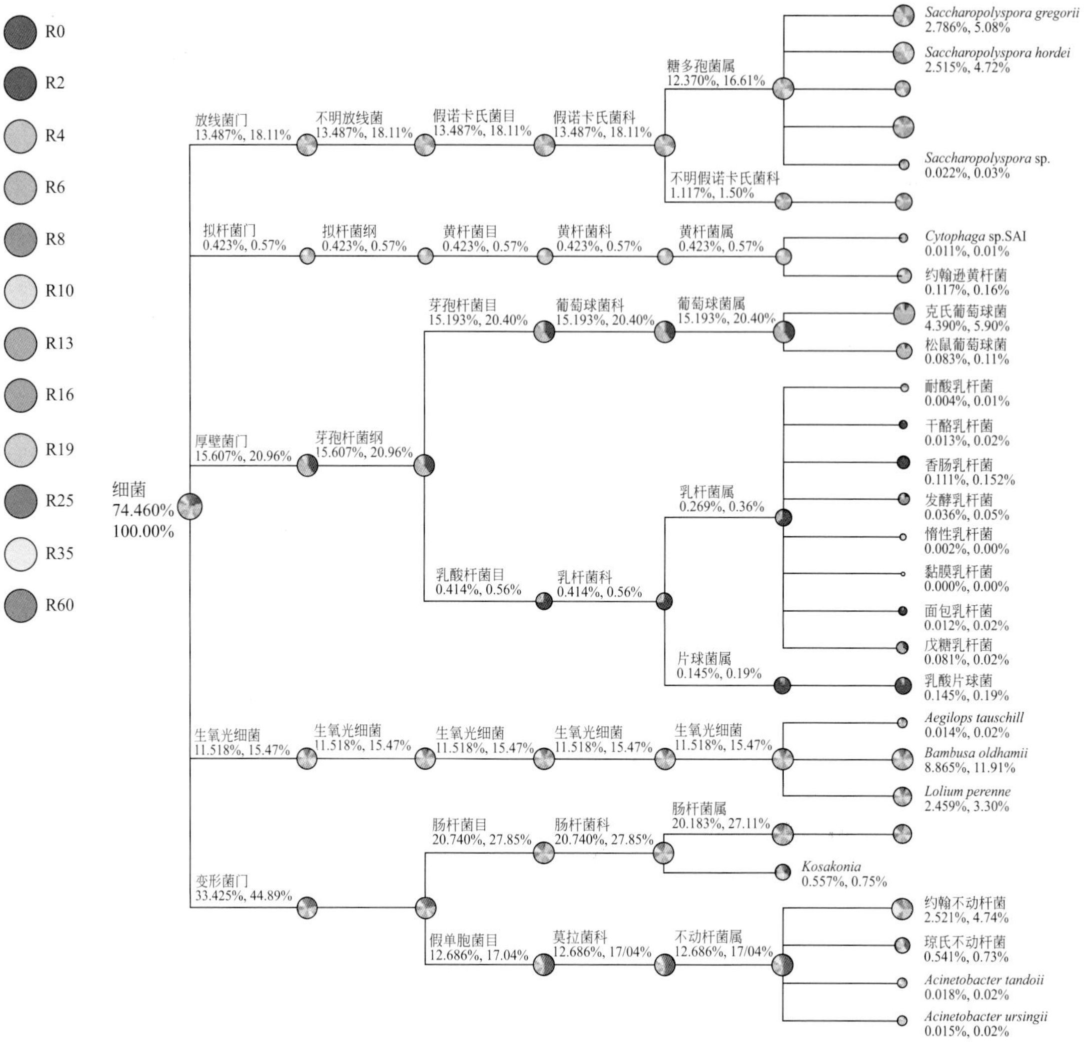

R0
R2
R4
R6
R8
R10
R13
R16
R19
R25
R35
R60

细菌
74.460%
100.00%

放线菌门
13.487%, 18.11%
不明放线菌
13.487%, 18.11%
假诺卡氏菌目
13.487%, 18.11%
假诺卡氏菌科
13.487%, 18.11%
糖多孢菌属
12.370%, 16.61%
Saccharopolyspora gregorii
2.786%, 5.08%
Saccharopolyspora hordei
2.515%, 4.72%
Saccharopolyspora sp.
0.022%, 0.03%
不明假诺卡氏菌科
1.117%, 1.50%

拟杆菌门
0.423%, 0.57%
拟杆菌纲
0.423%, 0.57%
黄杆菌目
0.423%, 0.57%
黄杆菌科
0.423%, 0.57%
黄杆菌属
0.423%, 0.57%
Cytophaga sp.SAI
0.011%, 0.01%
约翰逊黄杆菌
0.117%, 0.16%

厚壁菌门
15.607%, 20.96%
芽孢杆菌纲
15.607%, 20.96%
芽孢杆菌目
15.193%, 20.40%
葡萄球菌科
15.193%, 20.40%
葡萄球菌属
15.193%, 20.40%
克氏葡萄球菌
4.390%, 5.90%
松鼠葡萄球菌
0.083%, 0.11%
乳酸杆菌目
0.414%, 0.56%
乳杆菌科
0.414%, 0.56%
乳杆菌属
0.269%, 0.36%
耐酸乳杆菌
0.004%, 0.01%
干酪乳杆菌
0.013%, 0.02%
香肠乳杆菌
0.111%, 0.152%
发酵乳杆菌
0.036%, 0.05%
惰性乳杆菌
0.002%, 0.00%
黏膜乳杆菌
0.000%, 0.00%
面包乳杆菌
0.012%, 0.02%
戊糖乳杆菌
0.081%, 0.02%
片球菌属
0.145%, 0.19%
乳酸片球菌
0.145%, 0.19%

生氧光细菌
11.518%, 15.47%
生氧光细菌
11.518%, 15.47%
生氧光细菌
11.518%, 15.47%
生氧光细菌
11.518%, 15.47%
生氧光细菌
11.518%, 15.47%
Aegilops tauschill
0.014%, 0.02%
Bambusa oldhamii
8.865%, 11.91%
Lolium perenne
2.459%, 3.30%

变形菌门
33.425%, 44.89%
肠杆菌目
20.740%, 27.85%
肠杆菌科
20.740%, 27.85%
肠杆菌属
20.183%, 27.11%
Kosakonia
0.557%, 0.75%
假单胞菌目
12.686%, 17.04%
莫拉菌科
12.686%, 17/04%
不动杆菌属
12.686%, 17/04%
约翰不动杆菌
2.521%, 4.74%
琼氏不动杆菌
0.541%, 0.73%
Acinetobacter tandoii
0.018%, 0.02%
Acinetobacter ursingii
0.015%, 0.02%

图 3-19 麦曲发酵过程中细菌微生物组成的物种分类树

彩图 3-19

球黑粉菌纲（Microbotryomycetes）、银耳纲（Tremellomycetes）和囊担菌纲（Cystobasidiomycetes）的相对丰度较高。

麦曲发酵中细菌的组成变化热图（图 3-20）表明，发酵起始时（0 天），鞘脂醇属（*Sphingobium*）、丛毛单胞菌属（*Comamonas*）、不动杆菌属（*Acinetobacter*）、短小杆菌属（*Curtobacterium*）、芽孢杆菌属（*Bacilius*）、嗜酸菌属（*acidovorax*）、*Cloacibacterium*、*Franconibacter*、柄杆菌属（*Caulobacter*）、水栖菌属（*Enhydrobacter*）和 *Brevumdimonas* 的相对丰度较高，在麦曲中占据主要细菌生态位。而发酵第一阶段（温度上升，0～6 天），主要细菌菌群变为魏斯氏菌属（*Weissella*）、葡萄球菌属（*Staphylococcus*）、库克菌属（*Kocuria*）、乳杆菌属（*Lactobacillus*）和片球菌属（*Pediococcus*）。在麦曲发酵后期，细菌组成进一步变化，其中气单胞菌属（*Aeromonas*）、鞘氨醇杆菌属（*Sphingobacterium*）、假单胞菌（*Pseudomonas*）、寡养单胞菌（*Stenotrophomonas*）、黄杆菌属（*Flavobacterium*）和金黄杆菌属（*Chryseobacterium*）的相对丰度较高，在发酵后期发挥主要功能作用。

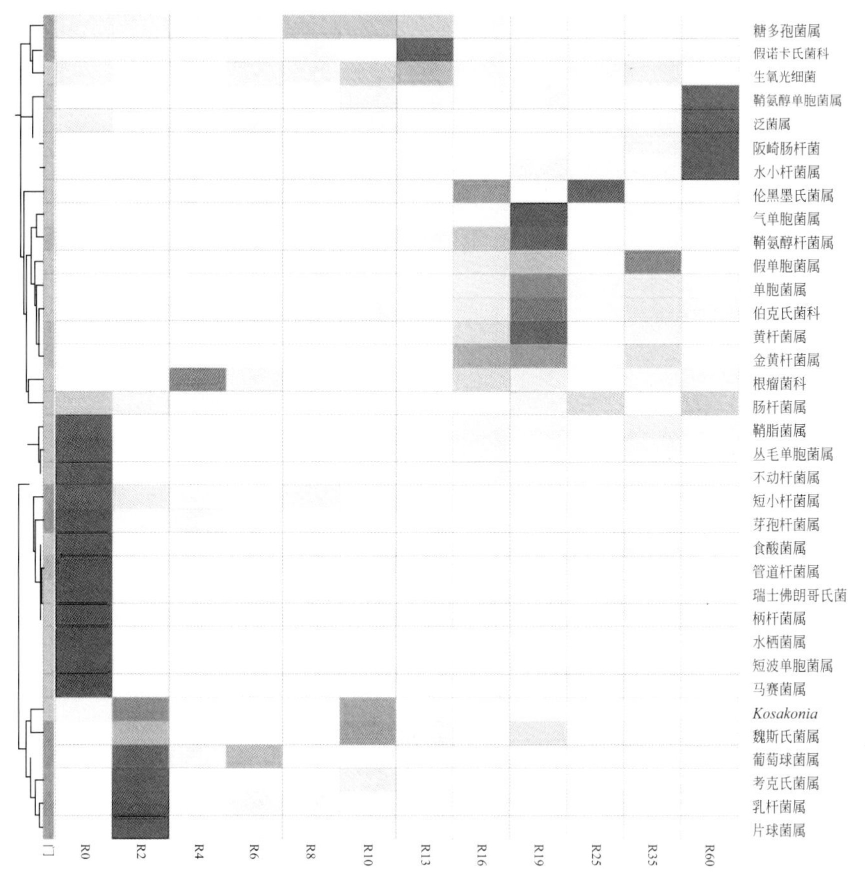

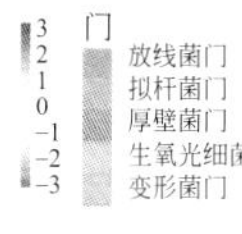

彩图 3-20

图 3-20　麦曲发酵过程中细菌（OTU 水平）构成的演替变化热图

结果表明，在麦曲发酵起始、发酵第一阶段（0～6 天）和发酵第二阶段（6～60 天）的真菌和细菌组成特征均具有显著差异，并且具有不同的优势菌种组成。

3.1.5.4　温度、湿度是麦曲微生物群落形成的环境驱动因子

在麦曲发酵过程中的多个环境因素包括温度、含水量等与微生物群落结构的形成有关，通过对发酵过程中温度、水分、淀粉酶活和糖化酶活测定，发现环境因素的变化具有阶段性，结合图 3-19 和图 3-20 的微生物演替规律可将麦曲发酵大致分为第一阶段（0～6 天）和第二阶段（6～60 天）。使用曼特尔测试方法（Mantel test）对微生物群落与相应环境因素之间的相关性进行检验。结合上述微生物群落的演替规律以及生产实践经验，分别对麦曲发酵两个阶段的微生物群落演替以及相应环境因素进行相关性分析。微生物群落结构数据集（真菌和细菌）为布雷-柯蒂斯（Bray-Curtis）相异性系数矩阵，环境因素数据集为欧氏距离矩阵，结果如表 3-4 所示。

在麦曲发酵第一阶段（0～6 天），细菌群落演替与温度（$r=0.58$，$p=0.04$）和含水量（$r=0.63$，$p=0.04$）呈显著线性相关关系，但是细菌群落变化与淀粉酶活和糖化酶活没有显著相关性（$p>0.05$）。在麦曲发酵第二阶段（6～60 天），细菌群落演替与温度（$r=0.83$，$p=0.001$）和含水量（$r=0.44$，$p=0.01$）呈显著线性相关关系。而在两个阶段真菌的菌群演替与温度、含水量、淀粉酶活和糖化酶活均没有显著相关性（$p\geqslant 0.05$）。因此，温度和含水量对细菌的微生物群落演替具有重要作用。

表 3-4　麦曲发酵过程中微生物群落演替与环境因素的相关性

环境因素	细菌(阶段一)		真菌(阶段一)		细菌(阶段二)		真菌(阶段二)	
	r	p	r	p	r	p	r	p
温度	0.58	0.04	0.28	0.25	0.83	0.001	0.25	0.14
含水量	0.63	0.04	0.32	0.25	0.44	0.01	0.12	0.21
淀粉酶活	−0.17	0.46	−0.07	0.58	−0.02	0.46	0.31	0.05
糖化酶活	−0.53	0.71	0.04	0.46	−0.22	0.95	−0.25	0.94

注：r，斯皮尔曼（Spearman）相关系数，$p<0.05$ 表示显著相关。阶段一：0～6 天；阶段二：6～60 天。

进一步分析两个发酵阶段中不同温度下微生物的群落结构情况，测定第一阶段第 4 天（56℃）和第二阶段第 8 天（40℃）细菌菌群群落结构的β-多样性分布，结果表明不同温度下真菌和细菌的群落聚类具有明显差异，温度对微生物群落结构具有显著影响。

3.1.5.5　氧气浓度是麦曲微生物群落形成的环境驱动因子

在麦曲发酵过程中，氧气浓度对微生物群落、黄酒的风味以及成品的品质具有影响，但是在麦曲发酵的氧气浓度以及其浓度对黄酒的影响程度有待研究。研究采取了麦曲曲中和曲表的样品，曲表氧气浓度为空气中氧气浓度（约 21%），因此比较了不同氧气浓度下麦曲的微生物群落结构和组成，氧气浓度分别约为 20%（曲表样品）和 10%（曲中样品）。

在麦曲发酵不同阶段，氧气浓度对真菌群落多样性影响较大，图 3-21 表明了麦曲发酵 2 天、6 天、25 天和 60 天时曲表和曲中样品中真菌群落的多样性变化。发酵 2 天（图 3-21A）时，曲表和曲中的共有微生物有 270 种；而发酵后期 60 天（图 3-21D）时，曲表和曲中的

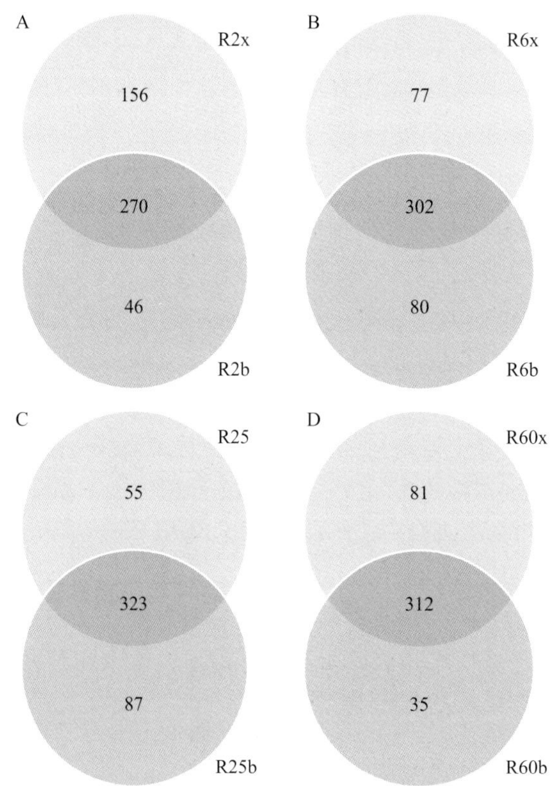

图 3-21　麦曲发酵过程不同氧气浓度下真菌多样性韦恩图分析

共有微生物有 312 种。说明随着发酵时间增加，真菌的群落多样性增加。

图 3-22 显示了麦曲发酵 2 天、6 天、25 天和 60 天时曲表和曲中样品中细菌群落的多样性变化。在麦曲发酵不同阶段，氧气浓度对细菌群落多样性具有影响。发酵 2 天（图 3-22A）时，曲表和曲中的共有微生物有 69 种；发酵 25 天（图 3-22C）时，共有微生物增多至 105 种；而发酵后期 60 天（图 3-22D）时，曲表和曲中的共有微生物稍降低至 98 种。说明细菌群落的增殖和功能性发挥主要在发酵中期（25 天左右）。

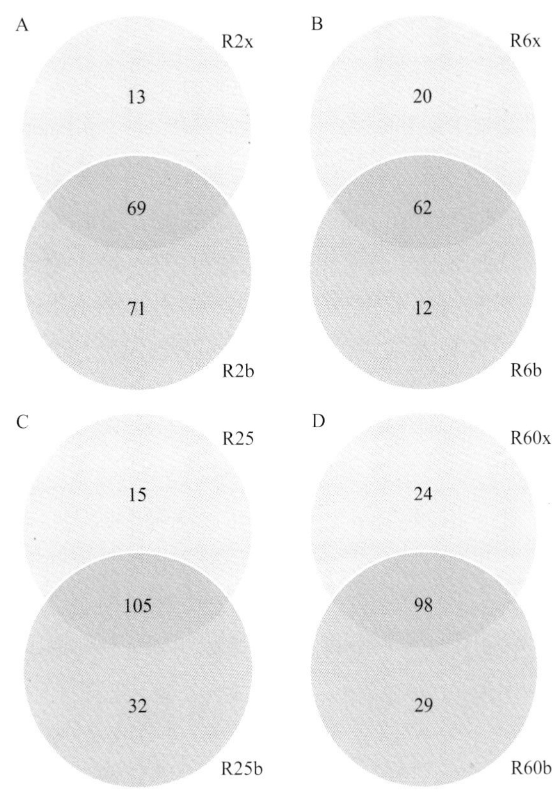

图 3-22 麦曲发酵过程不同氧气浓度下细菌多样性韦恩图分析

不同氧气浓度对细菌的相对丰度具有显著影响，图 3-23 和图 3-24 分别列出了麦曲发酵 2 天和 19 天时具有显著丰度差异的细菌菌种。在发酵 2 天时，不同氧气浓度（10%曲中和 20%曲表）对细菌特定菌种的相对丰度具有显著影响。其中，低氧气更能促进葡萄球菌（*Staphylococcus*）、片球菌属（*Pediococcus*）和乳杆菌属（*Lactobacillus*）菌种的生长，而高氧气浓度下库克菌属（*Kocuria*）和魏斯氏菌属（*Weissella*）的相对丰度较高。在发酵 19 天时，10%氧气浓度和 20%氧气浓度对细菌菌种的相对丰度具有显著影响（图 3-24），20%氧气浓度下魏斯氏菌属（*Weissella*）和气单胞菌属（*Aeromonas*）的相对丰度较高，生长较好；而 10%氧气浓度下黄杆菌属（*Flavobacterium*）相对丰度较高。结果表明，不同氧气浓度对不同细菌菌种的生长具有显著影响，对细菌和真菌群落结构都有明显作用。

3.1.5.6 麦曲微生物的功能注释

（1）eggNOG 数据库功能注释

基于 eggNOG 数据库，对 2 个麦曲样品的功能注释统计结果如图 3-25 所示。信息

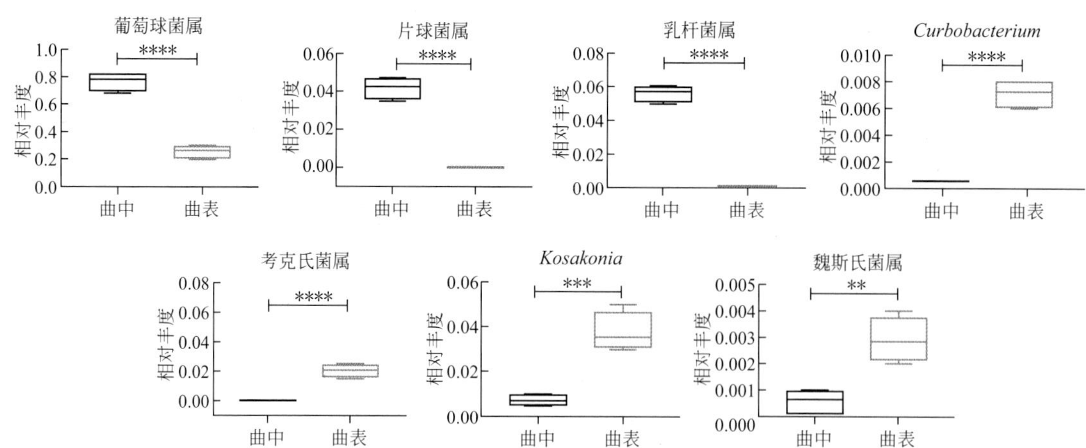

图 3-23 麦曲发酵 2 天不同氧气浓度下特定细菌丰度比较

盒状图分别代表了四位分距（IQR）、中位数（水平横线）和变化范围。显著性通过双尾（two-tailed）t 检验比较，** $p<0.01$，*** $p<0.001$，**** $p<0.0001$

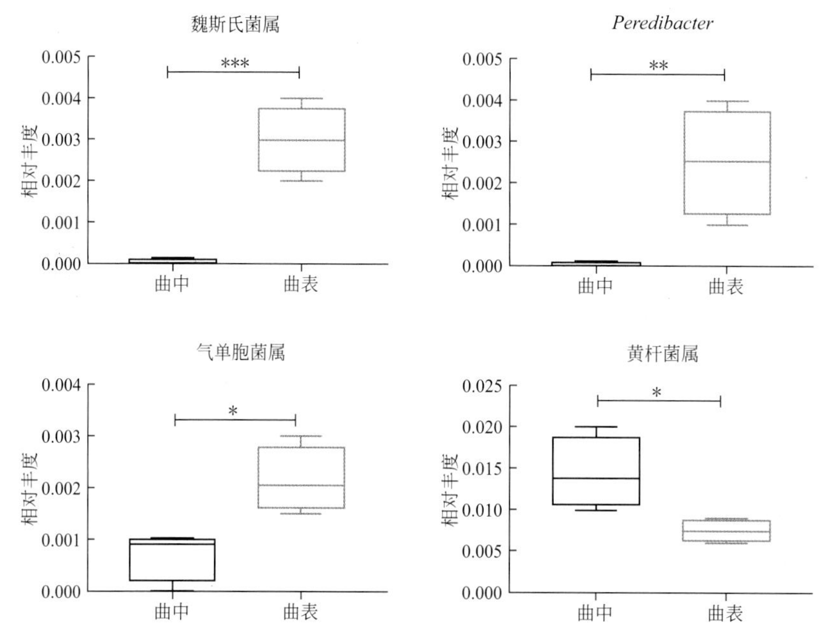

图 3-24 麦曲发酵 19 天不同氧气浓度下特定细菌丰度比较

盒状图分别代表了四位分距（IQR）、中位数（水平横线）和变化范围。显著性通过双尾（two-tailed）t 检验比较，* $p<0.05$，** $p<0.01$，*** $p<0.001$

储存与加工（information storage and processing）、细胞信号（cellular processes and signaling）、代谢过程（metabolism）和未知功能（poorly characterized）是 eggNOG 数据库的 4 大分类。从相对丰度上，注释结果中代谢过程分类的相对丰度最大，未知功能分类的相对丰度次之。2 个麦曲样品中，各分类中注释到的 unigenes 数目和相对丰度没有明显差异。

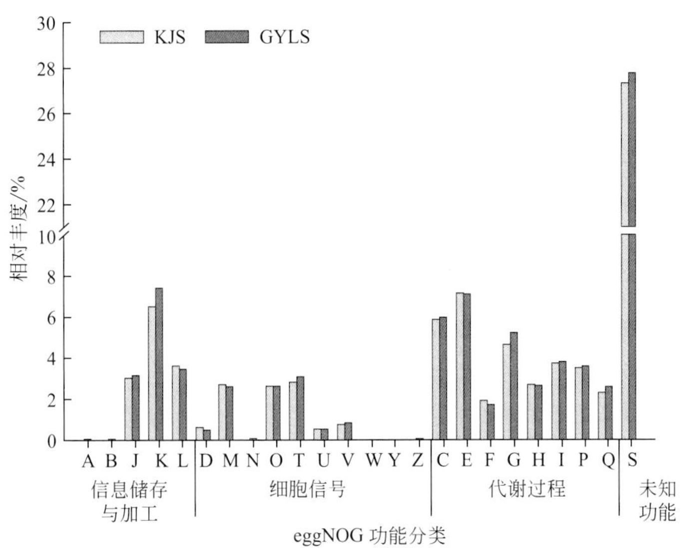

图 3-25 麦曲样品的 eggNOG 功能分类

A—RNA 加工和修饰；B—染色质结构和动力学；J—翻译生成核糖体结构；K—转录；L—复制、重组和修复；D—细胞周期控制、细胞分裂、染色体分离；M—细胞壁/膜/被膜的生成；N—细胞运动；O—蛋白质翻译后的修饰与加工；T—信号转导机制；U—囊泡在细胞内的分泌和运输；V—防御机制；W—细胞外结构；Y—核结构；Z—细胞骨架；C—能量产生和转化；E—氨基酸转运和代谢；F—核苷酸转运和代谢；G—碳水化合物转运和代谢；H—辅酶转运和代谢；I—脂质转运和代谢；P—无机离子的运输和代谢；Q—次生代谢产物的生物合成、运输和分解代谢；S—未知功能

麦曲样品共注释到 24 个 eggNOG 功能分类。信息储存与加工（information storage and processing）分类中，黄酒麦曲中与转录组相关的 K（transcription）分类相对丰度最高，而在白酒曲中则是 L 复制、重组和修复（replication，recombination and repair）分类相对丰度最高，而 B 染色质结构和动力学（chromatin structure and dynamics）分类的基因数目最低。细胞信号分类包括 10 个分类，注释分类中 M 细胞壁/膜/被膜的生成（cell wall/membrane/envelope biogenesis）分类的基因数目最高，W 细胞外结构（extracellular structures）分类的基因数目最低，注释到样品的序列（unigenes）基因数目为 2 条。代谢过程分类的基因是与麦曲风味物质关系最直接的功能分类，黄酒麦曲中包含的 8 个分类的相对丰度的总和相近，2 个麦曲样品分别为 31.81%和 32.65%；基因数目前三的 E 氨基酸转运和代谢（amino acid transport and metabolism）、C 能量产生和转化（energy production and conversion）、G 碳水化合物转运和代谢（carbohydrate transport and metabolism），2 个麦曲样品中各分类相对丰度平均值分别为 6.17%和 5.23%，印证了碳水化合物和氨基酸代谢是黄酒发酵中的重要部分。

（2）KEGG 数据库功能注释

基于 KEGG 数据库，对 2 个麦曲样品的代谢通路（Level 1）的注释信息如表 3-5 所示，属于代谢过程（metabolism）的基因数目最多，属于遗传信息处理（genetic information processing）的基因数目次之，属于生物体系统（organismal systems）的基因数目最少。两种黄酒麦曲的 6 种代谢通路的相对丰度的比例相近。

表 3-5　酒曲样品 Level 1 代谢通路功能注释相对丰度　　单位：%

功能	KJS	GYLS	功能	KJS	GYLS
代谢过程	18.54	18.38	人类疾病	1.47	1.70
遗传信息处理	3.65	3.78	细胞转化	1.75	1.93
环境信息处理	3.18	3.72	生物体系统	1.22	1.24

KEGG 数据库的 Level 2 代谢通路（46 类 pathway）的注释信息如图 3-26 所示，未有基因注释到化学结构转化通路（chemical structure transformation maps）；属于全局和概览通路（global and overview maps）的基因相对丰度最大，氨基酸代谢（amino acid metabo-

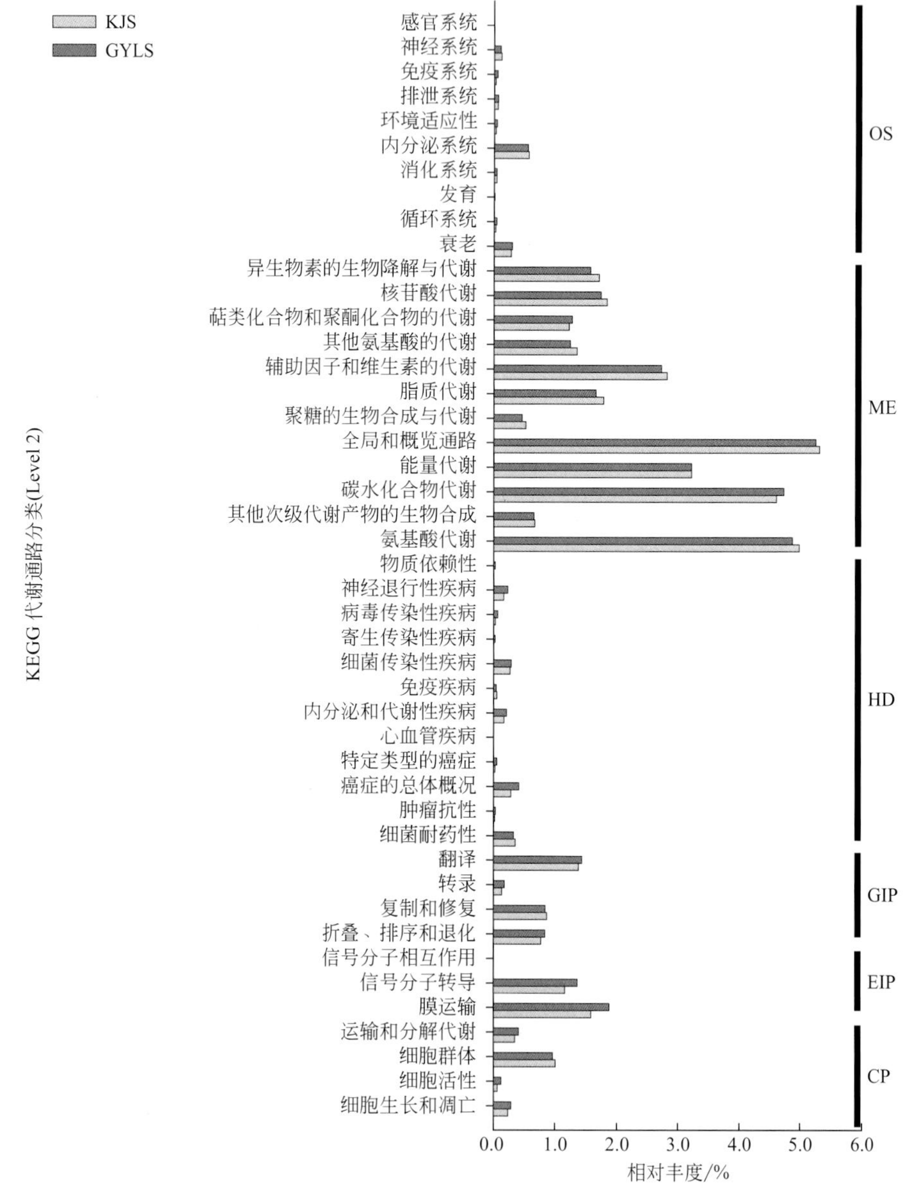

图 3-26　麦曲样品中 KEGG 代谢通路（Level 2）分布

OS—生物体系统（organismal systems）；ME—新陈代谢（metabolism）；HD—人体疾病（human diseases）；GIP—遗传信息处理（genetic information processing）；EIP—环境信息处理（environmental information processing）；CP—细胞转化（cellular processes）

lism）、碳水化合物代谢（carbohydrate metabolism）和能量代谢（energy metabolism）次之，这与eggNOG的注释结果一致；遗传信息处理分类中，2个样品注释到转录（translation）类相对丰度平均为1.65%，占据遗传信息处理分类下注释基因数目的42.51%，在此分类下占有最大比例。

在KEGG的Level 3代谢通路上，黄酒麦曲KJS和GYLS共注释到372类（两种麦曲注释到的种类相同），3个共有代谢途径分别为鞘糖脂生物合成（glycosphingolipid biosynthesis-lacto and neolacto series），Ⅱ型多肽骨架的生物合成（map01056，biosynthesis of type Ⅱ polyketide backbone），12元、14元和16元大环内酯的生物合成途径（map00522，biosynthesis of 12-，14-and 16-membered macrolides）和植物激素信号转导（map04075，plant hormone signal transduction）。

3.1.6 黄酒麦曲智能化工艺制作装备

目前虽然实现了麦曲压块机械化，大大减轻劳动负担，但黄酒麦曲的发酵环境并未发生改变。曲块由于堆放在曲房的不同角落导致成品麦曲的微生物结构有所差异，其生产的酒品仍然质量不一，因此黄酒麦曲的机械化制作仍需进一步推动。因此增加对麦曲微生物群落的复杂性及变化规律的认识，有助于了解麦曲传统发酵机制，进而探究推动麦曲发酵进程的核心动力因子，从而为麦曲现代化生产装备的设计提供理论支撑，开发仿真模拟麦曲制备的新技术。

以往麦曲的制作主要通过人工制曲，所用到的制曲装备为简单的筛子、拌曲盆以及曲盒等装置；随着机械化设备的推广，筛选机、轧麦机以及拌曲机等机械装置在麦曲的制作中广泛应用，一定程度上减轻了劳动强度；伴随着制曲工艺的完善与机械设备的优化，机械制曲开始取代传统人工制曲，其成套设备主要由搅拌机、曲料仓、刮板喂料机、压曲机、区块输送机等部分组成，实现了原料到曲的一体化过程，大大减轻了劳动强度且提高了生产效率。

3.1.6.1 制曲装置与设备工艺流程

（1）绍兴地区某工厂散曲制曲工艺流程

黄酒麦曲由人工踏曲成型改进为机械压曲的改革推动了黄酒麦曲机械化的发展。人工踏曲由于劳动强度大、生产效率低、工作环境简单且制出的麦曲品质不一使得工厂酿酒品质不一，且不受年轻人欢迎。机械压曲的革新完成了从原料筛选、储存、粉碎、拌水到压块成型的一体化过程，大大减轻了劳动强度且提高了生产效率，帮助工厂生产出了品质相对均一且易于储存的麦曲。

根据绍兴地区某工厂散曲制曲工艺流程，其成套设备主要由轧麦机、装箱机、码垛机、输送系统等部分组成，实现了原料到曲的一体化过程。将散曲装到箱子里并进入曲房培养，经过静止期、繁殖期、旺盛期、产霉期、成熟期和干燥期六个生产阶段即可完成制曲过程，整个过程只需15天，散曲即产即用，大大提高了生产效率。

（2）滚筒精准制曲设备工艺流程

江南大学传统酿造食品研究中心——毛健教授团队依据传统手工块曲生产方式，开发仿真麦曲的自动化、智能化生产装备及工艺，以期解决季节限制、长期储存、高劳动强度、恶劣工作环境、品质波动大等传统块曲生产和使用面临的困境。

通过追溯传统工艺制曲环境和条件，可用机械化滚筒制曲的方式模拟人工制曲的湿度、温度、曲表和曲中的形式。麦曲中复杂的微生物组成使得仿真制曲的微生物环境模拟相对困难，因此高度复制黄酒麦曲中的微生物体系成为仿真制曲系统的关键。根据黄酒麦曲的发酵机制设计并制造智能滚筒精准制曲装备，实现物料自动进出、自动翻料，温度、湿度、氧气自动控制，从而有效仿真自然制曲环境变化过程。据麦曲发酵进程，通过智能控制系统仿真模拟传统块曲生产过程，从而精准模拟制曲环境因子，推动制曲过程微生物群落演替，使得仿真麦曲的微生物、风味及酒的品质均能够媲美传统工艺麦曲。

(3) 传统块曲仿真智造工艺流程

根据传统出浆制曲工艺制作块曲的过程，采用仿真智能化制造工艺设备，达到传统块曲的出浆制曲效果，使仿真拟合度达到传统手工工艺的80%～90%。在滚筒模拟制曲的基础上，采用曲块的形式，把曲料压制成块再输送至曲房培养。同样设置六大控制过程（静止期、繁殖期、旺盛期、产霉期、成熟期和干燥期），通过对培养过程的控温控湿实现制曲工艺的智能化和精准化，复原了块曲传统制曲工艺过程，生产的曲块品质优良。

3.1.6.2 麦曲曲中和曲表仿真模拟制曲技术

经过多级条件设计及优化，结合仿真曲中理化指标与微生物生长情况，最终确定麦曲曲中部分的仿真制备技术（表3-6），利用该仿真制曲技术进行7批次模拟制曲，对所有模拟曲中进行理化指标评价及酿酒效果评价，以较全面地分析该仿真制曲技术的模拟度，为后续工作奠定较完善的理论基础。

表3-6 麦曲曲中仿真制曲发酵参数

发酵阶段	温度设置/℃	湿度设置/%	新风开度/%	持续时间/h	麦曲温度/℃
1	33	95	100	4	33～34
2	40	95	100	6	40～41
3	48	95	100	8	49～50
4	56	92	90	28	57～59
5	56	80	65	40	56～58
6	45	60	85	40	46～48
7	30	60	100	34	31～32
8	30	通风干燥	100	32	30～31

注：干燥麦曲是用于留样保存，麦曲成熟期结束后即可用于做酒。

依照初步拟定的仿真制曲工艺，根据麦曲微生物生长情况不断进行温度、湿度及时间等发酵条件优化设计，随着制曲条件优化，仿真制曲产品的理化指标逐渐与工厂麦曲接近且指标值逐渐趋于稳定，一方面进一步验证优化后的仿真制曲工艺初步成熟，同时也表明仿真制曲批次间质量稳定性逐渐提高，曲中批次间质量趋于稳定，有助于后期制曲工艺的确定（图3-27）。

以仿真曲中制曲技术为基础，参考黄酒麦曲发酵周期中曲表部分理化指标变化情况，经过简单设计及优化，初步明确曲表仿真制曲技术（表3-7）。利用该仿真制曲技术进行8批次模拟制曲，对所有模拟曲中进行理化指标评价及酿酒效果评价，以较全面地分析该仿真制曲技术的模拟度，为后续工作奠定较完善的理论基础。

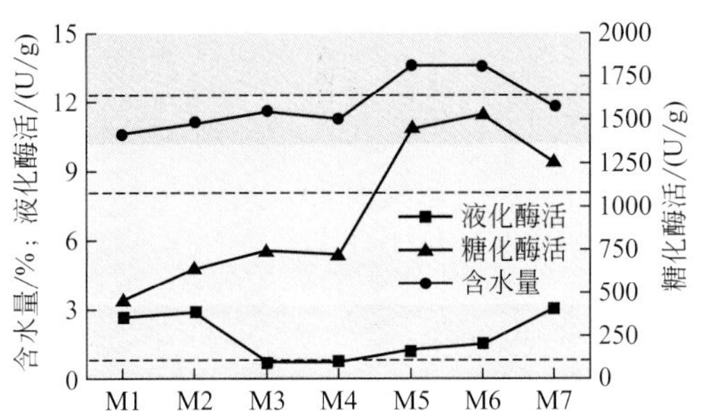

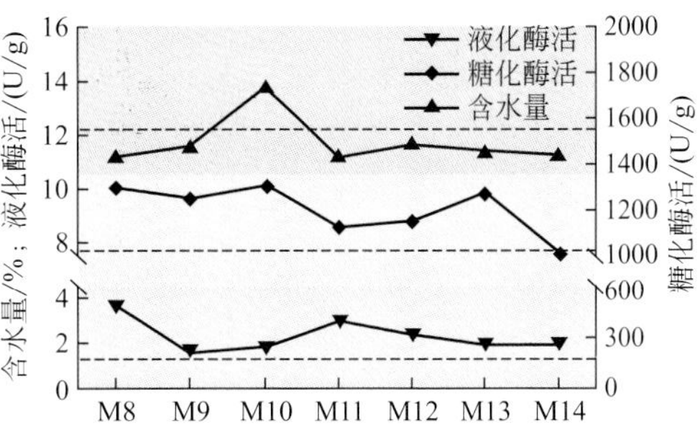

图 3-27 仿真制曲批次随着发酵条件优化其酶活力指标与含水量指标逐渐接近工厂麦曲标准

M1～M7 为条件优化初期制曲批次；M8～M14 为条件优化后期制曲批次；虚线为工厂麦曲指标值

表 3-7 麦曲曲表仿真制曲发酵参数

发酵阶段	温度设置/℃	湿度设置/%	新风开度/%	持续时间/h	麦曲温度/℃
1	35	95	100	4	34～35
2	39	95	100	6	39～40
3	45	95	90	8	45～46
4	50	92	85	28	51～52
5	55	80	80	40	56～57
6	44	60	100	40	45～46
7	34	60	100	34	34～35
8	30	通风干燥	100	32	30～31

注：干燥麦曲是用于留样保存，麦曲成熟期结束后即可用于做酒。

根据初步拟定的仿真制曲工艺，根据麦曲微生物生长情况不断进行温度、湿度及时间等发酵条件优化设计，随着制曲条件优化，仿真制曲产品的理化指标逐渐与工厂麦曲接近且指标值逐渐趋于稳定，一方面进一步验证优化后的仿真制曲工艺初步成熟，同时也表明仿真制曲批次间质量稳定性逐渐提高，曲表批次间质量趋于稳定，有助于后期制曲工艺的确定（图 3-28）。

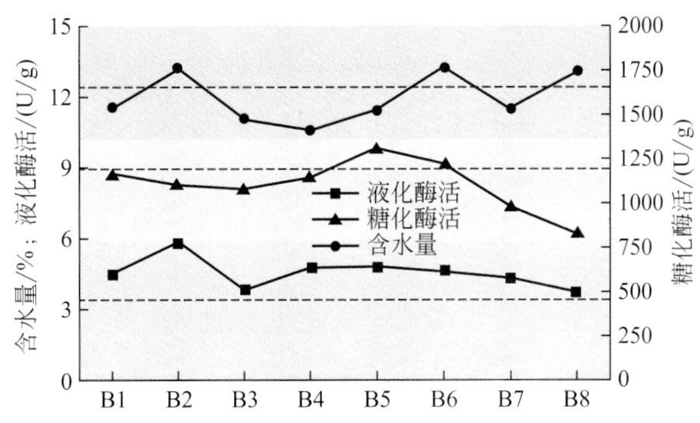

图 3-28 仿真制曲批次随着发酵条件优化其酶活力指标与含水量指标逐渐接近工厂麦曲标准

B1～B4 为条件优化初期制曲批次；B5～B8 为条件优化后期制曲批次；虚线为工厂麦曲指标值

因此，以黄酒麦曲发酵过程中理化与环境因子参数为基础，根据压块麦曲不同部位间微生物组成差异，开发设计出智能化精准仿真制曲工艺，并随着生产测试不断优化改进制曲工艺关键参数，逐步确定相对成熟的麦曲仿真制曲生产工艺。新开发的仿真制曲工艺，借助智

能化发酵设备的控制系统，精准控制麦曲发酵参数，推动微生物群落演替，将传统制曲长达60天左右的制曲进程缩短至8天内，显著缩短麦曲发酵周期同时保证麦曲生产质量。在批次间质量对比显示该新型仿真制曲工艺具有批次稳定性，后续可用于黄酒酿造生产。该新型制曲工艺不仅可实现黄酒麦曲发酵从人工操作到机械化智能控制的改造，同时大量解放生产力，提高生产效率及改善生产环境，有利于控制麦曲批次间质量，增加麦曲生产的稳定性。

3.2 红曲

红曲是一种紫红色米曲，在古代称为丹曲，也是我国一种具有悠久历史的传统发酵产品。红曲是以红曲菌发酵为主的一种独特的酒曲，自古以来以其中含有独特的天然色素红曲色素而著称。目前，我国红曲产地主要有福建、广东、浙江、江苏等地，其中最著名的为福建省宁德的古田红曲。在《福建省志》中曾有记载“红曲发源于古田”。如今，得益于制曲主要菌种红曲菌的优良发酵特性，红曲中有益代谢产物被不断发现，红曲发酵产品在食品着色、食品保鲜、酿酒和降脂保健等多个领域被广泛应用。

红曲的传统制备方法是将红曲菌种接入蒸熟冷却后的米饭中，在合适的发酵温度和湿度条件下，经过一段时间的自然发酵而成。传统制曲工艺上主要分为两个部分：一是制备曲种，将红曲菌接种于蒸熟的大米中制备曲母，再将曲母与蒸熟的米饭和水等按照一定比例混合发酵至色泽鲜红，有酒曲香气即制成曲种；二是红曲发酵，浸米使米达到一定酸度，蒸饭后将曲母与米饭混合发酵，每隔一段时间及时补充水分，分段吃水有利于红曲菌的不断生长，发酵过程中也需要及时堆曲和翻曲以便在自然气温下控制红曲菌的繁殖品温，保证红曲的质量。

红曲传统制曲工艺存在着操作技术繁琐、地面培养占地大且产量低以及质量不稳定等问题。为了改变上述问题，现代制曲工艺采用了大罐浸米、蒸饭机蒸饭和厚层通风制曲等手段，并为自动控制红曲发酵温度安装了控温系统。通过这些技术改造，使红曲发酵周期缩短，出曲率和优质品率显著提高。

3.2.1 红曲的种类

红曲是以大米为原料，在一定的温度和湿度条件下培养而成的一种紫红色米曲。它是我国黄酒生产中使用的一种特有的糖化发酵剂。红曲中的微生物主要有红曲霉菌和酵母菌等。红曲具备以下几个特点：碳源物质丰富；可储存红曲霉生长所需的水分；红曲霉和酵母菌共生，使用方便；大米发酵产生的酸性物质有益于红曲霉生长；通过红曲保藏酵母菌和红曲霉的方式是一个好办法，至今依然用此原理和方法保藏曲霉等菌。目前，红曲主要分为普通的红曲或色曲、乌衣红曲和黄衣红曲等种类。

3.2.2 红曲的生产工艺

3.2.2.1 乌衣红曲的制作工艺

(1) 工艺流程

乌衣红曲制作工艺流程见图3-29。

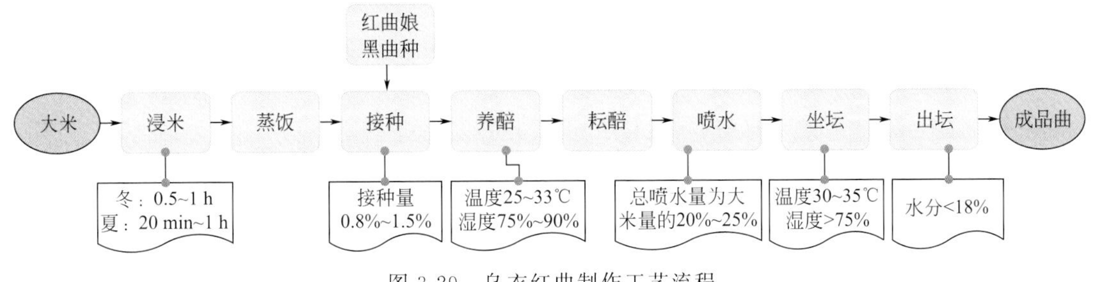

图 3-29　乌衣红曲制作工艺流程

制红曲娘的配方为红曲种：水：米饭＝1：3：2。

（2）红曲娘制作工艺

取 3kg 自来水放在干净桶中，加入 1kg 红曲种浸泡（春秋季浸 48h，夏季泡 36～40h，冬季泡 60～65h）。取标准大米 1.3kg 用水浸泡 6～8h，取出用水冲洗干净，沥净水，放入蒸煮锅内蒸饭，蒸至米饭表面出大蒸汽，用干净盖子盖住，闷蒸 10min，取出蒸熟米饭用排风机吹冷至米饭品温 33～35℃，加入已浸泡好的红曲液中，轻轻搅拌至米饭粒染有红色停止搅拌。保持红曲娘品温在 28～33℃，冬天需做好保温而夏天需做好降温工作。在 18h 左右查看红曲娘上面饭层是否开裂，同时检查品温情况，品温过高即超过 33～38℃时要及时搅拌（又称开耙）。之后每天需检查品温并且搅拌 1 次，连续搅拌 3～4 天后观察红曲娘上层的饭粒，若大部分已经糊化且有小部分沉下，同时嗅到有酒的浓厚气味即可封桶盖。大约 5 天后便可以使用，使用周期为冬季 10 天，夏季 7 天。使用前需送样进行检测，检测项目包括总酸、酵母数、杂菌（杆菌）和酒精度等。

（3）乌衣红曲生产操作说明

浸米：清洗干净浸米罐后，把制曲米倒入浸米罐内并清理米中杂物。将干净自来水倒入浸米罐内，加水要求为水位高出米层 10～15cm，并用捞米耙把上层杂质捞净。浸泡时间根据米质和气温情况决定，冬季为 0.5～1h，夏季为 20min～1h，米质较硬时浸泡时间要延长，需根据上批蒸饭情况以灵活掌握浸米时间。领取当批使用量的黑曲种，检查黑曲种的质量是否变质或使用周期过久（黑曲种必须在 4℃以下保存，使用周期最好不能超过 2 个月）。此外，黑曲种必须当天领取和当天使用，如当天因领取过多而剩余的黑曲种需及时送回仓库冷藏保存，在下批使用时应优先使用余下的黑曲种。按当天使用量取已制好的红曲娘，放在干净桶内加入一定比例的水，一般情况为 1kg 红曲娘加 0.3～0.5kg 水，搅拌均匀待用（新制的红曲娘加水量稍多，用久的红曲娘加水量较少，由于新红曲娘内红曲霉活力旺盛，加水起稀释作用）。

工具准备和消毒灭菌：将拌曲盘清洗干净，对麻袋、曲耙、拌曲铁铲、扫把等制曲工具进行蒸汽消毒灭菌。灭菌方法为：先把曲耙头和拌曲铁铲头放在蒸米桶内，再用麻袋盖住上面，开启蒸汽阀进行灭菌，待蒸米桶上汽大约 10min 后关闭蒸汽阀，5min 后待麻袋上蒸汽散发掉时取出麻袋和其他工具，放在干净的工作台上备用。

蒸米曲：从浸米罐内把浸泡好的米用捞米耙捞出，将米放在洗米筐内用自来水冲洗干净，半分钟后水沥净，再倒入蒸饭桶内，每桶大约装 150kg。打开蒸桶下面排水阀，当放水口没有余水排出时，关闭排水阀。耙平米层并清扫桶壁上的米粒，再开启蒸汽阀门开始蒸米饭。开始时蒸汽量要小，待蒸米桶外壁有三分之二烫手时再把蒸汽开大，待桶内上层米达到

圆汽状态后，再把蒸汽关小，盖上已灭菌的麻袋再蒸 1～3min，关闭汽阀，再开启排水阀排净蒸汽水后，立即把已蒸好的米饭倒入拌曲盘（接种盘）内。

立即用曲耙把饭团耙开使之松散，排放大汽，再开启排风扇吹冷饭，同时进行拌饭。拌饭时用耙曲的竹耙来回耙，尽量耙薄以缩短冷却时间，这不仅可以防止米饭内水分过度排出，也防止米饭回生影响成曲质量。当温度降至接种要求时，即冬季 40℃，夏秋季 35～38℃，关闭排风扇。把米饭重新堆积，米饭的质量要求为饭粒松散、内软外硬。

接种：第 1 种方法，分别接种，待米饭冷却至接种温度时，把米饭用手堆积起来，用手来测量米饭温度是否均匀和符合接种温度，在适合温度时开始接种。接种步骤为先取黑曲种放在手心内（手必须干净）搓散，再把搓散黑曲种均匀散布在米饭上面，用手搓拌匀（接种量大约为 3～5g 曲种每 100kg 大米，主要是靠平时制曲及曲生长情况灵活掌握接种量），接着取已配好的红曲娘均匀散布在米饭上面，立即搅拌。红曲娘接种量根据实际情况灵活掌握，一般情况按每 100kg 大米接种红曲娘 800～1500g。搅曲质量要求为每粒米饭都必须染上红色。拌好米曲醅用温度计测试品温并记录每罐品温，装入麻袋并压紧袋口。

第 2 种方法，混合接种，把黑曲种和红曲娘混合一起使用，有经验人员可以采用此方法，使用时必须每次都要搅拌匀。接种方法同第 1 种方法。

制曲室准备：a. 曲室地面干净，不能有水渍和黑点。b. 制曲用具必须经消毒灭菌。c. 保温散热器没有漏气且管道正常。d. 保温门要严密以防止漏风，窗玻璃要完好，排风扇要正常运转。e. 水缸水干净。f. 干湿计正常，并检查干湿计的水是否为正常状态。

养醅：把已接种好并装入麻袋的曲醅送入曲室内，夏天需分别堆放，冬天为了保温效果需堆积于一处。每袋上插入温度计，温度计必须要插入曲醅中心位置（此时曲醅温度计显示应该在 28～32℃之间），关闭门窗，冬天开启保温汽阀，一般情况曲室的温度保持在 25～33℃，湿度保持在 75%～90%。在 10h 左右检查曲醅的温度情况，一般夏天曲醅温度在 35℃左右，冬天在 30℃左右。如果温度开始上升说明曲菌已开始繁殖，在温度上升较快时需注意，并每 2h 检查 1 次，待曲醅中心温度上升至 38～40℃（夏天）或 39～43℃（冬天）时可以倒醅。倒醅温度过低会导致养醅不均，同时红曲霉菌生长过慢，造成成曲较黑；温度过高容易引起烧曲，同时黑曲霉菌生长不良，造成成曲青红，或者红曲中酵母菌减少而引起杂菌感染。此阶段是关键工序，需兼顾红曲霉（生长温度较高）、黑曲霉和酵母菌的生长，此养醅培养方法是适合多菌种混合培养的宝贵经验。

耘醅：将培养好的醅从麻袋中倒入曲室地面上，每袋倒 1 堆。这时曲醅中心位置的米曲醅已出现发白并且结成块状，说明曲菌已开始繁殖。用手搓开结块米粒使每粒米饭都要分开并且拌匀，重新堆积起来成圆锥形。在中心位置插入温度计，同时把周边的米饭粒扫入米饭粒堆内，此时曲醅温度大约为 32～36℃，每隔 2h 检查 1 次，当温度上升至 37℃左右开始耘醅。耘醅必须用手操作，耘醅方法为把右手插入曲醅中心按顺时针方向向外耘，为使耘醅彻底耘均匀，在每次耘醅时手要接触地面。每次耘醅结束必须要把周边米饭粒扫入曲醅内，同时，耘醅时要把曲醅堆向周边扩展并保持各处温度分布均匀，最终把曲醅耘成中心薄外边厚的圆形状。一般情况下每 2h 耘醅 1 次，但是因接种量、菌种、气温和湿度的变化而导致耘醅时间有差异，需根据温度和曲醅外观情况灵活掌握耘醅时间，达到每粒曲醅粒都有生长菌丝且 50%以上的曲醅已经生长成粉红色的要求。

耘醅必须要达到均匀的标准，一般情况第 1 次曲醅厚度为 30cm，第 2 次厚度为 25cm，第3次厚度为12cm，第4次厚度为10cm，根据曲醅生长情况掌握耘醅次数。此阶段为菌丝繁殖旺盛期，很容易引起烧曲，所以要掌握好耘醅时间。把已耘好的曲醅用已消毒过的竹曲耙分别从两边向中推成一条长垅，根据每堆曲醅生长不同而兑均匀，再用曲耙把曲耙开成厚10～12cm长垅。大约过3h后曲醅温度上升，并且可闻到曲香时，再用曲耙把曲垅耙开，厚度大约在6～8cm。之后根据曲醅生长情况需进行耙曲醅，注意每次耙时必须要耙到底，且厚薄均匀，形状类似耕犁小波浪状，如果发现曲醅不均匀处或水分较多时需转坛1次。转坛方法：用竹曲把曲醅推向一边约三分之二处，用扫帚把余下曲醅扫入曲醅里，再反转方向用曲耙把曲醅推向已扫净的中心位置，堆积成一条大约50～60cm宽的长垅，把两头的曲醅再转移至中心并扫净余曲，待几分钟后地面上的水分挥发干，重新把曲醅耙开。如果曲醅温度过低可以等待至曲醅自然升温，当品温上升到36℃左右就可以耙开，开始曲醅要厚，随后慢慢耙薄。根据曲醅菌繁殖情况掌握开耙时间和次数，待曲醅每粒表面达到80%以上转红色且带少量黑斑时为佳。整个曲醅生长过程曲醅表面变化从青灰白即米饭原色转白色，再转变成淡红色，最后变成红色和有部分黑色。应避免让黑曲霉繁殖过快，如果黑曲霉繁殖过快时需进行补救措施。方法为提高耘曲次数，防止曲过早结块，并且推迟喷水时间。同时要减少喷水量，大约量为正常喷水的1/2，但是为了不影响红曲霉的生长需保持总喷水量，即增加喷水次数。

喷水（又称吃水）：在曲粒表面干燥时可以喷水，一般喷水次数为2～3次，冬天因气温过低或黑曲霉生长过快需增加喷水次数，一般情况下为3～4h之间喷1次，总喷水量为大米量的20%～25%。所喷的水必须是干净自来水，喷水要均匀。如果冬天气温过低可把所喷的水进行加温，但水温不能超过35℃。第1次喷水5～10min后要进行转坛，转坛后把曲醅耙开。第1次开耙需较厚，曲层约在8cm，隔2～3h把曲醅耙成5cm厚。每次耙曲必须要耙到底，以防止低层曲结块。第2次耙曲后而曲表面水略干时，约2～3h，可以进行第2次喷水。每次喷水量根据曲的生长情况灵活掌握，一般而言每次喷水量按喷水次数进行等分，每次喷水后需等待几分钟，让曲充分吸收水分。注意这时曲室内干湿度要在75%以上，如果干湿度过低可以在地面上喷洒热水以提高室内的湿度，或者在曲室内放蒸汽来提高湿度和温度。最后一次喷水后曲粒开始膨胀，用手接触有较松而发轻的感觉，同时可闻到曲香和酒香，待曲生长完全后红曲粒表面出现深红色。整体看上去有结块现象，当抓把曲放在手心上有微湿的感觉，这时曲的水分大约在25%～30%，即可坐坛。坐坛时间主要靠经验掌握，如果坐坛水分过高容易引起杂菌感染或曲结块大而不松散。

坐坛：坐坛前先把曲耙成3～5cm厚的耕犁波浪形状，冬天可稍厚而夏天需略薄。检查室内温度和湿度，室温在30～35℃，湿度在75%以上，耙好曲后立即关闭窗户及门和门帘，这期间操作人员最好避免进入曲室。大约过6～8h从外面玻璃窗观察可看到里面气雾蒙蒙，这时说明曲菌已开始大量繁殖而处于旺盛期，再过10～15h气雾退去，制曲人员进入检查，此时曲已结成松弛块状，曲表面有毛绒黑菌丝红曲且表面出现暗红色，用手轻轻动会有孢子粉飞扬，成熟好的曲比例是红七黑三。确认成熟后需打开窗和门让水分自然排掉，即可出坛。

出坛：出坛前先准备好装曲所用的干净编织袋和干净且无破损的薄膜内袋，同时把薄膜内袋套装入编织袋中。开启抽风扇，操作人员穿好出曲工作服，戴好防孢子面具及眼镜（防孢子面具每次使用后必须要清洗内过滤棉，晒干后下次使用，一般过滤棉能使用3次左右）。

用曲耙把成熟的曲推成一堆，同时把周边的曲扫入曲堆里，将曲装入编织袋里，每袋装35kg，需扎实袋口避免漏气造成烧曲。需注意堆积的曲要立即装完，不能堆积时间过久，堆积过久容易引起自然升温而烧曲。此外，如果成曲不是当天用，最好加长排气时间以便曲的水充分挥发，最佳方法是把成曲重新耙一次，将碎块耙碎、松散则容易排除水分，水分低于18%较为安全。最后把装袋乌衣红曲送入仓库或车间以备使用。

曲室清洗与消毒：出曲后应立即清洗曲室。清洗方法为先用高压水把地面上残余孢子冲干净，再用高压水把四周墙壁及窗玻璃冲洗干净，接着在地面上撒漂白粉，用扫把扫匀漂白粉等待几分钟，达到消毒效果后再用高压水边冲边扫，把曲室扫净，关闭排风扇。如果本次成曲有蓝点菌丝出现，则说明成曲已感染杂菌，需把整个曲室进行消毒灭菌，一般采用高锰酸钾配甲醛熏蒸法，正常情况下曲室要每月消毒1次。

3.2.2.2 黄衣红曲的制作工艺

（1）工艺流程

黄衣红曲制作工艺流程见图3-30。

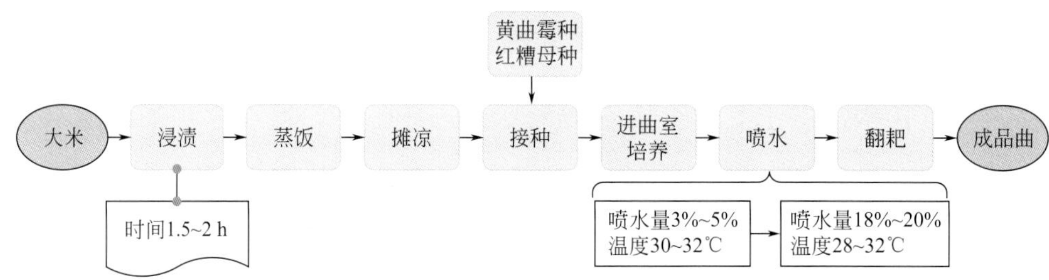

图3-30 黄衣红曲制作工艺流程

（2）黄衣红曲生产操作说明

浸渍：将早籼米浸渍1.5～2h。

蒸饭：捞米置于竹筐内淋水、沥干，装甑蒸饭至全面透汽推不动米粒时为止。

摊凉：摊凉至饭品温为36～38℃（冬春的品温为38～40℃）。

接种：接入三角瓶培养的黄曲霉种和红糟母种，并翻拌均匀，入箩。

进曲室培养：接种后经18～20h，品温达到45℃左右时即可倒箩。倒箩后品温经3～4h还会继续升高，此时要使品温保持在32～34℃，视米粒表面菌体已基本长满，可逐渐作方平堆。

喷水：第1次喷水量为3%～5%，品温控制在30～32℃，经4～6h；第2次喷水量为18%～20%，喷水后曲粒，3～5h开始结块，此时要耙1次，使曲疏松，有利于曲霉生长，同时注意控制品温为28～32℃，使曲霉正常生长繁殖。1天后可出曲。

3.2.3 红曲制作过程中的主要微生物

3.2.3.1 红曲霉菌

红曲霉是小型丝状腐生真菌，按真菌学分类方法属于真菌门（Eumycophyta）、子囊菌纲（Ascomycetes）、真子囊菌亚纲（Euascomycetes）、散子囊菌目（Eurotiales）、红曲菌科（Monascaceae）、红曲霉属（*Monascus*）。主要种类有红曲红曲霉菌（*Monascus anka*）、红色红曲霉菌（*M. ruber*）、烟色红曲霉菌（*M. fuliginosus*）、发白红曲霉菌（*M. albidus*）、锈色红曲霉菌（*M. rubiginosus*）、变红红曲霉菌（*M. serorubescens*）和紫色红曲霉菌（*M. purpureus*）等。红曲菌具有典型霉菌的特征，喜暖喜湿，能形成分枝甚繁的菌丝体，呈肉眼可见的绒絮状，红色、无色或褐色。红曲菌生活能力较强，广泛分布于自然界中。影响红曲菌生长的因素有很多，如菌株特性、温度、湿度、pH、通气状况、培养基等。大多数红曲菌菌株耐酸，尤其喜欢乳酸，能够耐高温及乙醇，最适宜的生长温度为25～30℃，最适宜pH为3～5。红曲菌为一种好氧性微生物，所以培养过程中要注意保持通气的良好。醇类、酸类及糖类是其碳源，无机氮、有机氮都可做其氮源。在麦芽汁琼脂培养基上，红曲霉生长状况良好，生长早期菌落为白色，老熟后菌落颜色随菌种不同而有很大的差别，有紫红色、烟灰色、淡红色、橙红色等。菌落正面多呈现皮膜状及绒毡状，反面有褶皱或辐射状条纹。

有研究报道从红曲中筛选到29株紫色红曲霉菌（*M. purpureus*）、7株红色红曲霉菌（*M. ruber*）、3株红曲红曲霉菌（*M. anka*）。通过对福建省微生物研究所红曲霉菌资源库中收藏自福建省古田县的60株红曲霉菌（*Monascus* sp.）进行分类鉴定研究发现，所选取的60株古田红曲霉菌分别归属红色红曲霉菌（*M. ruber*）、丛毛红曲霉菌（*M. pilosus*）或紫色红曲霉菌（*M. purpureus*）3个种。采用选择性培养基从福建各地区红曲样品中筛选得17株红曲霉菌，分别被鉴定为变红红曲霉菌（*M. serorubescens* Sato）、橙色红曲霉菌（*M. aurantiacus*）、新月红曲霉菌（*M. lunisporas*）、血红色红曲霉菌（*M. sanguineus*）和高粱红曲霉菌（*M. kaoliang*）五大类，其中高粱红曲霉菌B6菌株是可应用于红曲黄酒酿造的优良红曲菌菌株。

食品工业上最常见的红曲菌种是紫色红曲霉菌（*M. purpureus*）和红曲红曲霉菌（*M. anka*），它们也是大多红曲产品标准中指定的菌株，应用于工业发酵可产洛伐他汀和色素，并具有较高的安全性，常用于生产食品添加剂、红曲米粉、保健食品和药材等。

3.2.3.2 红曲中主要微生物构成

采用聚合酶链反应-变性梯度凝胶电泳（PCR-DGGE）测定了古田红曲和乌衣红曲的真菌菌群结构，结果表明古田红曲和乌衣红曲的真菌菌群结构具有显著性差异，同时相比于古田红曲，乌衣红曲具有更高的真菌丰度、多样性及均匀性。从红曲中分离鉴定出12种类型酵母菌，其中扣囊复膜孢酵母（*Saccharomycopsis fibuligera*）、酿酒酵母（*Saccharomyces cerevisiae*）和弗比恩毕赤酵母是红曲中3种主要的酵母菌类型。采用传统分离纯化和PCR-DGGE相结合的方法研究了古田红曲中真菌菌群，发现古田红曲真菌结构均以红曲霉为主，其他杂菌少。

运用MiSeq高通量测序技术解析红曲中的微生物菌群结构，可知红曲中的优势细菌菌群为芽孢杆菌属、魏斯氏菌属、片球菌属、葡糖醋杆菌属等，其中葡糖醋杆菌属、细球菌科等为红曲特有菌群。一般而言，芽孢杆菌属具有较强的分泌蛋白酶、淀粉酶和纤维素酶等酶类的能力，可分解大分子物质形成双乙酰、含氮化合物等芳香物质，对黄酒风味物质的形成具有贡献作用。江南大学传统酿造食品研究中心——毛健教授团队通过对绍兴地区黄酒发酵中微生物群落结构研究，同样发现芽孢杆菌属与乙酸己酯相关性极强。红曲中的优势真菌菌群为黑曲霉、紫红曲霉、黄曲霉和酿酒酵母等，特有的菌群为膜醭毕赤酵母和瓜笄霉。毛健教授团队也发现曲霉属、芽孢杆菌属和根霉属等是产生生淀粉葡萄糖淀粉酶的主要优势菌群，对酿酒产生各种风味物质具有重要的作用。

3.3 酒药

3.3.1 酒药的种类及原料

酒药或称小曲、白药、酒饼，是我国特有的酿酒用糖化发酵剂。酒药具有糖化发酵力强、用药量少、生产方法及设备简单、易于保存和使用方便等优点。在我国南方，用酒药作糖化发酵剂酿制黄酒和小曲白酒十分普遍。在绍兴黄酒生产中，酒药用来生产淋饭酒母。

酒药的制造方法有传统和纯种法两种。传统法中有白药（添加辣蓼草粉）和黑药（添加多味中草药）之分。纯种法采用纯种根霉和酵母培养在麸皮或米粉上制成。以麸皮为原料时，一般采用根霉和酵母分别培养后按比例混合；而以米粉为原料时，采用根霉和酵母按比例接种培养而成。传统法生产的酒药是多种微生物的共生体，这是形成黄酒独特风味的原因之一。纯种法生产酒药能减少杂菌污染，发酵产酸低，成品酒的质量均匀一致，口味清爽，还可提高出酒率。

辣蓼草，又名柳叶蓼，为蓼科蓼属植物水蓼（*Polygonum hydropiper*）的全草。茎圆柱形，直径约至6mm，有分枝，长30～70cm，表面灰棕色或棕红色，气微，味辛、辣。分布于我国南北各省区。辣蓼草是传统中草药，味辛，性温，具有祛风利湿、散瘀止痛、解毒消肿、杀虫止痒的功效。现代临床医学研究表明辣蓼具有抗菌、抗病毒、抗炎、抗氧化、止血、抗肿瘤、镇痛等功效，其有效成分为总黄酮。

辣蓼草具有杀虫、拒食作用，含倍半萜烯类化合物蓼二醛、沃伯格醛，对蚜虫、昆虫有很好的杀灭、拒食活性，对黏虫、小菜蛾、菜青虫和杂拟谷盗等多种害虫有效；其也具有抑制病原菌生长的功用，辣蓼挥发油及辣蓼提取物对铜绿假单胞菌、金黄色葡萄球菌、蜡状芽孢杆菌、大肠杆菌、痢疾杆菌等具有抑制作用；其抗氧化作用原理为，辣蓼水溶性组分中的具有抗氧化活性的黄酮苷元和黄酮苷类成分（分别为7,4-二甲基槲皮素、3-甲基槲皮素、槲皮素和异槲皮苷、3,7-二磺基异鼠李素和7-磺基柽柳素-3-葡萄糖苷）具有抗生物膜脂质过氧化和清除体内过多自由基的作用；此外，其抗病毒作用表现为，辣蓼水煎醇提水溶液对单纯疱疹病毒Ⅰ型有抑制作用，辣蓼水煎液有抗菌抗病毒作用，治疗病毒性角膜炎、细菌性角膜炎和急性结膜炎疗效较好，其中病毒性角膜炎、细菌性角膜炎、急性结膜炎疗效分别为96%、88%、98%。

辣蓼草在黄酒中应用较为广泛，各地不同种类黄酒中工艺具有差异。

① 绍兴传统黄酒：绍兴酒药是最广、传代最久的酒药之一，用新收获的早籼米粉、辣蓼草粉末和水为原料，用质量好的上一年酒药作种母接种，经过自然培育繁殖而制成的，绍兴黄酒用此法制酒药，以酒药制淋饭酒母。

② 闽西白酒药：流传在福建闽西地区制曲秘方与制曲方法，包括辣蓼、马鞭草、桃树叶、麻黄等。

③ 浙江宁波白药：宁波白药是中国独特、优异的酿酒菌种及糖化发酵菌制剂，主要用于生产淋饭酒母或以淋饭法酿制黄酒。

④ 河南土甜酒曲：河南土甜酒曲是制作黄酒、米酒、药酒、黑糯米酒不可缺少的重要原料，一般酒药有黑、白两种。制作酒药的原料为米粉和辣蓼草，经过菌类的自然繁殖制

成。民间自酿黄酒多用白酒药。黑酒药除了米粉和辣蓼草外，还添加少量的陈皮、花椒、甘草和苍术等中药末，故色泽发黑，发酒不如白酒药强，作用比较缓和，适合于气温较高季节酿酒使用。

⑤ 四川黄酒药：四川黄酒药是用米粉、辣蓼草、嫩桑叶、桂枝叶、艾叶、紫苏叶、竹叶芯为原料，经过曲母接种，控制一定的温度繁殖而成。曲中含有根霉、曲霉和酵母等多种菌和天然中草药成分，它们在酿酒中起糖化的作用。

⑥ 苏北辣黄酒：辣黄酒是将辣蓼草连茎带叶采集洗净后放在石臼中捣烂，与米粉、麦片拌在一起，再加进陈年酒药，捏成一个个鸡蛋般大小的丸装在簸箕里，放在有一定保温性的阴暗处让它发酵，待上面长出一层白绒毛后，移到通风处，每天晃动几下，直至阴干，然后按淋饭法进行黄酒酿造，最后用所酿的部分黄酒蒸馏添加到黄酒中成为酒度较高的海州辣黄酒。

3.3.2 酒药生产工艺

3.3.2.1 白药的制作工艺

(1) 工艺流程

白药生产工艺流程见图 3-31。

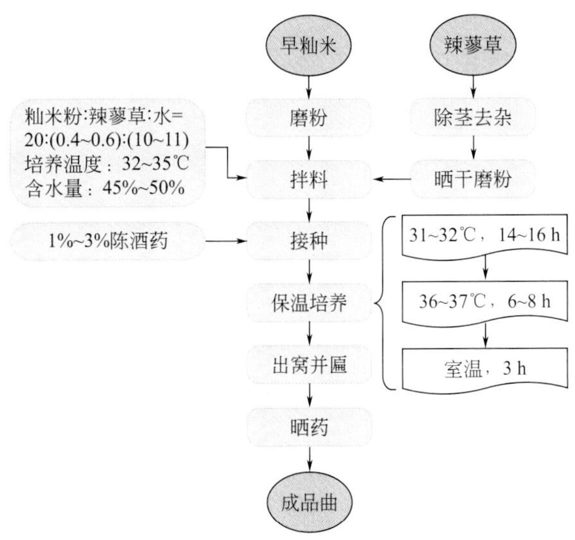

图 3-31 白药生产工艺流程

(2) 白药生产操作说明

新早籼米粉的制备：一般在初秋前后制作，此时早籼稻谷已经收割，辣蓼草的采集和加工也已完成。选择老熟、无霉变的早籼稻，去壳磨成粉，细度过 60 目筛为佳。

辣蓼草粉的制备：选用梗红、叶厚、软而无黑点、无茸毛即将开花的辣蓼草，洗净晒干，去茎留叶，粉碎过筛密封备用。因辣蓼草含有根霉、酵母等所需的生长素，在制药时可以起到促进发酵菌种繁殖的目的。

陈酒药的选取：选择糖化发酵力强、生产正常、温度易于掌握、生酸低、酒的香味浓的优质陈酒药作为种母，接入米粉量的 1%～3%，可稳定和提高酒药质量。也可选用纯种根霉菌、酵母菌经扩大培养后再接入米粉，进一步提高酒药的糖化发酵力。

拌料：籼米粉：辣蓼草：水＝20：(0.4～0.6)：(10～11)，使混合料的含水量达 45%～50%，培养温度为 32～35℃，控制最高品温 37～38℃。将原料混合后倒在石臼内，加水充分拌匀，并用石槌捣拌，取出后在谷筛上搓碎，之后转移至打药木框内。

打药（接种）：每 20kg 料分 3 次打药，在木框上盖软席，并用铁板压平，去框后用刀沿木条纵横切成方块，倒入悬空的大竹匾内并将方形滚成圆形，然后加入 3%的陈酒药，回转打滚。

保温培养：先在缸内放入新鲜谷壳，距缸口边沿 0.3m 左右，铺上新鲜稻草芯，将药粒分行，留出一定间距摆上 1 层，然后加上草盖，盖上麻袋，保温培养。气温在 31～32℃时，经 14～16h，品温升至 36～37℃后去掉麻袋，再经 6～8h，缸沿有水汽，并放出香气时，可揭开缸盖，观察此时药粒是否全部而均匀地长满白色菌丝。如能看到辣蓼草的浅草绿色，说明药坯还嫩，不能将缸盖全部揭开，应逐步移开，使菌丝继续繁殖生长。直至药粒菌丝不黏手，像白粉小球一样时，方可揭开缸盖降低温度。再经 3h 可出窝，放凉至室温，经 4～5h 使药坯结实即可出药并匾。

出窝并匾：将酒药移至匾内，每匾盛约 3～4 缸的数量，使药粒不重叠且粒粒分散。将竹匾移入保温室内的木架上，每个木架有 5～7 层，层间距约为 30cm。气温在 30～34℃，品温保持在 32～34℃，不超过 35℃。装匾后经 4～5h 进行第 1 次翻匾（将药坯倒入空匾内），至 12h 上下调换位置。经 7h 左右，进行第 2 次翻匾和调换位置，再经 7h 后倒入竹簟上先摊两天。然后装入竹箩内，挖成凹形，早晚各倒箩 1 次，2～3 天移出保温室至空气流通的地方，再培养 1～2 天，自投料开始培养 6～7 天即可晒药。

晒药入库：正常天气在竹簟上须晒 3 天。第 1 天晒药时间为上午 6～9 点，品温不超过 36℃；第 2 天上午为 6～10 点，品温为 37～38℃；第 3 天晒药时间和品温与第 1 天相同。之后趁热装坛密封储存备用。

酒药成品率约为原料量的 85%。成品酒药应表面白色，口咬质地疏松，糖化发酵力强，米饭小型酿酒试验要求产生糖浓度高，口味香甜。酒药是多种微生物的共生载体，是形成黄酒独特风味的因素之一。为了进行多菌种混合发酵，防止产酸菌过多繁殖而造成升酸或酸败，必须选择低温季节酿酒，故传统的黄酒生产具有明显的季节性。

3.3.2.2 黑药的制作工艺

以米为主要原料，经粉碎后，混合许多国药，加水接种培养而成，俗称大荆“黑药”。

（1）配料

早籼米 220kg；细糠 50kg（米皮糠）；统糠 30kg（米皮糠夹杂部分谷糠）；平胃 160kg（已煎过的国药渣捣细应用）；辣蓼粉 5kg（将青辣蓼晒干研成细末）；辣蓼 2.5kg（成汁 15kg）；种药 8kg；药料 28.375kg，包括 19 种药品（见表 3-8）。

表 3-8 药料配方

名称	质量/kg	名称	质量/kg	名称	质量/kg	名称	质量/kg
草乌	2.5	草豆蔻	0.375	红豆蔻	0.375	桂皮	1.375
洋草	1.75	大良姜	3.0	正甘松	0.25	清石	0.5
归尾	1.25	石膏	4.0	生菌	1.375	山芨	0.563
杜仲	4.0	白芷	0.375	闹羊花	0.188	川交本	1.75
苏胡	2.0	黄柏	1.5	柴胡	1.5		

（2）工艺流程

黑药生产工艺流程见图 3-32。

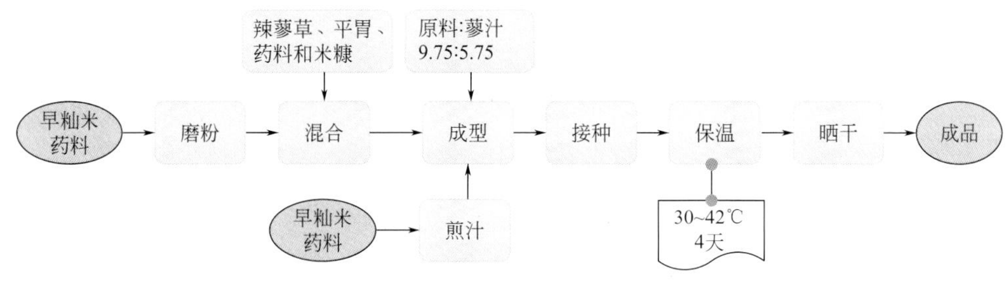

图 3-32 黑药生产工艺流程

（3）黑药生产操作说明

原料处理：取早籼米放入石磨中，磨成细粉，用细纱筛过筛，粗粉重磨至全部细粉。

药料：购入药料必须放在阳光下充分晒干，然后将药料和平胃分别在石臼中捣成细粉，经细糠筛过筛。在药料中的杜仲应另行炒干捣碎。捣好的药料必须密封，以防药性挥发。

蓼汁：取清水 50kg，放在锅中煮沸，再将辣蓼枝叶 2.5kg 投入沸水中，待煮至沸腾，约历时 1h，煎出蓼汁，除去渣，其汁黑褐色并具有特殊气味。

混合：原料混合时，必须分批、分次、分层地将米糠、平胃、辣蓼粉、药料、米粉用畚箕抖动倒入一只大木桶中，使成波纹状，再耙平充分混合。

成型：取原料混合物分批入石臼捣黏，每臼原料 9.75kg，加 90℃蓼汁 5.75kg，混合后，迅速用木棒将混合物翻拌捣黏，捣至不存粉状物为度。一般每臼约 5～10min，完毕后即迅速用双手捏成一个个圆形小块，直径约 3cm。此曲粒含水分为 46.24%。

接种：将成型物倒在竹匾上，并撒上陈酒药粉，摇动竹匾，使表面黏附十分均匀，多余陈酒药粉供下次使用。完毕后即送至保温室。

保温：先将保温室及工具用二氧化硫灭菌，稻草亦经阳光曝晒，然后将稻草平铺室内地面上，约堆积 6～10cm，然后将已接种的酒药平摊在稻草上，在酒药面上再盖一层稻草以保温。酒药入室，4h 后品温下降至室温，经 16h 品温逐渐上升，最高 42℃，最低 30℃。酒药入室 24h，开始有白色菌丝出现，待品温在 35℃应将稻草除去，菌丝开始萎缩，48h 酒药表面已有白色菌丝包裹，并有曲药香。自酒药入室 76h 后品温不再变化，酒药全部时间需 4 天即成。

3.3.2.3 纯种根霉菌酒药的制作工艺

纯种根霉曲是采用人工培育纯种根霉菌和酵母制成的酒药。用酒药生产黄酒能节约粮食，减少杂菌污染，发酵产酸低，成品酒的质量均匀一致，口味清爽，还可提高 5%～10% 的出酒率。黄酒的纯种根霉曲采用的是根霉、稻米、玉米粉、米粉、黄豆饼水解物等原料，成品与酒药类似。

（1）工艺流程

纯种根霉菌酒药生产工艺流程见图 3-33。

（2）纯种根霉菌酒药生产操作说明

三角瓶种子培养：取过筛的麸皮，加水量为原料的 80%～90%，拌匀，装入三角瓶，

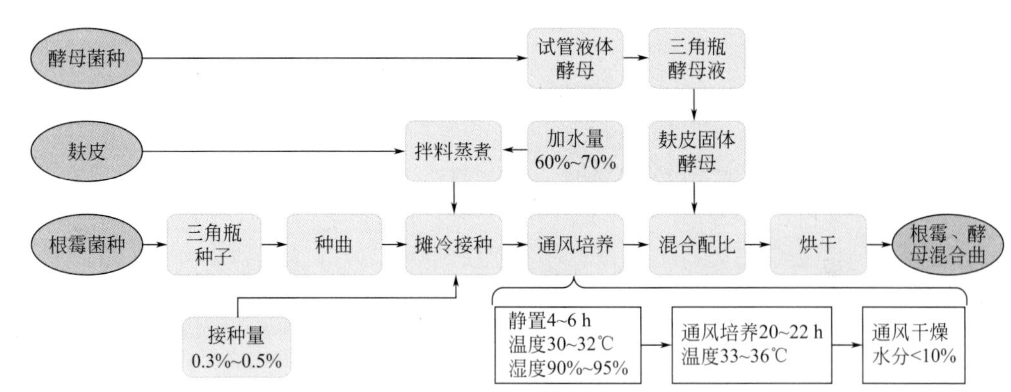

图 3-33 纯种根霉菌酒药生产工艺流程

料层厚度在 1.5cm 以下，高压蒸汽灭菌约 0.5h。冷却至 35℃以下后接种根霉菌种，在 28～30℃培养 1 天，此时培养基上已有菌丝并结块，轻轻摇瓶，目的是增加空气，促使菌体繁殖。摇瓶后继续培养 1～2 天出现孢子，菌丝布满培养基表面并结成饼状，此时进行扣瓶，并继续培养 1 天，即可成熟。成熟后取出装入已灭菌的牛皮纸袋中，置于 37～40℃下烘干至水分 10%以下，备用。

种曲培养：取过筛的麸皮，加水量为原料的 80%～90%，拌匀后高压蒸汽灭菌，摊冷至 35℃以下后接入 0.3%～0.5%的三角瓶种曲，并充分拌匀。堆积保湿保温，以促进根霉孢子萌发。经 4～6h，品温逐渐上升，进行装帘，控制曲料层厚度在 1.5～2.0cm。保温培养，室温控制在 28～30℃，湿度控制在 95%～100%。经 10～16h 培养，菌丝已将麸皮连接成块，这时最高品温控制在 35℃以下，相对湿度 85%～90%。继续培养 24～28h，麸皮表面布满菌丝，干燥出曲。要求种曲菌丝生长茂盛，并有浅灰色孢子，无杂色异味。

通风制曲：用粗麸皮作原料，有利于通风，能提高曲的质量。麸皮加水 60%～70%，并根据季节和原料粗细进行适当调整，然后常压蒸汽灭菌 2h。摊冷至 35～37℃，接入 0.3%～0.5%的种曲，拌匀，堆积数小时，装入通风曲箱内。要求装箱疏松均匀，控制装箱后品温为 30～32℃，料层厚度 30cm，先静置培养 4～6h，促进孢子萌发，室温控制在 30～31℃，相对湿度 90%～95%。随着菌丝生长，品温逐步升高，当品温上升到 33～34℃时，开始间断通风，保证根霉获得新鲜氧气。当品温降低到 30℃时，停止通风。接种后 4h 根霉生长进入旺盛期，呼吸发热加剧品温上升，视情况需要进行连续通风，最高品温可控制在 35～36℃，这时尽量要加大风量和风压，通入的空气温度应在 25～26℃。通风后期由于水分不断减少，菌丝生长缓慢，逐步产生孢子，品温降到 35℃，可暂停通风。整个培养时间约为 24～26h。培养完毕可通入干燥空气进行干燥，使水分下降到 10%左右。

麸皮固体酵母培养：以 12～13°Bx 米曲汁或麦芽汁作为黄酒酵母菌的固体试管斜面、液体试管和液体三角瓶的培养基，在 28～30℃下逐级扩大，保温培养 24h，然后以麸皮为固体酵母曲的培养基，加入 95%～100%的水经蒸煮灭菌，接入 2%的三角瓶酵母成熟培养液和 0.1%～0.2%的根霉曲，使根霉对淀粉进行糖化，供给酵母必要的糖分。接种拌匀后装帘培养。装帘时要求料层疏松均匀，料层厚度为 1.5～2cm，在品温 30℃下培养 8～10h 后，进行划帘，继续保温培养，当品温升高至 36～38℃时，再次划帘。培养 24h 后品温开始下降，待数小时后，培养结束，进行低温干燥。将培养成的根霉曲和酵母曲按一定比例混合成纯种根霉曲，混合时一般以酵母细胞数 4×10^{9}CFU/g 计算，加入根霉曲中的酵母曲量以 6%最适宜。

3.3.3 酒药生产中微生物菌群演替及主要微生物

酒药在酿酒过程中起糖化和发酵的双重作用，这一作用主要依赖于它所含的丰富的酿酒微生物。这些微生物包括酵母菌、霉菌、细菌和少量放线菌。其中起主要作用的是霉菌和酵母菌。从大米酒酒曲中分离纯化，得到 4 株酵母菌、10 株霉菌和 7 株细菌，并进行了分类鉴定。这项研究的意义在于揭示了大米酒酒曲发酵的优势菌群，为提高大米酒的出酒率提供理论依据。

黄酒麦曲通常被用作糖化剂，将大米中的淀粉降解成糖，而酒药在黄酒发酵过程中起着促进糖化和发酵的作用。酒药作为绍兴酒的发酵剂，含有大量的微生物，被认为在黄酒独特的香气、风味和发酵中起着至关重要的作用，决定了绍兴酒的风味特性。

酒药中的微生物以酵母为主，其次是细菌，而后是霉菌，其表面白粉中的酵母更多。酒药中占据优势的酵母分别是葡萄牙棒孢酵母、密西西比毕赤酵母、酿酒酵母和费比恩毕赤酵母。通过序列 26S rDNA D1/D2 区序列构建系统进化树发现，酒药中的酵母菌根据进化关系主要分成 3 个不同的分支：酿酒酵母和费比恩毕赤酵母分支、葡萄牙棒孢酵母分支、密西西比毕赤酵母分支。酿酒酵母和费比恩毕赤酵母分支这两个种聚在一个主分支上，表明它们亲缘关系较近，酿酒酵母亚分支包括 10 种不同基因型酵母菌，费比恩毕赤酵母亚分支包括 10 种不同基因型酵母菌。对于细菌而言，芽孢杆菌属在酒药中占有绝对优势，但枯草芽孢杆菌、地衣芽孢杆菌、解淀粉芽孢杆菌和蜡状芽孢杆菌在不同酒药中所占的比例有所不同。乳酸球菌在 3 种酒药中均有检出，但比例均低于芽孢杆菌属。对于霉菌而言，筛选到的 11 株丝状真菌分别属于伞枝犁头霉、微小毛霉、黄曲霉、米曲霉、黑曲霉、塔宾曲霉、橘青霉、小孢根霉。

采用组学分析方法对绍兴地区不同酒厂的酒药微生物区系的多样性进行研究，并对核心微生物区系进行了鉴定，发现最丰富的真菌分别是根霉菌（*Rhizopus*）、复膜孢酵母属（*Saccharomycopsis*）、曲霉菌（*Aspergillus*）、拟青霉属（*Simplicillium*）、赤霉菌（*Gibberella*）、镰刀菌（*Fusarium*）、毛壳菌属（*Chaetomium*）、威克汉姆酵母（*Wickerhamomyces*）和链格孢属（*Alentaria*）。其中优势属为根霉属（*Rhizopus*，36.08%）、沙可菌属（34.08%）。而对于细菌来说是小球菌属（*Pediococcus*，39.20%）、肠杆菌属（*Enterobacter*，16.06%）、魏斯氏菌属（*Weissella*，8.83%）、克雷伯氏杆菌属（*Klebsiella*，5.04%）、埃希氏志贺菌属（*Escherichia Shigella*，5.04%）。

酒药的微生物菌群结构是十分复杂的。如何从中分离和筛选出优势功能菌，开发优势菌种，是酿酒酒药的研究热点。从酿酒酒药中分离筛选出 1 株高产乙酸乙酯酵母菌株，该酵母菌株在产酯培养基中 30℃下静置培养 4 天，产乙酸乙酯量可达 2.152g/L，占总酯含量的 90.9%。经鉴定是异常汉逊氏酵母。将该菌株应用于清香型酒药酒的生产，可提高清香型酒药酒的酒质。从甜酒曲中分离、诱变、筛选出 1 株糖化力高的优良根霉菌株，在最优培养条件下，糖化力达到 1317mg/(g·h)，具有一定应用价值。

3.4 酒母

3.4.1 酒母的种类及原料

酒母，即为“制酒之母”，是按照酵母菌和乳酸杆菌的特性，创造一定的环境和营养条件，进行繁殖和扩大培养，为发酵过程培养、驯育、筛选、提供优良的酵母和乳酸杆菌等起发酵、部分液化糖化的菌种。黄酒的酿造过程主要分为淀粉糖化和酒精发酵两个阶段，涉及的微生物主要有霉菌、酵母菌和细菌。其中，酒母（酵母菌）质量的优劣直接关系到黄酒发酵质量和风味的好坏，进而影响出酒率、口感、发酵的稳定性和企业成本等。酒母按照不同的制作工艺可以分为淋饭酒母、速酿酒母、高温糖化酒母和活性干酵母等。

3.4.2 酒母的发展及生产工艺

3.4.2.1 淋饭酒母的制作工艺

（1）工艺流程

淋饭酒母生产工艺流程见图 3-34。

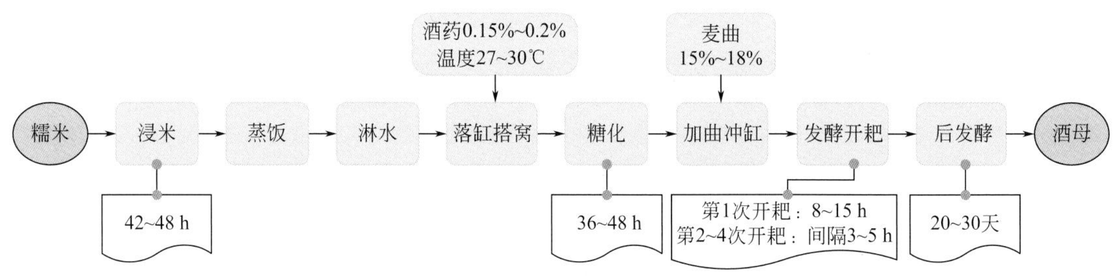

图 3-34 淋饭酒母生产工艺流程

（2）淋饭酒母生产操作说明

配料：制备淋饭酒母常以每缸投料米量为基准，根据气候不同有 100kg 和 125kg 两种，麦曲用量为原料米的 15%～18%，酒药用量为原料米的 0.15%～0.2%，控制饭水总质量为原料米量的 300%。

浸米、蒸饭、淋水：在洁净的陶缸中装好清水，将米倾入，水量超过米面 5～6cm 为好，浸渍时间根据气温不同控制在 42～48h，然后捞出冲洗，淋净浆水，常温煎煮。要求饭粒松软，熟而不糊，内无白心。并将热饭进行淋水，目的是迅速降低饭温，达到落缸要求，并且增加米饭的含水量，同时使饭粒光滑软化、分离松散，以利于糖化菌繁殖生长，促进糖化发酵。淋后饭温要求在 31℃左右。

落缸搭窝：将发酵缸洗刷干净，并用沸水和石灰水泡洗，用时再用沸水泡缸 1 次，达到消毒灭菌的目的。将淋冷后的米饭沥去水分，放入大缸，米饭落缸温度一般控制在 27～30℃，并视气温而定，在寒冷的天气可高至 32℃。在米饭中拌入酒药粉末，翻拌均匀，并将米饭中央搭成 W 形或 U 形的四圆窝，在米饭上面再撒些酒药粉，这个操作称为搭窝。搭窝的目的是为了增加米饭和空气的接触，有利于好氧糖化菌的生长繁殖释放热量，故而要求搭得较为疏松，以不塌陷为度。搭窝又能便于观察和检查糖液的发酵情况。

糖化、加曲冲缸：搭窝后应及时做好保温工作。酒药中的糖化菌、酵母菌在米饭的适宜温度、湿度下迅速生长繁殖。根霉菌等糖化菌类分泌淀粉酶将淀粉分解成葡萄糖，使窝内逐渐积聚甜液，此时酵母菌得到营养和氧气，也进行繁殖。由于根霉、毛霉产生乳酸、延胡索酸等酸类物质，使酿窝甜液的 pH 维持在 3.5 左右，有力地控制了产酸细菌的侵袭，纯化了强壮的酵母菌，使整个糖化过程处于稳定状态。一般经过 36～48h 糖化以后，饭粒软化，甜液满至酿窝的 4/5 高度，此时甜液浓度约 35°Bx，还原糖为 15%～25%，酒精含量在 3%以上，而酵母由于处在这种高浓度、高渗透压、低 pH 的环境下，细胞浓度仅在 0.7×10^9 CFU/mL 左右，基本上镜检不出杂菌。这时酿窝已成熟，可以加入一定比例的麦曲和水，进行冲缸，充分搅拌，酒醅由半固体状态转为液体状态，浓度得以稀释，渗透压有较大的下降，但醪液 pH 仍能维持在 4.0 以下，并补充了新鲜的溶解氧，强化了糖化能力，这一环境条件的变化促使酵母菌迅速繁殖，24h 以后酵母细胞浓度可升至（7～10）$\times10^9$ CFU/mL，糖化和发酵作用得到大大加强。冲缸时品温约下降 10℃，应根据气温冷热情况，及时做好适当的保温工作，维持正常发酵。

发酵开耙：加曲冲缸后，由于酵母的大量繁殖并逐步开始旺盛的酒精发酵，使酒醪温度迅速上升，约 8～15h 后，品温达到一定值，米饭和部分曲漂浮于液面，形成泡盖，泡盖内温度更高，可用木耙进行搅拌，俗称开耙。开耙目的，一是为了降低和控制发酵温度，使各部位的醪液品温趋于一致；二是排出发酵醪液中积聚的二氧化碳气体，供给新鲜氧气，以促进酵母繁殖，防止杂菌滋长。第 1 次开耙的温度和时间的掌握尤为重要，应根据气温高低和保温条件灵活掌握。在第 1 次开耙以后，每隔 3～5h 就进行第 2 次、第 3 次和第 4 次开耙，使醪液品温保持在 26～30℃。

后发酵：第 1 次开耙以后，酒精含量增长很快，冲缸 48h 后酒精含量可达 10%以上，糖化发酵作用仍在继续进行。为了降低醪液品温，减少酒醪与空气的接触面，使酒醪在较低温度下继续缓慢发酵，生成更多的酒精，提高酒母质量，在落缸后第 7 天左右，即可将发酵醪灌入酒坛，进行后发酵，俗称灌坛养醅。经过 20～30 天的后发酵，酒精含量 15%以上，对酵母的驯化有一定的作用。再经挑选，将发酵正常、酒精含量 16%左右、酸度在 0.31～0.37g/100mL、口味老嫩适中、爽口无异杂味的酒母，用作酿制黄酒。

3.4.2.2 速酿酒母的制作工艺

速酿酒母属于纯种培养酵母，是一种仿照黄酒生产方式制备的双边发酵酒母，但是它的制作周期比淋饭酒母短得多。

近年来各地酒厂从淋饭酒和发酵醪等中分离出一些性能优良的黄酒酵母。目前用于生产的有 723 号、501 号、1340 号、醇 2 号和白鹤酵母等菌株。

原料配比：一般制造酒母用米量为发酵投米量的 3%左右，米先浸泡 4～5 天，然后蒸饭，米和水的比例在 1∶2 以上，麦曲用量为大米的 18%（生麦曲 15%，熟麦曲 3%），比发酵醪的用曲量多些。投料时将水、米饭和麦曲加入酒母罐内，落罐温度根据气候决定，一般控制在 25～28℃之间。混合后再接入三角瓶或卡氏罐培养的酵母（接种量 4.5%），充分拌匀。

温度管理：落罐品温为 26～30℃，视气温高低而定。当品温升至 31～32℃，进行开耙搅拌，经开头耙后，每次隔 3～5h 即进行二、三、四次开耙，使品温保持在 28～30℃，培

养时间为 2 天。酒母质量要求是酵母粗壮整齐，酵母细胞数在 3×10^{8}CFU/mL 以上，杂菌很少。

3.4.2.3 高温糖化酒母的制作工艺

（1）方法 1

① 糖化醪配料

以糯米或粳米作为原料，使用部分麦曲和淀粉酶制剂，物料配比如下：大米 600kg，曲 10kg，液化酶（3000U）0.5kg，糖化酶（15000U）0.5kg，水 2050kg。

② 操作要点

先在糖化锅内加入部分温水，然后将蒸熟的米饭倒入锅内，混合均匀，加水调节品温在 60℃，控制米：水＞1：3.5，再加一定比例的麦曲、液化酶、糖化酶，搅拌均匀后，于 55～60℃静置糖化 3～4h，使糖度达 14～16°Bx。

糖化结束后，将糖化醪品温升至 85℃，保持 20min。

冷却至 60℃，加入乳酸调节 pH 值至 4.0 左右，继续冷至 28～30℃。转入酒母罐内，接入酒母醪容量 1%的三角瓶培养的液体酵母，搅拌均匀，在 28～30℃培养 12～16h，即可使用。

③ 成熟酒母质量要求

酵母细胞数＞（1～1.5）$\times10^{9}$CFU/mL，芽生率大于 30%，酵母死亡率＜1%，酒精体积分数 3%～4%，酸度 0.12～0.15g/100mL，杂菌数每个视野＜1.0 个。

（2）方法 2

将米饭和水（1：5）投入酒母罐内，升温 100℃灭菌，迅速冷却至 60℃，同时接入液化酶和糖化酶，糖化 3h，再冷却至 30℃时直接接入活化后的干酵母，培养至 18h 酵母数达到 2×10^{8}CFU/mL，出芽率 15.1%。

3.4.2.4 活性干酵母的制作工艺

黄酒活性干酵母是采用现代生物技术制成的具有活性的黄酒酵母菌制成品。由于活性干酵母具有使用方便、用量少、发酵力强、成本低等优点，已在一些黄酒企业中得到应用。黄酒活性干酵母的使用方法：称取原料量 0.1%的活性干酵母，倒入 10 倍 30～35℃温水中，搅拌均匀，静置活化 20min 即可。

活性干酵母生产工艺流程为：

酵母纯种培养→种子罐发酵→酵母分离→酵母乳冷藏→过滤→造粒→干燥→包装

生产活性干酵母的主要原料是糖蜜或淀粉（玉米、土豆、红薯、木薯）制成的糖液。酵母发酵是需氧发酵过程，需要空气进入发酵液，而空气需经过消毒和过滤器除菌过程。将糖蜜加入罐中，经过 121℃灭菌后，降温至 30℃后接入纯种酵母菌株，经过通风纯培养后，发酵液达到乙醇和湿重指标，转入种子培养罐培养。种子发酵罐内加入水和氮磷营养培养盐，通风扩大培养，按照发酵工艺规程采用合理的时间和指标至发酵结束。种子发酵液培养结束后，通过分离机把酵母和培养液分开，形成干物质 20%左右的酵母乳，进入酵母乳贮罐。随后在酵母乳中加入盐水，泵入真空转鼓过滤器进行过滤，把酵母乳抽滤成含水量 36%左右的酵母泥。流加乳化剂后与酵母泥混合。之后通过造粒机把酵母泥挤压成很细的酵母面条以增大表面积，有利于热交换。在造粒之后酵母进入干燥床。酵母粒通过在沸腾的干燥床中和热空气进行热交换，进而迅速脱水干燥成干酵母。

3.4.2.5 固体酒母的制作工艺

在山东地区一些酒厂多采用固体酒母的制作工艺。

制作前的准备工作：培养箱内温度调整到（28±2）℃。

酵母制作流程：取煮好色浅的蒸煮糜，糜量为投料量×0.3%×2.4kg，降温至25～35℃（视季节而定），并接入酵母根，使之均匀放入麦曲中，麦曲数量（kg）为投料量×0.5%，将其制作成大小软硬适中的面团，放入下铺麦曲的培养器中，移入培养箱，保温培养16～18h，打开，用所铺麦曲拌匀。

制作完毕后的工作：关好电源，清理好现场卫生。

注意事项：酵母工每周至少2次对所制作的酵母到技术中心进行化验分析。

酵母质量要求：活细胞数≥2.5×10^7CFU/mL，出芽率≥15%，酸度（以乳酸计）≤1.5g/L。

3.4.3 酒母生产中的主要微生物及其群落结构

酒母，即“黄酒之母”，是由少量酵母菌逐渐扩大培养后制成的酵母醪液，可以为黄酒酿造提供所需要的大量酵母菌细胞的发酵剂。酒母在黄酒发酵醪液内繁殖的过程中，产生酒精并可以形成一些影响黄酒质量的风味物质，所以说没有酒母就没有黄酒。淋饭酒母是绍兴黄酒生产中非常重要的酒母类型，淋饭酒母制作过程中微生物变化复杂，主要涉及酵母菌、乳酸菌和一些霉菌。

酒母的制作是按照酵母生长代谢特性来制定相应的工艺参数。黄酒生产中按其生产工序的特点，所用酒母分为淋饭酒母、速酿酒母、糖化酒母、黄酒干酵母（用黄酒活性干酵母加入酒母罐进行发酵）、红曲黄酒中的红糟（红曲霉和酵母的扩大培养）、用厦门白曲和红曲制成的淋饭酒母、喂饭法的逐级扩大培养所成的酒母（直接在大罐中用分批间隔投饭扩培酵母）等。这些酒母中大都含有大量的酵母菌，其中糖化酒母和活化使用的黄酒干酵母的微生物组成相对单一。

传统工艺手工黄酒酒母一般采用酒药制作（淋饭酒母），微生物组成多样。淋饭酒母制作过程中不同时期的微生物菌落存在一定的差异。如搭窝后酒药中的拟内孢霉、酵母、念珠霉、毛霉等在饭上迅速生长。乳酸球菌同时生长。此时乳酸球菌、念珠霉、毛霉等和酵母产生少量乳酸和其他有机酸，在它们的共同作用下窝中糖液的pH值迅速下降，最低到pH=3.0左右。另外，乳酸球菌在发酵糖产乳酸的同时产生乳酸球菌素以及形成高糖度的累积，抑制有害细菌的繁殖、生长，同时也抑制了霉菌在糖液中的生长。而且念珠霉也能抑制其他霉菌和外界霉菌的侵入。因此在糖液中只检测到拟内孢霉酵母和念珠霉的菌丝，而其他霉菌的菌丝基本检测不到。其中念珠霉的菌丝也很少，并且把一些不耐低pH值及高糖度的酵母、乳酸球菌、乳酸杆菌淘汰。因此，此时的乳酸球菌以肠球菌属、明串珠菌属、片球菌属、乳球菌属、酒球菌属等属的菌株为主，并且有极少量的乳酸杆菌。静止期放水加曲后，醪液的pH值升高到3.5～3.8，从曲中又接入多种细菌、霉菌及少量的酵母。酵母、细菌在醪液中竞争性迅速繁殖，并产生大量的乳酸等有机酸，使醪液的pH值迅速下降到3.5以下。竞争的结果是从酒药、曲上接入的耐低pH值的酵母、乳酸球菌、乳酸杆菌占绝对优势。搅拌期酵母快速产酒精，乳酸球菌数迅速下降，乳酸杆菌数大量增加达到高峰期，醪液pH值又降至最低。后酵期酵母数继续增加到顶峰而后逐步降低，淋饭酒母使用时乳酸杆菌

数一般在（0.3～1.0）$\times10^8$CFU/mL，在主发酵醪中有更多的乳酸杆菌参与发酵，乳酸杆菌数一般在（2.0～3.0）$\times10^8$CFU/mL。淋饭酒母中乳酸杆菌以巴氏乳杆菌、嗜淀粉乳杆菌、植物乳杆菌、嗜酸乳杆菌、干酪乳杆菌、短乳杆菌、德氏乳杆菌保加利亚亚种、嗜热乳杆菌等的数量最多。而且浸米中后期及发酵过程中乳酸杆菌也是以上述种类的数量为最多，尤其是巴氏乳杆菌、嗜淀粉乳杆菌、植物乳杆菌、短乳杆菌、德氏乳杆菌保加利亚亚种、嗜热乳杆菌。

传统工艺机械化黄酒生产所用的速酿酒母制备是按照酵母菌的特性，创造一定的环境和营养条件，通过逐步的繁殖进行扩大培养，传统工艺机械化黄酒大罐发酵提供优良的发酵剂。速酿酒母质量的好坏，对传统工艺机械化黄酒发酵和酒的质量影响较大。速酿酒母中主要的微生物为酿酒酵母，另外还有一定量的乳酸球菌、乳酸杆菌、霉菌等，乳杆菌属主要有巴氏乳杆菌、植物乳杆菌、短乳杆菌、德氏乳杆菌等。目前，传统工艺机械化黄酒生产所用酵母有85＃酵母（绍兴、上海等地区）、22＃酵母（衢州、江苏等地区），以及从绍兴酒酒药、淋饭酒母和其他传统工艺生产的酒药、酒母中分离出来的绍兴酒酵母或其他酵母等。它们大部分为酿酒酵母，少量接入一些产酯酵母（如汉逊氏酵母或假丝酵母等），以单株酵母、两株酵母或两株以上的酵母经扩大培养后应用于生产，两株酵母或两株以上酵母均分别进行培养，再一同加入酒母罐进行多菌株混合培养制备酒母。

淋饭酒母的制作过程分为搭窝糖化期、静止期、搅拌期、后酵期。淋饭酒母的搭窝期间微生物变化和生化过程极其复杂。淋饭酒母制作过程是筛选和驯养耐酒精、耐糖、既耐高温又耐低温、耐低pH值、能与乳酸杆菌协同发酵作用的酵母、能与酵母协同发酵作用的乳酸杆菌的过程。淋饭酒母是通过搭窝操作使多种微生物在有氧条件下迅速繁殖，在初期，利用酒药中乳酸球菌、念珠霉、拟内孢霉和酵母等生长而产酸，使糖液的pH值在较短时间内就达到4.0或以下的酸性环境，从而促进期望的微生物如酿酒酵母和乳酸杆菌等生长而抑制杂菌。总体而言，在淋饭酒母制作过程中酿酒酵母发酵产酒精，念珠霉抑制其他霉菌的生长，乳酸杆菌生长产乳酸，进而降低和维持低pH值，通过积累乳酸菌素和抑制其他有害菌的生长，以保障淋饭酒母制作过程的正常进行。

3.4.3.1 搭窝期微生物变化过程

黄酒酿酒酒药中酵母、霉菌、细菌的数量多且品种丰富，主要包括拟内孢霉属、丝孢酵母属、汉逊氏酵母属、假丝酵母属、毕赤氏酵母属、根霉、毛霉、犁头霉、红曲霉、曲霉、青霉和念珠霉等。酒药中微生物酵母的数量最多，可称为“酵母曲”。酒药中细菌有乳酸球菌（包括肠球菌属、乳球菌属、片球菌属、明串珠菌属、酒球菌属等）、乳酸杆菌、醋酸菌、丁酸菌、枯草芽孢杆菌等。酒药中丰富的微生物随着酒药粉拌入饭中，是淋饭酒母的初始重要菌落。

搭窝期间，首先是从酒药中接入的拟内孢霉，以及可直接同化淀粉、糊精的酵母（如糖化酵母、假丝酵母属、丝孢酵母等）和乳酸球菌等进行快速生长繁殖。经16～20h后，为微生物生长初期。饭粒上就长出少量短的白色菌丝，主要为拟内孢霉菌丝。而可直接同化淀粉、糊精的酵母和乳酸球菌等的数量已增多，进而开始糖化分解饭中的淀粉、蛋白质等物质。这为其他微生物提供营养，因此各种微生物开始迅速生长。搭窝初期毛霉菌丝也有一定量的生长，而根霉、犁头霉等霉菌在熟料中生长发育缓慢，数量少。

经22～26h，为糖化为主的微生物过程。淋饭窝中有甜酒酿香、清香和淡淡的酒香、酒药香。在饭粒上已有微量糖液产生，且饭质地已软。饭中最多的是拟内孢霉菌丝，而且卵形、圆形、椭圆形酵母芽细胞很多。由于念珠霉或毛霉菌丝的生长而有少量匍匐菌丝。单生、对生球菌很多，以乳酸球菌为主。

经 32～36h，为液化产酒精为主的微生物过程。清香和酒香味浓，甜酒酿香和酒药香稍淡。窝中已有少量糖液，饭和糖液的 pH 值在 3.5 以下。圆形和卵形酿酒酵母已大量增殖，发酵产酒精。拟内孢霉菌丝多，分枝分节，菌丝透明状。细菌以乳酸球菌、乳酸杆菌为主，其他细菌很少。霉菌多为念珠霉的白色菌丝。由于念珠霉菌丝的快速生长和在饭表面形成一层薄薄的念珠霉菌丝膜，抑制其他霉菌如根霉、犁头霉、曲霉和外界霉菌的侵入。乳酸菌的增殖和产酸，使糖液的 pH 值快速下降至 3.0 左右。

经 36～48h，为微生物生长发酵的结束阶段。饭窝内有大量的糖液，由于微生物生长产热而温度升高，饭窝表面的念珠霉菌丝变成浅黄色或黄色菌丝，在上部饭窝表面的饭粒上形成白色芝麻点状的小颗粒，此小颗粒是念珠霉菌丝、拟内孢霉菌丝、酿酒酵母和乳酸球菌等包裹着微小淀粉颗粒而形成，进行着强力糖化分解作用。在放水加曲前，饭内最多的微生物为拟内孢霉，其次是乳酸球菌、念珠霉、糖化酵母、假丝酵母属、丝孢酵母、酿酒酵母、乳酸杆菌等。糖液中最多的微生物为拟内孢霉，其次是酿酒酵母、乳酸球菌等，而念珠霉的数量少。

搭窝期的生物化学过程是饭中的淀粉、蛋白质、脂肪随着微生物作用而分解，提供给酿酒酵母等微生物生长、繁殖所需的营养，在糖液中累积糖分、乳酸、酒精等和微生物菌体。搭窝糖化结束，一般来说糖液的糖度为 33～37°Bx，酒精度为 3.0%～5.0%，总酸为 4.5～7.0g/L（乳酸计）。因受外界条件如温度、湿度和方法的不同，淋饭酒母搭窝期微生物变化过程具有微小差异。整体而言，淋饭酒母的制作过程中酒药的拟内孢霉、念珠霉、假丝酵母、丝孢酵母、乳酸球菌等的增殖性能、糖化分解性能和产酸性能等都给酿酒酵母、乳酸杆菌营造出良好的生态环境，成为在自然开放条件下制备酒母的最佳菌系。这是通过长期经验和智慧实践得出的我国酿酒工艺所用的非凡技艺和菌系，也是世界酿造技术具有的宝贵和借鉴意义的技艺。

3.4.3.2 搭窝期后的微生物变化

搭窝后，酒药中的拟内孢霉、酵母、念珠霉、毛霉等在饭上迅速生长，能直接同化淀粉和糊精的酵母（如糖化酵母、假丝酵母）、乳酸球菌同时生长。从酒药中接入的酿酒酵母等迅速繁殖、生长，发酵产酒精；乳酸球菌也不断增殖，并发酵糖产乳酸和少量其他有机酸，并且念珠霉、毛霉等霉菌和酵母也产少量乳酸和其他有机酸，它们的共同作用使窝中糖液的 pH 值迅速下降，最低到 pH3.0 左右；另外，乳酸球菌在发酵糖产乳酸的同时产乳酸球菌素，同时形成高糖度的累积，在它们的共同作用下抑制有害细菌的繁殖、生长，同时也抑制了霉菌在糖液中生长；念珠霉能抑制其他霉菌和外界霉菌的侵入，因此在糖液中只检测到拟内孢霉和念珠霉的菌丝，而其他霉菌的菌丝基本检测不到。在搭窝糖化期，乳酸球菌以肠球菌属、明串珠菌属、片球菌属、乳球菌属、酒球菌属等属的菌株为主，且有极少量乳酸杆菌。

在静止期，放水加曲后，醪液的 pH 值升高至 3.5～3.8，从曲中加入大量的细菌、霉菌及少量的酵母，酵母、细菌在醪液中竞争性迅速繁殖。

进入搅拌期，在充氧条件下，酵母菌迅速繁殖、发酵，快速产生大量酒精，乳酸球菌迅

速下降，乳酸杆菌数量增加至高峰期，醪液 pH 又降低至最低。搅拌期是酵母菌、乳酸菌变化最剧烈的时期。在后酵期，一般 16 天以上的淋饭酒母才开始使用，而冬酿所用的淋饭酒母是在冬酿开始的前期一同制作的，因而淋饭酒母最长是 90 天以后经过后酵期才投入使用。

参考文献

[1] 冯浩，毛健，黄桂东，等.黄酒发酵过程中乳酸菌的分离、鉴定及生物学特性研究 [J].食品工业科技，2013，34（16）：224-227.

[2] 牟穰.清爽型黄酒酿造微生物群落结构及其与风味物质相关性研究 [D].江南大学，2015.

[3] 刘芸雅.绍兴黄酒发酵中微生物群落结构及其对风味物质影响研究 [D].江南大学，2015.

[4] 薛景波.黄酒接种生麦曲微生物群落结构及分离培养微生物的产酶、产香性质分析 [D].江南大学，2016.

[5] 朱蕊.高产洛伐他汀红曲菌的分离筛选及其在黄酒中的应用 [D].江南大学，2019.

[6] 高永强，陈细丹.机械化黄酒中爆麦曲的制备与测定 [J].酿酒，2009，36（5）：67-68.

[7] Lv X C，Huang R L，Chen F，et al. Bacterial community dynamics during the traditional brewing of Wuyi Hong Qu glutinous rice wine as determined by culture-independent methods [J]. Food Control，2013，34（2）：300-306.

[8] 吕旭聪，翁星，黄若兰，等.红曲黄酒酿造用曲及传统酿造过程中酵母菌的多样性研究 [J].中国食品学报，2012，12（1）：182-190.

[9] 周家骐.黄酒生产工艺 [M].北京：中国轻工业出版社，1996.

[10] 陈亮亮，余培斌，谢广发，等.黄酒熟麦曲混菌制曲工艺研究 [J].食品工业科技，2013，34（11）：140-145.

[11] 张波.绍兴黄酒麦曲及其制曲过程的宏蛋白质组学研究 [D].江南大学，2012.

[12] 陈亮亮.黄酒麦曲制曲工艺的优化研究 [D].江南大学，2013.

[13] 董宏彬，魏崇喜，万立.优质大曲踩制机械化的实践与分析 [J].酿酒科技，1989，（4）：18-20.

[14] 毛青钟.黄酒机制生麦曲与传统生麦曲的比较探讨 [J].中国酿造，2005，（5）：42-44.

[15] 钱敏，黄敏欣，曾贤芳，等.麦曲对广东客家黄酒发酵的影响 [J].食品工业，2016，37（7）：165-168.

[16] 任清，侯昌.北宗黄酒麦曲微生物的分离鉴定 [J].食品科学，2017，38（4）：77-82.

[17] 张中华.绍兴黄酒麦曲中微生物群落结构的研究 [D].江南大学，2012.

[18] 黄敏欣，赵文红，朱豪，等.广东客家黄酒酒曲中微生物的初步鉴定及其产 γ-氨基丁酸能力的研究 [J].现代食品科技，2015，31（8）：95-102.

[19] 曹钰，陈建尧，谢广发，等.黄酒麦曲天然发酵中真菌群落的成因初探 [J].食品与生物技术学报，2008，27（5）：95-101.

[20] 方华.绍兴黄酒麦曲中微生物的初步研究 [D].江南大学，2006.

[21] Chen W，He Y，Zhou Y，et al. Edible filamentous fungi from the species *Monascus*：early traditional fermentations. Modern Molecular Biology，and Future Genomics [J]. 2015，14（5）：555-567.

[22] 李旺军.绍兴黄酒麦曲中真菌资源的初步研究 [D].江南大学，2007.

[23] 陈建尧.绍兴黄酒麦曲品质及其影响因素的研究 [D].江南大学，2009.

[24] Shang Y L，Chen L L，Zhang Z H，et al. A comparative study on the fungal communities of wheat Qu for Qingshuang-type Chinese rice wine [J]. Journal of the Institute of Brewing，2012，118（2）：243-248.

[25] 陈建尧，曹钰，谢广发，等.黄酒机械成型麦曲制曲过程中真菌动态变化的研究 [J].食品与发酵工业，2008，34（8）：42-47.

[26] Xie G，Wang L，Gao Q，et al. Microbial community structure in fermentation process of Shaoxing rice wine by Illumina-based metagenomic sequencing [J]. Journal of the Science of Food and Agriculture，

2013, 93 (12): 3121-3125.

[27] Thalhamer B, Buchberger W. Adulteration of beetroot red and paprika extract based food colorant with Monascus red pigments and their detection by HPLC-QTof MS analyses [J]. Food Control, 2019, 105: 58-63.

[28] 沈士秀.红曲的研究、生产及应用 [J]. 食品工业科技，2001，22 (1)：85-87.

[29] 施安辉.红曲霉、红曲、培养技术及应用 [J]. 山东食品发酵，2013，(1)：29-33.

[30] 傅金泉.中国红曲及其实用技术 [M]. 北京：中国轻工业出版社，1997.

[31] 周立平.乌衣红曲菌种筛选及纯配合菌种制曲的探讨——红曲与乌衣红曲研究之二 [J]. 酿酒，1994，(5)：14-19.

[32] 李志强，刘颖，林风，等.福建古田红曲生产用红曲霉菌主要种类的鉴别 [J]. 食品与发酵工业，2017，43 (5)：64-69.

[33] 李路，吕燕霖，郭伟灵，等.红曲黄酒传统酿造用曲中的微生物菌群及挥发性风味组分分析 [J]. 食品科学，2019，40 (2)：79-84.

[34] 王智耀，卞丹，何理琴，等.红曲黄酒酿造用曲真菌菌群分析 [J]. 中国食品学报，2019，19 (1)：200-206.

[35] 张雯，蔡琪琪，饶甜甜，等.古田红曲中优势真菌菌群及其成曲特性分析 [J]. 中国食品学报，2015，15 (12)：180-185.

[36] 李锐利.高产乙酸乙酯酵母的选育及在清香型小曲酒中的应用研究 [D]. 湖北工业大学，2011.

[37] 王海燕，唐洁，徐岩，等.清香型小曲白酒中微生物组成及功能微生物的分析 [J]. 酿酒科技，2012，(12)：39-43.

[38] 傅金泉.黄酒生产技术 [M]. 北京：化学工业出版社，2005.

[39] 毛青钟.传统黄酒淋饭酒母制作过程微生物的变化和作用 [J]. 酿酒科技，2004，(6)：66-69.

第四章

黄酒酿造过程中微生物代谢与调控

黄酒酿造中复杂的微生物群落结构对黄酒自身的品质有着重要的影响，因此微生物的群落结构、代谢特征以及功能特性一直备受关注。目前国内已经对黄酒酿造过程中所用到的麦曲、酒药、酒母、发酵醪和坛酒等体系中的微生物群落及代谢特性进行了一定的研究，获得了酿酒酵母、黄曲霉等纯种微生物用于黄酒酿造。但对于微生物在黄酒酿造过程中的动态变化监测，以及微生物群落与风味等的交互作用机理仍需要进一步研究。

4.1 黄酒酿造过程中微生物群落结构

黄酒属于多菌种混合发酵酒，酿造过程是在开放性环境下进行的。因此生态环境的多样性造就了黄酒酿造过程中微生物群落的多样性。并且由于受内外发酵环境的影响，微生物群落在不断地进行变化与演替。而黄酒酿造过程中微生物群落的变化是永恒的，稳定只是相对的、暂时的，这也是黄酒批次之间发酵指标、风味等出现差异的根本原因。

黄酒酿造过程中不仅原料会带入微生物，空气、酿造用水、生产器具、车间环境也会带入，但黄酒酿造过程中的微生物主要是由麦曲、酒药、酒母所提供。黄酒浸米水中也存在大量的微生物，不过大部分的微生物会在蒸饭过程中被杀灭。但在浸米过程中乳酸菌产生的大量有机酸、抗菌肽等次级代谢产物会进入发酵醪中，低 pH、高酒度的酒体会对微生物群落形成过滤作用，使得发酵醪中微生物的群落组成相对稳定。

目前对黄酒微生物群落结构的研究方法多种多样，可采用传统分离培养、核糖体基因间区分析（ribosomal intergenic spacer analysis，RISA）、聚合酶链反应-变性梯度凝胶电泳（polymerase chain reaction-denaturing gradient gel electrophoresis，PCR-DGGE）、扩增子测序和宏基因组测序等。传统培养方法是黄酒微生物群落结构研究中比较成熟和常用的方法，其主要是先通过一些特定的选择培养基对微生物进行分离，再进行下一步的鉴定，能够在微生物株水平上详细分析微生物的代谢特性，并能够为黄酒酿造提供纯种的微生物。同时传统培养方法也具有一定的不足：传统发酵食品中微生物群落结构复杂，并且在不断变化，而传统培养方法速度较慢，不能准确测定具体某一时间微生物的群落结构；可培养的微生物仅占到微生物总量的1%，大部分微生物因不能培养或丰度过低而被遗漏，造成微生物群落结构检测的不准确。

随着分子生物学的深入发展和新的生物技术的应用，微生物研究技术从利用 RISA 图谱和 PCR-DGGE 对不可培养微生物进行研究，发展到现今利用高通量测序技术对主要功能微生物、低丰度和不可培养微生物进行全面深入的研究，而第三代单分子实时测序（single molecule real-time sequencing，SMRT）出色的读长使酿造体系微生物在种水平上得到进一步的解析，为微生物的多样性研究提供了技术保障，同时结合传统微生物分离培养技术，可大大提高人们对黄酒酿造中微生物的研究进展。

4.1.1 浸米微生物群落结构

浸米环节是黄酒酿造特色性的工艺环节，也是黄酒酿造的关键阶段，浸米的好坏直接影响着黄酒的品质。浸米过程中大米主要发生两个方面的变化：其一，大米吸水膨胀，主成分随浸米过程逐渐分解，有助于大米蒸煮糊化和后期的发酵过程，对黄酒风味和挥发性化合物的产生有着重大的影响；其二，浸米环节也是一个产酸的过程，乳酸等有机酸进入到大米内部，随大米进入发酵醪中，可为后续的发酵环节提供一个酸性环境，抑制杂菌的生长防止其污染，同时促进酵母的生长，保证发酵的正常进行，也决定了浸米后的整个黄酒酿造体系中微生物群落结构的特异性。黄酒的浸米过程处于一个开放环境，网罗原料、器具、周围环境中的微生物，因此微生物资源丰富，群落结构较为复杂。

通过传统培养手段发现黄酒浸米过程中多种微生物可以共存，其中以乳酸菌为最优势微生物，浸米水中的微生物可达到 $10^7 \sim 10^9$ CFU/mL。利用 Illumina 高通量测序技术检测上海地区黄酒厂的浸米水的细菌群落结构，发现在属水平上，乳杆菌属（*Lactobacillus*，60.7%）、片球菌属（*Pediococcus*，6.0%）、醋酸菌属（*Acetobacter*，2.9%）、不动杆菌属（*Acinetobacter*，1.9%）为浸米水中主要的微生物。绍兴地区黄酒厂的浸米水中的乳酸菌有乳杆菌属（*Lactobacillus*）、片球菌属（*Pediococcus*）、乳球菌属（*Lactococcus*）、明串珠菌属（*Leuconostoc*）、魏斯氏菌属（*Weissella*）、四联球菌属（*Tetragenococcus*）、链球菌属（*Streptococcus*）等，其中乳杆菌属含量占据乳酸菌的 90%。

对绍兴地区四个黄酒厂的浸米水比较分析发现，四个厂区浸米水样品中的微生物均属于厚壁菌门和变形菌门，四个厂区浸米水中共检测到 9 个优势属，主要包括乳杆菌属（*Lactobacillus*）、乳球菌属（*Lactococcus*）、魏斯氏菌属（*Weissella*）、片球菌属（*Pediococcus*）、明串珠菌属（*Leuconostoc*）、醋杆菌属（*Acetobacter*）、不动杆菌属（*Acinetobacter*）、克雷伯氏菌属（*Klebsiella*）等。四个厂区样品中微生物分布均以乳酸菌为主，但在属水平上微生物群落结构具有显著差异，A 厂与 D 厂以乳杆菌属为主，占比达到 74.14% 和 98.45%；B 厂以乳杆菌属（40.96%）与魏斯氏菌属（56.93%）为主；C 厂以乳杆菌属（30.81%）、乳球菌属（57.06%）以及魏斯氏菌属（9.12%）为主。

进一步分析种水平的微生物分布，发现四个厂区样品中乳杆菌属微生物最为复杂。其中以发酵乳杆菌（*Lactobacillus fermentum*）、戊糖乳杆菌（*Lactobacillus pentosus*）、棒状乳杆菌（*Lactobacillus coryniformis*）、植物乳杆菌（*Lactobacillus plantarum*）、*Lactobacillus pantheris*、红色乳杆菌（*Lactobacillus rossiae*）、弯曲乳杆菌（*Lactobacillus curvatus*）、干酪乳杆菌（*Lactobacillus casei*）、短乳杆菌（*Lactobacillus brevis*）等为优势菌种。发酵乳杆菌（*Lactobacillus fermentum*）、戊糖乳杆菌（*Lactobacillus pentosus*）、棒状乳杆菌（*Lactobacillus coryniformis*）、植物乳杆菌（*Lactobacillus plantarum*）在四个厂区浸米水样品中均有检测到。乳球菌属中以乳酸乳球菌（*Lactococcus lactis*）和乳酸乳球菌乳亚种（*Lactococcus lactis* subsp.）为主。魏斯氏菌属微生物以食窦魏斯氏菌（*Weissella cibaria*）为优势菌种，其中在 B 厂和 C 厂浸米水中可分别达到 56.33% 和 7.13%。不同地区由于水和空气等的不同，浸米水中细菌群落结构有所差别，但均以乳酸菌为主，其中以乳杆菌属、乳球菌属、魏斯氏菌属最为显著（图 4-1）。

4.1.2 酒醪微生物群落结构

随着科技的发展和现代酿造设备的引进，目前按照发酵方式来分，黄酒主要分为传统工艺手工黄酒和机械化工艺黄酒。由于机械化工艺黄酒在温度、湿度等环境因素要比传统工艺手工黄酒更容易实现标准化控制，因此机械化工艺生产的黄酒酒醪的微生物结构比传统工艺手工黄酒酒醪的微生物结构更稳定。

研究表明，黄酒发酵醪液中细菌的多样性要远高于麦曲中细菌的多样性。机械化工艺黄

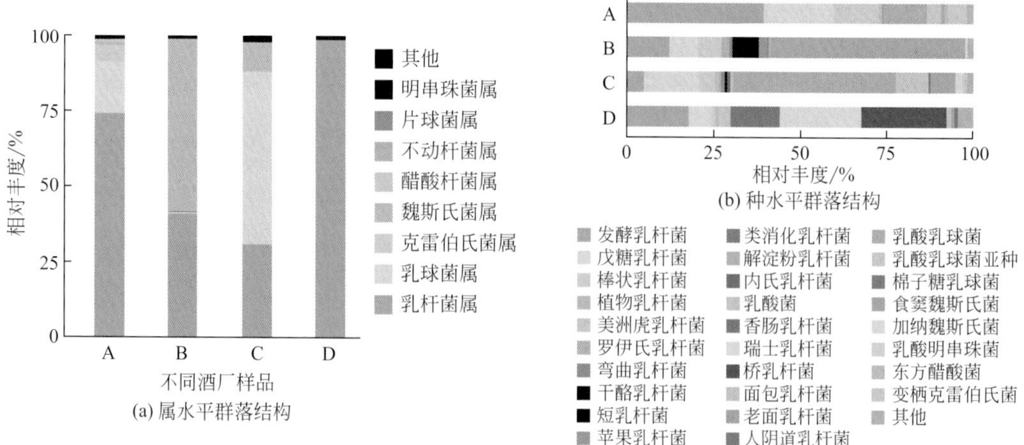

图 4-1 绍兴地区 A、B、C、D 四个酒厂浸米水样品中细菌群落结构组成

彩图 4-1

酒醪中共鉴定出 135 个细菌属，相对丰度在 0.01%以上的包括 20 个细菌属和 3 个真菌属（图 4-2），丰度前十的原核生物属依次为糖多孢菌属（*Saccharopolyspora*）、葡萄球菌属（*Staphylococcus*）、乳杆菌属（*Lactobacillus*）、链霉菌属（*Streptomyces*）、多孢放线菌属（*Actinopolyspora*）、拟无枝酸菌属（*Amycolatopsis*）、乳球菌属（*Lactococcus*）、糖单孢菌属（*Saccharomonospora*）、假诺卡氏菌属（*Pseudonocardia*）、*Sciscionella*。其中糖多孢菌属是黄酒发酵醪中相对丰度最高的细菌，在发酵过程中含量也呈一定的上升趋势。糖多孢菌属是黄酒麦曲和发酵醪中特有优势菌种，也是放线菌目中的主要菌群，在发酵液中含量可达 50%以上。糖多孢菌能产生多种生物活性物质，如抗肿瘤抗生素、多种酶类、酶抑制剂等，并且具有耐盐、耐热的抗逆特性。对具体黄酒样品中的微生物结构进行研究分析，发现虽然机械化工艺黄酒接种了纯种的黄曲霉和酿酒酵母，发酵 25h 样品中糖多孢菌属相对丰度仍可高达 38.26%，发酵 312h 样品中的相对丰度甚至高达 54.77%，说明糖多孢菌在黄酒发酵醪中具有较高的生长优势。葡萄球菌属、乳杆菌属和乳球菌属为厚壁菌门，发酵过程中葡萄球菌属和乳杆菌属相对丰度下降，乳球菌属相对丰度在前酵期间降低，在发酵 120h（F120h）样品中相对丰度最低为 0.41%，而在 312h 时（F312h）相对丰度上升到 0.92%。链霉菌属、多孢放线菌和拟无枝酸菌在发酵过程相对丰度也均有所上升，在 24h 相对丰度分别为 1.49%、1.06%和 0.88%，在 312h 三者的相对丰度分别为 2.62%、1.87%和 1.44%。

相对丰度在 0.01%以上的真菌有酵母属（*Saccharomyces*）、曲霉属（*Aspergillus*）和笄霉属（*Choanephora*）。酵母是黄酒发酵中产酒精和风味物质的主要微生物，酵母属在机械化工艺黄酒发酵醪中的丰度仅次于糖多孢菌属，其生物量在发酵过程中先增加后下降，在前酵 72h（F72h）丰度最高为 25.01%，在后酵中期 312h（F312h）的相对丰度为 11.34%。曲霉属主要由麦曲带入，主要在前酵期发挥糖化和液化作用，前酵 24h 时（F24h）相对丰度最高为 11.93%，而后丰度降低。这样的变化可能是由于前酵期间发酵醪含有大量的淀粉且通气搅拌有助于曲霉属的增长。笄霉属（*Choanephora*）属于毛霉菌目（Mucorales），仅在后酵的两个样品 F120h 和 F312h 中检测到，相对丰度分别为 0.37%和 0.31%（图 4-2）。

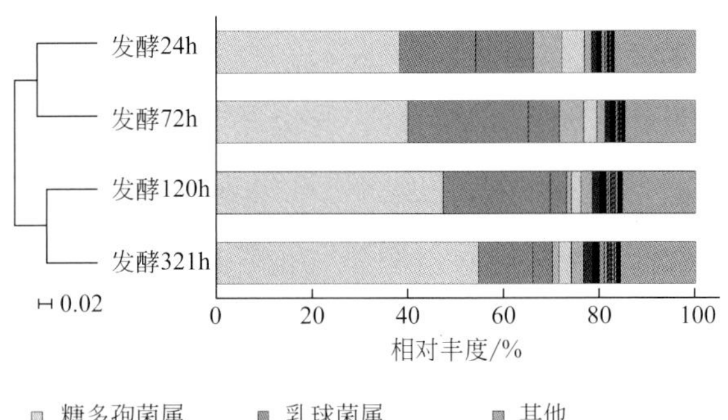

彩图 4-2

图 4-2 传统工艺机械化黄酒发酵过程中微生物在属水平（0.01%以上）的分布

研究发现发酵第 7 天是手工酒的关键时期，此时短乳杆菌属在第 7 天达到最高丰度，而在短乳杆菌属成为优势菌属时会造成黄酒的酸败。植物乳杆菌也可能是影响机械化工艺黄酒品质的一个因素，因为这种细菌可以进行苹果酸发酵，苹果酸被分解为乳酸从而可以降低黄酒酸度。此外植物乳杆菌还能分泌具有抗菌活性的细菌素，这有助于确立对其本身有利的发酵优势。

4.1.3 陈酿酸败黄酒微生物群落结构

陈酿是提升黄酒品质、协调酒中各成分的必要途径。由于黄酒中不添加防腐剂，富含的氨基酸等营养物质也就成了部分微生物的营养源，黄酒的贮存期也就成了污染微生物繁殖的最佳时期。坛装黄酒在贮存过程中会因坛漏、包装损坏及灭菌不彻底等因素而引起浑浊酸败。低度黄酒由于个别罗口瓶盖的密封性问题，易在灭菌机后段快速冷却时吸入细菌引起污染而酸败。较之于瓶装黄酒和坛装黄酒，袋装黄酒的酒精度数较低，但蛋白质含量和另外两种包装的酒差不多，可作为更多种类微生物的培养基。此外，其杀菌方式与瓶装黄酒灌瓶后的杀菌方式也不相同，袋装黄酒是在杀菌后冷却到一定温度灌装，灌装时往往会带入污染微生物，自然就提高了陈化、酸化等问题发生的概率，更容易出现胀气和酸败。

有机酸变化的正常与否是评价黄酒品质的重要指标，酸不仅仅可以缓冲黄酒中不愉快的味道，还是一种必不可少的呈味物质。但是当陈酿黄酒酒体中的微生物大量繁殖，产生过量乙酸和乳酸时，就会导致酸败现象。在干型黄酒中，当酸度大于 4.5g/L 后，黄酒味道会偏酸，但酒精度正常，依然在合理范围内；当酸度超过 7.0g/L 后，黄酒中产生刺激的酸味且酒香味受损，一定程度上发生酸败；当酸度高于 10.0g/L 后，黄酒会发出明显的酸臭味，称为严重酸败。黄酒酸败可分为两类：生菌膜酸败（醋酸酸败）和非生菌膜酸败（乳酸酸败）。在异常情况下黄酒遭到微生物的污染，微生物消耗分解酒中糖、蛋白质等营养物质，快速增长大量繁殖，产生有机酸。一般在低酒度、有氧的条件下容易发生醋酸酸败，某些醋酸菌将酒精氧化为醋酸，可以将所有酒精都消耗掉；在酒度较高、环境封闭的条件下容易发生乳酸酸败，一般都是在包装完好的酒坛中发现乳酸酸败的情况，醋酸酸败较少发现。

通过传统培养方法对酸败黄酒中的微生物进行分析，发现分离到的微生物主要为酵母、乳酸菌、醋酸菌和霉菌。酵母分别呈圆形或椭圆形、腊肠形、卵形、长柱形，多数为酵母属、汉逊氏酵母属、毕赤酵母属、酒香酵母属、产膜酵母属和裂殖酵母属。细菌主要为乳酸菌，乳酸菌酸败使得酒体中乳酸乙酯含量远高于同批合格酒品，部分甚至高达正常酒品的22倍。部分研究也发现假单胞菌污染的黄酒酒体中93.1%的污染微生物为杆状假单胞菌，假单胞菌在有氧条件下可分解葡萄糖生产乙酸，但不产气。因此，假单胞菌污染黄酒不会发生包装膨胀的问题，受到假单胞菌属污染的黄酒也不易发现。另外，有部分陈酿酸败黄酒中发生生菌膜酸败，主要微生物为醋酸菌。酸坛黄酒中还分离培养到乳链球菌、戊糖片球菌、短芽孢杆菌和类芽孢杆菌等微生物。

研究发现，从上海地区（JS）、绍兴地区（KS、KJ、TS）的黄酒厂采集了四种坛酒酸败样品，抽取四种黄酒酸败酒样微生物属水平中含量超过1%的细菌，发现其中乳杆菌属（*Lactobacillus*）在上海地区酸败黄酒中占据了主要地位，此外还含有少量的弓形杆菌属（*Arcobacter*）和丛毛单胞菌属（*Comamonas*）等。而绍兴地区酸败黄酒中主要包含乳杆菌属（*Lactobacillus*）、肠杆菌属（*Enterobacter*）、不动杆菌属（*Acinetobacter*）、黄杆菌属（*Flavobacterium*）、栖热菌属（*Thermus*）、无氧芽孢杆菌属（*Anoxybacillus*）、魏斯氏菌（*Weissella*）、水杆菌属（*Aquabacterium*）、糖多孢菌属（*Saccharopolyspora*）等（图4-3）。

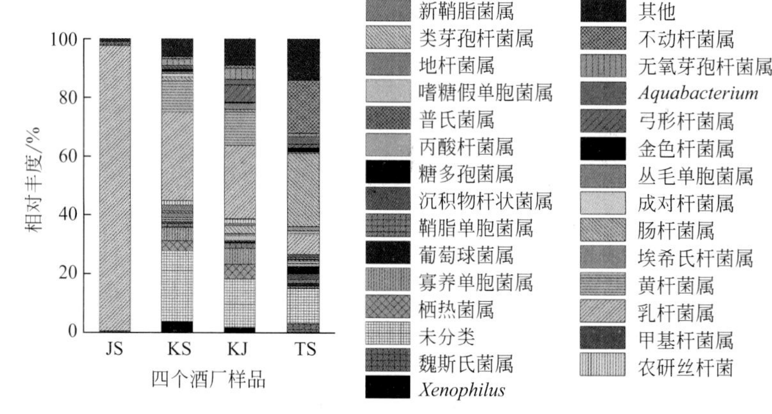

彩图4-3

图4-3 四种酸败黄酒中主要细菌属水平相对丰度的比较

在种水平上进行丰度对比，可以清晰地看出绍兴地区3个黄酒酸败样品在微生物群落上的复杂性与均匀性，这也在侧面体现了绍兴地区微生物的丰富度和黄酒制作工艺的多样性。绍兴地区酸败黄酒中菌株的种类和比例非常地相似，植物乳杆菌（*Lactobacillus plantarum*）、戊糖乳杆菌（*Lactobacillus pentosus*）和琥珀黄杆菌（*Flavobacterium succinicans*）构成了主要的菌种。而上海酸败黄酒可鉴定到的细菌种数量非常少，绝大多数是耐酸乳杆菌（*Lactobacillus acetotolerans*），结构比例不够协调。说明不同地区的坛酒酸败黄酒样品，细菌的主要种类也是有所区别的，这也与每个黄酒厂家不同的酿造原辅料（麦曲、酒母、大米和酿造用水）、独特的酿造工艺和环境等息息相关（图4-4）。

抽取四个黄酒酸败样品中相对丰度含量超过1%的真菌，在属的水平上进行对比，发现其中酵母属（*Saccharomyces*）在上海酸败黄酒样品中占据了主要地位，但是在绍兴地区酸败黄酒样品中酵母的含量却非常少。此外，上海酸败黄酒样品中还含有一定量的曲霉属

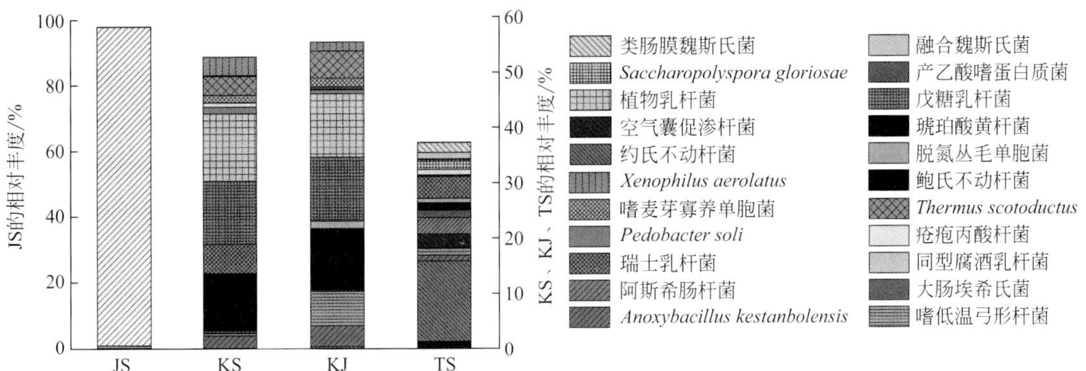

图 4-4 四种酸败黄酒中主要细菌种水平相对丰度的比较

(*Aspergillus*) 和糜菌属 (*Millerozyma*)、银耳属 (*Tremella*)、枝孢属 (*Cladosporium*)、隐球菌属 (*Cryptococcus*) 和威克汉姆酵母属 (*Wickerhamomyces*) 等。而绍兴地区酸败黄酒样品中的真菌绝大多数隶属于小穴壳菌属 (*Dothiorella*)；浙江酸败黄酒样品中的真菌主要包含小穴壳菌属 (*Dothiorella*)、*Kodamaea*、异常威克汉姆酵母 (*Wickerhamomyces anomalus*)、曲霉属 (*Aspergillus*)、酵母属 (*Saccharomyces*)、毕赤酵母属 (*Pichia*) 和隐球菌属 (*Cryptococcus*)(图 4-5)。这足以说明不同地区的酸败黄酒中微生物群落的显著差异性。

彩图 4-4

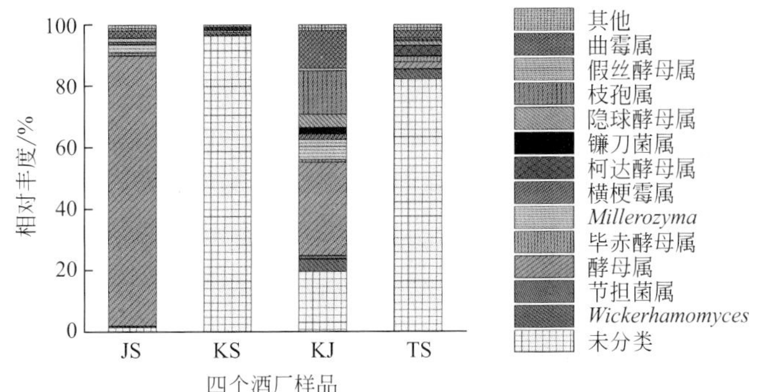

彩图 4-5

图 4-5 四种酸败黄酒中主要真菌属水平相对丰度的比较

在种的水平上对真菌的丰度进行对比发现，上海黄酒酸败样品中酿酒酵母 (*Saccharomyces cerevisiae*) 占据了主要地位，此外还含有曲霉属的种和糜菌属的种。而绍兴地区黄酒酸败样品中的真菌主要包括小穴壳菌 (*Dothiorella gregaria*)、酿酒酵母 (*Saccharomyces cerevisiae*)、黑霉菌 (*Cladosporium cladosporioides*)、产担孢子酵母 (*Basidiosporogenous yeasts*)、其他曲霉属的种 (*Aspergillus* spp.)、其他发菌科的种 (Other Trichocomaceae spp.)、其他银耳属的种 (*Tremella* spp.)、糜菌属的种 (*Millerozyma*)、异常威克汉姆酵母 (*Wickerhamomyces anomalus*)、浅白色隐球酵母 (*Cryptococcus albidus*)、温特曲霉 (*Aspergillus wentii*)、尖孢镰刀菌 (*Fusarium oxysporum*)、横梗霉 (*Lichtheimia ramosa*) 和耐盐真菌 (*Wallemia muriae*) 等。由此可以明显地看出绍兴地区黄酒酸败样品中真菌群落的复杂性与多样化 (图 4-6)，这也可能是绍兴地区黄酒与上海黄酒品质特色方面差异的缘由之一。

彩图 4-6

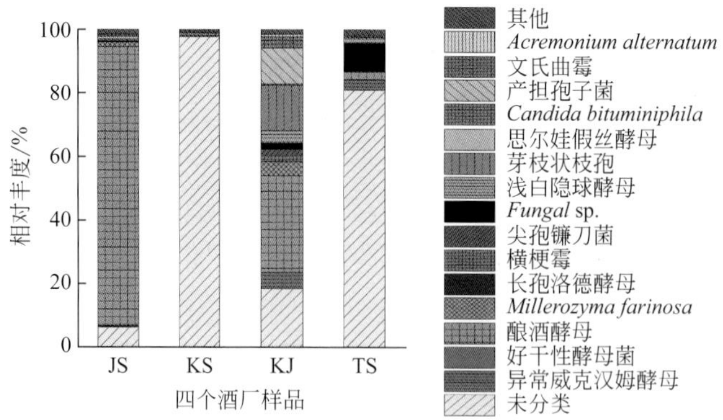

图 4-6 四种酸败黄酒中主要真菌种水平相对丰度的比较

4.2 酿造微生物的重要来源

自从巴斯德和李斯特时代以来，大多数食品微生物学的研究本质上都是还原论，确定影响食物的关键微生物及其生物学、生态学特性。然而在最近 20 年内微生物生态系统的研究引发了食品微生物学的新革命，涌现出许多用来研究微生物群落的新型工具和技术，这样方便对食品生态系统的进一步研究。对微生物群落的探索使我们发现食品微生物学并不是孤立的，而是完整生态系统的一部分，同时可以进行微生物溯源、微生物进化以及阐述微生物与人类生活健康关系方面的研究。

近年来，人造结构（称为“建筑环境”）的微生物群引起了广泛的关注。处于这样环境的微生物群会影响人们的生活和健康，比如空气质量、产生毒素、过敏、病原体传播等。人们的食物长期在人工条件下加工、包装、储存、运输等，这样的食品加工环境及其相关微生物生态系统对食品质量和安全具有极大的重要性。“建筑环境”微生物学的发展领域由于 DNA 测序能力的提高及“大数据”技术的发展而逐步壮大起来，比如监测环境条件、分析大量多样的数据集。但无论是通过最初的建筑设计还是周期性干预，我们对如何通过控制建筑环境条件来控制本土微生物群落的技术掌握仍然是非常有限的。气流、温度、清洁程序和湿度显然会影响建筑环境中的微生物群落。独特的微生物生态系统已经演变成能够应对室内环境的挑战，从而形成了与现代人类活动相互作用最密切的微生物群落。

微生物活动是食品加工系统的固有特征，会影响食品的质量和安全性，包括啤酒在内的发酵食品还具有微生物活性高的特点。现代食品发酵模式中许多微生物（包括细菌和真菌）都会影响食品的品质。有些会使其变质，有些会给其带来不好的口感，甚至对使用者的健康造成伤害。但是，微生物也是食品生产中重要的成分。

通过了解微生物在食品加工设备间的转移有助于评估它们对食品的影响。有研究人员使用基于扩增子的测序技术来研究微生物是如何在奶酪和肉类加工环境间转移来使食品腐败。在酿酒厂，季节的变化会导致设备表面微生物群落发生变化。不同设备表面微生物的不同反映出由关键设备表面引导的微生物的双向转移。同样，细菌通过在牛排加工厂的双向转移最终出现在尸体、加工肉类和环境表面，增加了产品污染。

4.2.1 清酒厂中微生物的生态分布

人们自古以来就利用食物发酵来提高其产品的安全性、稳定性、风味和营养价值。传统发酵过程是由真菌和细菌自发进行的，它们源于原材料、初始发酵剂及生产加工环境。其中，生产加工环境是食物发酵过程微生物菌群的不确定来源，与它相关的微生物生态系统对食品质量安全具有重要意义。日本清酒的天然发酵是微生物群落的动态演替过程，驱动其发酵过程的微生物就普遍存在于生产环境中。

清酒发酵生产显然包括了起着发酵作用的细菌和真菌。最初阶段是酒曲的制备，它是一种半需氧固态发酵，其中的微生物主要由黄曲霉米色亚种（*Aspergillus flavus* var. *oryzae*，是唯一接种到酒曲中的微生物）、芽孢杆菌和葡萄球菌及其他复杂可变的不定菌群组成。在酒曲和曲房环境中可以检测到黄曲霉是主要的优势真菌，反映出黄曲霉是唯一接种入酒曲的菌种。种子罐是清酒生产的下一个阶段，将酒曲和蒸熟的米饭、水一起落料，驱动微生物群落发生剧烈变化并开始进行乙醇发酵。黄曲霉、芽孢杆菌及其他微生物迅速减少，很可能是因为水合作用导致需氧菌减少，这样酿酒酵母、乳酸杆菌、乳球菌和克雷伯菌迅速繁殖。当开始进行主发酵时，在这个阶段出现大量的芽孢杆菌和明串珠菌、葡萄球菌，与酒曲细菌组成成分类似。在蒸煮大米时芽孢杆菌可以存活并在乙醇产生、氧气减少之前在大米表面生长，从而在所有发酵罐槽中出现大量的芽孢杆菌。芽孢杆菌在其他米酒和固态发酵中也有过报道，其产生的淀粉酶是糖化的重要物质。发酵过程中的常见模式是发酵早期以葡萄球菌和芽孢杆菌为优势菌种，之后乳酸杆菌接替二者的位置成为优势菌种，因此推测出可能在发酵后期细菌产生了有利于乳酸杆菌繁殖的生长因子。

清酒酿造过程中检测到的不定微生物菌群都能在酿酒厂环境中检测到（图 4-7），说明酿造微生物来源于生产加工环境。在主发酵窖内，尤其是在发酵罐和陈化罐内及周边检测到大量细菌和真菌。其中最丰富的是酿酒酵母（99.9%最大相对丰度）和乳杆菌科（70.7%），其次是芽孢杆菌（40.8%）、克雷伯氏菌（10.7%）、乳球菌（10.3%）、淡色串珠菌（1.8%）、葡萄球菌（3.1%）和异常威克汉姆酵母（38.5%）。细菌和真菌在曲房和蒸饭室中比在主要的发酵车间中含量低。在发酵过程微生物较少出现在曲房和蒸饭室中，但是曲房和蒸饭室设备表面检测到的芽孢杆菌和葡萄球菌有更高的相对丰度，这与在酒曲发酵制剂中的发现相对应。虽然黄曲霉是酒曲中的优势菌种，但它在环境中检测到的频率较低（曲房内的相对丰度最高 73.5%，其他最高为 6.5%）。

在任何清酒发酵过程及加工环境中，未检测到除酿酒酵母以外的其他酵母。非酿酒酵母曾在其他的清酒研究以及食品加工环境报道过。与黄酒相似，清酒在进行了原料灭菌、蒸煮米饭，限制了与原料相关的微生物群转入发酵和加工环境中。在清酒和酒窖中检测到的一种非酿酒酵母是异常威克汉姆酵母，其通常在发酵饮料和其他食品中存在。

4.2.2 酿造环境是微生物的重要来源

在清酒发酵中检测到的大多数生物在整个发酵设备及其表面也能检测到，特别是在加工过程中的设备和发酵罐。由于这些发酵完全取决于不定微生物的生长，它们在发酵设备的存在证明了表面接触可能导致微生物在发酵过程中的双向转移。通过关键设备表面矢量化，不同设备上的微生物能反映出环境中偶然的基质、微生物在发酵过程中的双向转移。在奶酪工

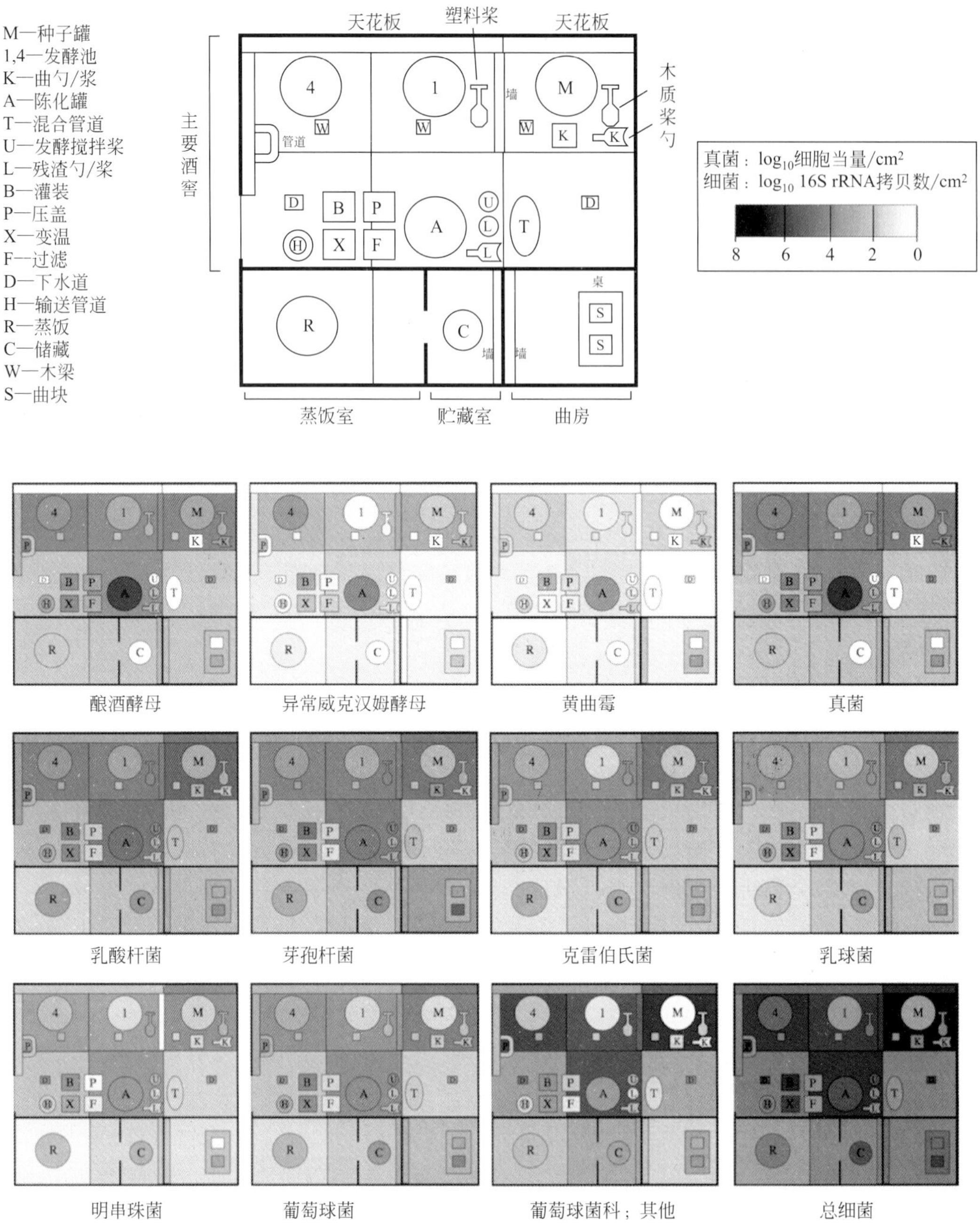

M—种子罐
1,4—发酵池
K—曲勺/浆
A—陈化罐
T—混合管道
U—发酵搅拌浆
L—残渣勺/浆
B—灌装
P—压盖
X—变温
F—过滤
D—下水道
H—输送管道
R—蒸饭
C—储藏
W—木梁
S—曲块

天花板 塑料桨 天花板 木质桨勺 主要酒窖 管道 墙 桌 蒸饭室 贮藏室 曲房

真菌：$\log_{10}$细胞当量/cm^2
细菌：$\log_{10}$ 16S rRNA拷贝数/cm^2
8 6 4 2 0

酿酒酵母 异常威克汉姆酵母 黄曲霉 真菌

乳酸杆菌 芽孢杆菌 克雷伯氏菌 乳球菌

明串珠菌 葡萄球菌 葡萄球菌科；其他 总细菌

图 4-7 加工环境中的微生物驱动清酒酿造

楼层平面图（顶部）描述了所分析的所有环境表面。微生物热图显示发酵中高丰度的微生物绝对丰度值，以 qPCR（quantitative real-time PCR，实时荧光定量 PCR）数据表示细菌和真菌菌落总数。其他分类群的估计丰度是标记基因序列相对丰度（序列计数/总序列计数）乘以 qPCR 对象的绝对丰度。颜色渐变对数比例表示在右上角。白色表面表示低于检测限

厂，由于工厂基层和加工步骤逐步形成了设备表面的微生物群落并开始进行发酵。不同的奶酪加工工厂的发酵罐表面是有区别的，本土的微生物群落主要占据着发酵罐表面，形成了基础的微生物群，导致奶酪制作的地域性差异。

与手工奶酪、清酒制作工艺类似，单独的黄酒酿造厂也可能拥有独特的本土基础微生物群。地域、季节和人类的参与都会改变生产设备表面的微生物群落。随着一年四季的变化，微生物群落使得产品的风味和质量发生季节性波动，如凉爽的环境会抑制腐败，所以仅在冬季酿造传统工艺手工黄酒。为了建立酿酒微生物的稳定性和区域性，有必要对多个黄酒酿造厂、多个季节进行深入研究。

基于已有研究推测，黄酒酿造环境中常驻的本土微生物群在生产发酵过程中起着重要的驱动作用。发酵过程中的微生物基因序列与栖息于生产环境中的微生物群落结构相一致，体现了传统食品发酵过程中微生物的接触传播和转移途径。研究生产环境中的微生物群落是了解黄酒生产系统中的生态学的一种有价值的方法，并且可应用于其他食品系统，为提高过程控制和食品安全有重要意义。

4.3 黄酒酿造主要微生物的代谢特性

微生物自身的生长代谢网络十分复杂，复杂的代谢机理产生丰富的风味物质和功能性物质。早先对黄酒功能菌的研究仅限于酵母菌、糖化菌、产酸菌，随着对黄酒酿造微生物群落结构和风味物质了解的深入，开始关注黄酒风味物质和功能物质的形成机制，并对黄酒酿造中复杂的微生物群落的功能特征展开了研究。研究黄酒微生物的功能特征和筛选功能微生物，有助于加强对黄酒风味物质及功能物质形成机理的认识，指导黄酒的生产。

黄酒发酵的特点是酵母菌、霉菌和细菌多菌种协同作用混合发酵，同时开放式的发酵环境能够使黄酒在酿造过程中的任何时段都有可能引入新的微生物。双边发酵（糖化与发酵同时进行），前酵温度较高，营养物质丰富；后酵温度低，发酵时间长。由于黄酒酿造的环境复杂且存在微生物之间的相互作用，传统实验方法难以研究群落微生物的结构、代谢特性和功能（风味）的关系。而随着高通量技术兴起，对环境微生物的研究也进入大数据时代，可以通过数据统计、功能注释研究微生物群落结构、代谢特性与功能（风味）的相关性。宏基因组测序可提供更多的信息，通过与各类数据库进行比对注释，可以获得微生物群落的结构特征和功能特征。随着测序技术的发展和成本的降低，宏基因组测序在食品领域得到广泛应用，为研究发酵食品中微生物结构、代谢特性和功能（风味）微生物奠定了基础。根据风味物质的变化趋势和发酵工艺的关键控制点选定测序样品，对黄酒样品进行 DNA 提取和宏基因组测序并通过物种和功能注释，可以对黄酒微生物群落的结构、代谢特性与功能进行研究。

4.3.1 黄酒酿造中的真菌代谢特性

酵母是主要的产酒微生物，通过分离培养和发酵实验，发现酵母纯培养发酵可产生大部分风味物质，不同的黄酒酵母发酵对黄酒的基本理化指标没有显著影响，但黄酒的风味物质有显著差异。对福建红曲黄酒来源的 10 株非酿酒酵母和 2 株酿酒酵母进行研究，发现 12 株酵母产生的主体风味物质为醇酯类，8 株非酿酒酵母与酿酒酵母的发酵能力无明显差异，而产生的风味总量有差异。比较不同酿酒酵母菌株产 β-苯乙醇的能力，发现在无氨基酸培养基中来自浙江和上海的 2 株黄酒酵母几乎不产 β-苯乙醇，推测 2 株黄酒酵母侧重于 Ehrlich

途径合成β-苯乙醇，这与啤酒和日本清酒酵母菌有较大的区别。对1株高产酯的维克汉姆酵母中乙酸苯乙酯的合成途径进行研究，发现此菌株中醇酰基转移酶合成途径对乙酸苯乙酯的合成有贡献，但酯酶合成途径对其更为关键。

曲霉属、根霉属、毛霉属、青霉属真菌是黄酒中的主要丝状真菌，其中曲霉属是广泛应用于酿酒的真菌类群，具有较高的糖化能力，同时对高糖和高盐有较强的耐受性，对分解淀粉质等多糖有着重要的作用。根霉属真菌不仅能够产生糖化酶、液化酶，将淀粉转化成小分子糖类物质，还能够生产酒精，并产生乙酸乙酯、乳酸乙酯、异丁醇、异戊醇、乙醛等风味物质。根霉中的米根霉营养要求简单，分泌酸性蛋白酶的能力较强，能发酵生产L-乳酸，故对黄酒风味的形成产生一定的影响。米根霉还是甜酒曲中主要的霉菌，对甜酒的发酵至关重要。曲霉属真菌可以分泌淀粉酶、蛋白酶、肽酶等多种酶类至环境中，对后酵中残余淀粉的水解有重要作用。烟曲霉具有条件致病性，但也可以产生植酸酶、几丁质酶等多种酶类，在酶工程领域有重要的用途。毛霉属具有丰富的复合酶系，能够分泌糖化酶、α-淀粉酶和蛋白酶等。

在黄酒酿造过程中，酒精和还原糖的含量不仅是保证黄酒质量的最重要的理化指标，它们的变化情况也间接反映了黄酒中微生物的生命活动状态。黄酒发酵前酵期主要是霉菌将淀粉等大分子物质降解为葡萄糖等小分子化合物，以及酵母菌通过有氧呼吸大量繁殖。为满足霉菌、酵母等对氧气的需要，一般会在发酵8～10h后通气1～2h，因此发酵起始还原糖含量处于较高水平、酒精含量较低。接下来的发酵过程中，好氧微生物的生理代谢消耗了发酵液中大量的氧气，使发酵体系形成一个缺氧环境，以酵母菌为主并包含部分细菌的微生物开始进行厌氧发酵，代谢葡萄糖等物质产生大量乙醇，使酒精含量迅速升高，还原糖含量减少。发酵4天后进入后酵期，温度较前酵低，环境变得恶劣，不再适合酵母菌的生长，此时酵母菌代谢缓慢，但仍有多种微生物进行代谢活动，产生复杂的风味物质。

江南大学联合传统培养方法对黄酒接种生麦曲中微生物进行分离培养及鉴定，测定了分离培养微生物制作熟麦曲的糖化酶、α-淀粉酶及酸性蛋白酶活力，同时对熟麦曲中挥发性风味成分的种类和含量进行了分析。初步对接种生麦曲中的酶活和风味物质进行溯源，进而了解黄酒酿造中微生物的代谢特性。发现霉菌是麦曲中糖化酶、α-淀粉酶及酸性蛋白酶的主要贡献者。以米曲霉接种制作的熟麦曲3种酶活的活性都很高，说明米曲霉确实是高产酶活的优良菌株，同时也说明了工厂采用改良过的黄曲霉苏-16进行接种制曲的科学性。黄曲霉不仅产酶活力高，同时由三代测序结果可知其在微生物群落结构中的相对丰度达到了22.72%，可见黄曲霉在接种生麦曲酶活方面充当着非常重要的角色。除了黄曲霉能够高产糖化酶外，霉菌中的烟曲霉（*Aspergillus fumigatus* JF9）也有着较高的糖化酶生产能力[563.1mg/(g·h)]，其次是芽枝状枝孢霉（*Cladosporium cladosporioides* JF10）、斜卧青霉（*Penicillium decumbens* JF1）及微小根毛霉（*Rhizomucor pusillus* JF2）、产黄青霉（*Penicillium chrysogenum* JF12）及红色红曲霉（*Monascus ruber* JF5）。

而在黄酒酿造所制作的纯种麦曲中，上述霉菌中部分霉菌的糖化酶生产活力却比较低。霉菌中黄曲霉苏-16依然是α-淀粉酶的主要来源，接种生麦曲中分离筛选菌株产α-淀粉酶活力较高的微生物是黄曲霉及黑曲霉（*Aspergillus niger*），其中斜卧青霉（*Penicillium decumbens* JF1）、产黄青霉（*Penicillium chrysogenum* JF4和JF12）在制作的熟麦曲中没有检测到α-淀粉酶活力。库德里阿兹威（氏）毕赤酵母（*Pichia kudriavzevii* JY4）、酿酒酵母（*Saccharomyces cerevisiae* JY5）、弗比恩酵母（*Cyberlindnera fabianii* JY7 和 JY10）在制作的熟麦曲中检测到了α-淀粉酶活力，其中酿酒酵母 JY5 制作的熟麦曲的α-淀粉酶活力相对较高。枯草芽孢杆菌 JX6 和解淀粉芽孢杆菌（*Bacillus amyloliquefaciens* JX13）在制作的熟麦曲的α-淀粉酶活力分别达到了 5.62g/(g·h) 和 8.66g/(g·h)，产酶能力要高于米曲霉，较高的产酶性能除了能够更快分解物料，同时代谢产物可能对熟麦曲风味也有着一定的影响。

酸性蛋白酶的高低与曲香味可能有着更直接的联系，它降解原料中蛋白质形成的小分子物质，这些小分子物质是麦曲中风味物质重要的前体化合物。从接种生麦曲分离筛选出的菌株中黄曲霉和烟曲霉 JF9 在接种制作的熟麦曲中具有相对较高的酸性蛋白酶活力，其次是黑曲霉和微小根毛霉 JF2。酵母菌中除了酿酒酵母 JY5 外，克鲁斯假丝酵母（*Candida krusei* JY6）、弗比恩酵母 JY3 和 JY9 制作的熟麦曲中也检测到了酸性蛋白酶酶活，这可能是非酿酒酵母对黄酒风味也有贡献的原因之一。

以分离培养的微生物制作纯种麦曲测定其中的挥发性风味物质的种类及含量发现，产生醇类挥发性风味物质能力居于前五的对应菌种分别为酿酒酵母 JY5、克鲁斯假丝酵母 JY6、枯草芽孢杆菌 JX6、红色红曲霉 JF5 及米曲霉 JF6，含量分别达到了 6850.00μg/kg、1983.31μg/kg、1137.36μg/kg、1126.19μg/kg 及 1106.64μg/kg。其中酿酒酵母在接种生麦曲中的相对丰度为 2.16%，可以推断酿酒酵母可能对接种生麦曲挥发性风味物质中醇类化合物的产生具有较大贡献。纯种麦曲中酯类化合物产量超过 100μg/kg 对应的微生物主要是酵母，其中酿酒酵母 JY5 和克鲁斯假丝酵母 JY6 两株酵母的产酯香能力较为突出。对接种生麦曲进行微生物群落结构测定时并没有检测到克鲁斯假丝酵母，但其突出的产酯香能力可能对接种生麦曲中酯类挥发性风味物质产生也有一定的作用。通常认为假丝酵母具有较强的产酯能力和产 2-丁酮的能力。醛酮类化合物主要由霉菌类微生物产生，对纯种麦曲中生产醛酮类化合物含量高于 100μg/kg 按照从大到小排序，对应的微生物分别为黑曲霉（*Aspergillus niger* JF11）、微小根毛霉（*Rhizomucor pusillus* JF2）、米曲霉 JF6 及黑曲霉 JF7。有 3 株微生物制作的熟麦曲中芳香族化合物含量大于 500μg/kg，它们分别是米曲霉 JF3、酿酒酵母 JY5 和克鲁斯假丝酵母（*Candida krusei* JY6）。熟麦曲中含氮化合物产量较高相对应的微生物为米曲霉 JF3、产黄青霉菌（*Penicillium chrysogenum* JF12）及枯草芽孢杆菌 JX6。

微生物之间混合培养能够通过影响微生物的代谢来影响发酵，进而影响发酵食品的品质。黄酒的发酵过程是一个多菌种协同发酵的过程，不同微生物在发酵过程中所发挥的功能有所不同。黄酒独特的体系风格的形成不是单个微生物功能的简单加和，必须要通过微生物的协同作用，在微生物互作的基础之上实现整体微生物群落功能的升华。不同的菌株之间的物理缔合和分子相互作用可以导致多种不同结果，如共生、竞争、抑制等，因此，研究发酵过程中主要微生物之间的相互作用对于改善黄酒风味和舒适度具有重大意义。研究发现酿酒酵母菌和干酪乳杆菌共培养能够提高酵母产谷胱甘肽的能力，美极梅奇酵母（*Metschnikowia pulcherrima*）与酿酒酵母的混合发酵对风味物质的产生具有协同作用，可以产生更高浓度的脂肪酸、乙酯类及萜烯类物质。

黄曲霉苏-16 为不产黄曲霉毒素菌株。苏-16 在察氏培养基上培养菌落颜色为黄绿色，

背面为红棕色，菌丝则为丝绒状；而清酒酿造用米曲霉 MQ 正面颜色则为绿色，背面颜色为棕色，菌丝状态为绒毛状。所以在颜色方面苏-16 与米曲霉颜色差异并不巨大。AFPA 培养基能改善真菌的生长速率，特别是产黄曲霉毒素的曲霉菌种，由于来自柠檬酸铁的铁离子与曲霉酸反应产生颜色化合物，苏-16 的菌落底部发展出深橙黄色，对照菌株米曲霉 MQ 则为浅黄色，产黄曲霉毒素对照菌株黄曲霉 3357 为橙黄色（图 4-8）。从结果来看，菌株 MQ 为米曲霉，苏-16 为黄曲霉。

彩图 4-8

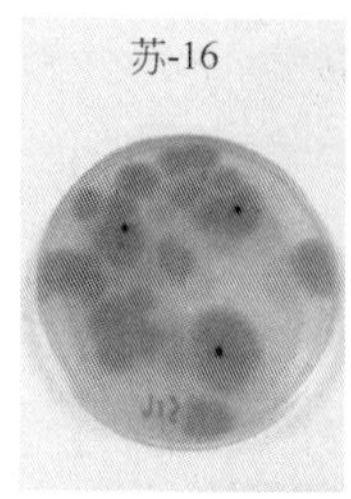

深橙黄色菌落

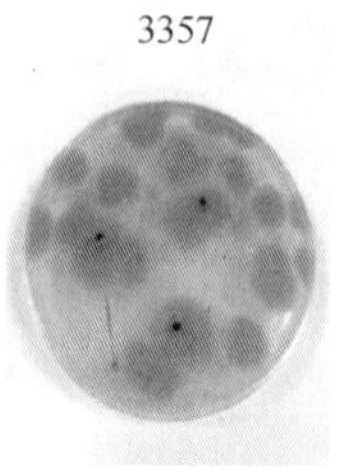

橙黄色菌落

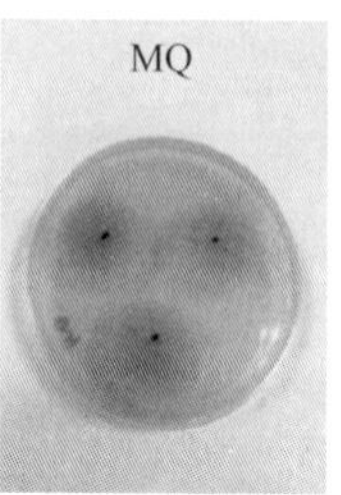

浅黄色菌落

图 4-8　AFPA 培养基中菌落背面颜色

黄曲霉毒素是一种由黄曲霉和寄生曲霉等真菌经过聚酮途径产生的次生代谢产物，是一组结构类似的化合物总称。黄曲霉毒素的结构通常包含 1 个双呋喃环和 1 个氧杂萘邻酮，天然产生的黄曲霉毒素根据其化学结构不同分为 B1、B2、G1、G2 四种；生物体摄取黄曲霉毒素后会被细胞内的 CYP450 等酶系氧化形成代谢产物，主要包括黄曲霉毒素 M1、M2、P1、Q1、B2a、G2a 等。研究表明发霉食品或食品中检测到最多的则为 AFB1。国家现行标准《食品安全国家标准　食品中真菌毒素限量》（GB 2761—2017）对酱油、醋、黄酒等发酵类食品的黄曲霉毒素 B1 的限量为 5μg/kg，小麦、大米、稻谷等的黄曲霉毒素 B1 的限量为 5μg/kg。根据国标方法通过高效液相色谱检测结果表明，黄酒酿造用菌株黄曲霉毒素 B1 含量小于 0.15μg/kg，G 族黄曲霉毒素均小于定量限或检测限。产黄曲霉毒素标准菌株 3357 黄曲霉毒素产量如表 4-1 所示，总量高达 30μg/kg 以上。黄酒酿造用菌株黄曲霉毒素产量远低于产黄曲霉毒素标准菌株，也远低于国标限量，符合国家限量标准。根据我国粮食、豆类及发酵食品中黄曲霉毒素 B1 允许量标准（GB2761—781）规定为≤5μg/kg，因此黄曲霉苏-16 并不属于产黄曲霉毒素菌株。

表 4-1　纯种曲霉麦曲中黄曲霉毒素含量

黄曲霉毒素	含量/(μg/kg)		
	黄曲霉苏-16	产黄曲霉毒素菌株 3357	清酒用米曲霉 MQ
B1	0.17	25.2	0.1264
G1	0.0476	5.95	0.12
G2	未检出	0.86	未检出

4.3.2　黄酒酿造中的细菌代谢特性

微生物对发酵过程中风味物质的产生起到了关键作用，正是由于发酵微生物代谢的多样性，促成了发酵食品风味的多样性。黄酒微生物中的细菌主要是芽孢杆菌属、糖多孢菌属和葡萄球菌属。其中芽孢杆菌属一般能够在不利的环境中以芽孢的方式生存，具有一定的耐强酸碱、耐高温的特点，多具有较强的淀粉酶、纤维素酶、蛋白酶和脂肪酶的分泌能力，能够分解淀粉、蛋白质等大分子物质从而生成有机酸等。同时芽孢杆菌还是重要的香气物质生产菌株，可以代谢形成双乙酰、含氮化合物等芳香物质。还有的芽孢杆菌在发酵过程中能为其他微生物提供前驱代谢底物。葡萄球菌降解蛋白质的能力较好，存在于香肠等发酵食品中，并对风味物质的形成有重要贡献。糖多孢菌属属于放线菌门，是一种新型、安全的生物功能菌，也是黄酒发酵及麦曲中优势菌种之一。从注释结果分析发现，糖多孢菌属可能与葡萄糖利用、氮利用、氨基酸合成、脂肪酸合成、甘油三酯水解等有着重要联系，而与乙醇、杂醇、酚类物质的生成关系较小。

细菌中的芽孢杆菌是主要的产酶菌株，枯草芽孢杆菌（*Bacillus subtilis* JX6）和解淀粉芽孢杆菌（*Bacillus amyloliquefaciens* JX13）作为单菌种接入制作的熟麦曲中糖化酶活力分别达到769.2mg/(g·h) 和694.5mg/(g·h)。其次木糖葡萄球菌（*Staphylococcus xylosus* JX4)、融合魏斯氏菌（*Weissella confusa* JX10)、醋酸钙不动杆菌（*Acinetobacter calcoaceticus* JX11）及瑞士乳杆菌（*Lactobacillus helveticus* JX5）在制作的熟麦曲中也有一定的糖化酶活力。由融合魏斯氏菌JX10制作的熟麦曲的糖化酶活力相对较低，只有164.5mg/(g·h)，但是该菌种在微生物群落结构中相对丰度较高，达到了15.37%，所以对接种生麦曲的糖化酶活力也有着重要的贡献。除芽孢杆菌外，熟麦曲中的木糖葡萄球菌JX4和头状葡萄球菌（*Staphylococcus capitis* JX17）也检测到了较高的酸性蛋白酶活力，这与相关报道具有一致性，同时戊糖片球菌（*Pediococcus pentosaceus* JX12）也有一定的产酸性蛋白酶的能力。细菌中除了芽孢杆菌中的枯草芽孢杆菌JX6外，葡萄球菌属的木糖葡萄球菌JX4、头状葡萄球菌JX17以及肠杆菌中的路德维希肠杆菌（*Enterobacter ludwigii* JX3）对酯类化合物也有着较高的生产能力。

乳酸菌是黄酒酿造过程中的优势微生物之一，可产生乳酸、少量乙酸和琥珀酸、微量醇醛等，占到黄酒酿造体系中细菌总量的70%以上，是黄酒酿造中的主要产酸菌。作为一种优良的发酵剂，乳酸菌广泛存在于酿造的各个环节，对发酵的正常进行以及黄酒中风味的产生具有重要的意义。黄酒发酵中乳酸菌的作用如下：

（1）调节发酵微生态环境

乳酸菌能够在较低的pH下生长繁殖，产生大量的乳酸，能够迅速降低发酵醪的pH值，从而抑制杂菌的生长，起到“以酸制酸”的作用；同时乳酸菌在生长过程中产生的有机酸、H_2O_2 等表现出一定的抑菌活性。在抑制致病菌的增殖同时还可以促进酵母、霉菌等有益菌的生长，从而调节了整个黄酒发酵体系中的微生态环境，保证了黄酒发酵的顺利进行。

（2）为发酵醪中的微生物提供营养物质

乳酸菌在生长代谢过程中不仅为其他微生物的生长繁殖提供了可以利用的维生素和氨基酸等生长素，还能够提高矿物元素的相关生物活性。有的乳酸菌能够将胨、多肽分解为相应的氨基酸，将淀粉和糊精分解为低分子量的寡糖或单糖，为酵母的生长繁殖提供营养物质，保证酒精发酵的顺利进行。

（3）促进发酵醪的糖化与发酵

一些乳酸菌的自溶能够产生生物活性成分和酸性多糖磷酸酯，这些成分能够促进原料米的溶解，从而有利于黄酒麦曲中微生物的生长繁殖，保证发酵醪的液化和糖化。

同时乳酸菌自身产生的一些酸性物质，使发酵醪处于酸性环境，保证了黄酒醪液发酵的顺利进行。

（4）促进黄酒风味物质的生成

所谓"无酸不成酒"，黄酒中的酸度主要取决于有机酸，其含量、种类与黄酒最终的品质优劣、产品类型有很大的关系。有机酸在黄酒中具有十分重要的作用，有机酸能够有效调节黄酒发酵过程中的酸碱平衡，影响成品黄酒的色泽、风味及生物稳定性。适量的有机酸在黄酒发酵过程中能够起到"以酸制酸"的作用，同时能够有效地降低黄酒的甜度，增强黄酒的浓厚感，且具有协助、缓冲其他风味成分的作用，同时有机酸在储存的过程中能够促进各种酯类物质的形成。

黄酒中的有机酸主要来源于乳酸菌，乳酸菌在生长过程中除产生乳酸外，也产生少量的乙酸、琥珀酸、富马酸、甲酸、丙酸及一些微量的醇、醛、酸。每种有机酸都有其独特的风味，只有各种呈味有机酸含量相互协调时，才能保证高品质的黄酒。柠檬酸具有爽口的酸味；乳酸具有微弱的香气，其酸味柔和且浓厚，也能够与其他有机酸相互融合，对黄酒口味起到一定的平衡作用，减少了辛辣味，增加了酒体的醇和度；琥珀酸的口味较复杂，既咸且苦，容易引起唾液的分泌，最富有味觉特征；酒石酸主要呈尖酸味；乙酸是一种挥发性的有机酸，少量则带有愉快的酸香味，过量的乙酸会引起黄酒的后苦和口硬感觉等。部分有机酸也是风味物质的前体，如乳酸可以被丁酸菌利用产生丁酸等，也可以通过酯化作用生成乳酸乙酯。

（5）提高黄酒的保健功能

黄酒酿造过程中某些乳酸菌通过自身代谢和协同作用能够产生 γ-氨基丁酸、胞外多糖、生物活性肽等生物活性物质，这些物质摄入到人体后能够促进机体代谢，提高免疫力等，赋予黄酒一定程度的保健功能。

4.3.3 黄酒酿造中的放线菌代谢特性

放线菌是黄酒酿造过程中微生物结构的优势微生物，在黄酒酿造过程中的菌落组成上占有重要地位。糖多孢菌属是好氧型革兰氏阳性菌，放线菌目的主要菌群，是黄酒酿造过程中微生物结构的优势属，也是麦曲中的优势属。其能产生抗生素、酶抑制剂、多种酶类等生物活性物质。小麦和水稻中的淀粉和纤维素在发酵过程中被微生物降解为葡萄糖、单糖和低聚糖。这些碳水化合物是产生乙醇等黄酒风味的主要底物。在三种酶（EC 3.2.1.4、EC 3.2.1.91、EC 3.2.1.21）的作用下，原料中的纤维素可被还原为葡萄糖。而糖多孢菌属均参与了纤维素的降解和淀粉的降解过程。因此此处选择糖多孢菌属作为放线菌的代表进行代谢特性的阐述。

4.3.3.1 糖多孢菌属的代谢特性

糖多孢菌属属于放线菌目、假诺卡氏菌科（Pseudonocardiaceae），最早由 Lacey 和 Goodfellow（1975）发现，随后由 Korn-Wendisch 等人进行了修订（1989）。糖多孢菌属呈球状或杆状，是好氧型革兰氏阳性菌，与报道的其他放线菌一样，其 DNA 中 GC 含量较高。其气生菌丝富含二氨基庚二酸、阿拉伯糖和半乳糖，与孢子形成珠状链。

糖多孢菌属具有广泛的栖息地，包括土壤、海洋沉积物、海洋无脊椎动物、植物和临床样品。糖多孢菌广泛分布在海洋环境中，其一半左右的物种（16 种）被描述为嗜盐或耐盐海洋放线菌。此外，大多数报道的陆生糖多孢菌被描述为嗜热、嗜碱和嗜盐放线菌，可产生耐热和耐溶剂的酶制剂。大多数糖多孢菌属物种具有耐盐和/或耐热性，从该物种获得的酶在许多生物技术领域，如工业、医学、环境和农业中具有巨大的应用潜力，相关酶较强的耐热、耐溶剂能力为该属微生物在酿酒过程发挥作用提供了有利条件。

同时糖多孢菌是多种具有重要医学意义次级代谢产物的丰富来源，如大环内酯类（如红霉素 A 和多杀菌素 A)、生物碱、醌、肽、寡糖和糖脂等次级代谢产物具有抗氧化、抗肿瘤、抑菌等生物学活性，部分还具有杀虫作用。

例如，1994 年从菌株 *Saccharopolyspora rectivirgula* 中首次纯化到了胞外热稳定的 β-半乳糖苷酶，这种水解酶在 70℃的温度下可稳定 22h，因此在高效利用乳糖生产寡糖的过程中，它有望用于高温下构建热稳定的固定化酶系统。2004 年从红色糖多孢菌（*Saccharopolyspora erythraea*）中发现了另一种 β-半乳糖苷酶，可水解含 α-1,6-糖苷键的半乳糖残基的碳水化合物。此外，从红色糖多孢菌中也分离纯化出了碱性磷酸酶，该酶参与红霉素 A 生产过程。红色糖多孢菌可利用一种称为 EryK 的 P450 细胞色素酶（一种 C-12 羟化酶）在红霉素 A 生物合成的最后阶段将红霉素 D 转化为红霉素 C，该关键酶已在大肠杆菌中克隆并异源表达，随后通过 X 射线晶体学分析对其结构进行了充分表征。通过设计红霉素 A 的生物合成途径，此类酶可用于开发新的大环内酯类抗生素。α-淀粉酶分离自海洋嗜盐嗜碱的糖多孢菌种 A9（*Saccharopolyspora* sp. A9)，对高温（100℃)、实验室表面活性剂、清洁剂和氧化剂表现出出色的稳定性，推测其在高温、高酒精度的苛刻的酿造条件下能够表现较好活力。

4.3.3.2 纯种糖多孢菌和酵母共酵用于黄酒酿造

江南大学传统酿造食品研究中心——毛健教授团队通过对比传统生麦曲和纯种麦曲发酵过程中理化指标的变化，进一步验证了糖多孢菌在黄酒发酵中的作用（图 4-9)。发现纯种麦曲分别为黄曲霉（*Aspergillus flavus*）纯种麦曲、米曲霉（*Aspergillus oryzae*）纯种麦曲、披发糖多孢菌（*Saccharopolyspora hirsute*）纯种麦曲、江西糖多孢菌（*Saccharopolyspora jiangxiensis*）纯种麦曲和植物乳杆菌（*Lactobacillus plantarum*）纯种麦曲。在分别与酿酒酵母采用传统工艺酿造方法共同发酵过程中，*S. hirsute* 组的起始发酵速率最快，显著高于其他组，其酒精度在 25h 时即达到 7%（vol)，到 300h 达到 16%（vol)。*S. jiangxiensis* 组的发酵速率较慢，在 300h 时酒精度只达到 7.9%（vol)。*A. oryzae* 组产酒率明显高于 *A. flavus* 组，说明 *A. oryzae* 促进了酿酒酵母的厌氧发酵。可能是由于 *A. oryzae* 在长期的纯种发酵过程中被驯化，表现出与酿酒酵母的协同作用，而 *A. flavus* 需要快速适应黄酒发酵复杂的微生物环境，在发酵前期完成糖化。而在黄酒发酵结束（300h）时两者的酒精度却没有显著区别。*L. plantarum* 组的发酵失败可能是由于植物乳杆菌产生了大量的有机酸，50h 后可滴定酸的含量达到 12.5g/L，这种酸可能抑制了酿酒酵母的生长和代谢。

随着发酵的进行，纯种发酵组的还原糖含量呈下降趋势，而传统工艺发酵组先升高后降低。这可能是由于生麦曲中微生物组成复杂，在发酵的早期，大量的微生物繁殖并消耗大量的还原糖。在 50h 时，当还原糖含量达到最大值，微生物群落趋于稳定时，酿酒酵母开始将大量还原糖转化为乙醇。在发酵初期，*A. flavus* 和 *A. oryzae* 组还原糖含量较高，这可能是由于 *A. flavus* 和 *A. oryzae* 具有较强的糖化能力。*S. hirsute* 在 25～50h 还原糖含量较

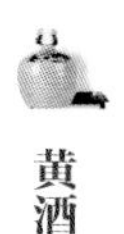

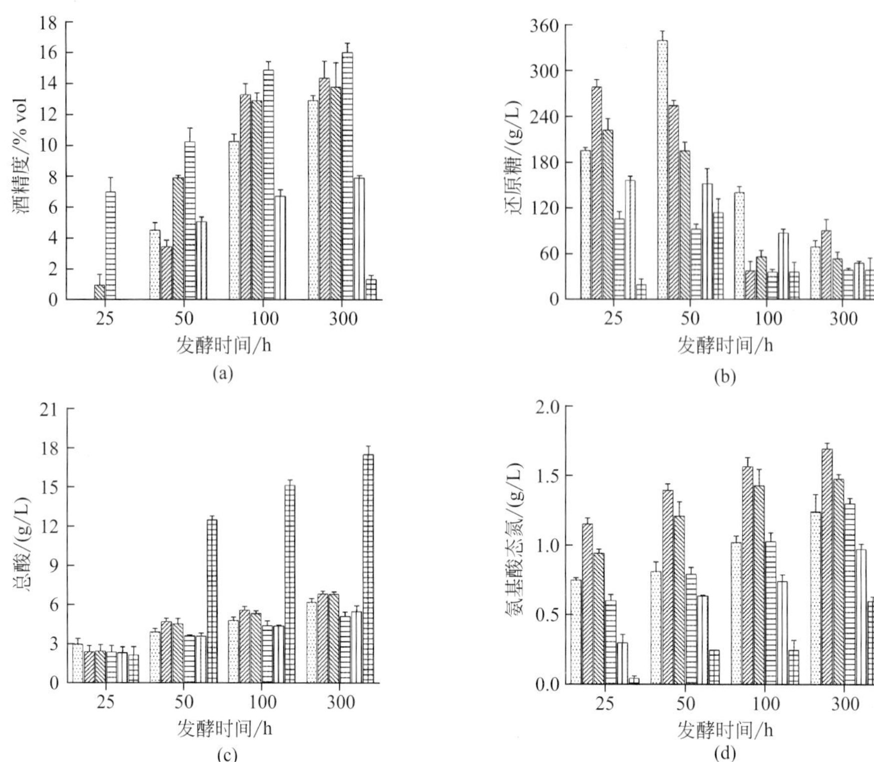

图 4-9 不同微生物与酵母共酵发酵黄酒过程中理化指标的变化

(a) 酒精度；(b) 还原糖；(c) 可滴定酸；(d) 氨基酸态氮

对照；黄曲霉；米曲霉；

披发糖多孢菌；江西糖多孢菌；植物乳杆菌

低，这可能是由于酿酒酵母将还原糖快速转化为乙醇所致。这表明 *S. hirsut* 可能促进了酿酒酵母的生长和代谢。*L. plantarum* 组还原糖含量先升高后降低，而酒精含量未见明显升高。300h 时，各组还原糖含量均下降到较低水平。

L. plantarum 组可滴定酸含量迅速增加到 17.50g/L，样品出现明显的酸败。这说明植物乳杆菌能将还原糖快速转化为乳酸，从而抑制酿酒酵母的生长和代谢。其余各组的有机酸含量随发酵时间的延长而增加，但保持在合理稳定的范围内［图 4-9 (c)］。

氨基酸态氮的含量不断上升。到发酵结束时，各样品的氨基酸态氮的含量在 0.60～1.69g/L 范围内，符合黄酒国家标准中的优级标准。*A. flavus* 和 *A. oryzae* 组的氨基酸态氮含量最高，这可能是由于曲霉产生蛋白酶的能力较强，可以水解蛋白质产生更多的氨基酸。*S. hirsute* 和传统工艺发酵组的氨基酸态氮含量无显著差异［图 4-9 (d)］。

采用主成分分析法对纯种和传统工艺发酵样品中风味成分的变化和相似性进行了分析。所有样本的 biplot 分析表明，前两个主成分的方差累积贡献率为 83.6%，这可以解释大多数发酵样本的风味差异。从图 4-10 可以看出，传统工艺发酵组与 *S. hirsute* 组和 *S. jiangxiensis* 组聚在一起，与曲霉（*A. flavus* 和 *A. oryzae*）组和 *L. plantarum* 组明显分离。这说明糖多孢菌参与了大多数风味物质的合成，并在黄酒发酵中起主导作用。

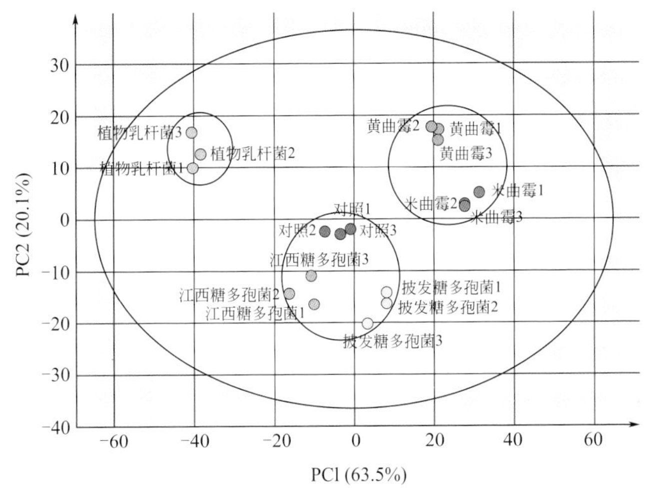

图 4-10 不同微生物与酵母共酵发酵黄酒的风味物质聚类

4.4 基于宏基因组学黄酒风味物质代谢合成网络

黄酒风味物质的来源主要有以下三个方面：其一，从原辅料中带入，如原料米、麦曲、米浆水等；其二，在发酵过程中产生，各种微生物代谢作用下可产生醇、醛、酮、酯类风味物质，如酵母菌、霉菌和乳酸菌（主要是乳酸杆菌）等其他细菌；其三，在储存阶段产生，黄酒在长时间储存的过程中，酒中的各种物质发生氧化还原、结合、分解以及缔合等多种内部反应。麦曲、原料米、米浆水等最终都会进入发酵醪中，由不同的微生物通过代谢作用产生各种风味物质。不同地区的微生物分布不同，从而形成了不同地域的黄酒风味。黄酒中的风味物质主要由醇类、醛类、酯类和酸类组成，经过这四大类物质的相互融合才形成了黄酒特有的鲜美、醇和、柔润、浓郁和悠长的风味，其中微生物是黄酒风味形成的最重要因素。

黄酒发酵是一个动态过程，在各发酵阶段风味物质的种类和含量有所不同。其中，醛、脂肪酸、有机酸主要在前酵阶段产生；酯类物质主要在后酵阶段产生；杂醇和氨基酸在前酵与后酵中都有明显的增加；挥发性酚类物质以 4-乙烯基愈创木酚为主，主要在前酵阶段产生。

早先黄酒功能菌的研究仅限于对黄酒酿造中的酵母菌、糖化菌和产酸菌的生长发酵特性研究。随着对黄酒酿造微生物群落结构和风味物质了解的加深，研究者们不再满足于对这些菌种的发酵特性的研究，并开始关注黄酒中风味物质和功能物质的形成机制，对黄酒酿造中复杂的微生物群落的功能特征展开了研究。但是传统的研究方法限制了人们对黄酒风味和功能物质的代谢途径及功能菌的深入研究，相较于黄酒微生物结构特征的研究，功能特征研究较为滞后。

4.4.1 发酵醪基因的功能注释

江南大学通过宏基因组测序，获得 105794 条 unigenes 序列，通过物种注释发现黄酒发酵过程中主要代谢过程分类为碳水化合物代谢、氨基酸代谢和能量代谢，印证了碳水化合物

和氨基酸代谢是黄酒发酵中的重要部分。将 gene catalogue 与 3 种常用功能数据库进行比对，注释结果统计见表 4-2。KEGG（Kyoto Encyclopedia of Genes and Genomes）数据库侧重代谢路径的注释，eggNOG（Evolutionary Genealogy of Genes：Non-supervised Orthologous Groups）数据库侧重直系同源物的注释，CAZy（Carbohydrate-Active Enzyme）数据库是研究碳水化合物酶的专业数据库。gene catalogue 中 105794 条 unigenes 比对 eggNOG 数据库的基因数目为 84495；比对到 KEGG 有 85231 条（80.56%），在 KEGG 数据库中有具体注释信息（注释到 KO ID）的基因有 39899（37.71%）条，注释到 pathway 的有 25189（23.81%）条基因，注释到酶 EC 编码的有 23037（21.78%）条基因；注释到 CAZy 的基因数目较少。

表 4-2 gene catalogue 功能注释概况

功能数据库	unigenes 数目	百分比/%
eggNOG	84495	79.87
CAZy	4190	3.96
KEGG	85231	80.56
KEGG ID	39899	37.71
KEGG pathway	25189	23.81
KEGG EC	23037	21.78
KEGG module	15267	14.43

4.4.1.1 eggNOG 数据库功能注释

基于 eggNOG 数据库对 4 个发酵样品的功能注释统计结果见图 4-11。信息储存与加工、细胞信号、代谢过程和未知功能是 eggNOG 数据库中的 4 大分类，在 gene catalogue 中注释到的 unigenes 数目分别为 14083、12077、28106 和 28407 条；但从相对丰度上，注释结果中代谢过程分类的相对丰度最大，未知功能分类的相对丰度次之。4 个发酵醪样品中，各分类中注释到的 unigenes 数目和相对丰度没有明显差异。

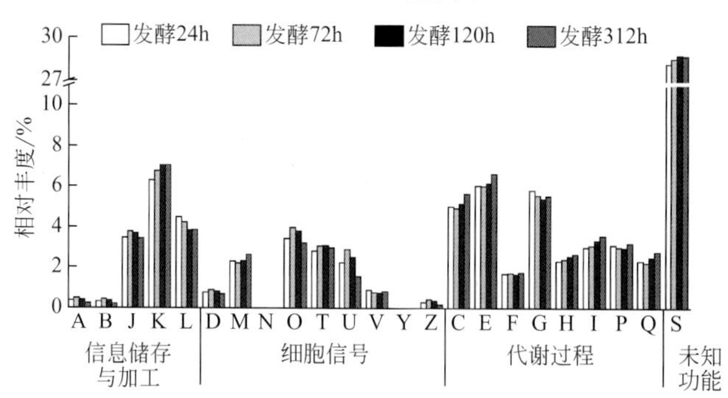

图 4-11 基于 eggNOG 数据库对 4 个发酵样品的功能注释统计

图中字母代表 eggNOG 数据库中的功能分类：A—RNA 处理和修饰；B—染色质结构和动力学；J—翻译、核糖体结构和生物发生；K—转录；L—复制、重组和修复；D—细胞周期控制、细胞分裂和染色体分离；M—细胞壁、细胞膜和被膜的生成；N—细胞运动；O—翻译后修饰、蛋白质转换和伴随蛋白；T—信号转导机制；U—细胞内运输、分泌和囊泡运输；V—保护机制；Y—核结构；Z—细胞骨架；C—能量产生和转换；E—氨基酸的转移和代谢；F—核苷酸的运输和代谢；G—碳水化合物的运输和代谢；H—辅酶的运输和代谢；I—脂质的转运与代谢；P—无机盐的运输与代谢；Q—次生代谢产物生物合成、运输和代谢；S—未知功能发酵醪样品共注释到23个eggNOG功能分类。信息储存与加工分类中，与转录相关的K分类相对丰度最高，而A分类的基因数目最低。细胞信号分类包括10个分类，未注释到W分类，注释分类中O分类的基因数目最高，Y分类的基因数目最低，注释到样品的unigenes基因数目为3条。代谢过程分类的基因是与黄酒风味物质关系最直接的功能分类，包含的8个分类的相对丰度在1.50%以上，除F和G外的6个分类相对丰度有上升趋势；基因数目前三的为与氨基酸代谢相关的E、与碳水化合物相关的G和与能量利用相关的分类C，4个样品中各分类相对丰度平均值分别为6.23%、5.58%、5.21%，印证了碳水化合物和氨基酸代谢是黄酒发酵中的重要部分。

4.4.1.2 KEGG数据库功能注释

基于KEGG数据库对4个发酵样品的代谢通路（Level 1）的注释信息如表4-3，属于代谢过程的基因数目最多，属于遗传信息处理的基因数目次之，属于生物体系统的基因数目最少。在发酵中，属于代谢过程分类的基因相对丰度明显上升，而属于人类疾病分类的基因相对丰度在后酵下降，可能是由于发酵中与黄酒发酵相关的微生物占据优势，而原料或环境带入的有害微生物生长被抑制。

表4-3 黄酒发酵样品Level 1代谢通路功能注释相对丰度 单位：%

功能	F24h	F72h	F120h	F312h
代谢过程	10.11	10.42	10.71	11.25
遗传信息处理	3.08	3.48	3.28	2.76
环境信息处理	2.84	2.69	2.59	2.77
人类疾病	1.58	1.70	1.51	1.29
细胞转化	1.35	1.45	1.42	1.33
生物体系统	1.04	1.15	1.08	0.93

KEGG数据库的Level 2代谢通路（46类pathway）的注释信息如图4-12，未有基因注释到化学结构转化通路。属于全局和概览通路的基因相对丰度最大，碳水化合物代谢、氨基酸代谢和能量代谢次之，这与eggNOG的注释结果一致。遗传信息处理分类中，4个样品注释到转录类相对丰度平均为5.93%，占据遗传信息处理分类下注释基因数目的50.52%，在此分类下占有最大比例。

在KEGG的Level 3代谢通路上，共注释到344类，4个样品共有340类，4个非共有代谢途径为hsa05412、hsa05130、hsa05321和map00624。hsa05412、hsa05130和hsa05321是3个属于人类疾病的代谢途径，仅在前酵样品中注释到，说明随发酵的进行，与人类疾病有关的物种减少，其他与人类疾病相关的基因注释数目在发酵中也有减少的趋势，可能是因为发酵的环境不适合与人类疾病有关的物种生长；map00624是多环芳烃降解途径，与原儿茶酸降解相关，仅在F72h中注释到，可能与原儿茶酸在前酵期间含量迅速下降有关。

4.4.1.3 CAZy数据库功能注释

基于CAZy数据库对4个发酵样品的功能分类统计结果如图4-13。自然界中，种类丰富的碳水化合物（单糖、多糖及糖复合物等）在生物中扮演各种重要角色，如能量储存（淀粉、糖原）和结构维持（纤维素、几丁质、藻酸盐）、细胞通信；碳水化合物活性酶，包括

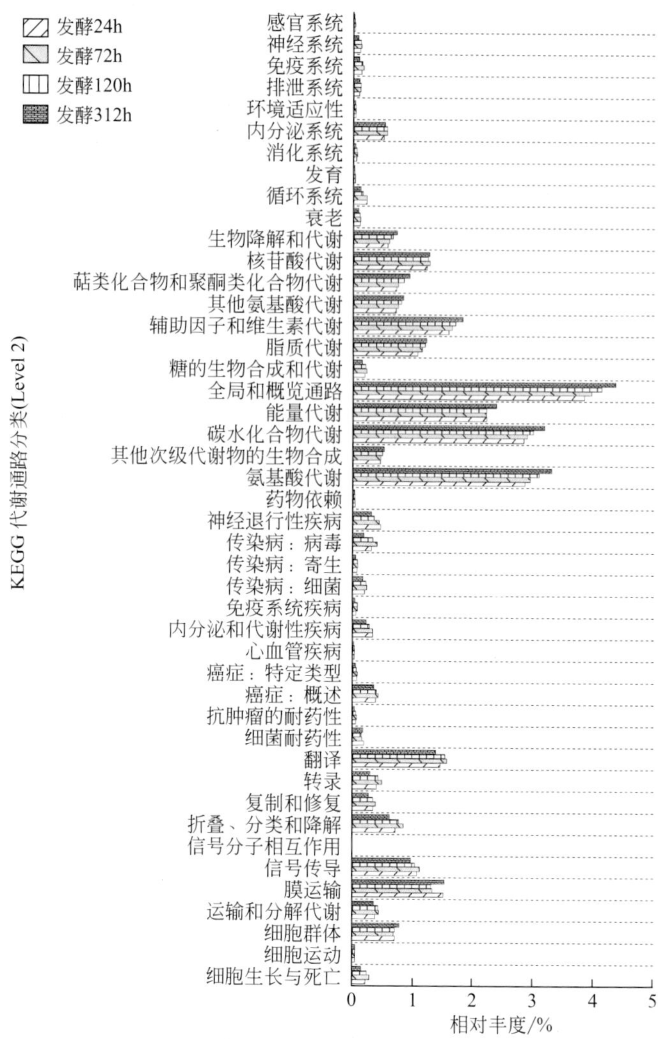

图 4-12 黄酒发酵样品中 KEGG 代谢通路（Level 2）分布

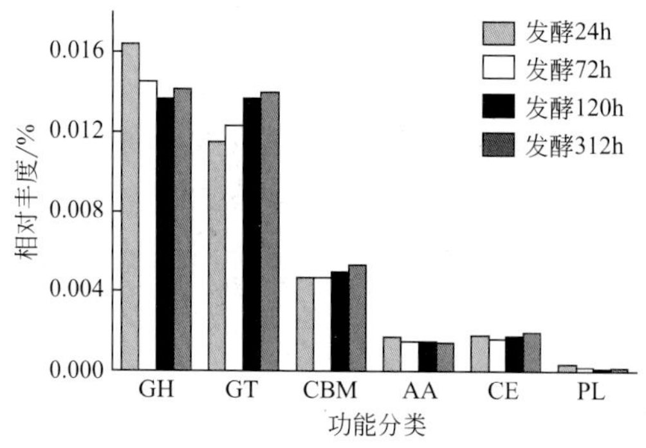

图 4-13 黄酒发酵样品基因的 CAZy 功能分类

GH—糖苷水解酶；GT—糖苷转移酶；CBM—碳水化合物结合模块；AA—辅助功能；CE—碳水化合物酯酶；PL—多糖裂解酶

参与碳水化合物组装（糖苷转移酶）和分解（糖苷水解酶、多糖裂解酶、碳水化合物酯酶）的酶，造就了碳水化合物的多样性。CAZy 数据库是研究碳水化合物酶的专业数据库，基于氨基酸序列的相似性反映蛋白质保守的结构折叠类型，而不能够准确预测同一家族内不同成员的底物专一性。

从 eggNOG 数据库和 KEGG 数据库的注释结果发现碳水化合物代谢是黄酒发酵中的重要部分。样品的注释基因的丰度可能与 CAZy 数据库六大类家族中的模块数目有一定关系，据 CAZy 数据库分类统计数据，糖苷水解酶类和糖苷转移酶类所属模块最多。样品注释到糖苷水解酶（GH）的基因数目最多，糖苷水解酶（GH）与糖苷键的水解和/或重排有关，糖苷酶（glycosidases，EC 3.2.1.-）是其主要组成，与淀粉液化糖化、纤维素降解相关的酶都包含在此类别。黄酒发酵是糖化产酒同时进行的双边发酵，因此注释到糖苷水解酶（GH）的基因数目会有较大比例；同时发酵前期 GH 基因相对丰度较高，可能说明前酵期间淀粉水解的代谢活跃。糖苷转移酶（GT）与二糖、寡糖和多糖的生物合成相关，己糖基转移酶（hexosyltransferases，EC 2.4.1.-）是其主要组成。注释到糖苷转移酶（GT）的基因丰度较高说明黄酒醪中可能有产多糖的微生物存在，据研究，绍兴黄酒多糖具有抗氧化、免疫调节、抑制肿瘤和肠道微生物调节等作用。注释基因数目第三的是碳水化合物结合模块，CBM 是没有催化活力但有识别多糖能力的蛋白质单位，能帮助酶更有效地结合底物。

4.4.2 黄酒发酵过程中风味化合物代谢途径分析

研究中发现 223 类与黄酒风味代谢途径相关的酶，包括淀粉和纤维素降解，氨基酸、醇类、酸类、酯类和酚类等物质形成的相关催化酶，通过对催化酶的编码基因进行物种注释，建立了微生物代谢和风味形成的网络关系。在测序数据中注释到 139 类催化酶和 69 个相关属；对于作用同一催化反应的酶，多注释到具有广泛底物特异性的酶类，较少注释到底物专一的酶类。从风味形成的代谢通路分析发现，淀粉与纤维素的降解及有机酸、乙醇、2,3-丁二醇的形成与碳水化合物代谢相关，杂醇的形成与碳水化合物代谢和氨基酸代谢相关，脂肪酸与脂质代谢和氨基酸代谢相关，阿魏酸、4-香豆酸等酚酸物质与氨基酸代谢和次级代谢产物的合成相关，4-乙基苯酚、4-乙烯基愈创木酚和 4-乙基愈创木酚等挥发性酚与次级代谢产物的合成相关，但分析发现多酚类物质中阿魏酸、原儿茶酸和香兰素可能主要是由原料带入，而并非黄酒发酵中的微生物合成。对参与风味形成的功能微生物分析发现，酵母属、曲霉属、糖多孢菌属、葡萄球菌属、乳杆菌属和乳球菌属 6 个属是与机械化工艺黄酒中风味物质形成最紧密的物种，其中曲霉属注释到的功能酶丰度虽较低，但注释到的功能酶种类最多（90 类）；黄酒中研究较少的糖多孢菌属可能与葡萄糖利用、氮利用、氨基酸合成、脂肪酸合成和甘油三酯水解有重要联系，而与乙醇、杂醇和酚类形成的关系较小；黄酒中兼具健康功能和呈味的 γ-氨基丁酸的形成可能与乳杆菌属、乳球菌属、曲霉属、酵母属、多孢放线菌和糖多孢菌属有关。

基于 KEGG（Kyoto Encyclopedia of Genes and Genomes，京都基因与基因组百科全书）功能数据库，对黄酒发酵过程中淀粉、纤维素等原料的降解及醇、酸、酯等风味物质的合成途径中参与的关键微生物和酶的分布进行了详细的分析，这对进一步了解黄酒发酵过程中，微生物在主体风味物质的形成中的作用提供了重要的参考。酒醪发酵中风味物质代谢的功能微生物和关键酶的分布简述如下。

4.4.2.1 淀粉和纤维素降解

黄酒原料糯米和麦曲含有丰富的淀粉及纤维素，经酶水解生成的葡萄糖是黄酒中微生物生长代谢的重要能量来源。同时，纤维素酶破坏植物纤维素有助于更多淀粉的释放，在黄酒酿造工业中可以添加纤维素酶协同糖化和蛋白质分解，从而提高黄酒的出酒率。

与淀粉和纤维素降解相关的催化酶分别有 16 类和 5 类，在黄酒样品中注释到 9 类与淀粉降解相关酶，共注释细菌 9 个属和真菌 4 个属；注释到 3 类与纤维素降解相关酶，共注释细菌 11 个属和真菌 2 个属。据报道曲霉属在淀粉和纤维素降解中发挥着重要作用，测序结果也显示曲霉属是注释到相关酶类最多的属。

淀粉降解中，α-淀粉酶（alpha-amylase，EC 3.2.1.1）、β-淀粉酶（beta-amylase，EC 3.2.1.2）和葡聚糖-1,4-α-麦芽水解酶（glucan 1,4-alpha-maltohydrolase，EC 3.2.1.133）催化淀粉水解为糊精和麦芽糖。黄酒样品中仅注释到 EC 3.2.1.1，注释到 EC 3.2.1.1 编码基因的微生物有多孢放线菌、*Kutzneria*、假诺卡氏菌属、糖多孢菌属、乳球菌属、曲霉菌。据报道，细菌、霉菌中也存在 EC 3.2.1.2，测序结果显示黄酒发酵中微生物可能不具有编码此酶的能力。淀粉-α-1,6-葡萄糖苷酶（amylo-alpha-1,6-glucosidase，EC 3.2.1.33）和葡糖淀粉酶（glucoamylase，EC 3.2.1.3）可分别水解淀粉的 α-1,6-糖苷键和 α-1,4-糖苷键生成葡萄糖。其中 EC 3.2.1.3 仅在曲霉属中注释到，而黄酒原料糯米具有较高的支链淀粉含量，因此曲霉属在原料糖化中具有不可缺少的作用。黄酒样品中未注释到水解淀粉为麦芽糊精途径的催化酶。结果分析发现多孢放线菌、糖多孢菌属、乳球菌属、曲霉属注释到多类催化酶，可水解淀粉、麦芽糖和糊精 3 类糖。

与纤维素降解相关的 5 类酶中注释到 3 类：葡萄糖外切酶（cellulose 1,4-beta-cellobiosidase，EC 3.2.1.91）、葡萄糖内切酶（cellulase，EC 3.2.1.4）、β-葡萄糖苷酶（beta-glucosidase，EC 3.2.1.21）；曲霉属注释到上述 3 类催化酶，而其余 12 个属仅注释到 EC 3.2.1.21。在纤维素→纤维糊精→纤维二糖→葡萄糖的水解过程中，EC 3.2.1.4 催化纤维素→纤维糊精→纤维二糖的水解反应；EC 3.2.1.91 催化纤维素和纤维糊精水解释放纤维二糖；EC 3.2.1.21 催化纤维糊精或纤维二糖的水解，从非还原末端释放葡萄糖。EC 3.2.1.4 和 EC 3.2.1.91 都仅注释到曲霉属 1 个属，说明曲霉属在黄酒酿造中对纤维素降解有不可取代的重要作用。

4.4.2.2 葡萄糖和氮利用

碳源和氮源是微生物正常生命活动必需的营养要素。与葡萄糖和氮利用相关的酶分别整理了 5 类和 7 类，在黄酒样品中注释到 4 类葡萄糖利用相关酶和 4 类氮利用相关的酶，共注释细菌 7 个属和真菌 4 个属。

黄酒发酵中，葡萄糖主要来自淀粉降解，是酵母生长代谢的重要碳源。糖酵解途径中，醛糖-1-表异构酶（aldose-1-epimerase，EC 5.1.3.3）是催化己糖的 α-和 β-端基异构体相互转化的关键酶，在样品中注释到 7 个属；己糖激酶（hexokinase，EC 2.7.1.1）、多磷酸盐葡糖激酶（polyphosphate glucokinase，EC 2.7.1.63）、葡糖激酶（glucokinase，EC 2.7.1.2）、ADP-specific 葡糖激酶（ADP-specific glucokinase，EC 2.7.1.147）是 4 类与葡萄糖消耗相关的酶，可催化葡萄糖磷酸化，其中 EC 2.7.1.1 也可以催化非葡萄糖的己糖底物。曲霉属、酵母属、笄霉属 3 种真菌仅注释到 EC 2.7.1.1，说明这 3 种真菌可利用葡萄糖以外的己糖；而糖多孢菌属、葡萄球菌属、乳杆菌属、乳球菌属 4 种细菌注释到具有底物特异性的 EC 2.7.1.2，其中糖多孢菌属也注释到 EC 2.7.1.63，是唯一注释到两种催化葡萄糖磷酸化酶的微生物。

在氮代谢途径注释结果中，与硝酸盐转运相关的酶注释到 NRt（K02575），与硝酸盐还原相关的酶注释到 3 类：硝酸还原酶 A（nitrate reductase A，EC 1.7.5.1）、硝酸还原酶[NAD（P）H]{nitrate reductase [NAD（P）H]，K10534}、同化硝酸还原酶催化亚基（assimilatory nitrate reductase catalytic subunit，EC 1.7.99.4）。真菌中，仅曲霉属注释到与氮利用相关的酶类。

4.4.2.3 乳酸、乙酸和乙醇的生成

乳酸、乙酸、乙醇的含量与黄酒质量密切相关，它们的形成均以丙酮酸为前体。

乳酸是黄酒中主要的非挥发性有机酸，测序结果中注释到与乳酸代谢相关的酶共 7 类，共注释细菌 12 个属和真菌 2 个属。丙酮酸还原反应是乳酸的主要生成途径，测序结果中注释到 2 类还原酶：L-乳酸脱氢酶（L-lactate dehydrogenase，EC 1.1.1.27）和 D-乳酸脱氢酶（D-lactate dehydrogenase，EC 1.1.1.28）。而还原酶苹果酸乳酸脱氢酶（lactate-malate transhydrogenase，EC 1.1.99.7）未在测序结果中注释到。EC 1.1.1.27 注释到葡萄球菌属、乳杆菌属、明串珠菌属和乳球菌属 4 类细菌，EC 1.1.1.28 注释到葡萄球菌属、乳杆菌属、明串珠菌属、链球菌属和曲霉属 5 个属。另一条以丙酮醛为前体的乳酸生成途径中，测序结果注释到形成 L-乳酸的完整途径，未注释到形成 D-乳酸的完整途径。在丙酮醛→L-乳醛→L-乳酸的两步反应中，第一步反应催化酶 NADPH-dependent 甲基乙二醛还原酶（NADPH-dependent methylglyoxal reductase，EC 1.1.1.283）在杂醇代谢中也有催化作用，此酶仅注释到酵母属；第二步反应催化酶乳醛脱氢酶（lactaldehyde dehydrogenase，EC 1.2.1.22）注释到节细菌属、葡萄球菌属和葡糖杆菌属 3 类细菌，没有微生物同时注释到 EC 1.1.1.283 和 EC 1.2.1.22，此条途径可能由多种微生物共同作用。乳酸消耗中，乳酸脱氢酶 EC 1.1.2.3、EC 1.1.2.4 与 EC 1.1.1.27、EC 1.1.1.28 催化反应方向相反，可以消耗乳酸生成丙酮酸。曲霉属和酵母属注释到 L-乳酸脱氢酶 [L-lactate dehydrogenase（cytochrome），EC 1.1.2.3] 和 D-乳酸脱氢酶 [D-lactate dehydrogenase（cytochrome），EC 1.1.2.4]，糖多孢菌属、诺卡氏菌属、小四孢菌属 3 个属仅注释到 EC 1.1.2.3。催化 L 型和 D 型相互转化的乳酸消旋酶（lactate racemase，EC 5.1.2.1）未注释到。乳酸代谢中，注释结果显示乳酸菌在黄酒的乳酸积累中起主要作用，葡萄球菌属对乳酸的形成也可能有一定贡献，而曲霉属和酵母属可能主要与乳酸消耗相关。据报道优质黄酒与酸败黄酒的细菌群落相比，优质黄酒的发酵过程中糖多孢菌属丰度较高，乳杆菌属丰度较低，注释结果显示糖多孢菌属也有消耗乳酸的能力，推测酸败黄酒中乳酸积累可能不仅与高丰度的乳杆菌属产酸有关，与低丰度糖多孢菌属的乳酸消耗量减少也有一定联系。

乙酸是黄酒中主要挥发性有机酸，测序结果注释到多条乙酸形成途径，相关的催化酶共 14 类，共注释细菌 12 个属和真菌 6 个属，不同属的微生物形成乙酸的途径有所不同。在丙酮酸脱氢酶 [pyruvate dehydrogenase（quinone），EC 1.2.5.1] 催化丙酮酸形成乙酸途径中，EC 1.2.5.1 注释到多孢放线菌、糖多孢菌属和链霉菌属 3 类细菌。在乙酰辅酶 A（acetyl-CoA）转化为乙酸的途径中，乙酰辅酶 A 水解酶（acetyl-CoA hydrolase，EC 3.1.2.1）、succinyl-CoA：acetate CoA-transferase（EC 2.8.3.18）、丙酸辅酶 A 转移酶（propionate

CoA-transferase，EC 2.8.3.1）、醋酸盐辅酶 A 连接酶（acetate-CoA ligase）和 ADP 形成酶（ADP-forming，EC 6.2.1.13）均可参与此反应，测序结果中注释到 EC 3.1.2.1 和 EC 2.8.3.18，EC 3.1.2.1 注释到交链孢菌属、曲霉属、酵母属和笄霉属，EC 2.8.3.18 注释到糖多孢菌属。在丙酮酸→乙酸途径中，注释结果显示葡萄球菌属、乳杆菌属、乳球菌属 3 个菌属注释到此完整途径，而曲霉属与糖多孢菌属只注释到 acetyl-P 生成乙酸的催化酶。在 acetyl-CoA→乙醛→乙酸途径中，乙醛脱氢酶［acetaldehyde dehydrogenase（acetylating），EC1.2.1.10］注释到糖多孢菌属、乳杆菌属、明串珠菌属 3 类细菌；乙醛脱氢酶（aldehyde dehydrogenase，EC 1.2.5.2，EC 1.2.1.3，EC 1.2.1.-，EC 1.2.1.5）和羧酸还原酶（carboxylate reductase，EC 1.2.99.6）催化乙醛和乙酸相互转化，测序结果注释到 EC 1.2.1.3 和 EC 1.2.1.-、EC 1.2.1.5，共注释到 11 个属，糖多孢菌属注释此两步反应催化酶。

乙醇是黄酒的主体成分，乙醇形成主要途径为丙酮酸转化为乙醛，乙醛还原生成乙醇。测序结果中注释到与乙醇形成相关的酶共 4 类，共注释细菌 13 个属和真菌 6 个属，其中曲霉属和酵母属注释到生成乙醇的完整酶系。丙酮酸脱羧酶（pyruvate decarboxylase，EC 4.1.1.1）在丙酮酸转化为乙醛和催化芳香族氨基酸前体转化为 α-羟基酮方面发挥重要作用，EC 4.1.1.1 注释到蛹柄霉属、曲霉属、酵母属、笄霉属 4 类真菌。乙醛还原反应中，测序结果注释到 3 类醇脱氢酶（alcohol dehydrogenase）：EC 1.1.1.1、EC 1.1.1.2 和 EC 1.1.2.8。EC 1.1.1.1 和 EC 1.1.1.2 参与多类醛的还原，EC 1.1.1.1 还与酯的合成有关，注释结果显示有 15 个属的细菌和真菌注释到 EC 1.1.1.1，而 EC 1.1.1.2 注释到 2 类真菌（曲霉属和酵母属），EC 1.1.2.8 注释到 3 类细菌。根据注释结果发现酵母属是产乙醇的主要微生物，曲霉属可能在黄酒发酵中对乙醇的生成也有贡献，据报道米曲霉的自溶体含有乙醇。

4.4.2.4 氨基酸的合成

黄酒中的氨基酸主要来源于原料米、麦曲和发酵微生物的代谢。氨基酸不仅是黄酒中的呈味物质、营养物质，还是杂醇的前体。本小节主要关注与黄酒中杂醇代谢相关的氨基酸，包括兼具健康与呈味功能的 γ-氨基丁酸。

（1）天冬氨酸、苏氨酸和蛋氨酸的合成

天冬氨酸家族是以天冬氨酸为前体合成的氨基酸，包括高丝氨酸、赖氨酸、蛋氨酸、苏氨酸。从黄酒风味角度上看，天冬氨酸呈鲜味，苏氨酸和蛋氨酸呈甜味，赖氨酸呈苦味，其中苏氨酸和蛋氨酸分别为黄酒中杂醇丙醇和 3-甲硫基丙醇的前体物质。

天冬氨酸是由草酰乙酸（TCA 循环的中间代谢物）与谷氨酸在天冬氨酸转氨酶（aspartate transaminase，EC 2.6.1.1）催化下转氨基形成。EC 2.6.1.1 参与多种氨基酸转氨基，在测序结果中注释到细菌 2 个属和真菌 4 个属，包括糖多孢菌属、葡糖杆菌属、曲霉属、酵母属、壳多孢菌属、笄霉属。

L-苏氨酸以 L-天冬氨酸为前体合成，包含 5 步酶催化反应：①天冬氨酸激酶（aspartate kinase，EC 2.7.2.4）催化 L-天冬氨酸 γ-羧基磷酸化生成磷酰天冬氨酸；②天冬氨酸半醛脱氢酶（aspartate-semialdehyde dehydrogenase，EC 1.2.1.11）催化磷酰天冬氨酸还原生成天冬氨酸半醛；③高丝氨酸脱氢酶（homoserine dehydrogenase，EC 1.1.1.3）催化天冬氨酸半醛脱羧生成 L-高丝氨酸；④高丝氨酸激酶（homoserine kinase，EC 2.7.1.39）催化

L-高丝氨酸磷酸化，生成磷酰高丝氨酸；⑤苏氨酸合成酶（threonine synthase，EC 4.2.3.1）催化磷酰高丝氨酸脱磷酸基团，生成L-苏氨酸。糖多孢菌属、葡萄球菌属、乳杆菌属、乳球菌属、曲霉属、酵母属6个属注释到苏氨酸的完整合成途径。L-苏氨酸存在多条利用途径，如脱氨生成酮酸（杂醇前体）和由L-苏氨酸醛缩酶（L-threonine aldolase，EC 4.1.2.48，EC 4.1.2.5）催化降解生成甘氨酸和乙醛。EC 4.1.2.48具有较低的特异性，可以作用于L-苏氨酸和L-别苏氨酸；而EC 4.1.2.5能特异性作用于L-苏氨酸，测序结果中注释到EC 4.1.2.48。

蛋氨酸的生物合成是一个耗能过程，多种细菌和酵母都可合成L-蛋氨酸，但微生物仅能生产满足自身需要的蛋氨酸，高产的野生菌株并不多。蛋氨酸可在食品工业生产中作为增鲜剂，据报道黑孢块菌深层发酵食品黑松露所具有的特色香气与蛋氨酸代谢密切相关。

蛋氨酸的微生物合成途径分为以无机硫酸盐为硫源的从头合成和以天冬氨酸为前体的直接合成。微生物从头合成L-蛋氨酸的途径复杂，且存在多种反馈抑制作用，此小节主要关注了以天冬氨酸为前体直接合成蛋氨酸的途径。

蛋氨酸以天冬氨酸为前体的合成途径是苏氨酸合成途径的分支之一，以L-高丝氨酸为分支点。L-高丝氨酸形成L-高半胱氨酸有多条催化途径，以L-高丝氨酸为起点，催化还原型硫与活化的高丝氨酸整合是合成蛋氨酸的重要步骤。2类酶分别催化两类不同的反应：一种是高丝氨酸转乙酰基酶（homoserine *O*-acetyltransferase，EC 2.3.1.31）催化L-高丝氨酸与acetyl-CoA形成*O*-acetyl-L-homoserine；另一种是L-高丝氨酸经homoserine *O*-succinyltransferase（EC 2.3.1.46）催化形成*O*-succinyl-L-homoserine。EC 2.3.1.31注释到糖单孢菌属、糖多孢菌属、葡萄球菌属、假诺卡氏菌属、曲霉属、酵母属6个属，而EC 2.3.1.46注释到乳杆菌属和乳球菌属2个属，且没有微生物同时注释到2类反应。在*O*-acetyl-L-homoserine和*O*-succinyl-L-homoserine经不同的催化反应形成L-高半胱氨酸的途径上，合胱硫醚-γ-合酶（cystathionine gamma-synthase，EC 2.5.1.48）在不同途径上均可起催化作用，注释到细菌5个属和真菌2个属（*Stackebrandtia*、糖多孢菌属、葡萄球菌属、乳杆菌属、乳球菌属、曲霉属和酵母属），主要为黄酒发酵中的优势微生物；此外，假诺卡氏菌属注释到催化*O*-acetyl-L-homoserine形成L-高半胱氨酸的*O*-acetyl-omoserine aminocarboxypropyltransferase（EC 2.5.1.49）。蛋氨酸合成最后一步反应为L-高半胱氨酸从不同来源获得甲基形成蛋氨酸，此反应催化酶包括甜菜碱高半胱氨酸甲基转移酶（betaine-homocysteine *S*-methyltransferase，EC 2.1.1.5）、高半胱氨酸甲基转移酶（homocysteine *S*-methyltransferase，EC 2.1.1.10）、蛋氨酸合成酶（methionine synthase，EC 2.1.1.13）和甲基转移酶（S-methyltransferase，EC 2.1.1.14）；测序结果中注释到EC 2.1.1.10、EC 2.1.1.13和EC 2.1.1.14。根据注释结果发现6个属可参与以天冬氨酸为前体合成蛋氨酸的完整途径，其中糖多孢菌属、葡萄球菌属、曲霉属和酵母属4个属注释到EC 2.3.1.31参与的分支途径，乳杆菌属和乳球菌属注释到EC 2.3.1.46参与的分支途径。

（2）缬氨酸、亮氨酸、异亮氨酸的合成

缬氨酸、亮氨酸、异亮氨酸属于丙酮酸族氨基酸，以糖酵解途径形成的丙酮酸为前体，经链增长生成不同氨基酸的α-酮酸中间体，最终转氨基形成对应氨基酸。此途径注释到9类酶，注释到细菌15个属和真菌3个属。

缬氨酸和异亮氨酸前体酮酸的合成途径具有相同的催化酶。以丙酮酸为起点，乙酰乳酸合成酶（alpha-acetolactate synthetase，EC 2.2.1.6）催化形成 2-乙酰乳酸和 2-乙酰-2-羟基丁酸［(*S*)-2-aceto-2-hydroxybutanoate，AHB］为第一步，而后乙酰乳酸还原异构酶（ketol-acid reductoisomerase，EC 1.1.1.86）和 2-乙酰乳酸变位酶（2-acetolactate mutase，EC 5.4.99.3）催化 2-乙酰乳酸或 2-乙酰-2-羟基丁酸发生烷基迁移和还原形成对应酮酸，糖多孢菌属、葡萄球菌属、乳杆菌属、曲霉属和酵母属 5 个属注释到此完整途径。此途径中，还原酶 EC 1.1.1.86 是一种双功能酶，可催化烷基迁移和还原这两步反应，而 EC 5.4.99.3 只参与烷基迁移反应，测序结果中注释到双功能酶 EC 1.1.1.86。α-酮基丁酸是 2-乙酰-2-羟基丁酸的前体物质之一。α-酮基丁酸以丙酮酸为前体经柠苹酸合成酶［(*R*)-citramalate synthase，EC 2.3.1.182］、柠康酸水合酶（citraconate hydratase，EC 4.2.1.35）、α-异丙基苹果酸脱氢酶（IPMD，EC 1.1.1.85）催化的链增长途径未完整注释；而 α-苏氨酸脱氨生成 α-酮基丁酸的反应中，苏氨酸脱氨酶（L-serine dehydratase，EC 4.3.1.19）注释到细菌 7 个属和真菌 3 个属。根据注释结果推测 α-酮基丁酸可能来自苏氨酸脱氨途径。

亮氨酸和缬氨酸合成的分支点为 α-酮基异戊酸。α-酮基异戊酸与乙酰 CoA 经过缩合、异构、脱氢、脱羧，碳链增长形成 α-酮基异己酸（亮氨酸对应酮酸）。根据注释信息发现糖多孢菌属、葡萄球菌属 2 个属参与此碳链增长完整途径，而乳杆菌属、乳球菌属、葡糖杆菌属、曲霉属、酵母属只参与部分反应。

缬氨酸、亮氨酸、异亮氨酸合成的最后一步是酶催化下 α-酮酸获得氨基。此步反应催化酶注释到支链氨基酸转氨酶（branched-chain amino acid aminotransferase，EC 2.6.1.42）和缬氨酸-丙酮酸转氨酶（valine-pyruvatetransaminase，EC 2.6.1.66），未注释到亮氨酸转氨酶（leucine transaminase，EC 2.6.1.6）和亮氨酸脱氢酶（L-leucine dehydrogenase，EC 1.4.1.9）。EC 1.4.1.9 催化支链氨基酸与对应酮酸之间的可逆反应，EC 2.6.1.6 可专一催化亮氨酸和谷氨酸间的转氨反应。EC 2.6.1.66 可催化缬氨酸与精氨酸之间的转氨反应，仅注释到乳球菌属；具有广泛的底物特异性的 EC 2.6.1.42 注释到糖多孢菌属、葡萄球菌属、乳杆菌属、乳球菌属、曲霉属、酵母属和笄霉属 7 个属。

综上，根据注释信息分析发现糖多孢菌属和葡萄球菌属参与缬氨酸、亮氨酸、异亮氨酸的完整合成途径。

（3）苯丙氨酸和酪氨酸的合成

芳香族氨基酸包括苯丙氨酸、酪氨酸和色氨酸，均可降解为杂醇，但是未见黄酒中酪醇和色醇的报道，而酪氨酸另一降解产物苯酚属于黄酒风味物质。3 种芳香族氨基酸的合成途径有 7 步共同的反应，即莽草酸途径，然后以分支酸为分支点，进入色氨酸合成途径和苯丙氨酸/酪氨酸合成途径，本节主要关注分支酸合成苯丙氨酸/酪氨酸的代谢途径。

分支酸变位酶（chorismate mutase，EC 5.4.99.5）催化分支酸形成预苯酸，以预苯酸为分支点，进入苯丙氨酸和酪氨酸的 arogenate 途径或酮酸途径。在预苯酸→L-arogenate→苯丙氨酸/酪氨酸的途径上，预苯酸首先在芳香族氨基酸转氨酶（aromatic-amino-acid transaminase，EC 2.6.1.57）、天冬氨酸-预苯酸转氨酶（aspartate-prephenate aminotransferase，EC 2.6.1.78）或谷氨酸-预苯酸转氨酶（glutamate-prephenate aminotransferase，EC 2.6.1.79）催化下转氨基到 L-arogenate，然后在阿罗酸脱氢酶（arogenate dehydratase，EC 4.2.1.91）或预苯酸脱水酶（prephenate dehydratase，EC 4.2.1.51）催化下脱水、脱羧形成苯丙氨酸，或在阿罗酸脱氢酶（arogenate dehydrogenase，EC 1.3.1.43，EC

1.3.1.78，EC 1.3.1.79）催化下脱氢和脱羧成酪氨酸。测序结果显示转氨反应注释到具有广泛底物特异性的 EC 2.6.1.57，曲霉属和酵母属注释到苯丙氨酸的完整 arogenate 途径，酪氨酸的 arogenate 途径未注释到阿罗酸脱氢酶。在预苯酸→α-酮酸→苯丙氨酸/酪氨酸的酮酸途径上，根据注释结果发现糖多孢菌属、葡萄球菌属、乳球菌属、曲霉属和酵母属 5 个属参与苯丙氨酸/酪氨酸的完整酮酸途径，乳杆菌属参与酪氨酸的完整酮酸途径。笄霉属注释到苯丙氨酸羟化酶（phenylalanine hydroxylasev，EC 1.14.16.1），说明黄酒中笄霉属可以转化苯丙氨酸为酪氨酸。

（4）γ-氨基丁酸和谷氨酸的合成

γ-氨基丁酸（GABA）是一种功能性氨基酸，感官上呈酸苦味道。谷氨酸脱羧酶（glutamate decarboxylase，GAD，EC 4.1.1.15）是 L-谷氨酸脱羧合成 GABA 的唯一关键限速酶。EC 4.1.1.15 在测序结果注释到 4 个细菌属和 2 个真菌属，其中乳杆菌属、乳球菌属、曲霉属和酵母属有高产菌株的报道，目前未见对多孢放线菌和糖多孢菌属产 GABA 的研究报道。

GABA 腐胺生物合成途径发现较晚且代谢途径复杂，报道较少。腐胺途径中腐胺转氨形成 γ-氨基丁醛，再经还原得到 GABA。催化腐胺降解 γ-氨基丁醛的酶注释到 putrescine aminotransferase（EC 2.6.1.82）和（S）-ureidoglycine-glyoxylate aminotransferase（EC 2.6.1.-）。EC 2.6.1.82 注释到 *Alloactinosynnema*，EC 2.6.1.-注释到葡萄球菌属、乳杆菌属、明串珠菌属、乳球菌属、葡糖杆菌属等 8 类细菌，推测这 9 个属的细菌有降解腐胺的潜在可能。据报道有研究者在发酵香肠中发现可降解生物胺的葡萄球菌菌株。2017 年新创立的分类，EC 2.6.1.113（putrescine-pyruvate transaminase）取代了 EC 2.6.1.-在 KEGG 数据库中 map00330 的位置，目前 EC 2.6.1.113 仅在 *Pseudomonas aeruginosa* 中有报道。生物胺亚精胺也是 γ-氨基丁醛前体之一，可在 polyamine oxidase（EC 1.5.3.14）催化下降解，EC 1.5.3.14 注释到黄酒发酵优势微生物曲霉属。作用于 γ-氨基丁醛还原反应的催化酶有 3 类：乙醛脱氢酶（aldehyde dehydrogenase，EC 1.2.1.3，EC 1.2.1.-）和氨基丁醛脱氢酶（aminobutyraldehyde dehydrogenase，EC 1.2.1.19），黄酒中注释到 EC 1.2.1.3 和 EC 1.2.1.-，未能注释到特异性较高的 EC 1.2.1.19。根据注释信息发现葡糖杆菌属、葡萄球菌属、链霉菌属参与腐胺合成 GABA 的完整途径，曲霉属参与亚精胺合成 GABA 的完整途径。由于发酵液具有丰富的氨基酸和酿造工艺的特殊性，黄酒生物胺含量较其他发酵酒（啤酒、葡萄酒）偏高，黄酒发酵微生物可代谢生物胺形成 GABA 对黄酒生产有重要意义，提供了黄酒降低生物胺和提升 GABA 含量的新方向。

GABA 在 GABA 转氨酶和琥珀酸半醛脱氢酶催化下降解为琥珀酸。测序结果显示黄酒中多种优势微生物注释到 GABA 降解途径，如糖多孢菌属、葡萄球菌属、乳杆菌属、曲霉属和酵母属等。

鲜味氨基酸 L-谷氨酸（L-glutamate）是 GABA 的关键前体物质。谷氨酸合成途径，谷氨酸脱氢酶（glutamate dehydrogenase，EC 1.4.1.3，EC 1.4.1.3，EC 1.4.1.4）催化α-酮戊二酸与游离氨生成谷氨酸，或谷氨酸合酶（glutamate synthase，EC 1.4.1.13，EC 1.4.1.14）催化下 α-酮戊二酸接受谷氨酰胺的酰氨基生成两分子谷氨酸。黄酒中参与谷氨酸合成的微生物较多。注释结果中 3 类谷氨酸脱氢酶共注释到细菌 7 个属和真菌 3 个属，其中糖多孢菌属注释到 3 类催化酶；2 类谷氨酸合酶均注释到细菌 7 个属和真菌 2 个属。

4.4.2.5 脂肪酸的生成

黄酒中的酸类物质包括有机酸和游离脂肪酸，乳酸、乙酸、琥珀酸、丁酸、辛酸、癸酸和肉豆蔻酸是此批黄酒中含量较高的芳香酯的前体。黄酒中的主要有机酸乳酸、乙酸在上文已经介绍过，琥珀酸是三羧酸（TCA）循环的中间产物。此小节主要注释丁酸、辛酸、癸酸和肉豆蔻酸的相关代谢酶。有研究报道黄酒中的脂肪酸主要来自酵母发酵，少部分是由原料酶解生成的，原料糯米脂肪含量与黄酒中单一脂肪酸没有明显相关性。

脂肪酸的合成是以乙酰 CoA 为前体，经脂肪酸复合酶复合体催化的酶促反应。合成途径分为从头合成和在现有的脂肪酸的基础上经碳链延长形成，合成需要的二碳单位乙酰 CoA 主要由糖的分解代谢形成。脂肪酸复合酶是由多个酶及酰基载体蛋白构成，催化碳链延长反应。一轮的碳链延长包括启动、装载、缩合、还原、脱水、再还原 6 步酶促反应，最后经水解酶 dodecanoyl-（acyl-carrier-protein）hydrolase（EC 3.1.2.21）和 acyl-（acyl-carrier-protein）hydrolase（EC 3.1.2.14）将脂肪酸从酰基载体蛋白释放。

辛酸、癸酸和肉豆蔻酸的合成：乙酰 CoA 羧化酶（acetyl-CoA carboxylase，EC 6.4.1.2）催化乙酰 CoA 形成丙二酸单酰 CoA（malonyl-CoA），注释到细菌 10 个属和真菌 2 个属。FASN、fas、FAS1 是催化“启动反应”的乙酰转移酶（脂酰转移酶）的编码基因。fatty acid synthase（EC 2.3.1.-，fas）包括 EC 2.3.1.85（FASN）和 EC 2.3.1.86（FAS1，FAS2），为多功能酶，参与碳链延长反应中的多步反应。EC 2.3.1.-注释到黄酒中多种优势微生物。FASN（fatty acid synthase，animal type，EC 2.3.1.85）存在于动物体中，FAS1 和 FAS2 编码存在于真菌的多功能蛋白酶 fatty-acyl-CoA synthase（EC 2.3.1.86）的不同亚基，可催化不同的反应。据报道酵母中具有 FAS1 和 FAS2。黄酒测序结果中，FAS1 注释到曲霉属，FAS2 注释到酵母属和曲霉属。根据注释信息，发现糖多孢菌属、乳杆菌属、乳球菌属、小单孢菌属、葡萄球菌属、曲霉属、酵母属参与脂肪酸的合成碳链延长完整途径。在脂肪酸从酰基载体蛋白释放过程中，将辛酸、癸酸、月桂酸从酰基载体蛋白释放的水解酶 EC3.1.2.21 注释到糖多孢菌属、乳杆菌属和乳球菌属，而肉豆蔻酸的合成途径所需的水解酶 acyl-(acyl-carrier-protein）hydrolase（EC 3.1.2.14）未注释到。

丁酸的合成分为中心途径和最后一步，分别为乙酰 CoA 形成丁酰 CoA（butanoyl-CoA）的代谢阶段和丁酰 CoA 形成丁酸的代谢阶段。测序结果注释到参与中心途径的部分反应的微生物，未能预测到能合成丁酸的功能微生物。在乙酰 CoA 形成丁烯酰 CoA（crotonoyl-CoA）的过程中，糖多孢菌属和曲霉属注释到 3-hydroxyacyl-CoA dehydrogenase（EC 1.1.1.35）、enoyl-CoA hydratase（EC 4.2.1.17）、acetyl-CoA *C*-acetyltransferase（EC 2.3.1.9）3 类酶。

原料也是黄酒中脂肪酸来源之一。黄酒中脂肪酸可由大米中主要脂类甘油三酯经脂肪酶（triacylglycerol lipase，EC 3.1.1.3）水解而来。测序结果中 EC 3.1.1.3 注释到糖多孢菌属、葡萄球菌属、曲霉属和酵母属。据注释信息发现黄酒发酵中酵母属对脂肪酸的贡献可能主要是对原料中甘油三酯的水解，而非脂肪酸的从头合成，与文献报道有所不同。

4.4.2.6 酯类物质的生成

乙基酯类和乙酸酯类是黄酒中重要酯类化合物，多呈现水果香和花香，是在黄酒发酵和陈化过程中由酸和醇酯化反应生成。发酵过程中酯类物质生物合成主要有 3 类催化酶：脂肪酶，醇酰基转移酶，醇脱氢酶。

脂肪酶和醇酰基转移酶主要催化乙酸酯的合成。酯酶途径中，脂肪酶（triacylglycerol lipase，EC 3.1.1.3）和脂肪酶（carboxylesterase，EC 3.1.1.1）催化乙酸和醇类可逆缩合反应；醇乙酰基转移酶途径中，醇酰基转移酶（alcohol *O*-acetyltransferase，EC 2.3.1.84）催化乙酰 CoA 和醇类物质反应。醇脱氢酶（alcohol dehydrogenase，EC 1.1.1.1）与多类风味物质生成相关，可催化半缩醛氧化生成酯类，且底物适用性较广。EC 3.1.1.3 和 EC 1.1.1.1 分别在脂肪酸和醇类物质生成途径中起催化作用。EC 2.3.1.84 在测序结果中仅注释到酵母属，说明酵母对黄酒的酯类物质形成有重要作用。EC 3.1.1.1 注释到了黄酒中优势物种糖多孢菌属、葡萄球菌属、乳杆菌属和曲霉菌，是 4 类酶中酵母唯一没有注释到的。根据注释信息发现糖多孢菌属、葡萄球菌属、曲霉属和酵母属 4 类微生物对酯类物质合成的重要作用，同时参与酯类及其前体物质（脂肪酸和醇类物质）的合成途径。

4.4.2.7 酚类物质的生成

苯酚是最简单的酚类化合物，也是黄酒香气成分之一，由酪氨酸酚裂解酶（tyrosine phenol-lyase，EC 4.1.99.2）催化酪氨酸降解形成，研究表明此酶促反应的产物苯酚和催化酶 EC 4.1.99.2 编码基因都未检测到，佐证了宏基因组预测结果的可信性。

多酚物质是黄酒的抗氧化性的重要来源，在黄酒中具有调味、保健等作用，4-香豆酸、阿魏酸是黄酒中常见的多酚物质，也是黄酒中挥发性酚类物质的前体。

4-香豆酸以苯丙氨酸/酪氨酸合成。以苯丙氨酸为前体，在苯丙氨酸氨裂解酶（phenylalanine ammonia-lyase，EC 4.3.1.24，EC 4.3.1.25）催化下形成反式肉桂酸，再经肉桂酸羟化酶（*trans*-cinnamate 4-monooxygenase，EC 1.14.13.11）催化氧化反应形成 4-香豆酸；或以酪氨酸为前体，由苯丙氨酸氨裂解酶（phenylalanine ammonia-lyase，EC 4.3.1.25）或酪氨酸裂解酶（tyrosine ammonia-lyase，EC 4.3.1.23）催化酪氨酸降解形成 4-香豆酸。样品中曲霉属注释到 EC 4.3.1.24，而未能解析香豆酸形成的完整途径，近些年有学者进行产 4-香豆酸的酿酒酵母和大肠杆菌工程菌构建。4-香豆酸→咖啡酸→阿魏酸的代谢途径中，黄酒注释到催化 4-香豆酸形成咖啡酸的 FAD dependent monooxygenase（EC 1.14.13.-），注释到弗兰克氏菌属、糖单孢菌属、糖多孢菌属、食酸菌属、曲霉属和酵母属。黄酒原料中阿魏酸可在阿魏酸酯酶（EC 3.1.1.73）催化下释放游离出来，黄酒中 EC 3.1.1.73 注释到曲霉属，说明黄酒中的阿魏酸主要是由原料带入，而非微生物发酵合成。

4-乙基苯酚和 4-乙烯基愈创木酚、4-乙基愈创木酚是此批黄酒中含量较高的挥发性酚，分析发现在黄酒生产中，这 3 种挥发性酚类物质可能来自生物合成和热降解两种途径。在温度或阿魏酸脱羧酶（ferulic acid decarboxylase，EC 4.1.1.102）的作用下，4-香豆酸和阿魏酸可分别形成 4-乙烯苯酚（4-乙基苯酚前体）和 4-乙烯基愈创木酚（4-乙基愈创木酚前体）。EC 4.1.1.102 注释到黄酒发酵优势微生物曲霉属和酵母属。香兰素是阿魏酸热降解的次要产物，生物途径中，可由 4-coumarate-CoA ligase（EC 6.2.1.12）和 *trans*-feruloyl-CoA hydratase（EC 4.2.1.101）、香兰素合成酶（vanillin synthase，EC 4.1.2.41）催化阿魏酸降解形成，测序结果未注释到此完整途径。EC 4.2.1.101 和 EC 4.1.2.41 均仅注释到多孢放线菌，显示多孢放线菌有参与合成香兰素的可能。香兰素可经酶促反应形成原儿茶酸，vanillin dehydrogenase（EC 1.2.1.67）催化香兰素形成香草酸，再经 vanillate monooxygenase（EC 1.14.13.82）、nicotinamide *N*-methyltransferase（EC 2.1.1.-）和 vanillate/3-

O-methylgallate *O*-demethylase（EC 2.1.1.341）催化脱甲基生成原儿茶酸，此途径注释到 EC 2.1.1.-。据注释信息推测黄酒中的原儿茶酸和香兰素可能主要是由原料带入，而非发酵过程中微生物合成。

4.4.3 基于宏基因组的关键化合物代谢网络途径构建

4.4.3.1 关键化合物形成与功能微生物关联分析

黄酒的风味物质主要来源于黄酒酿造原料、发酵过程中微生物代谢、煎酒和贮存过程中的物化反应等。根据文献及功能注释数据库，对黄酒中淀粉和纤维素降解，葡萄糖和氮利用，氨基酸、醇类、酸类、酯类和酚类等物质形成途径涉及的催化酶进行搜集和整理，共整理了 223 类催化酶。

在 4 个黄酒酿造过程发酵醪样品中，与风味形成相关的酶和物种的关联情况如图 4-14 和图 4-15。对参与风味形成的功能微生物分析，发现功能酶的绝对丰度与微生物在黄酒中的丰度有关。根据催化酶的预测结果，发现对于作用同一催化反应的酶，多注释到具有广泛底物特异性的酶类，较少注释到底物专一的酶类。从预测的催化酶和功能微生物的数目上，发现注释到风味形成相关酶数目最多的 10 个属依次为曲霉属、糖多孢菌属、酵母属、葡萄球菌属、乳杆菌属、乳球菌属、链霉菌属、拟无枝酸菌、多孢放线菌、笄霉属，除笄霉属外的 9 个属也是黄酒发酵过程平均相对丰度最高的 9 个属；139 类催化酶中注释到微生物属数目前十的酶依次为 EC 1.1.1.-、EC 1.1.1.1、EC 1.2.4.1、EC 2.1.1.14、EC 2.2.1.6、EC 2.3.1.9、EC 3.2.1.21、EC 3.5.1.4、EC 4.3.1.19、EC 6.4.1.2、fabF（EC 2.3.1.179）、fabG（EC 1.1.1.100）、fabH（EC 2.3.1.180）、fas（EC 2.3.1.-），主要是与醇类物质和酸类物质代谢相关的催化酶。

糖多孢菌属是黄酒发酵及麦曲中优势菌种之一，但目前糖多孢菌属在黄酒发酵过程中的具体作用尚未明确，从注释结果分析，发现糖多孢菌属可能与葡萄糖利用、氮利用、氨基酸合成、脂肪酸合成、甘油三酯水解有重要联系，而与乙醇、杂醇、酚类生成的关系较小。酵母菌是黄酒发酵中产乙醇的主要微生物，与乳酸代谢、氨基酸合成、杂醇生成、酯类物质合成、甘油三酯水解有重要联系。曲霉属在黄酒发酵中主要起糖化液化作用，根据注释信息发现曲霉属注释到的功能酶丰度较低，但注释到的功能酶种类最多，共涉及 90 类催化酶，参与多类物质代谢；在黄酒发酵中对纤维素降解发挥不可取代的重要作用，可能对乙醇和杂醇的生成、甘油三酯水解有贡献，能够将原料中功能物质阿魏酸水解释放，且有降解有害物质亚精胺为 γ-氨基丁酸（GABA）的潜力。葡萄球菌属可能对氨基酸合成、杂醇生成、脂肪酸合成、甘油三酯水解、酯类生成和 GABA 降解的代谢途径参与度较高，而对淀粉和纤维素的降解、乙醇和杂醇的生成参与度较低。乳杆菌属和乳球菌属是黄酒发酵中的重要产酸菌，可能参与淀粉水解、氨基酸合成、GABA 生成与降解、2,3-丁二醇合成、脂肪酸合成、原儿茶酸生成等。链霉菌属可能参与乙醇、2,3-丁二醇和杂醇的合成。拟无枝酸菌可能对 2,3-丁二醇、脂肪酸和酯类合成的代谢途径参与度较高。多孢放线菌和笄霉属注释多种功能类别，但注释到完整的代谢途径较少，测序结果显示多孢放线菌有产 GABA 的可能性，笄霉属仅在黄酒后酵样本中检测到，且是唯一注释到苯丙氨酸转化为酪氨酸的催化酶的微生物属，可能参与杂醇的合成。

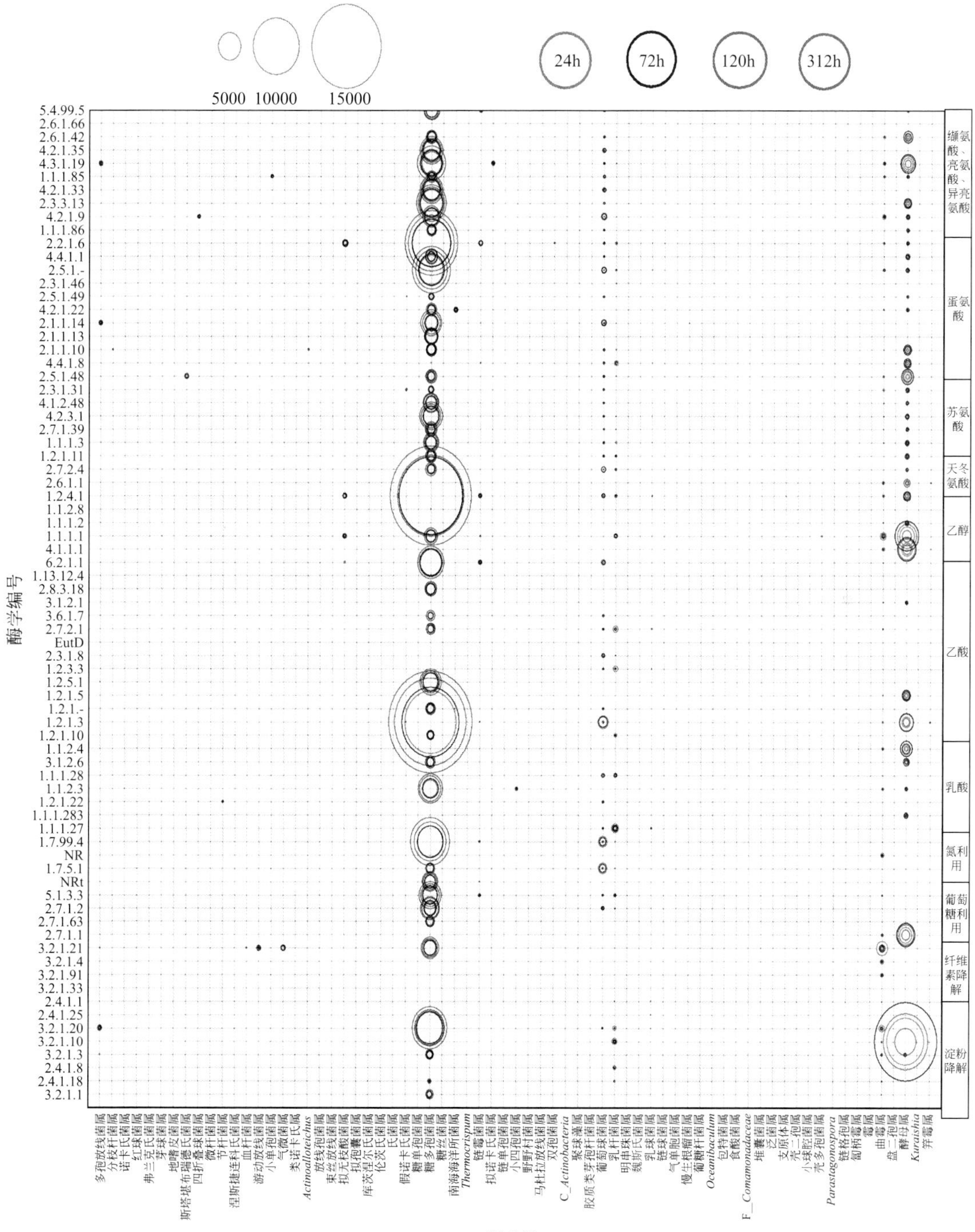

5000 10000 15000

24h 72h 120h 312h

酶学编号

5.4.99.5
2.6.1.66
2.6.1.42
4.2.1.35
4.3.1.19
1.1.1.85
4.2.1.33
2.3.3.13
4.2.1.9
1.1.1.86
2.2.1.6
4.4.1.1
2.5.1.-
2.3.1.46
2.5.1.49
4.2.1.22
2.1.1.14
2.1.1.13
2.1.1.10
4.4.1.8
2.5.1.48
2.3.1.31
4.1.2.48
4.2.3.1
2.7.1.39
1.1.1.3
1.2.1.11
2.7.2.4
2.6.1.1
1.2.4.1
1.1.2.8
1.1.1.2
1.1.1.1
4.1.1.1
6.2.1.1
1.13.12.4
2.8.3.18
3.1.2.1
3.6.1.7
2.7.2.1
EutD
2.3.1.8
1.2.3.3
1.2.5.1
1.2.1.5
1.2.1.-
1.2.1.3
1.2.1.10
1.1.2.4
3.1.2.6
1.1.1.28
1.1.2.3
1.2.1.22
1.1.1.283
1.1.1.27
1.7.99.4
NR
1.7.5.1
NRt
5.1.3.3
2.7.1.2
2.7.1.63
2.7.1.1
3.2.1.21
3.2.1.4
3.2.1.91
3.2.1.33
2.4.1.1
2.4.1.25
3.2.1.20
3.2.1.10
3.2.1.3
2.4.1.8
2.4.1.18
3.2.1.1

缬氨酸、亮氨酸、异亮氨酸
蛋氨酸
苏氨酸
天冬氨酸
乙醇
乙酸
乳酸
氮利用
葡萄糖利用
纤维素降解
淀粉降解

多孢放线菌属
分枝杆菌属
诺卡氏菌属
红球菌属
弗兰克氏菌属
芽球菌属
地嗜皮菌属
斯塔堪布瑞德氏菌属
四折叠球菌属
微杆菌属
节杆菌属
涅斯捷连科氏菌属
血杆菌属
游动放线菌属
小单孢菌属
气微菌属
类诺卡氏属
Actinoalloteichus
放线孢菌属
束丝放线菌属
拟无枝酸菌属
拟孢囊菌属
库茨涅尔氏菌属
伦茨氏菌属
氏菌属
假诺卡氏菌属
糖单孢菌属
糖多孢菌属
糖丝菌属
南海海洋所菌属
Thermocrispum
链霉菌属
拟诺卡氏菌属
链单孢菌属
小四孢菌属
野野村菌属
马杜拉放线菌属
双孢菌属
C_*Actinobacteria*
聚球藻属
胶质类芽孢杆菌属
葡萄球菌属
乳杆菌属
明串珠菌属
魏斯氏菌属
乳球菌属
链球菌属
气单胞菌属
慢生根瘤菌属
葡糖杆菌属
Oceanibaculum
包特菌属
食酸菌属
F_*Comamonadaceae*
堆囊菌属
泛菌属
支原体属
壳二孢菌属
小球腔菌属
壳多孢菌属
Parastagonospora
链格孢属
匍柄霉属
霉属
曲霉属
盘二孢属
酵母属
Kuraishia
笄霉属

微生物

图 4-14 黄酒风味形成相关催化酶与微生物分布图（1）（圆形直径代表酶编码基因的绝对丰度）

彩图 4-14

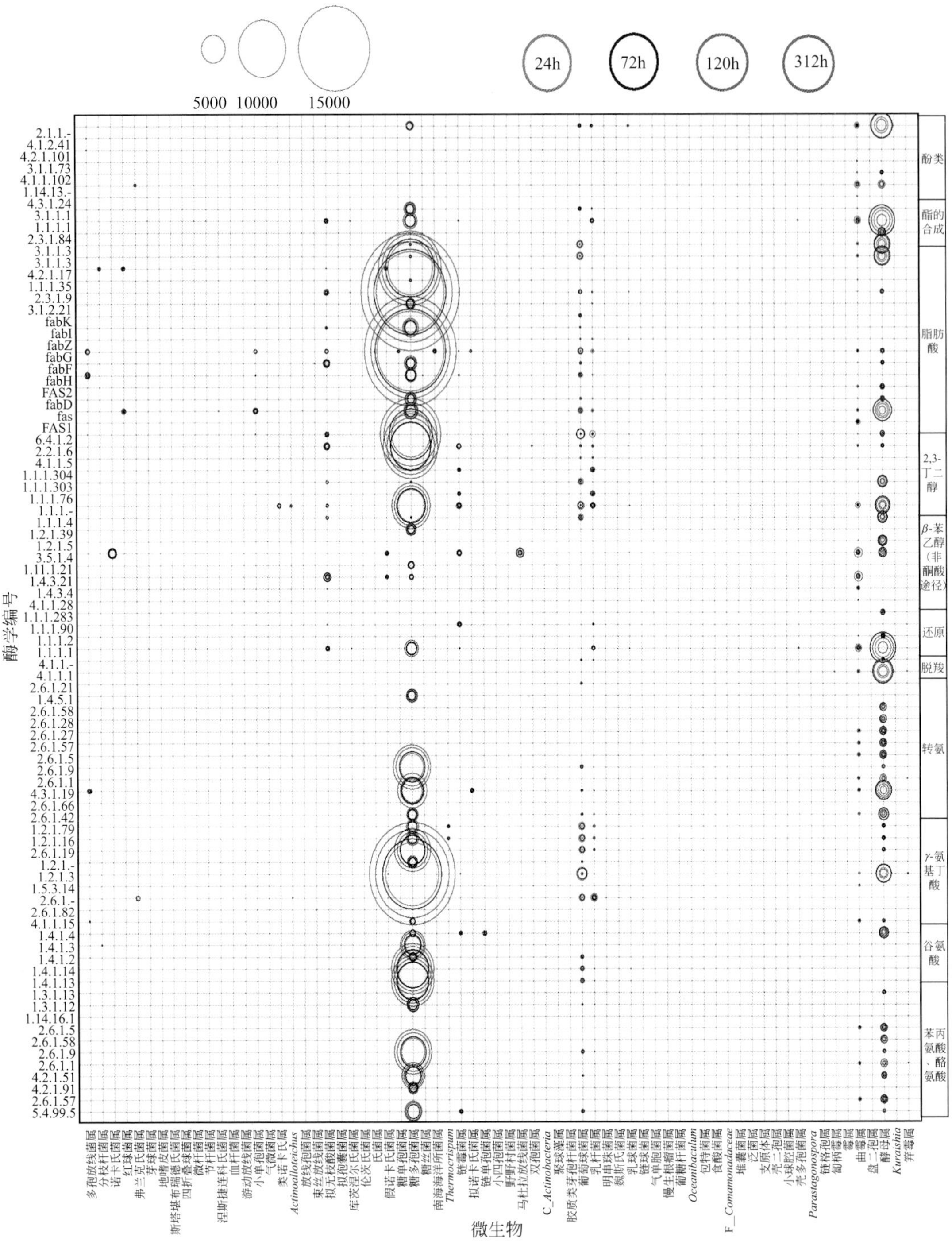

5000 10000 15000

24h 72h 120h 312h

酶学编号：2.1.1.-、4.1.2.41、4.2.1.101、3.1.1.73、4.1.1.102、1.14.13.-、4.3.1.24、3.1.1.1、1.1.1.1、2.3.1.84、3.1.1.3、3.1.1.3、4.2.1.17、1.1.1.35、2.3.1.9、3.1.2.21、fabK、fabI、fabZ、fabG、fabF、fabH、FAS2、fabD、fas、FAS1、6.4.1.2、2.2.1.6、4.1.1.5、1.1.1.304、1.1.1.303、1.1.1.76、1.1.1.-、1.1.1.4、1.2.1.39、1.2.1.5、3.5.1.4、1.11.1.21、1.4.3.21、1.4.3.4、4.1.1.28、1.1.1.283、1.1.1.90、1.1.1.2、1.1.1.1、4.1.1.-、4.1.1.1、2.6.1.21、1.4.5.1、2.6.1.58、2.6.1.28、2.6.1.27、2.6.1.57、2.6.1.5、2.6.1.9、2.6.1.1、4.3.1.19、2.6.1.66、2.6.1.42、1.2.1.79、1.2.1.16、2.6.1.19、1.2.1.-、1.2.1.3、1.5.3.14、2.6.1.-、2.6.1.82、4.1.1.15、1.4.1.4、1.4.1.3、1.4.1.2、1.4.1.14、1.4.1.13、1.3.1.13、1.3.1.12、1.14.16.1、2.6.1.5、2.6.1.58、2.6.1.9、2.6.1.1、4.2.1.51、4.2.1.91、2.6.1.57、5.4.99.5

酚类 | 酯的合成 | 脂肪酸 | 2,3-丁二醇 | β-苯乙醇（非酮酸途径） | 还原 | 脱羧 | 转氨 | γ-氨基丁酸 | 谷氨酸 | 苯丙氨酸、酪氨酸

微生物

图 4-15　黄酒风味形成相关催化酶与微生物分布图（2）（圆形直径代表酶编码基因的绝对丰度）

彩图 4-15

4.4.3.2 杂醇的微生物网络代谢途径

β-苯乙醇、异戊醇、异丁醇、3-甲硫基丙醇、2,3-丁二醇是黄酒中含量前五的醇类。β-苯乙醇、异戊醇、异丁醇、3-甲硫基丙醇均可由氨基酸通过分解代谢途径（Ehrlich 途径）代谢生成。酪醇和色醇也可由氨基酸降解形成。据报道红酒中的酪醇是与心脏保护功能有关的物质，但在啤酒中酪醇和色醇是引起上头的诱因，目前酪醇和色醇在黄酒中的报道还寥寥无几。2,3-丁二醇是酒类中少有的呈香多元醇之一，其微生物合成途径以丙酮酸为前体。

（1）β-苯乙醇、异戊醇、异丁醇、3-甲硫基丙醇的生成途径

杂醇的生成有分解代谢途径（Ehrlich 途径）和合成代谢途径（Harris 途径）。分解代谢途径即氨基酸降解途径，α-酮酸来自氨基酸脱氨；合成代谢途径是以糖类物质合成杂醇，α-酮酸来自糖酵解产物丙酮酸的链增长反应，而后脱羧和还原形成相应的杂醇。2 种途径的区别在于 α-酮酸来源不同。在杂醇的生成途径中，关键催化酶包括转氨酶、脱羧酶和还原酶，其中部分催化酶也参与杂醇、乙醇和氨基酸等物质的代谢途径中，故此小节涉及的部分酶类与其他小节有所重复。

Ehrlich 途径的转氨反应与氨基酸合成的最后一步为逆反应。支链氨基酸转氨酶（EC 2.6.1.42）、亮氨酸脱氢酶（L-leucine dehydrogenase，EC 1.4.1.9）可催化缬氨酸、亮氨酸、异亮氨酸生成对应酮酸；缬氨酸-丙酮酸转氨酶（valine-pyruvate transaminase，EC 2.6.1.66）可催化缬氨酸与精氨酸之间的转氨反应；亮氨酸转氨酶（leucine transaminase，EC 2.6.1.6）可专一催化亮氨酸和谷氨酸间的转氨反应。样品中未注释到 EC 1.4.1.9 和 EC 2.6.1.6，EC 2.6.1.42 注释到 4 个细菌属和 3 个真菌属，均为黄酒发酵中的优势微生物，而 EC 2.6.1.66 仅注释到乳球菌属。苏氨酸脱氨酶（L-serine dehydratase，EC 4.3.1.19）可专一催化苏氨酸脱氨生成 α-酮基丁酸，α-酮基丁酸可经链增长反应生成其他 α-酮酸，EC 4.3.1.19 注释到多孢放线菌、糖多孢菌属、链霉菌属、拟诺卡氏菌属、葡萄球菌属、乳杆菌属、乳球菌属、曲霉属、酵母属、笄霉属。芳香族氨基酸氨基转氨酶Ⅰ（EC 2.6.1.57，EC 2.6.1.27，EC 2.6.1.5）注释到 2 个真菌属（曲霉属、酵母属），而芳香族氨基酸氨基转氨酶Ⅱ（EC 2.6.1.58，EC 2.6.1.28）仅注释到酵母属，显示了酵母属在芳香族氨基酸降解中的重要性。此外天冬氨酸转氨酶（aspartate aminotransferase，EC 2.6.1.1）和组氨酸磷酸转氨酶（histidinol-phosphate aminotransferase，EC 2.6.1.9）、苯丙氨酸脱氢酶（L-phenylalanine dehydrogenase，EC 1.4.1.20）、氨基酸氧化酶（L-amino-acid oxidase，EC 1.4.3.2）也可催化苯丙氨酸和酪氨酸形成对应的酮酸，测序结果注释 EC 2.6.1.1 和 EC 2.6.1.9，共注释到真菌 4 个属和细菌 4 个属。D-苯丙氨酸脱氢酶（D-amino-acid dehydrogenase，EC 1.4.5.1）和丙氨酸转氨酶（D-alanine transaminase，EC 2.6.1.21）可降解 D-苯丙氨酸生成对应的酮酸，EC 1.4.5.1 注释到地嗜皮菌属和糖多孢菌属，EC 2.6.1.21 注释到葡萄球菌属，说明曲霉属、酵母属可能仅催化 L-苯丙氨酸降解。

Ehrlich 途径中 α-酮酸脱羧反应为不可逆反应，α-酮酸来自氨基酸的脱氨或 Hariss 途径，脱羧反应催化酶包括丙酮酸脱羧酶（pyruvate decarboxylase，EC 4.1.1.1）、脱羧酶（carboxylyases，EC 4.1.1.-）、苯丙酮酸脱羧酶（phenylpyruvate decarboxylase，EC 4.1.1.43）。样品中注释到具有广泛底物特异性的 EC 4.1.1.1 和 EC 4.1.1.-，EC 4.1.1.1 注释到匍柄霉属、曲霉属、酵母属和笄霉属 4 类真菌，EC 4.1.1.-注释到酵母属和葡萄球菌属、乳杆菌属、链霉菌属；未注释到可专一催化苯丙酮酸脱羧反应的 EC 4.1.1.43。优势微

生物糖多孢菌属注释到多种氨基酸的完整代谢途径，但在杂醇代谢中，糖多孢菌属没有注释到任何脱羧酶，表明糖多孢菌属不是黄酒中生成杂醇的关键微生物。

Ehrlich 途径的最后一步是醛的还原反应，催化酶包括醇脱氢酶（alcohol dehydrogenase，EC 1.1.1.1，EC 1.1.1.2）、芳基醇脱氢酶（aryl-alcohol dehydrogenase，EC 1.1.1.90）、丙酮醛还原酶（NADPH-dependent methylglyoxal reductase，EC 1.1.1.283），其中 EC 1.1.1.1、EC 1.1.1.2 也参与乙醇的代谢途径。芳基醇脱氢酶（aryl-alcohol dehydrogenase，EC 1.1.1.90）催化苯乙醛还原成苯乙醇，注释到拟无枝酸菌和链霉菌属、乳杆菌属。EC 1.1.1.283 的催化作用在异戊醇的生成中有报道，注释到酵母属。

Ehrlich 途径中，转氨反应注释到的微生物最多，共 13 个属。根据注释信息发现链霉菌属、葡萄球菌属、乳杆菌属、曲霉属、酵母属、笄霉属 6 个属参与完整的 Ehrlich 途径，其中曲霉属和酵母属参与芳香醇的完整 Ehrlich 途径。

（2）β-苯乙醇的非酮酸合成途径

β-苯乙醇的生物合成具有多条途径，注释到以苯乙胺或苯乙酸为中间产物的合成途径。

以苯乙胺为中间产物的合成途径中，L-苯丙氨酸脱羧生成苯乙胺，再经脱氨生成苯乙醛，而后还原为苯乙醇，此形成途径通常很少发生。此途径注释到 3 类酶，共注释细菌 5 个属和真菌 1 个属，曲霉属注释到完整途径，而与杂醇代谢相关的重要微生物酵母菌未注释到此途径。苯乙胺是一类具有生理活性的物质，微量的生物胺具有积极作用，过量的生物胺会引起不良反应。苯乙胺生成反应中，未注释到苯丙氨酸脱羧酶（phenylalanine decarboxylase，EC 4.1.1.53），仅曲霉属注释到芳香族氨基酸脱羧酶（aromatic-L-amino-acid decarboxylase，EC 4.1.1.28），说明黄酒中曲霉属是苯乙胺形成的关键微生物。拟无枝酸菌、*Kutzneria*、假诺卡氏菌属、糖多孢菌属、链霉菌属和曲霉属 6 个属注释脱氨反应催化酶，假诺卡氏菌属外的 5 个属注释到还原酶。

以苯乙酸为中间产物的途径中，L-苯丙氨酸经氧化、脱氨形成苯乙酸，最后还原形成苯乙醇。无微生物注释到此完整途径。氧化 L-苯丙氨酸生成苯乙酰胺的催化酶 catalase-peroxidase（EC 1.11.1.21）仅注释到糖多孢菌属，而有 11 个属注释到苯乙酰胺脱氨反应的酰胺酶（amidase，EC 3.5.1.4）。在苯乙酸和苯乙醛相互转化中，曲霉属、酵母属注释到醛脱氢酶｛aldehyde dehydrogenase［NAD（P）$^+$］，EC 1.2.1.5｝，糖多孢菌属注释到催化苯乙醛氧化生成苯乙酸的苯乙醛脱氢酶（phenylacetaldehyde dehydrogenase，EC 1.2.1.39）。根据注释信息推测糖多孢菌属可能主要与苯乙酸的生成相关，曲霉属和酵母属参与苯乙酸的消耗。

（3）2,3-丁二醇的合成途径

2,3-丁二醇的微生物合成途径中，两分子的丙酮酸在乙酰乳酸合成酶（alpha-acetolactate synthetase，EC 2.2.1.6）催化下形成 2-乙酰乳酸和 2-乙酰-2-羟基丁酸［(S)-2-Aceto-2-hydroxybutanoate］。2-乙酰乳酸在 2-乙酰乳酸脱羧酶（alpha-acetolactate decarboxylase，EC 4.1.1.5）催化下脱羧形成 3-羟基丁酮（乙偶姻），或自然氧化脱羧形成双乙酰（丁二酮）后在双乙酰还原酶（diacetyl reductase，EC 1.1.1.303，EC 1.1.304）催化下不可逆还原形成 3-羟基丁酮。最终在丁二醇脱氢酶（butanediol dehydrogenase，EC 1.1.1.4，EC 1.1.1.76）催化下 2,3-丁二醇和 3-羟基丁酮相互转化。双乙酰还原酶活性与丁二醇脱氢酶相关，丁二醇脱氢酶活性是可逆的，但是双乙酰还原酶活性是不可逆的。

黄酒样品测序结果中 EC 4.1.1.5 注释到葡萄球菌属和乳杆菌属，EC 1.1.1.303 和 EC 1.1.1.4 注释到红球菌属、拟无枝酸菌、糖多孢菌属、链霉菌属、乳杆菌属、乳球菌属、马杜拉放线菌属、葡萄球菌属和酵母属，其中在酵母属、红球菌属、葡萄球菌属和乳球菌属有双乙酰还原酶和丁二醇脱氢酶的报道。厌氧条件下，2-乙酰乳酸在 EC 4.1.1.5 催化下脱羧形成 3-羟基丁酮；而有氧条件下，2-乙酰乳酸自然氧化脱羧形成双乙酰，然后还原为 3-羟基丁酮。而黄酒发酵过程中 2,3-丁二醇主要在通气开耙次数较高的氧气充足的主酵期间（24h）积累，推测黄酒发酵中的 3-羟基丁酮可能由 2 种途径形成。根据注释信息，发现拟无枝酸菌、糖多孢菌属、链霉菌属、葡萄球菌属、乳杆菌属、乳球菌属和酵母属 7 个属参与丙酮酸合成 2,3-丁二醇的完整途径。

4.5 黄酒酿造中杂醇和生物胺的代谢与控制

由于黄酒自身独特的酿造工艺，造成了成品黄酒中含有极为丰富的物质，这些物质中有很多具有生物活性功能，且易被人体吸收，具有增强机体免疫力、抗氧化、降血压、保护心血管等作用。还含有较多影响黄酒饮用口感和饮后舒适性的物质，正是这些物质的存在才使黄酒被认为是集风味和功能双重属性的健康食品。但是这些物质中也有导致黄酒饮后有“上头”感的成分，如氨基甲酸乙酯、乙醇、杂醇、生物胺、醛类等物质，以及黄酒中的酸酯不平衡等。因此，这些物质也被称为黄酒发酵中潜在危害物。

结合多种市售黄酒的检测分析和文献报道，发现黄酒中杂醇、生物胺和醛的含量一般分别在 205～700mg/L、8.1～305mg/L 和 35～420mg/L 范围内。这些物质以及它们的代谢产物大多具有神经毒性，摄入后或多或少都会引起人体的一些不适反应，如眩晕、头痛、心律失常、行动失调以及疲劳等。综上所述影响黄酒饮后舒适度问题的主要原因可能是上述物质在黄酒酒体中的含量高，代谢速度较慢，进而在人体内的保留时间较长。同时部分物质的存在也会影响黄酒中乙醇的代谢速度，这也会导致醉酒者醒酒慢等身体不适的症状。

4.5.1 黄酒酿造中杂醇的代谢与控制

杂醇是酒精发酵过程中产生的主要副产物，也是酒类主要的风味物质之一。黄酒中杂醇主要有以下几种：异丙醇、正丙醇、丙烯醇、异丁醇、正丁醇、叔丁醇、异戊醇、正戊醇、活性戊醇、甲基戊醇、苯甲醇和β-苯乙醇等，其在黄酒中的含量为 205～700mg/L。含量适当的杂醇能使酒体醇甜，口感协调丰满，增加酒体的“骨架感”，给人以愉悦舒适感；另外杂醇在陈酿时与酸产生酯类化合物，进一步丰满酒体。若酒中杂醇含量过少，会使酒体寡淡，口感过于单薄。然而，当其含量超过一定限度时，会使酒体口感失调，产生不良风味，还会对饮用者产生强烈的致醉性。例如，β-苯乙醇是含量较高的醇类香气组分，与其他发酵酒相比，黄酒中含有更多的β-苯乙醇，然而当β-苯乙醇的含量超出一定限度时，会使黄酒产生不愉悦的气味。异戊醇占黄酒中杂醇总量的三分之一左右，具有微甜带苦的口感，含量过高会使酒的苦味和辣味增大，刺激口感增强，破坏酒体的圆润度和协调性。

杂醇的过量存在不仅仅是酒体中主要异杂味的来源之一，而且还会影响酒体的饮用舒适性。杂醇的 LD_{50}、NOAEL 和每日允许摄入量（ADI）如表 4-4 所示。由世界卫生组织（World Health Organization，WHO）的化学物质急性毒性分级（低毒：501～5000mg/kg）可知，杂醇不被看成是毒理学上具有严重危害的物质，且其肝毒性也远低于乙醇和乙醛。甚至欧盟还规定白兰地、果酒或朗姆酒必须含有至少 125g/hL、200g/hL 及 225g/hL 的纯醇类挥发性物质。然而，当其含量超出一定限度也会对人体产生一定的毒害作用。杂醇的中毒和麻痹作用比乙醇作用强，能使神经系统充血，人体代谢杂醇的速度比乙醇代谢慢，而且杂醇对人体的刺激作用时间会更长。研究表明正丙醇的毒性为乙醇的 8.5 倍，异丁醇的毒性为乙醇的 8 倍，异戊醇的毒性为乙醇的 19 倍，且具有典型玫瑰香味的 β-苯乙醇含量过高的话会起到加醇作用，进一步加大黄酒的致醉性。杂醇对人体的影响主要表现在对大脑的麻醉和对细胞膜的溶解两个方面，且随着分子量的增大而增强。杂醇对人体的中枢神经有抑制作用，对交感神经、视觉神经等也会产生刺激，由于其在人体内分解速度很慢，在摄入过量的杂醇后还会引起头痛、头晕等不良症状。例如一定量的正丙醇对人体黏膜具有刺激作用；一定量的异丁醇对人体的眼、鼻具有刺激作用；一定量的异戊醇对人体的眼鼻同样有刺激作用（毒性比异丁醇大），过量时会导致神经系统充血、头疼眩晕、恶心呕吐，这是导致醉酒头痛、头晕的主要原因之一。目前黄酒中的杂醇总量并没有明确的限值标准，但是按照相同乙醇摄入量进行折算，黄酒中的杂醇含量要高于白酒、啤酒等酒精性饮料，这也能解释为什么饮用黄酒更容易“上头”。

表 4-4 不同杂醇的毒性

种类	LD_{50}/(mg/kg)	NOAEL/[mg/(kg·d)]	ADI/[mg/(kg·d)]
正丙醇	1870	296～1438	3.0～14
正丁醇	790	125～608	1.3
异丁醇	246	389～1892	3.9～19
异戊醇	1300	206～1000	10
β-苯乙醇	1790	283～1377	2.9～13.8

注：NOAEL 指 no observed adverse effect levels，未观察到不良反应水平；ADI 指 acceptable daily intake，每日允许摄入量。

4.5.1.1 酿酒酵母种类对发酵的影响

控制发酵酒品质最有效的途径是选择优良的酵母菌种进行酿造。但是由于不同的酵母菌种其生理特性不尽相同，在发酵过程中代谢副产物的种类及含量亦存在差异。目前对于酿酒酵母的研究，多集中在葡萄酒、啤酒、果酒酵母，而对黄酒酵母的研究较少。

已有研究对 YZU01、YZU02、YZU03、STO1 和 SHO1 酿酒酵母的乳酸脱氢酶活性进行研究，发现 YZU03 发酵乙醇产量最高，不同酿酒酵母菌株的乙醇生成量以及乳酸脱氢酶活性存在明显差异。江南大学对 8 种黄酒酵母进行分析，结果显示黄酒样品中挥发性组分含量的差异取决于不同黄酒酵母代谢特征的差异。在实际生产中发现，絮状酵母、新型酵母菌种以及传统强凝聚型发酵菌种发酵特性不一，但各有优势。

酵母种类也直接影响杂醇的种类和含量，黄酒独特的发酵工艺，使成品黄酒中杂醇的含量处于一个较高的水平（表 4-5）。低产杂醇酿酒酵母可从多个方面获得，包括自然筛选、人工诱变、基因改造等。针对不同手段，以基因改造最为有效。通常做法是敲除酿酒酵母产杂醇的关键基因，使其不表达，从而降低杂醇含量。

表 4-5 不同酿酒酵母发酵杂醇含量

酿酒酵母种类	啤酒酵母	葡萄酒酵母	果酒酵母	黄酒酵母
杂醇含量/(mg/L)	50～90	100～320	150～260	169～737

酵母菌种是决定杂醇含量的主要因素，研究表明不同酿酒酵母杂醇生成量差异可高达50%～100%，降低杂醇最有效的手段便是选育低产杂醇的酵母菌株。啤酒发酵中杂醇是酵母在合成细胞蛋白质时产生的，即主发酵期随酵母繁殖而形成，通过敲除啤酒酵母中β-丙基苹果酸脱氢酶基因（*LEU2*），突变酵母菌株在发酵液中杂醇含量比出发菌株低，其中异戊醇的含量降低明显，而酒精度、发酵速度等发酵性能没有明显变化。基因改造酵母菌株实验结果表明类丙酮酸脱羧酶（YDL080C）基因缺失工程菌的异戊醇含量与亲本相比没有明显变化，*LEU2* 缺失工程菌的异戊醇含量降低 16.16%。有学者进行了酿酒酵母 *ILV5* 与 *ILV2*、*ILV3* 等基因同时过表达对杂醇合成影响的研究，结果发现这些基因共同过表达提高了异丁醇的含量。使用酿酒酵母氨基酸转氨酶编码基因 *BAT2* 完全缺失突变株进行小曲酒酿造时，半固态发酵杂醇显著降低，固态发酵杂醇无显著变化。尿素、硫铵、糟水能降低发酵过程中的杂醇，添加硫铵时乙醇含量有所降低。研究表明不同种类酵母中，杂醇的生成量以葡萄酒酵母最多，其次为酒精酵母、啤酒酵母，一定范围内改变酵母添加量对杂醇的影响并不显著。

4.5.1.2 酿酒酵母中杂醇产生的代谢途径

杂醇是酿酒酵母在生长代谢过程中合成细胞所需蛋白质时产生的副产物，黄酒中的杂醇以异丙醇、异丁醇、正戊醇、异戊醇、β-苯乙醇为主，形成途径主要有两条——Ehrlich 途径和 Harris 途径。

德国化学家 Ehrlich 于 1907 年提出通过氨基酸降解代谢途径可形成杂醇，该代谢途径认为在发酵基质中，支链氨基酸通过转氨酶的作用进行脱氨基反应，脱氨后转移到α-酮戊二酸上进而形成相应的α-酮酸，α-酮酸在脱羧酶的作用下进行脱羧、还原反应，形成比原氨基酸少 1 个碳原子的杂醇（图 4-16）。

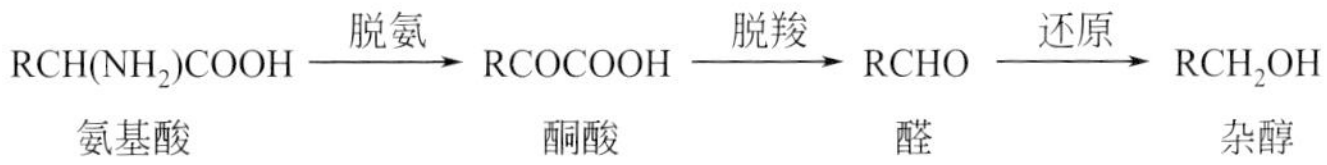

RCH(NH2)COOH
脱氨
RCOCOOH
脱羧
RCHO
还原
RCH2OH
氨基酸
酮酸
醛
杂醇

图 4-16 氨基酸降解代谢途径

1953 年 Harris 提出了杂醇的合成代谢途径，即杂醇的合成是酿酒酵母在发酵基质中，通过糖酵解途径（EMP）形成丙酮酸，在乙酰羟酸合酶的作用下丙酮酸进入氨基酸的生物合成途径，在合成代谢的最后阶段形成α-酮酸中间体，在相应酶的催化下进行脱羧还原，形成相应的杂醇（图 4-17）。

氨基酸
RCH(NH2)COOH
C6H12O6
RCOCOOH
脱羧
RCHO
还原
RCH2OH
糖
酮酸
醛
杂醇

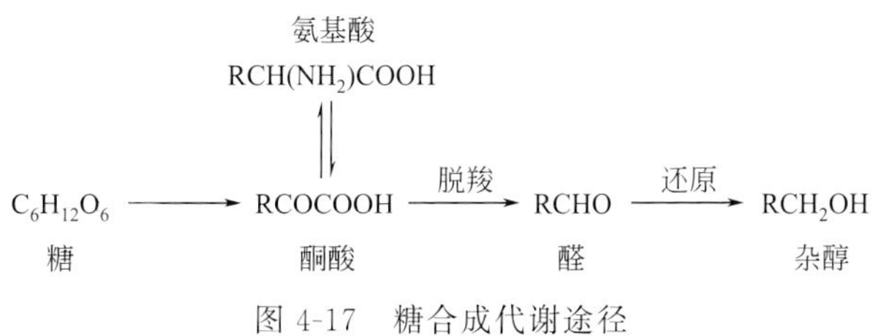

图 4-17 糖合成代谢途径

在发酵过程中杂醇的产生不可避免，因此适当控制酒体中杂醇的含量至关重要。酵母细胞中两条代谢途径产生的杂醇含量存在一定的比例，由于合成代谢途径中产生的丙酮酸较易转变为低分子的 α-酮酸，所以大部分低碳链杂醇来自于合成代谢途径产生的 α-酮酸。已有研究认为酒类杂醇中的异戊醇、异丁醇和活性戊醇，75%来自糖代谢，25%来自相应的亮氨酸、缬氨酸、异亮氨酸的 Ehrlich 路径。但是近些年的研究发现酵母吸收的所有氨基酸均先进行脱氨变成相应酮酸，然后再根据胞内营养需求进行转变，所以也有研究认为营养丰富环境中绝大部分杂醇来自于 Ehrlich 路径。

4.5.1.3 **酿酒酵母中杂醇合成相关基因**

对酿酒酵母产杂醇相关基因进行基因工程改造，是研究杂醇合成影响因子的有效方法。通过分子生物学手段改变酿酒酵母杂醇代谢途径的相关基因，从而改变酶活特性得到理想的实验结果。研究者通过敲除或过表达杂醇相关基因，以改变酿酒酵母产杂醇的能力。

对酿酒酵母产杂醇的关键基因分析发现，关键基因的调节对杂醇的产量有着明显影响。侧链氨基酸转氨酶基因（*BAT1*、*BAT2*）的缺失或过表达能够显著影响杂醇的含量。而 *BAT1*、*BAT2* 基因在低可同化氮素水平下表达上调，而在高可同化氮素水平下表达受到抑制。*BAT* 基因的过量表达能够减少异丁醇和异戊醇前体物质乙偶胭的含量。通过对芳香族氨基酸转氨酶（*ARO8*、*ARO9*）的研究发现，芳香族氨基酸在菌体生长时需要在芳香族氨基酸转氨酶Ⅰ（*ARO8*）催化下进行脱氨反应。芳香族氨基酸转氨酶Ⅱ（*ARO9*）是一种诱导酶，在菌体生长时合成代谢中通常不表达，当生长环境存在诱导物，氨效应能够抑制 *ARO9* 的表达。此外脱羧酶是酿酒酵母（*S. cerevisiae* S288C）中 β-苯乙醇生物合成途径的关键酶之一，增加 *ARO10* 的基因表达量有利于提高 β-苯乙醇产量。异戊醇是杂醇的重要组成部分，通过构建酿酒酵母类丙酮酸脱羧酶基因（*YDL080C*）缺失的工程菌株，发现酿酒酵母缺失 *YDL080C* 基因对杂醇产量没有明显作用，特别是异戊醇。通过对酿酒酵母基因（*KDC*、*ILV2* 以及 *ADH6*）进行过表达，同时敲除丙酮酸脱羧酶 1 基因（*PDC1*），异丁醇的产量会显著提高。通过敲除线粒体中缬氨酸合成基因（*ILV2*、*ILV3* 以及 *ILV5*），在细胞质中构建缬氨酸的生物合成途径，同时过表达 *ARO10* 和 *ADH2* 基因，结果发现提高了异丁醇的产量。有研究发现在厌氧条件下同时过表达细胞质中缬氨酸代谢途径基因（*ILV2*、*ILV3* 以及 *ILV5*）和支链氨基酸转氨酶基因（*BAT2*），酵母厌氧生成异丁醇的产量增加。在酿酒酵母细胞质中构建缬氨酸合成途径，过表达 *ILV2*、*ILV3* 以及 *ILV5*，同时过表达 *KivD* 和乙醇脱氢酶基因（*ADH6*）能够增加异丁醇产量。*THR4* 基因缺失会提高酿酒酵母正丙醇生成量，但是不会改变异丁醇的含量。酿酒酵母氨基酸透性酶基因（*BAP2*）具有底物识别特异性，能够同化缬氨酸、亮氨酸和异亮氨酸形成杂醇。此外添加赖氨酸能够提高 SPS 诱导基因 *AGP1* 的表达。酿酒酵母氮代谢途径中相关基因的第 2 个激活因子 *GAT1*，高浓度谷氨酸抑制 *GAT1* 的表达，*GAT1* 能在铵盐培养基中被激活。

在酿酒酵母细胞中，杂醇合成受发酵体系中氮素营养状况调控。氨基酸营养充足时，氨基酸经细胞质支链氨基酸转氨酶（BCAT）作用脱氨生成 α-酮酸，进一步在 α-酮酸脱羧酶和乙醇脱氢酶作用下，生成杂醇（图 4-18）。研究发现，BCAT 的编码基因 *BAT2* 低表达及缺失显著降低了发酵产物中杂醇含量。该反应过程需要 TCA 循环提供氨基受体 α-酮戊二酸。氮源的耗尽触发 EMP 途径关键酶（磷酸果糖激酶、己糖激酶等）诱导表达，葡萄糖代谢活跃，生成大量的丙酮酸，丙酮酸经异构、脱氢、脱羧等反应生成 α-酮酸，最后生成杂醇。

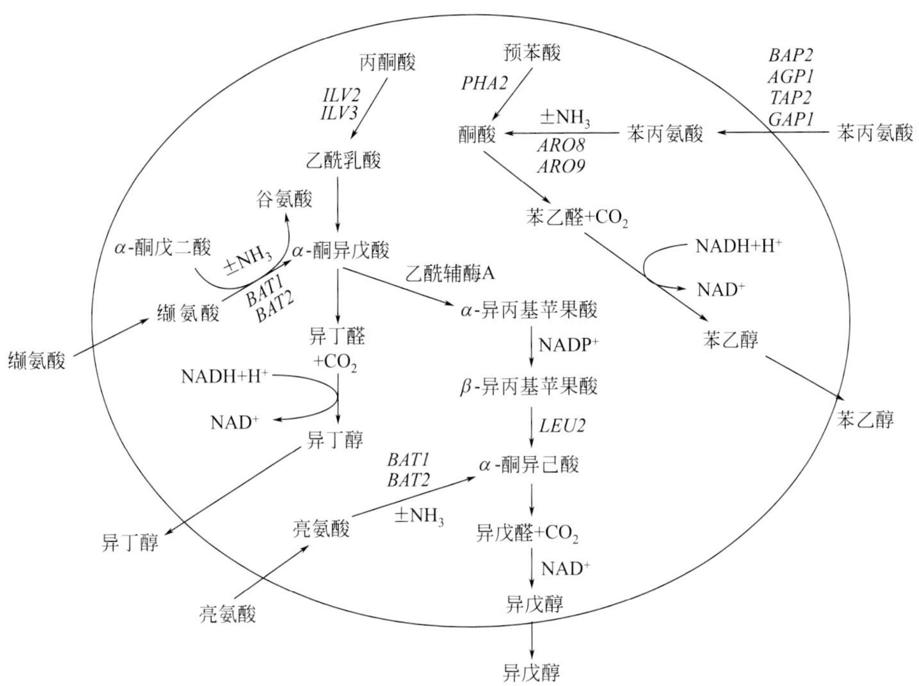

图 4-18 杂醇代谢途径中相关基因

4.5.1.4 杂醇的控制措施

降低杂醇最有效的手段便是选育低产杂醇的酵母菌株，低产杂醇酿酒酵母可从多个方面获得，包括自然筛选、人工诱变、基因改造等。针对不同手段，以基因改造最为有效。通常做法是敲除酿酒酵母产杂醇的关键基因，使其不表达，从而降低杂醇含量。但是基因工程菌株在酿酒工业应用存在争议。

选择蛋白质含量较低的糯米原料进行黄酒酿造，或者通过提高原料的精白度除去部分蛋白质，也可通过降低浸泡温度使蛋白质部分分解。这是由于杂醇的代谢产生跟氨基酸的含量有关，减少蛋白质含量可减少氨基酸的含量，进而降低最终杂醇的生成量。

控制合适的主发酵温度和后发酵温度。因为温度过高不仅会加速酵母体内氨基酸发生脱氨基作用，还会加快酵母自溶，发酵体系中产生过多的氨基酸导致杂醇含量上升。温度过低则会抑制酵母的增殖，因此要控制合适的温度使整个发酵体系处于平衡状态。

除了酵母菌株，可同化氮素（yeast assimilable nitrogen，YAN）也是影响杂醇生成的关键因素。可同化氮素是指酿酒酵母在发酵过程中优先被利用的氮素，包括无机氮（铵态氮等）、有机氮（游离 α-氨基酸和小分子多肽等）。可同化氮素与杂醇的形成有着密切的联系，在酿酒酵母细胞中，杂醇的合成受发酵体系中氮素营养状况调控。在氨基酸充足的条件下，氨基酸经细胞质支链氨基酸转氨酶（BCAT）作用脱氨生成 α-酮酸，后进一步经脱羧、脱氢反应形成杂醇（图 4-18）。当氨基氮源缺乏时，杂醇的代谢受到酮酸溢出机制调控（图 4-19）。氨基氮源的耗尽能够触发 EMP 途径关键酶诱导表达，使得葡萄糖代谢活跃，生成大量丙酮酸，在氨基供体缺乏时，经过异构作用进一步脱羧、脱氢形成杂醇。

从代谢的初始阶段来看，丙酮酸参与酿酒酵母细胞中多种代谢途径，可看作是初始产

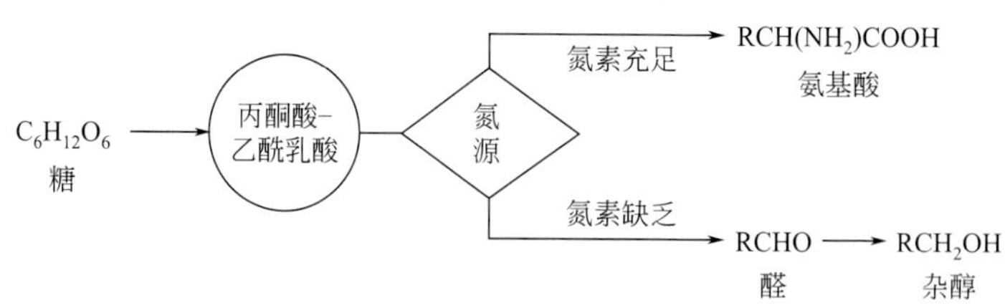

图 4-19 氮源调控的酮酸溢出机制

物。一方面，葡萄糖经 EMP 途径，不断分解形成丙酮酸；另一方面，丙酮酸参与 TCA 循环以及合成杂醇的途径等，在此过程中被消耗。丙酮酸在酵母细胞中的浓度可看做两者之差，若丙酮酸含量过高，就会向合成杂醇的方向进行。这两条代谢途径对杂醇形成的作用大小不同，发酵体系中可同化氮源的组成和含量影响杂醇的含量，当缺乏可同化氮素时，糖合成途径以合成氨基酸占优，此时氨基酸合成中间体酮酸会合成较多的杂醇；但是随着升高可同化氮源的浓度，合成途径中酶的活性会受到高浓度的氨基酸反馈抑制，从而降低了杂醇在合成途径的形成量，同时使分解代谢途径形成的杂醇量增加。当氮素营养充足时，杂醇的生成主要是 Ehrlich 途径；而氮素营养缺乏时，杂醇的生成主要是 Harris 途径。酵母在可同化氮素含量过低的发酵液中，合成细胞蛋白质的氨基酸需通过糖代谢合成途径摄取，因此产生较多的杂醇。杂醇在糖合成途径需要经过丙酮酸合成高级酮酸，进一步形成杂醇。乳酸脱氢酶可以催化丙酮酸向乳酸转化，但是该反应需要丙酮酸和还原性辅酶的参与，且反应是可逆。较低的可同化氮素会减弱酵母菌发酵活力，使葡萄糖代谢 α-酮酸过剩，进而还原形成杂醇；相反，高含量可同化氮素则会减少杂醇产生。因此可以根据氮素和杂醇之间的关系，通过调节氮素来调控黄酒中杂醇的含量。

国内外对于可同化氮素在葡萄酒与果酒领域研究比较深入，在葡萄酒的酿造过程中，适当添加可同化氮素是降低杂醇含量的有效手段之一。但是对于黄酒发酵过程中可同化氮素的研究相对较少。一方面黄酒属于双边发酵，这也是与葡萄酒、果酒以及啤酒的主要差别；另一方面黄酒属于多菌种半敞开式发酵，其发酵特点比较独特。在黄酒发酵过程中，酵母的生长需要大量蛋白质，而合成蛋白质所需的氨基酸需从环境中摄取以及自身合成。许多研究表明在葡萄酒发酵前期添加氮源，有利于酒体中杂醇含量以及整体风味的控制。对于是否为优先利用氮源，可以通过酵母菌数量的增加速率以及利用某种氮源后阻遏效应能否被消除以此来判断。

早期研究发现在合适的氮源范围内，杂醇的浓度与发酵液中初始氮素的浓度成反比。葡萄汁中的铵盐能够被酵母菌利用合成自身的氨基酸，如果发酵体系中铵盐是唯一的氮素，则杂醇的产量低；如果含有足够的游离氨基酸，杂醇产量较高。当发酵体系中有无机氮素存在时，杂醇的形成则会被阻止或延缓。对于可同化氮素的添加，很多研究集中在无机氮源和有机氮源。向葡萄酒发酵液中添加磷酸氢二铵，在发酵体系中 α-氨基氮总量控制在 190mg/L 时，能产生较低的杂醇。硫酸铵的添加能够降低合成培养基中杂醇的含量，且在发酵前添加明显降低杂醇含量。除无机氮源外，有机氮源也可作为调控杂醇的物质，如在葡萄酒发酵过程中添加亮氨酸能显著降低发酵汁中杂醇含量，而杂醇的生成量受甘氨酸影响不明显。缬氨酸的添加会导致异丁醇含量的增加，而亮氨酸和异亮氨酸的添加均会使异戊醇的含量显著增加，且 β-苯乙醇的含量会受到亮氨酸添加的影响。精氨酸处理能减少酒精和生物胺产量，谷氨酸添加对酒精产量无显著影响但生物胺总量增加，添加 400mg/L 的谷氨酸，酒醪中的乙酸乙酯含量最高。

目前国内外研究可同化氮素添加主要集中在葡萄酒中杂醇，而不同种类可同化氮素之间，不同酒类之间研究较少，目前关于可同化氮素的添加对黄酒杂醇的影响研究也相对较少。可同化氮素含量不足会造成发酵缓慢和中止等问题，通常的解决办法是向葡萄汁中添加无机氮磷酸氢二铵，但是过量的氮素添加可能会造成葡萄酒质量的潜在危险。在实践中，澳大利亚和新西兰食品标准中磷酸氢二铵的最大添加量为 400mg/L（以磷计），相当于 360mg/L YAN；而在欧洲和美国法律限定添加磷酸氢二铵或硫酸的范围分别为 1000mg/L 和 950mg/L；在中国作为饼干膨松剂允许最大残留量为 2.5g/kg。当葡萄汁可同化氮素含量超过 500mg/L 时，发酵葡萄汁中会造成氮残留，造成微生物危害及形成生物胺、氨基甲酸乙酯。磷酸氢二铵单独作为氮源发酵不会产生氨基甲酸乙酯，用其替代缺失的氨基酸不会影响正常发酵过程。江南大学研究，通过添加可同化氮素能够显著影响黄酒酵母杂醇合成相关基因的表达，在酵母稳定生长期，200mg/L YAN（以氮计）添加处理条件下，多数基因表达上调；在酵母停滞生长期和对数生长期，400mg/L YAN 添加处理条件下，多数基因表达下调。在黄酒发酵前期添加 $(NH_4)_2HPO_4$、NH_4Cl 能够显著降低杂醇，是降低杂醇的优质氮源。在发酵基质中添加缬氨酸、亮氨酸、苯丙氨酸能分别提高异丁醇、异戊醇、β-苯乙醇的含量，而添加精氨酸、谷氨酸有降低杂醇的趋势。但是不同黄酒酵母、不同发酵工艺的黄酒需要采用不同的氮源添加策略，如黄酒酵母 Y1739 的最佳添加策略是前酵加入 NH_4Cl 400mg/L YAN，能使总杂醇降低 36.88%；黄酒酵母 Y1615 的最佳添加策略是前酵加入 NH_4Cl 200mg/L YAN，总杂醇降低 36.70%；黄酒酵母 Y1701 的最佳添加策略是前酵加入 $(NH_4)_2HPO_4$ 300mg/L YAN，总杂醇降低 39.73%。氮源添加对成品酒中氨基酸、生物胺、乙醇、有机酸等物质含量没有显著影响，但是除杂醇外的挥发性风味物质有所增加。

4.5.1.5　氮源添加对黄酒酵母合成杂醇关键基因的影响

qPCR 检测技术操作简单、反应灵敏、特异性强、准确定量，可同时针对基因的不同状态进行检测。此外，qPCR 技术针对微生物的不同功能基因、不同处理条件（如物理、化学、外源添加物等）以及不同发育阶段的基因表达差异进行检测，研究各基因在细胞中的表达丰度，分析基因的表达调控、mRNA 的表达模式等，结果真实可靠，能够正确反映出基因的表达状况。因此，在不同的氮源浓度添加条件下，可以利用 qPCR 研究 Y1615 的杂醇相关基因表达状况。

（1）氮源添加对合成杂醇相关基因表达的影响

通过对实验组进行不同氮源添加量的实验，分别设置 0mg/L YAN、200mg/L YAN、400mg/L YAN 氮源添加组。并对黄酒酵母在停滞生长期、对数生长期和稳定生长期进行取样，提取不同阶段的黄酒酵母总 RNA。利用 7900 HT Fast Real-Time PCR System 进行 qPCR 实验，得出处理组相对空白组的各基因相对转录水平。

不同氮源浓度添加条件下的杂醇代谢途径的相关基因有很大的差距。首先在 200mg/L YAN 氮源添加条件下（图 4-20），黄酒酵母在不同生长阶段的基因相对转录水平有着明显的变化。在停滞生长期 *BAT1*、*BAT2*、*ARO9*、*LEU2*、*GAP1*、*AGP1*、*BAP2* 基因表达上调，其余 5 个目的基因表达下调，而作为糖合成途径中的 α-乳酸乙酰合成酶基因 *ILV2*、*ILV3* 以及合成芳香族氨基酸的预苯酸脱水酶基因 *PHA2* 的表达下调，说明停滞生长期氮源足够，主要走氨基酸合成途径。Gemma 等研究表明，黄酒酵母增长在停滞生长期偏向使用铵盐，而在稳定生长期一般利用有机氮源氨基酸用于生长代谢。造成基因表达变化的主要因素可能是由于氮源的添加造成合成途径的反馈作用。

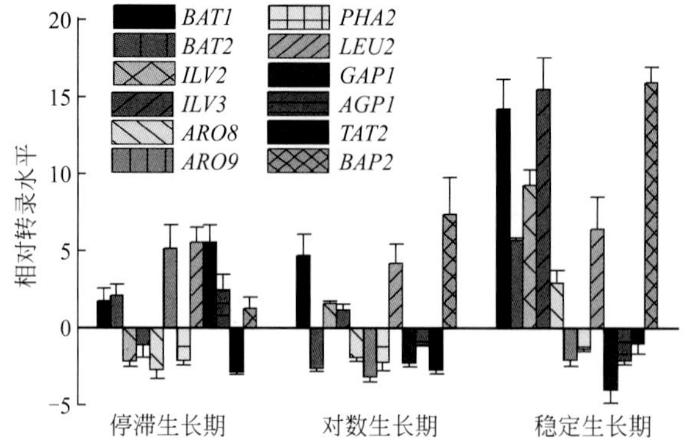

彩图 4-20

图 4-20　200mg/L YAN 添加条件下杂醇基因相对表达

在对数生长期仅有 *BAT1*、*ILV2*、*ILV3*、*LEU2*、*BAP2* 基因表达上调，其余 7 个基因表达下调；而在稳定生长期 *BAT1*、*BAT2*、*ILV2*、*ILV3*、*ARO8*、*LEU2*、*BAP2* 基因表达上调，其余基因表达下调。黄酒发酵过程中，氨基酸的含量总体呈现“先急后缓”趋势，前期增长幅度大，后期增长缓慢。说明生长期基因表达增强以合成细胞所需的氨基酸。研究发现 *BAT1*、*LEU2*、*BAP2* 在黄酒酵母的各个生长阶段基因表达上调，根据石钰等研究，说明氮的添加能影响异丁醇、异戊醇的含量；而仅有 *PHA2*、*TAT2* 基因在整个生长阶段表现下调，说明氮源的添加可能会降低芳香类物质合成。

在 400mg/L YAN 添加条件下（图 4-21），黄酒酵母在不同生长阶段的基因相对转录水平有着明显的变化，但与 200mg/L YAN 添加条件下有着很大的差距。说明氮源的浓度对杂醇基因的表达有影响。在停滞生长期，*BAT1*、*ILV2*、*ILV3*、*ARO9*、*PHA2*、*LEU2*、*GAP1* 基因表达上调，其余 5 个实验基因表达下调。在对数生长期，仅有 *BAT1*、*PHA2*、*GAP1* 基因表达上调，其余 9 个基因表达下调。说明对同一生长阶段的酵母菌进行氮源作用，杂醇基因表达方式不同，这与已有研究有着相似之处。

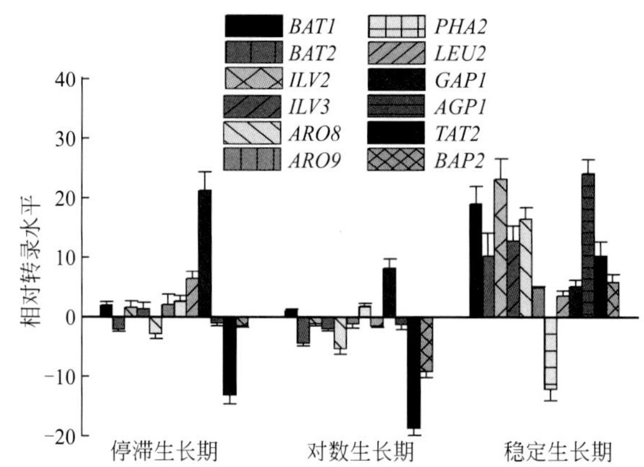

彩图 4-21

图 4-21　400mg/L YAN 添加条件下杂醇基因相对表达

在稳定生长期 *PHA2* 基因表达下调，而其余基因表达上调。研究发现 *BAT1*、*GAP1* 在黄酒酵母的各个生长阶段基因表达上调，没有整个生长阶段表现下调的相关基因。

在停滞生长期（图 4-22），基因 *BAT1*、*ARO8*、*ARO9*、*LEU2*、*GAP1*、*TAT 2* 在不同的氮源浓度添加条件下表现出相同的趋势。基因 *ARO9* 在 200mg/L YAN 相对于 400mg/L YAN 上调明显，基因 *GAP1* 在 400mg/L YAN 相对于 200mg/L YAN 上调明显，基因 *TAT2* 在 400mg/L YAN 下调明显。

在对数生长期（图 4-23），基因 *BAT1*、*BAT*、*ARO8*、*ARO9*、*AGP1* 在不同的氮源浓度添加条件下表现出相同的趋势。基因 *BAT1* 在 200mg/L YAN 相对于 400mg/L YAN 上调明显，基因 *BAT2*、*ARO8*、*TAT2* 在 400mg/L YAN 相对于 200mg/L YAN 下调明显。说明在对数生长期氮源的添加可能会导致代谢途径的反馈抑制。

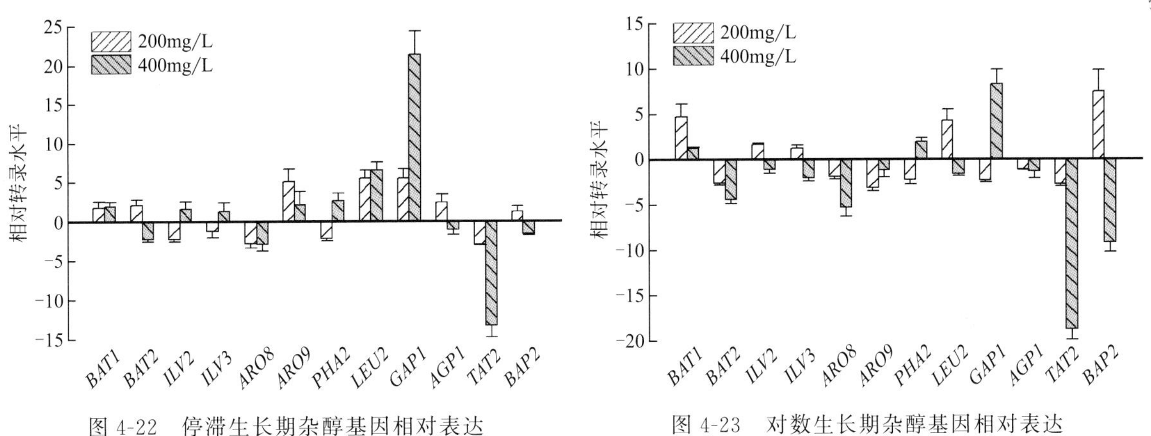

图 4-22 停滞生长期杂醇基因相对表达

图 4-23 对数生长期杂醇基因相对表达

在稳定生长期（图 4-24），除基因 *ARO9*、*PHA2*、*GAP1*、*AGP1*、*TAT2* 在不同的氮源浓度添加条件下表现出不同的趋势外，其余基因均表现出相同的表达趋势。基因 *BAT1*、*BAT2*、*ILV2*、*ARO8*、*ARO9*、*GAP1*、*AGP1*、*TAT2* 在 400mg/L YAN 相对于 200mg/L YAN 上调明显，分析原因可能是因为在稳定生长期氮源浓度相对于停滞生长期的浓度低，适宜的浓度促使基因表达，这与秦伟帅等研究一致。但此时黄酒酵母已达到稳定生长期，酵母代谢水平相对稳定，产生较少的杂醇。

综合以上分析可知，杂醇的合成基因受到氮源浓度的调控。在酵母稳定生长期，200mg/L YAN 添加处理条件下，多数基因表达上调；在酵母停滞生长期和对数生长期，400mg/L YAN 添加处理条件下，多数基因表达下调。说明氮源的添加能显著影响杂醇基因表达，进而改变杂醇含量。

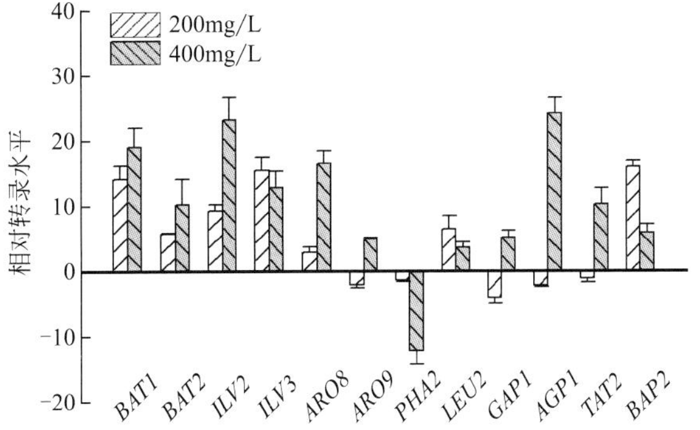

图 4-24 稳定生长期杂醇基因相对表达

（2）不同黄酒酵母产杂醇特性

杂醇是黄酒酵母生长代谢过程中的重要副产物。发酵液中适量的杂醇能够增加酒体的醇厚感，但是较多杂醇的产生是不利于酒体整体风味的。黄酒酵母的品种是决定杂醇产量的重要因素，因此实际生产中筛选优良的酵母品种，是减少发酵体系中杂醇的重要

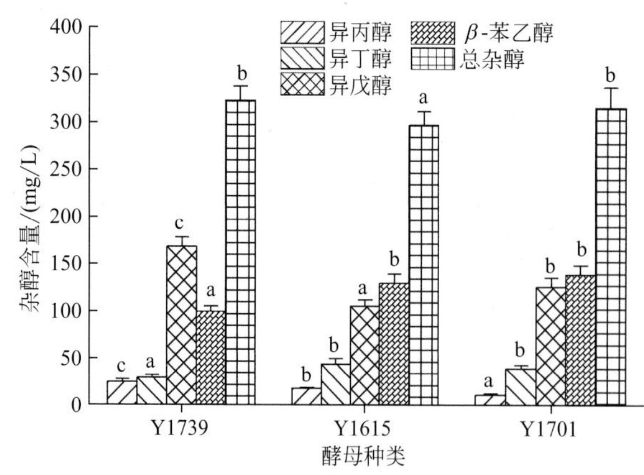

图 4-25　不同黄酒酵母产杂醇差异

上标不同表示数据之间有显著性差异，$p<0.05$

措施。

研究发现（图 4-25），Y1739、Y1615、Y1701 杂醇的代谢产量存在差异，3 株黄酒酵母杂醇主要为异丁醇、异戊醇、β-苯乙醇，占总杂醇的 80%以上，与已有研究具有相似结论。其中 Y1739 杂醇总量最高，Y1615 杂醇含量最低。但是，Y1739 产生杂醇中异戊醇占有较高的比例，而 Y1615、Y1701 产生杂醇中 β-苯乙醇占有较高的比例。造成酵母杂醇差异主要是与黄酒酵母自身代谢特性有关。有研究表明，不同酵母的乳酸脱氢酶（LED）活性与杂醇有很大的关系，乳酸脱氢酶的活性与杂醇的产量呈正比。此外黄酒酵母支链氨基酸转移酶、芳香族氨基酸转移酶、异丙基苹果酸合成酶、α-乙酰乳酸合成酶、苯酸脱水酶活性的不同，均会影响杂醇的最终产量。因此根据黄酒酵母特性进行基因的定向改造，是控制杂醇产量的重要手段。

综合不同酵母的发酵特性分析可知，不同黄酒酵母在发酵过程中的生物量、产酸、产乙醇以及糖消耗等方面都存在一定的差距，而且对于杂醇不同黄酒酵母之间差异性更为显著，这也说明酵母的差异是决定杂醇含量的重要因素。因此为降低发酵酒中的杂醇，针对不同黄酒酵母选择不同的氮源调控措施值得被研究。

（3）不同氮源对黄酒产杂醇的影响

可同化氮素是酵母菌正常发酵时所必需的大量营养元素。在黄酒发酵过程中，黄酒酵母主要利用发酵液中的有机氮源和无机氮源来提供自身合成代谢所需要的氮元素。有机氮源主要指氨基酸类，而无机氮源主要是指铵盐类。在发酵体系中只有 8 种氨基酸能被酵母菌迅速同化利用，酵母菌必须依靠本身生物合成不能被同化的氨基酸。此外，铵盐类也是酵母菌优先利用的氮源。在发酵体系中，根据氮源、黄酒酵母以及杂醇三者之间的关系，通过添加氮源以达到降低杂醇的目的。

① 不同种类氮源对黄酒酵母生长的影响

可同化氮素是黄酒发酵中酵母所需的重要营养物质之一，可同化氮素含量低不仅导致酵母菌数量低，还增加发酵延缓和中止的危险性。不同可同化氮素添加条件下的酵母生长情况见图 4-26。

从整体结果来看，在发酵初期添加不同的可同化氮素，酵母的生长趋势基本相同，但是酵母 Y1615 比 Y1739 具有更好的长势。发酵过程中 Y1615 酵母 OD_{600} 值最高，Y1701 酵母 OD_{600} 最低，这取决于酵母自身的发酵特性。而对于 Y1739，在磷酸氢二铵、碳酸氢铵、尿素条件下，酵母表现出更好的生长趋势，其余组别无明显差距。对于 Y1615，除硫酸铵、氯化铵外，其余组别无明显差距。对于 Y1701，在磷酸氢二铵、碳酸氢铵、尿素条件下，与 Y1739 生长趋势相同，酵母表现出较好的长势，其余组别无明显差异。而对于 3 株酵母在氯化铵的添加条件下，相对于对照组酵母数量有所下降。分析原因可能是由于不同黄酒酵母对可同化氮素的嗜好性不同，优先利用的

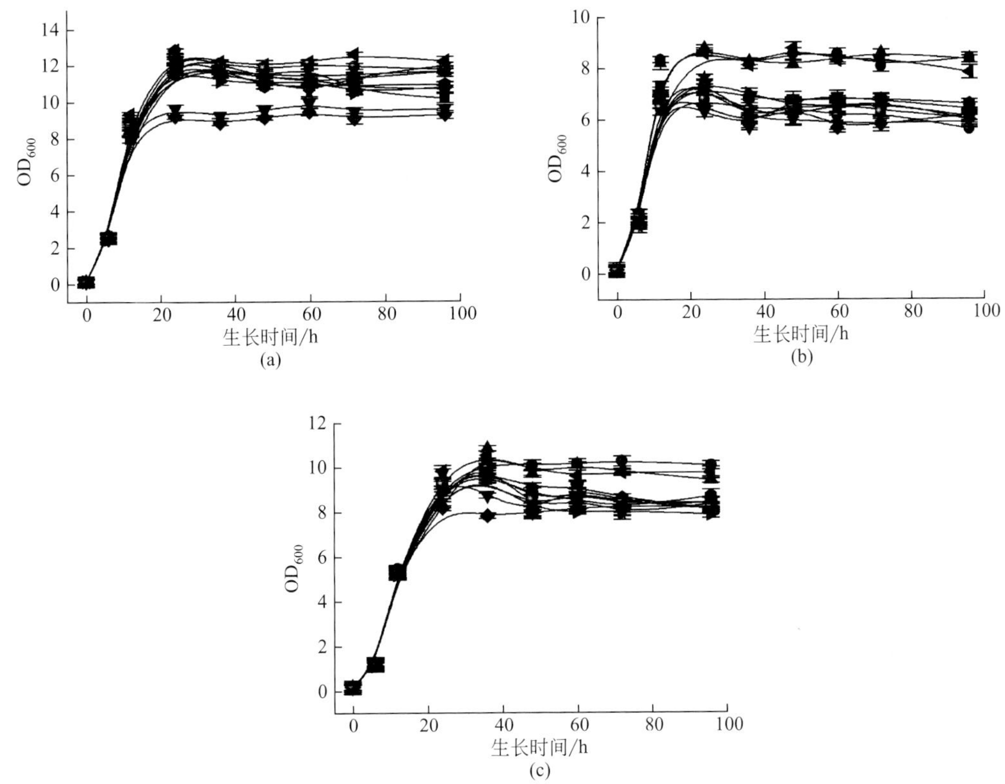

图 4-26 不同氮源条件下黄酒酵母 Y1615（a）、Y1701（b）和 Y1739（c）生长变化示意

—■—对照；—▶—苯丙氨酸；—●—磷酸氢二铵；—⬢—缬氨酸；—▲—碳酸氢铵；—★—亮氨酸；—▼—硫酸铵；—⬟—精氨酸；—◆—氯化铵；—◐—谷氨酸；—◀—尿素

氮源更有利于酵母的生长。B. Magasanik 表明铵盐的偏好性具有一定的菌株特异性，不同酵母氮源偏好性不同，不同氮源也偏向不同酵母菌种。与此同时添加不利于黄酒酵母生长的氮源，可能会发生氮源去阻遏效应，影响黄酒酵母的正常生长。

② 不同种类氮源对黄酒酵母产杂醇的影响

不同黄酒酵母产杂醇组成基本相同，3 株黄酒酵母中异丁醇、异戊醇、β-苯乙醇含量占据了杂醇的大部分，但是不同酵母发酵产生的杂醇含量存在着明显的差异，在实验条件下，Y1739 产异戊醇高于 β-苯乙醇的含量，而 Y1615 与 Y1701 产 β-苯乙醇的含量高于异戊醇的含量，原因可能是 Y1615 与 Y1701 的 β-苯乙醇代谢途径要强于 Y1739 的 β-苯乙醇的代谢途径；同样异戊醇的代谢途径也存在着相同的关系，与陈双等研究不同地区的酵母产 β-苯乙醇具有类似的结果。添加氮源后异丙醇的产生有很大的变化，Y1739 产异丙醇含量对照组 0.06mg/L、铵盐组 0.11～0.18mg/L、氨基酸组 0.06～0.08mg/L。而 Y1615 异丙醇和异戊醇并无明显变化，这与 Garde 等通过向氮源缺陷性菌株中添加铵盐和不同含量的氨基酸，结果发现杂醇含量受氨基酸添加的影响不显著的结果一致（图 4-27～图 4-29）。

从整体实验结果可知，可同化铵盐类的添加均有利于杂醇的降低，而氨基酸类的氮源添加却表现出不同的结果，其中 L-苯丙氨酸、缬氨酸、亮氨酸的添加分别使得 β-苯乙醇、异丁醇、异戊醇增高，这与韩涛等研究亮氨酸的添加对影响杂醇最为显著，而缬氨酸影响次之，甘氨酸的影响最小等结果类似。与 Hernández 等研究了可同化氮素对 3 种酵母菌种发酵

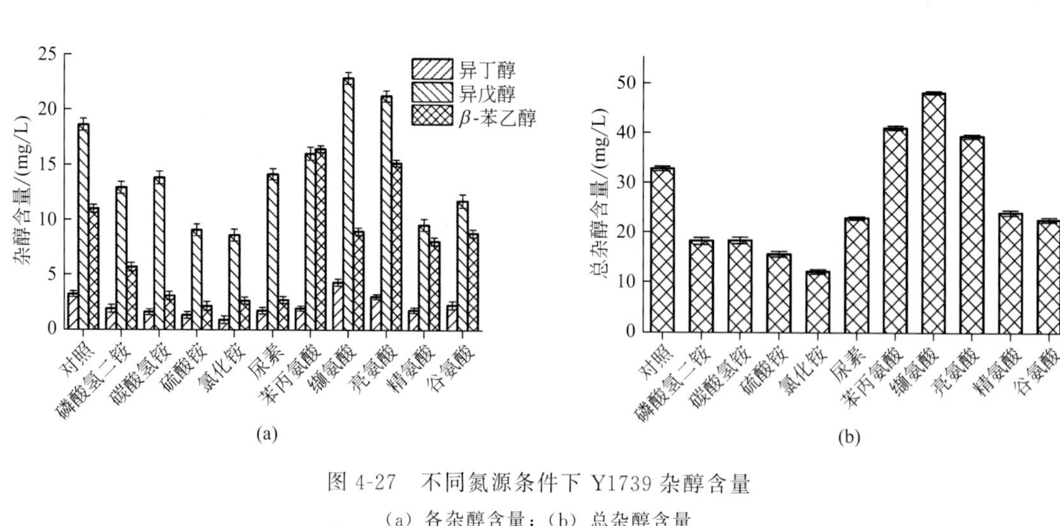

图 4-27 不同氮源条件下 Y1739 杂醇含量

(a) 各杂醇含量；(b) 总杂醇含量

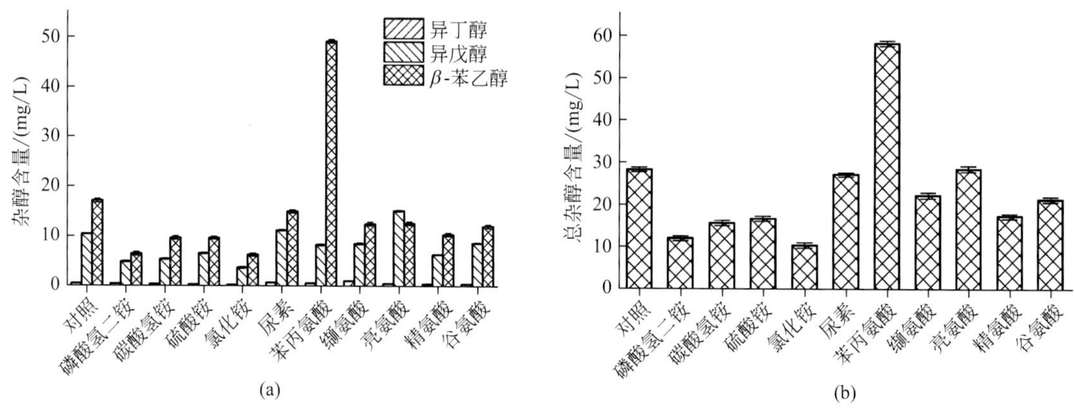

图 4-28 不同氮源条件下 Y1615 杂醇含量

(a) 各杂醇含量；(b) 总杂醇含量

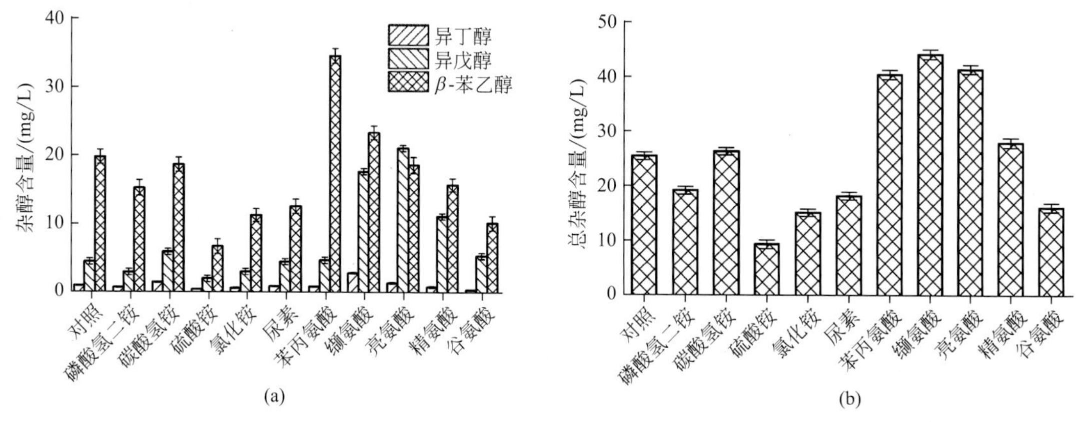

图 4-29 不同氮源条件下 Y1701 杂醇含量

(a) 各杂醇含量；(b) 总杂醇含量

的影响，铵态氮添加使异戊醇的含量降低，氨基酸的添加显著增大了葡萄酒中异丁醇的含量结果相符。与 Losada 等研究发现在葡萄汁中异戊醇的含量随着铵盐或氨基酸含量的增加显著降低也存在相似的结果。

在发酵过程中可同化氮素的添加，对黄酒酵母产杂醇有着重要的影响。3 株不同的黄酒酵母发酵结束后，铵盐类降低杂醇效果明显，而氨基酸类添加后，杂醇则表现出不同的形式。但是对于 Y1739 铵盐降低杂醇效果大小顺序（氯化铵、硫酸铵、磷酸氢二铵、碳酸氢铵、尿素）与 Y1615 铵盐效果顺序（氯化铵、磷酸氢二铵、碳酸氢铵、硫酸铵、尿素）存在差别，此外有别于 Y1701 铵盐降低效果顺序（硫酸铵、氯化铵、尿素、磷酸氢二铵），这说明酵母种类也是产生杂醇的关键因素，也间接证明铵态氮是酵母可同化氮素的主要成分，是黄酒酵母优先利用的无机氮源。Y1739 发酵结束后除 L-苯丙氨酸、缬氨酸、亮氨酸外，相对于对照组可同化氮素的添加降低杂醇效果明显，铵盐的添加有助于降低杂醇含量。氯化铵添加后杂醇降低了 62.60%，但是 L-苯丙氨酸添加后杂醇增加了 0.25 倍，缬氨酸添加后杂醇增加了 0.46 倍，亮氨酸添加后杂醇增加了 0.20 倍。这可能是特定氨基酸的添加，促使 Ehrlich 转化途径增强。Y1615 发酵结束后除 L-苯丙氨酸、亮氨酸外，均有降低杂醇的效果，但是铵盐类优势更加明显，这与 Y1739 具有相同结论。其中氯化铵添加后杂醇降低了 63.15%，而添加 L-苯丙氨酸后杂醇增加了 1.05 倍，说明 L-苯丙氨酸的添加能显著增加杂醇的含量。这与林朴研究随氨基氮的增多，杂醇的生成量表现为先降低后升高的变化趋势的结果不一致，分析结果可能是杂醇的含量与培养基的氮源浓度相关。而 Y1701 发酵结束，硫酸铵降低效果最为明显，其次是氯化铵、谷氨酸。进一步说明可同化氮素对酵母杂醇的产生有着重要的影响，不同可同化氮素的作用模式值得探讨。

综合酵母生长、乙醇产生以及杂醇含量变化进行评价可知，在磷酸氢二铵、碳酸氢铵、尿素条件下，酵母 Y1739 和 Y1701 长势较好，而 Y1615 生长差异不显著。在磷酸氢二铵、氯化铵条件下，Y1739 乙醇含量显著增加（$p<0.05$），而 Y1615 和 Y1701 乙醇产量差异不显著（$p>0.05$）。此外，在磷酸氢二铵和氯化铵的条件下，也具有较好的降杂醇效果。因此，确定磷酸氢二铵、氯化铵作为下一步探讨的对象，并进一步优化。

（4）降杂醇氮源的筛选及条件优化

利用发酵模拟液进行纯种发酵，便于研究黄酒酵母发酵特性，对模拟发酵过程进行 2 种氮源和 5 个浓度梯度处理，发酵结束时进行理化指标分析。可以验证氮源添加对黄酒酵母的作用，以排除其他微生物的影响，更好地阐明氮源的作用机理。

① 在 Y1739 发酵体系中可同化氮素添加量优化

模拟液经 $(NH_4)_2HPO_4$ 处理结果发现（表 4-6），除对照组（CK）外，随着添加浓度的提升，发酵液中还原糖、总酸、pH 均有上升的趋势。$(NH_4)_2HPO_4$ 属中强酸弱碱盐，其水溶液呈碱性，这是总酸和 pH 变化的主要原因。此外发酵过程中的酵母数量表现正常，处理组之间乙醇含量并无显著差异。

表 4-6 不同氮源条件 Y1739 发酵结束理化指标

类别		CK	氮源添加量(YAN)/(mg/L)			
			100	200	300	400
$(NH_4)_2HPO_4$	还原糖/(g/L)	1.90±0.13	2.31±0.33	3.66±0.66	4.92±0.09	4.93±2.82
	乙醇/%vol	18.29±0.32	17.35±0.51	19.15±0.63	18.25±0.33	18.46±0.81
	总酸/(g/L)	3.64±0.09	4.19±0.33	4.25±0.16	4.17±0.09	4.53±0.10
	pH	4.81±0.03	4.52±0.02	4.70±0.01	4.73±0.02	4.80±0.01
	酵母/$\times10^8$	2.16±0.41	2.19±0.34	2.43±0.30	2.58±0.31	2.55±0.26

续表

类别		CK	氮源添加量(YAN)/(mg/L)			
			100	200	300	400
NH_4Cl	还原糖/(g/L)	3.09±0.02	2.70±0.20	4.37±0.15	4.45±0.01	5.67±0.19
	乙醇/%vol	15.85±0.62	17.47±0.06	17.20±0.20	17.70±0.30	16.87±0.15
	总酸/(g/L)	5.44±0.11	5.96±0.09	5.86±0.01	5.68±0.14	5.56±0.04
	pH	4.54±0.04	4.42±0.02[b]	4.36±0.04	4.34±0.03	4.28±0.04
	酵母/$\times10^8$	2.00±0.21	2.17±0.14	1.80±0.35	1.97±0.32	2.01±0.22

经 NH_4Cl 处理后，随着氮源浓度的提升，发酵液中还原糖变化与 $(NH_4)_2HPO_4$ 处理结果类似，总体趋势均表现上升。但是总酸、pH 的变化与 $(NH_4)_2HPO_4$ 处理结果表现不同，通过 100～400mg/L YAN 的添加，总酸和 pH 表现出降低的趋势。NH_4Cl 属强酸弱碱盐，其水溶液呈酸性，这也是 NH_4Cl 与 $(NH_4)_2HPO_4$ 总酸和 pH 差异的主要原因。另外，$(NH_4)_2HPO_4$ 添加条件下，200mg/L YAN 处理乙醇含量较高，说明适当的氮源添加可促进乙醇产生。其余实验组乙醇含量与对照组乙醇含量无显著差异。NH_4Cl 添加条件下，实验组乙醇含量高于对照组，可能是 NH_4Cl 添加能够促进黄酒酵母 Y1739 的乙醇产量。

氮源添加对杂醇的作用模式不尽相同，各种杂醇的含量变化与氮源种类及浓度有很大的区别。不同氮源处理杂醇基因的表达方式不一，杂醇含量的变化不同。

经 $(NH_4)_2HPO_4$ 处理前醇结束［图 4-30(a)］，发酵液中的异丙醇和戊醇含量较少，且变化不明显。异丁醇、异戊醇、β-苯乙醇是模拟发酵过程中产生的 3 种主要杂醇。其中异丁醇在 300mg/L YAN 的条件下最低，实验组（11.66mg/L）相对于对照组（40.68mg/L）降低 71.34%。异戊醇在 200mg/L YAN 的条件下最低，实验组（116.08mg/L）相对于对照组（127.78mg/L）降低 9.16%。β-苯乙醇在 300mg/L YAN 的条件下最低，实验组（104.44mg/L）相对于对照组（141.36mg/L）降低 26.12%。总杂醇在 300mg/L YAN 氮源处理下含量最低，总杂醇（实验组 309.86mg/L、对照组 237.62mg/L）相对降低 23.31%。

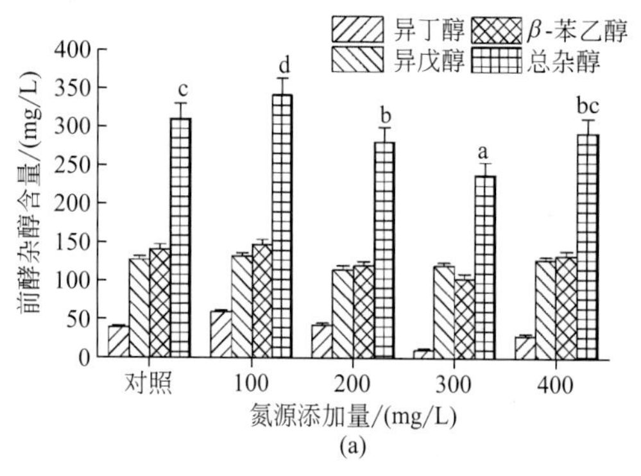

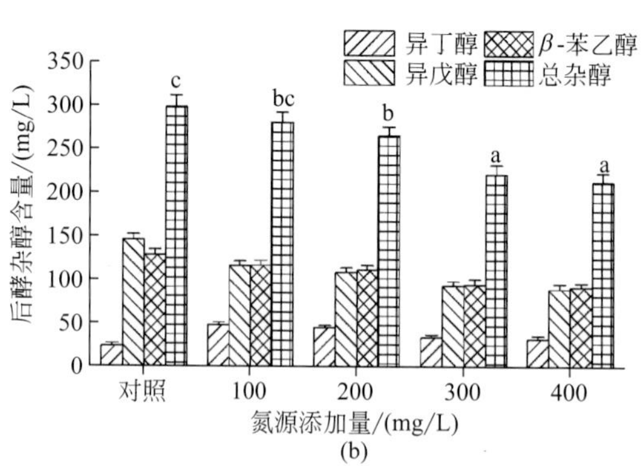

图 4-30 $(NH_4)_2HPO_4$ 处理发酵液中杂醇含量

（a）前酵；（b）后酵

上标不同表示数据之间有显著性差异，$p<0.05$

经 $(NH_4)_2HPO_4$ 处理后醇结束［图 4-30(b)］，发酵液中杂醇含量有所降低。可能原因一方面是因为少量的挥发，另一方面是后期的酯化反应促进杂醇的消耗。这也是陈化过程中黄酒杂醇减少的主要原因。后酵结束在400mg/L的条件下，杂醇降低明显。异戊醇（实验组89.33mg/L、对照组146.52mg/L）相对降低39.04%。β-苯乙醇（实验组36.48mg/L、对照组51.60mg/L）相对降低29.30%。总杂醇（实验组299.31mg/L、对照组212.92mg/L）相对降低28.86%。但是异丁醇含量高于对照组，且总杂醇的减少量在300mg/L YAN和400mg/L YAN的添加条件下，无显著性差异（$p>0.05$）。

经NH_4Cl处理前酵结束［图4-31(a)］，发酵醪中杂醇在200mg/L YAN的添加条件下，处于最低值，相对于对照组降低了45.87%。其中异丁醇降低40.10%，异戊醇降低52.49%，β-苯乙醇降低47.15%。降低杂醇趋势明显，但是随着NH_4Cl的添加，杂醇呈现回升趋势。这与宫英振的研究相近，随着氮源添加量的增加有减少的趋势，但是添加到一定量以后，高级醇的生成量不再减少反而又有增加的趋势。在此条件下杂醇的变化可能是由于随着氮源的添加，产杂醇的基因得到表达。

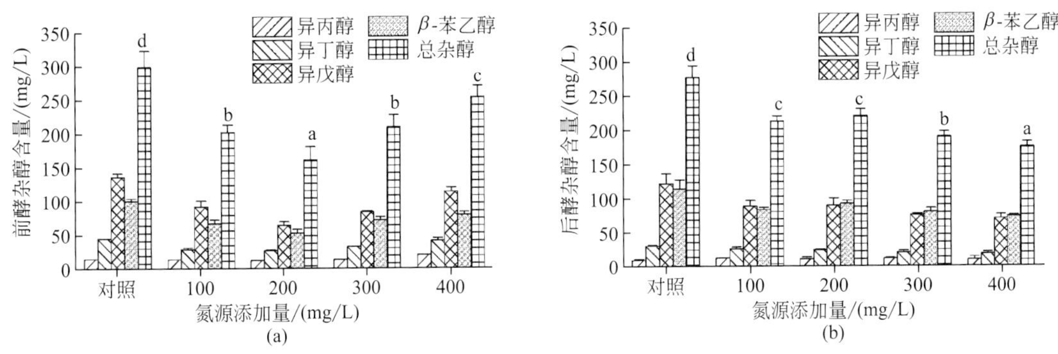

图4-31 NH_4Cl处理发酵液中杂醇含量

（a）前酵；（b）后酵

上标不同表示数据之间有显著性差异，$p<0.05$

经NH_4Cl处理后酵结束［图4-31(b)］，随着氮源的添加，杂醇的降低趋势呈现阶梯式，在0～100mg/L YAN、100～200mg/L YAN、300～400mg/L YAN分别处于一个水平，这说明在氮源添加的过程中，杂醇的降低存在一个限度。发酵液中杂醇在400mg/L YAN的添加条件下最低。此时实验组杂醇相对对照组降低了36.88%。发酵结束时异丁醇降低38.44%，异戊醇降低41.94%，β-苯乙醇降低34.83%。综上所述，针对黄酒酵母Y1739的最佳添加策略是前酵加入NH_4Cl 400mg/L YAN，能使杂醇降低36.88%。

② 在Y1615发酵体系中可同化氮素添加量优化

对黄酒酵母Y1615进行氮源添加优化，实验发现不同氮源种类和浓度添加下，发酵结束时发酵液理化指标均处于正常范围（表4-7）。但在$(NH_4)_2HPO_4$处理条件下，发酵液中还原糖高于NH_4Cl处理组。与之对应的结果是NH_4Cl处理组乙醇含量相对较高。而随着$(NH_4)_2HPO_4$的增加，乙醇表现出增加趋势。在不同处理条件下，发酵液总酸含量均随着氮源的添加呈现出增加的趋势，NH_4Cl处理组中总酸相对偏低，且发酵液pH随氮源浓度的增加呈现出降低的趋势，说明高浓度氮源的添加可能会导致发酵液pH的变化，进而影响发酵体系。除此之外，不同处理组之间理化指标无显著差异。

表 4-7　不同氮源条件 Y1615 发酵结束理化指标

类别		CK	氮源添加量(YAN)/(mg/L)			
			100	200	300	400
$(NH_4)_2HPO_4$	还原糖/(g/L)	8.16±0.23	8.64±2.01	9.67±1.23	7.40±1.21	8.19±0.13
	乙醇/%vol	17.40±0.23	15.60±0.51	15.55±0.58	16.85±0.54	17.40±0.57
	总酸/(g/L)	2.67±0.04	3.12±0.04	3.37±0.17	3.61±0.18	4.08±0.17
	pH	4.47±0.01	4.19±0.25	4.16±0.08	4.12±0.06	4.04±0.03
	酵母/$\times10^8$	2.11±0.51	1.95±0.64	2.03±0.50	2.12±0.36	1.89±0.46
NH_4Cl	还原糖/(g/L)	8.16±0.23	7.37±0.58	6.19±1.80	6.44±0.59	6.19±0.35
	乙醇/%vol	17.40±0.23	17.90±1.32	17.00±2.13	17.30±3.12	17.20±0.41
	总酸/(g/L)	2.67±0.34	2.90±0.24	3.24±0.31	3.41±0.35	3.39±0.18
	pH	4.47±0.21	4.06±0.31	3.85±0.21	3.58±0.13	3.44±0.25
	酵母/$\times10^8$	2.11±0.51	2.31±0.24	2.10±0.25	2.5±0.42	2.37±0.66

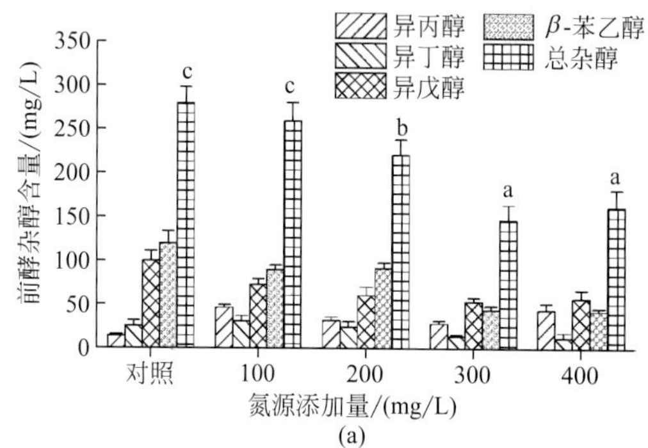

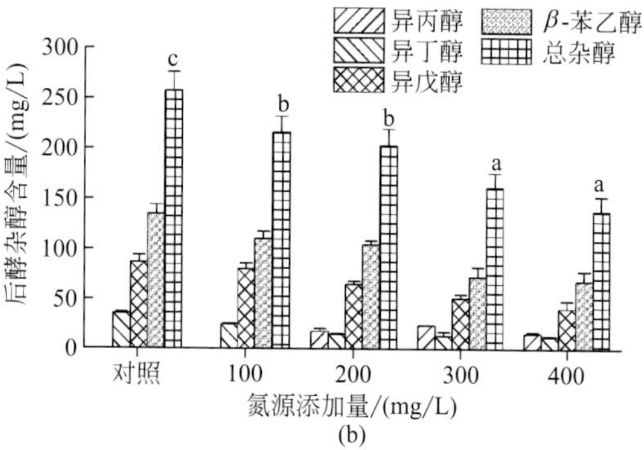

图 4-32　$(NH_4)_2HPO_4$ 处理发酵液中杂醇含量

(a) 前酵；(b) 后酵

上标不同表示数据之间有显著性差异，$p<0.05$

实验结果表明［图 4-32(a)］，经 $(NH_4)_2HPO_4$ 处理后，黄酒酵母 Y1615 在发酵过程中杂醇产量明显降低。前酵结束之后，实验组杂醇随氮源浓度的增加而减少。其中，对照组杂醇总量为 280.12mg/L，杂醇总量最低组别为 300mg/L YAN，最低含量为 147.38mg/L。其中在 300mg/L YAN 处理条件下，异丙醇含量为 29.39mg/L、异丁醇 15.11mg/L、异戊醇 54.01mg/L、戊醇 0.05mg/L、β-苯乙醇 44.91mg/L。相对于对照组，其中异丙醇含量增加了约 2 倍，而异丁醇降低 42.79%、异戊醇降低 46.10%、戊醇降低 56.87%、β-苯乙醇降低 62.71%。后酵结束时［图 4-32(b)］，杂醇总量仍延续降低趋势。其中 300mg/L YAN 条件下，总杂醇含量为 161.56mg/L，对照组总杂醇为 257.43mg/L，相对降低杂醇 37.24%。在 300mg/L YAN 处理条件下，异丙醇 24.09mg/L、异丁醇 13.87mg/L、异戊醇 51.32mg/L、戊醇 0.087mg/L、β-苯乙醇 72.20mg/L。除异丙醇外，其他杂醇相对于对照组分别降低 61.31%、40.80%、17.09%、46.42%。之所以降低程度和前酵有所差别，可能原因一方面是发酵过程中被黄酒酵母自身代谢分解，另一方面是在发酵过程中受理化反应的影响。

经不同 NH_4Cl 处理后，杂醇的降低趋势与 $(NH_4)_2HPO_4$ 处理有着类似的结果，前酵结束［图 4-33(a)］，对照组总杂醇含量为 280.12mg/L，在 300mg/L YAN 处理条件下，总杂醇含量为 138.93mg/L，降低幅度明显。此时各杂醇含量为异丙醇 19.62mg/L、异丁醇

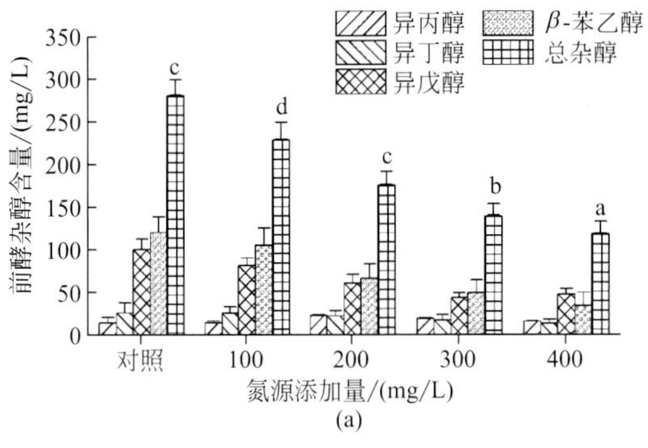

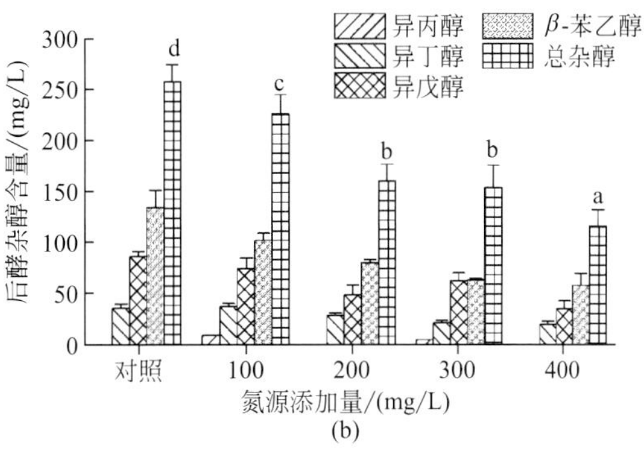

图 4-33 NH_4Cl 处理发酵液中杂醇含量

(a) 前酵；(b) 后酵

上标不同表示数据之间有显著性差异，$p<0.05$

17.65mg/L、异戊醇 43.53mg/L、戊醇 0.084mg/L、β-苯乙醇 49.70mg/L。而后酵结束[图 4-33(b)]，对照组总杂醇含量为 257.43mg/L，实验组 400mg/L YAN 处理条件下杂醇含量为 116.24mg/L，相对降低 54.85%。但是此时发酵液 pH 为 3.44，较低的 pH 可能会影响总体发酵水平。而在后酵过程中，200mg/L 处理条件下，总杂醇含量为 160.81mg/L，总杂醇相对降低 37.53%。300mg/L YAN 处理条件下，总杂醇含量为 154.49mg/L，总杂醇相对降低 39.99%，且 200mg/L YAN 与 300mg/L YAN 二者无显著性差异。

综上所述，在 $(NH_4)_2HPO_4$ 300mg/L YAN 浓度处理下，总杂醇降低 37.24%。而在 NH_4Cl 200mg/L YAN 处理浓度下，杂醇降低 36.70%。但考虑到整个发酵体系 pH、乙醇含量、氮源用量等因素，故选取 NH_4Cl 200mg/L YAN 为下一步实验条件。

③ 在 Y1701 发酵体系中可同化氮素添加量优化

在实验条件下（表 4-8），对 Y1701 分别进行磷酸氢二铵和氯化铵的添加，发酵液中的乙醇含量有所上升，均在 300mg/L YAN 条件下，乙醇含量达到最高。但是，在磷酸氢二铵的添加条件下，乙醇含量要高于氯化铵的乙醇含量（分别为 17.78%vol 和 17.44%vol）。说明这两种铵盐的添加有利于黄酒酵母 Y1701 的发酵。此外在氮源条件下，发酵液中的总酸有降低趋势。还原糖、pH 以及酵母数量无显著变化。

表 4-8 不同氮源条件 Y1701 发酵结束理化指标

类别		CK	氮源添加量(YAN)/(mg/L)			
			100	200	300	400
$(NH_4)_2HPO_4$	还原糖/(g/L)	5.16±0.13	4.74±2.31	4.39±1.53	4.78±1.21	4.83±0.13
	乙醇/%vol	16.78±0.28	17.04±0.36	17.43±0.21	17.78±0.28	17.45±0.37
	总酸/(g/L)	3.05±0.02	3.24±0.17	2.93±0.10	2.90±0.15	2.81±0.17
	pH	4.52±0.01	4.39±0.85	4.26±0.08	4.12±0.26	4.08±0.03
	酵母/$\times10^8$	1.81±0.51	1.95±0.64	2.02±0.50	1.92±0.36	1.89±0.46
NH_4Cl	还原糖/(g/L)	5.16±0.13	6.09±0.53	4.35±1.40	4.71±0.39	4.93±0.35
	乙醇/%vol	16.78±0.28	16.88±0.48	17.14±0.03	17.44±0.07	17.37±0.17
	总酸/(g/L)	3.05±0.02	3.12±0.07	2.98±0.02	2.93±0.05	2.98±0.03
	pH	4.52±0.01	4.06±0.11	3.75±0.01	3.58±0.13	3.44±0.05
	酵母/$\times10^8$	1.81±0.51	2.11±0.24	2.04±0.25	2.21±0.72	2.20±0.66

经 $(NH_4)_2HPO_4$ 处理 Y1701 发酵，前酵结束［图 4-34(a)］，随着 $(NH_4)_2HPO_4$ 浓度的增加，总杂醇含量呈现降低趋势，在 300mg/L YAN 条件下杂醇总量达到最低值。前酵结束，对照组杂醇总量为 308.48mg/L，在最低处杂醇总量为 191.95mg/L，相对降低杂醇 37.77%。此时异丁醇、异戊醇、β-苯乙醇分别降低 58.51%、33.88%、38.33%，异丙醇增加 26.06%。

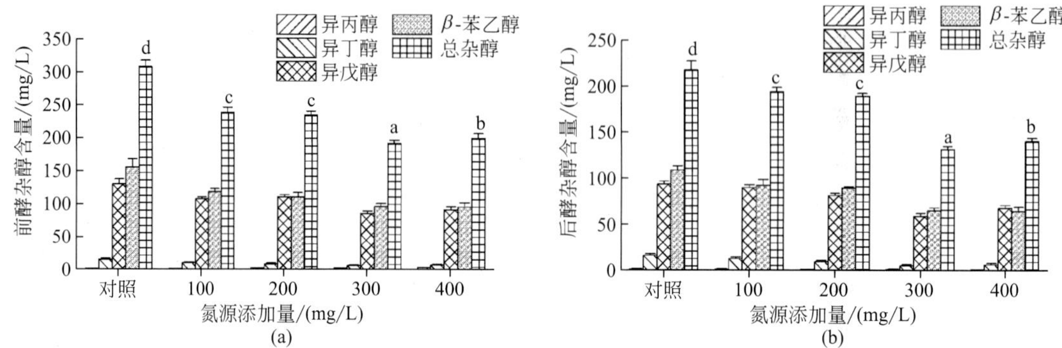

图 4-34 $(NH_4)_2HPO_4$ 处理发酵液中杂醇含量

(a) 前酵；(b) 后酵

上标不同表示数据之间有显著性差异，$p<0.05$

后酵结束［图 4-34(b)］，不同组的杂醇总量相对于前酵分别降低 29.43%、18.75%、19.22%、31.26%、29.47%，降低率最大处为 300mg/L YAN。而 300mg/L YAN 处杂醇总量相对于对照组降低 39.38%。此时 3 种主要杂醇异丁醇、异戊醇、β-苯乙醇相对于对照组分别降低 66.60%、36.95%、39.89%。

NH_4Cl 处理实验结果表明，前酵结束［图 4-35(a)］，杂醇总量随氮源浓度的增加而呈现降低趋势，在 200～300mg/L YAN 条件下杂醇含量降低趋势趋于平缓，而进一步加大氮源的浓度，杂醇则进一步降低。相对于对照组在 200mg/L YAN 处杂醇总量降低 34.41%，在 400mg/L YAN 处杂醇降低 44.43%。400mg/L YAN 处对于异丁醇、异戊醇、β-苯乙醇杂醇分别降低 48.16%、41.34%、45.77%。

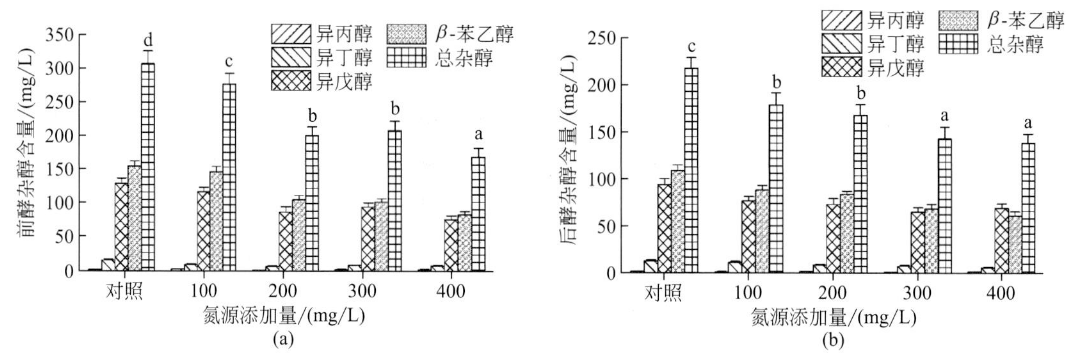

图 4-35 NH_4Cl 处理发酵液中杂醇含量

(a) 前酵；(b) 后酵

上标不同表示数据之间有显著性差异，$p<0.05$

后酵结束［图 4-35(b)］，杂醇变化趋势与前酵有所差别，但是整体的趋势没有明显的变化。在 400mg/L YAN 氮源条件下，杂醇总量为 138.81mg/L YAN，相对于对照组杂醇降低 36.23%，且与 300mg/L YAN 处理条件下无显著差异（$p<0.05$）。在 300mg/L YAN 处理条件下异丁醇、异戊醇、β-苯乙醇分别降低 38.02%、30.54%、37.11%。综合分析可知，在 $(NH_4)_2HPO_4$ 300mg/L YAN 处理浓度下，总杂醇降低 39.73%，选定该条件作为下一步实验依据。

通过对两种氮源（磷酸氢二铵、氯化铵）的添加量优化可知，不同黄酒酵母在氮源的添加处理下，杂醇的变化不一。对于酵母 Y1739 优化可知，降低杂醇最佳添加策略是在前酵时加入 NH_4Cl 400mg/L YAN，能使杂醇降低 36.88%。对于酵母 Y1615 优化可知，降低杂醇最佳添加策略是在前酵时加入 NH_4Cl 200mg/L YAN，能使杂醇降低 36.70%。对于酵母 Y1701 优化可知，降低杂醇的最佳添加策略是前酵时加入 $(NH_4)_2HPO_4$ 300mg/L YAN，总杂醇降低 39.73%。

4.5.2 黄酒酿造中生物胺的代谢与控制

黄酒的酿造是在开放状态下进行的，落料时加入的原料米、麦曲、酿造水也会带入许多环境中的微生物，导致浸米和发酵环节各自形成一个复杂的微生态，这些微生物与微生物以及原料之间形成微妙的相互作用，代谢产生大量影响人体健康的含氮化合物——生物胺。生物胺是一种低分子量的氨基化合物，普遍存在于食品中，尤其在蛋白质和氨基酸含量较为丰富的发酵食品中含量较高。食品中生物胺的主要来源是参与发酵的微生物分泌的氨基酸脱羧酶催化游离氨基酸脱羧产生。黄酒中生物胺含量在 8.1～305mg/L 范围内，主要包括 β-苯乙胺、组胺、酪胺、尸胺、腐胺、精胺、亚精胺和色胺。生物胺的生理作用见表 4-9。经过长期饮用黄酒并未出现食品安全性问题，说明黄酒生物胺浓度在安全范围内。

表 4-9 生物胺的生理作用

生物胺	生理作用	副作用
组胺	释放肾上腺素和去甲肾上腺素，刺激子宫、肠道和呼吸道的平滑肌，刺激感觉神经和运动神经，控制胃酸分泌	引起过敏、高血压
酪胺	边缘血管收缩，增加心率，增加呼吸作用，增加血糖浓度	消除神经系统中的去甲肾上腺素，引起偏头疼
腐胺和尸胺	调节 DNA、RNA 和蛋白质合成及生物膜稳定性方面有着重要作用	引起低血压、四肢痉挛
β-苯乙胺	调节去甲肾上腺素水平、增加血压	消除神经系统中的去甲肾上腺素，增加血压，引起偏头痛
色胺	调节人体血压	具有肝毒性
精胺、亚精胺	提高机体新陈代谢能力，消除自由基，调节血压	对皮肤有刺激

人体中普遍含有生物胺类物质，它能够在一定浓度范围内参与人体的生理代谢活动，如调节生长、增强代谢活力、调节血糖浓度和血压变化、增强心率和呼吸作用等。生物胺是人体正常代谢活动不可缺少的物质，但经食物摄入的生物胺浓度超过一定量时，会造成头痛、心律失常、呕吐和腹泻等不适反应。对人体产生最为严重的副作用生物胺是组胺和酪胺。经

食品摄入组胺后，将导致包括脸部、脖子和上臂发红，同时还有口腔麻木、头痛、皮疹发痒、心律失常、哮喘、荨麻疹、肠胃道不适和吞咽困难等不良症状。

在所有不良症状中，组胺与饮酒上头密切相关的是引发的头痛，组胺摄入引起的头痛症状属于血管收缩性头痛，主要是由于摄入组胺刺激内皮细胞过量释放信号分子 NO，导致颅内动脉的血管收缩，最终造成头痛。酪胺对人体的副作用首先在乳酪的相关研究中被发现，之前研究表明，酪胺的摄入会引起血管收缩，从而导致饮食诱导的偏头痛、呕吐、呼吸困难并升高血压和血糖，其中酪胺导致的血压增高会进一步诱发心力衰竭和脑出血。相比其他生物胺，尸胺和腐胺具有较低的毒副作用，但其存在主要通过抑制组胺和酪胺的代谢酶，如抑制单氨基氧化酶（MAO）和二胺氧化酶（DAO）的活性，从而增强组胺和酪胺的毒副作用。

此外，尸胺和腐胺可作为前体物质形成致癌性极强的 *N*-亚硝基胺的形成，同时高浓度的尸胺和腐胺可促进肿瘤细胞的生长和迁移。β-苯乙胺虽然广泛存在于人体各组织内，作为信号分子调节人体正常生理活动，但摄入较高含量的 β-苯乙胺有诱发人体高血压和偏头痛的副作用。此外，多胺中的精胺、亚精胺摄入过量将导致低血压、抑制血液凝固、诱发呼吸困难和肾衰竭。在酒类饮品中，由于参与生物胺类物质降解的单氨基氧化酶在人体内会受到乙醇的严重抑制，生物胺的毒副作用会被明显放大，因此重视乳酸发酵黄酒的安全性对黄酒的安全生产具有重要意义。

黄酒发酵过程中，生物胺含量总体呈增长趋势，其来源主要有以下几个方面：原料米和曲对黄酒生物胺含量的影响很小，发酵带入发酵体系的生物胺含量不超过 1.5mg/L；酒母的影响比原辅料大，带入的生物胺含量达 6mg/L；浸米、煎酒、澄清、灌坛、陈贮等工序，浸米过程产生的生物胺浓度高达 170～450mg/L，其中部分生物胺会被带入发酵体系中；同时大米表面的糊粉层会进入到米浆水中，促进乳酸菌的生长，糊粉层中的蛋白质会在酶系的作用下产生大量的氨基酸，并促进生物胺的生成；发酵过程对黄酒最终生物胺含量的贡献也较大，其中前酵过程结束时酒醪中生物胺浓度基本达到最高；一定浓度的乙醇（<10%体积分数）可以增加氨基酸脱羧酶的活性，而乙醇又会抑制胺类氧化酶的活性，因此在乙醇发酵过程中生物胺含量容易大幅增加。

目前，仅欧洲食监局（EFSA）规定青花鱼中组胺含量不得超过 400mg/kg，美国药监局仅规定鱼类产品中组胺含量不得超过 500mg/kg。但在酒类饮品中，由于参与生物胺类物质降解的单氨基氧化酶在人体内会受到乙醇的严重抑制，生物胺的毒副作用会被明显放大。国际上一些组织对乙醇饮料中的生物胺含量给出了限定，例如，德国规定组胺含量不得超过 2mg/L，比利时规定组胺含量不得超过 5～6mg/L。我国对酒中生物胺含量并未制定明确的限量标准，其主要原因有：第一，不同的生物胺副作用不同，难以用总量确定其毒性；第二，人体自身可以合成并贮存一定生物胺，且生物胺会互相转化，在人体内的代谢途径也比较复杂，所以外源吸收到体内的生物胺的去向很难确定；第三，生物胺的副作用会受到多种因素影响，难以给某一特定的生物胺作出限量标准；第四，不同人群对生物胺的解毒能力和耐受力不同，所以毒理学方面相关剂量也会有所不同。即便如此，生物胺对黄酒的潜在危害还是不容忽视的。过量的生物胺会降低黄酒的风味品质，容易引起头痛、头晕、过敏、高血压、恶心和呕吐等不适症状，严重影响人体的健康以及黄酒的饮用舒适度，从而影响黄酒的口碑和受众的认可程度。所以需进一步研究开发降低黄酒中生物胺含量的方法，有效提高黄酒的饮后舒适度。

生物胺的代谢途径如图 4-36 所示，大致可分成 3 个过程：①由特异性氨基酸脱羧酶作用游离氨基酸脱羧形成生物胺。②生物胺被氧化生成醛。例如组胺可以被氧化成咪唑乙醛，酪胺可以被氧化成对羟基苯乙醛等。该氧化反应由胺类氧化酶介导，该酶在哺乳动物体内和微生物中均广泛存在，可代谢机体中的生物胺使得生物胺浓度处于低生理水平。但是，氧化酶抑制剂和乙醇会抑制胺类氧化酶的活力，从而使生物胺在人体内过量积累引起头痛、高血压、恶心和呕吐等症状。③醛进一步氧化生成羧酸，可被机体利用产能或直接排泄。

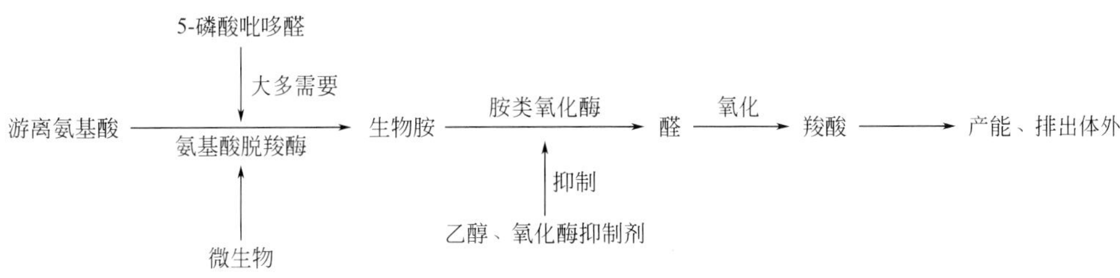

图 4-36 生物胺的代谢途径

黄酒中生物胺的控制措施主要分为以下四个方面（图 4-37）：

① 控制游离氨基酸的含量。黄酒的原料及辅料中蛋白质含量较高，发酵过程中会分解产成氨基酸，且酵母等微生物在后酵期间发生自溶，进一步使黄酒中氨基酸含量升高。因此选择蛋白质含量相对较少的原料代替糯米或者控制蛋白质的水解，可以控制游离氨基酸的含量。但多种氨基酸赋予黄酒丰富的味觉层次，降低氨基酸在酒体中的含量可能会使黄酒的品质降低。如何合理地控制游离氨基酸的含量来控制生物胺的含量是目前需要深入研究的难题。有学者通过敲除酿酒酵母的特定基因，该基因主要编码了一种蛋白质水解酶，从而使生物胺含量降低了 25.5%。

② 不产生物胺微生物选育。生物胺形成的关键是具有氨基酸脱羧酶活性的微生物参与了反应，所以可以控制该类微生物的代谢或者接种不具有氨基酸脱羧酶活性的微生物进行发

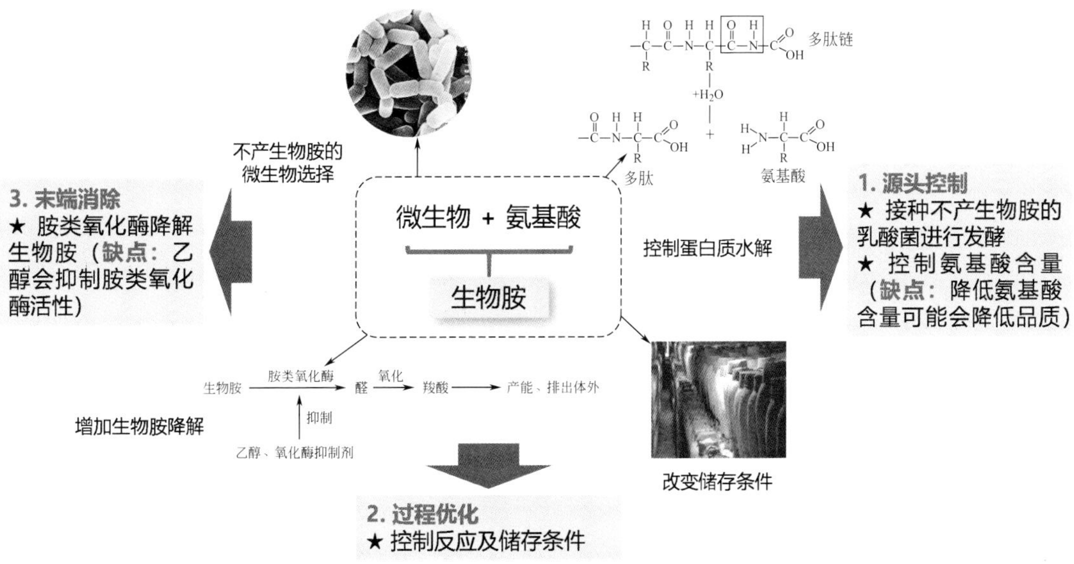

图 4-37 黄酒中生物胺含量控制措施

酵。黄酒中的生物胺主要是由乳酸菌代谢产生的，而乳酸菌可产细菌素，细菌素能够抑制同种或亲缘关系较近的种。因此，如果可以筛得一株既不具氨基酸脱羧酶活性又产细菌素的乳酸菌，将其应用于黄酒酿造中，理论上可从源头上最大限度降低黄酒中的生物胺含量。从黄酒发酵醪中筛选获得一株不产生物胺的植物乳杆菌 14-2-1，并将其应用于黄酒酿造中，降低了 20.59%的生物胺含量，同时降低了 16.87%的杂醇含量。

③ 控制黄酒贮存条件。微生物产生物胺的过程受到周围环境的影响。已有研究发现贮存温度对黄酒生物胺含量有一定影响，贮存温度越高，生物胺含量增加越快。因此低温储存和运输可有效抑制黄酒中生物胺的继续生成。

④ 加快生物胺的降解。胺类氧化酶可降解一定的生物胺，所以可通过添加分泌胺类氧化酶的菌株作为发酵剂，从而降低黄酒中的生物胺含量。但是胺类氧化酶的活性受到酒体中一定浓度乙醇的抑制，此法应用于黄酒生产可能会受到限制。除了胺类氧化酶可以降解生物胺，目前有研究发现一些菌株分泌的胺类脱氢酶也可以发挥降解作用，比如极端嗜盐古细菌、弗式柠檬酸杆菌和铜绿假单胞菌等。

4.5.2.1 降解生物胺植物乳杆菌的筛选及代谢特性

（1）降解生物胺乳酸菌筛选

比较 3 株乳酸菌 8-3、14-2-1 和 5-4 的生物胺降解能力（表 4-10），发现 3 株菌均不能降解酪胺和精胺，而对亚精胺都有较强的降解能力，培养结束时亚精胺的降解率分别达 71.60%、72.21%和 68.14%，并对其他种类生物胺有不同程度的降解。综合起来看菌株 14-2-1 具有较强的产酸能力，能快速适应黄酒发酵环境，不产生物胺且对混合生物胺有一定的降解能力。

表 4-10 不同乳酸菌对生物胺的降解率 单位：%

生物胺	菌株	培养时间/h						
		0	6	12	18	24	84	120
酪胺	8-3	0.01±0.00	0.01±0.00	0.02±0.02	0.10±0.00	0.11±0.02	0.03±0.00	0.02±0.00
	5-4	0.00±0.00	0.01±0.00	0.01±0.02	0.09±0.03	0.10±0.01	0.04±0.00	0.02±0.00
	14-2-1	0.01±0.00	0.02±0.00	0.01±0.00	0.09±0.00	0.08±0.03	0.03±0.01	0.03±0.00
腐胺	8-3	0.08±0.00	0.14±0.00	0.15±0.00	0.17±0.00	4.96±0.03	4.50±0.01	4.99±0.00
	5-4	0.07±0.00	0.14±0.00	0.28±0.00	0.18±0.00	0.56±0.01	4.83±0.00	4.63±0.01
	14-2-1	0.07±0.00	0.15±0.00	0.25±0.00	0.23±0.00	0.12±0.00	0.23±0.00	0.22±0.00
尸胺	8-3	0.38±0.00	17.91±0.03	12.38±0.00	11.96±0.04	10.23±0.04	14.06±0.06	10.04±0.03
	5-4	0.77±0.01	9.71±0.02	15.15±0.02	12.47±0.01	15.94±0.04	24.13±0.04	24.68±0.05
	14-2-1	0.71±0.01	10.72±0.03	19.32±0.02	11.43±0.07	14.06±0.02	28.15±0.02	21.58±0.02
亚精胺	8-3	0.41±0.00	22.80±0.05	52.99±0.01	58.55±0.03	58.16±0.03	69.65±0.01	71.60±0.01
	5-4	0.60±0.01	15.26±0.02	41.94±0.02	57.60±0.01	62.64±0.02	67.38±0.01	72.21±0.01
	14-2-1	0.56±0.00	11.22±0.02	42.06±0.03	42.21±0.02	52.88±0.04	67.82±0.01	68.14±0.01
精胺	8-3	0.40±0.00	0.83±0.01	1.57±0.00	1.32±0.00	0.42±0.00	0.98±0.00	0.61±0.01
	5-4	0.19±0.00	0.88±0.01	0.95±0.00	1.16±0.01	2.31±0.02	1.00±0.00	0.38±0.00
	14-2-1	0.33±0.00	1.52±0.01	0.95±0.00	0.83±0.00	1.59±0.01	0.99±0.00	0.74±0.00
组胺	8-3	0.67±0.00	11.74±0.03	17.70±0.01	18.44±0.03	28.62±0.01	20.82±0.01	17.27±0.02
	5-4	1.41±0.01	10.23±0.01	14.48±0.01	19.63±0.04	32.80±0.02	21.27±0.01	17.07±0.01
	14-2-1	2.37±0.02	8.01±0.02	12.24±0.02	19.68±0.03	32.70±0.03	28.65±0.01	29.71±0.00

（2）乳酸菌在黄酒体系中的生长能力

乙醇会抑制微生物的生长，而酵母与乳酸菌等主要微生物在黄酒发酵中具有重要作用，因此乳酸菌应具备一定的耐乙醇胁迫能力才能保证其正常代谢。乳酸菌在不同发酵阶段的不同酒精度条件下的生长能力不同，这对降解生物胺乳酸菌在黄酒中的应用具有十分重要的意义。3 株菌在含有不同酒度的黄酒发酵液样品中的生长曲线如图 4-38 所示。3 株菌在样品（a）中培养时，3 株菌均能正常生长代谢，菌株 14-2-1 培养液的 pH 降低趋势较快，而菌株 5-4 和 8-3 相对较缓，且最终 pH 菌株 14-2-1 最低；还原糖含量变化与总酸含量变化规律呈负相关，培养结束时，菌株 14-2-1 培养液的总酸含量增加了 7.80g/L，还原糖含量降低了 19.50g/L。在（b）中培养时，菌株 5-4 和 8-3 已经受到了抑制，产酸能力大幅下降，培养结束时，总酸含量分别只增加了 1.90g/L 和 1.30g/L；而菌株 14-2-1 生长良好，仍具有较强产酸能力，结束时培养液 pH 为 3.48，总酸含量达 7.40g/L，表现出一定的优越性。在（c）中培养时，因为酒度较高，还原糖含量只有 6.68g/L，3 株菌均受到了严重的抑制，几乎不再生长，pH、总酸和还原糖含量变化不大，所以在高酒度下添加乳酸菌酿酒，乳酸菌效果难以呈现。综上，菌株 14-2-1 产酸能力较强，产酸速度较快且具有一定耐乙醇胁迫能力，适合添加到酿酒中降低黄酒中生物胺含量。

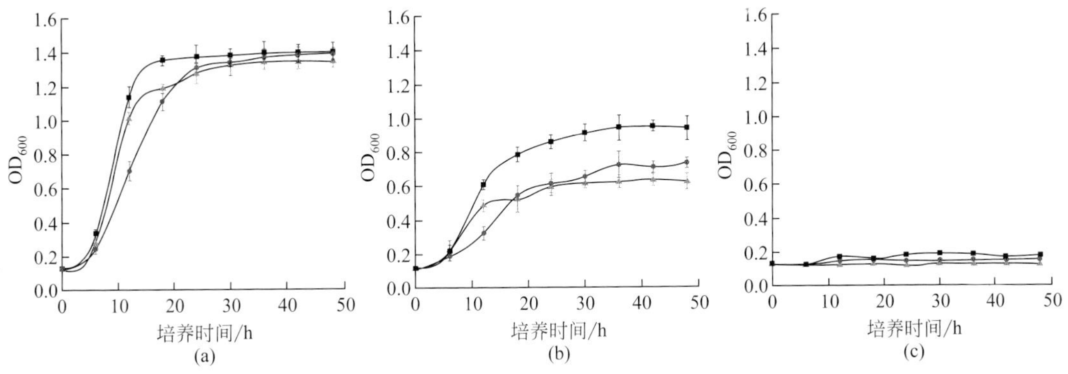

图 4-38　乳酸菌在不同黄酒培养液中的生长曲线

（a）培养基为发酵 12h 的黄酒醪液，酒度为 2.50%vol；（b）培养基为发酵 22h 醪液，酒度为 8.8%vol；（c）培养基为发酵 45h 醪液，酒度为 15.7%vol

—■— 14-2-1；—●— 5-4；—▲— 8-3

（3）不产生物胺乳酸菌 14-2-1 的代谢特性分析

经鉴定，菌株 14-2-1 为植物乳杆菌（*L. plantarum*），已保藏于中国典型培养物保藏中心，编号为 CCTCC NO：M 2015118。植物乳杆菌 14-2-1 能够代谢消耗苹果酸、丙酮酸和柠檬酸生成草酸、酒石酸和酮戊二酸，具有较强的产乳酸能力，在 MRS 培养基中乳酸产量达到（20865.17±3.36）mg/L，并能产生一定量的乙酸，乙酸含量达到（5021.30±1.86）mg/L，培养结束后产生大量气泡，属于异型发酵乳酸菌。

将菌株 14-2-1 应用于黄酒酿造中，采用传统浸米酿造工艺（TT）进行落料发酵，不同植物乳杆菌菌株 14-2-1 添加量下发酵醪液指标见表 4-11。生物胺含量会随着发酵时间的延长逐渐增加，随着植物乳杆菌菌株 14-2-1 添加量的增加，生物胺含量逐渐降低。植物乳杆菌菌株 14-2-1 产酸能够有效抑制杂菌的代谢，从而降低黄酒酿造过程中的生物胺含量。但是，总酸含量过高会抑制酵母代谢，从而引起黄酒酸败，因此合适的 14-2-1 添加量能够降低酒醪生物胺浓度，但过高的添加量会抑制黄酒发酵。

表 4-11 不同添加量发酵醪指标的检测

添加量/%	发酵时间/天	检测指标			
		生物胺/(mg/L)	总酸/(g/L)	pH	还原糖/(g/L)
0(对照)	1	6.99±0.33	2.09±0.01	3.88±0.01	94.42±2.42
	4	8.33±0.43	3.70±0.05	4.10±0.01	43.29±2.53
	8	8.93±0.67	3.69±0.13	4.33±0.00	10.63±1.34
	12	7.83±0.26	4.17±0.03	4.25±0.02	6.43±0.22
	16	7.63±0.27	4.33±0.34	4.27±0.01	5.79±0.41
0.01	1	6.70±0.17	2.84±0.31	3.84±0.06	103.47±4.23
	4	7.90±0.22	4.71±0.15	4.08±0.07	37.55±2.44
	8	8.12±0.64	5.39±0.03	4.16±0.08	19.48±1.00
	12	7.80±0.28	5.47±0.13	4.18±0.02	8.23±0.35
	16	7.63±0.21	5.63±0.04	4.20±0.03	5.38±0.52
0.1	1	6.44±0.17	3.65±0.42	3.89±0.03	112.55±1.54
	4	7.51±0.22	5.61±0.43	3.98±0.01	44.36±2.49
	8	7.48±0.73	6.70±0.12	4.11±0.06	23.41±1.04
	12	7.84±0.17	6.59±0.04	4.07±0.03	11.38±0.44
	16	7.64±0.61	6.77±0.09	4.09±0.05	6.36±0.74
0.5	1	6.59±0.46	5.05±0.08	3.94±0.04	121.94±5.27
	4	7.07±0.64	7.02±0.13	3.92±0.02	54.67±2.58
	8	7.12±0.44	8.14±0.23	3.88±0.01	22.57±0.55
	12	7.23±0.62	8.29±0.38	3.84±0.03	12.93±0.87
	16	6.87±0.41	8.38±0.07	3.83±0.02	7.38±0.77
1	1	5.82±0.66	4.87±0.13	3.84±0.01	149.52±3.85
	4	6.11±0.12	7.15±0.21	3.82±0.01	91.94±5.90
	8	6.22±0.54	8.04±0.11	3.84±0.05	60.43±1.49
	12	6.54±0.64	9.34±0.23	3.68±0.03	45.09±0.57
	16	6.86±0.23	9.59±0.18	3.66±0.02	28.43±0.88
5	1	3.65±0.43	6.85±0.09	3.66±0.02	148.91±4.68
	4	4.72±0.41	11.84±0.06	3.54±0.01	86.79±3.98
	8	4.48±0.29	12.54±0.23	3.62±0.02	67.84±1.90
	12	5.92±0.71	13.94±0.05	3.57±0.02	47.28±1.22
	16	5.68±0.33	13.87±0.06	3.56±0.03	30.19±0.85
10	1	2.30±0.18	8.88±0.13	3.68±0.03	145.27±3.89
	4	2.38±0.16	14.65±0.22	3.60±0.01	100.12±4.39
	8	3.13±0.47	15.79±0.40	3.56±0.01	79.18±1.05
	12	3.45±0.38	17.13±0.58	3.52±0.01	49.64±1.88
	16	3.39±0.26	18.24±0.31	3.52±0.02	42.59±2.87

4.5.2.2 乳酸菌冻干工艺开发

(1) 乳酸菌发酵罐高密度培养方法开发

① 初始 pH 对乳酸菌生长性能的影响

适宜的初始环境更有利于菌的生长，而培养基的初始 pH 值是其中重要的影响因素之一。因此测定不同初始 pH 值培养基中菌的生长曲线，有助于进一步确定菌株在相同培养基成分的条件下的最佳生长环境，进行高密度培养。

研究发现两株乳酸菌在不同初始 pH 值下，具有不同的生长性能，其中初始 pH 在 6.5～6.6 时活菌数达到最高。虽然初始 pH 值对菌生长具有一定影响，但不同 pH 值下菌进入稳定期的时间几乎相同，说明初始 pH 值对菌的生长周期影响较小（图 4-39 和图 4-40）。

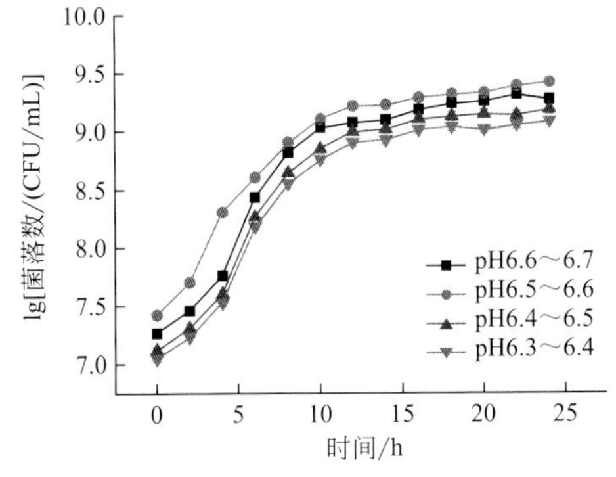

图 4-39 初始 pH 对 MJ0301 生长曲线的影响

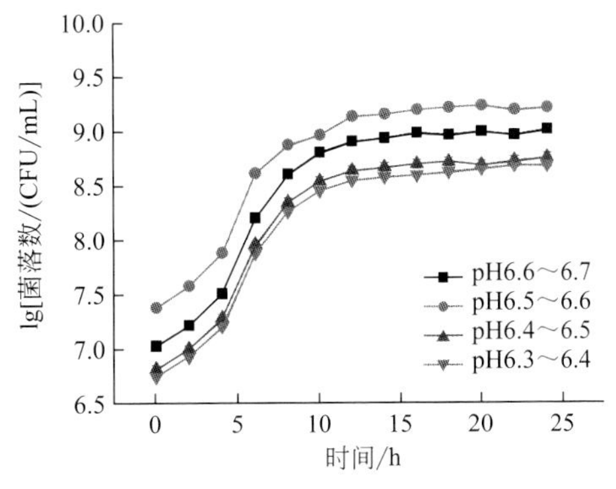

图 4-40 初始 pH 对 HJ112 生长曲线的影响

② 温度对乳酸菌生长性能的影响

不同微生物之间的最适生长温度可能不同。低温培养可使菌体内不饱和脂肪酸含量增加，从而提高冻干菌粉的存活率；并且低温培养产生的不溶性多糖含量升高，对减少菌体的冻干损伤也很有帮助。较高温度能使微生物增加代谢速度，从而提高菌体繁殖速度，但是快速的产酸会使环境 pH 值迅速下降，从而会对菌体的生长产生抑制作用（图 4-41 和图 4-42）。

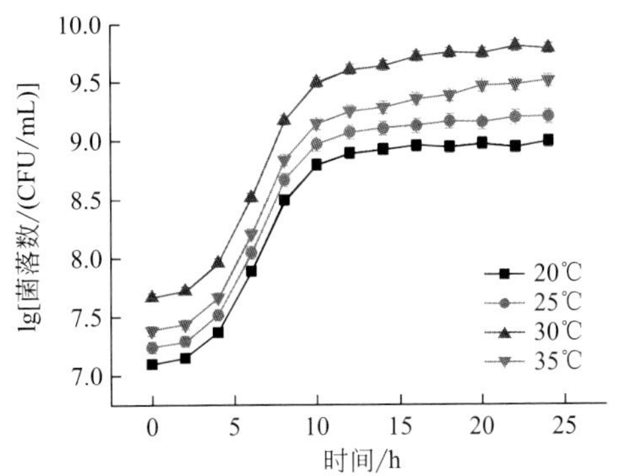

图 4-41 温度对 MJ0301 生长曲线的影响

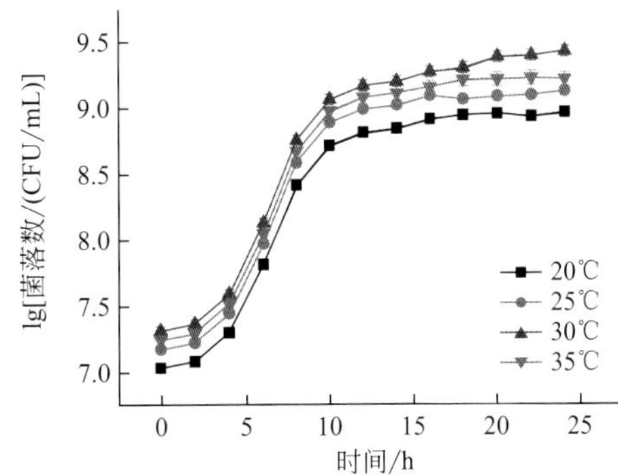

图 4-42 温度对 HJ112 生长曲线的影响

③ 接种量对乳酸菌生长性能的影响

不同接种量会影响到菌的生长代谢，常见的接种量为 1%～4%。一般认为接种量越大，菌种活化越快。因此在活化及保存菌种的操作中，为减少操作时间，增加实验效率，可适当增大接种比例。但是在高密度培养中则不同，需要找到最适的接种比例。接种量的大小，与接种前母体培养基中的活菌数有很大关系，因此接种量并不是一个固定的参考值，而要依母体培养基中活菌数来定。另外不同的接种量也会导致初始培养基的 pH 值不同，从而影响了菌体的最适生长环境。

江南大学传统酿造食品研究中心——毛健教授团队发现随着 MJ0301 接种量的增大，活菌数在前 10h 与接种量成正比，但 12h 进入稳定期后，2%接种量实验组的活菌数超过其他组，并维持至 24h。因此，2%接种量为 MJ0301 菌数的最佳接种比例（图 4-43）。随接种量的增大，HJ112 菌的总体趋势与 MJ0301 菌相似，但 HJ112 活力较 MJ0301 菌低，HJ112 的最佳接种量为 2%（图 4-44）。

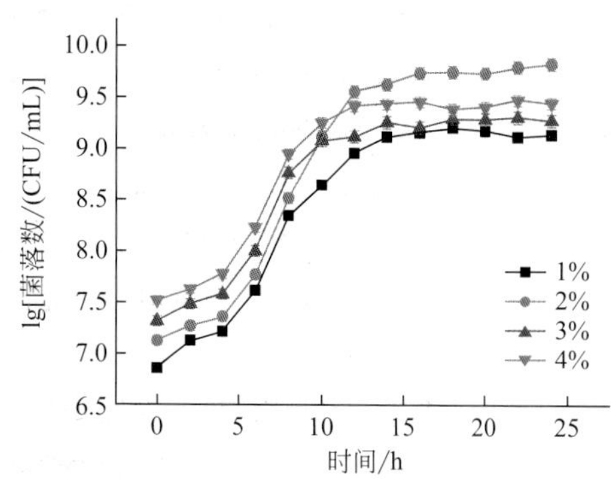

图 4-43　接种量对 MJ0301 生长曲线的影响

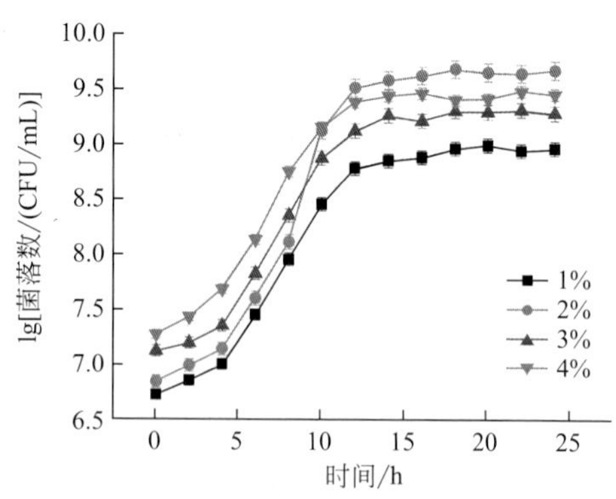

图 4-44　接种量对 HJ112 生长曲线的影响

④ 不同中和剂对乳酸菌生长性能的影响

解除乳酸在高密度培养中对乳酸菌的抑制的措施，大都采用碱液中和法，此法易于操作，且经济适用。研究中添加的碱液主要有 NaOH、$NH_3 \cdot H_2O$、Na_2CO_3 及 $Ca(OH)_2$，前二者各有优点与缺点。热链球菌与保加利亚乳杆菌的培养过程中，最佳乳酸中和剂均为 20%浓度的 Na_2CO_3 溶液，其次为氨水，效果均高于 NaOH 组。在植物乳杆菌的高密度培养过程中发现，选用 0.5% K_2HPO_4、30% Na_2CO_3、30% $NH_3 \cdot H_2O$ 和 30% NaOH 四种中和溶液作为中和剂，结果表明 30% Na_2CO_3 效果最明显。而 $Ca(OH)_2$ 与乳酸反应生成溶解度较低的乳酸钙，一定量后即沉淀，不再对菌体产生渗透压。

毛健教授团队研究发现 HJ112 的活菌数要低于 MJ0301 活菌数，表明 HJ112 的生长能力相对较低。MJ0301 菌与 HJ112 菌两种菌在培养过程中经 4 种中和碱液或缓冲试剂处理，其中 K_2HPO_4 缓冲液处理的 MJ0301 和 HJ112 两种菌的活菌数最低，而 $Ca(OH)_2$ 和 Na_2CO_3 处理的活菌数较高，影响效果分别为 Na_2CO_3 最好，其次为 $Ca(OH)_2$ 和 $NH_3 \cdot H_2O$，K_2HPO_4 效果最差。分别对除 K_2HPO_4 外的 3 种碱液中和剂处理后的两种菌的活菌数进行方差分析，结果表明 3 组数据之间差异不显著（$p>0.05$）。因此，3 种中和碱液对菌体的作用效果不存在明显差异，综合考虑，可选用 $Ca(OH)_2$ 为中和剂。因此，最后确定添加 20% $Ca(OH)_2$ 溶液作为乳酸菌优化培养模式。

⑤ 恒定 pH 值对乳酸菌生长性能的影响

乳酸菌具有自己的最适 pH 值，在这个最适 pH 值下，菌体能够更好地进行物质代谢和能量代谢，保证细胞膜正常的运输及维持 H^+ 梯度的功能，因此，确定乳酸菌在特定培养基中的最适 pH 值，对其高密度培养具有重要意义。

最适 pH 值因菌种不同而有所差异，其中，MJ0301 菌在 pH 6.2～6.3 范围内活菌数最高，HJ112 菌在 pH 6.1～6.2 范围内达到最高。两株乳酸菌在培养基中的最适 pH 值与报道中的最适 pH 基本相符，存在的差异可能与发酵罐的 pH 控制设施精度有关，因为发酵罐加碱方式为蠕动泵自动加碱，每次加进碱液量与进液管直径及碱液浓度有关（图 4-45 和图 4-46）。

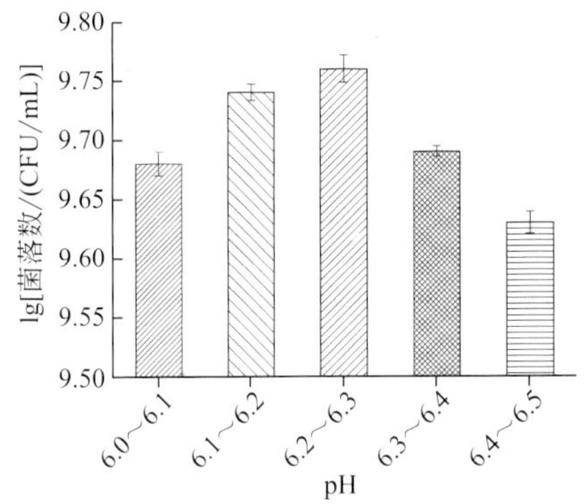

图 4-45 恒定 pH 对 MJ0301 最高活菌数的影响

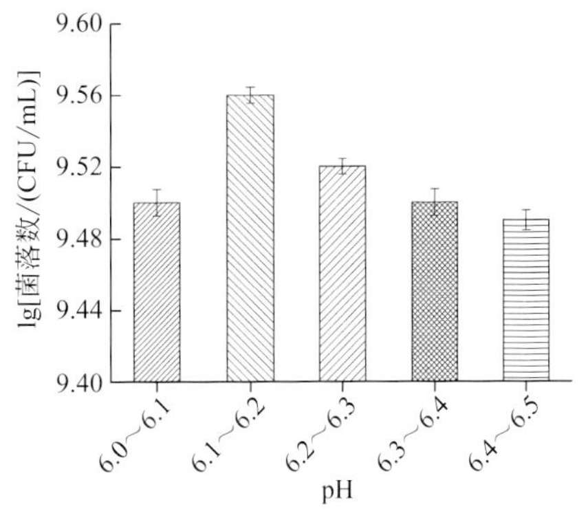

图 4-46 恒定 pH 对 HJ112 最高活菌数的影响

⑥ 收获时间对乳酸菌生长性能的影响

一般认为最佳收获时间为对数末期或稳定前期，既达到最高活菌数，又能保证菌体活力。研究发现两株菌的对数末期或稳定前期都在 12～14h，不同收获时间的菌体活力也会有一定差异，耐乙醇能力就是反映菌体活力的一个直观指标。分别于 12h、12.5h、13h、13.5h、14h 取样的 MJ0301 菌体中，12～13h 之间随着收获时间的延长，MJ0301 的耐乙醇能力不断增加，13h 之后的稳定期内菌体的耐乙醇能力基本保持不变；对于 HJ112 菌，12～13h 之间随着收获时间的延长，HJ112 菌的耐乙醇能力不断增加，13.5h 之后的稳定期内菌体的耐乙醇能力基本保持不变。在所考察的取样时间内，因为活菌数的不同，MJ0301 和 HJ112 的耐乙醇能力与活菌数成正比。综合考虑，选取最大活菌数的时间即 13.5h 为最佳收获时间（图 4-47 和图 4-48）。

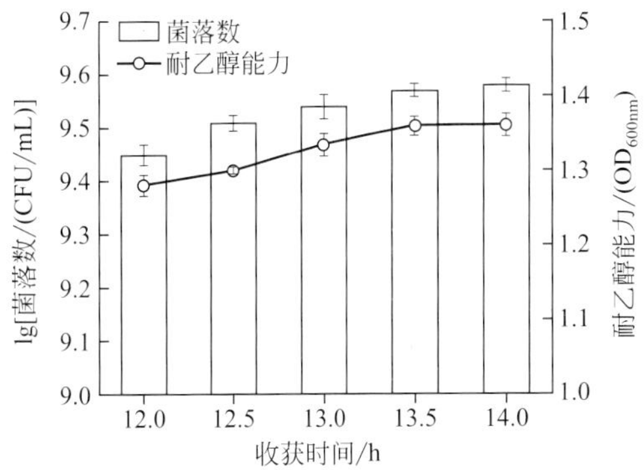

图 4-47 不同收获时间 MJ0301 菌的活菌数

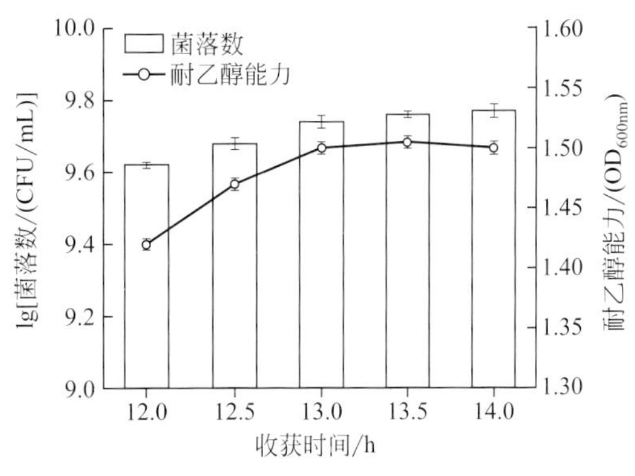

图 4-48 不同收获时间 HJ112 菌的活菌数

（2）冻干条件对乳酸菌活力的影响

① 冷冻保护剂对乳酸菌活力的影响

利用真空冷冻干燥技术生产活菌制剂是多种保藏方法中较为理想的一种。但真空冷冻干燥过程中，冷冻和干燥两个过程会造成部分微生物细胞的损伤、死亡及某些酶蛋白分子的钝化。乳酸菌细胞浓缩物在冷冻干燥过程中，由于细胞内外水分结冰对细胞膜造成较大的损伤，菌体细胞死亡率很高，达不到浓缩乳酸菌细胞的目的。冻干保护剂在冷冻干燥过程中就起到了很好的保护作用，其是影响冻干发酵剂活力最重要的外部因素，也是采用冻干法制备

高效浓缩发酵剂研究的技术关键。主要分为蛋白质类、多糖类、小分子糖类、醇类和维生素类保护剂。

蛋白质类一般采用脱脂奶粉，效果明显且方便易得。实验采用10%脱脂乳为悬浮基质，冻干保护剂为海藻糖、蔗糖、麦芽糊精、明胶、L-谷氨酸钠、抗坏血酸、甘油、山梨醇等8种分别属于糖类、氨基酸及小分子类物质。研究表明单双糖类中10%海藻糖的效果最佳，可使冻干乳酸菌的存活率达68.90%；多糖类物质中麦芽糊精效果最佳，存活率达48.70%；醇类和氨基酸、维生素类中是甘油和谷氨酸钠效果最佳。海藻糖及蔗糖等糖类物质能溶于水，可在特定的温度下降低溶质浓度，起到保护作用。其中海藻糖作为冻干保护剂的效果非常显著，是近年来的研究热点。从动力学角度看，海藻糖非常有效地促进非晶形或玻璃状固体形成，从而减少了冰晶的形成，起到防止细胞损伤的作用。海藻糖通过氢键与脂质双分子层的脂类或蛋白质表面的水分子相连，降低了脂类由液晶向凝胶相转移的温度，从而起到保护作用。小分子物质如甘油、谷氨酸钠、维生素C等，可以进入细胞，改变胞内过冷的状态，使胞内压接近胞外压，降低了细胞脱水收缩程度和速度，同时这类物质进出细胞容易，缓解了复温时渗透性引起的损伤。

因为不同的保护剂对不同菌种的保护效果是不同的，单一的保护剂并不能满足冷冻干燥的要求，所以抗冻保护剂一般都是按一定配方混合使用。复配保护剂中的各种成分在冷冻干燥中均发挥着各自的作用，同时相互间又具有协同作用，况且微生物细胞结构和大小存在差异性，只有复配保护剂中各保护剂的比例及浓度达到协调时，才能达到最佳的保护效果。

将不同类型的保护剂结合后有利于进一步提高菌种的抗冷冻干燥能力。研究发现10%脱脂乳为悬浮基质，最佳冻干保护剂组合为$A_2B_3C_3D_1$，配方为：脱脂奶粉10%，甘油30mL/L，麦芽糊精100g/L，海藻糖250g/L，L-谷氨酸钠l0g/L（表4-12）。

表4-12　正交实验及结果分析（MJ0301）

实验号	A	B	C	D	存活率/%
1	1	1	3	2	43.56
2	2	1	1	1	52.34
3	3	1	2	3	42.15
4	1	2	2	1	55.34
5	2	2	3	3	76.38
6	3	2	1	2	41.38
7	1	3	1	3	45.24
8	2	3	2	2	69.82
9	3	3	3	1	71.56
K1	48.05	52.68	52.99	56.41	
K2	66.18	57.7	59.1	51.59	
K3	61.7	62.21	63.83	54.59	
极差	18.13	9.53	10.84	3	
优化组合			$A_2B_3C_3D_1$		

将不同类型的保护剂结合后有利于进一步提高菌种的抗冷冻干燥能力。研究法发现10%脱脂乳为悬浮基质，最佳冻干保护剂组合为$A_2B_3C_3D_2$，配方为：脱脂奶粉10%，甘油30mL/L，麦芽糊精100g/L，海藻糖250g/L，L-谷氨酸钠30g/L（表4-13）。

表 4-13 正交实验及结果分析（HJ112）

实验号	A	B	C	D	存活率/%
1	1	1	3	2	45.46
2	2	1	1	1	32.35
3	3	1	2	3	40.45
4	1	2	2	1	49.82
5	2	2	3	3	66.78
6	3	2	1	2	39.72
7	1	3	1	3	42.51
8	2	3	2	2	71.89
9	3	3	3	1	68.76
K1	45.93	39.42	38.19	50.31	
K2	57.00	52.11	54.05	52.36	
K3	49.64	61.05	60.33	49.91	
极差					
优化组合			$A_2B_3C_3D_2$		

② 预冷条件对乳酸菌活力的影响

预冷能有效地提高菌体的冻干存活率，特别是在预冷的前 2h，最佳预冷时间为 120～150min。在前 0.5h，由于预冻能将菌悬液各个高度的温度均匀地降低到较低温度，并且能够引起菌体的低温适应性应激反应，因此可以提高菌体的冻干存活率。在 30min 以后，由于菌悬液的高度为 10mm，各层都已经降低至 4℃，冻干存活率的提高主要是通过菌体的低温应激反应。到 150min 后，冻干存活率不再明显增加，可能是由于与提高冻干存活率相关的低温适应性生化反应基本完成有关（图 4-49 和图 4-50）。

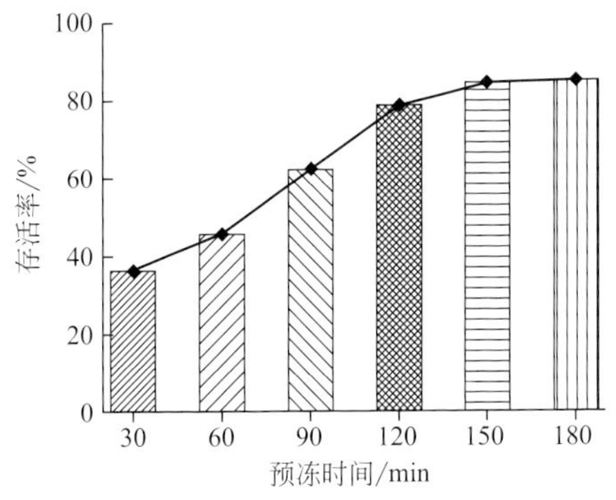

图 4-49 预冻对 MJ0301 菌存活率的影响

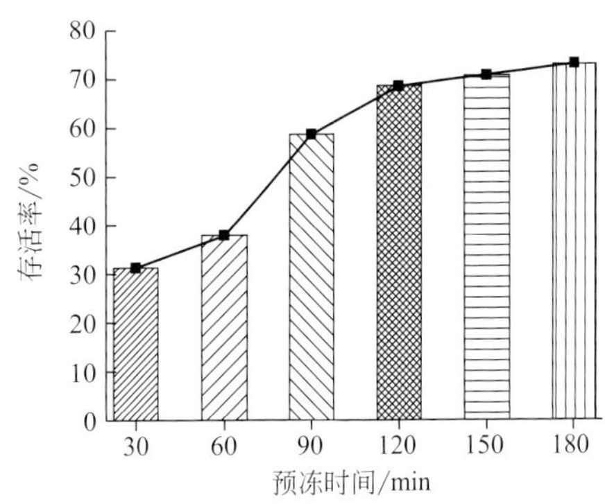

图 4-50 预冻对 HJ112 菌存活率的影响

③ 冻干发酵剂成品与液体发酵剂发酵活力的比较

研究发现在发酵的初始 3h 内，液体发酵剂和冻干发酵剂的产酸速度无太大差别，此时产酸速度较快；3h 之后，液态菌的产酸速度加快，15h 之后产酸速度趋于平缓。对于 MJ0301 菌来说，液态菌的产酸能力在考察期间始终大于菌粉的产酸能力；与液态菌 15h 之后产酸能力趋于平稳不同的是，冻干菌的产酸能力 15h 之后仍然不断增加；25h 时，冻干 MJ0301 菌和液态 MJ0301 菌的产酸能力相当。对于 HJ112 菌来说，冻干菌在 7h 内产酸缓慢，7h 后速度明显加快，至 15h 产酸量与液体菌相当，并趋于平缓（图 4-51 和图 4-52）。

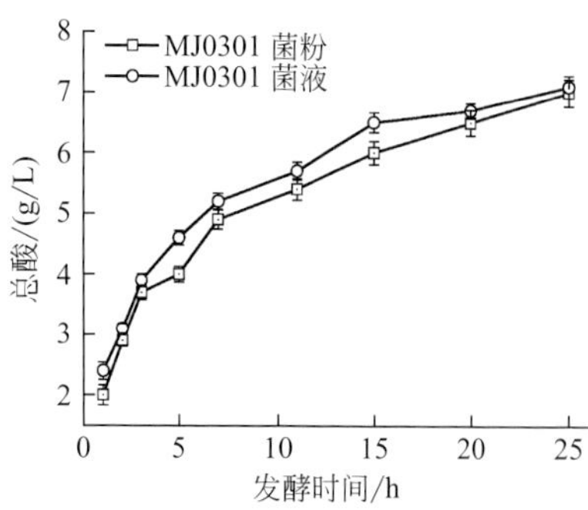

图 4-51　MJ0301 冻干菌与液态菌产酸性能比较

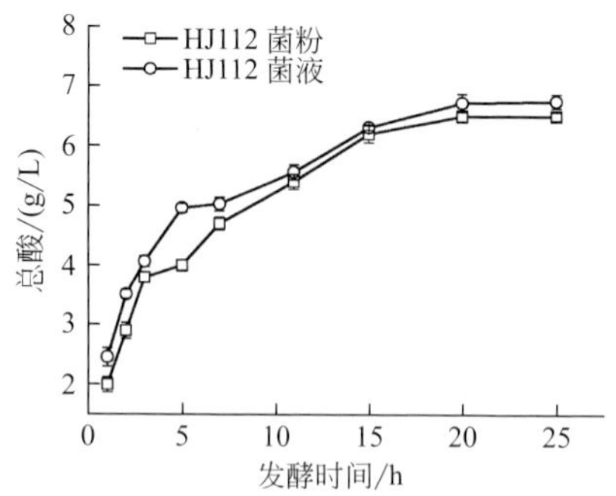

图 4-52　HJ112 冻干菌与液态菌产酸性能比较

研究发现经过不同条件的贮藏，活菌数不同程度降低，其中降低最快的是常压 20℃的冻干菌体。一方面是因为随着贮存温度的升高，菌体在贮存过程中死亡率增加；另一方面是由于空气中的水分和氧气与冻干菌粉接触，与细胞的一些活性基团接触，产生了不可逆的损伤，菌体的存活率下降。除了水分和氧气对菌体的直接伤害，保护剂内的甘油等小分子物质及海藻糖等糖类物质在细胞冷冻脱水过程中与细胞膜磷脂相互作用，当细胞缺少水分时保留膜和蛋白质结构、功能和完整性，从而影响细胞的生理功能和存活率。尤其是海藻糖能够明显改善冻干菌粉的细胞贮藏稳定性，延长活菌保藏期（图 4-53 和图 4-54）。

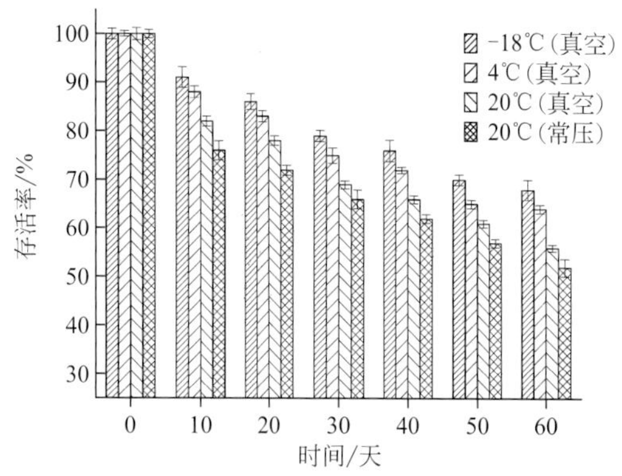

图 4-53　MJ0301 冻干菌贮藏期间存活率的变化

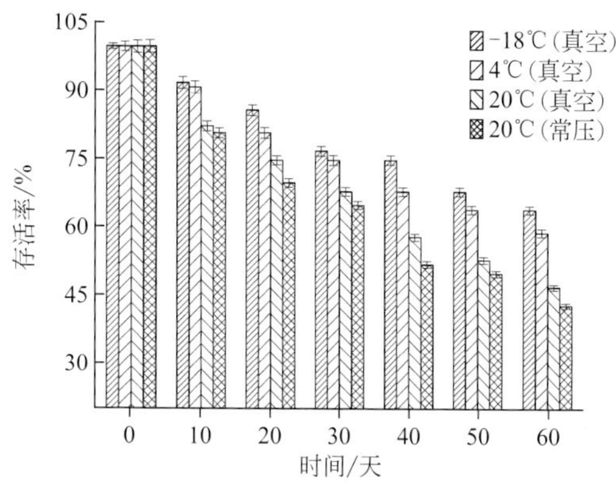

图 4-54　HJ112 冻干菌贮藏期间存活率的变化

脱脂乳、海藻糖、谷氨酸钠等冻干粉保护剂直接添加应用可能会影响黄酒的感官，并且使用量较大，成本较高，为了便于工业化应用生产，将扩培后的乳酸菌添加到黄酒酿造过程也是乳酸菌的重要应用方式。结合黄酒生产工艺，选取麦芽汁、粳米糖化液和糯米糖化液三种培养基进行实验，优选出一种适合乳酸菌扩培培养基。研究发现在 0～8h 之间，总酸含量增加相对较慢，菌株 14-2-1 需要时间复活并适应培养环境；在 8～24h 之间，乳酸菌产酸较快；32～60h，总酸含量增加相对减缓。培养结束时，麦芽汁总酸含量达 13.08g/L；粳米糖化液与糯米糖化液总酸含量相当，达 11.20g/L。还原糖与总酸含量变化呈负相关，随着培养时间的增加而降低。在 0～4h 之间，还原糖含量降低最为显著，表明菌株复活时消耗大量还原糖。培养结束时，3 种培养基中还原糖含量都减少了 20g/L 左右，而麦芽汁中的还原糖含量明显低于其他两种，但是具有相似的扩培效果。实际生产是可以根据黄酒酿造用大米种类，选择同样的大米进行乳酸菌扩培，便于乳酸菌更快适应发酵环境（图 4-55）。

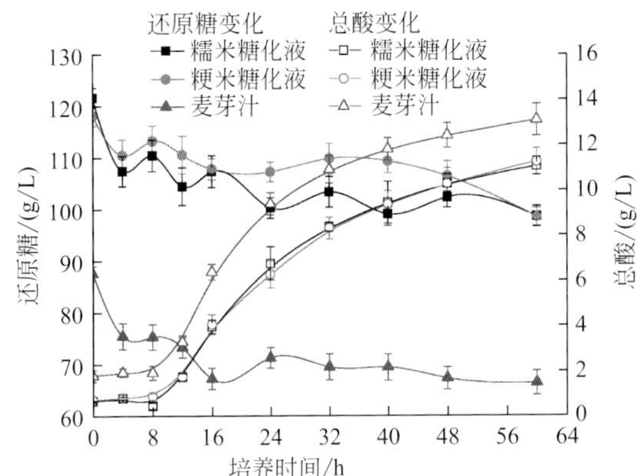

图 4-55　乳酸菌冻干粉在不同复活培养基中总酸及还原糖含量变化

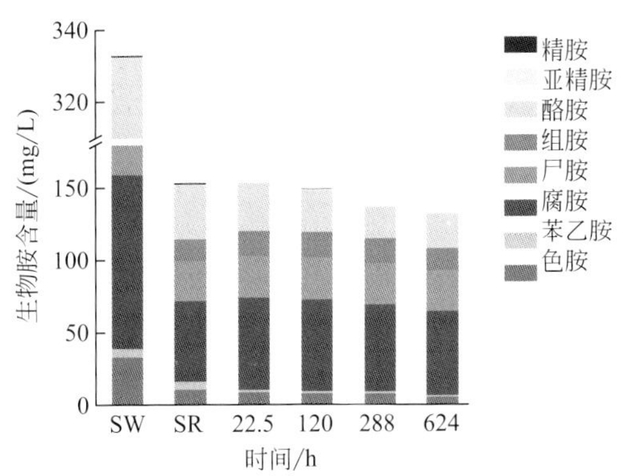

图 4-56　黄酒酿造过程中生物胺含量变化

SW—浸米水；SR—浸泡大米

4.5.2.3　乳酸菌酸化浸米工艺开发

（1）黄酒酿造过程中生物胺含量分布

黄酒中生物胺含量较高，平均含量可达到 115mg/L，远远高于啤酒（4.79mg/L）与葡萄酒（11.24mg/L）。黄酒中生物胺积累主要集中于浸米及发酵环节，为进一步探究黄酒中生物胺的来源，详细分析浸米及发酵过程中的生物胺含量分布，结果如图 4-56 所示。浸米与发酵环节均检测到较高的生物胺含量，浸米结束时浸米水中生物胺含量可达到 292.9mg/L，且浸泡大米中生物胺含量达到 135.16mg/kg。发酵过程中生物胺于前酵 24h 内快速积累，达到 142.6mg/L，至前发酵结束（120h）时生物胺含量并无较大变化；后酵阶段生物胺含量略有下降，后酵结束时生物胺含量为 125.26mg/L。前酵 24h 内生物胺含量大量积累，随后无上升趋势，可能是由于微生物于前 24h 内代谢活动旺盛，产生大量的生物胺，同时也可能与浸米过程产生大量生物胺带入发酵过程有关。浸泡大米为黄酒酿造的主要原料，根据黄酒落料添加比例，占黄酒落料总体系的 53.53%（蒸煮后），其携带大量生物胺进入发酵阶段，可增加黄酒中生物胺的含量。相关研究表明，浸米过程中生物胺含量越高，发酵过程中生物胺含量越高，可能是由于浸泡大米于浸米过程中积累大量生物胺，进入发酵过程导致黄酒中生物胺的激增。然而目前并无相关报道对浸米过程中的生物胺进行研究，且浸米过程与黄酒中生物胺的相关关系也尚未可知。

彩图 4-56

（2）浸米中生物胺对黄酒发酵中生物胺的影响

为研究浸米过程与黄酒发酵过程生物胺含量的关系，对 25 次黄酒酿造过程（包括 10 次实验室样品以及 15 次工厂样品）中的浸米水、浸泡大米和发酵醪液（24h）的生物胺种类、分布以及相互关系进行分析，为进一步研究黄酒中生物胺来源，制定减少黄酒中生物胺策略奠定基础。

① 浸米及发酵过程中生物胺种类及分布特点

浸米水、浸泡大米以及发酵醪中生物胺的种类及含量分布如图 4-57 所示，3 者均可检测到 8 种生物胺，包括色胺、苯乙胺、腐胺、尸胺、组胺、酪胺、亚精胺、精胺，其中腐胺、酪胺、尸胺、组胺为最主要生物胺，其总量在总生物胺含量中的占比达到约 90%，其中腐胺占比最高，可达到31%以上，酪胺、尸胺、组胺的占比平均值分别为21.82%、17.43%和13.32%。浸米水、浸泡大米及发酵过程中生物胺种类相同，各种生物胺的种类分布相似，其中浸泡大米与发酵醪中生物胺分布占比基本一致。研究结果表明，黄酒浸米阶段与发酵阶段中生物胺无论在种类以及含量分布上均存在一定的相似性，浸米环节对黄酒发酵中的生物胺含量的影响需进一步进行分析。

彩图 4-57

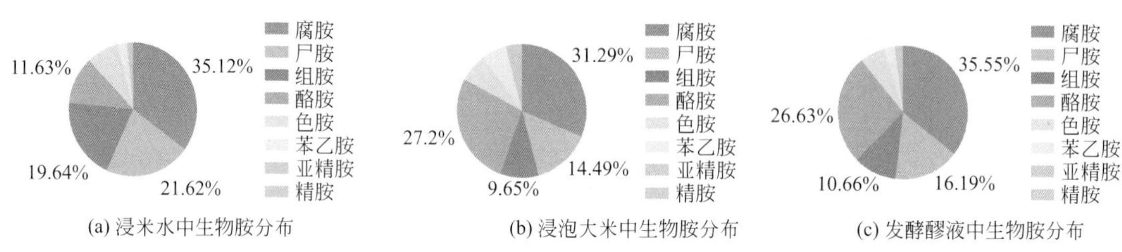

(a) 浸米水中生物胺分布　(b) 浸泡大米中生物胺分布　(c) 发酵醪液中生物胺分布

图 4-57　浸米与发酵过程中生物胺分布

② 浸米与发酵环节生物胺的相关关系

浸米水、浸泡大米与发酵醪样品中生物胺含量关系如图 4-58 所示，浸米环节中的浸米水和浸泡大米的生物胺含量与发酵醪生物胺含量均呈正相关关系，R^2 分别为 0.83 和 0.92，即浸米过程中生物胺含量越高，发酵醪中生物胺含量也越高。

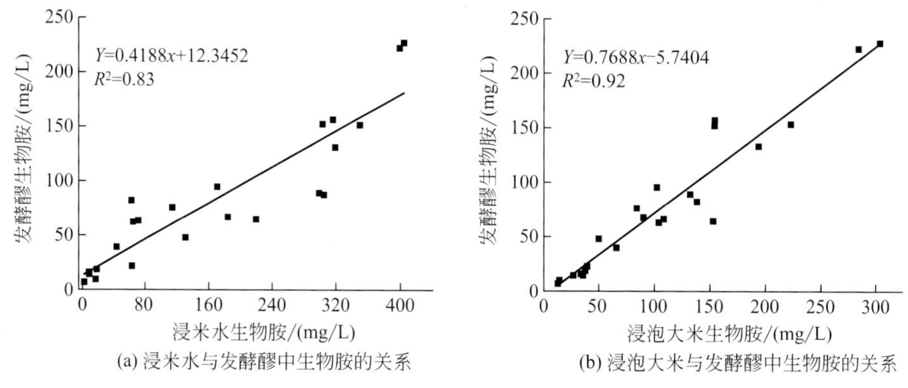

(a) 浸米水与发酵醪中生物胺的关系　(b) 浸泡大米与发酵醪中生物胺的关系

图 4-58　浸米与发酵环节生物胺的相关关系

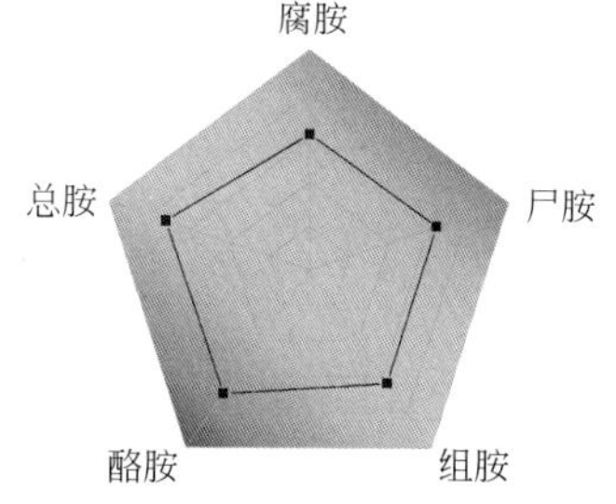

图 4-59　浸泡大米对发酵醪中生物胺的贡献量

浸米过程对黄酒发酵中生物胺产生影响，可能是由于浸泡大米携带生物胺进入发酵过程，导致发酵中生物胺含量增加。然而浸泡大米对黄酒发酵醪中生物胺的影响程度并未有详细解析。因此综合工厂与实验室的相关数据，计算浸泡大米对黄酒发酵醪中生物胺的贡献量，结果如图 4-59 所示。浸泡大米对发酵醪中各生物胺含量贡献率均可达到60%以上，对腐胺、酪胺、尸胺、组胺的贡献率分别达 66.85%、72.82%、65.32%和 67.69%，对总胺的贡献率达到 71.15%。

综上所述，浸米过程中产生的生物胺为黄酒中生物胺的主要来源之一，然而目前对浸米过程生物胺的研究及控制策略较少，因此解析浸米机理，探究浸米过程的物质变化规律，在保证浸米顺利进行的同时制定减少生物胺的策略，进而减少黄酒中生物胺的积累是研究的重点。

（3）传统工艺浸米工序机理解析

浸米为黄酒酿造的首要环节，浸米好坏决定黄酒的品质，主要体现在以下两方面：浸米过程中大米吸水膨胀，主成分分解，淀粉糊化，糊化程度决定出酒率及酒的品质；浸米过程中的微生物代谢产酸，为发酵过程提供酸性环境，抑制杂菌生长，保证酵母的正常代谢。除吸水率与酸度的变化外，浸米过程中大米中的淀粉、蛋白质等成分扩散到浸米水中，造成大米中部分营养成分的损失以及浸米水中废物增多，造成水体的富营养化，COD、BOD_5 等废水处理指标增加；同时浸米水中的蛋白质在蛋白酶的作用下分解为氨基酸，为生物胺的产生提供前体条件。因此对浸米过程中的吸水率、酸度以及一些重要指标如蛋白质、生物胺、COD、BOD_5 等的变化机制进行分析，以期解析浸米过程的物质变化规律并根据此机理对浸米过程进行相关调控。

① 浸米过程中的吸水率及酸度的变化

浸米过程中浸泡大米的吸水率及含水量如图 4-60 所示，吸水率和含水量于 60min 内随时间增加而增加，且增加速率随时间增加而减少，且 60～120min 内吸水率与含水量不变，达到饱和状态，最终分别达到 32.12%和 54.44%。

传统浸米 336h 的产酸情况如图 4-61(a) 所示，浸米水中总酸含量随着浸米时间的增加呈现逐渐增加的趋势，前 24h 内酸度上升速率较慢，为 1.2g/(L·d)；24～216h 升酸速率升高，平均速率达到 1.98g/(L·d)；216～336h 升酸速率逐渐趋于平稳。浸泡大米中总酸变化呈现相同的趋势，前 216h 内升酸速率较快，216～336h 内酸度逐渐平稳。浸米过程中有机酸的分布及含量变化如图 4-61(b) 和图 4-61(c) 所示。浸米水与浸泡大米中均检测到乳酸、乙酸、丙酮酸、草酸以及 α-酮戊二酸，其中乳酸含量最高，其次为乙酸。综上所述，浸米过程中随着浸米时间的增加，总酸逐渐增加，浸米过程中形成了以乳酸为主，多种有机酸共存的体系。

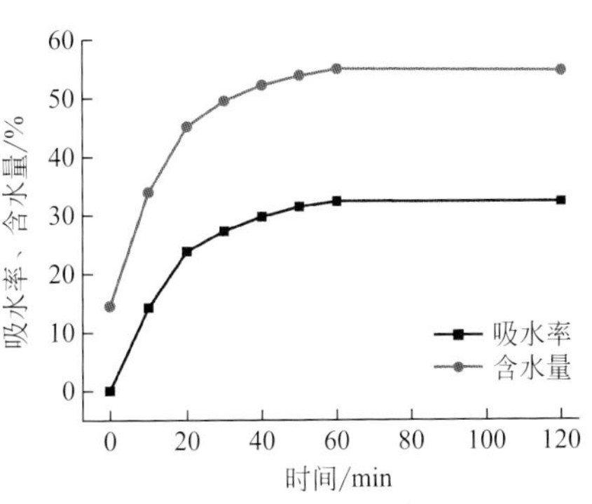

图 4-60 大米的吸水率与含水量

② 浸米过程中蛋白质、生物胺、COD 以及 BOD_5 的变化

随着浸米时间的增加，吸水率、总酸增加的同时，浸米过程中其他重要指标也随之变化。BOD_5 与 COD 随浸米时间的增加而逐渐增加，如图 4-62 所示，浸米结束时浸米水中 BOD_5 达到 32592mg/L，COD 达到 47144mg/L，含量较高可引起严重的环境污染。黄酒企业每年花费大量的资金进行废水处理，是其较大的经济负担。

大米中含有丰富的蛋白质，随着浸米时间的增加，其中的蛋白质逐渐进入浸米水中，导致浸泡大米中的蛋白质含量减少。浸米过程中蛋白质含量变化如图 4-63 (a) 所示。浸泡大米中的蛋白质含量逐渐减少，从 7.26%降低至浸泡 336h 时的 1.6%，大米中的蛋白质含量在浸泡至 336h 时减少了 5.66%，随着浸米时间的增加，大米中的蛋白质扩散至浸米水中，

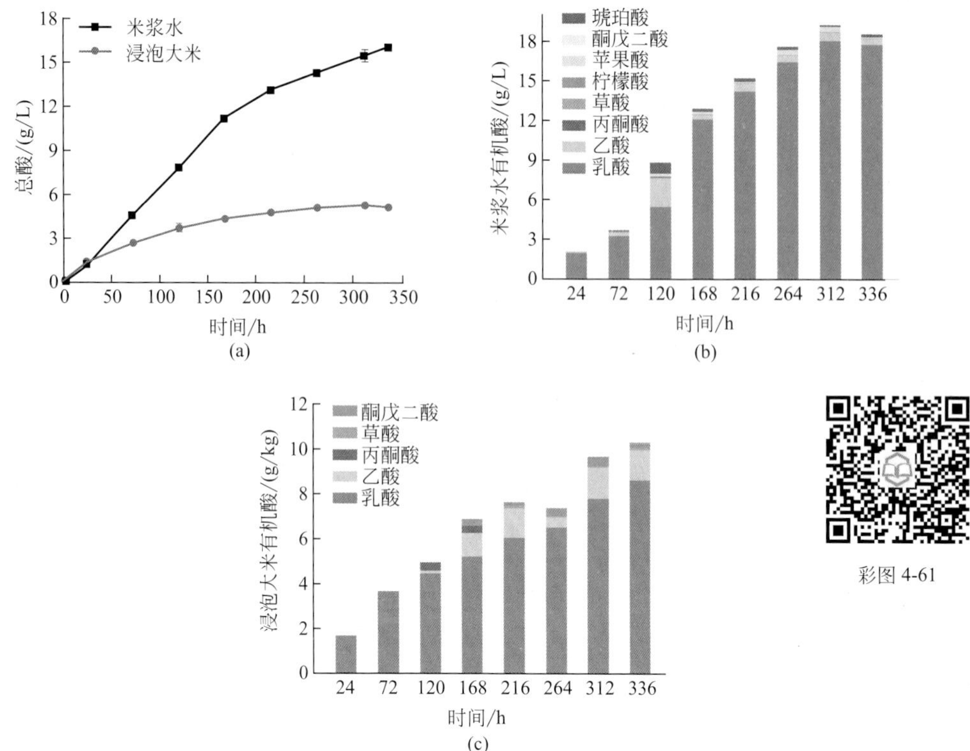

图 4-61　浸米过程中酸度变化

(a) 浸米过程总酸变化；(b) 浸米水中有机酸分布；(c) 浸泡大米中有机酸分布

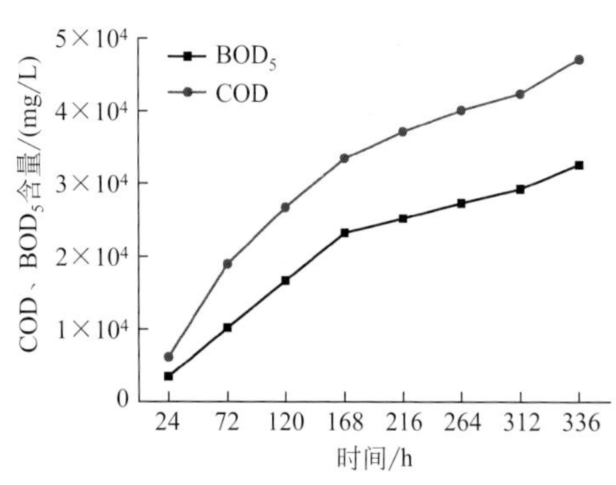

图 4-62　浸米水中 BOD_5、COD 的变化

浸米水中蛋白质含量随时间增加而增加，从 0～216h 内蛋白质含量有一个较大的提升，随后趋于平稳，至 336h 时，蛋白质含量已达到 5.22g/L。与此同时，浸米过程的蛋白质会在酶系的作用下产生大量的氨基酸，而氨基酸在作为一种营养以及风味物质的同时也是生物胺的前体物质。微生物分泌相关氨基酸脱羧酶作用于氨基酸导致浸米过程中生物胺积累，生物胺变化情况如图 4-63 (b) 所示。浸米过程中生物胺随浸泡时间的增加，呈现整体增加的趋势，浸泡至 336h 时，浸米水与浸泡大米中的生物胺含量分别达到 138.14mg/L 和 237.95mg/kg，可使黄酒中生物胺含量增加 116.76mg/L。浸米过程中生物胺含量的变化趋势整体为上升趋势，前 72h 内生物胺含量变化较小，分别为 13.08mg/L 以及 5.82mg/kg，72h 至 336h 内生物胺产生速率均较高，平均速率分别达到 11.36mg/(L・d) 和 21.10mg/(L・d)。

由此可知，随着浸米时间的增加，浸米水中 BOD_5、COD、蛋白质增加，大米中蛋白质减少，可能是由于浸米过程中大米中的营养物质随着浸米时间的增加逐渐扩散至浸米水中，导致浸泡大米中营养成分的流失及浸米水的富营养化，使原材料损失及处理成本增加。同

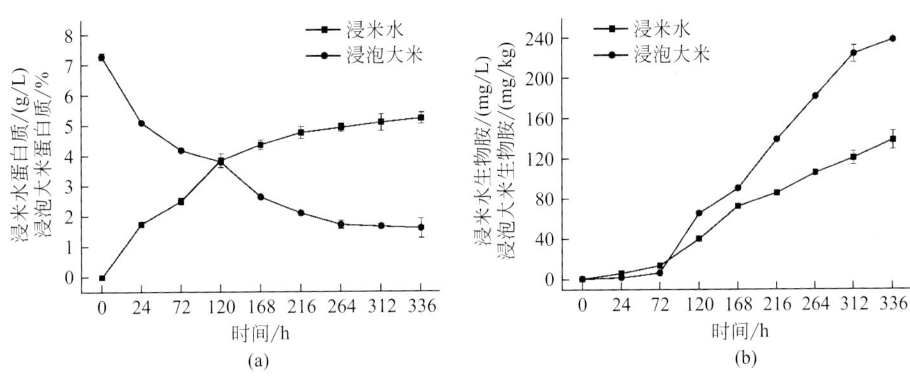

图 4-63　浸米过程中蛋白质及生物胺变化

(a) 蛋白质含量变化；(b) 生物胺含量变化

时，生物胺随着浸米时间增加而增加，可能与浸米水中蛋白质与微生物群落分布有关。蛋白质在相关酶系的作用下，生成氨基酸底物，氨基酸在相关微生物的作用下生成生物胺。因此解析浸米过程中生物胺的生成机理，进一步对浸米水中微生物群落结构进行分析。

(4) 植物乳杆菌酸化循环浸米工艺开发

① 植物乳杆菌添加量优化

将接种 *L. plantarum* 14-2-1 的大米糖化液分别以 0、2.5%、5%、7.5%、10%的比例接种于浸米水中，其产酸情况如图 4-64(a) 所示，随着浸米时间的增加，浸米水总酸呈上升趋势，并且随着乳酸菌接种量的增加，浸米水酸度积累速度也越快。当接种量≥7.5%时，产酸速率明显提高，浸米 48h 即可达到非接种浸米 120h 的酸度效果。浸米过程中在 24～96h 期间内快速增酸，不同接种量浸米水在 24～96h 内的产酸速率如图 4-64(b) 所示，与不接种乳酸菌的浸米水相比，接种 *L. plantarum* 14-2-1 的浸米水中总酸的增加速率提高了 0.70～2.18g/(L·d)。与其他接种比例相比，当接种量达到 7.5%时浸米水中酸度的增加速率明显加快，达到了 4.09g/(L·d)，而与 10%接种量 [4.37g/(L·d)] 相比无明显差异。因此，综合考虑浸米水中的增酸速率以及生产成本，选择 7.5%为最佳接种比例。

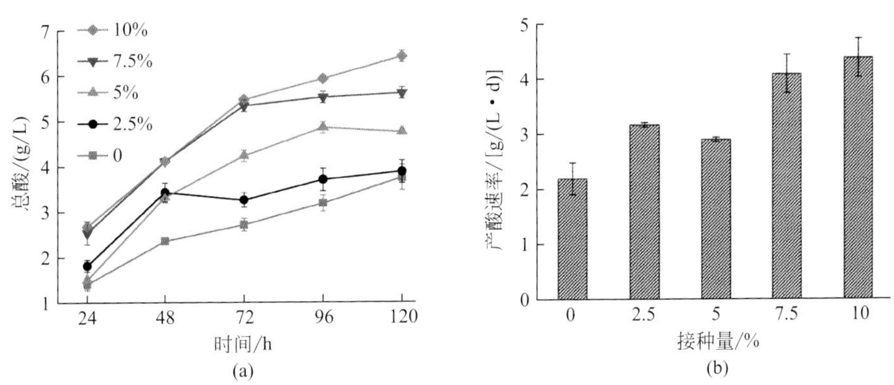

图 4-64　*L. plantarum* 14-2-1 对浸米过程中酸度的影响

(a) 不同接种量的产酸情况比较；(b) 24～96h 产酸速率比较

② 添加植物乳杆菌对浸米过程影响

如图 4-65 所示，接种量为 7.5%的浸米水中微生物由乳杆菌属（*Lactobacillus*，

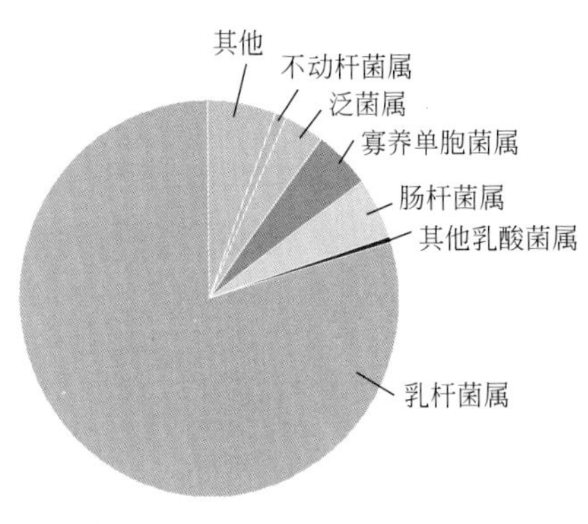

图 4-65 *L. plantarum* 14-2-1 对浸米水中微生物群落结构影响

80.01%)、肠杆菌属（*Enterobacter*，4.93%）、寡养单胞菌属（*Stenotrophomonas*，4.81%）、泛菌属（*Pantoea*，3.34%）、不动杆菌属（*Acinetobacter*，0.98%）等微生物组成。浸米水中乳杆菌属的物种丰度最高，主要由 *L. plantarum*（79.52%）和 *L. fermentum*（0.39%）等物种组成。与传统浸米相比，接种 *L. plantarum* 14-2-1 的浸米水中微生物的群落结构发生较大改变，*L. plantarum* 的相对丰度由不接种时的 0.95%升高至 79.52%，形成了以 *L. plantarum* 占绝对优势的微生物区系。

基于接种 *L. plantarum* 14-2-1 改变了浸米水中微生物群落结构，进一步分析其对浸米水过程中蛋白质、生物胺含量的影响，结果如表 4-14 所示。接种 7.5% *L. plantarum* 14-2-1 的浸米水中生物胺含量在浸米 24h 时，从 0mg/L 增加到 2.73mg/L 左右，之后变化较小；而非接种浸米水中生物胺含量随着浸米时间的增加而不断升高，浸米结束时达到 39.6mg/L。与非接种浸米相比，浸米 120h 时，接种 *L. plantarum* 14-2-1 浸米使浸米水中生物胺的含量从 39.6mg/L 减少到了 2.44mg/L，生物胺含量降低了 93.84%；同时米粉中蛋白质含量为 2.45%，高于传统浸米达到相同酸度时的蛋白质含量。

表 4-14 生物胺及蛋白质含量

项目	浸米时间					
	0	24h	48h	72h	96h	120h
生物胺含量/(mg/L)	n. d.	2.73±0.11	2.42±0.51	1.78±0.23	2.02±0.21	2.44±0.71
米粉中蛋白质含量/(mg/L)	7.26±0.11	4.52±0.03	3.74±0.17	3.14±0.02	2.92±0.07	2.45±0.03

注：n. d. 表示未检出。

(5) 起始酸度对浸米过程的影响

乳酸菌酸化浸米水中微生物群落结构单一，植物乳杆菌种约占 80%，为最优势微生物种。为节约水资源、生产成本、废水排放成本，减少对环境污染，可将此浸米水继续循环使用，达到快速产酸、不产生物胺的目的。然而浸米水中携带一定酸度，当循环使用时，起始酸度可能会对浸米过程产生影响。

① 起始酸度对浸米过程中总酸的影响

当起始酸度为 1g/L 和 3g/L 时，酸度变化与传统浸米变化趋势一致，随着浸泡时间的增加酸度逐渐增加，浸米 168h 时总酸均达到 10g/L 以上。而当起始酸度大于或等于 6g/L 时，随着浸泡时间的增加总酸含量无明显增加（表 4-15）。

② 起始酸度对浸米过程蛋白质、生物胺的影响

蛋白质含量变化如表 4-16 所示，不同起始酸度下浸米水与浸泡大米中蛋白质含量略不同，其均在 3.55～4.23g/L 和 2.65%～3.33%范围内，与传统浸米无较大差异，因此起始酸度变化并不影响浸米过程中的蛋白质含量。

表 4-15　不同起始酸度对浸米过程中总酸的影响

总酸	起始酸度/(g/L)	时间/h							
		0	24	48	72	96	120	144	168
浸米水/(g/L)	1	0.96±0.10	0.74±0.01	2.24±0.00	4.91±0.04	6.85±0.05	8.43±0.01	11.27±0.5	13.49±0.65
	3	3.15±0.05	2.66±0.11	3.24±0.00	4.07±0.06	4.93±0.34	6.66±0.95	9.27±1.05	11.54±1.33
	6	6.05±0.17	5.44±0.05	6.74±0.13	6.75±0.04	6.71±0.00	7.07±0.09	6.86±0.05	7.77±0.34
	8	7.9±0.10	7.43±0.01	8.35±0.07	8.64±0.27	8.22±0.62	7.52±0.31	7.33±0.32	7.20±0.07
	10	9.64±0.10	8.92±0.17	9.58±0.12	10.49±0.04	10.31±0.27	10.78±0.49	9.81±0.03	9.92±0.01
	12	11.74±0.02	10.75±0.07	11.51±0.19	12.32±0.04	12.31±0.13	11.23±0.13	10.09±0.02	9.87±0.16
浸泡大米/(g/kg)	1	n.d.	3.42±0.33	2.34±0.53	3.03±0.36	3.75±0.00	5.72±0.00	6.45±0.21	1.27±0.33
	3	n.d.	2.11±0.07	1.69±0.13	1.88±0.80	3.70±0.07	4.97±0.4	5.63±0	3.61±0.73
	6	n.d.	3.14±0.20	3.28±0.00	3.56±0.27	3.28±0.53	3.80±0.73	3.84±0.13	4.22±0.27
	8	n.d.	3.70±0.07	3.94±0.27	3.38±0.27	3.89±0.20	3.66±0.00	3.70±0.2	4.13±0.00
	10	n.d.	5.06±0.13	3.89±0.20	3.84±0.13	5.06±0.27	4.22±0.13	4.64±0.07	4.69±0.53
	12	n.d.	4.27±0.07	4.64±0.20	4.31±0.53	4.50±0.13	4.60±0.00	4.80±0.28	6.42±0.20

注：n.d. 表示未检测到。

表 4-16　不同起始酸度对蛋白质的影响

蛋白质含量	起始酸度/(g/L)					
	1	3	6	8	10	12
浸米水/(g/L)	4.23±0.19	3.58±0.26	3.73±0.43	3.62±0.34	4.13±0.29	3.55±0.24
浸泡大米/%	2.65±0.13	2.64±0.14	2.79±0.54	3.33±0.31	2.73±0.33	3.05±0.12

生物胺含量在不同起始酸度下的变化与酸度的变化呈现相同的趋势，当起始酸度为 1g/L、3g/L 时，生物胺含量呈现逐渐增加的趋势，最终浸米水达到 69.04mg/L 和 75.52mg/L，浸泡大米达到 92.66mg/kg 和 118.96mg/kg，与传统浸米过程基本一致。而当起始酸度大于或等于 6g/L 时，生物胺含量随着浸米时间增加无较大变化，且浸米水中的生物胺含量均保持在 5mg/L 以下，浸泡大米中的生物胺含量保持在 12mg/kg 以下，如图 4-66 所示。

综上所述，起始酸度对浸米过程中蛋白质含量无明显影响，当起始酸度达到 6g/L 及以上时，可有效抑制生物胺产生。

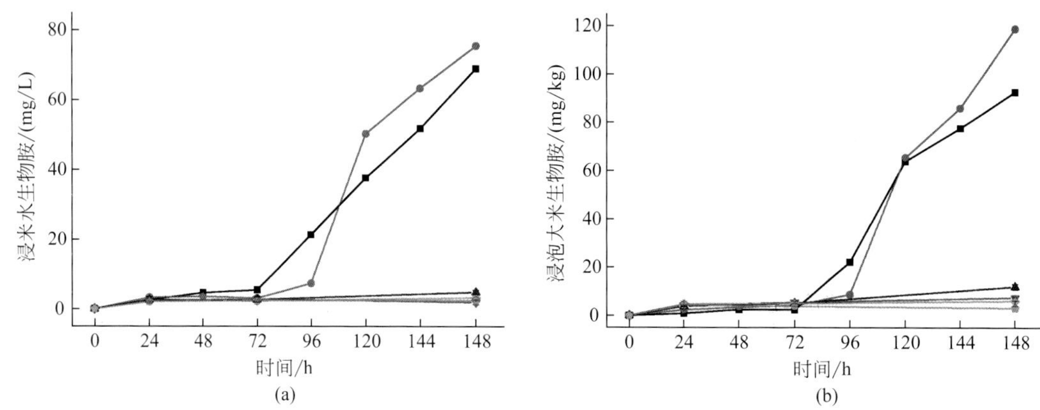

图 4-66　不同起始酸度对浸米过程中生物胺的影响

（a）浸米水生物胺；（b）浸泡大米生物胺

—■— 1g/L；—●— 3g/L；—▲— 6g/L；—▼— 8g/L；—◆— 10g/L；—●— 12g/L；

由此可知，当浸米水起始酸度大于或等于 6g/L 时，浸米过程中总酸以及生物胺并无明显变化趋势，可能是由于起始酸度高，外源微生物很难侵入浸米体系大量产酸和产生物胺，因此浸米水中起始酸度大于或等于 6g/L 时，可有效抑制杂菌污染，在减少浸米时间的同时也可减少生物胺的产生。但是由于利用乳酸调节起始酸度进行浸米成本较高，实施较为困难，并且浸米过程中有机酸组成较为多样，浸泡大米中存在单一乳酸对黄酒发酵的风味可能存在一定影响。循环利用乳酸菌酸化浸米水，在外源大量接种植物乳杆菌的同时还可以达到或快速达到 6g/L，进而可以通过微生物强化和物理调节的手段共同抑制杂菌侵入，保证浸米水中的接种微生物的优势地位，以达到保证浸米质量、减少生物胺含量、可循环利用的目的。

（6）植物乳杆菌酸化循环浸米

① 乳酸菌酸化循环浸米工艺对浸米过程的影响

如表 4-17 所示，循环浸米过程中浸米水的总酸含量在浸泡 48h 内即可达到 10g/L 以上，从第 3 循环开始 24h 内即可达到 10g/L 以上，酸度上升较快，同时浸泡大米中的总酸在 3.9g/kg 以上，

表 4-17 循环浸米水工艺对浸米过程的影响

指标		循环次数									
		1	2	3	4	5	6	7	8	9	10
浸米水总酸/(g/L)	0h	0.60±0.09	4.60±0.23	5.23±0.12	4.83±0.25	5.24±0.32	4.23±0.16	4.42±0.42	4.78±0.56	5.03±0.07	4.59±0.13
	24h	4.24±0.61	8.66±0.27	10.21±0.12	10.45±0.18	10.23±0.13	9.25±0.12	11.30±0.02	11.47±0.67	10.06±1.54	10.14±0.80
	48h	10.58±0.52	9.44±0.19	10.73±0.23	11.54±0.45	10.95±0.42					
	72h	10.53±0.18									
	96h	12.37±0.34									
浸泡大米总酸/(g/kg)		3.96±0.91	3.91±0.33	4.46±0.98	4.60±0.00	3.96±0.91	4.85±1.63	4.39±0.07	5.27±0.13	4.02±0.07	5.73±0.00
生物胺/(mg/L)		0.97±0.01		1.51±0.06		0.84±0.12		1.84±0.04			0.92±0.08
浸泡大米蛋白质/%		3.27±0.11	4.14±0.20	3.68±0.07	3.80±0.14	3.33±0.02	3.69±0.08	3.08±0.01	2.84±0.00	2.63±0.05	4.19±0.46
浸米水蛋白质/(mg/L)		4.78±0.24	5.21±0.12	4.25±0.40	6.80±0.37	6.72±0.23	5.55±0.60	5.32±0.26	6.39±0.56	6.90±0.51	5.43±0.45
BOD_5/(mg/L)		1070	1970	7040		24360		32900	34800		32860
COD/(mg/L)		1523	2336	1052		38926		41326	42223		43168

达到合格酸度，大大减少浸米时间，可从传统浸米 336h 减少到 24h。浸米水蛋白质含量在循环过程中无较大变化，均在 4.25～6.90g/L 范围内；浸泡大米蛋白质含量也基本平稳，在 2.63%～4.19%范围内；生物胺含量均保持在 2mg/L 以下。BOD_5、COD 含量随着循环次数的增加而增加，直至第 7 次循环时分别达到 32900mg/L、41326mg/L，在随后的循环中没有较大的变化。通过循环利用接种植物乳杆菌的浸米水浸米可大大减少浸米时间，提高浸米的质量及效率，减少生物胺的积累。综上所述，循环浸米过程中，不同循环批次中蛋白质含量略有不同但差异不大，均在正常范围内。COD、BOD_5 在前 7 次循环中含量逐渐增加，7 次循环后增量变小，最高达到 43168mg/L 和 34800mg/L。生物胺含量有效控制在 2mg/L 以下。

循环浸米过程中的微生物群落结构如图 4-67 所示。循环浸米过程中主要存在乳杆菌属（*Lactobacillus*）、假单胞菌属（*Pseudomonas*）、双歧杆菌属（*Bifidobacterium*）、泛菌属（*Pantoea*）。其中乳杆菌属占比达到 96%以上，且乳杆菌属中以植物乳杆菌为主，占比达到 99%以上。综上所述，循环浸米过程中形成了以植物乳杆菌占主导的微生物区系，且循环 10 次过程中微生物群落结构基本稳定。由此可知，乳酸菌强化接种时，微生物群落结构较为单一，当循环利用时，外源接种单一微生物使其在新一循环中占据主导地位。当起始酸度达到 6g/L 时可有效抑制杂菌污染，循环浸米过程中 24h 内升酸速度平均达到 0.21g/(L·h)，在起始酸度的基础上可迅速达到 6g/L，抑制杂菌污染，保证浸米体系中原有微生物占比的绝对优势以及循环浸米过程中群落结构的稳定性。

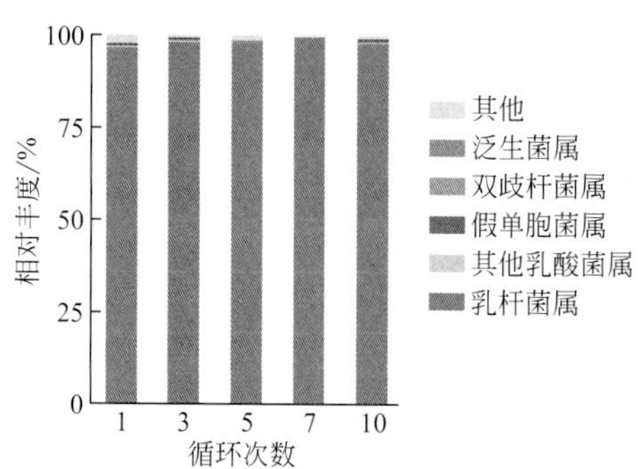

彩图 4-67

图 4-67　循环浸米过程中细菌群落结构

② 乳酸菌酸化循环浸米工艺对发酵过程的影响

不同循环浸泡大米落料发酵后其理化指标变化如图 4-68 所示。传统浸米发酵结束时酒精度达到 12.6%vol±0.63%vol，酸度为（4.39±0.01）g/L；不同循环浸米发酵的酒精度为 12.3%vol～13.2%vol 范围内，酸度为 4.15～5.16g/L 范围内，与传统发酵无显著差异且均在正常范围内。两种浸米工艺发酵过程的还原糖均呈现下降趋势，于 24～72h 消耗明显，含量显著下降，可能是由于酵母于 24～72h 内大量繁殖代谢产生乙醇。在后续发酵中还原糖含量趋于平缓，最终含量在 14.41～19.72mg/L，与传统发酵（17.6mg/L±1.82mg/L）无较大差异。氨氮含量总体呈现上升趋势，于 264～504h 内有较大的上升，最终含量为 0.39～0.49g/L 范围内，与传统发酵（0.42g/L±0.00g/L）基本一致。综上所述，循环浸米落料发酵与传统落料发酵在发酵过程中理化指标的变化趋势以及相关物质的含量均无较大差异，可正常进行发酵，符合生产要求。

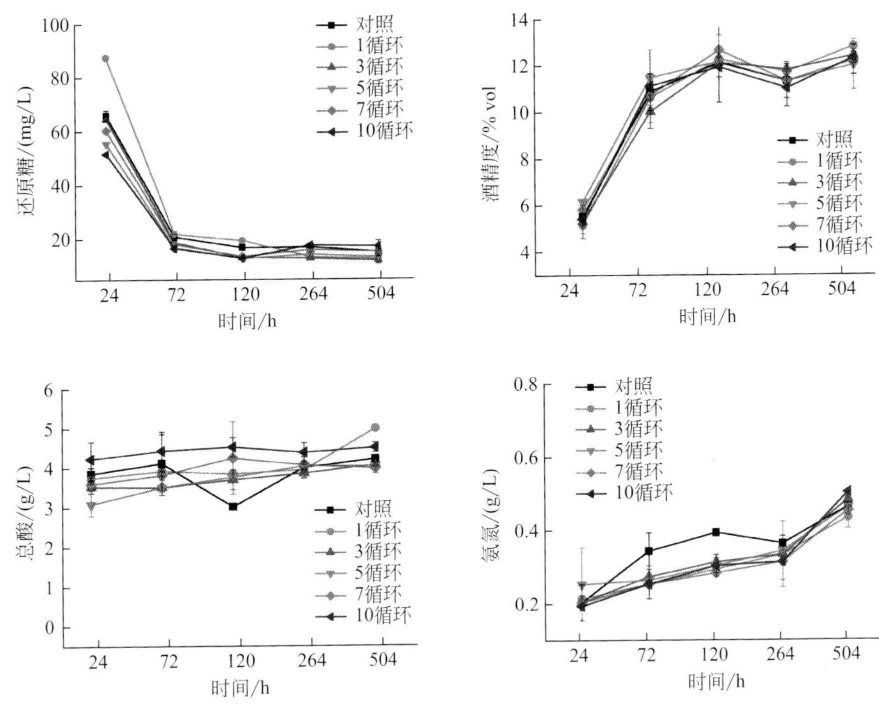

图 4-68 循环使用浸米水工艺对黄酒理化指标的影响

发酵结束时生物胺含量如表 4-18 所示，于发酵醪中均可检测到 8 种生物胺，不同循环次数浸米的发酵醪中生物胺差异较小，平均生物胺含量为 6.50mg/L，相较于传统浸米发酵醪生物胺含量（83.12mg/L±0.35mg/L）降低了 92.18%，大大减少了生物胺含量。在 8 种生物胺中，对于腐胺、尸胺和酪胺的降低效果最为显著，分别降低了 95.66%、93.91%、97.27%，可能是由于循环浸米过程中生物胺产生较少，随浸泡大米带入黄酒发酵过程的生物胺含量也随之较少，因此相比于传统浸米可显著降低其生物胺含量。综上，利用循环浸米工艺落料发酵，发酵正常，且可大大降低发酵中的生物胺含量。

表 4-18 生物胺含量变化 单位：mg/L

种类	1 循环	3 循环	5 循环	7 循环	10 循环	对照
色胺	0.64±0.06	0.57±0.01	0.53±0.08	0.56±0.00	0.70±0.08	0.51±0.03
苯乙胺	0.55±0.08	0.64±0.09	0.73±0.03	0.55±0.08	0.53±0.06	1.49±0.51
腐胺	2.17±0.26	2.39±0.37	2.26±0.35	1.98±0.06	2.34±0.26	51.37±1.40
尸胺	0.51±0.09	0.68±0.00	0.68±0.04	0.64±0.03	0.72±0.10	10.62±1.51
组胺	0.43±0.03	0.46±0.11	0.43±0.03	0.36±0.00	0.38±0.01	0.46±0.00
酪胺	0.51±0.02	0.53±0.13	0.46±0.01	0.45±0.03	0.44±0.04	17.55±0.31
亚精胺	0.90±0.12	1.01±0.09	0.90±0.12	0.74±0.05	0.81±0.20	0.53±0.07
精胺	0.64±0.02	0.67±0.11	0.67±0.00	0.61±0.00	0.73±0.07	0.59±0.01
总胺	6.35±0.65	6.95±0.91	6.66±0.57	5.90±0.07	6.66±0.62	83.12±0.35

③ 乳酸菌酸化循环浸米工艺对黄酒中呈味物质的影响

循环浸米发酵与传统浸米发酵中理化指标无显著差异，循环浸米发酵可正常发酵，且有效降低生物胺含量。然而，对于循环浸米工艺对黄酒中呈味物质的影响尚未可知。因此对黄酒中有机酸、氨基酸以及挥发性风味物质进行检测，研究循环浸米发酵对呈味物质的影响。

两种工艺浸米有机酸含量如图 4-69(a) 所示，总有机酸含量差异不大，在 6.57～8.04g/L 范围内，且均可检测到乳酸、乙酸、琥珀酸、柠檬酸、酒石酸、苹果酸、草酸，其中乳酸含量最高，约为 70%，与陈青柳研究一致。乙酸含量次之，约占 20%，其余有机酸占 10%左右。两种工艺发酵醪中有机酸含量均不存在显著性差异。氨基酸含量如图 4-69(b) 所示，循环浸米工艺酿造黄酒与传统浸米酿造黄酒中氨基酸含量均无显著性差异，总量均在 2g/L 左右。在黄酒中共检测了 17 种氨基酸，其中包括 6 种甜味氨基酸，8 种苦味氨基酸，2 种鲜味氨基酸以及 1 种涩味氨基酸。其中甜味及苦味氨基酸含量最高，分别占总氨基酸含量的 31.22% 和 48.06%。鲜味及涩味氨基酸较少，占总氨基酸含量的 20.72%。

彩图 4-69

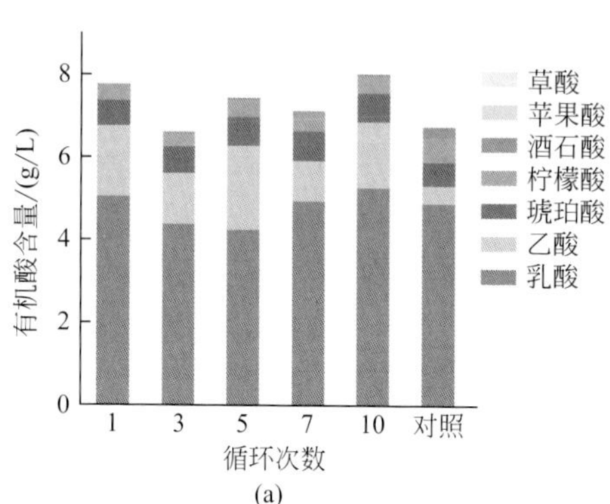

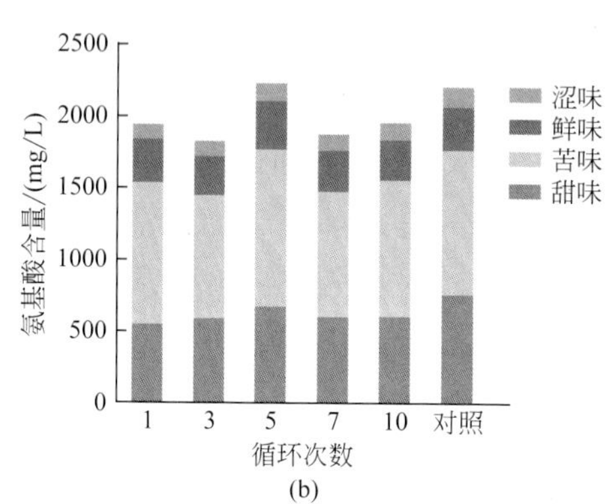

图 4-69 循环浸米水工艺对有机酸、氨基酸的影响

(a) 有机酸含量；(b) 氨基酸含量

分析不同工艺酿造黄酒中的挥发性风味物质，利用气质联用色谱对黄酒中 28 种主要挥发性风味物质进行检测，共包括 12 种酯类、4 种醇类、4 种酸类、3 种醛类、5 种酚类。其含量分布如图 4-70 所示。在主要挥发性风味物质上，两种浸米方式酿造黄酒并不存在显著差异。13 种酯类物质中，乙酸乙酯、乳酸乙酯、异戊酸乙酯含量较高，其总量占据总酯量的 90%以上。醇类含量最高，异戊醇、苯乙醇、异丁醇平均达到 219.74mg/L、191.34mg/L 和 82.14mg/L。酸类物质主要包括丁酸、己酸、异戊酸、辛酸，其中丁酸含量最高。醛类物质中主要包括糠醛、苯甲醛、苯乙醛，其主要呈现出苦杏仁、玫瑰香、花香等味道。酚类物质最少，主要包括 2,4-二叔丁基酚、苯酚、愈创木酚等，且总酚类含量均小于 0.12mg/L。

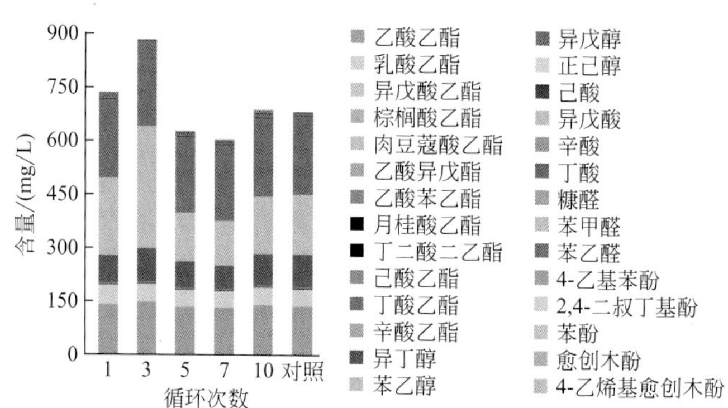

彩图 4-70

图 4-70 循环浸米水工艺对挥发性风味物质的影响

4.5.2.4 乳酸菌酸化发酵工艺开发

（1）乳酸菌添加量对黄酒发酵醪指标的影响

先将 *L. plantarum* 14-2-1 以 5%接种量（质量/体积）接种于麦芽汁中进行复活，再以 10%接种量转接于粳米糖化液中进行扩培。最后将扩培液分别按照 2%、4%、8%、12%添加量（体积/质量）添加落料发酵，采用淋米添加乳酸菌进行酿造。发酵过程中随着 *L. plantarum* 14-2-1 添加量的增加，总酸含量、pH、酒精度和氨基态氮含量逐渐增加，还原糖含量逐渐降低，符合黄酒发酵基本指标的变化趋势。添加量越多，总酸含量越高，过多的酸类物质影响了酵母的代谢，所以发酵结束后酒精度随着接种量的增加而降低。另外，乳酸菌的添加使得酒精度上升较快，发酵 1 天酒精度达到 6.60%vol～8.15%vol，前酵结束时，酒精度达 13.70%vol～15.98%vol，后酵过程中酒精度稍有涨幅。过高的酒精度抑制 *L. plantarum* 14-2-1 生长，因此，在落料初期添加乳酸菌发酵才能发挥作用。通过比较分析发现，4%添加量效果最佳，发酵醪总酸含量为 5.05g/L，既能保持酵母正常生长也不会使酒体酸败，酒精度为 18.24%vol，其他指标也基本达到了要求；当添加量为 2%时，总酸含量达不到要求，只有 3.94g/L；添加量为 8%和 12%时，总酸含量过高，超过标准。最终确定酸化发酵工艺中 *L. plantarum* 14-2-1 扩培液的最佳添加量为 4%（表 4-19）。

表 4-19 *L. plantarum* 14-2-1 不同添加量对发酵醪理化指标的影响

添加量/%	发酵时间/天	理化指标				
		总酸/(g/L)	pH	酒精度/%vol	还原糖/(g/L)	AN/(g/L)
0(对照)	1	2.47	3.77	8.15	33.60	0.02
	4	3.63	4.13	15.98	4.43	0.39
	8	3.98	4.29	17.11	2.19	0.53
	16	4.14	4.46	18.03	1.54	0.64
2	1	2.71	3.89	10.70	53.56	0.08
	4	3.42	3.68	14.40	8.07	0.14
	8	3.60	3.55	15.80	4.21	0.25
	16	3.94	3.51	17.20	2.01	0.32
4	1	2.88	3.76	7.20	67.00	0.03
	4	3.92	3.50	15.60	6.80	0.07
	8	4.25	3.84	16.50	3.33	0.27
	16	5.05	3.89	18.24	2.30	0.29
8	1	3.16	3.37	7.10	65.80	0.02
	4	4.53	3.46	14.90	7.03	0.07
	8	5.42	3.73	15.90	4.06	0.26
	16	5.95	3.67	16.13	2.70	0.28
12	1	3.34	3.33	6.60	64.40	0.02
	4	5.22	3.41	13.70	10.51	0.07
	8	5.95	3.62	14.40	6.18	0.27
	16	6.52	3.50	15.62	3.75	0.27

注：添加量为 0 是对照组，采用传统浸米酿造工艺。

（2）添加乳酸菌对发酵醪理化指标的影响

采用淋米添加乳酸菌酿造工艺（LT）、淋米添加米浆水酿造工艺（ST）和传统浸米酿造工艺（TT）三种不同酿造工艺研究添加 *L. plantarum* 14-2-1 对黄酒发酵醪的影响，经过 1 天的发酵，LT 中酒精度为 8.15%vol，含量在 LT 和 TT 之间；总酸达到 4.56g/L，含量高于LT和TT。发酵结束时，ST和TT的总酸含量分别只有3.45g/L和4.06g/L，而LT发酵结束时总酸达到5.01g/L，与ST和TT相比分别提高了1.56g/L和0.95g/L；酒精度为17.60%vol，高于ST，与TT（18.00%vol）相当。LT的其他各项理化指标都符合要求，该工艺可以很好地应用于实际生产（表4-20）。

表4-20 *L. plantarum* 14-2-1对黄酒发酵醪理化指标的影响

样品	发酵时间/天	理化指标				
		总酸/(g/L)	pH	酒精度/%vol	还原糖/(g/L)	AN/(g/L)
LT	1	4.56	3.73	8.15	13.70	0.03
	4	4.78	3.71	15.10	3.40	0.19
	8	4.90	3.97	14.60	2.10	0.25
	12	4.95	3.99	15.90	3.11	0.53
	16	5.01	3.99	17.60	1.56	0.82
ST	1	3.52	3.69	9.20	20.40	0.02
	4	2.79	4.79	13.90	7.60	0.69
	8	3.31	4.75	14.80	6.07	0.72
	12	3.59	4.76	14.60	5.01	0.78
	16	3.45	4.44	15.20	4.81	0.79
TT	1	2.97	3.78	7.75	35.10	0.02
	4	3.33	4.19	16.90	3.40	0.41
	8	3.88	4.39	17.00	2.59	0.55
	12	4.31	4.39	17.60	1.90	0.64
	16	4.06	4.40	18.00	1.14	0.68

（3）添加乳酸菌对黄酒生物胺的影响

进一步研究分析添加*L. plantarum* 14-2-1酿造工艺对黄酒生物胺的影响，TT使用传统浸米工艺，所以生物胺含量最高，达28.96mg/L；ST中添加了部分米浆水，所以生物胺含量会高于LT；LT中生物胺含量仅有21.07mg/L，与TT和ST相比，分别降低了27.16%和20.59%。*L. plantarum* 14-2-1扩培液的加入，降低了发酵环境的pH，大量抑制了杂菌的代谢以及外部细菌的入侵，落料时发酵醪中氨基酸含量也不高，从而大量减少了生物胺的含量。发酵结束时，不同发酵醪中均检测到了7种生物胺，酪胺含量最高，腐胺含量次之［图4-71(a)］。

彩图4-71

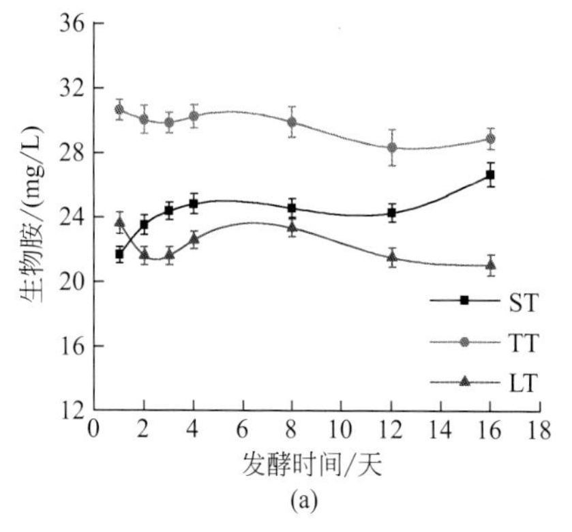

(a)

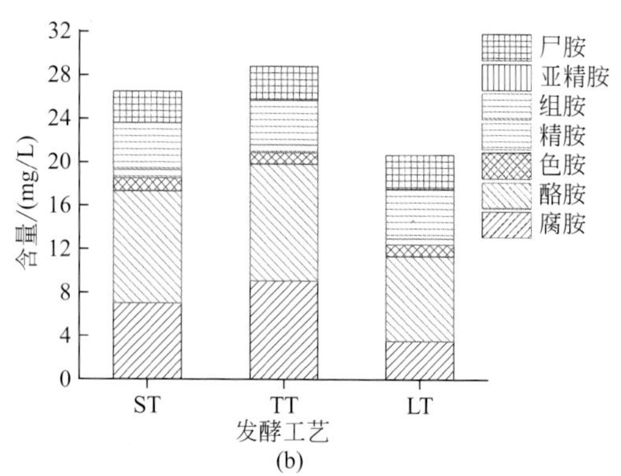

(b)

图4-71 植物乳杆菌14-2-1对黄酒发酵醪生物胺总量的影响

(a) 发酵过程中生物胺含量变化；(b) 发酵结束时生物胺含量

综上研究，可以确定黄酒酿造添加4%含量的*L. plantarum* 14-2-1的扩培液可有效降低黄酒中生物胺含量，同时也提高了发酵醪的总酸含量，使得黄酒口感更佳。

针对含量较高的4种生物胺含量变化进行研究，TT中前后酵过程腐胺含量变化不大，ST中腐胺含量始终处于缓慢增加的趋势，LT中腐胺含量逐渐下降，发酵结束时，腐胺含量分别为9.12mg/L、7.04mg/L和3.51mg/L，TT中含量最高，LT中最低（只有TT的三分之一）。TT中酪胺含量呈下降趋势，酪胺含量最高，发酵结束时达10.75mg/L；LT中酪胺含量最低，只有7.88mg/L。3种工艺之间组胺含量相差不大，在4.00mg/L上下波动，尸胺含量在2.92～3.18mg/L范围内［图4-71(b)］。

参考文献

［1］ 冯浩，毛健，黄桂东，等. 黄酒发酵过程中乳酸菌的分离、鉴定及生物学特性研究［J］. 2013（16）：185-188.

［2］ 姬中伟，黄桂东，毛健，等. 浸米时间对黄酒品质的影响［J］. 食品与机械，2013，29（1）：49.

［3］ 刘芸雅. 绍兴黄酒发酵中微生物群落结构及其对风味物质影响研究［D］. 无锡：江南大学，2015.

［4］ 牟穰，毛健，孟祥勇，等. 黄酒酿造过程中真菌群落组成及挥发性风味分析［J］. 食品与生物技术学报，2016，35（3）：303-309.

［5］ 牟穰. 清爽型黄酒酿造微生物群落结构及其与风味物质相关性研究［D］. 无锡：江南大学，2015.

［6］ 倪伟，周志磊，姬中伟，等. 分散液液微萃取和气质联用测定葡萄酒中的主要杂醇［J］. 食品科技，2018（6）：56.

［7］ 魏晓璐. 黄酒乳酸菌酸化发酵对降低生物胺的影响［D］. 无锡：江南大学，2017.

［8］ 薛景波. 黄酒接种生麦曲微生物群落结构及分离培养微生物的产酶、产香性质分析［D］. 无锡：江南大学，2016.

［9］ 陈青柳. 绍兴机械化黄酒风味形成途径和功能微生物的研究［D］. 江南大学，2018.

［10］ 车鑫. 中药对产洛伐他汀红曲菌固态发酵影响的研究［D］. 江南大学，2016.

［11］ 朱蕊. 高产洛伐他汀红曲菌的分离筛选及其共酵制曲在黄酒中的应用［D］. 江南大学，2019.

［12］ 魏晓璐. 黄酒乳酸菌酸化发酵对降低生物胺的影响［D］. 江南大学，2017.

［13］ 黄桂东，吴子鋆，唐素婷，等. 黄酒中杂醇含量控制与检测研究进展［J］. 中国酿造，2018，37（1）：7-11.

［14］ 冯婷婷，方芳，杨娟，等. 食品生物制造过程中生物胺的形成与消除［J］. 食品科学，2013（19）：367-373.

［15］ 龚耀平. 糖化剂、发酵剂对黄酒发酵中杂醇和尿素积累的影响［D］. 杭州：浙江工商大学，2014.

［16］ 郝欣，肖冬光，张翠英，等. 酿酒酵母类丙酮酸脱羧酶基因缺失对杂醇生成量的影响［J］. 微生物学报，2010，50（8）：1030-1035.

［17］ 惠竹梅，吕万祥，刘延琳. 可同化氮素对葡萄酒发酵香气影响研究进展［J］. 中国农业科学，2011，44（24）：5058-5066.

［18］ 姬中伟，黄桂东，毛健，等. 浸米时间对黄酒品质的影响［J］. 食品与机械，2013，29（1）：49.

［19］ 孔小勇，冷云伟，孙然，等. 影响黄酒中杂醇含量的工艺因素探讨［J］. 中国酿造，2011，30（10）：163-166.

［20］ 雷宏杰. 高浓麦汁氮源组成对酵母氨基酸同化及发酵调控影响的研究［D］. 广州：华南理工大学，2014.

［21］ 梁婧如，尹胜，刘丽，等. 脱羧酶基因*ARO10*的过量表达及其对*Saccharomy cescerevisiae*的β-苯乙醇合成代谢影响［J］. 食品工业科技，2014，35（3）：155-159.

［22］ 刘增然，张光一. 合成杂醇的微生物细胞工厂研究进展［J］. 生物工程学报，2013，29（10）：1421-1430.

［23］ 栾同青. 黄酒酿造过程生物胺变化规律及其产生菌株研究［D］. 济南：齐鲁工业大学，2013.

［24］ 吕美. 黄酒发酵过程酸败预测及相关参数检测技术研究［D］. 杭州：浙江大学，2015.

［25］ 毛青钟，陈细丹. 黄酒浸米浆水表面微生物的研究［J］. 江苏调味副食品，2009，26（3）：19-21.

［26］ 毛青钟，俞关松. 黄酒生产中不同品种米浸米特性的研究［J］. 酿酒，2010，37（4）：70-73.

［27］ 芮鸿飞. 外源氨基酸对黄酒发酵的影响研究［D］. 杭州：浙江农林大学，2015.

［28］ 石钰，陈叶福，郭学武，等. 酿酒酵母苏氨酸合成酶缺失对杂醇生成量的影响［J］. 酿酒科技，2014，（7）：26-30.

［29］ 王玲燕，李元. 微生物胞外多糖生物合成研究进展［J］. 药物生物技术，2002（6）：369-373.

［30］ 王学东，马春铃，王瑞明，等. 根霉 L-乳酸发酵条件的优化［J］. 山东轻工业学院学报：自然科学版，2002（3）：17-20，34.

［31］ 王子宝，沈淑媛，裘娟萍，等. 刺糖多孢菌生长特性及移种标准［J］. 农药，2012，51（7）：494-498.

［32］ 吴宗文，孙军勇，吴殿辉，等. 绍兴黄酒发酵过程中有机酸及产酸细菌的初步研究［J］. 食品与发酵工业，2016，42（5）：12.

［33］ 许禄. 黄酒酿造过程中生物胺变化规律的研究［D］. 上海：上海海洋大学，2016.

［34］ 杨洁彬，郭兴华，张篪，等. 乳酸菌——生物学基础及应用［M］. 北京：中国轻工业出版社，1996，120：72.

［35］ 易华西，张兰威，杜明，等. 乳酸菌细菌素抗菌潜力挖掘研究进展［J］. 中国食品添加剂，2010（1）：73-76.

［36］ 尹永祺. 黄酒酒药菌群分析、优良菌种筛选及混合菌株发酵研究［D］. 扬州：扬州大学，2011.

［37］ 余培斌，陈亮亮，张波，等. 双菌种制曲改善黄酒麦曲品质的研究［J］. 食品与发酵工业，2012，38（9）：1-6.

［38］ 张凤杰，薛洁，王异静，等. 黄酒中生物胺的形成及其影响因素［J］. 食品与发酵工业，2013，39（2）：62-68.

［39］ 张辉，袁军川，毛严根，等. 机制黄酒酿造生产过程中氨基酸变化研究［J］. 酿酒科技，2009（2）：37-39.

［40］ 张瑾. 可同化氮素对酵母酒精发酵影响的研究［D］. 杨凌：西北农林科技大学，2009.

［41］ 张伟平，赵鑫锐，堵国成，等. 酿酒酵母氮代谢物阻遏效应及其对发酵食品安全的影响［J］. 应用与环境生物学报，2012，18（5）：862-872.

［42］ 张兴亚，高梦莎，蒋予箭，等. 糖化发酵剂对黄酒中杂醇含量的影响［J］. 中国酿造，2012，31（1）：130-133.

［43］ 张中华，管政兵，梁小刚，等. PCR-DGGE 分析绍兴黄酒麦曲中细菌群落方法的建立［J］. 食品工业科技，2012，33（14）：206-209，213.

［44］ 朱小芳，张凤杰，俞剑燊，等. 黄酒浸米水中细菌群落结构及优势菌代谢分析［J］. 食品科学，2017，38（10）：82-86.

［45］ 朱晓庆，王俊. 污染成品黄酒微生物的研究情况分析［J］. 中外食品工业：下，2014（12）：49-50.

［46］ Bell S J，Henschke P A. Implications of nitrogen nutrition for grapes，fermentation and wine［J］. Australian Journal of Grape and Wine Research，2005，11（3）：242-295.

［47］ Seung Bum Kim，Michael Goodfellow. *Saccharopolyspora*//Bergey's manual of systematics of Archaea and Bacteria［M］. Hoboken，NJ：Wiley，2015.

［48］ Bokulich N A，Mills D A. Facility-specific "house" microbiome drives microbial landscapes of artisan cheesemaking plants［J］. Appl Environ Microbiol，2013，79（17）：5214-5223.

［49］ Bokulich N A，Ohta M，Richardson P M，et al. Monitoring seasonal changes in winery-resident microbiota［J］. PloS one，2013，8（6）.

［50］ Brat D，Weber C，Lorenzen W，et al. Cytosolic re-localization and optimization of valine synthesis and catabolism enables increased isobutanol production with the yeast *Saccharomyces cerevisiae*［J］. Biotechnology for biofuels，2012，5（1）：65.

[51] Chakraborty S，Khopade A，Biao R，et al. Characterization and stability studies on surfactant，detergent and oxidant stable α-amylase from marine haloalkaliphilic *Saccharopolyspora* sp. A9 [J]. Journal of Molecular Catalysis B：Enzymatic，2011，68（1）：52-58.

[52] Chen C，Liu Y，Tian H，et al. Metagenomic analysis reveals the impact of JIUYAO microbial diversity on fermentation and the volatile profile of Shaoxing-jiu [J]. Food Microbiology，2020，86：103326.

[53] Chen S，Xu Y. Effect of ‘wheat Qu’ on the fermentation processes and volatile flavour-active compounds of Chinese rice wine（Huangjiu） [J]. Journal of the Institute of Brewing，2013，119（1-2）：71-77.

[54] Chen X，Nielsen K F，Borodina I，et al. Increased isobutanol production in *Saccharomyces cerevisiae* by overexpression of genes in valine metabolism [J]. Biotechnology for biofuels，2011，4（1）：21.

[55] Cowan D，Meyer Q，Stafford W，et al. Metagenomic gene discovery：past，present and future [J]. Trends in Biotechnology，2005，23（6）：321-329.

[56] Cui D，Zhang Y，Xu J，et al. PGK1 Promoter Library for the Regulation of Acetate Ester Production in Saccharomyces cerevisiae during Chinese Baijiu Fermentation [J]. Journal of agricultural and food chemistry，2018，66（28）：7417-7427.

[57] De Filippis F，La Storia A，Villani F，et al. Exploring the sources of bacterial spoilers in beefsteaks by culture-independent high-throughput sequencing [J]. PLoS One，2013，8（7）.

[58] Espinosa Vidal E，de Morais Jr M A，François J M，et al. Biosynthesis of higher alcohol flavour compounds by the yeast *Saccharomyces cerevisiae*：impact of oxygen availability and responses to glucose pulse in minimal growth medium with leucine as sole nitrogen source [J]. Yeast，2015，32（1）：47-56.

[59] Hernández-Orte P，Ibarz M J，Cacho J，et al. Effect of the addition of ammonium and amino acids to musts of Airen variety on aromatic composition and sensory properties of the obtained wine [J]. Food Chemistry，2005，89（2）：163-174.

[60] Holt S，de Carvalho B T，Foulquié-Moreno M R，et al. Polygenic analysis in absence of major effector ATF1 unveils novel components in yeast flavor ester biosynthesis [J]. MBio，2018，9（4）.

[61] Hong X，Chen J，Liu L，et al. Metagenomic sequencing reveals the relationship between microbiota composition and quality of Chinese Rice Wine [J]. Scientific Reports，2016，6（1）：1-11.

[62] Jiang Y，Wei X，Chen X，et al. *Saccharopolyspora griseoalba* sp. nov.，a novel actinomycete isolated from the Dead Sea [J]. Antonie Van Leeuwenhoek，2016，109（12）：1635-1641.

[63] Kondo T，Tezuka H，Ishii J，et al. Genetic engineering to enhance the Ehrlich pathway and alter carbon flux for increased isobutanol production from glucose by *Saccharomyces cerevisiae* [J]. Journal of biotechnology，2012，159（1-2）：32-37.

[64] Konya T，Scott J A. Recent advances in the microbiology of the built environment [J]. Current Sustainable/Renewable Energy Reports，2014，1（2）：35-42.

[65] Lachenmeier D W，Haupt S，Schulz K. Defining maximum levels of higher alcohols in alcoholic beverages and surrogate alcohol products [J]. Regulatory Toxicology and Pharmacology，2008，50（3）：313-321.

[66] Lee W H，Seo S O，Bae Y H，et al. Isobutanol production in engineered *Saccharomyces cerevisiae* by overexpression of 2-ketoisovalerate decarboxylase and valine biosynthetic enzymes [J]. Bioprocess and biosystems engineering，2012，35（9）：1467-1475.

[67] Lilly M，Bauer F F，Styger G，et al. The effect of increased branched-chain amino acid transaminase activity in yeast on the production of higher alcohols and on the flavour profiles of wine and distillates [J]. FEMS yeast research，2006，6（5）：726-743.

[68] Lv L L，Zhang Y F，Xia Z F，et al. *Saccharopolyspora halotolerans* sp. nov.，a halophilic actinomy-

cete isolated from a hypersaline lake [J]. International journal of systematic and evolutionary microbiology, 2014, 64 (10): 3532-3537.

[69] Matsuda F, Kondo T, Ida K, et al. Construction of an artificial pathway for isobutanol biosynthesis in the cytosol of *Saccharomyces cerevisiae* [J]. Bioscience, biotechnology, and biochemistry, 2012, 76 (11): 2139-2141.

[70] Meklat A, Bouras N, Zitouni A, et al. *Saccharopolyspora ghardaiensis* sp. nov., an extremely halophilic actinomycete isolated from Algerian Saharan soil [J]. The Journal of antibiotics, 2014, 67 (4): 299-303.

[71] Mizuma T, Kiyokawa Y, Wakai Y. Water absorption characteristics and structural properties of rice for sake brewing [J]. Journal of bioscience and bioengineering, 2008, 106 (3): 258-262.

[72] Nakao M, Harada M, Kodama Y, et al. Purification and characterization of a thermostable β-galactosidase with high transgalactosylation activity from *Saccharopolyspora rectivirgula* [J]. Applied microbiology and biotechnology, 1994, 40 (5): 657-663.

[73] Pimentel-Elardo S M, Gulder T A M, Hentschel U, et al. Cebulactams A1 and A2, new macrolactams isolated from *Saccharopolyspora cebuensis*, the first obligate marine strain of the genus *Saccharopolyspora* [J]. Tetrahedron Letters, 2008, 49 (48): 6889-6892.

[74] Post D A, Luebke V E. Purification, cloning, and properties of α-galactosidase from *Saccharopolyspora erythraea* and its use as a reporter system [J]. Applied microbiology and biotechnology, 2005, 67 (1): 91-96.

[75] Qin S, Chen H H, Klenk H P, et al. *Saccharopolyspora gloriosae* sp. nov., an endophytic actinomycete isolated from the stem of Gloriosa superba L [J]. International journal of systematic and evolutionary microbiology, 2010, 60 (5): 1147-1151.

[76] Qin S, Li J, Zhao G Z, et al. *Saccharopolyspora endophytica* sp. nov., an endophytic actinomycete isolated from the root of Maytenus austroyunnanensis [J]. Systematic and applied microbiology, 2008, 31 (5): 352-357.

[77] Raut G R, Chakraborty S, Chopade B A, et al. Isolation and characterization of organic solvent stable protease from alkaliphilic marine *Saccharopolyspora species* [J]. Indian Journal of Geo-Marine Sciences 2013, 42 (1): 131-138.

[78] Rollero S, Bloem A, Camarasa C, et al. Combined effects of nutrients and temperature on the production of fermentative aromas by *Saccharomyces cerevisiae* during wine fermentation [J]. Applied microbiology and biotechnology, 2015, 99 (5): 2291-2304.

[79] Sadoudi M, Tourdot-Maréchal R, Rousseaux S, et al. Yeast - yeast interactions revealed by aromatic profile analysis of Sauvignon Blanc wine fermented by single or co-culture of non-*Saccharomyces* and *Saccharomyces* yeasts [J]. Food microbiology, 2012, 32 (2): 243-253.

[80] Savino C, Sciara G, Miele A E, et al. Cloning, expression, purification, crystallization and preliminary X-ray crystallographic analysis of C-12 hydroxylase EryK from *Saccharopolyspora erythraea* [J]. Protein and peptide letters, 2008, 15 (10): 1138-1141.

[81] Sayed A M, Abdel-Wahab N M, Hassan H M, et al. *Saccharopolyspora*: an underexplored source for bioactive natural products [J]. Journal of applied microbiology, 2020, 128 (2): 314-329.

[82] Souza D T, da Silva F S P, da Silva L J, et al. *Saccharopolyspora spongiae* sp. nov., a novel actinomycete isolated from the marine sponge Scopalina ruetzleri (Wiedenmayer, 1977) [J]. International journal of systematic and evolutionary microbiology, 2017, 67 (6): 2019-2025.

[83] Stellato G, De Filippis F, La Storia A, et al. Coexistence of lactic acid bacteria and potential spoilage microbiota in a dairy processing environment [J]. Appl Environ Microbiol, 2015, 81 (22): 7893-7904.

[84] Suksaard P, Srisuk N, Duangmal K. *Saccharopolyspora maritima* sp. nov., an actinomycete isolated

from mangrove sediment [J]. International journal of systematic and evolutionary microbiology, 2018, 68 (9): 3022-3027.

[85] Ugliano M, Kolouchova R, Henschke P A. Occurrence of hydrogen sulfide in wine and in fermentation: influence of yeast strain and supplementation of yeast available nitrogen [J]. Journal of industrial microbiology & biotechnology, 2011, 38 (3): 423-429.

[86] Vaddavalli R, Peddi S, Kothagauni S Y, et al. *Saccharopolyspora indica* sp. *nov.*, an actinomycete isolated from the rhizosphere of Callistemon citrinus (Curtis) [J]. International journal of systematic and evolutionary microbiology, 2014, 64 (5): 1559-1565.

[87] Wu H, Liu B, Pan S. *Saccharopolyspora subtropica* sp. nov., a thermophilic actinomycete isolated from soil of a sugar cane field [J]. International journal of systematic and evolutionary microbiology, 2016, 66 (5): 1990-1995.

[88] Xia Z F, Luo X X, Wan C X, et al. *Saccharopolyspora aidingensis* sp. nov., an actinomycete isolated from a salt lake [J]. International journal of systematic and evolutionary microbiology, 2017, 67 (3): 687-691.

[89] Xie G, Wang L, Gao Q, et al. Microbial community structure in fermentation process of Shaoxing rice wine by Illumina-based metagenomic sequencing [J]. Journal of the Science of Food and Agriculture, 2013, 93 (12): 3121-3125.

[90] Yang Y, Xia Y, Wang G, et al. Effect of mixed yeast starter on volatile flavor compounds in Chinese rice wine during different brewing stages [J]. LWT, 2017, 78: 373-381.

[91] Yang Y, Xia Y, Wang G, et al. Effects of boiling, ultra-high temperature and high hydrostatic pressure on free amino acids, flavor characteristics and sensory profiles in Chinese rice wine [J]. Food Chemistry, 2019, 275: 407-416.

[92] Yoshimoto H, Fukushige T, Yonezawa T, et al. Genetic and physiological analysis of branched-chain alcohols and isoamyl acetate production in *Saccharomyces cerevisiae* [J]. Applied microbiology and biotechnology, 2002, 59 (4-5): 501-508.

[93] Bokulich N A, Ohta M, Lee M, et al. Indigenous bacteria and fungi drive traditional kimoto sake fermentations [J]. Applied and Environmental Microbiology, 2014, 80 (17): 5522-5529.

第五章

黄酒生产工艺

我国黄酒种类繁多，生产原辅料、生产工艺方法千差万别，且各具特色。虽然不同地区、不同品种黄酒的生产工艺各不相同，但是基本上可以分为传统黄酒手工工艺、传统黄酒机械化工艺及其他工艺等类别。

本章针对我国主要黄酒产区的黄酒生产工艺方法和操作要点作简要介绍，因为原料处理、蒸煮、发酵等过程不同工艺区别较大，本章将按不同工艺分开介绍，而对于后处理工段，包括酒糟分离、澄清、过滤、杀菌、储存、勾调、灌装等各类工艺之间大体类似，将统一进行描述。

5.1 黄酒酿造工艺

5.1.1 浙江绍兴地区黄酒酿造工艺

绍兴地区黄酒选用优质糯米、麦曲和鉴湖水为原料，采取独特的工艺酿制而成。根据生产方式可分为传统黄酒手工工艺和传统黄酒机械化工艺两大类。

5.1.1.1 浙江绍兴地区传统黄酒手工工艺

绍兴地区黄酒按照糖分含量不同可以分为四大种类：元红酒、加饭酒、善酿酒和香雪酒。这几种酒的原料配方、操作工艺各不相同。

（1）淋饭酒（酒母）

淋饭酒是酿造绍兴酒的酒母，俗称“酒娘”，它的名称由来是因在制作过程中将蒸熟的米饭采用冷水淋冷的操作而得名。淋饭酒（酒母）每年的酿造期为15天，它要供应整个绍兴酒冬酿期（100天左右）生产使用。

① 配料

淋饭酒（酒母）配料如表5-1所示。

表5-1 淋饭酒（酒母）配料表（每缸用量）

名称	用量	名称	用量
糯米	125kg	酒药	218g
麦曲	19.5kg	酿造水	144kg

注：每缸按500L容量计。

② 工艺流程

淋饭酒（酒母）生产工艺如图5-1所示。

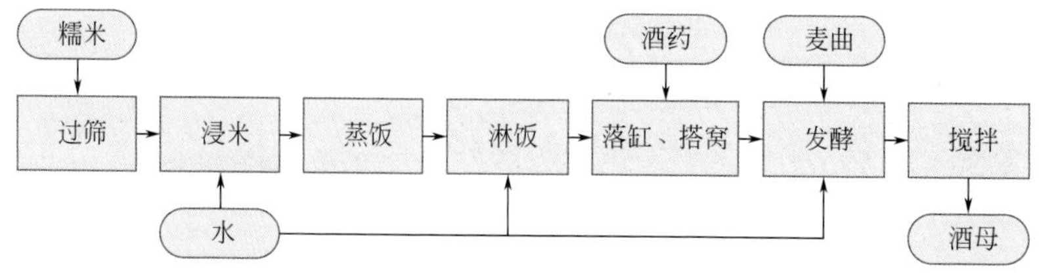

图5-1 淋饭酒（酒母）生产工艺

③ 操作方法

a. 过筛

糯米的精白度一般为90%，通过筛米机去除糠秕、碎米及其他杂物。

b. 浸米

浸米在大缸中进行，先在缸内放入清水，再倒入大米，水漫过米层 6cm 为好，每两个发酵陶缸用的米合为一缸浸泡。浸米时间根据糯米的特性、自然环境和水的温度而确定。淋饭酒（酒母）浸米时间大致要求如表 5-2 所示。

表 5-2 淋饭酒（酒母）浸米与气温、室温的关系

气温/℃	水温/℃	浸米时间/h
5～10	3～7	44
11～15	8～12	40

将浸泡好的糯米盛放于竹箩中，用清水淋去米浆水，沥干水分后蒸煮。根据实际生产检测发现，浸泡 40～44h 后，糯米含水量增加 14.9%～16.3%，达到 40%左右。每 100kg 原料损失 2.73～2.86kg，淀粉损失约 1.02kg。

c. 蒸饭

将沥干水分的大米倒入木制蒸（甑）桶中，从底部通入蒸汽蒸饭。至蒸汽完全透过饭层表面，向米饭洒水，使其充分糊化，以大米熟透、内无白心为宜，不可蒸煳。

d. 淋饭

米饭蒸熟后将蒸桶抬至木盆上，立即用冷水冲淋，一方面可以迅速降温，另外还可以使饭粒间分离，利用微生物繁殖。

每甑饭淋水约 125kg，淋水时弃去最初流下的 25kg 水，然后用木桶收集 50kg 淋水（水温约 50℃），其余淋水弃去。再用收集的 50kg 温水复淋，使饭温上下一致（32～35℃）。淋饭水要视气温高低而酌量增减。淋水量与淋水温度关系如表 5-3 所示。检测发现，蒸煮、淋饭后糯米的含水量达到 60%，即相比浸米又增加了 20%。

表 5-3 淋水量与饭温关系（每甑米饭淋水量）

气温/℃	淋饭用冷水量/kg	复淋用温水量/kg	淋水后饭温/℃
5～10	125	60	34～35
11～15	150	50	32～34

e. 落缸、搭窝

将淋冷的糯米饭放置片刻，沥去水分，倒入大瓦缸内。每 1 个瓦缸可盛放 3 个蒸桶的米饭（相当于 125kg 糯米）。分批次拌入酒药粉末，然后将其搭成 U 字形窝，俗称“搭窝”，如图 5-2 所示。窝底孔直径 8cm，饭高 70cm，用竹丝扫帚将窝面轻轻敲实，以饭窝不下塌

图 5-2 落缸搭窝

为宜，落缸品温为 26～28℃，搭窝后盖上稻草缸盖，缸外围上草席。经保温 36～48h，就可看到饭粒上白色菌丝体繁殖，窝中出现甜液。经 50h 后，当窝中充满糖液时，酵母总数即可达到 6.57×10^7 CFU/mL，酒精含量 3.8%vol。

f. 发酵

待酒液在窝内已有 4/5 的高度，投入麦曲 19.5kg、水 144kg，用木楫充分搅拌均匀，仍用槽缸盖保温，草席可以移除。在发酵过程中，待品温达到规定时即可开耙，开耙目的之一是降低品温，并使缸内物料温度上下均匀一致；另外，可以排出大量二氧化碳，同时给酿造菌种提供新鲜空气，促进糖化发酵作用。

头耙后每隔 3～5h 即可开二、三、四耙，以品温决定开耙与否，其发酵温度控制规律如表 5-4 所示。

表 5-4　淋饭酒（酒母）开耙品温控制情况

耙序	室温/℃	开耙前品温/℃	开耙后品温/℃
头耙	5～10	27～28	26～27
	11～15	26～27	25～26
二耙	5～10	30～31	29～30
	11～15	28～29	27～28
三耙	5～10	30～31	29～30
	11～15	28～29	27～28
四耙	5～10	29～30	27～28
	11～15	27～28	26～27

正常情况下，四耙后每天搅拌 3 次即可（俗称冷耙），大约经过 10 天，品温与室温一致时，即分装于酒坛中，上覆盖荷叶瓦盖，存放室温适宜场地，气温渐冷时放于向阳处，气温升高时放于阴凉处。酒粕逐渐下沉，出现乳白色酒液。

从下缸发酵起经过 18～20 天，即可用作酒母。

（2）元红酒

元红酒是绍兴酒代表性品种之一，采用摊饭法工艺酿造而成。摊饭法是因将蒸熟的米饭摊在竹簟上冷却而得名，后面介绍的加饭酒、善酿酒等同样采用此方法。传统绍兴酒需在每年低温的冬季酿造，发酵周期长达 70～90 天。按照传统生产惯例，每年于小雪节气（公历 11 月 22 日）开始浸米，大雪节气（公历 12 月 7 日）蒸饭发酵，至立春节气（翌年公历 2 月 4 日）停止蒸饭酿造。随着时代发展，绍兴酒开酿时间提前至每年的立冬节气（公历 11 月 7 日或 8 日）开始投料，即投料开酿。

① 配料

元红酒配料如表 5-5 所示。

表 5-5　元红酒配料表（每缸用量）

名称	用量/kg	名称	用量/kg
糯米	144	米浆水	84
麦曲	22.5	酿造水	112
酒母	5～8		

注：每缸按 500L 计。

② 工艺流程

元红酒生产工艺如图 5-3 所示。

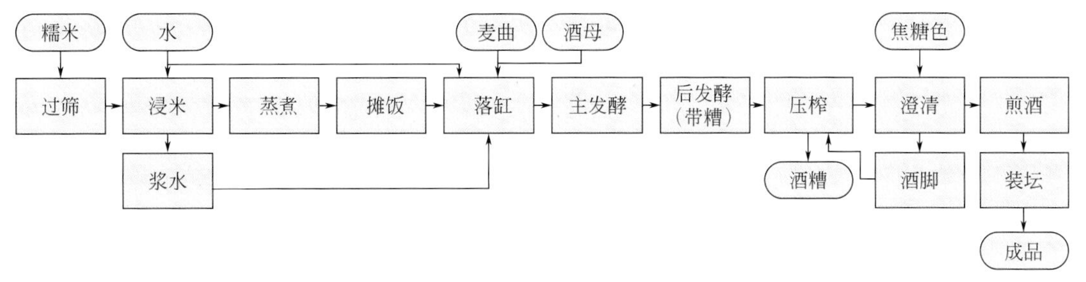

图 5-3 元红酒生产工艺

③ 操作方法

a.浸米及浆水制备

(a) 浸米的目的 浸米是黄酒生产过程中一个相当重要的环节，浸米质量好坏，直接关系到蒸饭质量，影响成品酒质。浸米时间长达 16～26 天。浸米的目的：一是为了使大米吸水膨胀，便于蒸饭，确保米的糊化效果；二是为了使米酸化，利用浆水酸度来抑制杂菌生长，达到“以酸制酸”的目的。同时，浸米过程产生的氨基酸、有机酸等物质会进入酒醪，可增加酒的风味。黄酒发酵是从米心开始的，由内而外进行发酵，故浸米时，米的中心也要酸化。此外，米浆水可作为酿酒的一种配料回收利用。

(b) 操作过程 每缸浸米 288kg，浸米水高出米层 6cm，浸泡数天后，水面生成出白色的菌膜，且有小气泡不断冒出液面，要用竹篾片将菌膜去除，或者用水冲出缸外。浸米以手捏米粒能成粉状为度。如在浸米期间发现浆水发黏、发臭、发稠等情况，则用清水淋洗浸米。

米浆水要在蒸煮前一天取用。一般有两种方法：一种方法叫“捞米操作法”，是将浸渍米用捞斗捞在竹箩内沥干，以备蒸煮，操作相对容易；另一种方法是“抽米操作法”，先将缸面脏物捞尽，用木棒将米撬松，然后用一大小头的圆柱形木筒（俗称“米抽”）慢慢摇动插入米层中，并立即用勺挖出米抽内的米，汲取浆水，至下层米实处，将米抽向上提起再插下，并及时汲取浆水，这一操作要求愈快愈好，达到“浆不带米，米不俗浆”，并注意避免米粒破碎，汲出的浆水再用清水稀释和澄清后，取上清液应用。对比以上两种方法，以后者为好，因为捞米容易使米破碎和带稠浆，会影响蒸煮品质。

传统黄酒手工工艺用瓦缸浸米，存在占地面积大、劳动强度大等问题，目前也有酒厂逐步使用大容积的浸米池或浸米罐浸米，有效减轻了工人劳动强度，节约了生产场地。其中，浸米罐设备有两种。一种是目前大多数工艺中采用的敞口式矮胖形的圆筒锥底不锈钢或碳钢罐，设有溢流口、筛网、排水口及排米口等部分。大多数厂家使用不锈钢材质浸米罐，相对于碳钢罐，虽然一次性投资较大，但节省了维护费用，而且安全卫生。另外一种为密闭式的浸米罐，它专门应用于乳酸菌直投剂浸米，菌种直接投入罐内与米水混合浸泡。密闭罐内物料不与外界空气接触，形成一定的厌氧环境，这有利于乳酸菌的快速繁殖生长，缩短浸米过程。如图 5-4 所示分别为浸米缸和浸米罐。

(c) 浸米期间的变化 浸米过程中大米中的某些成分会在微生物作用下分解进入到浆水中。检测发现，浆水中含有蛋白质、氨基酸、有机酸、淀粉、糖类、脂肪等多种物质。浸米结束后，浆水中的固形物含量高达 3.3%，而糯米淀粉损失率达 4.5%～5.3%。

米浆水成分较为复杂，其中所含氨基酸、乳酸对促进酵母菌繁殖有利。米浆水中所含的

(a)

(b)

图 5-4 浸米缸（a）与浸米罐（b）

受热易变性物质，如多种维生素、生物素则是酵母增殖的重要物质，还有一些其他有用成分，参与黄酒糖化、发酵、陈化全过程，对黄酒独特风格的形成也有一定影响。另外，检测发现米浆水中 COD 含量达到 30000mg/L，大量的米浆废水会给污水处理带来较大压力。如表 5-6 为某酒厂浸米浆水中的主要物质成分。

表 5-6 某酒厂浸米浆水中的主要物质成分

检测项	数量/(g/L)	检测项	数量/(g/L)
总酸	11.5	粗蛋白	22.2
乳酸	11.0	氨基酸	3.1
乙酸	1.8	BOD	18
总糖	0.85	COD	30

b. 蒸煮

用米抽沥去浆水，将糯米取出盛入竹箩内，称重均匀，每缸米平均分装至 4 个木甑内蒸煮，每两甑的原料投入 1 个缸内发酵。蒸煮操作与淋饭酒相同。

c. 摊饭

将蒸熟的米饭抬至室外的竹簟上，每张竹簟共摊两甑米饭。在倒饭之前，先在竹簟上撒少量水，防止米饭粘在上面。用木楫摊开，并翻动拌碎，使饭温迅速下降，达到落缸品温要求。气温与摊饭后温度的关系如表 5-7 所示。

表 5-7 气温与摊饭后温度的关系

气温/℃	0～5	6～10	11～15
摊饭后品温/℃	75～80	65～75	50～65

d. 落缸

落缸前一天，预先将洁净的鉴湖水 112kg 放于发酵缸内。落缸时，将蒸熟的米饭分两批次投入缸中。投入第 1 批次米饭后，用木楫搅拌饭团，第 2 批饭落料时依次加入麦曲、酒母，最后加入浆水 84kg，充分搅拌。落缸温度根据气温灵活掌握，其关系如表 5-8 所示。

表 5-8 气温与落缸温度的关系

气温/℃	0～5	6～10	11～15	16～20	20 以上
品温/℃	25～26	24～25	23～24	24～25	尽可能接近 24

e. 主发酵

一般落缸后 8～12h 醪液中酵母便开始大量繁殖（醪液中酵母数达到约 5×10^8CFU/mL，基本可以保证发酵的正常进行），进入主发酵阶段，开始酒精发酵。由于酵母的发酵作用，醪液品温迅速上升到 28～32℃，一般测量品温以饭面往下 15～20cm 的缸心温度为依据。瓦缸中可听见发酵响声，酵母产气会上升至液面破裂，一般此时用木耙进行搅拌，俗称“开耙”。开耙的主要目的为降温以及给酵母通入新鲜空气。传统黄酒手工工艺开耙凭工人的经验操作，开耙操作对于酿酒过程的控制十分重要，开耙时机要准确把握，太早或太晚都不利于发酵的正常进行。高温耙的温度较高时（头耙温度 35℃以上），酵母容易衰老，发酵能力会较快减弱，酿成的酒口味较甜，俗称“热作酒”；低温耙的品温一般比较低，发酵较为完全，酿成的酒甜味少而酒糟含量高，俗称“冷作酒”。

开头耙后，品温显著下降，其幅度约为 4～8℃，此后，各次开耙的品温缓慢下降。但实际操作中，并非一定完全按照规定的温度和时间开耙，而是根据气温的变化、米质软硬及糖化发酵剂的活力，灵活应变，确保发酵正常进行。开高温耙时，头耙、二耙可视品温高低进行，三耙、四耙则要结合感官检查，判断酒醪发酵的成熟度，及时捣耙和裁减保温物，才能保证发酵的正常进行。四耙以后，每天捣耙 2～3 次，直至接近室温。开耙可增加酒醪中的氧气，增强酵母活力，抑制杂菌生长，但应注意减少酒精的挥发。

f. 后发酵（带糟）

在落缸 5～7 天后，酒醪下沉，发酵缓慢，主发酵阶段结束。将酒醪拌匀后分盛于酒坛中进行后发酵，又称为“带糟”，每缸酒醪可分装 16～18 坛，每坛 23kg 左右，堆放于室外。坛子可堆 3 层，下面两层酒坛不加任何覆盖物，最上面酒坛的坛口须用荷叶或草纸覆盖，放于室外发酵。如图 5-5 所示为后发酵过程。

图 5-5 后发酵（带糟）

g. 压榨、澄清、杀菌（煎酒）

发酵结束后，对酒醪进行固液分离，清酒依次经过滤、杀菌（又称煎酒）后储存。此部分工艺详见 5.2～5.7 节。

（3）加饭酒

加饭酒实质上是以元红酒生产工艺为基础，在配料中增加了米饭量，进一步提高工艺操作要求酿制而成的。

① 原料配方

加饭酒配料如表 5-9 所示。

表 5-9 加饭酒配料表（每缸用量）

名称	用量/kg	名称	用量/kg
糯米	144	米浆水	50
麦曲	25	酿造水	68.6
淋饭酒母	8～10	50%vol 糟烧	5

注：每缸按 500L 计。

② 工艺流程

加饭酒生产工艺如图 5-6 所示。

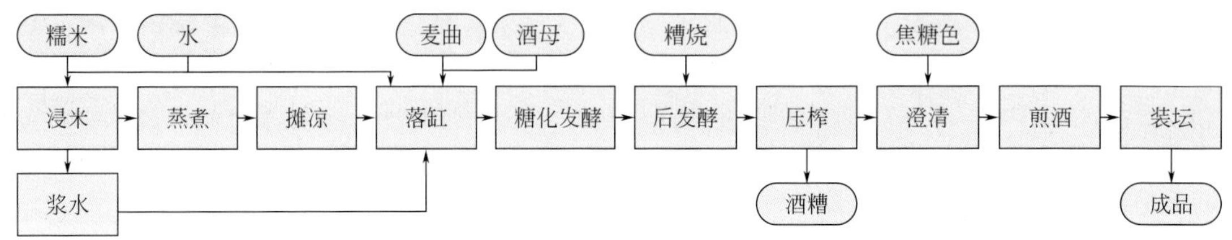

图 5-6 加饭酒生产工艺

③ 操作方法

操作基本与元红酒相同，以下仅作简单说明。

a. 落缸

根据气温将落缸品温控制在 26～28℃，并及时做好酒缸的保温工作，防止升温或降温过快。

b. 糖化、发酵及开耙

物料落缸后，曲中的糖化酶开始糖化，酵母开始繁殖，此时温度上升缓慢，应注意保温。一般缸口盖以草编缸盖，缸壁用草包围起，然后再覆上尼龙薄膜进行保温。注意关好门窗，以免冷空气侵入，影响缸内物料的升温。由于绍兴加饭酒的物料浓度较高，水分较少，一般经 6～8h，要用木楫松动缸内物料，一方面可以调节温度，均匀物料，更重要的是可给以一定的新鲜空气，以加快升温。经 12～16h，品温上升至 35℃左右物料进入主发酵阶段，便可开头耙，一般头耙温度为 35～37℃，因缸中心与缸底的酒醅温度相差较大，开耙后缸中品温会下降 5～10℃，这时仍需保温。

头耙后大约间隔 4h 开二耙，二耙品温一般不超过 33.5℃，并根据品温渐渐去掉保温物，以后根据缸面酒醅的厚薄、品温情况及时开三耙、四耙，通常情况下四耙以后品温逐渐下降，主发酵基本完成。为提高酵母活力，每天搅拌 3～4 次，通入新鲜空气，5～7 天以后灌入容积为 25L 的陶坛进行后发酵。后发酵灌坛前要加入陈年糟烧，以增加香味，控制发酵程度，保留一定糖分，提高酒精度，保证后发酵 80～100 天时间的正常发酵。为保证后发酵养醅发酵的均匀一致，堆放室外的陶坛应注意适当调整向阳和背阴。

(4) 善酿酒

善酿酒属于半甜型黄酒，酿造时以陈年干黄酒代水落料，使酒醪开始发酵时，就已经存在较高的酒精度，从而抑制酵母菌的生长繁殖速度，减缓发酵，造成酒醪发酵不彻底，发酵结束时酒体中存在较高的糖分。

① 原料配方

善酿酒配料如表 5-10 所示。

表 5-10 善酿酒配料表（每缸用量）

名称	用量/kg	名称	用量/kg
糯米	144	米浆水	50
麦曲	25	陈元红	100
淋饭酒母	15		

注：每缸按 500L 计。

② 操作方法

善酿酒的操作与元红酒基本相同。

原料糯米浸泡 20 天左右，汲取酸浆水，处理备用。湿米经冲洗、沥干、蒸熟、摊凉后，与麦曲、淋饭酒母、陈元红酒等同时投入已盛有浆水的酿缸中。由于落缸时存在 6%vol 的酒精度，酵母生长会受到抑制，因此，落缸时的品温可以适当提高 2～3℃，并注意保温。

落缸 40h 后，醪液温度逐渐升高到 35℃，即可进行第 1 次开耙，开头耙后温度一般可降到 30℃左右，此时酒精度可达 10%vol 左右，糖度在 70g/L，酸度在 6g/L 以下（以琥珀酸计，下同）。

经过 10h 后，品温又上升，可开二耙搅拌，以后开三耙、四耙。主发酵结束后，醪液温度可降至 20℃，酒精度升至 13%vol～14%vol，糖分维持在 70g/L，酸度在 6g/L 以下。经过 4 天左右主发酵，可把酒醪分散至酒坛中缓慢发酵，时间长达 3 个月，直至成熟压滤出酒。在整个发酵过程中糖度始终保持在 70g/L 左右，酒精成分增加缓慢。因醪液黏稠，压滤速度较慢。酒液澄清后，消毒灭菌灌装，入库贮存数月，可作为成品出售。

（5）香雪酒

香雪酒属于甜型黄酒，一般采用淋饭法制作。当原料糖化至一定程度时，加入酒精度为 40%vol～50%vol 的糟烧酒，抑制酵母发酵，保持酒醪中较高的糖含量。由于该类酒生产时，糖度、酒精度均很高，不易被杂菌污染，故不受季节限制，一般安排在夏季生产。

① 原料配方

香雪酒配料如表 5-11 所示。

表 5-11 香雪酒配料表（每缸用量）

名称	用量/kg	名称	用量/kg
糯米	100	50%vol 糟烧	100
麦曲	10	酒药	0.2～0.25

注：每缸按 500L 计。

② 工艺流程

香雪酒生产工艺如图 5-7 所示。

③ 操作方法

a. 浸米、蒸饭

与淋饭酒母相同。

b. 窝曲、投酒

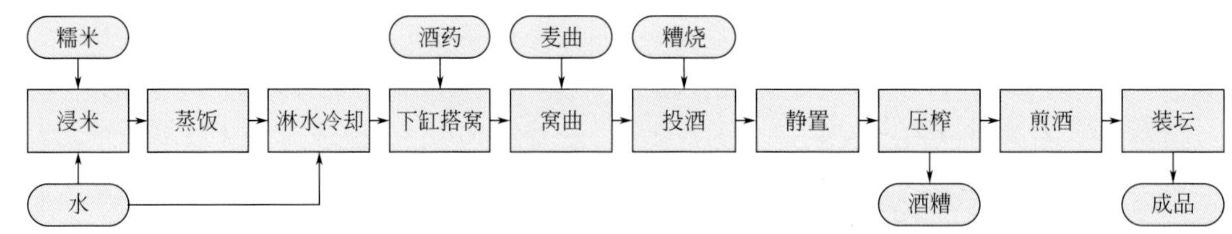

图 5-7 香雪酒生产工艺

窝曲的作用，一方面是补充酶量，有利于淀粉的液化和糖化；另一方面是赋予麦曲特有的色、香、味。窝曲过程中，酒醅中的酵母大量繁殖并继续进行酒精发酵，消耗糖分。所以，窝曲后，糖化作用达到一定程度时，加入糟烧以提高酒精含量，抑制酵母的发酵作用。一般当酒窝中满至九分，窝中糖液味鲜甜时，投入麦曲，并充分搅拌，继续保温糖化，经12～14h，酒醅固体部分向上浮起，形成酵盖，其下面积聚醅液约 15cm 高度时，便投入糟烧，充分搅拌均匀，加盖静置。

c. 静置、压榨、煎酒

加糟烧后的酒醅，经过 1 天静置，即可灌坛养醅。灌坛时，用耙将缸中的酒醅充分捣匀，使灌坛固液均匀，灌坛后坛口包扎好荷叶箬壳。3～4 坛为 1 列堆于室内，最上层坛口封上少量湿泥，以减少酒精挥发。如用缸封存，则加入糟烧后每隔 2～3 天捣醅 1 次，捣拌2～3 次后，便可用洁净的空缸覆盖，两缸口衔接处用荷叶衬垫，并用盐卤拌泥封口。

香雪酒的堆放养醅时间长达 3～5 个月，期间酒精含量会稍有下降，主要由于挥发所致，而酸度及糖分仍逐渐升高，糖化作用仍在缓慢进行。

经过长时间的堆放养醅，各项指标达到规定标准后，便可进行压榨。香雪酒煎酒后胶体物质发生凝结沉淀，酒体则澄清透明。

5.1.1.2 浙江绍兴地区传统黄酒机械化酿造工艺

传统黄酒机械化酿造工艺是在总结与提高传统黄酒手工工艺基础上创新发展而来的。它的基本特点是，大罐浸米、蒸饭机蒸饭、大罐发酵、压榨机或离心分离酒糟、过滤机滤酒、板式换热器灭菌、大罐储酒、灌装包装自动化等。同时，随着科技发展，传统黄酒机械化工艺逐步向自动化、智能化酿造方向升级。其他地区的传统黄酒机械化工艺也与此工艺大致相近，不再分别详述。

(1) 生产工艺流程

浙江绍兴地区传统黄酒机械化工艺如图 5-8 所示。

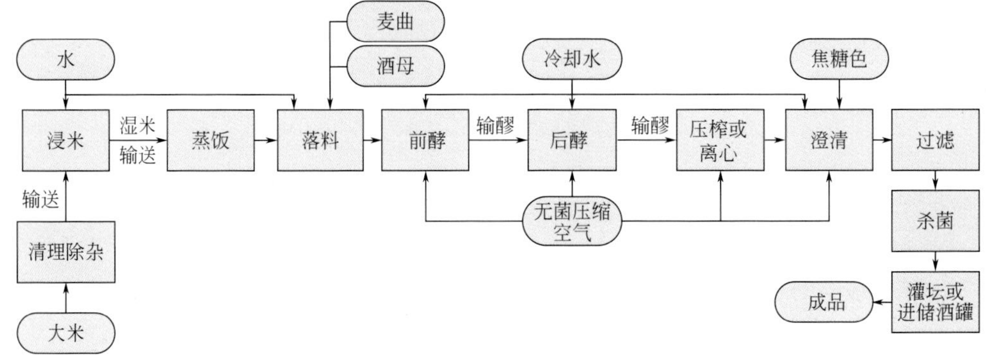

图 5-8 浙江绍兴地区传统黄酒机械化工艺

（2）操作说明

① 浸米

大米首先要经过振动筛清理，除杂、除尘，然后再输送至浸米罐。进入浸米罐一般有两种方式：一是由斗式提升机提升至中间罐，同时向中间罐中投入浸米水，将米水混合后（米与水的比例一般为 1∶1），用泵输送至每个浸米罐；另一种方式为，将大米提升至暂存仓后，用气流输送至每个浸米罐。

彩图 5-9

浸米车间室温控制在 20～25℃，浸米水温控制在 20～23℃，浸米 4～5 天，即能达到浸米工艺要求。米浆水酸度达到 7g/L 以上。如图 5-9 所示为浸米过程。

(a) 浸泡第1天

(b) 浸泡第2天

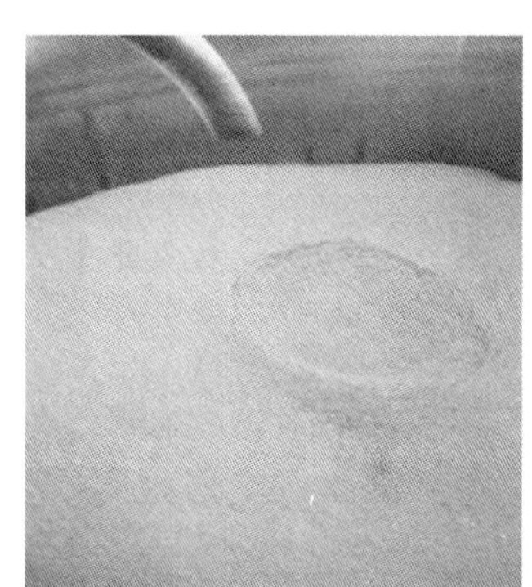

(c) 浸泡好的糯米状态

图 5-9 浸米过程

此外，需要指出的是，不同种类大米在浸米工艺过程中变化趋势不同。例如，粳糯米在浸米过程中米浆水的总酸、氨基酸等增加速度，要高于粳米和籼米的。此外，米吸水速度的快慢也与米的品质有关，糯米比粳米、籼米快；大粒米、软粒米、精白度高的米，吸水速度快，吸水率高。因此，不同品种原料大米的浸米工艺参数要有所区分。

浸米过程中存在多种微生物，以乳酸菌为最优势微生物，其中部分乳酸菌会代谢产生对人体有害的生物胺类物质，它会进入到发酵醪液中，从而影响了最终产品的安全品质。

随着科技进步，黄酒浸米工艺不断升级优化。江南大学传统酿造食品研究中心——毛健教授团队研发了一种专利技术，该技术将从黄酒酿造环节中筛选的不产生物胺的乳酸菌（植物乳杆菌）应用于浸米工艺，不但可以缩短浸米时间（浸泡 1～2 天即可达到浸米要求），还能显著降低浸米环节产生的生物胺，从而降低了最终产品中生物胺的含量，提升了产品品质；另外，浸米水还可以循环使用，实现米浆水重复利用无排放，能够达到生产节能减排的目的。

②蒸饭、冷饭、落料

在蒸饭操作的前一天晚上提前放掉浸米罐中的浸米水，沥干湿米中的水分。蒸饭开始时，浸渍过的大米通过浸米罐底部的皮带输送至蒸饭机进料口，通过米层高度调节板控制米层的厚度为 20～25cm，由不锈钢网带缓慢向前方移引，各蒸汽室输出的蒸汽将网带上的米蒸熟成米饭，网带移引的时间为 20～33min，大多 25min 左右；蒸汽压力一般为 0.2～0.6MPa，视蒸饭质量而定。在蒸饭段的近中部处一般设有喷淋热水装置，以便在蒸非糯米原料（如粳米等）时追加热水喷淋，通过两次或多次喷水，促使饭粒达到蒸熟的效果。在实际生产中，需根据不同原料、浸渍后的米质状况灵活调节蒸饭机的汽室进汽量大小，若米质松软，则适当减少进汽量，反之增加。

饭蒸熟后进入冷饭机冷却，有水冷和风冷两种方式。水冷法冷却速度快，但会造成米饭中可溶性物质的流失；风冷法可以减少不必要的损耗，同时可最大限度地保留米饭的酸度。应注意的是风冷后的饭易变硬，在落罐前要充分搅碎，避免产生大饭块，影响输送和发酵。米饭与曲、水、酒母要混合均匀后再投入发酵罐，进入发酵罐的方式一般有两种：一是利用楼层高差，通过溜管将物料从高处落入发酵罐；二是采用螺杆输送泵将物料输送至发酵罐中。落罐温度应根据气温高低灵活调节掌握，一般落罐温度控制在24～28℃。

在实际生产时，尤其是当外界气温较高时，风冷后米饭温度会比较高（65℃以上），常温投料水要先由循环冰水降低温度后再与米饭混合，才能达到落料温度要求。

③ 前发酵

采用大罐发酵，发酵罐落料后约10～14h温度上升到30℃左右，从发酵罐底部通入无菌压缩空气开头耙，以后每隔4～6h开耙1次，每次开耙通气时间约10min，通过冷却水降温，控制最高发酵温度不超过33℃。另外，由于发酵罐体内上下存在温差，会出现对流现象，且发酵过程会产生大量二氧化碳气体，由下而上排出，造成醪液上下自动翻滚，因此，在发酵旺盛期，醪液也可以“自动开耙”。

根据大罐发酵经验，每次开耙操作的温度为：头耙温度在30℃左右，二耙温度在32℃左右，三耙在31℃，四耙在30℃，五耙在28℃左右，六耙在26℃左右，七耙在25℃左右，八耙在23℃左右，九耙在21℃左右，十耙在20℃左右。发酵4天后将醪液冷却至16℃，进入后发酵阶段，温度控制在14℃±2℃。前发酵时间一般为4～5天。

④ 后发酵

前发酵结束后，用泵将酒醪输送至后发酵罐进行后发酵（也可采用一罐到底的工艺，即前、后发酵全部在1个罐里进行）。酒醪在较低温度（14℃±2℃）下，继续进行缓慢的发酵作用，生成更多的酒精和风味物质，酒体更加协调。后发酵前期每天至少要开耙1次，通入一定量的新鲜空气，保持酵母的活力，使酒体逐渐丰满协调，后期应静置。经过长时间的后酵，酒醪渐趋成熟，风味质量已达生产要求。上部酒液清净，后酵罐口有黄酒特有的清香，且香味浓郁。生产中根据季节变化和酒醪成熟情况判断酒糟分离（压榨）时机。后发酵时间一般为1个月左右。

目前，机械化工艺的发酵过程已经实现智能化控制，控制系统能够根据工艺要求实现自动开耙、自动控温等操作。

⑤ 后处理

酒醪的后处理工艺详见5.2～5.7节。

⑥ 黄酒酿造自动化与智能化

目前，黄酒机械化酿造生产逐步实现自动化和智能化。例如，通过计算机控制程序实现发酵过程的自动开耙与降温。另外，还有些新的设备逐步涌现，例如自动化麦曲生产线、黄酒智能发酵槽、自动勾调系统等。未来随着产业技术装备水平的提升，黄酒生产会越来越智能化，产品品质会越来越稳定，风味品质和健康功能会得到逐步提升。

5.1.2 上海地区黄酒酿造工艺

上海地区黄酒的产品种类有甲黄酒、米酒、加饭酒、特加饭酒、精酿酒等，采用机械化酿造工艺生产。

主要操作说明如下：

(1) 浸米

浸米时间：1～3天，具体视米质而定。

浸米温度：15～25℃。

浸米程度：米的颗粒保持完整，用手指捏米粒又能呈粉状为度。

(2) 蒸饭

采用卧式蒸饭机蒸饭，调节好各汽室蒸汽压力，确保米粒蒸熟。蒸熟米饭的含水率控制在40.0%～44.0%。

(3) 发酵

将米饭、水、酒母、麦曲（爆麦曲、生麦曲等）配料准确，落入发酵罐。落罐品温：甲黄、加饭和精酿等非甜酒类控制在24～28℃；香雪等甜酒类控制在34～38℃。前发酵品温：甲黄、加饭和精酿等非甜酒类控制在33℃以下；香雪等甜酒类控制在38℃以下。后发酵品温：控制在15～25℃。

(4) 压榨

采用板框压滤机压榨，使酒醪固液分离。

(5) 煎酒入坛

① 煎酒入小坛

a. 空坛洗净后倒置在杀菌架上用蒸汽杀菌，加热至坛底烫手；

b. 用薄板换热器进行煎酒杀菌，酒温控制在84～88℃；

c. 及时封口包扎，在坛壁上标上品名、年份、批次；

d. 根据产品要求确定陈贮期限。

② 煎酒入大坛

a. 空坛集中后用清水清洗干净，除去余水；

b. 用酒精度75%vol左右的酒汗对大坛内壁消毒5～10min；

c. 用薄板换热器进行煎酒杀菌，酒温应控制在84～88℃；

d. 及时封口包扎，盖上坛盖，在大坛外壁标记产品名称、生产批次。

5.1.3 江苏地区黄酒酿造工艺

5.1.3.1 张家港地区黄酒

张家港地区黄酒采用优质大米，经过麦曲和酒药糖化发酵而成。主要工艺技术特点如下：

① 采用"前槽（厢）后罐"的发酵技术，即前发酵使用槽（厢）式设备，后发酵采用发酵罐。以传统黄酒手工工艺为基础，成功研发黄酒大容量厢式发酵工艺和设备。设备安全卫生，经久耐用，易于清洗，提高生产效率70%以上。

② 应用黄酒大罐陈酿，逐步替代传统陶坛陈酿，并用自动控制技术及微机管理实现对

储存罐温度和液位的实时监控，使黄酒基酒质量更加稳定。

③ 应用热灌装工艺进行黄酒灌装生产，经过冷冻、沉淀、过滤后的黄酒清酒杀菌后通过管路输送进行灌装封盖，节约能源，并确保产品品质如一。

5.1.3.2 镇江丹阳地区封缸酒

丹阳地区封缸酒采用精白糯米为原料，经酒曲糖化，加入由本工艺酒糟蒸馏所得的白酒，封存于缸中发酵而成。因封存缸中的时间长达四五年之久，故名陈年封缸酒。

丹阳封缸酒酿造工艺如图 5-10 所示，操作过程如下。

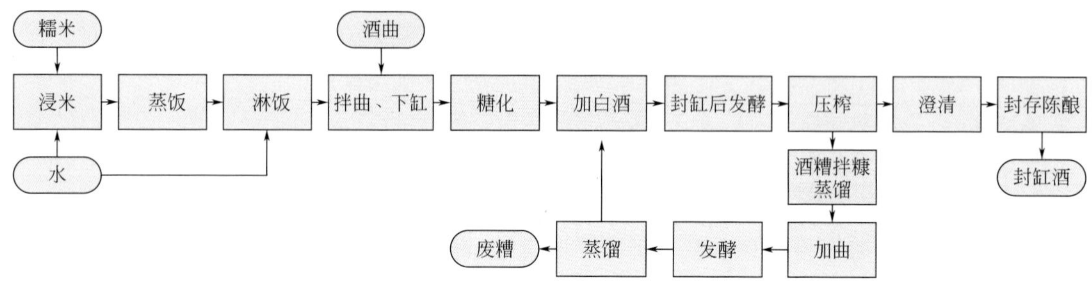

图 5-10　丹阳封缸酒酿造工艺

（1）浸米

原料大米浸泡 3～10h，具体时间视气温而定，气温高浸泡时间短，反之则长。

（2）蒸饭

浸泡好的大米，沥干后进入蒸饭机蒸饭，要求熟而不烂，内无生心。

（3）淋饭、拌曲

用冷水淋饭降温，一般冬春季淋至品温比水温略高即可；夏秋季节，尽量淋至与水温相同。将粉碎后的酒曲按比例撒于淋过的米饭上面，耙均匀后，装入中转桶中，送入陶缸中发酵。

（4）下缸、糖化

饭落缸后，扒匀，在中间扒窝，放入插箩。糖化发酵 24～40h（视气温而定），每缸（50kg 大米）加入酒精浓度为 50%的白酒 45kg，盖好缸盖。第 3 天翻一次醪液，7 天后封缸贮存。

（5）封缸后发酵

封缸时把木制缸盖盖好，用皮纸密封缸口，带糟发酵 6 个月左右，即可压榨。

（6）陈酿

压榨出来的清酒，继续在陶缸中封存 3～5 年，即为陈年封缸酒。

5.1.4 福建地区红曲酒酿造工艺

福建地区红曲酒采用传统的独特酿制工艺，选用上等糯米，以古田红曲和多味名贵中药调制的药白曲为糖化发酵剂，利用天然气候，低温长时间发酵，培养其风味，冬酿春成，经压榨、杀菌后，酒液入坛密封陈酿 3～5 年，最后形成独特的产品风格。

5.1.4.1 传统红曲酒手工工艺

（1）酿酒及制曲原料

① 糯米

选用上等糯米。

② 红曲

a.外观标准

面色：紫红色，大多数成断粒，但不碎。

纯度：面色均匀一致，没有夹杂色。

内心：以手捻成粉末，呈红色，略带紫红，不能有灰红色，无白色小粒（白砂粒）。

b.单位体积质量标准

古田制曲厂标准斗：每斗曲重2.07～2.5kg（每50kg米的出曲率为50%左右）。

③ 药白曲

曲粒菌丝丰满、洁白，内心纯白、无杂色，用手捏之轻松、有弹性，尝之微甜、稍带苦，具有曲香味，以秋制品为佳。

（2）生产过程

① 浸米

浸米时间随季节而变，春天浸泡8～12h，夏天浸泡5～6h，以米粒透心、手指能捏碎为好。

② 洗米

用清水洗米，以流出的水不浑浊为止，湿米沥干15min以上。

③ 蒸饭

蒸饭要求熟而不烂，内无白心。

④ 摊饭、冷却

将蒸好的米饭置于饭床（或竹簟）上，用木掀摊开，随时翻动，并用电扇或鼓风机冷却。

⑤ 下坛拌曲

下坛前将坛洗刷干净，然后用蒸汽灭菌，冷却后盛入清水，再投入红曲，浸泡7～8h备用。将摊晾冷却的米饭灌入酒坛中，随后加入白曲粉，搅拌均匀，上面再铺一层红曲，用纸包扎坛口。一般下坛拌曲后的品温应控制在24～26℃。

⑥ 前发酵

一般在下坛后24h，发酵开始升温，72h达到旺盛期，品温最高，要注意开耙，不得超过35～36℃，之后品温逐渐下降，7～8天后接近室温，此阶段称为前（主）发酵期。

⑦ 后发酵

醪面糟皮薄，用手摸发软，或醪中发出刺鼻酒香，或口尝略带辣、甜，或醪面中间下陷、出现裂缝，出现以上情况时即需进行搅拌。经90～120天发酵，酒醪成熟，即可进入压榨工序。

5.1.4.2 传统红曲酒机械化工艺

红曲酒也实现了机械化工艺生产，主要生产工艺流程如图5-11所示。

其主要工艺特点为：

（1）采用“单罐法”发酵工艺

单罐法是指前发酵和后发酵在同一个大罐内完成，省去前发酵输送到后发酵的倒罐工序，减少了杂菌中间污染机会，降低酒损，保证质量的稳定。“单罐法”有利于节能降耗，省去倒罐工序，减少倒罐时酒损，有利于控制发酵醪温度，避免重新发酵升温，前、后发酵期在同一罐不分开，可以简化厂房结构，只需一间发酵车间或建成露天发酵罐，减少技改投

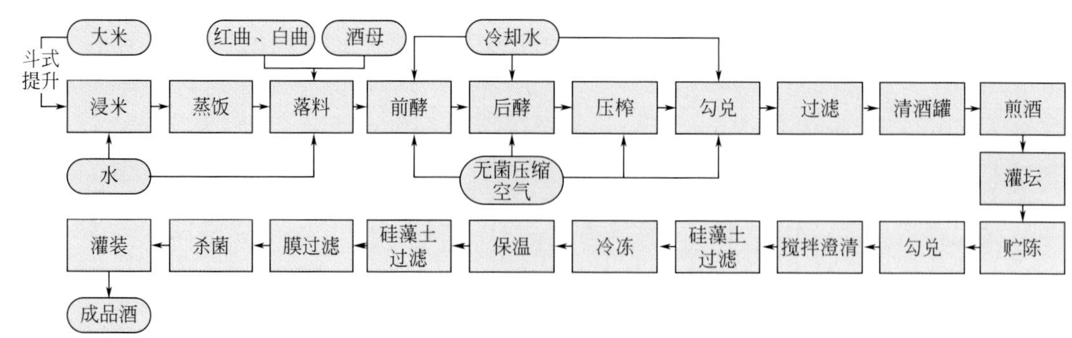

图 5-11 红曲酒机械化酿造工艺

资的土建费用。

(2) 强化药白曲制备

制备发酵力强、糖化速度快、酸度低、保持传统药白曲风味的强化药白曲是生产半甜型红曲黄酒的关键技术之一。强化药白曲的制备方法在于改变：①筛选酵母，添加酵母液制曲，增加强化药白曲发酵力；②以增加曲母粉接种量，保持强化药白曲根霉、毛霉、细菌等自然微生物群落结构；③简化中药材的添加种类和数量，优化中药材之间添加比例。

5.1.5 浙江温州地区乌衣红曲黄酒酿造工艺

乌衣红曲黄酒是以大米为原料、乌衣红曲为糖化发酵剂酿造的黄酒。主要分布在我国浙江温州、平阳和金华等地。乌衣红曲外观呈黑褐色，内呈暗红色，它是把黑曲霉、红曲霉和酵母等微生物混合培养在米粒上制成的一种糖化发酵剂。由于乌衣红曲兼有黑曲霉及红曲霉的优点，具有糖化力强、耐酸、耐高温的特点，所以，乌衣红曲黄酒的出酒率要高于其他各地黄酒。

传统的乌衣红曲黄酒主要采用手工工艺生产，近年来也有企业使用机械化生产工艺，其主要工艺过程如图 5-12 所示。

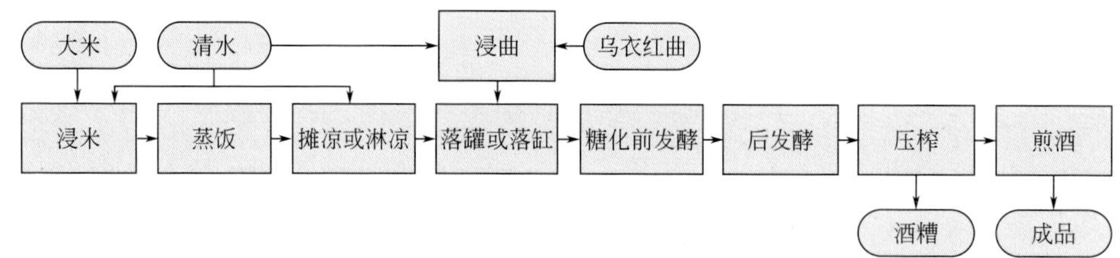

图 5-12 乌衣红曲酒酿造工艺

主要操作说明如下：

(1) 浸米

浸米操作与前所述类似。酿酒原料一般为粳米或籼米，浸米时间为 8～18h（视气温而定），浸泡后用清水淋洗，去掉表皮杂质后再蒸饭。

(2) 浸曲

将乌衣红曲在浸曲罐中进行浸泡处理，一般用 5 倍于曲重的清水浸泡，其目的是将曲中的各种酶系浸出，同时活化酵母。浸曲是工艺中的重要环节，关系到酒的质量和出酒率。浸好的标准有以下 5 个方面：①看温度，外观不同的乌衣红曲采用不同的水温，一般调节在 24～26℃；②看气泡，一般在 24h 左右为大泡，到 30h 左右转为小泡，40h 以上已看不出明显的气泡；③听声音，在 24h 声音最响，到 40h 以上声音很微小；④看化验，曲水酸度在 0.5～1g/L，酵母数在 5×10^7～9×10^7CFU/mL，芽生率在 10%～15%；⑤看发酵状态，12h 后升温到 30℃左右，酒醪为苦涩味，略带甜味，说明曲已浸好。

（3）蒸饭

浸泡好的米，先用清水进行淋洗，去除浆水，然后进入蒸饭机蒸饭。籼米蒸煮时，要淋入 20%左右的 60℃热水，出饭率 150%左右；糯米不需要淋水，出饭率一般为 145%。蒸饭过程中要淋入适量温水（一般为 40℃）。

（4）发酵

蒸熟的米饭冷却至 25℃左右与浸泡后的曲、投料水等混合后发酵，控制品温在 27～28℃，最高不超过 31℃。发酵过程中及时开耙、降温。前发酵时间 4～5 天。前发酵结束后进入后发酵，品温控制在 22～24℃，继续发酵 10 天左右，即可压榨出酒。

5.1.6　浙江嘉兴地区冬酿粳米黄酒酿造工艺

嘉兴地区冬酿粳米黄酒采用喂饭法操作。喂饭法是指在发酵过程中再次添加米饭发酵的工艺方法。

主要操作说明如下：

（1）浸米

米浸渍 14～18h 后捞起。

（2）蒸饭

捞起的浸米盛入竹箩内，用清水冲洗 3 次，沥干上甑蒸煮，待蒸汽全面透出饭面后，闷盖 4～5min，将饭甑抬下，连饭浸入水缸中浸泡 2～3min 取出，沥干，倒入另一空缸中，用木楫撬散饭粒，使吸水比较均匀，然后装入饭甑重新蒸煮至无白心为止。

（3）淋水

每甑 35.7kg 米，计用 100kg 淋水，根据室温回淋渗出的温淋水，下缸时品温要求在 25～27℃。

（4）搭窝

淋水完成后，米饭倾入瓦缸中，用手反复搓散饭块，拌入酒药粉末，搭成 U 字形圆窝，室温在 5～10℃，要求拌后品温 23～26℃为宜。然后用草席保温，每缸酒的原料米分成两缸搭窝。

（5）并缸

待甜酒液满窝后，经 60～70h，将两缸合并为一缸，同时加入扣去浸米、蒸饭、淋水等操作的吸水量的河水。

（6）喂饭

并缸放水后，经 27～28h，进行喂饭，将摊在竹簟上冷却的饭倾入发酵缸中，立即用木耙充分搅匀，品温在 24～26℃。

（7）搅拌

室温在 5～10℃时，自喂饭后相隔 20～22h 即需用木耙搅拌，开耙品温控制要求如表 5-12 所示。

表 5-12 嘉兴地区冬酿粳米黄酒开耙品温控制要求

开耙次序	喂饭后相隔时间/h	品温/℃	开耙次序	喂饭后相隔时间/h	品温/℃
1	20～22	27～29	3	54～56	18～20
2	32～34	24～26	4	76～80	11～14

(8) 配糟

第四耙后，品温逐渐下降接近室温，从此时起便应少开耙，加入 12% 的麦曲及 10% 的糟。

(9) 灌坛

喂饭后 8～10 天，将其灌入酒坛中，因冬季室温较冷，可堆放在阳光下进行后发酵作用。

(10) 压榨、煎酒、成品

经过 80～90 天可榨酒，操作与其他黄酒相同。

5.1.7 山东地区即墨老酒酿造工艺

5.1.7.1 传统即墨老酒酿造工艺

(1) 工艺流程

① 参考配方

黍米∶水∶麦曲：酵母＝47.5∶95∶7.5∶0.7。

② 酿造工艺

传统即墨老酒酿造工艺如图 5-13 所示。

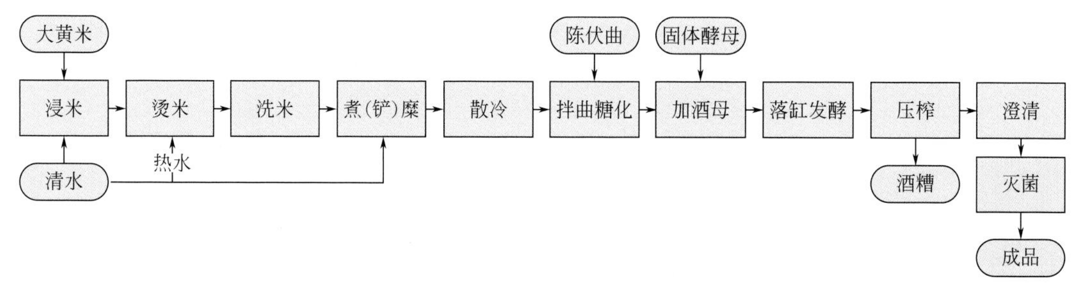

图 5-13 传统即墨老酒酿造工艺

(2) 工艺技术要求

① 浸米、烫米

原料为黍米（大黄米），最好选用大粒黑脐的黄色黍米（俗称龙眼黍米），蒸煮时容易糊化。

浸米前将浸米缸用清水冲洗干净，称取大黄米 95kg 倒入浸米缸，同时注入适量清水（水至少没过大黄米 15cm 以上），用木制糜匙搅拌洗涤，然后用笊篱将漂浮在水面的米糠等杂质捞出。

浸米 24h 后，将另一口缸中注入约半缸清水，用蒸汽加热至 70～75℃，然后将浸好的米用笊篱捞入热水缸中，并用木制糜匙快速搅拌进行烫米，静置 24h 后进行洗米煮糜。

烫米的原因及作用是：由于黍米的外壳较厚，颗粒较小，单纯靠浸渍，不易使黍米充分吸水，会给糊化造成困难。通过烫米，使黍米外壳软化裂开吸水，颗粒松散，以利糊化煮糜。

浸烫好米的质量要求是：米粒完整、酥而不烂、无团块、手拈无硬心。

每次浸烫米结束使用完浸米缸后，必须用清水洗净浸米缸再次浸米，清洁现场卫生。

② 洗米

a. 洗米前的准备工作

将洗米斗刷干净，使流水顺畅。

b. 洗米操作

将浸好的米捞入洗米斗中，每缸米平均分两斗，用清水冲洗并用锨翻动至无浑浊水流出为止。将流入淌水槽中的米捡回，重新冲洗使用。

c. 洗米后的工作

刷净浸米缸，清理现场卫生。

③ 煮糜

煮熟的黍米俗称“糜”，因此这一操作称为煮糜。

a. 煮糜前的准备工作

将出糜斗洗刷干净并用热水杀菌，检查大锅是否完好无损、干净，引风机是否运转正常。

b. 煮糜操作

将锅中先加入清水 95kg 左右（一般每 1kg 干黄米加 2kg 水），待开锅时加入洗好的米（每锅 1 斗，约 63kg 湿米，原为 47.5kg 干黄米）。米入锅后用铲不断翻动铲锅，将要连浆时关闭鼓风机、减慢火力，防止米溅出锅外，连浆后再开启鼓风机加大火力。烧火时应根据前缓、中急、后慢的原则，铲锅频率随煮糜时间逐渐提高。当糜的色度接近 30 度时，关闭鼓风机、风闸，敞开炉门，并用炉渣覆盖着火面进行培火、焖糜。培火后应继续铲锅 5～8min，盖上锅盖焖糜 40min，煮糜的时间共计 2h 左右。焖糜结束即可出锅，每锅出糜数量为 92kg±2kg。

煮糜不仅使淀粉糊化，还使大黄米变色，产生独特的焦香味。煮好的糜质要求：呈红棕色，无生团，无积糜，外硬内软，熟而不烂。

出锅后进行糜的计量，并做好记录。

c. 煮糜后的工作

关掉水、电源；清理工具及现场卫生。

④ 拌曲糖化

a. 糖化前的准备工作

将所用锨、温度表、糜匙等用沸水杀菌。

检查糜案是否干净，用沸水冲刷干净。

称量好所需糖化用陈伏麦曲（已预先粉碎成粉状）。即墨老酒的糖化曲是采用小麦为原料制作的麦曲，呈块状，在夏天中伏天踏制，陈放 1 年以上，故又叫做陈伏曲。

b. 糖化

将煮好的糜，用出糜斗运至糜案旁，打开降温用电风扇，倒入糜案中，用糜匙摊开并不断翻拌，使其迅速降温。待品温降至 60℃±2℃时，加入 3.2kg 陈伏麦曲进行糖化（拌曲），

至曲均匀与糜结合时收堆进行保温糖化 20min。保温期间应进行 2 次翻拌。

保温结束后再次降温至 28～35℃（视季节、室温而定），加入自制固体酵母 0.7kg 拌匀后入发酵缸。

入缸前进行称重计量，并做好记录。

c. 糖化后的工作

糖化完之后，将糜案清理干净，所用器具洗刷干净。

⑤ 落缸发酵

a. 发酵前的准备工作

将发酵缸及耙子刷干净，并用沸水或蒸汽杀菌。

b. 发酵

发酵醪入缸 24h 后，品温比入缸时上升了 3℃左右，此时用木耙对发酵醪进行第 1 次搅拌，俗称“开头耙”，品温控制在 32～35℃。又经过 20～24h，品温上升至 35℃以上，进行“开二耙”，品温控制在 37～39℃。除按时打耙外，每天还应检查 1～2 次发酵情况，对发酵情况应做好记录。打耙要求：一般用木耙先打缸四周后中间，操作轻缓，防止醪液溅出。

室温应控制在 18～25℃，并根据天气变化情况开窗通风及适时使用保温衣，增强发酵缸保温性能。

入缸发酵第 7 天（包括第 7 天）发酵结束，7 天后（包括第 7 天）榨酒。

发酵室要求地面干净，墙壁及顶棚无霉斑，冬季要注意通风透气，利于二氧化碳气体溢出。

c. 发酵后的工作

清理好现场卫生。地面每周至少一次喷洒 3％的漂白粉溶液进行灭菌。

⑥ 后处理

发酵成熟的醪液依次经板框压榨、澄清、灭菌、灌坛工序，得到成品。

⑦ 质量指标

即墨老酒的质量指标如表 5-13 所示。

表 5-13 即墨老酒质量指标

等级 指标	浓度 /°Bé	酒精度 /%vol	总糖 /(g/L)	总酸 /(g/L)	氨基酸态氮 /(g/L)	pH 值	色度 /度
一级	≥8.5	≥12.0	≥105	≤6.8	≥0.30	3.5～4.5	≥3.0
感官	红褐色，清亮透明，不失光，酒香浓郁，无异味，具有即墨老酒的典型风格						

5.1.7.2 传统即墨老酒机械化酿造工艺

(1) 浸米、烫米

黍米浸泡后要进行热烫处理。具体流程为：向烫米罐中放入清水（约 2 倍投米量），然后用蒸汽加热至 40～50℃，浸泡好的米投入烫米罐中，烫完米水温控制在 35℃左右。浸米、烫米的时间均为 24h 以上，最多不超过 120h。烫米的质量要求：米粒完整、酥而不烂、无团块、手捻无硬心。

(2) 煮饭

煮饭的主要过程为，将浸泡后的黍米投入煮饭锅中，加入清水至水离锅沿 10～12cm，蒸煮时，烧火工要及时调整火力大小，掌握前缓、中急、后慢的原则，连浆时停鼓风机3～5min再开鼓风机，铲匀，开锅后方可出锅，整个蒸煮时间约1h。用锅铲铲锅的四周及底部，防止局部过热造成原料炭化。

(3) 糖化

糖化前的准备工作：用沸水将锨、温度表等杀菌处理，检查糜案是否干净，并用2%～4%漂白粉杀菌，然后用沸水冲洗干净。

称取每锅料需要的糖化酶和麦曲（用量5%～7%）。即墨老酒的糖化曲采用小麦为原料的生块曲，多在夏季伏天踏制，陈放1年以上，又称陈伏曲。

将蒸煮好的糜运至糖化间，摊开，打开风扇降温，至60℃，关闭风扇，加入麦曲和糖化酶，搅拌保温糖化时间不少于10min，然后打开风扇降温至入发酵槽的温度，一般为25～35℃。

(4) 发酵

向糖化醪中加入干米1%比例的固体酵母拌匀，入发酵槽，22～24h后开头耙，46～48h开二耙，整个发酵温度控制在30～40℃，48h后，发酵醪酸度（以乳酸计）≤6.7g/L，入罐70h后转入后发酵。后发酵为4天，发酵第7天结束，压榨出酒。

5.1.8 山西代州地区黍米黄酒酿造工艺

5.1.8.1 代县黄酒酿造工艺

代县黄酒以黍米、高粱、绿豆、酒豆、红枣、枸杞等为原料，以大曲为糖化发酵剂酿制而成。主要工艺流程如下。

(1) 选料

选用本地所产的优质黍米。脱皮后得到黄米，另外配入绿豆、冰糖、优质红枣、酒豆等原料。

(2) 制曲

将选用的几种粮食浸泡后蒸煮，降至适当温度后加入曲引拌匀，而后成型。在特定的温湿度条件下培养发酵，制得酒曲。

(3) 酿酒

将黄米浸洗后入锅，加入适量水熬煮，煮好后出锅入缸，降温后均匀撒入酒曲，拌匀后封口进行保温发酵。期间不断观察温度变化，并适时搅动开耙，确保发酵顺利完成。发酵结束后，用沙包过滤得到黄酒原浆，之后在密封条件下保温熟化。

(4) 成酒

将熟化过滤后的原浆，按比例加入由冰糖炒制成的焦糖浆，再加入由大枣、酒豆等加水熬制得到的料液，按比例勾调，即可得到成品黄酒。再经一段时间陈化后即可装瓶上市。熟化时间越长，其味越醇，酒色棕黄，酒体透亮且无杂质，入口温润甘甜。

5.1.8.2 繁峙县黄酒酿造工艺

山西忻州繁峙县地区的黄酒以黍米、大曲等为主要原料，黄芪等为辅料，采用机械化工艺生产黍米黄酒，实现了山西地区黍米黄酒的机械化和智能化生产。

(1) 浸米

将脱壳的黍米输送至浸米罐，向罐中加入 40～50℃温水，要求水位超过大黄米 10cm，浸泡 60min 后，排掉浸米废水。

(2) 蒸饭

从浸米罐底部放出浸泡好的黍米，先经过振动筛沥干水分，然后进入蒸饭机蒸饭，蒸饭时间约为 25min，蒸饭过程中喷淋 1～2 次热水，蒸熟后通过冷饭机冷饭。如图 5-14(a)、(b) 所示为浸泡后的黍米输送与蒸煮状态。

(3) 酒母准备

利用江南大学选育的新型酿酒酵母菌种（该菌种所酿造的黄酒具有较好的饮用舒适度）制备酒母，酵母在酒母罐中扩大培养后使用。

(4) 大曲准备

按照比例装备好大曲，使用之前应将其粉碎均匀。

(5) 投料

将米饭、酒母、大曲、酿造水一起混合均匀，用输送泵输送至发酵罐，落料温度控制为 25～28℃。

(6) 发酵

采用大罐发酵，通过压缩空气开耙与循环冷却水控温。开耙与温度控制参数为：落料后约 10～14h，温度上升到 32℃，开头耙，耙后温度控制在 31℃，以后每隔 4h 开耙一次，耙后二耙温度在 32℃左右，三耙在 31℃，四耙在 30℃，五耙在 28℃左右，六耙在 26℃左右，七耙在 23℃左右，后快速冷却至 20℃左右，4 天后冷却至 16℃，进入后发酵阶段，温度控制在 14℃±2℃。后发酵 25 天左右。

发酵过程中的开耙与控温由计算机控制系统自动完成。

如图 5-14(c) 所示为浸泡后的黍米发酵状态。

(a)

(b)

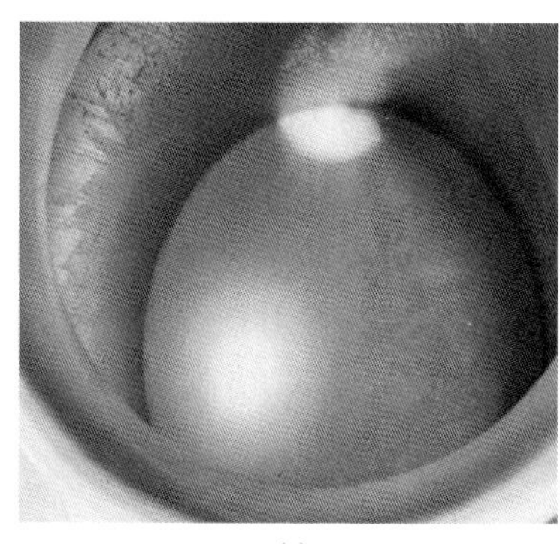

(c)

图 5-14 浸泡后的黍米输送（a）、蒸煮（b）与发酵（c）

(7) 后处理

发酵结束后，醪液分别经卧式螺旋离心机、碟片离心机进行分离，得到酒液，然后经澄清、过滤得到清酒，灭菌后灌入酒坛或储酒罐贮存陈化。

(8) 勾调、灌装

以黄芪浸提液、大枣、枸杞等辅料与黄酒基酒勾调。勾调后黄酒经速冷、过滤、杀菌、灌装得到成品。

5.1.9 湖北房县地区黄酒酿造工艺

湖北房县地区的黄酒具有极强的区域性，它是用房县当地的糯米、小曲、溪水或地下水酿制而成。

主要操作说明如下：

（1）制曲

所用曲子是用蓼子花（一种专用植物）掺兑米粉（将泡胀的米碾成粉）、甘草粉及曲母粉一起拌匀，捏成比核桃略小的圆球，放在簸箩里盖上椿树枝，温度控制在25～30℃之间，发酵24h（发酵时要长菌丝，从菌丝的颜色便可分辨酒曲好坏），待散出酒的芳香，晾干用线穿成串，挂在避光、通风、干燥的地方，随用随取。一般1颗曲子可做1.5kg糯米的黄酒。

（2）浸米蒸饭

先将糯米放水中浸泡3～4h，然后淘尽、控水、蒸熟、凉冷至27℃为“晾糜”，也有浇冷水降温的为“淋糜”，搓碎米疙瘩，然后将碾碎的曲子粉撒入拌匀，并适当拌些凉水，盛入瓦盆或瓦缸，中间留出一个碗口粗见底的窝，用于透气下湫水。

（3）发酵

将配制好的原料放入备好的酒窝（用稻草编制，用于保温），将温度控制在27～30℃，一般在24h就可发酵，待酒窝中沁满了湫水，用勺子舀湫水均匀地淋向酒糟的表面，然后适当降温到24～25℃，放至1～2天后转入罐子中密封存放一些日子取出用温水或凉水投酒，一般投酒比例为1∶3，即1碗酒糟兑3碗水，待酒糟漂浮在上面后插酒抽子（竹篾编织的竹篓），通过24h沥出糟子，即是香醇可口的黄酒。如果较长期存放，还需经一两次叠酒，即将清亮的酒转入其他容器，剩下的浑浊物单独存放可用于发面或其他所用，做出的馍馍气味芬芳、甘甜、柔软。

5.1.10 陕西地区稠酒酿造工艺

稠酒是陕北地区特色的黄酒，酿造原料大致有软黄米、酒谷米（用于酿酒的软谷米）、香谷米、玉米等。陕西黄酒以黄桂稠酒为代表，黄桂稠酒是以优质糯米（江米）加酒曲纯天然发酵而成，其状如牛奶，色白如玉，汁稠醇香，绵甜适口。在酿造中，工艺精湛、操作严格，要求手净、料净、用具净。从糯米淘洗到拌曲、装坛、压酒等有10多道工序。

主要操作说明如下：

（1）洗米

用清水洗去糯米里可能有的谷壳粉末、粉尘，一般彻底地清洗5遍，以米缸的水变成清水为原则。

（2）浸米

浸米的时间在冬季和夏季稍有差异，夏天的浸泡时间大约为13～15h，冬天气温低，需要浸泡18h左右。浸泡完成后将湿米中水分控沥干。

（3）蒸饭

蒸饭时间在28～30min之间，米粒蒸至大约八成熟。

（4）冲凉

米饭的温度高达90℃以上，这时用软水管接清水冲凉，冲凉时间大约为20min，米饭的温度达到30℃左右。

（5）拌曲

将蒸好的米饭倒在清洗干净的不锈钢案板上，揭去纱布，然后用手将米饭散开，最好是双手搓米，使米饭散开成一个个米粒为最好。米饭彻底搓好散开之后，再加入酒曲拌曲。我国的酒曲分很多种，酿制黄桂稠酒选用小曲作为接种的母曲。小曲选用米粉作为原料，其中添加少量中药材。小曲中主要含有根霉、毛霉、酵母等微生物。撒曲的量以50kg江米加入0.5kg小曲为标准。还可以根据天气条件的变化，适量增减。夏季气温高时可稍少一些，冬季气温低时可稍多些。

（6）装坛发酵

发酵用的酒坛一般用陶制品。在高温蒸煮过的发酵酒坛正中间立放入通气木棒，然后用铝合金质的小簸箕将米饭盛装入坛中，装坛时最好围绕着通气棒加入。每坛装一半或者六层满，然后进行压饭。压饭时手上包上杀过菌的纱布，包纱布后米不会粘手，同时压得更平，也更加卫生。包好后攥紧拳头，用力地压米饭，压米时沿着顺时针方向，最好每放一层压一层。做到层层压紧压平，压得实有助于发酵。

将酒坛移到发酵室，抽出通气木棒，木棒留下的圆柱洞，有利于紧实的米饭发酵时透气。最后盖上用纱布包好的海绵垫，用海绵纱布垫有利于发酵期间透气。不能用陶器坛盖或者其他不透气的金属制品作为上盖。发酵室的温度必须保持在25～35℃之间。如果温度在30℃左右，发酵时间为3天；如果气温在25℃，可以发酵4天；如果接近35℃，发酵两天半即可。之后转入储存酒的大缸中，等待研磨加工。

（7）磨酒

在米酒的基础上，再经过研磨，用黄桂、白糖等调酒的工艺，米酒才能成为风味独特的黄桂稠酒。磨酒前打开研磨机，用过水的软管注入清水，让研磨机不断地转动搅拌，通过磨水将机器里可能残存的米渣或其他异物冲洗干净。然后将米酒加入研磨机料斗里，开始研磨，磨好的米酒进入接酒桶。

（8）磨黄桂

研磨调制黄桂稠酒的黄桂。专用的黄桂是用江南一带生长芳香四溢的黄桂花。酿制黄桂稠酒所用的“糖桂花”就是将桂花的花瓣去除叶和梗之后，然后自然晒干或者烘干，再加入白糖腌制而成桂花酱。北方地区不适宜桂花生长，从市场上购买加工成的“糖桂花”就可以了。将腌制好的桂花像磨酒一样放入研磨机，将花瓣磨成花液，磨得越细越好。黄桂磨好之后，就可以调酒了。

（9）调酒

将磨好的酒倒入已经消毒杀菌过的大调酒缸中，然后加入白糖、黄桂花液和清水。米酒、白糖、黄桂、清水的配比量为：每50kg酒醅，加白糖4kg、黄桂花液1kg、清水1～1.5kg。调酒时先加白糖，用勺子一边少量地加入，一边搅动，白糖在搅动中一边溶化，一边融合均匀。融匀了白糖之后，再加入黄桂花液，加入时同样不断地搅动，使花液和米酒充分地混合。

（10）杀菌、灌装

灭菌时打开进料开关，使调酒缸中调好的酒缓慢进入杀菌罐内，启动杀菌机开关，在高温高压的条件下，罐里的温度达到115～135℃，可以杀灭所有的有害菌。同时高温灭菌器还有不断循环搅拌的功能，灭菌时以每分钟36次的速度不断地搅拌。酒液经过20～30min的高温灭菌后，就可以排入到出料桶里，由于灭菌罐不停地搅动，所以罐里不会留下酒的沉淀。高温杀菌后，让酒在储料罐中降温冷却至一定温度，然后灌瓶封盖，得到成品。

5.1.11 广东地区客家黄酒酿造工艺

广东地区客家黄酒作为黄酒的重要分支，主要集中在广东河源、梅州、惠州等客家地区。

客家黄酒主要酿造过程如下：

（1）浸米

把水加入装好糯米的桶内并把碎米糠清除干净。浸米时间一般夏秋季10～14h，冬春季12～24h，根据不同品种糯米吸水率而定，浸米标准是米粒吸水透心，以手指捻能粉碎为度。

（2）淋米

将浸米捞入竹箩内，用清水冲洗，边冲洗边适当摇动米箩，冲到水清而不浑为止，滴干余水。

（3）蒸饭

将米倒入甑桶内扒平，待蒸汽全部透出米面后，再倒入一箩米，逐层加料，汽上一层加一层米，如此数次至加料完毕，盖上甑盖，上汽30min后，第1次泼水。再上汽闷蒸30min后，进行转甑翻拌饭粒的同时再泼水（水量约为原料量的30%），上汽后闷蒸50min。每次都需打开排水阀把多余的水排干。饭的质量标准是：饭粒熟透均匀，富有弹性，软而不烂，用手捏饭，里外一致，无生心。

（4）淋饭

将饭捞入竹箩内，用冷水冲淋，边冲淋边观察饭温，冷水用量视室温而定。尽量滴干淋饭的余水，防止拖带水分过多而不利于根霉菌的生长繁殖。

（5）拌曲粉

把淋好后的饭倒入拌曲粉平台上，先把饭翻拌数次，以便饭温达到平衡，再均匀撒入一定量曲粉，并用手翻拌均匀。

（6）下缸搭窝

将饭倒入缸中（每缸倒入饭的量必须保证发酵时最高温度在规定范围内），再用工具在饭缸中央挖一个U形饭窝，冬春季要小一点，洞口直径约20cm，夏秋季稍微大一点，直径25cm左右，窝做好后，用手将饭面轻轻抹光滑，以不使饭粒下榻为度。用扫帚扫去粘在缸壁上的饭粒。在饭中部插入温度计，测定下缸后的品温，盖好缸盖，冬季要做好保温工作。下缸后搭窝品温控制在28～30℃。

（7）翻醅

下缸12～24h，饭粒开始软化，前发酵期开始，此时开始特别注意品温的变化，品温控制在37℃以内，不得超过38℃。翻醅是用手将中间酒醅翻向四周，使中心成一个窝形洞。翻醅无时间规定，一般室温在25℃以上，每天翻两次；室温25℃以下，每天翻1次；室温在15℃以下，两天翻1次。应每天测量室温、品温、糖度、pH值，并做好相应的记录。

(8) 后发酵

24～48h时饭粒表面似有水珠，用手轻压饭面便似下陷，气泡外溢，留下指凹的痕迹，此时整个饭粒已经软化，在窝底出现酒液，品温升到35～37℃为最高。夏季、早秋24h后进行第1次加入米酒，其他季节48h后第1次加入米酒。待酒醅发酵成熟后第2次加入米酒。

(9) 养醅

后静置60～90天，这是后发酵期，主要是使酒成熟增香。此时品温随自然温度而变化。可以每4天测试上述各项指标。

(10) 压榨与静置澄清

用分离筛将酒醅的清酒与糟分开，取清酒于桶内沉淀，糟醅可用压榨机压榨取酒。将压榨酒和清酒混合于同一桶内，搅拌均匀，静置沉淀2～3天。

(11) 煎酒与陈酿

将上部澄清透明的酒液抽入煎酒桶内，若有蒸汽进行预热同时随管道入桶的话，温度不得超过65℃。煎酒温度上升到95℃，在这一温度保持4～5h后，可以停止加热，让其自然稍稍降温（酒液温度要保证在65℃以上），在这过程中立即抽取样品检验，各项指标应符合内控标准。经检测合格后的酒液（酒液温度要在65℃以上）抽到贮存罐内，加盖泥封，陈酿。

5.1.12 其他新型酿造工艺

黄酒酿造除了以上工艺外，还有其他新型酿酒工艺，按工艺顺序举例如下。

5.1.12.1 原料清理

大米进行初步清理，筛去杂质。

5.1.12.2 原料粉碎

将原料进行干法粉碎，细度在40～60目。

5.1.12.3 液化

料水比为1∶2，投料温度50℃，升温至65℃加入α-淀粉酶，用磷酸调pH值为5.8～6.0。液化工艺如图5-15所示。

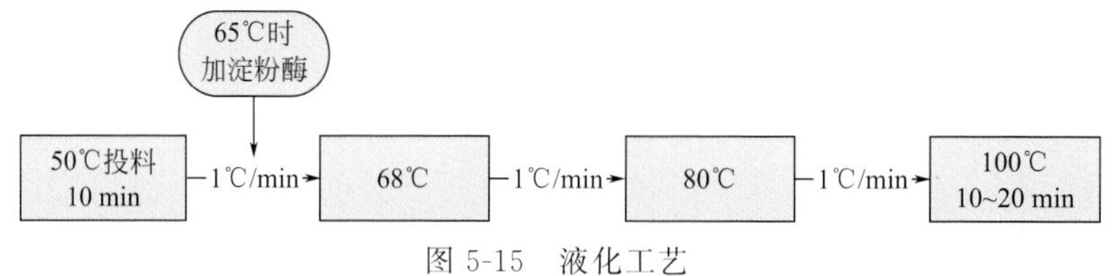

图5-15 液化工艺

5.1.12.4 冷却

通过螺旋式换热器，用2～4℃冰水冷溶剂冷却，水温上升至70～80℃。物料从100℃下降至25～80℃即投料温度。

5.1.12.5 投料

经冷却后通过输送管道泵入发酵罐，入罐时物料温度24～27℃。

5.1.12.6 麦曲添加

麦曲用量为原料量的5%，第1次投料和第2次投料时各添加2.5%，添加时用压缩空气搅拌使之混合均匀。

5.1.12.7 **酒母添加**

糖化酒母。成熟酒母含酵母数在 1.5×10^8CFU/mL 以上。酒母量为原料量的 8%～10%，第 1 次投料和第 2 次投料时各添加 4%～8%，添加时用空气搅拌混合均匀。

5.1.12.8 **主发酵**

主发酵温度 27～30℃，最高温度不得超过 32℃，主发酵时间 4～5 天。主发酵期间，每隔 8h 通风搅拌 10min。主发酵结束时，酒精度 15.5%vol～17.0%vol，酸度 5.0～6.5g/L。

5.1.12.9 **后酵**

后酵温度控制在 15～25℃，后酵时间 15～20 天。

5.2 酒与糟分离

5.2.1 分离的目的

使黄酒发酵醪液中的酒液和酒糟分离，得到清酒。

5.2.2 分离工艺

当醪液发酵完全成熟时，需要将酒体和酒糟进行分离。醪液成熟的状况可从以下几个方面判断：一是看酒醪外观、色泽。糟粕已完全下沉，上层酒液澄清并透明黄亮，这种情况可以说基本已成熟。如发酵期已到，色泽仍淡而浑浊，这就说明还未成熟或是已变质。如色发暗，口尝有熟味，这是失榨（压榨不及时的意思）的现象，这种现象通常是在气温较高的情况下发生的。二是化验理化指标，品尝酒醪味道。化验分析，酒体的各种理化指标（如糖度、酒度、酸度等）基本不再变化，达到发酵要求，说明发酵过程已经接近结束。另外，取样品尝时，香气正常，酒体酒精度浓郁，口味较清爽，后口略带微苦，酸度适宜，无其他异味，即可判断酒醪已经成熟，可以进行分离处理。

5.2.2.1 **压榨、压滤工艺**

历史上，传统手工工艺采用木榨压榨，随着现代科技进步和设备水平的不断提升，当前黄酒行业普遍采用板框压滤机设备进行酒糟分离处理。

板框压滤工艺的原理为：用压缩空气（或输送泵）将醪液经滤板上的孔输送至各个滤室内，固体部分被滤布截留，液体部分则穿过滤布顺着滤板的沟槽和压板膜的槽流出。进料完毕，由进气孔通入压缩空气，进一步挤压出滤饼中残留的液体，达到强制过滤的效果。压榨一定时间后，可以继续进料直至压力达到设定值，再次通入空气压榨。压榨后酒糟中含水率一般在 40%以下。

板框压滤机出滤液可分为“明流”和“暗流”两种形式。滤液通过板框两侧的出水孔直接排出机外的为明流式，明流的好处在于可以观测每一块滤板的出液情况，通过排出滤液的透明度直接发现问题。若滤液通过板框和后顶板的暗流孔排出的形式称为暗流。暗流方式是密闭条件下排出滤液，能够减少压榨过程中酒精的挥发损失，所以更适用于黄酒醪液压榨。

板框压滤的主要操作过程为：

① 将滤板及滤布安装整理好后，顶紧滤板，压力达到 15～17.5MPa。

② 检查输醪管道、阀门及输送泵，待机器运转正常方可操作。

③ 开启压榨机进料阀门和发酵罐（或中间罐）出料阀门，开动输送泵将酒醪逐渐压入压滤机。

④ 进醪压力为 0.2～0.6MPa，进料压力过高时，关闭输送泵、阀门，停止进料。

⑤ 打开进气阀门，空气压力为 0.4～0.6MPa，随着压榨进行，压力逐渐升高。

⑥ 压榨出酒时，一开始出来的酒体较浑浊，可先将其收集到混酒罐，后续再二次压榨。当酒体较澄清时，切换输酒阀门，将酒体输送至澄清罐。压榨一定时间后，出酒缓慢，有压缩空气漏出滤板，说明酒已榨尽，即可关闭进气阀门，排气出糟。出糟务必将糟除净，防止残糟堵塞流酒孔。清理干净后，再次进料，重复以上过程，直到全部醪液压榨完成。

黄酒业内应用的板框压滤机过滤面积普遍为 $100m^2$，滤板直径为 1m 左右。现在已有厂家使用过滤面积为 $200m^2$ 的板框压滤机，该设备可以自动拆卸板槽，自动清洗，卫生状况良好。未来应考虑使用更大过滤面积的压榨机，减少占地面积，同时，注意压榨车间及设备的卫生设计，以减少压榨过程中环境微生物的污染。如图 5-16 所示为黄酒行业常用的板框压滤机。

图 5-16　黄酒行业常用的板框压滤机

5.2.2.2　离心工艺

板框式压滤机虽然较过去传统的过滤手段有了较大质的飞跃，但自身仍然存在许多缺陷。例如，间断式非连续化生产，压榨时间过长（超过 12h），存在杂菌污染风险，板框卸糟劳动强度大，设备占地面积大，严重地制约着生产效率的提高。

近年来，已有研究提出采用离心工艺代替板框压滤工艺，实现分离的连续化生产。具体工艺流程为：将黄酒发酵液依次经过卧式螺旋离心机、碟片离心机两次离心处理，所得清液再进行澄清过滤处理。为更好地理解离心工艺，下面就此两种离心机的工作原理作简要介绍。

（1）离心机工作原理

① 卧式螺旋离心机

卧式螺旋离心机，又称卧螺离心机，它是一种螺旋卸料沉降离心机，通过螺旋推料器上的叶片推至转鼓小端排渣口排出，液相则通过转鼓大端的溢流孔溢出。如此不断循环，以达到连续分离的目的。

卧式螺旋离心机主要由高转速的转鼓、与转鼓转向相同且转速比转鼓略低的带空心转轴的螺旋输送器和差速器等部件组成。当要分离的悬浮液由空心转轴送入转筒后，在高速旋转产生的离心力作用下，立即被甩入转鼓腔内。高速旋转的转鼓产生强大的离心力把比液相密度大的固相颗粒甩贴在转鼓内壁上，形成固体层（因为环状，称为固环层）；水分由于密度较小，离心力小，因此只能在固环层内侧形成液体层，称为液环层。由于螺旋和转鼓的转速不同，二者存在有相对运动（即转速差），利用螺旋和转鼓的相对运动把固环层的污泥缓慢地推动到转鼓的锥端，并经过干燥区后，由转鼓圆周分布的出口连续排出；液环层的液体则靠重力由堰口连续“溢流”排至转鼓外，形成分离液。

② 碟片离心机

碟片离心机是沉降式离心机中的一种，用于分离难分离的物料（例如黏性液体与细小固体颗粒组成的悬浮液或密度相近的液体组成的乳浊液等）。分离机中的碟片式分离机是应用最广的沉降离心机。

碟片离心机是立式离心机，转鼓装在立轴上端，通过传动装置由电动机驱动而高速旋转。转鼓内有一组互相套叠在一起的碟形零件——碟片。碟片与碟片之间留有很小的间隙。悬浮液（或乳浊液）由位于转鼓中心的进料管加入转鼓。当悬浮液（或乳浊液）流过碟片之间的间隙时，固体颗粒（或液滴）在离心机作用下沉降到碟片上形成沉渣（或液层）。沉渣沿碟片表面滑动而脱离碟片并积聚在转鼓内直径最大的部位，分离后的液体从出液口排出转鼓。碟片的作用是缩短固体颗粒（或液滴）的沉降距离、扩大转鼓的沉降面积，转鼓中由于安装了碟片而大大提高了分离机的生产能力。积聚在转鼓内的固体在分离机停机后拆开转鼓由人工清除，或通过排渣机构在不停机的情况下从转鼓中排出。

卧螺离心机和碟片离心机分离物料特性不一样，卧螺离心机适合“吃粗粮”，即更适合分离固形物含量较高的物料；而碟片离心机正好相反，它更适合“吃细粮”，即更有效地分离固形物含量小于5%的物料。黄酒发酵醪液中的固体物质含量超过10%，可首先经过卧螺离心机进行一次分离，得到清液再次用碟片离心机进行二次分离，从而得到清酒液。

（2）离心工艺的一般过程

① 检查管道和阀门，开启离心机，处于运行正常状态。

② 缓慢打开发酵罐（或中间罐）出料阀门、管道阀门、卧螺离心机进料阀门，开始缓慢进料。

③ 调节离心机转速、差速度，缓慢进料，酒糟从底部出料，落入收集槽。清酒用管道输送至中间罐。

④ 待中间罐收集到一定量的酒液后，打开罐底出料阀、离心机进料阀，开始碟片离心，调节离心转速等参数，使出料液尽可能清澈，离心所得的清液收集到澄清罐。碟片离心出来的废渣间歇排出，收集后排污处理。

离心分离工艺相对板框工艺而言，存在自身的优势和劣势：

优势：能够实现酒糟连续分离，实现黄酒分离工艺的高效、自动化，劳动强度低，节约厂房面积。

劣势：分离因数低，处理后的酒糟含水率（60%～70%）高于板框酒糟含水率（35%～40%），因此出酒率相对降低；同时，离心清液中固形物含量较高，肉眼可见浑浊，不利于后续的澄清过滤。

因此，未来要研究针对黄酒醪液具有更高分离因数的离心机，使酒糟的含水率进一步降低，同时，清液的固形物含量也要降低，即清酒更“清”，酒糟更“干”，保障出酒率，达到理想的分离效果。

5.3 澄清、过滤

5.3.1 澄清、过滤的目的

黄酒酒醪经过压滤机分离后得到的酒称为“生酒”。检测表明，生酒中除含有少量细菌外，还有部分糊精、粗蛋白等固形物以及少量酵母，由于这些物质的存在，酒液必须先澄清以分离这些物质。此外，由于有的黄酒生产中需要添加适量焦糖色和其他调味修饰物质，这些物质都在压榨后的酒液中添加。

黄酒中细菌等颗粒物和大分子的蛋白质、焦糖色在酒体温度发生明显变化（加热、受冷）时，吸附、凝聚酒体中的糊精、多酚、糖类和其他中小分子物质，形成比较大的胶团，从而打破黄酒胶体溶液的稳定性，产生沉淀。因此，黄酒要经过澄清和过滤处理，才能显著改善黄酒非生物稳定性，延长黄酒产品存放周期。

5.3.2 澄清、过滤工艺过程

压榨后的清酒进入澄清罐收集，按比例添加焦糖色后（焦糖色先用清酒溶化稀释），采用无菌压缩空气进行搅拌使体系混合均匀，再静置澄清2～4天。注意，气温高于20℃时澄清时间不宜过长，以免酒液混入杂菌，罐底部沉下的酒脚可重新进入压滤机进行二次压滤。

澄清完成后，取上清液进行过滤，过滤设备主要采用硅藻土过滤机设备。硅藻土过滤机的原理是待过滤液体在泵压力作用下，通过硅藻土预涂层而进入收集腔内，颗粒分子被截流在预涂层，进入收集腔内的澄清液体通过中心轴，流出容器。硅藻土的过滤精度最小可达到1～2μm，能去除黄酒中的大部分杂质。当正常过滤一段时间后，滤饼层超过一定厚度，滤液通过滤饼层的速率降低，过滤效率变差，就需要清除“滤饼层”，这时系统会根据压力传感器提供的信号进行反吹脱饼作业，同时打开筒体底部阀门排渣，然后再重新构建新的“滤饼层”，开始新一轮的过滤周期。硅藻土过滤机末端一般配置袋式捕捉器或滤芯过滤，拦截可能会混入酒体中的硅藻土。过滤后清酒应澄清透亮，无肉眼可见悬浮物。硅藻土过滤选择不同型号的硅藻土，有粗土和细土之分，要根据物料状况选择合适的配比。

硅藻土过滤机有板框式过滤机、叶片式（圆盘式）过滤机、烛式过滤机，它们各有特点，如表5-14所示。黄酒行业常用的过滤机为圆盘式和烛式过滤机。

表5-14 不同类型硅藻土过滤机的优缺点对比

类型	优点	缺点
板框式过滤机	构造简单，可通过增加过滤板框增大其能力，维护费用低	劳动强度较大，需经常更换滤布
叶片式（圆盘式）过滤机	容易实现自动化控制，过滤效果较好，尽管压力波动，叶片上的硅藻土滤层可保持稳定	难以清除滤饼，硅藻土只能沉积于叶片上表面，单位机壳的物料通过率低
烛式过滤机	因滤层涂设在刚硬的支承环上，管路压力波动不致引起预涂层折裂变形	控制系统必须正确，过滤过程中不能停顿，否则易引起滤层的破坏

5.3.2.1 圆盘式过滤机

圆盘式过滤机的过滤元件是一张具有特殊结构的、间隙量恒定的金属细网，待过滤液体通过预涂硅藻土形成的过滤层，把待过滤液体中不需要的固相物质进行分离，纯净的液体通过圆盘细网间的间隙汇集，从空心中心管流出，达到液体的过滤。如图 5-17 所示为圆盘式过滤机结构与外观图。

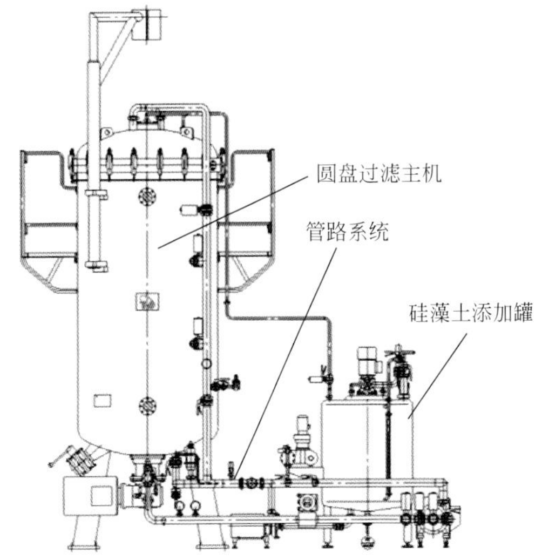

图 5-17 圆盘式过滤机

5.3.2.2 烛式过滤机

过滤器的筒体里配置 1 根至多根滤芯，滤芯上套有根据原料液特性选择的专用硅藻土助滤剂，当液体经过滤布时，会在滤布表面逐步集聚液体中的固体物质，当这些固体物质达到一定厚度时，就形成了所谓的“滤饼层”。由于滤饼层微粒之间的空隙很小，阻留了液体中颗粒杂质的逃逸，这样就使滤液变清，达到生产所需的过滤效果。图 5-18 所示为烛式过滤机结构与外观图。

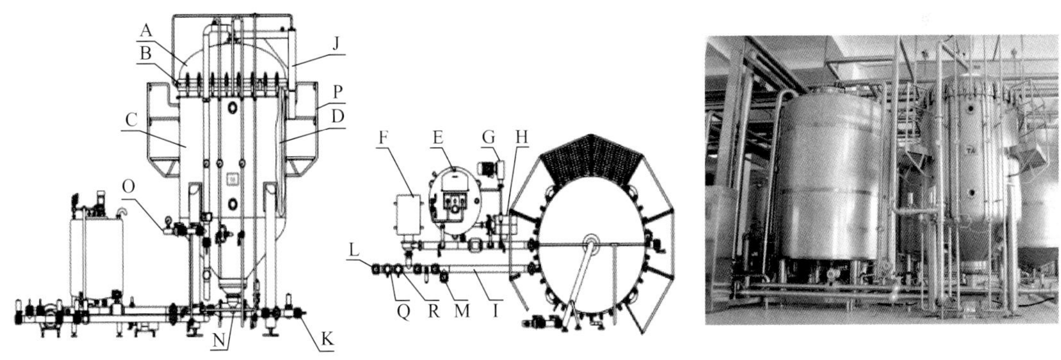

图 5-18 烛式过滤机

A—上盖；B—孔板；C—过滤机罐体；D—过滤烛；E—添加罐；F—进料泵；G—添加泵；H—预涂泵；I—管道系统；J—起盖装置；K—排土管道；L—物料进口；M—物料出口；N—进酒分配器；O—空气供给；P—工作平台；Q—脱氧水；R—自来水

过滤机具有手动、半自动和全自动三种基本形式。全自动过滤机可以实现以下功能：预涂自动控制功能，确保预涂时流量及压力保持恒定；硅藻土添加调节功能；过滤压力控制及检测保护功能；具有上位机通信功能；能记录运行时间、过滤流量、过滤压力参数，可自动

生成压力流量曲线。

硅藻土过滤机使用过程中存在的问题是硅藻土消耗无法回收利用，直接作为废土处理。酒厂废土处理方式主要有两种：

① 采用地下池沉降。将含有硅藻土的废水排放至地下池自然沉降，然后将底部沉淀的废土运出场外，作固废处理。此方法处理时间较长，尤其夏天，会有较大异味产生，对环境影响较大，且现场不利于卫生管理。

② 采用真空转鼓设备处理。该设备是由减速机带动过滤转鼓匀速旋转，利用真空泵形成的压力差，通过过滤转鼓内的分配器，将过滤池的物料进行吸滤，物料中的水连续不断地吸到缓冲罐内，通过送料泵将其排走或回收；废料渣（硅藻土）被吸附在转鼓外表面形成滤饼，当滤饼达到一定厚度，卸料区的刮刀通过自动进给，将刮刀进给至切削滤饼的位置，废料渣就被连续地切削到接料槽里，装袋收集。此方式处理废土效率高，且卫生环保。图 5-19 所示为真空转鼓设备。

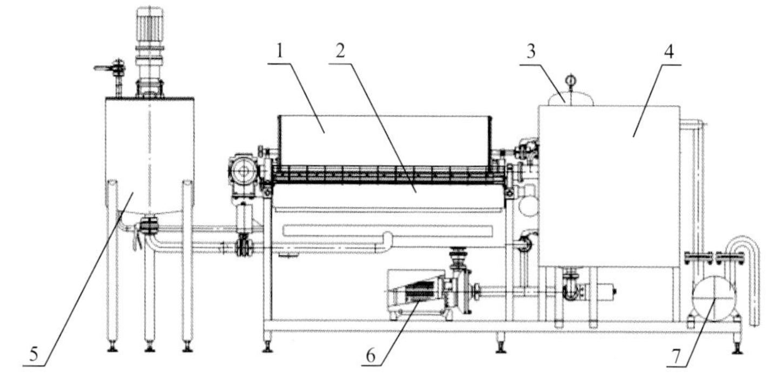

图 5-19　真空转鼓设备

1—过滤转鼓装置；2—刮刀进给装置；3—缓冲装置；4—控制单元；5—硅藻土添加罐；6—离心泵；7—真空泵

5.3.3　黄酒用焦糖色

焦糖色（caramel color）是一种浓红褐色带有焦香气味的胶体物质，是多种糖脱水缩合的混合物，被广泛用于食品、医药、调味品、饮料等行业。根据制作方法焦糖色分为 4 类，如表 5-15 所示。

表 5-15　焦糖色的分类

特征	分类			
	普通焦糖（Ⅰ类）	亚硫酸盐焦糖（Ⅱ类）	氨法焦糖（Ⅲ类）	亚硫酸铵法焦糖（Ⅳ类）
催化剂	无铵化物或亚硫酸盐	亚硫酸盐	氨	亚硫酸铵盐
色率(EBC)	1.7×10^4	2.7×10^4	$3.2\times10^4\sim5\times10^4$	$2\times10^4\sim8\times10^4$
pH	3～4	2.5～4	2.8～5.5	2～3.5
电荷	负(弱)	负	正	负(强)
固形物含量	62%～77%	65%～72%	53%～83%	40%～75%
是否含氨类物质	否	否	是	是
是否含硫类物质	否	是	否	是

续表

特征	分类			
	普通焦糖（Ⅰ类）	亚硫酸盐焦糖（Ⅱ类）	氨法焦糖（Ⅲ类）	亚硫酸铵法焦糖（Ⅳ类）
5-羟甲基糠醛/(mg/kg)	700～27300	3300～33700	10～3900	4900～21400
呋喃/(μg/kg)	151	52	177	59
4-甲基咪唑/(mg/kg)	不含	不含	5～140	48～183
2-乙酰基-4(5)-(1,2,3,4-四羟基丁基)-咪唑/(mg/kg)	无数据，不含	无数据，不含	2.4～10	无数据，不含
二氧化硫	痕量	0.1%～0.2%	痕量	0.02%～0.13%
丙烯酰胺	不含	不含	未检出	未检出
用途	甜食，香味混合剂，谷物制品	中国禁用	烘焙食品，啤酒，酱油	软饮料，零食，糖果

商用焦糖色历史不过百年，黄酒中焦糖色的使用可能始于清末民初时期。焦糖色在黄酒中主要起到调色、调味等作用。在选用焦糖色时，产品首先要符合国家标准《食品添加剂焦糖色》(GB8817—2001）的要求，除了考虑色率等指标外，还应考虑红黄指数、黏度、等电点等指标。黄酒行业主要采用普通焦糖和亚硫酸铵法焦糖（即Ⅰ类和Ⅳ类)。需要注意的是，普通焦糖比亚硫酸铵法焦糖含有更多的风味物质，可能会对黄酒风味和稳定性产生影响，主要有以下几个方面：

① 焦糖色自身含有一定量的挥发性风味成分；

② 焦糖色具有一定黏度，可能会影响黄酒的醇厚感；

③ 焦糖色具有一定的抗氧化性，对黄酒陈化过程中风味物质的变化可能产生影响；

④ 焦糖色有一定的苦味，可能会加强黄酒的后苦味和酸感；

⑤ 普通焦糖和亚硫酸铵法焦糖都带负电，可能会结合带正电的蛋白质析出，造成浑浊。析出的蛋白质可能会结合焦糖色中的糖和糖苷，加快了凝聚成高分子团的过程，加剧了沉淀产生。

焦糖色对黄酒风味和稳定性的影响需要进一步研究探讨。

5.4 杀菌

黄酒杀菌普遍采用热杀菌工艺，故又叫做“煎酒”，目的是用加热的方法把微生物杀死和把残存的酶破坏，防止成品酒酸败，以及能促使部分不稳定的蛋白质凝结下来，提高产品稳定性，使黄酒色泽清亮透彻。黄酒灭菌后灌入陶坛或不锈钢大罐储存陈化。

黄酒热杀菌一般多采用板式换热器系统。系统主要包括换热器、杀菌维持罐等及配套的管道、阀门、仪表等。板式换热器是杀菌系统的核心设备，它是由一系列具有一定波纹形状的金属片叠装而成的一种高效换热器。各种板片之间形成薄矩形通道，通过板片进行热量交换。板式换热器是液-液、液-汽进行热交换的理想设备。它具有换热效率高、热损失小、结构紧凑轻巧、占地面积小、应用广泛、使用寿命长等特点。在相同压力损失情况下，其传热

系数比管式换热器高3～5倍，占地面积为管式换热器的三分之一，热回收率可高达90%以上。给黄酒杀菌时，蒸汽先将水加热得到热水，然后热水再与黄酒换热，使黄酒升温到杀菌温度，然后进入维持罐，热酒维持一定的杀菌时间，从而达到杀菌目的。

影响和决定黄酒灭菌温度的因素有：耐热乳酸杆菌、其他耐热细菌、霉菌孢子、耐热型α-淀粉酶、固形物量等。当生产环境卫生状况不佳时，尤其是长时间的压榨过程，酒体中会混入耐高温的杂菌，因此，黄酒的杀菌温度越来越高，某些酒厂的杀菌温度已达到85～93℃，接近于酒的沸点，才能有效灭菌。杀菌温度过高会破坏某些风味物质，同时带来了更高的能耗。

煎酒过程中，酒精的挥发损耗约0.3%～0.6%，挥发出来的酒精蒸气经收集、冷凝成液体，称作“酒汗”。酒汗无色透明，米香浓郁，可用于酒的勾调或甜型黄酒的配料，也可单独作为产品出售。

5.5 储存

黄酒的储存称为陈化，也称为陈酿、后熟，指新酿制的原品酒在陶坛中贮存陈化的过程。黄酒储存陈化的工艺主要有两种，一是采用陶坛储存酒，二是采用不锈钢大罐储存，主要工艺过程介绍如下。

5.5.1 陶坛储存工艺

目前，陶坛储存是黄酒储存的主要方式。陶坛一般采用黏土烧结而成，内部和外部涂有一层釉质，容积通常为22～24L。由于陶坛壁的分子间隙大于空气分子，因此空气能够透过孔隙渗入坛内，其中的氧与酒液中的多种化学物质发生缓慢的氧化还原反应，促进酒的陈化。陶土具有与高岭土类似的作用，能够对蛋白质浑浊的液体起到澄清作用。陶坛材质中所含的某些金属元素如镍、钛、铜、铁等对酒的陈化具有良好的促进作用，正是陶坛独特的微氧环境，坛内酒液呼吸作用以及陶坛材质中所含的一些有益金属元素，促使黄酒在贮存过程中不断陈化老熟，越陈越香。

5.5.1.1 灌坛工艺

手工灌坛工艺流程为：先将酒坛洗净沥干，外层刷一层石灰浆水，起到美观效果及杀菌作用，灌坛之前，先向酒坛通入蒸汽灭菌，然后灌入杀菌后的黄酒；灌坛后，坛口依次覆荷叶、灯盏、仿单、箬壳，最后用竹丝扎紧，糊上“泥头”。泥头是指用含砂石少的优质软性黏土，加入少量砻糠（起到强化作用）经拌泥机充分拌和而成的泥巴，在陶坛顶部利用模具人工糊成一个直径20cm、高10cm左右的盖子。在坛外壁上盖上牌印，注明生产厂家、品种、净重、批次及生产日期，起到类似于商标的作用。坛内酒的余热会将泥头自然烘干，泥头干燥后入库贮存。如图5-20所示为封泥后的坛装黄酒。

图5-20 封泥后的坛装黄酒

泥头的作用主要有3个：一是便于运输；二是便于储存，坛装酒存放时最高可以堆4层，但是坛口很小不利于堆放，糊上泥头后可以确保堆坛的安全，起到稳固作用；三是促进新酒陈酿，用泥头封口可以有效隔绝空气中的微生物进入酒体，而坛内酒液可与外界空气接触，自由“呼吸”，从而促进酒质陈化。

发展至今，已研制出专为陶质酒坛的清洗、灭菌、上灰及灌装而开发的全自动设备——酒坛自动清洗灌装机组。全工艺过程为：人工上坛→内外清洗（第1次）→内刷→内外清洗（第2次）→内清洗（第1次）→内清洗（第2次）→灭菌（蒸汽喷冲）→上灰→灌装→人工上盖→人工卸坛。尽管该工艺过程仍需人工配合，但已然实现了跳跃式的突破，将人们从全手工式的、繁重的体力劳动中解放出来。

该机组由3组不同的输送机构、上下翻坛装置、一道内刷装置、四道热水喷淋系统、灭菌装置、刷水灰装置、灭菌装置、灌装装置及电控系统等组成。各机构、装置配以动力装置、气动系统、传感器等，由可编程控制器协调各机构工作，自动完成酒坛的定位、翻转、清洗、灭菌、刷水灰、移位、灌装。

整个机组仅需两个操作人员，降低了劳动强度，极大地改善劳动环境，由于各个厂家人员的配置不同，酒坛清洗灌装机组的使用可节约人力60%～70%。另外，按500坛/h生产量进行计算，净水耗量小于2.5t/h，每坛清洗用水为5kg，这样和手工清洗相比水的消耗大幅下降。

5.5.1.2 储存要求

陶坛黄酒贮存温度一般以5～20℃为最佳。贮酒仓库要求阴凉、通风、干燥，并保持一定的湿度，特别是通风对黄酒贮存尤为重要，如果贮酒环境处于密闭状态，将严重影响酒的风味和成熟速度。贮藏过程中酒液透过坛壁进行呼吸作用，良好的通风有助于坛内贮酒的呼吸，陶坛独特的微氧环境有利于酒质的陈化。

在贮藏过程中，要特别注意：①防止酒坛经常摇晃，以免酒体浑浊，也易酸败；②贮藏运输过程中尽量避免阳光暴晒，以免影响酒的色泽和品质。黄酒色泽是陈化度的主要评价指标之一，生物因素对初酿黄酒的陈化不会产生显著影响；化学因素中氧气对黄酒陈化的影响极显著，陶坛独特的微氧环境对黄酒褐变陈化的影响最大；物理因素中温度和光照对糯米黄酒褐变的影响极显著，适当提高温度和光照，均可以显著促进褐变。

陶坛储酒也有不足之处：一是贮存要堆幢（把酒坛堆起来，一般堆4层），年年要翻幢（把上下层的酒坛调换位置），工人搬运强度较大。二是贮酒过程中指标无法监控，如出现酸败迹象无法及时处理。由于陶坛酒是密封存放，无法随时取样并监控测定其理化（如酸度）指标的变化，因此，在储存过程中，时常会出现一定比例的酸败酒，给企业带来一定损失。三是占地面积大，按堆幢4层酒坛计算，每1t酒约占用库房1.5m^2，每年贮酒损耗在2%以上，这也是黄酒陈酿年份越长，贮酒成本越高，价格随之越贵的原因。如图5-21所示为陶坛酒仓库。

5.5.2 大罐储酒工艺

随着技术不断升级，采用大罐储存黄酒逐渐成为黄酒后熟的一种重要方式。目前，行业内常见的黄酒储罐容积为100～400m^3，相比陶坛储酒大大节省了占地面积，并有效减轻了工人劳动强度。

图 5-21 陶坛酒仓库

黄酒储罐一般为不锈钢材质，加工精细度和卫生要求较高。例如，所有焊缝不允许有咬边，焊缝错边量不超过 0.40mm，容器内外均不允许有 0.10mm 的机械损伤，容器内焊缝磨平抛光，罐体内壁纵向抛光，表面粗糙度小于 0.7μm；罐顶配置无菌呼吸器，罐体配置无菌取样阀，压力、液位、温度、酸度等在线监测系统，可以实现黄酒在储存过程中的安全监测。

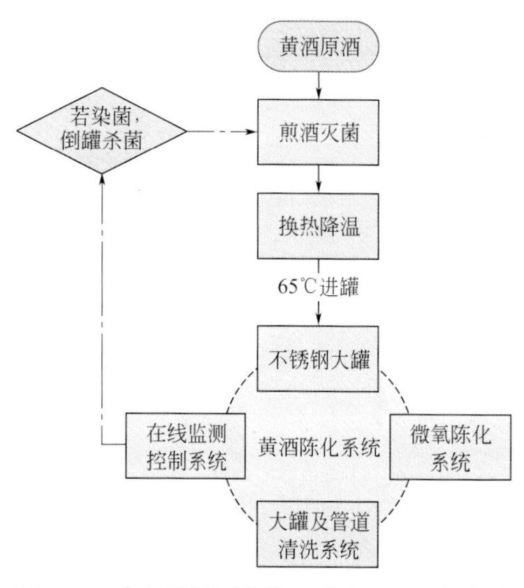

图 5-22 大罐储酒系统的工艺流程和运行方式

同时，储罐需配备 CIP 系统（clean in place，原位清洗、在线清洗或就地清洗）。CIP 系统相关设备主要材质为 304 不锈钢（SUS304）或 316L 不锈钢（SUS316L），由碱罐、酸罐、热水罐、各种管道和气动阀门、压力变送器、电导率仪、铂热电阻及控制系统等构成。其利用离心泵输送清洗液在物料管道和设备内进行强制循环，达到清洗目的。因此，不需要对管道设备解体，可以提高设备利用率，减轻工人劳动强度。

另外，已有研究人员指出，将微氧技术逐步应用于黄酒大罐陈化，在储酒过程中，按照一定频率及比例间歇通入氧气，为黄酒提供微氧环境，以促进酒体中的物质加快氧化反应等，能够有效加速黄酒的陈化过程。大罐储酒系统的工艺流程和运行方式如图 5-22 所示。

大罐储酒系统中的一些关键点说明如下。

5.5.2.1 管路及大罐清洗、杀菌

每次进酒之前、储酒之后以及出现染菌现象之后，都要对管路和大罐进行严格的 CIP 清洗和杀菌操作，彻底消除可能染菌的安全隐患。

5.5.2.2 降温进罐

降温进罐是指，90℃杀菌，降温到 65℃进罐。应注意的是，无论是煎酒后还是再次杀

菌之后，都要保证让黄酒降温进罐，否则会形成负压，极易染菌。如表5-16所示为引起黄酒变质的常见菌及其杀菌温度。

表5-16 引起黄酒变质的常见菌及其杀菌温度

菌的种类	杀菌温度/℃
乳酸杆菌属	≥50～60
酵母属、汉逊氏酵母属、球拟酵母属、毕赤酵母属、酒香酵母属等	60
霉菌(侧孢霉、曲霉、青霉)	60

5.5.2.3 微氧陈化

将微氧控制装置与贮酒大罐相连，形成一个系统，实时监测和控制贮存过程中黄酒的含氧量，以模拟陶坛贮存时黄酒的微氧环境，实现陈化的目的。

韩笑等以2009年、2005年和2000年的绍兴黄酒样品为研究对象，在3种方式下进行陈化，分别是：通氧量为每升黄酒0mL、5mL和10mL，每30天通气1次，每60天对样品的pH值、酒精度、游离氨基酸和风味物质进行检测，陈化总时长为12个月。主要结论为：①由pH值的分析结果可知，不同方式处理后，所有样品的pH值均符合国家标准，未出现酸败变质现象，3种年份的样品的pH值有各自的特点，即2000年样品的pH值在4.20左右，2005年的在4.30左右，2009年的在4.00左右，间接印证了陶坛陈化黄酒的机理。②由酒精度值的分析结果可知，不同方式处理后，同一年份的样品的酒精度值无显著性变化，而3种年份的样品的酒精度值具有显著性差异（$p<0.05$），其中2000年产的样品的酒精度值最小（15.77%vol±0.50%vol），而2009年产的酒精度值最大（18.61%vol±0.47%vol），间接印证了陶坛陈化黄酒的机理。③由氨基酸的分析结果可知，不同方式处理后，不同年份的样品的游离氨基酸变化规律不同，相比生产时间久的酒样，2009年样品的变化程度最大，尤其是在通氧量为10mL/L的方式下这种变化更为明显。④由风味物质的分析结果可知，通氧5mL/L、10mL/L与0mL/L相比，高级醇含量减少程度较大，酯类含量有增多的趋势，而醛类和酸类物质则表现出先增后降的状态，以上变化趋势均与黄酒陈化的特点相符。⑤不同方式处理下，样品的品质变化特点与陶坛装原酒的基本一致，特别是pH值、酒精度、高级醇类和酯类风味物质的变化。

5.5.2.4 在线监测

除微氧控制装置外，大罐上还配有监测pH值、溶解氧、温度、压力、液位的装置。以上这些装置均连接于计算机，以实现参数的实时监测与控制。另外，为了系统的安全性，所有装置均设有手动闸。在大罐贮存黄酒的过程中，主要通过计算机记录各个参数的变化状况，一旦出现异常情况，就会发出警报或自动调节。

控制系统分为管理级、监控级，构成管控一体化的综合系统。根据黄酒大罐贮存工艺的特点，结合一般的CIPS（computer integrated production systems，计算机集成生产系统）和CIMS（computer integrated manufacturing systems，计算机集成制造系统）结构模式，将控制系统模型分为两层：现场控制层和车间级监控层。通过控制软件实现工控机的控制功能，并将所有控制计算机联网，把现场测控参数传送至技术或质检中心。

（1）现场自动化控制层（底层）

现场信号有一次仪表采集，智能仪表通过RS485现场总线与PLC（programmable logic

controller，可编程逻辑控制器）进行通信，实现对现场工段工艺参数的采集和事故报警，并设有手动干预功能。

（2）总控制室（机房）

在总控制室由 PLC（programmable logic controller，可编程逻辑控制器）作为核心部件，根据检测的生产工艺参数来显示。工控机的大屏幕液晶显示器实时显示现场测控参数，包括罐内温度、pH、溶氧、液位和压力等关键参数。通过工控机多媒体外设装置，提供音/视频超限报警，并对一些危险的操作系统提供连锁保护。

（3）控制软件

工控机根据有操作经验工人的经验和事先研究好的专家系统、数学模型来控制被控对象。不同品种的黄酒自动生成不同的贮存工艺与控制软件，自动调节（如溶氧、温度等），减少了人为因素的影响，使黄酒品质大幅度提高。对一些常规控制达不到效果的关键参数提供，采用模糊和神经网络等人工智能控制算法优化控制，使整个生产系统达到最优状态。

（4）技术或质检中心

中心通过光纤或局域网接收并存储生产现场的测控参数，作为工艺分析和产品品质评价的依据，总工办和会议室分别安装中型液晶显示屏和大型液晶显示屏（投影仪），实时显示工艺参数和生产线画面，便于技术人员分析数据，掌握大罐贮酒动态，商议对策。技术或质检中心的工控机接入互联网，可供有权限的人员在异地查看。

5.5.2.5 倒罐杀菌

未变质黄酒的 pH 值一般在 3.5～4.6 的范围之内。若陈化期间 pH 值出现大范围波动，应密切关注，尤其应注意 pH 值降低的现象。出现染菌酸败，应及时查明原因，可能包括工人违规操作、杀菌不当或不充分、大罐密封性问题等。若监测过程中出现染菌迹象，立刻进行倒罐杀菌处理。

5.5.3 黄酒酒龄

根据国家标准（GB/T13662—2018）《黄酒》的规定，“酒龄”为发酵后的成品原酒在酒坛、酒罐等容器中贮存的年限。容器上标识黄酒生产日期，由生产日期即可推算出酒的实际贮存年份。

“标注酒龄”是指商品黄酒销售包装标签上标注的酒龄，如“三年陈”“五年陈”“十年陈”等，标注酒龄是以勾调所用原酒的酒龄加权平均计算。在实际操作中，酒厂是使用数种不同酒龄的酒勾调，使其平均酒龄达到产品所标注的标准。比如，一瓶五年陈的黄酒，用 50%的五年陈、20%的八年陈和 30%的三年陈勾调，其加权后的平均酒龄刚好是 5 年。

目前，黄酒标注酒龄鉴别依然是通过品酒师对酒的色泽、气味、口味等感官指标来判断。这种判断方法程序复杂，评价结果的可靠性常常因主观因素而出现差错，并且培养一位有丰富经验、判断准确的品酒师需要长时间的训练。黄酒的酒龄鉴别需要采用更为科学的方法与指标，这是黄酒行业目前尚未解决的重大课题之一。

5.5.4 智能储存系统

黄酒在大罐储存过程中，智能储存系统可实时记录和监控各批次黄酒的库存量变化，并记录进出储罐的酒的各种信息，结合上下游生产工序，建立产品从原料、加工、储存、销售等整个流程的全面溯源系统。

5.6 勾调

5.6.1 勾调的目的

在黄酒生产过程中，不同批次之间，总是存在着种种差异。例如，原料质量有优劣，糖化发酵剂有差异，生产季节有前后，发酵期有长短，工艺操作有差别，致使不同批次的黄酒，其质量也有所不同。在贮存后熟期间，又受到贮存条件（容器、温差、湿度、通风）和贮存时间的影响，使酒质发生不同的变化。这种质量各异的黄酒，需要采取组合、调整、分档等措施。

因此，为了统一酒质、稳定质量，提高合格率、优质率，需要将不同酒龄、类型等的黄酒按照一定的要求进行组合和调整，这就是黄酒勾调的目的。

5.6.2 勾调要求

根据成品酒方案和风味特点以及基酒指标，选择合适的基酒进行组合，通过对不同的组合进行感官评价和比对，优选合适的勾调方案。

勾调过程中对黄酒指标应该有优先顺序。首先考虑高级醇和生物胺含量（易上头物质），其次考虑香气特征，再调整口感，最后调整基础理化指标。

5.6.3 勾调工序

根据产品要求，合理安排好各种酒的比例，制定出合理的勾调方案，经小型勾调试验、中型试验，然后进行正式生产勾调。黄酒的勾调不是盲目的调配，需要先经过平衡计算，按计算结果进行勾调，使黄酒中的酒精度、糖分、总酸、氨基酸态氮等指标达到符合质量要求的平衡点，经检测后再进行小幅调整。

勾调搅拌方式有多种，常见的工艺为压缩空气搅拌，压缩空气要保证无油、无水、无菌。勾调时搅拌要充分，使酒液匀和、均质，但又不要过头，否则不仅损失酒精和香气成分，还会增加酒中的溶解氧。

当不同的酒混合后，由于混合体系的 pH 值、溶解度等不稳定，易产生浑浊，一般要经过速冷至冰点（−5℃左右，酒精度不同冰点不同），经保温澄清一定时间（一般为 72h），让不稳定的物质成分沉淀下来，待整个体系稳定后，取上清液过滤。

澄清后黄酒采用硅藻土过滤，根据具体工艺要求，在硅藻土过滤后，还可以继续用错流膜过滤。但要注意两个问题：一是膜的孔径选型，如孔径太大则没有过滤效果，如太小则会明显降低固形物等成分的含量，并使酒色变淡；二是必须做好预过滤，否则过滤效率不高。过滤后的清酒即可进入灌装工序。

5.6.4 智能勾调系统

黄酒的智能勾调系统越来越受到人们的广泛关注，根据产品的配方要求，将计算机软硬件结合阀阵系统等设备来实现各种原料酒的智能勾调、混合，使最终黄酒产品的理化指标、风味品质等相比人工勾调工艺更加均一化、稳定化。

在此，对阀阵系统作简要的说明。阀阵是由若干阀门和管路的连接，组成一个阀门阵列，实现流路转换和其他特殊功能。阀阵的设计主要为阀门类型选择及排列的设计。根据生产工艺的需求，在阀门类型的选择中需根据功能、无菌、防水锤、体积等要求进行综合考虑。阀阵用于工艺复杂的阀门要求，可以将各种功能的容器按一定的标准组件聚集起来，以此来提高系统的工作台效率和控制整个生产过程。阀阵可以自动选择灵活的软管和偏流器面板来改变弯度，这种自动化的操作，安全、灵活，且见效快。一组阀阵可服务于多条管路，当其他容器在被注入或清空物料的同时，可以对其中的某个容器进行清洗，不会污染到物料。这种方案已经成功应用于乳品、饮料、酒类等食品加工工业。如图 5-23 所示为阀阵。

图 5-23　阀阵

5.7　成品黄酒杀菌与灌装

成品黄酒的包装样式有多种，例如瓶装（玻璃瓶、陶瓷瓶等）、坛装、袋装、桶装等，其中以瓶装为主。黄酒行业中，常见的瓶装黄酒杀菌工艺主要有热酒杀菌灌装、水浴杀菌灌装、喷淋杀菌灌装等，近年来新发展的工艺有超高温瞬时杀菌、冷杀菌（物理杀菌）等。

5.7.1　热酒杀菌灌装

工艺流程：黄酒→升温→中间罐→灌装→封口。

热杀菌灌装工艺的酒精度损耗偏高，香气物质的损失较大。主要原因有两个方面：其一是热酒温度越高损耗越大，实际操作中热酒升温一般要达到 83℃，甚至更高；其二是热酒杀菌系统中存在开放空间，如中间罐顶部及灌装环节等，若酒精回收措施应用不当，酒精度的损耗不可避免，这一情况在年份酒及高酒度产品上表现更为明显。所以，热酒杀菌的原酒需考虑酒精度的损耗，一般要留出 0.3%vol～0.5%vol 的酒精度余量，部分产品甚至更大，按 15%vol 产品折算，意味着该工艺的酒损至少达 2%～3%。

5.7.2 水浴杀菌灌装工艺

工艺流程：黄酒→中间罐→灌装→封口→水浴杀菌。

当前，企业中生产的黄酒种类多种多样，有的企业多达上百种。因此，包装瓶型多种多样，但是复杂的瓶型（异型瓶）很难在规模化的流水线上生产，更适合采用水浴杀菌这种具有广泛适应性的杀菌手段。但是该工艺能源消耗大、用工多及不利于规模化生产，所以，常用于小品种酒的生产。

5.7.3 喷淋杀菌灌装工艺

工艺流程：黄酒→中间罐→灌装→封口→喷淋杀菌。

瓶装黄酒在通过灭菌机通道过程中，利用六挡或八挡不同温度喷淋杀菌，分为预热区、升温区、杀菌区、保温区、降温区、冷却区等阶段。瓶装黄酒通过杀菌机通道时间约45min，其中杀菌区和保温区约25min。

5.7.4 热灌装喷淋杀菌工艺

工艺流程：黄酒→预热至60～65℃→灌装→瓶口喷洗、吹干→封口→单温区喷淋杀菌→自然降温。

预热灌装：即将酒加热至60～65℃进行灌装，对于高酒度产品可适当降低预热温度，低酒度产品可适当提高预热温度。与热酒杀菌相比，预热温度从88℃降低至65℃，低于酒精的沸点，可明显降低酒精度及香气成分的损耗，且相对于冷酒灌装可提高热能使用效率，并为后续喷淋设备的简化创造条件。同时，由于温度相对较低，对灌装机的性能要求降低。在后续升温过程中，对降低瓶内压力预防爆瓶带来好处，尤其对应力相对集中的扁瓶，或许可降低在杀菌过程中的玻璃瓶损耗。

单温区喷淋杀菌：即喷淋杀菌机只需一个温度梯度即可达到杀菌要求，并取消冷却段，使杀菌机的尺寸大大缩小，可比相同规模的黄酒杀菌机缩小至少一半以上，动力及管道可大为减少和简化。由此也使杀菌过程中瓶内始终保持正压状态，不仅是热杀菌处理，而且还有效防止了喷淋水的倒吸，确保产品免遭微生物污染。

自然降温：即单温区升温后不再喷水降温。其好处表现在以下两个方面：一是瓶盖内积水大大减少，对防止盖内霉的产生意义重大；二是在相同杀菌温度情况下与现行喷淋降温相比，杀菌强度大提高，由此可以反馈到单温区杀菌温度的降低，对节能降耗有积极作用。

5.7.5 超高温瞬时杀菌工艺

超高温瞬时杀菌（ultra-high temperature instantaneous sterilization，UHT）是把加热温度设为121～140℃、加热时间为2～8s，加热后产品达到商业无菌要求的杀菌过程。其基本原理包括微生物热致死原理和如何最大限度地保持食品的原有风味及品质原理。因为微生物对高温的敏感性远远大于多数食品成分对高温的敏感性，故超高温瞬时杀菌能在很短时间内有效地杀死微生物，并较好地保持食品应有的品质。

黄酒UHT杀菌工艺条件可采用120～130℃，保持8～15s，然后降温至65℃灌装。

5.7.6 黄酒新型杀菌技术

当前，黄酒常见的杀菌工艺为热杀菌，而冷杀菌（物理杀菌）等新型杀菌技术在其他食品行业受到越来越多的关注和应用。物理杀菌在杀菌过程中温度不会太高，有利于保持食品原有的功能成分及风味品质，因此可以在黄酒行业中做一定的应用尝试。常见的物理杀菌方式有：微波杀菌、脉冲强光杀菌、强磁脉冲杀菌技术、过滤除菌技术等。不同物理杀菌技术在黄酒中的应用有待进一步探索。

5.8 循环经济

5.8.1 酒糟综合利用

酒糟是黄酒醪液压榨后的固态残留物，其主要成分来自于原辅料未完全发酵的残留物，以及微生物在发酵过程中产生的代谢产物，此外，还有大量酵母细胞。经化验分析，普通黄酒的酒糟里面除了水分和酒精（含量为50%～60%）外，还包括粗淀粉（25%～30%）、蛋白质（13%～15%）、还原糖（0.5%～1%）、有机酸（0.5%）等。酒糟还可进一步加工利用，提升附加值。主要的加工利用方式有以下几种。

5.8.1.1 糟烧酒生产

由于各地酒厂生产的黄酒品种不同，而且原料和操作方法也不一样，因此，出糟率（即酒糟产量与原料米的质量百分比）差别较大。普通黄酒出糟率一般在20%～30%。绍兴地区黄酒酿造时使用较多的生麦曲作糖化剂，因其生淀粉在糖化过程中不能被充分分解利用而残留下来，所以出糟率相对较高，一般而言，传统手工加饭酒的出糟率为33%左右，机械化工艺的出糟率为30%左右。整体而言，出糟率与出酒率是相对的，出糟率高了则出酒率低。因此，在实际生成过程中，要实现原料的充分利用，尽量降低出糟率，提高出酒率。

酒糟的处理工艺一般为堆积发酵后蒸馏得到糟烧白酒，称为头吊糟烧，残余酒糟作为饲料处理；或者再进行二次发酵（固态或液态发酵），蒸馏得到糟烧酒，称为复制糟烧。主要处理过程为：

（1）酒糟破碎

板框出来的板糟首先经轧糟机破碎后，与稻壳或麸皮等辅料混合，然后运送至酒糟发酵车间。

（2）堆积发酵

糟厚度约为1.5～2m，上层盖一层大糠，之后盖一层塑料膜，自然温度发酵，冬天发酵时间长，春秋发酵时间相对短，平均时间为20天。此过程基本不产酒，主要产酯产香。

（3）头吊糟烧

将发酵好的酒糟与稻壳混合拌匀，约每2t酒糟拌入30～40kg稻壳（稻壳先蒸煮，去除异味），然后均匀撒进甑锅，要求装料疏松均匀，然后在甑锅底部通入蒸汽，蒸汽温度约110℃，通过酒糟时将内部的酒带出，酒气冷凝后得到糟烧酒，即为头吊糟烧酒。蒸馏吊酒35～60min，大约产生50～150kg的糟烧酒。

(4) 复制糟烧

头吊糟烧后残余酒糟可直接作为饲料处理，也可以进一步二次发酵，充分利用残余淀粉。二次发酵方式有固态发酵和液态发酵两种工艺。前者劳动强度大，出酒率底，但是风味品质好；后者则与之相反。

① 固态发酵工艺

固态发酵生产复制糟烧是采用麸曲白酒的固态发酵法。

蒸过酒的熟酒糟，在洁净的地面摊冷，降低温度。为加速降温，减少杂菌侵入机会，可使用风机吹冷。待温度降为30℃左右时，加入2.5%～3%的麸曲，翻拌混匀，然后加入酒母（与酒精生产中的酵母培养方式基本相同，此处不再赘述）和70%～75%的清水，再翻拌1次，再用扬渣机打匀入池（缸）。入池时品温控制在30℃左右，水分含量为52%～56%，入池（缸）底搁置假底，用于排放“黄水”。池（缸）面要密封，防止杂菌侵入和酒醪成分的挥发损失，封池可用泥巴或塑料薄膜，但四边要注意压实。

落池后的第2天，品温升至35～36℃，第3天升到40℃，并持续到第4天上午，便开始下降，一般第5天便可蒸馏。蒸馏时，先将酒醅从池中取出，拌入谷糠，装入甑锅内。酒醅必须疏松，装甑操作做到轻、松、匀，见汽撒料，做到不压汽、不跑汽。

② 液态发酵工艺

将酒糟与水按料水比1∶4，温度在50℃，打入到搅拌罐中，等温度降低到35～38℃，按比例加入酿酒曲（糖化酶、液化酶和酿酒酵母），然后将物料输送至发酵罐中进行发酵，落罐温度为28℃，之后不控制温度，自然发酵。发酵3～5天，发酵结束时酒精度为5%vol。

发酵结束后采用双塔式精馏塔进行蒸馏。发酵液从顶部与二级浮阀塔的酒精气体换热后，进入一级浮阀塔。一级浮阀塔底部通入蒸汽，上中部通入换热后料液，顶部蒸出的酒气由底部进入二级浮阀塔。二级浮阀塔底部通入蒸汽进行酒精蒸馏，顶部有多个酒精出口，通过测定各个出口酒精质量后，选择合适出口获得95%vol酒精，杂醇油排入专门的收集罐。

废酒糟通过卧螺离心机进行固液分离，离心后得到固体主要为麦皮、大糠，主要成分为蛋白质和纤维素。离心液体为浆状，需排入污水处理站处理。

5.8.1.2 酒糟副产品开发

酒糟除了可以直接当饲料使用外，还可以进一步加工成各种产品，如馒头、面膜等。

江南大学开发了一种添加黄酒糟的馒头及其制备方法。该技术以黄酒糟、面粉、酵母、食用小苏打、糖等为辅料，经混料、和面、分割成形、醒发、蒸制等工艺过程制得酒糟馒头，实现了酒糟的综合利用，解决了工厂的废渣处理问题。制备得到的馒头克服了普通白馒头不含粗纤维的缺点，膳食纤维含量为0.08%，对预防和治疗肥胖症有一定效果；蛋白质含量比普通白馒头高20%，营养价值更高。

由于酒糟中含有大量酵母蛋白、肽类、糖类等物质，具有较好的保湿效果，具有提高肌肤的营养吸收和保护功能。日本已开发出以酒糟为原料的面膜产品，受到消费者的青睐。因此，黄酒酒糟面膜产品也具有较大的市场前景。

5.8.1.3 液态蒸馏酒

液态蒸馏酒是将黄酒发酵醪液通过液态蒸馏的方式制备的蒸馏酒，它的工艺特点是在低温条件蒸馏（馏分中几乎不含高沸点的杂醇类）和分级摘酒技术，产品风味品质好，饮用舒适度高。

5.8.2 米浆水综合利用

米浆水中含大量的蛋白质、氨基酸、糖类以及乳酸等风味物质，可以作为原料生产调味料酒、提取天然乳酸、制备乳酸饮料等，实现米浆水的综合利用，提升产品附加值。

5.8.3 二氧化碳回收

黄酒在发酵过程中，尤其是在主发酵期间，会产生大量二氧化碳气体，二氧化碳的排放既不利于环境保护，而且在一定浓度下会造成人体中毒，给生产操作人员带来安全隐患。因此，可考虑收集黄酒发酵过程中的二氧化碳气体，既有利于环保，保障劳动安全，同时，提纯后的二氧化碳气体还可应用于其他行业（如饮料行业），增加了企业附加收益。

由于黄酒大罐发酵过程中会定期通入空气开耙，而开耙时排出的二氧化碳纯度不够高（低于 95%），因此，要考虑如何在开耙间隔期收集高纯度的二氧化碳。

如图 5-24 所示为某酒厂大罐发酵过程中排放出的二氧化碳纯度变化，从测定数据中可以看出，前发酵 10 次开耙过程中，大罐排出的二氧化碳纯度基本维持在 95%以上（开耙时不考虑），纯度较高（99.9%以上）的时间段位于 1～4 耙之间，即发酵 13～26h，共 13h。第 4 耙后，二氧化碳纯度逐渐低于 99.9%；第 7 耙后，二氧化碳纯度在 96%～97%之间。

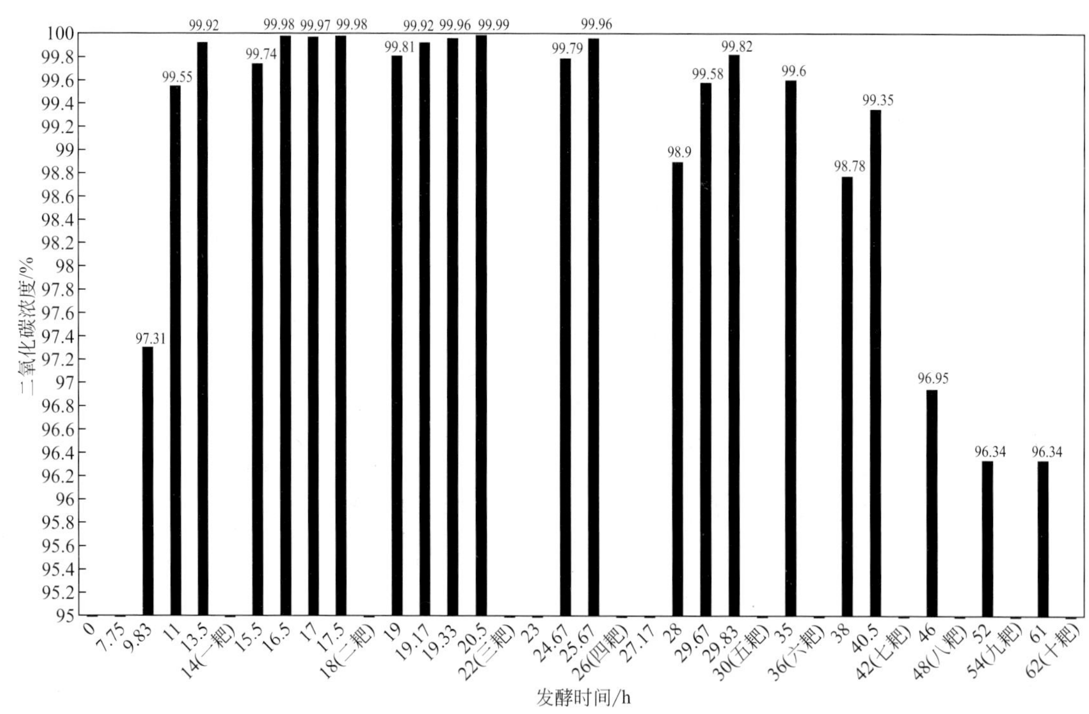

图 5-24 黄酒发酵过程中大罐排出的二氧化碳纯度变化

如果考虑收集纯度在 99.9%以上的二氧化碳，收集量计算如下：前 3 次开耙，每次开耙后，二氧化碳浓度恢复到 99.9%以上平均需要 2h。如果考虑收集 99.9%纯度以上的二氧化碳（1 耙到 4 耙之间），那么实际可收集时间为 13－（3×2）＝7h。如果此阶段仅考虑酵母无氧呼吸作用产生的二氧化碳，那么根据葡萄糖酒精发酵方程 $C_6H_{12}O_6 \longrightarrow 2C_2H_5OH + 2CO_2\uparrow$ 可知，每产生 1t 酒精，同时也可产生约 0.96t 二氧化碳，即每产 1t 黄酒（按 17％vol 计算）可产生 0.16t 二氧化碳。再根据此时发酵产生的酒精度，即可推算出理论上能收集的二氧化碳数量。而在实际发酵过程中，酵母等微生物还会有氧呼吸作用，同样也会产生二氧化碳，所以，二氧化碳收集量理论上可能还会稍微高一些，此问题有待将来进一步探究。

参考文献

[1] 毛健，孟祥勇，姬中伟，等.一种植物乳杆菌及其在黄酒酿造中的应用［P］：CN201310403065.6

[2] 韩笑，毛健，黄桂东.微量通气处理对黄酒陈化过程中风味物质和游离氨基酸的影响.食品科学，2013，34（3）：123-127.

[3] 毛健，刘双平，金文苑，等.一种添加黄酒糟的馒头及其制备方法［P］：CN201510534900.9.

[4] 李家寿，陈靖显.黄酒酿造工艺——生产技术培训教材［C］.中国酿酒工业协会黄酒分会.2004.

[5] 傅金泉，张华山，姚继承.中国红曲及其实用技术［M］.武汉：武汉理工大学出版社，2016.

[6] 傅金泉.黄酒生产技术［M］.北京：化学工业出版社，2005.

[7] 周家琪.黄酒生产工艺［M］.北京：中国轻工业出版社，1996.

[8] 杨国军.绍兴黄酒酿制技艺［M］.杭州：浙江摄影出版社，2009.

[9] 江超，林峰，邹慧君，等.陈年绍兴黄酒的成分分析与品质鉴定［J］.食品与发酵工业，2009，35（10）：119-123.

[10] 惠明，邱聪，张会娟，等.黄酒陈化中产生褐变的影响因素研究［J］.河南工业大学学报：自然科学版，2018，39（01）：16-20，32.

[11] 袁军川，田悦，彭叶军，等.瓶装黄酒杀菌灌装工艺探讨［J］.酿酒科技，2017（5）：70-72，78.

[12] 毛青钟.黄酒灭菌温度的探讨［J］.中国酿造，2005（6）：34-37.

[13] 徐俊敏.黄酒冷、热灌装工艺的比较分析［J］.包装与食品机械，2013，31（6）：65-68.

[14] 张宏宇，王国扣.现代食品机械产品质量保证的基本要求［J］.包装与食品机械，2013，31（1）：54-57.

[15] 孔祥国.热灌装与无菌冷灌装的技术工艺及设备［J］.科技情报开发与经济，2006（24）：288-289.

[16] 余华.生产追溯系统在黄酒灌装线上的应用［J］.酿酒，2013（2）：91-92.

[17] 杨国军，尉冬青.瓶装黄酒杀菌条件与风味关系研究［J］.中国酿造，2005（9）：48-50.

[18] 刘克，张清文，毛严根.冷热灌装方式对黄酒风味物质的影响［J/OL］.酿酒科技［J］.https：//doi.org/10.13746/j.njkj.2018360.

[19] 高艳秀，刘杰，傅勤峰，等.利用冲灌拧一体机热灌装桶装黄酒的工艺优化［J］.食品工业，2016，37（5）：110-112.

[20] 李贵平.液体灌装机的分类与选择［J］.江西食品工业，2002（4）：61.

[21] 何伏娟，林秀芳，童忠东.黄酒生产工艺与技术［M］.北京：化学工业出版社，2015.

[22] 陈靖显.黄酒勾兑［J］.酿酒科技，2004（1）：111-112.

[23] 魏桃英，徐大新，寿泉洪.浅析黄酒的勾兑［J］.酿酒，2010，37（1）：92-93.

[24] 寿虹志.论黄酒之勾兑［J］.中国酿造，2003（2）：6-7.

[25] GB8817—2001 食品添加剂 焦糖色［S］.

第六章

黄酒的风味

6.1 感官评定

食品感官评定，就是以心理学、生理学、统计学为基础，依靠人的感觉（视、听、触、味、嗅觉）对食品进行评价、测定或检验并进行统计分析以评定食品质量的方法。消费者对于食品感官的评价是其颜色、口感、香气、质构等各个属性经过大脑加工形成的综合判断，同时容易受到消费习惯、年龄、身体状态等因素的影响。因此，即使在物理化学等检测技术和手段飞速发展的今天，对食品感官及嗜好度的分析仍以人的感觉器官为主，仪器设备起到辅助作用。感官评定技术实用性强、灵敏度高、结果可靠，解决了一般理化指标所不能解决的复杂的生理感受问题，因此在新产品开发、市场预测、产品质量管理、消费行为研究等方面应用广泛，是食品企业和技术人员需要掌握的核心技术之一。

6.1.1 感官评定常用方法

根据使用目的和用途的不同，可以将感官评定方法分为3类：差别检验、描述性分析检验和消费者偏好性检验。目前在饮料酒领域应用和报道较多的是描述性分析，差别检验和消费者检验报道较少。

当想要确定两个样品之间是否有可察觉的差别时，可以采用差别检验的方法。在差别检验中要求评价员回答两个或两个以上的样品之间是否存在感官差异（或偏爱某一个），通过统计分析得出两个或两个以上的样品间是否存在差异的结论。其结果解释主要是运用二项分布参数检验。差别检验通过测试一定数量的人的样本，将实验结果推广到所有可能使用该产品的人群。其评价员通常是目标产品的消费者，不需要经过特殊的筛选和培训。主要应用领域包括：①产品品质的控制，包括风味变化，不同批次产品之间的品质一致性，配方改变、工艺改变以及包装改变等对产品感官品质的影响等；②新产品的开发，模仿天然食品、模仿市场上同类产品的佼佼者等。差别检验的方法主要包括：成对比较检验法、三点检验法、二-三点检验法、“A”或“非A”法、五中取二检验法等。相对于其他分析方法，差别检验实验过程比较简单，对评价员要求低，实用性强，在食品领域中应用广泛，但是其在饮料酒分析中的应用很少，黄酒中的应用目前还未见报道。

描述性分析是食品感官分析方法中最复杂的类型，它通常使用经过特定培训的评价员对一系列产品的各方面属性进行定性和定量感官分析。这些属性包括外观、声响、风味、异味、质构和后味等所有人体器官可以感受到的属性，比如人们消费一款饮料酒时在品尝前、品尝过程中以及品尝后所有感受到的属性。根据需要，分析可以对产品所有属性进行评定，也可以只侧重于评估某一个或几个具体的方面，其评估的对象也可以是食品原料、配料、开发中的产品或者市场上销售的产品。当需要了解样品（产品、原料等）一个或多个方面的详细信息时适合使用描述性分析，描述性分析可以提供样品的详细信息，并且能提供样品属性种类和强弱上的差异信息，以及对产品消费者接受性至关重要的属性。因此在食品新产品开发、产品改进、配料替换、市场预测、质量控制等多个领域应用广泛。下面举几个描述性分析典型的应用实例：①在新产品的开发中用于定义目标产品的感官属性；②质量管理/控制（QA/QC）或研发部门用于定义质量控制标准或规范；③解释消费者喜好性原因，即分析受消费者欢迎的产品具有的感官特征；④有助于观察产品的感官属性随时间而发生的变化（如货架期确定、包装稳定性等）；⑤分析仪器结果、化学物质含量、物理指标等数据与感官属性的相关性，找出影响感官属性的主要因素。

描述性分析可以提供很多仪器分析方法不能提供的信息，并且很多情况下其灵敏度比分析仪器要高。比如食盐浓度和 pH 值并不能完全代表食品的咸度和酸度，在货架期确定和分析包装稳定性时，目前也无法使用分析仪器监控食品感官方面的微小变化。监控食品在氧化、酸败或者风味强度方面的复杂变化时，以及评定食品在储存过程中出现的新属性时，描述性分析方法几乎是唯一有效的方法。描述性分析要求对评价员进行仔细的培训，并且要求由一个有丰富感官评定知识和经验的专业人员进行指导和维护。培训和维护一个感官评价小组需要花费较多的资金和时间，并且需要在具体设施投资和管理上提供长期的支持，没有这些支持不可能成功地组织和维护一个感官评价小组。但是，拥有这样一个特殊的分析仪器所带来的效益通常可以超过其投资。因此，世界上很多大的食品企业都组建有自己的感官评价小组，并让其在产品开发、质量控制、市场调研等多个环节中起重要作用。

消费者检验是分析消费者对于产品的喜好性或接受性的测试。现代食品企业间竞争激烈，产品是否被消费者接受和喜爱对于企业而言至关重要。消费者检验在新产品开发、产品优化、产品维护、市场潜力评估、寻找消费者需求等领域均应用广泛。其方法主要包括定性消费者检验和定量消费者检验两种。定性消费者检验主要包括焦点小组座谈（8～12 消费者）、一对一访问等方式；定量消费者检验主要包括偏爱检验、成对偏爱检验、排序偏爱检验、多组成对偏爱检验以及接受度检验等方式。参加测试的消费者通常满足以下要求：①必须喜欢或者不讨厌被检验产品；②是该类产品的目标消费者；③必须对此感兴趣且自愿参加；④要考虑性别、年龄、地区、文化水平、收入水平等因素，使之具有代表性。

6.1.2 描述性感官分析

描述性分析是感官分析人员工具库中最复杂的工具之一，涉及由受过训练的评价小组对消费品的定性和定量感官成分进行检测（区分）和描述。产品的定性方面包括产品的所有香气、外观、风味、质地、口感和声音特性等方面。感官评价员有时候需要将这些属性量化，以描述感知到的产品属性，得到产品的感官特征以及不同产品间的差异。描述性分析的主要优势在于它能够明确感官属性与仪器分析结果或消费者偏好之间的关系，明确影响食品感官和消费者喜好的关键物质，这对于食品生产者改进配方和优化生产工艺均非常重要，因此该方法在食品工业中被广泛使用。描述性感官分析也用于质量控制，它可以用来追踪产品货架期内的感官变化以及包装效果随时间的变化，研究原料成分或加工参数对产品感官质量的影响，以及调查消费者对产品的看法［比如自由选择剖面（FCP）］。

6.1.2.1 描述性分析小组的建立

所有描述性分析方法都需要经过一定程度培训的感官小组。在大多数情况下（自由选择剖面除外），还要求小组成员具有可靠水平的感官灵敏度。为了实现这一目标，通常会从项目所需小组人数的 2 至 3 倍人员中筛选，候选人需要在与项目目标相关的各种测试中表现良好。我国先后出台了数个标准来规范和指导感官评价员的筛选、培训和感官小组的建立，比如 GB/T 16291.1—2012《选拔、培训与管理评价员一般导则，第 1 部分：优选评价员》和 GB/T 16291.2—2010《感官分析选拔、培训和管理评价员一般导则，第 2 部分：专家评价员》。本书在这里主要强调几个关键点，不详细介绍评价员的筛选和培训过程。初步的人员

筛选需要考虑候选人的健康状况、时间、兴趣、生活习惯等方面，主要包括以下因素：健康状况，是否过敏，时间，个性，语言表达能力，语言创造力，注意力，主动性，团队精神，是否吸烟，饮食习惯，教育背景，感官灵敏度，是否有感觉缺失，特定的厌食症，以往的经验，是否佩戴假牙，服用药物史，是否是目标产品消费者等。

对于组织者来说，最重要的是成员的承诺和动力。无论潜在的小组成员在测试中表现如何，如果他们无法参加培训或评价会议，则对计划没有任何意义。个人访谈可以用来评估承诺和动力。也可以通过填写每周可用时间的“时间表”来确定是否有空，但是，候选人几乎总是高估其时间的可用性，在选拔评价员时应特别注意。对于选拔出来的评价员，需要进行特定的培训，以训练评价员对于感官属性的敏感性，让评价员熟悉感官词汇，并通过参照样的使用训练评价员对于感官属性的强度形成统一的强度标尺。

6.1.2.2 属性和词汇的开发

描述性感官分析的培训阶段始于通用词汇的开发，该词汇全面、准确地描述产品属性（FCP 除外）。通常，一个新的感官小组会开发自己的感官词汇，但是经验丰富的小组负责人或其他成员的介入可以辅助学习过程。新的小组也可以采用现有的词汇，尽管该词汇是由其他实验室开发的。不同的国家或地区，可能会在理解和解释词汇上遇到困难。解决这个问题的一个有效方法是确保提供完整的定义和标准以明确感官属性。

在词汇选择过程中，感官评定小组通常会接触多种目标产品。在此阶段确定要评估的产品范围至关重要，尤其是跨实验室或跨文化的实验中，每种情况下应使用相同范围的产品。生成初始词汇的时候应侧重产品之间的差异，而不是简单地编写词典。描述词的筛选过程通常是一个评价员间达成共识的过程。但是，此方法可能会受到小组成员流动的影响，而且在许多情况下，小组成员可能在选择属性上无法达成共识。小组负责人还可以通过鼓励或强调文献中已报道的某些属性来引导描述词的选择过程，有时这是必要的。选择词汇的原则是该词汇在产品可以被感知和定义，同时能表征不同样品之间的区别。

6.1.2.3 词汇的理解和评价员的培训

一旦选定了词汇，小组成员将学习使用通用的“参照标准”来说明/定义产品属性及其在被测产品中的强度。通常，通过让小组成员接触被测类别的产品来实现。常见的“参照标准”被定义为“评价员在评估产品时心理上参考的背景信息和标尺”。在培训之前，评估人员使用他们自己的个人参考标准来评估产品，定性地使用他们自己的语言来描述感知信息，并定量地使用他们以前的经验来评估强度。但是，训练有素的评估人员会通过培训过程获得统一的定性和定量参考标准。

词汇概念的理解通常涉及两个过程，即抽象和概括。概念形成和定义的最简单示例是颜色。人们对颜色的概念理解较为相似，因为人们习惯将特定标签与特定刺激（例如绿草）相关联。因此形成了颜色的抽象概念。第二部分，泛化是指以下事实：感官概念已扩展到自身刺激范围之外，因此我们可以将绿色概念推广到其他刺激，例如树木。对其他感官属性（例如，风味）的描述和理解并不那么容易，尤其是在诸如代表弱的结构概念的情况下，例如花香或水果味等复杂属性。因此，在感官小组中使用参照样来实现概念的一致性很有必要，它们既是定性的又是定量的。化学物质、香料或产品都可以作为参照样，有时候可表现出感官刺激的非食品相关材料也可以用做参照样，例如，青草用于“青草香气”或“绿色”，纸板用于“氧化味”等。对于某些复杂的属性，能准确表达属性概念的参照样很难寻找，使用特定产品作为参照样效果较好，比如向基酒中添加标准物质。有研究人员比较了3种训练描述性小组研究橙汁异味轮廓的方法，得出的结论是小组成员从产品中学习到了描述词，而不是表现出色的外部标准。对于香气参照样，化学标准品效果较好，有助于定义挥发性成分和香气之间的关系。总体而言，在描述性分析中促进词汇理解一致性的培训应尽可能充分。在分析过程中小组长也应该及时分析评价员的个体表现和小组的一致性，一旦发现小组成员对于某个属性的理解有较大偏差，应该继续培训小组成员对于词汇的理解和强度的认知，如果经过大量培训评价员仍然无法达成一致性，应考虑将此词汇删除，或者调整词汇的定义。

该方法中的评价员是测量感官属性的工具，类似于用尺子测量物体的长度，因此在培训和分析过程中应尽量减少评价员的主观影响，培训的目的就是让所有成员对感官属性有相同的理解和强度认定，这就像我们用不同的尺子测量，要求不同的尺子刻度保持一致一样。因为感官属性的特殊性，这样经过系统培训和训练的评价小组将成为企业和科研人员分析食品感官属性的有力工具。

6.1.2.4 描述性分析方法

描述性分析的方法主要包括：风味剖面分析、质地剖面分析、定量描述分析（QDA）、Spectrum™ 描述分析、自由选择剖面分析等。具体方法各有所长，但是为了满足特定的分析目标，将这些不同方法结合起来的通用描述性分析在实际应用中经常使用。

（1）风味剖面分析

国家标准GB/T10221—2012《感官分析术语》中对于风味的定义是：品尝过程中感知到的嗅觉、味觉和三叉神经感的复合感觉。嗅觉是指气味，包括各种香气和不良气味；味觉通常指基本味和其他味道，基本味包括酸味、甜味、苦味、咸味以及鲜味五种。其他味感，包括碱味、涩味和金属味等。涩味是某些物质（如单宁）刺激口腔产生的使口腔皮层或黏膜表面收缩、拉紧或起皱的一种复合感觉。辣味是物质刺激三叉神经产生的一种痛觉。因此辣味、刺激性等三叉神经感属于风味的范围，视觉（色泽、澄清度等）、听觉等不属于风味范畴。

风味剖面分析（flavour profile method，FPM）是第一个被报道的描述性分析方法，最早出现于20世纪40年代后期。该方法通过小组讨论达成共识的方式进行工作，也就是说整个小组作为整体进行词汇开发和产品评价，同时小组成员考虑食物总体风味和可检测风味成分。评价小组由4～6名评价员组成，经过培训后他们可以在2～3周的时间内精确定义不同产品的风味。评价员的选拔标准特别严格，小组长负责在培训期间让评价员尽量多的接触目标产品中的各种类型样品，在培训的同时审查和细化风味词汇。描述词定义和参照样选择也会在培训期间完成。早期时候该方法的结果使用非数值型数字和符号表示，随着数字量表的引入，属性强度的量化得以实现，这样就可以对结果进行统计分析。尽管风味剖面分析是最古老的技术之一，但仍在工业生产中经常使用，特别是在调味品、香精香料和酿造食品工业中。

FPM的优点是评定小组经过严格培训，即使是很小的产品差异也很敏感。此外，由于所涉及的评估人员数量少，因此小组运行的工作量通常较少，与定量描述分析相比，评价员更易于协调，评价小组凝聚力更强。该方法的主要不足在于，它依赖于少数训练有素的专家，甚至一名专家小组成员的离开也会对评价过程产生严重影响。评价员使用的技术性语言

也可能使得市场营销人员难以对感官属性与消费者偏好之间进行关联分析和解释。

（2）质地剖面分析

质地，也称质构，国家标准 GB/T 10221—2012《感官分析术语》中对于质地的定义是：在口中从咬第一口到完成吞咽的过程中，由动觉和体觉感应器，以及在适当条件下视觉及听觉感受器感知到的所有机械的、几何的、表面的和主体的产品特性。质构剖面分析（texture profile method，TPM）是科学家在 20 世纪 60 年代开发的。最初，研究人员开发了一种质构分类系统，旨在弥合专家和消费者质构术语之间的差距，将感知到的质构分为“机械”“几何”和“其他”三类特征。经典的 TPM 就是基于这种分类。该技术旨在描述从第一口到完整的咀嚼食物整个过程中食品的质构属性，并考虑属性的时间因素。

TPM 的属性根据 Szczesniak 开发的量表进行评分，以涵盖食品中的感官范围，并且量表点与特定的食品相关。多年来，该方法得到了扩展，其中修改了一些用于固定尺度的食品，并添加了新的尺度来评估产品其他方面，例如表面特性。TPM 分析通常要至少 10 个评价员，在 6～7 个月的周期内，TPM 小组的培训时间最多为 130h。最初的 TPM 定量使用扩展的 13 点标度，最近 TPM 小组已使用类别、标度线和量级标度进行训练和评价。TPM 的一个局限性是其参照样是使用美国本地产品开发，美国以外的研究人员可能无法使用参照样，各国学者在使用该方法时应对 TPM 的定量标尺进行修订，使其符合所在国的使用习惯。

（3）定量描述分析

定量描述分析（quantitative descriptive analysis，QDA）是在 20 世纪 70 年代开发的，旨在纠正与 FPM 相关的一些感知问题。该方法通常每个评价员独立评定，最后由小组长对结果进行统计。小组长负责管理、组织和统计，不参与样品感官评定，以避免干扰其他成员。方法通常使用非结构化的线性刻度来定义/评估属性的强度，这有助于减少评价员主观造成的个体差异。小组需要经过一个周期大约 10～15h 的培训来了解属性的含义，而后需要一定程度的练习才能准确地使用词汇和标度。与许多其他方法不同，QDA 假设评价者使用量表来评估产品属性，因此提供的是产品之间的相对差异信息，而不是绝对差异信息。成功的 QDA 结果表明，小组成员针对样品之间的相对差异进行了校准。描述性分析的设计基于重复测量，每个样品至少被分析两次，结果统计通常使用方差分析进行，并以蛛网图（雷达图）的方式表示样品结果，该方法的分析流程如图 6-1 所示。

QDA 的局限性在于，很难使用这种技术来比较小组之间、实验室之间以及不同重复之间的结果。例如，如果我们考虑一种情况，需要在成熟期 3、6 和 9 个月时对奶酪进行分析，则必须确保感官评价结果反映的变化与奶酪本身相关，而不是与评价小组的变化有关（有时可采用冷冻样品做参考，但是感官变化，尤其是质地变化方面可能存在问题）。通过统一培训方法和标度，可以在实验室之间进行结果比较。QDA 评价员培训比其他方法（如 FPM 或 Spectrum™）花费的时间更少，使其更易于推广应用。该方法已被广泛用于不同食品的研究和生产实践中。

（4）定量风味分析技术

定量风味分析（quantitative flavour profiling，QFP）是 QDA 的改进方法。与提供产品所有感官特性的 QDA 不同，此方法仅集中于风味的描述。此外，QFP 中使用的描述性词汇是一种常见的标准化风味描述词，由 6～8 人组成的感官小组开发。由于小组成员都是食品

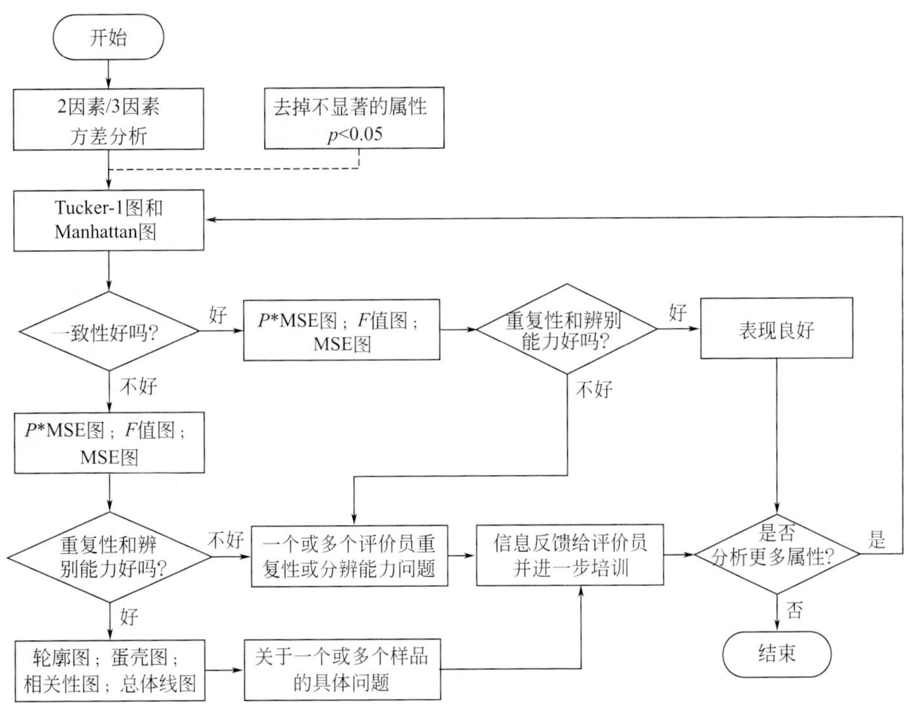

图 6-1 QDA 法分析流程示意图

风味专业人士，所开发和使用的词汇通常具有一定的专业属性。此方法的优点是，由于专业小组成员具有专业技术知识背景，因此一般不会出现错误的词汇。但是，在尝试将数据与消费者的感受和偏好相关联时，这种词汇也可能面临挑战。

QFP 在很大程度上取决于参照样的使用，以明确词汇的概念和强度。参照样的使用，使得两次重复之间以及不同样品之间可以进行结果比较和统计分析，并且有助于消除评价员之间的文化差异，从而可以对不同国家的感官小组进行同样的培训。因此，QFP 非常适合跨文化或跨实验室的项目。这种方法已经用于乳制品的风味分析，特别是奶酪、酸奶和甜牛奶，并且通常被香精香料厂商使用。

（5）蛛网分析法

蛛网分析法的英文名字是 The Spectrum™ Method（Spectrum™），在 20 世纪 70 年代开发。也有学者将该方法翻译为雷达分析法。两种翻译都不能很好地反映本方法的特点，直接称为“Spectrum™ 法”或许最合适，但是为了方便国内读者，我们还是使用蛛网分析法的翻译。蛛网分析法的主要特点是大量使用参照样、专门的小组培训和统一的标度。蛛网分析是基于 TPM 的原理开发，但是，该方法不仅关注产品的质构方面，而是研究产品所有属性的完整“蛛网”。

通过选择和训练的蛛网分析小组可以用来评价一种或者多种产品。描述词通常由专家小组成员得出，但是在跨实验室试验的情况下，一个专家小组可以采用另一小组开发的语言。通常，小组成员要接受所有感觉形式的描述技术培训（例如外观、气味和滋味），并对感官知觉的生理学和心理学有基本的了解。例如，描述颜色的小组成员应了解颜色强度、色调和色度。小组成员首先评估目标产品的多种产品，从而制定属性列表。可以仅根据一种感觉形式（例如外观或香气）来描述产品，或者可以对他们进行培训以评估产品所有形式。每个小

组成员都会产生一个描述产品的词汇列表，然后将这些词汇汇编并组织成一个综合但非特有的词汇表。过程中使用参照样来帮助评价员理解和把握词汇，因此所有小组成员都以类似的方式理解词汇。

蛛网分析法中使用的标度通常是广泛使用的食品作为参考样，并有相对应属性强度值。这样每个参照样不仅解释了属性的概念，同时也代表一定的强度，这些参照样的使用大大减少了评价小组成员间以及不同小组间的差异性，从而可以更好地与其他数据（例如仪器数据、消费者喜好数据等）进行关联分析。蛛网分析法需要广泛的培训，每个阶段需要的典型时间是：词汇开发需要15～20h，标度介绍需要10～20h，初次实践需要15～40h，产品细微差异分析需要10～15h，属性的强度校准需要15～40h。这里的强度标度是绝对值，也就是说，创建的各个标度值具有相等的强度，因此甜度标度上的5与咸味标度上的5具有相等的强度，依此类推。此外，人们认为对于大多数属性，对属性进行绝对强度校准是可行的。这样保证了使蛛网分析小组所需的时间和财务投资物有所值。

但是，与TPM一样，美国以外的研究人员也不易获得用于标定属性强度的参照样。使属性脱离背景也可能是有问题的，例如必须将被评估产品的硬度与其他9种产品的硬度相关联。在识别不熟悉的产品中的属性时，文化差异也可能导致问题产生。

蛛网分析法已成功应用于数项已发表的研究中，国际上许多感官研究中也使用了该技术原理。

（6）通用描述性分析

如今，许多组织都使用通用型描述性分析，从而可以根据项目的需要组合各种方法中最合适的理念。确实，越来越多的公司根据他们的研究要求采用特定方法的变体。例如，我们可能面临两个不同的感官挑战。案例1是公司、专家组负责人或评价小组都没有产品（例如奶酪）经验的情况。为了进行偏好映射并选择消费者最喜欢的两种奶酪，有必要对10种奶酪的描述性轮廓进行一次性描述性。由于可用资金有限，评估必须在4周内完成。但是，案例2的情况则完全不同。该公司生产奶酪，并且已有100年的历史了，公司有经验丰富的分级员，并且小组负责人具有丰富的奶酪生产技术经验。但是，该公司最近聘请了一个外部专家小组，希望开始对奶酪进行描述性分析，以便将来进行质量控制、产品开发和通过气相色谱质谱分析结果对已知奶酪的基本风味结构进行深层分析。管理层已经致力于进行大量的财务投资。

这两种情况都需要进行描述性分析，但是以相同的方法处理它们是不明智的，因为他们有不同的对象。正是这些多样化的对象促使了具有不同原理的描述性分析方法的发展。在这种情况下，QDA类型的评估可能是案例1的最佳选择，而蛛网分析类型的评估可能更适合案例2的选择，但实际上需要考虑的是两种情况下几种方法的混合。

人们针对酒精饮料、肉类以及奶制品等不同产品类别，已经进行了许多使用通用性描述性分析的研究和应用，并取得了很大的成功。

（7）自由选择剖面分析

自由选择剖面分析（free-choice profiling，FCP）于20世纪80年代在英国被开发出来，并在随后的发展过程中逐步完善。FCP旨在帮助市场营销和产品开发团队分析目标消费者对产品信息的感知，而不是由受过训练的感官小组对产品形成专业性的描述。该方法允许评定小组成员（消费者）可以使用任意数量的自己的词汇（语言）来描述和量化产品属性，该方法成立的前提是假设小组成员的看法没有不同，而只是描述他们的方式不同。产生属性的数量仅受小组成员感知和描述能力的限制。

FCP 的独特优势在于避免了小组培训，参与者仅需要能够使用量表并成为被评估产品的消费者。但是，有时为每个小组成员处理单独的信息可能会很费时，并且感官分析员对个体描述词汇的解释也可能具有挑战性。尽管 FCP 可以揭示样本之间的巨大差异，但它并没有表现出常规分析所显示的更易分辨的差异。

FCP 已成功用于多种产品的研究中，例如奶酪、鲑鱼、肉制品、酒精饮料和咖啡等。

6.1.3 描述性分析词汇表

6.1.3.1 简介

描述性感官分析词汇表（也叫词汇库）是一组经过专门培训的小组成员开发和使用的标准化词汇。词汇表开发是描述性感官分析中的关键步骤之一。要开发一个词汇表，小组成员需要评估尽可能全面的代表整个产品属性的样本，生成描述样本的描述词，定义描述词，开发标准化的评估程序，选择解释描述词的参照物，审查样本以进一步培训小组成员，然后敲定这些描述词。在大多数情况下，小组成员还为每个标准参照物设定强度值，以确定属性的强度参考标准。词汇表中列出的词汇必须是广泛而完整的，非享乐的，表示单个属性（非集成）的和非冗余（没有重复）的，并且还必须包含所有产品差异。

感官词汇表作为有效的沟通工具，在感官评定小组、感官科学家、产品开发人员、市场营销人士和供应商之间起着重要的沟通作用。不同人由于个体感觉器官、背景知识和文化的差异可能对相同的感官属性有不同的理解。此外，使用已经明确定义和有确定参照样的词汇进行描述性感官分析，并使用标准化的评估程序，可以提供有关食品感官质量的准确和可重复的信息。这些信息可以用作食品研发中各种活动的指导工具，包括新产品开发、质量控制、产品改进以及监测产品保质期内的变化。

6.1.3.2 食品中的描述性分析词汇表

目前已经开发出多种食品的词汇表来描述它们的感官特性，包括水果、蔬菜、谷物、坚果、饮料、面包、乳制品、大豆制品、肉制品以及动物食品等广泛的样品。一些词汇表进一步探讨了因食品差异导致的复杂感官属性（例如，烟熏味）。这些都是由训练有素的小组成员使用描述性感官分析方法开发的。如果测试的产品集合很大并且涵盖了广泛的样本，则建立的词汇表可能对其他研究人员的项目特别有用。词汇表也可以作为一个独立的项目进行开发，以期为许多研究人员提供一个起点，给他们提供一个开展比较研究的共同基础。下面提供一些近年来针对各种食品和饮料开发的词汇举例，主要目的是给读者提供参考和启发，感兴趣的读者可以查找和阅读相关的文献。

有研究人员分析了 78 个苹果品种，开发了一个描述不同品种苹果风味和质地多样性的词汇表。一个用以描述桃子不同品种和不同成熟阶段（成熟、欠熟、过熟）差异的词汇表被开发出来，里面包含了香气、口感和质地属性。有研究人员开发了一个由 15 个术语组成的词汇表，用于描述咖啡准备过程（生咖啡豆，烘焙咖啡豆，磨碎咖啡和酿造咖啡豆）中由于咖啡种类和烘焙工艺造成的香气特征差异。近期，一个包含 110 个描述词的词汇表被开发出来，用于描述各种煮咖啡样品的香气和风味。该词汇表是对来自全球 14 个国家/地区的 105 个咖啡样品进行评估后得出的。饮料酒是国外研究相对比较充分的食品，尤其是葡萄酒和啤酒。不仅有通用的描述词库，针对不同品类、不同产地甚至不同品牌的产品开发了许多专用的词汇表，用以描述特定产品的风味特征。

在词汇表开发过程中研究的样本数量通常应覆盖整个产品分布。样本集合的大小同时也取决于产品类别的多样性以及研究的目的。对于旨在开发一个词汇表来描述样本之间受各因素影响的感官差异的研究而言，样本集通常不是很大就可以代表整个产品分布。也就是说，如果目的是为了建立某产品的通用词汇表，需要的样品集合通常比较大；如果目的旨在为特定产品类别开发词汇表，所需要的样品量通常不大即能代表目标样品集，文献中常见的数量为 5～14 个。当使用大量样本开发词汇表时，通常将样本置于不同的集合中，以在开发的不同阶段使用。例如，将 105 个咖啡样品分成 4 组（对于第 1～4 组分别为 13、45、27、20）。集合 1，带有少量咖啡样品，用于最初的词汇表开发。随后，使用具有商业咖啡样品的集合 2 和具有独特感官特征的集合 3 样品来扩展词汇表并合并其他属性。最后，使用咖啡样品范围较窄的集合 4 来验证开发的词汇表是否可以解释所有样品中存在的多种感官特征，是否同时可以检测出样品中的细微差异。也有研究人员采用另一种样本分配方法，从不同的生产地区采购了 116 份酱油样品，由感官评价员进行了初步筛选；此后，仅使用 20 个代表酱油风味特征多样性的样本来开发酱油词汇表。

6.1.3.3 词汇表的应用

通过举例来说明词汇表在食品研究和开发中的应用。

（1）交流工具

描述性分析词汇表促进了公司内部、公司之间，甚至国家之间，在不同人群之间（例如，感官小组和科学家、产品开发人员、营销人员以及供应商）就产品的感官特性进行准确、精确的沟通。不同的人，尤其是来自不同国家和文化的人，对同一描述词可能有不同的理解和解释。这种偏差可以通过使用统一的词汇表来解决，词汇表中提供了每个感官描述词的定义和参考风味特征。例如，美国和泰国专家小组很难理解其他专家小组描述酱油风味特征的术语。泰国小组成员很难区分美国小组成员使用的“棕色”“焦糖”和“深棕色”术语。但是，一旦两个小组协商明确定义了每个术语的含义，并使用了适当的参照样来表示每个术语，就可以解决问题。这项研究强调了定义和参照样对于跨文化感官研究的重要性。

（2）新产品开发

对于食品工业，新产品开发是其最重要的活动之一。开发新产品的过程可以分为几个阶段，其中概念开发、原型设计和商业化是成功开发新产品的关键步骤。由受过训练的小组成员开发的描述性测试和感官词汇表可以在新产品开发过程中作为有效的指导工具。

① 概念开发

为了进行概念开发，需要从文献、专利、市场趋势以及市场竞争产品中收集信息。描述性感官分析可以更好地理解现有产品或竞争对手产品的感官特性以合理设计新产品。许多词汇被开发出来用于确定市场产品的感官特征，例如白菜泡菜、山羊奶奶酪、法国奶酪以及淡腐乳（中国发酵豆腐）等。此外，将描述性数据与消费者可接受性数据相结合有助于明确消费者出于何种原因而喜欢哪些产品，并可能为市场潜在不足提供意见。例如，研究人员使用包含 24 个词汇的词汇表研究了美国市场上出售的 26 种商业普通豆浆的感官特征，根据其感官特征选择了 12 个代表性豆浆样品，对不同年龄/文化类别的消费者进行测试。根据喜好数据，确定了 3 个不同年龄的消费群。使用偏好分析，可以得到每个消费群喜欢的驱动因素。甜味、芳香剂、香草/香兰素风味和较高的黏度被所有消费群体所偏爱，群体之间的差异是不喜欢的原因。消费群 2 和 3 不喜欢带有“豆类”“绿色/草皮”“肉/肉汤”风味和涩味的豆浆。消费群 3 中的消费者愿意通过添加甜味来忽略不喜欢的属性，而消费群 2 中的消费者则不会这样做。

② 原型开发

在整个开发阶段，使用感官词汇表进行描述性分析对产品开发人员来说是有利的，因为有助于详细了解产品的成分、加工方法、包装条件等对产品感官质量的影响。此外，应将开发的产品与产品概念设计中的理想感官特性及商业产品（尤其是市场领导者）的感官特性进行比较，以确保该产品能够在市场上获得成功。

③ 商业化

产品商业化推向市场是产品开发的最后一步。从实验室到中试工厂再到规模化工业生产，总会带来产品的变化。使用词汇表执行描述性测试可以帮助理解在放大过程中细微的感官变化，并且帮助找到解决方案以使产品恢复至最初预期的感官特性。

（3）质量控制

感官评价在食品质量控制中最常见的作用是维持品质的稳定性。描述性感官分析和词汇表可用于根据感官质量确定食品的规格和等级，并测试产品是否符合目标要求。食品生产过程中由于各种因素的影响，同一制造商生产的同一类型产品的感官质量可能有明显差异，发酵食品尤其如此。在需要改进质量控制体系的情况下，研究中开发的词汇表可用于查明波动大的感官属性，然后调整生产过程以提高产品品质的一致性和稳定性。

（4）产品改进

描述性感官分析和词汇表可以用来监控食品原料、加工工艺和包装等的变化是否可以提高公司现有产品的质量。例如，一项研究使用描述性分析和包含 25 个明确定义术语的词汇表来确定是否可以通过添加晶体促进剂来改善黑巧克力的耐热性能和感官品质。他们测试了 3 种不同浓度的晶体促进剂，结果表明，由高油酸葵花籽油中的甘油一酸酯和甘油二酸酯以及聚甘油酯组成的添加剂 CP1（含量为 0.25%）效果最优，使复合巧克力具有较高的耐热性并具有较强的可可风味、苦味和甜味，融化速度更快，涂蜡感更弱。

（5）测定产品在保质期的变化

国际标准组织 ASTM 将感官保质期定义为“制造商所期望的产品感官特性和性能的时间范围”。由训练有素的小组成员开发的描述性分析词汇表是研究货架期的有效工具。此类工具可用于跟踪产品的感官特性随时间的变化，或确定在感官质量发生明显变化之前产品还可以存储多长时间。例如，Riveros 等比较了由高油酸和普通花生制成的花生酱的感官特征。他们开发了一个由 16 个属性组成的词汇表，用于跟踪在 4℃、23℃和 40℃下存储 175 天的过程中样品的感官变化。结果显示 3 个属性存在显著变化，用高油酸花生制成的花生酱的氧化和纸板风味增加，而烤花生风味则比普通花生制成的花生酱释放速度更慢。

6.1.4 黄酒风味轮

6.1.4.1 饮料酒风味轮

开发描述词汇和评估属性强度是描述性感官分析的重要内容，随着人们对食品感官和风味研究的深入，开发标准化的食品描述词和参照样是十分必要的，可以有效提升研究人员和消费者间交流的效率，避免重复和低效研究。“风味轮（flavour wheel）”是一套标准化的风味描述词汇（有时还包含参照样系统），将风味描述词汇按照类型归类整理成圆盘形状，内圈为宏观分类的描述词（比如果香、木香等），外圈为具体的描述词（如苹果香、柠檬香等）。在一些商品化程度高、风味品质多样化的产品中应用广泛，比如咖啡、茶以及饮料酒。目前世界上主要的饮料酒品类均拥有自己的风味轮，比如啤酒、葡萄酒、白兰地和威士忌。欧美国家甚至针对不同原料、不同产地、不同风格类型的饮料酒产品开发专用的风味轮。同时对于具体的描述词，设置了标准参照样品。参照样品可以采用食品、香精或者单体化合物，配制成特定浓度。

风味轮建立后，人们在对该饮料酒进行感官评价时，不需要再开发词汇，只需要从“风味轮”中选择合适的词汇来描述产品，形成风味剖面图。据此可以得到产品的风味特征，为进一步的产品评价、配方和工艺改进提供基础。

6.1.4.2 绍兴地区黄酒风味轮

以绍兴地区黄酒风味轮的建立和应用为例，介绍饮料酒风味轮的建立过程和方法。

（1）绍兴地区黄酒感官描述词表的建立

首先参照国内外葡萄酒、啤酒、清酒的感官描述分析文献，总结一份如表 6-1 所示的初级词汇表，该表包含用来描述饮料酒香气、滋味、口感等感官特征的 49 个描述词，提供给评价小组参考，同时让评价员发展自己的词汇。采用的样品为 17 个不同甜型绍兴地区商品黄酒，将评价员给出的所有描述语合并，删除偏好类和重复类词汇，再挑选出现频率高、经全体评价员讨论保留的描述语，最后整理出 1 份绍兴地区黄酒感官描述词汇表，如表 6-1 所示。按照“风味轮”的形式对描述词进行归纳，绘制出风味轮，如图 6-2 所示。

表 6-1 文献报道中的酒类词汇

分类	描述词
香气	玫瑰花香、紫罗兰花香、甜味、水果味（苹果味、浆果味）、香料味、青草味、坚果味、干果味、焦糖味、醋酸（乙酸）味、烤面包味、烟熏味、麦芽味、草本味（灯笼椒味、桉树叶味）、药味、谷物味、黄油味、土腥气、溶剂味、橡木味、酵母味、熟蒜味、蘑菇味、乙醇味、纸板气、化学气、霉味、动物味
滋味	酸味、甜味、苦味、鲜味、涩味、均衡度
口感	收敛感、粗糙感、酒体、辛辣感、干燥感、柔顺、淡薄、麻

在绍兴地区黄酒“风味轮”核心层，有香气、滋味、口感和余味 4 大类词汇，同时向外扩展了两级词汇。整个风味轮共有 56 个嗅觉描述词、10 个滋味描述词、6 个口感描述词和 12 个余味描述词。与王栋等人绘制的中国黄酒风味轮相比，绍兴地区黄酒风味轮词汇种类由 2 类细分为 4 类，嗅觉描述词由 62 个修减为 56 个。本风味轮还对饮用黄酒之后的余味做了详细描述，相对于葡萄酒、啤酒、清酒等发酵酒，黄酒余味更加丰富且持久。相对于葡萄酒，绍兴地区黄酒风味轮感官描述词多了中药味、酵母味、谷物味、麦曲味等香气描述词，

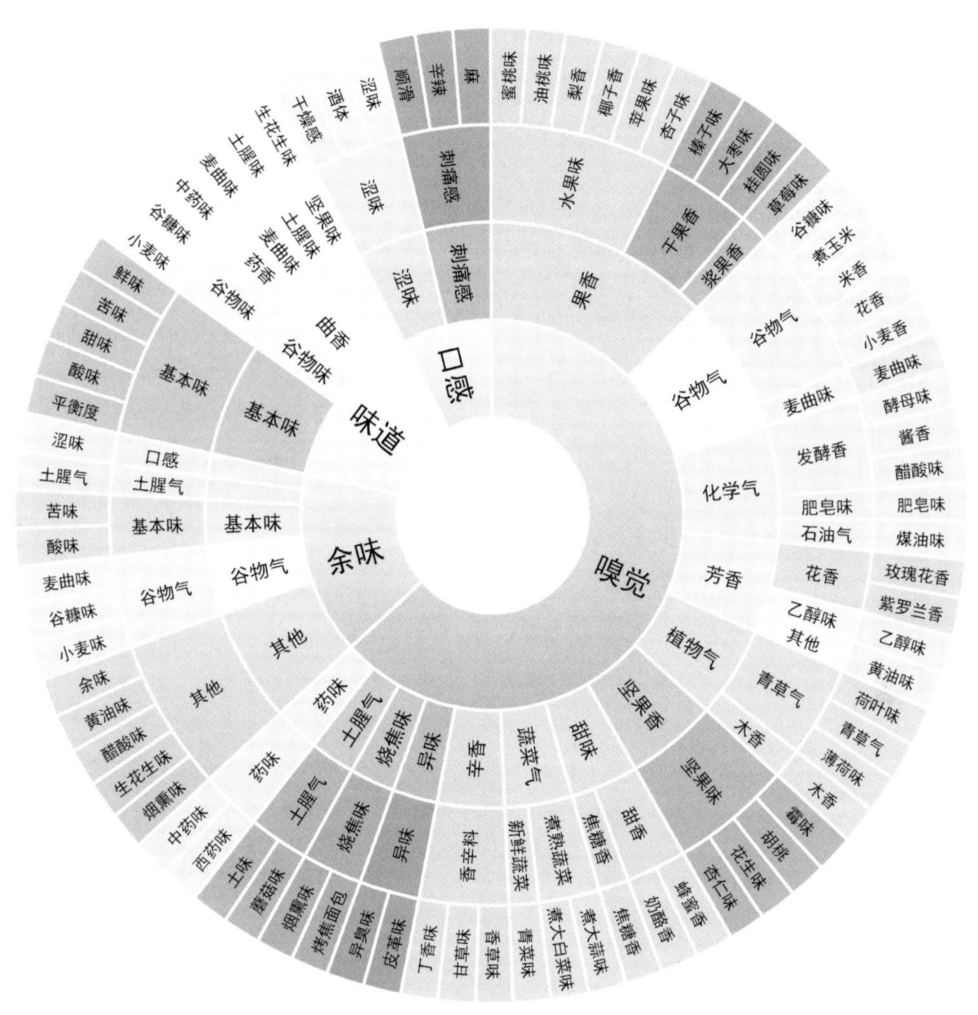

图 6-2 绍兴地区黄酒风味轮

没有覆盆子味、红醋栗味、黑醋栗味、青椒味等浆果、蔬菜类描述词，也说明黄酒风味与葡萄酒等其他发酵酒差异很大。

（2）绍兴地区黄酒主要感官属性的筛选

运用感官评价小组对所有属性强度进行评估，通过方差分析计算每个属性的差异，经过小组成员一致性讨论，删掉无法区分样品、评价员经过培训仍理解不好的属性，经过分析最终得到 20 个绍兴地区黄酒主要感官描述词，并确定了定义和参照样，如表 6-2 所示。

表 6-2 绍兴地区黄酒描述词及定义、参照样

属性	定 义	参照样(0～15 分标度)
酸	柠檬酸水溶液在口腔中造成的感觉	柠檬酸水溶液 1g/L(8)，0.4g/L(4)
甜	蔗糖水溶液在口腔中的感觉	蔗糖水溶液 24g/L(8)，12g/L(4)
苦	奎宁水溶液在口腔中的感觉	莲子芯溶液 8g/L(8)，3g/L(3.5)
鲜	由谷氨酸钠引起的在口腔中的感觉	3g/L 蔗糖＋0.125g/L 柠檬酸＋0.005g/L 奎宁＋0.175g/L 味精水溶液(5)

续表

属性	定义	参照样(0～15分标度)
涩	由单宁或明矾引起的口腔干涩收敛的感觉	0.5g/L明矾水溶液(8),0.25g/L(4)
酵母味	酵母浸出物溶液的味道	酵母浸出物20mg/L(10),10mg/L(5)
焦糖味	菠萝酮溶液的焦甜香味	好时焦糖浆7.5mL/10mL(10),3.5mL/10mL(5)
蜂蜜香	蜂蜜、花香类似的香气	50mL/L冠生园蜂蜜(8),25mL/L(4)
醋酸(乙酸)味	乙酸的酸味及对鼻腔的刺激味	镇江香醋10mL/L(10),5mL/L(5)
花香	玫瑰花的花香味	β-苯乙醇10mg/L(10),5mg/L(4)
坚果味	新鲜的生花生的味道	坚果味强度最大的黄酒样(10)
蘑菇	蘑菇、泥土的气味	新鲜平菇(12)
皮革味	跟皮革相关的不愉快的气味	皮革味强度最大的黄酒样(10)
醇香	乙醇溶液的味道	二锅头稀释5倍(10)
酱香	生抽酱油的香味	酱油25mL/100mL(10),12.5mL/100mL(5)
烟熏味	愈创木酚溶液的、有类似于烟熏火腿的香气	愈创木酚13mg/L(10),6.5mg/L(5)
麦曲香	生麦曲块曲浸提液的味道	生麦曲10g/100mL(8),5g/100mL(4)
果香味	苹果或梨的甜甜的水果香气	己酸乙酯0.2mg/L(10),0.1mg/L(6)
平衡度	酒中的酸、涩、苦能够由甜中和掉,没有明显突出的味道	平衡度最好的黄酒样(10),平衡度最差的黄酒样(4)
绵延度	当口中的酒液吐出或吞咽后口腔中整体的风味及口感保留的时间	绵延度最长的黄酒样(12),绵延度最短的黄酒样(5)

(3) 评价员表现分析

在定量描述性感官分析中，与未经培训的评价员或者普通消费者相比，经过长期培训的评价小组得到的感官数据更准确、可靠。在培训过程中，评价员对词汇的定义、参照样的品评和记忆、标度的使用等各方面的理解和一致性需经过反复培训，从而获得可靠稳定的感官数据。评价员区分样品的能力、重复性以及评价小组的一致性这3个关键性指标是评估评价小组表现的重要指标。

① 评价小组的整体一致性

使用蛋壳图（Panel Check软件分析）可以很好地评估小组在评价样品属性时的整体一致性。每张蛋壳图代表一个属性，图中粗线代表评价小组所有人对该属性评价的平均值，其余每一条线代表一个评价员，该线与平均值线越贴合，则该评价员的结果越接近小组平均值，所有线越贴合，则评价小组整体一致性越好。结果见图6-3，除11号评价员外，其余10位评价员在20个属性的评价上的一致性都很好，因此删除11号评价员。

② 评价员区分能力

*F*值为组间方差与组内方差的比值，比值越高，说明评价员区分不同样品差异的能力越强。横坐标不同颜色的竖线代表不同的属性，每一簇竖线丛代表一位评价员。如图6-4所示，10位评价员的20个属性的*F*值均超过5%的显著性水平，表明10位经过培训的评价员都能够很好地区分绍兴地区黄酒样品。

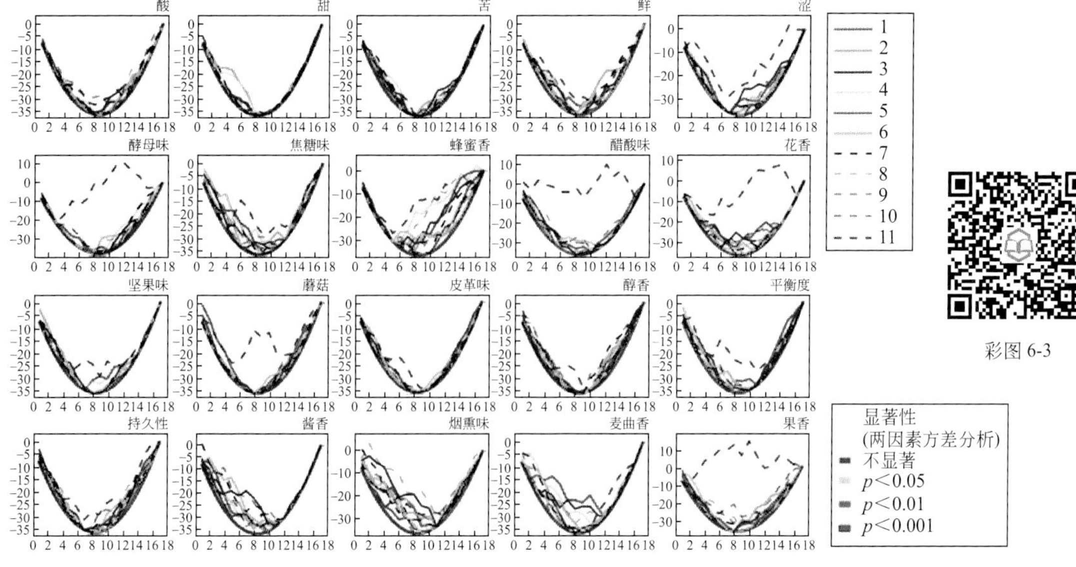

图 6-3 评价小组整体一致性分析

彩图 6-3

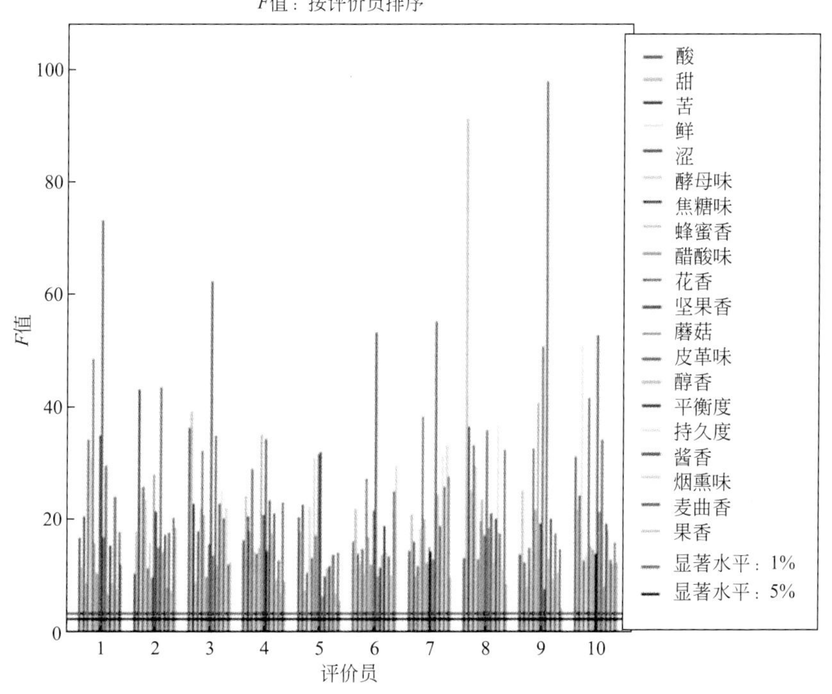

图 6-4 评价员各属性的 F 值

彩图 6-4

③ 评价员重复性

MSE 值是指组内方差，通常认为 MSE 值越低评价员重复性越好，理想的 MSE 值应该接近 0。为了避免个别评价员对所有样品都打出同样分值这种极端情况的影响，MSE 值通常需要和 F 值一起考虑。图 6-5 显示了 10 位评价员的两次测试的重复性，结果显示经过培训的评价员 MSE 值均小于 2，说明评价小组不仅一致性较好，每位评价员区分样品能力和重复性也较好，保证了该评价小组所得数据的有效性。

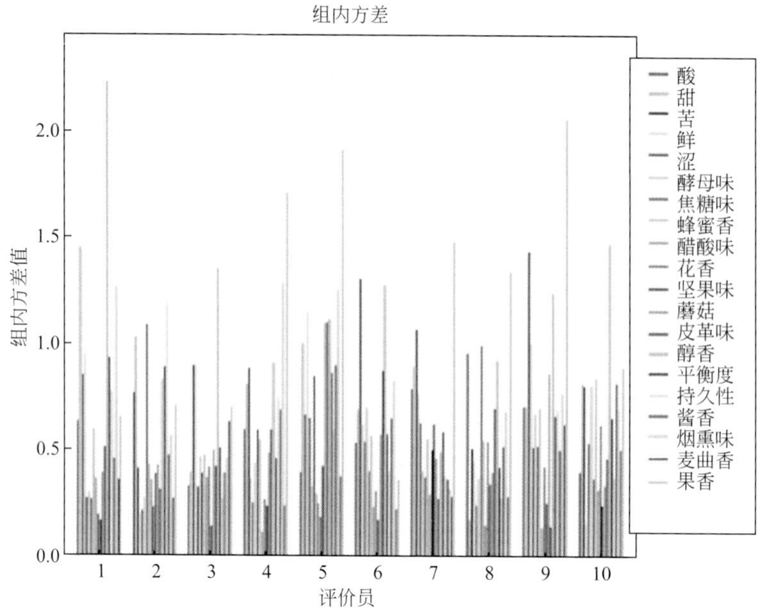

彩图 6-5

图 6-5 评价员各属性的 MSE 值

彩图 6-6

对数据进行 PCA 分析，得分载荷图如图 6-6 所示。第一主成分（61.59%）主要描述了样品间酸味、甜味、鲜味、苦味、皮革味、坚果味、麦曲味、醇香、绵延度、平衡度的差异，第二主成分（12.93%）主要描述了

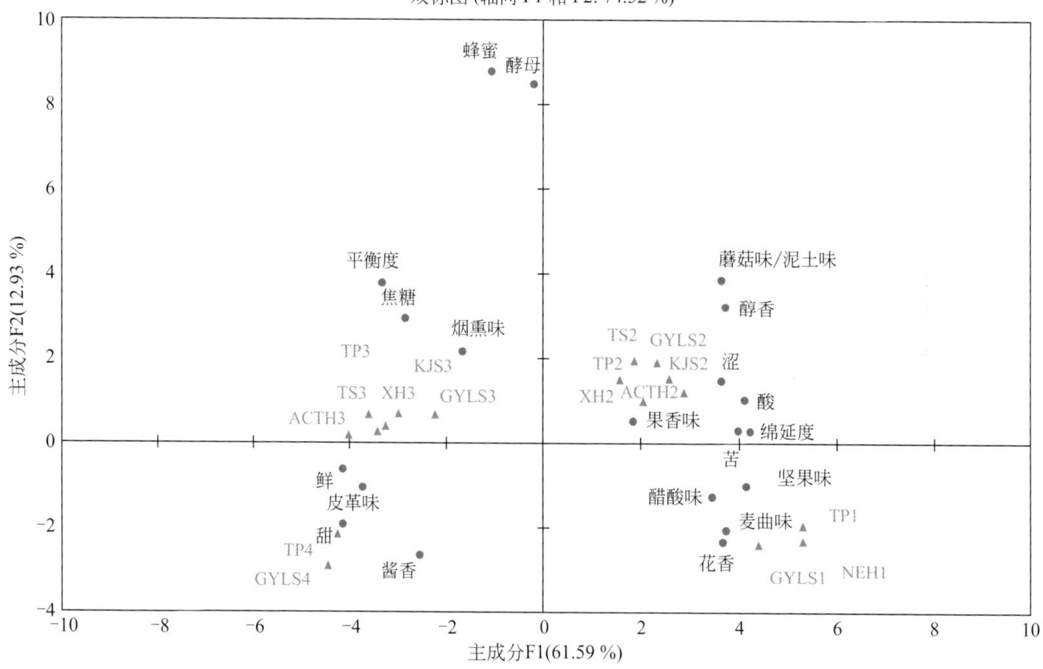

图 6-6 PCA 分析样品得分图与属性载荷图

●—表示绍兴地区黄酒感官属性；▲—表示 17 种样品；

其中 1～4 分别代表干型、半干型、半甜型以及甜型样品间蜂蜜味、酵母味的差异，不同甜型的样品可以明显区分开。可见，甜味、鲜味、苦味、酸味、皮革味、坚果味、麦曲味、醇香、果香味、蜂蜜味、酵母味、余味、平衡度是描述绍兴地区黄酒感官属性、区分不同类型绍兴地区黄酒差异的重要感官属性。评价员可以使用这些属性很好地描述绍兴地区黄酒感官特征，对不同的绍兴地区黄酒加以区分。

6.1.5 黄酒风味特征

6.1.5.1 不同甜型绍兴地区黄酒的感官特征分析

蛛网图可以直接明了地表达每种样品各感官属性的强度，通常用来描述样品的感官特征。图 6-7 为 4 类甜型绍兴地区黄酒感官强度的蛛网图（雷达图）。干型绍兴地区黄酒曲香、坚果香、花香 3 种香气属性最为突出，醋酸（乙酸）气味强度较大，焦糖味（香气）、酱香、皮革味、蜂蜜味、酵母味这几种属性在干型黄酒中较弱。另外干型黄酒有较为突出的苦味、酸味，余味较长，甜味、鲜味很弱。半干型绍兴地区黄酒是市场上最常见的黄酒类型，可以看出半干型黄酒果香、醇香、蜂蜜香、醋酸（乙酸）气味较为突出，这几个均为比较愉悦的香气属性；另外半干型黄酒蘑菇味和酵母味也比较突出。在滋味属性中，半干型黄酒具有较突出的苦味、涩味和余味。半甜型黄酒的焦糖味（香气）、烟熏味、蜂蜜味比较浓郁，滋味上甜味、鲜味较强，余味较弱，口感协调性好。甜型绍兴地区黄酒具有较为突出的酱香，皮革味（气味）也是甜型黄酒强度较突出的属性；甜型黄酒的甜味和鲜味在四个甜型中最强，苦味、涩味较弱，余味短。

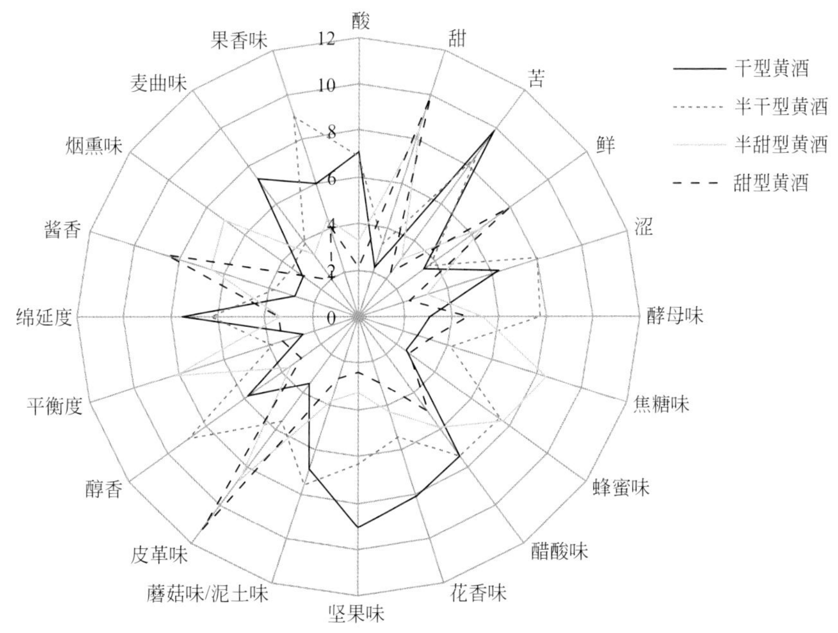

图 6-7 不同甜型绍兴地区黄酒的风味雷达图

6.1.5.2 我国南北方代表性黄酒的风味特征

对绍兴地区黄酒、上海地区黄酒、江苏地区黄酒和北方黄酒（以即墨老酒为代表）的典型风味进行评价和比较，结果如图 6-8 所示。绍兴地区黄酒的果香、曲香、酱香和蘑菇味（气味）较强；上海地区及江苏地区等清爽型黄酒香气近似，米香较强；北方黄酒

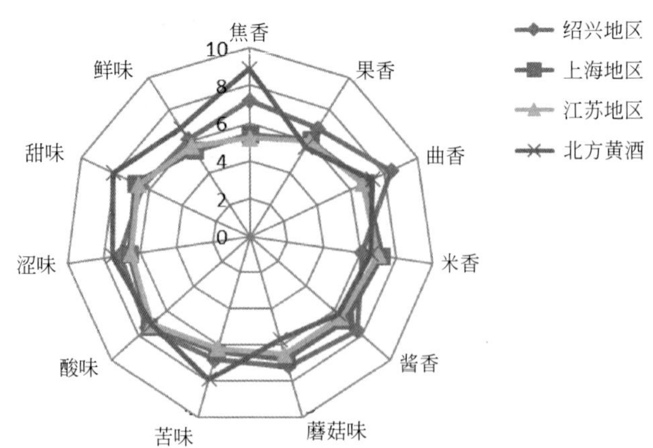

图 6-8 我们南北方代表性黄酒的风味雷达图

的甜味、涩味、苦味和焦香比较突出。风味特征是产品差异化竞争优势最明显和最直接的体现。具有独特风味的产品容易被消费者记忆和辨识，经过长期积累可形成企业和产品的核心竞争力。

6.2 黄酒风味物质

饮料酒是一种嗜好品，消费者饮酒主要是满足感官需求，如良好的香气和优雅细腻的口感。风味特征是黄酒品质最重要最直接的体现，一定程度上决定了消费者的选择和喜好。随着我国消费结构的升级和消费需求的多元化，黄酒风味研究日渐受到科研人员和行业的重视。目前风味和健康双导向已经成为饮料酒产业发展和学术研究的重要指导思想。黄酒风味研究的主要内容包括以下几个方面：①风味物质鉴定，利用不同的前处理和分析设备，解析和鉴定黄酒风味物质组成；②关键风味物质鉴定，利用风味组学和感官组学技术鉴定黄酒的关键风味物质；③关键风味物质的来源及形成机理，研究关键风味物质与原料、菌种、工艺等的关系；④黄酒风味与消费者之间的关系，研究消费者对于黄酒风味的感知和喜好，用于指导黄酒酒体设计；⑤黄酒风味的感官评价与仪器测量间的关系，利用专业感官小组评估黄酒风味，或与仪器参数进行关联，开发黄酒风味科学、客观和标准化的评价方法。

黄酒的风味不是单一物质作用的结果，而是大量成分微妙平衡的结果。由于独特的发酵工艺，黄酒的风味复杂而独特。黄酒中风味物质十分丰富。黄酒中水、乙醇和糖分占95%以上，其他组分仅占不到5%。但是这些微量组分决定了的黄酒感官特征。解析黄酒中的微量组分并探究其对黄酒感官的贡献是理解和调控黄酒风味的基础。明晰构成黄酒独特风味特征的化学本质最重要的前期工作之一是对黄酒中微量组分进行鉴定和解析，应用现代分析设备和技术如气相色谱-质谱联用仪（GC-MS）、高效液相色谱质谱联用仪（HPLC-MS）等分析黄酒的成分组成。

随着分析设备和技术的进步，以及前处理方法的精细化，黄酒中检测到的到风味物质越来越多，目前挥发性成分已经鉴定了340多个，非挥发性物质有60余个。

6.2.1 挥发性风味物质

6.2.1.1 挥发性物质种类统计

具有挥发性的物质通称为挥发性物质，食品饮料中的气味是挥发性物质产生的，挥发性物质分子量比较小，通常小于300。一般情况下，食品和饮料中的挥发性物质种类很多，组成复杂，每一个挥发性物质都是其感官的潜在贡献者。如何分析和鉴定挥发性物质的组成是食品研究人员尤其是食品感官和风味学者关注的重点和热点之一。

传统的一维气相色谱是分析黄酒香气成分最常用的工具，典型的一次分析可以得到十几至几十个物质。由于发酵食品的复杂性，耗时费力的前处理过程不可避免。常用的前处理方法包括：顶空固相微萃取（HS-SPME）、固相萃取（SPE）、液液萃取（LLE）、同时蒸馏萃取（SDE）和液相色谱分离等。目前最常用的前处理方法是HS-SPME和SPE。然而，受到一维气相色谱峰容量和分辨率的限制，许多峰重叠在一起无法有效分开，使用一维气相色谱鉴定的黄酒挥发性物质个数不超过100个。

随着技术的发展，新技术的开发和应用为挥发性物质分析打开了一片新的天地。全二维气相色谱（GC×GC）是20世纪末开发的挥发性物质检测技术，是分析复杂样品挥发性成分的有力工具，相对于传统气相色谱具有高峰容量、高灵敏度和结构色谱的优势。通常一次分析得到的峰个数可以达到传统气相色谱的10倍以上，非常适合复杂样品中挥发性物质的组成解析。该技术已经被广泛用于分析各种食品的挥发性成分并且得到了令人满意的效果。它也被用来研究饮料酒的挥发性成分，例如中国白酒茅台和泸州老窖，巴西蒸馏酒以及各种葡萄酒。江南大学陈双最早使用GC×GC-TOFMS分析了黄酒的挥发性物质，得到了接近1000个原始峰。江南大学传统酿造食品研究中心——毛健教授团队使用GC×GC-TOFMS对黄酒挥发性成分进行了系列研究，得到了相近的原始峰个数，同时对分离的色谱峰进行了进一步的鉴定。首先用质谱匹配性指标（相似度、反相似度和可能性）对低匹配度杂峰进行了剔除。进一步利用保留指数、标准物质对剩下的峰进行了进一步的鉴定，得到了345个物质，结果列于表6-3中。可以看出从数量上看，黄酒中主要的挥发性物质包括酯类、烃类、酮类、醇类和醛类。

表6-3 黄酒中鉴定的挥发性物质个数统计

化合物种类	个数	化合物种类	个数
醛类	31	含硫物质	18
缩醛类	11	酮类	36
醇类	35	内酯类	11
酯类	75	含氮成分	13
有机酸	23	烃类	56
呋喃类	19	其他	5
酚类	10	总数	345

酯类化合物是黄酒和各种饮料酒中最重要和最丰富的风味物质之一。黄酒中目前共鉴定出75个酯类物质，其中乙酯类占绝对优势，几乎占全部鉴定酯的一半。$C_1 \sim C_{10}$饱和直链脂肪酸乙酯的系列物质均被鉴定出来。除乙酯外，还鉴定出了乙醇酯、杂醇酯、苯酯、二元酸酯、氧代脂肪酸酯、羟基脂肪酸酯、不饱和脂肪酸酯和芳香酸酯。在黄酒中，酯对香气有积极的作用，对水果香有很大影响。乙酸乙酯、己酸乙酯、丁酸乙酯、乙酸3-甲基丁酯和丙酸乙酯是对黄酒香气影响较大的酯类物质。从含量上看，乳酸乙酯、丁二酸二乙酯、乙酸乙酯含量最高。

黄酒中酯类化合物的种类和含量主要由酿造微生物、酿造工艺和陈酿等共同决定。

醇类化合物是黄酒不可或缺的风味成分，也是黄酒陈化酯类物质的重要前体。黄酒中目前共鉴定了35个醇类物质，从甲醇到壬醇的饱和直链醇的同系物均被检测到。此外，还鉴定出一些饱和和不饱和支链醇、芳香醇和萜烯醇。许多醇类都有令人愉悦的花香，例如，2-丁醇有薄荷气味，2-乙基-1-己醇、1-辛醇、1-壬醇和3-辛醇有甜蜜的花香。在黄酒中还发现了几种萜醇类化合物，比如芳樟醇、L-薄荷醇、橙花醇和雪松醇，芳樟醇和顺式橙花醇具有花香和玫瑰香，考虑到它们的感官阈值很低（芳樟醇6μg/L，顺式橙花醇10～100μg/kg），即使含量很低也可能对黄酒香气有贡献。醇类物质的种类、含量与黄酒的口感、品质有很大的关系。碳原子数大于2的醇类在饮料酒行业通常被称为杂醇，杂醇是黄酒中的主要醇类物质，有研究认为杂醇含量高容易造成头疼和深醉，生产过程中应注意控制杂醇的含量。黄酒杂醇主要包括正丙醇、正丁醇、异丁醇、异戊醇、正己醇、β-苯乙醇、2,3-丁二醇等。其中正丙醇、异丁醇、异戊醇、β-苯乙醇以及2,3-丁二醇含量较高，它们占据了黄酒杂醇总量的70%以上，对酒样整体风味有重要的影响。图6-9显示了市场上主要的黄酒产品中杂醇类物质的含量分布。异戊醇是黄酒中含量最高的杂醇，含量约占杂醇总量的三分之一。β-苯乙醇和正丙醇含量相当。干型、半干型和半甜型黄酒杂醇总量差别不大，甜型黄酒的杂醇总量约为前三者的70%。单位酒精度杂醇含量的分布趋势与杂醇总量相似，无明显差异。

彩图6-9

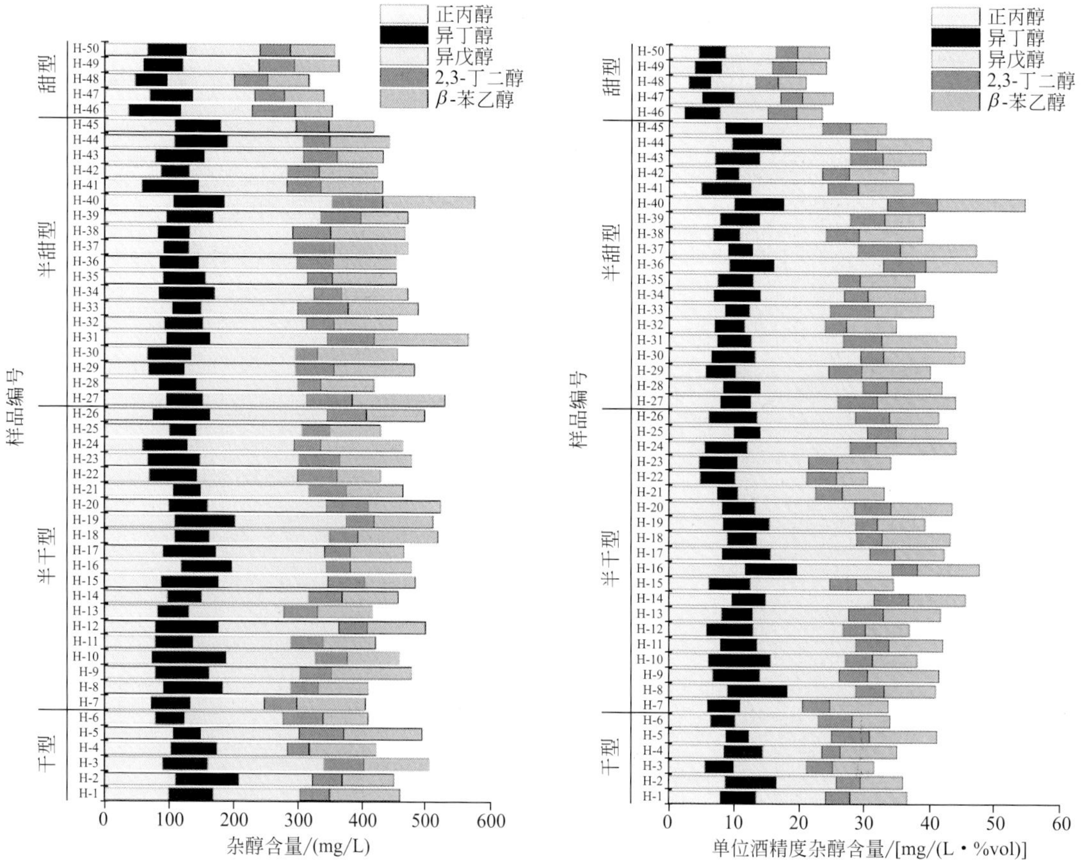

图6-9　黄酒中主要杂醇含量分布

在挥发性有机酸中，乙酸是含量最丰富的，其产生类似食醋的气味。但是乙酸的气味比较刺激，其含量不宜过高。挥发酸对黄酒的整体香气非常重要，3-甲基丁酸赋予黄酒干酪香气，丁酸和己酸也对黄酒的整体香气有积极影响。

黄酒中目前鉴定了31个醛类物质，主要是脂肪醛类，醛类物质在黄酒中含量较低，但是他们通常阈值较低，因此不能忽视它们对黄酒香气的影响。乙醛、3-甲基丁醛、苯乙醛、苯甲醛、1-壬醛和2-糠醛等在黄酒中含量较高。乙醛在低浓度时具有令人愉悦的水果香味，在高浓度时可能会产生刺激性气味。苯甲醛在GC-O分析中具有很高的香气强度，具有苦杏仁气味，被认为是黄酒中最重要的挥发性物质之一。有些醛类会产生水果的香气，如3-甲基丁醛、己醛、庚醛、辛醛、癸醛和十一醛。2-异丙基-5-甲基己烯-2-烯醛、4-甲基-2-苯基-2-戊烯醛和5-甲基-2-苯基-2-己烯醛在黄酒中被发现，具有可可香气。

黄酒中共鉴定了36个酮类物质，受检测技术和研究方法的限制，研究文献中对于酮类物质的研究和报道较少。根据我们的研究结果，酮类通常阈值较低，可能是黄酒整体香气的重要贡献物质。2-辛酮、2-十一酮和2-壬酮具有果香和花香。1-辛烯-3-酮和3-辛酮具有霉味和蘑菇味。2,3-丁二酮、2,3-戊二酮和3-羟基-2-丁酮具有类黄油性质。黄酒中香叶酮的含量（按信噪比和面积百分比估算）相对较高，鉴于其类似木兰花的香气和较低的感官阈值（在水中为60μg/L），它可能对黄酒香气有重要影响。

内酯类物质对黄酒香气重要，许多内酯都有令人愉悦的水果味。在已鉴定的11种内酯中，葫芦巴内酯是黄酒风味最重要的贡献成分之一，是黄酒（特别是甜型）焦糖香的重要贡献物质。

糠醛和5-甲基-2-糠醛是黄酒中最具代表性的呋喃衍生物，分别具有杏仁和焦糖的香味。它们在黄酒中的浓度可能没有达到阈值，这表明它们对黄酒的香气影响很小或没有影响。然而，作为糖降解和美拉德反应的典型产物，它们可以作为还原糖反应的潜在标记物，对于研究黄酒热处理和陈酿具有重要意义。2-戊基呋喃具有坚果的特征气味，鉴于其低阈值（6μg/L），可能对黄酒香气有一定贡献。

黄酒中目前发现了18个含硫物质，它们中的许多（如二硫化碳、甲硫醇、二甲基二硫、噻唑和二甲基三硫化物）气味通常被描述为类似于臭鸡蛋、卷心菜、洋葱或橡胶。虽然有时它们有令人厌恶的气味，但在低浓度时可能对令人满意的葡萄酒香气有重要贡献。在发现的黄酒含硫化合物中，甲硫醇可能是重要的硫化物，它的阈值低（在水中为0.02～2mg/L，在空气中为0.2～81ng/L）且浓度较高（按面积百分比）。5-甲基-2-呋喃甲硫醇在黄酒中被发现，具有愉悦的烘焙咖啡香气。关于含硫化合物对黄酒整体香气的影响还需要进一步研究。

在黄酒中鉴定了10种酚类物质，其中含量较高的包括4-乙烯基愈创木酚、4-乙基愈创木酚、香兰素和愈创木酚等物质。通常4-乙基愈创木酚主要由4-乙烯基愈创木酚还原生成，而4-乙烯基愈创木酚主要是由阿魏酸在高温或阿魏酸脱羧酶的作用下形成，酚类物质是黄酒烟熏香、奶油香等香气的重要贡献物质。

6.2.1.2 挥发性风味物质的主要检测技术

（1）气相色谱法和气相色谱-质谱法

气相色谱是鉴定挥发性物质的常用设备，其主要特点是峰容量大、分辨率高。结合质谱仪可以对未知峰进行鉴定。检测到的质谱数据可以与数据库的质谱图进行检索和比对，初步

对目标峰进行鉴定。主要的指标包括相似度、反相似度和可能性。相似度和反相似度表征未知峰的质谱图与数据库中检索出峰的匹配程度，数值越高，匹配性越好；可能性主要用来表征同分异构体，同分异构体和同系物（比如饱和脂肪烷烃）通常具有相似的质谱图，这给质谱鉴定带来了困扰。可能性低说明未知峰存在同分异构体或同系物的可能性较高，可能性高则说明这种可能性低，鉴定的准确性越高。

根据保留时间和保留指数可以有效提高鉴定的准确性。保留时间法要求标准物质与样品在完全相同的条件下处理和分析。保留指数，也叫 Kovats 指数，利用正构烷烃等标记物质对未知化合物的出峰顺序和出峰位置进行标定的方法，该方法可以排除由于操作人员和仪器波动以及色谱柱带来的干扰。使用相同或相近固定相的色谱柱测定的保留指数具有可比性，通常弱极性色谱柱偏差不应超过 15～20，极性色谱柱不应超过 30，当然，具体设定标准应根据分析物质、实验目的以及分析人员的经验进行综合判断。

（2）多维气相色谱技术

多维气相色谱（multidimensional gas chromatography，MDGC）的出现，有效解决了传统一维 GC 分离能力不足的缺点。其基本原理是将第一维色谱柱分离出的组分转移至第二维气相色谱柱（色谱柱极性与第一维色谱柱不同）进行进一步的分离，这种联合分离的方式能够使气相色谱的分离能力得到成倍提高。多维气相色谱有两种实现方式：一种是基于中心切割方式（heart-cutting MDGC）。中心切割气相色谱可以将第一维中感兴趣的组分（一定保留时间段）转移至第二维色谱柱中分离实现 GC＋GC 的分离效果。但是如果要切割多个时间段，需要花费较长的分析时间。该方法主要用于复杂样品中目标香气物质的鉴定。Ferreira 等人利用该技术首次在葡萄酒中鉴定出重要香气物质 2/3/4-甲基戊酸乙酯和环己甲酸乙酯。这些酯类物质香气阈值极低，对葡萄酒香气具有重要贡献。另一种是全二维气相色谱。

（3）全二维气相色谱技术

全二维气相色谱（comprehensive two-dimensional gas chromatography，GC×GC）是 20 世纪 90 年代面世的一种新的气相色谱分离技术，其主要原理是把分离机理不同的两支色谱柱以串联方式连接，中间装有一个调制器（modulator），经第一根柱子分离后的所有馏出物在调制器内进行浓缩聚集后以周期性脉冲形式（比如每隔 5s）释放到第二根柱子里进行继续分离，最后进入色谱检测器，如图 6-10 和图 6-11 所示。这样第一维色谱柱的所有组分都在第二维色谱柱上进行了第二次分离，达到了正交分离的效果。该技术具有高分辨率、高灵敏度、高峰容量等优势，非常适合复杂样品中挥发性物质解析。酒精饮料挥发性组分通常非常复杂，利用 GC×GC 技术对酒精饮料中挥发性组分进行解析是近年的研究热点之一，该技术目前已经成功应用于葡萄酒、冰酒、中国白酒中挥发性组分的定性定量分析。江南大学传统酿造食品研究中心——毛健教授团队采用 GC×GC-TOFMS 的方法对黄酒中的挥发性风味物质进行了解析，总共鉴定了 345 个挥发性化合物。比较了液-液萃取和顶空固相微萃取的萃取效率，顶空固相微萃取（HS-SPME）对大部分化合物的分离效果较好，液-液萃取对于呋喃酮和吡喃酮类化合物提取效果更好。

由于黄酒品类多、组成复杂，初步估计黄酒中的挥发性物质有 1000 个左右，目前的研究还不充足，有很多工作需要开展，运用不同的前处理、高灵敏度的检测设备对黄酒中的各类物质进行分离鉴定依然是今后相当长一段时间内黄酒风味研究的重点内容之一。

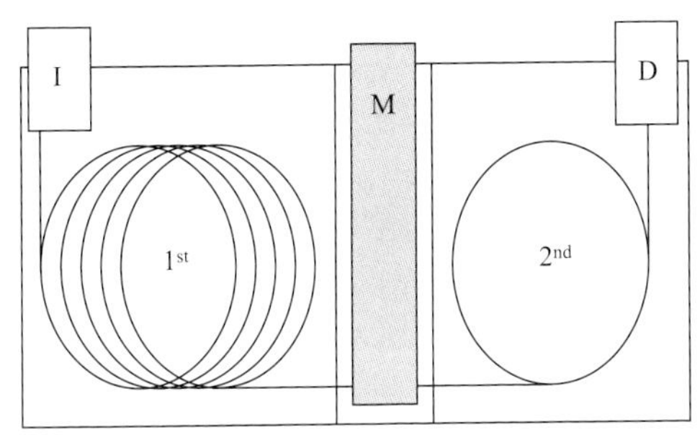

图 6-10 全二维气相色谱系统示意图

I—进样器；M—调制器；D—检测器；1st—第一维气相色谱柱；2nd—第二维气相色谱柱

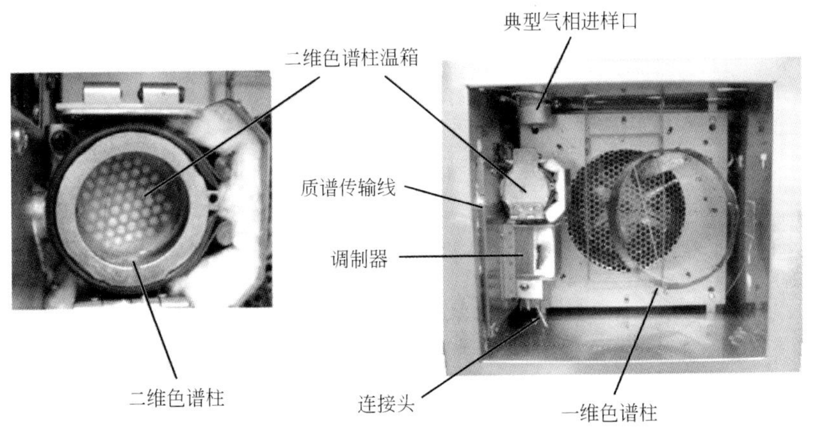

图 6-11 全二维气相色谱系统示例（调制器为四喷口双级热调制器）

6.2.2 非挥发性风味物质

黄酒是非蒸馏酒，非挥发性物质从含量上远高于挥发性成分，是黄酒味觉和口感的主要贡献物质，同时也对黄酒的香气有重要影响。主要的非挥发性成分包括糖类（淀粉纤维素等多糖、低聚糖、双糖、单糖）、有机酸类、含氮物质（蛋白质、肽、氨基酸）、酚类、游离脂肪酸等。虽然非挥发性物质对黄酒品质非常重要，但是相比挥发性成分，学术界对其重视和研究的程度明显不足，这点从鉴定的物质个数就可以看出来。目前黄酒中鉴定的非挥发性物质个数不足 100 个。

有机酸是黄酒重要的呈香和呈味物质，是黄酒酸味（味觉）和酸气（嗅觉）的主要贡献物质。同时，有机酸的组成和含量是评价酿造过程是否正常和成品黄酒品质的重要指标。黄酒中的有机酸主要包括琥珀酸、乳酸、乙酸、酒石酸、苹果酸、柠檬酸、草酸、丙酮酸、酮戊二酸、富马酸等，其中乙酸是挥发酸，其他有机酸是非挥发性的。从含量上来讲，乳酸含量最高，其次是琥珀酸和柠檬酸，其他酸含量较低。有机酸都可以产生酸味，但是许多有机酸具有独特的风味，比如乙酸具有食醋风味，刺激性较强，容易刺激鼻腔、口腔及咽部，因此其含量不宜过高，在生成过程中应注意控制其含量。乳酸酸味柔和，酸味品质好。柠檬酸酸味清新、凉爽，具有水果风味。苹果酸酸味尖刻，有生青味和涩味，对总体风味不利。葡萄酒生产过程中一般采用苹果酸乳酸发酵来降低过高的苹果酸含量。黄酒中苹果酸含量较低，但也需要注意其含量。酒石酸酸度较强，容易解离，是葡萄酒酸味的主要贡献物质，在

黄酒中含量低，无明显不良风味。琥珀酸是口感最复杂的有机酸，酸味柔和，入口后味感变浓，先咸后苦，能引起唾液分泌。

氨基酸是酵母营养的重要原料，是很多重要代谢产物的前体，也是黄酒重要的风味物质。黄酒中鉴定出 17 种氨基酸。氨基酸按照味觉分为甜味氨基酸、苦味氨基酸、鲜味氨基酸和涩味氨基酸。甜味氨基酸主要包括丙氨酸、精氨酸和丝氨酸，苦味氨基酸包括异亮氨酸和缬氨酸，鲜味氨基酸包括谷氨酸和天冬氨酸，涩味氨基酸是酪氨酸和 γ-氨基丁酸。黄酒中的氨基酸主要来源于原料（比如大米和麦曲）蛋白质的酶解、发酵过程中酵母的代谢及自溶。不同黄酒中氨基酸的种类基本相同，但是含量差异很大。总体来说南方黄酒游离氨基酸含量高于北方黄酒，传统型黄酒氨基酸含量高于清爽型。表 6-4 显示了不同甜型绍兴地区黄酒中的游离氨基酸含量，可以看出大部分氨基酸在不同甜型黄酒中含量差异显著。

表 6-4　不同甜型绍兴地区黄酒中游离氨基酸含量

类别	氨基酸	含量/(mg/L)			
		干型黄酒	半干型黄酒	半甜型黄酒	甜型黄酒
甜味氨基酸	丙氨酸	430.72±5.60^{a}	303.42±0.36^{c}	372.81±3.23^{b}	461.73±0.92^{a}
	丝氨酸	130.23±3.02^{b}	140.72±4.25^{b}	204.61±4.34^{a}	230.83±6.63^{a}
	脯氨酸	257.34±4.20^{c}	320.71±5.04^{b}	391.64±6.53^{ab}	490.65±9.54^{a}
	甘氨酸	131.29±9.24^{c}	172.91±4.09^{b}	233.46±9.80^{ab}	272.71±13.14^{a}
	蛋氨酸	17.28±0.33^{b}	19.28±0.22^{b}	12.41±0.90^{c}	27.84±0.02^{a}
	苏氨酸	103.56±0.73^{b}	117.45±0.24^{b}	174.36±3.68^{a}	182.64±3.23^{a}
	总和	1070.42	1074.49	1389.29	1666.4
苦味氨基酸	精氨酸	352.47±16.63^{a}	389.61±4.04^{a}	200.51±9.85^{b}	316.54±13.13^{ab}
	赖氨酸	200.34±4.23^{a}	181.42±5.02^{a}	61.24±6.56^{ab}	87.35±9.52^{b}
	亮氨酸	332.26±16.62^{a}	342.37±9.33^{a}	150.68±13.46^{c}	272.11±13.53^{b}
	异亮氨酸	120.15±0.75^{a}	124.64±0.23^{a}	41.56±3.63^{c}	91.43±3.24^{b}
	组氨酸	97.74±2.15^{a}	70.87±1.02^{ab}	82.08±2.44^{a}	54.13±5.33^{c}
	缬氨酸	214.12±9.45^{a}	202.83±4.03^{a}	65.00±9.80^{c}	144.61±13.14^{b}
	苯丙氨酸	25.95±1.85^{c}	27.77±0.22^{c}	30.71±3.02^{b}	43.44±1.04^{a}
	总和	1343.03	1339.51	631.78	1009.61
鲜味氨基酸	谷氨酸	389.07±14.95^{b}	355.94±14.33^{c}	386.21±8.3^{b}	439.86±13.54^{a}
	天冬氨酸	172.83±8.93^{b}	242.72±3.63^{b}	341.82±5.8^{b}	437.51±10.84^{a}
	总和	561.9	598.66	728.03	877.37
涩味	酪氨酸	167.07±2.01^{ab}	187.71±1.02^{a}	36.74±2.4^{c}	99.63±5.32^{b}
	γ-氨基丁酸	133.91±0.72^{a}	102.24±0.23^{ab}	50.24±3.6^{b}	63.17±3.21^{b}
	总量	300.98	289.95	86.98	162.8
所有氨基酸总量		3276.33	3302.61	2836.08	3716.18

注：同行数据上标不同表示数据之间有显著性差异，$p<0.05$。

酚类物质是黄酒重要的风味成分，具有弱还原性，容易被氧化，赋予黄酒良好的抗氧化能力。目前黄酒中鉴定出 10 余种非挥发性（弱挥发性）酚类物质。不同种类的黄酒，酚类含量差异很大，这是由于酿造原料、工艺及微生物差异所造成的。表 6-5 显示了绍兴地区黄酒中的主要酚类物质，含量最高的是儿茶素，其次是丁香酸、没食子酸和阿魏酸。对于大部分酚类物质，干型和半干型黄酒显著高于甜型和半甜型。但是芦丁和槲皮素两个物质不同，甜型和半甜型黄酒中这两个物质的含量显著高于干型和半干型黄酒。

表 6-5 不同甜型绍兴地区黄酒中主要酚类含量

酚类	含量/(mg/L)			
	干型黄酒	半干型黄酒	半甜型黄酒	甜型黄酒
p-香豆酸	2.81±0.36[c]	2.34±0.17[b]	1.78±0.88[b]	1.37±0.57[a]
阿魏酸	6.34±0.46[c]	4.97±0.10[b]	3.96±0.05[b]	5.42±0.27[a]
表儿茶素	1.41±0.89[c]	1.46±0.48[b]	1.37±0.36[b]	1.47±1.73[a]
丁香酸	14.13±0.43[c]	15.05±0.24[a]	12.09±0.43[a]	7.43±0.10[b]
儿茶素	50.55±0.62[c]	56.88±1.42[b]	38.40±2.06[a]	27.87±1.72[a]
芦丁	1.22±2.83[c]	2.62±1.14[b]	1.71±3.27[b]	4.18±4.69[a]
没食子酸	6.50±0.38[b]	5.18±0.19[b]	4.84±0.14[a]	4.27±0.18[b]
原儿茶酸	1.14±0.01[a]	0.34±0.08[b]	0.51±0.08[c]	0.00±0.08[c]
槲皮素	0.43±0.19[c]	1.27±0.54[b]	2.38±1.20[a]	2.13±1.17[a]
总量	84.53	90.11	67.04	54.14

注：同行数据上标不同表示数据之间有显著性差异，$p<0.05$。

酵母菌体自溶会产生核苷酸类物质，具有嘌呤骨架的5′-核苷酸类大都具有鲜味。因此黄酒中可能存在核苷酸类物质，并对黄酒风味产生影响。日本对清酒的研究中发现核苷酸对清酒的鲜味有重要贡献。江南大学传统酿造食品研究中心——毛健教授团队研究了绍兴地区黄酒中的核苷酸，鉴定了5种核苷酸，如表6-6所示。可以看出，甜型黄酒的核苷酸含量总体高于其他几种类型的黄酒，可能含糖量与核苷酸含量存在一定的关联性。

表 6-6 不同甜型绍兴地区黄酒中呈味核苷酸含量

呈味核苷酸	含量/(mg/L)			
	干型黄酒	半干型黄酒	半甜型黄酒	甜型黄酒
5′-AMP	145.83±5.98[c]	155.15±7.90[c]	208.30±9.12[b]	263.01±3.31[a]
5′-GMP	5.77±0.48[b]	5.85±0.36[c]	8.77±0.17[b]	16.16±1.20[a]
5′-IMP	0.78±0.05[b]	0.73±0.27[b]	1.05±0.2[a]	0.00±0.00[c]
5′-UMP	2.26±0.17[b]	1.95±0.88[b]	4.19±0.05[a]	4.23±0.40[a]
5′-XMP	0.39±0.03[a]	0.41±0.11[a]	0.36±0.14[ab]	0.27±0.17[b]
总和	155.03	164.09	221.89	284.45

注：同行数据上标不同表示数据之间有显著性差异，$p<0.05$。

黄酒中鉴定的糖类主要包括葡萄糖、果糖、麦芽糖、异麦芽糖、蔗糖以及一些低聚糖，如异麦芽三糖、潘糖，其中葡萄糖含量最高，尤其是半甜型和甜型黄酒，是主要的糖类物质，如表6-7所示。黄酒中的葡萄糖主要来自淀粉的水解。黄酒也发现了少量的低聚糖，主要以潘糖和异麦芽三糖为主。考虑到黄酒的复杂性，其应该还含有其他的低聚糖，随着研究的深入，黄酒中可能会发现更多的低聚糖。此外，黄酒中估计还存在一定量的多糖，包括纤维素、糊精和淀粉等物质。这些物质由于分离和鉴定难度较大，同时对黄酒的风味和功能性影响较小，因此研究和报道较少。

表 6-7 不同甜型绍兴地区黄酒中糖类含量

糖类	含量/(g/L)			
	干型黄酒	半干型黄酒	半甜型黄酒	甜型黄酒
葡萄糖	5.89±0.36[d]	22.88±0.17[c]	45.72±2.37[b]	116.00±5.57[a]
果糖	1.09±0.09[a]	1.01±0.18[a]	1.25±0.03[a]	0.72±0.07[b]
蔗糖	1.43±0.03[a]	1.15±0.14[a]	0.86±0.01[a]	0.59±0.02[b]
总和	8.41	25.04	47.83	117.31

注：同行数据上标不同表示数据之间有显著性差异，$p<0.05$。

游离脂肪酸在黄酒中的含量普遍较低。黄酒中主要的游离脂肪酸是棕榈酸和硬脂酸，游离脂肪酸主要来自于发酵过程，醇类物质在陈化过程被氧化也是其形成途径之一。大部分游离脂肪酸自身没有明显的味道，尤其是饱和脂肪酸，但是其可能会增加黄酒的黏稠度和酒体醇厚感。不饱和脂肪酸容易氧化，挥发性醛类物质是重要的氧化产物，这些小分子醛类物质可能会对黄酒风味产生一定影响。

6.3 感官组学技术和黄酒关键风味物质

6.3.1 食品感官组学技术

在过去的几十年中，随着许多不同的“组学”技术（例如代谢组学、脂质组学、蛋白质组学、基因组学和转录组学）的发展，食品科学也因此受益，食品组学、风味组学和感官组学作为代谢组学的分支相继被建立。“组学”的主要目的是对样品中的分子进行整体分析，尽可能全面的获取目标的信息。这种方法适用于旨在了解分子组成、单一组分的功能以及它们在特定系统中相互联系的研究。根据研究的对象，“组学”被划分为多个领域，代谢组学研究代谢产物，脂质组学研究脂质，蛋白质组学研究蛋白质等。在食品相关的“组学”领域，感官组学和风味组学专注于感官活性化合物以及/或那些可能间接影响消费者感知产品的化合物（例如通过感官相互作用）。另一方面，食品组学涉及食品中更广泛的化合物，尤其是与营养、食品安全、质量和健康有关的化合物。

感官组学也叫分子感官科学，其不仅用于鉴定食品中的关键风味化合物及其贡献，还用于鉴定与感官相关的物质、工艺或其他因素对感官轮廓的影响。常见的感官组学研究主要进行的是关键风味物质的鉴定。之所以开展感官组学研究，借用盲人摸象的寓言故事可以很好地说明，每个盲人通过触摸都对大象的形状有所认识，有的认为像柱子，有的认为像堵墙，但是这些认知存在局限，没有人得出结论说它是一头大象。由于每个观察者所掌握的信息有限，因此得出错误的结论。在单个分析研究中，研究人员可能只关注某些组分，不了解或者忽视了其他成分，便可能会只能针对特定成分得出片面的结论。使用感官组学方法，需要同时分析大量不同的化合物，对特定食品成分的检测更全面。当然，组分的总数受限于当前的知识和分析技术，可能会缺少一些影响感官属性的重要组分。因此，检测这些未知成分是感官组学最具挑战性的目标之一。

值得注意的是，感官研究的样本中需要有对照。这意味着不能对一组类型的样本进行研究，需要有另一组样本作为对照或比较。同样，对数量过多的不同类别的样品进行感官组学分析也是不合适的，比如同时比较十组不同的黄酒。由于多变量的性质，进行感官组学研究必须要有良好的控制和明确的步骤，以便能够成功评估数据和提取相关信息避免差错。这些步骤包括适当的实验设计和采样、足够的精度和可重现的分析方法、适当的样品序列以及可靠的数据分析和解释。其中每一个步骤都关系到研究的成败。以下我们简要介绍每个步骤的原理、方法和注意事项。

6.3.1.1 感官组学的研究类型和实验设计

感官组学研究的第一步是实验设计，没有恰当的实验设计，实验可能会陷入误区，导致无法达到预定的目的。实验设计首先要弄清研究目的。其次应该设定研究类型，研究类型有以下区别：实验性研究或观察性研究。

一般而言，进行实验性研究的方式是将样本随机分配到两组（某些情况下可能会多组）进行不同处理（例如，对照组和采用新技术处理的一组），同时控制其他条件。相反，观察性研究是从经过不同处理的样品分布中随机选择，其他条件是不可控制的。从这一区别中可以看出，仅根据实验性研究的结果可以得出一般性结论（适用于整个样本的结论），而根据观察性研究则不能得出一般性结论，因为可能存在无法控制且未知的因素影响结果。通常在感官组学中首选进行实验性研究，在某些无法进行实验性研究的情况下（例如分析产地的影响，原料、生产工艺、生产条件等均不可控），也可以使用观察性研究。

6.3.1.2 样品制备

样品选择必须确保样品的均匀性和代表性，样品的选择直接关系到研究目标能否达成。样品采集应避免任何样品污染、分析物的损失和人为因素造成的样品变异。在分析之前，必须妥当保存样品使其保持与采样时相同。对于饮料酒，可以通过将样品冷冻在约－20℃或－80℃的温度下实现。

样品制备是感官组学的另一个关键步骤，通常包括以下步骤：样品脱气，过滤，沉淀，稀释，分析提取，基质去除，样品净化，浓缩和分析物衍生化等。特定的样品制备程序取决于基质的类型、目标分析物以及分析方法。代谢组学分析技术分为靶标分析（targeted analysis）和非靶标分析（untargeted analysis）。靶标分析关注特定类型的代谢物，要求对目标物质进行尽量全面的定性和定量。后者更侧重于获得完整的代谢物组信息，通常非目标性、高通量地分析样品中的所有小分子物质。靶标分析针对预定的分析物，因此样品制备程序通常主要针对分离和提取这些目标化合物。非靶标分析针对样品中的所有化合物，样品制备是为了获得尽可能多的化合物。因此，样品制备要尽可能简单，以避免某些组分损失。非目标样品的制备通常仅包括对液体样品或固体样品进行提取和除杂。

分析过程中的样品顺序应事先定义。它是影响数据质量的另一个重要因素，但不幸的是，它也是感官组学研究中常被忽略的因素之一。样品序列中普遍但错误的做法是：首先测量一组样品中的所有样品，然后测量另一组样品中的样品。但是，由于仪器信号漂移，分析物不稳定以及样品成分与仪器间的相互影响，这种方法可能导致不必要的系统测量偏差。因此，随机样品排列是一个好的选择，其中可能的系统差异在样本之间随机分布。此外，可以通过某种类型的样本标准化或质量控制来纠正这些系统性差异。在绝大多数分析方法中，有必要使用内标，用目标物和内标的峰面积比值替代目标物峰面积进行计算和分析，对于经过充分验证和成熟的方法而言，这已经足够了。对于没有经过充分验证的方法，尤其是在非靶标分析中，建议在样品序列中均匀分布质量控制（QC）样品（比如一定浓度的目标物），这样可以大大减少由于人员操作和仪器造成的数据偏差。

6.3.1.3 分析方法和数据采集

选择合适的检测技术也非常重要。高度选择性和特异性的检测器可用于靶标分析，但通常不适用于非靶标分析。非靶标分析中的典型检测技术是质谱（MS）和核磁共振波谱（NMR），因为它们能够检测范围较宽的化合物。这就是 GC-MS、LC-MS 和 NMR 是“组学”研究中最常用的仪器的原因。另一方面，通过高通量方法来进行“组学研究”是一种趋势，高通量方法被定义为快速、简单、灵敏、稳健、低成本和高效。但是在需要检测大量不

同化合物（极性和非极性挥发性化合物，低分子量和高分子量化合物）的综合感官研究中通常很难实现。通常需要多个检测技术组合才能达到目的。

关键风味物质鉴定是饮料酒感官组学研究最活跃的分支之一。关键风味物质分为关键香气物质和关键滋味（口感）物质。目前，香气的感官组学研究报道较多，方法也较为成熟，如图 6-12 所示，从香气物质提取、定性、定量到关键物质鉴定方法都比较成熟。这里面值得一提的是气相色谱-嗅闻技术（下面将详细介绍），借助它可以实现对单个香气物质的感官评估。对于非挥发性物质而言，没有类似的技术可以实现直接对样品中单个风味物质的感官评估。关键滋味物质鉴定的流程通常是先对风味物质进行定性和定量分析，在此前提下通过味觉活度值（浓度和阈值的比值）和重组实验分析单个物质的贡献大小。接下来简单介绍关键香气物质鉴定的感官组学常用方法。

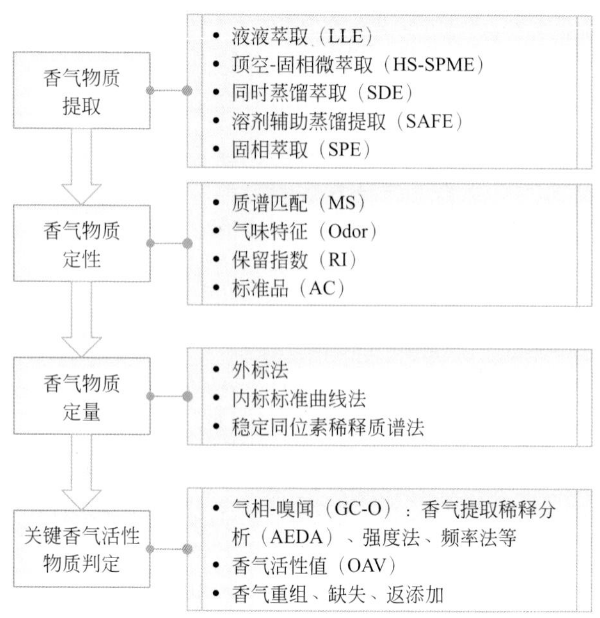

图 6-12 关键香气物质鉴定的感官组学常用流程和方法

（1）气相色谱-闻香法（GC-O）

气相色谱-嗅觉检测技术（gas chromatography-olfactometry，GC-O）是感官组学研究中最常用的技术之一，由 Fuller 等人于 1964 年发明。该技术结合了仪器分析和人的感官分析的优势，以人的鼻子为检测器，能够最直接的感受目标物质的香气。后来研究人员对该技术进行了改进，增加了湿润的空气减少鼻腔的干燥感。GC-O 核心思想是将气相色谱的分离检测与人嗅觉相结合，实现人机结合，如图 6-13 所示。样品经过色谱柱分离后，被分成两部分流出，一部分流到质谱/FID 等检测器中，另一部分流到嗅闻仪被评价员记录下来，得到样品的香气谱图。将香气谱图与 GC-FID 或 GC-MS 谱图对比，就可能鉴定出对样品感官特征具有贡献的香气化合物。实践证明 GC-O 技术是非常有效的，已经广泛用于各类食品的香气物质研究。

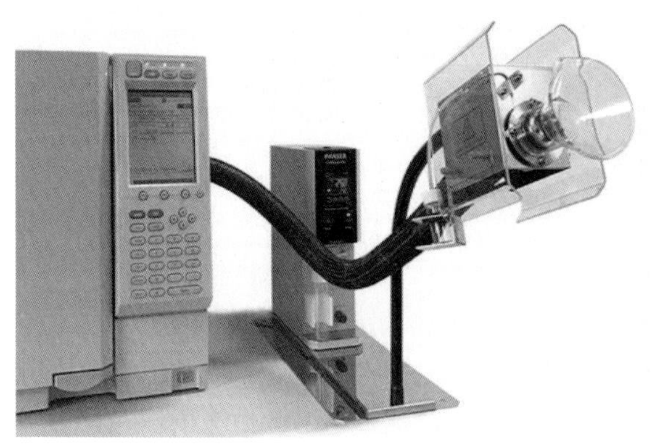

图 6-13 GC-O 操作示例

GC-O技术的常用分析方法主要包括4个：①香气提取稀释分析法（AEDA），将样品梯度稀释，评价员依次嗅闻每个样品，记录每个物质能够被闻到最低浓度时的稀释倍数。倍数越大代表物质香气贡献越大。AEDA法操作起来相对简便，对评价员要求较低。该方法存在两个缺点，首先要求评价员较多，通常不少于5人，加上多倍稀释，分析起来非常耗时。其次把在最高稀释倍数闻到的物质认为是最重要的香气物质，事实上嗅觉响应高和有重要贡献还是有所区别的。②频度法，将能够闻到某物质气味的感官鉴定人员人数表征该物质的香气强度。该方法克服了评价员人数少带来的误差（通常10人左右），不需要评估感官强度值。不过此方法亦有缺陷，尽管响应频度和感觉强度两者存在良好的相关性，但直接获得的并不是真正的强度。③后强度法，当某一物质的色谱峰出完后再记录下香气强度，这种方法的应用范围并不广，这与感官鉴定人员间的结果差异较大有关。④时间-强度法，感官鉴定人员需要同时记录物质的出峰时间和香气强度，最常用的是Osme技术。Osme一词来源于希腊语，意思为“闻香”。该方法是萃取获得的样品，不经稀释，直接进行GC-O分析，将几个感官品尝人员记录到的香气强度进行平均，即为香气强度值。时间强度法是在色谱分离过程中同时记录感知到的香气化合物的强度，以此评估各个香气化合物的贡献大小。该方法以记录得到的香气化合物的强度为基础。经过训练的闻香人员在闻香口直接记录感知到的香气化合物强度和持续时间，并且描述该香气化合物的香气特征。同时，计算机记录持续时间的图谱，以帮助闻香人员判别香气化合物的出峰时间位置。在此实验中，需要一组人员用于鉴定香气物质强度和浓度之间的联系。香气化合物的最大强度和峰面积都与该香气化合物的浓度有非常重要的关系。

通过GC-O分析，研究人员从商品黄酒中鉴定到了80余个香气化合物，包括醇、酸、酯、芳香族化合物、内酯化合物、酚类化合物、呋喃类化合物、硫化物、醛及酮类化合物和含氮化合物。其中，丁酸和3-甲基丁酸可能是黄酒香气强度最大的两种挥发酸。2-甲基丁醇和3-甲基丁醇是香气强度最大的醇类化合物。清爽型黄酒的挥发酸和醇类物质香气强度均低于传统黄酒。酯类化合物中，乙酸乙酯和丁酸乙酯的香气强度相对较大。苯甲醛、苯乙醛和苯乙醇的香气强度是芳香族化合物中最大的。糠醛是呋喃类化合物中香气强度最高的一个化合物。黄酒中的硫化物主要是二甲基三硫和3-甲硫基丙醇，后者在清爽型黄酒中香气强度较高。黄酒中的含氮化合物主要是吡嗪类物质，但是香气强度较弱。

（2）香气活度值分析（OAV）

香气成分对香气的贡献度并不取决于其浓度大小，还与阈值有关。香气阈值和OAV概念的提出将风味物质浓度与感官贡献度很好地联系在一起。香气阈值是指经统计测定的在一定基质中大部分人能感知的香气化合物的最低浓度，OAV是香气化合物的浓度与香气阈值的比值。不同的香气化合物香气阈值不同，一般来说，OAV大于1则表示该化合物对酒样整体香气特征具有明显贡献，OAV越大则认为香气贡献越大。计算某化合物的OAV是目前初步判断其香气贡献的重要方法。研究人员通过对古越龙山传统型黄酒香气组分含量的测定及OAV计算，发现香兰素、3-甲基丁醛、二甲基三硫、反-1,10-二甲基-反-9-癸醇等物质对黄酒香气特征贡献较大。

（3）风味重组（缺失和返添加实验）

以黄酒香气缺失实验为例介绍该方法。缺失实验以模拟黄酒液或去除香气物质的黄酒液为基础，添加黄酒中相同的浓度的香气化合物，配制缺失了特定物质的模拟酒液，将配置好的模拟酒液让感官评定小组进行评价，并与原酒进行比较。

将12个黄酒香气属性分为4个小组，其中花香味、麦曲味、坚果味、醋酸（乙酸）味四

个属性在干型黄酒中较为突出，因此这四个属性以干型黄酒为基础进行缺失实验验证；同理，酵母味、蜂蜜味、果香味、醇香、蘑菇/泥土味以半干型黄酒为基础进行；焦糖味、烟熏味两个属性以半甜型黄酒为基础进行；皮革味、酱香两个属性以甜型黄酒为基础进行，得到如图 6-14 所示的香气缺失实验数据。结果表明大部分香气属性与挥发性风味物质之间的相关性可以通过重组实验得到验证。黄酒皮革味、酱香两个属性的特征香气物质还需进一步探索。

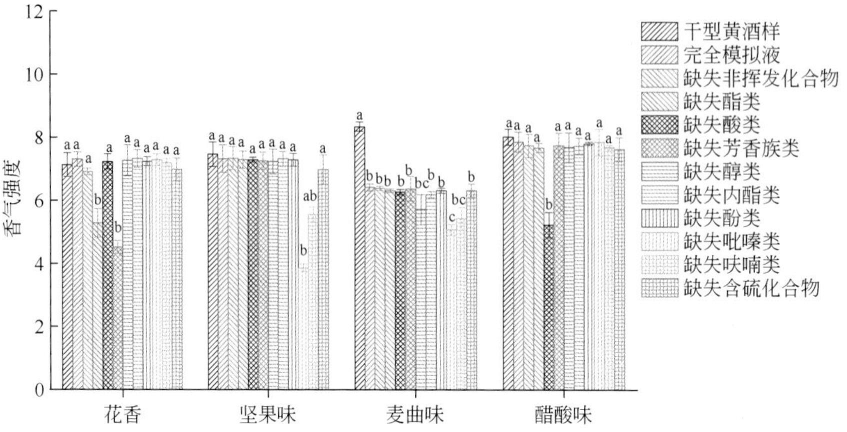

(a) 干型黄酒缺失实验

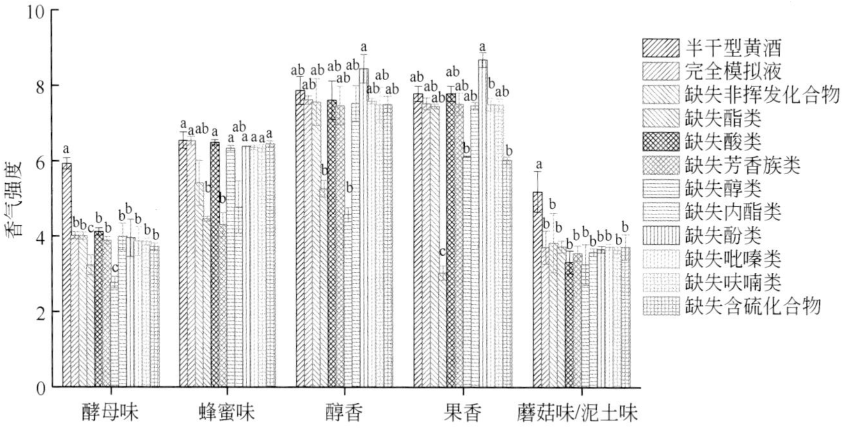

(b) 半干型黄酒缺失实验

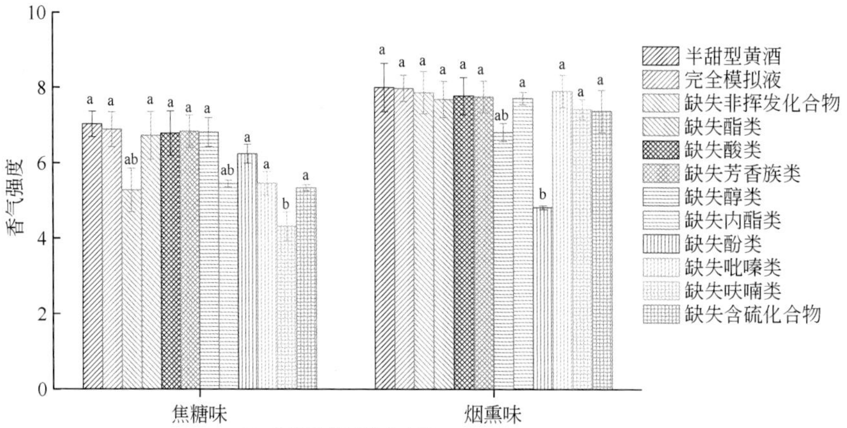

(c) 半甜型黄酒缺失实验

彩图 6-14

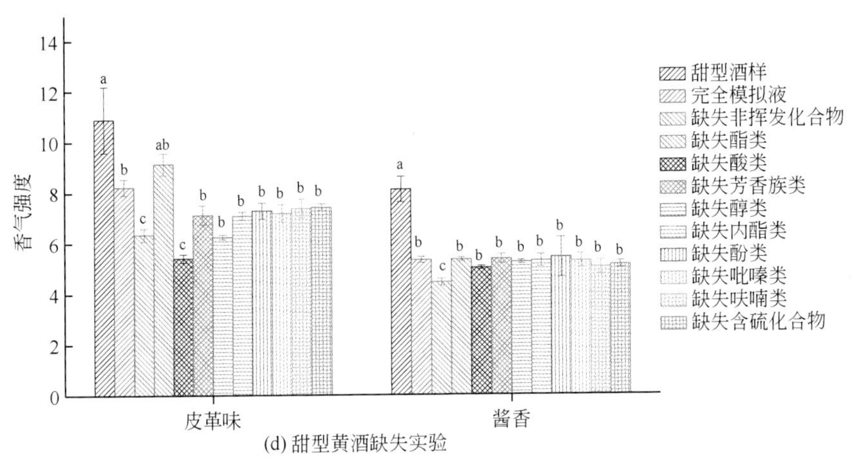

图 6-14　绍兴地区黄酒重要香气物质的缺失实验

上标不同表示数据之间有显著性差异，$p<0.05$

6.3.1.4　数据分析与解释

感官组学的真正核心是化学计量数据分析，它收集所有先前的步骤和数据，将它们汇总在一起并进行解释。上述每个步骤都是从获取的数据中提取相关信息的基础。因此，每一步都应该为此最后一步进行计划。多变量和全面视角是通过多变量化学计量工具获得的，例如主成分分析（PCA）、聚类分析（HClust）、偏最小二乘判别分析（PLS-DA）等。在感官组学中使用多变量方法的主要目的是基于研究中可获得的所有变量来获得每个样本的总图像。除了某些化合物的浓度在组之间有所不同之外，没有差异的化合物在感官组学上有时候也很重要，因为给定食品的感官特性由每种食物成分组成，不仅是存在差异的那些组分。食物的其他成分（有差异）可能会通过感官相互作用（协同、拮抗和累加效应）影响这些成分（无差异）的感官。因此，感官组学研究的主要目标不是找到样本组之间有差异的食物成分。相反，一般的目的是找到一种区分样品组的模式。另一方面，有些研究倾向于只考虑浓度超过阈值的食品成分。从我们的角度来看，这种做法可能会产生误导，因为风味阈值的概念不足（风味阈值的确定高度取决于样品基质中其他成分的浓度，因此取决于给定食品的类型和品牌）。此外，在许多论文中都描述并讨论了亚阈值化合物对食品总体风味的影响。感官研究结果的解释应谨慎进行，并且需要一定该领域的专业知识。基于先前已知的知识，还应牢记避免进行冗长的定性，因为感官组学的真正优势在于对特定科学问题的全面了解。最后，研究人员还应记住，现在的感官组学研究受到食品化学研究方法和手段的限制，新食品成分的发现仍旧是未来感官组学最具挑战性的内容之一。

6.3.2　黄酒关键香气物质

近年来研究人员利用感官组学技术对黄酒的关键风味物质进行了解析，黄酒中鉴定的关键香气物质如表 6-8 所示。

表 6-8　黄酒中的关键香气化合物及香气描述（按 OAV 排序）

类别	物质	OAV 值范围	香气描述
醇类	β-苯乙醇	7.2～10	玫瑰花香
	3-甲基丁醇	5.8～7.1	杂醇油、指甲油
	2-甲基丁醇	2.1～2.8	杂醇油、指甲油

续表

类别	物质	OAV值范围	香气描述
酸类	3-甲基丁酸	60.1～80.8	酸臭
	丁酸	11.1～16.2	干酪味、腐臭
	乙酸	3.9～4.2	醋味
	己酸	1.5～2.5	奶酪、酸臭
酯类	丁酸乙酯	24.1～40.2	菠萝香、果香
	己酸乙酯	23.8～47.5	苹果香、果香味
	辛酸乙酯	11.2～12.3	水果香
	乙酸乙酯	10.4～13.3	溶剂
	2-甲基丙酸乙酯	4.5～7.2	果香
	乙酸异戊酯	3.6～4.8	香蕉香、水果香
	乳酸乙酯	3.2～4.7	果香
	戊酸乙酯	1.9～3.8	甜香
	肉桂酸乙酯	1.8～3.2	香辛料味
酚类	香兰素	30.1～42.1	香草味、甜香
	4-乙烯基愈创木酚	2.5～10.1	药香、烟气香
	愈创木酚	4.6～8.6	烟气味、中药
	4-乙基愈创木酚	2.2～6.2	药香
	苯酚	1.3～2.2	医药气味
糠醛类	糠醛	0.4～0.6	苦杏仁香、焦香
内酯	γ-壬内酯	3.1～4.7	杂醇油、指甲油
	γ-癸内酯	1.7～2.1	甜香、椰子香
醛类	3-甲基丁醛	29.1～36.6	麦芽香
	苯乙醛	17.6～20.4	花香、玫瑰香
	苯甲醛	2.4～4.2	苦杏仁
	1-己醛	2.3～4.1	青草味
含硫化合物	二甲基三硫	12.1～22.4	烂白菜味

像大多数酒精饮料一样，醇类、酯类和酸类物质也是黄酒中的主要香气活性化合物。在鉴定的气味活性化合物中，3-甲基丁醇、β-苯乙醇、2-甲基丁醇和1-辛烯-3-醇是香气强度较高的醇类。酯类是中国黄酒中发现的含量较高的一类香气化合物。根据气味强度贡献较大的酯类物质主要包括乙酸乙酯、己酸乙酯、丁酸乙酯、乙酸3-甲基丁酯以及丙酸乙酯。酯类化合物通常具有较低的香气阈值和令人愉悦的水果香味，对黄酒的香气特征具有积极的作用。对于挥发性酸类物质，乙酸、3-甲基丁酸、丁酸和己酸是黄酒中对香气影响较大的挥发酸。在黄酒中酚类物质也是一类重要的香气物质，愈创木酚、4-乙烯基愈创木酚的香气强度较高。对于醛类物质，苯甲醛、3-甲基丁醛、己醛和苯乙醛是黄酒中的重要醛类物质。黄酒中发现了较多的内酯类物质，内酯类物质通常具有愉悦的香气，γ-壬内酯在中国黄酒中具有较高的香气强度，其具有“桃子”“椰子”的香气，在一些黄酒产品中浓度较高；γ-癸内酯也表现出一定的香气强度。此外在黄酒中发现了葫芦巴内酯，尤其是甜型黄酒中含量较高，其具有焦糖香气，阈值非常低，研究表明其可能是黄酒（尤其是甜型黄酒）焦糖香的关键贡献物质。其他内酯的香气强度较低，可能对中国黄酒的香气影响不大。中国黄酒中鉴定出了一些含硫化合物，比如二甲基三硫、3-甲硫基丙醇、甲硫醇等挥发性硫化物。它们在高浓度时通常表现为“臭鸡蛋”“洋葱”“煮熟的卷心菜”或“硫黄”的味道，但在低浓度时，它们会产生类似“肉汤”的香气。含硫物质被认为是某些葡萄酒香气的重要贡献物质，其对黄酒香气的影响还需要进一步的研究。此外，黄酒中发现了土味素（反式-1,10-二甲基-反式-9-癸醇），其通常被描述为“土味”和“霉味”的香气，由于阈值极低，它可能是黄酒中非常重要的香气物质。土味素可能来源于麦曲。

在中国白酒中也发现该物质，很可能来自中国白酒生产中使用的大曲。黄酒中鉴定出的含氮挥发性物质主要是吡嗪类化合物。其中，2,6-二甲基吡嗪的气味强度较高，其次是2,3,5-三甲基吡嗪、2-甲基吡嗪和四甲基吡嗪（川芎嗪）。吡嗪类物质通常具有爆米花和烤面包的香气，对黄酒香气有积极的贡献，其通常由美拉德反应或微生物代谢形成。

6.3.3 黄酒关键滋味物质

味觉是由于呈味物质的可溶性部分溶于唾液并刺激味蕾产生的，味蕾是味觉的感受器，主要分布于舌的背面、舌尖和舌两侧，会咽和咽后壁等处也有一些分散的味蕾。舌的不同部位对不同味觉的敏感度不同，舌前端部分对甜味和咸味比较敏感，舌两边侧缘对酸味比较敏感，舌根和软腭则对苦味敏感度较高。人们对不同味觉的敏感性也有不同，比如对苦味物质的敏感性往往比其他味觉大。味觉的强弱用味觉强度来表示，到目前为止，对味觉强度的测定只能使用基于感官评定的统计方法，味觉强度主要有两种表示方法：阈值（Cr）和等价浓度（PSE）。最常用的是阈值法，阈值是指可以感受到的某物质特定味觉的最小浓度。影响味觉强度的因素除与呈味物质的化学结构及浓度有关外，还与呈味物质的形态、测试温度、时间（感受味的时间）、心理因素、身体状况以及各种呈味物质和味觉间的相互影响等因素有关。在评估呈味物质的味觉强度或者阈值时，要充分考虑各种因素的影响。

黄酒是非蒸馏酒，除了挥发性物质，非挥发性物质不管从含量还是物质种类上都占有更大的比例，黄酒的味觉和口感主要由这些非挥发性物质贡献。江南大学传统酿造食品研究中心——毛健教授团队对黄酒的关键滋味物质进行了研究，发现了一些关键滋味物质。

6.3.3.1 甜味物质

从物质种类来看，黄酒中能产生甜味的物质主要包括糖类、多元醇以及氨基酸。甘油是饮料酒中重要的多元醇类物质，其阈值约为7.5g/L，遗憾的是目前尚不清楚其在黄酒中的浓度，估计其对黄酒甜味仅有微弱贡献。在一定浓度下乙醇可能具有轻微的甜味，但是在典型的黄酒浓度（6%～18%）下，乙醇通常被认为表现出苦味或刺激性。甜味氨基酸的浓度没有达到阈值。只有葡萄糖和果糖的含量达到了阈值，尤其是葡萄糖。对于干型和半干型黄酒，葡萄糖和果糖是主要甜味物质；对于甜型和半甜型黄酒，葡萄糖是主要甜味物质。

6.3.3.2 苦味物质

苦味物质在自然界中分布非常广泛，多种物质可以产生苦味。常见的苦味物质主要包括：生物碱类、糖苷类、萜类、氨基酸、肽类、酚类及无机盐类。对于黄酒而言，可以产生苦味的物质主要是氨基酸、肽和酚类。氨基酸中亮氨酸和组氨酸的味觉活度值超过了1，酚类物质中香豆酸、阿魏酸和儿茶素的味觉活度值超过1。因此，这5种物质可能是绍兴地区黄酒苦味的主要贡献物质。此外，黄酒中含有较多的肽类，肽类物质可能对黄酒苦味有重要贡献，这需要科研人员进一步的研究。

6.3.3.3 酸味物质

普遍认为，质子是酸味剂的定味基，负离子是助味基。酸味由氢离子产生，负离子会影响酸味的强弱和风格。酸味强度并不与H^+浓度或pH成正比，酸味强度与酸的滴定酸度、pH、酸根、酸的缓冲效应及其他共存物质的性质及浓度等多种因素有关。在摩尔浓度相同时，强酸酸味大于弱酸，pK_a大于10的酸则没有酸味。在pH相同时，有机酸的酸味一般

大于无机酸。在氢离子浓度相同时，酸味强度顺序为：丁酸＞丙酸＞乙酸＞甲酸，更长碳链则会抑制酸味，C_{10} 以上的羧酸没有酸味，主要原因可能是随着链长的增加，羧酸溶解度降低，酸味减弱。酸味还与滴定酸度有关。

有机酸可以增加酒体浓厚感，缓冲、协调其他香味物质，减小甜味的强度，是黄酒中重要的呈味物质，其种类、含量与黄酒最终的感官品质有很大关系。含量少则酒味淡，含量多则酸味重，影响酒的整体风味，故有“无酸不成味”之说。根据不同甜度绍兴地区黄酒中 9 种有机酸的含量，并根据其阈值测定味觉活度值，乳酸和乙酸是绍兴地区黄酒中酸味的主要贡献物质。乳酸是黄酒中最重要的有机酸，具有柔和的酸味，不但对黄酒中的酸味有重要作用，而且可以减少黄酒刺激感，使口感更柔和。乙酸具有强烈的刺激性气味，乙酸含量低于乳酸，但是有很高的味觉活度值（7.42～18.72）。另外，琥珀酸和酒石酸含量也大于其阈值，也是黄酒中酸味的重要贡献者。

6.3.3.4　鲜味物质

鲜味与甜味、酸味、苦味以及鲜味是人体五大基本味觉。一般认为鲜味是风味增效剂或者是一种综合味觉。鲜味剂主要有谷氨酸型和肌苷酸型。黄酒中可能对黄酒鲜味有贡献的物质主要包括氨基酸类、肽类、核苷酸类，传统认为黄酒的鲜味主要由氨基酸贡献，运用风味组学的研究鉴定了更多鲜味物质。谷氨酸和天冬氨酸两个鲜味氨基酸的味觉活度值都没达到 1。黄酒中发现了 5 个呈味核苷酸，其中 5′-AMP 的味觉活度值超过了 1。此外，黄酒中还发现了一种新的鲜味物质 *N*-(1-deoxyfructos-1-yl) glutamic acid (Fru-Glu)，是葡萄糖与谷氨酸美拉德反应生成的 Amadori 中间体。在黄酒发酵醪液中含有大量的还原糖和氨基酸，在麦曲制作、发酵、煎酒等过程中这些还原糖和氨基酸会结合生成多种美拉德反应中间产物。Fru-Glu 是其中研究较多的一个，它是由一分子葡萄糖和一分子谷氨酸结合而成，它在水中和 NaCl 溶液中与谷氨酸的鲜味强度相当，是酱油和清酒中重要的鲜味物质。

6.3.3.5　涩味物质

涩味是口腔黏膜蛋白被凝固时产生的收敛感，有时候也被形容为发干、粗糙。对于普通消费者而言，涩味容易与苦味混淆，因为很多可以产生涩味的物质也能产生苦味。专业的感官评价小组在参照样的帮助下可以有效将二者区分开。能够产生涩味的物质主要是酚类、盐和有机酸，比如单宁酸、花青素、茶多酚和铝盐等。黄酒中的涩味物质主要是氨基酸和酚类。其中最关键的涩味物质是 γ-氨基丁酸，其次是儿茶素和阿魏酸，酪氨酸、p-香豆酸以及丁香酸也对涩味有一定贡献。

6.3.3.6　重构验证

为了进一步鉴定绍兴地区黄酒中滋味属性的关键贡献物质，采用重构实验对分析结果进行验证。重构实验分别以四种甜型黄酒为基础进行。图 6-15 显示了评价小组对重构酒样评价结果与原酒样对比结果。可以看出重构模拟酒液酸、甜、鲜三种滋味属性与原酒液有较高的接近度，说明模拟酒能够较好地模拟黄酒酸味、甜味、鲜味三个属性。结合 PLSR 预测以及味觉活度值分析的结果，可以得出黄酒中酸味主要由乳酸、酒石酸、乙酸贡献；葡萄糖是绍兴地区黄酒中主要的甜味贡献物质；鲜味主要由谷氨酸、5′-AMP、Fru-Glu 贡献。重构酒样中涩味和苦味两个滋味属性强度低于实际黄酒样品，说明可能还有某些重要的组分未被鉴定出来。黄酒中存在较多的肽类物质，很多肽类物质具有较强的感官活性，感官活性肽的鉴定或许对于进一步揭示黄酒滋味具有重要的意义。

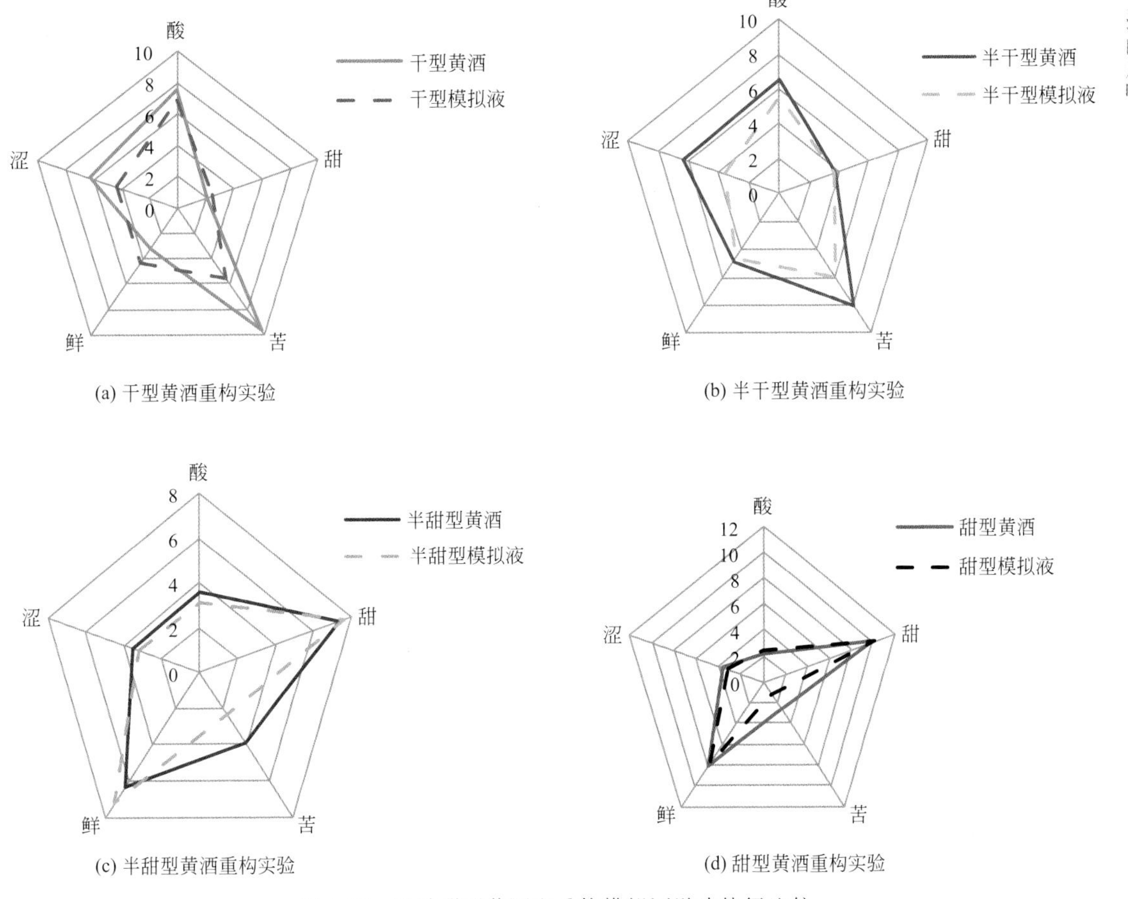

图 6-15 四种甜型黄酒和重构模拟酒滋味特征比较

6.4 基质对挥发性物质的影响

黄酒由小分子挥发性化合物和大分子（相对于挥发性物质而言）非挥发性化合物组成。与其他食品一样，黄酒中的挥发性和非挥发性成分之间可能会发生相互作用，对香气产生影响。相互作用的性质可能会因香气化合物的理化性质（如分子大小、官能团和挥发性）以及黄酒成分之间可能通过共价键、疏水键或氢键的化学结合或通过形成包合物而发生的结合而有所不同。也就是说，相互作用的程度可以改变酒液顶空部分气体和基质（黄酒）之间的化合物浓度分配系数，改变了游离至空气中的挥发性化合物的浓度，因此顶空中香气化合物的浓度可能会增加（释放或盐析效应），也可能会降低（保留效应），进而影响饮料酒的香气特征。国外研究人员对于啤酒、葡萄酒等饮料酒基质对于香气物质的影响已有较多的报道，但是国内关于黄酒基质对其香气影响的研究尚处于起步阶段，鲜有文章报道，我们将一些其他饮料酒中的研究结果进行总结，给读者提供参考。

6.4.1 乙醇的影响

乙醇是发酵酒的主要成分。研究表明，乙醇可以通过改变香气化合物在简单的模型葡萄

酒体系中的溶解度来影响葡萄酒的香气。早期的研究主要集中在使用静态顶空气相色谱法分析挥发性化合物的分配系数。在一项研究中，挥发性化合物乙酸异戊酯、己酸乙酯、正己醇和β-紫罗兰酮在由有机酸（0.4%酒石酸、0.3%苹果酸和0.01%乙酸）、盐（0.0025%硫酸镁和0.01%硫酸钾）和10%乙醇组成的人工模拟葡萄酒中的活性系数比在水中低。另一项研究中，当模拟葡萄酒中的乙醇浓度从5mL/L增加到80mL/L（10g/L甘油和1g/L钾，pH 3.2）时，挥发性物质的分配系数降低了30%到35%。

Hartmann等用固相微萃取（DVB/CAR/PDMS）在模型溶液（含0%、5%、10%、15%和20%乙醇-水混合物和2g/L酒石酸氢钾）中提取吡嗪化合物，发现挥发性化合物的回收率受乙醇影响显著降低。当乙醇浓度从0增加到20%时，异丙基、仲丁基和异丁基吡嗪的回收率仅为之前的十分之一。另一项研究对含有1mmol/L酒石酸的乙醇-水混合物中的醇类、酸类、酯类、异戊二烯以及酚类化合物进行了分析。结果表明，除了3-甲基丁醇外，乙醇浓度从11%vol增加到14%vol使分析物的相对响应度降低至少20%。

有文献报道了乙醇对葡萄酒香气的影响。在葡萄酒香气的重组模型中，乙醇含量的降低（从100g/L到0g/L）导致果香和花香强度显著增强。与他们的结果一致，Escudero等人发现将乙醇浓度从0增加到14.5%vol时，显著抑制了9种果香化合物的重组葡萄酒的水果香气。乙醇对香气的抑制作用可以从阈值的变化中反映出来。Grosch等人的研究显示，使用GC-O评估阈值，在乙醇（55.6mg/L）存在时，香气物质阈值显著增加，增加范围介于己酸乙酯的10倍和甲基丙醇的312倍之间，这实际上会影响香气物质对葡萄酒整体香气的贡献。此外，葡萄酒中酒精含量的增加也会增加白葡萄酒的最大感知黏度强度，这可能间接影响香气感受。

6.4.2 酚类物质的影响

在葡萄酒中，儿茶素和表儿茶素浓度的增加导致对苯甲醛的亲和力高于对3,5-二甲氧基苯酚的亲和力。核磁共振分析证实，芳香化合物-酚类相互作用是由于芳香化合物的没食子酰环和芳香环之间存在π-π堆积，并且通过氢键提供了稳定性。几项利用HS-SPME/GC-MS技术的研究表明，单体酚对芳香化合物的分配有不同的影响。没食子酸（10mmol/L）显著降低了2-甲基吡嗪和苯甲酸乙酯在1%乙醇水溶液中的顶空浓度，对3-烷基-2-甲氧基吡嗪没有影响。目前已有研究人员采用感官手段研究了酚类对香气的影响。Aronson等制备了苯甲酸乙酯（2～16mg/L的1%乙醇-水混合物）和2-甲基吡嗪（60～300mg/L的水溶液）的模型溶液，没食子酸和柚皮苷的存在降低了2-甲基吡嗪的香气强度，柚皮苷对苯甲酸乙酯的影响更大。Goldner等人发现在较高的酚类浓度下，葡萄酒的柑橘、草莓、成熟水果和花香的强度较低。

6.4.3 多糖的影响

关于多糖对饮料酒香气影响的研究报道较少。Lubbers等人评估了人工葡萄酒中富含多糖的酵母细胞壁与挥发性化合物相互作用的效果。数据显示，所有被测试化合物的浓度都降低了，包括异戊醇、辛醛、己酸乙酯和辛酸乙酯。用平衡透析法测定挥发性化合物在酵母壁上的结合程度时发现，与己酸乙酯相比，疏水性更强的β-紫罗兰酮的结合能力更强。Chalier等人利用动态和静态顶空结合感官评价方法评估了香气化合物和MPS（甘露糖蛋白）之间的相互作用。在12%的乙醇-酒石酸盐模型溶液中，完整的和分级的MPS的存在将除乙酸异戊酯外的所有香气化合物（己醇、己酸乙酯和β-紫罗兰酮）的挥发性降低了80%。MPS结构中糖苷和肽部分的存在可能影响了该相互作用。评价员感官评估结果证实了MPS降低香气强度的能力，与顶空分析的结果一致。

6.4.4 基质成分与香气化合物的高阶相互作用

饮料酒成分复杂，不同成分间可能存在复杂的交互作用。乙醇与葡萄糖相互作用的结果表明，乙醇降低了除柠檬烯外的所有挥发性化合物的相对峰面积，而在葡萄糖存在下峰面积增大。乙醇和甘油对2-异丁基-3-甲氧基吡嗪、芳樟醇、橙花醇、2-苯乙酸乙酯、β-大马烯酮、α-紫罗兰酮、β-紫罗兰酮和丁香酚也有显著影响。类似地，乙醇对挥发物的相对峰面积有负面影响，而甘油只有在没有乙醇的情况下才有正面影响。甘油和儿茶素之间的交互作用，虽然在统计上显著，但相对较低。一般来说，分别添加甘油和儿茶素时，挥发性化合物的峰面积比同时加入甘油和儿茶素时的峰面积大。Villamor等人发现乙醇、单宁和果糖浓度对挥发性物质二甲基二硫醚、1-己醇、1-辛烯-3-酮、2-甲氧基酚、2-苯乙醇、丁香酚有显著的三向交互作用。在最高水平添加乙醇、单宁和果糖会导致顶空浓度降低57%到75%，这在很大程度上是由于乙醇的添加。添加果糖也会影响这些物质的保留，但其影响小于乙醇。单宁促进了香气物质从模型葡萄酒溶液中的释放。然而对于大多数物质来说，只有在较低的乙醇浓度时才能观察到这种影响。研究人员利用感官分析方法探讨了模型葡萄酒体系中发生的高阶基质相互作用。总体香气和个别香气属性，酯类和花香，取决于挥发性化合物、甘油和乙醇的浓度。在较低的挥发性化合物浓度下，乙醇在没有甘油存在时有抑制作用。相反，在较高的挥发性化合物浓度下，甘油或乙醇对总体香气强度没有影响。

通过考虑饮料酒基质的影响，可以更好地理解饮料酒的香气。与葡萄酒类似，黄酒基质成分与香气化合物相互作用可能导致香气物质挥发性和顶空分配的改变。相比葡萄酒，黄酒中含氮物质（蛋白质、肽以及氨基酸）含量高、组成复杂，对香气物质的影响不容忽视，这可能是黄酒研究人员需要重点关注的研究领域之一。

6.5 感官、微生物和酿造工艺与风味物质的关系

6.5.1 风味物质与感官的相关性

许多物质具有多种感官属性，比如谷氨酸既有鲜味又有酸味，乙酸既有酸味又有刺激性。因此，风味物质与感官属性之间存在着复杂的关系。一方面，一个感官属性可能由多个物质共同作用产生；另一方面，同一个物质可能影响多个感官属性。早期的研究侧重于分析风味物质对感官属性的贡献。例如，分析氨基酸对黄酒口感的影响。目前黄酒的风味研究大多关注单个物质的风味特点，未考虑化合物间的相互作用，这方面的研究还有很多工作需要开展。将挥发性物质与香气属性进行多元统计分析是揭示物质与感官复杂关系的常用手段之一。常用的分析方法有主成分回归、偏最小二乘回归（PLSR）等。多元统计分析的结果可以为人们寻找风味物质与感官之间的关系提供方向和依据，但这种相关性不一定真实存在，

需要经过实验验证。

6.5.1.1 挥发性物质与香气的相关性

江南大学传统酿造食品研究中心——毛健教授团队利用PLSR分析了绍兴地区黄酒挥发性物质与香气属性之间的相关性。模型的载荷-得分图（Bi-plot）如图6-16所示。麦曲味和坚果味两个属性呈显著正相关，这两个属性主要与2,6-二甲基吡嗪、2,5-二甲基吡嗪、2,3,5-三甲基吡嗪等几种吡嗪类化合物呈显著正相关。绍兴地区黄酒中所测的吡嗪类化合物含量小于阈值，理论上不会直接影响香气特征，但是各种香气化合物之间存在中和、协同、拮抗等相互作用，很多研究人员也验证过某些化合物有加强其他化合物的作用，这可能是导致这一结果的原因。另外有研究者证实一些美拉德反应产物例如吡嗪类、吡啶类化合物是引起饮料酒中坚果味的关键香气化合物，坚果味主要与2-乙基-6-甲基吡嗪和吡啶相关。在对麦曲的研究中认为具有蘑菇味的1-辛烯-3-醇是麦曲风味的重要组成成分，黄酒麦曲中最主要的风味化合物有己醛、苯乙醛、1-辛烯-3-醇。

蘑菇味/泥土味是黄酒的特征气味之一，对黄酒品质有较大影响。在研究中人们认为酒中泥土味主要来自曲中微生物代谢。有研究发现酒中泥土味主要与一种萜类化合物土味素（geosmin）有关。由图中结果可以看出蘑菇味/泥土味与2,6-二甲基吡嗪、2,5-二甲基吡嗪、2,3,5-三甲基吡嗪等几种吡嗪类化合物呈显著正相关，之前也有研究者表明吡嗪化合物中2-乙基-6-甲基吡嗪具有典型的泥土味和霉味。

黄酒中主要的花香类似玫瑰花香，是黄酒中比较愉悦的香气属性，一些研究认为黄酒的花香主要由β-苯乙醇引起，β-苯乙醇也被认为是波尔多葡萄酒中花香的主要物质。由图6-16中可以看出花香主要与β-苯乙醇、苯乙醛、苯甲酸乙酯三种物质呈显著正相关。另外蜂蜜味主要与苯甲醛、苯乙酸乙酯相关性较大，可以看出黄酒中蜂蜜香、花香两个属性可能主要与含苯环的芳香族化合物有关。

多个呋喃类化合物有焦糖香气，糠醛和5-甲基糠醛是多种食品中焦糖香气的重要贡献物质，比如日本清酒。分析结果显示焦糖香与5-甲基呋喃醛、糠醛、2-糠醇、香兰素相关性较大。另外，焦糖香与γ-丁内酯、γ-癸内酯等内酯类化合物也有一定的相关性，γ-丁内酯具有焦糖香、椰子香、甜香，内酯类化合物可能对黄酒中焦糖香具有一定贡献。烟熏香主要与愈创木酚、4-乙基愈创木酚、4-乙烯基愈创木酚等挥发性酚类化合物有关。愈创木酚、4-乙基愈创木酚具有烟味，这几种酚类物质也是清酒、葡萄酒等酒类中重要风味物质。

果香主要与乙酯类化合物相关，乙酯类化合物大多带有愉快的果香味与甜香味，在酒类中主要贡献类似“苹果香”“香蕉香”的果香味，是酒类中最重要的香气化合物。图6-16可以看出，绍兴地区黄酒果香与己酸乙酯、丁酸乙酯、乳酸乙酯、乙酸异戊脂、戊酸乙酯、丁酸乙酯等乙酯类化合物呈现显著正相关。醇香是指由乙醇等醇类引起的香气，是酒类饮料特征香气属性，分析发现醇香主要与正丁醇和戊酸乙酯、辛酸乙酯等物质相关性较大。

酵母味（气味）是指酒类发酵到后期酵母自溶引起的味道，对饮料酒品质影响很大。啤酒中的酵母味主要由麦芽汁煮沸时分解含硫氨基酸产生的二甲基硫及酵母代谢产生的硫化物和癸酸引起。由图6-16可以看出，黄酒酵母味主要与正庚醇、癸酸和癸酸乙酯含量呈显著正相关。酱香在甜型黄酒中强度较大，酱香的关键性贡献化合物的研究在酱香型白酒中比较多。学术界关于酱香型白酒的主体香或关键香气成分有几种猜想，还没有找到令人信服的关键化合物。相关性分析显示酱香与肉桂酸乙酯和几种脂肪酸呈显著相关性，这需要进一步的实验验证。醋酸（乙酸）气味主要和乙酸含量呈显著正相关。乙酸不但影响黄酒中的酸味，对黄酒中的香气贡献也很大，但是其含量不宜过高，容易带来刺激性。

彩图 6-16

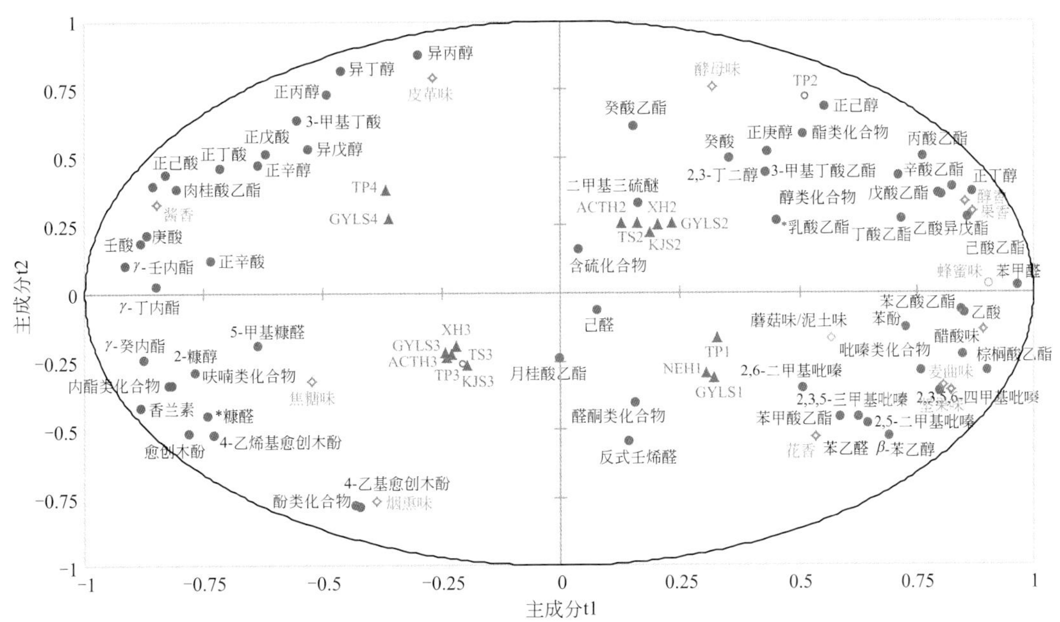

图 6-16 挥发性成分与绍兴地区感官香气属性之间的 PLSR 模型的相关性载荷图

●表示挥发性成分；◇表示 13 种香气感官属性；▲表示 17 种样品

6.5.1.2 非挥发性物质与滋味（口感）的相关性

毛健教授团队运用 PLSR 法研究了绍兴地区黄酒滋味与非挥发性化合物之间的相关性，结果如图 6-17 所示。酸味主要与乳酸、酒石酸、柠檬酸、苹果酸的含量呈显著正相关；甜味和葡萄糖、总还原糖、总糖含量呈现显著正相关，与蔗糖、果糖含量没有相关性；鲜味与谷氨酸、天冬氨酸、5′-AMP、Fru-Glu 等物质呈显著正相关；苦味和涩味主要与丁香酸、*p*-香豆酸、儿茶素等酚类类物质含量呈显著正相关，另外这两种属性与精氨酸、组氨酸两种氨基酸含量也呈显著正相关；绵延度与引起苦味、涩味的几种物质含量呈显著正相关，猜测可能是因为绵延度与苦味和涩味呈正相关，即苦味和涩味强度越大，在口腔中会停留更久。

6.5.2 风味物质与微生物的相关性

黄酒发酵是多种微生物共同作用的结果，微生物对风味物质的影响非常复杂，关于黄酒发酵风味物质的形成与微生物的关系报道较少，很多研究结论还未经实验证实，这里提供一些研究结果供读者参考。

6.5.2.1 细菌菌群与挥发性物质的相关性

以细菌菌群中 10 个优势菌的群落组成为自变量 X，以 64 种挥发性组分为因变量 Y，建

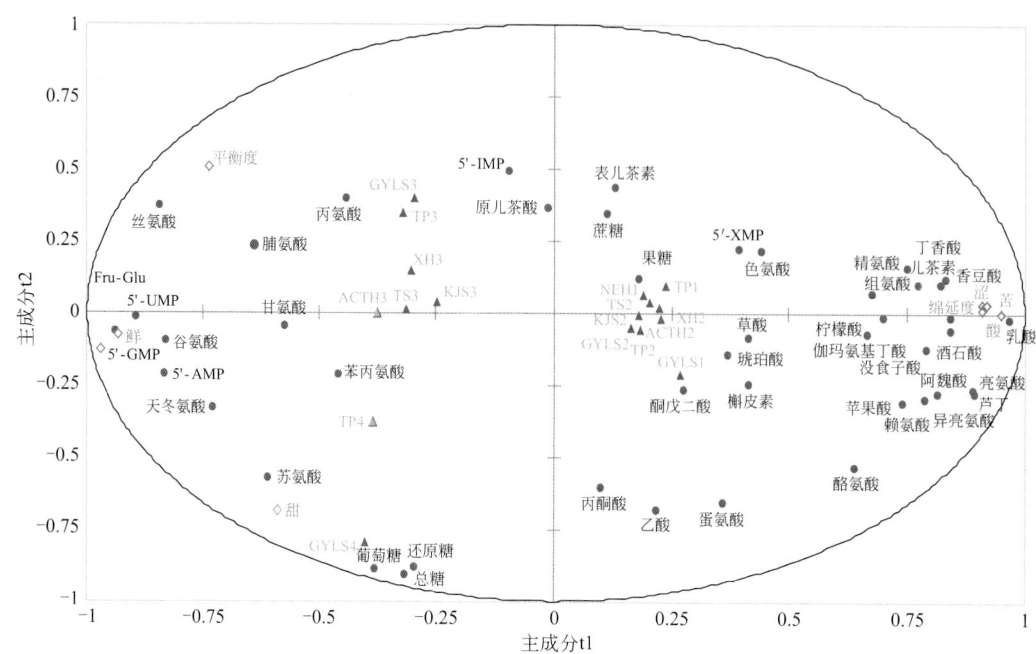

图 6-17 绍兴地区黄酒滋味属性与非挥发性成分之间的相关性 PLSR 载荷图

●表示非挥发性成分；◇表示 7 种滋味、口感感官属性；▲表示 17 种黄酒样品

立 PLSR 模型。提取 4 个主成分，可获得对挥发性成分 83.6%的解释能力，载荷得分图如图 6-18 所示。可以看出，大部分变量位于 50%～100%置信区间，而糖多孢菌属与挥发性组分无明显相关性。假单胞菌属与乙酸异丁酯、乙酸异戊酯、戊酸乙酯、己酸乙酯、十四酸乙酯、异丁醇、1-己醇、正庚醇、正辛醇、苯酚相关性强；葡萄球菌属与癸酸乙酯相关性极强；乳球菌属与 1-辛烯-3-醇、苯甲醛、苯乙醛相关性强；高温放线菌属和芽孢杆菌属均与乙酸己酯、庚酸乙酯、乙酸苯乙酯、十二酸乙酯、正癸醇有较好相关性，另外芽孢杆菌属还与四甲基吡嗪具有较强相关性；肠杆菌属与乳酸乙酯、苯甲酸乙酯、硬脂酸乙酯相关性较强。总体来说，假单胞菌属、肠杆菌属与多种挥发性成分有较强的相关性，可能对黄酒风味物质生成有重要影响，高温放线菌属、芽孢杆菌属和乳球菌属在挥发性物质形成中也占有重要地位。

彩图 6-17

另外，挥发性成分与微生物群落结构关系复杂，黄酒中检测到的许多成分与微生物群落之间并不是简单的对应关系，某一种挥发性成分可能与多种微生物均存在一定的相关性，如辛酸乙酯与葡萄球菌属、乳球菌属均存在一定相关性；丁二酸二乙酯与乳杆菌属、明串珠菌属、肠杆菌属存在相关性；乙酸己酯、庚酸乙酯、乙酸苯乙酯、十二酸乙酯、正癸醇与高温放线菌属、芽孢杆菌属存在相关性；己酸异戊酯、壬酸乙酯、四甲基吡嗪与芽孢杆菌属和葡萄球菌属存在相关性。以上结果表明，此类挥发性成分更有可能是多种微生物协同作用的结果。

6.5.2.2 真菌菌群与挥发性物质的相关性

以真菌中的 8 个优势属为自变量 X，以挥发性组分为因变量 Y，构建 PLSR 模型。模型载荷图得分如见图 6-19。

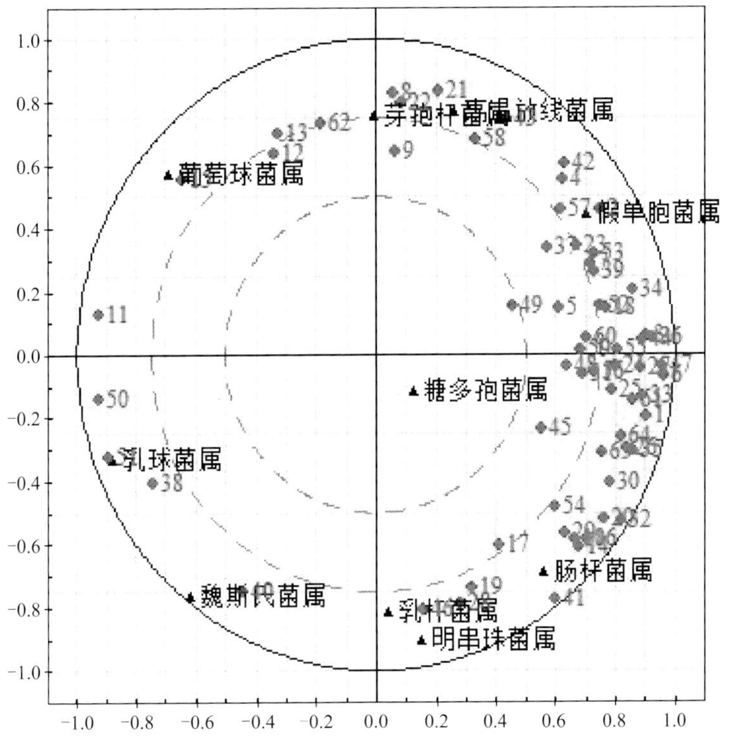

图 6-18 细菌菌群与挥发性成分的 PLSR 得分载荷图

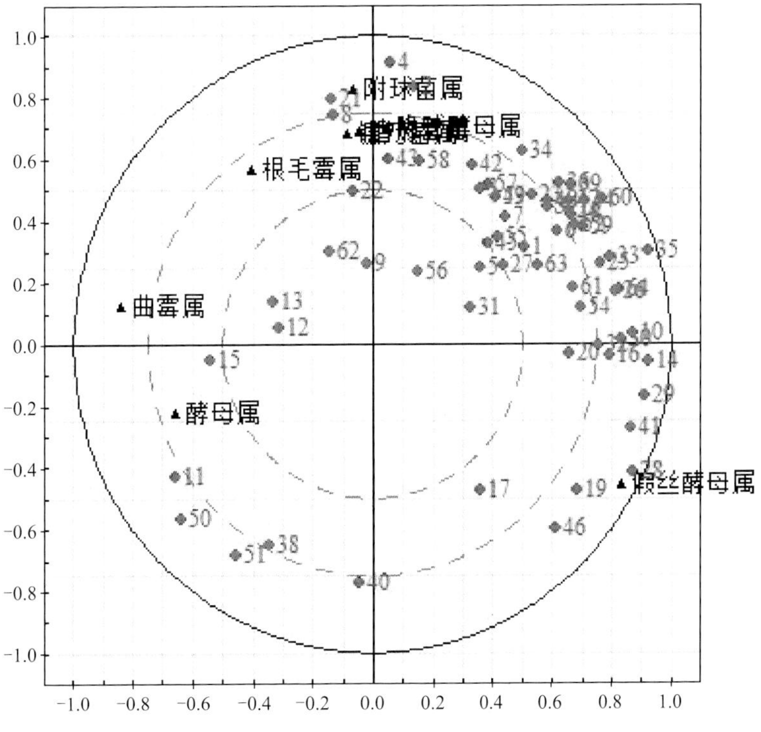

图 6-19 真菌菌群与挥发性成分的 PLSR 得分载荷图

从图 6-19 中看出，嗜热霉属、隐球酵母属、附球菌属和镰刀菌属与乙酸异丁酯、乙酸异戊酯、乙酸己酯、乙酸苯乙酯、异丁醇、正辛醇、正癸醇相关性较强，并且还与多种物质存在一定的相关性；假丝酵母属与苯乙酸乙酯、苯乙酸-2-丙烯酯、硬脂酸乙酯、2-十四醇相关性较强；对于辛酸乙酯、癸酸乙酯、1-辛烯-3-醇、苯甲醛、苯乙醛，酵母属真菌表现出较好的相关性。而曲霉属和根毛霉属只与极少数挥发性组分具有相关性，其中曲霉属与癸酸乙酯相关，根毛霉属与十二酸乙酯相关。

总结分析发现，嗜热霉属、附球菌属和镰刀菌属与多种化合物相关性极强，说明其在挥发性物质的形成中可能占有重要地位。分析发现该属与多种挥发性成分存在相关性，可能由于嗜热霉属真菌分泌的酶类不仅具有热稳定性，并且在较大的 pH 范围内具有活性，因此在黄酒发酵过程中能够分解多种大分子物质，为风味物质的合成提供前体。而镰刀菌属和附球菌属的代谢功能还鲜有报道。结合结果分析，非酿酒酵母真菌可能在发酵初期参与发酵代谢，产生一些非常重要的酯类、醇类等代谢产物，在一定程度上提高了酒体风味的复杂性。酵母属丰度虽然不高，但与多种黄酒中主要的挥发性成分呈现较好的相关性，说明酵母属真菌在黄酒风味形成中仍然非常重要。另外，曲霉属和根毛霉属只与极少数挥发性成分表现出相关性。这两类真菌都具有较强的产蛋白酶的能力，它们的主要作用可能是提供糖化酶、蛋白酶或与风味物质形成相关的酶，而这些酶的生成主要是在制曲过程，不是黄酒发酵时期，因此导致其与风味物质相关性不强，但并不代表这两类真菌在风味物质形成中不重要。

6.5.3 黄酒酿造过程中风味物质变化

黄酒发酵是一个动态过程，在各发酵阶段风味物质的种类和含量有所不同。黄酒的发酵过程主要是原料和微生物共同作用的过程。

6.5.3.1 有机酸

黄酒酿造过程中有机酸的含量变化如图 6-20，总酸含量呈增长趋势，含量最高的有机酸是乳酸，其在发酵过程中占总酸的 57.57%～73.17%，从落料结束（0h）到 432h 增长显著，达到（5568.67±203.87)mg/L。酒石酸、柠檬酸、苹果酸总体呈先急后缓的增长趋势，而柠檬酸、苹果酸参与三羧酸代谢循环，一般不会大量积累。乙酸含量在发酵过程中先升后降，在 120h 时最高达到（563.23±61.16)mg/L。8 种有机酸中，草酸和 α-酮戊二酸含量最低，呈先增后降的趋势。

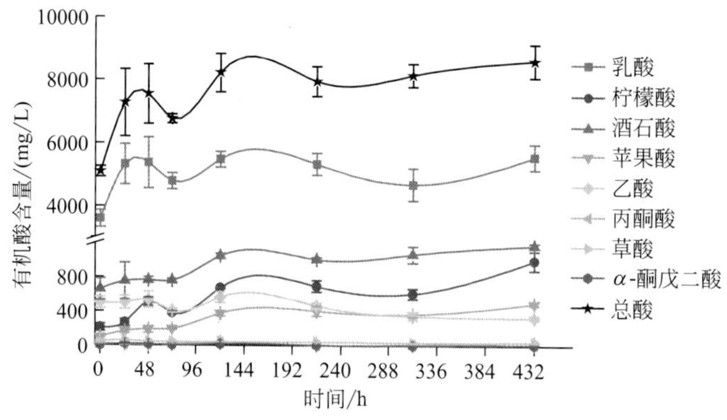

图 6-20 传统工艺机械化黄酒发酵过程中有机酸的变化曲线

6.5.3.2 氨基酸

传统工艺机械化黄酒发酵过程中氨基酸总量呈增长趋势，从落料结束（0h）的(1030.73±139.06)mg/L 增长到 432h 的（3587.12±284.50)mg/L，增长了 2.48 倍。氨基酸在前酵期间的增长可能主要是由麦曲带入及发酵醪中微生物产生的蛋白酶、肽酶水解原料中的蛋白质产生，后酵期间氨基酸的增长可能主要是由于微生物细胞中的氨基酸溶出。发酵过程中含量较高的氨基酸主要包括精氨酸、丙氨酸、色氨酸、脯氨酸以及谷氨酸。绍兴地区传统工艺机械化黄酒中氨基酸含量主要在前酵期间增长，与绍兴地区传统工艺手工黄酒的氨基酸含量主要在后酵增长的趋势不同，说明黄酒工艺对氨基酸的生成有较大影响。

6.5.3.3 酚类物质

在传统工艺机械化黄酒酿造过程中酚类的含量呈先增加后减少的趋势，如图 6-21 所示，在 48h 时达到最高，其中儿茶素约占总量的 60%。儿茶素是前酵期间占比最高的单体酚，在 48h 时达到最高，转入后酵后儿茶素含量迅速降低。在前酵期间，表儿茶素含量仅次于儿茶素，而在后酵期含量最高，表儿茶素在 216h 时含量达到最高，占总酚的 53.50%。4-香豆酸和阿魏酸在发酵过程中含量先增后降。4-香豆酸可在阿魏酸脱羧酶作用下形成挥发性风味物质 4-乙烯苯酚。阿魏酸在酶或热作用可生成 4-乙烯基愈创木酚、香兰素、愈创木酚等挥发性风味物质，在 120h 时含量达到最高。

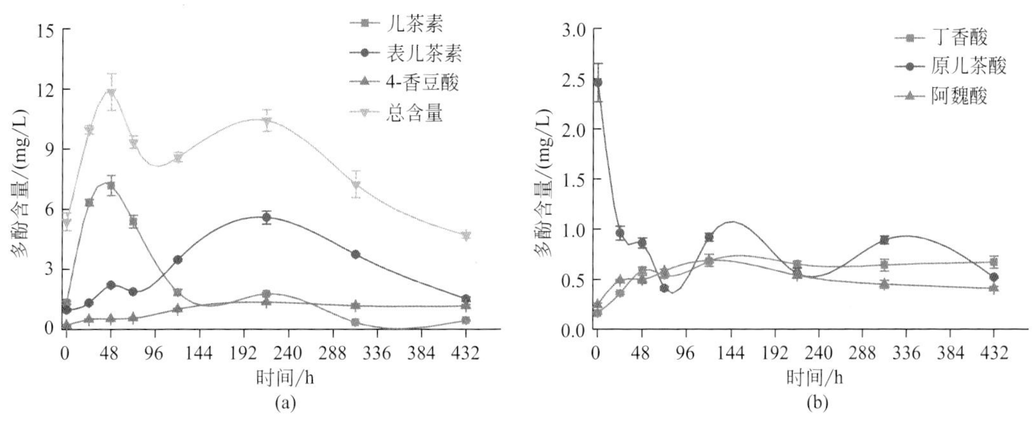

图 6-21 传统工艺机械化黄酒发酵过程中酚类物质的变化曲线

6.5.3.4 挥发性风味物质

整体上，挥发性风味物质的总量在前 48h 快速增长，在后酵期间缓慢增长后略有下降。在黄酒发酵过程中，醇类和酯类是含量最高的挥发性物质。在传统工艺机械化黄酒发酵过程中，酯类物质总量在 0～120h 持续增长，而后缓慢增长，312h 后含量有所降低。酯类物质在发酵过程中主要由化学反应和微生物生物合成两种途径生成，而生物合成途径的关键酶主要有酯酶、醇酰基转移酶、醇脱氢酶。乳酸乙酯是发酵过程中含量最高的酯类，在 120h 时达到最高，随后有降低趋势。乙酸乙酯在发酵过程中含量持续增长，在后酵有下降趋势。丁二酸二乙酯在落料结束（0h）时未检测到，而后稳定增长。乙酸异丁酯、乙酸异戊酯、乙酸苯乙酯、肉豆蔻酸乙酯、月桂酸乙酯、己酸乙酯、十一酸乙酯含量变化趋势与乳酸乙酯相似，有先增后降的趋势。β-苯乙醇、异戊醇、异丁醇和 3-甲硫基丙醇在前发酵期间增长最迅速，而后增长趋势有所不同；β-苯乙醇、异丁醇继续缓慢增长后呈下降趋势，异戊醇波动幅

度较大，后酵结束时含量最高；3-甲硫基丙醇在主酵期结束后，含量变化较小。对于酚类物质，4-乙基苯酚、4-乙烯基愈创木酚和4-乙基愈创木酚存在于整个发酵过程中。在发酵过程中，4-乙烯基愈创木酚是含量最高的挥发性酚类物质，在前酵期间增长很快，后酵增长速度减缓，后酵末期有下降的趋势。4-乙基愈创木酚由4-乙烯基愈创木酚还原生成，在0～24h快速增长，而后呈波动趋势。醛类物质基本在前酵前期检测得到，这可能是由于醛类在发酵过程中作为前体被转化为醇或酸。羧酸类物质在0～24h增长迅速，主要在发酵前段生成。

6.5.4 大米原料对风味物质的影响

不同的大米成分组成存在明显差异，也对黄酒的成分组成、风味造成很大的影响。

6.5.4.1 黄酒发酵液中的游离氨基酸含量比较

不同种类大米酿造黄酒发酵液中常见游离氨基酸和γ-氨基丁酸的含量测定结果见表6-9。

表6-9 不同种类大米酿造发酵液的氨基酸含量 单位：mg/L

分类	氨基酸	粳米	粳糯米	籼米	籼糯米
甜味氨基酸	丝氨酸	91.193	110.747	102.527	94.853
	甘氨酸	133.120	143.783	150.410	133.343
	苏氨酸	123.967	121.397	133.077	97.103
	丙氨酸	234.040	309.637	297.967	251.613
	脯氨酸	476.537	434.023	505.577	451.437
	蛋氨酸	171.520	255.283	191.647	105.667
	Σ1	1230.377	1374.870	1381.203	1134.017
苦味氨基酸	组氨酸	240.480	108.337	259.340	60.440
	精氨酸	395.247	325.977	466.963	446.200
	缬氨酸	156.033	193.697	182.837	144.760
	异亮氨酸	76.643	280.550	91.137	277.567
	亮氨酸	243.450	132.167	284.957	32.493
	苯丙氨酸	335.280	336.440	366.860	303.787
	赖氨酸	159.540	271.587	199.407	198.627
	(色+鸟)氨酸	90.650	77.713	108.637	60.753
	Σ2	1697.323	1726.467	1960.137	1524.627
鲜味氨基酸	天冬氨酸	84.630	99.573	102.543	93.107
	谷氨酸	173.243	205.113	205.183	188.383
	Σ3	257.873	304.687	307.727	281.490
涩味氨基酸	酪氨酸	187.153	233.547	209.273	120.803
	Σ4	187.153	233.547	209.273	120.803
其他氨基酸	γ-氨基丁酸	89.487	188.160	87.827	129.203
	Σ5	89.487	188.160	87.827	129.203
	Σ	3462.213	3827.730	3946.167	3190.140

从表6-9可知，4种大米酿造黄酒发酵液中的氨基酸主要是苦味氨基酸和甜味氨基酸，其次是鲜味氨基酸和涩味氨基酸。苦味氨基酸主要是苯丙氨酸、精氨酸，籼米酿酒的苦味氨基酸最高，达1463.87mg/L，其次是粳糯米。对4种大米的黄酒发酵液中甜、苦、鲜、涩氨基酸的总含量进行显著性分析发现，4类氨基酸总含量均存在显著性差异（$p<0.01$）。籼米发酵液的氨基酸总含量最高，且其甜味氨基酸和苦味氨基酸也居于最高水平。可能原因是不同来源的大米淀粉结合蛋白的含量相差很大，而籼米淀粉结合蛋白的含量要比粳米和糯米

淀粉高。粳糯米发酵液中的氨基酸总含量次之，鲜味氨基酸和涩味氨基酸分别达到304.687mg/L和233.547mg/L，远高于粳米和籼米酿造原酒中的含量。γ-氨基丁酸（GABA）作为一种非蛋白质氨基酸，是黄酒中的重要的生物活性成分，具有良好的抗氧化活性。粳糯米酿造原酒中GABA的含量为188.160mg/L，远高于其他3种酿造原酒。需要指出的是，虽然发酵过程中籼糯米发酵醪液的氨基酸态氮含量最高，但其氨基酸总量却是最低的。

6.5.4.2 黄酒发酵液中有机酸含量比较

黄酒发酵液中有机酸总量高低依次是粳米>籼糯米>籼米>粳糯米。粳糯米的米浆水在浸米结束时有机酸的含量在4种大米中是最高的，而醪液中有机酸含量却是最低的，原因可能是浸米阶段粳糯米的米粒中有机酸含量较高，进入发酵阶段可以更好地抑制杂菌的生长，从而更有利于酵母的酒精代谢产生更多的酒精，进一步抑制酸的产生。

6.5.4.3 黄酒发酵液中挥发性物质比较

对不同种类大米酿造黄酒中的挥发性物质进行分析，具体见表6-10。可以看出，除γ-癸内酯外，不同香气物质在4种大米原料的酿造原酒中均有检出，但含量分布上却有很大差别。粳糯米酿造黄酒的挥发性风味物质的含量最高，其次是籼糯米和粳米。

表 6-10 不同种类大米酿造发酵液的挥发性风味物质含量 单位：mg/L

物质	粳米	粳糯米	籼米	籼糯米
醇类化合物				
异丁醇	66.367	68.569	47.928	63.732
正丁醇	2.587	2.229	2.038	1.907
异戊醇	113.023	116.185	109.597	81.405
正己醇	0.402	0.813	0.381	0.676
正庚醇	0.022	0.053	0.019	0.031
1-辛醇	0.011	0.028	0.008	0.016
β-苯乙醇	54.291	56.310	51.324	42.534
$\sum_{醇类}$	236.703	244.187	211.295	190.301
酯类化合物				
乙酸乙酯	64.628	66.112	61.894	76.598
丁酸乙酯	1.671	0.622	0.985	4.168
3-甲基丁酸乙酯	0.073	0.071	0.073	0.074
乙酸异戊酯	0.262	0.246	0.255	0.193
戊酸乙酯	0.025	0.042	0.024	0.029
己酸乙酯	0.343	0.497	0.317	0.304
乳酸乙酯	36.912	78.256	38.220	80.980
辛酸乙酯	0.128	0.118	0.120	0.024
γ-丁内酯	7.254	9.382	9.691	3.387
癸酸乙酯	0.131	0.064	0.113	0.047
苯甲酸乙酯	0.022	0.024	0.018	0.021
丁二酸二乙酯	3.285	3.115	3.265	3.260
苯乙酸乙酯	0.028	0.022	0.030	0.015
月桂酸乙酯	0.252	0.149	0.195	0.138
γ-壬内酯	0.290	0.704	0.249	0.773
肉桂酸乙酯	1.341	2.193	1.176	1.925
γ-癸内酯	—	—	—	—
十五酸乙酯	0.185	0.152	0.133	0.193
棕榈酸乙酯	0.046	0.036	0.046	0.013
$\sum_{酯类}$	116.876	161.805	116.804	172.142

续表

物质	粳米	粳糯米	籼米	籼糯米
酸类化合物				
正己酸	0.886	1.781	0.689	1.448
正辛酸	0.345	0.368	0.302	0.307
壬酸	0.039	0.109	0.037	0.072
庚酸	0.028	0.076	0.024	0.061
癸酸	0.126	0.128	0.106	0.111
$\sum_{酸类}$	1.424	2.462	1.158	1.999
酚类及其衍生物				
苯酚	0.136	0.216	0.104	0.232
4-乙基愈创木酚	0.005	0.008	0.004	0.015
丁香酚	0.014	0.017	0.023	0.021
4-乙烯基愈创木酚	0.178	0.150	0.169	0.116
2,4-二叔丁基苯酚	0.050	0.064	0.033	0.094
$\sum_{酚类}$	0.383	0.455	0.333	0.478
醛酮类化合物				
乙醛	0.956	1.138	1.003	1.034
异丁醛	0.121	0.109	0.094	0.186
异戊醛	0.109	0.411	0.263	0.714
苯甲醛	2.342	3.137	2.189	2.987
$\sum_{醛酮类}$	3.528	4.795	3.549	4.921
$\sum$	358.9137	413.7041	333.1399	369.841

注：“—”表示未检测到。

6.5.5 黄酒陈酿关键风味物质

陈酿工艺是黄酒生产的重要环节，对黄酒风味品质的提升具有重要作用，黄酒陈酿过程风味品质变化及其机理的研究也一直受到学术界和产业界的重视。早期对黄酒陈酿风味的研究多集中于黄酒陈酿过程中还原糖、酒精度、总酸、氨基酸等基本理化指标的变化分析。随着色谱分析技术的发展，现代分析仪器开始应用于黄酒陈酿过程中风味组分的研究。早期的研究主要关注陈酿黄酒中挥发性组分鉴定，发现乙酸乙酯含量在黄酒陈酿过程中逐渐增加。韩笑等发现进行微量通气处理可以加速黄酒陈化，通气处理使杂醇、酚类物质的种类和含量均显著减少，酯类物质的种类和含量均显著增加。随着 GC-O 技术等感官组学技术的应用和发展，黄酒陈酿关键风味物质研究取得了新的进展。研究人员利用 HS-SPME-GC-O 在红曲黄酒中鉴定了 41 个香气物质，分析了对这些香气物质在陈酿过程中的变化趋势。感官组学技术在黄酒陈酿关键物质解析中得到应用，黄酒陈酿过程中香兰素、3-甲基丁醛、苯甲醛、乙醛缩、葫芦巴内酯、3-甲基丁酸的浓度随陈酿含量明显增加，可能是黄酒陈酿的关键贡献物质。甲硫基丙醛和 2,3-丁二酮的浓度随着陈酿时间增长逐渐减少。

6.6 黄酒酒体设计

6.6.1 酒体设计的目的和意义

随着我国经济的发展和人民生活水平的提高，富裕人群和中产阶层不断壮大，2019 年中国大陆中产家庭数量已达 3320 万户（《2019 胡润财富报告》）。伴随而来的是消费多元化和消费结构升级。如何顺应新形势，满足消费者日益增长的美好生活需要成为黄酒企业健康高效发展的核心课题之一。此外，我国酿酒行业正处在深度调整的关键变革期，酿酒企业业绩增长正由简单粗放式发展转向精致高质量发展，行业结构、产品结构、企业生产管理方式也正迎来迭代升级。黄酒生产过程管理将向精细化、规范化、自动化方向发展。时代的发展和消费环境的变化要求黄酒企业必须开展黄酒酒体设计，努力研究消费者需求、改善生产管理、优化产品风味品质和产品结构，打造消费者喜爱的优质、舒适、安全、健康的黄酒产品。总结来说，黄酒酒体设计的目的主要包括：①为消费者提供具有独特个性和风味特征的产品；②提高中国黄酒产品的质量和消费者满意度；③系统提高黄酒企业对酿造技术和产品结构的理解和把握，提高企业技术水平和市场竞争力。

目前黄酒的基础理论研究取得了较大的突破。基因工程、新一代测序技术等现代生物技术的广泛应用，促使黄酒的微生物群落组成和风味物质代谢网络研究取得了突破；人们对于原料、环境、微生物、生产工艺等对黄酒风味物质的影响规律已经有了初步认识；现代分析技术、感官评定技术以及感官组学技术的广泛应用促进了黄酒风味研究的发展，人们在黄酒风味物质的详细组成和关键风味物质鉴定方面都取得了突破。这为黄酒酒体设计学科的发展奠定了坚实的基础。黄酒传统酿造工艺是我国劳动人民智慧的结晶，我们必须在继承传统的基础上，依靠先进的设备、技术、方法和生产管理模式，加快技术创新的步伐，创新具有风味特色的中国传统名优黄酒，才能促进我国黄酒产业的健康发展。酒体设计是根据市场需求，结合工艺技术水平设计出具有典型风味特征产品的过程，包括一整套技术方案和管理准则，是对传统酿酒技艺的传承和发展，对于产业健康发展具有重要的意义。

6.6.2 酒体设计的定义

酒体设计最早应用于白酒产品开发。徐占成等针对白酒风味研究提出了酒体风味设计的概念，主要内容是研究酒体风味特征及其形成规律，根据市场需求，设计和指导生产具有自身风格特征的白酒产品。江南大学传统酿造食品研究中心——毛健教授团队最早提出了黄酒酒体设计的概念，认为黄酒酒体设计是一套以消费者为中心的产品开发流程和技术方案。主要任务是挖掘目标消费群体的需求，定义消费场景和产品风格，通过生产工艺控制和酒体勾调设计出具有高舒适性和典型风格的黄酒产品。它要求企业首先要研究消费者的需求，根据目标消费人群的收入水平、受教育程度、年龄等情况设计产品的感官风格和生产方案。同时对于自身酿造工艺也要有深入的理解和规律总结，按照不同的工艺（不同大米、曲、水、酒母等原料，不同发酵温度、不同储存年限等）生产出风味多样化的黄酒原酒，根据市场需求设计产品风格特点，进行酒体的勾调和产品开发。产品开发过程中也要吸收评酒专家和消费者的反馈意见不断进行调整完善，最终形成一款产品。产品定型后形成一套标准管理准则，规范生产过程和保证产品品质稳定性。

黄酒的感官风格独树一帜，与白酒、葡萄酒等其他饮料酒差异很大。江南大学传统酿造食品研究中心——毛健教授团队在行业内率先提出了黄酒舒适度的概念来衡量和评价黄酒的感官品质。舒适度的概念是从消费者饮用黄酒的感官体验的角度提出的。包括饮用舒适度和饮后舒适度两个方面。饮用舒适度是指在饮用和品鉴黄酒的过程中产品香气愉悦，口感协调，有自己的典型风格，无异香，无异味；饮后舒适度是指黄酒余味舒适，饮后不“上头”（头疼），不深醉，醒酒快，符合现代社会饮酒“快进快出”的要求。所有的黄酒产品不管风味特征如何，都应满足高舒适度的要求，以提升消费者体验。

6.6.3 酒体设计的原则

酒体设计的原则是"消费者为中心、特色优先、质量第一、结构合理"。

(1) 消费者为中心

我国的饮料酒市场是买方市场，产品琳琅满目，消费者有多种选择。因此，黄酒企业必须树立"以消费者为中心"的经营理念。企业首先考虑的是"消费者需要什么"，站在消费者的角度去设计产品、理解产品，甚至让消费者参与产品设计和品鉴，在产品生产、销售的各个环节与消费者良性互动。

(2) 特色优先

经过多年的发展，我国的饮料酒消费市场非常成熟，黄酒品牌众多，竞争激烈。一个畅销的产品，必须有自己的风格特色，与竞争对手有明显的差异化，能够让消费者记住和辨识产品。要达到这个目标，需要黄酒企业下功夫研究产品的风味特色、优化生产工艺以及稳定产品品质，形成自己的研发优势和管理体系，打造技术壁垒。

(3) 质量第一

任何产品的质量性能都是由各项技术指标构成的。对于黄酒而言，构成酒体风味质量的微量风味物质的各项技术指标必须具有行业领先水平。各风味物质之间必须"平衡"，保持在适当的浓度范围。当今饮料酒的市场竞争已不再是单纯靠拼广告和品牌效应来支撑，而是品牌文化、技术含量、质量优劣、消费者满意度等综合因素的较量。在这些因素中，产品质量又是最基础和最关键的。所以酒体设计必须遵循质量第一的原则，黄酒产品应该向"优质、舒适、安全、健康"的方向发展。

(4) 结构合理

企业的产品结构是否合理决定着企业的生存与发展。合理的产品结构应该是层次分明、定位清晰、差异明显。黄酒企业要有层次分明的产品线，不仅要企业内部生产和销售人员能轻易识别，而且消费者能轻松识别的产品线，做到高端、中端和低端产品线分布合理，名称简洁易识别。另外，每个档次的产品线要定位清晰，针对的消费人群、收入水平、消费场景等都应清晰明了。再次，不同层次产品之间必须有明显的风味差异，尤其是高端产品，以支撑产品的品牌价值，避免陷入低价竞争的泥潭。

6.6.4 酒体设计主要流程

酒体设计的程序如图6-22所示。

(1) 前期调研

开发一款黄酒产品，必选先明确产品的目标消费群体，调研目标群体的消费需

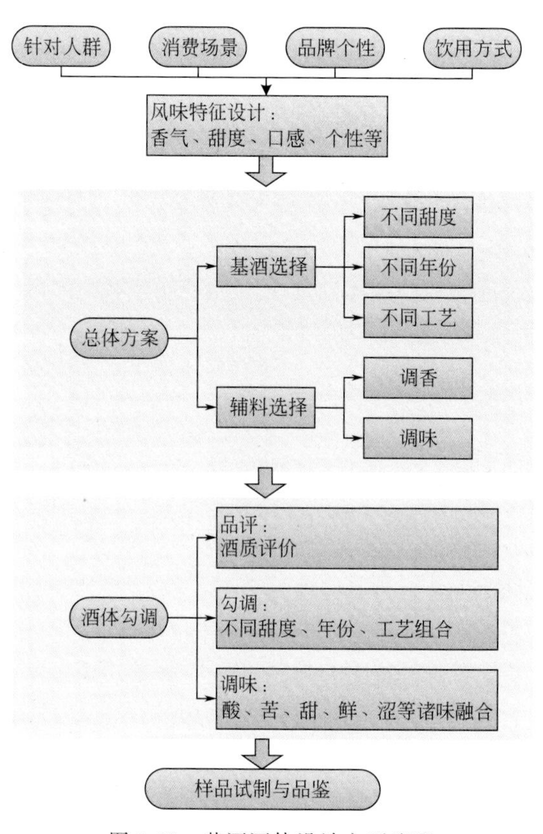

图6-22 黄酒酒体设计主要流程

求。人口特征是我们区分目标消费群体的第一步，明确目标消费群体的性别、年龄、地区等人口特征为产品的风味设计和品牌传播提供基础依据。另一方面要明确目标消费群体的生活习惯和口感偏好。譬如，是否喜欢吃辣，口感是否偏甜或偏咸，是否有偏爱的食物等。我国地域广阔，不同区域的人群饮食和消费习惯差异很大，销售到不同区域的产品风味是否需要调整，产品线如何设定等都是非常现实的问题。其次要分析目标消费群体的需求心理，一是对产品功能性利益需求，二是产品及品牌带来的情感需求。在商品短缺的时代，人们为了获得产品满足生活的基本需求，往往挖空心思以获得商品为主，对于商品情感需求是考虑较少。随着物质生活的不断提高，产品同质化的现象越来越普遍，企业们开始进行消费群体的需求心理的调查研究，并根据调研结果针对不同的消费者的需求特征在产品上附着不同的情感性利益，以获得消费者心理上的认同和青睐。于是奔驰轿车的名称超越了名词的概念，成了成功与尊贵的代名词；原本是止咳药水的可口可乐成了美国人的精神；与它同属一类的百事可乐成了“新一代的选择”。它们各自所代表的都是世界上一大群人的情感利益需求和寄托。此外，要想精确地定义目标消费群体还需要从媒体接受习惯、接受态度、收入水平、消费能力以及对同类产品存在的不满等方面对目标消费者群体进行定义和分析。

（2）方案设计

产品研发人员和市场营销人员进行沟通，设定预案并对预案进行对比、筛选和修订。根据目标消费人群的特点，预案需要明确产品的消费场景、品牌个性以及饮用方式（饮用温度、酒具）等内容。据此设计产品的风味特色，如甜型、香气风格（果香、花香、米香等）、口感特征（酸度、清爽还是浓郁等）等。同时完善产品的风味物质、理化、卫生、安全等指标，形成产品生产工艺和控制标准。

（3）样品的试制和品评

按照设定的方案制定产品的验收标准和基础酒的质量标准，通过基酒优选和配方优化试制产品。按照严格的程序对产品进行鉴定，只有在鉴定结论满足设计要求的情况下才能进行放大。同时应根据鉴定的结果对产品进行优化和完善，不断提高产品品质。产品上市之前还应进行消费者测试，让目标消费者品尝产品，提出意见，评估消费者接受性，进一步对产品进行必要的完善。消费者测试反映不佳的产品不应推向市场。在产品定型放大生产时应注意克服中国传统发酵黄酒的批次稳定性问题，保证产品质量。

6.6.5 黄酒勾调主要过程和要求

勾调是黄酒酒体设计过程中产品试制的关键步骤，决定了产品的品质和整个设计的成败。黄酒勾调的技艺已有很长的历史。以前称为“拼酒”。黄酒勾调的目的是利用不同甜型、不同陈酿时间的黄酒基酒进行调配，生产出不同档次、不同风格的黄酒，以满足不同消费层次的需要。

基酒的勾调类似于拼图，根据前述步骤设计的成品酒方案和风味特点以及基酒指标，选择合适的基酒进行组合，通过对不同的组合进行感官评价和比对，优选合适的勾调方案。勾调过程中对黄酒指标应该有优先顺序。早期的黄酒勾调主要关注酒精度、总酸、总糖、氨基酸态氮、固形物、氧化钙等指标，对于风味物质和影响黄酒舒适度的指标没有明确标准。江南大学传统酿造食品研究中心——毛健教授团队研究发现杂醇和生物胺是引起黄酒上头深醉的关键物质。含量较高的黄酒杂醇主要包括正丙醇、异丁醇、异戊醇以及苯乙醇。将杂醇和

生物胺含量控制在合适的浓度可以解决黄酒饮后上头深醉的问题。因此，黄酒勾调的控制指标首先需要考虑杂醇总量、生物胺总量、异戊醇和苯乙醇四个指标，其次考虑香气特征和口感，最后调整基础理化指标。勾调是对基础酒的精加工，赋予基础酒灵魂和生命。

酒质的评价手段为感官品评，是一门科学的检测技术，是国际国内用以鉴别食品内在质量的重要手段，也是基酒和成品酒质量评价最直接最有效的手段，具有快速、准确、方便、适用性广的优点。目前任何仪器都不可替代感官品评来鉴别黄酒质量的优劣。感官品评的程序包括一看、二闻、三尝味，综合色香味确定其风格。

6.6.6 勾调人员的任务与素质

勾调是一项技术性、艺术性和原则性很强的工作，勾调人员要明确任务，掌握质量把关的原则，不断提高自己的业务素养，才能搞好勾调工作。

6.6.6.1 勾调工作的任务

保证质量。勾调酒样必须和标准酒样对照，与标准酒样相符的合格酒方能出厂，低于标准酒样或高于标准酒样都是不对的。

提高经济效益。企业的全部生产经营活动都是为了获取经济效益，应该从库存酒的实际出发，通过合理组合，创造出较好的经济效益。

要有合理的贮存。企业的库存酒必须有一个长远的规划，保留适当数量的各年陈酒、优质酒和有特殊用途的配伍酒，以保证产品质量的长期稳定。

6.6.6.2 勾调人员的素质要求

应掌握酒体设计的理念和原则；应掌握各类黄酒的工艺技术及对质量和风味的影响规律；应掌握各类黄酒的品质特色和典型风味物质；应具备准确鉴别各类黄酒的能力；应全面掌握诸味融合成型的原理及技艺；身体健康，感觉器官灵敏；坚持原则，实事求是。

6.6.7 酒体设计的基础研究工作

6.6.7.1 建立库存酒的质量档案和分级体系

建立基酒质量档案。每批黄酒在入库的同时要建立质量卡片，一份挂在仓库里，另一份保存在勾调部门，又叫质量档案。入库时应进行主要成分指标测定和感官评价，把相应的结果填入质量档案。主要成分指标应该包括酒精度、总糖、总酸、氨基酸态氮等主要成分含量，杂醇、生物胺等易造成上头的物质含量，以及关键香气物质（如三大酯、乙酸、葫芦巴内酯等）和滋味物质（葡萄糖、γ-氨基丁酸、儿茶酚、阿魏酸等）的含量。感官品尝应该包括香气和口感特征、异香异味等指标。

建立健全黄酒分级体系。由于种种原因，黄酒一直没有建立起可靠的分级系统，因此在勾调时无法选取合适的基酒。这对于产品质量管理和新产品开发十分不利。黄酒企业应当下大力气建立健全黄酒分级系统。不同工艺、不同季节、不同车间，甚至不同班组的基酒存储时必须进行分类分级。分类分级的依据是基酒的质量档案，包括基酒的主要成分指标和感官指标。由于分级指标众多，判定基酒登记可以借助多元统计分析方法，比如主成分分析、聚类分析、偏最小二乘判别分析等。基酒在储藏陈酿前就需要分级分批存放。在基酒陈酿过程中，应该定期取样分析，跟踪基酒在陈酿过程中的变化，包括感官指标（香气、口感、异味等）、基本成分（酒精度、总糖、总酸、氨基酸态氮等）以及香气物质（醇类、酸类、酯类、酚类等）。黄酒在陈酿过程中风味逐渐变化，随时间延长通常刺激性减少，坚果、焦糖等香气增强，果香、花香、米香等减弱。因此酒体勾调人员需要弄清所需要的基酒特征和适宜的陈酿年份，同时协调成本和酒体质量间的平衡关系。

6.6.7.2 加大黄酒基础创新

虽然我国黄酒企业众多，不同地区、不同厂家的黄酒工艺千差万别，但是每家企业采用的生产工艺却相对固定，生产的黄酒种类较少，通常只有不同甜度的区别和不同储存年份的区别。基酒种类的缺乏导致酒体设计和基酒勾调时选择偏少，不能很好地满足不同的市场需求和方案要求。现代社会不同地区、不同人群对于饮料酒的需求差异很大，各类酒企都在加大创新力度，不同设计理念和主打细分市场的产品相继涌现，甚至很多跨界酒产品也相继上市。因此，对于黄酒企业应该充分吸收各家优秀企业的长处，在保持传统工艺的同时加大创新力度，开发满足不同消费需求的产品。要达到这个目标，首先要对自家产品和工艺进行梳理，在保持传统工艺的前体下，研究原料、菌种、发酵工艺等对黄酒风味特征的影响，开发具有不同风味特征的基酒，如图 6-23 所示。

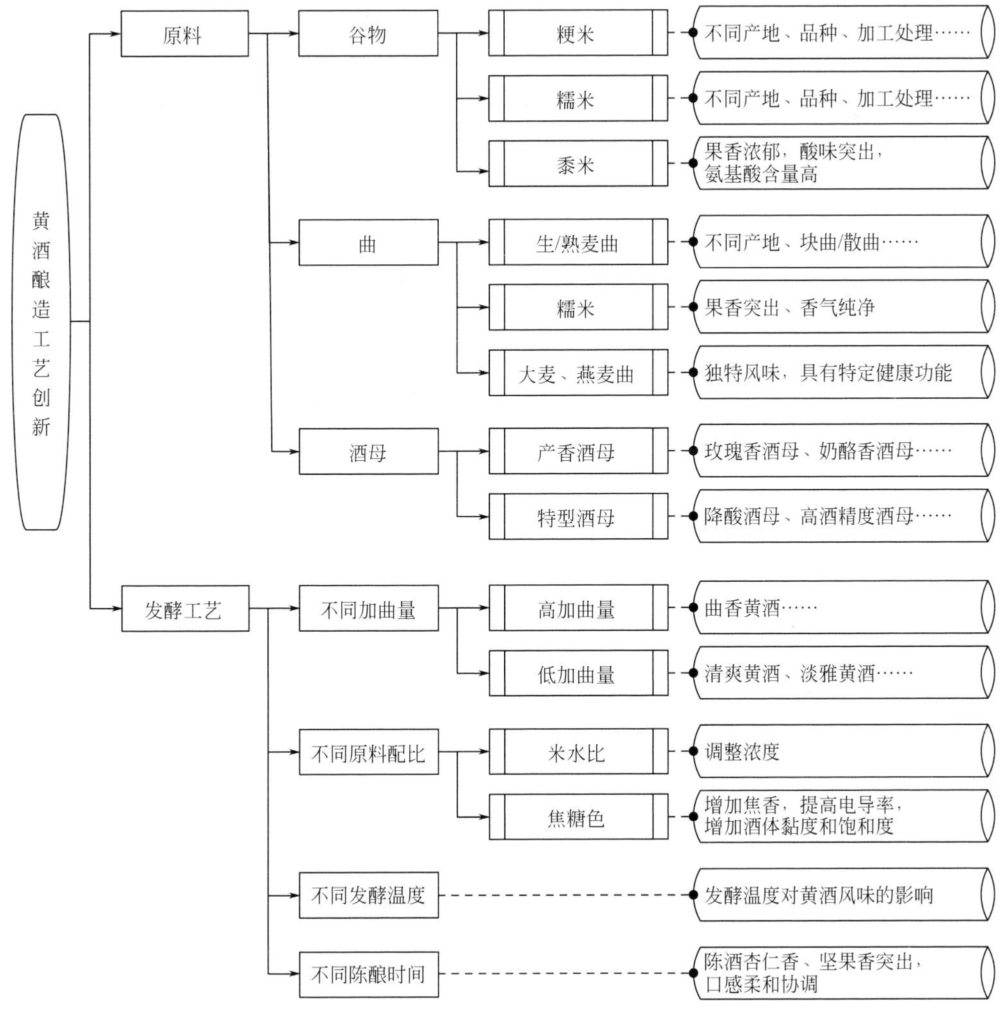

图 6-23 原料和发酵工艺对黄酒风味的影响规律总结

（1）原料对黄酒风味特征的影响

黄酒的主要原料是米，绍兴地区酒主要使用糯米，上海和江苏酒主要使用粳米，北方黄酒多使用黍米。相同工艺下，不同的米酿造出来的黄酒基酒差异很大，企业应当用不同的米配合不同的工艺酿制多种基酒，通过勾调实现对产品风味特征的调控。

（2）菌种和麦曲对黄酒风味特征的影响

黄酒采用多菌种发酵工艺，绍兴地区传统工艺手工黄酒采用酒药作为发酵剂，绍兴地区机械化工艺黄酒采用黄酒酵母发酵，不同的发酵剂对黄酒风味品质的影响非常明显，本书前述章节对此已有详细介绍，有条件的企业应当评估发酵剂对黄酒风味的影响规律，并建立档案。

（3）酿造工艺对黄酒风味特征的影响

黄酒的酿造工艺中对产品风味特征由影响的因素主要包括：原料配比、加曲量、发酵温度、发酵时间、陈酿条件、陈酿时间等。企业应该对各条件对黄酒风味的影响有充分认识，并通过工艺变化制备不同风味特征的基酒。比如高酯香黄酒、低杂醇黄酒、高 β-苯乙醇黄酒、低酸黄酒等。

参考文献

[1] Lawless H, Heymann H. Sensory Evaluation of food: principle and practice Chapman & Hall [M]. New York: International Thomson Publishing, 1998.

[2] Gacula Jr M. Descriptive sensory analysis in practice [M]. Trumbull: Food and Nutrition Press, 1997.

[3] Mu oz A M, Civille G V. Universal, product and attribute specific scaling and the development of common lexicons in descriptive analysis [J]. Journal of Sensory Studies, 1998, 13 (1): 57-75.

[4] Rainey B A. Importance of reference standards in training panelists [J]. Journal of Sensory Studies, 1986, 1 (2): 149-154.

[5] Sulmont C, Lesschaeve I, Sauvageot F, Issanchou S. Comparative training procedures to learn odor descriptors: Effects on profiling performance [J]. Journal of Sensory Studies, 1999, 14 (4): 467-490.

[6] Lawless H, Heymann H. Sensory evaluation of food: Principals and Practices [M]. New York: Springer, 2010.

[7] Lyon D H. International guidelines for proficiency testing in sensory analysis [M]. Chipping Campden: CCFRA, 2001.

[8] Stampanoni C R. The use of standardized flavor languages and quantitative flavor profiling technique for flavored dairy products [J]. Journal of Sensory Studies, 1994, 9 (4): 383-400.

[9] Williams A A, Arnold G M. A comparison of the aromas of six coffees characterised by conventional profiling, free-choice profiling and similarity scaling methods [J]. Journal of the Science of Food and Agriculture, 1985, 36 (3): 204-214.

[10] Oreskovich D, Klein B, Sutherland J. Procrustes analysis and its applications to free-choice and other sensory profiling [J]. Sensory science theory and applications in foods, 1991: 353-393.

[11] Cristovam E, Paterson A, Piggott J. Differentiation of port wines by appearance using a sensory panel: Comparing free choice and conventional profiling [J]. European Food Research and Technology, 2000, 211 (1): 0065-0071.

[12] Corollaro M L, Endrizzi I, Bertolini A, et al. Sensory profiling of apple: Methodological aspects, cultivar characterisation and postharvest changes [J]. Postharvest Biology and Technology, 2013, 77 (12): 111-120.

[13] Bowen A J, Blake A, Tureček J, et al. External preference mapping: A guide for a consumer-driven

approach to apple breeding [J]. Journal of sensory studies, 2019, 34 (1): e12472.

[14] Bhumiratana N, Adhikari K, Chambers Iv E. Evolution of sensory aroma attributes from coffee beans to brewed coffee [J]. LWT-Food Science and Technology, 2011, 44 (10): 2185-2192.

[15] Chambers Iv E, Sanchez K, Phan U X, et al. Development of a "living" lexicon for descriptive sensory analysis of brewed coffee [J]. Journal of sensory studies, 2016, 31 (6): 465-480.

[16] Cherdchu P, Chambers Iv E, Suwonsichon T. Sensory lexicon development using trained panelists in Thailand and the USA: Soy sauce [J]. Journal of Sensory Studies, 2013, 28 (3): 248-255.

[17] Lawrence S, Lopetcharat K, Drake M. Preference mapping of soymilk with different US consumers [J]. Journal of food science, 2016, 81 (2): S463-S476.

[18] Beeren C. Application of descriptive sensory analysis to food and drink products [J]. Descriptive Analysis in Sensory Evaluation, 2018: 611-646.

[19] Rosales C K, Suwonsichon S, Klinkesorn U. Influence of crystal promoters on sensory characteristics of heat-resistant compound chocolate [J]. International Journal of Food Science & Technology, 2018, 53 (6): 1459-1467.

[20] International A. Standard guide for sensory evaluation methods to determine the sensory shelf life of consumer products [M]. Pennsylvania: ASTM International, 2011.

[21] Carpenter R P, Lyon D H, Hasdell T A. Guidelines for sensory analysis in food product development and quality control [M]. New York: Springer Science & Business Media, 2012.

[22] 陈双. 中国黄酒挥发性组分及香气特征研究 [D]. 无锡：江南大学，2013.

[23] Zhou Z, Ji Z, Liu S, et al. Characterization of the volatile compounds of huangjiu using comprehensive two-dimensional gas chromatography coupled to time of flight mass spectrometry (GC×GC-TOFMS) [J]. Journal of Food Processing and Preservation, 2019, 43 (10): e14159.

[24] Herrero M, Ibáñez E, Cifuentes A, et al. Multidimensional chromatography in food analysis [J]. Journal of Chromatography A, 2009, 1216 (43): 7110-7129.

[25] Campo E, Cacho J, Ferreira V. Solid phase extraction, multidimensional gas chromatography mass spectrometry determination of four novel aroma powerful ethyl esters. Assessment of their occurrence and importance in wine and other alcoholic beverages [J]. Journal of chromatography A, 2007, 1140 (1-2): 180-188.

[26] 李家寿. 黄酒色、香、味成分来源浅析 [J]. 酿酒科技，2001 (03)：48-50.

[27] Mimura N, Isogai A, Iwashita K, et al. Gas chromatography/mass spectrometry based component profiling and quality prediction for Japanese sake [J]. Journal of Bioscience & Bioengineering, 2014, 118 (4): 406-414.

[28] Capozzi F, Bordoni A. Foodomics: a new comprehensive approach to food and nutrition [J]. Genes & nutrition, 2013, 8 (1): 1-4.

[29] Altmäe S, Esteban F J, Stavreus-Evers A, et al. Guidelines for the design, analysis and interpretation of 'omics' data: focus on human endometrium [J]. Human reproduction update, 2014, 20 (1): 12-28.

[30] Kim H K, Verpoorte R. Sample preparation for plant metabolomics [J]. Phytochemical Analysis: An International Journal of Plant Chemical and Biochemical Techniques, 2010, 21 (1): 4-13.

[31] Habchi B, Alves S, Paris A, et al. How to really perform high throughput metabolomic analyses efficiently? [J]. TrAC Trends in Analytical Chemistry, 2016, 85: 128-139.

[32] Fuller G H, Steltenkamp R, Tisserand G A. The gas chromatograph with human sensor: perfumer model [J]. Annals of the New York Academy of Sciences, 2010, 116 (2): 711-724.

[33] Dravnieks A, O'donnell A. Principles and some techniques of high-resolution headspace analysis [J]. Journal of Agricultural & Food Chemistry, 1971, 19 (6): 1049-1056.

[34] Labbe D, Rytz A, Morgenegg C, et al. Subthreshold olfactory stimulation can enhance sweetness [J].

Chemical senses, 2007, 32 (3): 205-214.

[35] Saenz-Navajas M P, Fernandez-Zurbano P, Ferreira V. Contribution of Nonvolatile Composition to Wine Flavor [J]. Food Reviews International, 2012, 28 (4): 389-411.

[36] Kaneko S, Kumazawa K, Nishimura O. Isolation and identification of the umami enhancing compounds in Japanese soy sauce [J]. Bioscience, biotechnology, and biochemistry, 2011, 1105282507.

[37] Beksan E, Schieberle P, Robert F, et al. Synthesis and sensory characterization of novel umami-tasting glutamate glycoconjugates [J]. Journal of agricultural and food chemistry, 2003, 51 (18): 5428-5436.

[38] Voilley A, Beghin V, Charpentier C, et al. Interactions between aroma substances and macromolecules in a model wine [J]. Lebensmittel-Wissenschaft & Technologie, 1991, 24 (5): 469-472.

[39] Fischer C, Fischer U, Jakob L. Impact of matrix variables ethanol, sugar, glycerol, pH and temperature on the partition coefficients of aroma compounds in wine and their kinetics of volatilization, proceedings of the Proceedings for the 4th International Symposium on Cool Climate Viticulture and Enology, July 16-20, 1996 [C]. New York, NY State Agricultural Experimental Station, 1996: 42-46.

[40] Hartmann P J, Mcnair H M, Zoecklein B W. Measurement of 3-alkyl-2-methoxypyrazine by headspace solid-phase microextraction in spiked model wines [J]. American Journal of Enology and Viticulture, 2002, 53 (4): 285-288.

[41] Whiton R, Zoecklein B. Optimization of headspace solid-phase microextraction for analysis of wine aroma compounds [J]. American journal of enology and viticulture, 2000, 51 (4): 379-382.

[42] Guth H. Comparison of different white wine varieties in odor profiles by instrumental analysis and sensory studies [M]. Washington: ACS Publications, 1998: 39-52.

[43] Escudero A, Campo E, Fariña L, et al. Analytical characterization of the aroma of five premium red wines. Insights into the role of odor families and the concept of fruitiness of wines [J]. Journal of Agricultural and Food Chemistry, 2007, 55 (11): 4501-4510.

[44] Dufour C, Bayonove C L. Interactions between wine polyphenols and aroma substances. An insight at the molecular level [J]. Journal of agricultural and food chemistry, 1999, 47 (2): 678-684.

[45] Aronson J, Ebeler S E. Effect of polyphenol compounds on the headspace volatility of flavors [J]. American journal of enology and viticulture, 2004, 55 (1): 13-21.

[46] Goldner M C, Di Leo Lira P, Van Baren C, et al. Influence of polyphenol levels on the perception of aroma in Vitis vinifera cv. Malbec wine [J]. South African Journal of Enology and Viticulture, 2011, 32 (1): 21-27.

[47] Lubbers S, Charpentier C, Feuillat M, et al. Influence of yeast walls on the behavior of aroma compounds in a model wine [J]. American Journal of Enology and Viticulture, 1994, 45 (1): 29-33.

[48] Landy P, Druaux C, Voilley A. Retention of aroma compounds by proteins in aqueous solution [J]. Food chemistry, 1995, 54 (4): 387-392.

[49] Voilley A, Lubbers S. Flavor—matrix interactions in wine [M]. Washington: ACS Publications. 1998.

[50] Robinson A L, Ebeler S E, Heymann H, et al. Interactions between wine volatile compounds and grape and wine matrix components influence aroma compound headspace partitioning [J]. Journal of Agricultural and Food Chemistry, 2009, 57 (21): 10313-10322.

[51] Villamor R R, Evans M A, Mattinson D S, et al. Effects of ethanol, tannin and fructose on the headspace concentration and potential sensory significance of odorants in a model wine [J]. Food Research International, 2013, 50 (1): 38-45.

[52] Jones P, Gawel R, Francis I, et al. The influence of interactions between major white wine components on the aroma, flavour and texture of model white wine [J]. Food Quality and Preference, 2008, 19 (6): 596-607.

[53] Caprioli G, Cortese M, Cristalli G, et al. Optimization of espresso machine parameters through the analysis of coffee odorants by HS-SPME-GC/MS [J]. Food Chemistry, 2012, 135 (3): 1127-1133.

[54] Mimura N, Isogai A, Iwashita K, et al. Gas chromatography/mass spectrometry based component profiling and quality prediction for Japanese sake [J]. Journal of Bioscience and Bioengineering, 2014, 118 (4): 406-414.

[55] Sing h S, Am M, Ba P. Thermomyces lanuginosus: properties of strains and their hemicellulases [J]. FEMS Microbiology Reviews, 2010, 27 (1): 3-16.

[56] 龚金炎，单之初，潘兴祥，等. 传统手工黄酒发酵过程中常见游离氨基酸和 γ-氨基丁酸的变化研究 [J]. 中国食品学报，2017，17 (5)：232-238.

[57] 顾正彪，李兆丰，洪雁，等. 大米淀粉的结构、组成与应用 [J]. 中国粮油学报，2004 (02)：21-27.

[58] 张笑麟，沭晨. 黄酒酒脚的沉出过程对酒中风味物质——乙酸乙酯含量的影响 [J]. 浙江工学院学报，1990 (02)：75-82.

[59] 韩笑，毛健，黄桂东. 微量通气处理对黄酒陈化过程中风味物质和游离氨基酸的影响 [J]. 食品科学，2013，34 (3)：123-127.

[60] 郑翠银，龚丽婷，黄志清，等. 甜型红曲黄酒中关键挥发性香气成分分析 [J]. 中国食品学报，2014，14 (05)：209-217.

[61] 王程成. 黄酒陈酿关键香气组分及其形成影响因素的研究 [D]；江南大学，2018.

[62] 徐占成，徐姿静. 酒体风味设计学概论 [J]. 酿酒，2012，39 (6)：3-7.

第七章

黄酒中的功能性成分

黄酒，素与我国传统中医药文化有关，据《汉书·食货志》中记载："酒，百药之长"，黄酒既是药引子，又是丸、散、膏、丹的重要辅助材料。中药处方中，常用黄酒浸泡、烧煮、蒸炙中草药，调制各种药丸及制作药酒，对许多疾病具有辅助治疗作用。《本草纲目》上说黄酒有通血脉、厚肠胃、润皮肤、养脾气、扶肝和除风下气等治疗作用，其中详细记载了 70 种可用于治疗疾病的黄酒药酒。

医家之所以喜好用酒，是取其善行药势而达于脏腑、四肢百骸之性。黄酒可以提高其他药物的效果。黄酒的发散之性可以帮助药力外达于表，使理气行血药物的作用得到较好发挥，也能使滋补药物补而不滞。其次，黄酒有助于药物有效成分的析出。中药的多种成分都能够溶解于酒精之中，许多药物的有效成分都可借助于酒的这一特性提取出来。此外，酒精还有防腐作用，能保存数月甚至数年时间而不变质。药酒的发明，是医疗史上的一大进步。酒与医药的结合，是我国医药发展史上的重要创举。

黄酒的生产是经过多种微生物参与作用的复杂生化过程。由于黄酒是压榨酒，没有经过蒸馏，因而保留了大量原料带来的、发酵产生的、陈酿形成的功能性物质。从这个角度看，黄酒自带天然健康属性，符合当代大健康产业发展的趋势。

本章将以绍兴黄酒为例，针对黄酒功能性研究的瓶颈问题，重点介绍：①黄酒中的功能性成分及其溯源；②应用生化分离制备技术对功能性物质进行挖掘，明确其功能性组分（结构基础）；③深入研究功能性组分的量效关系及其作用机理；④结合微生物代谢分析对功能性物质溯源及优化控制，实现功能性物质在实际生产中的强化控制。

7.1 黄酒中的功能性成分概述

黄酒中含有非常充分的益于人体健康的功能物质，例如蛋白质、无机盐、微量元素及维生素、功能性低聚糖和多糖、酚类物质、抑制性神经递质 γ-氨基丁酸、无可比拟的生物活性肽等，具有显著的抗氧化、增强免疫力、提高记忆力等保健功能。

7.1.1 黄酒中的多糖及功能性低聚糖

近年来，随着糖科学和糖技术的发展，人们认识到多糖不仅参与构建细胞骨架、提供基本能量，而且还参与分子识别，是进行细胞黏附、细胞防御机制、参与机体免疫调节、增强细胞抗肿瘤活性的重要信号，如今对多糖的研究已日益为人们所重视。2001 年 *Science* 用 Carbohydrates and Glycobiology 专版介绍了糖生物学的新进展，它的研究方向是继基因组学、蛋白质组学后的生命科学研究的新前沿。

多糖是 10 个及以上单糖分子通过糖苷键连接而成的高分子碳水化合物。多糖不仅是所有生物有机体的重要结构物质，而且还担任着许多重要的角色，例如多糖是一种重要的信号或信息分子的受体，同时，它还与分子的识别、细胞的黏着和细胞的防御有关。多糖具有抗氧化活性，同时不同的多糖由于高级结构和理化性质等的不同而展现出不同的功能特性。

多糖具有多种活性，如抗氧化、抗血凝、降血脂、降血糖等，近年来大量药理临床研究表明多糖作为一种非特异性免疫促进剂，可以增强体质、调节机体免疫、抗辐射、抗病毒、抗癌症等。例如，猴头菇多糖等能调节胃肠功能，对胃癌、食道癌有明显疗效；木耳多糖经实验证实具有抗辐射作用，可以提高经^{60}Co照射的动物的存活率，木耳多糖作为抗辐射保护剂具有很大的研究价值；冬虫夏草菌丝中提取得到的粗多糖，对正常小鼠、四氧嘧啶诱发的高血糖小鼠都有明显降糖活性；灵芝多糖组分可显著增强巨噬细胞的增殖能力和吞噬活性，具有抑制癌细胞增殖的作用。可见植物性和真核类生物来源的多糖具有显著的健康活性。

黄酒中多糖的主要来源为原料和黄酒酿造过程中的微生物代谢，江南大学传统酿造食品研究中心——毛健教授团队发现黄酒中分离纯化得到的多糖结构与已报道的灵芝等多糖结构相似；同时经过抗肿瘤、免疫活性等功能性实验研究，发现黄酒中的多糖的抗肿瘤活性随着多糖组分诱导巨噬细胞产生的抗肿瘤因子的存在而增加，并且多糖作用位点在细胞膜表面，安全性高；而对于免疫缺陷小鼠来说，不仅它们的免疫功能可以通过黄酒中的多糖的影响得到提高，而且环磷酰胺对它们造成的免疫损伤也能通过黄酒中的多糖的摄入得到有效抵御。

此外，黄酒中还含有丰富的功能性低聚糖（或称寡糖，是由2～10个单糖通过糖苷键连接形成直链或支链的低度聚合糖）。动物体虽然不能消化吸收功能性低聚糖，但是功能性低聚糖能被某些有益微生物利用，例如双歧杆菌可以利用功能性低聚糖来增殖。江南大学与古越龙山联合研究发现黄酒中的功能性低聚糖异麦芽糖、潘糖、异麦芽三糖平均含量分别为2.77mg/mL、2.86mg/mL、1.25mg/mL。其主要来源是糯米中大量支链淀粉的酶解以及麦曲微生物分泌葡萄糖苷转移酶进行的转糖苷作用合成。其中低聚异麦芽糖在人体中的作用是十分重要的，它能促进B族维生素合成，改善肠道微生态环境，还能促进矿物质吸收，从而能够增强机体免疫力、预防多种高危疾病以及降低血清中胆固醇和血脂的含量。

7.1.2 黄酒中的酚类

植物酚类广泛存在于谷物、水果、蔬菜等天然植物的根、茎、叶、花、果实及果皮中，具有多羟基结构，是植物体的主要次生代谢物，是药用植物的有效成分。植物酚类包括水解单宁和缩合单宁，水解单宁是由棓酸及其衍生物与多元醇构成的酯在酸、碱及酶的作用下产生的酚羧酸和多元醇，缩合单宁是由黄烷缩合形成的聚合物。

酚类物质具有高效清除自由基功能和抗氧化功能。自由基又称游离基，它是指带有不配对价电子的分子、原子或原子团。自由基化学活性高，性质活泼，有极高的反应活性，所以一般都不稳定。机体内常见的自由基一般是自由基反应形成的自由基和超氧离子自由基。自由基对机体的危害主要体现在：自由基可诱导脂质过氧化物的生成，可导致DNA、RNA的交联或氧化破坏，可诱导蛋白质、氨基酸氧化破坏和交联，可加重缺血后再灌流的组织损伤等。这些损害可导致肿瘤、冠心病的发生和人体的衰老。而酚类物质有着很强的活性氧以及氧自由基的清除能力，不仅可以抑制和隔断链式自由基的氧化反应，而且还可以与金属离子螯合，减少金属离子对氧化反应的催化，能有效抗氧化，并对自由基所引起的生物大分子损伤起较强保护作用。目前已有多个报道证明，多种植物酚类有抗氧化活性。例如，Mathew等报道肉桂叶的酚类提取物有较强的抗氧化性，它能有效清除羟基自由基和螯合金属离子。

毛健教授团队研究发现，黄酒中的酚类物质来自原料和微生物的代谢，这就使酒中含有丰富的酚类物质，如表7-1所示，正是这些酚类物质使得黄酒具有抗氧化、维持免疫平衡等功能，本章7.6节将详细介绍这方面内容。

表 7-1　黄酒中常见酚类种类及结构

酚类名称	分子量	分子式	结构
绿原酸	354.13	$C_{16}H_{18}O_9$	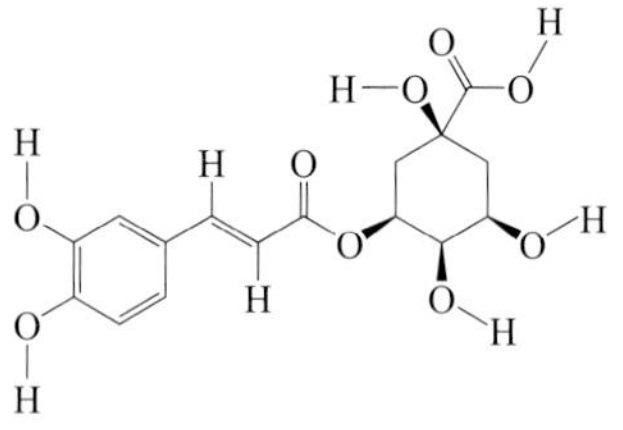
阿魏酸	194.19	$C_{10}H_{10}O_4$	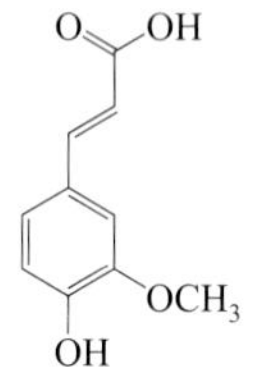
槲皮素	302	$C_{15}H_{10}O_7$	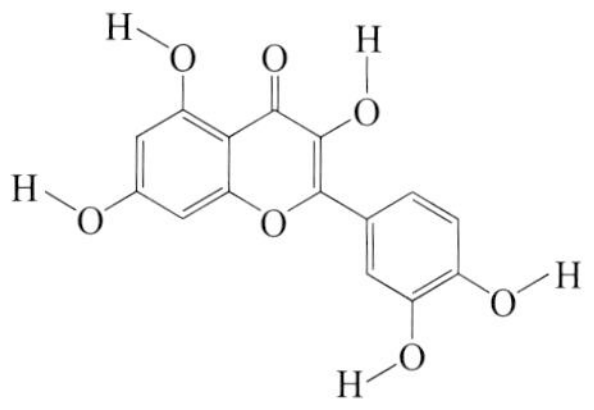
咖啡酸	180.15	$C_9H_8O_4$	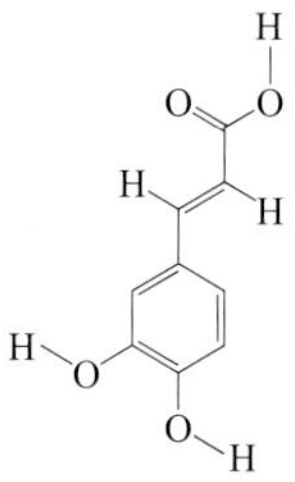
没食子酸	170.12	$C_7H_6O_5$	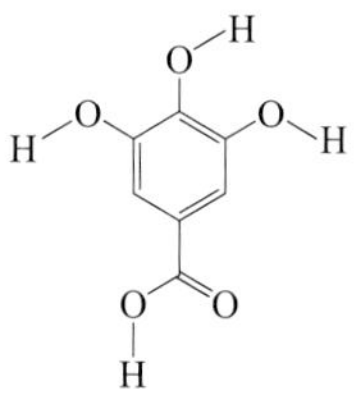
对香豆酸	164.16	$C_9H_8O_3$	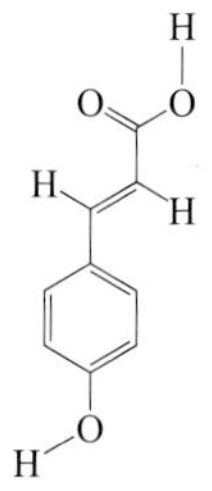

续表

酚类名称	分子量	分子式	结构
(+)-儿茶素	290.27	$C_{15}H_{14}O_6$	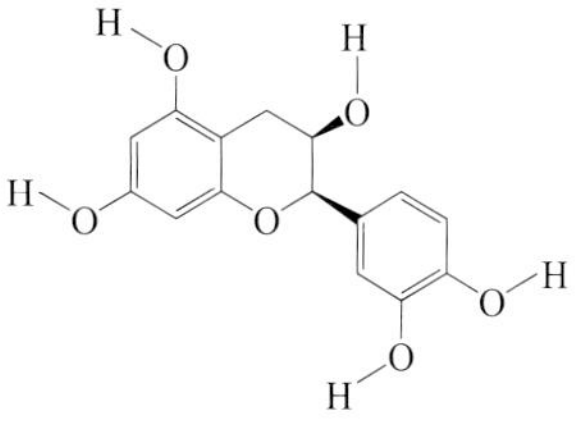
原儿茶酸	154.12	$C_7H_6O_4$	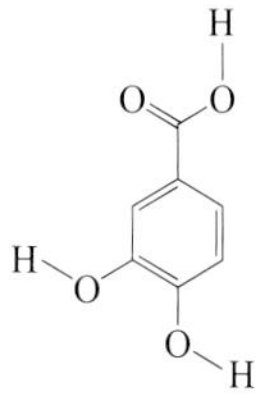
表儿茶素	290.27	$C_{15}H_{14}O_6$	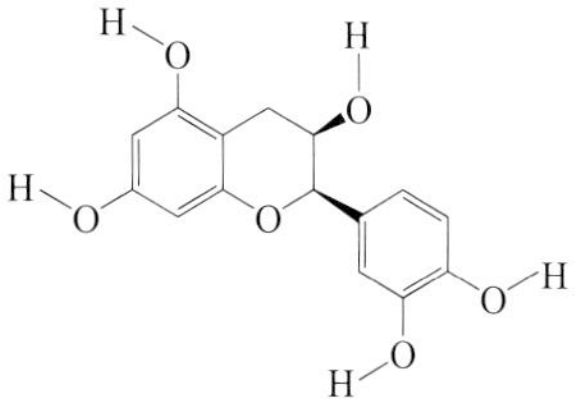
香草酸	168.15	$C_8H_8O_4$	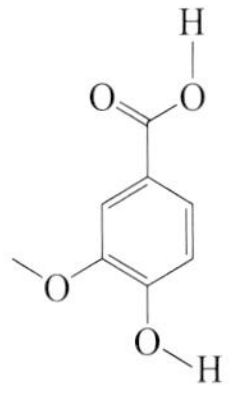
芥子酸	224.21	$C_{11}H_{12}O_5$	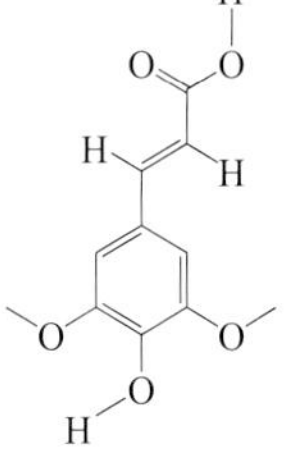

7.1.3 黄酒中的多肽

黄酒中蛋白质的含量为酒中之最，主要存在形式为肽和氨基酸。

黄酒中含有 20 种氨基酸，其中有人体必需的 8 种氨基酸，其含量居各种酿造酒之首，比啤酒、葡萄酒和日本清酒高出 2～36 倍。目前已有许多研究表明多种氨基酸有抗氧化活性。组氨酸对 DPPH 自由基有杰出的清除作用，可有效抑制牛血清蛋白的氧化，色氨酸对

O_2^- ·和·OH 具有良好的清除作用。

多肽物质由数个氨基酸通过肽键相连而组成，可以被更好地吸收。黄酒在发酵过程中产生的谷胱甘肽可加速体内自由基的排泄，起到一定的抗氧化功能。黄酒中的氨基酸和多肽除了可以直接参与抗氧化作用外，还能够与羰基化合物发生美拉德反应，生成的美拉德反应产物（MRPs）也具有抗氧化作用。

心血管疾病已成为中老年人群的第一杀手，控制血浆胆固醇和降低血压是防治心血管疾病的重要途径。值得一提的是，近年来不断有研究者发现黄酒具有扩张血管、改善血液循环、降低血压和胆固醇的作用，而这可能跟黄酒中的功能性肽有重要的关系。

毛健教授团队从绍兴黄酒中的肽类组分中分离出一种血管紧张素转换酶（angiotensin converting enzyme，ACE）活性抑制肽 Gln-Ser-Gly-Pro。浙江古越龙山的研究人员对古越龙山黄酒中多肽组分进行提纯和降血压、降胆固醇体外活性试验，并采用高效液相色谱与质谱或串联质谱联用分离鉴定出 5 种降血压活性肽和 1 种降胆固醇活性肽的氨基酸序列。另外，毛健教授团队研究发现经过多级纯化后的黄酒活性肽能显著抑制 LPS 诱导的 RAW264.7 分泌 NO，对 LPS 刺激的 RAW264.7 细胞炎症具有保护作用，从而促使巨噬细胞发挥免疫作用，有提高机体免疫活性的潜能。另外，福州大学也从福建老酒中分离纯化出了具有较强 ACE 抑制活性的肽。

7.1.4 黄酒中的微量元素及维生素

黄酒中富含维生素 C、维生素 B_2、维生素 A、维生素 D、维生素 E 及维生素 K 等维生素以及 18 种以上矿物质元素，如 K、Na、Ca、Mg、P 等常量元素和 Cu、Zn、Fe、Mn、Co、Ge、I 等微量元素。黄酒中微量元素以 Fe 含量居高，且呈易被人体吸收的形态，长期饮用可改善机体缺 Fe 的症状；黄酒中 Ca、P 等元素含量高，对缺 Ca 的老年人来说，黄酒是一种理想的低度酒精饮料；黄酒中含有的 Se 是一种天然的肿瘤抑制剂；Zn 是人体中 204 种酶的活性成分，是维持人体正常生命活动的关键因子，Zn 在酒中以配合物态有机 Zn 的形式存在，具有极高的生物利用率，能发挥重要的保健作用；Mn 对调节中枢神经和内分泌系统有重要作用，同时也是抗衰老的关键因子。此外，黄酒中还含有特殊生理功能和营养作用的 Ge 和 I，这 2 种元素在抗机体氧化、抗衰老、防治癌症及预防心血管等方面均有显著作用。总之，黄酒中这些有益矿物质元素与蛋白质、多肽、氨基酸、低聚糖和维生素等相互作用、相互补充，构成了黄酒较高的营养价值及保健功效。

7.1.5 黄酒中的 γ-氨基丁酸

γ-氨基丁酸（GABA）是一种重要的抑制性神经递质，是一种天然存在的非蛋白质组成氨基酸，它参与多种代谢活动，具有降血压、改善脑功能、增强记忆力、抗焦虑、提高肝肾机能等生理活性。有报道指出，茶和大米胚芽通过自然的发酵过程可以富集 γ-氨基丁酸。正常情况下植物体中 γ-氨基丁酸的含量为 3.1～206.2mg/kg，而在传统黄酒古越龙山黄酒中的 γ-氨基丁酸含量较高，达 167～360mg/L。

γ-氨基丁酸对于学习记忆和认知障碍的改善作用一直是研究的热点。由于黄酒中含有丰富的 γ-氨基丁酸，浙江古越龙山绍兴酒股份有限公司先后与江南大学和浙江大学合作，对古越龙山绍兴黄酒的功能性成分进行了研究，结果表明，黄酒富含酚类、低聚糖、γ-氨基丁酸和生物活性肽等多种功能因子，具有增强学习记忆能力、排铅、抗衰老、增强免疫能力、抗氧化、提高耐缺氧能力、预防骨质疏松等多种健康功能。此外，陆续有研究者通过建立 D-半乳糖所诱导的衰老小鼠模型，进一步证明了黄酒具有抗疲劳作用，并提示其对年龄相关的认知障碍有一定的预防效果，并认为这可能与黄酒中含有丰富的酚类、多糖以及 γ-氨基丁酸有关。这些研究为进一步深入挖掘中国传统黄酒的有益作用提供了研究基础。

7.1.6 黄酒中的洛伐他汀

红曲在古代被称为丹曲，是以红曲霉为主的一种独特的酒曲，其在酿酒方面的应用被福建人民发扬光大。1979 年，日本东京农工大学教授 Endo 博士首次在红曲中发现了极优良的胆固醇合成抑制物——Monacolin 类物质——莫纳可林 K，又称洛伐他汀，对人体主要有以下 4 种作用：降血脂作用，降血糖作用，降血压作用，防癌作用。

医学研究表明洛伐他汀对人体是安全的，在动物试验中洛伐他汀质量浓度只需要达到 0.001～0.005μg/mL 就能阻止胆固醇的合成，而黄酒成品中洛伐他汀含量可达 0.080mg/mL 左右。江南大学传统酿造食品研究中心——毛健教授团队将中药应用于红曲发酵过程，发现不同中药对红曲中洛伐他汀的含量有不同影响，经过优化后最高产量可达 3.601mg/g，较普通红曲提高了 1.45 倍；同时，通过对发酵过程中的红曲菌进行基因表达分析，发现 6 个基因在洛伐他汀的合成途径中有显著影响。

7.1.7 黄酒中功能性成分与人体量效关系

黄酒中所含有的丰富营养成分和微量代谢物质，它们不仅赋予其色、香、味和格，其特有的功能性成分更显示了绍兴黄酒的营养保健功能。江南大学、浙江大学、南京农业大学等的研究团队发现了黄酒中不同功能性成分在人体中的量效关系（表 7-2）。

表 7-2 黄酒功能性成分含量及人体量效关系

黄酒功能性成分		含量		主要健康功效	功效量
多酚	(+)-儿茶素	91.33μg/mL	合计为 111.15μg/mL	抗氧化、免疫平衡、降血脂、降血糖	25～100μg/mL
	绿原酸	5.95μg/mL			
	富马酸	2.25μg/mL			
	槲皮素	2.15μg/mL			
	其他	9.47μg/mL			
功能性低聚糖	异麦芽糖	3.14g/L		改善肠道健康	
	潘糖	3.96g/L			
	异麦芽三糖	0.14g/L			
多糖		30.49mg/mL		抗氧化、提高免疫、抗肿瘤	1.64mL/kg(75kg 成年人每天饮用 123mL)
洛伐他汀		0.08mg/mL		降血脂、血糖、血压，抗癌	0.001～0.005μg/mL
γ-氨基丁酸		167～360mg/L		改善脑功能、增强记忆、提高肝肾功能等	≤500mg/d
阿魏酸		6.65～19.3μg/mL		预防心血管疾病、抗氧化、抗菌消炎、抗突变和防癌	

7.1.8 小结

黄酒是以谷物为主要原料，通过微生态菌群的发酵，经过复杂生化过程而生成了酚类、多糖、功能性低聚糖、洛伐他汀、γ-氨基丁酸、阿魏酸等功能性物质。由于是压榨酒，保留了酿造过程中的这些功能性物质，同时经大量的科学研究，其含量与人体健康的量效关系也被阐明。由此可见，深入发掘黄酒中的功能性物质，在传统黄酒的基础上进一步强化黄酒产品的健康属性，是今后黄酒产业发展的一个重要趋势。

7.2 黄酒中功能性物质的溯源

黄酒中丰富的功能性物质是哪里来的呢？黄酒酿造是以谷物和水为主要原料，添加酒曲，经过多种微生物参与作用的生物转化过程以及发酵代谢产物之间的化学反应及相互作用，最终形成具有鲜明特色风味及功能性物质的发酵产物。黄酒中的功能性物质有三大来源，包括黄酒酿造原辅材料，酿造过程微生物的代谢产物和微生物酶对原料的分解产物，黄酒的陈化过程发酵代谢产物之间的化学反应及其相互作用的产物。

7.2.1 原辅材料

黄酒酿造原辅材料，包括酿造用谷物、水、酒曲以及其他添加物，是黄酒中生理活性物质的重要来源。

米被喻为“酒之肉”。它含有人体必需的淀粉、蛋白质、脂肪、矿物质、维生素等多种营养成分，是黄酒中的生理活性物质的主要来源。这些营养成分经酿造微生物发酵后，进一步产生新的生理活性组分，如淀粉水解生成功能性低聚糖，蛋白质水解生成活性肽等。因此，米的品种和质量与黄酒的品质和功能性密不可分。

在黄酒行业中，水被称为“酒之血”。酿造用水富含人体必需的钙、镁、锶、铁、锌、钠、锰、铬、钾和硒等多种矿物质，水直接参与酒的组成，对酿造工艺和酒品质有很大的影响。水中的矿物质会影响酿造过程中酶促反应的酶活性，也和微生物生长代谢密切相关，最终影响到酒的品质和风味。人们常说：“名酒必有佳泉”。比如绍兴酒的独特品质就与使用绍兴鉴湖之水是分不开的。

曲被喻为“酒之骨”。我国明代宋应星的《天工开物》指出：“无曲，即佳米珍黍空造不成”。而曲本身就是各种微生物发酵的产物，不同的微生物与不同的原料发酵形成各种“曲”。如以小麦为原料的称为麦曲，以米为原料的称为米曲等。若在曲中进一步添加中草药，则可制成药曲。曲中含有丰富的微生物次生代谢产物。如酒曲中的典型代表——红曲，它是以大米等淀粉质为原料，经红曲霉发酵而成的一种紫红色米曲，古称丹曲。现代研究表明，红曲中的红曲霉能产生多种有用的初级和次级代谢产物，包括具有降血压、降血脂、降血糖、抗肿瘤、抗菌等作用的生理活性成分，并经临床证明具有明显降低胆固醇的疗效。红曲霉在生长过程中能产生活性较强的糖化酶和蛋白酶，应用于红曲黄酒酿造，可使红曲中的多种活性物质溶解于红曲黄酒中，增添了酒的营养和保健功能。通过微生物的生长代谢和生命活动来炮制中药，可以比一般的物理或化学的炮制手段更大幅度地改变药性，所以药曲的添加可能为黄酒生理功效的产生埋下了伏笔。

7.2.2 微生物代谢作用及酶解

黄酒酿造过程中微生物的发酵代谢产物及微生物对原料的酶解，会产生具有生理活性的新物质。

酒曲中含有多种微生物，包括酵母、霉菌和细菌等，它们是酿酒的原动力，并在酿造的不同阶段发挥着重要作用。这些微生物对原料的酶解产物及其自身代谢产物是黄酒中生理活性物质的另一个重要来源。如红曲霉和米曲霉可以产生多种酶类，包括液化酶、葡萄糖淀粉酶和蛋白酶等，能够将原料中的淀粉和蛋白质水解而产生活性低聚糖和活性肽；黄酒中的酵母、曲霉菌、乳酸菌等微生物均能合成 GABA；真菌中的酵母、曲霉、毛霉等能产生多不饱和脂肪酸，主要包括亚油酸（LA）、亚麻酸（GLA）、花生四烯酸（AA）、二十碳五烯酸（EPA）、二十二碳六烯酸（DHA）等；红曲霉则代谢产生莫纳可林、氨基酸、辅酶 Q 等活性物质；而酵母本身就是一个营养宝库，含有 50%左右的蛋白质、6%的核糖核酸、2%的 B 族维生素，还有谷胱甘肽等生理活性物质。

江南大学对现代化绍兴黄酒发酵过程中的微生物群落演替进行了宏基因组分析，发现绍兴黄酒中的糖多孢菌（*Saccharopolyspora*）、酵母菌（*Saccharomyces*）、曲霉（*Aspergillus*）、葡萄球菌（*Staphylococcus*）、乳杆菌（*Lactobacillus*）、乳球菌（*Lactococcus*）、链霉菌属（*Streptomyces*）等占据总微生物丰度的 75%以上，其中糖多孢菌与酵母菌分别是细菌与真菌的主要微生物。这些微生物在其代谢过程中会产生许多有益物质，并且在风味形成途径中具有关键作用。同样有研究显示，红曲黄酒的酿造过程中也存在多种乳酸菌，如肠膜明串珠球菌（*Leuconostoc mesenteroides*）、短乳杆菌（*Lactobacillus brevis*）、乳酸乳球菌乳亚种（*Lactococcus lactis* subsp. *lactis*）和干酪乳杆菌（*Lactobacillus casei*），这些乳酸菌在其代谢过程中会产生许多有益物质。

7.2.3 陈化过程中的化学反应

黄酒中的生理活性物质的产生还与其陈化过程中发生诸多的化学反应有关。美拉德反应是黄酒陈化过程中一类重要的化学反应。黄酒中的蛋白质经微生物酶的降解，绝大部分以肽和氨基酸的形式存在。黄酒特别是甜型、半甜型黄酒中还原糖和氨基酸的含量高，且贮存时间长，因此在陈化过程中这些物质会通过美拉德反应产生较多的具有较强的抗突变活性的还原性胶体类黑精，即美拉德反应产物（Maillard reaction products，MRPs）。美拉德反应产物具有还原性，其抗氧化活性同反应物浓度和反应时间存在一定的量效关系，在相同的反应物浓度下，美拉德反应产物抗氧化性随反应时间的增加而增强。然而美拉德反应是一个复杂的反应体系，MRPs 的抗氧化能力受多种因素控制，MRPs 的具体组成、结构和性质等尚未明确，对其中的抗氧化物质和抗氧化机理也有待于进一步研究。对黄酒体系中美拉德反应的研究将可能成为中国黄酒生理功效研究的新视角。

7.2.4 小结

黄酒中丰富的功能性物质与原辅料关系密切，除此以外，发酵环境、酿造条件和储存陈化也是重要的影响因素。酒的发酵离不开微生物的酶解与发酵条件的相辅相成，原料的细微差异最终也会影响营养与风味的质变。总的来说，米、水、曲三者是不同地区不同名优黄酒

的本质特征。原料米中富含蛋白质、脂肪与淀粉，这些物质是发酵的物质基础；原料水中丰富的矿物质为后续微生物发酵提供丰富的离子来源；原料曲中的微生物像种子一般深藏，在合适的发酵条件下增殖分布，不同的微生物具有不同的代谢功能，为发酵提供原动力。细菌中的乳酸菌，霉菌中的曲霉，以及酿酒过程中必不可少的酵母，这 3 类微生物是黄酒风味的保证，更是功能性物质的出发点。除此以外，陈化更是赋予黄酒独特味道，美拉德反应产物的抗氧化能力显著增强，带来了独特的味道。

7.3 黄酒中的多糖分离制备及结构解析

物质的结构决定了它的功能。研究黄酒中物质的功能性与构效关系，首先需要提供物质基础，即提供活性组分的结构信息，分离、纯化和基本理化性质测定则是结构研究的前提。

黄酒原液经浓缩、醇沉、Sevag 试剂去蛋白质、透析以及冻干等操作可以得到粗多糖。但是，粗多糖中混有多种糖类物质，其所含多糖的分子量、电荷、水溶性和黏度等存在差异，因此需要对黄酒粗多糖进一步分离，从而为黄酒中的多糖功能性研究提供基础。

得到纯化的多糖组分后，下一步便是对其精细结构进行研究。如分子量大小，单糖、糖醛酸类型和比例，单糖残基的绝对构型和成环类型，单糖残基类型和各个单糖残基之间的连接顺序，主链和支链组成及连接位点，每个糖苷键的异构形式，糖残基可能连接的硫酸酯基、乙酰基、磷酸基和甲基等基团的类型，糖链和非糖链间的连接方式等（表 7-3）。

表 7-3 多糖结构分析方法

测定指标	研究方法
多糖纯度及分子量测定	高效凝胶渗透色谱、光散射法、渗透压、聚丙烯酰胺凝胶电泳法等
单糖组成	完全酸水解、高效液相色谱、气相色谱-质谱联用、离子色谱、气相色谱等
糖苷的糖环形式	红外光谱、核磁共振等
单糖残基类型和糖苷键连接位点	甲基化分析、高碘酸氧化、Smith 降解、GC-MS、NMR 等
糖苷所取代的异头异构形式	糖苷酶水解、NMR、红外光谱、激光拉曼光谱等
糖苷连接顺序	选择性酸水解、糖苷酶顺序水解、NMR 等
糖链-肽链连接方式	稀碱水解法、肼解反应、氨基酸组成分析等

7.3.1 黄酒中的多糖提取工艺

以绍兴黄酒为原料，考察了对影响多糖提取效果的原酒浓缩比、乙醇浓度、醇沉温度、醇沉时间等单因素，并采用 Design-Expert 中的 Box-Benhken 中心组合实验设计对醇沉工艺进行了优化，最后得到了黄酒粗多糖的提取工艺参数。图 7-1～图 7-6 为醇沉工艺优化的结果。

变量对响应值的交互影响作用可由等高线的形状来反应，椭圆形表示两变量对响应值的交互影响作用显著，圆形则表示交互影响作用不显著。对图 7-1～图 7-6 中的等高线分析可知，A 与 D、B 与 C 以及 C 与 D 的交互作用显著，它们对响应值的影响随着另一变量的变化而出现明显改变。

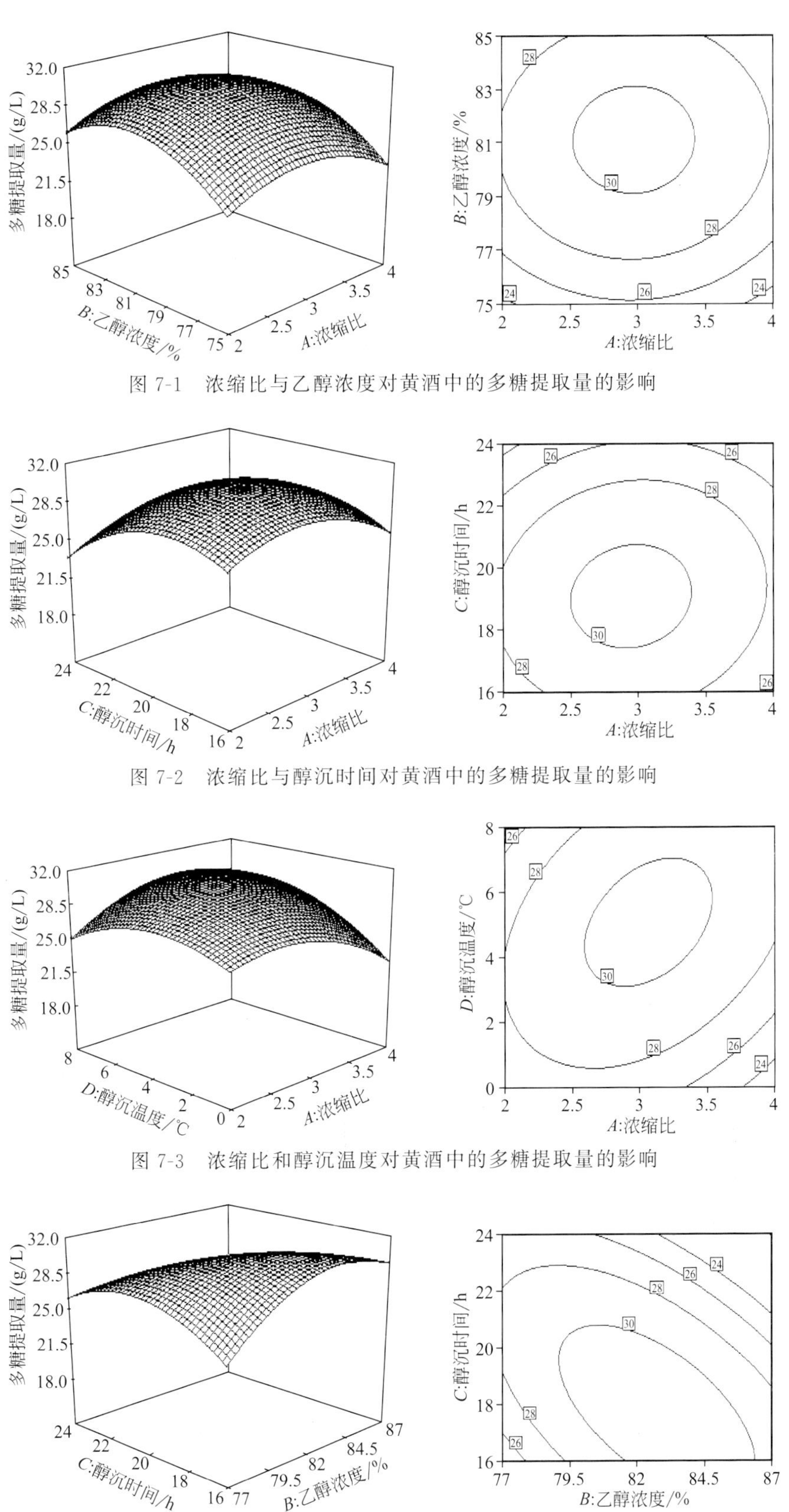

图 7-1 浓缩比与乙醇浓度对黄酒中的多糖提取量的影响

图 7-2 浓缩比与醇沉时间对黄酒中的多糖提取量的影响

图 7-3 浓缩比和醇沉温度对黄酒中的多糖提取量的影响

图 7-4 醇沉时间与乙醇浓度对黄酒中的多糖提取量的影响

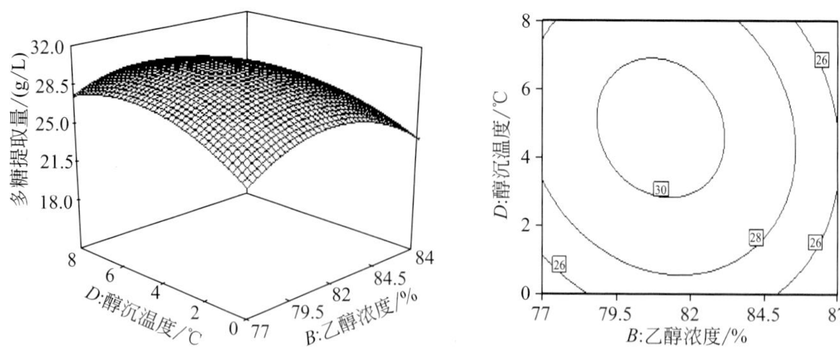

图 7-5 醇沉温度与乙醇浓度对黄酒中的多糖提取量的影响

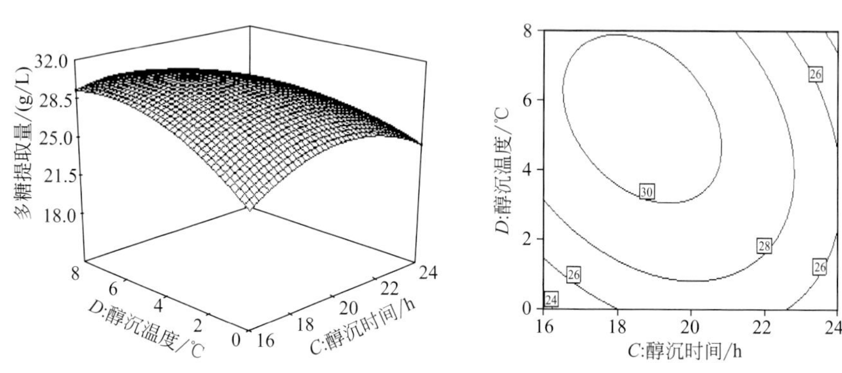

图 7-6 醇沉时间与醇沉温度对黄酒中的多糖提取量的影响

通过 Design-Expert 9.0 进行数据分析，便得到了黄酒中的多糖的最佳醇沉工艺参数：浓缩比 2.95、乙醇浓度 82.02%、醇沉时间 18.97h、醇沉温度 3.42℃，黄酒中的多糖的最佳提取量为 30.71g/L。采用上述优化后的最佳工艺条件来沉淀黄酒中的多糖，考虑到操作的方便性，将最佳工艺条件修正为浓缩比为 3.0、乙醇浓度为 82%、醇沉时间为 19.0h、醇沉温度为 3.4℃，在此修正工艺条件下，黄酒中的多糖的提取量为 30.49g/L，与理论预测值相比，相对误差小于 1%。

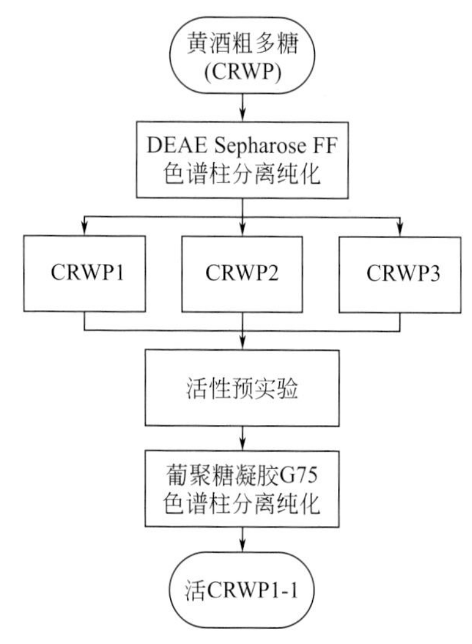

图 7-7 黄酒中的多糖纯化流程

7.3.2 黄酒中的多糖纯化

黄酒中的粗多糖纯化分两个步骤进行，首先将粗多糖中的酸性多糖和中性多糖用 DEAE Sepharose FF 离子交换柱进行分离，然后按分子量大小将多糖用葡聚糖凝胶柱 G75 进行分离。图 7-7 为黄酒中的多糖纯化流程。

7.3.2.1 黄酒中的多糖在 DEAE 离子交换柱的分离纯化

黄酒中的多糖经过 DEAE 离子交换柱时，是怎么实现分离纯化的呢？由于不同多糖组分所带电荷的不同，其和 DEAE-Sepharose FF 色谱柱固定相中离子交换子的结合能力有所差异，样品溶液流经色谱柱时，不同电荷的多糖被选择性地吸附在固定相上，因而当洗脱液流经色谱柱时，不同电荷量的多糖就被先后洗脱下来。

图 7-8 为不同电荷量黄酒中的多糖经 DEAE-Sepharose FF 色谱柱的洗脱顺序。由图 7-8 可知，黄酒粗多糖经 DEAE-Sepharose FF 色谱柱洗脱后可得 3 种多糖组分：CRWP1、CRWP2 和 CRWP3。由图 7-8 中洗脱曲线可判断出，最先被去离子水洗脱下来的黄酒中的多糖组分 CRWP1 为不带电荷的中性多糖，而当洗脱液换为用 0～1mol/L NaCl 溶液梯度洗脱时，此时被分离下来的黄酒中的多糖为酸性多糖。比较洗脱下来的 3 个洗脱峰，其中组分 CRWP1 所占比例达到 91.5％，CRWP2 和 CRWP3 所占比例分别为 5.67％和 2.83％。从以上分析结果看，被分离出的黄酒中的 3 个多糖组分中 CRWP1 含量最高，且经预实验证明其活性要高于其他两个组分，因此选择黄酒中的多糖组分 CRWP1 继续分离纯化。

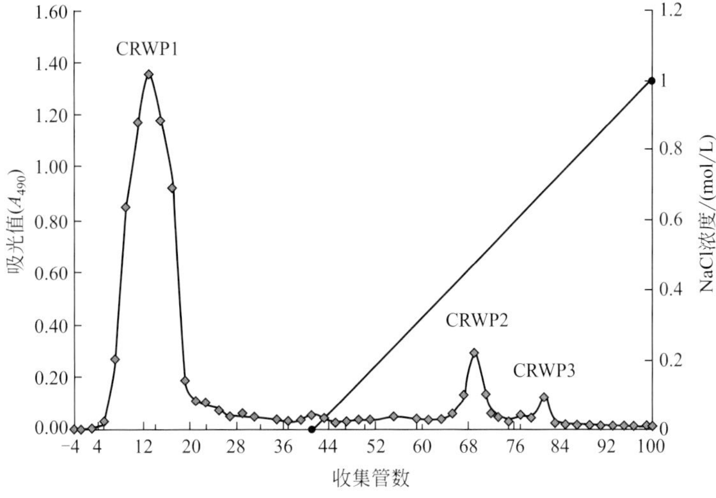

图 7-8 黄酒中的多糖 DEAE-Sepharose FF 色谱柱的梯度洗脱曲线

7.3.2.2 黄酒中的多糖在葡聚糖 G75 凝胶柱的分离纯化

经过 DEAE 柱分离得到的黄酒中的多糖组分 CRWP1，在 G75 葡聚糖凝胶柱中继续分离纯化。图 7-9 为 DEAE-Sepharose FF 色谱柱初步分离得到的黄酒中的多糖组分 CRWP1 经葡聚糖凝胶 G75 色谱柱的洗脱结果。如图 7-9 所示，多糖组分 CRWP1 葡聚糖凝胶 G75 色

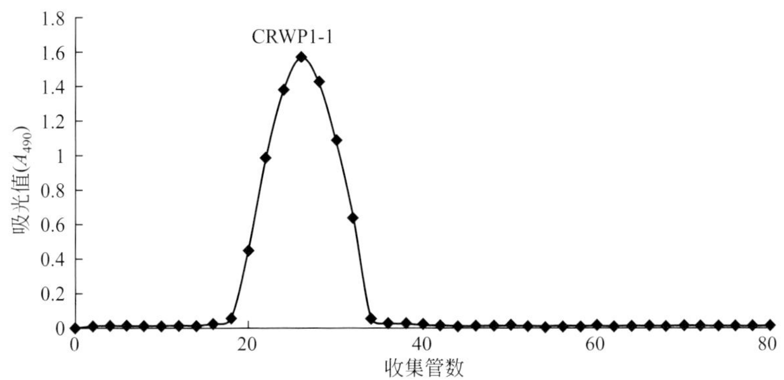

图 7-9 黄酒中的多糖组分 CRWP1 的葡聚糖凝胶 G75 色谱柱的洗脱曲线

谱柱洗脱液经硫酸苯酚法检测后，得到单一对称吸收峰，表明该组分为单一组分。根据图7-9中吸收峰出现的位置合并收集洗脱液，经浓缩、透析和冷冻干燥处理，得到白色的多糖样品CRWP1-1，说明多糖中混有的色素得到了很好的去除。CRWP1-1将用于进一步的结构解析研究中。

7.3.3 黄酒中的多糖CRWP1-1的纯度和分子量测定

接下来，将测定黄酒中的多糖的分子量和纯度。多糖的纯度与其分子量之间存在较大的相关性，在多糖的性质、结构及活性研究中占有重要地位。多糖的结构较为复杂，市场上常见的多糖纯品也多是一定分子量段的多糖，其纯度不能简单用小分子化合物的方法来衡量。因此，有必要对黄酒中的多糖分子量进行测定，以期为黄酒中的多糖结构和活性研究奠定基础。

目前，相对黏度法、超速离心法、光散射法、渗透压法和凝胶色谱法等常用于多糖分子量的测定。但是不同分子量测试方法取得的结果也有很大的差异。其中高效凝胶过滤色谱法（HPGFC）是一种比较快速、高效、精确的测定方法，主要依据被分离样品的性质和分子量大小对凝胶色谱柱进行选择，HPGFC流动相一般为盐溶液。用不同分子量对数对保留时间或保留体积作分子校正曲线，一般为线性趋势，根据曲线计算出的分子量是相对分子量而不是绝对分子量。因此，本小节采用高效凝胶过滤色谱法（HPGFC）对黄酒中的多糖组分CRWP1-1的分子量进行测定。

图7-10为黄酒中的多糖高效凝胶过滤色谱图，通过对图形分析可知，经DEAE-Sepharose FF色谱柱和葡聚糖凝胶G75色谱柱分离纯化得到的黄酒中的多糖组分CRWP1-1为纯度较高的杂多糖。根据标准分子量葡聚糖绘制的标准曲线，得到黄酒中的多糖重均分子质量为7850Da。

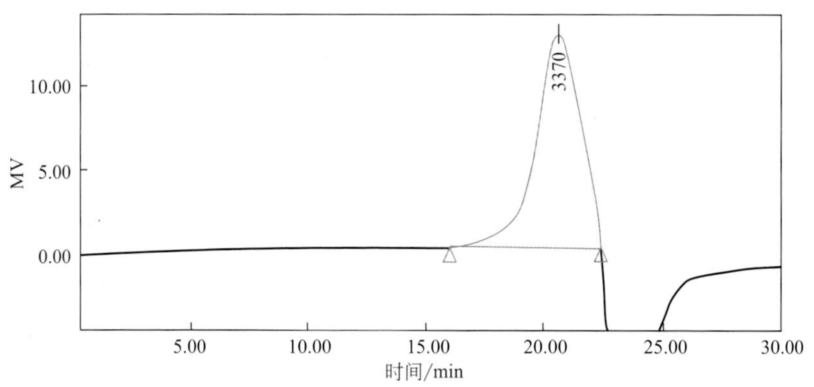

图7-10 黄酒中的多糖组分CRWP1-1的HPGFC色谱图

7.3.4 黄酒中的多糖CRWP1-1的单糖组成分析

接着用高效阴离子交换色谱-脉冲安培检测法（HPAEC-PAD）测单糖组成。图7-11、图7-12分别给出了混合标样和CRWP1-1的离子色谱图。各峰的出峰时间和代表的化合物如表7-4和表7-5所示。

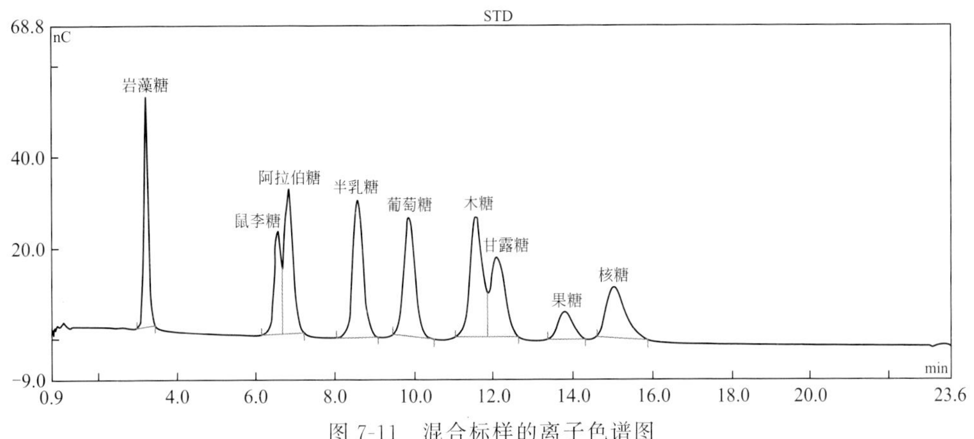

图 7-11 混合标样的离子色谱图

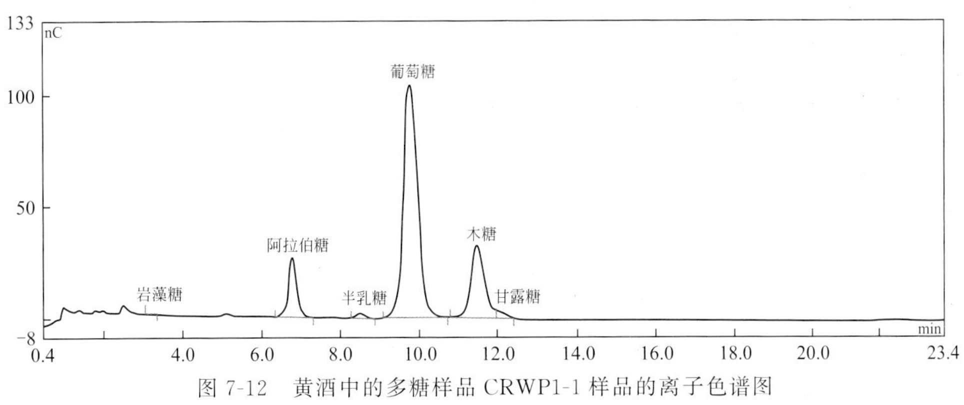

图 7-12 黄酒中的多糖样品 CRWP1-1 样品的离子色谱图

表 7-4 单糖标准品的高效阴离子色谱分析

峰	单糖	出峰时间/min	峰面积(nC×min)	峰	单糖	出峰时间/min	峰面积(nC×min)
1	岩藻糖	3.2	6.7083	6	木糖	11.567	10.0969
2	鼠李糖	6.534	4.8062	7	甘露糖	12.1	7.2274
3	阿拉伯糖	6.817	8.0472	8	果糖	13.784	2.5817
4	半乳糖	8.55	9.1047	9	核糖	15.017	6.1333
5	葡萄糖	9.85	8.8181	总计			63.5239

表 7-5 黄酒中的多糖组分 CRWP1-1 的高效阴离子色谱分析

峰	单糖	出峰时间/min	峰面积(nC×min)	峰	单糖	出峰时间/min	峰面积(nC×min)
1	岩藻糖	3.167	0.0153	5	木糖	11.484	13.0901
2	阿拉伯糖	6.767	6.6786	6	甘露糖	11.967	0.7352
3	半乳糖	8.5	0.5768	总计			67.3004
4	葡萄糖	9.767	46.2044				

由表 7-4 和表 7-5 可知，黄酒中的多糖组分 CRWP1-1 保留时间与阿拉伯糖、葡萄糖、木糖、岩藻糖、半乳糖和甘露糖的保留时间一致，通过进一步分析可知阿拉伯糖、葡萄糖和木糖为 CRWP1-1 的主要组分，并含有少量岩藻糖、半乳糖和甘露糖。

7.3.5 黄酒中的多糖 CRWP1-1 的紫外-可见光光谱（UV）分析

为了判定样品中是否存在蛋白质、核酸等杂质，可对纯化的多糖进行紫外光谱分析。

在 200～400nm 范围内进行紫外-可见光扫描，判断 260nm 和 280nm 处是否存在吸收峰。若 260nm 处有吸收峰说明样品中含有核酸；若 280nm 处有吸收峰，说明样品中存在蛋白质。

黄酒中的多糖组分 CRWP1-1 的紫外光谱扫描信息如图 7-13 所示，CRWP1-1 在波长 200～600nm 范围扫描结果，在 260nm 和 280nm 处均无明显吸收峰，说明经 DEAE-Sepharose FF 色谱柱和葡聚糖凝胶 G75 色谱柱分离后得到的黄酒中的多糖组分 CRWP1-1 不含核酸和蛋白质。

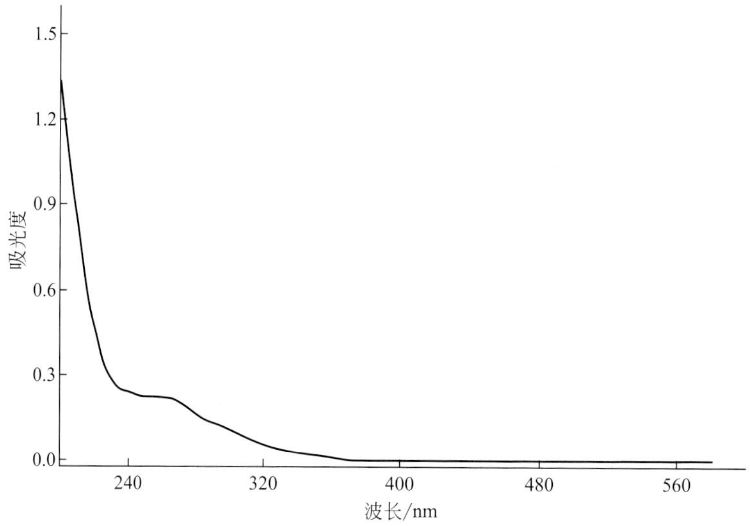

图 7-13 黄酒中的多糖组分 CRWP1-1 的紫外光谱图

7.3.6 黄酒中的多糖 CRWP1-1 的红外光谱分析

作为一种研究有机化合物分子结构的重要方法，红外光谱广泛应用于糖类化合物结构分析。红外光谱不仅可以根据特征性吸收对糖类化合物中的官能团和氢键进行分析，而且还能够对多糖中的各种结构和构象进行定性定量分析。

取干燥后的黄酒中的多糖 CRWP1-1 经溴化钾压片后制样，进行红外扫描，其傅里叶变换红外光谱吸收信息如图 7-14 所示。从图 7-14 可以看出，CRWP1-1 在 3380.41cm^{-1} 处存在宽而强的吸收峰，说明在该分子间或分子内存在 O—H 伸缩振动；在 2925.99cm^{-1} 处有吸收峰，说明存在糖类物质 C—H 键伸缩振动引起的特征吸收；1653cm^{-1} 处有强吸收峰，说明存在—CHO 中的 C ═O 伸缩振动；1419cm^{-1}、1365.69cm^{-1} 处存在弱吸收峰，说明存在 C—H 变角振动；1152.20cm^{-1}、1087.07cm^{-1}、1027.40cm^{-1} 有吸收峰，说明存在 β-吡喃糖基 C—O—H 和 C—O—C 中 C—O 引起的振动吸收；843.27cm^{-1} 存在吸收峰，即为 α-D-Glc 吡喃构型和 β-糖苷键引起的特征吸收；760.95cm^{-1} 有吸收，说明存在 α-D-木吡喃环的对称伸缩振动。

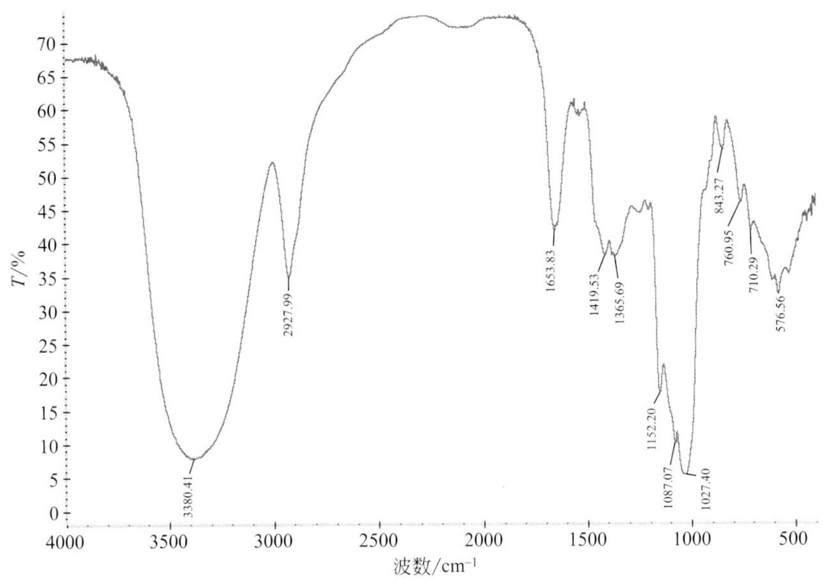

图 7-14 黄酒中的多糖组分 CRWP1-1 的傅里叶变换红外光谱图

7.3.7 黄酒中的多糖 CRWP1-1 的三螺旋结构测定

刚果红是一种酸性染料，三股螺旋链构象的多糖可与之形成络合物；同刚果红相比，该络合物的最大吸收波长发生红移，最大吸收波长的特征转变成紫红色，当 NaOH 浓度超过一定值时，最大吸收波长急剧下降。

通过刚果红实验得到图 7-15，当 NaOH 的浓度在 0～0.05mol/L 范围内变化时，黄酒中的多糖组分 CRWP1-1 与刚果红形成的络合物的最大吸光度随浓度的增加而增加；当 NaOH 浓度在 0.05～0.5mol/L 范围内变化时，黄酒中的多糖组分 CRWP1-1 与刚果红形成的络合物的最大吸光度随浓度的增加而逐渐减小。而未添加黄酒中的多糖组分 CRWP1-1 的刚果红溶液的最大吸光值随 NaOH 浓度的增加（0～0.5mol/L）而不断下降。由此说明，在黄酒中的多糖组分 CRWP1-1 存在三股螺旋结构，该结构在弱碱性条件下与刚果红形成络合物，使最大吸光值增大；但该结构在强碱性溶液中不稳定，当 NaOH 溶液浓度大于 0.05mol/L 时，三股螺旋结构中的氢键被破坏，从而表现为最大吸光值的降低。

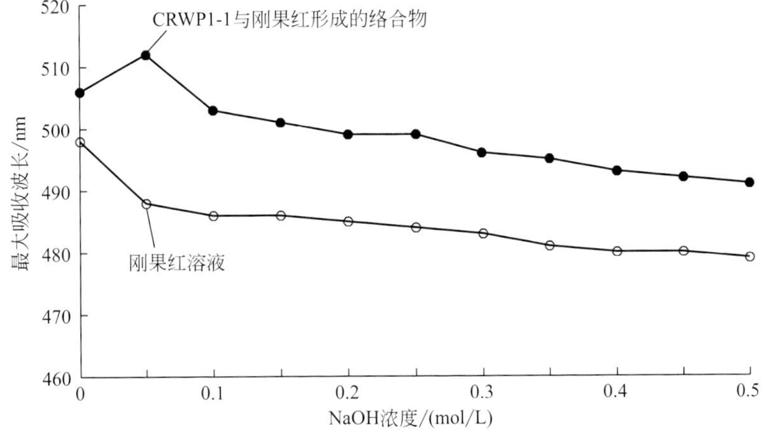

图 7-15 CRWP1-1 与刚果红在 NaOH 溶液中的最大吸光度

7.3.8 黄酒中的多糖 CRWP1-1 的核磁共振分析

多糖分子中不同糖残基中非异头质子的亚甲基和次甲基的化学位移非常接近，使得质子共振峰在 δ3.0～δ4.0 的区间内发生^{1}H-NMR 峰重叠，不利于结构解析；而非共振拥挤区的^{1}H-NMR 的信号包括 6 位脱氧糖的甲基 H(6) 和异头质子（H）Ⅰ的线宽和积分可用于区别糖单元的类型及其相对含量，另外根据信号的化学位移和耦合常数的数值大小也能够确定多糖结构中糖苷键的类型。与未发生取代的质子相比，发生取代位上的质子向低场移动。

与^{1}H-NMR 谱相比，^{13}C-NMR 谱的化学位移较大，与溶剂峰重叠少，其在多糖结构分析中有如下几方面的应用：①确定糖残基的相对数量，②确定糖链的相对位置，③确定单糖种类，④确定异头碳的构型。

黄酒中的多糖组分 CRWP1-1 核磁共振波谱分析如图 7-16、图 7-17 所示。从黄酒中的多糖组分 CRWP1-1 的^{1}H-NMR 图谱（图 7-16）分析可知，δ4.790 处的信号为水分子的信号；在异头氢区的共振区域 δ5.00～δ5.40 范围内共有 5 个异头氢的共振峰，分别是 δ5.181、δ5.302、δ5.312、δ5.333、δ5.354，其化学位移均大于 δ4.9，并且在 δ5.40 处未出现质子信号，说明黄酒中的多糖组分 CRWP1-1 为含有 α 型糖残基的吡喃糖。

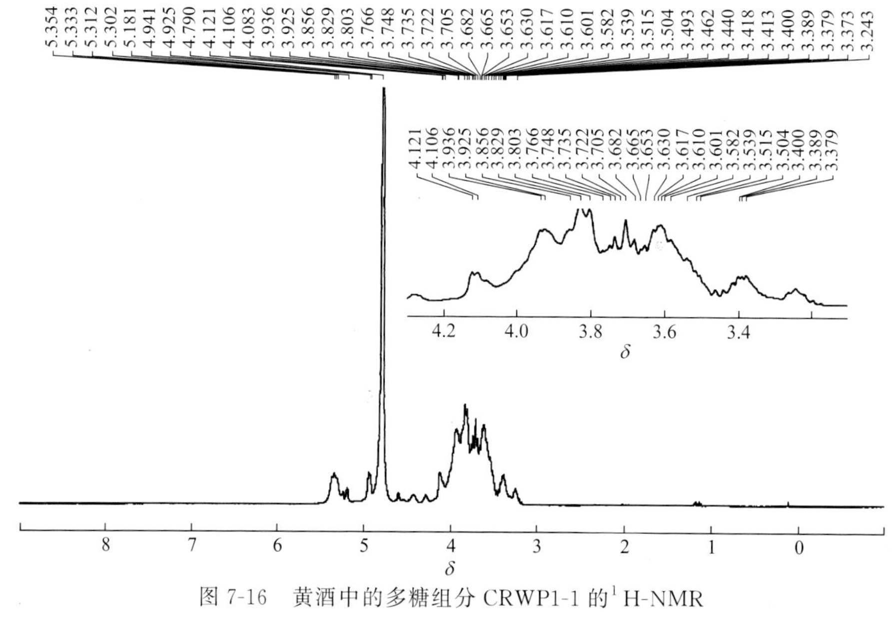

图 7-16 黄酒中的多糖组分 CRWP1-1 的^{1}H-NMR

由图 7-17 可知，异头碳的共振峰出现在 δ95.873～δ99.927，共有 5 个共振峰，说明黄酒中的多糖组分 CRWP1-1 是由 5 种单糖残基组成的杂多糖。多糖中同一单糖的位置不同，异头碳的化学位移也会不同。取代基的空间排列对异头碳的化学位移影响较大，与异头碳上垂直键的化学位移相比，平伏键的化学位移处于较高场，例如 α 型糖苷异头碳的化学位移处于 δ95～δ101，而多数 β 型糖苷异头碳的化学位移处于 δ101～δ105。据图 7-17 发现，在 δ95～δ101 范围内出现共振信号，说明黄酒中的多糖组分 CRWP1-1 含有 α-糖苷键构型。一般情况下，可根据^{13}C-NMR 检测到的信号将多糖分为呋喃糖和吡喃糖，其中呋喃糖的三位碳和五位碳在 δ82～δ84 范围内无信号，而吡喃糖的三位碳和五位碳的化学位移小于 δ80。同时发现，δ82～δ84 范围内无信号出现，说明黄酒中的多糖组分 CRWP1-1 不含呋喃型结构，因此可以确定黄酒多糖组分 CRWP1-1 的单糖残基的构型为吡喃型。未被取代时吡喃糖残基的 C2、C3、C4 化学位移为 δ70～δ76，一旦发生取代，其相应位移将移向 δ76～δ85；对于 C6（δ60～δ65）位发生取代后，其位移将移至 δ67～δ76。结合图 7-16 可知，黄酒中的多糖组分 CRWP1-1 在 δ76～δ85 范围内出现信号，即为 C3 位糖苷键取代后的共振峰，说明黄酒中的多糖组分 CRWP1-1 存在 1,3 连接糖苷键；在 δ75.911 处出现的信号为被取代的 C4 糖残基信号，说明黄酒中的多糖组分 CRWP1-1 中含有少量 1,4 连接糖苷键。

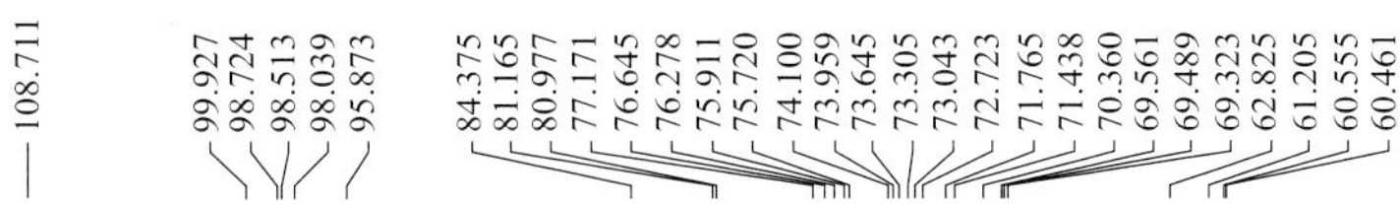

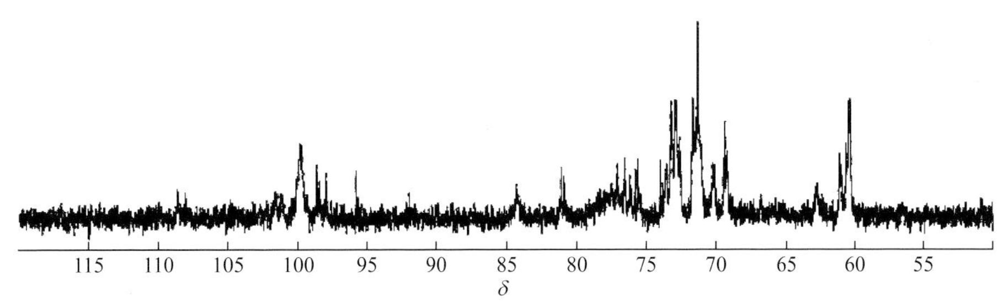

图 7-17 黄酒中的多糖组分 CRWP1-1 的 ^{13}C-NMR

7.3.9 小结

通过上述一系列的化学分析和仪器手段，基本解析得到了黄酒中的多糖的结构特征。采用 DEAE-Sepharose FF 色谱柱和葡聚糖凝胶 G75 色谱柱对黄酒粗多糖进行分离纯化，得到一种白色的黄酒中的多糖组分 CRWP1-1。使用 HPGFC 对该组分的纯度和分子量进行测定，其洗脱峰呈单一、对称正态分布，说明经 DEAE-Sepharose FF 色谱柱和葡聚糖凝胶 G75 色谱柱分离纯化得到的黄酒中的多糖组分 CRWP1-1 为纯度较高的单一组分，分子质量为 7850Da。

经高效阴离子色谱检测证明，CRWP1-1 主要由阿拉伯糖、葡萄糖和木糖组成，并含有少量岩藻糖、半乳糖和甘露糖。

采用紫外光谱、红外光谱以及核磁共振波谱对黄酒中的多糖组分 CRWP1-1 的结构进行分析，结果表明 CRWP1-1 为杂多糖，含有 α-糖苷键构型，单糖残基的构型为吡喃型，以 1,3-糖苷键为主链，存在 1,4-糖苷键支链。

7.4 黄酒中的酚类的分离制备

在天然来源的功能性原料中，酚类多存在于植物性药材和食品中，并具有多种多样的功能性。

通过文献资料查阅，发现目前黄酒中的酚类的提取方法主要包括有机溶剂萃取、固相萃取等方法，但这些方法都具有一定的缺陷。有机溶剂萃取中常用乙酸乙酯萃取，萃取后黄酒中的酚类的得率较低并且含有较高的总糖和总蛋白质杂质，这些杂质的存在可能会直接影响酚类样品的功能性分析。虽然固相萃取的方法会较大程度降低酚类提取后存在的杂质含量，但该方法较多应用于液相检测分析中，其极低的吸附率会降低黄酒中的酚类的得率。

因此，在上述基础上建立了一种混合有机溶剂萃取黄酒中的酚类的方法，有效改善了单纯使用乙酸乙酯导致黄酒中的酚类得率较低的问题，同时结合大孔树脂吸附的方法，有效去除了黄酒中的酚类中含有的总糖和总蛋白质杂质，从而在较高提取得率的条件下有效去除了杂质，利用此方法提取得到黄酒中的酚类用于研究其功能活性。

7.4.1 黄酒中的酚类萃取方法的比较

首先利用乙酸乙酯萃取黄酒中的酚类，以 1∶1 的比例将乙酸乙酯与黄酒混合，得到有机相后通过检测有机相与黄酒中的总酚类含量计算酚类的萃取得率，结果见表 7-6。结果显示，黄酒的酚类得率为 18.23%。仅使用乙酸乙酯萃取黄酒中的酚类，酚类得率较低，应采取其他方法进行黄酒中酚类的萃取。

表 7-6 乙酸乙酯萃取酚类的得率

黄酒样品	酚类总浓度(GAE)/(mg/L)	黄酒体积/mL	有机相总酚类浓度(GAE)/(mg/L)	有机相体积/mL	酚类得率/%
古越龙山黄酒	466.80±1.84	117	85.10±0.98	117	18.23±0.78

单纯利用乙酸乙酯提取黄酒中的酚类得率较低，因此尝试利用乙酸乙酯和乙醇共同萃取的方法提取黄酒中的酚类。结果见表 7-7，结果显示采用乙醇和乙酸乙酯共同萃取黄酒中的酚类时，黄酒的酚类得率为 92.10%，对比单纯使用乙酸乙酯萃取，得率提高了 5.1 倍。因此，采用两种有机溶剂萃取的方法有效提高了黄酒中的酚类提取得率。

表 7-7 乙酸乙酯和乙醇萃取酚类的得率

黄酒样品	酚类总浓度(GAE)/(mg/L)	黄酒体积/mL	有机相总酚类浓度(GAE)/(mg/L)	有机相体积/mL	酚类得率/%
古越龙山黄酒	466.80±1.84	117	81.52±1.50	617	92.10±1.27

7.4.2 黄酒中的酚类萃取方法的优化

为了进一步提高乙酸乙酯和乙醇萃取黄酒中的酚类得率，继续考察了不同乙酸乙酯和乙醇比例对黄酒中的酚类萃取的影响。分别使用乙酸乙酯∶乙醇（体积比）为 2∶1、1∶1 和 1∶2 比例的有机相进行酚类的萃取，通过检测有机相与黄酒中的总酚类含量计算酚类的萃取得率，结果见图 7-18。结果显示，当乙酸乙酯∶无水乙醇（体积比）=1∶1 时，3 种黄酒的酚类得率最高，黄酒的酚类得率达到了 87.02%。所以选择有机相比例为乙酸乙酯∶无水乙醇（体积比）=1∶1 进行黄酒中的酚类萃取。

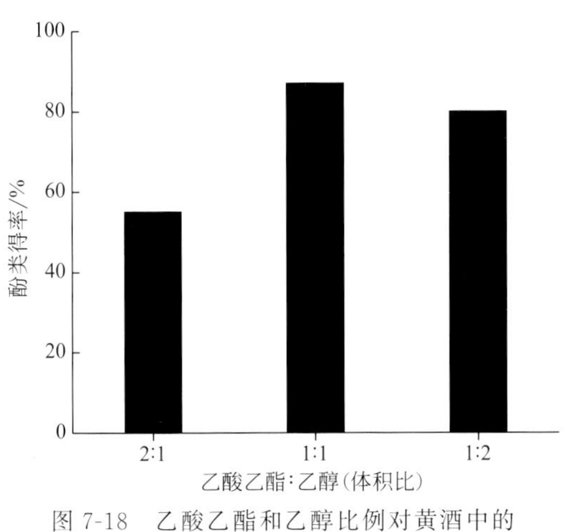

图 7-18 乙酸乙酯和乙醇比例对黄酒中的酚类萃取的影响

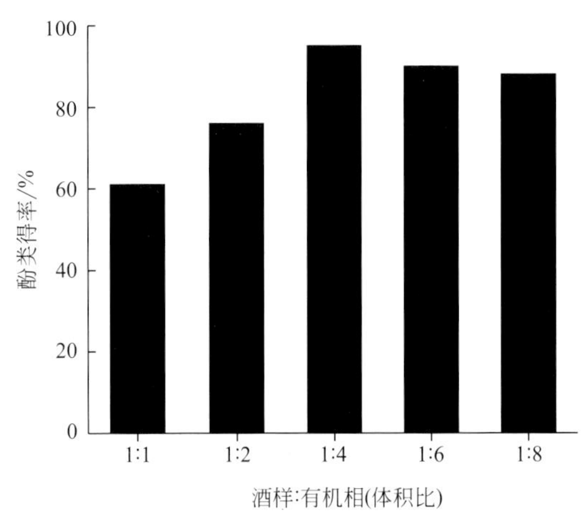

图 7-19 酒样和有机相比例对黄酒中的酚类萃取的影响

同时，考察了不同酒样和有机相的比例对黄酒中的酚类萃取的影响。使用酒样∶有机相（体积比）为1∶1、1∶2、1∶4、1∶6、1∶8比例进行3种黄酒中的酚类萃取，通过检测有机相与黄酒中的总酚类含量计算酚类的萃取得率，结果见图7-19。结果显示，当酒样∶有机相（体积比）=1∶4时，黄酒的酚类得率最高达到了95%。所以选择酒样∶有机相（体积比）为1∶4进行黄酒中的酚类萃取。

7.4.3 高效液相色谱法测定黄酒中的酚类组成和含量

使用高效液相色谱法测定黄酒中的酚类的组成和含量，结果见图7-20。通过与11种酚类标准品的保留时间进行比较，发现提取得到的黄酒中的酚类中共含有11种酚类物质，结

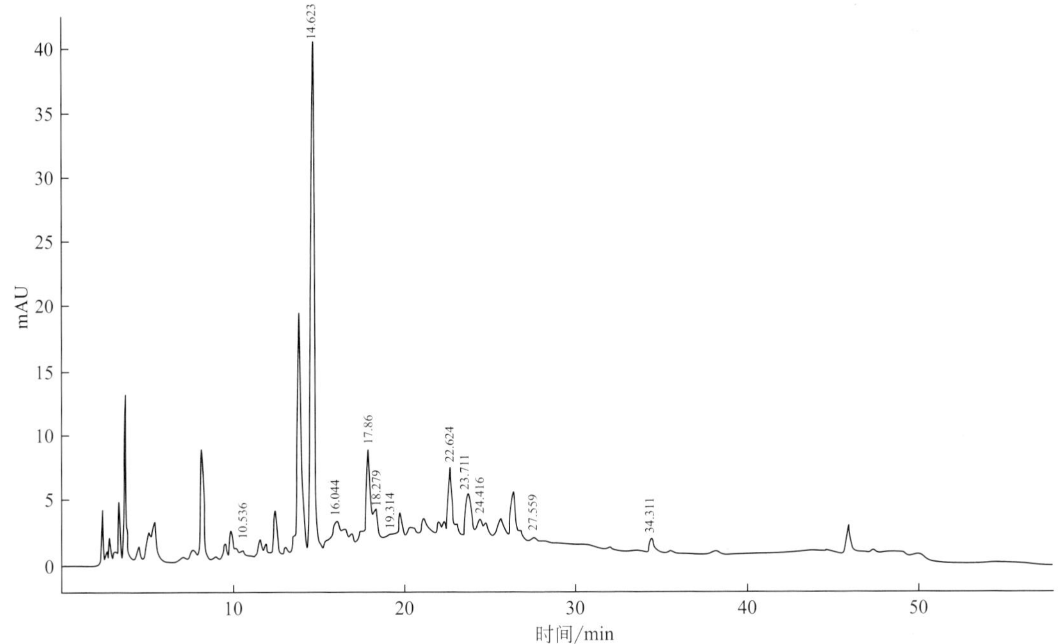

图 7-20 HPLC检测黄酒中的酚类组成与含量

果见表7-8。结果显示，黄酒中的酚类提取物中含有11种酚类，这些物质包括原儿茶酸、(+)-儿茶素、绿原酸、香草酸、丁香酸和芥子酸、咖啡酸、对香豆酸、阿魏酸、芦丁和槲皮素。在所有酚类物质中，(+)-儿茶素浓度最高达到91.33mg/L，原儿茶酸、丁香酸浓度较低，分别为0.3mg/L、0.37mg/L。

表7-8 黄酒中的酚类提取物中各物质的保留时间和物质浓度

化合物名称	保留时间/min	含量/(mg/L)	化合物名称	保留时间/min	含量/(mg/L)
原儿茶酸	10.89	0.3±0.02	对香豆酸	22.93	2.25±0.12
(+)-儿茶素	14.14	91.33±8.64	阿魏酸	24.04	2.97±0.31
绿原酸	15.90	5.95±0.37	芥子酸	24.39	1.93±0.08
香草酸	17.85	1.85±0.13	芦丁	27.63	0.84±0.09
咖啡酸	18.12	1.21±0.27	槲皮素	34.12	2.15±0.22
丁香酸	19.23	0.37±0.03			

7.4.4 小结

针对黄酒中的酚类传统萃取方法得率低的缺点，课题组建立了乙醇和乙酸乙酯的萃取方法，将黄酒中的酚类萃取得率由乙酸乙酯萃取的18.23%提高到了92.10%，同时经过大孔树脂静态吸附，将黄酒中的酚类杂质：总多糖、总蛋白质分别去除了90.57%和97.99%，从而建立了适用于黄酒中的酚类的提取方法。

7.5 黄酒中的多糖的功能性评价

众多研究表明，多糖具有重要的功能活性，例如抗氧化能力、免疫活性、抗肿瘤活性、调节肠道微生物等，那么黄酒中的多糖组分和其功能性之间的关系是什么？其作用机制是什么？

本节涉及的内容主要包括4个部分：第1部分内容为体外研究，利用纯化后的黄酒中的多糖对总还原力的影响，清除DPPH自由基、·OH和超氧自由基的能力，评价其体外抗氧化活性。第2部分介绍黄酒中的多糖对免疫功能的调节作用，采用环磷酰胺免疫缺陷型小鼠作为模型鼠，给予小鼠不同剂量的黄酒中的多糖，通过小鼠免疫指标：免疫器官指数、免疫细胞和免疫因子来评价黄酒中的多糖的免疫活性。第3部分进一步围绕黄酒中的多糖免疫调节作用，通过体内和体外实验研究黄酒中的多糖的抗肿瘤作用，其研究思路是采用小鼠肉瘤S180模型，考察绍兴黄酒中的多糖对S180荷瘤小鼠免疫器官和肿瘤抑制作用的影响、瘤组织中蛋白（Ki-67和Bax、Bcl-2）表达、黄酒中的多糖对环磷酰胺（CY）的增效减毒作用，从而对其抗肿瘤活性进行评价。第4部分介绍黄酒中的多糖对肠道微生物的调控作用。首先，分别在不同pH环境采用模拟胃液和α-淀粉酶水解黄酒中的多糖，并以水解度为指标考察其体外抗消化性；然后，考察绍兴黄酒中的多糖对肠道益生菌（双歧杆菌和乳杆

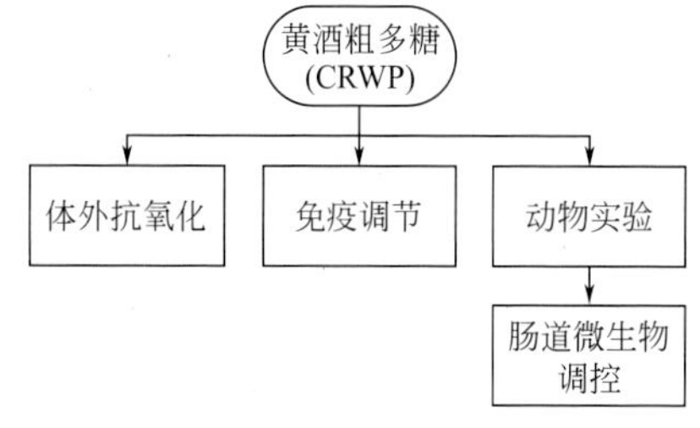

图7-21 黄酒中的多糖功能性研究思路

菌）以及肠道有害菌（大肠杆菌、肠球菌和产气荚膜梭菌）增殖的影响，同时采用气相色谱法对肠道菌群代谢产物（短链脂肪酸和乳酸）进行测定。图 7-21 为黄酒中的多糖功能性研究思路。

7.5.1 体外抗氧化作用

以绍兴黄酒为原料，分析黄酒粗多糖的体外抗氧化活性，考察多糖还原力、DPPH 自由基清除能力、羟基自由基清除能力、超氧自由基清除能力。

7.5.1.1 黄酒中的多糖对总还原力的影响

以普鲁士蓝在 700nm 处的吸光度表示样品的还原力：在一定条件下样品将铁氰化钾还原为亚铁氰化钾，三价铁离子与亚铁氰化钾反应生成可溶性蓝色配合物亚铁氰化铁（普鲁士蓝），吸光度越高表示样品的还原力就越强。从图 7-22 可以看出，在所考察的范围内，黄酒中的多糖的总还原力随着浓度的增加而逐渐增强。

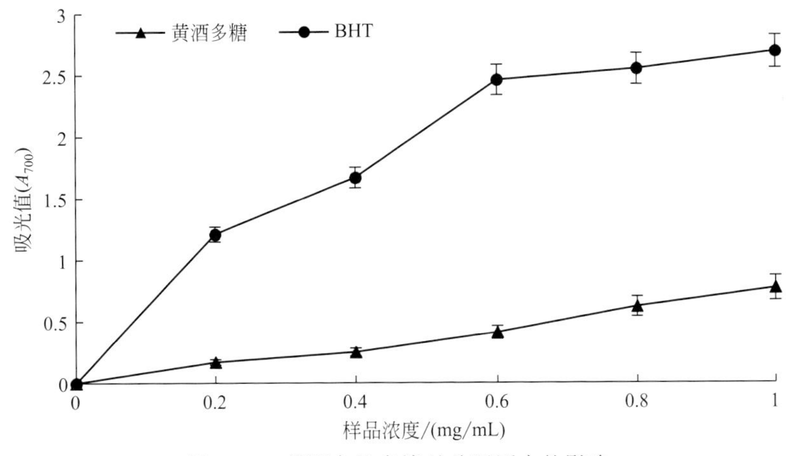

图 7-22 黄酒中的多糖对总还原力的影响

7.5.1.2 黄酒中的多糖对 DPPH 自由基清除能力的影响

DPPH·是一种以氮为中心的有机自由基，其性质稳定，在 517nm 处的吸收较强。DPPH 法常被用于评价功能性物质的抗氧化活性，其特点是快速、简便、灵敏。当抗氧化物质提供的电子与 DPPH·电子配对时，溶液颜色变浅，517nm 处的吸收消失，反映了自由基被清除的情况，其褪色程度与其所接受的电子数成定量关系。

由图 7-23 可以看出，在 0～0.2mg/mL 浓度范围内，黄酒中的多糖 DPPH 自由基清除能力增加迅速，当黄酒中的多糖浓度达到 0.2mg/mL 时，其对 DPPH 自由基清除率为 53%，为该浓度下二丁基羟基甲苯（BHT）对 DPPH 自由基清除能力的 63.86%。在 0.2～1.0mg/mL 范围内，随着浓度的增加黄酒中的多糖对 DPPH 自由基的清除率逐渐增强，多糖对 DPPH 自由基清除能力逐渐接近 BHT；当样品浓度增加至 0.6mg/mL 时，黄酒中的多糖对 DPPH 自由基的清除率为 73%，为此浓度下 BHT 对 DPPH 自由基清除能力（95%）的 76.84%；浓度为 1.0mg/mL 时，两者对 DPPH 自由基清除能力之间的差别已不大，分别为 92%和 96%。由此说明，黄酒中的多糖对 DPPH 自由基具有明显的清除作用，并且呈现出一定的剂量关系。

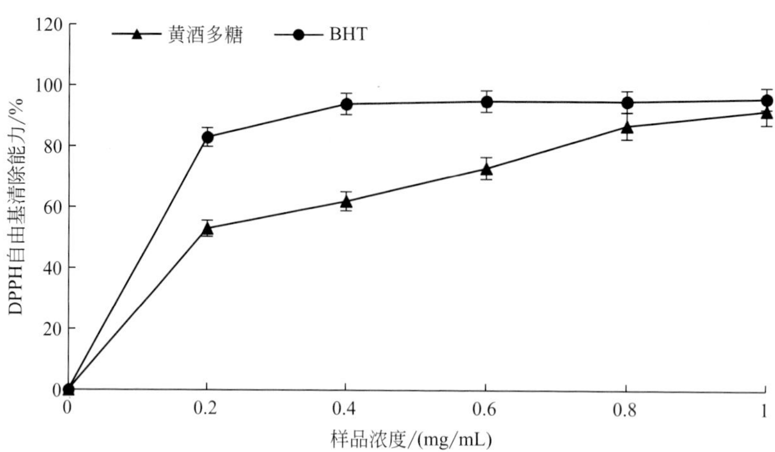

图 7-23 黄酒中的多糖对 DPPH 自由基清除能力的影响

7.5.1.3 黄酒中的多糖对羟基自由基清除能力的影响

羟基自由基（·OH）对生物体具有较强的毒性，与生物分子、有机物或无机物可发生各种化学反应，并且其反应速率常数非常高。在目前已知的活性氧自由基中，羟基自由基对生物体的毒性和危害性最大，通过脱氢、电子转移等方式，对蛋白质、氨基酸、糖类、核酸和脂类等物质造成氧化损伤，从而导致细胞坏死或突变，以及衰老、肿瘤、辐射损伤和细胞吞噬等。因此，羟基自由基含量的多少能在一定程度上衡量生物体病变。

图 7-24 为黄酒中的多糖对羟基自由基清除能力的影响。可以看出，随着样品浓度的增加，黄酒中的多糖清除羟基自由基的能力逐渐增强。在 0～0.2mg/mL 浓度范围内，黄酒中的多糖对羟基自由基清除能力增加迅速，当黄酒中的多糖浓度达到 0.2mg/mL 时，其对羟基自由基清除率达 23%，为此浓度下 BHT 对羟基自由基清除率（76%）的 30.26%；当浓度增至 1.0mg/mL 时，黄酒中的多糖对羟基自由基的清除率为 53%，此时 BHT 对羟基自由基的清除率为 93%。由此说明，黄酒中的多糖对羟基自由基具有明显的清除作用，且具有一定的剂量关系。

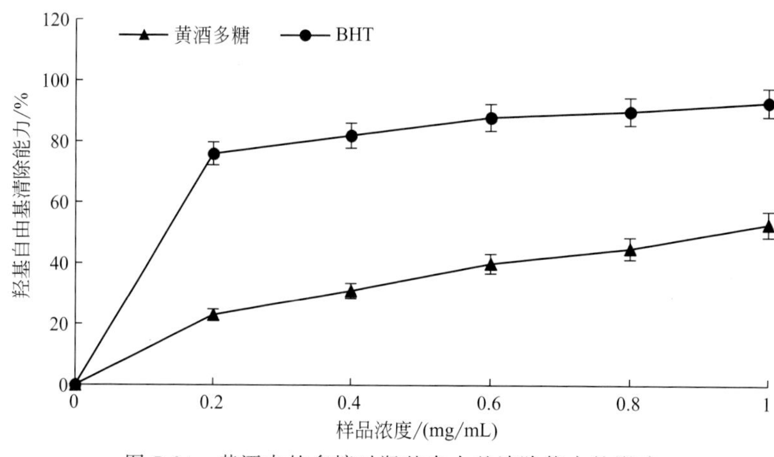

图 7-24 黄酒中的多糖对羟基自由基清除能力的影响

7.5.1.4 黄酒中的多糖对超氧自由基清除能力的影响

在生物体内，超氧阴离子不仅具有重要功能性，还能造成生物体的氧中毒，导致机体病变的发生。因此，保持机体内的超氧阴离子在一定浓度，有助于机体代谢的正常进行。

图 7-25 为黄酒中的多糖对超氧自由基清除能力的影响。可以看出，当浓度达到 1.0mg/mL 时，黄酒中的多糖对超氧自由基的清除率为 86%，此时 BHT 对超氧自由基的清除率为 95%。由此说明，黄酒中的多糖具有超氧自由基的清除能力，并且对超氧自由基的清除效果与多糖浓度呈现出一定的剂量关系。

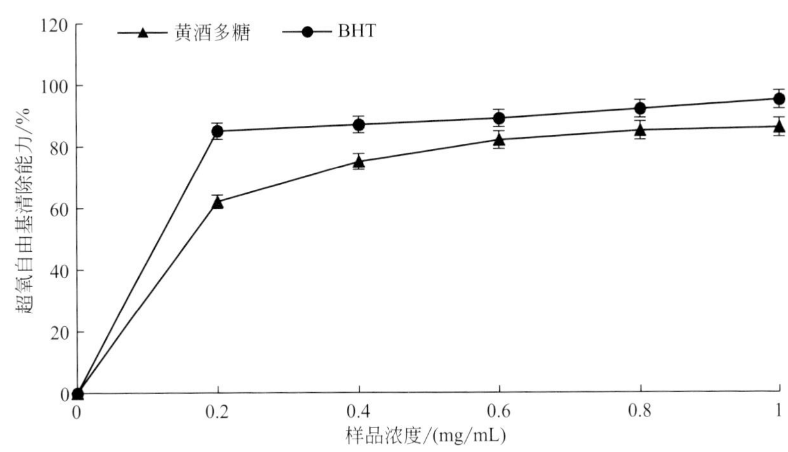

图 7-25 黄酒中的多糖对超氧自由基清除能力的影响

7.5.1.5 小结

发现黄酒中的多糖对自由基有明显的清除作用。在所考察的范围内，随着黄酒中的多糖浓度的增加，黄酒中的多糖的自由基清除能力逐渐增强。

7.5.2 黄酒中的多糖的免疫活性研究

免疫反应是由免疫器官、免疫细胞和免疫分子组成的机体免疫系统识别“自身”与“异己”抗原而产生的生理或病理性反应。在正常情况下，免疫系统对自身抗原具有免疫耐受作用，而对“非己”抗原具有排异作用，从而保持机体的生理平衡和稳定。但是，免疫失调也会对机体产生有害反应，继而引发超敏反应、自身免疫性疾病等。

有研究表明，黄酒能提高小鼠的脾脏指数、提高溶血素水平，促进小鼠的体液免疫和非特异性免疫作用。为了探讨绍兴黄酒中的多糖是否具有免疫调节作用，课题组采用环磷酰胺免疫缺陷型小鼠作为模型鼠，给予小鼠不同剂量的纯化黄酒中的多糖，通过小鼠免疫指标：免疫器官指数、免疫细胞和免疫因子来评价黄酒中的多糖的免疫活性。

7.5.2.1 黄酒中的多糖对免疫缺陷小鼠体重的影响

环磷酰胺（CY）作为一种肿瘤治疗药物，其对恶性肿瘤虽具有明显的疗效，但不当的使用量会产生许多毒副作用，使受药者免疫功能下降。环磷酰胺可通过 DNA 链的交联来破坏 DNA 的结构和功能，造成免疫活性细胞的损伤，从而使小鼠免疫系统的功能下降。本文以环磷酰胺作为免疫抑制剂造模，考察黄酒中的多糖对免疫缺陷小鼠的免疫调节作用。

实验过程中发现，空白组小鼠毛色有光泽，反应灵敏；而模型组小鼠两眼无光、毛发无光泽、行动迟缓、体形消瘦，说明环磷酰胺能抑制小鼠体重增长，推测对小鼠免疫系统有抑制作用。

7.5.2.2 黄酒中的多糖对免疫缺陷小鼠脏器指数的影响

脾和胸腺是两个重要的免疫器官。其中胸腺作为中枢性免疫器官，在机体免疫调节中起主导作用，是T细胞分化、发育和成熟的场所，其分泌的胸腺类激素对T细胞的分化发育具有明显的调节作用；脾是机体最大的免疫器官，几乎分布着全身25%的淋巴组织，并且大量的淋巴细胞和巨噬细胞分布于此，是机体细胞免疫和体液免疫的中心。当机体免疫功能受损或受到抑制时，其脏器出现萎缩、体积变小等。黄酒中的多糖对免疫缺陷小鼠脏器指数的影响如表7-9所示。

表7-9 黄酒中的多糖对免疫缺陷小鼠脾指数和胸腺指数的影响

组别	脾重/g	脾指数/(mg/10g)	胸腺重/g	胸腺指数/(mg/100g)
空白组	0.092±0.0072	26.12±1.23	0.068±0.0069	19.25±3.04
模型组(CY)	0.051±0.0089	16.45±2.37	0.039±0.0045	12.83±2.43
CRWP+CY组(50mg/kg)	0.063±0.0012	20.52±1.38	0.042±0.0100	13.96±1.13
CRWP+CY组(100mg/kg)	0.078±0.0120	23.21±3.01	0.056±0.0094	17.45±1.56
CRWP+CY组(200mg/kg)	0.086±0.0096	26.78±1.12	0.061±0.0107	18.62±2.46

如表7-9所示，与空白组相比，模型组小鼠的胸腺指数和脾指数显著下降，表明环磷酰胺能明显抑制免疫器官的生长，对正常小鼠的免疫功能具有明显抑制作用。对于CRWP+CY组小鼠而言，虽然其免疫器官指数低于空白组正常小鼠器官指数，但是仍明显高于模型组小鼠器官指数。黄酒中的多糖剂量为50mg/kg时，免疫缺陷小鼠的脾指数为（20.52±1.38)mg/10g、胸腺指数为（13.96±1.13)mg/100g，分别为模型小鼠脾指数［(16.45±2.37)mg/10g］和胸腺指数［(12.83±2.43)mg/100g］的1.25倍和1.09倍；当黄酒中的多糖剂量为200mg/kg时，免疫缺陷小鼠的脾指数为（26.78±1.12)mg/10g、胸腺指数为(18.62±2.46)mg/100g，分别为模型小鼠脾指数［(16.45±2.37)mg/10g］和胸腺指数［(12.83±2.43)mg/100g］的1.63倍和1.45倍。由此说明，黄酒中的多糖对环磷酰胺诱导的小鼠脾指数和胸腺指数降低具有明显的调节作用，并呈现一定的剂量关系。

7.5.2.3 黄酒中的多糖对免疫缺陷小鼠吞噬指数 α 的影响

单核巨噬细胞的吞噬能力可以衡量机体非特异性免疫功能，其吞噬能力的强弱普遍采用碳廓清指数来评价：肝脏和脾脏中的巨噬细胞及单核巨噬细胞系统中的巨噬细胞可将惰性碳迅速吞噬，从而达到从血液中廓清的目的，即可利用血液中惰性碳消失的速度来判断巨噬细胞系统的吞噬能力。因此采用巨噬细胞的吞噬指数 α 来评价黄酒中的多糖对免疫缺陷小鼠的细胞免疫活性。

如表7-10所示，与空白组相比，模型组小鼠的吞噬指数 α 显著下降，表明环磷酰胺诱导正常生长小鼠惰性碳清除能力下降，抑制小鼠巨噬细胞吞噬功能的作用。以上数据表明，黄酒中的多糖能够控制环磷酰胺诱导小鼠吞噬指数下降，明显改善环磷酰胺诱导的小鼠巨噬细胞的吞噬能力，并且黄酒中的多糖浓度与免疫缺陷小鼠吞噬指数之间存在一种正相关的关系。

表 7-10 黄酒中的多糖对免疫缺陷小鼠吞噬指数 α 的影响

组别	吞噬指数 α	组别	吞噬指数 α
空白组	6.32±0.79	CRWP+CY 组(100mg/kg)	5.67±0.23
模型组(CY)	4.51±0.43	CRWP+CY 组(200mg/kg)	5.96±0.53
CRWP+CY 组(50mg/kg)	5.13±0.91		

7.5.2.4 黄酒中的多糖对免疫缺陷小鼠淋巴细胞增殖的影响

ConA 诱导的小鼠脾淋巴细胞转化试验（MTT 法）表明，与空白组相比，模型组小鼠的 T 淋巴细胞增殖能力显著下降，表明环磷酰胺的注射会使正常生长小鼠脾淋巴细胞发生母细胞转化增殖的能力下降，抑制了小鼠脾淋巴细胞增殖。如表 7-11 所示，对于 CRWP+CY 组小鼠而言，虽然其脾淋巴细胞增殖能力低于空白组正常小鼠，但是仍明显高于模型组小鼠脾淋巴细胞增殖能力。这说明黄酒中的多糖能够控制环磷酰胺诱导小鼠脾淋巴细胞增殖能力的下降，明显改善环磷酰胺诱导免疫缺陷小鼠的免疫功能，并且黄酒中的多糖浓度与免疫缺陷小鼠脾淋巴细胞增殖之间存在一种正相关的关系。

表 7-11 黄酒中的多糖对免疫缺陷小鼠淋巴细胞增殖的影响

组别	OD 值	组别	OD 值
空白组	0.52±0.043	CRWP+CY 组(100mg/kg)	0.45±0.023
模型组(CY)	0.27±0.016	CRWP+CY 组(200mg/kg)	0.48±0.031
CRWP+CY 组(50mg/kg)	0.39±0.017		

7.5.2.5 黄酒中的多糖对免疫缺陷小鼠血清细胞因子的影响

细胞因子（cytokine）是指主要由机体免疫细胞分泌的、具有免疫调节作用的蛋白质和小分子多肽。目前，细胞因子已被发现有上百种。按照来源可将细胞因子分为：淋巴因子、单核因子及其他生长因子。按照功能可将细胞因子分为：白细胞介素（IL）、干扰素（IFN）、集落刺激因子（CSF）、肿瘤坏死因子（TNF）、红细胞生成素（EPO）等。

IL-6 是一类分子质量为 21～28kDa 的多功能蛋白质，由 184 个氨基酸组成，在多种细胞功能调节方面具有重要的作用，包括细胞分化、增殖、免疫防御、造血功能、神经系统等。IL-6 与肿瘤细胞的生长、增殖密切相关，通过对肿瘤细胞的黏附性、活动力、增殖进行限制以及对特异性抗原的表达，控制肿瘤的发展。若 IL-6 水平降低，则会引起免疫系统中某个节点或者多个节点发生障碍，从而导致机体免疫力下降。

IFN-γ 是一种由单核细胞和淋巴细胞产生多功能的活性蛋白质，通过激活单核吞噬细胞、中性粒细胞和自然杀伤（NK）细胞，强化 NK 细胞对肿瘤细胞的杀伤活性，促进巨噬细胞的吞噬功能，抑制自分泌生长因子的形成和活性，抑制宿主向肿瘤细胞提供重要的营养因子或生长因子，从而造成肿瘤细胞的凋亡；此外，IFN-γ 还能够抑制肿瘤基因的表达，抑制肿瘤细胞 DNA 合成，阻碍肿瘤细胞的增殖。一旦机体发生肿瘤，Th1 型细胞功能降低，IFN-γ 产生减少。

肿瘤坏死因子（TNF-α）是血清中一种能使肿瘤发生出血性坏死的物质，主要由巨噬细胞、NK 细胞和 T 淋巴细胞组成。TNF-α 在生物学上应用广泛，不仅可以对肿瘤细胞造成损伤、强化中性粒细胞的吞噬能力，还可以刺激产生过氧化物阴离子，促使细胞脱颗粒和髓

过氧化物酶的分泌，并诱导肝细胞急性期蛋白的合成。

因此，本小节通过小鼠血清中 IL-6、IFN-γ、TNF-α 的含量来评价黄酒中的多糖对免疫缺陷小鼠免疫功能的影响。结果如表 7-12～表 7-14 所示。

表 7-12 黄酒中的多糖对免疫缺陷小鼠 IL-6 的影响

组别	OD 值	组别	OD 值
空白组	0.171±0.008	CRWP+CY 组(100mg/kg)	0.137±0.010
模型组(CY)	0.082±0.011	CRWP+CY 组(200mg/kg)	0.152±0.014
CRWP+CY 组(50mg/kg)	0.115±0.013		

表 7-13 黄酒中的多糖对免疫缺陷小鼠 IFN-γ 的影响

组别	OD 值	组别	OD 值
空白组	0.076±0.0071	CRWP+CY 组(100mg/kg)	0.075±0.0125
模型组(CY)	0.047±0.0065	CRWP+CY 组(200mg/kg)	0.082±0.0131
CRWP+CY 组(50mg/kg)	0.056±0.0062		

表 7-14 黄酒中的多糖对免疫缺陷小鼠 TNF-α 的影响

组别	OD 值	组别	OD 值
空白组	0.421±0.0215	CRWP+CY 组(100mg/kg)	0.337±0.0146
模型组(CY)	0.254±0.0342	CRWP+CY 组(200mg/kg)	0.389±0.0153
CRWP+CY 组(50mg/kg)	0.296±0.0213		

上述结果说明黄酒中的多糖能够抑制环磷酰胺诱导小鼠血清中细胞因子 IL-6 含量的下降，明显改善环磷酰胺诱导免疫缺陷小鼠的免疫功能。随着黄酒中的多糖浓度的增加，免疫缺陷小鼠血清中 γ-干扰素（IFN-γ）的含量不断增加，并且黄酒中的多糖浓度与免疫缺陷小鼠血清中细胞因子 IL-6、IFN-γ、TNF-α 含量之间存在一种正相关的关系。

7.5.2.6 黄酒中的多糖对免疫缺陷小鼠免疫球蛋白的影响

免疫球蛋白是免疫系统的有机组成部分，在体液免疫中发挥着重要作用。IgA 是血清中含量仅次于 IgG 的免疫球蛋白，对机体局部黏膜免疫起到非常重要的作用，特别是对经黏膜途径感染的病原微生物具有抵抗作用。在血清免疫球蛋白中 IgG 含量最高，具有抗菌、抗病毒、抗毒素等作用，还可以加强肿瘤细胞核效应细胞之间的连接，引起细胞毒作用而对肿瘤细胞等靶细胞产生致死作用。在血清蛋白中 IgM 的含量仅次于 IgG，其分子量大于其他免疫球蛋白，具有较强的杀菌、中和毒素和抗病毒等免疫活性。

通过测定小鼠血清中免疫球蛋白的含量来评价黄酒中的多糖对免疫缺陷小鼠免疫功能的影响，结果如表 7-15 所示。对表 7-15 中数据分析可知，与空白组相比较，模型组小鼠的免疫球蛋白（IgA、IgM、IgG）含量要明显降低，并且差异显著。对于 3 个多糖＋CY 组而言，其免疫球蛋白含量虽然低于空白组小鼠血清中免疫球蛋白含量，但是高于模型组小鼠血清中免疫球蛋白含量；尤其是当黄酒中的多糖剂量为 200mg/kg 时，小鼠血清中免疫球蛋白含量要明显大于模型组小鼠血清免疫球蛋白含量。同时，还发现灌胃黄酒中的多糖的小鼠血清中免疫球蛋白变化与黄酒中的多糖之间存在剂量依赖关系，免疫球蛋白含量随着灌胃剂量的增加而不断增加。

表 7-15 黄酒中的多糖对免疫缺陷小鼠免疫球蛋白含量的影响

组别	IgA/(mg/100mL)	IgM/(mg/100mL)	IgG/(mg/100mL)
空白组	30.15±1.23	31.32±1.72	65.32±2.37
模型组(CY)	20.45±2.05	19.17±1.26	40.37±3.36
CRWP+CY组(50mg/kg)	22.31±3.12	23.36±2.01	47.82±3.25
CRWP+CY组(100mg/kg)	25.87±1.37	25.72±1.35	53.29±2.56
CRWP+CY组(200mg/kg)	27.32±2.05	28.85±1.71	57.83±4.27

7.5.2.7 黄酒中的多糖对免疫缺陷小鼠补体的影响

补体是存在于血清和组织液中的一种免疫球蛋白，活化后具有酶的活性以及连锁酶促反应的功能。在激活过程中，补体被裂解为许多大小不等的片段，产生众多不同的功能性，协助抗体和吞噬细胞对病原菌产生致死作用从而强化细胞的免疫功能。在补体系统中，C3是系统中含量最多也是最重要的一个组分，是两条补体激活途径的中心环节，可通过免疫复合物、调节吞噬细胞的吞噬作用和免疫黏附作用等途径清除病原菌。研究表明，多糖能够调节机体内补体含量，增强小鼠的免疫功能。黄酒中的多糖对免疫缺陷小鼠补体含量的影响见表7-16。

表 7-16 黄酒中的多糖对免疫缺陷小鼠补体含量的影响

组别	C3/(mg/100mL)	C4/(mg/100mL)	组别	C3/(mg/100mL)	C4/(mg/100mL)
空白组	25.46±1.23	6.13±0.27	CRWP+CY组(100mg/kg)	22.63±2.13	5.07±0.32
模型组(CY)	19.32±2.25	3.25±0.89	CRWP+CY组(200mg/kg)	23.15±1.06	5.68±0.41
CRWP+CY组(50mg/kg)	20.08±3.21	4.31±0.94			

从表7-16中数据分析可知，与空白组（25.46mg/100mL±1.23mg/100mL）相比较，模型组小鼠的补体C3含量（19.32mg/100mL±2.25mg/100mL）要明显降低，并且差异显著。对于3个多糖+CY组而言，其小鼠补体C3含量相互之间存在明显的差异，虽然低于空白组小鼠补体C3含量（25.46mg/100mL±1.23mg/100mL），但是高于模型组小鼠补体含量；尤其是当黄酒中的多糖剂量为200mg/kg时，小鼠补体C3含量（23.15mg/100mL±1.06mg/100mL）要明显大于模型组小鼠补体C3含量。同时，还发现灌胃黄酒中的多糖的小鼠补体含量变化与黄酒中的多糖之间存在剂量依赖关系，补体C3含量随着灌胃剂量的增加而不断增加。

模型组小鼠C4含量（3.25mg/100mL±0.89mg/100mL）与空白组小鼠补体含量（6.13mg/100mL±0.27mg/100mL）差异显著，并且3个黄酒中的多糖剂量组小鼠补体C4含量均与模型组小鼠补体C4含量之间存在显著差异。同时，还发现灌胃黄酒中的多糖的小鼠补体含量变化与黄酒中的多糖之间存在剂量依赖关系，补体C4含量随着灌胃剂量的增加而不断增加。

7.5.2.8 小结

综上所述，注射环磷酰胺能显著抑制免疫缺陷小鼠血清补体（C3、C4）的含量，黄酒中的多糖能通过提高免疫缺陷小鼠血清中补体含量来改善免疫缺陷小鼠的免疫功能，因此，增强补体水平是黄酒中的多糖增强机体免疫功能的途径之一。

7.5.3 黄酒中的多糖的抗肿瘤活性研究

多糖在肿瘤治疗中具有非常好的疗效，近年来已经成为高效低毒抗肿瘤药物开发中的重要研究热点。活性多糖主要通过两种途径来发挥抗肿瘤作用：①直接作用于肿瘤细胞，直接杀死肿瘤细胞或诱导其凋亡来减少肿瘤细胞数量以达到抗肿瘤的作用；②刺激免疫系统，增强机体免疫能力，激发机体自身潜能，增强宿主抗病毒能力，从而间接达到抗肿瘤的目的。

根据作用原理不同，评价多糖抗肿瘤活性的方法分为体内和体外评价两种方法。体外评价是利用多糖对肿瘤细胞的细胞毒性作用，通过细胞增殖抑制率等指标来评价多糖的抗肿瘤效果；体内评价是指将多糖样品通过注射或灌胃的方式作用于荷瘤小鼠，通过瘤体重、抑瘤率和免疫器官指数等指标来评价多糖样品对荷瘤小鼠肿瘤细胞的毒性作用。

为了对绍兴黄酒中的多糖抗肿瘤作用及抗肿瘤机理进行探讨，课题组采用小鼠肉瘤S180模型，考察绍兴黄酒中的多糖对S180荷瘤小鼠免疫器官和肿瘤抑制作用的影响、瘤组织中蛋白（Ki-67和Bax、Bcl-2）表达、黄酒中的多糖对环磷酰胺（CY）的增效减毒作用，从而对其抗肿瘤活性进行评价，为进一步研究绍兴黄酒中的多糖的抗肿瘤机制以及绍兴黄酒健康功能作用解释提供理论依据。

7.5.3.1 黄酒中的多糖对S180荷瘤小鼠免疫器官和肿瘤抑制作用的影响

许多研究表明，多糖可通过改善机体免疫功能、增强宿主体内的免疫细胞活性从而间接达到抑制肿瘤细胞生长的目的。表7-17为黄酒中的多糖对小鼠肉瘤S180生长的抑制作用。

表7-17 黄酒中的多糖对小鼠肉瘤S180生长的抑制作用

组别	剂量/[mg/(kg·d)]	瘤重/g	抑瘤率/%
空白组	—	—	—
阴性对照	—	2.45±0.37	—
阳性对照(CY)	25	1.21±0.12	50.61
低剂量(CRWP)	25	1.81±0.06	26.12
中剂量(CRWP)	50	1.65±0.07	32.65
高剂量(CRWP)	100	1.34±0.08	45.31

如表7-17所示，环磷酰胺（CY）处理后的S180荷瘤小鼠的瘤重明显降低，抑瘤率达到50.61%，说明环磷酰胺能抑制S180荷瘤小鼠的瘤体生长。与阴性对照组相比，3个不同剂量的黄酒中的多糖均能抑制荷瘤小鼠S180瘤体生长，并且抑瘤率随着黄酒中的多糖浓度的增加而不断提高，当黄酒中的多糖浓度为100mg/(kg·d)时，荷瘤小鼠的S180瘤体重为1.4g，此时的抑瘤率达到45.31%。与阳性对照组相比，虽然黄酒中的多糖组S180荷瘤小鼠的瘤重较高，但随着多糖浓度的增加，黄酒中的多糖组小鼠的瘤重和抑瘤率逐渐接近阳性对照组，说明在考察的实验范围内，黄酒中的多糖对S180荷瘤小鼠的瘤体生长具有抑制作用，且这种抑制作用随着浓度的增加而不断增强。

7.5.3.2 黄酒中的多糖对环磷酰胺（CY）的增效减毒作用

环磷酰胺作为肿瘤治疗药物已被广泛应用于临床治疗中，虽然环磷酰胺具有很好的治疗效果，但其毒性和副作用也不得不引起重视，尤其是对骨髓细胞的毒性尤为严重。环磷酰胺在杀死肿瘤细胞的同时，也会对骨髓细胞的DNA造成破坏，阻碍了DNA复制和细胞分裂，进而诱导机体骨髓急性抑制，使机体的免疫力下降。因而，在对肿瘤治疗药物进行筛选评价时，如何增强肿瘤治疗药物的抗肿瘤效果并减小毒副作用是值得思考和研究的问题。首先建立S180荷瘤小鼠模型，单独和同时给药环磷酰胺和黄酒中的多糖，通过单独CY处理与黄酒中的多糖和CY联合处理S180荷瘤小鼠抑瘤率的比较，考察黄酒中的多糖对CY肿瘤治疗作用的增效作用；并且通过免疫器官指数（脾指数和胸腺指数）的比较，考察黄酒中的多糖对CY在肿瘤治疗时毒副作用的影响。表7-18和表7-19分别为黄酒中的多糖对CY的增效和减毒作用。

如表7-18所示，无论是单独环磷酰胺组和多糖联用环磷酰胺组荷瘤小鼠的瘤重均明显低于阴性对照组，且差异显著。同时在实验过程中还观察到：阴性对照组S180荷瘤小鼠的瘤体积较大，瘤组织形态不规则，周围血管密集且表面呈现紫红色的坏死状态，而环磷酰胺组以及黄酒中的多糖与环磷酰胺联用组荷瘤小鼠瘤体积较小、形态规则、周围毛细血管少、表面光滑呈白色。

表7-18 黄酒中的多糖对CY的增效作用

组别	剂量/[mg/(kg·d)]	瘤重/g	抑瘤率/%	q值
阴性对照	—	2.45±0.06	—	—
阳性对照(CY)	15	1.54±0.08	37.14	—
	25	1.21±0.09	50.61	—
	35	1.17±0.06	52.24	—
黄酒中的多糖组(CRWP)	50	1.65±0.05	32.65	—
CY+CRWP组	15+50	0.93±0.07	62.04	1.08
	25+50	0.52±0.06	78.78	1.18
	35+50	0.38±0.04	84.49	1.61

当剂量分别为15mg/(kg·d)、25mg/(kg·d)、35mg/(kg·d)时，环磷酰胺的抑瘤率分别为37.14%、50.61%和52.24%；50mg/(kg·d)剂量的黄酒中的多糖与不同剂量[15mg/(kg·d)、25mg/(kg·d)、35mg/(kg·d)]环磷酰胺联用时，其抑瘤率分别达到62.04%、78.78%和84.49%。通过比较发现，单独使用环磷酰胺[15mg/(kg·d)、25mg/(kg·d)、35mg/(kg·d)]与相应环磷酰胺+黄酒中的多糖[(15+50)mg/(kg·d)、(25+50)mg/(kg·d)、(35+50)mg/(kg·d)]，相互之间差异显著。多糖联用环磷酰胺组的q值分别达到1.08、1.18和1.61，分别处于$0.85\leqslant q\leqslant 1.15$和$q>1.15$的区间内，表示黄酒中的多糖和环磷酰胺联合用于S180荷瘤小鼠的肿瘤治疗时，不仅会产生相互叠加的治疗效果，而且随着剂量的增加会产生相互促进的协同作用。

但是环磷酰胺在用于肿瘤治疗时，对机体的免疫系统造成一定破坏，并非用量越大治疗效果越好；使用量越大，带来的毒副作用也越大。由表7-19可知，15mg/(kg·d)、25mg/(kg·d)、35mg/(kg·d)环磷酰胺用于S180荷瘤小鼠肿瘤治疗时，所带来的免疫功能损伤也越来越强，表现为荷瘤小鼠的免疫器官重量和其指数明显下降。与环磷酰胺单独使用相比，黄酒中的多糖与环磷酰胺联合使用处理S180荷瘤小鼠的免疫器官重量和指数均明显升高，说明黄酒中的多糖的使用能减小环磷酰胺带来的毒副作用，阻止环磷酰胺导致的免疫器官萎缩，提高S180荷瘤小鼠的脾指数和胸腺指数。

表 7-19　黄酒中的多糖对 CY 的减毒作用

组别	剂量/[mg/(kg·d)]	脾指数/(mg/10g)	胸腺指数/(mg/100g)
阴性对照	—	25.23±2.01	18.69±2.25
阳性对照(CY)	15	18.27±1.13	11.26±1.12
	25	15.25±1.46	10.35±1.37
	35	12.46±0.89	9.47±1.35
给药组(CRWP)	50	21.25±2.13	13.56±1.46
CY+CRWP 组	15+50	19.12±0.45	12.05±0.85
	25+50	17.49±1.09	11.46±0.72
	35+50	15.21±0.46	10.03±0.68

由以上分析可知，与单纯的环磷酰胺相比，黄酒中的多糖与环磷酰胺的联合使用可更好地调控荷瘤小鼠的免疫功能，增强环磷酰胺的抗肿瘤效果，减小环磷酰胺用于肿瘤治疗时的毒副作用，可作为临床上肿瘤治疗的辅助治疗剂，以达到更好的肿瘤治疗效果。

7.5.3.3　S180 瘤组织中 Ki-67 蛋白的表达

抗原 Ki-67 是一种应用非常广泛的特异性细胞增殖标记物，对细胞的有丝分裂具有重要影响；是与细胞周期密切相关的蛋白质，除在细胞周期 G1 前期和 G0 期之外都能够表达，反映了细胞的增殖状态。抗原 Ki-67 是目前用于评价恶性肿瘤的重要指标，通过抗原 Ki-67 指数的检测，能够准确了解恶性肿瘤细胞的增殖活性。根据 Ki-67 指数大小可判断肿瘤的恶性程度，指数越大肿瘤恶性程度越大。实验过程中观察到，Ki-67 在阴性对照组小鼠细胞中具有较高的表达量，阳性细胞数较多、着色深、分布紧密、核分裂增殖程度大、细胞核呈不规则的团块状；而在黄酒中的多糖组小鼠细胞中 Ki-67 的表达量较小，阳性细胞数减少、颜色较浅、分布松散、核分裂程度降低、形状较规则。各组小鼠 Ki-67 指数如表 7-20 所示。

表 7-20　黄酒中的多糖对 S180 荷瘤小鼠 Ki-67 指数的影响

组别	剂量/[mg/(kg·d)]	Ki-67 指数	组别	剂量/[mg/(kg·d)]	Ki-67 指数
阴性对照	—	735.68±12.58	中剂量(CRWP)	50	405.29±11.08
低剂量(CRWP)	25	456.25±16.42	高剂量(CRWP)	100	367.42±15.62

从表 7-20 可以明显看出，与阴性对照相比，黄酒中的多糖组小鼠的 Ki-67 指数要明显降低，且差异显著，尤其是 100mg/(kg·d) 组小鼠的 Ki-67 指数（367.42±15.62）为阴性对照组小鼠 Ki-67 指数的 49.94%。说明对照组荷瘤小鼠的 S180 瘤细胞 Ki-67 表达旺盛，细胞活性增殖较大；而黄酒中的多糖的使用则会使 S180 瘤细胞的 Ki-67 表达受到阻碍，抑制了 S180 瘤细胞的活性增殖，延缓了肿瘤的生长，从而达到抵抗肿瘤的目的。

7.5.3.4　S180 瘤组织中 Cyclin D1 蛋白的表达

机体正常细胞在生长过程中受异常因素的影响，导致细胞增殖和细胞周期异常，从而使正常细胞发展为肿瘤细胞。当细胞周期发生异常时，细胞分裂、增殖、分化和衰老等过程会发生紊乱。目前研究表明，肿瘤细胞周期的调节取决于机体细胞周期调节蛋白、肿瘤基因、肿瘤抑制基因和细胞引擎分子 Cdks-cyclin 之间的相互作用。Cyclin D1 作为细胞周期调节蛋白，存在于细胞周期 G_1 到 S 期，可优先与细胞周期蛋白依赖激酶结合，通过细胞周期蛋白依赖激酶对蛋白质酸化作用的调节达到调节细胞周期的目的。Cyclin D1 在机体正常细胞中的表达水平较低，而在肿瘤细胞中过度表达。采用免疫组化法检测 S180 荷瘤小鼠 Cyclin D1 的表达水平，判断黄酒中的多糖对 S180 瘤细胞增殖的抑制作用。表 7-21 为黄酒中的多糖对 S180 荷瘤小鼠 Cyclin D1 蛋白表达的影响。

如表 7-21 所示，与阴性对照组（301.25±21.25）相比，黄酒中的多糖组 S180 荷瘤小鼠瘤细胞中 Cyclin D1 蛋白的累积光密度明显下降，且差异显著；其中黄酒中的多糖剂量为 50mg/(kg·d)、100mg/(kg·d) 时，小鼠 S180 瘤组织中 Cyclin D1 蛋白的累积光密度为 123.58±20.38、97.68±17.45，分别为阴性对照组累积光密度的 41.02%和 32.42%。实验结果表明，实验范围内黄酒中的多糖可阻碍 S180 荷瘤小鼠瘤细胞中 Cyclin D1 的表达，推测黄酒中的多糖对肿瘤具有抑制作用是通过肿瘤细胞周期的调节，诱导并加速肿瘤细胞的凋亡，从而使肿瘤细胞的增殖得到抑制。

表 7-21 黄酒中的多糖对 S180 荷瘤小鼠 Cyclin D1 蛋白表达的影响

组别	剂量 /[mg/(kg·d)]	累积光密度 (IOD)	组别	剂量 /[mg/(kg·d)]	累积光密度 (IOD)
阴性对照	—	301.25±21.25	中剂量(CRWP)	50	123.58±20.38
低剂量(CRWP)	25	237.52±19.27	高剂量(CRWP)	100	97.68±17.45

7.5.3.5 S180 瘤组织中 Bax 和 Bcl-2 蛋白的表达

当肿瘤细胞表面分子受到诱导因子的刺激时，信息传入细胞内部，使细胞内部的基因得到表达，从而诱导肿瘤细胞的凋亡。对肿瘤细胞凋亡进程需要多种基因参与调节，在细胞凋亡过程中 Bcl-2 基因家族成员发挥着重要的作用。在核膜的胞质面、内质网及线粒体外膜上的 Bcl-2 基因家族主要分为：①Bcl-2、Bcl-XL、Bcl-W、Mcl-1、CED9 等细胞凋亡抑制因子，通过阻碍线粒体上细胞色素 c 到胞质的释放，从而抑制 caspase 蛋白酶的活性，最终抑制细胞凋亡；②细胞凋亡抑制因子，包括 Bax、Bak、Bcl-XS、Bad、Bik、Bid 等。Bax 既可形成同二聚体，又可与 Bcl-2 形成异二聚体。Bax 和 Bcl-2 的比例对细胞的凋亡发挥着重要作用，若 Bax-Bax 同二聚体的比例增加会诱导细胞线粒体通透性的增加，加速细胞的凋亡；若 Bax-Bax 比例下降，则 Bax-Bcl-2 比例升高，抑制细胞的凋亡。表 7-22 为黄酒中的多糖对 S180 荷瘤小鼠 Bax 和 Bcl-2 蛋白表达的影响。

从表 7-22 可以看出，与阴性对照组相比，黄酒中的多糖组小鼠 Bcl-2 的累积光密度明显降低，且差异显著；与之相反，Bax 的累积光密度则明显升高，且差异显著。黄酒中的多糖剂量为 50mg/(kg·d) 时，Bax 和 Bcl-2 累积光密度分别为 136.25±4.61 和 54.61±5.28，分别为阴性对照组累积光密度的 2.37 倍和 56.81%。同时，黄酒中的多糖对累积光密度的影响巨大，随着剂量的增加，Bax 和 Bcl-2 累积光密度分别增加和下降，100mg/(kg·d) 黄酒中的多糖组 Bax 和 Bcl-2 累积光密度分别是 50mg/(kg·d) 二者累积光密度的 1.93 倍和 66.26%。实验结果表明，黄酒对肿瘤的抑制作用可能是通过激活 Bax 基因，促进 Bax 蛋白的表达并抑制 Bcl-2 表达，从而提高 Bax/Bcl-2 比例，使细胞凋亡程序得以启动，从而肿瘤细胞的生长得到抑制。

表 7-22 黄酒中的多糖对 S180 荷瘤小鼠 Bax 和 Bcl-2 蛋白表达的影响

组别	剂量/[mg/(kg·d)]	累积光密度(IOD)	
		Bax	Bcl-2
阴性对照	—	57.49±3.14	96.12±1.18
低剂量(CRWP)	25	92.37±6.57	63.48±6.37
中剂量(CRWP)	50	136.25±4.61	54.61±5.28
高剂量(CRWP)	100	178.43±4.88	42.06±3.45

7.5.3.6 小结

以小鼠肉瘤 S180 瘤株为实验瘤株建立动物模型，将黄酒中的多糖通过灌胃给 S180 荷瘤小鼠，结果表明黄酒中的多糖可以明显增加 S180 荷瘤小鼠免疫器官（脾和胸腺）的重量，增加脾指数和胸腺指数，改善荷瘤小鼠的免疫功能；同时，黄酒中的多糖对 S180 荷瘤小鼠的瘤体生长具有显著的抑制作用。

此项研究中所考察 3 个环磷酰胺联用多糖组的抑瘤率分别为 62.04% [15mg/(kg·d) 环磷酰胺+50mg/(kg·d) 黄酒中的多糖]、78.78% [25mg/(kg·d) 环磷酰胺+50mg/(kg·d) 黄酒中的多糖]、84.49% [35mg/(kg·d) 环磷酰胺+50mg/(kg·d) 黄酒中的多糖]，相应 q 值分别为 1.08、1.18 和 1.61，分别处于 $0.85 \leqslant q \leqslant 1.15$ 和 $q > 1.15$ 的区间内，表示黄酒中的多糖对环磷酰胺不仅具有叠加作用还具有协调作用；同时结果表明，黄酒中的多糖能显著提高环磷酰胺组荷瘤小鼠的脾指数和胸腺指数，对环磷酰胺诱导的免疫抑制具有明显的改善作用。

另一方面，通过灌胃给药，采用免疫组化法评价黄酒中的多糖对 S180 瘤组织中 Ki-67、Cyclin D1、Bax 和 Bcl-2 蛋白表达的影响。结果表明，黄酒中的多糖能够阻碍 S180 瘤组织中 Ki-67 的表达，降低 Ki-67 指数，抑制细胞的增殖；并且黄酒中的多糖可阻碍 S180 荷瘤小鼠瘤细胞中 Cyclin D1 的表达，通过肿瘤细胞周期的调节，诱导并加速肿瘤细胞的凋亡；此外，黄酒中的多糖还能够激活 Bax 基因，促进 Bax 蛋白的表达并抑制 Bcl-2 表达，提高 Bax/Bcl-2 比例，使细胞凋亡程序得以启动，从而肿瘤细胞的生长得到抑制。

7.5.4 黄酒中的多糖对肠道微生物的调控作用

在人类胃肠道中约有 500～1000 种细菌，包括专性厌氧菌、兼性厌氧菌和需氧菌，其中专性厌氧菌高达 90%～99.9%。在漫长的进化过程中，这些肠道菌群与宿主建立了密切的关系，二者之间相互影响，相互补充，最终处于一种动态平衡的状态。最具有生理意义的肠道菌群是乳酸菌属的双歧杆菌和乳杆菌，它们和其他肠道益生菌紧密黏附在肠黏膜上皮细胞，构成一层生物膜屏障，抵制有害菌的入侵和定植。

多糖类化合物可以作为一种益生元，抵抗胃酸和人体消化酶的消化水解，选择性地促进肠道中一种或者几种有益菌的生长，增强其活性，从而对宿主健康产生有益的作用。研究显示，黄酒对双歧杆菌增殖具有明显的促进作用，有利于肠道的微生态环境的改善，但目前尚未见到黄酒中的多糖对肠道微生物的调控作用研究。为此，课题组在不同 pH 环境采用模拟胃液和 α-淀粉酶水解黄酒中的多糖，并以水解度为指标考察其体外抗消化性；考察绍兴黄酒中的多糖对肠道益生菌（双歧杆菌和乳杆菌）以及肠道有害菌（大肠杆菌、肠球菌和产气荚膜梭菌）增殖的影响，同时采用气相色谱法对肠道菌群代谢产物（短链脂肪酸和乳酸）进行测定。

7.5.4.1 黄酒中的多糖对模拟胃液的抗消化性

由于益生元能耐酸并且不能被消化酶水解，因此在人体上消化道系统内不能被分解消化，被称为“结肠食物”。人体胃液的 pH 一般为 1～3，食物在胃的停留时间一般为 4～6h。设计不同 pH 的模拟胃液体系，将黄酒中的多糖在胃液模拟体系中进行水解，通过黄酒中的多糖在模拟胃液中的水解程度来评价其消化性，从而确定黄酒中的多糖作为益生元的可能性。图 7-26 为黄酒中的多糖在不同 pH 环境模拟胃液中的水解度。从图 7-26 可以看出，随着黄酒中的多糖水解时间的延长，其水解度不断增加；水解 6h 后，黄酒中的多糖在 pH（1、2、3、4、5）模拟胃液中的水解度分别为 2.67%、2.13%、1.78%、1.18%、0.94%，最大水解度均小于 5%，说明该黄酒中的多糖在胃酸模拟液中具有较好的稳定性。此外，从对图 7-26 中的数据分析可知，模拟胃液的 pH 越低，黄酒中的多糖的水解度越大，在 pH＝1 的模拟胃液中水解 6h 后，其水解度达到最大值 2.67%。并且由前述可知，人体胃液的 pH＜3 并且胃中食物停留时间一般＜6h，据此可推测黄酒中的多糖在人体胃中能抵抗胃酸的分解，具有较好的稳定性，能够进入到肠道发挥益生元的作用。

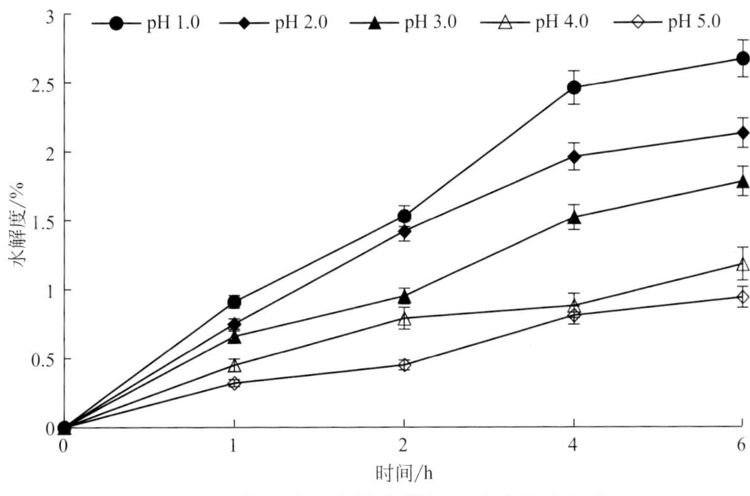

图 7-26 黄酒中的多糖在模拟胃液中的水解度

一般情况下，多糖的组成和结构对其酸性条件下的稳定性具有重要影响。在强酸性（pH＜4.0）环境中，升高温度有助于多糖水解度的增加。黄酒中的多糖在模拟胃液 pH1～5 中有较低的水解度，说明其在常温及酸性条件下有较好的稳定性，因此能够较好地抵抗胃酸的分解。

7.5.4.2 黄酒中的多糖对 α-淀粉酶的抗消化性

为了进一步考察黄酒中的多糖对人体消化酶的抗消化性，本实验测定了黄酒中的多糖在不同 pH 的 α-淀粉酶作用下的水解度，结果如图 7-27 所示。从图 7-27 中可以看出，不同 pH 条件下，黄酒中的多糖的水解度具有相同的变化趋势。随着水解时间的延长，黄酒中的多糖的水解度先增加，在 4h 时基本达到平衡，然后逐渐趋于稳定。在 pH 为 5～8 的 α-淀粉酶溶

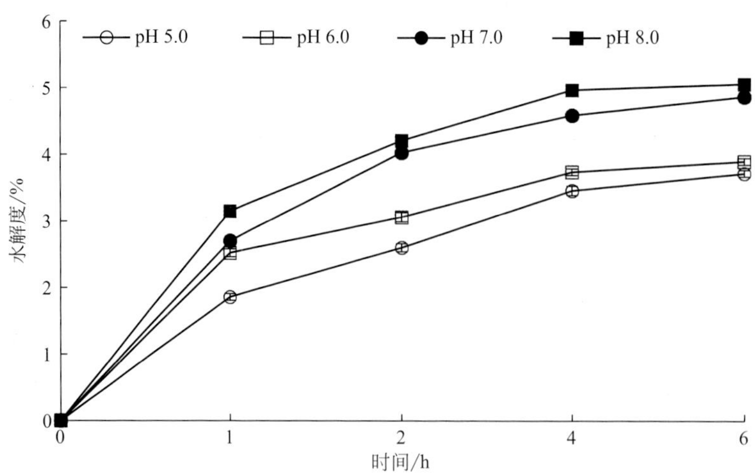

图 7-27　黄酒中的多糖在 α-淀粉酶中的水解度

液中水解 6h 后，黄酒中的多糖的水解度分别为 3.72%、3.9%、4.87%、4.98%，最大水解度均小于 5%，说明该多糖能够较好地抵抗 α-淀粉酶的水解，大部分能够耐受上消化道的消化，到达大肠被肠道菌群利用。

7.5.4.3　黄酒中的多糖对小鼠肠道菌群的调节作用

在健康人体和动物体内，双歧杆菌是数目占优势的一种益生菌，通过代谢产生多种生理活性物质，并且在微生态平衡、免疫调节、促进营养吸收等方面具有积极作用。表 7-23～表 7-27 是各组小鼠在灌胃不同剂量黄酒中的多糖条件下不同时间的粪便中主要指示菌的变化情况。人体肠道中的肠杆菌科细菌主要包括大肠埃希氏菌、阴沟肠杆菌和肺炎克雷伯氏菌等，在宿主免疫力下降时，这类细菌可诱使宿主疾病的发生；若在肠道以外部位繁殖，则会引起各种感染性疾病如呼吸道、尿路、伤口感染等。同双歧杆菌一样，乳杆菌也是人体肠道内的重要益生菌，对肠道健康具有积极的促进作用，不仅能维持肠道微生态平衡、促进营养物质的吸收，而且还在改善机体免疫功能、调节血脂水平以及肿瘤抑制等方面发挥重要作用。肠球菌是一类正常生长在人体和动物肠道中的菌群，这类菌至少 31 个菌种。由于临床治疗时大量使用抗生素类药物和侵入性治疗，造成机体的多重耐药性，给临床治疗带来一定困难，其中肠球菌也成为临床感染的主要致病菌之一。在自然界中，产气荚膜梭菌存在于土壤、污水中。当人体肠道有产气荚膜梭菌过量繁殖时，代谢产生的毒素会造成肠毒血症和坏死性肠炎等疾病。

表 7-23　各组小鼠粪便中双歧杆菌的数量变化①

分组	0 天	7 天	14 天
对照组	9.56±0.12	9.61±0.16	9.63±0.20
低剂量组	9.55±0.15	9.75±0.17#	9.96±0.18*#
中剂量组	9.54±0.14	9.86±0.18*#	10.35±0.19*#
高剂量组	9.57±0.16	9.92±0.15*#	10.53±0.17*#

① lg[菌落数/(CFU/g)]。

注：与对照组相比，* $p<0.01$；与第 0 天相比，# $p<0.01$。

表 7-24 各组小鼠粪便中乳杆菌的数量变化①

分组	0 天	7 天	14 天
对照组	9.23±0.15	9.31±0.17	9.36±0.17
低剂量组	9.24±0.13	9.46±0.18#	9.63±0.18*#
中剂量组	9.25±0.16	9.57±0.15#	9.77±0.19*#
高剂量组	9.24±0.14	9.76±0.14*#	10.08±0.16*#

① lg[菌落数/(CFU/g)]。

注：与对照组相比，* $p<0.01$；与第 0 天相比，# $p<0.01$。

表 7-25 各组小鼠粪便中大肠杆菌的数量变化①

分组	0 天	7 天	14 天
对照组	5.38±0.15	5.39±0.17	5.43±0.15
低剂量组	5.39±0.16	5.23±0.19	5.11±0.16*#
中剂量组	5.41±0.17	5.02±0.19*#	4.84±0.19*#
高剂量组	5.42±0.16	4.92±0.18*#	4.66±0.17*#

① lg[菌落数/(CFU/g)]。

注：与对照组相比，* $p<0.01$；与第 0 天相比，# $p<0.01$。

表 7-26 各组小鼠粪便中肠球菌的数量变化①

分组	0 天	7 天	14 天
对照组	5.78±0.21	5.82±0.19	5.85±0.19
低剂量组	5.77±0.22	5.72±0.21	5.58±0.19*
中剂量组	5.76±0.19	5.63±0.20	5.26±0.20*#
高剂量组	5.79±0.20	5.35±0.22*#	4.96±0.21*#

① lg[菌落数/(CFU/g)]。

注：与对照组相比，* $p<0.01$；与第 0 天相比，# $p<0.01$。

表 7-27 各组小鼠粪便中产气荚膜梭菌的数量变化①

分组	0 天	7 天	14 天
对照组	4.52±0.18	4.56±0.15	4.63±0.17
低剂量组	4.51±0.17	4.47±0.16	4.31±0.18*#
中剂量组	4.53±0.18	4.25±0.17*	4.02±0.19*#
高剂量组	4.52±0.16	4.01±0.16*#	3.62±0.19*#

① lg[菌落数/(CFU/g)]。

注：与对照组相比，* $p<0.01$；与第 0 天相比，# $p<0.01$。

结果显示，各剂量组的黄酒中的多糖均能够促进小鼠肠道中双歧杆菌与乳杆菌增殖并抑制小鼠肠道内肠球菌、产气荚膜梭菌、大肠杆菌的增殖，且存在剂量效应关系。

7.5.4.4 黄酒中的多糖对小鼠肠道中短链脂肪酸及乳酸含量的影响

（1）黄酒中的多糖对小鼠肠道中短链脂肪酸含量的影响

表 7-28 为各组小鼠粪便中乙酸含量变化。由表 7-28 发现，第 0 天各组小鼠粪便中乙酸含量无显著性差异（$p>0.05$），而第 7 天和第 14 天中，低、中、高剂量组小鼠粪便中乙酸含量均显著增加（$p<0.01$），对于同剂量而不同灌胃时间的小鼠而言，无论是低剂量组、中剂量组还是高剂量组，小鼠粪便中乙酸含量均显著增加（$p<0.01$）。本实验结果说明，黄酒中的多糖能很好地促进小鼠肠道中微生物产生乙酸。

表 7-28　各组小鼠粪便中乙酸含量变化　　单位：mmol/100g

分组	0 天	7 天	14 天
对照组	6.56±0.21	6.76±0.21	6.85±0.20
低剂量组	6.49±0.22	7.15±0.20*#	8.43±0.21*#
中剂量组	6.52±0.20	8.02±0.23*#	12.63±0.23*#
高剂量组	6.51±0.21	13.56±0.19*#	18.26±0.19*#

注：与对照组相比，* $p<0.01$；与第 0 天相比，# $p<0.01$。

表 7-29 显示了各组小鼠粪便中丁酸含量变化情况。由表 7-29 中数据可知，在第 7 天和第 14 天，低、中、高剂量组小鼠粪便中丁酸含量均显著增加（$p<0.01$），对于同剂量而不同灌胃时间的小鼠而言，包括低、中、高剂量组的所有处理组小鼠粪便中丁酸含量增加均达到显著水平（$p<0.01$）。

表 7-29　各组小鼠粪便中丁酸含量变化　　单位：mmol/100g

分组	0 天	7 天	14 天
对照组	1.33±0.32	1.45±0.34	1.52±0.27
低剂量组	1.36±0.29	1.82±0.29*#	2.48±0.26*#
中剂量组	1.35±0.35	2.04±0.31*#	2.86±0.25*#
高剂量组	1.35±0.33	2.93±0.34*#	3.57±0.33*#

注：与对照组相比，* $p<0.01$；与第 0 天相比，# $p<0.01$。

结肠细菌发酵利用多糖可产生乙酸、丙酸、正丁酸、异丁酸、戊酸等短链脂肪酸（SCFA），其中乙酸和丁酸的含量比其他短链脂肪酸含量高。研究发现，乙酸、丁酸对人结肠癌细胞表型、抑制肿瘤细胞分化和转移具有显著的抑制作用。双歧杆菌在偏酸环境具有良好的生长性能，因此 SCFA 造成的酸性环境有利于双歧杆菌的繁殖，同时能抑制有害菌的生长。结果表明，不同剂量黄酒中的多糖能够明显促进小鼠肠道中 SCFA 含量的增加，且随时间的延长 SCFA 含量均呈现上升趋势，高剂量组灌胃 14 天后含量达到最大值。

（2）黄酒中的多糖对小鼠肠道中乳酸含量的影响

各组小鼠粪便中乳酸含量变化见表 7-30。从表 7-30 中可以看出，第 0 天各组小鼠粪便中乳酸含量无显著性差异（$p>0.05$）；第 7 天，中、高剂量组与对照组相比，小鼠粪便中乳酸含量显著增加（$p<0.01$）；第 14 天，低、中、高剂量组小鼠粪便中乳酸含量显著增加（$p<0.01$）。对于同剂量而不同灌胃时间的小鼠而言，中、高剂量组小鼠粪便中乳酸含量在第 7 天、第 14 天均显著增加（$p<0.01$）。研究结果表明，黄酒中的多糖能够促进小鼠肠道中乳酸含量的增加，且随着剂量和天数的增加效果越明显，高剂量组乳酸增长速率最快，在 14 天时达到最大值。

表 7-30　各组小鼠粪便中乳酸含量变化　　单位：mmol/100g

分组	0 天	7 天	14 天
对照组	3.65±0.26	3.77±0.31	3.96±0.25
低剂量组	3.67±0.27	3.87±0.25	4.78±0.29*#
中剂量组	3.71±0.25	5.23±0.28*#	8.47±0.27*#
高剂量组	3.68±0.25	7.53±0.30*#	11.65±0.31*#

注：与对照组相比，* $p<0.01$；与第 0 天相比，# $p<0.01$。

肠道细菌可利用多糖发酵产生乳酸，因此肠道中乳酸的代谢在很大程度上与肠道中菌群的分布有关，其在乳杆菌与病原菌的竞争和排斥中扮演着重要作用，其含量也间接反映出肠道细菌的增殖情况。

7.5.5　小结

综上所述，可以发现黄酒中的多糖能够提高免疫缺陷小鼠免疫器官指数及巨噬细胞吞噬指数，改善血清中细胞因子以及免疫球蛋白和补体的分泌；能够阻碍 S180 肿瘤组织中 Ki-67、Cyclin D1、Bax 蛋白的表达，抑制 Bcl-2 表达，从而诱导并促进 S180 肿瘤细胞的凋亡，实现对肿瘤细胞生长的抑制。同时，黄酒中的多糖能够促进肠道双歧杆菌、乳杆菌等益生菌的增殖并且对肠杆菌、肠球菌和产气荚膜梭菌的生长具有抑制作用。

7.6　黄酒中的酚类的功能性评价

当人体免疫系统受到入侵时，免疫相关细胞会产生大量信号分子使免疫系统做出相应的反应，这些信号分子包括 NO（一氧化氮）和各种免疫因子（如 TNF-α、IL-6 和 IL-1β 等）。而当免疫细胞做出过激的反应时，人体正常细胞也会受到免疫系统的攻击，从而使得人体产生严重炎症等反应。作者课题组在前期研究发现，黄酒中的酚类具有抗免疫应激反应的作用，本节将通过抗炎模型鼠巨噬细胞 RAW264.7 对黄酒中的酚类进行分析，考察经脂多糖（LPS）刺激后细胞中 NO 和促炎因子 TNF-α、IL-1β、IL-6 的合成情况，以及细胞内蛋白质的表达情况，从而评价黄酒中的酚类在维持机体免疫平衡方面的功能。

7.6.1　黄酒中的酚类的抗氧化活性

酚类物质具有高效清除自由基功能和抗氧化功能，故采用 DPPH 自由基清除实验和 ABTS 自由基清除实验测定黄酒中的酚类的自由基清除能力，验证黄酒中的酚类的抗氧化能力。以大孔树脂纯化后的黄酒中的酚类提取物为样品，将不同浓度的黄酒中的酚类提取物与 DPPH 溶液混合，进行 DPPH 自由基清除实验，结果见图 7-28。结果显示，不同浓度的酚类样品对 DPPH 自由基的清除能力不同，随着样品浓度的增加，黄酒中的酚类的 DPPH 自由基清除能力增加迅速，当酚类浓度增至 300mg(GAE)/L 时，黄酒中的酚类提取物对 DPPH 自由基的清除率达到 92.34%，IC_{50} 值为 24.47mg(GAE)/L。在反应体系中，以抗坏血酸为对照组，抗坏血酸在 37.5mg/L 时便达到最大清除率 95%，高浓度黄酒中的酚类样液与抗坏血酸对照组对 DPPH 自由基清除能力之间的差别不大。因此，黄酒中的酚类对 DPPH 自由基具有明显的清除作用，并且呈现出一定的剂量关系。

以大孔树脂纯化后的黄酒提取物为样品，将不同浓度的黄酒提取物与 ABTS 溶液混合，进行 ABTS 自由基清除实验，结果见图 7-29。结果显示，不同浓度的酚类样品对 ABTS 自由基的清除能力不同，随着样品浓度的增加，黄酒中的酚类的 ABTS 自由基清除能力增加迅速，当酚类浓度增至 300mg(GAE)/L 时，黄酒中的酚类提取物对 ABTS 自由基的清除率达到 71.43%，IC_{50} 值为 137.28mg(GAE)/L。在反应体系中，以抗坏血酸为对照组，抗坏血酸在 100mg/L 时便达到最大清除率 95%，IC_{50} 值为 26.38mg/L，高浓度黄酒中的酚类样液与抗坏血酸对照组对 ABTS 自由基清除能力之间有一定的差距。

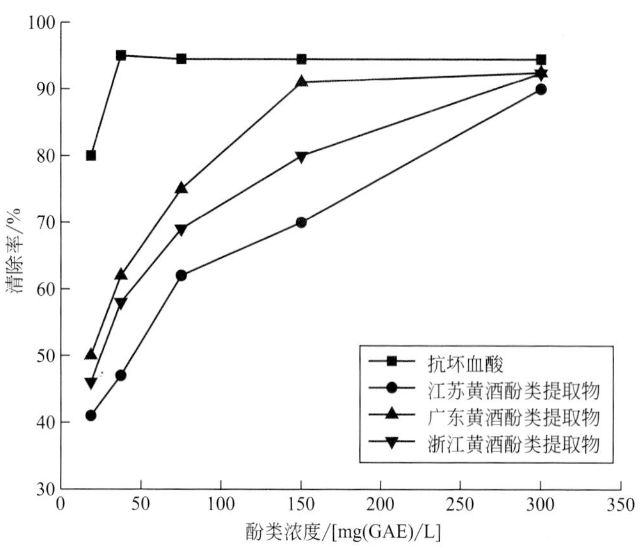

图 7-28 江苏黄酒、广东黄酒、浙江黄酒中的酚类提取物 DPPH 自由基清除结果

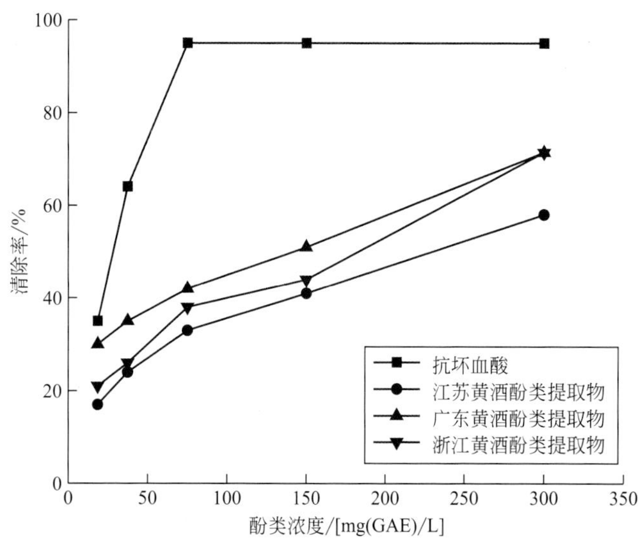

图 7-29 江苏黄酒、广东黄酒、浙江黄酒中的酚类提取物 ABTS 自由基清除结果

7.6.2 黄酒中的酚类对 RAW264.7 细胞生长的影响

为研究黄酒中的酚类 GH-PE 所具有的抗炎活性，首先考察不同 GH-PE 浓度对 RAW264.7 细胞生长的影响。在研究中，生长于 96 孔板中的 RAW264.7 细胞分别在含有 25μg/mL、50μg/mL、100μg/mL 和 200μg/mL GH-PE 的培养基中培养 24h，之后利用 MTT 法检测细胞的生长，不同浓度黄酒中的酚类对 RAW264.7 细胞生长的影响结果见图 7-30。结果显示，当黄酒中的酚类浓度低于 100μg/mL 时，细胞的生长并不会受到抑制；当黄酒中的酚类浓度达到 200μg/mL 时，细胞的生长明显受到抑制作用。因此，在 RAW264.7 细胞模型中考察黄酒中的酚类抗炎活性时，选择 25μg/mL、50μg/mL、100μg/mL 的加药浓度。

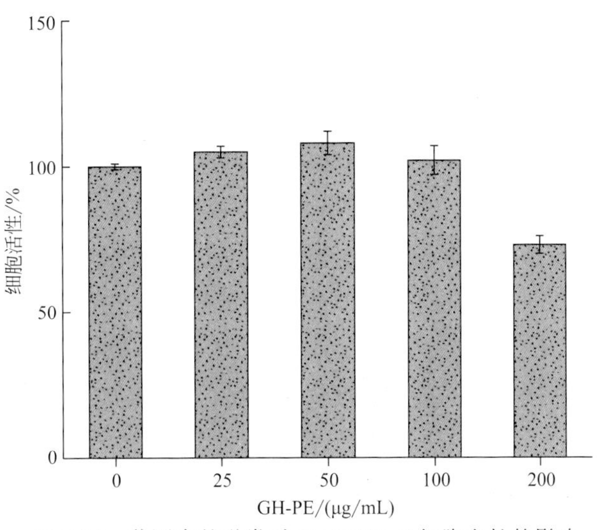

图 7-30 黄酒中的酚类对 RAW264.7 细胞生长的影响

7.6.3 黄酒中的酚类对 RAW264.7 合成 NO 和 iNOS 表达的影响

在人体的疾病发生和发展过程中，不同部位的炎症具有重要的促进作用。组织或免疫系统发生炎症时，免疫相关细胞会产生大量信号分子使免疫系统做出相应的反应，这些信号分子包括 NO 和各种促炎因子（如 TNF-α、IL-6 和 IL-1β 等）。在 RAW264.7 细胞中，经 LPS 刺激后过量表达的 NO 主要是由诱导型一氧化氮合成酶（iNOS）表达，但在经过不同浓度黄酒中的酚类的预处理后，NO 的表达量明显下降，并随着黄酒中的酚类浓度的提高抑制作用更为明显［图 7-31(a)］。同时，对 RAW264.7 细胞胞内的 iNOS 表达量进行了 WB 分析，结果发现，黄酒中的酚类加药后 iNOS 的表达量与 NO 的合成相似，都受到黄酒中的酚类的抑制作用［图 7-31(b)］。因此，黄酒中的酚类抑制 RAW264.7 细胞合成 NO 的抗炎作用，是通过抑制胞内诱导型一氧化氮合成酶的作用实现的。

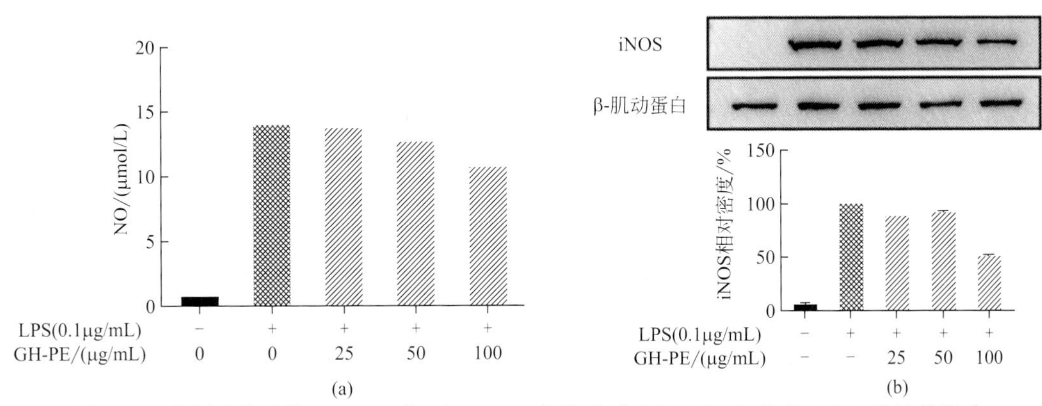

图 7-31 黄酒中的酚类 GH-PE 对 RAW264.7 细胞合成 NO（a）和 iNOS（b）表达的影响

7.6.4 黄酒中的酚类对 RAW264.7 合成促炎因子的影响

在考察黄酒中的酚类对 RAW264.7 细胞抗炎作用的研究中，除检测了细胞上清液中 NO 的表达量，还利用 Elisa 试剂盒检测了促炎因子 TNF-α、IL-6 和 IL-1β 在上清液中的表

达量，结果见图 7-32。结果表明，LPS 阳性组中受 LPS 加药的刺激，RAW264.7 细胞合成促炎因子表达量明显提高，但在 3 种浓度黄酒中的酚类预处理后，3 种促炎因子的合成都受到了不同程度的抑制，表明黄酒中的酚类具有良好的抗炎作用。因此，通过分析黄酒中的酚类 GH-PE 对 RAW264.7 细胞表达 NO 和促炎因子表达的作用，可以认为黄酒中的酚类可以作为一种新型的抗炎物质用于疾病的预防和治疗。

7.6.5 黄酒中的酚类对 RAW264.7 表达 Nrf2 和 HO-1 蛋白的影响

在本文研究中，发现黄酒中的酚类 GH-PE 对 NO 和促炎因子的合成具有明显的抑制作用，同时 NO 合成的抑制与 iNOS 表达的抑制具有直接的联系，因此，在此基础上对 RAW264.7 细胞胞内的多种蛋白质表达进行了分析。血红素氧合成酶-1（hemeoxygenase-1，HO-1）在 RAW264.7 细胞胞内的主要作用是调控 iNOS 的表达，同时对抑制 COX-2 酶的

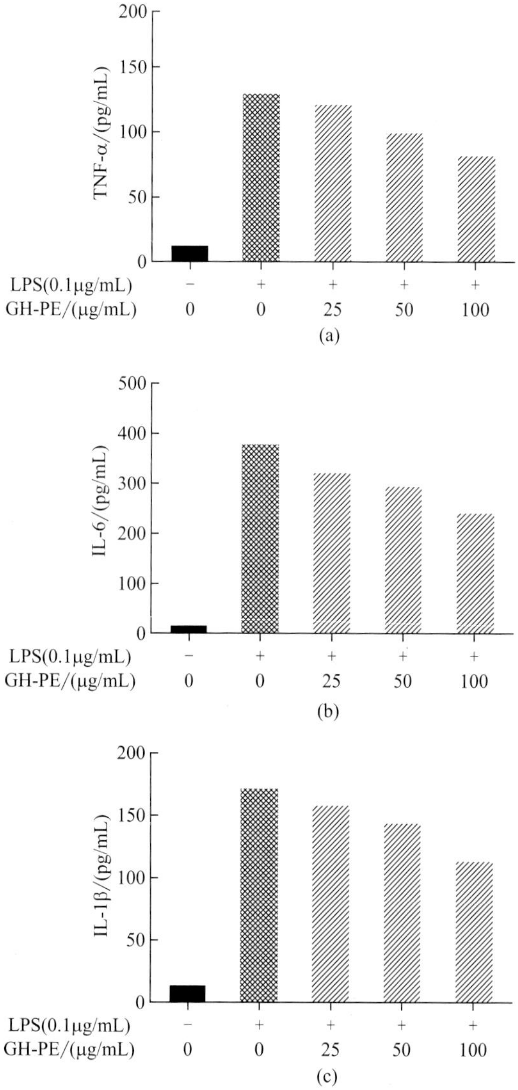

图 7-32　黄酒中的酚类 GH-PE 对 RAW264.7 细胞合成 TNF-α(a)、IL-6(b) 和 IL-1β(c) 的影响

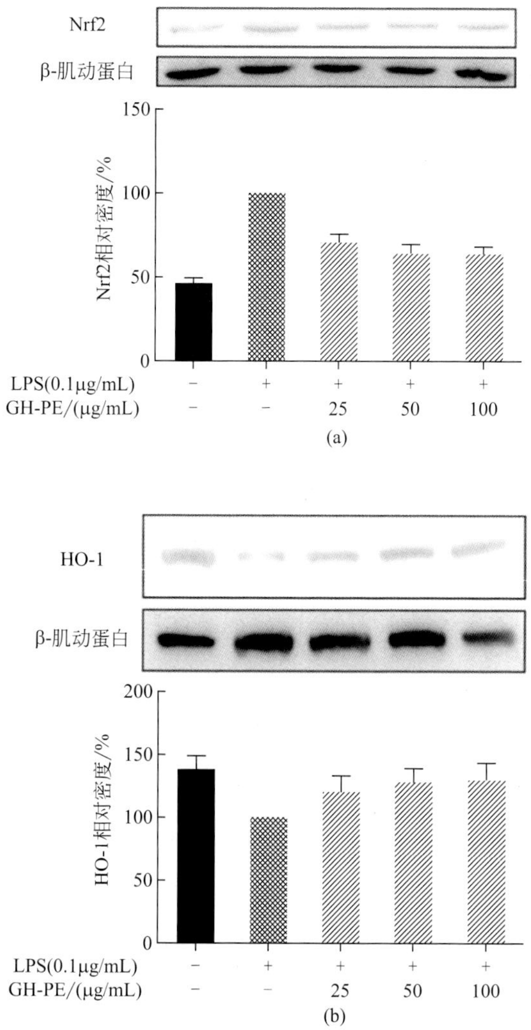

图 7-33　黄酒中的酚类 GH-PE 对 RAW264.7 细胞内 Nrf2（a）和 HO-1(b) 表达的影响

表达也具有直接的调控作用。在WB分析HO-1表达水平中发现，LPS阳性组中HO-1的合成受到了明显的抑制，随着黄酒中的酚类加药浓度的提高，HO-1的表达量有所提高，在100μg/mL黄酒中的酚类加药浓度时与对照组的HO-1表达量没有明显差别［图7-33(b)］。因此，在LPS处理的RAW264.7细胞中NO和促炎因子表达量的提高是由于LPS抑制了HO-1的表达，从而导致NO和促炎因子的表达量上升。在RAW264.7细胞中HO-1表达量受到转录因子Nrf2的调控，该转录因子功能的发挥是通过由胞浆转移至细胞核内，促进其调控的蛋白质基因转录和后续翻译，从而调控胞内蛋白质的合成与表达。在本文研究中，黄酒中的酚类加药前后细胞核内的Nrf2表达量结果显示［图7-33(a)］，LPS加药导致细胞核内Nrf2含量的提高，从而抑制了HO-1在胞浆中的含量，经过黄酒中的酚类不同浓度的加药，Nrf2在核内的含量明显减少，因此减少了对HO-1的调控。

7.6.6 黄酒中的酚类对RAW 264.7胞内IκB磷酸化及NF-κB核内转移的影响

RAW264.7细胞胞内对炎症相关通路的研究较多，其中最主要的调控通路就是NF-κB通路。作为一种转录因子，NF-κB在1986年由Sen和Baltimore在免疫B细胞中首次发现，后来的研究发现NF-κB在炎症过程中对一系列细胞因子、生长因子的表达都具有调控作用。在免疫细胞中，NF-κB由细胞组成型表达并位于细胞胞浆中，在未受外源刺激时以失活形式存在，通过NF-κB与其抑制蛋白IκB结合从而失活。当受到外界刺激时，IκB由结合形态的非磷酸化蛋白开启磷酸化过程并随之降解，磷酸化的IκB会与NF-κB失去连接从而激活NF-κB。NF-κB含有两个亚蛋白，即p65和p50，激活的NF-κB随之转移至胞内，通过与DNA特定位点结合，发挥其转录因子的作用而开启一系列蛋白质的转录和表达，最终促进炎症因子表达量的提高。LPS加药后产生的一些促炎因子对RAW264.7细胞同样具有促炎作用，其促炎作用就是通过作用NF-κB转录因子在胞浆内的激活达到放大炎症症状、提高促炎因子表达。因此，在分析黄酒中的酚类的抗炎活性和作用时，应当考察黄酒中的酚类对RAW264.7细胞胞内NF-κB转录因子转移至细胞核的作用。研究发现，不同浓度黄酒中的酚类对RAW264.7细胞内IκB的磷酸化具有抑制作用，进而抑制NF-κB的激活和转移至细胞核的作用［图7-34(a)］。同时，细胞核内NF-κB组成蛋白p65含量在给药黄酒中

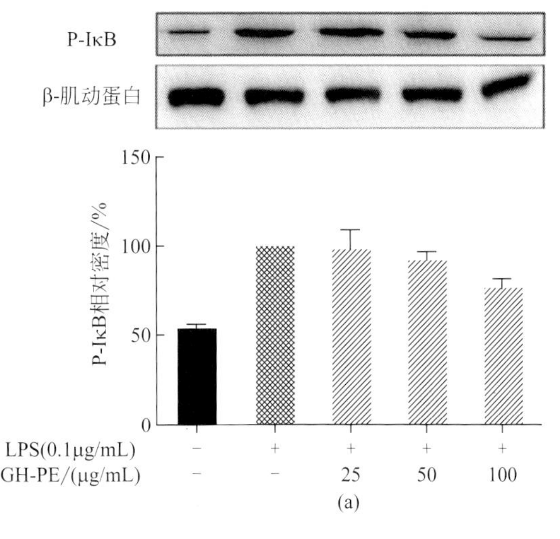

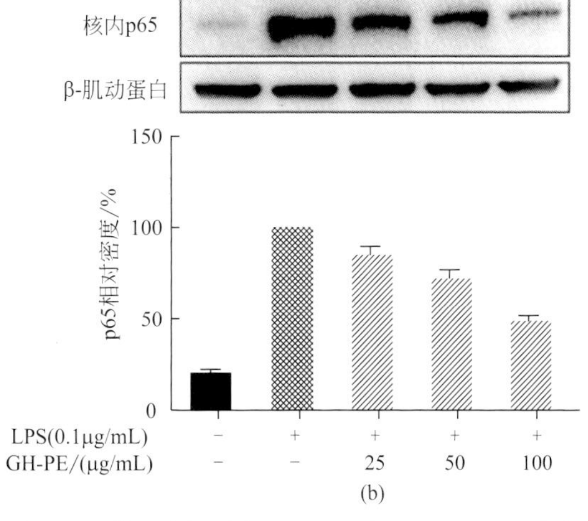

图7-34 黄酒中的酚类GH-PE对RAW264.7细胞内IκB磷酸化(a)及NF-κB核内转移(b)的影响

的酚类后的下降也证实这一点［图 7-34(b)］。因此，黄酒中的酚类所具有的抗炎作用，尤其是促炎因子的表达，主要是通过黄酒中的酚类抑制 NF-κB 通路的激活而实现的。

7.6.7 黄酒中的酚类对 RAW264.7 胞内 MAPK 通路蛋白磷酸化的影响

在 RAW264.7 细胞模型中的抗炎作用机制研究中，MAPK 家族蛋白对炎症同样具有调控作用。MAPK 家族蛋白主要包括 p38、Erk1/2 和 JNK，这些蛋白质在未受胞外物质刺激时是以非磷酸化形式存在，当受到炎症刺激物质如 LPS 刺激时，MAPK 家族蛋白开启磷酸化，调控 NF-κB 蛋白的激活并促进 NF-κB 转移至细胞核内，通过与 DNA 特定位点结合而促进炎症因子的合成。在本文研究中，LPS 阳性组加药后发现，p38、Erk1/2 和 JNK 蛋白的磷酸化作用明显增强，这一趋势与 LPS 加药后促炎因子合成的提高相一致。在加药不同浓度的黄酒中的酚类预处理后，p38、Erk1/2 和 JNK 蛋白的磷酸化受到明显抑制，与之伴随的是细胞上清液中促炎因子表达量的下降。因此，黄酒中的酚类所具有的抗炎作用，即明显降低 NO 和促炎因子的合成，是通过黄酒中的酚类抑制 MAPK 蛋白的磷酸化，进而下调了 NF-κB 蛋白的激活，从而实现了黄酒中的酚类的抗炎活性（图 7-35）。

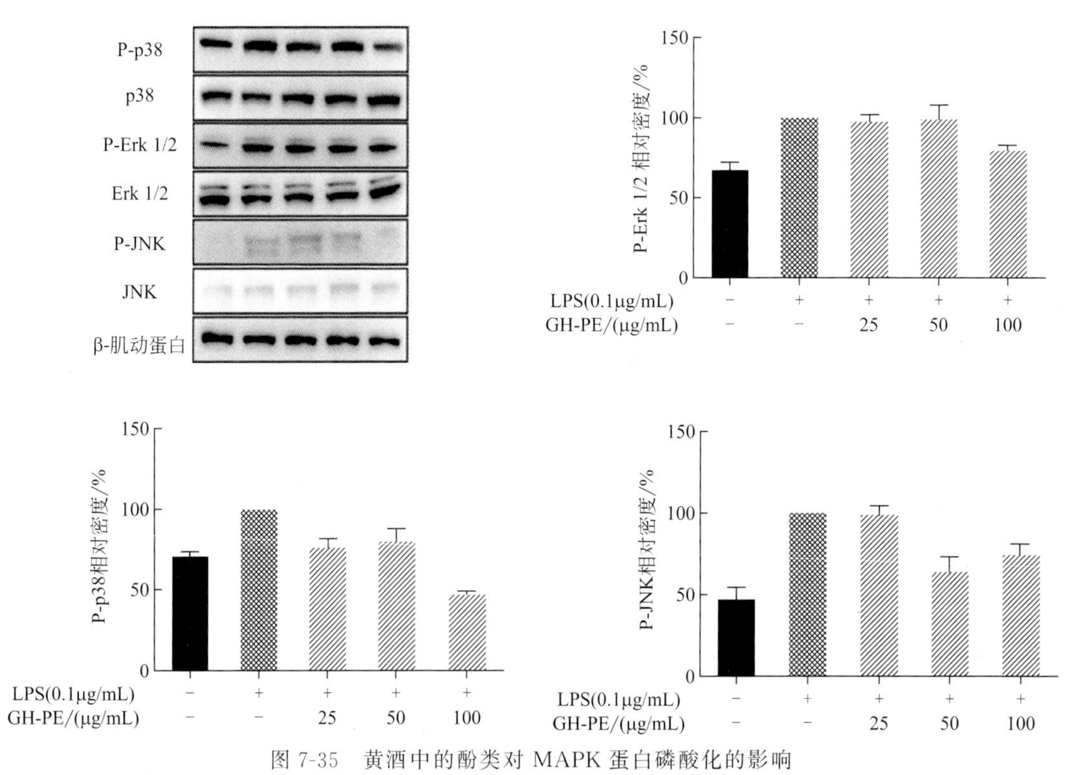

图 7-35 黄酒中的酚类对 MAPK 蛋白磷酸化的影响

7.6.8 小结

黄酒中的酚类在鼠巨噬细胞 RAW264.7 中，经 LPS 刺激后 NO 的表达量明显下降，相关免疫因子的合成受到不同程度的抑制。黄酒中的酚类含量可达 111.15μg/mL，而在实验中黄酒中的酚类含量达到 25μg/mL 时，黄酒中的酚类就开始具有抑制过激反应免疫因子的功能，而达到 100μg/mL 时抑制效果显著。

进一步研究表明，黄酒中的酚类 GH-PE 对 NO 合成的抑制作用，主要是通过抑制转录因子 Nrf2 转移至细胞核内，从而解除 HO-1 对 NO 合成酶（iNOS）的调控，最终导致 NO 合成的下降。

黄酒中的酚类 GH-PE 对促炎因子表达的下调作用，其内在机理可能为：通过抑制 MAPK 家族蛋白的磷酸化，进而实现抑制 IκB 蛋白的磷酸化和 NF-κB 蛋白的细胞核转移，从而实现转录因子 NF-κB 作用的下调，最终导致促炎因子表达量的下降。

综上所述，黄酒中的酚类在维持机体免疫平衡方面具有重要作用。

7.7 黄酒功能性物质的强化控制及应用

原位筛选酿造过程中的关键少数微生物，进而调控靶向微生物得到其代谢产物，通过医学公认的研究方法解析黄酒中功能性物质与人体健康的量效关系，并进行验证，从而实现黄酒中功能性物质的标识，是提升黄酒品质和内涵的重要道路。

本节通过介绍课题组有关黄酒中洛伐他汀的强化控制、高产阿魏酸酯酶菌株选育及富含阿魏酸黄酒开发、米蛋白肽黄酒开发等研究，阐明黄酒功能性物质的强化控制策略。

7.7.1 红曲黄酒酿造中洛伐他汀的代谢与提升

洛伐他汀（Lovastatin）作为红曲黄酒的发酵原料红曲中特有的降脂活性物质，自被发现以来就受到广泛的关注。洛伐他汀首次发现于 1979 年，是由日本学者 Endo 从红曲菌培养液中提取出的一种可显著抑制胆固醇合成的功能活性物质，该物质被命名为莫纳可林 K（Monacolin K）。后续研究证明，莫纳可林 K 与美国科学家从土曲霉培养液中发现的降脂物质洛伐他汀是同一种物质。1985 年，Endo 又从 *M. ruber* 发酵液中分离出 Monacolins 等活性物质，它们的化学结构与洛伐他汀十分相似。但根据后续的验证发现，Monacolins 等活性物质需要进一步转化为洛伐他汀，才能有效发挥抑制胆固醇合成的降脂功效。

红曲洛伐他汀是发酵微生物红曲菌的次级代谢产物，利用发酵调控手段提高洛伐他汀含量是功能红曲制备领域的研究热点。近年来，中药等外源物作为发酵调控的新策略和手段用于干预微生物次级代谢产物的形成，已在茯苓菌、灵芝菌、云芝菌、灰树花菌等多种食药用菌的发酵调控中取得了显著成效。因此，有必要考察中药对红曲菌发酵产洛伐他汀的影响，以期提高洛伐他汀在黄酒中的含量。

通过阐明中药对红曲菌洛伐他汀合成途径的影响，将有助于对中药有效成分溯源，进而有目的地筛选中药并提取其中的有效成分用于洛伐他汀的发酵调控，可大大缩减研究成本。因此，课题组从分子生物学手段出发，分析红曲菌洛伐他汀合成基因响应中药的表达模式，研究思路如图 7-36，获得高产洛伐他汀菌株，采用古代多菌种多草药共酵方式提升红曲黄酒中洛伐他汀的含量。

具体的研究主要分为 3 个部分：①从我国红曲主要产地采集红曲样本，通过平板划线分离和洛伐他汀抗性平板筛选获得一株高产洛伐他汀红曲菌，并通过形态学、生理生化和分子生物学鉴定到种；②通过固态发酵考察多种药食同源中药对红曲菌产洛伐他汀的影响，运用 Plackett-Burman 因子设计试验、单因素试验、爬坡试验和 Box-Benhnken 响应面试验组合的方法，得到最优加药配方，达到正向调控红曲菌产洛伐他汀的目的；③根据红曲菌洛伐他

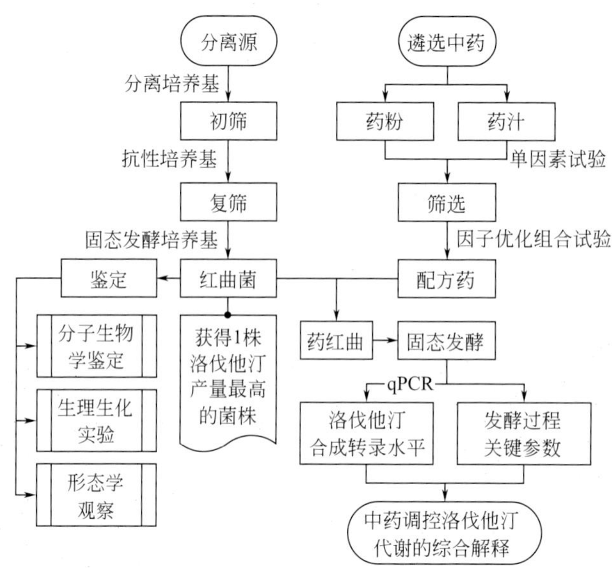

图 7-36　洛伐他汀强化控制研究思路

汀代谢通路，选取可能在不同层面上影响其合成的基因，利用 qPCR 技术分析它们在不同加药策略和不同发酵阶段中的表达响应模式，从基因水平阐明中药对洛伐他汀合成途径的影响。

7.7.1.1　高产洛伐他汀红曲菌的筛选

洛伐他汀是一种由红曲菌发酵产生的特有次级代谢产物，因此筛选高产洛伐他汀的红曲菌株对生产富含洛伐他汀的红曲具有重要的意义。对各产地红曲中红曲菌资源进行筛选调查也有助于增加红曲菌的应用范围、规范红曲生产以及提升红曲品质。

（1）我国各地域红曲特性分析

从福建、浙江、广东、江苏等产地的工厂中采集红曲样品 46 份，不同地域黄酒厂洛伐他汀含量和色价上有所不同，尤其是在色价上。红曲样品的洛伐他汀含量在 0.36～4.16mg/g，色价范围在 19.10～1858.97μ/g。其中样品 HQ4 洛伐他汀产量最高，达 4.16mg/g，并且色价也处于一个较高水平，可达 1122.55μ/g（表 7-31）。

表 7-31　红曲样品指标检测

样品	来源	洛伐他汀含量/(mg/g)	色价/(μ/g)
HQ1	福建三明尤溪县	2.83±0.11	496.90±24.55
HQ2	江苏泰州	2.96±0.08	569.34±13.12
HQ3	浙江温州苍南县	2.35±0.11	19.10±3.88
HQ4	福建宁德平湖镇	4.16±0.17	1122.55±107.21
HQ5	福建宁德屏南县	2.37±0.18	23.79±3.57
HQ6	福建宁德古田县	3.24±0.06	685.36±71.03
HQ7	福建宁德古田县	3.47±0.22	935.90±19.12
HQ8	福建宁德	2.67±0.10	1442.78±55.76
HQ9	福建宁德古田县	3.22±0.08	896.85±24.52
HQ10	福建宁德古田县	2.87±0.12	795.29±22.94

续表

样品	来源	洛伐他汀含量/(mg/g)	色价/(μ/g)
HQ11	浙江丽水	2.86±0.13	527.64±22.96
HQ12	广东梅州梅县	3.55±0.10	613.53±35.37
HQ13	福建宁德平湖镇	3.07±0.09	626.61±13.63
HQ14	福建宁德平湖镇	3.45±0.20	804.36±26.86
HQ15	浙江丽水	2.59±0.08	226.46±16.58
HQ16	福建南平	3.10±0.07	496.11±23.86
HQ17	福建宁德平湖镇	2.72±0.17	343.35±11.54
HQ18	福建宁德平湖镇	2.64±0.09	315.00±10.79
HQ19	上海	3.70±0.13	1360.80±34.02
HQ20	福建宁德古田县	2.15±0.09	224.03±8.13
HQ21	福建三明尤溪县	2.21±0.01	189.90±15.02
HQ22	福建宁德平湖镇	1.86±0.11	253.78±13.65
HQ23	福建宁德平湖镇	2.20±0.15	516.24±76.20
HQ24	浙江温州	3.33±0.12	640.00±18.43
HQ25	浙江丽水	2.09±0.14	437.15±18.93
HQ26	广东梅州梅县	2.66±0.16	562.31±37.70
HQ27	广东梅州梅县	0.36±0.12	492.88±19.46
HQ28	广东梅州兴宁市	2.53±0.04	493.90±35.18
HQ29	广东梅州五华县	2.60±0.03	482.73±9.62
HQ30	浙江温州平阳县	2.89±0.09	586.69±33.79
HQ31	广东梅州	3.09±0.06	1197.48±61.66
HQ32	福建宁德	2.59±0.09	889.93±12.42
HQ33	广东梅州蕉岭县	2.30±0.11	476.24±17.32
HQ34	福建宁德	2.67±0.18	638.47±23.25
HQ35	浙江温州	2.25±0.06	454.05±28.25
HQ36	浙江温州	0.70±0.11	359.22±34.89
HQ37	广东梅州	3.75±0.15	1130.43±40.65
HQ38	福建宁德平湖镇	2.79±0.08	581.01±36.13
HQ39	浙江温州市泰顺县	2.04±0.09	522.34±45.33
HQ40	广东梅州梅县	0.98±0.12	397.89±17.77
HQ41	福建漳州坂里乡	3.37±0.14	1858.97±36.47
HQ42	福建漳州坂里乡	3.62±0.07	1163.01±35.21
HQ43	福建漳州坂里乡	2.47±0.17	645.81±36.42
HQ44	广东梅州松口镇	2.59±0.11	652.09±8.87
HQ45	浙江温州	1.86±0.16	362.55±9.90
HQ46	福建宁德古田县	2.65±0.16	683.44±19.22

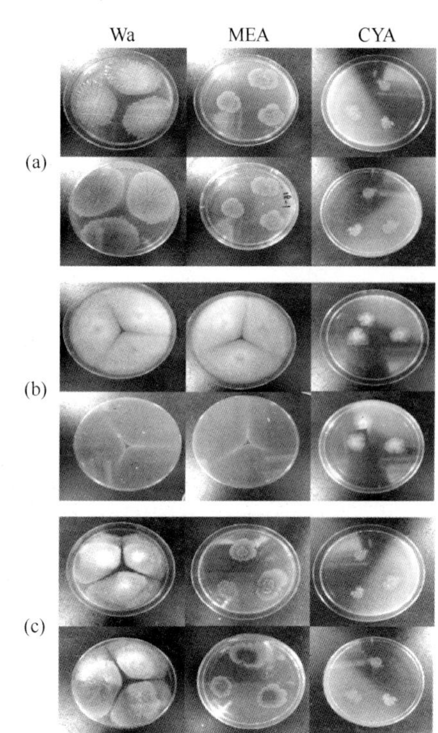

图 7-37 3 种红曲菌的典型菌落特征

（2）不同地域来源红曲菌的筛选与鉴定

① 红曲菌菌株筛选

红曲菌是一种异养微生物，能利用多种碳源和氮源生长。相较于其他菌，红曲菌生长缓慢。采用比较普适的 PDA 培养基平板，在 28℃下培养 5～6 天进行筛选。通过梯度稀释及反复分离纯化，从 46 份红曲样品中分离出疑似霉菌菌株的纯培养菌株 65 株。根据进一步形态观察，并以产红色素的菌株为挑选标准，选取菌落呈现红色并具有红曲菌典型特征的菌株，共得到 39 个分离株用于后面的研究，3 种代表性菌落典型形态如图 7-37。

② 菌株分子生物学鉴定与分析

经鉴定 29 株红曲菌为紫色红曲菌（*M. purpureus*）、7 株红曲菌为红曲红曲菌（*M. ruber*）、3 株红曲菌为红曲红曲菌（*M. anka*）。由此可见我国各产地销售及工厂取样的发酵红曲中，所用的制备菌种多为紫色红曲菌和红色红曲菌，这两种也是食品工业中常见的固态发酵菌种，它们具有较强的产洛伐他汀和红曲色素的能力，也可作为食品工业中制备食品添加剂的发酵菌种。

红曲中洛伐他汀含量范围为 0～10.77mg/g，色价范围为 366.70～2957.22μ/g（表 7-32）。相同菌种的不同菌株之间发酵特性差异明显。与工业化红曲样品的指标相比，未发现菌株发酵特性与菌种之间有显著关系，菌种的发酵特性与菌种来源的红曲之间也无必然联系，因此并非从洛伐他汀含量高、色价高的红曲样品中筛选得到的红曲菌发酵特性就更优秀。

表 7-32 红曲菌鉴定和纯种制曲指标检测结果

编号	鉴定结果	中文名称	洛伐他汀含量/(mg/g)	色价/(μ/g)
H1-1	*Monascus purpureus*	紫色红曲菌	2.29±0.01	687.86±60.07
H1-4	*Monascus purpureus*	紫色红曲菌	0.08±0.01	814.15±0.95
H2-1	*Monascus purpureus*	紫色红曲菌	4.40±0.48	366.70±76.77
H4-2	*Monascus purpureus*	紫色红曲菌	5.71±0.33	1791.26±65.88
H4-4	*Monascus ruber*	红色红曲菌	3.79±0.21	1978.86±110.09
H6-2	*Monascus purpureus*	紫色红曲菌	6.66±0.28	1336.16±27.10
H6-3	*Monascus purpureus*	紫色红曲菌	2.82±0.09	2008.57±204.12
H7-2	*Monascus purpureus*	紫色红曲菌	0.20±0.01	621.05±2.15
H8-1	*Monascus anka*	红曲红曲菌	8.16±0.37	2018.08±232.92
H8-2	*Monascus purpureus*	紫色红曲菌	10.77±0.17	2436.74±186.49
H9-2	*Monascus purpureus*	紫色红曲菌	2.80±0.01	736.75±35.55
H10-1	*Monascus ruber*	红色红曲菌	6.89±0.64	2957.22±84.95
H12-2	*Monascus purpureus*	紫色红曲菌	0.12±0.02	588.65±67.77
H13-2	*Monascus ruber*	红色红曲菌	2.26±0.03	1358.49±92.41

续表

编号	鉴定结果	中文名称	洛伐他汀含量/(mg/g)	色价/(μ/g)
H14-2	*Monascus purpureus*	紫色红曲菌	3.63±0.17	1888.69±167.34
H15-1	*Monascus purpureus*	紫色红曲菌	3.79±0.02	509.44±28.32
H16-4	*Monascus purpureus*	紫色红曲菌	0.22±0.03	726.50±35.06
H18-1	*Monascus purpureus*	紫色红曲菌	2.89±0.01	1651.40±5.70
H19-2	*Monascus ruber*	红色红曲菌	0.59±0.05	708.86±25.34
H23-2	*Monascus purpureus*	紫色红曲菌	2.22±0.05	1333.02±4.56
H28-1	*Monascus purpureus*	紫色红曲菌	2.27±0.01	1046.54±69.62
H28-4	*Monascus ruber*	红色红曲菌	1.47±0.05	669.97±37.15
H29-3	*Monascus purpureus*	紫色红曲菌	2.37±0.05	705.47±69.57
H31-2	*Monascus purpureus*	紫色红曲菌	3.21±0.15	1187.04±13.37
H31-3	*Monascus purpureus*	紫色红曲菌	2.28±0.01	891.17±42.82
H32-1	*Monascus purpureus*	紫色红曲菌	2.54±0.01	980.57±27.26
H32-3	*Monascus purpureus*	紫色红曲菌	7.14±0.26	637.02±7.98
H33-1	*Monascus anka*	红曲红曲菌	2.29±0.01	1628.54±114.37
H34-1	*Monascus purpureus*	紫色红曲菌	2.26±0.01	714.68±29.20
H35-2	*Monascus purpureus*	紫色红曲菌	1.12±0.01	1698.94±15.97
H36-1	*Monascus purpureus*	紫色红曲菌	2.39±0.12	830.95±4.40
H36-2	*Monascus anka*	红曲红曲菌	2.46±0.01	2206.11±158.79
H36-3	*Monascus ruber*	红色红曲菌	2.78±0.01	1228.59±45.92
H37-2	*Monascus purpureus*	紫色红曲菌	2.91±0.08	1101.79±10.36
H37-4	*Monascus purpureus*	紫色红曲菌	3.09±0.01	807.56±40.22
H39-2	*Monascus purpureus*	紫色红曲菌	0.14±0.04	865.17±62.43
H39-3	*Monascus ruber*	紫色红曲菌	2.44±0.01	1226.17±23.83
H41-4	*Monascus purpureus*	紫色红曲菌	1.92±0.03	1103.12±105.97
H44-1	*Monascus purpureus*	紫色红曲菌	2.36±0.02	1311.41±77.08

7.7.1.2 菌株共酵对红曲中洛伐他汀含量的影响

(1) 共酵菌株的筛选

① 不同菌种与红曲菌共酵对洛伐他汀产量及色价的影响

在我国传统发酵食品的生产中常采用多菌种混合体系进行发酵，发酵过程中菌种之间的相互作用对食品的风味和功能性物质的含量具有直接影响。不同菌种共酵对红曲菌合成洛伐他汀的影响程度不同，除枯草芽孢杆菌 4-LCW 外，其他菌种的加入都使洛伐他汀的产量有不同程度的提高。其中酵母菌 SY 及米曲霉 P7 对红曲中洛伐他汀含量的提高作用最为显著，发酵结束后洛伐他汀含量分别达到 12.37mg/g 和 12.10mg/g。两种乳酸杆菌 X5 和 M2-9-1-1 以及酵母菌 Y6 对洛伐他汀含量也有较为显著的提升，如图 7-38(a) 所示。H8-2 与不同菌种共酵后的红曲色价测定结果显示：与酵母 SY 共酵的红曲色价最高，可达 2014.49μ/g。但是各菌种对红曲色价的提高作用均不显著，如图 7-38(b) 所示。虽然米曲霉对洛伐他汀的提高作用也很显著，但是制备的红曲外观较差，红曲米粘连且有杂色。

② 不同酿酒酵母、乳酸菌菌株与红曲菌共酵对洛伐他汀产量的影响

研究发现大多菌株对洛伐他汀产量都有显著提升效果，对色价的影响不显著。红曲菌与酵母共酵对洛伐他汀产量的提升作用最为显著，因此进一步选择不同酵母进行评价进而筛选出合适的共酵菌株（图 7-39）。

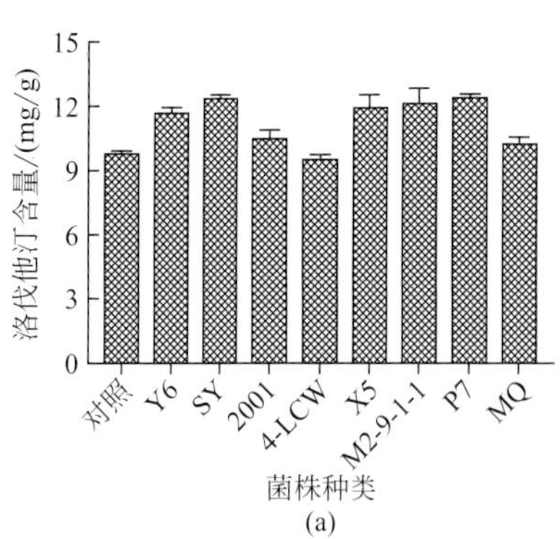

(a)

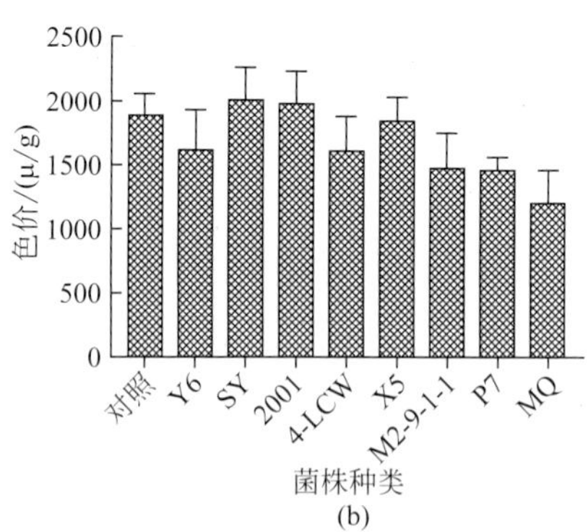

(b)

图 7-38 不同菌种对红曲洛伐他汀产量（a）和色价（b）的影响

Y6—克鲁斯假丝酵母（*Candida krusei*）；SY—酿酒酵母（*Saccharomyces cerevisiae*）；
2001—巴氏醋杆菌（*Acetobacter pasteurianus*）；4-LCW—枯草芽孢杆菌（*Bacillus subtilis*）；
X5—植物乳杆菌（*Lactobacillus plantarum*）；M2-9-1-1—发酵乳杆菌（*Lactobacillus fermentum*）；
P7—米曲霉（*Aspergillus oryzae*）；MQ—米曲霉（*Aspergillus oryzae*）

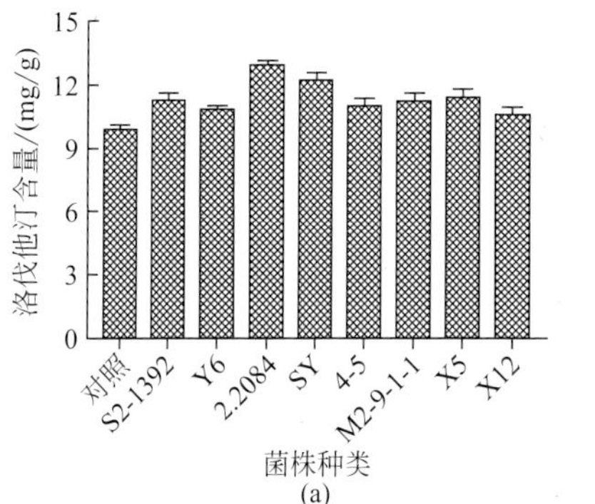

(a)

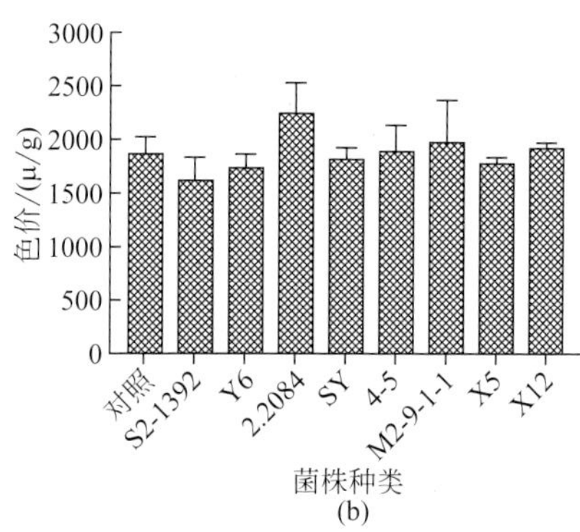

(b)

图 7-39 酵母菌与乳酸杆菌对红曲洛伐他汀产量（a）和色价（b）的影响

研究发现酵母菌更适合与红曲菌共酵制曲，并对洛伐他汀产量有明显提高。酿酒酵母 2.2084 与 SY 可显著提高洛伐他汀产量，其中酿酒酵母 2.2084 使洛伐他汀产量提高最为明显，达 12.93mg/g，相比 H8-2 纯种制曲的对照组提高了 34.50%。同时观察共酵对红曲色价的影响，发现酿酒酵母 2.2084 也能使色价有小幅提高，但不同酵母与红曲菌 H8-2 共酵对红曲色价的影响均不显著（图 7-40）。并且添加酿酒酵母共酵的模式可能对后续在酿酒实验中的应用更加有利。

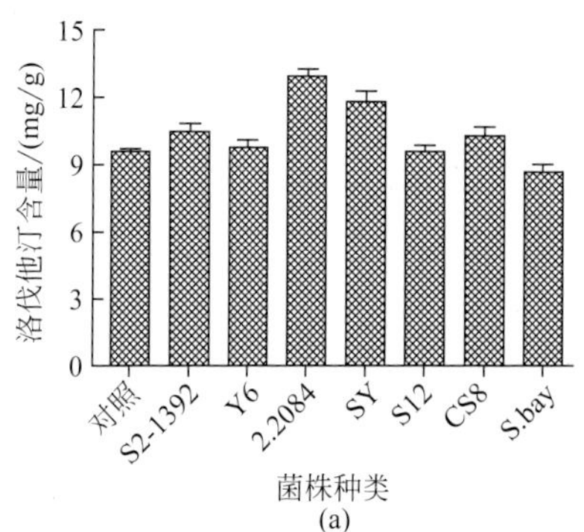

(a)

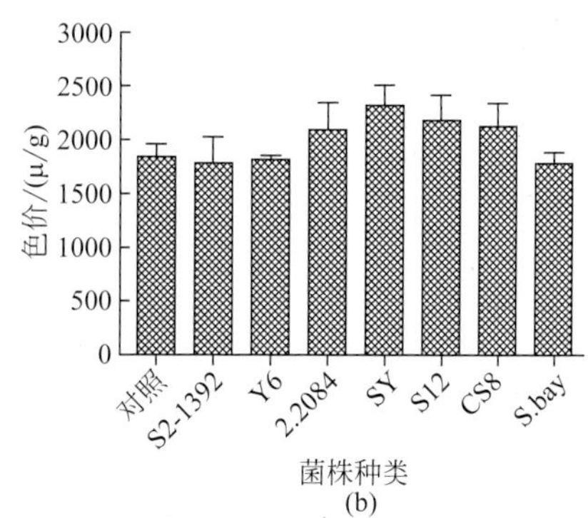

(b)

图 7-40 不同酵母菌株对红曲洛伐他汀产量（a）和色价（b）的影响

③ 酿酒酵母的添加方式对红曲菌洛伐他汀产量的影响

为初步探究共酵使洛伐他汀产量提升的机理，对酿酒酵母 2.2084 的发酵液进行不同处理，分别添加酵母菌液、酵母滤液、高温灭菌液和酵母破壁液至红曲菌固态发酵培养基中，接种红曲菌 H8-2 进行固态发酵，不同处理方式的发酵液都对洛伐他汀的产量有明显的提高。如图 7-41 所示，酵母菌液的提高作用最为显著，产量达 13.06mg/g，比纯种发酵的对照组提高 36.32%；而高温灭菌液、酵母破壁液也能使红曲固态发酵中洛伐他汀的产量显著提高，产量分别为 11.96mg/g 和 12.24mg/g，分别比 H8-2 纯种制曲的对照组提高了 24.80%和 27.80%。活菌液对固态发酵产洛伐他汀更为有益，可能由于酵母活菌在固态发酵过程中持续生长繁殖，从而释放更多对提高洛伐他汀产量有益的小分子代谢产物，使产量显著提高。酵母破壁液和高温灭菌液的显著影响，也可以表明酵母共酵提高红曲菌洛伐他汀含量的关键物质存在于胞内，且关键物质在热处理后仍保持对洛伐他汀的促进作用，说明关键物质对热不敏感。

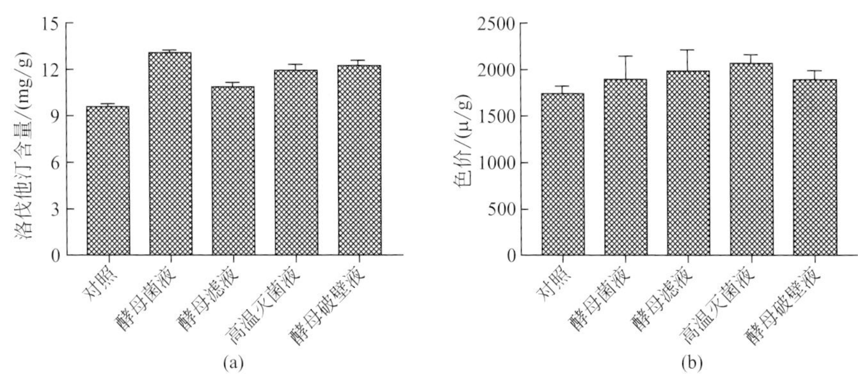

图 7-41 不同酵母处理液对红曲洛伐他汀产量（a）和色价（b）的影响

（2）酿酒酵母 2.2084 添加条件的响应面优化

黄酒的发酵过程经常受到各种参数的交互影响，为了更好地进行参数优化，响应面实验设计逐渐被广泛应用于发酵条件的优化中。由于酿酒酵母 2.2084 在与红曲菌共酵的过程中，酵母添加条件的因素之间可能存在交互作用，江南大学传统酿造食品研究中心——毛健教授团队通过采用响应面优化的形式设计实验进一步确定酵母的添加条件，结果如表 7-33 所示。

表 7-33 Box-Benhnken 设计及结果

序号	A:酵母培养时间/h	B:酵母添加时间/天	C:酵母添加量/%	洛伐他汀含量/(mg/g)	序号	A:酵母培养时间/h	B:酵母添加时间/天	C:酵母添加量/%	洛伐他汀含量/(mg/g)
1	8	2	2	12.60	10	8	1	4	13.67
2	12	1	2	12.65	11	12	0	4	12.95
3	4	2	4	12.20	12	8	1	4	13.74
4	4	1	2	12.08	13	8	0	6	12.69
5	8	1	4	13.85	14	8	2	6	12.43
6	8	1	4	13.75	15	12	2	4	12.66
7	8	0	2	13.17	16	4	0	4	12.06
8	12	1	6	12.39	17	4	1	6	11.86
9	8	1	4	13.71					

根据表7-33进行响应面分析，利用Design Expert软件对试验数据进行二次回归拟合，获得响应值Y与变量编码值A、B和C之间的函数关系：

$$Y=13.75+0.31A-0.12B-0.14C-0.11AB-9.812\times10^{-3}AC+0.079BC-0.88A^2-0.40B^2-0.62C^2$$

表7-34为Box-Behnken试验结果的方差分析，由表7-34可知：模型回归$P<0.0001$（极显著），而失拟项$P=0.0618>0.05$（不显著），说明试验结果的拟合程度较好，该二次多项式的回归方程可以很好地描述洛伐他汀含量（响应值）与酵母培养时间（A）、酵母添加时间（B）和酵母添加量（C）的关系。校正系数R^2(adj)=97.27%，说明有关酵母添加条件相关因素对红曲菌固态发酵产洛伐他汀的所有RSM试验中，此模型可以解释97.27%的可变性；模型决定系数$R^2=98.81\%$，说明该模型的预测值和真实值之间相关性较好。由回归方程和各项方差分析结果可知，变量A、B、C，自交项A^2、B^2、C^2以及交互项AB系数较大，F值较大，P值较小，回归显著；交互项AC、BC回归不显著。说明酵母培养时间和酵母添加时间交互作用对洛伐他汀产量的影响比较显著；酵母添加量分别与酵母培养时间和酵母添加时间的交互作用均对洛伐他汀产量的影响较弱。

表7-34 二次回归方程方差分析结果

参数	自由度	平方和	均方	F值	P值
模型	9	7.24	0.80	64.33	<0.0001(显著)
A	1	0.75	0.75	60.03	0.0001
B	1	0.12	0.12	9.56	0.0175
C	1	0.17	0.17	13.23	0.0083
AB	1	0.05	0.05	3.75	0.0440
AC	1	3.85E−004	3.85E−004	0.03	0.8656
BC	1	0.03	0.03	1.97	0.2029
A^2	1	3.25	3.25	259.82	<0.0001
B^2	1	0.67	0.67	53.82	0.0002
C^2	1	1.64	1.64	130.95	<0.0001
残差	7	0.09	0.01		
失拟项	3	0.07	0.02	5.77	0.0618(不显著)
纯误差	4	0.02	4.11E−003		
总和	16	7.32			
$R^2=98.81\%$，R^2(adj)=97.27%					

由图7-42(a)可知，当酵母添加时间一定的条件下，洛伐他汀随着酵母培养时间的增加呈先增加后减少的趋势；在酵母培养时间一定的条件下，洛伐他汀随酵母添加时间的延后同样呈先增加后减少的趋势，其变化较明显，说明两者交互作用较明显，并且酵母培养时间的影响大于酵母添加时间的影响。由图7-42(b)可知，当酵母添加量一定时，洛伐他汀随着酵母培养时间的增加呈先增加后减少的趋势；而在一定酵母培养时间的条件下，呈现同样的趋势，其变化不明显，酵母培养时间和添加量的交互作用并不显著，酵母添加量的影响小于酵母培养时间的影响。由图7-42(c)可知，当酵母添加量一定时，随酵母添加时间的延后，洛伐他汀的含量呈减小趋势；而当酵母添加时间一定时，酵母添加量的增加，使洛伐他汀含量先增加后减少，其变化都不明显，酵母添加量的影响要大于酵母添加时间的影响。

综合考虑研究结果和实际应用的方便，按照最优方式稍加改动，将酿酒酵母2.2084培

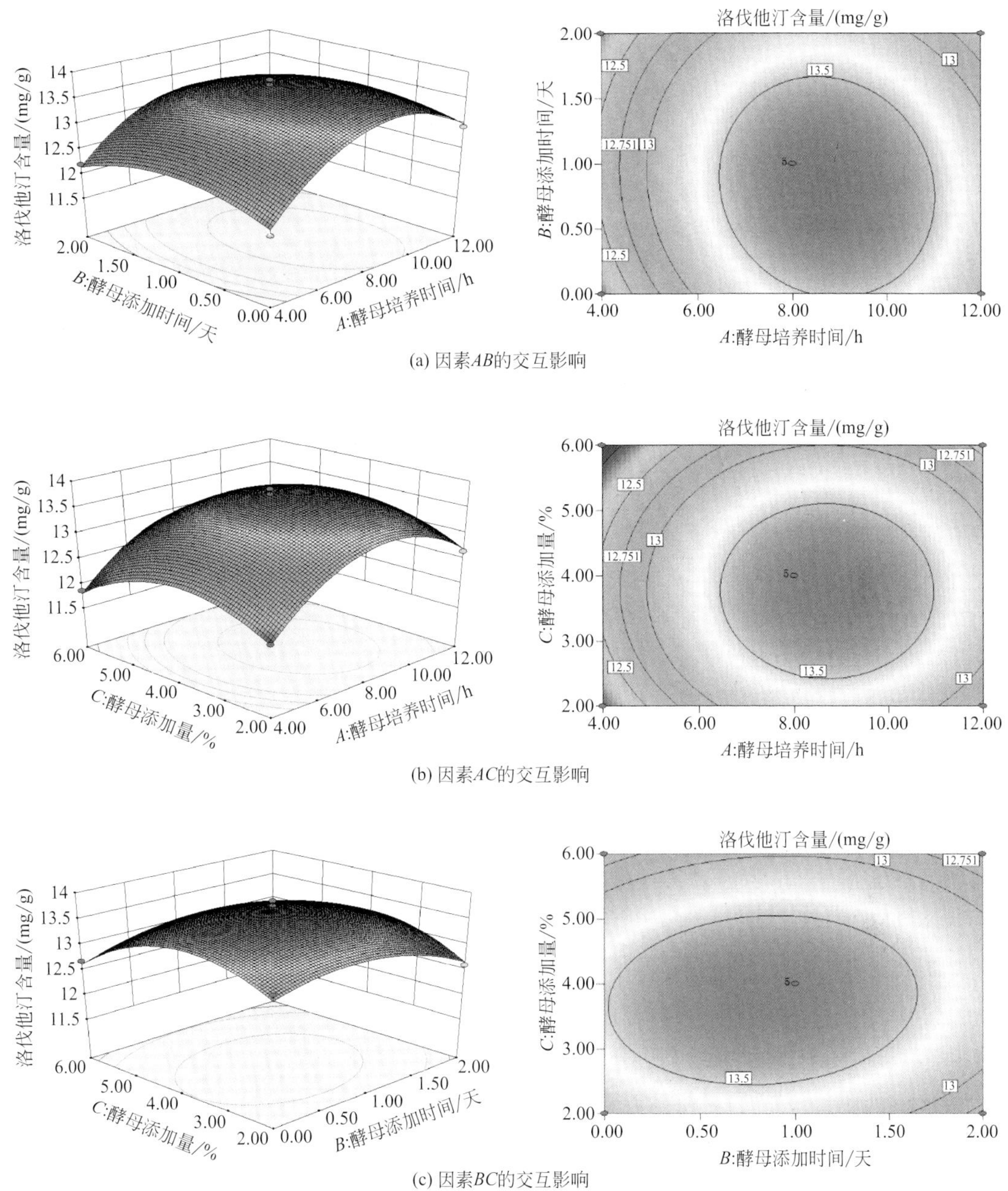

图 7-42 酵母添加条件因素交互影响洛伐他汀的响应面图和等高线图

养 8.75h，在 19.50h 时接种 3.74%与红曲菌 H8-2 共酵制曲重复进行 3 次验证实验，测定红曲中洛伐他汀的产量，得到洛伐他汀的平均产量为 13.85mg/g，与理论预测值相差不超过 0.50%。结果优化后共酵红曲中洛伐他汀的产量与纯种发酵的对照红曲相比提高了 41.47%，与优化之前的共酵红曲相比提高超过 5%。可见优化后的共酵方法能有效地正向调控红曲中洛伐他汀的生物合成。

7.7.1.3 中药对红曲中洛伐他汀含量的影响

（1）药材的种类和添加形式

长时间的红曲固态发酵过程中，底物经红曲菌分解代谢后产生水和二氧化碳，水分蒸发

和二氧化碳逸出造成发酵失重，因此发酵失重能够反映红曲菌的代谢活跃程度。由图 7-43 可知，与空白对照组相比，添加白芷粉（汁）、丁香粉、茯苓粉、黑胡椒粉、肉豆蔻粉、桑叶粉、甘草粉、赤小豆粉、牡蛎粉、枸杞粉、桑椹汁、山楂汁红曲的发酵失重增加；添加茯苓汁、肉豆蔻汁、杏仁粉（汁）、桑叶汁、甘草汁、牡蛎汁、桑椹粉、陈皮汁时发酵失重降低；而添加丁香汁、黑胡椒汁、赤小豆汁、枸杞汁、麦芽粉（汁）、陈皮粉、山楂粉对发酵失重影响不明显。

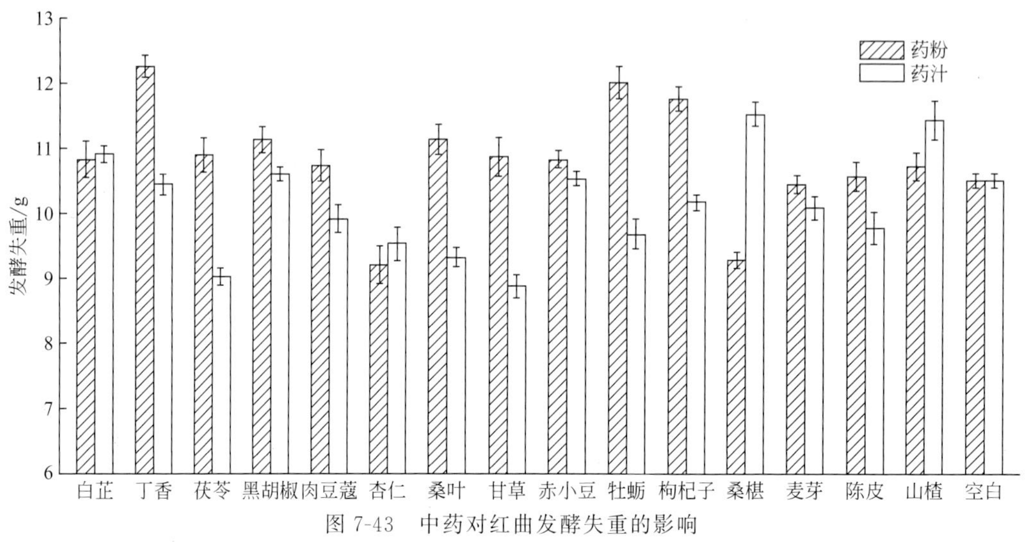

图 7-43 中药对红曲发酵失重的影响

(2) 药材对红曲洛伐他汀的影响

普通红曲洛伐他汀产量为 1.472mg/g，添加中药发酵结果见图 7-44。可知添加白芷粉（汁）、丁香汁、茯苓粉、黑胡椒汁、杏仁粉、桑叶粉、枸杞粉（汁）、桑椹粉、麦芽粉、陈皮粉（汁）、山楂粉（汁）发酵对洛伐他汀产生有促进作用，其中以陈皮粉效果最显著（$p<0.01$），达到 2.118mg/g，较普通红曲提高 43.89%；添加茯苓粉（汁）、黑胡椒粉、肉豆蔻粉（汁）、桑椹汁、甘草粉、赤小豆粉、牡蛎粉、麦芽汁发酵对洛伐他汀产生有抑制作

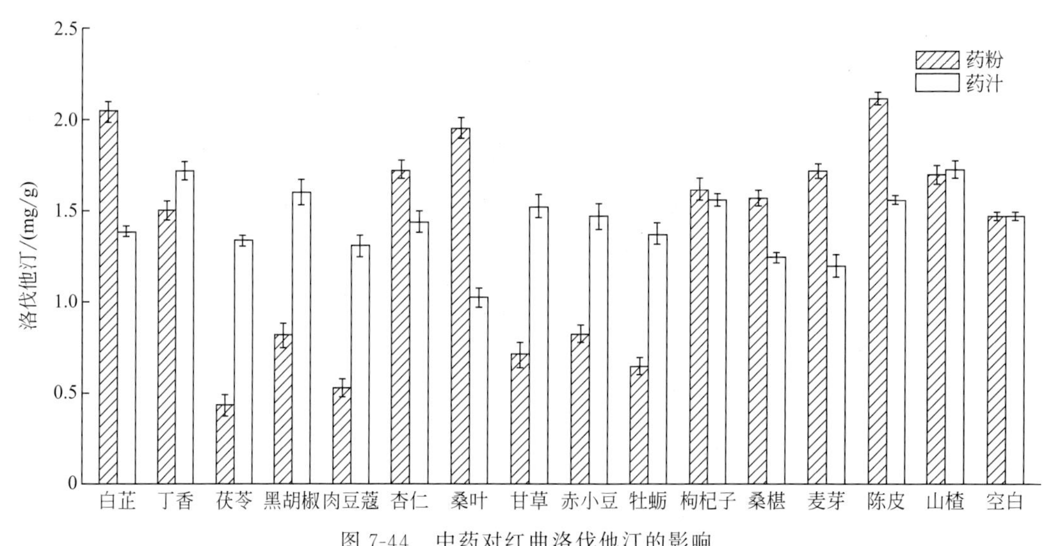

图 7-44 中药对红曲洛伐他汀的影响

用；而白芷汁、丁香粉、杏仁汁、甘草汁、赤小豆汁、牡蛎汁的添加对洛伐他汀的产生影响不明显。这表明中药种类与添加形式（药粉、药汁）均会对红曲菌生长代谢产生影响。由于受试药材本身不含他汀类物质，因此可判定红曲洛伐他汀含量的提高来源于中药的间接作用，这可能是中药弱极性或非极性成分（如中、长链脂肪酸）使红曲菌细胞膜通透性增加，从而有利于营养物质的摄取和洛伐他汀的分泌，或是中药的有效物质能影响洛伐他汀的生物合成途径，使其大量生成。

（3）药材对红曲色价的影响

中药对色价的影响相对洛伐他汀指标更加复杂，因为药材成分除了可以间接作用于红曲菌产色素外，一些药材（如黑胡椒、陈皮、山楂等）自身的天然色素也可直接贡献于红曲色价。添加白芷粉、丁香汁、黑胡椒汁、桑叶粉、陈皮粉、山楂粉（汁）有益于提高红曲色价，其中山楂汁的效果最为显著（$p<0.01$），达到 320.12μ/g，较普通红曲提高 71.79%（图 7-45）；而丁香粉对红曲色价无明显作用。除以上药材外，其他药材的添加均会从不同程度上降低红曲色价，说明在本试验药材添加量下，抑制红曲色素合成的因子起主导作用。虽然枸杞红色素在低温和酸性发酵环境下较稳定，能够对色价产生直接正效应，但可能不足以抵消枸杞中抑制因子产生的负效应，因此最终表现为降低红曲色价。此外，红曲色素的产生是一个耗氧过程，而药粉能够疏松曲料，有利于氧气传递，这可能是桑叶粉红曲色价较高的部分原因。

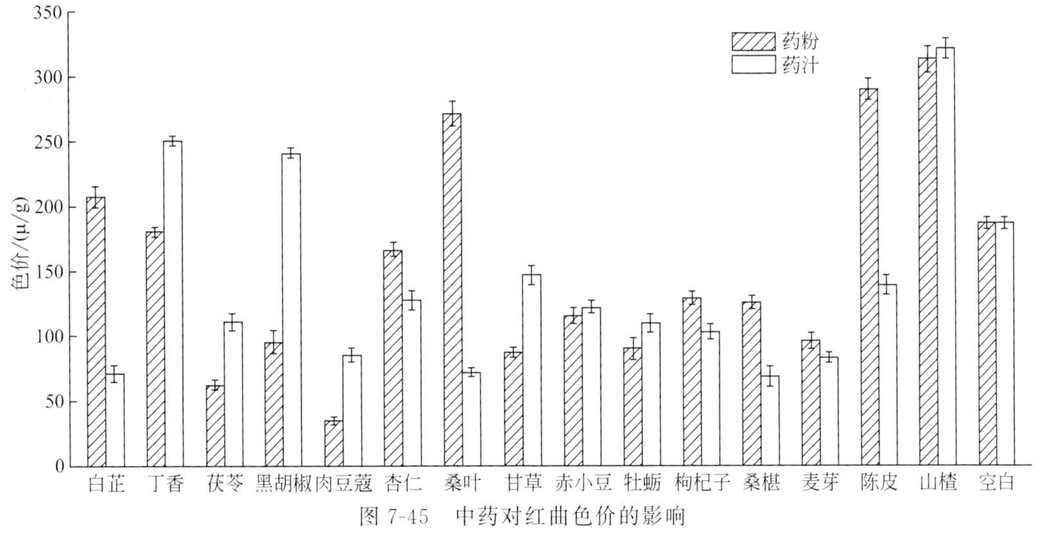

图 7-45 中药对红曲色价的影响

7.7.1.4 中药对洛伐他汀合成途径的影响

（1）配方药和陈皮对红曲菌洛伐他汀合成途径的影响

外源的配方药和陈皮作为洛伐他汀合成的促进因素，可直接或间接地上调洛伐他汀合成相关酶基因的表达（图 7-46）。一方面，中药成分通过大幅上调（平均 5～10 倍）转录调控因子基因 *mokH* 的表达水平间接地大幅上调 *mokA* 和 *mokB* 的表达，从而为后续转酯酶的加工提供大量洛伐他汀二酮和九酮骨架原料；另一方面，中药成分通过直接小幅上调（配方药红曲平均 4.1 倍，陈皮粉红曲平均 2.6 倍）转酯酶基因 *mokF* 的表达，从而利用充足的骨架原料连接后形成洛伐他汀。同时，*mokF* 的过量表达可能会诱导 *mokI* 表达上调，翻译形

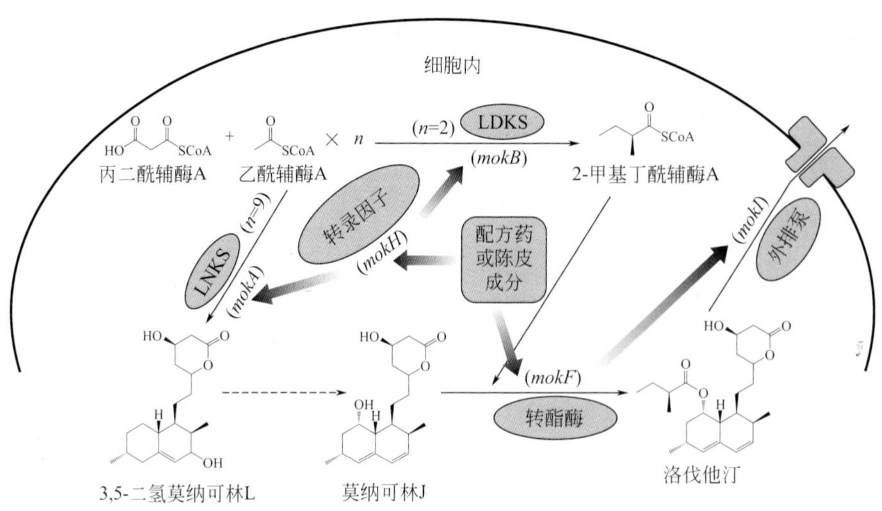

图 7-46 配方药和陈皮对红曲菌洛伐他汀合成途径的影响

成的外排泵蛋白将胞内大量合成的洛伐他汀转移到胞外，从而有效地解除产物抑制，维持菌体细胞的底物利用和次级代谢水平。

（2）茯苓对红曲菌洛伐他汀合成途径的影响

外源的茯苓药作为洛伐他汀合成的抑制因素，可直接或间接地下调洛伐他汀合成相关酶基因的表达（图 7-47）。一方面，茯苓成分通过下调 *mokH* 的表达水平来间接下调 *mokA* 和 *mokB* 的表达（图 7-47 中未展示），但这一作用主要发生在发酵后期（10～12 天），不足以解释自发酵 2 天后茯苓粉红曲洛伐他汀产量就开始低于普通红曲的表观现象；另一方面，茯苓成分通过在整个发酵过程中下调（约 2.8 倍）*mokF* 的表达，从而大大降低了洛伐他汀的实际产量。同时，*mokF* 的过少表达可能导致 *mokI* 表达下调，致使只有少量的洛伐他汀被分泌到胞外，而合成的大部分产物滞留在胞内，进而对细胞代谢和底物利用产生反馈抑制作用，表观现象便是底物利用减少和基质水分含量降低。此外，茯苓会使全局调控因子 *mplaeA* 的表达下调，可能是该基因间接调控 *mokA* 或 *mokB* 的表达，从而导致洛伐他汀骨架原料合成的减少。

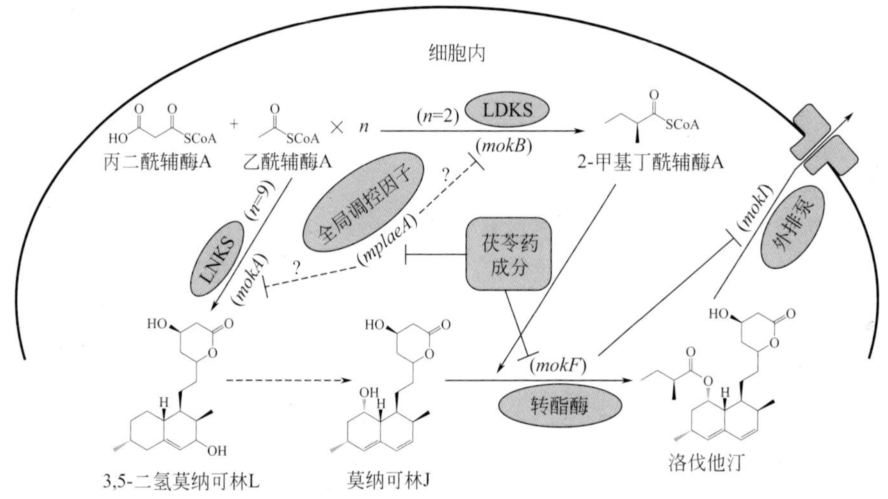

图 7-47 茯苓对红曲菌洛伐他汀合成途径的影响

7.7.1.5 小结

至此，考察了不同中药材对红曲菌固态发酵产洛伐他汀的影响，确定了最佳加药配方，经过优化后最高产量可达3.601mg/g，较普通红曲提高了1.45倍。同时，通过对发酵过程中的红曲菌进行基因表达分析，发现6个基因在洛伐他汀的合成途径中有显著影响，进而解释了洛伐他汀产量在发酵过程中产生差异的原因。该项研究对于尝试利用外源物质从基因水平上调控洛伐他汀的生物合成具有重要意义，也对其他黄酒功能性物质的调控具有重要指导意义。

7.7.2 高产阿魏酸酯酶菌株选育及富含阿魏酸黄酒发酵工艺研究

阿魏酸由于具有抗血栓、抗菌消炎、抗肿瘤、降血脂、防治冠心病等生理活性，近几年来一直成为人们研究的热点。有关阿魏酸在食品中的应用始于日本，美国食品与药品管理局（Food and Drug Administration，FDA）已经批准将其应用于食品饮料和功能性食品中。在中国，阿魏酸在食品中的应用研究还处于起步阶段。在黄酒酿造领域，目前有关专门针对黄酒阿魏酸的报道极少。因此，课题组通过对黄酒阿魏酸的研究，初步探讨了黄酒阿魏酸产生机理，开发了一种富含阿魏酸的黄酒生产工艺。同时筛选出一株能够适用于黄酒生产的高阿魏酸酯酶活性菌株，为黄酒阿魏酸含量的强化奠定了基础。最后考察了富含阿魏酸黄酒生产工艺对酒体风味及储藏过程中阿魏酸稳定性的影响，使黄酒中功能活性物质阿魏酸能够明确标识并利于其推广。具体的技术路线如图7-48所示。

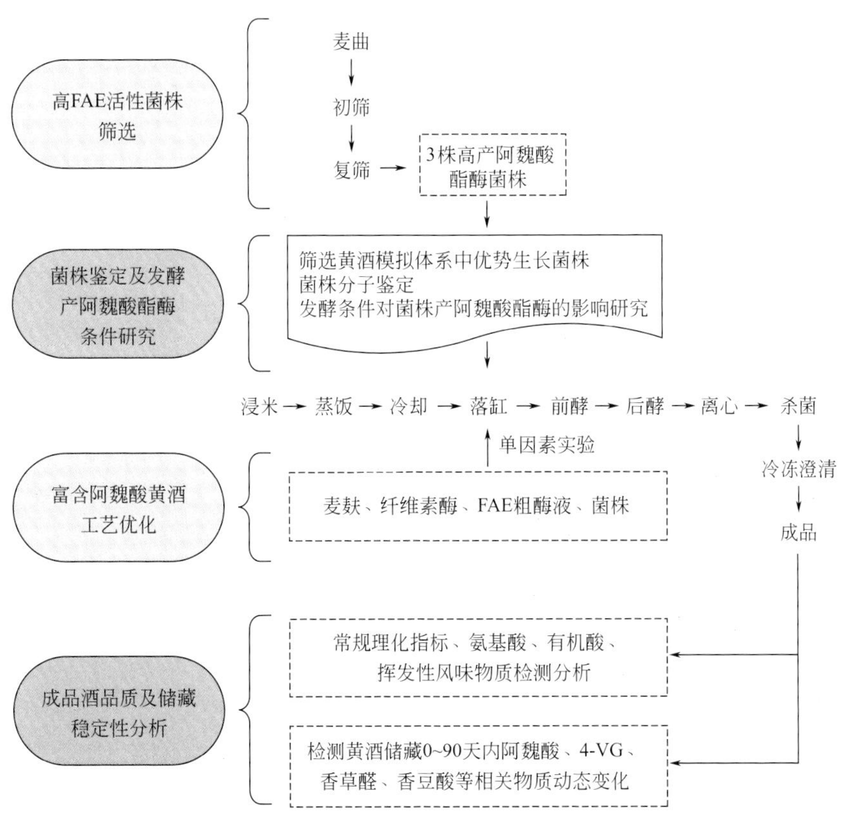

图7-48 高产阿魏酸酯酶菌株选育及富含阿魏酸黄酒发酵工艺研究技术路线

具体内容如下：

① 从黄酒麦曲中筛选高产阿魏酸酯酶菌株，根据菌落形态、生理生化特征及 rDNA ITS1-5.8S-ITS2 基因序列的系统发育树构建分析进行菌株鉴定。以阿魏酸含量为衡量指标，考察温度、初始 pH、麦麸添加量、酒度等因素对菌株发酵过程中产阿魏酸的影响。

② 通过对机械化黄酒酿造工艺进行优化，考察麦麸、纤维素酶、阿魏酸酯酶粗酶液、菌株反添加对黄酒阿魏酸含量的影响，最终通过生产工艺优化，酿造出富含阿魏酸的功能性黄酒。并对所酿造黄酒中有机酸、氨基酸、风味物质等理化指标进行测定，与市售黄酒进行比较分析。

③ 通过检测黄酒在陈化储藏过程中阿魏酸、4-VG、香草醛及香豆酸等物质的变化，探讨阿魏酸在本体系黄酒中的稳定性，为黄酒的工业化生产奠定基础。

7.7.2.1 高产阿魏酸酯酶菌株筛选

根据菌落形态、生理生化特征、产阿魏酸酯酶能力，得到菌株 S2，生长繁殖最旺盛，具有耐酸度及酒精度的优势，且酶活最高，适合作为反添加菌株，如图 7-49 所示。

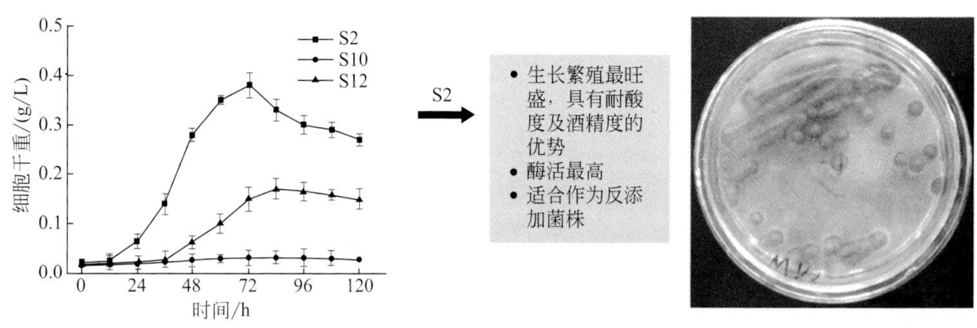

图 7-49 高产阿魏酸酯酶菌株筛选示意图

7.7.2.2 高产阿魏酸酯酶菌株的分子鉴定

对筛选的菌株，通过 rDNA ITS1-5.8S-ITS2 基因序列的系统发育树构建分析进行菌株鉴定，如图 7-50，发现菌株 S2 的特征序列与 *Cladosporium cladosporioides* strain 同源性达到 100%，结合菌株的形态特征，判定菌株 S2 为枝状枝孢霉，保藏编号为 CCTCC NO：

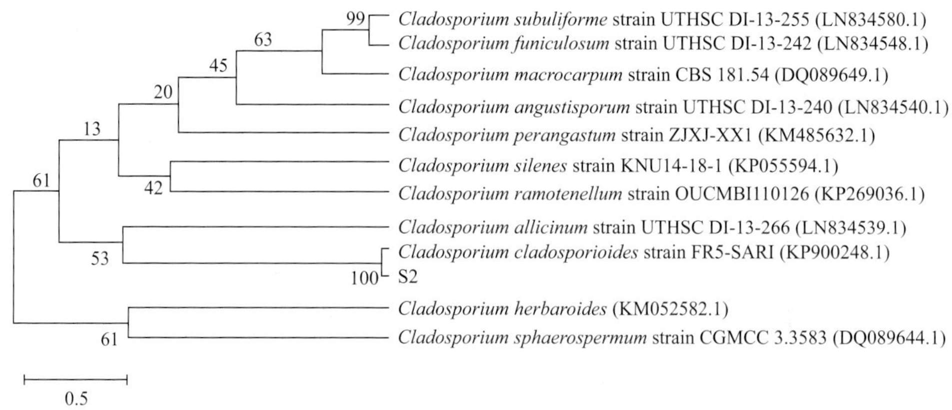

图 7-50 菌株 S2 的 rDNA ITS1-5.8S-ITS2 序列的系统发育树分析

M2015549，命名为 *C. cladosporioides* S2。另外，*C. cladosporioides* S2 产酶能力显著高于商业化菌株黑曲霉 ATCC 16404。

7.7.2.3 富含阿魏酸黄酒发酵工艺优化

在 30t 黄酒发酵罐（菌株添加量 0.02%），连续 10 批次发酵结果显示，黄酒中阿魏酸含量和 β-苯乙醇含量稳定提高，分别达到了 19.3mg/L 和 700.9mg/L，如表 7-35 所示，相比于普通酒醪中的含量 6.65mg/L 和 77mg/L，分别提高了 2.9 倍和 9 倍。调控工艺下酒醪基本理化指标稳定，为黄酒品质提升奠定了基础。

表 7-35 10 批次黄酒醪基本理化指标

指标	总糖/(g/L)	非糖固形物/(g/L)	酒精度/%vol	pH
含量	23.2±0.7	15.2±0.3	14.8±0.5	4.3±0.2
指标	总酸/(g/L)	氨基态氮/(g/L)	阿魏酸/(mg/L)	β-苯乙醇/(mg/L)
含量	7.6±0.2	0.7±0.12	19.3±2.2	700.9±32.2

7.7.2.4 小结

从黄酒麦曲中筛选出高产阿魏酸酯酶的枝状枝孢霉菌株，目前国内外均未见此菌株产阿魏酸酯酶的相关报道，且是目前野生菌液体发酵中产酶能力最高的，达到 175U/L。通过富集培养，将其反添加到黄酒酿造过程中，将黄酒阿魏酸含量提高为原来的 2.9 倍，进一步验证了利用反添加方式强化黄酒功能特性思路的可行性。

7.7.3 米蛋白肽功能黄酒的研究

由于许多具有生物活性功能的小肽易被肠道直接吸收，不仅能提供机体生长、发育所需的营养物质与能量，还同时在细胞生理及代谢调节上发挥重要作用。如抑制酶活性、抗菌、降血压、调节免疫、调节神经和激素、降低胆固醇等。因此，生物活性肽已成为功能性食品研究与开发的热点之一。江南大学传统酿造食品研究中心——毛健教授团队以米渣蛋白作为原料来酿造米蛋白肽功能性增强黄酒。

7.7.3.1 米蛋白肽黄酒酿造工艺

米蛋白肽黄酒酿造采用传统绍兴加饭酒的工艺。其中，酒母改用酿酒干酵母代替，前酵温度 29℃，时间 7 天，后酵时间 20 天。工艺流程如图 7-51 所示。

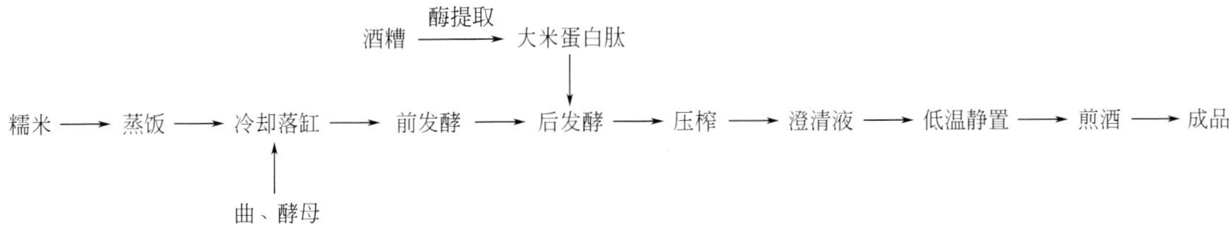

图 7-51 米蛋白肽黄酒酿造工艺

7.7.3.2 米蛋白肽黄酒对 ACE 抑制活性的测定

采用 RP-HPLC 的方法，检测水解液对 ACE 活性的抑制程度。标准样品的梯度洗脱图谱如图 7-52 所示，含黄酒样品的 RP-HPLC 洗脱图谱如图 7-53 所示。

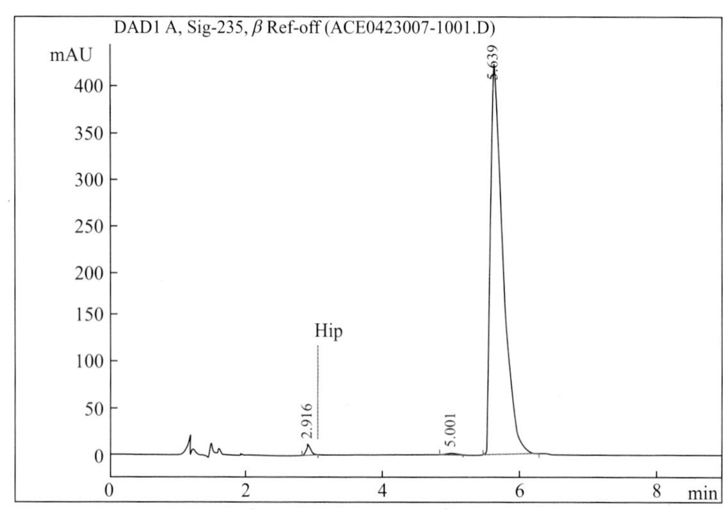

图 7-52 标准样品 RP-HPLC 洗脱图谱

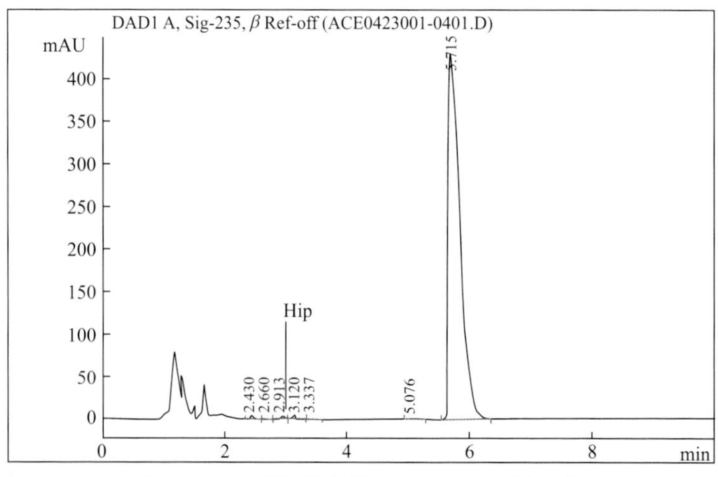

图 7-53 含黄酒样品的 RP-HPLC 洗脱图谱

标准样品和添加肽后样品 Hip 峰面积分别是 19.85mAU・s、49.64mAU・s，故米蛋白肽黄酒的抑制率为 60.01%。

7.7.3.3 米蛋白肽黄酒的稳定性实验

(1) 活性肽的热稳定性实验

将米蛋白肽黄酒分别置于 60℃、70℃、80℃、90℃和 100℃的水浴中，加热 1h，然后拿出来迅速冷却，连同置于 4℃下冷藏的样品一起，取样检测对 ACE 酶的抑制活性。温度对米蛋白肽黄酒 ACE 活性肽活性的影响如图 7-54 所示。

用 SAS 软件进行方差分析，结果如表 7-36 所示。

如图 7-54 和表 7-36 所示，$F < F_{0.05(4,10)} = 3.48$，$p > 0.05$，说明不同的水浴温度对于米蛋白肽黄酒的 ACE 的抑制率影响效果不显著，这说明米蛋白肽黄酒中的活性肽在高温加热及冷藏过程中有良好的热稳定性，在实际生产中，能满足高温和普通的冷藏要求。

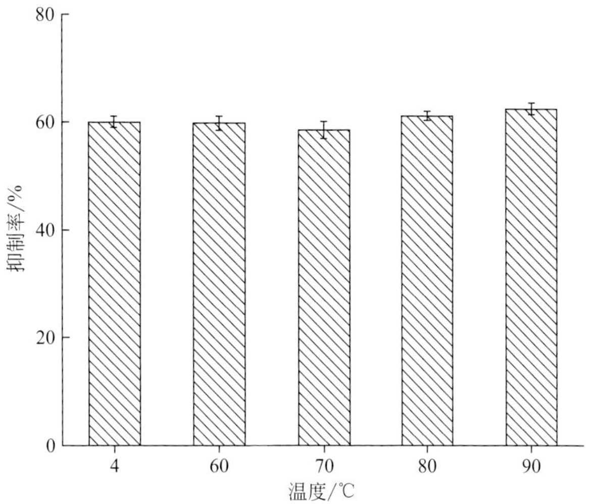

图 7-54 温度对米蛋白肽黄酒 ACE 活性肽活性的影响

表 7-36 活性肽热稳定性的方差分析

变异来源	自由度	平方和	均方	F 值	$Pr>F$	显著性
处理间	4	150.78	37.70	2.09	0.1569	
处理内	10	180.27	18.02			
总变异	14	331.05				

(2) 活性肽的光照稳定性实验

将米蛋白肽黄酒置于自然光照条件下保存，在第 5、10、15、20、25、30 天取样检测对 ACE 酶的抑制活性，结果如图 7-55 所示。

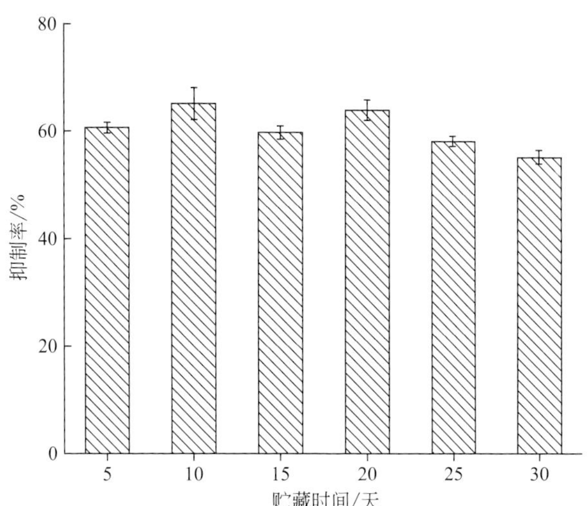

图 7-55 光照对于米蛋白肽黄酒 ACE 活性肽活性的影响

用 SAS 软件进行方差分析，结果如表 7-37 所示。

从图 7-55 和表 7-37 中可以看出，$F=2.67$，查阅方差表，得 $F<F_{0.05(5,12)}=3.11$，$p>0.05$，说明不同的光照时间对于米蛋白肽黄酒的 ACE 的抑制率影响效果不显著，证明活性肽在日常光照条件下有着良好的稳定性。此实验同时也说明了在1个月的时间内，米蛋白肽黄酒中活性肽的活性没有明显降低，黄酒有着较好的贮藏稳定性。

表 7-37 活性肽光稳定性的方差分析表

变异来源	自由度	平方和	均方	F 值	$Pr>F$	显著性
处理间	5	91.66	18.33	2.67	0.0761	
处理内	12	82.49	6.87			
总变异	17	174.14				

(3) 活性肽的消化实验

米蛋白肽黄酒中的活性肽成分具有降血压作用的前提条件是不被肠道内的酶水解，到达体内目标点时抑制了这些目标点的 ACE 活性。例如，αS1-酪蛋白在体外有抑制 ACE 的作用，在体内却没有降血压作用。相反，有些 ACE 活性肽在经肠道酶作用后，其 ACE 抑制作用反而会上升，如 β-酪蛋白 f(169～175) 在除去 C 端的谷酰胺后变成 f(169～174)，对 ACE 抑制作用明显上升，但 β-酪蛋白 f(169～175) 和 β-酪蛋白 f(169～174) 在原发性高血压大鼠体内均有很强的降血压作用。这些结果说明 ACE 活性肽在体外对 ACE 的抑制作用与体外降血压效果之间有时会出现不一致的情况。因此在体外进行 ACE 活性肽抗肠道酶降解的研究是非常必要的。

米蛋白肽黄酒与肠、胃蛋白酶作用前后的抑制率变化情况如表 7-38 所示，从表 7-38 中可知，肽与胃蛋白酶作用后，抑制率有了较为明显降低，而进一步与胰蛋白酶作用后，抑制率仅有略为降低。这说明胃蛋白酶对米蛋白肽黄酒中 ACE 活性肽影响非常大，而胰蛋白酶对其没有影响或影响微小。但经肠、胃蛋白酶作用后的米蛋白肽黄酒中，ACE 活性肽成分依然有 47.1%的抑制率，说明米蛋白肽黄酒经口服后，ACE 活性肽很可能具有良好的降血压作用。

表 7-38 肠、胃蛋白酶对米蛋白肽黄酒 ACE 活性肽活性的影响

米蛋白肽黄酒＋酶	抑制率/%	米蛋白肽黄酒＋酶	抑制率/%
米蛋白肽黄酒(对照组)	59.0	米蛋白肽黄酒＋胃蛋白酶＋胰蛋白酶	47.1
米蛋白肽黄酒＋胃蛋白酶	49.2		

胃蛋白酶 Pepsin 消化实验：将米蛋白肽黄酒调 pH 至 2.0，以底物的 0.5%加入胃蛋白酶，37℃水浴反应 3h，反应的同时用磁力搅拌器进行搅拌。随后反应液在 100℃水浴中加热 5min 终止反应。取反应液直接测定其对 ACE 的抑制活性。

胃蛋白酶＋胰蛋白酶消化实验：取经胃蛋白酶消化处理后的溶液，调节 pH 至 8.0，以底物的 0.5%加入胰蛋白酶，37℃水浴反应 4h，反应的同时用磁力搅拌器进行搅拌。随后反应液在 100℃水浴中加热 5min 终止反应，取反应液直接测定其对 ACE 的抑制活性。

7.7.3.4 小结

通过酶解技术从米糟中提取得到米蛋白肽，并在酿造过程中加入发酵体系，确定了米蛋白肽黄酒酿造的工艺，从而得到了功能增强的米蛋白肽黄酒。同时，考察了米蛋白肽黄酒对血管紧张素转换酶（ACE）抑制活性肽的影响，发现黄酒中的功能肽对 ACE 的抑制率为 60.01%。同时，以米蛋白肽黄酒对 ACE 的抑制率为评价指标，通过热稳定性实验、光照

稳定性实验和体外消化稳定性实验，发现米蛋白肽黄酒具有较好的稳定性。此项研究为绿色酿造提供了可行的思路，为功能增强性黄酒的研究和生产应用提供了理论基础和实验依据。

参考文献

[1] 陈青柳. 绍兴机械化黄酒风味形成途径和功能微生物的研究 [D]. 无锡：江南大学，2018.

[2] 车鑫，毛健，刘双平，等. 产洛伐他汀红曲菌的筛选及中药对其固态发酵的影响 [J]. 食品科学，2016，37（13）：114-119.

[3] 沈赤，毛健，陈永泉，等. 黄酒多糖对免疫缺陷小鼠血清免疫相关因子的影响 [J]. 食品科学，2015，36（5）：158-162.

[4] 沈赤. 绍兴黄酒多糖的分离提取、生物活性及其对肠道微生物的影响 [D]. 无锡：江南大学，2014.

[5] 李翠翠，毛健，刘双平，等. 产阿魏酸酯酶的枝状枝孢霉筛选、发酵特性及在黄酒中应用研究 [J]. 食品与生物技术学报，2018，37（8）：15-23.

[6] 徐秋月，周志磊，毛健，等. 固相萃取-高效液相法测定黄酒中多酚 [J]. 食品与生物技术学报，2018，37（10）：19-25.

[7] PENG L，AI-LATI A，JI Z，et al. Polyphenols extracted from huangjiu have anti-inflammatory activity in lipopolysaccharide stimulated RAW264. 7 cells [J]. RSC Advances，2019，9（10）：5295-5301.

[8] LIU S，CHEN Q，ZOU H，et al. A metagenomic analysis of the relationship between microorganisms and flavor development in Shaoxing mechanized huangjiu fermentation mashes [J]. International Journal of Food Microbiology，2019，303：9-18.

[9] 黄卓，李东栋. 洛伐他汀最新研究进展 [J]. 中国生化药物杂志，2010，31（2）：144-147.

[10] 鲁倩，林亲录，吴伟，等. 糖基化修饰产物的抗氧化功能研究进展 [J]. 食品工业科技，2013（09）：344-348.

[11] 韩铨. 茶树花多糖的提取、纯化、结构鉴定及生物活性的研究 [D]. 浙江大学，2011.

[12] 陈泉，吴远征，赵晓燕，等. 功能性红曲中三类主要聚酮类化合物合成途径相关基因研究进展 [J]. 中国酿造，2014，33（8）：10-14.

[13] 陈晋芳. 红枣多糖提取分离纯化及其抗氧化性的研究 [D]. 山西农业大学，2013.

[14] 赵德安. 纯种发酵、混合发酵与传统发酵食品 [J]. 中国酿造，2010（9）：19-21.

[15] 谢广发，朱成钢，胡志明，等. 绍兴黄酒对大鼠学习记忆力的影响 [J]. 酿酒科技，2007（5）：139-141.

[16] 谢广发，戴军，赵光鳌，等. 黄酒中的功能性低聚糖及其功能 [J]. 中国酿造，2005，24（2）：39-40.

[17] 谢广发，戴军，赵光鳌，等. 黄酒中的 γ-氨基丁酸及其功能 [J]. 中国酿造，2005（3）：52-53.

[18] 谢广发. 黄酒的功能性成分与保健功能 [J]. 酿酒，2008，35（5）：14-16.

[19] 许建生. 含 Monacolin K 的黄酒的研制 [D]. 南京农业大学，2004.

[20] 卢慰，许先猛. 红曲霉研究现状及展望 [J]. 农业科学与技术：英文版，2015（1）：192-196.

[21] 莫开菊. 葛仙米多糖的分离提取及功能性质研究 [D]. 华中农业大学，2011.

[22] 胡炎坤，东润红. 浅谈自由基对人体健康的危害 [J]. 医学信息，2014（7）：449-449.

[23] 肖义军，范延丽，陈炳华，等. 红花桑寄生多糖抑制小鼠 S180 肉瘤生长的研究 [J]. 中国中药杂志，2010，35（3）：381-384.

[24] 王璐，高梦祥，周开相，等. 红曲霉代谢产物及其调控方法的研究进展 [J]. 长江大学学报：自科版，2012，9（1）：38-41.

[25] 王文风，袁兵兵，徐玲，等. 红曲的研究现状 [J]. 发酵科技通讯，2014，43（1）：39-44，50.

[26] 王延年，董雪，乔延江，等. 中药发酵研究进展 [J]. 世界科学技术-中医药现代化，2010，12（3）：437-441.

[27] 沈珺珺，曾柏全，王卫，等. 红曲米的代谢功能及其应用研究进展 [J]. 食品与机械，2014，30（5）：294-298.

[28] 梁彬霞，白卫东，杨晓暾，等. 红曲色素的功能特性研究进展 [J]. 中国酿造，2012，31（3）：21-24.

[29] 杨晓庆，李琳琳，王烨，等. 小鼠肠道菌群代谢产物与糖尿病的相关性研究 [J]. 中国微生态学杂志，

2011，23（2）：134-136.

［30］ 杨成龙，陈章娥，吴小平，等.基因组ITS序列分析鉴定红曲霉菌株［J］.核农学报，2015，29（2）：252-259.

［31］ 李雪梅，沈兴海，段振文，等.红曲霉代谢产物的研究进展［J］.中草药，2011，42（5）：1018-1025.

［32］ 李辉芳.迈尔的生物学史思想与方法研究［D］.山西大学，2010.

［33］ 李珊，吴海，申可佳，等.薏米黄酒对机体免疫及肠道功能的调节作用研究［J］.现代生物医学进展，2011，11（12）：2251-2253，2257.

［34］ 戴艳.骏枣多糖的提取纯化、结构分析及抗氧化活性研究［D］.华中农业大学，2013.

［35］ 戴军，谢广发，陈尚卫，等.绍兴黄酒中一种ACE活性抑制肽的分离和鉴定［J］.食品与发酵工业，2005，31（5）：98-101.

［36］ 彭钦.天然多糖体外抗氧化活性研究［D］.天津大学，2014.

［37］ 崔宏春，余继忠，黄海涛，等.茶多糖的提取及分离纯化研究进展［J］.茶叶，2011，37（2）：67-71.

［38］ 孙艳君，胡中泽，高冰.红曲霉的分离鉴定及红曲色素的测定［J］.中国酿造，2011（1）：52-54.

［39］ 姜冰洁，许赣荣，张薄博，等.降脂红曲产品质量标准的探讨［J］.中草药，2015，46（3）：453-456.

［40］ 吴晶晶.红曲霉（*Monascus* spp.）产生川芎嗪的发酵工艺条件研究［D］.浙江大学，2011.

［41］ 叶杰，陈躬瑞，倪莉.福建黄酒抗氧化活性的研究［J］.中国食品学报，2006，6（1）：345-350.

［42］ 刘高强，赵艳，王晓玲，等.灵芝多糖的生物合成和发酵调控［J］.菌物学报，2011，30（2）：198-205.

［43］ 刘锦燕，史册，王影，等.白假丝酵母菌唑类耐药相关的转录调控研究进展［J］.上海交通大学学报：医学版，2016，36（2）：291-295.

［44］ 刘方菁，刘辉，宁娜.红曲色素替代亚硝酸盐对肉类护色的研究进展［J］.肉类研究，2011，25（1）：33-36.

［45］ 刘宁，李健.香菇多糖的提取工艺比较［J］.食品科学，2007，28（9）：199-202.

［46］ 倪赞.中国黄酒保健功能的研究［D］.浙江大学，2006.

［47］ 侯敏.红曲霉的研究进展［J］.安徽农业科学，2014（11）：3382-3384.

［48］ 倪莉，吕旭聪，黄志清，等.黄酒的生理功效及其生理活性物质研究进展［J］.中国食品学报，2012，012（003）：1-7.

［49］ 谢明勇，聂少平.天然产物多糖结构和功能研究［M］.北京：科学出版社，2014.

［50］ 张双庆，崔亚娟，张彦，高丽芳.保健食品检验与评价技术指南［M］.北京：科学技术出版社，2017.

［51］ ZHONG W，LIU N，XIE Y，et al. Antioxidant and anti-aging activities of mycelial polysaccharides from *Lepista sordida*［J］. International Journal of Biological Macromolecules，2013，60：355-359.

［52］ ZHAO P，WANG J，ZHAO W，et al. Antifatigue and antiaging effects of Chinese rice wine in mice［J］. Food Science & Nutrition，2018，6（8）：2386-2394.

［53］ ZHANG J，LIU Y-J，PARK H-S，et al. Antitumor activity of sulfated extracellular polysaccharides of *Ganoderma lucidum* from the submerged fermentation broth［J］. Carbohydrate Polymers：Scientific and Technological Aspects of Industrially Important Polysaccharides，2012，87（2）：1539-1544.

［54］ YOU L，GAO Q，FENG M，et al. Structural characterisation of polysaccharides from *Tricholoma matsutake* and their antioxidant and antitumour activities［J］. Food Chemistry，2013，138（4）：2242-2249.

［55］ WANG H，DENG X，ZHOU T，et al. The in vitro immunomodulatory activity of a polysaccharide isolated from *Kadsura marmorata*［J］. Carbohydrate Polymers，2013，97（2）：710-715.

［56］ TSAI C-H，YEN Y-H，YANG J P-W. Finding of polysaccharide-peptide complexes in *Cordyceps militaris* and evaluation of its acetylcholinesterase inhibition activity［J］. Journal of Food & Drug Analysis，2015，23（1）：63-70.

[57] TANG X-H, YAN L-F, GAO J, et al. Antitumor and immunomodulatory activity of polysaccharides from the root of *Limonium sinense* Kuntze [J]. International Journal of Biological Macromolecules, 2012, 51 (5): 1134-1139.

[58] SUN Y-C. Biological activities and potential health benefits of polysaccharides from *Poria cocos* and their derivatives [J]. International Journal of Biological Macromolecules, 2014, 68: 131-134.

[59] SORRENTINO F, ROY I, KESHAVARZ T. Impact of linoleic acid supplementation on lovastatin production in *Aspergillus terreus* cultures [J]. Applied Microbiology & Biotechnology, 2010, 88 (1): 65-73.

[60] ZHANG S-S, SHAO P, et al. A Novel Polysaccharide from *Ganoderma atrum* Exerts Antitumor Activity by Activating Mitochondria-Mediated Apoptotic Pathway and Boosting the Immune System [J]. Agricultural and Food Chemistry, 2014, 62 (7): 1581-1589.

[61] RUTHES A C, RATTMANN Y D, CARBONERO E R, et al. Structural characterization and protective effect against murine sepsis of fucogalactans from *Agaricus bisporus* and *Lactarius rufus* [J]. Carbohydrate Polymers, 2012, 87 (2): 1620-1627.

[62] QIN C, ZHANG S-Z, YING H-Z, et al. Chemical characterization and immunostimulatory effects of a polysaccharide from Polygoni Multiflori Radix Praeparata in cyclophosphamide-induced anemic mice [J]. Carbohydrate Polymers, 2012, 88 (4): 1476-1482.

[63] PATEL S, PANDA S. Emerging roles of mistletoes in malignancy management [J]. 3 Biotech, 2014, 4 (1): 13-20.

[64] PATAKOVA P. *Monascus* secondary metabolites: production and biological activity [J]. Journal of Industrial Microbiology & Biotechnology, 2013, 40 (2): 169-181.

[65] PAN K, JIANG Q, LIU G, et al. Optimization extraction of *Ganoderma lucidum* polysaccharides and its immunity and antioxidant activities [J]. International Journal of Biological Macromolecules, 2013, 55 (2): 301-306.

[66] MIAO Y, XIAO B, JIANG Z, et al. Growth inhibition and cell-cycle arrest of human gastric cancer cells by *Lycium barbarum* polysaccharide [J]. Medical Oncology, 2010, 27 (3): 785-790.

[67] LIU S, CHEN Q, ZOU H, et al. A metagenomic analysis of the relationship between microorganisms and flavor development in Shaoxing mechanized huangjiu fermentation mashes [J]. International Journal of Food Microbiology, 2019, 303: 9-18.

[68] LI Y-G, JI D-F, ZHONG S, et al. Polysaccharide from *Phellinus linteus* induces S-phase arrest in HepG2 cells by decreasing calreticulin expression and activating the P27kip1-cyclin A/D1/E-CDK2 pathway [J]. Journal of Ethnopharmacology, 2013, 150 (1): 187-195.

[69] LI Y, JIANG L, JIA Z, et al. A Meta-Analysis of Red Yeast Rice: An Effective and Relatively Safe Alternative Approach for Dyslipidemia [J]. Plos One, 2014, 9 (6): e98611.

[70] LI W, NIE S, CHEN Y, et al. Enhancement of Cyclophosphamide-Induced Antitumor Effect by a Novel Polysaccharide from *Ganoderma atrum* in Sarcoma 180-Bearing Mice [J]. Journal of Agricultural & Food Chemistry, 2011, 59 (8): 3707-3716.

[71] LEE S-S, LEE J-H, LEE I. Strain improvement by overexpression of the laeA gene in *Monascus pilosus* for the production of monascus-fermented rice [J]. Journal of Microbiology & Biotechnology, 2013, 23 (7): 959.

[72] JIN M, ZHAO K, HUANG Q, et al. Isolation, structure and bioactivities of the polysaccharides from *Angelica sinensis* (Oliv.) Diels: A review [J]. Carbohydr Polym, 2012, 89 (3): 713-722.

[73] HSU W-K, HSU T-H, LIN F-Y, et al. Separation, purification, and α-glucosidase inhibition of polysaccharides from *Coriolus versicolor* LH1 mycelia [J]. Carbohydrate Polymers, 2013, 92 (1): 297-306.

[74] GUO Y, PAN D, SUN Y, et al. Antioxidant activity of phosphorylated exopolysaccharide produced

by *Lactococcus lactis* subsp. *lactis* [J]. Carbohydrate Polymers, 2013, 97 (2): 849-854.

[75] DAN G, MA L, JIANG C, et al. Production, preliminary characterization and antitumor activity *in vitro* of polysaccharides from the mycelium of *Pholiota dinghuensis* Bi [J]. Carbohydrate Polymers, 2011, 84 (3): 997-1003.

[76] CHENG J-J, CHANG C-C, CHAO C-H, et al. Characterization of fungal sulfated polysaccharides and their synergistic anticancer effects with doxorubicin [J]. Carbohydrate Polymers, 2012, 90 (1): 134-139.

[77] CHEN Y-P, YUAN G-F, HSIEH S-Y, et al. Identification of the mokH Gene Encoding Transcription Factor for the Upregulation of Monacolin K Biosynthesis in *Monascus pilosus* [J]. Journal of Agricultural & Food Chemistry, 2013, 58 (1): 287-293.

[78] CHEN W, HE Y, ZHOU Y, et al. Edible Filamentous Fungi from the Species *Monascus*: Early Traditional Fermentations, Modern Molecular Biology, and Future Genomics [J]. Comprehensive Reviews in Food Science & Food Safety, 2015, 14 (5): 555-567.

[79] AI L, WU J, CHE N, et al. Extraction, partial characterization and bioactivity of polysaccharides from boat-fruited sterculia seeds [J]. International Journal of Biological Macromolecules, 2012, 51 (5): 815-818.

第八章

黄酒工程设计

本章将从工程角度介绍黄酒工程项目的一般建设程序、工程设计内容和遵循的一般设计原则等内容，为黄酒工程项目建设提供参考。

8.1 工程项目建设流程

8.1.1 基本建设程序的概念

8.1.1.1 建设工程项目

建设工程项目是指为完成依法立项的新建、扩建、改建等各类工程而进行的、有起止日期的、形成固定资产、达到规定要求的一组相互关联的受控活动组成的特定过程，包括筹划、可研、勘察、设计、采购、施工、投产试运、竣工验收和考核评价等一系列过程。

建设工程项目有以下特点：

① 建设项目的时效性：具有一定的起止日期，即建设周期的限制，也即特定的工期控制。

② 建设项目地点的特定性：不同的建设项目都在不同地点、占用一定面积的固定的场所进行。

③ 建设项目目标明确性：建设项目以形成固定资产、形成一定的功能、实现预期的经济效益和社会效益为特定目标。

④ 建设项目的整体性：在一个总体设计或初步设计范围内，建设项目是由一个或若干个互相有内在联系的单项工程所组成的，建设中实行统一核算、统一管理。

⑤ 建设过程程序性和约束性：建设项目的实施需要遵循必要的建设程序和经过特定的建设过程，并受工期、资金、质量、安全和环境的各方面的约束。

⑥ 建设项目的一次性：按照建设项目特定的目标和固定的建设地点，需要进行专门的单一设计，并应根据实际条件的特点，建立一次性的管理组织进行建设施工，建设项目资金的投入具有不可逆性。

⑦ 建设项目的风险性：建设项目必须投入一定的资金，经过一定的建设周期，需要一定的投资回收期。期间的物价变动、市场需求、资金利率等相关因素的不确定性会带来较大风险。

8.1.1.2 基本建设程序

基本建设程序是对建设工程项目从前期酝酿规划、科研评估到建成投产所经历的整个过程中的各项工作开展的先后顺序的规定。它反映的是工程建设各个阶段之间的内在联系，是从事工程建设工作各有关单位和人员都必须遵守的原则。

工程项目建设全过程中各项工作的先后顺序不是随意安排的，而是由基本建设进程，即固定资产和功能目的建造和形成过程的规律所决定的。从基本建设的客观规律、工程特点、协作关系和工作内容来看，在多层次、多交叉、多关系、多要求的时间和空间里组织好工程建设，必须是工程建设中各阶段和各环节的工作有效相互衔接，这必须遵从基本建设程序才能实现。

8.1.2 基本建设程序的内容

基本建设程序一般包括“三个时期、八个阶段”的工作。三个时期是指：投资决策时期，建设时期，交付使用期（生产时期）。八个阶段是指：项目建议书阶段，可行性研究报告阶段，设计文件（方案设计、初步设计、施工图设计）阶段，施工建设准备阶段，施工建设实施阶段，投产试运行阶段，竣工验收阶段，后评估阶段。中小型工程建设项目可以视具体情况简化程序。

8.1.2.1 项目建议书阶段（含评估立项）

项目建议书是由投资者（项目建设筹建单位）根据国民经济和社会发展的长远规划、行业规划、产业政策、生产力布局、市场、所在地的内外部条件等要求，经过调查、预测分析后，对准备建设项目提出的大体轮廓性的设想和建议的文件，是对拟建项目的框架性设想，是基本建设程序中最初阶段的工作，主要是为确定拟建项目是否有必要建设、是否具备建设的条件、是否需作进一步的研究论证工作提供依据。

项目建议书的主要作用是为了推荐一个拟建项目的初步说明，论述它建设的必要性、重要性、条件的可行性和获得的可能性，供投资者选择确定是否进行下一步工作。

国家规定，项目建议书经批准后，可以进行详细的可行性研究工作，但仍不表明项目非上不可，项目建议书不是项目的最终决策。

该阶段分为以下几个环节：

（1）编制项目建议书。项目建议书由建设单位负责组织编制，编制完成后按规定报批。项目建议书的内容，视项目的具体情况繁简各异，其内容一般应包括以下几个方面：

① 建设项目提出的必要性和依据。

② 产品（生产）方案、拟建规模和建设方案的初步设想。

③ 建设的主要内容。

④ 建设地点的初步设想情况、资源情况、建设条件、协作关系等的初步分析。

⑤ 投资估算和资金筹措及还贷方案设想。

⑥ 项目进度安排。

⑦ 经济效益和社会效益的估计。

⑧ 环境影响的初步评价。

（2）办理项目选址规划意见书。项目建议书编制完成后，项目筹建单位应到规划部门办理建设项目选址规划意见书。

（3）办理建设用地规划许可证和工程规划许可证。

（4）办理土地使用审批手续。

（5）办理环保审批手续。

在完成开展以上工作的同时，可以做好以下工作：进行拆迁摸底调查，并请有资质的评估单位评估论证；做好资金来源及筹措准备；准备好选址建设地点的测绘。

8.1.2.2 可行性研究报告阶段

项目建议书批准后，进行可行性研究工作。

可行性研究是对项目在技术上是否可行和经济上是否合理进行科学的分析和论证。通过对建设项目在技术、工程和经济上的合理性进行全面分析论证和多种方案比较，提出评价意见，推荐最佳方案，形成可行性研究报告。

承担可行性研究的单位要按规定是由经过资格审定的适合本项目的等级和专业范围的规

划、设计、工程咨询单位承担。

（1）可行性研究报告的编制。可行性研究报告一般具备以下基本内容：

• 总论：①报告编制依据（项目建议书及其批复文件，经济和社会发展规划、行业发展规划，国家有关法律、法规、政策等）；②项目提出的背景和依据（项目名称、承办法人单位及法人、项目提出的理由与过程等）；③项目概况（拟建地点、建设规划与目标、主要条件、项目估算投资、主要技术经济指标）；④问题与建议。

• 建设规模、产品（生产）方案、市场预测和确定的依据。

• 建设标准、设备方案、工程技术方案：①建设标准的选择；②主要设备方案的比较选择；③工程方案的比较选择。

• 资源、原材料、燃料供应，动力、运输、供水等协作配合条件（外部条件）。

• 建设地点、占地面积、布置方案：①总图布置方案及必选；②场外运输方案。

• 项目设计方案、公用工程与辅助工程方案。

• 环境影响评价；劳动安全卫生与消防分析。

• 节能、节水措施。

• 组织机构与人力资源配置（劳动定员及人员培训）。

• 项目实施进度：①建设工期；②实施进度安排。

• 投资估算及融资方案。

• 财务评价。

• 经济效益、社会效益评价。

• 风险分析：①项目主要风险识别；②风险程度分析；③防范风险对策。

• 研究结论与建议：①推荐方案总体描述；②推荐方案优缺点描述；③主要对比方案；④结论与建议。

• 附图、附表、附件。

（2）可行性研究报告的报批。报告编制完成后，建设单位按规定进行报批。

可行性研究报告经批准后，不得随意修改和变更。如果在建设规模、建设方案、建设地区或建设地点、主要协作关系等方面有变动以及突破投资估算时，应经原批准机关同意重新审批。经过批准的可行性研究报告，是确定建设项目、编制初步设计文件的依据。

可行性研究报告批准后即表示同意该项目可以进行建设，但何时列入投资计划，要根据其前期工作的进展情况以及财力等因素进行综合平衡后决定。

（3）到国土部门办理土地使用证。

（4）办理征地、青苗补偿、拆迁安置等手续。

（5）地勘。根据可行性研究报告审批意见委托或通过招标或比选方式选择有资质的地勘单位进行地勘。

（6）报审市政配套方案。报审供水、供气、供热、排水等市政配套方案，一般项目要在规划、建设、土地、人防、消防、环保、文物、安全、劳动、卫生等主管部门提出审查意见，取得有关协议或批件。

对于一些各方面相对单一、技术工艺要求不高、前期工作的项目，项目建议书和可行性研究报告也可以合并，一步编制项目可行性研究报告，也就是通常说的可行性研究报告代项目建议书。

8.1.2.3 设计文件阶段

设计是对拟建工程的实施在技术上和经济上所进行的全面而详尽的安排，是基本建设计划的具体化，是整个工程的决定性环节，是组织施工的依据，它直接关系着工程质量和将来的使用效果。

可行性研究报告经批准的建设项目应委托或通过招标投标择优选择有相应资质的设计单位，按照批准的可行性研究报告的内容和要求进行设计，编制设计文件。

承担项目设计的单位设计水平应与项目大小和复杂程度匹配。按现行规定，工程设计资质有工程设计综合资质（只设甲级）、工程设计行业资质（设甲、乙、丙级）、工程设计专业资质（设甲、乙、丙、丁级）、工程设计专项资质（设甲、乙级）四类，低等级的设计单位不得越级承担工程项目的设计任务。设计必须有充分的基础资料，基础资料要准确；设计所采用的各种数据和技术条件要正确可靠；设计所采用的设备、材料和所要求的施工条件要切合实际；设计文件的深度要符合建设和生产的要求。

根据建设项目的不同情况，设计过程一般划分为 3 个阶段，即方案设计、初步设计和施工图设计。重大项目和技术复杂项目，可根据需要在初步设计之后增加技术设计阶段。对于小型、简单的项目，是否进行初步设计，视具体情况而定。

（1）方案设计

方案设计是指在建筑项目实施之前，根据项目要求和所给定的条件确立的项目设计主题、项目构成、内容和形式的过程。建筑方案设计主要以平面图、立面图、剖面图及必要详图（效果图等）等技术性图纸作为表达方式，不着重于建筑绘画技巧。

方案设计工作是工程设计的最初阶段，为初步设计、施工图设计奠定了基础，是具有创造性的一个最关键的环节。规划方案设计要符合相应的设计要点要求，如建筑密度、容积率、绿化率等。

（2）初步设计

初步设计是根据批准的可行性研究报告和必要而准确的设计基础资料，对设计对象进行通盘研究，阐明在指定的地点、时间和投资控制数内，拟建工程在技术上的可能性和经济上的合理性。通过对设计对象做出的基本技术规定，编制项目的总概算。根据国家规定，如果初步设计提出的总概算超过可行性研究报告确定的总投资估算 10%以上或其他主要指标需要变更时，要重新报批可行性研究报告。

初步设计文件包括设计说明书、设计图纸、设备清单和材料清单、工程概算书、设备及材料技术规格书等。

初步设计文本报批。初步设计文本完成后，应按规定报审批准。

初步设计文件经批准后，总平面布置、主要工艺过程、主要设备、建筑面积、建筑结构、总概算等不得随意修改、变更。经过批准的初步设计文件，应当满足编制施工招标文件、主要设备材料订货和编制施工图设计文件的需要，是设计部门进行施工图设计的重要依据。

初步设计阶段，要到消防部门办理消防许可手续。

（3）施工图设计

施工图设计的主要内容是根据批准的初步设计，将项目分为单项工程、单元工程或单体工程进行详细设计，绘制出正确、完整和尽可能详尽的安装施工图纸，以满足设备材料的安

排和非标设备的制作、工程施工要求、生产运行、维护管理的需要等。

施工图设计文件的审查备案。施工图文件完成后，应根据规定，将施工图报有关机构审查，并报批行业主管部门备案。

施工图文件完成并审查后，进行施工图预算编制。施工图预算要委托由有预算资质的单位和人员编制。

8.1.2.4 施工建设准备阶段

（1）预备项目

初步设计已经批准或正在组织审批的项目，可列为预备项目。预备项目在进行建设准备过程中的投资活动，不算为工程建设工期。

（2）建设准备的内容

工程项目在开工建设之前，要切实做好各项准备工作，建设准备的主要内容包括如下：

① 编制项目投资计划书。并按现行的建设项目审批权限进行报批。

② 建设工程项目报建备案。省重点建设项目、省批准立项的涉外建设项目及跨市、州的大中型建设项目，由建设单位向省人民政府建设行政主管部门报建。其他建设项目按隶属关系由建设单位向县以上人民政府建设行政主管部门报建。

③ 建设工程项目招标。业主自行招标或通过比选等竞争性方式择优选择招标代理机构；通过招标或比选等方式择优选定施工单位、监理单位和设备供货单位，签订施工合同、监理合同和设备供货合同。

8.1.2.5 施工建设实施阶段

（1）开工前准备。项目在开工建设之前要切实做好以下准备工作：

① 征地、拆迁和场地平整。

② 完成“三通一平”即通路、通电、通水，修建临时生产和生活设施。

③ 组织设备、材料订货，做好开工前准备。包括计划、组织、监督等管理工作的准备，以及材料、设备、运输等物质条件的准备。

④ 准备必要的施工图纸。新开工的项目必须至少有 3 个月以上的工程施工图纸。

（2）办理工程质量监督手续。持①施工图设计文件审查报告和批准书；②中标通知书和施工、监理合同；③建设单位、施工单位和监理单位工程项目的负责人和机构组成；④施工组织设计和监理规划（监理实施细则）等资料在工程质量监督机构办理工程质量监督手续。

（3）办理施工许可证。向工程所在地的县级以上人民政府建设行政主管部门办理施工许可证。

（4）项目开工前审计。审计机关在项目开工前，对项目的资金来源是否正当、落实，项目开工前的各项支出是否符合国家的有关规定，资金是否按有关规定存入银行专户等进行审计。建设单位应向审计机关提供资金来源及存入专业银行的凭证、财务计划等有关资料。

（5）报批开工。按规定进行了建设准备并具备了各项开工条件以后，建设单位向主管部门提出开工申请。建设项目经批准新开工建设，项目即进入了建设实施阶段。项目新开工时间，是指建设项目设计文件中规定的任何一项永久性工程（无论生产性或非生产性）第一次正式破土开槽开始施工的日期。不需要开槽的工程，以建筑物的正式打桩作为正式开工。公路、水库需要进行大量土、石方工程的，以开始进行土方、石方工程作为正式开工。

8.1.2.6 投产试运行阶段

项目投产试运行是对整个项目的设计、计划、实施和管理工作综合性的检验。作为使用单位，应尽可能地按设计生产能力满负荷运行，以考验工程。

项目进入试运行阶段，标志已完成竣工验收并将工程的管理权移交给业主方。项目部在该阶段中的责任和义务，是按合同约定向业主提供项目试运行的指导和服务。对交钥匙工程，承包商应按合同约定对试运行负责。

项目试运行管理由试运行经理负责，在试运行服务过程中，接受项目经理和企业试运行管理部门负责人的双重领导。

根据合同约定或业主委托，试运行管理内容可包括试运行管理计划的编制、试运行准备、人员培训、试运行过程指导和服务等。

试运行的准备工作包括人力、机具、物资、能源、组织系统、许可证、安全、职业健康及环境保护及文件资料等的准备。试运行需要的各类手册包括操作手册、维修手册、安全手册等，业主委托事项及存在问题说明。

8.1.2.7 竣工验收阶段

竣工验收是工程建设过程的最后一个环节，是全面考核项目基本建设成果、检验设计和工程质量的重要步骤。

(1) 竣工验收的范围和标准

根据国家现行规定，凡新建、扩建、改建的基本建设项目和技术改造项目，按批准的设计文件所规定的内容建成，符合验收标准的，必须及时组织验收，办理固定资产移交手续。

进行竣工验收必须符合以下要求（前提条件）：

① 项目已按设计要求完成，能满足生产使用。

② 主要工艺设备配套设施经联动负荷试车合格，形成生产能力，能够生产出设计文件所规定的产品（产能）。

③ 环保设施、劳动安全卫生设施、消防设施已按设计要求与主体工程同时建成使用并经过验收；其他各专业验收已经完成。

④ 建设项目竣工资料编写完成，并汇编成册。

(2) 申报竣工验收的准备工作

竣工验收依据：批准的可行性研究报告、初步设计、施工图和设备技术说明书、现场施工技术验收规范以及主管部门有关审批、修改、调整文件等。

建设单位应认真做好竣工验收的准备工作：

① 整理工程技术资料。各有关单位（包括设计，施工单位）将以下资料系统整理，由建设单位分类立卷，交由生产单位或使用单位统一保管。

② 绘制竣工图纸。它与其他工程技术资料一样，是建设单位移交生产单位或使用单位的重要资料，是生产单位或使用单位必须长期保存的工程技术档案，也是国家的重要技术档案。竣工图必须准确、完整、符合归档要求，方能交付验收。

③ 编制竣工决算。建设单位必须及时清理所有财产、物资和未用完的资金或应收回的资金，编制工程竣工决算，分析预（概）算执行情况，考核投资效益，报主管部门审查。竣工决算是反映工程项目实际造价和投资效益的文件，是办理交付使用新增固定资产的依据。

④ 竣工审计。审计部门进行项目竣工审计并出具审计意见。

(3) 竣工验收程序

① 根据建设项目的规模大小和复杂程度，整个项目的验收可分为初步验收和竣工验收两个阶段进行。规模较大、较为复杂的建设项目，应先进行初验，然后进行全部项目的竣工验收。规模较小、较简单的项目可以一次进行全部项目的竣工验收。

② 建设项目在竣工验收之前，由建设单位组织施工、设计及使用等单位进行初验。初验前由施工单位按照国家规定，整理好文件、技术资料，向建设单位提出交工报告。建设单位接到报告后，应及时组织初验。

③ 建设项目全部完成，经过各单项工程的验收，符合设计要求，并具备竣工图表、竣工决算、工程总结等必要文件资料，由项目主管部门或建设单位向负责验收的单位提出竣工验收申请报告。

(4) 竣工验收的组织

竣工验收一般由建设单位或委托项目主管部门组织。

由生产、安全、环保、劳动、统计、消防及其他有关部门组成的验收委员会进行竣工验收，建设单位、施工单位、勘查设计单位参加验收工作。验收委员会负责审查工程建设的各个环节，听取各有关单位的工作报告，审阅工程资料并实地察验工程建设和设备安装情况，并对工程设计、施工和设备质量等方面做出全面的评价。

不合格的工程不予验收；对遗留问题提出具体解决意见，限期落实完成。

8.1.2.8 后评估阶段

一般由投资计划管理部门来负责。

项目后评估是在项目建成投产或投入使用后的一定时期，对项目运行进行全面评价，即对项目的实际费用、效益进行系统的审核，将项目决策的预期效果与项目实施后的实际结果进行全面、科学、综合的对比考核，对建设项目投资产生的财务、经济、社会和环境等方面的效益与影响进行客观、科学、公正的评估。

项目后评估的目的是为了总结项目建设的经验教训，查找在决策和建设中的失误和原因，以利于对以后项目投资决策和工程建设的科学性，同时对项目投入生产或使用后存在的问题提出解决办法，弥补项目决策和建设中的不足。

8.2 建筑工程设计

8.2.1 建筑工程设计内容

建筑设计按设计阶段可分为：方案设计、扩大初步设计、施工图设计。各阶段设计内容和深度依照相关规范执行。黄酒工厂的建筑设计要按照国家及当地现行有效的相关设计规范执行。

由国家住房和城乡建设部批准发布的《建筑工程设计文件编制深度规定》(2016 年版)，对建筑工程设计文件提出如下要求：

8.2.1.1 方案设计文件

(1) 设计说明书，包括各专业设计说明以及投资估算等内容；对于涉及建筑节能、环保、绿色建筑、人防等设计的专业，其设计说明应有相应的专门内容。

（2）总平面图以及相关建筑设计图纸。

（3）设计委托或设计合同中规定的透视图、鸟瞰图、模型等。

8.2.1.2 扩大初步设计文件

（1）设计说明书，包括设计总说明、各专业设计说明。对于涉及建筑节能、环保、绿色建筑、人防、装配式建筑等，其设计说明应有相应的专项内容。

（2）有关专业的设计图纸。

（3）主要设备或材料表。

（4）工程概算书。

（5）有关专业计算书。

8.2.1.3 施工图设计文件

（1）设计合同要求所涉及的所有专业的设计图纸（含图纸目录、说明和必要的设备、材料表）以及图纸总封面；对于涉及建筑节能设计的专业，其设计说明应有建筑节能设计的专项内容；涉及装配式建筑设计的专业，其设计说明及图纸应有装配式建筑专项设计内容。

（2）工程预算书。要注意的是，对于方案设计后直接进入施工图设计的项目，若合同中未要求编制工程预算书，施工图设计文件应包括工程概算书。

（3）各专业计算书。计算书不属于必须交付的设计文件，但应按本规定相关条款的要求编制并归档保存。

8.2.1.4 图件说明

以上3个阶段（8.2.1.1～8.2.1.3）中所述的施工图文件是最终施工的依据文件，根据施工图所表示的内容和各工种不同，可分为不同的图件，简要介绍如下：

（1）建筑施工图

建筑施工图主要用来表示建筑物的规划位置、外部造型、内部各房间的布置、内外装修构造和施工要求的图件。主要图件有：施工首页图、建筑总平面图、建筑平面图、建筑立面图、建筑剖面图和建筑详图（主要详图有外墙身剖面详图、楼梯详图、门窗详图、厨厕详图）。简称“建施”。

（2）结构施工图

结构施工图主要表示建筑物承重结构的结构类型、结构布置，构件种类、数量、大小及作法的图件。主要图件有：结构设计说明、结构平面布置图、基础平面图、柱网平面图、楼层结构平面图及屋顶结构平面图和结构详图（基础断面图楼梯结构施工图、柱、梁等现浇构件的配筋图）。简称“结施”。

（3）设备施工图

设备施工图主要表达建筑物的给排水、暖气通风、供电照明等设备的布置和施工要求的图件。因此设备施工图又分为如下3类图件：

① 给排水施工图：表示给排水管道的平面布置和空间走向、管道及附件作法和加工安装要求的图件。包括管道平面布置图、管道系统图、管道安装详图和图例及施工说明。

② 采暖通风施工图：主要表示管道平面布置和构造安装要求的图件。包括管道平面布置图、管道系统图、管道安装详图和图例及施工说明。

③ 电气施工图：主要表示电气线路走向和安装要求的图件。包括线路平面布置图、线路系统图、线路安装详图和图例及施工说明。简称“设施”。

8.2.2 工厂总平面布置要求

工厂总平面布置指厂区范围内的车间、仓库、运输线路、管道和其他建筑物等的全部配置。主要任务是：合理地解决企业内各个建筑物的位置，并使其与厂区地形相适应；满足生产、运输、动力、卫生、防火以及建筑工程的经济、适用和美观等方面的要求。黄酒工厂的总平面布置时应该注意以下要求：

8.2.2.1 应满足生产和运输要求

（1）厂区布置应符合生产工艺流程的合理要求，应使工厂各生产环节具有良好的联系，保证它们间的径直和短捷的生产作业线，避免生产流程的交叉和迂回往复，使各种物料的输送距离为最小。

（2）供水、供电、供热、供汽、供冷及其他公用设施，在注意其对环境影响和厂外管网联系的情况下，应力求靠近负荷中心，以使各种公用系统介质的输送距离为最小。

（3）厂区铁路、道路要径直短捷。不同货流之间，人流与货流之间都应该尽可能避免交叉和迂回。货运量大，车辆往返频繁的设施（仓库、堆场、车库、运输站场等）宜靠近厂区边缘地段布置。

（4）当厂区较平坦方整时，一般采用矩形街区布置方式，以使布置紧凑，用地节约，实现运输及管网的短捷，厂容整齐。

总之，符合生产和运输要求，实质上要求总平面布置实现生产过程中的各种物料和人员的输送距离为最小，最终实现生产的能耗为最小。

8.2.2.2 应满足安全和卫生要求

厂区布置应充分考虑安全布局，严格遵守防火、卫生等安全规范、标准和有关规定，其重点是防止火灾爆炸的发生，以利保护国家财产，保障工厂职工的人身安全和改善劳动条件，具体布置时应注意以下几点：

（1）火灾危险性较大以及散发大量烟尘或有害气体的生产车间、装置和场所，应布置在厂区边缘或其他车间、场所的下风侧。

（2）火灾、爆炸危险性较大和散发有毒有害气体的车间，装置或设备，应尽可能露天或半敞开布置，以相对降低其危险性、毒害性和事故的破坏性，但应注意生产特点对露天布置的适应性。

（3）空压站、空分车间及其吸风口等处理空气介质的设施，应布置在空气较洁净的地段，并应位于散发烟尘或有害气体场所的上风侧，否则应采取有效措施。

（4）厂区消防道路布置一般宜使机动消防设备能从两个不同方向迅速到达危险车间、危险仓库和罐区等。

（5）厂区建筑物的布置应有利于自然通风和采光。

（6）厂区应考虑合理的绿化，以减轻有害烟尘、有害气体和噪声的影响，改善气候和日晒状况，为工厂的生产、生活提供良好的环境。

（7）环境洁净要求较高的工厂总平面布置，洁净车间应布置在上风侧或平行风侧，并与污染源保持较大距离。在货物运输组织上尽可能做到黑白分流。

8.2.2.3 应考虑工厂发展的可能性和妥善处理工厂分期建设的问题

由于工艺流程的更新、加工程度的深化、产品品种的变化和综合利用的增加等原因，工厂的布局应有较大的弹性，即要求在工厂发展变化、厂区扩大后，现有的生产、运输布局和安全布局方面仍能保持合理的布置。具体注意以下：

（1）分期建设时，总平面布置应使前后各期工程项目尽量分别集中，使前期工程尽早投产，后期有适当的合理的布局。

（2）应使后期施工与前期生产之间的相互干扰尽可能小。后期工程一般不宜布置在前期工程地段内，其外管还应避免穿过前期工程危险区域或者车间内部，以利于安全生产和施工。

（3）考虑远期近期的关系应坚持“远近结合，以近为主，近期集中，远期外围，由近及远，自内向外”的布置原则，以达到近期紧凑，远期合理的目的。

（4）在预留发展用地时，总平面布置至少应有一个方向可供发展的可能，并主要将发展用地留于厂外，防止在厂内大圈空地多征少用、早征迟用和征而不用的错误做法。

8.2.2.4 必须贯彻节约用地原则

节约用地是我国的基本国策。生产要求、安全卫生要求和发展要求与节约用地是相辅相成的。保证径直和短捷的生产作业线必然要求工厂集中和紧凑的布置，而集中和紧凑的布置不仅节约了能量，也同样节约了土地。在安全卫生要求方面，如能妥善安排不同对象的不同安全间距要求，既可保证必要的安全距离，又可使土地得到充分利用。在对待发展要求方面，坚持“近期集中，远期外围，由近及远，自内向外”的布置原则，可以使近期工程因集中布置而节约近期用地，并为远期工程的发展创造最大的灵活性。

节约土地还可通过以下手段实现：不占或少占良田耕地，利用坡地瘠地；利用综合厂房或联合装置；采用多层厂房，向空中发展；建筑物的平面外形力求整齐、统一；合理布置管线，压缩红线间距。

8.2.2.5 应考虑各种自然条件和周围环境的影响

（1）重视风向和风向频率对总平面布置的影响，布置建、构筑物位置时要注意它们与主导风向的关系。山区建厂还应考虑山谷风影响和山前山后气流的影响，要避免将厂房建在窝风地段。

（2）应注意工程地质条件的影响，厂房应布置在土层均匀，地耐力强的地段。一般挖方地段宜布置厂房，填方地段宜布置道路、地坑、地下构筑物等。

（3）地震区、湿陷性黄土区的工厂布置还应遵循有关规范的规定。

（4）工厂总平面布置应满足城市规划、工业区域规划的有关要求，做到局部服从全体，注意与城市规划的协调。

8.2.2.6 应为施工安装创造有利条件

（1）工厂布置应满足施工和安装（特别是大型设备吊装）机具的作业要求。

（2）厂内道路的布置同时应考虑施工安装的使用要求。兼顾施工要求的道路，其技术条件、路面结构和桥涵荷载标准等应满足施工安装的要求。

（3）露天堆场占地面积：露天堆场指露天堆存的原料、成品、半成品（如陶坛装的黄酒后酵醪液）及设备器械（如陶坛等）堆场，其大小应按规定的储存周期及数量计算，按堆场场地边缘线尺寸计算。

（4）露天操作场占地面积：按操作场场地边缘尺寸计算，其大小应按露天操作作业量和要求计算。

8.2.2.7 竖向布置

竖向布置和平面布置是工厂布置不可分割的两部分内容。平面布置的任务是确定全厂建、构筑物、铁路、道路、码头、装卸站台和工程管道的平面坐标，竖向布置的任务则是确定它们的标高。竖向布置的目的是合理的利用和改造厂区的自然地形，协调厂内外的高程关系，在满足生产工艺、运输、卫生安全等方面要求的前提下使工厂场地的土方工程量为最小，使工厂区的雨水能顺利排除，并不受洪水淹没的威胁。

8.2.3 生产厂房结构形式与建筑风格

黄酒生产厂房建筑形式主要有框架结构和钢结构两种，钢结构一般用于大跨度车间如灌装车间等，建筑风格主要考虑传统与现代相结合，主体设计仍然考虑以现代工业厂房为主，局部融入当地传统建筑风格元素。黄酒工厂常见的生产车间及配套设施如表 8-1 所示。

表 8-1 黄酒工厂常见的生产车间及配套设施

车间或厂房	主要功能	建筑形式
原料储存车间	存储原料如大米、小麦等	库房存储或筒仓储存
发酵车间	一般包括浸米、蒸饭、酒母、发酵罐区等	框架结构或钢结构
制曲车间	制曲，可以独立或与发酵车间在同一个建筑物	大多为框架结构
压榨及澄清过滤车间	发酵醪液压榨，酒体澄清及过滤	框架或钢结构；通常为两层车间，二层为压榨车间，黄酒自流至一层的澄清罐
煎酒灌坛车间	黄酒杀菌与灌坛，陶坛清洗杀菌	框架或钢结构
晒泥头车间	陶坛泥头干燥	一般为一层钢结构
堆场	空坛堆放，或后发酵陶坛堆放	室外露天
陈化车间	存放坛装黄酒	大多为框架结构
储酒罐区	黄酒不锈钢罐储存陈化	露天或钢棚
勾调车间	黄酒的勾调调配	框架或钢结构
灌装及包装车间	黄酒灌装及包装	框架或钢结构
包材库	玻璃瓶库，标签、纸箱等存放	框架或钢结构；可布置在包装车间内
成品库	存放成品酒	大多为框架结构；可与包装车间衔接
空压站	提供压缩空气	独立建造或布置在生产车间内
制冷机房	提供工艺用冷却水	独立建造或布置在生产车间内
配电房	厂区配电	
污水处理站	污水处理	
其他	锅炉房、水处理站、机修间、垃圾站等	

8.2.4 酒厂防火设计

酒厂防火设计要按照国家及地方相关规范、标准等执行，主要的防火设计规范有：《建筑设计防火规范》(GB 50016—2014)、《酒厂防火设计规范》(GB 50694—2011) 等。

《酒厂防火设计规范》(GB 50694—2011) 是国家住房和城乡建设部专门针对酒厂设计编制并发布的设计规范。该规范的主要内容有：总则，术语，火灾危险性分类、耐火等级和防火分区，总平面布局和平面布置，生产工艺防火防爆，储存，消防给水、灭火设施和排水，采暖、通风、空气调节和排烟，电气等。

根据该规范，黄酒工厂各生产车间的火灾危险性分类如表 8-2 所示。不同火灾危险性的厂房或建筑物之间的防火间距要满足防火规范要求，同时配置相应的防火设备设施。

表 8-2 黄酒生产车间火灾危险性分类

火灾危险性分类	最低耐火等级	黄酒生产车间	其他建(构)筑物
甲	二级	采用糟烧白酒、高粱酒等代替酿造用水的发酵车间	燃气调压站、乙炔间
乙	二级	粮食筒仓的工作塔、制曲原料粉碎车间、压榨车间、煎酒车间、灌装车间；储罐区	氨压缩机房
丙	二级	原料筛选车间、制曲车间；粮食仓库	自备发电机房；包装材料库、塑料瓶库
丁	三级	制酒母车间，原料浸渍、蒸煮车间，发酵车间，包装车间，酒糟利用车间；陶坛等陶制容器酒库、成品库	排水、污水泵房，空气压缩机房；洗瓶车间，机修车间，仪表、电修车间；玻璃瓶库、陶瓷瓶库

8.2.5 物流、人流、参观路线规划设计

生产区域内存在 3 种主要的流动：

(1) 人员：生产人员、维修人员、外来检查人员和参观人员。

(2) 洁净物品：原辅料、包装材料、清洁设备和清洁工具、工作服和成品。

(3) 污染物品：污染的但可以再次使用的设备工具、工作服、废弃的污染物，如一次性使用的材料、废物等。

为了防止出现交叉污染，将车间路线分为人流路线和物流路线。通过不同路线的设置尽可能地减少人流和物流交叉的情况。此外，各种人流路线也不可交叉，例如，生产人员路线与参观人员路线要相互分离。

考虑到黄酒生产工艺的复杂性及车间的多样性，参观通道设计要考虑不同的方式向参观人员的展示和互动。例如，走进车间内部参观、文字图片及音视频（二维、三维等）展示（可设置在参观走廊或专门的展示厅）；互动环节亦可以考虑，如游客可亲自体验黄酒酿酒操作、品尝不同品种的黄酒等。

另外，要根据不同类别的参观人员（例如，政府部门领导、本领域技术人员及普通游客等）设计不同的参观路线（局部参观和全厂参观），控制好参观距离和时间。既要充分展示，又要恰当地控制好参观距离和参观时间。

8.3 工艺设计

工艺设计是工厂设计的重要组成部分，它包括工艺系统设计、设备及管道布置、管机和管材设计等。工艺设计施工图是工艺设计的最终成品，通常由文字说明、表格和图纸三部分组成。如表 8-3 所示为常见的工艺施工图文件目录。

表 8-3 常见的工艺施工图文件目录

类别	名称	提交业主	内部存档
总则	图纸目录	√	
	设计说明(包括工艺、布置、管道、绝热设计说明)	√	
工艺系统	工艺及系统设计规定		√
	管道及仪表流程图	√	
	管道特性表	√	
	设备一览表	√	
	特殊阀门及管道附件数据表	√	
设备布置	各单体车间设备布置图	√	
管道布置	物料管道布置图(车间内部及全厂管线)	√	
	压缩空气管线图(车间内部及全厂管线)	√	
	冷冻管线图(车间内部及全厂管线)	√	
	热力(蒸汽、热水)管线图(车间内部及全厂管线)	√	
	管段材料表索引及管段材料表	√	
	管架表	√	
	设备管口方位图	√	
管机	管道机械设计规定	√	
	管道应力计算报告		√
	管架索引及特殊管架图	√	
	波纹膨胀节数据表	√	
	弹簧汇总表	√	
管材	管道材料控制设计规定		√
	管道材料等级索引及等级表	√	
	阀门技术条件表	√	
	绝热工程规定		√
	防腐工程规定		√
	特殊管件图	√	
	隔热材料表	√	
	防腐材料表	√	
	综合材料表	√	
非标设备	非标设备提资图	√	
工艺设计说明书	产品方案,物料平衡,工艺流程及操作说明,生产能耗计算,生产人员配置,设备投资概算等	√	

8.3.1 工艺流程设计

在选择生产方法和工艺流程时要遵循以下 3 项原则：一是先进性，是指技术上先进和经济上合理；二是可靠性，是指选择的生产方法和工艺流程是否成熟可靠；三是合理性，是指除了从技术、经济观点考虑以外，还要从具体情况出发考虑其他问题，如国家资源的合理利用、建厂地区的合理规划、“三废”处理是否可行。

工艺流程设计是工厂设计中非常重要的环节，它通过工艺流程图的形式，形象地反映了由原料进入到产品输出的生产过程，其中包括物料和能量的变化，物料的流向以及生产中所经历的工艺过程和使用的设备仪表。

工艺流程图是把各个生产单元按照一定的目的要求有机地组合在一起，形成一个完整的生产工艺过程，并用图形描绘出来。它包括 3 个类别：方案流程图（工艺流程草图、流程示意图)、物料流程图、带控制点的工艺流程图。

带控制点的工艺流程图，也称为管道及仪表流程图（piping & instrument diagram，P&ID)，是工程设计中最重要的图纸之一，所有与工艺过程有关的信息都反映在该图上，如全部设备、仪表、控制联锁方案、管道、阀门及管件、开停车管道、特殊操作要求、安装要求、布置要求、安全要求等。管道及仪表流程图不仅是设计、施工的依据，而且也是企业管理、试运行、操作、维修和开停车各方面所需的完整技术资料的一部分。

管道及仪表流程图各设计版次，可为工艺、仪表、设备、电气、配管（安装)、应力、材料、给排水等相关专业及时提供相应阶段的设计信息。

8.3.2 设备选型及非标设备设计

8.3.2.1 设备分类

工厂中的设备可分为标准设备和非标准设备。

标准设备指在类型、规格、性能、尺寸、制图、公差和配合、技术文件编号与代号、技术语言、计量单位以及所用材料与工艺设备等，都按统一标准制造出来的机械设备。如各种泵类、压缩机、冷冻设备、包装成型机械、称量设备等。

非标准设备就是指不是按照国家颁布的统一的行业标准和规格制造的设备，而是根据自己的用途需要，自行设计制造的设备。且外观或性能不在国家设备产品目录内的设备。黄酒厂里的非标设备包括各类发酵罐、储存罐、中间罐、槽等。

8.3.2.2 酒厂非标设备的一般设计要点

酒厂非标设备主要包括指各类罐体（如发酵罐、储酒罐、暂存罐等)。具体设备参数，如罐体的直径、高度、壁厚、保温、冷却或加热方式、换热面积等要根据工艺要求，按照相关规范标准来选择或计算确定。另外，不同非标设备有不同加工要求，例如焊接要求、表面粗糙度（是否需要内壁抛光)、罐顶装置选型等。此外，还要考虑各个接口（如进、出料管口，人孔，冷溶剂进出口，取样阀等）的尺寸、位置和连接方式（焊接、螺纹或法兰连接等)，自控元件（压力、温度、液位传感器等）的安装位置和安装方式。

8.3.2.3 设备选型举例

总体而言，设备选型包括以下内容：一是设备的生产或处理能力及数量，主要是根据每天或每班次的生产量和生产时间来选型；二是设备的技术参数选择，主要考虑设备的加工制作质量水平、运行稳定性、先进性、生产能耗、造价、设备制造厂家的综合实力等。

如表 8-4 所示为年产 2 万吨机械化黄酒主要生产设备清单。

8.3.3 车间设备平面布置

黄酒工厂的设备布置，在气温较低的地区或有特殊要求者，均将设备布置在室内，一般情况可采用室内与露天联合布置。

生产中一般不需要经常操作的或可用自动化仪表控制的设备，如后发酵罐、储酒罐等都可布置在室外。需要大气调节温湿度的设备，如凉水塔、空气冷却器等也都露天布置或半露天布置。

表 8-4 年产 2 万吨机械化黄酒主要生产设备

设备名称	单位	数量	技术规格
大米斗提机	只	2	$Q=7\text{t/h}$
筛米机	台	1	$Q=7\text{t/h}$
浸米罐	只	16	$V=22\text{m}^3$
米浆水泵	只	1	$Q=5\text{m}^3/\text{h}$
米水混合输送泵	台	1	$Q=15\text{m}^3/\text{h}$
米水分离器	个	1	与蒸饭机配套
卧式蒸饭机	台	1	$Q=7\text{t/h}$；落料斗与米饭输送泵相连，输送醪液的同时，兼有使饭、酒母、曲、水等混合均匀的功能
定量加曲机	台	1	$Q=1\text{m}^3/\text{h}$ 螺旋输送机
麦曲暂存罐	个	1	$V=4\text{m}^3$
出曲埋刮板机	个	1	输送长度 13m，6～12m^3/h；功率 4kW
米饭输送泵	台	1	$Q=25\text{m}^3/\text{h}$ 螺杆泵
前发酵罐	只	10	$V=65\text{m}^3$
酒母罐	只	4	$V=1.5\text{m}^3$
定量水罐	只	3	$V=5\text{m}^3$
水泵	台	1	$Q=8\text{m}^3/\text{h}$
酒母输醪泵	台	1	$Q=5\text{m}^3/\text{h}$ 卫生离心泵
前酵醪液泵	台	1	$Q=35\text{m}^3/\text{h}$
双联过滤器	只	2	$\varphi500\times500$；不锈钢；醪液过滤
后发酵罐	只	30	$V=120\text{m}^3$
后酵醪液泵	只	1	$Q=35\text{m}^3/\text{h}$（后酵罐到压榨车间）
制冷系统	套	1	提供 7℃ 循环冷却水；制冷量 500kW
空压机	台	2	0.8MPa，排气量 8m^3/min
自控仪表设备系统			根据生产要求配套
板框压榨机	台	26	过滤面积 100m^2
滤布洗衣机	台	1	
滤布脱水机	台	1	
澄清罐	只	8	$V=60\text{m}^3$
酱色（焦糖色）稀释桶	只	1	$V=1\text{m}^3$
酱色输送泵	台	1	$Q=5\text{m}^3/\text{h}$
浊酒泵	台	1	$Q=5\text{m}^3/\text{h}$
清酒泵	台	3	$Q=15\text{m}^3/\text{h}$
清酒罐	只	2	$V=60\text{m}^3$
硅藻土过滤机	套	1	$Q=20\text{m}^3/\text{h}$
黄酒杀菌系统	套	1	$Q=15\text{t/h}$
自动洗坛装坛系统	套	1	$Q=400$～500 坛/h
坛酒暂存罐	只	2	$V=4\text{m}^3$
储酒罐	只	若干	

不允许有显著温度变化，不能受大气影响的一些设备，如反应罐、各种机械传动的设备、装有精密度极高仪表的设备及其他应该布置在室内的设备，则应布置在室内。

在条件许可的情况下，采取有效措施，最大限度地实现工厂的露天布置。设备露天布置有下列优点：可以节约建筑面积，节省基建投资；可节约土建施工工程量，加快基建进度；有火灾及爆炸危险性的设备，露天布置可降低厂房耐火等级，降低厂房造价；对厂房的扩建、改建具有较大的灵活性。

生产工艺对设备布置有如下要求：

（1）在布置设备时一定要满足工艺流程顺序，要保证水平方向和垂直方向的连续性。对于有压差的设备，应充分利用高低位差布置，以节省动力设备及费用。在不影响流程顺序的原则下，将各层设备尽量集中布置，充分利用空间，简化厂房体形。通常把浸米罐布置在最高层，蒸饭机、制曲设备等布置在中层，发酵罐、澄清罐、过滤设备等布置在底层。这样既可利用位差进出物料，又可减少各层楼面的荷重，降低造价。但在保证垂直方向连续性的同时，应注意在多层厂房中要避免操作人员在生产过程中过多地往返于楼层之间。

（2）凡属相同的几套设备或同类型的设备或操作性质相似的有关设备，应尽可能布置在一起，这样可以统一管理，集中操作，还可减少备用设备，即互为备用。

（3）为了考虑整齐美观，可采取下列方式布置。换热器并排布置时，推荐靠管廊侧管程接管中心线取齐。泵的排列应以泵出口管中心线取齐。卧式容器推荐以靠管廊侧封头切线取齐。布置设备时，除要考虑设备本身所占的位置外，还须有足够的操作、通行及检修需要的位置。

（4）要考虑相同设备或相似设备互换使用的可能性，设备排列要整齐，避免过松过紧。

（5）除热膨胀有要求的管道外，要尽可能地缩短设备间管线。

（6）车间内要留有堆放原料、成品和包装材料的空地（能堆放 1 批或 1 天的量），以及必要的运输通道及起吊位置，且尽可能地避免物料的交叉运输（输送）。

（7）传动设备要有安装安全防护设施的位置。

（8）要考虑物料特性对防火、防爆、防毒及控制噪声的要求，譬如对噪声大的设备，宜采用封闭式间隔等；化学品要和其他部分完全隔开，并单独布置；对于可燃液体及气体场所应集中布置，便于处理。

（9）根据生产发展的需要和可能，适当预留扩建余地。

8.3.4　工艺管线设计

8.3.4.1　工艺管线组成

工艺管线包括生产设备装置中使用的管道器材，一般包括管子、管件、阀门、法兰、垫片和紧固件以及其他管道组成件，例如过滤器、分离器、阻火器、补偿器等。

（1）金属管线

管线分类方法很多，按材质分类可分为金属管、非金属管和钢衬非金属复合管。非金属管主要有橡胶管、塑料管、石棉水泥管、石墨管、玻璃钢管等，非金属管的使用同金属管相比所占比例较小，而金属管在酒厂大多数设备装置中要占到全部工艺管道安装工程绝大多数比例以上，本文重点介绍金属管材。

有关金属管材分类如表 8-5 所示。

表 8-5　常见金属管材分类

大类	小类	举　例
铁管	铸铁管	承压铸铁管
钢管	碳素钢钢管	Q235A 焊接钢管，10 号、20 号钢无缝钢管
	低合金钢钢管	16Mn 无缝钢管、低温钢无缝钢管
	高合金钢钢管	奥氏体不锈钢钢管（如 06Cr19Ni10、06Cr17Ni12Mo2、1Cr18Ni9Ti 等）、耐热不锈钢钢管、双相不锈钢管
有色金属管	铜及铜合金管	拉制及挤制黄铜管、紫铜管
	铅管	铅管、铅锑合金管
	铝及铝合金管	冷拉铝及铝合金圆管、热挤压铝及铝合金圆管
	钛管等	钛管及钛合金管（Ti-2Al-1.5Mn 等）

以上金属管材中在酒厂应用最多的是钢管，钢管又可分为焊接钢管、无缝钢管等种类。

① 焊接钢管

焊接钢管，也称有缝钢管，一般由钢板或钢带卷焊而成。按管材的表面处理形式分为镀锌和不镀锌两种。表面镀锌的发白色，又称为白铁管或镀锌钢管；表面不镀锌的即普通焊接钢管，也称为黑铁管。镀锌焊接钢管，常用于输送介质要求比较洁净的管道，如生活用水、净化空气、仪表空气等；不镀锌的焊接钢管，可用于输送蒸汽、压缩空气和冷凝水等。

根据用户要求，焊接钢管在出厂时可分两种，一种是管端带螺纹的，另一种是管端不带螺纹的。管端带螺纹的焊接钢管，每根管材长度为 4～9m，不带螺纹的焊接钢管，每根管材长度为 4～12m。

焊接钢管按管壁厚度不同，分为薄壁钢管、加厚钢管和普通钢管。工艺管道上用量最多的是普通钢管，其试验压力为 2.0MPa。加厚钢管的试验压力为 3.0MPa。

焊接钢管的连接方法较多，有螺纹连接、法兰连接和焊接。法兰连接中又分螺纹法兰连接和焊接法兰连接。焊接方法中又分为气焊和电弧焊。

常用焊接钢管的规格范围为公称直径 6～150mm。

② 无缝钢管

由整块金属制成的，表面上没有接缝的钢管，称为无缝钢管。根据生产方法，无缝管分热轧管、冷轧管、冷拔管、挤压管、顶管等。按照断面形状，无缝钢管分圆形和异形两种，异形管有方形、椭圆形、三角形、六角形、瓜子形、星形、带翅管多种复杂形状。最大直径达 650mm，最小直径为 0.3mm。

无缝钢管是工业管道中用量最大、品种规格最多的管材，基本上分为流体输送用无缝钢管和带有专用性的无缝钢管两大类，前者是工艺管道常用的钢管，后者如锅炉专用钢管、裂化炉管和热交换器用钢管等。按材质可分为碳素无缝钢管、铬钼无缝钢管和不锈、耐酸无缝钢管。按公称压力可分为 3 类，即低压（0～1.0MPa）、中压（1.0～10.0MPa）、高压（≥10MPa）无缝钢管。

（2）常用的阀门

① 闸阀

闸阀的闸板由阀杆带动，沿阀座密封面作升降运动，可接通或截断流体的通路。闸阀流动阻力小，启闭省力，广泛用于各种介质管道的启闭。

当闸阀部分开启时，在闸板背面产生涡流，易引起闸板的冲蚀和振动，阀座的密封面也易损坏，修理困难。故一般不作为节流用。

闸阀的优点是流体阻力小，启闭省劲，可以在介质双向流动的情况下使用，没有方向性，全开时密封面不易冲蚀，结构长度短，不仅适合做小口径阀门，而且适合做大口径阀门。

② 截止阀、节流阀

截止阀和节流阀都是向下闭合式阀门，启闭件（阀瓣）由阀杆带动，沿阀座轴线作升降运动来启闭阀门。截止阀与节流阀的结构基本相同，只是阀瓣的形状不同。截止阀的阀瓣为盘形，节流阀的阀瓣多为圆锥流线型，故特别适用于节流，可以改变通道的截面积，用以调节介质的流量与压力。

③ 球阀

球阀是由旋塞阀演变而来。它具有相同的启闭动作，不同的是阀芯旋转体不是塞子而是球体。当球旋转 90°时，在进、出口处应全部呈现球面，从而截断流动。球阀在管路中主要用来做切断、分配和改变介质的流动方向。它具有以下优点：

• 结构简单、体积小、质量轻，维修方便。

• 流体阻力小，紧密可靠，密封性能好。

• 操作方便，开闭迅速，便于远距离的控制。

• 球体和阀座的密封面与介质隔离，不易引起阀门密封面的侵蚀。

• 适用范围广，通径从小到几毫米，大到几米，从高真空至高压力都可应用。

④ 蝶阀

蝶阀是由阀体、圆盘、阀杆和手柄组成。它是采用圆盘式启闭件，圆盘式阀瓣固定于阀杆上，阀杆转动 90°即可完成启闭作用。同时在阀瓣开启角度为 20°～75°时，流量与开启角度成线性关系，有节流的特性。蝶阀广泛用于 2.0MPa 以下的压力和温度不高于 200℃的各种介质。蝶阀的特点如下：

• 结构简单，外形尺寸小，结构长度短，体积小，质量轻，适用于大口径的阀门。

• 全开时阀座通道有效流通面积较大，流体阻力较小。

• 启闭方便迅速，调节性能好。

• 启闭力矩较小，由于转轴两侧蝶板受介质作用基本相等，而产生转矩的方向相反，因而启闭较省力。

• 密封面材料一般采用橡胶、塑料，故低压密封性能好。

⑤ 止回阀

止回阀是指依靠介质本身流动而自动开、闭阀瓣，用来防止介质倒流的阀门。止回阀有 3 大类：升降式、旋启式及蝶式止回阀。升降式止回阀的阀体形状与截止阀一样（可与截止阀通用），因此它的流体阻力系数较大。旋启式止回阀，阀瓣围绕阀座外的销轴旋转，应用较为普遍。碟式止回阀阀瓣围绕阀座内的销轴旋转，其结构简单，只能安装在水平管道上，密封性较差。

⑥ 减压阀

减压阀是靠膜片、弹簧、活塞等敏感元件改变阀瓣与阀座间的间隙，把进口压力减至需

要的出口压力，并依靠介质本身的能量，使出口压力自动保持恒定。按作用方式分为两大类：a.直接作用式，利用出口压力变化，直接控制阀瓣运动；b.先导式，由主阀和导阀组成，出口压力的变化通过导阀放大控制主阀动作。按结构形式可分为：薄膜式、弹簧薄膜式、活塞式、波纹管式、杠杆式等。

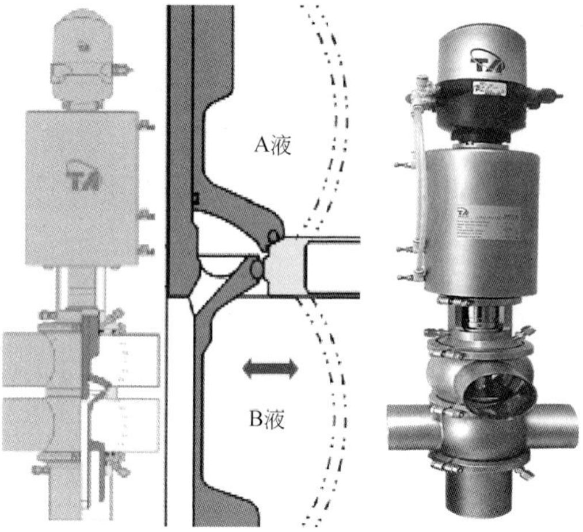

图 8-1　双密封座阀

⑦ 双密封座阀

双密封座阀，是防止两种不同液体混合的阀门，使用它可以满足不同的流程同时进行。在目前竞争日趋激烈的情况下，尽可能地降低设备成本成为关键，在过去要达到防混的要求需要 3 台单座阀才能实现，而现在只需要 1 台双密封座阀就能实现，配管、电气配件以及空间均可以最大程度得到节省。如图 8-1 所示为双密封座阀的结构与外观图。

⑧ 自动阀门

自动阀门指的是可以利用电动、气动、液动或电磁驱动等人力以外的方式实现自动控制的阀门。其特点是：使用方便、安全；可以现场控制，也可以远距离控制；可以对单一阀门进行控制，也可以对多部阀门进行集中控制；可以进行简单的开关控制，也可以实现调节控制；配合电子计算机，可以实现程序化控制。由于有远距离控制的需要，一般都会有阀门信号反馈——灯信号或 4～20mA 信号反馈，用以进行阀门控制。

接收控制器来的控制信号，改变被控介质流量，达到对流量、压力、温度、液位、平衡等的控制的设备称为执行器。按动力形式分为气动、电动、液动、电磁驱动等 4 大类。

（3）自动化仪表

自动化仪表，是由若干自动化元件构成的，具有较完善功能的自动化技术工具。它一般同时具有数种功能，如测量、显示、记录或测量、控制、报警等。自动化仪表本身是一个系统，又是整个自动化系统中的一个子系统。自动化仪表是一种“信息机器”，其主要功能是信息形式的转换，将输入信号转换成输出信号。信号可以按时间域或频率域表达，信号的传输则可调制成连续的模拟量或断续的数字量形式。

自动化检测仪表以其测量精确、显示清晰、操作简单等特点，在工业生产中得到广泛应用，而且自动化检测仪表内部具有与微机的接口，更是自动化控制系统重要的部分，被称为自动化控制系统的眼睛。自动化仪表主要有温度仪表、压力仪表、物位仪表、流量仪表及一些过程分析仪表等。

① 温度仪表

现场设备或管道内介质温度一般都需要指示控制，最常用的是热电阻、热电偶。特殊热电阻有油罐平均温度计等；特殊热电偶有耐磨热电偶、表面热电偶、多点式热电偶、防爆热电偶等。

② 压力仪表

压力表分液柱式、弹性式、活塞式。作为压力调节系统除采用压力变送器将信号送至集散控制系统（distributed control system，DCS）或其他调节器外，位移平衡式基地式调节器仍常用于现场。

③ 物料料位仪表

物位测量仪表是测量液态和粉粒状材料的液面和装载高度的工业自动化仪表。测量块状、颗粒状和粉料等固体物料堆积高度，或表面位置的仪表称为料位计；测量罐、塔和槽等容器内液体高度，或液面位置的仪表称为液位计，又称液面计；测量容器中两种互不溶解液体或固体与液体相界面位置的仪表称为相界面计。

物位测量通常指对工业生产过程中封闭式或敞开容器中物料（固体或液位）的高度进行检测。如果是对物料高度进行连续的检测，称为连续测量。如果只对物料高度是否到达某一位置进行检测称为限位测量。

按测量手段来区分主要有直读式、浮力式（浮球、浮子、磁翻转、电浮筒、磁致伸缩等）、回波反射式（超声、微波、导波雷达等）、电容式、重锤探测式、音叉式、阻旋式、静压式等多种；其他还有核辐射式、激光式等用于特殊场合的测量方法。

④ 流量仪表

流量仪表（流量计）是指示被测流量和（或）在选定的时间间隔内流体总量的仪表。简单来说就是用于测量管道或明渠中流体流量的一种仪表。

流量计可分为有差压式流量计、转子流量计、节流式流量计、涡街流量计、容积流量计、电磁流量计、超声波流量计等。

⑤ 二次仪表

将检测仪表及传感器的信号进行转化、显示、控制、输出的单一组合仪表统称为二次仪表。具体由显示仪表和控制仪表组成。

二次仪表按信号分为气动和电动两大类。国产气动控制仪表有 QDZ-Ⅰ（膜片式）、QDZ-Ⅱ（波纹管式），采用 20～100kPa 气动标准信号。电动显示控制仪表有 DDZ-Ⅱ型（0～10mA）、DDZ-Ⅲ型（4～20mA）。进而发展成由微处理器完成上述功能的智能化显示控制仪表，如无纸记录仪、可编程回路控制仪等。

（4）管件

管件是管道系统中起连接、控制、变向、分流、密封、支撑等作用的零部件的统称。由于管系形状各异、简繁不等，因此，管件的种类较多。常用的管件有弯头、三通、异径管、管接头、管帽等。

根据用途不同可以将管件分为以下几类，如表 8-6 所示。

表 8-6 管件的分类

用途	管件名称
用于管子互相连接	法兰、活接、管箍、夹箍、卡套、喉箍等
改变管子方向	弯头、弯管
改变管子管径	变径(异径管)、异径弯头、支管台、补强管
增加管路分支	三通、四通
用于管路密封	垫片、生料带、线麻、法兰盲板、管堵、盲板、封头、焊接堵头
用于管路固定	卡环、拖钩、吊环、支架、托架、管卡等

8.3.4.2 管线支架

管道支架是指用于地上架空敷设管道支承的一种结构件，分为固定支架、滑动支架、导向支架、滚动支架等。管道支架在任何有管道敷设的地方都会用到，又被称作管道支座、管部等。它作为管道的支撑结构，根据管道的运转性能和布置要求，管架分成固定和活动两种。设置固定点的地方成为固定支架，这种管道与管道支架不能发生相对位移，而且，固定管架受力后的变形与管道补偿器的变形值相比，应当很小，因为管架要具有足够的刚度。设置中间支撑的地方采用活动管架，管道与管架之间允许产生相对位移，不约束管道的热变形。

（1）支架分类

按支架的作用分为3大类：承重架、限制性支架和减振架。

① 承重架：用来承受管道的重力及其他垂直向下载荷的支架（含可调支架）。

a. 滑动架：在支承点的下方支撑的托架，除垂直方向支撑力及水平方向摩擦力以外，没有其他任何阻力。

b. 弹簧架：包括恒力弹簧架和可变弹簧架。

c. 刚性吊架：在支承点的上方以悬吊的方式承受管道的重力及其他垂直向下的荷载，吊杆处于受拉状态。

d. 滚动支架：采用滚筒支承，摩擦力较小。

② 限制性支架：用来阻止、限制或控制管道系统位移的支架（含可调限位架）。

a. 导向架：使管道只能沿轴向移动的支架，并阻止因弯矩或扭矩引起的旋转。

b. 限位架：限位架的作用是限制线位移。在所限制的轴线上，至少有一个方向被限制。

c. 定值限位架：在任何一个轴线上限制管道的位移至所要求的数值，称为定值限位架。

d. 固定架：限制管道的全部位移。

③ 减振架：用来控制或减小除重力和热膨胀作用以外的任何力（如物料冲击、机械振动、风力及地震等外部荷载）的作用所产生的管道振动的支架。

（2）外管架设计要求

车间与车间之间输送物料的管线相互往来时，并且间距又较大，则应设置外管架。设计要求如下：

① 外管架的布置要力求经济合理，管线长度要尽可能短，走向合理，避免造成不必要浪费。

② 外管架布置应尽量避免对装置（车间）形成环状布置。

③ 布置外管架时应考虑扩建区的运输、预留出足够空间及通道，留有余地以利发展。在管架宽度上也应考虑扩建需要留有一定余量。

④ 外管架的形式，一般分为单柱（T形）和双柱（Ⅱ形）式。

⑤ 管架净空高度要求：高管架，净空高度不小于4.5m；中管架，净空高度2.5～3.5m；低管架，净空高度1.5m；管墩或管枕等，净空高度300～500mm。

⑥ 管架断面宽度要求：小型管架，管架宽度小于3m；大型管架，管架宽度大于3m。

⑦ 小型管架与建、构筑物之间的最小水平净距，应符合有关规定。

⑧ 一般管架坡度为0.2%～0.5%。当无特殊要求时可不设坡度。

⑨ 多种物性管道在同一管架多层敷设时，宜将介质温度高者布置在上层，腐蚀性介质及液化烃管道布置在下层。在同一层敷设时，热管道及需经常检修的管道布置在外侧。

8.3.4.3 管廊

管廊，即管道的走廊。工厂中的众多管道集中在一起，沿着装置或厂房外布置，一般是在空中，用支架撑起，形成和走廊类似的样子。管廊设计的一般要求如下：

（1）管廊的宽度

① 管廊的宽度主要由管道的数量和管径的大小确定。并考虑一定的预留的宽度，一般主管廊管架应留有10%～20%的余量，并考虑其荷重。同时要考虑管廊下设备和通道以及管廊上空冷设备等结构的影响。如果要求敷设仪表电缆槽架和电力电缆槽架，还应考虑它们所需的宽度。管廊上管道可以布置成单层或双层，必要时也可布置3层。管廊的宽度一般不宜大于10m。

② 管廊上布置空冷器时，支柱跨距最好与空冷器的间距尺寸相同，以使管廊立柱与空冷器支柱中心线对齐。

③ 管廊下布置泵时，应考虑泵的布置及其所需操作和检修通道的宽度。如果泵的驱动机用电缆为地下敷设时，还应考虑电缆沟所需宽度。此外，还要考虑泵用冷却水管道和排水管道的干管所需宽度。

④ 由于整个管廊的管道布置密度并不相同，通常在首尾段管廊的管道数量较少。因此，在必要时可以减小首尾段管廊的宽度或将双层管廊变单层管廊。

（2）管廊的跨度

管廊的柱距和管架的跨距是由敷设在其上的管道因垂直荷载所产生的弯曲应力和挠度决定的，通常为6～9m。如中小型装置中，小直径的管道较多时，可在两根支柱之间设置副梁使管道的跨距缩小。另外，管廊立柱的间距，宜与设备框架支柱的间距取得一致，以便管道通过。如果是混凝土管架，横梁上宜埋放一根直径为20mm的圆钢，以减少管道与横梁间的摩擦力。

（3）管廊的高度

① 横穿道路的空间

管廊在道路上空横穿时，其净空高度要求为：装置内的检修道不小于4.5m；工厂道路不小于5.0m；铁路不小于5.5m；管廊下检修通道不小于3m。当管廊有桁架时要按桁架底高计算。

② 管廊下管道的最小高度

为有效地利用管廊空间，多在管廊下布置泵。考虑到泵的操作和维护，至少需要3.5m；管廊上管道与分区设备相接时，一般应比管廊的底层管道标高低或高600～1000mm。所以管廊底层管底标高最小为3.5m。管廊下布置管壳式冷换设备时，由于设备高度增加，需要增加管廊下的净空。

③ 垂直相交的管廊高差

若管廊改变方向或两管廊直角相交，其高差取决于管道相互连接的最小尺寸，一般以500～750mm为宜。对于大型装置也可采用1000mm高差。

管廊的结构尺寸。在确定管廊高度时，要考虑到管廊横梁和纵梁的结构断面和型式，务必使梁底和桁架底的高度，满足上述确定管廊高度的要求。对于双层管廊，上下层间距一般为1.2～2.0m，主要决定于管廊上最大管道的直径。

至于装置之间的管廊的高度取决于管架经过地区的具体情况。如沿工厂边缘或罐区，不会影响厂区交通和扩建的地段，从经济性和检修方便考虑，可用管墩敷设，离地面高300～500mm即可满足要求。

8.3.4.4 工艺管线设计的内容及环节

管道工程设计分成管道布置、管道材料设计和管道机械设计3个部分，或者说分成这3个专业来完成。3个专业既相互独立又相互联系，它是一个内容中的3个分支，或者说是一个过程中的3个工序，管道材料设计是基础，管道布置是目的，而管道机械设计是保障。

（1）管道布置

管道布置过程大致可分为以下3个环节，即配管研究、管道详细设计、设计文件编制及归档。

① 配管研究

首先要了解设计条件和用户要求，然后确定设计应用标准规范，并委托管道材料专业确定管道等级，最后进行管道走向、支撑、操作平台等方面的综合规划和布置，并将有关的、认为有必要的管道委托给管道机械专业进行力学分析。

② 管道详细设计

管道详细设计是在配管研究方案获得各方均认可的基础上所做的设计。从时间上来讲它分为委托资料阶段和施工图完成阶段。从内容上来讲它包括管道定位、阀门定位、操作平台设置、放空排凝设置、隔热设计、防腐设计、支撑设计、仪表元件定位、采样设计、图例标识及图幅安排等内容，并根据不同的进展阶段向相关专业提交有关资料。

③ 设计文件的编制及归档

在完成管道的详细设计之后，应编制相应的文件资料，使它与管道设计图纸一起组成一个完整的管道设计文件。这些文件资料应包括资料图纸目录、管道设计说明书、管道表、管道等级表、管段材料表、管道材料表、管道设备规格表、管道设备规格书、管道支吊架汇总表、非标管道设备图、非标支吊架图等。

（2）管道材料

管道的材料设计一般是由管道材料工程师来完成的。

管道材料是整个管道设计过程中的基础部分，它直接影响到压力管道的可靠性和经济性。因此，许多法规性的标准如ANSI B31.1、ANSI B31.3、ANSI B31.4、SH3059等都是主要针对管道材料的设计编写的，出台的《压力管道安全技术监察规程》（TSG D0001—2009）也主要围绕着这部分内容进行规定。管道的材料设计涉及管道器材标准体系的选用、材料选用、压力等级的确定、管道及其元件型式的选用等内容。

（3）管道机械

管道的机械设计一般是由管道机械工程师来完成的。

管道机械研究的核心是管道的机械强度和刚度问题，它包括管道及其元件的强度、刚度是否满足要求，管道对相连机械设备的附加载荷是否满足要求等。通过对管系应力、管道机械振动等内容的力学分析，适当改变管道的走向和管道的支撑条件，以达到满足管道机械强度和刚度要求的目的。可以说，管道机械设计进行的好坏，直接影响到管系的安全可靠性。

根据作用载荷的特性以及研究方法的不同，可将管系的力学分析分为两大类，即静应力分析和动应力分析。静应力分析的对象是指外力与应力不随时间而变化的工况。动应力分析的对象是指包括管道的机械振动、管道的疲劳等外力与应力随时间而变化的工况。管道的支撑设计一般是随着管道布置由配管工程师完成的，但它与管道的机械强度息息相关。当管道的力学分析不能满足要求时，往往要通过调整支撑的数量和位置、支撑的方式等使其满足要求，因此管道的支撑设计在此也列入管道机械研究的范畴。

8.3.5 生产物料衡算

黄酒生产物料衡算的一般包括原辅料和包材测算。

8.3.5.1 原辅料测算

根据年产能和生产投料天数，测算出每天产量，然后根据出酒率测算出酿造原料（如大米）的用料，其他辅料如麦曲、酒母等同样按照不同产品的工艺配方来测算出各自用料量，这样以得到每天的原辅料用量，乘以全年投料天数，即可得到每年的原辅料用量。此外，还要适当考虑一定的损耗率。

示例，年产 2 万吨机械化黄酒生产物料衡算计算过程如下。物料衡算表如表 8-7 所示，发酵罐配料表如表 8-8 所示。

（1）全年投料 250 天，每天产酒：80t；

（2）大米出酒率：200%（即 1t 大米出 2t 酒）；

（3）每天原料大米总用量：40t；

（4）每天投料 2 个前发酵罐，罐容积 $70m^3$。

表 8-7 年产 2 万吨机械化黄酒工厂物料衡算表

物料名称	每天用量/t	全年投料天数/天	每年用量/t	物料名称	每天用量/t	全年投料天数/天	每年用量/t
大米	40	250	10000	投料水	48	250	12000
麦曲	6	250	1500	合计	96.4	NA	24100
酒母	2.4	250	600				

表 8-8 发酵罐（容积 $70m^3$）配料表

配料名称	用量/kg	说明
投料用米	20000	
饭重	28000	出饭率按 140%计
麦曲(生麦曲、熟麦曲)	3000	投料米的 15%
酒母	2400	
投料用水	24000	投料用米：投料水=1：1.2
总醪液量(米饭+麦曲+酒母+投料水)	57400	总量控制:287kg/100kg 投料米

8.3.5.2 包材测算

黄酒生产包材主要包括玻璃瓶（或塑料桶、袋等其他包装）、瓶盖、标签、纸箱等，然后根据生产产品方案（明确产能、包装规格等）来进行测算。

示例，1 万吨瓶装黄酒需要的包材测算如表 8-9 所示。

表 8-9 瓶装黄酒包材用量测算表

名称	每吨酒需要量	单位	损耗率	1 万吨黄酒包材总需求量	单位
玻璃瓶	2000	个	0.01	2020	万个
瓶盖	2000	个	0.01	2020	万个
商标	2000	套	0.01	2020	万套

注：玻璃瓶容积按 500mL 计。

8.3.6 配套公用工程

8.3.6.1 压缩空气用量计算和空压机选型

黄酒中压缩空气分为工艺用气和仪表用气。工艺用气要求无油、无水、无菌等，主要用于发酵罐开耙、勾调调配、提供设备动力等。仪表用气主要用于自控仪表阀门等控制。根据各个工段和用途不同，计算压缩空气的最大单位时间用量，一般用单位时间排气量（如m^3/min）来表示，同时考虑使用压力，根据用量和压力来进行空压机的选型，另外还要考虑备用机。

8.3.6.2 蒸汽用量计算和锅炉选型

蒸汽主要用于大米蒸饭、黄酒杀菌、陶坛杀菌等工序，锅炉选型时综合考虑最大蒸汽用量及使用压力。

8.3.6.3 黄酒生产用制冷量计算和制冷机组选择等

黄酒生产制冷需求有两个工段，一是发酵工段的冷却，二是黄酒勾调后速冷。发酵罐冷却，一般采用5～7℃冰水（软化水）作为冷溶剂，黄酒速冷要考虑用乙二醇冷却。发酵工段的制冷量计算主要考虑两个方面：一是酵母在有氧和无氧条件下代谢糖类释放的生物热（例如，1mol葡萄糖进行氧化分解时能释放出2872.1kJ热量）；二是从前发酵进入后发酵时醪液需要冷却降温。黄酒勾调后速冷的制冷量计算为黄酒从常温降至冰点的换热量。

应在厂区内设置制冷站，将制冷机组集中布置，根据不同车间、不同工段需求统筹供给冷溶剂。

8.3.7 仓储设计

仓储主要考虑原辅料、中间产品及成品储存设计，根据产量和周转时间来计算仓库面积。例如，坛装黄酒需要的陈化车间面积计算为：根据生产经验，1坛装酒（23kg装）占地面积约$1.5m^2$，如全年生产2万吨坛装酒，存放1年，则需要的仓储面积为3万平方米。

8.4 建筑及生产设备卫生设计

8.4.1 建筑卫生设计要求

8.4.1.1 环境卫生

（1）周围不能有污染食品的不良环境。不能兼营有碍食品卫生的其他产品。

（2）生产区和生活区要分开，生产区布局要合理。

（3）厂、库要绿化，道路要平坦、无积水，主要通道应用水泥、沥青或石块铺砌，防止尘土飞扬。

（4）污水处理后排放，水质应符合国家环保要求。

（5）厕所应有冲水、洗手设备和防蝇、防虫设施。墙裙砌白瓷砖，地面要易于清洗消毒，并保持清洁。

（6）垃圾和下脚废料应在远离加工车间的地方集中堆放，必须当天处理出厂。

8.4.1.2 车间、仓库设施卫生

(1) 车间必须符合下列条件：

① 车间的天花板、墙壁、门窗应涂刷便于清洗、消毒并不易脱落的无毒浅色涂料。

② 车间光线充足，通风良好，地面平整、清洁，应有洗手、消毒、防蝇防虫设施和防鼠措施。

③ 须设与生产能力相适应的，易于清洗、消毒，耐腐蚀的工作台、工器具和小车。

(2) 卫生要求较高的车间（如勾调、灌装包装车间）应符合下列条件：

① 灌装包装车间的洗瓶处理、灌装及包装工段应明确加以分隔，并确保整理灌装工段的严格卫生。

② 与物料相接触的机器输送带、工作台面、工器具等，均应采用不锈钢材料制作。设有对设备及工器具进行消毒的设施。

③ 车间的墙裙应砌 2m 以上白色瓷砖，顶角、墙角、地角应是弧形，窗台是坡形。

④ 人员和物料进口处均应采取防虫、防蝇措施，可采用灭虫灯、暗道、风幕、水幕或缓冲间等。

8.4.1.3 个人卫生设施和卫生间

(1) 适当的合乎卫生的洗手和干手工具，包括洗手池、消毒池和热水、冷水供应。

(2) 卫生间的设计应满足适当的卫生要求。

(3) 完善的更衣设施。

8.4.1.4 更衣室

为适应卫生要求，酒厂的更衣室宜分设，附设在各生产车间或部门内靠近人员进出口处。

更衣室内应设个人单独使用的 3 层更衣柜，衣柜尺寸：500mm×400mm×1800mm，以分别存放衣物鞋帽等。

更衣室使用面积按固定工总人数 1～1.5m^2/人计。对需要二次更衣的车间（如灌装车间），更衣间面积应加倍设计计算。

8.4.2 常用的卫生消毒方法

8.4.2.1 漂白粉溶液

适用于无油垢的工器具、操作台、墙壁、地面、车辆、胶鞋等。使用浓度为 6.2%～0.5%。

8.4.2.2 氢氧化钠溶液

适用于有油垢沾污的工器具、墙壁、地面、车辆等。使用浓度为 1%～2%。

8.4.2.3 过氧乙酸

适用于各种器具、物品和环境的消毒。使用浓度为 0.04%～0.2%。

8.4.2.4 蒸汽和热水消毒

适用于棉织物、空罐及质量小的工具的消毒。热水温度应在 82℃以上。

8.4.2.5 紫外线消毒

适用于加工、包装车间的空气消毒，或物料、辅料和包装材料的消毒，但应考虑消毒效果及对人体的影响等。

8.4.2.6 臭氧消毒

适用于加工、包装车间的空气消毒，或物料、辅料和包装材料的消毒，但应考虑到对设备的腐蚀、营养成分的破坏以及对人体的影响等。

8.4.3 生产设备卫生设计要求

8.4.3.1 制作生产设备的原材料必须适合食品生产的要求

不能影响产品的质量，不能被产品或被任何清洗消毒剂所腐蚀、分解或渗透，必须使设备成分之间的电化学腐蚀反应减少到最低程度，包括焊缝、螺钉、螺母和零件等。

食品生产设备与产品相接触的表面使用不锈钢，一般通用的型号为304#不锈钢，相当于国家标准0Cr19Ni9。抗腐蚀性能更强的316#不锈钢，相当于国家标准0Cr17Ni12Mo2，现在已被广泛使用。

机械结构要求表面光滑。设备粗糙表面是导致污染产品的隐患，造成清洗困难，引起微生物的潜伏和交叉污染。接缝和焊接处必须平整光滑。对于卫生要求较高的发酵罐、储酒罐、勾调罐等，罐内壁要进行纵向抛光，表面粗糙度小于0.7μm。

8.4.3.2 设备清洗

设备的设计必须考虑易于清洗。所有与产品接触的表面应便于检查和机械清洗；各部件要便于拆卸，以达到彻底清洗的要求。所有设备在首次使用之前，先进行清洗和钝化（对能与产品反应的表面进行灭活处理），在某些情况下，由于设备的某部分的变化需要进行再钝化。

设备必须安装在易于操作、检查和维修的场地上，其环境应易于清洗，以保证卫生，而使产品受污染的可能性减少到最低程度。部件结构（支柱、曲柄、基座等）的设计，其集污的可能性必须减少到最低的程度。

8.4.3.3 安全

（1）一切设备系统和周围场所必须符合安全和卫生法规要求。

（2）没有滞留液体的凹陷及死角。

（3）可以防止混入杂质。

（4）局部封闭与外界隔离。

（5）零件、紧固件、插头等不会因振动而松离。

（6）放原料及排放产品的操作均符合卫生要求。

（7）有可防止害虫侵入的构造面（网罩）。

8.4.3.4 酒厂常用生产设备

（1）容器（发酵罐、储酒罐、中间槽等）

配置原位清洗系统（例如洗球等洗罐器），用于清洗能与产品接触的表面和操作人员不易接近的地方。罐出口处必须设置阀门，以免阻塞和难以清洗，并能达到排尽全部液体的目的。排出阀必须使用易于清洁的阀门。

（2）泵

可采用原位循环清洗和定期拆卸清洗。因此，叶轮、转子、泵体等零部件必须结构简单、避免死角、易于拆洗。

（3）运输管道

管道系统应考虑到产品的黏度、流速等。设计时应防患潜在的交叉污染和防止回流。其系统的连接方式有许多类型：法兰、螺纹、焊接等。管道系统应容易拆卸以便于清洗和定期检查，并考虑其多功能使用。管道正常设计是操作时满载，不操作时排尽（设置坡度），必须避免不通支管的积污。管道系统的设计必须把可能的收缩和扩大减少到最低程度。阀门和管件是污染源，设计时应考虑尽量减少污染。阀门关闭时要严密，打开时流量要大，以防死角。管道系统设计应考虑到产生终端压力，使用前应测试系统水压。

（4）软管

在运送产品时，由于软管易于弯曲、便于操作，所以被广泛使用。软管材料和型号种类繁多，最重要的就是要选择符合工艺要求的软管及配件。

软管的原材料一般是食品级增强橡胶或氯丁烯橡胶、聚丙烯或增强聚丙烯、聚乙烯、尼龙。软管和其他配件的原材料必须适合于产品在一定的温度和压力范围内使用。

软管的内、外表面和其配件都与产品接触，因此设计时必须考虑清洗问题。透明的软管容易检查其清洁和损坏程度，可根据需要适当选用。使用的清洁剂（蒸汽、清净剂、消毒剂、溶液和溶剂）必须适用于软管和配件材料。软管的配件应易于拆卸和清洗，有利于保持清洁卫生。因有螺纹的配件难以清洗，所以很少使用。

软管不用时必须排尽残液，保持清洁，两端必须用塑料薄膜包扎并存放在指定的地方。

8.5 黄酒工厂与环境友好

黄酒生产过程中的污染物有废气、废水、废渣、噪声、虫害等，它们的来源及处理方式简要描述如下。

8.5.1 废气

主要为酿造过程中酵母会代谢产生大量的二氧化碳气体，不利于环保，浓度过高时存在人身安全隐患。根据葡萄糖代谢方程式测算，每产生1t纯酒精约生产1t二氧化碳。高浓度二氧化碳会对人体产生伤害，因此，发酵车间设计时要考虑车间通风，另外，黄酒酿造过程中前发酵时期的二氧化碳纯度较高，可以考虑二氧化碳作回收处理，提纯后作为产品销售，在减少碳排放同时可为企业带来额外收益。

另外，黄酒酿造过程中和酒糟处理时的会散发出令人不愉悦的气体，可用管道将其收集后，再利用水幕方式去除异味，达到去除异味效果。

8.5.2 废水

废水包括生产废水和生活废水，生产废水主要为浸米浆水、设备清洗和车间地面冲洗水等。污水要汇集到厂区污水处理站，经处理后符合当地污水管网接管标准后才能排入市政污水管。此外，厂区内部分低浓度的污水如设备清洗、地面冲洗水等，处理后可作为中水回用，实现节能减排。某黄酒工厂的废水处理工艺流程如图8-2所示。

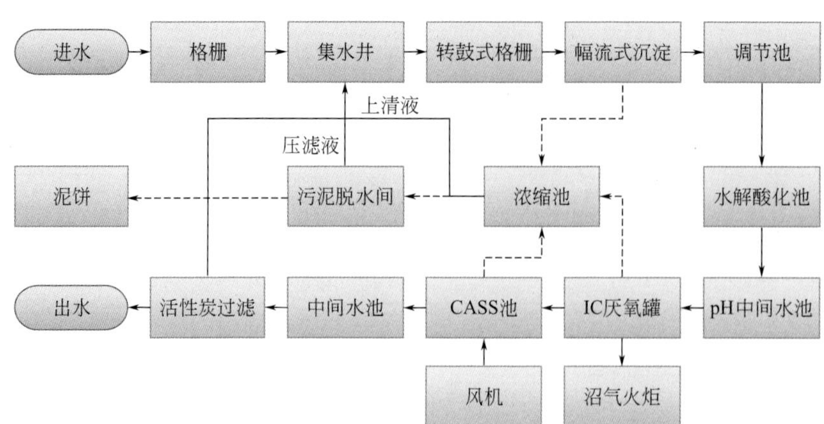

图 8-2 黄酒生产废水处理工艺流程图

8.5.3 废渣

主要产生于生产中的酒糟及少量废硅藻土等。处理方式有：①酒糟富含蛋白质，可作为糟烧酒的原料，蒸馏后的废糟可生产成颗粒饲料；还可以加工成各类产品（如酒糟馒头、面膜等)。②废硅藻土可送砖瓦厂制砖用，或送水泥厂烧水泥。③破碎玻璃酒瓶可送回玻璃瓶厂作原料，酒坛封口用的泥巴可以回用。

8.5.4 噪声

主要来自于生产设备如空压机、制冷机、输送泵等。采用低噪声设备，对各类噪声源采取不同的消音和隔音措施，如设备基座设置减震隔音装置和加消声器，把噪声大的设备放在无人操作的房间或做吸音处理，把噪声的污染控制在允许的范围内。

8.5.5 虫害

曲虫是指危害酿酒用曲的害虫，通常会在曲块生产及贮存过程中生长繁殖。曲虫大量繁殖后会造成曲块原料损失、品质下降，同时还会严重影响环境，成为酒厂一大公害，因此要加以控制。

8.6 黄酒生产能耗与节能减排

8.6.1 单位产品生产能耗

黄酒是我国传统酿造工业，单位产品生产能耗相比以前已有大幅度减少，但仍处属于较高水平。各级地方政府纷纷出台了黄酒单位产品综合能耗限额，如浙江省质量技术监督局 2016 年发布的浙江省地方标准《黄酒单位产品综合能耗限额》(DB33/679—2016)，其中规定，酿造黄酒的单位产品综合能耗限额限定值为≤60kgce/kL（千克标煤每千升)，灌装黄酒≤75kgce/kL，糟烧酒（以 65%vol 计）≤450kgce/kL。据了解，浙江某黄酒生产企业酿造黄酒的吨（或 kL）酒能耗指标如表 8-10 所示。

表 8-10 某黄酒企业酿造黄酒单位产品（每吨酒）能耗

类别	数量	单位	类别	数量	单位
水	3	kL	蒸汽	350	kg
电	40	kW·h			

换算成标煤约为：3×0.0857(水的折标煤系数)+40×0.1229(电的折标煤系数)+350×0.1286(蒸汽的折标煤系数)=50.2kgce/kL,符合地方标准要求。

8.6.2 节能减排技术

（1）选择低能耗设备，热能循环利用

例如，收集回用蒸饭机排出的蒸汽作为二次热源；选择新型燃气锅炉，可实现即开即用，减少能源消耗；制冷站设置冰水罐进行蓄冷，减少制冷主机容量，削峰填谷，选用多台冰水泵，根据各工段的冰水用量，分别加以使用。

（2）充分循环用水，降低用水量

例如，厂内的低浓度废水（如设备清洗水、地面清洗水等）收集后经中水处理厂处理后作为中水使用，减少总用水量；采用新型浸米工艺，循环利用浸米浆水浸米，减少高浓度米浆废水排放；回收洁净的蒸汽冷凝水，过滤后再进入锅炉水箱作为锅炉用水；在符合工艺流程的条件下，锅炉用软水可以先作为冷却水使用（如糟烧蒸馏冷却水），冷却后变成高温水，再进入锅炉水箱产生蒸汽，这样既节省了冷却能耗，同时又减少了燃气、燃料消耗。

（3）建立能源管理系统，合理使用能源

分工段、分车间建立各自的能源消耗报表，记录每日能源消耗情况，统一进行管理。通过能源计划，能源监控，能源统计，能源消费分析，重点能耗设备管理，能源计量设备管理等多种手段，使企业管理者对企业的能源成本比重，发展趋势有准确的掌握，并将企业的能源消费计划任务分解到各个生产部门车间，使节能工作责任明确，促进企业健康稳定发展。

8.7 工程设计中的“节水三同时”与“海绵城市”

8.7.1 节水三同时

所谓“节水三同时”是指节水设施应当与主体工程同时设计、同时施工、同时投产。法律依据：《中华人民共和国水法》第五十三条“新建、扩建、改建建设项目”，应当制定节水措施方案，配套建设节水设施。

工程设计中的节水方案包括：

（1）制定水资源利用方案，统筹利用各种市政自来水、雨水、河水等水资源。

（2）合理设置给排水系统。

（3）采用节水型的用水设备，用水设备效率不低于2级。

（4）采取有效措施避免管网漏损，选用密封性能好的阀门，使用耐腐蚀性好的管材。

（5）根据水平衡的要求设置分级水表。

（6）采用下沉式绿地、透水铺装等技术措施，控制雨水径流。

8.7.2 海绵城市设计

海绵城市，是新一代城市雨洪管理概念，是指城市能够像海绵一样，在适应环境变化和应对雨水带来的自然灾害等方面具有良好的弹性，也可称之为“水弹性城市”。

国际通用术语为“低影响开发雨水系统构建”，下雨时吸水、蓄水、渗水、净水，需要时将蓄存的水释放并加以利用，实现雨水在城市中自由迁移。在新形势下，海绵城市是推动绿色建筑建设、低碳城市发展、智慧城市形成的创新表现，是新时代特色背景下现代绿色新技术与社会、环境、人文等多种因素下的有机结合。

国务院办公厅2015年10月印发《关于推进海绵城市建设的指导意见》，部署推进海绵城市建设工作。目前，在我国大部分地区的新建工程项目中，相关职能部门要求在设计方案中要提供海绵城市的设计专篇。

主要技术措施：在新建地区突出目标导向，提倡采用渗、蓄、滞、净、用、排的综合化措施，实现最佳的雨水径流控制效果。低影响开发设施按照其主要功能可分为产汇流减缓综合控制设施、外排水量调蓄控制设施、径流污染调蓄控制设施和峰值流量调蓄控制设施四类。

（1）产汇流减缓综合控制设施

一般包括透水铺装、植草沟、植草洼地、绿化屋面等，这些设施都具有减少雨水径流产生量、延缓汇集速度功能等，由此可对外排水量、径流污染和峰值形成有一定控制作用。

（2）外排水量调蓄控制设施

一般包括下沉式绿地、渗透塘、渗透管/集、渗井、雨水罐、蓄水池等。外排水量调蓄控制设施都具有一定的径流污染控制功能，部分设施可通过增加种植土层、砂层等加强其径流污染控制功能，加强其生物降解、人工土壤过滤能力，使之兼做径流污染控制设施。

（3）径流污染调蓄控制设施

一般包括生物滞留设施（雨水花园）、雨水湿地。径流污染调蓄控制设施都具有外排水量控制的功能，可作为强化初期雨水径流污染控制功能的特殊外排水量控制设施统一考虑。

（4）峰值流量调蓄控制设施

一般包括湿塘等。峰值流量调蓄控制设施所要应对的是峰值径流中量超过规定数那部分水量，其调节容积不能计入外排或径流污染控制设施的有效容积，但可合理利用这些设施有效容积的上部空间，以提高设施的综合效益。

参考文献

[1] 中华人民共和国工业和信息化部. HG20519—2009 化工工艺设计施工图内容和深度统一规定［S］.

[2] 中国石化集团上海工程有限公司. 化工工艺设计手册：上册. 4版. 北京：化学工业出版社，2013.

[3] 中国石化集团上海工程有限公司. 化工工艺设计手册：下册. 4版. 北京：化学工业出版社，2013.

[4] 中华人民共和国住房和城乡建设部. GB 50694—2011 酒厂防火设计规范.

[5] 浙江省质量技术监督局. DB 33/679—2016 黄酒单位产品综合能耗限额.

[6] 中华人民共和国住房和城乡建设部. 海绵城市建设技术指南——低影响开发雨水系统构建（试行）［S］.

[7] 中华人民共和国住房和城乡建设部. 工程设计资质标准［S］.

[8] 国家环境保护总局，国家质量监督检验检疫总局. GB 18918—2002 城镇污水处理厂污染物排放标准［S］.

第九章

黄酒分析方法

9.1 黄酒分析常用标准

表 9-1 所示为黄酒分析常用标准汇总。

表 9-1 黄酒分析常用标准

类别	指标/物质	标准
原料	大米	GB/T 1354 大米
	黍米	GB/T 13356 黍米
	小麦	GB 1351 小麦
	小米	GB/T 11766 小米
	酿造用水	GB 5749 生活饮用水卫生标准
	焦糖色	GB 1886.64 食品安全国家标准 食品添加剂 焦糖色
	麦曲	QBT 4257 酿酒大曲通用分析方法 QB/T 1803 工业酶制剂通用试验方法
醪液及黄酒	总糖	GB/T 13662 黄酒
	酒精度	GB/T 13662 黄酒 GB 5009.225 食品安全国家标准 酒中乙醇浓度的测定
	总酸	GB/T 13662 黄酒
	pH	GB/T 13662 黄酒
	氨基酸态氮	GB/T 13662 黄酒
	非糖固形物	GB/T 13662 黄酒
	氧化钙	GB/T 13662 黄酒
	苯甲酸	GB/T 13662 黄酒
	挥发性醇类	QB/T 4708 黄酒中挥发性醇类的测定
	挥发性酯类	QB/T 4709 黄酒中挥发性酯类的测定
	氨基酸	QB/T 4356 黄酒中游离氨基酸的测定 高效液相色谱法
	无机元素（矿物质）	QB/T 4711 黄酒中无机元素的测定方法 电感耦合等离子体质谱法和电感耦合等离子体原子发射光谱法
	生物胺	GB 5009.208 食品安全国家标准 食品中生物胺的测定
包材与辅材	标签	GB 7718 预包装食品标签通则
	纸箱	GBT 6543 运输包装用单瓦楞纸箱和双瓦楞纸箱
	周转箱	GBT 5738 瓶装酒、饮料塑料周转箱
	酒瓶	QBT 4254 陶瓷酒瓶
	包装材料	GB 4806.7 食品安全国家标准 食品接触用塑料材料及制品
	包装材料	GB 9687 食品用包装用聚乙烯成型品卫生标准
	包装材料	GB 9688 食品用包装用聚丙烯成型品卫生标准
	包装材料	GB 19778 包装玻璃容器 铅、镉、砷、锑溶出允许限量
	旋盖机	QBT 4172 黄酒高温灌装旋盖机
生产安全、管理		GB/T 23542 黄酒企业良好生产规范
		TCCAA 31 食品安全管理体系 黄酒生产企业要求
		GB 14881 食品安全国家标准 食品企业通用卫生规范
		GB/T 22000 食品安全管理体系 食品链中各类组织的要求
		GB 2758 食品安全国家标准 发酵酒及其配制酒
		GB 2760 食品安全国家标准 食品添加剂使用卫生标准
		DB 33T361 出口绍兴酒检验规程
		GB 14936 硅藻土卫生标准

9.2 黄酒成分分析

9.2.1 蛋白质含量测定

9.2.1.1 微量凯氏定氮法

取 5mL 黄酒样品于消化管中，加入 3～5 滴浓硫酸，于 220℃下在消化仪上加热，炭化至焦黑色，然后加入混合催化剂（五水合硫酸铜∶硫酸钾＝3∶100）7g，于 420℃下消化至溶液成透明的蓝绿色，冷却后用全自动凯氏定氮仪分析其含氮量，根据式(9-1）计算蛋白质含量。

$$蛋白质含量(g/L)=氮含量(g/L)\times 5.95 \tag{9-1}$$

9.2.1.2 考马斯亮蓝法（Bradford 法）

（1）标准曲线绘制

取牛血清白蛋白 0.01g，溶于 10mL 蒸馏水中，配制成 1mg/mL 的蛋白质标准溶液。

取 11 支试管，从 0 开始依次编号，并按表 9-2 准确加样，混合均匀，在室温下静置 5min，测定 595nm 下的吸光度值。以 0 号试管为空白对照，以蛋白质标准溶液浓度（mg/mL）为 X 轴，以吸光度为 Y 轴，绘制标准曲线。

表 9-2 蛋白质标准溶液配制方法

项目	管号										
	0	1	2	3	4	5	6	7	8	9	10
蛋白质标准溶液/μL	0	10	20	30	40	50	60	70	80	90	100
蒸馏水/μL	100	90	80	70	60	50	40	30	20	10	0
蛋白质浓度/(μg/μL)	0	0.1	0.2	0.3	0.4	0.5	0.6	0.7	0.8	0.9	1.0
考马斯亮蓝/mL	5	5	5	5	5	5	5	5	5	5	5

（2）样品测定

取 0.1mL 待测液与 5mL 考马斯亮蓝充分混合，静置 2min 后测定 595nm 下吸光度，通过标准曲线计算蛋白质浓度。

9.2.2 酚类物质含量测定

9.2.2.1 总酚含量测定

准确量取制备好的酒样 0.1mL 于 25mL 容量瓶中，加入 9.9mL 蒸馏水，摇匀，再加入 1mL 福林试剂，在 30s～8min 内加入 3mL 的 10%的碳酸钠溶液，充分混合后定容，30℃避光放置 30min，以没食子酸标准液为空白对照，750nm 下测定吸光度值，每个样品平行测定 6 次。

9.2.2.2 主要酚类物质含量测定

采用 SPE 前处理结合高效液相色谱（HPLC）测定绍兴黄酒中主要酚类物质含量，主要对前处理条件进行了优化。

（1）黄酒样处理

吸附剂活化：在样品萃取之前对固相萃取小柱进行活化，用 5mL 甲醇冲洗固相萃取小

柱后，加入 5mL 蒸馏水预先活化。

上样：吸取 10mL 待测酒样装入固相萃取柱。

洗涤：待酒样全部吸附后，用 5mL 蒸馏水冲洗小柱。

洗脱：向固相萃取小柱中加入 10mL 甲醇，将酒样中的多酚物质洗脱下来。

测定：将洗脱液置于氮吹仪，于 40℃下蒸发至无液体，用 50%色谱乙腈定容至 1mL，经 0.22μm 微孔滤膜过滤后，进行 HPLC 分析。

（2）HPLC 分析条件

C_{18} 色谱柱（5μm，250mm×4.6mm）；柱温 30℃；流动相 A：水：乙酸（体积比，98：2）；流动相 B：乙腈；流速 0.8mL/min；进样量 10μL；紫外检测器，波长 280nm。梯度洗脱，程序见表 9-3。

表 9-3　液相色谱梯度洗脱程序

时间/min	流速/(mL/min)	流动相 A/%	流动相 B/%	时间/min	流速/(mL/min)	流动相 A/%	流动相 B/%
0	1.0	88.0	12.0	20	1.0	60.0	40.0
8	1.0	88.0	12.0	25	1.0	100.0	0.0

（3）标准曲线制备

分别称取 6.20mg 儿茶素，2.50mg 阿魏酸、芦丁，10.00mg 没食子酸，5.00mg 原儿茶酸、对香豆酸，3.10mg 表儿茶素、槲皮素、丁香酸标样，用色谱纯甲醇定容，4℃保存备用。将各储备液混合并稀释，配成不同浓度的混合标准溶液，过 0.22μm 滤膜，在同样的色谱条件下进样，绘制浓度-峰面积标准曲线。

9.2.3　γ-氨基丁酸含量测定

（1）衍生试剂制备

准确称取 10mg OPA 并用 0.5mL 的甲醇溶解，然后依次加入 2mL 硼酸缓冲液（浓度为 0.4mol/L，pH 为 9.4）和 30μL β-巯基乙醇，摇匀后即得衍生试剂。该衍生试剂可置于 4℃的冰箱内保存 21 天。取 10μL 经滤膜过滤后的样品或标准溶液，向其中加入上述衍生试剂 100μL，混匀，反应 1min 后进样。

（2）标准曲线的绘制

准确称取 γ-氨基丁酸（GABA）标准品 5mg，用纯净水溶解并定容于 10mL 容量瓶，即得 500mg/L 的 GABA 标准储备液，将其保存于 4℃的冰箱内备用。用纯净水稀释标准储备液，得 10mg/L、40mg/L、80mg/L、100mg/L、200mg/L、500mg/L 的系列标准溶液。按照前面的方法进行柱前衍生，以 GABA 衍生物的峰面积为纵坐标，以相应的 GABA 质量浓度为横坐标作标准曲线。

（3）色谱条件

色谱柱为 C_{18}；流动相为 50mmol/L 的乙酸钠（pH 为 6.8）、甲醇、四氢呋喃（THF）（A 相比例为 22：77：1，B 相比例为 82：17：1，体积比），其中 50mmol/L 的乙酸钠使用前用 0.45μm 滤膜过滤，配制好的流动相使用前经超声波脱气处理；流速为 1.0mL/min；柱温为 30℃；进样量 20μL；检测波长为 334nm。梯度洗脱，程序见表 9-4。

表 9-4 流动相梯度洗脱程序

时间/min	乙酸钠：甲醇：THF		时间/min	乙酸钠：甲醇：THF	
	A(22：77：1)/%	B(82：17：1)/%		A(22：77：1)/%	B(82：17：1)/%
0	5	95	12	34	66
6	12	88	30	70	30

9.2.4 洛伐他汀含量测定

9.2.4.1 标准溶液制备

（1）内酯式 Monacolin K 储备液制备

准确称取 Monacolin K（内酯）标准品 0.0138g，置于 50mL 容量瓶中，用乙腈稀释至刻度，浓度为 0.276mg/mL。此储备液于 4℃冰箱可保存 1 个月。

（2）酸式 Monacolin K 储备液制备

准确称取 Monacolin K（内酯）标准品 0.0100g，加入 2mL 甲醇溶解，用 0.1mol/L NaOH 溶液定容至 50mL。50℃超声转化 1h，用 1mol/L 的盐酸调溶液 pH 值至 7.7，再加入 25mL 乙酸乙酯萃取，振荡 5min 后静置分层，取上层乙酸乙酯，用甲醇定容至 50mL（经色谱分析，转化率约为 100%）。内酯式 Monacolin K 分子量为 404.55，酸式 Monacolin K 分子量为 422.57，故应乘以系数 1.0445，经换算得此时的酸式 Monacolin K 的质量为 0.0105g，浓度为 0.210mg/mL。此储备液于 4℃冰箱可保存 1 个月。

9.2.4.2 混合储备液和标准溶液制备

取内酯式 Monacolin K 储备液和酸式 Monacolin K 储备液各 5mL 混合，制备混合储备液。

准确吸取混合储备液 0.5mL、1.0mL、2.0mL、4.0mL、6.0mL、8.0mL、10.0mL，分别置 10mL 容量瓶中，用乙腈稀释至刻度，配成内酯式 Monacolin K 6.9μg/mL、13.8μg/mL、27.6μg/mL、55.2μg/mL、82.8μg/mL、110.4μg/mL、138.0μg/mL，酸式 Monacolin K 5.2μg/mL、10.5μg/mL、21.0μg/mL、42.0μg/mL、63.0μg/mL、84.0μg/mL、105.0μg/mL 的混合梯度标准溶液。经 0.22μm 有机滤膜过滤，待测。

9.2.4.3 样品制备

（1）红曲样品制备

红曲样品用研钵粉碎，准确称取红曲粉 0.5g，置于 10mL 离心管中，加入 70%乙醇 5mL，50℃超声提取 1h，摇匀，8000r/min 离心 5min，用 1mL 注射器取上清液过 0.22μm 有机滤膜注入送样瓶内插管待测。

（2）酒样品制备

取酒样过 0.22μm 有机滤膜，进 2mL 样品瓶，待测。

9.2.4.4 色谱条件

C_{18} 色谱柱（5μm，250mm×4.6mm）；流动相：乙腈（A 相），0.1%磷酸（B 相）；流速 1.0mL/min；紫外检测波长 238nm；进样量 5μL；柱温 30.0℃。梯度洗脱，程序见表 9-5 所示。

表 9-5 梯度洗脱程序

时间/min	0	9	10	16
A/%	65	70	65	65

9.2.5 有机酸含量测定

（1）样品预处理

发酵醪液去除固体颗粒和菌体：将取样的 1mL 菌液放入 1.5mL 离心管中离心去除菌体，离心条件 12000r/min，离心 1min（若菌液中物质含量较高，可稀释适当倍数）。对于澄清的黄酒，过 0.2μm 滤膜除去颗粒和菌体。

去除蛋白质：取上清液 0.75mL 移入 EP 管中，加入 0.75mL 的 5%TCA 溶液（三氯乙酸溶液），振荡混匀，放入 4℃冰箱静置 5h。

静置完毕后进行离心，离心条件 12000r/min，离心 20min，取上清液 1mL 过 0.22μm 滤膜后移入液相进样瓶中备用。

（2）色谱条件

流动相为 0.025mol/L 磷酸二氢钾溶液，使用磷酸调节溶液 pH 至 2.7，过 0.22μm 水系滤膜，转入 2mL 样品瓶中待用。流动相流速为 0.7mL/min，柱温 30℃。检测器为紫外检测器（UV），检测波长为 210nm。

（3）标准溶液配制

标准溶液配制见表 9-6，实际浓度可根据样品实际浓度进行调整。

表 9-6 标准溶液梯度工作液浓度 单位：g/L

物质	梯度 1	梯度 2	梯度 3	梯度 4	梯度 5
草酸	0.01	0.05	0.1	0.25	0.5
酒石酸	0.04	0.2	0.4	1	2
丙酮酸	0.01	0.05	0.1	0.25	0.5
苹果酸	0.04	0.2	0.4	1	2
乳酸	0.1	0.05	1	2.5	5
乙酸	0.2	1	2	5	10
柠檬酸	0.1	0.5	1	2.5	5
琥珀酸	0.01	0.05	0.1	0.25	0.5

9.2.6 呈味核苷酸含量测定

采用 SPE-HPLC 测定黄酒样中呈味核苷酸。

（1）黄酒样的前处理方法

发酵醪液去除固体颗粒和菌体：将取样的 1mL 菌液放入 1.5mL 离心管中离心去除菌体，离心条件 12000r/min，离心 1min（若菌液中物质含量较高，可稀释适当倍数）。对于澄清的黄酒，过 0.2μm 滤膜除去颗粒和菌体。

去除蛋白质：取上清液 0.75mL 移入 EP 管中，加入 0.75mL 的 5%TCA 溶液（三氯乙酸溶液），振荡混匀，放入 4℃冰箱静置 5h。

静置完毕后进行离心，离心条件 12000r/min，离心 20min，取上清液 1mL 过 0.22μm 滤膜后移入液相进样瓶中备用。

（2）HPLC 分析条件

C_{18} 色谱柱；柱温 30℃；流动相 0.1mol/L KH_2PO_4 水溶液（pH 4.50）；流速 1.0mL/min；进样量 20μL；紫外检测波长 254nm。

（3）标准曲线制备

通过与标准品的保留时间比对定性，采用外标法进行定量。准确称取 5 种呈味核苷酸标准品，配成储备液，保存于 4℃冰箱中。5′-UMP、5′-GMP、5′-IMP、5′-XMP、5′-AMP 储备液浓度分别为 1.0mg/mL、1.0mg/mL、1.0mg/mL、0.1mg/mL、10.0mg/mL。将各储备液混合并稀释，配成不同浓度的混合标准溶液，取上清液 1mL 过 0.22μm 滤膜，在同样的色谱条件下进样，绘制浓度-峰面积标准曲线。

9.2.7 挥发性物质非靶标分析

9.2.7.1 半定量分析

（1）样品处理

将黄酒酒精度稀释至 6%vol，取 6mL 稀释后黄酒液，加入 20mL 顶空瓶中，加 3.0g NaCl、30μL 内标（8780μg/L 2-辛醇）。使用 50/30μm DVB/CAR/PDMS 萃取头（使用前 250℃老化 30min），50℃下吸附 40min，250℃解吸 7min，用于 GC-MS 测定。

（2）仪器条件

GC 条件：色谱柱 TG-WAXMS（30m×0.25μm×0.25mm），进样口温度 250℃。程序升温：40℃保持 3min，6℃/min 升温至 100℃，10℃/min 升温至 230℃，保持 7min。载气为高纯氦气（>99.999%），流速 1.0mL/min，不分流进样，进样量 1μL。

MS 条件：离子化方式 EI，离子源温度为 230℃，传输线温度 250℃，扫描范围 33～400amu。

（3）化合物的定性与定量

将检出的谱图与数据库中的标准谱图进行比对。同时使用正构烷烃（C_7～C_{20}）按照与样品相同的条件进行分析，利用正构烷烃的保留时间计算挥发性物质的保留指数，与文献及 NIST 数据库中的数值进行比对，对未知化合物进行进一步鉴定。

没有标样的挥发性物质的定量分析采用内标法进行半定量，由式(9-2）计算：

$$C=\frac{A_c}{A_{is}}\times C_{is} \tag{9-2}$$

式中 C——黄酒液中被分析物的含量，μg/L；

C_{is}——内标物的含量；

A_c——黄酒液中被分析物的峰面积；

A_{is}——内标物的峰面积。

9.2.7.2 校正曲线法

（1）顶空固相微萃取结合气质联用法（HS-SPME-GC-MS）

该方法灵敏度较高，主要针对挥发性较好、含量较低（μg/L 级）的物质。

① 样品处理

将黄酒酒精度稀释至6%vol，取6mL稀释后黄酒液，加入20mL顶空瓶中，加3.0g NaCl、30μL内标（8780μg/L 2-辛醇）。使用50/30μm DVB/CAR/PDMS萃取头（使用前250℃老化60min），50℃下吸附40min，于气相色谱进样口250℃解吸7min。

② 仪器参数

GC条件：极性色谱柱TG-WAXMS（30m×0.25μm×0.25mm），进样口温度250℃。程序升温：40℃保持3min，以5℃/min的速率升至230℃，保持5min。载气为高纯氦气（>99.999%），不分流，流速为1.0mL/min，进样量1μL。

MS条件：离子化方式EI，离子源温度为230℃，传输线温度250℃，扫描范围33～350amu。

③ 标准曲线绘制

准确称取一定量标准品配制于无水乙醇中（不同风味化合物的标品在实际称取中并不相同，具体含量可以通过文献预估），制备储备液，用模拟黄酒将储备液梯度稀释制备成一系列浓度的标准溶液。黄酒模拟溶液为：5.0g/L乳酸的6%vol的乙醇水溶液。配制后用4mol/L的氢氧化钠调节pH至4.0。梯度间稀释比例不宜过高，一般不超过5，常用1.5～2.5。

将各标准溶液按照与样品相同的处理方法和仪器参数进行处理，根据目标物与相应内标的浓度及响应比制作标准曲线。

取6mL标准溶液，加入20mL顶空瓶中，加3.0g NaCl、30μL内标（8780μg/L 2-辛醇）。使用50/30μm DVB/CAR/PDMS萃取头（使用前250℃老化60min），50℃下吸附40min，于气相色谱进样口250℃解吸7min。

（2）固相萃取结合气质联用法（SPE-GC-MS）

该方法选择性较强，主要针对挥发性较弱或水溶性强的物质。

① 样品处理

吸附剂活化：在样品萃取前对固相萃取小柱进行活化，用5mL甲醇冲洗固相萃取小柱后，加入5mL蒸馏水预先活化。

上样：将黄酒酒精度稀释至3%vol，取6mL稀释后黄酒液，加25μL内标（8800μg/L 2-辛醇），将待测酒样装入固相萃取柱。

洗涤：待酒样全部吸附后，用5mL蒸馏水冲洗小柱。

洗脱：向固相萃取小柱中加入10mL二氯甲烷，将酒样中的挥发性风味物质洗脱下来。

浓缩：将洗脱液置于氮吹仪，于40℃下蒸发至1mL，经0.22μm微孔滤膜过滤后，用于GC-MS测定。

② 仪器参数

GC条件：色谱柱TG-WAXMS（30m×0.25μm×0.25mm），进样口温度250℃。程序升温：40℃保持3min，以5℃/min的速率升至230℃，保持5min。载气为高纯氦气（>99.999%），不分流进样，进样量11μL，流速为1.0mL/min。

MS条件：溶剂延迟4.5min，离子化方式EI，离子源温度为230℃，传输线温度250℃，扫描范围33～350amu。

③ 标准曲线绘制

准确称取一定量标准品配制于无水乙醇中（不同风味化合物的标品在实际称取中不相

同，具体含量可以通过文献预估)，制备储备液，将储备液用模拟黄酒配制成一系列浓度梯度的标准溶液。黄酒模拟溶液为：5.0g/L 乳酸的 3%vol 的乙醇水溶液。配制后用 4mol/L 的氢氧化钠调节 pH 至 4.0。

将标准溶液按照与样品相同的前处理和仪器参数进行处理和分析，根据目标物与相应内标的浓度及响应比制作标准曲线。

9.2.8 主要杂醇的定量检测

利用分散液液微萃取和气质联用（DLLME-GC-MS）检测黄酒主要杂醇（高级醇）：正丙醇、异丁醇、异戊醇和β-苯乙醇。

9.2.8.1 样品前处理

将 600μL 二氯甲烷、1.0mL 乙腈和 50μL 16761mg/L 4-甲基-2-戊醇于 2mL 离心管中混合均匀，量取 3.5mL 的酒样和 3.5mL 纯净水置于 15mL 的尖底离心管中。用 1mL 的注射器将混合有机相快速注入 7mL 的酒样中，形成乳浊液。振荡器振摇 1min。5000r/min 离心 5min。用长针头从 15mL 尖底离心管管底吸取有机相注射到色谱瓶，置于−20℃保藏待检。

9.2.8.2 仪器条件

GC 条件：色谱柱 TG-WAXMS（30m×0.25μm×0.25mm），进样口温度 250℃。程序升温：40℃保持 3min，以 5℃/min 的速率升至 230℃，保持 5min。载气为高纯氦气（>99.999%），不分流，流速为 1.0mL/min，进样体积 1μL。

MS 条件：溶剂延迟 4.5min，离子化方式 EI，离子源温度为 230℃，传输线温度 250℃，扫描范围 50～300amu。

9.2.8.3 标准曲线的建立

首先使用乙醇配制标准样品储备液，再用黄酒模拟液（10%无水乙醇，用乳酸调节 pH 至 4.00）继续稀释得到八个梯度的标准样品工作液，如表 9-7 所示。按照 9.2.8.1 的操作步骤处理标准工作液，同时按照与样品相同的条件进样分析。

表 9-7 标准系列工作液浓度

物质	储备液浓度/(mg/L)	储备液稀释倍数							
		20	50	100	200	500	1000	2000	5000
		储备液稀释后的浓度/(mg/L)							
正丙醇	13880	694	277.6	138.8	69.4	27.76	13.88	6.94	2.776
异丁醇	7680	384	153.6	76.8	38.4	15.36	7.68	3.84	1.536
异戊醇	21800	1090	436	218	109	43.6	21.8	10.9	4.36
2,3-丁二醇	6990	349.5	139.8	69.9	34.95	13.98	6.99	3.495	1.398
β-苯乙醇	15490	774.5	309.8	154.9	77.45	30.98	15.49	7.745	3.098

9.2.9 生物胺含量检测

本方法适用于浸米浆水、发酵醪液以及黄酒中生物胺含量的检测，使用液相色谱法。

9.2.9.1 标准溶液配制

生物胺标准储备溶液的配制：准确称取各种生物胺标准品适量，分别置于 10mL 小烧杯中，用0.1mol/L盐酸溶液溶解后转移至10mL容量瓶中，定容至刻度线，混匀，配制成浓度为1000mg/L（以各种生物胺单体计）的标准储备溶液，置－20℃冰箱储存。保存期为6个月。

生物胺标准混合使用液的配制：分别吸取1.0mL生物胺单组分标准储备溶液，置于同一个10mL容量瓶中，用0.1mol/L盐酸稀释至刻度，混匀，配制成生物胺标准混合使用液（100mg/L）。保存期为3个月。

生物胺标准系列溶液的配制：分别吸取0.1mL、0.25mL、0.5mL、1.0mL、1.5mL、2.5mL、5.0mL生物胺标准混合使用液（100mg/L），置于10mL容量瓶中，用0.1mol/L盐酸溶液稀释至刻度，混匀，使浓度分别为1.0mg/L、2.5mg/L、5.0mg/L、10.0mg/L、15.0mg/L、25.0mg/L、50.0mg/L，现用现配。

内标标准储备溶液的配制：准确称取内标标准品适量，置于10mL容量瓶中，用0.1mol/L盐酸溶液溶解后稀释至刻度，混匀，配制成浓度为10mg/mL的内标标准储备溶液，置－20℃冰箱储存。保存期为6个月。

内标标准中间使用液的配制：吸取1.0mL内标标准储备溶液于10mL容量瓶中，用0.1mol/L盐酸稀释至刻度，混匀，作为内标标准中间使用液（1.0mg/mL），保存期为3个月。

内标标准使用液的配制：吸取1.0mL内标标准中间使用液于10mL容量瓶中，用0.1mol/L盐酸稀释至刻度，混匀，作为内标标准使用液（100mg/L），现用现配。

9.2.9.2 样品处理

试样的衍生：准确量取1.0mL样品于15mL塑料离心管中，依次加入250μL内标标准使用液（100mg/L）、1mL饱和碳酸氢钠溶液、100μL氢氧化钠溶液（1mol/L）、1mL衍生试剂（10mg/mL丹磺酰氯丙酮溶液），涡旋混匀1min后置于60℃恒温水浴锅中衍生15min，取出，分别加入100μL谷氨酸钠溶液，振荡混匀，60℃恒温反应15min，取出冷却至室温，于每个离心管中加入1mL超纯水，涡旋混合1min，40℃水浴氮吹除去丙酮（约1mL），加入0.5g氯化钠涡旋振荡至完全溶解，再加入5mL乙醚，涡旋振荡2min，静置分层后，转移上层有机相（乙醚层）于15mL离心管中，水相（下层）再萃取一次，合并两次乙醚萃取液，40℃水浴下氮气吹干。加入1mL乙腈振荡混匀，使残留物溶解，0.22μm滤膜针头滤器过滤，待测定。

9.2.9.3 色谱条件

色谱柱为C_{18}柱（柱长250mm，柱内径4.6mm，柱填料粒径5μm），紫外检测波长254nm，进样量20μL，柱温35℃，流动相A为90%乙腈/10%乙酸铵溶液（含0.1%乙酸的0.01mol/L乙酸铵溶液），流动相B为10%乙腈/90%乙酸铵溶液（含0.1%乙酸的0.01mol/L乙酸铵溶液），流速0.8mL/min。洗脱梯度如表9-8所示。

表9-8 洗脱梯度

时间/min	流动相A/%	流动相B/%	时间/min	流动相A/%	流动相B/%
0	60	40	32	100	0
22	85	15	32.01	60	40
25	100	0	37	60	40

9.2.9.4 定量方法

以系列混合标准工作液的浓度为横坐标，以目标化合物的峰面积与内标的峰面积的比值为纵坐标，绘制标准曲线。使用标准曲线对样品进行定量分析，并将结果换算到样品中的含量。

9.2.10 氨基甲酸乙酯含量测定

9.2.10.1 高效液相色谱法（荧光检测器）

（1）溶液配制

1.0%乙酸溶液（体积分数）：准确吸取 1.0mL 冰乙酸于 100mL 容量瓶中，用水定容至刻度，混匀。

0.02mol/L 乙酸钠溶液：准确称取 1.64g 无水乙酸钠溶解于 1000mL 水中，用乙酸溶液将乙酸钠溶液 pH 调至 7.2。

15%乙醇溶液（体积分数）：吸取 15mL 无水乙醇于 100mL 容量瓶中，用水定容至刻度，混匀。

盐酸溶液：吸取 6.2mL 的浓盐酸于烧杯中，加入适量水稀释，转移至 50mL 容量瓶中，用水定容至刻度，混匀。

0.02mol/L 的 9-羟基占吨溶液：准确称取 0.198g（精确到 1mg）9-羟基占吨，用正丙醇溶解并定容至 50mL，于 0～4℃ 冰箱避光保存，1 个月内使用。

1.0mg/mL 氨基甲酸乙酯标准储备液：准确称取 0.01g（精确至 0.1mg）氨基甲酸乙酯标准品，用无水乙醇定容至 10mL，混匀，0～4℃冰箱保存，1 个月内使用。

氨基甲酸乙酯标准工作液：准确吸取一定体积的氨基甲酸乙酯标准储备液于容量瓶中，用 15%乙醇溶液（体积分数）依次配制成 10μg/L、20μg/L、50μg/L、100μg/L、200μg/L 的系列标准工作溶液，现用现配。

（2）样品衍生

准确吸取 1.0mL 样品（酒醪需先离心取上清液）于具塞试管中，加入 100μL 盐酸溶液、600μL 的 9-羟基占吨溶液，涡旋混匀，室温避光衍生 30min，经 0.22μm（或 0.45μm）有机系微孔滤膜过滤，用于液相色谱测定。

（3）色谱参考条件

色谱柱为 C_{18} 色谱柱（250mm×4.6mm，5μm）或等效色谱柱；柱温 30℃；检测波长：最大激发波长（λ_{ex}）为 233nm，最大发射波长（λ_{em}）为 600nm；流速 0.8mL/min；进样体积为 20μL。洗脱梯度见表 9-9。

表 9-9 梯度洗脱程序

时间/min	0.02mol/L 乙酸钠/%	乙腈/%	时间/min	0.02mol/L 乙酸钠/%	乙腈/%
0.00	70	30	29.00	10	90
5.00	50	50	30.00	70	30
25.00	25	75	35.00	70	30
26.00	10	90			

（4）外标法定量

分别吸取 1mL 各浓度氨基甲酸乙酯标准工作液，按照步骤（2）的方法进行衍生，以氨

基甲酸乙酯标准工作液系列浓度为横坐标，峰面积响应值为纵坐标绘制标准曲线。得到样品中氨基甲酸乙酯色谱峰面积后，由标准曲线计算样品中的氨基甲酸乙酯含量。

（5）空白试验

样品以 15%乙醇溶液（体积分数）代替，依照上述步骤同时完成空白试验。

（6）结果计算

样品中氨基甲酸乙酯的含量按公式(9-3）计算：

$$X=c-c_0 \tag{9-3}$$

式中 X——样品中氨基甲酸乙酯的含量，μg/L；

c——从标准曲线求得样品中氨基甲酸乙酯的含量，μg/L；

c_0——从标准曲线求得试剂空白中氨基甲酸乙酯的含量，μg/L。

以重复性条件下测定获得的两次独立测定结果的算术平均值表示，结果保留两位有效数字。

9.2.10.2 气质联用法

（1）试剂配制

D_5-氨基甲酸乙酯储备液（1.00mg/mL）：准确称取 0.01g（精确到 0.0001g）D_5-氨基甲酸乙酯标准品，用甲醇溶解、定容至 10mL，4℃以下保存。

D_5-氨基甲酸乙酯使用液（2.00μg/mL)：准确吸取 D_5-氨基甲酸乙酯储备液（1.00mg/mL）0.10mL，用甲醇定容至 50mL，4℃以下保存。

氨基甲酸乙酯储备液（1.00mg/mL)：准确称取 0.05g（精确到 0.0001g）氨基甲酸乙酯标准品，用甲醇溶解、定容至 50mL，4℃以下保存，保存期 3 个月。

氨基甲酸乙酯中间液（10.0μg/mL)：准确吸取氨基甲酸乙酯储备液（1.00mg/mL）1.00mL，用甲醇定容至 100mL，4℃以下保存，保存期 1 个月。

氨基甲酸乙酯中间液（0.50μg/mL)：准确吸取氨基甲酸乙酯中间液（10.0μg/mL）5.00mL，用甲醇定容至 100mL，现配现用。

标准曲线工作溶液：分别准确吸取氨基甲酸乙酯中间液（0.50μg/mL）20μL、50μL、100μL、200μL、400μL 和氨基甲酸乙酯中间液（10.0μg/mL）40μL、100μL 于 7 个 1mL 容量瓶中，各加入 2.00μg/mL D_5-氨基甲酸乙酯使用液 100μL，用甲醇定容至刻度，得到 10.0ng/mL、25.0ng/mL、50.0ng/mL、100ng/mL、200ng/mL、400ng/mL、1000ng/mL 的标准曲线工作溶液，现配现用。

（2）试样制备

将样品摇匀，称取 2g（精确至 0.001g）样品，加入 100.0μL 浓度为 2.00μg/mL 的 D_5-氨基甲酸乙酯使用液、氯化钠 0.3g，超声溶解、混匀后，加样到碱性硅藻土固相萃取柱上，在真空条件下，将样品溶液缓慢渗入萃取柱中，静置 10min。经 10mL 正己烷淋洗后，用 10mL 5%乙酸乙酯-乙醚溶液以约 1mL/min 流速进行洗脱，洗脱液经装有 2g 无水硫酸钠的玻璃漏斗脱水后，收集于 10mL 刻度试管中，室温下用氮气缓缓吹至约 0.5mL，用甲醇定容至 1.00mL，转移至样品瓶中，供 GC/MS 分析。

（3）仪器参考条件

毛细管色谱柱为 DB-INNOWAX，30m×0.25mm（内径）×0.25μm（膜厚）或相当色谱柱。进样口温度 220℃。升温程序：初温 50℃，保持 1min，以 8℃/mm 升至 180℃，程序运行完成后，240℃保持 5min。载气为高纯氦气，纯度≥99.999%，流速 1mL/min。电子轰击源（EI)，能量为 70eV。离子源温度 230℃。传输线温度 250℃。溶剂延迟 11min。不分流进样。进样 1～2μL。采用选择离子监测（SIM）模式，氨基甲酸乙酯选择监测离子（m/z）：44、62、74、89，定量离子 62；D_5-氨基甲酸乙酯选择监测离子（m/z）64、76，定量离子 64。

（4）定性测定

按方法条件测定标准工作溶液和试样，低浓度试样定性可以减少定容体积，试样的质量色谱峰保留时间与标准物质保留时间的允许偏差小于±2.5%；定性离子对的相对丰度与浓度相当标准工作溶液的相对丰度允许偏差不超过表 9-10 的规定。

表 9-10　定性确证时相对离子丰度的最大允许偏差

相对离子丰度/%	>50	20～50	10～20	<10
允许的最大偏差/%	±20	±25	±30	±50

（5）定量标准

标准曲线的制作：将氨基甲酸乙酯标准曲线工作溶液 10.0ng/mL、25.0ng/mL、50.0ng/mL、100ng/mL、200ng/mL、400ng/mL、1000ng/mL（内含 200ng/mL D_5-氨基甲酸乙酯）进行气相色谱-质谱仪测定，以氨基甲酸乙酯浓度为横坐标，标准曲线工作溶液中氨基甲酸乙酯峰面积与内标 D_5-氨基甲酸乙酯的峰面积比为纵坐标，绘制标准曲线。

试样测定：将试样溶液同标准曲线工作溶液进行测定，根据测定液中氨基甲酸乙酯的含量计算试样中氨基甲酸乙酯的含量，其中试样含低浓度的氨基甲酸乙酯时，宜采用 10.0ng/mL、25.0ng/mL、50.0ng/mL、100ng/mL 以及 200ng/mL 的标准曲线工作溶液绘制标准曲线；试样含高浓度氨基甲酸乙酯时，宜采用 50.0ng/mL、100ng/mL、200ng/mL、400ng/mL、1000ng/mL 的标准曲线工作溶液绘制标准曲线。

（6）分析结果的表述

试样中氨基甲酸乙酯含量按公式(9-4) 计算：

$$X=\frac{C\times V\times 1000}{m\times 1000} \tag{9-4}$$

式中　X——样品中氨基甲酸乙酯含量，μg/kg；

C——测定液中氨基甲酸乙酯的含量，ng/mL；

V——样品测定液的定容体积，mL；

m——样品质量，g；

1000——换算系数。

计算结果以重复性条件下获得的两次独立测定结果的算术平均值表示，保留 3 位有效数。在重复性条件下获得的两次独立测定结果的相对偏差，当含量<50μg/kg 时，不得超过算术平均值的 15%；当含量>50μg/kg 时，不得超过算术平均值的 10%。

9.3　麦曲和黄酒酿造微生物学实验方法

9.3.1　麦曲理化指标的测定

9.3.1.1　麦曲色价的测定

（1）特征波长的确定

选择四块颜色深浅不一的麦曲，在可见光范围（380～780nm）内对麦曲浸提液进行全

波长扫描，测定其吸光值，确定麦曲色价的特征波长。

（2）浸提条件的确定

称取麦曲4g，加入20mL浸提溶液（去离子水或70%乙醇），在不同的浸提方式（超声或60℃加热）下浸提1h，滤纸过滤，收集滤液于415nm下测定其吸光值。

（3）麦曲色价的测定方法

利用去离子水超声辅助浸提麦曲1h，滤纸过滤，于415nm下测定其吸光值。

9.3.1.2 麦曲水分、容重和酸度的测定方法

麦曲的水分按照文献《食品中水分的测定》(GB 5009.3—2010）进行测定。容重按照《酿酒大曲通用分析方法》(QB/T 4257—2011）进行测定。麦曲的酸度按照《酿酒分析与检测》进行测定，定义100g绝干重的麦曲消耗1mL 1mol/L的NaOH为1度酸度。

9.3.1.3 麦曲酶活指标的测定

（1）麦曲液化力的测定方法

利用碘遇淀粉特殊的颜色变化，在580nm处有最大吸收峰，从而测定反应前后的淀粉减少量，计算单位时间内每克麦曲液化淀粉的能力。淀粉溶液标准曲线如图9-1所示。

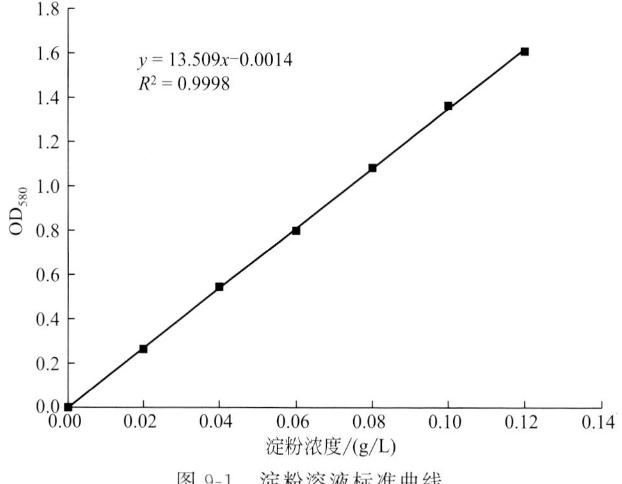

图9-1 淀粉溶液标准曲线

（2）麦曲糖化力的测定方法

麦曲的糖化力按照《工业酶制剂通用试验方法》进行测定，定义1g绝干麦曲，在30℃、pH 4.60条件下，1h分解可溶性淀粉生成1mg葡萄糖，为1个单位糖化力，单位U/g。

（3）麦曲酸性蛋白酶活力的测定方法

麦曲的酸性蛋白酶活力参考《工业酶制剂通用试验方法》进行测定，定义1g绝干麦曲，在30℃、pH 3.0条件下，1min水解酪蛋白生成1μg酪氨酸，为1个单位酸性蛋白酶活力，单位U/g。L-酪氨酸的标准曲线如图9-2所示。

根据图9-2，计算当吸光度值为1.0时的L-酪氨酸含量，即为吸光度常数K。计算结果K＝98.09，符合在95～100范围内的要求。

9.3.1.4 麦曲生化指标的测定方法

（1）麦曲酒化力的测定方法

麦曲的酒化力按照《酿酒大曲通用分析方法》(QB/T 4257—2011）进行测定，定义在

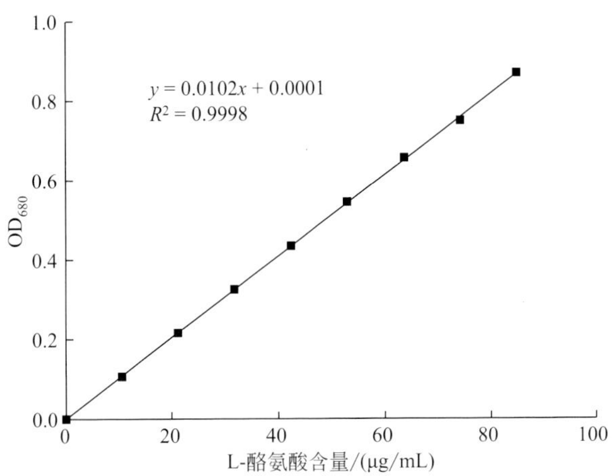

图 9-2 L-酪氨酸的标准曲线

30℃、15 天的条件下，麦曲将淀粉转化为酒精的能力为酒化力，单位%vol。

（2）麦曲酯化力的测定方法

麦曲酯化力用气相色谱法进行测定。酯化力的定义为 1g 绝干麦曲在 30℃条件下反应 7 天产生的己酸乙酯，单位 mg/(g·7d)。

9.3.2 麦曲感官指标的测定方法

9.3.2.1 感官指标的描述评价

将麦曲按照外观、断面和香味三个方面进行感官评价。根据工厂经验和相关文献报道，外观方面，色泽表现为棕黄色为优，棕褐色为普通，有杂色为差；穿衣分为好、较好、普通、较差和差五个等级；质地表现为紧实坚硬为优，疏松易碎为普通，有裂口和缺损为差。断面方面，色泽表现为灰白色为优，棕褐色为普通，有杂色为差；菌丝生长情况分为旺盛、丰满、均匀和贫瘠四个等级；皮张厚度分为薄、较薄、中等、厚和不清五个等级。香味方面，曲香可分为纯正且浓郁、纯正、平淡和不纯几个等级；杂味分为没有、较淡、一般和较重几个等级。

9.3.2.2 感官指标的评分标准

将外观、断面和香味三方面定义为一级指标，将外观色泽、穿衣和质地、断面色泽、菌丝生长、皮张厚度、曲香和杂味定义为二级指标，满分 100 分，80 分及以上为优，60～80 分为普通，60 分以下为不合格，如表 9-11 所示。

9.3.3 麦曲和黄酒相关样品中微生物分离培养方法

9.3.3.1 微生物分离培养培养基

（1）霉菌分离培养培养基

① PDA 固体培养基，121℃灭菌 20min。

② 察氏固体培养基，121℃灭菌 20min。

表 9-11 麦曲感官指标的评分标准

一级指标	二级指标	表现评价	额定分数
外观(40)	色泽(12)	棕黄色	9～12
		棕褐色或小麦原色	5～8
		深褐色、有杂色	1～4
	穿衣(16)	多且均匀	13～16
		较多或不均匀	9～12
		较少且不均匀	5～8
		几乎没有	1～4
	质地(12)	紧实坚硬	9～12
		疏松适中	5～8
		有裂口或缺损	1～4
断面(40)	色泽(12)	灰白色	9～12
		棕褐色	5～8
		有杂色	1～4
	菌丝生长(16)	旺盛、有絮状菌团	13～16
		丰满且分布均匀	9～12
		一般	5～8
		贫瘠	1～4
	皮张厚度(12)	薄	10～12
		中等	7～9
		厚	4～6
		不清	1～3
香味(20)	曲香(12)	纯正且浓郁	10～12
		纯正	7～9
		平淡	4～6
		不纯	1～3
	杂味(8)	没有	7～8
		较淡	5～6
		一般	3～4
		较重	1～2

(2) 细菌分离培养培养基

① LB 固体培养基(牛肉膏 0.3%,蛋白胨 1%,氯化钠 0.5%,琼脂 2%),自然 pH,121℃灭菌 20min。

② MRS 固态培养基:在 MRS 基础培养基中加入 1.5%～2.0%的琼脂,115℃灭菌 20min。

③ MRS 液体培养基:蛋白胨 10g,牛肉膏 10g,酵母膏 5g,柠檬酸二铵 2g,K_2HPO_4 2g,$MgSO_4 \cdot 7H_2O$ 0.1g,$MnSO_4 \cdot H_2O$ 0.05g,葡萄糖 20g,无水乙酸钠 5g,吐温 80 1.0mL,蒸馏水 1000mL。pH 6.2～6.4,115℃灭菌 20min。

(3) 酵母筛选培养基

YAP 培养基(葡萄糖 1%,蛋白胨 1%,酵母膏 1%,0.2%氨苄青霉素钠,1%丙酸钠,2%琼脂),自然 pH,115℃灭菌 15min。

(4) 其他培养基

① 番茄汁碳酸钙培养基:牛肉膏 10g,酵母膏 10g,蛋白胨 10g,葡萄糖 5g,吐温 80 0.5g,番茄汁 200g,碳酸钙 20g,琼脂 20g,蒸馏水 1000mL。pH 6.5～6.8,115℃灭菌 20min。

② 改进的M17培养基：植物蛋白胨5g，胰蛋白胨5g，酵母提取物2.5g，牛肉提取物5g，乳糖3g，抗坏血酸0.5g，K_2HPO_4 5g，甘油1%，$MgSO_4 \cdot 7H_2O$ 0.25g，磷酸甘油二钠1.9g，琼脂20g，蒸馏水1000mL，溴甲酚紫0.04g。pH 6.8～7.0，121℃灭菌15min。

③ 改进生物胺检测培养基：胰蛋白胨5g，牛肉膏5g，酵母膏5g，葡萄糖0.5g，NaCl 2.5g，吐温80 1mL，$MgSO_4$ 0.2g，$MnSO_4$ 0.5g，$FeSO_4$ 0.04g，柠檬酸铵2g，K_2HPO_4 2g，$CaCO_3$ 0.1g，硫胺0.01g，溴甲酚紫0.05g，5-磷酸吡多醛0.05g，组氨酸10g，酪氨酸10g，精氨酸10g，鸟氨酸10g，琼脂20g，蒸馏水1000mL。pH 5.3，121℃灭菌15min。

④ 脱羧酶培养基：胰蛋白胨5g，牛肉膏8g，酵母膏4g，葡萄糖1.5g，果糖1g，吐温80 0.5g，$MgSO_4$ 0.2g，$MnSO_4$ 0.05g，$FeSO_4$ 0.04g，$CaCO_3$ 0.1g，5-磷酸吡多醛0.25g，组氨酸2g，酪氨酸2g，鸟氨酸2g，精氨酸2g，蒸馏水1000mL。pH 5.5，115℃灭菌20min。

9.3.3.2 麦曲中微生物分离培养方法及鉴定方法

（1）麦曲预处理

取接种麦曲10g，放置在含90mL无菌蒸馏水与少许玻璃珠的250mL三角瓶中，封口，在摇床上200r/min振摇30min，使其中微生物充分分散，制成10^{-1}倍样品稀释液。

（2）菌液稀释涂布分离纯化微生物

在超净工作台上用梯度稀释法得到10^{-2}、10^{-3}、10^{-4}、10^{-5}、10^{-6}、10^{-7}倍样品稀释液，取不同稀释梯度样液各0.1mL涂布于培养基上，霉菌及酵母培养基放置于30℃、细菌培养基放置在37℃培养箱内培养，每天观察菌落形态并挑选出形态不同的微生物进行划线纯化培养。

9.3.3.3 发酵醪液中微生物分离筛选方法

霉菌分离培养培养基：PDA固体培养基；察氏固体培养基。

酵母分离培养基：YAP固体培养基（葡萄糖1%，蛋白胨1%，酵母膏1%，氨苄青霉素钠，丙酸钠1%，琼脂2%。其中氨苄青霉素钠为细菌抑制剂，用量为100μg/mL，不可高温加热）。

细菌分离培养培养基：LB固体培养基（牛肉膏0.3%，蛋白胨1%，氯化钠0.5%，琼脂2%）；MRS固体培养基（牛肉膏1%，蛋白胨1%，酵母膏0.5%，葡萄糖2%，吐温80 0.01%，醋酸钠0.5%，磷酸氢二钾0.2%，柠檬酸二铵0.2%，硫酸镁0.058%，硫酸锰0.028%，琼脂2%）。

以上培养基均自然pH，121℃灭菌20min。黄酒发酵醪液样品稀释到合适的梯度，每梯度3个重复，涂布上述5种培养基平板，分别进行好氧培养与厌氧培养。每天观察菌落形态并挑选出形态不同的微生物进行划线纯化培养，最后经3次划线纯化得到纯培养物。比较各纯培养物形态，剔除形态一致的纯培养物。利用甘油保藏法保藏菌株于−80℃冰箱。

9.3.4 浸米工艺中不产生物胺乳酸菌筛选

9.3.4.1 不产生物胺乳酸菌的初筛与复筛

组胺、酪胺和精胺等是酒精饮料发酵过程中常见的生物胺，而这些生物胺主要由相应的氨基酸脱羧酶作用后产生，为了提高相应氨基酸脱羧酶的活性，将分离得到的乳酸菌分别添

加到含有 0.2g/100mL 的前体氨基酸（组氨酸、酪氨酸、精氨酸、鸟氨酸）和 0.025g/100mL 的5-磷酸吡哆醛的脱羧酶培养基中活化 3 次。

将样品按梯度（10^{-1}、10^{-2}、10^{-3}、10^{-4}、10^{-5}、10^{-6}、10^{-7}）进行稀释，各取 200μL 于 MRS 固体培养基进行涂布，倒置于 37℃厌氧培养箱中培养 1～2 天。

取上述平板上乳白或灰白、中间凸起的单菌落于乳酸菌选择培养基上进行划线分离，倒置于 37℃厌氧培养箱中培养 1～2 天，挑取其中有溶钙圈的单菌落进行分离纯化，重复多次。观察并记录平板上单菌落的形态特征，最后选取具有类似乳酸菌形态的单菌落进行传代培养，再用液体脱羧酶培养基进行氨基酸脱羧酶活性的检测。

将菌株以 1%（体积分数）接种量接种于 MRS 液体培养基中进行活化，37℃培养 24h，然后转接到乳酸菌传代培养基中，37℃培养 24h，传代培养 3 次。将传代 3 次后的乳酸菌培养液接种于液体脱羧酶培养基中，以不接培养液的培养基为对照。于 37℃厌氧培养箱中培养 4 天后，观察颜色变化，结果判定以黄色为阴性，红色或紫色为阳性。

经初筛检测后，选取较优的 10～50 株乳酸菌进行复筛，各取 200μL 传代 3 次后的培养液涂布于相应的生物胺检测平板上，倒置于 37℃厌氧培养箱中培养 24h，观察平板颜色变化情况，结果判定以黄色为阴性，红色或紫色为阳性。

9.3.4.2 乳酸菌降解混合生物胺能力的检测

将筛选的乳酸菌活化后，以 2%（体积分数）接种量分别接于 50mL、pH 5.50 的含有 7 种生物胺（酪胺、精胺、亚精胺、腐胺、尸胺、组胺、色胺，浓度分别为 100mg/L）的 MRS 液体培养基中，以未接种乳酸菌的培养基做对照（0h），置于 37℃厌氧培养箱中培养，定时取样检测培养液的吸光度 OD_{600} 及生物胺含量，比较分析乳酸菌降解混合生物胺的能力。生物胺降解率的计算方法如公式(9-5) 所示。

$$\text{生物胺降解率}=\frac{W_0-W_1}{W_0}\times100\% \tag{9-5}$$

式中 W_0——对照组中生物胺含量，mg/L；

W_1——实验组中生物胺含量，mg/L。

9.3.4.3 乳酸菌在黄酒培养液中生长能力的检测

黄酒培养液：在黄酒发酵过程中，按酒精度取样 3 次，尽量使发酵醪酒精度呈梯度变化。将发酵醪经 10000r/min 离心 10min 获得上清液，测定不同发酵醪的基本理化指标，另取 200mL 上清液于无菌蓝盖瓶中，沸水浴 10min 后置于室温冷却备用。

将筛选的乳酸菌用 MRS 液体培养基活化后，调整菌液吸光度 OD_{600} 为 0.8，以 2%（体积分数）接种量接种于不同黄酒培养液中，每隔 6h 取样测定培养液的吸光度 OD_{600}、还原糖含量、总酸含量和 pH，比较分析不同乳酸菌在不同黄酒培养液中的生长能力。

9.3.4.4 乳酸菌产酸能力测定

将分离得到的乳酸菌在 MRS 培养基中活化后，调整菌悬液 $OD_{600nm}=0.5$，按照 2%的接种量接种于 100mL 的 MRS 培养基中，在 30℃条件下培养 2 天，每 6h 测定一次 pH 值，每个样品做三个平行。

9.3.4.5 乳酸菌产乳酸和乙酸能力测定

将分离得到的乳酸菌在 MRS 培养基中活化后，调整菌悬液 $OD_{600nm}=0.5$，按照 2%的接种量接种于 100mL 的 MRS 培养基中，在 30℃条件下培养 2 天，每 6h 取一定量的培养液，在 8000r/min、4℃的条件下离心 10min，收集上清液，经 0.45μm 的微孔滤膜过滤后采用 HPLC 对发酵液中的乳酸和乙酸含量进行检测，每个样品做三个平行。

9.3.4.6 乳酸菌耐酒精能力测定

将分离得到的乳酸菌在 MRS 培养基中活化后，调整菌悬液 OD_{600nm} 值为 0.5，按照 2% 的接种量分别接种于酒精浓度为 5%、10%、15% 和 20% 各 100mL 的 MRS 培养基中，在 30℃条件下培养 2 天，每 6h 取一定量的培养液，在 600nm 处测定其吸光度值，每个样品做三个平行。

9.3.4.7 生物胺含量检测

按照 9.2.9 的方法检测浸米浆水、醪液及黄酒中的生物胺含量。

9.3.5 发酵醪液中的微生物分离与产香特性分析方法

9.3.5.1 黄酒模拟液制备方法

实验采用黄酒原料制作黄酒模拟液。取 0.10kg 米粉，加入 0.86g 麦曲及 2L 清水，添加 2mL 液化酶，90℃液化 2h；用乳酸调节 pH 至 4，加入 2mL 糖化酶，60℃糖化 2h 作为黄酒模拟液。

9.3.5.2 菌株生长曲线测定方法

（1）酵母和细菌种子液及发酵液制备

一级种子液制备：从甘油保藏管中挑取一环菌株于 50mL 液体培养基上，酵母接种至液体 YPD，30℃培养；好氧细菌接种至液体 LB，37℃培养；厌氧细菌接种至液体 MRS，37℃厌氧培养。各培养 24h。将上述培养菌株，再按照接种量 5%转接一次，作为一级种子液。

二级种子液制备：取一级种子液 5mL 接种至 50mL 黄酒模拟液中，30℃静置培养，分别在 2h、5h、8h、12h、20h、30h、40h、48h、60h 摇匀取样，测定 OD_{600} 值。绘制各菌株在黄酒模拟液中的生长曲线，以各菌株的生长稳定期初始时刻时菌液作为二级种子液。

发酵液制备：吸取培养各菌株二级种子液 5mL 接种至装有 50mL 黄酒模拟液 100mL 离心管中，30℃静置培养 120h。

（2）霉菌孢子及发酵液制备

从甘油保藏管中挑取一环菌株划线于 PDA 标准固体培养平板上，30℃培养，待长出菌苔后划线至茄形瓶 PDA 标准固体培养基内，30℃培养 48h，用无菌水洗出孢子，得到孢子悬浮液，振荡混匀后于显微镜下进行血细胞板计数，调整孢子浓度为 10^7 个/mL。吸取 10mL 孢子悬浮液接种至装有 200mL 黄酒模拟液锥形瓶中，同时锥形瓶中加入 10 颗玻璃珠，30℃ 200r/min 摇床培养 120h，不定期用力振荡摇匀培养基以防霉菌结成球状。每隔 12h 取 5mL 发酵液，4℃，10000r/min 离心 10min，洗涤沉淀，相同条件下离心，沉淀部分 105℃烘干至恒重，测菌丝质量。以培养时间为横坐标，菌丝干重为纵坐标，绘制菌株的生长曲线。同样方法得到霉菌孢子浓度为 10^7 个/mL，吸取 5mL 孢子悬浮液接种至装有 50mL 黄酒模拟液 100mL 离心管中，30℃静置培养 120h。

9.3.5.3 菌株产挥发性风味物质测定方法

采用顶空固相微萃取结合气相色谱-质谱联用技术（HS/SPME-GC/MS）测定挥发性风味物质。

（1）前处理

取发酵液 6mL 于 20mL 顶空瓶中，加入 2.5g 氯化钠及 20μL 内标溶液（2-辛醇，浓度为 22mg/L），插入三相萃取头，于 50℃ 条件下吸附 45min，250℃ 解吸附 7min，用于 GC/MS 测定。

（2）GC/MS 条件

GC 色谱柱 TG-WAXMS（30m×0.25μm×0.25mm）。GC 进样口温度 250℃。GC 程序升温：40℃保持 3min，6℃/min 升温至 10℃，10℃/min 升温至 230℃，保持 7min。GC 载气为高纯氦气（>99.999%），不分流，流速为 1.0mL/min。MS 离子化方式 EI。MS 发射电流 50μA。MS 电子能量 70eV。MS 离子源温度 230℃。MS 传输线温度 250℃。MS 扫描范围 33～400amu。

（3）定性及定量分析方法

定性：通过与 NIST 2.0（Agilent Technologies Inc.）数据库比对，对物质定性。

定量：将各种风味物质标准品混合并稀释，配成不同浓度的混合标准溶液。相同条件下进样，绘制浓度-峰面积标准曲线，通过测定样品中挥发性风味物质峰面积与标样得到的标准曲线峰面积对样品中挥发性风味物质进行定量。对于风味物质含量未能在标准曲线范围内，以及其他未能购买标准品的挥发性风味物质，采用 2-辛醇作为内标物进行半定量计算，计算方法如式(9-6) 所示。

$$C=\frac{A_1}{A_2}\times C_{is} \tag{9-6}$$

式中 C——样品中被检测到的挥发性风味物质浓度；

C_{is}——内标物的浓度；

A_1——样品中被检测到的挥发性风味物质的峰面积；

A_2——内标物的峰面积。

9.3.5.4 菌株产有机酸物质测定方法

（1）标样的配制

准确配制标准溶液原液，草酸、酒石酸、丙酮酸、苹果酸、乳酸、乙酸、柠檬酸、酮戊二酸组分浓度分别为 0.745mg/mL、1.209mg/mL、0.608mg/mL、0.981mg/mL、2.041mg/mL、1.853mg/mL、1.044mg/mL、1.733mg/mL；将原液梯度稀释 5 倍后作为标准溶液。

（2）样品处理

2mL 发酵液经 12000r/min 离心，取 1mL 上清液，加入 1mL 三氯乙酸沉淀蛋白质 4h，12000r/min 离心 10min，用 0.45μm 水系膜过滤注入进样瓶。标准样品同样处理。

（3）HPLC 分析条件

色谱柱：Waters Atlantisd C_{18}（4.6mm×150mm，5μm）；0.02mol/L KH_2PO_4（pH 3.1）作为流动相，流速 0.8mL/min；柱温 28℃，UV 212nm，进样量 10μL。

9.3.6 黄酒中酵母与产香菌株的共培养发酵方法

(1) 活化菌株

从甘油管中划线于对应固体培养基，菌株 *Clostridium tyrobutyricum* L311 划线于 LB 固体培养基，*Lactobacillus fermentum* M34 以及 *Lactobacillus helveticus* M41 菌株划线于 MRS 固体培养基，37℃培养，其中乳酸菌厌氧培养；酵母划线于 YPD 固体培养基，30℃培养。

(2) 一级培养液

挑选固体平板上单菌落接种至各菌株对应 100mL 液体培养基，200r/min 摇床培养，其他细菌培养 16h，酵母培养 24h，乳酸菌厌氧培养 30h。

(3) 二级培养液

上述的培养菌液按照接种量 10%接种至 200mL 黄酒模拟液中，30℃培养，酵母菌培养 20h，其他细菌均培养 48h，乳酸菌厌氧培养 36h。

(4) 测定细胞浓度

利用血细胞计数板法测定二级培养液中酵母培养液的菌液浓度。吸取适量酵母培养液与细菌菌液充分混合，在油镜条件下，计数出细菌细胞数与酵母细胞数的比例，从而利用酵母菌液浓度计算出二级培养液中细菌培养浓度。

(5) 发酵培养

吸取适量上述二级培养液接种至黄酒模拟液中，使在发酵培养液中酵母与细菌的浓度(个/mL) 比例分别为 1∶0、1∶0.001、1∶0.01、1∶0.1、1∶1、1∶10、1∶100、1∶1000，28℃静置培养，每 8h 振荡摇匀。

(6) 取样

充分摇匀，在无菌条件下取 0h、6h、12h、24h、48h、72h、96h、120h 样品 20mL。

9.3.7 高产 β-苯乙醇的黄酒酵母筛选方法

9.3.7.1 实验原理

β-苯乙醇是黄酒中重要的芳香化合物，赋予黄酒优雅的香气，在黄酒国标 GBT13662—2008 中，对不同类型黄酒中 β-苯乙醇最低含量做出要求。黄酒中 β-苯乙醇主要由黄酒酵母(酿酒酵母 *Saccharomyces cerevisiae*) 代谢产生，黄酒酵母合成 β-苯乙醇主要有 Ehrlich 途径和从头合成途径，其中有两个关键反馈抑制，DAHP 合成酶分别受到 L-苯丙氨酸和酪氨酸的反馈抑制。在含有一定浓度 L-苯丙氨酸结构类似物即对氟苯丙氨酸 (PFP) 的筛选培养基上，低产 DAHP 合成酶的菌株容易被杀死或抑制生长，经诱变后产酶量高的菌株可以先跟底物类似物结合以消除其抑制作用，从而被筛选出高产 β-苯乙醇正突变菌株。虽然目前基因工程技术已成熟运用于微生物优良性状定向改造，但是基因工程菌株在传统发酵黄酒中应用仍存在争议与市场风险，为避免此问题，选用传统紫外诱变结合底物类似物抗性选育，所选育出黄酒酵母完全可以在黄酒发酵工业中应用。酿酒酵母 β-苯乙醇合成途径如图 9-3 所示。

9.3.7.2 实验材料与方法

酿酒酵母出发菌株 Y1615：资源平台号 *S. cerevisiae* RWBL Y1615 ZC，从绍兴地区酒

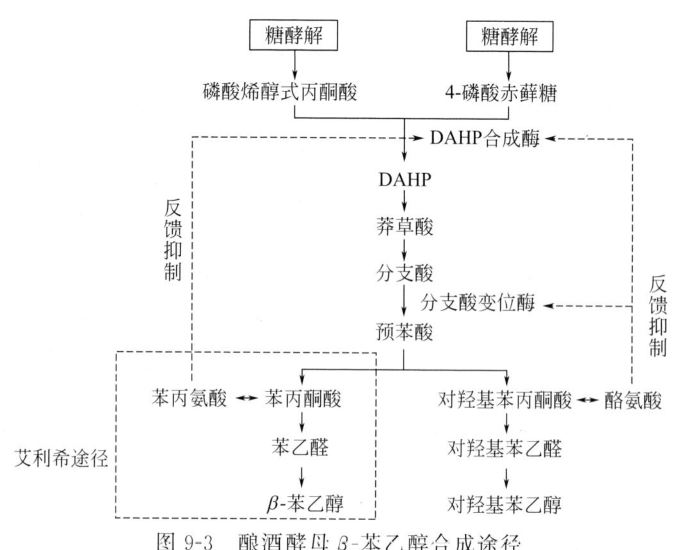

图 9-3 酿酒酵母 β-苯乙醇合成途径

厂筛选并在实验室菌种库保藏。e2695 高效液相色谱系统（配有 2489UV/Vis Detector 检测器，美国沃特世公司）。

YPD 培养基：酵母提取物 10g/L、鱼粉蛋白胨 20g/L、葡萄糖 20g/L。

YNBP 培养基：6.7g/L YNB，20g/L 葡萄糖，20g/L 琼脂粉，额外分别加入 0、0.04g/L、0.05g/L、0.06g/L、0.07g/L、0.08g/L、0.09g/L、0.1g/L 的对氟苯丙氨酸（PFP）。

酒精筛选培养基：YPD 液体培养基额外加入 10%（体积分数）乙醇。

McClary 生孢培养基：葡萄糖 1g/L，KCl 1.8g/L，NaAc 8.2g/L，酵母提取物 2.5g/L，琼脂 20g/L。

黄酒模拟液筛选培养基：1kg 蒸熟米饭（含水率为 70%）中加入水 1L、麦曲 0.05kg，搅拌均匀，60℃保温 8h，4500r/min 离心 5min，取上清液 115℃灭菌 15min。

黄酒发酵培养基：蒸熟米饭（含水率为 70%）50%，水 40%，酒母 5%，麦曲 5%，搅拌均匀。

（1）出发菌株生长曲线的确定

取 200μL 甘油保藏酿酒酵母 Y1615 涂布 YPD 平板纯化，再经 YPD 平板和 YPD 摇瓶传代复壮。

取 5mL 菌液接种 100mL YPD 摇瓶，200r/min，30℃培养，每隔 1h 测定 OD_{600}，确定出发菌株对数生长中期时间即是紫外诱变开始时间，3 个平行。

（2）紫外照射时间的确定

按上述方法获得对数生长中期的诱变出发菌株菌液，取 10mL 菌液 6000r/min 离心 5min，弃去上清液，用无菌生理盐水洗涤后加 50mL 无菌生理盐水制备菌悬液。

紫外灯开 20min 以稳定光波，取 5mL 上述菌悬液到无菌培养皿中，培养皿中加入灭菌大头针。培养皿置于磁力搅拌器上，垂直放置于紫外灯（15W）以下 20cm 处，黑暗条件下打开皿盖，照射时间为 40s、60s、80s、100s、120s、140s、160s。

照射完毕后，在红光灯下或者黑暗条件下，将诱变后的菌悬液以 10 倍稀释法稀释 4 次，未紫外照射的菌悬液以 10 倍稀释法稀释 5 次，各取 200μL 稀释液涂布 YPD 平板，用锡纸包好，30℃倒置培养48h，每组3个平行。

观察记录平板菌落数，计算致死率，绘制紫外照射致死率曲线，确定致死率为90%～100%的紫外照射时间。致死率=(对照菌落数－诱变菌落数)/对照菌落数。

(3) PFP对出发菌株最低全致死浓度确定

上述获得的出发菌株菌悬液，用10倍稀释法稀释四次，分别涂布200μL到不同PFP浓度的YNBP平板上，每个梯度三个平行。

30℃培养2～3天，记录菌落数后绘制PFP对出发菌株致死率曲线。

(4) 紫外诱变与PFP抗性、酒精耐受性筛选

获得紫外诱变出发菌株并对其进行紫外照射，照射时间为140s。取紫外诱变后的菌悬液200μL涂布到PFP浓度为0.12g/L的YNBP平板，用锡纸包好以避光，10倍稀释法每个稀释梯度下3个平板，30℃培养72h。

酒精耐受性筛选：挑取PFP抗性筛选后突变菌株，先在96孔板的YPD液体培养基上扩培，再接入96孔板的酒精筛选培养基，每株菌株接种量为5%，30℃培养，分别在12h和24h用酶标仪测定OD_{600}并筛选OD_{600}数值相对较高的突变菌株。

(5) 黄酒模拟液发酵筛选

对氟苯丙氨酸抗性、酒精耐受性筛选后菌株经YPD平板和YPD摇瓶复壮扩培，按5%接种量接到50mL黄酒模拟液，30℃静置发酵7天，每株菌三个平行。高效液相色谱法测定黄酒模拟液中β-苯乙醇含量，筛选β-苯乙醇含量相对较高的菌株。

(6) 双倍体正菌株生孢纯化

将对数生长中期正突变菌株用生理盐水重悬，菌悬液适度稀释后涂布于McClary生孢培养基，30℃培养1～2天。单菌落划线到生孢培养基上，30℃培养5～7天，每隔24h取样用石炭酸复红染色法观察产孢情况，每次取三个视野，计算生孢率，生孢率达到90%时进行下一步实验。

灭活双倍体营养体：用pH=7的磷酸钠缓冲液洗涤含有子囊孢子和部分双倍体菌体，65℃水浴加热10min，取样涂布YPD平板以验证双倍体营养菌株是否完全灭活。

取灭活后菌液离心收集沉淀，加入1mL的1.5%蜗牛酶和无菌玻璃珠，28℃振荡0.5～1h，酶解子囊壁使单倍体分离。5000r/min离心5min收集菌体，磷酸钠缓冲液洗涤后混悬，梯度稀释至10^{-1}～10^{-5}，每梯度取100μL涂布YPD平板，30℃培养1～2天。

黄酒发酵筛选：取YPD平板上菌落较大的菌株进行黄酒发酵实验，筛选正突变基因可稳定遗传的纯合双倍体菌株。黄酒前发酵5天，后发酵15天，结束后测定β-苯乙醇含量及其他理化指标。

(7) 菌株传代稳定性实验

将所筛选的生孢纯化后，纯合双倍体菌株在YPD培养基上传代培养5代，每代进行黄酒发酵，测定β-苯乙醇含量及酒精产量。

(8) 高效液相色谱条件

取2mL样品12000r/min离心1min，取上清液1mL过0.22μm水系膜。XbridgeTM Amide 5μm (4.6mm×0.25mm) 色谱柱，流动相为甲醇：水=1：1，流速1mL/min，柱温30℃，进样量10μL。

9.3.7.3 高产β-苯乙醇酵母实验的结果分析

以本实验为例，将紫外诱变后的菌悬液涂布到 YPDP 平板，经对氟苯丙氨酸抗性筛选到 500 株以上菌株，在 96 孔板上进行酒精耐受性筛选时，选择 12h 和 24h 时 OD_{600} 数值相对较高的 51 株突变菌株，结果如表 9-12 所示，将 51 株突变菌株用于下一步黄酒模拟液筛选。

表 9-12 突变菌株酒精耐受性筛选

菌株名称	OD_{600}		菌株名称	OD_{600}		菌株名称	OD_{600}	
	12h	24h		12h	24h		12h	24h
1-A6	0.52	1.28	2-F2	0.47	1.20	3-G6	0.42	1.28
1-B11	0.41	1.22	2-F6	0.41	1.20	4-A8	0.42	1.25
1-B7	0.51	1.22	2-F7	0.42	1.20	4-A9	0.46	1.22
1-C3	0.41	1.21	2-G7	0.44	1.22	4-C7	0.41	1.28
1-D3	0.47	1.21	2-H1	0.46	1.25	4-D4	0.41	1.27
1-E3	0.41	1.26	3-A1	0.43	1.24	4-D7	0.41	1.25
1-E4	0.39	1.22	3-B10	0.40	1.22	4-E2	0.48	1.22
1-F7	0.56	1.24	3-B7	0.42	1.26	4-E4	0.45	1.23
1-G3	0.45	1.23	3-C9	0.41	1.26	4-E8	0.46	1.27
2-A1	0.49	1.21	3-C10	0.47	1.22	4-F2	0.50	1.22
2-C11	0.46	1.27	3-D5	0.42	1.28	4-F4	0.42	1.31
2-C4	0.41	1.23	3-D7	0.41	1.26	4-F7	0.52	1.22
2-C6	0.48	1.22	3-D9	0.41	1.27	4-F9	0.40	1.24
2-D1	0.45	1.21	3-E11	0.42	1.27	4-G11	0.46	1.31
2-E10	0.52	1.23	3-E9	0.72	1.26	5-A5	0.49	1.22
2-E5	0.42	1.20	3-F7	0.43	1.25	5-C5	0.42	1.23
2-F10	0.40	1.26	3-F9	0.79	1.27	5-F5	0.49	1.27

接着在黄酒模拟液中进行发酵筛选。对氟苯丙氨酸抗性、酒精耐受性筛选后 51 株菌株经黄酒模拟液发酵后测定β-苯乙醇含量。为提高筛选效率及保证筛选培养基的一致性，选用黄酒模拟液作为筛选培养基，以β-苯乙醇产量和酒精产量为筛选指标。其中 1-E4、4-C7、5-F5 正突变菌株β-苯乙醇产量明显高于出发菌株，其中 5-F5 菌株β-苯乙醇产量为 237.16mg/L，三株菌株酒精发酵能力未受明显影响，酿酒酵母仍可良好进行酒精发酵，因此选择β-苯乙醇产量较高的 5-F5 正突变菌株进行下一步生孢纯化实验。

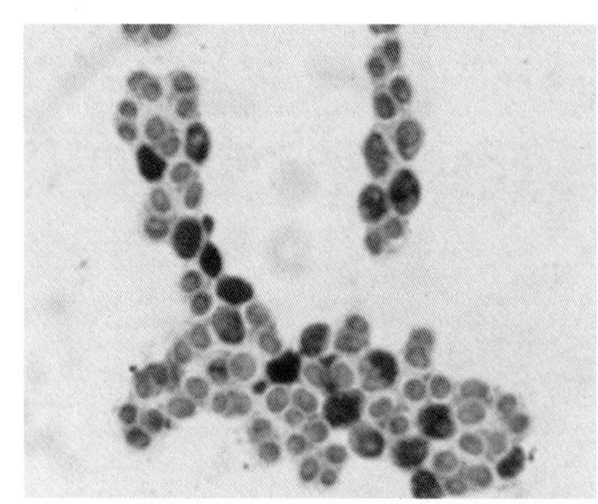

图 9-4 正突变菌株子囊孢子和部分二倍体营养体显微图

双倍体正菌株生孢纯化：对紫外诱变后双倍体菌株进行产孢处理，双倍体细胞中同源染色体中突变基因会转到单倍体孢子中，单倍体孢子再经培养后成纯合双倍体菌株，正突变基因得以稳定遗传，正突变菌株遗传稳定性增强。

将正突变菌株 5-F5 产生的孢子进行处理，图 9-4 所示为子囊孢子和部分二倍体营养体形态。在平板上挑选菌落形态较大的 8 株菌株在黄酒发酵培养基中进行黄酒发酵实验。为探究正突变菌株在黄酒双边发酵和复杂微生物环境中的β-苯乙醇产量和酒精发酵特性，相比于黄酒模拟液筛选培养基，在黄酒发酵培养基中添加麦曲，也因此正突变菌株在两种发酵体系下β-苯乙醇产量和酒精产量略显不同。黄酒发酵结果显示 BYC-3 菌株的β-苯乙醇产量是出发酿酒酵母的 2.67 倍，达到 238.12mg/L，产酒精能力均达到 16 度以上，酒精发酵性能与出发菌株相比没有显著性差异（$p>0.05$）。

将 BYC-3 菌株在 YPD 培养基上传代培养 5 次，结果如表 9-13 所示。每代酵母菌株作为酒母进行黄酒发酵检测β-苯乙醇和酒精含量变化，结果表明传代后菌株的酒精产量没有显著性差异（$p>0.05$），β-苯乙醇产量稳定，没有显著下降（$p>0.05$），这为 BYC-3 菌株在工业中稳定生产奠定了基础。

表 9-13　传代稳定性实验酒精和β-苯乙醇产量

项目	传代次数				
	1	2	3	4	5
酒精度/%vol	16.3±0.2[a]	16.5±0.1[a]	16.2±0.4[a]	16.1±0.3[a]	16.3±0.2[a]
苯乙醇/(mg/L)	240.32±3.23[a]	243.35±5.21[a]	239.27±3.25[a]	235.23±6.21[a]	236.16±4.21[a]

注：同一行数据的同一字母表示无显著差异（$p>0.05$）。

9.3.8　黄酒中放线菌的分离与培养方法

（1）实验原理

根据放线菌的营养、酸碱度等条件，常选用合成培养基或有机氮培养基，通过加入抑制剂可使细菌、霉菌出现的数量大大减少，再通过稀释涂布法，使放线菌在固体培养基上形成单独菌落，并可得到纯菌株。放线菌可以产生抗生素，抑制其他菌种生长，故可用金黄色葡萄球菌（G^+）和大肠杆菌（G^-）作指示菌鉴别放线菌。

（2）实验方法

高氏一号合成培养基：可溶性淀粉 20.0g、硝酸钾 1.0g、三水合磷酸氢二钾 0.5g、七水合硫酸镁 0.5g、氯化钠 0.5g、硫酸亚铁 0.01g、琼脂 20.0g、水 1000mL，pH 值 7.2～7.4。

（3）实验步骤

放线菌的分离纯化：无菌条件下取 10g 麦曲或黄酒酿造样品，粉碎样品加入盛有 90mL 无菌水的三角瓶中，25℃条件下恒温振荡 30min，待充分混匀静置，取上清液做 10 倍梯度稀释至 10^{-6}。取后 3 个稀释度上清液 0.2mL 分别加入高氏一号培养基中，进行涂布平板，每个稀释度做 3 个重复。在 28℃恒温下倒置培养 5～7 天。挑选具有明显形态特征的放线菌单菌落进行编号，并划线分离至纯培养，然后转接试管斜面，培养后低温保藏备用。

形态学和生理生化特性鉴定：观察培养 7 天的放线菌纯培养单菌落特征；对放线菌纯菌株采用温室培养方法，每隔 24h 进行镜检，连续培养 7 天，观察孢子丝及孢子特征。

种属鉴定：特征放线菌基因组通过 DNA 提取，并以菌株基因组 DNA 为模板，采用通用引物 27F（5′-AGT TTG ATC MTG GCT CAG-3′）和 1492R（5′-GGT TAC CTT GTT ACG ACT T-3′）进行 16S rDNA 的 PCR 扩增。PCR 产物进行测序，得到的序列在 NCBI 上通过 BLAST 程序与基因库中已知 16S rRNA 序列进行同源性比对分析。

（4）注意事项

放线菌的最适生长条件是23～37℃，pH 7.0～7.5，而在同样条件下也利于霉菌生长，在高温杀菌下，放线菌和霉菌的孢子仍可存活，所以必须加入重铬酸钾抑制霉菌和细菌生长。

培养基配制时应先加缓冲化合物，然后是主要元素、次要元素。

放线菌可以产生色素，且放线菌代表属也分多种。其菌落一般为圆形，菌落质地致密，表面呈较紧密的绒状或坚实、干燥、多皱，地衣状。表面干燥，可作为鉴别菌种的基本参考依据。

9.3.9 黄酒中酵母发酵力的测定方法

（1）生麦曲中酵母发酵力的测定

常规测定生麦曲中酵母发酵力的方法是把生麦曲中酵母进行分离提纯，用Meisse法测定，即CO_2的重量法。其方法是，配制培养基（蔗糖4g，磷酸二氢钾0.22g，硫酸镁0.25g），装入带有发酵栓的瓶口，加酵母1g，称量瓶重，至30℃培养箱内5h后再次称量瓶重，减少数即为CO_2。一般而言，在400mL发酵液中加入酵母10g，2h产生1000mL以上CO_2的为优良酵母，800～1000mL的为中等酵母。

（2）黄酒酵母发酵性能测定

挑取酵母菌斜面种子一环接种于YPD液体培养基中，30℃摇瓶振荡培养24h，作为种子液。将种子液按10%（体积分数）接种到大米糖化液培养基中。用250mL锥形瓶装入100mL发酵液，在发酵栓中加入5mL 2.5mol/L的硫酸并称重。在30℃静态发酵，每隔12h称一次质量并称重，计算各株酵母菌发酵时产生CO_2的质量。当12h失重小于0.2g时停止培养。并利用DNS法测定发酵前后的还原糖含量。

9.3.10 微生物的染色与形态观察

9.3.10.1 酵母菌的染色及观察

酵母菌具有典型的真核细胞结构，有细胞壁、细胞膜、细胞核、细胞质、液泡、线粒体等，有的还具有微体。一般成圆形、椭圆形和藕节形等，比细菌的单细胞个体要大得多，无鞭毛，不能游动。大多数酵母菌的菌落特征与细菌相似，但比细菌菌落大而厚，菌落表面光滑、湿润、黏稠，容易挑起，菌落质地均匀，正反面和边缘、中央部位的颜色均一，菌落多为乳白色，少数为红色，个别为黑色。

（1）酵母菌培养特征的观察

固定平板上菌落特征的观察，包括形状、大小、颜色、光泽、质地、表面和边缘情况。液体中生长特征的观察，包括菌膜、菌环、浑浊、沉淀等。

（2）酵母菌细胞形态的观察

制片：用接种环取经24h培养的酒精酵母菌液于载玻片上（如是固体培养菌，则在载玻片上滴一滴生理盐水，挑取菌种与水滴混合）。取盖玻片盖在液滴上，盖时先将盖玻片一边与液滴接触，然后慢慢放下，避免产生气泡。

镜检：用高倍镜观察，光线弱些，绘图表示个体细胞的大小、形状、芽殖或裂殖情况。

9.3.10.2　霉菌的染色及观察

霉菌是一类丝状真菌的统称，在微生物中是最粗大的，形态较为复杂，无性、有性繁殖的方式较多。无性孢子有厚垣孢子、节孢子、分生孢子、孢囊孢子。有性孢子有卵孢子、接合孢子、子囊孢子。由于菌丝粗而长，所以霉菌的菌落大而疏松。由于孢子有不同的形状、构造和颜色，菌落表面往往呈现不同的结构与色泽。有的菌产生可溶性色素使菌落背面呈现不同的颜色。同种霉菌在不同的培养基上的菌落特征可能有变化，但各种霉菌在一定的培养条件下（包括培养基、温度与时间）形成的菌落特征是相对稳定的。霉菌的个体形态结构、繁殖方式、菌落特征是鉴别霉菌的主要依据。

霉菌菌丝较粗大，细胞易收缩变形，而且孢子很容易飞散，所以制标本时常用乳酸石炭酸棉蓝染色液。此染色液制成的霉菌标本片其特点是：①细胞不变形；②具有杀菌防腐作用，且不易干燥，能保持较长时间；③溶液本身呈蓝色，有一定染色效果。

（1）霉菌的个体形态及菌落特征的观察

菌落的大小——局限生长或蔓延生长，在培养基上的直径和密度。

菌落的颜色——正面（孢子或孢子丝）和反面（基内菌丝）的颜色，基质的颜色变化。

菌落的组织状态——絮棉状、蛛网状、绒毛状等，疏松或紧密，有无同心轮纹，有无放射状的皱褶。

（2）霉菌个体形态结构的观察

制片：在清洁的载玻片上加一滴乳酸石炭酸棉蓝液，用解剖针或镊子从菌落的不同部位挑取少许菌丝体，放入玻片上的乳酸石炭酸棉蓝液中，使菌丝在液中展开，加上盖玻片。分别用低倍镜和高倍镜观察。

毛霉和根霉的识别：菌丝有无分隔，孢子囊梗有无分枝。孢子囊的形状、大小，囊轴的形状，囊托有无。孢子囊孢子的形状和大小，有无假根和匍匐枝，并注意有无结合孢子和厚垣孢子。

在观察孢子囊的囊轴时，由于有许多孢子覆盖，难于分辨，可用酒精滴加于标本之上，用吸管反复冲击，吸取覆盖的孢子，使内部的囊轴显示出来。亦可选尚未成熟的孢子囊，其产生的孢子较少，在显微镜下囊轴可被观察到。

青霉的识别：菌丝有无分隔，分生孢子梗有无分枝，帚状分枝的形状，小梗、梗基的分枝和排列特点，分生孢子的排列形状和大小，并注意有无菌核和子囊。

曲霉的识别：菌丝有无分隔，有无分枝，细胞的形状，分生孢子头的形状，小梗的列数，分生孢子头的大小和形状，顶囊的形状和大小。并注意有无菌核和子囊。观察顶囊难于分辨时，可用酒精反复冲洗覆盖的孢子。

9.3.10.3　细菌的革兰氏染色及观察

革兰氏染色液配制方法参照 GB 4789.35—2010。

细菌个体微小，且较透明，必须借助染色法使菌体着色，显示出细菌的一般形态结构及特殊结构，在显微镜下用油镜进行观察。根据细菌个体形态观察的不同要求，可将染色分为 3 种类型，即简单染色、鉴别染色和特殊染色。

（1）涂片

取洁净的载玻片一张，将其在火焰上微微加热，除去上面的油脂，冷却，在中央部位滴加一小滴无菌水，用接种环在火焰旁从斜面上挑取少量菌体与水混合。烧去环上多余的菌体后，再用接种环将菌体涂成直径 1cm 的均匀薄层。制片是染色的关键，载玻片要洁净，不得沾污油脂，菌体才能涂布均匀。注意初次涂片，取菌量不应过大，以免造成菌体重叠。

（2）干燥

涂布后，待其自然干燥。

（3）固定

将已干燥好的涂片标本向上，在微火上通过 3～4 次进行固定。固定的作用为：①杀死细菌；②使菌体蛋白质凝固，菌体牢固黏附于载玻片上，染色时不被染液或水冲掉；③增加菌体对染料的结合力，使涂片易着色。

（4）染色

① 初染：将玻片置于玻片搁架上，加草酸铵结晶紫染色液（加量以盖满菌膜为度），染色 1～2min。倾去染色液，用自来水小心地冲洗，水洗时水流不要直接冲洗涂面，以免水流过大将菌体冲掉。

② 媒染：滴加碘液，染 1～2min，水洗。

③ 脱色：滴加 95%乙醇，脱色 10～15s 立即水洗，以终止脱色。

④ 复染：滴加番红，染色 2～3min，水洗后晾干，也可以用吸水纸轻轻吸干。

（5）镜检

干燥后，置于油镜观察。被染成紫色者即为革兰氏阳性菌（G^+），被染成红色者是革兰氏阴性菌（G^-）。

注意事项：选用活跃生长期菌种染色，老龄的革兰氏阳性细菌会被染成红色而造成假阴性。涂片不宜过厚，以免脱色不完全造成假阳性。脱色是革兰氏染色是否成功的关键，脱色不够造成假阳性，脱色过度造成假阴性。

9.3.10.4 放线菌的棉蓝染色及观察

（1）制片

直接用镊子从培养皿中取出已经培养 4～7 天的盖玻片，放置在已经滴加乳酸石炭酸棉蓝液的载玻片上，用吸水纸吸取盖玻片周围多余的乳酸石炭酸棉蓝液，放置在显微镜下观察。注意选取时应该选取菌体较多部位的盖玻片，这样的盖玻片上菌丝体较多，观察各种菌丝形态比较容易。

接种、插片及培养制平板：用冷却至约 50℃的高氏一号琼脂培养基倒平板（每皿约 20mL）。可用两种方法接菌：①先接种后插片，冷凝后用接种环挑取少量斜面上的孢子，用平板培养基的一半面积做来回划线接种（接种量可适当加大）；②先插片后接种，用平板培养基的另一半面积进行。

用无菌镊子取无菌盖玻片，在已接种平板上以 45°角斜插入培养基内，插入深度约占盖玻片 1/2 长度。同时，在另一半未经接种的部位以同样方式插入数块盖玻片，然后接种少量孢子至盖玻片一侧的基部，且仅接种于其中央位置约占盖玻片长度的一半，以免菌丝蔓延至盖玻片的另一侧。将插片平板倒置于 28℃，培养 3～7 天。

（2）镜检

先用低倍镜，后用高倍镜观察。在镜检观察时，要仔细观察放线菌的营养菌丝、气生菌丝和孢子丝等。基内菌丝细长而多分枝，气生菌丝比基内菌丝粗且色深，孢子丝最粗。注意菌丝细胞的大小，有无分隔，孢子丝的形状，孢子的形状和大小。

9.3.11 微生物的分子生物学菌种鉴定

9.3.11.1 菌株的DNA提取

① 取霉菌、酵母或细菌菌体（培养12h）1mL至1.5mL EP管，10000r/min离心2min，弃上清液得菌体。

② 加入1mL无菌水吹打洗菌体后，10000r/min离心2min，弃上清液得菌体。

③ 加入200μL SDS裂解液，80℃水浴30min。

④ 加入酚-氯仿200μL于菌体裂解液中（霉菌基因组DNA抽提效果如果不好，可在此处增加如下步骤：加入等体积玻璃珠，涡旋振荡30s后冰浴30s，重复振荡和冰浴循环操作10次），颠倒混匀后12000r/min离心5～10min，取上清液200μL。

⑤ 加入400μL冰乙醇（或冰异丙醇）于200μL上清液中，－20℃静置＞30min，12000r/min离心5～10min，弃上清液。

⑥ 加入500μL 70%冰乙醇重悬沉淀，12000r/min离心1～3min，弃上清液。

⑦ 60℃烘箱烘干（1min），不能过干。

⑧ 50μL ddH_2O重溶沉淀以备下一步PCR。

9.3.11.2 菌株的PCR扩增与鉴定

采用16S rDNA基因法对分离筛选的菌株进行分子生物学鉴定。根据原核生物体16S rDNA基因序列的高度保守性设计通用引物，以分离菌株的DNA为模板扩增出细菌的16S rDNA基因片段，测定分离菌株的16S rDNA基因序列，同GenBank中的基因序列进行同源性比对，以此确定分离菌株的种属。

细菌：通用引物，上游引物序列为27f(5′-AGAGTTTGATCCTGGCTCAC-3′)，下游引物序列为1492r(5′-TACGGCTACCTTGTTACGACTT-3′)，扩增片段大小为1500bp左右。

真菌：通用引物，上游引物序列为NS1(5′-GTAGTCATATGCTTGTCTC-3′)，下游引物序列为NS8(5′-TCCGCAGGTTCACCTACGCGA-3′)，扩增片段大小为1700bp左右。

PCR扩增体系（25μL)：10×PCR缓冲液2.5μL；25mmol/L $MgCl_2$ 2μL；2.5mmol/L dNTP 1μL；10μmol/L引物各0.5μL；模板（基因组）2.5μL；5U/μL *Taq*DNA聚合酶0.2μL；加水至25μL。

PCR扩增程序：95℃预变性3min；94℃变性30s，58℃退火30s，72℃延伸1.5min，35个循环；72℃延伸5min，降温至12℃，取出产物。

取2μL扩增后的PCR产物在1%的琼脂糖凝胶中电泳，经Goldview染色后，用凝胶成像系统观察目的基因电泳条带，并拍照记录。

扩增后的PCR产物经核酸电泳分析确认扩增出目标片段后，进行测序分析，将得到的序列结果使用BLAST在GeneBank中进行搜索和相似性比对。目前建议的16S rDNA序列和26S rDNA序列分析标准是97%～99%相似者，定为同一个属；99%～100%全序列相似性的细菌，判定为同一个种。而ITS序列在种内不同菌株之间高度保守，在真菌种间存在极大变化，表现出序列多态性，适用于种内群体的比较，因此通常与26S rDNA或18S rDNA序

列相似性分析结果联合使用，用于判断真菌分类鉴定。

9.3.11.3 同源性比较和系统进化树的构建

在 NCBI 中输入 16S rDNA 的测序结果，利用 Blast 找到与目的基因序列同源性最高的已知分类地位的菌株，从 GenBank 中提取几株相似度较高且具有相同种属的菌株序列，利用 Clustalx1.83 与已知基因序列进行比对分析；用软件 MEGA5.0 中的邻接法（neighbor-joining method）进行系统进化树的构建，其中通过自举分析（boot-strap）进行置信度检测，自举数据采集为 1000 次。

9.3.12 黄酒相关样品总基因组的提取方法

9.3.12.1 麦曲样品预处理方法

取 5g 麦曲样品加 15mL ddH_2O 置于 50mL 离心管中，加入适量玻璃珠，充分振荡 5min；4℃条件于 KQ 700E 超声波清洗器中超声振荡 5min；200*g* 离心 5min，取上清液，10000*g* 离心 10min；收集沉淀，加 2mL ddH_2O 混悬均匀转移至 2mL EP 管；10000*g* 离心 10min 得菌体沉淀。

9.3.12.2 不同总 DNA 提取方法及纯化方法

（1）SDS 法

菌沉淀加入 0.5mL DNA 抽提液（100mmol/L Tris-HCl，pH 8.0，100mmol/L EDTA，pH 8.0，100mmol/L Na_3PO_4，1.5mol/L NaCl）混悬，液氮条件下充分研磨菌体，之后加入 10μL 溶菌酶（50mg/mL），37℃条件下放置 30min；加入 125μL 10%的 SDS 溶液，立即加入 5μL 蛋白酶 K（20mg/mL），混匀后 65℃水浴 2h（每隔 10min 上下颠倒混匀样品）；6000*g* 离心 10min，取上清液。

（2）氯化苄法

向菌体沉淀样品中加入 5mL 缓冲液（100mmol/L Tris-HCl，pH 9.0，40mmol/L EDTA）、1mL 10%SDS 和 3mL 氯化苄，并在 50℃下孵育 30min，每隔 5min 摇动或反复涡旋以保持两相充分混合。然后加入 3mL 3mol/L 乙酸钠，pH 5.0，冰冷 15min。在 6000*g*、4℃下离心 15min 后收集上清液，异丙醇沉淀 DNA。

（3）CTAB 法

菌体沉淀加入 0.5mL DNA 抽提液悬浮，液氮条件下充分研磨菌体，之后加入 700μL CTAB 提取缓冲液（2% CTAB，1.4mol/L NaCl，1mol/L Tris-HCl，0.5mol/L EDTA），其余操作与 SDS 法相同。

（4）超声波法

菌沉淀加入 300μL 磷酸盐缓冲液（100mmol/L NaH_2PO_4，pH 8.0）、300μL 裂解液（100mmol/L NaCl，500mmol/L Tris-HCl，5%的 SDS 溶液，pH 8.0），加入氯仿 450μL，混匀后置于冰浴条件下超声波作用（30W，SONICS：VCX150PB，150W/20kHz）60s，每作用 5s 冷却 7s；60℃水浴 30min；6000*g* 离心 10min 取上清液。

（5）Soil DNA Kit 提取法

菌体加入 0.5mL ddH_2O 混悬后，后续提取操作参照 E.Z.N.A.® Soil DNA Kit 说明书。

（6）SDS 高盐法

DNA 抽提液中 NaCl 浓度提高为 2.5mol/L，其余操作与 SDS 法相同。

（7）SDS-CTAB 法

SDS 法 65℃水浴处理样品 1h 后加入 700μL CTAB 缓冲液，混匀后再进行 65℃水浴 1h，其余操作与 SDS 法相同。

9.3.12.3 麦曲总 DNA 提取的质量检测方法

（1）电泳检测方法

用 0.8%琼脂糖对所得麦曲总 DNA 进行电泳实验，电泳后的条带用凝胶成像仪进行拍照观察。

（2）纯度检测方法

不同方法处理得到的样品用紫外分光光度计于波长 260nm、280nm 及 230nm 处测定吸光值 A_{260}、A_{280} 及 A_{230}，计算比值 A_{260}/A_{280} 及 A_{260}/A_{230}，检测样品纯度。

（3）PCR 检测方法

将得到的麦曲总 DNA 进行降落 PCR 扩增，对其中真菌的 18S rDNA 区进行扩增，对细菌的 16S rDNA 区进行扩增。真菌所用通用引物，上游引物序列为 NS1：5′-GTAGTCATATGCTTGTCTC-3′，下游引物序列为 NS8：5′-TCCGCAGGTTCACCTACGCGA-3′，扩增片段大小为 1700bp 左右。细菌通用引物，上游引物序列为 27f：5′-AGA GTT TGA TCC TGG CTC AC-3′，下游引物序列为 1492r：5′-TAC GGC TAC CTT GTT ACG ACTT-3′，扩增片段大小为 1500bp 左右。

真菌 PCR 反应体系如下（50μL）：*Taq* PCR 预混液 25μL，上下引物各 0.5μL，模板 2.5μL，补无菌水至 50μL。相应 PCR 反应条件为：95℃预变性 5min；94℃变性 30s，60℃退火 30s，72℃延伸 2min（降落 PCR，10 个循环，每个循环降低 1℃）；94℃变性 30s，58℃退火 30s，72℃延伸 2min（20 个循环）；72℃终延伸 7min。

细菌 PCR 反应体系如下（50μL）：*Taq* PCR 预混液 25μL，上下引物各 1μL，模板 2.5μL，补无菌水至 50μL。相应 PCR 反应条件为：95℃预变性 5min；94℃变性 30s，57℃退火 30s，72℃延伸 2min（降落 PCR，10 个循环，每个循环降低 1℃）；94℃变性 30s，55℃退火 30s，72℃延伸 2min（20 个循环）；72℃终延伸 7min。PCR 产物用 0.8%琼脂糖凝胶电泳检测。

（4）实时荧光定量（real-time）PCR 检测方法

采用伯乐 CFX Connect 实时定量 PCR 仪对总 DNA 进行 real-time PCR 扩增。为比较不同处理方法得到的总 DNA 样品中真菌和细菌相对模板数的大小，本实验以 SDS 法提取得到的总 DNA 样品作为参考制作稀释曲线，稀释倍数分别为 10、50、100、200、500、1000，细菌 real-time PCR 采用引物 Eub338F（5′-ACTCCTACGGGAGGCAGCAG-3′）及 Eub518R（5′-ATTACCGCGGCTGCTGG-3′）进行扩增；真菌 real-time PCR 采用引物 ITS1F（5′-CTTGGTCATTTAGAGGAAGTAA -3′）及 ITS2（5′-GCTGCGTTCTTCATCGATGC -3′）进行扩增。

9.3.12.4 发酵醪液总 DNA 的提取方法

取适量样品置于研钵中，液氮研磨 5 次，用无菌水收集沉淀得悬液，每 1mL 分装于

2mL EP管中，加入10μL溶菌酶（50mg/mL），37℃条件放置30min；加入125μL的10% SDS溶液，立即加入5μL蛋白酶K（20mg/mL），混匀后65℃水浴2h（每隔10min上下颠倒混匀样品），6000g离心10min，取上清液。之后加入700μL CTAB提取缓冲液（2% CTAB，1.4mol/L NaCl，1mol/L Tris-HCl，0.5mol/L EDTA），混匀后65℃水浴1h，每隔10min上下颠倒混匀样品。300g低速离心5min，取清液而舍弃上面泡沫层及下面的杂质。之后用等体积的氯仿-异戊醇（体积比24∶1）混匀后于4℃条件下，12000g离心10min，重复操作2～3次，至基本无中间杂质层；用0.6倍体积的异丙醇沉淀DNA，轻轻混匀后于－20℃沉淀1h后于冷冻离心机12000g、4℃下离心10min，收集核酸沉淀；加入1mL 70%的乙醇，于4℃条件下，12000g离心10min，洗涤沉淀2～3次，倒扣去除过量水分，于37℃干燥DNA。加50μL的ddH_2O溶解沉淀，得到的DNA样品置于－20℃冰箱保存备用。

9.3.12.5 样品中细菌群落的结构测定

黄酒麦曲和发酵醪液完成基因组的提取后，对细菌16S rDNA的V4可变区域进行扩增，PCR扩增体系如表9-14所示。

表9-14 细菌PCR扩增体系

体系成分	使用量/μL	体系成分	使用量/μL
10×缓冲液	5	模板DNA	1
2mmol/L dNTP	5	正向、反向引物	各0.75
25mmol/L $MgSO_4$	2	ddH_2O	补足至50
KOD plus	1		

PCR扩增：采用细菌引物520F（5′-AYTGGGYDTAAAGNG-3′）和802R（5′-TACNVGGGTATCTAATCC-3′）对细菌V4可变区进行扩增。为区分不同的样品，在每个样的正向引物碱基序列前段加入由7个核苷酸组成的标签（barcode）。PCR扩增条件：①1×(94℃，2min)；②25×(94℃，15s；50℃，30s；68℃，30s)；③72℃下延伸10min；④12℃，10min。

电泳：PCR扩增过程完毕后，用1.5g/100mL琼脂糖凝胶电泳检验并回收胶。操作流程：120V下电泳40～60min，电泳后与Marker对照，锁定目的条带250bp左右，使用试剂盒切胶纯化回收，纯化好的DNA样品于－20℃保存。

9.3.12.6 样品中真菌群落的结构测定

黄酒麦曲和发酵醪液提取宏基因组后进行PCR扩增，选取真菌的ITS1-ITS2区段作为扩增对象，具体扩增体系如表9-15所示。

表9-15 真菌PCR扩增体系

体系成分	使用量/μL	体系成分	使用量/μL
5×缓冲液	4	模板DNA	10
2.5mmol/L dNTP	2	5μmol/L正向、反向引物	各0.8
FastPfu Polymerase	0.4	ddH_2O	补足至20

采用真菌引物ITS1F（CTTGGTCATTTAGAGGAAGTAA）和2043R（GCTGCGT-

TCTTCATCGATGC）进行扩增。PCR 扩增条件：①1×（95℃，3min）；②30×（95℃，30s；55℃，30s；72℃，45s）；③72℃下延伸 10min；④12℃，10min。

9.3.12.7 黄酒发酵过程中微生物群落结构解析方法

对发酵醪液中细菌的 16S rDNA 特定片段进行扩增，对发酵醪液中真菌的 18S rDNA 以及 ITS1-ITS2 区部分区域进行扩增。PCR 产物用 0.8%的琼脂糖凝胶电泳检测，并使用 QIAquick Gel Extraction Kit 回收 PCR 产物。

（1）MiSeq 高通量测序（第二代测序）

混合的 PCR 产物经回收纯化后定量，建库，然后进行 MiSeq 测序。为确保测序质量，在测序前需要将各序列的引物和标签去掉，并对序列长度进行筛选，包括：去除标签及引物序列；删掉长度小于 50bp 的序列；含有其他不明确的碱基（如 N）；含有同聚体的区段（重复次数大于 6）。

（2）第三代测序

每个样品按照各自浓度等质量混合，构建文库，并按照 TruSeq DNA LT Sample Preparation Kit 对文库进行纯化。纯化后样品加入 PacBio RS Ⅱ三代测序仪上机测序，实验对 5×以上的序列进行 CCS 校正，序列质量值达到 Q50 以上。测序下机文件（bam 格式）利用 Smart Analysis Ⅱ预处理，再经 QIIME 软件进行 OTU 分布统计、稀疏曲线、多样性分析等统计学分析。

实验过程为：基因组 DNA 提取→设计并合成引物接头→PCR 扩增和产物纯化→PCR 产物定量和均一化→pacbio 文库制备→Sequel/RS Ⅱ测序。

生物信息学分析流程如下：原始数据→CCS 序列→数据质控→去接头序列→统计分析。

（3）序列的生物信息学分析

为得到精准的高质量生物信息分析结果，需对所得序列进行去杂。根据标签将序列确定到每个样品，并将标签、载体序列和引物序列去除，删掉长度小于 200bp、单碱基重复超过 6 个、含 2 个以上错配的引物碱基以及含模糊碱基的序列，得到有效的序列文件。

以 97%为划定阈值，用 QIIME 软件对序列划分操作分类单元（operational taxonomic unit，OTU），并构建稀疏曲线（rarefaction curves），同时计算样品中微生物的多样性，包括代表群落丰富度的 Chao1 指数和 Ace 指数、代表菌群多样性的 Shannon 指数和 Simpson 指数，以及测序的饱和度 Coverage 指数；对得到的细菌和真菌群落信息进行统计分析，利用 R-Project 软件对微生物的变化情况绘制相应的 Heatmap 图。

为评价样品中微生物群落结构及其丰度和多样性变化，需采用不依赖于分类学的方法进行分析。根据不同的 distance 划分到操作分类单元（OTU）。OTU 生成后，统计各个样品含有的 OTU 数以及每个 OTU 中含有的序列数。同时，将 OTU 代表序列与 SILVA 数据库、UNITE 数据库进行比对，得到每个 OTU 的分类学信息，默认非相似度 cutoff=0.03，即序列相似度在 3%以下就认为“未分类”。利用 MOUTHUR 软件进行 OTU 分布统计分析以及聚类比对的分类学分析等。

9.3.12.8 采用实时荧光定量方法测定样品中菌群总量

对细菌 16S rDNA 的 V4 可变区进行扩增，对真菌的 ITS1-ITS2 可变区进行扩增。细菌、真菌的 PCR 扩增引物设计如表 9-16 所示。

表 9-16　细菌、真菌的 PCR 扩增引物设计

测序区域	引物名称	引物序列
细菌 16S rDNA V4 区	520F	AYTGGGYDTAAAGNG
	802R	TACNVGGGTATCTAATCC
真菌 ITS1-ITS2 区	1723F	CTTGGTCATTTAGAGGAAGTAA
	2043R	GCTGCGTTCTTCATCGATGC

选取采集到的代表性样品进行 PCR 扩增，通过调整 PCR 体系和优化 PCR 反应条件，使 PCR 扩增结果满足测序要求。尽可能使用低循环数扩增，并保证每个样品扩增的循环数统一。优化 PCR 体系和反应条件完成后，将采集的所有样品的微生物宏基因组在此条件下进行 PCR 反应，具体方法如下：

细菌 PCR 反应体系（50μL）：10×缓冲液 5μL，2mmol/L dNTP 5μL，25mmol/L $MgSO_4$ 2μL，KOD plus 1μL，模板 1μL，引物 520F 0.75μL，引物 802R 0.75μL，补无菌水至 50μL。

反应条件：94℃预变性 2min，94℃变性 15s，50℃退火 30s，68℃延伸 30s（30 个循环），12℃保温 10min。

真菌 PCR 反应体系（50μL）：5×缓冲液 10μL，2.5mmol/L dNTP 5μL，引物 1737F 2μL，引物 2043R 2μL，FastPfu Polymerase 1μL，模板 1μL，补无菌水至 50μL。

反应条件：95℃预变性 2min，95℃变性 30s，55℃退火 30s，72℃延伸 45s（32 个循环），72℃保温 10min，10℃保温。

PCR 产物用 1.0%的琼脂糖凝胶电泳检测，并使用 QIAquick Gel Extraction Kit 回收 PCR 产物。

使用荧光染料 PicoGreen 和酶标仪对 PCR 产物浓度进行定量测定。取 100μL 的 DNA 样品与 100μL 稀释的 PicoGreen 染料按体积比 1∶1 混合，振荡混匀，离心，室温静置 2～5min，在激发波长 480nm、发射波长 520nm 下测定吸光度。其标准曲线如图 9-5 所示。

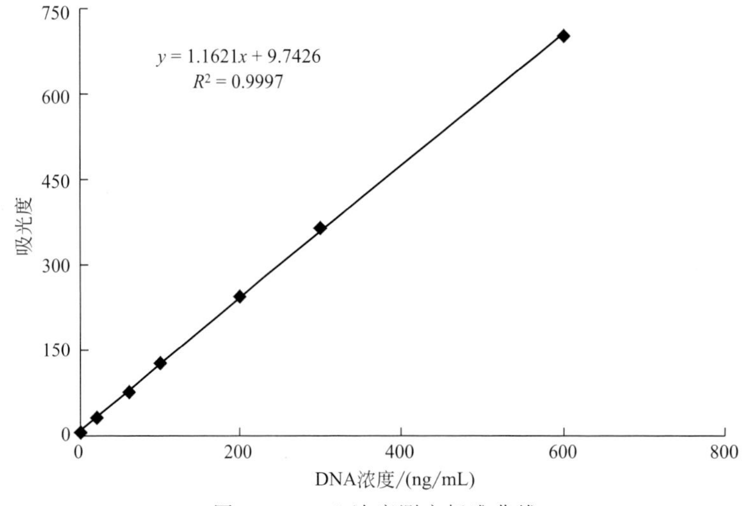

图 9-5　DNA 浓度测定标准曲线

9.3.13 黄酒样品中微生物与风味物质相关性的分析方法

偏最小二乘回归（partial least squares regression，PLSR）是一种多个因变量对多个自变量的回归建模方式。偏最小二乘回归模型的优势在于当各变量集合内部存在较高相关性以及样本数量过少时，相比对逐个因变量做多元回归，利用偏最小二乘方法更加有效，并且结果可靠，整体性更强。同时，偏最小二乘回归集合了多元线性回归分析、典型相关分析和主成分分析的基本功能和优势为一体。

以评价麦曲微生物与所生产黄酒中风味物质相关性为例，通过建立偏最小二乘回归（PLSR）模型，将麦曲的理化指标、风味指标、微生物指标分别与黄酒的感官指标、理化指标、风味指标进行相关性分析。首先剔除不能很好地被模型解释的黄酒指标，即位于0～75％置信区间的指标；接着筛选出与黄酒指标呈较强相关性的麦曲指标，即距离较近的指标，同时满足相关系数具有显著性，即误差棒不过原点；最后对具有显著相关性的麦曲指标出现次数进行统计，筛选出现次数大于15次的麦曲指标作为评价麦曲品质的重要指标。

此外，为研究绍兴黄酒发酵中微生物与风味物质的相关性，可采用PLSR对所得结果进行统计分析。利用SIMCA-P软件，以不同发酵时期的微生物组成作为自变量，不同发酵时期风味物质含量作为因变量，进行多个自变量对于多个因变量的回归建模。分别建立细菌优势菌群和挥发性组分、有机酸以及真菌优势菌群和挥发性组分、有机酸的若干模型，分析发酵过程中微生物群落组成与风味物质变化的相关性。

9.3.14 乳酸菌冻干粉的复活与扩培方法

9.3.14.1 乳酸菌冻干粉的制备

（1）菌液培养与收集

菌种的扩大培养采取三级发酵培养，具体操作如下：将目标菌株接入150mL MRS液体培养基中，37℃培养18～20h，作为一级种子；一级种子按5％（体积分数）接种量接入400mL MRS液体培养基中，37℃培养18～20h，作为二级种子；二级种子按5％（体积分数）接种量接入6000mL MRS液体培养基中，37℃培养18～20h，得到三级发酵液。

将三级发酵液倒入500mL离心杯（用75％酒精擦拭晾干后使用）中，4500r/min离心15min，弃去上清液，用无菌生理盐水洗涤2次菌泥，以同样的离心条件离心，弃去上清液得到乳酸菌菌泥。

（2）冻干保护剂的制备

称取125g脱脂乳粉溶于900mL水中，105℃灭菌10min；10g海藻糖溶于100mL水中，115℃灭菌20min，使用前将二者混匀。

（3）浓缩菌液的冻干

保护剂使用量为原三级发酵液的10％（体积分数），充分振荡，然后倒入无菌培养皿中，高度为1cm左右，用保鲜膜密封后放入－80℃冰箱中预冻3h，随后迅速转移到冻干机中进行冻干，冻干温度为－72℃，压力为0.1MPa，冻干48h后取出敲碎封装并于－20℃保存待用。

(4) 乳酸菌冻干粉活力检测

取 1g 冻干粉溶于 10mL MRS 液体培养基中，37℃培养 24h 后按梯度（10^{-6}、10^{-7}、10^{-8}、10^{-9}）进行稀释涂布，倒置于 37℃厌氧培养箱中培养 24h 后进行活菌数计算，单菌落数在 30～300 之内计为有效平板。

9.3.14.2 复活培养基选择

麦芽汁：麦芽粉碎后与水按 1∶4（质量/体积）混合，60℃保温糖化 4h，每隔 1h 搅拌一次，过滤得麦芽汁，外观糖度不低于 10°Bx，115℃灭菌 15min。

粳米/糯米糖化液：米饭（粳米/糯米）∶麦芽粉∶水按 1∶0.2∶4（质量/质量/体积）混合，加入适量液化酶、糖化酶和曲，60℃保温糖化 4h，每隔 1h 搅拌一次，糖化结束后外观糖度不低于 12°Bx，115℃灭菌 15min。

将乳酸菌冻干粉以 5g/100mL 接种量接种于粳米糖化液、糯米糖化液和麦芽汁中，培养 60h，每隔一定时间取样，检测还原糖和总酸含量，比较分析在不同培养基中乳酸菌的生长情况。

9.4 黄酒功能性成分研究的实验方法

9.4.1 黄酒中的多糖提取

与小分子化合物相比，多糖具有分子量大、结构复杂及极性大等特点，因而多糖分离纯化的方法不同于普通化合物的分离纯化。粗多糖的分离纯化一般需要经过除杂、脱色、除蛋白质等步骤，将一些非糖去掉后，然后进一步纯化。其纯化方法一般有乙醇分级沉淀法、透析法、色谱法、电泳法、超滤和膜分离等，其中比较常用的纯化方法有纤维素离子交换柱色谱和葡聚糖凝胶柱色谱。

离子交换分离的原理是根据被分离物质和固定相上带电荷基团相结合的强弱能力不同来进行分离。固定相上的带电荷基团通过静电作用与带相反电荷的被分离物质结合，当用离子性溶液进行洗脱时，洗脱液中的离子将结合在固定相上的样品离子交换下来；由于不同分子量的多糖所带电荷不同，因而和离子交换剂对各种离子或离子络合物的结合能力不同，从而在不同的洗脱阶段将多糖分离开，以达到纯化多糖的目的。凝胶色谱法分离多糖的原理主要是依据分子筛的作用，当被分离物质用凝胶色谱分离时，各分子在进行垂直向下移动的同时，也伴随着无定向的扩散运动。大分子物质的体积较大，不易进入凝胶颗粒内部的微孔，而只能分布在颗粒之间随着洗脱剂向下移动，通过色谱柱时，其运动途径相对比较短，首先被洗脱下来；而小分子物质的体积相对较小，除了在凝胶颗粒间隙中扩散外，还可以进入凝胶颗粒内部，因而通过色谱柱时，其运动途径相对较长，从而在大分子物质洗脱下来之后被洗脱下来，依次达到分离多糖的目的。

9.4.1.1 实验器材

待测酒液，95%乙醇，DEAE Sepharose FF 离子交换柱，葡聚糖 G75 凝胶柱，2mol/L NaCl，去离子水，超纯水，铁架台，玻璃柱，0.45μm 微孔滤膜，恒流泵，收集器。

9.4.1.2 粗多糖的提取

采用旋转蒸发仪于 55℃将黄酒真空浓缩 3 倍，向黄酒浓缩物中添加 95%乙醇使乙醇浓度达到30%，低温（4℃）静置12h，于6000r/min离心15min，取上清液备用；然后向上清液中添加95%乙醇至其最终浓度为82%，搅拌充分后于3.4℃静置19h，于6000r/min离心15min，收集沉淀；用一定浓度乙醇复溶沉淀，4℃静置12h，于6000r/min离心15min，收集上清液；于55℃对上清液进行真空浓缩，冷冻干燥后得黄酒粗多糖（CRWP）。黄酒中的多糖的提取量为30.49g/L。图9-6为黄酒中的多糖的提取工艺。

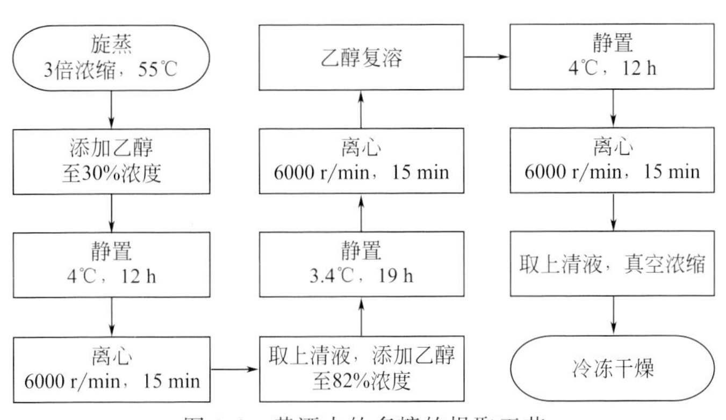

图9-6 黄酒中的多糖的提取工艺

9.4.1.3 粗多糖的纯化

（1）黄酒中的多糖DEAE离子交换柱分离方法

参照Jin等人的方法，采用DEAE Sepharose FF离子交换柱色谱技术分离黄酒中的多糖。主要步骤包括DEAE填充料处理、装柱、上样、洗涤、收集、透析、冻干等。

① DEAE Sepharose FF柱（D2.6cm×30cm）预处理

称取DEAE Sepharose FF琼脂凝胶填料100g，用70%的乙醇反复漂洗，抽干，然后用2mol/L NaCl溶液浸泡3h，抽干，用去离子水漂洗至中性，超声波去除悬液中的气泡。

② 装柱和平衡

将DEAE Sepharose FF色谱柱垂直固定在铁架台上，将预处理过的DEAE Sepharose FF填料用去离子水悬浮均匀，沿柱壁缓慢加入内径2.6cm、柱高30cm的玻璃柱内，静置使胶体充分沉淀，用5柱体积的去离子水洗涤，使柱子达到离子平衡状态。

③ 上样洗脱

取黄酒粗多糖样品0.1g，用超纯水溶解，配成浓度为10mg/mL的溶液，过0.45μm滤膜后上DEAE Sepharose Fast Flow柱，上样量为10mL，调节恒流泵的转动速度至洗脱流速为1.5mL/min，用部分收集器收集洗脱液，洗脱每4min接收1管多糖洗脱液。首先用300mL超纯水洗脱（接收50管），再用0～1mol/L NaCl（用梯度混合器发生，左边放150mL 1mol/L NaCl溶液，右边盛放150mL超纯水）洗脱，洗脱至没有多糖检出为止。每隔一管取0.2mL洗脱液检测多糖含量，然后以管数为横坐标、吸光度为纵坐标，绘制洗脱曲线，根据洗脱峰对分离效果进行判断。洗脱液分别收集，单一峰收集液合并，然后对收集液进行减压浓缩，透析，冻干得黄酒中的多糖的DEAE Sepharose FF组分。

（2）黄酒中的多糖葡聚糖G75凝胶柱分离方法

① 葡聚糖G75凝胶柱预处理

取一定量的葡聚糖凝胶G75，用约20倍凝胶量的去离子水，置于室温下24h进行溶胀，间隙搅拌，以保证凝胶的溶胀完全，以免上柱后流速变慢和凝胶断裂，然后将表面悬浮的小颗粒取出。

② 装柱和平衡

将葡聚糖 G75 凝胶柱垂直固定于铁架台上，接着将溶胀完全的葡聚糖凝胶超声波脱气，搅拌均匀，沿柱壁缓慢加入内径 2.6cm、柱高 30cm 的玻璃柱内，然后静置使填料成分沉淀均匀、致密。装柱后，用去离子水洗涤平衡柱子 24h。

③ 上样洗脱

将经过 DEAE 柱分离得到的黄酒中的多糖组分配制成 5mg/mL 的水溶液 10mL，然后将多糖溶液沿柱壁缓慢加入 G75 葡聚糖凝胶柱，上样量为 5mL。用去离子水洗脱，调节恒流泵的转速至洗脱流速为 0.5mg/mL，用部分收集器收集洗脱液，每 10min 接收 1 管洗脱液。每隔一管取 0.2mL 洗脱液检测多糖含量，然后以管数为横坐标、吸光度为纵坐标，绘制洗脱曲线，根据洗脱峰对分离效果进行判断。洗脱液分别收集，单一峰收集液合并，然后对收集液进行减压浓缩，透析，冻干。

9.4.2 黄酒中的多糖结构测定

目前，相对黏度法、超速离心法、光散射法、渗透压法和凝胶色谱法等常用于多糖分子量的测定。但是不同分子量测试方法取得的结果也有很大的差异。其中高效凝胶过滤色谱法（HPGFC）是一种比较快速、高效、精确的测定方法，主要依据被分离样品的性质和分子量大小对凝胶色谱柱进行选择，HPGFC 流动相一般为盐溶液。用不同分子量对数对保留时间或保留体积作分子校正曲线，一般为线性趋势，根据曲线计算出的分子量是相对分子量而不是绝对分子量。

为了判定样品中是否存在蛋白质、核酸等杂质，可对纯化的多糖进行紫外光谱分析。

在 200～400nm 范围内进行紫外-可见光扫描，判断 260nm 和 280nm 处是否存在吸收峰，若 260nm 处有吸收峰说明样品中含有核酸，若 280nm 处有吸收峰说明样品中存在蛋白质。

刚果红是一种酸性染料，三股螺旋链构象的多糖可与之形成络合物；同刚果红相比，该络合物的最大吸收波长发生红移，最大吸收波长的特征转变成紫红色，当 NaOH 浓度超过一定值时，最大吸收波长急剧下降。

9.4.2.1 实验器材

待测多糖样品，Waters 600 高效液相色谱仪，0.1mol/L $NaNO_3$，0.25mol/L NaOH，0.45μm 微孔滤膜，2mol/L 三氟乙酸（TFA），甲醇，超纯水，80μmol/L 刚果红，1.0mol/L 的 NaOH，蒸馏水。

9.4.2.2 高效凝胶过滤色谱法（HPGFC）测定多糖纯度和分子量

采用高效凝胶过滤色谱法（HPGFC）测定黄酒中的多糖的分子量和纯度，具体方法参照 Hsu 等的研究报道，并略作修改。

将精密称取的样品溶于 0.1mol/L $NaNO_3$，备用。样品溶液经 0.45μm 微孔滤膜过滤后，取 15μL 上高效液相色谱仪。高效凝胶过滤色谱仪的条件为：高效液相色谱仪，配示差折光检测器，雾化温度55℃，雾化压力3.06bar❶，Ultrahydrogel™ Linear（300mm×7.8mm）凝胶柱，色谱柱温度为45℃，流动相为0.1mol/L $NaNO_3$，流速为0.96mL/min。

9.4.2.3 高效阴离子交换色谱-脉冲安培检测法（HPAEC-PAD）测单糖组成

采用ICS-5000离子色谱仪测定黄酒中的多糖的单糖组成，具体方法参照戴艳等的研究报道，并略作修改。取2mg多糖样品放入薄壁长试管中，加入4mL 2mol/L三氟乙酸（TFA）溶液，混匀后于100℃水解2h；然后低于40℃温度下将试管内溶液减压蒸干，接着加入3mL甲醇再次蒸干，重复以上操作4～5次，以完全除去TFA。用超纯水溶解定容至100mL容量瓶，稀释10倍后上样测定。

色谱条件为：Dionex CarboPac PA20阴离子交换柱，包括250mm×4mm分析柱、50mm×4mm保护柱；色谱柱温度为30℃；流动相由A（超纯水）和B（0.25mol/L NaOH）组成，其中流动相B的比例分别为2.0%（0～22.0min）、2.0%～80.0%（22.0～23.0min）、80.0%（23.0～30.0min）、80.0%～2.0%（30.0～31.0min）、2.0%（31.0～40.0min）；流速为0.5mL/min；进样体积为20μL。

9.4.2.4 黄酒中的多糖三股螺旋结构的测定

刚果红是一种酸性染料，三股螺旋链构象的多糖可与之形成络合物；同刚果红相比，该络合物的最大吸收波长发生红移，最大吸收波长的特征转变成紫红色，当NaOH浓度超过一定值时，最大吸收波长急剧下降。

黄酒中的多糖三股螺旋结构的测定参照You等的研究报道，并略作改动。称取5mg黄酒中的多糖样品，分别加入2.0mL蒸馏水和2.0mL 80μmol/L的刚果红试剂，然后加入不同体积的1.0mol/L的NaOH溶液，使溶液中NaOH溶液浓度分别达到0mol/L、0.05mol/L、0.1mol/L、0.15mol/L、0.2mol/L、0.25mol/L、0.3mol/L、0.35mol/L、0.4mol/L、0.45mol/L、0.5mol/L，混匀后于200～800nm区间内进行紫外-可见光谱扫描，并记录不同浓度NaOH溶液的最大吸收波长；以蒸馏水替代黄酒中的多糖溶液，重复以上操作作为对照。以NaOH浓度为横坐标、最大吸收波长为纵坐标作图，分析多糖溶液的最大吸收波长随着NaOH浓度增大而变化的趋势。若多糖溶液的最大吸收波长随着NaOH浓度的增加呈现先增大后减小的趋势，说明该多糖样品具有三股螺旋结构，否则此多糖样品不具三股螺旋结构。

9.4.2.5 黄酒中的多糖紫外-可见光光谱（UV）分析

取50mg纯化后的黄酒中的多糖置于25mL容量瓶中，加入去离子水溶解并定容，得2.0mg/mL的黄酒中的多糖溶液，于200～400nm范围内进行紫外-可见光扫描，判断260nm和280nm处是否存在吸收峰。若260nm处有吸收峰说明样品中含有核酸，若280nm处有吸收峰说明样品中存在蛋白质。

9.4.2.6 黄酒中的多糖红外光谱分析

将光谱纯KBr预先用红外干燥箱干燥，取100～200mg，用压片机压成薄片作为空白对照；另取经红外干燥的黄酒中的多糖样品，与100～200mg光谱纯KBr混合，并在玛瑙研

❶ 1bar＝10^5Pa。

钵中轻轻研磨均匀，压成薄片，于 4000～400cm^{-1} 处采集红外光谱信息。扫描参数为：32 次扫描、2cm^{-1} 的分辨率。

9.4.2.7 黄酒中的多糖核磁共振分析

黄酒中的多糖结构分析采用核磁共振法，具体方法参考 Ruthes 等的研究，并略作修改。取多糖样品 60mg，溶于 1mL D_2O 以置换 H_2O，冻干，反复置换三次，装入核磁管，溶于 D_2O 中（1～0.5mL），DDS（二甲基硅戊烷磺酸钠）作内标。室温下在 BRUKERA-V400 型核磁共振仪上进行^{1}H-NMR、^{13}C-NMR、异核单量子关系（HSQC）、异核多键相关谱（HMBC）。

9.4.3 黄酒中的多糖体外抗氧化活性检测方法

以普鲁士蓝在 700nm 处的吸光度表示样品的还原力：在一定条件下样品将铁氰化钾还原为亚铁氰化钾，三价铁离子与亚铁氰化钾反应生成可溶性蓝色配合物亚铁氰化铁（普鲁士蓝），吸光度越高表示样品的还原力就越强。

DPPH·是一种以氮为中心的有机自由基，其性质稳定，在 517nm 处的吸收较强。DPPH 法常被用于评价功能性物质的抗氧化活性，其特点是快速、简便、灵敏。当抗氧化物质提供的电子与 DPPH·电子配对时，溶液颜色变浅，517nm 处的吸收消失，反映了自由基被清除的情况，其褪色程度与其所接受的电子数成定量关系。

9.4.3.1 实验器材

待测多糖溶液，pH 6.6 的磷酸盐缓冲液，1%铁氰化钾［$K_3Fe(CN)_6$］，10%三氯乙酸，1%氯化铁（$FeCl_3$），超纯水，DPPH，无水乙醇，6mmol/L $FeSO_4$，6mmol/LH_2O_2，6mmol/L 水杨酸溶液，50mmol/L Tris-HCl 缓冲溶液（pH=8.2），3mmol/L 邻苯三酚，10mmol/L HCl，双蒸水，BHT 溶液。

9.4.3.2 还原力的测定

多糖还原力的测定参照陈晋芳的方法，并略作修改。取 pH 6.6 的磷酸盐缓冲液和 1%铁氰化钾［$K_3Fe(CN)_6$］各 1.5mL，混匀后加入样品溶液 1mL，混匀后于 50℃水浴中反应 20min，然后迅速冷却，加入 10%的三氯乙酸溶液 1.5mL，混匀后，取 1.5mL 混合液分别加入 0.2mL 1%氯化铁（$FeCl_3$）和 3mL 超纯水，混匀，静置 10min，以超纯水代替铁氰化钾［$K_3Fe(CN)_6$］作为空白，测定上清液在 700nm 处的吸光度，以 BHT 作为标准对照。以吸光度的大小判断还原能力的强弱，吸光度越大表示还原力越强，反之相反。重复测量三次，取平均值。

9.4.3.3 DPPH 自由基清除能力测定

DPPH·自由基清除能力参照 Que 等的方法，并略作修改。精确称取 DPPH 标品，加入无水乙醇中，配成 1.5×10^{-4}mol/L 的溶液备用。取待测样品溶液 1mL，加入配好的 DPPH 溶液 2mL，混匀，室温下孵育 30min，于 3000r/min 离心 10min，测定上清液在 517nm 处的吸光度，以 BHT 为标准对照。重复测量 3 次，取平均值。按式(9-7) 计算自由基清除率。

$$清除率(\%)=[1-(A_i-A_j)/A_0]\times100\% \tag{9-7}$$

式中 A_i——1mL 样品加 2mL DPPH 溶液时的吸光度；

A_j——2mL无水乙醇加1mL样品时的吸光度；

A_0——2mL DPPH溶液加2mL双蒸水时的吸光度。

9.4.3.4 羟基自由基清除能力测定

·OH的清除参照Ye等的方法，并略作修改。取6mmol/L $FeSO_4$溶液2mL，分别加入样品溶液2mL和6mmol/L H_2O_2溶液2mL，混匀，放置10min，接着加入6mmol/L的水杨酸溶液2mL，混匀，放入37℃水浴保温30min后取出，于510nm处测其吸光度，以BHT为标准对照。重复三次取平均值。按式(9-8)计算清除率。

$$清除率(\%)=[1-(A_i-A_j)/A_0]\times100\% \tag{9-8}$$

式中 A_i——样品与水杨酸混合溶液的吸光度；

A_j——样品与水混合的吸光度；

A_0——水杨酸与水混合时的吸光度。

9.4.3.5 超氧自由基清除能力测定

超氧自由基清除能力的测定参考Zhong等的方法。取4.5mL 50mmol/L Tris-HCl缓冲溶液（pH=8.2）和4.2mL不同浓度样品溶液混匀，25℃水浴下保温20min，取出后立即加入25℃预热过的3mmol/L邻苯三酚0.3mL（以10mmol/L HCl配制，空白管用10mmol/L HCl代替邻苯三酚HCl溶液），迅速摇匀，倒入比色皿（光径1cm），在325nm每隔30s测定一次吸光值（A），线性范围内每分钟A的增加值即为邻苯三酚的自氧化速率（A_i）。

向4.5mL 50mmol/L Tris-HCl缓冲溶液（pH=8.2）添加4.2mL双蒸水，混匀，其他同A_i测定步骤，线性范围内每1min吸光度的增加值即为加样品后邻苯三酚的自氧化速率（A_0），以BHT为标准对照。重复测量三次，取平均值。按式(9-9)计算清除率。

$$清除率(\%)=(1-A_i/A_0)\times100\% \tag{9-9}$$

9.4.4 黄酒中的多糖免疫活性研究实验

为了探讨黄酒中的多糖是否具有免疫调节作用，课题组采用环磷酰胺免疫缺陷型小鼠作为模型鼠，给予小鼠不同剂量的纯化黄酒中的多糖，通过小鼠免疫指标：免疫器官指数、免疫细胞和免疫因子来评价黄酒中的多糖的免疫活性。

环磷酰胺（CY）作为一种肿瘤治疗药物，其对恶性肿瘤虽具有明显的疗效，但不当的使用量会产生许多毒副作用，使受药者免疫功能下降。环磷酰胺可通过DNA链的交联以破坏DNA的结构和功能，造成免疫活性细胞的损伤，从而使小鼠免疫系统的功能下降。

脾和胸腺是两个重要的免疫器官。其中胸腺作为中枢性免疫器官，在机体免疫调节中起主导作用，是T细胞分化、发育和成熟的场所，其分泌的胸腺类激素对T细胞的分化发育具有明显的调节作用；脾是机体最大的免疫器官，几乎分布着全身25%的淋巴组织，并且大量的淋巴细胞和巨噬细胞分布于此，是机体细胞免疫和体液免疫的中心。当机体免疫功能受损或受到抑制时，其脏器出现萎缩、体积变小等。

9.4.4.1 实验器材

黄酒中的多糖，健康昆明种成年小鼠，环磷酰胺（CY），生理盐水，血清收集管，印度墨汁，计时器，0.1%碳酸钠溶液，Hanks液，台盼蓝染液，免疫球蛋白试剂盒（IgG、

IgA、IgM），补体试剂盒（C_3、C_4），IL-6、TNF-α、IFN-γ ELISA 试剂盒，手术镊，手术剪，毛细管。

9.4.4.2 环磷酰胺免疫缺陷型小鼠模型的建立

分批饲养健康昆明种成年小鼠，雌性或者雄性，体重（20.0±2.0）g。在适应性喂养 4 天后随机分为 5 组：空白组、CY 模型组、低剂量黄酒中的多糖＋CY 组、中剂量黄酒中的多糖＋CY 组、高剂量黄酒中的多糖＋CY 组，每组 10 只。每周空腹称重一次。黄酒中的多糖按高（200mg/kg）、中（100mg/kg）、低（50mg/kg）三个剂量组给小鼠灌胃，一天 1 次，连续给药 14 天。空白组和 CY 模型组给予生理盐水，自由采食。第 19 天除空白组其余 4 组开始腹腔注射环磷酰胺 100mg/kg，一天 1 次，连续 4 天。

9.4.4.3 小鼠器官指数的测定

免疫器官指数的测定方法参照 Wang 等的研究，并略作修改。具体方法是：小鼠处理结束后，空腹称重，眼眶取血，血样于 4℃ 静置 12h，析出血清后，于 4℃ 3000r/min 离心 10min，收集血清分装于 Eppendorf 管中，于 20℃保存，用于小鼠免疫因子的检测。将采血后的小鼠，脱颈椎处死解剖，然后无菌取脾、胸腺，并将组织表面的血液用滤纸吸净，称重。按式(9-10) 计算小鼠的免疫器官指数。

$$免疫器官指数=免疫器官质量(g)/小鼠体重(g) \tag{9-10}$$

9.4.4.4 小鼠碳廓清试验测定吞噬指数

参照 Wong 等的实验方法，将小鼠放入灯箱内烤 5min，使其尾静脉充分扩张，按照 0.1mL/10g 的比例，将印度墨汁经左眼眼眶后静脉丛注入体内并计时；注射印度墨汁 2min 和 10min 后，从右眼眶后静脉血管丛，用经肝素预先处理的毛细管取血 20μL，随后与 3mL 0.1%碳酸钠溶液混匀，用 UV2600 测定 600nm 处的吸光值，其中以 0.1%碳酸钠溶液为空白。将小鼠称重后脱臼处死，用滤纸将肝和脾表面的血液吸净后称重。根据式(9-11) 和式(9-12) 计算廓清指数 K 和吞噬指数 α。

$$廓清指数\ K=(\lg OD_1-\lg OD_2)/(t_2-t_1) \tag{9-11}$$

$$吞噬指数\ \alpha=\sqrt[3]{K}\ 体重/(肝重+脾重) \tag{9-12}$$

9.4.4.5 小鼠淋巴细胞增殖水平的测定

小鼠淋巴细胞增殖水平的测定方法参考 Yi 等的研究，并略作改动。具体步骤为：脱臼处死小鼠后，无菌操作摘取脾组织，放于含有适量无菌 Hanks 液的平皿中，随后用镊子将脾组织轻轻撕碎，制备成单个细胞悬液。用 4 层纱布将脾磨碎，并用 Hanks 液洗 2 次，每次以 1000r/min 离心 10min。然后将细胞悬浮于 1mL 的完全培养液中，于 4℃保存，备用。用台盼蓝染色计数活细胞数（应在 95%以上），调整细胞浓度为 3×10^6 个/mL。

取 1mL 细胞悬液分别加入 24 孔培养板 2 孔中，其中一孔加 75μL 7.5μg/mL ConA 液，另一孔作为对照，置 5%CO_2，37℃ 培养 72h。培养结束前 4h，每孔分别吸去 0.7mL 上清液，向上清液中加入不含小牛血清的 RPMI1640 培养液，同时以 50μL/孔的比例添加 5mg/mL 的 MTT，继续培养 4h，每孔加入酸性异丙醇 1mL，充分混匀至紫色结晶完全溶解。然后将溶解液分装到 96 孔培养板中，每个孔做 3 个平行，用 MD SpectraMax M5 多功能酶标仪测溶解液在 570nm 处的光密度值。

9.4.4.6 小鼠免疫因子的检测

分别采用免疫球蛋白试剂盒（IgG、IgA、IgM）测定小鼠血清免疫球蛋白含量，补体试剂盒（C_3、C_4）测定小鼠血清补体含量，IL-6、TNF-α、IFN-γ ELISA 试剂盒测定小鼠血清中细胞因子的含量。按照试剂盒说明测定免疫缺陷小鼠免疫因子。

免疫球蛋白试剂盒（IgA、IgG、IgM）购自美国 Ortho-Clinical Diagnostics，Inc；补体试剂盒（C_3、C_4）购自美国 Ortho-Clinical Diagnostics，Inc；IL-6、TNF-α、IFN-γ ELISA 试剂盒购自美国 Sigma-Aldrich 公司。

9.4.5 黄酒中的多糖抗肿瘤活性研究的实验方法

根据作用原理不同，评价多糖抗肿瘤活性的方法分为体内和体外评价两种方法。体外评价是利用多糖对肿瘤细胞的细胞毒性作用，通过细胞增殖抑制率等指标来评价多糖的抗肿瘤效果；体内评价是指将多糖样品通过注射或灌胃的方式作用于荷瘤小鼠，通过瘤体重、抑瘤率和免疫器官指数等指标来评价多糖样品对荷瘤小鼠肿瘤细胞的毒性作用。

为了对黄酒中的多糖抗肿瘤作用及抗肿瘤机理进行探讨，课题组采用小鼠肉瘤 S180 模型，考察黄酒中的多糖对 S180 荷瘤小鼠免疫器官和肿瘤抑制作用的影响、瘤组织中蛋白（Ki-67 和 Bax、Bcl-2）表达、黄酒中的多糖对环磷酰胺（CY）的增效减毒作用，从而对其抗肿瘤活性进行评价，为进一步研究绍兴黄酒中的多糖的抗肿瘤机制以及绍兴黄酒健康功能作用解释提供理论依据。

9.4.5.1 实验器材

黄酒中的多糖，小鼠肉瘤 S180 细胞，PBS 溶液，无菌生理盐水，健康昆明种成年小鼠，环磷酰胺（CY）。

9.4.5.2 小鼠 S180 荷瘤模型的建立

参考卫生部卫生监督司编的保健食品功能学评价程序和检验方法。小鼠肉瘤 S180 细胞经腹腔传代培养后，脱臼处死，于无菌条件下收集腹腔内对数生长期的 S180 细胞，1000r/min 离心 5min，PBS 洗涤 3 次，离心取上清液，用无菌生理盐水将细胞浓度调整为 3×10^6/mL。取细胞悬液 0.5mL 灌胃小鼠。接种约一周后，小鼠腹部明显胀大、凸出。无菌抽取腹水，置于无菌试管中，并用无菌生理盐水以 1∶2 的比例稀释，用上述腹水稀释液对小鼠进行接种，每只小鼠右前肢腋皮下接种 0.2mL。

小鼠选择健康昆明种成年雌性或者雄性小鼠，体重（20.0±2.0）g。

9.4.5.3 小鼠免疫器官指数及多糖抑瘤率测定

本实验通过测定抑瘤率以及免疫器官指数，来研究黄酒中的多糖对 S180 荷瘤小鼠免疫器官的影响。实验方法参照 Zhang 等的研究，并略作修改。将小鼠接种 24h 后，随机分成正常空白组（control）、生理盐水阴性对照组［生理盐水组，25mg/(kg・d)，NS］、阳性对照组［环磷酰胺组，25mg/(kg・d)，CY］、高剂量黄酒中的多糖组［100mg/(kg・d)，HCRWP］、中剂量黄酒中的多糖组［50mg/(kg・d)，MCRWP］、低剂量黄酒中的多糖组［25mg/(kg・d)，LCRWP］，每组由 10 只小鼠组成。接种 24h 后开始给药，每天灌胃 0.01mL/g，连续灌胃 10 天，其中空白组（control）和阴性对照组（NS）分别以等量生理盐水代替。最后一次给药 24h 后，空腹称量小鼠体重，脱臼处死并解剖，然后无菌操作摘取

瘤组织、脾和胸腺，并用滤纸吸净组织表面的血液，然后称重，计算抑瘤率、脾指数和胸腺指数。分别按式(9-13)和式(9-14)计算小鼠的抑瘤率和免疫器官指数。

抑瘤率(%)=(阴性对照组平均瘤重−实验组平均瘤重)/阴性对照组平均瘤重×100% (9-13)

免疫器官指数=免疫器官质量(g)/小鼠体重(g) (9-14)

9.4.5.4 黄酒中的多糖对环磷酰胺（CY）的增效减毒效果测定

黄酒中的多糖对环磷酰胺（CY）的增效减毒作用的研究方法参考 Tang 等的研究，并略作修改。具体方法如下：将小鼠接种 24h 后，随机分成正常空白组（control）、生理盐水阴性对照组［生理盐水组，25mg/(kg·d)，NS］、CY 低剂量组［10mg/(kg·d)］、CY 中剂量组［20mg/(kg·d)］、CY 高剂量组［30mg/(kg·d)］、CRWP[100mg/(kg·d)]+CY 低剂量组［10mg/(kg·d)］、CRWP[100mg/(kg·d)]+CY 中剂量组［20mg/(kg·d)］、CRWP[100mg/(kg·d)]+CY 高剂量组［30mg/(kg·d)］，每组 10 只，并对每只小鼠编号。接种 24h 后开始给药，每天灌胃 0.01mL/g，连续灌胃 10 天，其中空白组（control）和阴性对照组（NS）分别以等量生理盐水代替。最后一次给药 24h 后，空腹称量小鼠体重，脱臼处死并解剖小鼠，然后无菌操作摘取瘤组织、脾和胸腺，并用滤纸吸净组织表面的血液，然后称重，计算抑瘤率、脾指数和胸腺指数。增效效果可按照式(9-15)计算。

$$q=E_{A+B}/(E_A+E_B-E_A\times E_B) \tag{9-15}$$

式中 E_A——用药剂量 A 时的抑瘤率；

E_B——用药剂量 B 时的抑瘤率；

E_{A+B}——两药合用时的抑瘤率。

若两药之间具有拮抗作用，则 $q<0.85$；若两药合用产生叠加作用，则 $0.85\leqslant q\leqslant 1.15$；若两药之间具有协同作用，则 $q>1.15$。

9.4.5.5 免疫组化法检测 S180 肿瘤组织中 Ki-67、Cyclin D1、Bcl-2 和 Bax 蛋白表达

参照 Miao 等的实验方法，分析 S180 荷瘤小鼠肿瘤组织中 Ki-67、Cyclin D1、Bcl-2 和 Bax 蛋白表达情况。具体步骤为：肿瘤组织块经 10%多聚甲醛固定后，石蜡包埋，5μm 厚连续切片。染色过程如下：①石蜡切片后，常规脱蜡、水化，然后用 PBS 缓冲液（pH7.4）冲洗 5min，共冲洗 2 次；冲洗后，Ki-67 和 Bcl-2 用柠檬酸微波炉热修复，Cyclin D1 和 Bax 采用 EDTA 微波炉热修复。②修复之后，取出于室温下冷却，PBS 缓冲液（pH7.4）冲洗 5min×2 次，每个切片滴加 50μL 过氧化酶阻断溶液（试剂 A），37℃保温 20min。③PBS 缓冲液（pH7.4）冲洗 5min×2 次，除去缓冲液，取 50μL 非免疫动物血清（试剂 B）滴加于切片，37℃保温 20min。④除去血清，取 50μL 的第一抗体滴加于切片，4℃保温过夜，PBS 缓冲液（pH7.4）冲洗 5min×3 次。⑤除去缓冲液，取 50μL 生物素标记的第二抗体滴加于切片，37℃保温 20min。⑥PBS 缓冲液（pH7.4）冲洗 3min×3 次，除去缓冲液，取 50μL 链霉素抗生素-过氧化物酶溶液（试剂 D）滴加于切片，37℃孵育 20min。⑦PBS 缓冲液（pH7.4）冲洗 3min×3 次，除去缓冲液，取 100μL 新鲜 DAB 溶液滴加于切片，然后用显微镜观察 10min，若在视野内观察到棕色或红色即为阳性显色。⑧自来水冲洗之后，用苏木素复染以及 0.1%HCl 分化，PBS 缓冲液冲洗返蓝。⑨采用酒精溶液梯度脱水干燥，中性树胶封片，镜检，拍片。

采用Ki-67指数判断Ki-67抗原的表达，显微镜观察标本，在低倍镜（×100）下选择5个视野，高倍镜（×400）观察单个视野时选择200个肿瘤细胞，统计阳性细胞总数；采用累积光密度（IOD）值判断Cyclin D1、Bcl-2和Bax抗原的表达，每个标本于高倍镜（×400）视野下选择5个视野，计算相应视野下阳性反应的累积光密度（IOD），取5个视野的平均累积光密度（IOD）作为该样本的测量值。

9.4.6 黄酒中的酚类萃取

通过混合有机溶剂萃取黄酒中的酚类，并用大孔树脂吸附纯化。

9.4.6.1 实验器材

酒样，乙酸乙酯，70%乙醇，甲醇，大孔树脂，蒸馏水，5% HCl，2% NaOH，0.5% DMSO，磷酸氢二钠-柠檬酸缓冲液（pH 3～8），碳酸钠-碳酸氢钠缓冲液（pH 9～10）。

9.4.6.2 乙酸乙酯萃取法

按1∶1（体积比）比例将黄酒与乙酸乙酯混合，往酒样中加入乙酸乙酯，使用磁力搅拌计搅拌10min后使用分液漏斗进行酚类萃取。

9.4.6.3 乙酸乙酯结合乙醇萃取法

在酒样中加入终浓度为70%的乙醇进行醇沉，除去黄酒中的大分子物质如多糖、蛋白质等。醇沉后离心获得的上清液直接以1∶1（体积比）比例加入乙酸乙酯，搅拌10min后使用分液漏斗萃取黄酒中的酚类。

上述方法中，有机溶剂萃取得到的黄酒中的酚类，经分层后得到的上层有机相利用旋转蒸发仪，在40℃温度下蒸干，之后利用甲醇对黄酒中的酚类复溶并在4℃冰箱中保存。

9.4.6.4 黄酒中的酚类大孔树脂纯化方法优化

（1）大孔树脂的活化

使用无水乙醇溶液浸泡大孔树脂24h，使用蒸馏水清洗至无醇味，加入5% HCl浸泡12h，使用蒸馏水清洗至中性，再加入2% NaOH浸泡12h，使用蒸馏水清洗至中性后备用。

（2）黄酒中的酚类样品的准备

将甲醇复溶物于旋转蒸发仪至蒸干后使用适量0.5% DMSO水溶液复溶，复溶后的溶液酚类浓度约为1mg(GAE)/mL。

（3）静态吸附筛选大孔树脂

用于静态吸附的大孔树脂分别为ZGA408AU、DA201、D354FD、DA201-C、HPD400、D101、HP2MGL、Ambeilite XAD2。称取2g活化处理的大孔树脂，置于50mL离心管中，加入样品粗液5mL（约含5mg酚类），放置于恒温水浴振荡器中，静态吸附6h后过滤。将过滤得到的大孔树脂放回离心管中，加入6mL 0.5% DMSO水溶液，放置于恒温水浴振荡器中，振荡10min后过滤。将过滤后得到的大孔树脂放回离心管中，加入2mL的70%乙醇溶液，继续放置于恒温水浴振荡器中，洗脱30min过滤，按式(9-16)计算酚类得率：

$$\text{酚类得率}(\%)=\frac{\text{洗脱液体积}\times\text{洗脱液中酚类浓度}}{\text{加样体积}\times\text{样品中酚类浓度}}\times 100\% \tag{9-16}$$

（4）pH对大孔树脂吸附的影响

按表9-17配制磷酸氢二钠-柠檬酸缓冲液（pH 3～8），按表9-18配制碳酸钠-碳酸氢钠缓冲液（pH 9～10）。称取两种酚类得率较高的大孔树脂类型 2g（湿重），按表 9-19 使用不同 pH 溶解液溶解的黄酒中的酚类样品、不同 pH 平衡液、洗脱液进行静态吸附-洗脱实验，计算酚类得率。

表 9-17　磷酸氢二钠-柠檬酸缓冲液

pH	A 液/mL	B 液/mL	pH	A 液/mL	B 液/mL
3	4.11	15.89	6	12.63	7.37
4	7.71	12.29	7	16.47	3.53
5	10.3	9.7	8	19.45	0.55

注：A 液为 0.2mol/L Na_2HPO_4；B 液为 0.1mol/L 柠檬酸。

表 9-18　碳酸钠-碳酸氢钠缓冲液

pH	C 液/mL	D 液/mL	pH	C 液/mL	D 液/mL
9	1	9	10	5	5

注：C 液为 0.1mol/L Na_2CO_3；D 液为 0.1mol/L $NaHCO_3$。

表 9-19　不同 pH 的大孔树脂吸附条件

样品名	溶解液	平衡液	洗脱液
正常空白组	0.5%DMSO 水溶液	蒸馏水	70%乙醇
pH=3	0.5%DMSO 的 pH=3 的水溶液	0.5%DMSO 的 pH=3 的水溶液	70%乙醇
pH=4	0.5%DMSO 的 pH=4 的水溶液	0.5%DMSO 的 pH=4 的水溶液	70%乙醇
pH=5	0.5%DMSO 的 pH=5 的水溶液	0.5%DMSO 的 pH=5 的水溶液	70%乙醇
pH=6	0.5%DMSO 的 pH=6 的水溶液	0.5%DMSO 的 pH=6 的水溶液	70%乙醇
pH=7	0.5%DMSO 的 pH=7 的水溶液	0.5%DMSO 的 pH=7 的水溶液	70%乙醇
pH=8	0.5%DMSO 的 pH=8 的水溶液	0.5%DMSO 的 pH=8 的水溶液	70%乙醇
pH=9	0.5%DMSO 的 pH=9 的水溶液	0.5%DMSO 的 pH=9 的水溶液	70%乙醇
pH=10	0.5%DMSO 的 pH=10 的水溶液	0.5%DMSO 的 pH=10 的水溶液	70%乙醇

酚类物质组成和含量检测按 9.2.2 进行。

9.4.7　黄酒中的酚类免疫平衡活性研究的实验方法

黄酒中的酚类具有抗免疫应激反应的作用，本实验通过抗炎模型鼠巨噬细胞 RAW264.7 对黄酒中的酚类进行分析，考察经脂多糖（LPS）刺激后细胞中 NO 和促炎因子 TNF-α、IL-1β、IL-6 的合成情况，以及细胞内蛋白质的表达情况。

9.4.7.1　实验器材

黄酒中的酚类，鼠巨噬细胞 RAW264.7，细胞培养基 RPMI 1640，10%胎牛血清 FBS，100μg/mL 链霉素，100U/mL 青霉素，台盼蓝染料，5mg/mL MTT，DMSO，0.1μg/mL 脂多糖，ELISA 试剂盒，Griess 试剂，8mmol/L 亚硝酸钠溶液，显色液 TMB，RIPA 裂解液，BCA 试剂盒，考马斯亮蓝染液上样缓冲液，预制胶试剂盒，5%脱脂牛奶溶液，TBST 缓冲液，ECL 荧光染料。

WB 中使用的抗体包括 iNOS、HO-1、P-IκBα、p65、Nrf2、MAPK 家族磷酸化和非磷酸化蛋白（p38，P-p38，Erk 1/2，P-Erk 1/2，JNK 和 P-JNK）均购自 Cell Signaling Technology 公司。

9.4.7.2 黄酒中的酚类抗氧化活性检测

酚类的预处理为：取纯化后样品，以 0.5% DMSO 溶液调节样品酚类浓度为 300mg(GAE)/L，并使用 0.5% DMSO 溶液进行浓度梯度稀释。其他实验条件与黄酒中的多糖的抗氧化活性检测条件相同。

9.4.7.3 MTT 法检测黄酒中的酚类对鼠巨噬细胞 RAW264.7 存活率的影响

保存于液氮罐中的鼠巨噬细胞 RAW264.7 首先进行复苏，依据“快复缓冻”的原则，将冻存管置于 37℃水浴锅中加热，之后将冻存管中细胞液在 1000r/min 条件下离心 5min，去除上清液后以培养基吹散细胞后加入 T75 方瓶中，在 37℃、5% CO_2 培养箱中过夜培养，细胞培养基为 RPMI 1640 并加入 10%胎牛血清 FBS、100μg/mL 链霉素、100U/mL 青霉素。方瓶中的贴壁细胞经细胞刮刮下并吹散后，利用台盼蓝染料在血细胞计数板上对细胞密度计数，并调整细胞密度为 1×10^4 个/mL 后在 96 孔板中铺入细胞。过夜培养贴壁后，除去上清液并加入含有不同浓度黄酒中的酚类（200μg/mL、100μg/mL、50μg/mL、25μg/mL）的 RPMI 1640 培养基，培养 24h 后利用 MTT 法对细胞存活率进行检测。MTT 法检测中，将 10μL MTT（5mg/mL）加入 96 孔板中，37℃培养 4h 后去除上清液后加入 150μL DMSO 溶解细胞胞内的结晶紫，室温培养 30min 后在 490nm 下检测不同孔中读数，并依据未加药的对照组计算细胞存活率。

9.4.7.4 鼠巨噬细胞 RAW264.7 中 NO 和促炎因子浓度的检测

鼠巨噬细胞 RAW264.7 以 1×10^4 个/mL 密度铺板于 96 孔板中并培养 24h 后，首先对细胞进行不同浓度黄酒中的酚类（100μg/mL、50μg/mL、25μg/mL）预处理 4h 后，除去 96 孔板中的上清液，加入含有 0.1μg/mL 脂多糖（LPS）的细胞培养基培养 24h，其中未经黄酒中的酚类和 LPS 培养的细胞作为对照组，与 LPS 阳性组和黄酒中的酚类加药组进行比较。培养 24h 后细胞上清液用于检测 NO 和促炎因子 TNF-α、IL-1β、IL-6 的浓度。其中 NO 检测时吸取 50μL 上清液与 50μL Griess 试剂混合并在室温下培养 30min，在 540nm 下检测读数，以 8mmol/L 亚硝酸钠溶液倍比稀释后的读数绘制标准曲线，依据 OD_{540nm} 读数计算 NO 浓度。对促炎因子浓度的检测，利用购自 Sigma 公司的 ELISA 试剂盒并依据试剂盒说明进行，主要步骤包括：将细胞上清液稀释至 ELISA 试剂盒的检测范围，之后加入包被有抗体的 96 孔板中孵育，之后分别加入目标检测物的抗体和显色液 TMB，加入反应停止液后利用酶标仪对其读数进行检测，依据试剂盒提供的标品绘制标准曲线并计算上清液中促炎因子浓度。

9.4.7.5 鼠巨噬细胞 RAW264.7 中抗炎活性相关蛋白途径蛋白的 WB 检测

鼠巨噬细胞 RAW264.7 以 2×10^5 个/mL 密度铺板于 6 孔板中，并在 37℃、5% CO_2 培养箱中培养 24h，之后分别利用不同浓度的黄酒中的酚类溶液（50μg/mL、100μg/mL、200μg/mL）预处理 4h 后，利用 LPS 对细胞进行刺激。去除 6 孔板中的上清液后，利用含有蛋白酶抑制剂的 RIPA 裂解液处理贴壁细胞。将裂解液吸取至 EP 管并离心后，上清液中蛋白质含量利用 BCA 试剂盒进行检测，调整不同样品中的蛋白质量一致，考马斯亮蓝染液上样缓冲液煮沸 5min 后，用于 SDS-PAGE 电泳分离，电泳条件为 100V、100mA，所用电泳胶和电泳缓冲液购自天能公司的预制胶试剂盒。将 SDS-PAGE 中的蛋白质转至 PVDF 膜

上，转膜条件为 100V、400mA。得到的 PVDF 膜首先利用 5%脱脂牛奶溶液（TBST 缓冲液配制）封闭 2h，之后利用 TBST 缓冲液进行清洗，分别经一抗孵育 2h 和二抗孵育 2h 后，利用 ECL 荧光染料进行显色，利用 Image J 软件对蛋白质条件含量进行分析。

9.4.8 辅助改善记忆功能动物实验设计及准备过程

动物实验：跳台实验、避暗实验、穿梭箱实验、水迷宫实验四项实验中任两项实验结果阳性。且重复实验结果一致（所重复的同一项实验两次结果均为阳性），可以判定该受试样品辅助改善记忆功能动物实验结果阳性。

9.4.8.1 跳台试验方法

（1）仪器

跳台仪：该装置为 10cm×10cm×60cm 的被动回避条件反射箱，用黑色塑料板分隔成 5 间。底面铺以铜栅，间距为 0.5cm，可以通电，电压强度由一变压器控制。每间左后角置一高和直径均为 4.5cm 的绝缘平台。

（2）试剂

樟柳碱，环己酰亚胺，乙醇。

剂量分组及受试样品给予时间：实验设三个剂量组和一个阴性对照组，以人体推荐量的 10 倍为其中的一个剂量组，另设二个剂量组，必要时设阳性对照组。受试样品给予时间原则上不少于 30 天，必要时可延长至 45 天。

（3）实验步骤

① 受试样品对正常小鼠记忆的影响

末次给样后 1h（或次日）开始训练。将动物放入反应箱内（台上、台下）适应环境 3min，然后将动物放置反应箱内的铜栅上，立即通以 36V 的交流电。动物受到电击，其正常反应是跳回平台（绝缘体），以躲避伤害性刺激。多数动物可能再次或多次跳至铜栅上，受到电击又迅速跳回平台上。训练一次后，将动物放在反应箱内的平台上，记录 5min 内各鼠跳下平台的错误次数和第一次跳下平台的潜伏期，以此作为学习成绩。24h 或 48h 后进行重测验，将小鼠放在平台上，记录各鼠第一次跳下平台的潜伏期、各鼠 3min 内电击次数和受电击的动物数总数，同时计算出现错误反应的动物百分率（受电击的动物数占该组动物总数的百分率）。停止训练 5 天后（包括第 5 天）可以在不同的时间进行一次或多次记忆消退实验。

② 受试样品对记忆障碍模型小鼠的影响

记忆获得障碍模型制造：训练前 10min 腹腔注射樟柳碱或东莨菪碱 5mg/kg BW。

记忆巩固障碍模型制造：训练前 10min 腹腔注射环己酰亚胺 120mg/kg BW。

记忆再现障碍模型制造：重测验前 30min 灌胃 30%的乙醇 10mL/kg BW。

末次给样后 1h（或次日）开始训练。将动物放入反应箱内（台上、台下）适应环境 3min，然后将动物放置反应箱内的铜栅上，立即通以 36V 的交流电。动物受到电击，其正常反应是跳回平台（绝缘体），以躲避伤害性刺激。多数动物可能再次或多次跳至铜栅上，受到电击又迅速跳回平台上。训练一次后，将动物放在反应箱内的平台上，记录 5min 内各鼠跳下平台的错误次数和第一次跳下平台的潜伏期，以此作为学习成绩。24h 或 48h 后进行重测验，将小鼠放在平台上，记录各鼠第一次跳下平台的潜伏期、各鼠 3min 内电击次数和受电击的动物数总数，同时计算出现错误反应的动物百分率（受电击的动物数占该组动物总数的百分率）。停止训练 5 天后（包括第 5 天）可以在不同的时间进行一次或多次记忆消退实验。

（4）数据处理及结果判定

潜伏期结果为计量资料，可用方差分析，但需按方差分析的程序先进行方差齐性检验，方差齐，计算 F 值，F 值$<F_{0.05}$，结论为各组均数间差异无显著性；F 值$\geqslant F_{0.05}$，$P\leqslant 0.05$，用多个实验组和一个对照组间均数的两两比较方法进行统计；对非正态或方差不齐的数据进行适当的变量转换，待满足正态或方差齐要求后，用转换后的数据进行统计；若变量转换后仍未达到正态或方差齐的目的，改用秩和检验进行统计。

错误次数和 3min 内跳下平台的动物数均为计数资料，可用 χ^2 检验，四格表总例数小于 40，或总例数等于或大于 40 但出现理论数等于或小于 1 时，应改用确切概率法。

统计内容：统计小鼠跳下前的潜伏期、错误次数和跳下平台的动物数。

结果判断：若受试样品与对照组比较，跳下平台前的潜伏期明显延长，错误次数或跳下平台的动物数明显减少，差异有显著性，以上三项指标中任意一剂量组的任一项指标阳性，均可判定该项实验阳性。

（5）注意事项

动物在 24h 内有其活动周期，不同时相处于不同的觉醒水平，故每次实验应选择同一时相（如上午 8～12 点或下午 1～4 点）。实验应在隔音，光强度和温、湿度适宜且保持一致的行为实验室进行。推荐使用纯系动物，实验前数天将动物移至实验室以适应周围环境。实验者每天与动物接触，如喂水、喂食和抚摸动物。减少非特异性干扰，如情绪、注意、动机、觉醒、运动活动水平、应激和内分泌等因素。考虑动物种属差异。

9.4.8.2 避暗试验方法

（1）仪器

避暗仪：该装置分明暗两室。明室大小为 12cm×4.5cm，其上方约 20cm 处悬一 40W 钨灯丝。暗室较大，大小为 17cm×4.5cm。两室之间有一直径约 3cm 的圆洞。两室底部均铺以铜栅。暗室底部中间位置的铜栅可以通电，电击强度可在一旋钮上选择。一般采用 40V 电压。暗室与一计时器相连，计时器可自动记录潜伏期的时间。

（2）试剂

樟柳碱、环己酰亚胺、乙醇。

剂量分组及受试样品给予时间：实验设三个剂量组和一个阴性对照组，以人体推荐量的 10 倍为其中的一个剂量组，另设二个剂量组，必要时设阳性对照组。受试样品给予时间原则上不少于 30 天，必要时可延长至 45 天。

（3）实验步骤

① 受试样品对正常小鼠记忆的影响

末次给样后 1h 或次日开始训练。实验时将小鼠面部背向洞口放入明室，同时启动计时器。动物穿过洞口进入暗室受到电击，计时器自动停止。取出小鼠，记录每鼠从放入明室至进入暗室遭电击所需的时间，此即潜伏期，训练 5min，并记录 5min 内电击次数。24h 或 48h 后重做实验，记录每只动物进入暗室的潜伏期和 5min 内的电击次数，并计算 5min 内进入暗室（错误反应）的动物百分率。停止训练 5 天后可以在不同的时间进行一次或多次记忆

消退实验。

② 受试样品对记忆障碍模型小鼠的影响

记忆获得障碍模型制造：训练前 10min 腹腔注射樟柳碱或东莨菪碱 5mg/kg BW。

记忆巩固障碍模型制造：训练前 10min 腹腔注射环己酰亚胺 120mg/kg BW。

记忆再现障碍模型制造：重测验前 30min 灌胃 30％的乙醇 10mL/kg BW。

末次给样后 1h（或次日）开始训练。将动物放入避暗仪内适应环境 3min，然后将动物放置避暗仪的明室内。动物按习性会进入暗室内，暗室内的铜栅上有 36V 电压，其正确反应是退回明室并不再进入暗室，以躲避伤害性刺激。多数动物可能再次或多次进入暗室，受到电击又迅速回到明室。训练一次后，将动物放在避暗仪的明室，记录 5min 内各鼠进入暗室的错误次数和第一次进入暗室的潜伏期，以此作为学习成绩。24h 或 48h 后进行重测验，将小鼠放在明室，记录各鼠第一次进入暗室的潜伏期、各鼠 3min 内进入暗室的次数和进入暗室的动物数总数，同时计算出现错误反应的动物的百分率（受电击的动物数占该组动物总数的百分率）。停止训练 5 天后（包括第 5 天）可以在不同的时间进行一次或多次记忆消退实验（方法同重测验）。

（4）数据处理及结果判定

数据处理：潜伏期时间为计量资料，可用方差分析，但需按方差分析的程序先进行方差齐性检验，方差齐，计算 F 值，F 值$<F_{0.05}$，结论为各组均数间差异无显著性；F 值$\geqslant F_{0.05}$，$P\leqslant 0.05$，用多个实验组和一个对照组间均数的两两比较方法进行统计；对非正态或方差不齐的数据进行适当的变量转换，待满足正态或方差齐要求后，用转换后的数据进行统计；若变量转换后仍未达到正态或方差齐的目的，改用秩和检验进行统计。

5min 内进入暗室的次数和 5min 内进入暗室的动物数均为计数资料，可用 χ^2 检验，四格表总例数小于 40，或总例数等于或大于 40 但出现理论数等于或小于 1 时，应改用确切概率法。

统计内容：小鼠进入暗室的潜伏期、5min 内进入暗室的错误次数和 5min 内进入暗室的动物数。

结果判断：若受试样品组小鼠进入暗室的潜伏期明显长于对照组，5min 内进入暗室的错误次数或 5min 内进入暗室的动物数少于对照组，且差异有显著性，以上三项指标中任一项指标阳性，均可判断该项实验阳性。

（5）注意事项

动物在 24h 内有其活动周期，不同时相处于不同的觉醒水平，故每次实验应选择同一时相（如上午 8～12 点或下午 1～4 点）。实验应在隔音，光强度和温、湿度适宜且保持一致的行为实验室进行。推荐使用纯系动物，实验前数天将动物移至实验室以适应周围环境。实验者必须每天与动物接触，如喂水、喂食和抚摸动物。减少非特异性干扰，如情绪、注意、动机、觉醒、运动活动水平、应激和内分泌等因素。考虑动物种属差异。

9.4.8.3 穿梭箱试验方法（双向回避试验）

（1）仪器

大鼠穿梭箱：该装置由实验箱和自动记录打印装置组成。实验箱大小为 50cm×16cm×18cm。箱底部格栅为可以通电的不锈钢棒，箱底中央部有一高 1.2cm 挡板，将箱底部门隔成左右两侧。实验箱顶部有光源和蜂鸣音控制器。自动记录打印装置可连续自动记录动物对电刺激［灯光和（或）蜂鸣器］的反应和潜伏期，并将结果打印出来。

（2）试剂

樟柳碱、环己酰亚胺、乙醇。

（3）实验步骤

① 受试样品对正常大鼠条件反射建立的影响

将大鼠放入箱内任何一侧，20s 后开始呈现灯光或蜂鸣音，持续 20s，后 10s 内同时给以电刺激（100V，0.2mA，50Hz，AC）。大鼠在遭电击后即逃避，必须跑到对侧顶端，挡住光电管后才可中断电击，此为被动回避反应。在每次电击前给予条件刺激，反复强化后，大鼠在接受条件刺激后即跳向对侧并挡住光电管而逃避电击，此为主动回避反应。每隔天训练一回，每回 50 次，连续训练 4～5 回后，动物的主动回避反应率可达 80%～90%。根据打印结果分析如下指标：动物反应次数，动物主动回避时间，动物被动回避时间，动物主动回避率。停止训练 5 天后（包括第 5 天），分 2～3 次测定其记忆消退情况。

② 受试样品对记忆障碍模型大鼠条件反射建立的影响

记忆获得障碍模型制造：训练前 10min 腹腔注射樟柳碱或东莨菪碱 5mg/kg BW。

记忆巩固障碍模型制造：训练前 10min 腹腔注射环己酰亚胺 120mg/kg BW。

记忆再现障碍模型制造：重测验前 30min 灌胃 30%的乙醇 10mL/kg BW。

将大鼠放入箱内任何一侧，20s 后开始呈现灯光或蜂鸣音，持续 20s，后 10s 内同时给以电刺激（100V，0.2mA，50Hz，AC）。大鼠在遭电击后即逃避，必须跑到对侧顶端，挡住光电管后才可中断电击，此为被动回避反应。在每次电击前给予条件刺激，反复强化后，大鼠在接受条件刺激后即跳向对侧挡住光电管而逃避电击，此为主动回避反应。每隔天训练一回，每回 50 次，连续训练 4～5 回后，动物的主动回避反应率可达 80%～90%。根据打印结果分析如下指标：动物反应次数、动物主动回避次时间、动物被动回避时间、动物主动回避率。停止训练 5 天后（包括第 5 天），分 2～3 次测定其记忆消退情况。

（4）数据处理及结果判定

数据处理：动物主动回避时间和被动回避时间为计量资料，可用方差分析，但需按方差分析的程序先进行方差齐性检验，方差齐，计算 F 值，F 值$<F_{0.05}$，结论为各组均数间差异无显著性；F 值$\geqslant F_{0.05}$，$P\leqslant 0.05$，用多个实验组和一个对照组间均数的两两比较方法进行统计；对非正态或方差不齐的数据进行适当的变量转换，待满足正态或方差齐要求后，用转换后的数据进行统计；若变量转换后仍未达到正态或方差齐的目的，改用秩和检验进行统计。

统计内容：主动回避时间和被动回避时间。

结果判断：若实验组主动和（或）被动回避时间明显短于对照组，差异有显著性，可判定为该指标阳性。

（5）注意事项

动物在 24h 内有其活动周期，不同时相处于不同的觉醒水平，故每次实验应选择同一时相（如上午 8～12 点或下午 1～4 点）。实验应在隔音，光强度和温、湿度适宜且保持一致的行为实验室进行。推荐使用纯系动物，实验前数天将动物移至实验室以适应周围环境。实验者必须每天与动物接触，如喂水、喂食和抚摸动物。减少非特异性干扰，如情绪、注意、动机、觉醒、运动活动水平、应激和内分泌等因素。考虑动物种属差异。

9.4.8.4 水迷宫试验方法

(1) 仪器

水迷宫自动记录仪：该仪器是由迷宫游泳箱和自动记录仪两部分组成。迷宫游泳箱由聚乙烯塑料制成，长 100cm、宽 100cm、高 30cm，内径长 90cm、宽 90cm、高 30cm，泳道宽 12cm，泳道走向固定。

(2) 实验步骤

① 受试样品对正常小鼠记忆的影响

连续给样 30 天，末次给样次日开始训练。训练期间继续给样，每天一次。迷宫泳道水深 9cm，水温约 20℃（≮15℃）。将小鼠训练时间限定为 120s，在 120s 内未到达终点的小鼠均记为 120s。

第一次训练前将小鼠放在梯子附近，使其自动爬上 3 次。以后每次训练前将小鼠放在梯子附近，背朝楼梯，使其自动爬上 1 次。实验分阶段进行，视动物学习成绩逐渐加长路程。第一次训练时用一挡板在 A 处挡死，从 A 处开始训练，记录从 A 点到达终点的时间。第二次训练加长路程，从 B 处开始，此路程约训练 3 次，至动物数 80%以上在 2min 内达到终点后再延长路程，分别记录各鼠每次从 B 点到达终点所需的时间和发生错误的次数（进入任何一个盲端一次均算一次错误）。末次测试从起点进行，将小鼠放在起点，记录从起点到达终点所需的时间和发生错误的次数。每次训练时，对 2min 内未到达终点的小鼠，应引导其到达终点，从终点的楼梯上来，达到训练的目的。每次训练和实验时均头朝起始点。最后计算各组动物 5 次训练和测试的总错误次数，到达终点的总时间及 2min 内到达终点的动物数（百分率）。停止训练 5 天后可在不同时间从起点进行记忆消退实验。

② 受试样品对记忆障碍模型小鼠的影响

用以上实验。

(3) 数据处理及结果判定

数据处理：到达终点的时间属计量资料，可用方差分析，但需按方差分析的程序先进行方差齐性检验，方差齐，计算 F 值，F 值 $<F_{0.05}$，结论为各组均数间差异无显著性；F 值 $\geqslant F_{0.05}$，$P\leqslant 0.05$，用多个实验组和一个对照组间均数的两两比较方法进行统计；对非正态或方差不齐的数据进行适当的变量转换，待满足正态或方差齐要求后，用转换后的数据进行统计；若变量转换后仍未达到正态或方差齐的目的，改用秩和检验进行统计。

统计内容：到达终点所用的时间和到达终点前的错误次数。

结果判断：错误次数和到达终点的动物数（百分率）两指标为计数资料检验，可用 χ^2 检验，四格表总例数小于 40，或总例数等于或大于 40 但出现理论数等于或小于 1 时，应改用确切概率法。

试验组与对照组比，试验组到达终点所用的时间或到达终点前的错误次数明显少于对照组，或 2min 内到达终点的动物数明显多于对照组，且经统计学检验差异有显著性，其中任一项指标为阳性，可判为该项实验阳性。

(4) 注意事项

训练时在目标区（终点）停留的时间不能太短，否则失去强化效果。实验前可对动物进行初筛，经训练后，2min 内仍不能游至终点者淘汰。动物在 24h 内有其活动周期，不同时相处于不同的觉醒水平，故每次实验应选择同一时相（如上午 8～12 点或下午 1～4 点）。实

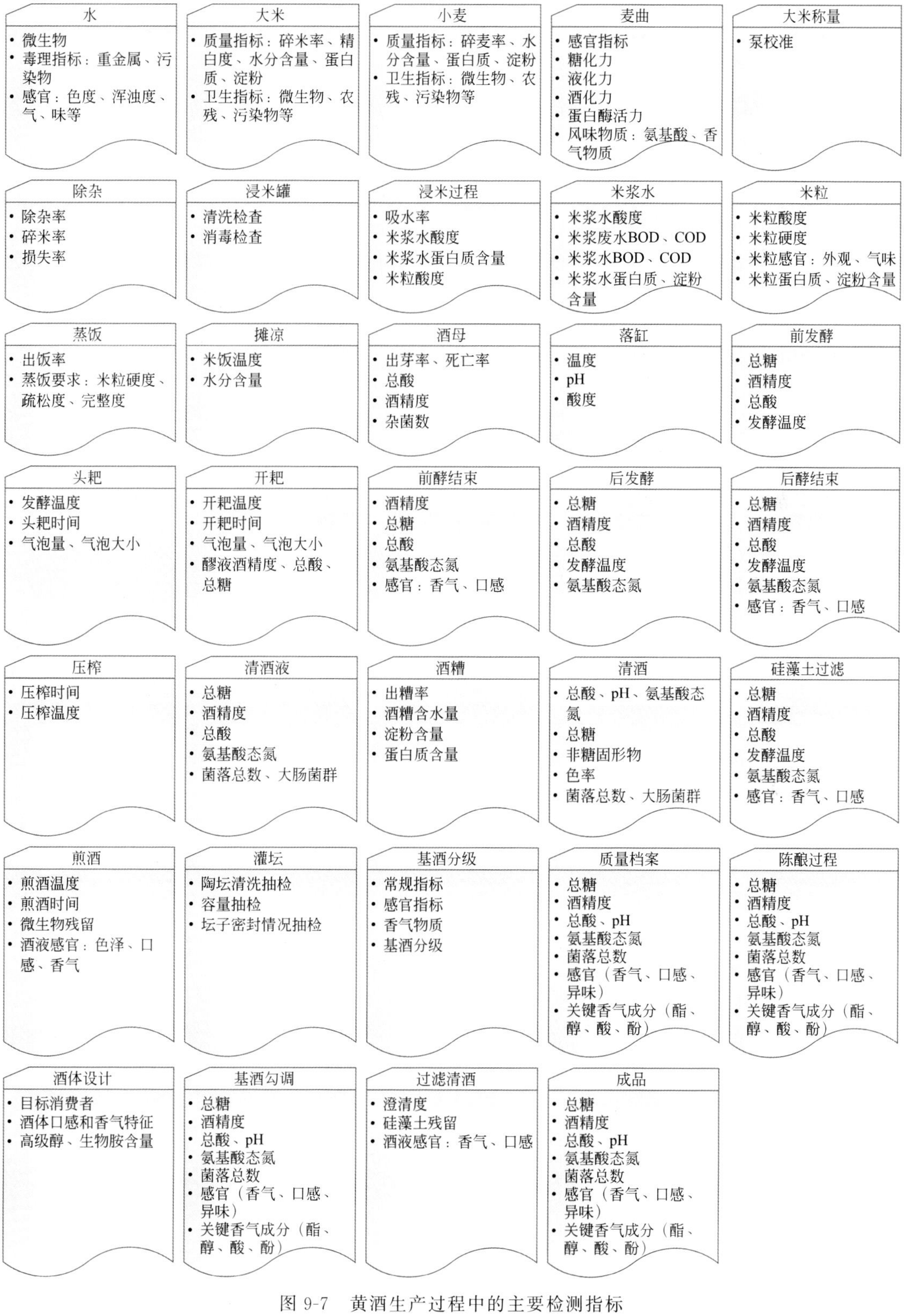

水
- 微生物
- 毒理指标：重金属、污染物
- 感官：色度、浑浊度、气、味等

大米
- 质量指标：碎米率、精白度、水分含量、蛋白质、淀粉
- 卫生指标：微生物、农残、污染物等

小麦
- 质量指标：碎麦率、水分含量、蛋白质、淀粉
- 卫生指标：微生物、农残、污染物等

麦曲
- 感官指标
- 糖化力
- 液化力
- 酒化力
- 蛋白酶活力
- 风味物质：氨基酸、香气物质

大米称量
- 泵校准

除杂
- 除杂率
- 碎米率
- 损失率

浸米罐
- 清洗检查
- 消毒检查

浸米过程
- 吸水率
- 米浆水酸度
- 米浆水蛋白质含量
- 米粒酸度

米浆水
- 米浆水酸度
- 米浆废水BOD、COD
- 米浆水BOD、COD
- 米浆水蛋白质、淀粉含量

米粒
- 米粒酸度
- 米粒硬度
- 米粒感官：外观、气味
- 米粒蛋白质、淀粉含量

蒸饭
- 出饭率
- 蒸饭要求：米粒硬度、疏松度、完整度

摊凉
- 米饭温度
- 水分含量

酒母
- 出芽率、死亡率
- 总酸
- 酒精度
- 杂菌数

落缸
- 温度
- pH
- 酸度

前发酵
- 总糖
- 酒精度
- 总酸
- 发酵温度

头耙
- 发酵温度
- 头耙时间
- 气泡量、气泡大小

开耙
- 开耙温度
- 开耙时间
- 气泡量、气泡大小
- 醪液酒精度、总酸、总糖

前酵结束
- 酒精度
- 总糖
- 总酸
- 氨基酸态氮
- 感官：香气、口感

后发酵
- 总糖
- 酒精度
- 总酸
- 发酵温度
- 氨基酸态氮

后酵结束
- 总糖
- 酒精度
- 总酸
- 发酵温度
- 氨基酸态氮
- 感官：香气、口感

压榨
- 压榨时间
- 压榨温度

清酒液
- 总糖
- 酒精度
- 总酸
- 氨基酸态氮
- 菌落总数、大肠菌群

酒糟
- 出糟率
- 酒糟含水量
- 淀粉含量
- 蛋白质含量

清酒
- 总酸、pH、氨基酸态氮
- 总糖
- 非糖固形物
- 色率
- 菌落总数、大肠菌群

硅藻土过滤
- 总糖
- 酒精度
- 总酸
- 发酵温度
- 氨基酸态氮
- 感官：香气、口感

煎酒
- 煎酒温度
- 煎酒时间
- 微生物残留
- 酒液感官：色泽、口感、香气

灌坛
- 陶坛清洗抽检
- 容量抽检
- 坛子密封情况抽检

基酒分级
- 常规指标
- 感官指标
- 香气物质
- 基酒分级

质量档案
- 总糖
- 酒精度
- 总酸、pH
- 氨基酸态氮
- 菌落总数
- 感官（香气、口感、异味）
- 关键香气成分（酯、醇、酸、酚）

陈酿过程
- 总糖
- 酒精度
- 总酸、pH
- 氨基酸态氮
- 菌落总数
- 感官（香气、口感、异味）
- 关键香气成分（酯、醇、酸、酚）

酒体设计
- 目标消费者
- 酒体口感和香气特征
- 高级醇、生物胺含量

基酒勾调
- 总糖
- 酒精度
- 总酸、pH
- 氨基酸态氮
- 菌落总数
- 感官（香气、口感、异味）
- 关键香气成分（酯、醇、酸、酚）

过滤清酒
- 澄清度
- 硅藻土残留
- 酒液感官：香气、口感

成品
- 总糖
- 酒精度
- 总酸、pH
- 氨基酸态氮
- 菌落总数
- 感官（香气、口感、异味）
- 关键香气成分（酯、醇、酸、酚）

图 9-7 黄酒生产过程中的主要检测指标

验应在隔音，光强度和温、湿度适宜且保持一致的行为实验室进行。推荐使用纯系动物，实验前数天将动物移至实验室以适应周围环境。实验者必须每天与动物接触，如喂水、喂食和抚摸动物。减少非特异性干扰，如情绪、注意、动机、觉醒、运动活动水平、应激和内分泌等因素。考虑动物种属差异。

记忆测试指标见表 9-20。

表 9-20 记忆测试指标

测试项目		评价指标	所用仪器
被动回避	跳台实验	被动回避时间、错误次数和动物出现错误反应百分率	跳台仪
	避暗实验		避暗仪
主动回避	单项回避实验	达标所需的训练次数、回避时间和回避率	穿梭箱
	双向回避实验		
迷宫实验	水迷宫实验	到达安全台的时间和达标所需的训练次数、动物出现错误反应百分率	水迷宫自动记录仪

9.5 黄酒生产过程中的指标分析

为了保证产品品质，黄酒企业在生产过程中应建立相应的内控体系。该系统包括对人员、设备、物流、卫生以及生产过程监控等各个方面的内容。具体到生产过程，在每个工序都应建立检测标准，如图 9-7 所示。

参考文献

[1] 李博斌. 黄酒新国标介绍与分析 [J]. 酿酒科技，2001 (03)：73-74.

[2] Künzler M，Paravicini G，Egli C M，et al. Cloning，primary structure and regulation of the ARO4 gene，encoding the tyrosine-inhibited 3-deoxy-D-arabino-heptulosonate-7-phosphate synthase from Saccharomyces cerevisiae [J]. Gene，1992，113 (1)：67-74.

[3] Teshiba S，Furter R，Niederberger P，et al. Cloning of the ARO3 gene of Saccharomyces cerevisiae and its regulation [J]. Molecular & General Genetics Mgg，1986，205 (2)：353-357.

[4] Aoki T，Uchida K. Enhanced Formation of 2-Phenyl-ethanol in Due to Prephenate De-hydrogenase Deficiency [J]. Agricultural & Biological Chemistry，1990，54 (1)：273-274.

[5] Hsu W K，Hsu T H，Lin F Y，et al. Separation，purification，and α-glucosidase inhibition of polysaccharides from Coriolus versicolor LH1 mycelia [J]. Carbohydrate polymers，2013，92 (1)：297-306.

[6] 戴艳. 骏枣多糖的提取纯化、结构分析及抗氧化活性研究 [D]. 武汉：华中农业大学，2013.

[7] Aguirre M J，Isaacs M，Matsuhiro B，et al. Characterization of a neutral polysaccharide with antioxidant capacity from red wine [J]. Carbohydrate research，2009，344 (9)：1095-1101.

[8] You L，Gao Q，Feng M，et al. Structural characterisation of polysaccharides from Tricholoma matsutake and their antioxidant and antitumour activities [J]. Food chemistry，2013，138 (4)：2242-2249.

[9] Ruthes A C，Rattmann Y D，Carbonero E R，et al. Structural characterization and protective effect against murine sepsis of fucogalactans from Agaricus bisporus and Lactarius rufus [J]. Carbohydrate polymers，2012，87 (2)：1620-1627.

[10] 陈晋芳. 红枣多糖提取分离纯化及其抗氧化性的研究 [D]. 晋中：山西农业大学，2013.

[11] Que F，Mao L，Pan X. Antioxidant activities of five Chinese rice wines and the involvement of phenolic compounds [J]. Food Research International，2006，39 (5)：581-587.

[12] Ye S, Liu F, Wang J, et al. Antioxidant activities of an exopolysaccharide isolated and purified from marine Pseudomonas PF-6 [J]. Carbohydrate Polymers, 2012, 87 (1): 764-770.

[13] Zhong W, Liu N, Xie Y, et al. Antioxidant and anti-aging activities of mycelial polysaccharides from Lepista sordida [J]. International journal of biological macromolecules, 2013, 60: 355-359.

[14] Chen Q, Zhang S, Ying H, et al. Chemical characterization and immunostimulatory effects of a polysaccharide from Polygoni Multiflori Radix Praeparata in cyclophosphamide-induced anemic mice [J]. Carbohydrate polymers, 2012, 88 (4): 1476-1482.

[15] Wang H, Deng X, Zhou T, et al. The in vitro immunomodulatory activity of a polysaccharide isolated from Kadsura marmorata [J]. Carbohydrate polymers, 2013, 97 (2): 710-715.

[16] Wong K H, Lai C K M, Cheung P C K. Immunomodulatory activities of mushroom sclerotial polysaccharides [J]. Food Hydrocolloids, 2011, 25 (2): 150-158.

[17] Lim J M, Joo J H, Kim H O, et al. Structural analysis and molecular characterization of exopolysaccharides produced by submerged mycelial culture of Collybia maculata TG-1 [J]. Carbohydrate Polymers, 2005, 61 (3): 296-303.

[18] Zhang J, Liu Y, Park H, et al. Antitumor activity of sulfated extracellular polysaccharides of Ganoderma lucidum from the submerged fermentation broth [J]. Carbohydrate polymers, 2012, 87 (2): 1539-1544.

[19] Tang X H, Yan L F, Gao J, et al. Antitumor and immunomodulatory activity of polysaccharides from the root of Limonium sinense Kuntze [J]. International journal of biological macromolecules, 2012, 51 (5): 1134-1139.

[20] Miao Y, Xiao B, Jiang Z, et al. Growth inhibition and cell-cycle arrest of human gastric cancer cells by Lycium barbarum polysaccharide [J]. Medical Oncology, 2010, 27 (3): 785-790.

[21] Guo F C, Kwakkel R P, Williams B A, et al. Coccidiosis immunization: effects of mushroom and herb polysaccharides on immune responses of chickens infected with Eimeria tenella [J]. Avian Diseases, 2005, 49 (1): 70-73.

第十章

黄酒品牌与历史文化

10.1 浙江绍兴·古越龙山

古越龙山品牌的名字由来，史渊深远，要从上古时期说起。“古越”分布江南沿海广袤之地，部落众多，史有百越之称。既得天时之造、灌溉之利，稻作文明发达，河姆渡史迹证实，当时越地酿酒已发端，人们遵奉仪狄这位大禹手下的造酒官为酒神。而“龙山”，即浙江绍兴的卧龙山，古时越国都城王宫所在地。公元前492年，越国为吴国所败，越王勾践夫妇去吴国为奴，受尽屈辱，三年后勾践终于回国，卧薪尝胆，发愤图强，当时出台一系列用酒奖励生育的政策：“生丈夫，二壶酒，一犬；生女子，二壶酒，一豚……”历经十年生聚、十年教训，公元前473年，越王勾践出师伐吴，父老乡亲向他献酒，他把酒倒入河中，与士兵迎流痛饮，战气百倍，终于战胜吴国，一雪前耻。如今，这条投醪河还在绍兴市区城南流淌着。投醪状师的故事传古昭今，后起者未忘斯义，敢以先人之精神，创建宏业，以酒明志，奋发为之。

说到古越龙山牌黄酒，一定要提到“沈永和”。作为中国高端黄酒的代表——古越龙山牌黄酒，是中国绍兴黄酒集团有限公司的代表性产品之一，集团公司始创于1664年的沈永和酿坊，是绍兴黄酒行业中历史最悠久的著名酒厂，沈永和酒厂的前身。“沈永和”的创始人名为沈良衡，青年时在绍兴沿街以挑卖老酒、酱油为业，为人诚实、勤劳，态度和蔼，买卖公道，酒酱的秤磅足、质量好，深受顾客好评，生意兴隆。终于在康熙三年（公元1664年），于绍兴城内新河弄妙明寺3号办起了一家小酿坊，既酿酒，也制作酱油，并取“永远和气生财”之意，命名为“沈永和酿坊”。传至第五代沈西山时，他从祖传的母子酱油酿造方法中得到启迪，经过反复试制，在光绪十八年（公元1892年），终于成功地用精白糯米为原料，以元红酒代水的独特酿制方法，酿出甘醇芳香的上乘美酒，取名“善酿酒”，从此专营酿酒。沈永和第六代传人沈墨臣，继承父业以后，将酒坊改名为“沈永和墨记酒坊”，扩大经营和销售范围的同时，反复改进善酿酒的配方，从而使其更加甘醇，色、香、味更上一层楼。清宣统二年（公元1910年），沈永和墨记酒坊酿造的善酿酒，作为绍兴酒的代表，

古越龙山·沈永和牌黄酒

参加在南京举办的“南洋劝业会”展览，获得清政府颁发的特等金牌，这也是为绍兴酒争得的第一枚金牌。1929 年，在杭州举办的“西湖博览会”上沈永和的善酿酒再获金奖。从此，沈永和的金字招牌名声远播海外，并使用玻璃瓶灌装远销日本、新加坡、印度尼西亚等国家。在日本，善酿酒被视为酒中绝品，黄酒之王。1956 年，公私合营的“沈永和酒厂”正式宣告成立。

由中国绍兴黄酒集团有限公司独家发起组建的浙江古越龙山绍兴酒股份有限公司，与江南大学共建国家唯一的国家黄酒工程技术研究中心和江南大学黄酒协同创新中心。公司是中国黄酒行业领军企业，也是中国黄酒行业第一家上市公司，致力于民族产业的振兴和黄酒文化的传播，拥有国家黄酒工程技术研究中心、中国之最的黄酒陈储仓库和中国黄酒博物馆，是国家非物质文化遗产“绍兴黄酒酿制技艺”的传承基地，同时也是浙江省非物质文化遗产“绍兴花雕制作工艺”的传承基地。目前品牌群中拥有 2 个“中国驰名商标”、4 个“中华老字号”。其中“古越龙山”是中国黄酒标志性品牌，是“亚洲品牌 500 强”中唯一入选的黄酒品牌。2008 年古越龙山牌黄酒入选北京奥运菜单，成为奥运赛事专用酒；2010 年上海世博会期间，一坛古越龙山佳酿为中国国家馆永久收藏；2015 年古越龙山 20 年陈佳酿荣登奥巴马宴请国家主席习近平的白宫国宴，见证中美友谊；2016 年 G20 杭州峰会期间，古越龙山 8 款佳酿入选 G20 峰会保障用酒；古越龙山牌黄酒成为第二届、第三届、第四届世界互联网大会接待指定用酒。

古越龙山国酿 1959 系列花雕酒

10.2 浙江绍兴·会稽山

会稽山，是一个有故事的地方，是一个文化积淀深厚的地方。**会稽山文化的源头是大禹文化。**我们熟知的三过家门而不入的上古治水英雄大禹，一生行迹中的四件大事：封禅、娶亲、计功、归葬，都发生在会稽山，也因此留下了世代祭禹的圣地——大禹陵。秦始皇统一中国后不久就“上会稽，祭大禹”，对这座出了一帝一霸从而兼有“天子之气”和“王霸之

气”的会稽山表示敬意。**会稽山文化的第二层是越国文化。**春秋战国时期，创建越国的于越部族之核心力量，就是从会稽山深处走出来的；越国早期的都邑，曾长期播迁于会稽山中；而在整个春秋战国时期，会稽山始终是越国军事上的腹地堡垒、经济上的生产基地和政治文化的宗教圣地。**会稽山文化的第三层是宗教文化。**主要包括了：以祭禹为主的儒教文化区，依托香炉峰的佛教文化区，以及位于第十洞天和第十七福地的道教文化区。**会稽山文化的第四层是山水审美文化。**其形成于六朝，繁荣于唐宋，是中国山水诗的重要发祥地之一，历代文人雅士所留下的诗文，使稽山耶溪声名远播，从而成为“浙东唐诗之路”上的第一大山水风光景区。

借由会稽山深厚的历史渊源和丰富的人文内涵，“会稽山”品牌应运而生。会稽山牌黄酒的生产企业是会稽山绍兴酒股份有限公司，公司的前身是创建于1743年的“云集酒坊”。清乾隆年间，绍兴东浦一位叫周佳木的酿酒师，遍寻当时绍兴酒中技艺最高的酿酒师傅，创立了一家酿酒作坊，取名“云集”，意为“名师云集”之意。酒坊传到第四代周玉山时，名声已遍及绍兴大街小巷。周玉山的第四子、北京大学高才生，即云集酒坊第五代传人周清，于1912年，带领酒坊进行传统工艺的探索创新，用糯米饭、酒药和糟烧，最终试酿得到了一种新品，该酒因加了糟烧，味道特别香浓，口感非常醇厚，又因酿酒时只加了小曲白药，没有加麦曲，所以酒糟色白如雪，绍兴黄酒四大名品之一的“香雪酒”由此诞生；周清又于1915年，让云集酒坊酿制的云集老酒作为绍兴黄酒代表，参加了在美国旧金山为庆祝巴拿马运河通航而举办的“巴拿马太平洋万国博览会”，为绍兴黄酒赢得了第一枚国际金奖。迄今为止，会稽山牌黄酒已15次荣获国内外金奖，并被国际友人誉为“东方红宝石”“东方名酒之冠”。

值得一提的是，会稽山绍兴酒股份有限公司于2014年8月25日，在上海证券交易所成功挂牌上市，成为国内黄酒行业三家上市企业之一。发展至此，其已成为集“中华老字号”“中国驰名商标”“国家地理标志保护产品”等荣誉于一身的企业。悠悠千年绍兴酒，饮酒思源会稽山。这便是传承千年历史、延续百年工艺，以精白糯米、麦曲、鉴湖水为主要原料精心酿制而成的，会稽山牌黄酒。

会稽山牌黄酒

10.3 上海·金枫

上海地区的黄酒起源于枫泾地区，当时上海浦东3个老板合股到枫泾开设“萃康福”酒坊，至今已有100多年。上海地区所产黄酒最早起源于枫泾本地的三白酒，《枫溪竹枝词》中有“听说新开十月白，打从缸甏让边进”，“十月白”就是10月份生产的“三白酒”。“酿取双燕酒一盏，落花舟清系船宜”，反映了枫泾人吃酒泛舟的情景。在枫泾古镇有个关于上海老酒的民间传说，当时有分别代表江浙两种风味的两家生产作坊，因为生意是对手而不相往来，没料到他们的儿女相爱了，共同吸收两家制酒秘诀，取长补短，最后酿出了如今名扬四海的“上海老酒”。而传承这上海市非物质文化遗产——上海黄酒传统酿造技法，就是拥有“中华老字号”的上海金枫酒业股份有限公司。

上海金枫酒业股份有限公司前身为上海枫泾酒厂，创建于1939年，是上海地区最大的黄酒生产企业，拥有江、浙、沪三地多元酿造基地。1982年，中华老字号“金枫”品牌诞生；1992年，金枫酒业前身上海市第一食品股份有限公司在上海证券交易所上市；2008年，公司通过资产置换实施重组，成为以黄酒生产经营为核心主业的上市公司。值得一提的是，公司还拥有两个中国驰名商标“和”“石库门”，分别诞生于1997年和2001年。

“石库门”品牌文化：石库门是上海独具风貌的典型建筑，其融合了中西建筑的风格，并逐渐成为上海包容文化的特征，亦是沟通昨天与今天之门。“石库门”黄酒，以其东情西韵、华洋交融的气质诠释着上海文化的独特魅力，打破了传统黄酒的固有形象，创造了全新的黄酒文化观，现已成为上海高端黄酒市场第一品牌、全国知名品牌。在取得2010年上海世博会黄酒品类赞助商资格后，石库门牌黄酒与上海这座城市一起，向世界展现“开启石库门，笑迎天下客”的开放魅力与最值得记忆的海派时尚。

“和”品牌文化：“和”酒品牌是对中国千百年来传统“和”文化的传承与创新，一个简简单单的“和”字，浓缩了黄酒温和知性的品格；又淋漓尽致地演绎了“和为贵”这一传

石库门系列

和酒系列

上海金枫牌黄酒

统。“品和酒，交真朋友”，道出了现代人渴望沟通、渴望真情、追求高品质生活的心态。在传统的“和”文化中，“和”代表着和睦、协调。常言道，和气生财，和气致祥，人和人之间的处事方式，应该以和为贵。相互包容可纳百川，最后成就理想的人生高度。就像和酒，或清醇淡雅，或甘醇芬芳，都透着一种温润的性格，就像人和人之间的和谐关系，这也是和酒文化的精髓所在。

10.4 江苏张家港·沙洲优黄

沙洲牌黄酒，要从明代时期的后塍地区讲起。当时后塍还是江阴县的东乡重镇，到1962年成立沙洲县（张家港市原名）时，后塍从江阴划出，归属于沙洲县。根据江阴县志记载，明代后塍地区属南部古陆地，农家酿酒已很普遍，至清咸丰、同治年间，大量的民间酿酒大浪淘沙，一些掌握较好酿酒技艺的酿酒户逐步成长起来，部分以酿酒、制酱及其制品的糟坊开始出现。清光绪十一年（公元1886年），江阴澄江人汤锦涛来到后塍，弃农从商，开办了“汤恒元酒店”，自酿自销。至清末民初（公元1938年）传至其子汤玉章后，其造酒作坊已拥有大木榨1部、小木榨2部、酒缸50余只，已然成为生产场地达350m^2、年耗糯米800余石的大作坊，自酿酒逐渐供不应求，遂开设“汤恒元糟坊”。1953年，汤恒元糟坊由5家私营酿酒糟坊联营合并为“五新糟坊”。1956年，公私合营取名“后塍澄新酒厂”。在代代师徒传承的模式下，不断涌现出全面掌握酿酒技艺的大师傅，到20世纪70年代中期后，在传统工艺的基础上，酿酒师傅不断优化和完善半甜型黄酒的生产工艺，终于在1988年形成了新的黄酒品种，即“沙洲优黄”，品牌沿用至今。

沙洲牌黄酒是苏派黄酒的典型代表，属于清爽型黄酒，其所采用的后塍黄酒酿造技艺，便是江苏张家港酿酒有限公司所传承的江苏省非物质文化遗产。可以说，后塍黄酒酿造技艺的历史亦是江苏省张家港酿酒有限公司的历史，源起清光绪年间，前身经历过1956年的公私合营，后于1976年更名为“国营沙洲酒厂”，至1999年更名为现在的名称。公司目前拥有“沙洲优黄”“江南印

沙洲优黄牌黄酒

象”“吉星高照”等几大品牌系列。其中，“沙洲优黄”是最著名的产品系列。2005年，“沙洲优黄”荣获“中华老字号”称号，被列入张家港市首批非物质文化遗产名录。2007年，“沙洲优黄”获得“中国名牌产品”称号。2012年，“沙洲优黄”被认定为“中国驰名商标”。

10.5 浙江绍兴·塔牌

说起“塔牌”绍兴酒，很多人对“她”情有独钟，耳熟能详。只道“塔牌”是用鉴湖源头水、纯手工酿制而成的黄酒佳酿，但对“塔牌”商标的历史由来，知之者甚少。“塔牌”所指为何塔？其实“塔牌”并非得名于绍兴本土，而是得名于位于杭州的江南名塔“六和塔”。那么为何“塔牌”得名于斯呢？说来其中又有不少缘由和讲究。

一者，“六和塔”位于我国历史文化名城杭州南翼，钱塘江北岸，始建于南宋绍兴年间（公元1150年），距今已逾859年。塔高59.95m，塔身威严雄伟，塔势庄严。南宋年间，由于钱江水道已成为吴越之地的重要商贸口岸，为镇江潮之滥，免百姓舟楫之烦，礼部特依旨兴工建造“六和塔”，成为江南地区积极发展对外贸易的重要象征和标志。而“塔牌”得名于斯，即有“贸易兴企，走向世界”之寓意。“塔牌”绍兴酒于1958年进入国际市场，目前已享誉欧美、日韩及东南亚等30多个国家和地区，在海外华人当中影响深远。

二者，“塔”与佛教相伴而生，其功能和文化内涵在中国得以不断演变和发展，作为一种寓意避妖、镇邪和祈福的建筑形态，被广泛运用，成为中国民族文化的独特载体之一。“塔”被设计者提炼为中国传统名酒的品牌标识，体现了设计者对中国历史和传统文化的敬仰和极高的艺术修养及品牌塑造能力。巍巍千年古塔的品牌标识配以悠悠千年美酒，使中国传统文化之底蕴与中国绍兴黄酒之神韵交相辉映、相得益彰、珠联璧合。

塔牌 PAGODA BRAND ®

再者，“塔”是中国民间祈福文化的象征，而“塔牌”得名于此，既寓以“以美酒滋养天下众生”之产业理想，亦蕴含了“祈天下太平，佑贸易畅通，求百姓安乐”之社会理想。

塔牌黄酒

塔牌黄酒的生产企业是浙江塔牌绍兴酒有限公司。公司拥有“中国驰名商标”“中国名牌产品”“国家地理标志产品”“传统纯手工工艺绍兴黄酒酿造示范基地”等荣誉称号。塔牌黄酒于1999年被授予“中华老字号”的称号。为了更好地保护“塔牌”这一文化品牌，公司已在20多个国家和地区进行了注册，并受法律保护。塔牌黄酒采用手工工艺酿制，一年一个周期，按照节气生产，夏季制曲，立冬投料发酵，立春压榨煎酒。塔牌黄酒主要拥有“本酒”“丽春酒”“手工冬酿”“陈年酒”“出口原酒”等多个产品系列。其中，代表产品系列“塔牌本酒”颜色呈酒体天然的淡黄色。“塔牌”会坚持“以美酒滋养天下众生”这一产业理想，致力于持续向社会奉献“绿色安全、品质过硬”的美酒佳酿。

10.6 浙江绍兴·女儿红

“女儿酒为旧时富家生女、嫁女必备之物”，这是晋代上虞人稽含在《南方草木状》中所记载的。传说在晋朝的时候，绍兴东关有一个裁缝师傅得知妻子怀孕的消息后，万分喜悦，特酿制上好黄酒数坛以备庆贺得子之喜。哪知妻子却产下一女，裁缝一怒之下将酒埋于院内桂花树下。十八年后，女儿长成，才貌双全，裁缝非常高兴，将女儿许配给了得意门徒，成亲之日，裁缝想起埋藏了十八年之久的陈酿，于是起出宴请宾朋。美味陈酿让来宾惊喜万分，席上文人雅兴大发，赞道：“佳酿女儿红，育女似神童。”隔壁邻居知道此事以后，便按照裁缝师傅的方法，在生了女儿的时候，就酿酒埋藏，嫁女时就掘酒请客，一传十，十传百，绍兴地区渐渐形成生女儿必酿“女儿红”，他日婚嫁时开坛宴请宾客的地方习俗。后来，有人在生男孩时，也一样依照习俗酿酒、埋酒，盼望儿子在中状元时作庆贺之用。此后，绍兴人家有孩子出生，家人就会酿制数坛上好的黄酒，生女孩这酒就叫做“女儿红”，生男孩这酒就叫做“状元红”，并请画工师傅在酒坛上画上“花好月圆”“吉祥如意”等文字图案，然后泥封窖藏，待儿女长大成婚成才之日，拿出来款待宾客。黄酒具有越陈越香、越陈越醇的特征，故称为“老酒”。父母给儿女酿上一坛老酒，一方面是期盼儿女长大成人时，如美酒一样受人欢迎；另一方面，也希冀儿女能像老酒一样，通过岁月的陈酿，更懂得世故人情，为人处事更能得心应手。时至今日，已再难觅这种风俗完整的过程，然而，女儿出嫁之日，儿子娶妻之日，选用上等的好酒，仍是宴飨亲朋好友的必备之物。

女儿红牌黄酒的生产企业是绍兴女儿红酿酒有限公司。公司位于浙江省绍兴市上虞东关，历史悠久，创建于1919年，是绍兴东路酒的代表。2005年，“女儿红”商标被认定为“中国驰名商标”；又于2006年，荣获“中华老字号”的称号。“百载女儿红，千年中国韵”，这是传承文化的经典女儿红；“百年丰碑矗，扬帆再起航”，这亦是与时俱进的时尚的女儿红。

女儿红牌黄酒

10.7 江苏苏州·同里红

苏州市吴江区是苏派黄酒的主要产地之一，其桃源镇素有“天下黄酒第一镇”之雅誉，地处江苏省南大门，与浙江省嘉兴市一溪之隔，北依太湖，南靠运河，历史上就享有“地接湖滨游笠泽，境疑世外隐桃源”之美称。桃源，旧称严墓，传统酿酒历史悠久，早在吴越春秋时期，严墓民间作坊就开始酿造宫廷贡酒和民间饮用酒，源远流长的酒文化至今已有2500多年历史。铜罗黄酒酿造技艺便从此地形成，现在是江苏省非物质文化遗产，由苏州同里红酿酒股份有限公司所传承。

同里红牌黄酒的生产企业就是苏州同里红酿酒股份有限公司。公司始建于1956年，品牌源起还要从明代说起。明代时，吴江县的酒坊、糖坊及酱制品等手工业作坊中，以酿酒为大宗。嘉靖四十四年（公元1565年），同里人陈王道高中进士，万历初擢升南京监察御史。民间故事《珍珠塔》源出陈王道家事，据传其女儿陈翠娥与方卿历尽曲折而喜结良缘，陈王道特将府中陈酿黄酒取名为“同里红”。同里的食品加工业发展至清初，已独具乡土特色，其中酿酒以漆字圩的“孙三白”和冲字圩的“梅松雪”名闻遐迩并远近驰名。到中华民国二年（公元1913年），吴江县被公认为苏南三个酿酒发源地之一。1930年，吴江县主要的5家酒坊在抗日战争胜利以后合并为毛记、达记两家酒坊。1956年，由毛记、达记两家酒坊合并而成公私合营联谊酒厂。之后，几经更名为现在的苏州同里红酿酒股份有限公司。发展至今，已是“中华老字号”会员单位、“苏派黄酒实验基地”、“世界500强”恒力集团成员企业。值得一提的是，同里红品牌是“中国驰名商标”，也是2010年上海世博会苏州馆唯一指定黄酒品牌。

同里红·红

同里状元

10.8 山东即墨·即墨老酒

以黍米为原料酿制的黄酒，在即墨已有4000年传承历史。春秋战国时，即墨一带黄酒成为民间最常用的助兴饮料和祭品，俗称“醪酒”；春秋时，齐国君齐景公朝拜崂山仙境，谓之“仙酒”；战国时，齐将田单巧设“火牛阵”大破燕军，谓之“牛酒”；秦始皇东赴崂山索取长生不老药，谓之“寿酒”；盛唐时，人们发现喝醪酒有舒筋骨、壮骨髓之功效，谓之“骷髅醪酒”；宋朝时，酿酒压榨技术日渐成熟，醪酒的酿制已成为当地的一大行业，俗称“老干榨”；之后人们为了便于开展贸易往来，命名为“即墨醪酒”，据《即墨县志》记载始于1815年。

说起来，诗仙李白与即墨老酒还有过一段渊源。李白晚年游历崂山，拜访安期生道长时，安期生用崂山大枣和老酒招待李白，李白畅饮即墨老酒后，诗兴大发，当即作《寄王屋山人孟大融》诗一首。李白吟诵：“我昔东海上，劳山餐紫霞。亲见安期公，食枣大如瓜。中年谒汉主，不惬还归家。朱颜谢春辉，白发见生涯。所期就金液，飞步登云车。愿随夫子天坛上，闲与仙人扫落花。”

《田单火牛阵破燕举城同饮醪酒图》
图注：画作作者李云德，创作于 1980 年

李白诗《寄王屋山人孟大融》
刻于崂山上清宫巨石上

即墨老酒的原料为黍米、陈伏麦曲、崂山矿泉水，其按照“黍米必齐，曲蘖必时，水泉必香，陶器必良，湛炽必洁，火剂必得”的古代酿造工艺制得（即“古遗六法”），酒液呈棕红色，微苦而余香持久。而即墨老酒所采用的“古遗六法”传统酿造工艺是山东省非物质文化遗产，该项历史非物质文化遗产由山东即墨黄酒厂有限公司所传承，也就是即墨牌黄酒的生产企业。即墨牌黄酒亦是我国北方黄酒的典型代表之一，享有“黄酒北宗”的美誉，有正式记载的是始酿于北宋时期。2006 年，公司荣获“中华老字号”的称号。2010 年“即墨”被认定为“中国驰名商标”。

即墨牌黄酒

10.9 江苏丹阳·丹阳封缸酒

丹阳为著名的鱼米之乡，物产丰富，气候温和，盛产糯米。清光绪《丹阳县志》载：“糯稻，崇明、绍兴酿酒用之，名酒米，有‘酒米出三阳，丹阳为最良’之谚”，历史上丹阳就以酿造美酒而著称。丹阳酒的最早文字记载见于晋代王嘉的《拾遗记》卷 5《前汉上》称“云阳出美酒”（云阳，据《中国古今地名大辞典》载“三国吴改曲阿为云阳县，晋复为曲

阿，今江苏丹阳县治”），南北朝时已风靡大江南北。

丹阳封缸酒的生产企业是江苏省丹阳酒厂有限公司，其生产所采用的传统酿造技艺是国家级非物质文化遗产。丹阳封缸酒传统酿造技艺以酿坊生产形式长年流传于丹阳民间，主要流布于丹阳境内的云阳镇以及里庄、延陵、珥陵、访仙、导墅等乡镇，中华人民共和国成立后国家实行公私合营，众酿坊合并，于1958年改组成地方国营丹阳酒厂，该技艺得以传承至今。它的生产与延续与丹阳的地理、气候、水质、粮食作物等条件息息相关，具有明显的地域关联性。该酒因需长期封缸陈酿，故名“封缸酒”。其主要原料为本地产的优质糯米。其工序繁杂，技术要求高，主要工艺流程为：选米、蒸饭、淋饭、加药、拌饭、搭窝、来酿、封缸、榨酒等。每个环节都要十分到位，因为特定的原料和水质，并与特定的工序相结合，方可酿出具有典型丹阳特征的封缸酒。其酒液呈琥珀色、清澈透明，香气浓郁，鲜甜香美，醇和爽口，刺激性小，风味独特。因而，它作为中国甜型黄酒的代表，有“味轻花上露，色似洞中春”之美誉。值得一提的是，丹阳黄酒也获得了国家地理标志产品保护。

丹阳封缸酒

10.10 江苏无锡·惠泉黄酒

据《史记》《吴越春秋》等记载，作为吴文化发源地的无锡，酿酒历史至今已有2000多年。无锡惠山多泉水，相传有九龙十三泉。经唐代陆羽、刘伯刍品评，都以惠山寺石泉水为“天下第二泉”，从而声名大振。从元代开始，用二泉水酿造的糯米酒，称为“惠泉酒”，其味清醇，经久不变。唐礼部尚书、华盖殿大学士李东阳在《秋夜与卢师邵侍御辈饮惠泉酒次联句韵二首》中写道：“惠泉春酒送如泉，都下如今已盛传”“旋开银瓮泻红泉，一种奇香四座传”。在明代，惠泉酒已名闻天下，明人冯梦龙的《醒世恒言》中，已写过“惠山泉酒”之名。到清代初期，惠泉酒更成为贡品。1722年，康熙黄帝驾崩，雍正继位，曹雪芹之父在江宁织造任上，一次就发运40坛惠泉酒进京。曹雪芹的《红楼梦》中，多次提到无锡的惠泉酒。

惠泉黄酒作为苏式老酒的典范，以江南地下泉水和江南优质糯米作为原料，主要采取半甜型黄酒的酿造工艺，经过数千年文化积淀和工艺完善，终于成为明代的江南名酒，直至清代的宫廷御用酒，完成了从普通民间黄酒，发展成皇家御用黄酒的神话，从此源远流长，乃至今天。到了近现代，由于结合了现代技术、科学管理，“苏式老酒”的风格更臻至完美，其味温雅柔和、甘爽上口，饮后让人怡神舒畅、回味悠长，酒色为琥珀色，晶莹明亮、富于光泽。目前，惠泉黄酒酿造技艺是无锡市非物质文化遗产，而传承这一技艺的是无锡市振太酒业有限公司，便是惠泉牌黄酒的生产企业。

惠泉黄酒

10.11 浙江义乌·丹溪牌红曲酒

丹溪红曲酒生产所采用的传统酿造技艺是浙江省非物质文化遗产，源远流长。西晋永兴元年（公元304年），义乌人朱汎，时任东阳郡太守、临海太守，届满后居于今义乌赤岸镇。赤岸人，每年立冬后取丹溪水，用红曲酿造米酒饮用，这便是丹溪红曲酒的雏形。传至五代吴越，越王偏安江南，赤岸村落民间酿制的红曲成为贡品，用红曲酿造的红曲酒逐步趋向成熟。至宋朝，据《义乌县志》载，宋朝淳熙年间，赤岸一带有民间酿造红曲酒酒坊多达20余家，官府为收敛赋税，酒务租额颇重，百姓不堪重负，从而影响了红曲酒的生产规模。南宋状元永康人陈亮体恤民情，上书孝宗皇帝，为此以一篇《县减酒额记》为民请命，震慑朝廷，红曲酒的酿造出现短暂回暖期。至元代，赤岸人朱震亨（居丹溪），学者尊称其“丹溪翁”，后人因之称朱丹溪。朱丹溪终生行医为业，他还将用红曲酿造的红曲酒应用于医学中，并将其药用功效和酿造方法在1327年著书于《本草衍义补遗》。之后，朱丹溪后裔恪守祖训，传承22代，至今仍坚守天然大缸发酵、木榨过滤、自然澄清的传统手工酿造技艺。

丹溪红曲酒的生产企业是义乌市丹溪酒业有限公司。值得一提的是，丹溪酒业是义乌市唯一一家拥有“中华老字号”的企业。

丹溪红曲酒

10.12 浙江舟山·陈德顺发记坊（德顺坊）

说起舟山的黄酒，人们一定会想到“德顺坊”。在舟山，普陀区的酿酒历史不短，据《普陀县志》记载，宋朝时，便有外来之士在普陀的黄公山一带建造酒坊，经营黄酒生意；明清时，酒坊在普陀已相当繁盛，尤其是在沈家门，大都是前店后坊，自产自销。而在岁月洗涤中，能留下来又能被铭记的标志性酒坊，少之又少。德顺坊能从“舟山老字号”发展为“中华老字号”，不仅是因为得到了消费者的认同，其中更蕴含着舟山特有的海洋文化。舟山这独特的社会背景和文化内涵，可以说直接推动了德顺坊的发展与兴盛。在过去，黄酒是舟山渔民的主要食物之一。对于很多渔民来说，黄酒就是米饭，一碗酒就是一碗饭，不吃饭可以，不喝酒不行，没有菜可以，没有酒不行。直到今天，很多舟山渔民还是以酒代饭。渔民喝黄酒的习惯，主要是因为黄酒既能驱寒，又能壮胆，还不容易醉。渔船在出海时，风大浪急可能发生难以预料的危险。这时在大风大浪中，喝上一杯黄酒，身子暖了，胆子大了，力气足了，自然就为战胜风浪平添了一分气势。就这样，黄酒与渔民结下了不解之缘，形成了特色浓郁的“渔酒”文化，黄酒文化也渐渐融入舟山人的日常生活之中。每当有亲戚好友结婚、孩子出生、新建房屋等好日子时，黄酒自然而然就成了首选的伴手礼；春节亲友们相互走动，送的也是黄酒；美食的制作会用到黄酒；甚至还习惯用黄酒喂耕牛来补其身体；当然，在祭祀中，黄酒也是必不可少的。

德顺坊创建于 1914 年，是一位叫陈永佐的福建人开设的。当时，陈永佐已经是位六旬老人，他之前在福建就经营着酿酒生意，后来他拖家带口来到了舟山的沈家门渔港，在西大街开设了一家酒坊，取名为“陈德顺发记坊”，意喻“生意规范，有德又顺有财发”，当地人都简称为“德顺坊”。德顺坊在开业后，就受到了广大渔民的欢迎，在沈家门渔港内几乎无人不知，很快就成为当时舟山规模最大的酒坊。德顺坊除了产酒，还兼营酱业，双管齐下，两年后，德顺坊的名气就传出了舟山和浙江沿海，产品开始销往汕头、厦门、上海等地，最远的出口到东南亚，成为走出国门的舟山品牌。1946 年，陈永佐长子陈银发开始亲自经营德顺坊。为了挽回之前战争动乱带来的损失，他改变老旧的经营策略，开拓新的销售思路，以德顺坊独家生产的“饴绍酒”为基础，用搭饭喂饭法技艺操作，以酒代水破浆，添入少许烧酒入缸发酵，成品后用 25kg 坛装，为别真假，并附“陈德顺发记坊”黄纸，上盖金钱图记。改进后的“饴绍酒”口味更好，再加上牌子老，立即赢得了众多的回头客。1956 年，德顺坊由私营酒坊转为公私合营，改名为“海康酒厂”。之后又几经改名，先后为“普陀区东海酒厂”“舟山东海酒厂”“舟山东海酒业有限公司”，最终发展为现在的“浙江东海酒业有限公司”。名字几经更改，但德顺坊老酒酿制技艺一直传承了下来，现在为浙江省非物质文化遗产。值的一提的是，“德顺坊”也是舟山酿酒系统中唯一的百年中华老字号企业。

德顺坊老酒

10.13 福建福州·鼓山牌

福建的老酒（闽酒）早在宋朝就闻名于世。“福建老酒”便是这类老酒中的佼佼者，其酿造历史可追溯到宋代。宋范成大《食罢书字诗》：“扪腹蛮茶快，扶头老酒中”，苏辙的《求黄家紫竹杖》诗中也有“一枝遗我拄寻群，老酒仍烦为开瓮”之句，可见老酒早在宋朝就已闻名了。而且据范成大的诗中“自注”，认为这些老酒都是“南人珍之”，也就是说老酒在古代就是中国南方的名酒。而另一大文豪苏东坡当年谪居岭南时，晚上苦闷之际，就喜欢喝些福建老酒。苏东坡曾写下“去年举君苜蓿盘，夜倾闽酒赤如丹”的诗句，这丹红色的“闽酒”便是福建老酒了。

1940 年，大兴酒坊创出了“福建老酒”品牌，它是福州地区高级名黄酒之一，其酿造技艺是从具有 200 多年历史的酿造黄酒方法沿革而演变来的，其特点是用料精良，生产季节集中，冬酿春成，利用天然气候低温发酵，因而酒质醇和、清香，载誉榕城。但在中华人民共和国成立初期曾停产一时，

1955年在福州市政府关怀支持和广大职工努力下，于同年1月恢复了生产，并全部加以瓶装出售。当时为了纪念五月劳动节重大节日的意义而将“福建老酒”改名为“五月红”。1956年公私合营后，生产逐步采用先进工艺，产量显著增加，质量日益提高；1957年参加福州市名牌货评比得奖；1958年被列为省定名酒。“五月红”酒因而驰名各地，受到广大消费者的喜爱。1957年，福州市政府在完成对私改造后，把地方国营福州酒厂、公私合营福州第二酒厂及民天酱厂黄酒车间合并成了“福州酒厂”，生产经营地点设在福州市台江区。1958年，为了满足侨居海外同胞购买福建省老酒的需要，又将“五月红”酒的名称恢复为“福建老酒”，以代表福建省的地方产品，并向当时的中央工商行政管理局申请了“鼓山”牌商标，以便出口。“五月红”即是“福建老酒”，“福建老酒”的配方、工艺与“五月红”酒的生产技艺相同，并在操作上更加严格，因此成品质量较一般的“五月红”酒风味更佳。其后生产又有了很大发展，逐步采用江南大学先进技术工艺、新的设备如立式机械连续蒸饭机、机械压滤、列管杀菌器等，使产品质量日臻完美。

至此，福建老酒酒业有限公司这个“中华老字号”企业，已走过80年的历程。其所生产的“鼓山牌”福建老酒，选用上等糯米，福建特有的古田红曲和60多味名贵中药调制的药白曲为糖化发酵剂，每年利用天然气候，低温长时间发酵，以培养其风味，冬酿春成，酒液经3～5年自然陈酿、生香。由于“鼓山牌”福建老酒酿制工艺独特，用料考究，加以选用红曲，从而形成了独特的产品风格，具有典型红曲黄酒的芳香气味和自然形成的红褐色酒体。

鼓山牌福建老酒

10.14 福建宁德·惠泽龙

惠泽龙黄酒，源自一个传说，将此红曲黄酒赋予了神性。故事记载于乾隆版《屏南县志》。明万历十八年（公元1590年），代溪镇后樟村幼失怙恃的程惠泽出家九峰寺，协助清玉长老酿造药引酒，成为一代酿酒师。之后偶吞龙珠，羽化为龙。升天时，广开龙田“三百丘”报恩九峰寺，滚造白水洋造福百姓。清康熙年间，惠泽龙显灵助施琅将军收复台湾，被乾隆皇帝敕封为“通海龙王”。为此，每年开酿前都要先开一坛老酒祭祀惠泽龙王。久而久之，当地人便将此酒称为惠泽龙黄酒。

惠泽龙牌黄酒的生产企业是福建惠泽龙酒业股份有限公司，其酿制所采用的屏南红曲制作与黄酒酿造技艺是福建省非物质文化遗产。屏南红曲和黄酒生产源远流长。明朝时曾有“曲税”存在，清乾隆《古田县志》记载：“……岁收米制曲，易银完粮，明万历二十五年创立义仓，权议征曲税。”清乾隆《屏南县志》“货物卷”中有“红曲”记载；清光绪《屏南县志》对制曲水稻“降来壳”专门记载：“米制红曲殊佳，近古田各都，每于山上种之。”中华民国《屏南县志·实业志》载：“曲埕：路下、古厦、长汾、北墘诸乡均有白曲、红曲出售外省……”自清代至中华民国期间，屏南路下、长桥、屏城等乡镇，一直是红曲生产地，所产红曲质量上乘，销往邻县及省城福州，远则贩运到上海、宁波、天津各地。

屏南地处闽东北鹫峰山脉中段，是福建平均海拔最高的县份，这里山高林密，清泉醇洌，有着得天独厚的制曲酿酒之优质原材料——高山稻米与泉水。高山水田出产的优质大米，横断面稍呈蓝色，又称“蓝骨米”，用“蓝骨米”为主要原料制成优质红曲，是酿造屏南老酒的糖化发酵剂。屏南老酒属于低糖低度酒，通过传统独特红曲发酵酿造技艺，定温开耙，低温长时间发酵而成。新酿成的酒为带绿莹色的红色，长期存放后转换成天然琥珀色，色泽清亮，体态澄清，含红曲发酵老酒特有醇香味，从而形成屏南老酒口感醇厚、回味悠长的原味、本色、醇香优异品质。值得一提的是，屏南老酒也获得了国家地理标志产品保护。

惠泽龙黄酒

10.15 福建龙岩·龙岩沉缸酒

龙岩沉缸酒始酿于清乾隆三年（公元 1738 年），据龙岩州志记载“龙岩酒”，在清代的一些笔记文学中也多有记载。沉缸酒的主要发源地为龙岩小池镇黄邦村（原名龙岩市新罗区小池镇璜溪村)。传说，当时在距离龙岩县城三十余里的小池村，从上杭来了一位名叫王老官的酿酒师傅，他见到这里有着江南著名的“新罗第一泉”，水质非常好，于是就在当地开设了一家酒坊。开始时，他按照传统的酿酒方法，以糯米制成酒醅，得酒后入坛，埋藏3年之后再出酒。但是酿制出来的酒酒度低、酒劲也小，酒甜而口淡。老官就进行了改进，在酒醅中加入了低度的米烧酒，压榨后得酒，人们称这种酒为“老酒”。但是酿制出来的酒还是不够醇厚，于是他又二次加入了高度的米烧酒，再使老酒陈化、增香后得到成酒。因其在酿造过程中，采取两次小曲米酒入酒醅，让酒醅三沉三浮，最后沉落于缸底，再取上部澄清酒液于坛中陈酿，故得“沉缸酒”之名。

龙岩沉缸酒是福建省老字号品牌，为中国红曲酒的典型代表，其生产企业是龙岩沉缸酒业有限公司。公司始建于1956年，当时由龙岩县13家最古老的私人酿酒作坊（最短的有几十年，最长的是祖辈相传的、有200多年的酿酒历史）联合组成公私合营企业“龙岩县酒厂”。龙岩沉缸酒，秉承“四曲精粹”“三沉三浮”“以酒制酒”的酿造古法，是以优质糯米、红曲、当地祖传的特制曲、散曲及白曲等，并兑入优质米白酒酿制而成的浓甜红曲酒。酒液呈红褐色，有琥珀光泽，清亮明澈，入口甘甜醇厚，无黏稠之感，风味独特。2011年，龙岩沉缸酒传统酿造技艺成功入选福建省非物质文化遗产名录。2013年，国家质检总局正式批准对龙岩沉缸酒实施地理标志产品保护。

龙岩沉缸酒 1738

10.16 湖北十堰·庐陵王房县黄酒

房县黄酒历史悠久，房县古称“房陵”。周宣王时，楚王派房陵人尹吉甫（周朝太师，《诗经》作者）作为使者向周宣王进贡，尹吉甫带了一坛房陵人自产的“白茅”（黄酒）献给周宣王，宝物呈上殿开坛满殿香，周宣王尝了一口，大赞其美，遂封为“封疆御酒”。并派人把房陵每年供送的“白茅”用大小不等的坛子分装，依“白茅”封疆土，奖诸侯，并任尹吉甫作太师，扶朝政。后来，尹吉甫成为“文能治国，武能安邦”的一代伟人。汉朝时，房陵黄酒广为普及，成为达官贵人的随葬品，1974 年房县七里河出土的汉墓中，发现大量装黄酒的酒具，其中一个大坛子仍保留有当时的黄酒。

房县黄酒制作技艺流传至今，已是湖北省非物质文化遗产。同时，房县黄酒也获得了国家地理标志产品保护。目前，传承房县黄酒制作技艺的龙头企业是湖北庐陵王酒业有限责任公司。关于庐陵王品牌的由来，还有个历史故事。公元 684 年，武则天废唐中宗李显，贬为庐陵王，左迁房州（今湖北房县），庐陵王嗜酒、善酒，被誉为“品酒郎君”。房州自古出美酒，但多为民间小酿，庐陵王流放房州 14 年，随行工匠 720 余人，其中不乏宫廷御用酿酒大师，精通各种制酒秘方。他亲率酿酒大师采集当地物产作原料，改进宫廷秘方，提升发酵技艺，酿造出神奇独特的“房陵黄酒”，香溢四季。庐陵王每年将酿制的美酒敬奉母后。公元 705 年，李显复位后特封此酒为“皇封御酒”，故房县黄酒又称“皇酒”。此酿酒工艺流传民间，至今千年有余。现湖北房县仍有庐陵王当年留下的名句：“房州醇酒哺我身，吾酿玉液谢众人。”

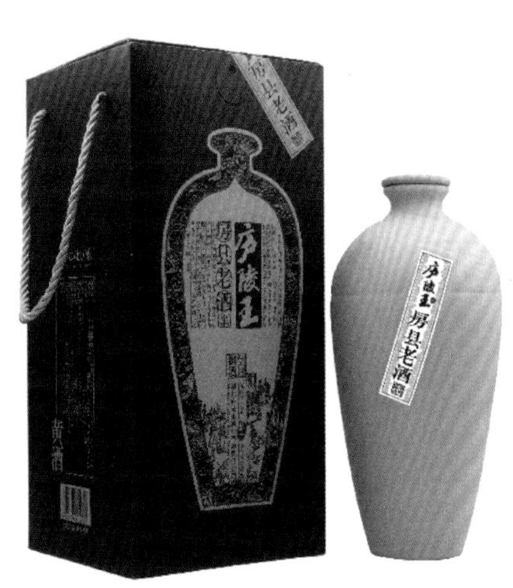

庐陵王牌房县黄酒

10.17 广东河源·龙乡贡客家黄酒

客家黄酒传统酿造技艺是客家祖先在漫长历史实践中逐步积累经验，不断发展形成的具有地方特色的酿造工艺，现今为广东省非物质文化遗产。传统上，客家农村几乎家家户户都会用糯米酿制黄酒，现在客家黄酒生产主要集中在粤东北、赣南和闽西等客家人聚居地。河源是客家古邑，在此沉淀了客家两千多年灿烂辉煌的历史文明，造就了万绿湖 370 平方公里如诗如画的生态胜景，借此地灵气，孕育出了龙乡贡客家黄酒。

公元前 214 年，赵佗率 50 万军民平定岭南，首任龙川县令，和辑百越，于东江流域繁衍生息，成为首批客家先民，客家妇女融合中原酿酒技艺和当地传统之法，首创“客家黄酒”。赵佗南越称王，龙川百姓感其恩德，年年进贡客家黄酒，是为“龙乡贡”。历经两千多年客家文化的传承，“龙乡贡”品牌便由此而生，取“书卷、族谱”为标识，浓缩客家“崇文重教”“敦亲睦族”人文精神，以扶犁吆牛、荷锄垄上客家风情浮雕、刚柔并济造型，刻画客家人勤劳与善良。

龙乡贡牌客家黄酒的生产企业是广东三友酿酒股份有限公司，隶属于广东三友集团有限公司。公司共有三大系列产品，除“龙乡贡”客家黄酒系列外，还有“金河源”白酒系列，以及植物浸提类露酒。其中，龙乡贡客家黄酒先后荣获“广东酒类市场最佳品牌产品”“广东最具代表性的地方特产”“世界 23 届客属恳亲大会指定接待用酒”“中国最具投资价值的黄酒品牌”等荣誉称号。“龙乡贡”商标被认定为“广东省著名商标”。

传统甜型

干型

龙乡贡客家黄酒

10.18 山西忻州·代州黄酒

现在说起代州即忻州市代县，而古时，现在的代县、繁峙县、五台县、原平市（古称崞县）等地都隶属于代州地区。代州的黍米黄酒宋金时期已闻名京城，距今已有千余年的历史。早在宋代酒业专著《酒名记》中就有关于代州黄酒的记载：“金波沉醉雁门州，端有人间六月秋。”这诗句出自金代礼部尚书赵秉文，金波即指代州黄酒。据代县县志记载，宋代杨家将驻守代县雁门关，每逢出征，当地百姓即以自产黄酒犒军。明清两朝，以代县阳明堡为中心的周边地区就已形成较为完善的制酒技艺，有民谣称：“南绍（绍兴）北代（代州），黄酒不赖。”证明代州黄酒自古就是北方黄酒的代表性产品。

代州黄酒之所以口味独特，首先要源于当地特有的农作物——黍米，因当地昼夜温差大，黍米生长周期长，因此比其他地区所产黍米品质较高；其次，水乃酒之母，滹沱河发源于繁峙县，横贯代县全境，多山地且山地下多为沙砾石地层，地下水在流动过程中，沙砾石起到了独特的过滤作用，深层地下水水质甘洌，可直接饮用，为酿酒的上乘好水；再次，代州黄酒酿制技艺看似简单，但制曲、发酵、熟化、熬制、焦糖炒制等多个工艺过程，需由经验丰富的酿酒师傅操作，通过目观、手感及鼻闻来控制，一些经验还需要根据不同的气候条件去感悟，很难用语言文字表述清楚，一些技术要求至今仍无法形成具体的理论指标，全凭经验掌握。目前，代州黄酒酿造技艺已成为山西省非物质文化遗产。

值得一提的是，江南大学与位于忻州市繁峙县的代州黄酒酿造有限公司合作，建成首个传统工艺机械化北方黄酒生产线。该公司黄酒产品以黍米、大曲等为主要原料，辅以当地特产黄芪等，传承传统酿造技艺精髓的同时，采用现代机械化生产工艺酿制，实现了黍米黄酒的机械化和智能化生产。

黍米黄酒

代州黄酒酿造有限公司厂区鸟瞰图

10.19 陕西西安·黄桂稠酒

黄桂稠酒始于商周，源自西安市鄠邑区，是陕西八大名贵特产之一，古称“醪醴”“玉浆”，距今已有3000多年的历史。中国最早的医药总集《内经》里，曾多次提到“醪醴”，这“醪醴”就是稠酒的前身。原汁不加浆者叫“撇醅”。《汉书·楚元王传》中有这样一段记载：“初，元王敬礼申公等，穆生不嗜酒。元王每置酒，常为穆生设醴。及王戍即位，常设，后忘设焉。穆生退曰：‘可以逝矣！醴酒不设，王之意怠，不去，楚人将钳我于市’。”从这个故事中可以看出，稠酒在汉时已是名酒了。而北魏高阳郡太守贾思勰在《齐民要术》中称之为“白醪”。盛唐时期，古长安（今西安市）长乐坊出美酒，在段成式的《酉阳杂俎》中有所反映。而且酿造技艺有了进一步提高，朝野上下，莫不嗜饮。宋陆游曾说：“唐人爱饮甜酒。”唐代诗人也多有吟咏，如韩愈的“一尊春酒甘如饴”，杜甫的“不放春醪如蜜甜”和他的《饮中八仙歌》里的“李白斗酒诗百篇，长安市上酒家眠，天子呼来不上船，自称臣是酒中仙”的酒和“贵妃醉酒”的酒，就是没有加浆的“撇醅”稠酒。

黄桂稠酒的特点是：状如牛奶，色白如玉，汁稠醇香，绵甜适口。酒精含量仅为0.5%～1%，看上去既像江浙一带人人喜爱的酒酿汁，亦像街头小吃可以浇蛋花的醪糟汤，不像一般酒那样清澈。老弱妇幼和不善饮酒者，均可大碗来喝。饮时或温或凉，四季皆宜。由于酒液内配有中药黄桂，使酒味有黄桂芳香，故曰“黄桂稠酒”。还因其产于长安，故又称为西安稠酒、陕西稠酒。相传“贵妃醉酒”喝的就是西安稠酒，故还有称“贵妃稠酒”。

10.20 福建漳州·坂里红曲酒

坂里红曲酒是漳州市长泰县的特产，历史悠久，可追溯到1800年前。华佗、张仲景、董奉史称“建安三神医”，而长泰县五大名山之一董凤山，就是长泰百姓为铭记董奉救治大德，以其名字命山。据《长泰县志》记载，相传公元220年，董凤山两侧山麓居民甚多，包括今日坂里乡的百姓。然而闽南因山地众多、丛林密布，瘴气横行，加上生活条件低下，老百姓常常生病，瘟疫难除。得知情况的董奉从江西九江长途跋涉，来到长泰县，救助了当地无数的百姓，至今还留有当时制药的炼丹炉。在救助当地百姓时，董奉取用山下乡里的稻米加以酿制，得到了红曲酒，用以驱逐寒湿、活血化瘀、治病健体。此酿酒技艺传承至今，便形成闻名的“坂里红曲酒”。

目前，在长泰县传承坂里红曲酒酿制技艺的是长泰坂兴红酒厂。酒厂历史要从清末时期说起。杨氏先人祖籍龙海市东珊村，清末迁徙到市区桥南水月亭白鹭洲横街路12号，第二代杨清海至第三代传人杨清源，从事船厂码头搬运，专精了家传曲种技巧，酿造酒水，穿梭西溪至城内濠河泊位，从事贩水酒生计。另一支传人于1931年迁徙金门开基，红曲制作落地金门再辗转台湾。传至第五代杨双剑，其跟随第四代杨国旗研习。为寻找酿造水源，于2012年，杨双剑落户长泰县良岗山麓坂里乡，在此地注册“长泰坂兴红酒厂”，至今延续已至第七代杨琳。长泰坂兴红酒厂自2012年落户坂里，发展至今，为增强活力、适应市场、提高社会效益，将打造红曲酒观光主题文化园。

“良岗山”坂里红曲酒

10.21　四川南充·仪陇黄酒

在仪陇，醪糟又被称为甜酒。因甜酒酒精度低，口感好，营养丰富，深受人们喜爱，无论男女老少，都喜欢喝。至今，仪陇还保留着喝甜酒的习俗，春节期间家人要喝，家中款待客人要喝，请人干活要喝，产妇坐月子更要喝，未婚女子和家人到男朋友家中看家当然也要喝。而这醪糟，便是仪陇黄酒的前身。

目前仪陇黄酒的生产龙头企业是四川省仪陇银明黄酒有限责任公司，公司始创于1984年。关于“银明”品牌这个名字的来历，还有一个小故事。1984年，仪陇打算建立黄酒厂。酒厂诞生之前，得起个名字。负责建厂的领导班子围绕征集来的名字，讨论来讨论去，也没有一个满意的。有一天吃过晚饭后，领导班子几个人一边散步还一边讨论名字。有人说，征集到一个名字叫“金明”。因黄酒是黄色的，黄色就是金色；黄酒又是晶莹剔透的，像琥珀一样透明。大家纷纷表示，这个名字不错。恰在这时，不知从哪里来了一位老者接了话。老者脸庞红润，头发胡须一片银白，说话声如洪钟。老者说：“好啥好？起那个名字的话，喝酒不是在吞金吗？”大家一听，老者说的话很在理，吞金等于服毒，谁还愿意买黄酒喝呢？有人就问：“老人家，您说起个啥名字好呢？”老者捋了捋胡须说：“《山海经》里有记载，银子不都是白色的，还有黄银，并且黄银就出自四川。《本草纲目》里有记载，喜欢养生的人家，用银器煮药，能避恶。根据黄酒能养生的特点，可以取名为‘银明’。”

四川省仪陇银明黄酒有限责任公司，是西南地区具有规模化的专业黄酒生产企业。30多年来，公司秉承黄酒酿造传统工艺，结合现代先进科学技术生产的“银明”牌黄酒，色泽琥珀、醇稠如蜜、酸甜爽口、风格独特，多次获得轻工部“优质产品奖”。四川省人民政府授予银明牌封缸酒“四川省首届巴蜀食品节银奖”“四川名牌产品称号”；四川省工商局授予银明牌“四川省著名商标”；南充市人民政府授予银明黄酒为“南充知名产品”“南充市特色旅游商品”。为适应新形势下发展，公司新建的“康养食品科技产业园”已于2019年12月完工，并将在二期用地新建黄酒文化主题公园。

“银明”仪陇黄酒

10.22 湖南岳阳·胜景山河

谈起湖南的黄酒，洞庭湖畔、岳阳楼前都流传着与之有关的美丽传说。自古被誉为“洞庭天下水，岳阳天下楼”的这两处胜景就位于岳阳市，岳阳古称“巴陵”“岳州”。

巴陵黄酒催生千古绝作《岳阳楼记》。庆历四年春，滕子京因进言改革时政而被贬官至岳州，他是一位好官，到达岳州做的第一件事是如何改变岳州的旧局面，首先决定从岳阳楼开始兴建文化教育工程。庆历六年六月楼宇竣工之日，滕子京为其壮观、精美而叹为观止，萌生要为此楼作记，故想到其好友一代文豪范仲淹。而当时的范公也已被贬官河南邓州。于是，滕子京派人前往求记，并精心选取了三样礼品带与范公，分别是：一封亲笔书信、一幅洞庭湖的晚秋景观图、一坛当时岳阳著名酒肆“怡兴祥”酿造的“巴陵黄酒”。范公欣然答应了滕子京，仔细观摩洞庭晚秋图，感觉美不胜收，再观其书信，更觉岳阳人文厚重，担心写不好，不知从何下笔。时间一晃三月有余。一位懂得范公心思的幕僚打趣地提示道：“观范公近日忧愁，莫不是为滕公之书信、图画之美景所累而无从下笔否？”范公曰：“正是”。幕僚说：“范公可还记得滕公为您送来的第三件礼品‘岳州古酒’？何不打开饮之，来个一醉方休，凭兴而作呢？”范公听后甚觉有理，即叫家人备上好菜，邀几位知己开坛畅饮起来。殊不知几杯温热的黄酒下肚后，顿觉心旷神怡，更觉眼前一亮，洞庭湖美景似乎尽收眼底——横无际涯、气象万千、薄雾冥冥、虎啸猿啼！又想到自己与滕公的身世，再观其画，立刻浮现出：霪雨霏霏、连月不开、去国怀乡、忧谗畏讥之感，感激而悲者唉！范公情性所至，再添几碗与好友谈及天下苍生，又想到古往今来的仁人志士，真豪杰应不以物喜、不以己悲！于是趁着酒兴一挥而就，终能把酒临风，宠辱皆忘，其喜洋洋而得千古名篇《岳阳楼记》。一坛老酒见底，文章也尽落笔，似有留恋。叹曰：“吾谁与归？美酒安在？”时年九月十五日。

胜景山河牌黄酒是湘派黄酒的典型代表，其生产企业是湖南胜景干黄酒业股份有限公司。公司是生产新型生物黄酒的股份制企业，坐落于鱼米之乡的洞庭湖畔与举世闻名的岳阳楼相依的岳阳经济技术开发区，是湖南省政府确立的“黄酒研发生产基地”，是我国中西部地区规模最大、设备技术最先进的现代化黄酒生产企业。公司秉承“不是第一就做唯一”的发展宗旨，自主创新研发了“多种生物酶酿造黄酒的方法”，开全国生物酿酒之先河，成为国家科技部火炬计划推广项目，成为湖南省科技厅、省财政厅、省国税局、省地税局联合认定的“高新技术企业”，其“古越楼台”“胜景山河”品牌黄酒被湖南省科技厅授予“高新技术产品”，这在全国黄酒生产行业里是唯一的。公司黄酒产品分“古越楼台”“胜景山河”和“胜景干黄”三大品牌。2009 年“古越楼台”商标认定为中国驰名商标，“胜景山河”商标被湖南省工商局认定为著名商标。

胜景干黄酒

胜景山河 1988